Henning Haeupler / Thomas Muer

Bildatlas der Farn- und Blütenpflanzen Deutschlands

Henning Haeupler
Thomas Muer

Bildatlas der Farn- und Blütenpflanzen Deutschlands

Mit Beiträgen von
Ralf Dahmen, Günther Gottschlich, Karsten Horn,
Gerold Hügin, Klaus Jung, Peter Keil, Karl Kiffe, Wolfgang Lippert,
Götz Heinrich Loos, Norbert Meyer, D.T.E. van der Ploeg,
Krysztof Rostański, Peter Sackwitz, Martin Schmid,
Ingo Uhlemann, Heinrich E. Weber, Peter Wolff,
Wolfgang Wucherpfennig
und unter besonderer Mitwirkung von Oskar Angerer

Zeichnungen von
Thomas Frebel, Henning Haeupler, Götz Heinrich Loos,
Hilke Steinecke, Heinrich E. Weber und Jerzy Zygmunt

3900 Farbfotos
134 Zeichnungen von 326 Sippen

Verlag Eugen Ulmer Stuttgart

Prof. Dr. Henning Haeupler, geb. 3.12.1939 in Einbeck. Studium der Biologie in Göttingen. Promotion 1973, Habilitation 1982. 1982/83 Vertretungsprofessur in Gießen. Ende 1983 Ruf nach Bochum auf neu gegründete AG Geobotanik an der Ruhr-Universität Bochum. Seit 1967 leitend, planend und organisierend bei floristischen Kartierungen in Deutschland tätig.

Publikation mehrerer populärwissenschaftlicher Naturführer (Harz, Weserbergland, Mallorca), zahlreiche Fachbeiträge in diversen Zeitschriften, Gründung und Herausgabe der »Floristischen Rundbriefe«.

Buchveröffentlichungen (u.a.):
Haeupler, H. (1976): Atlas zur Flora von Südniedersachsen, 365 S., Göttingen.
Haeupler, H., Schönfelder, P. (1988, 1989): Atlas der Farn- und Blütenpflanzen der BRD, 2 Auflagen, 768 S., Ulmer, Stuttgart.
Wisskirchen, R., Haeupler, H. (1998): Standardliste der Farn- und Blütenpflanzen Deutschlands. 764 S. Ulmer, Stuttgart.

Thomas Muer, geb. am 20.8.1956 in Köln. Studium der Biologie und Pädagogik in Münster. Wissenschaftlicher Mitarbeiter der Westfälischen Wilhelms-Universität in Münster und des Biologischen Instituts in Metelen. Referendariat 1984-1986. Seit 1993 Lehrer an der Josef-Pieper-Schule in Rheine/Westfalen. Unterrichtsfächer: Biologie und Erziehungswissenschaften.
Pflanzenfotografie seit 1981, seit 1993 Zusammenarbeit mit Oskar Angerer.

Umschlagfotos
Zwerg-Alpenglöckchen (*Soldanella alpicola*) Foto Muer
Peletiers Habichtkraut (*Hieracium peleterianum*) Foto Muer
Igel-Segge (*Carex echinata*) Foto Muer
Übersehenes Knabenkraut (*Dactylorhiza praetermissa*) Foto Angerer
Filzast-Weide (*Salix dasyclados*) Foto Muer

Seite 2/3: Flügel-Ginster (*Chamaespartium sagittale*) Foto Haeupler
Seite 4/5: Grauer Alpen-Dost (*Adenostyles alliariae*) Foto Haeupler
Seite 29: Hirschzunge (*Asplenium scolopendrium*) Foto Angerer
Seite 49: Gewöhnliche Waldkiefer (*Pinus sylvestris*) Foto Haeupler
Seite 53: Alpen-Goldrute (*Solidago virgaurea* ssp *minuta*) Foto Haeupler
Seiten 571: Schnitt-Lauch (*Allium schoenoprasum*) Foto Haeupler

Die Deutsche Bibliothek – CIP-Einheitsaufnahme

Ein Titeldatensatz für diese Publikation ist bei Der Deutschen Bibliothek erhältlich.

Wollgrasweg 41, 70599 Stuttgart (Hohenheim)
email: info@ulmer.de
Internet: www.ulmer.de
Konzeption und Herstellung: Dieter Kleinschrot
Lektorat: Sabine Drobik, Dr. Nadja Kneissler
Satz: Rund ums Buch – Rudi Kern, Kirchheim/Teck
Reproduktionen: Eurolitho, Tezze, Italien
Druck und Bindung: Brepols, Turnhout, Belgien
Printed in Belgium

ISBN 3-8001-3364-4

Inhaltsverzeichnis

1 Vorwort und Einführung

Von Henning Haeupler

1.1 Rahmen des Gesamtwerkes

Der vorliegende Band stellt erstmals alle für Deutschland nachgewiesenen einheimischen (indigenen), altansässigen (archäophytischen) und fest eingebürgerten Sippen, einschließlich der nur lokal etablierten Arten, Subspecies, z.T. Varietäten und etablierten Hybriden und deren Unterarten einschließlich der apomiktischen Sippen im Bild (zumeist als Farbfoto) vor. Grundlage für die Namengebung, Anordnung und Vollständigkeit sowie Definition der oben benutzten Taxa (Sippen) ist die Standardliste der Farn- und Blütenpflanzen (Wisskirchen & Haeupler 1998). Mit dieser Liste wurde nach Mansfeld (1944) und Ehrendorfer(1973) für die botanische Erforschung Deutschlands wieder eine moderne Referenzbasis vorgelegt. Sie bietet eine verlässliche, weitgehend an den Originalquellen überprüfte und im internationalen Abgleich höchst aktuelle und kongruente Nomenklatur. Hiernach sind in dem vorliegenden Band 4145 Sippen abzuhandeln. Zu diesen Sippen kommt noch eine bislang nur in groben Schätzungen zu umschreibende Anzahl unbeständiger Gäste, die 1000 weit überschreiten dürfte. Einige wenige wurden entgegen der »Standardliste« in den vorliegenden Bildband übernommen, sie tragen wie alle gegenüber der Standardliste neu aufgenommenen Sippen eine mit Kleinbuchstaben (a–n) versehene Abbildungsnummer.

An dieser Stelle möchte ich meinem Mitautor Thomas Muer danken, der die Beschaffung und Organisation des Bildmaterials übernommen sowie die Hälfte der beschreibenden Texte beigesteuert und einen Großteil des Layouts fertiggestellt hat. Ihm und seinem Freund Oskar Angerer, der als ausgezeichneter Botaniker auch noch sehr gut fotografiert, ist es zu verdanken, dass das Werk innerhalb relativ kurzer Zeit (6 Jahre) realisiert werden konnte. Dank dem Entgegenkommen des Verlages Eugen Ulmer ist der schon viele Jahre zurückreichende Plan, einen Bildatlas aller in Deutschland heimischen Farn- und Blütenpflanzen zu erstellen, nun endlich Wirklichkeit geworden. Der Markt ist zwar angefüllt mit Foto-Bildbänden von Wildpflanzen verschiedenen Umfangs, diese enthalten aber jeweils nur eine sehr unvollständige Auswahl an Arten. Keines dieser Bücher bietet auch nur annähernd eine komplette Ikonographie der deutschen Flora. Die »Flora Helvetica« von Lauber & Wagner (1996, 1998) und der Bildatlas der Exkursionsflora von Rothmaler (1995) kommen diesem Ideal noch am nächsten. Aber selbst die vollständigsten Bände versagen spätestens da, wo es sich um sehr ähnliche (bestimmungskritische) oder um extrem seltene Arten und schon gar, wenn es sich um infraspezifische Taxa handelt (Unterarten und Varietäten, apomiktische »Kleinarten«). Da die Artabgrenzung aber oft nur eine Ermessensfrage der Taxonomen ist, auf diesem Gebiet derzeit auch kaum eine verbindliche Einigkeit erzielt werden und der taxonomische Rang von Quelle zu Quelle wechseln kann, sprechen wir hier neutral von Sippen (Taxa) und machen die Aufnahme in den vorliegenden Bildband nicht von irgendeinem taxonomischen Rang abhängig.

Der vorliegende Bildatlas enthält neben wenigstens einem typischen Farbfoto der Sippe (zuweilen auch mehreren) jeweils eine Kurzbeschreibung der wesentlichen, differenzierenden Merkmale, wobei aus Platzgründen diese Beschreibung sehr komprimiert ausfallen muss. Trotzdem haben wir versucht, über jede Sippe so viel Informationen wie möglich in den Text einzubeziehen, was oft zu einer teilweise sehr formelhaften, weitgehend chiffrierten Wiedergabe solcher Informationen führt. Dies wird zwangsläufig für den Nutzer eine gewisse Eingewöhnung bedeuten. Das Abkürzungsverzeichnis (Abschnitt 3.1, S.28) und die entsprechenden erläuternden Abschnitte unter 2.3 erleichtern das Verständnis dieser Inhalte. Entsprechende Tabellen (Tabelle 5–7) sollen dabei helfen und zur schnelleren Übersicht beitragen.

Bei den höchst kritischen und nicht unumstrittenen Apomikten ist ein Foto oft nicht in der Lage, die differenzierenden Merkmale gebührend wiederzugeben. Gegebenenfalls greifen wir dann auf Detailzeichnungen zurück, z.T. begnügen wir uns in solchen Fällen aber auch nur mit der textlichen Beschreibung der Differentialmerkmale (dann steht neben dem beschreibenden Text: ohne Abb.). In den Fällen, wo die Bearbeitung der Formenkreise noch sehr im Fluss ist (*Ranunculus auricomus* agg, *Taraxacum*), beschränken wir uns auf die Darstellung ausgewählter, wichtiger »Typen«. In diesen Fällen muss noch systematische und taxonomische Grundlagenarbeit geleistet werden. Für andere kritische Gruppen (*Alchemilla, Oenothera, Rubus* und *Sorbus*) ist der Kenntnisstand inzwischen aber so gut, dass wir eine mehr als repräsentative, um nicht zu sagen vollständige Zusammenstellung und Beschreibung der Sippen vorlegen können. Dies wird hoffentlich die weitere adäquate Berücksichtigung dieser oft hochindikativen Sippen in der floristischen, vegetationskundlichen und ökologischen Feldarbeit erleichtern.

Die jetzt mit 2 Bänden vorliegende Trilogie zu den Farn- und Blütenpflanzen Deutschlands ist ein vorläufiger Höhepunkt der floristischen Bestandsaufnahmen in Deutschland, die bescheiden 1976 in Süd-Niedersachsen begonnen hatten (Haeupler 1976) und die in den Atlanten von Haeupler & Schönfelder (1985, 1986) sowie Benkert et al. (1996) eine bedeutsame Zwischenbilanz erfahren haben. Diese beiden Bände werden durch Band 3: Verbreitungsatlas der Farn- und Blütenpflanzen Deutschlands eine aktualisierte Fortschreibung finden. Bei Haeupler et al. (in Vorber.) und Korsch (1999) werden zudem Möglichkeiten der Auswertung dieser differenzierten Kenntnisse über die Farn- und Blütenpflanzen Deutschlands vorgestellt.

Es bleibt zu hoffen, dass die im Laufe der letzten 30 Jahre gewachsene Begeisterung für die heimische Flora bei vielen tausend ehrenamtlichen Mitarbeitern in den noch laufenden Projekten weiter genutzt werden kann, auch um darüber hinaus zu einem notwendigen, dauernden Monitoring der Flora Deutschlands zu gelangen. Erst dann können die Forderungen der Konvention von Rio de Janeiro aus dem Jahre 1992 über die biologische Vielfalt, zu denen sich auch die Regierung der Bundesrepublik Deutschland durch ein Gesetz vom 30.8.1993 bekannt hat, nämlich die Biodiversität zu erfassen, zu erhalten und nachhaltig zu nutzen, für die Farn- und Blütenpflanzen in Deutschland annähernd erfüllt werden.

Die Gebietsbeschränkung bei der Auswahl der aufgenommenen Sippen auf die politischen Grenzen Deutschlands schränkt die Gültigkeit der hier wiedergegebenen Sachverhalte für weitere Teile Mitteleuropas, etwa im Sinne des Hegi, kaum ein. Der Bildband ist also auch in den an Deutschland angrenzenden Ländern hervorragend zu nutzen. Die jeweils hinzukommenden Sippen halten sich zahlenmäßig in Grenzen und lassen sich mit entsprechenden landesbezogenen Checklisten und/ oder Floren leicht ermitteln.

Es ist vorgesehen, neben der Trilogie auch eine CD-Rom herauszugeben, welche den Umfang des Bildbandes noch erweitern und zusätzliche Detailfotos und v. a. Standortfotos enthalten soll, die die ökologischen Zusammenhänge besser und nachvollziehbarer illustrieren können.

Sofern es eine finanzielle Förderung erlaubt, soll die CD-Rom auch einen interaktiven Bestimmungsschlüssel beinhalten, der die Bestimmung der Sippen auf einer völlig neuen Ebene ermöglicht.

1.2 Verzeichnis der Mitarbeiter

Für den Bildatlas konnte wie bei der Erstellung der Standardliste ein Stab hochqualifizierter MitarbeiterInnen gewonnen werden, der in unterschiedlichster Art und Weise zum Gelingen des Buches beigetragen hat.

1.2.1 Bildautoren

Bildvorlagen (Dias) haben geliefert:
(Einzelnachweis Abschnitt 4.2)
Angerer, Oskar, München
Baborka, Dr. Michael, München
Bellmann, Dr. Heiko, Lonsee
Bennert, Prof. Dr. Wilfried, Bochum
Dahmen, Rolf, Oldenburg
Diekjobst, Dr. Herbert, Oberhambach
Drachenfels, Olaf von, Laatzen
Dunkel, Dr. Franz, Karlstadt
Garve, Eckhard, Sarstedt
Gottschlich, Günter, Tübingen
Gügel, Dr. Ernst, München
Haeupler, Prof. Dr. Henning, Bochum
Horn, Karsten, Uttenreuth
Kleinschrot, Dieter, Weil im Schönbuch
Kuhbier, Heinrich, Bremen
Lauber, Konrad, Liebefeld (Schweiz)
Lipowczyk, Lienhard, Lünen
Lüth, Michael, Freiburg/Br.
Muer, Benedikt, Wuppertal
Muer, Thomas, Telgte
Neumeier, Willi, München
Presser, Helmut, Pfünz
Rasbach, Dr. Kurt & Dr. Helga, Glottertal
Reichenbach, Berthold, Herbolzheim
Riegel, Felix, München
Rückbrodt, Dietrich, Lampertheim
Rückriem, Christoph, Bonn
Sackwitz, Peter, Heilbronn
Schimmitat, Jürgen, München
Schmid, Martin, Stuttgart
Schönfelder, Prof. Dr. Peter, Regensburg
Schrempp, Heinz & Dora, Breisach
Schweitzer, Prof. Dr. Hans-Joachim, Bonn
Timmermann, Georg, Rottenburg/Neckar
Walderich, Ludwig, Gingen/Fils
Weber, Prof. Dr. Dr. Heinrich E., Bramsche
Wimmer, Walter, Salzgitter
Wolff, Peter, Saarbrücken-Dudweiler
Wucherpfenning, Dr. Wolfgang, Ecking
Büscher, Dieter, Dortmund
Deinzer, Reinhold, Bad Berneck
Dengler, Jürgen, Kiel
Elzner, Otto, Rottenstein
Fartmann, Thomas, Warburg
Geier, Michael, Freising
Grenzheuser, Winfried, Rheine
Großmann, Manfred, Waltersleben
Hölzl, Mike, Nebra
Horn, Carsten, Karlsruhe
Jagel, Armin, Bochum
Kaplan, Dr. Klaus, Bad Bentheim
Korneck, Dieter, Bonn
Kuhbier, Heinrich, Bremen
Lipowczyk, Lienhard, Lünen
Lippert, Dr. Wolfgang, München
Ludwig, Dankwart, Bochum
Mazomeit, Johannes, Altripp
Meierott, Prof. Dr. Lenz, Gerbrunn
Meinunger, Ludwig, Ludwigsstadt-Ebersdorf
Meve, Ulrich, Bayreuth
Meyer, Norbert, Oberasbach
Muer, Benedikt jun., Telgte
Nehrig, Herbert, Wesel
Paeger, Jürgen, Bochum
Philippi, Dr. Georg, Karlsruhe
Ploeg, van der, D.T.E., Sneek (Niederlande)
Poppendieck, Dr. H.-H., Hamburg
Rau, Heike, Münster
Richter, Rolf u. Heike, Neustadt
Rödel, Prof. Dr. Dieter, Münster
Rüter, Ludger, Telgte
Schmid, Martin, Ludwigsburg
Schraa, Reinhard, Sottrum
Schröder, Eckhard, Wachtberg
Sonnberg, Monika, Münster
Sonneborn, Irmgard, Bielefeld
Starkmann, Thomas, Münster
Steffen, Arnold, Münster
Timmermann, Georg, Rottenburg a. Neckar
Treiber, Reinhold, Freiburg
Weigand, Maximilian, München
Voigt, Herbert, Münster
† Wentz, Eva-Maria, Minden
Wisskirchen, Dr. Rolf, Remagen

Den Bildautoren ist es ein Bedürfnis, auch all denjenigen zu danken, die beim Auffinden der zu fotografierenden Objekte behilflich waren. Thomas Muer dankt namentlich denjenigen, die maßgeblich beteiligt waren:
Angerer, Oskar, München
Dunkel, Franz, Karlstadt
Gottschlich, Günter, Tübingen
Hügin, Gerold, Denzlingen
Kiffe, Karl, Münster
Korsch, Heiko, Halle a. d. Saale
Küver, Bernd, Bremen
Lenski, Hellmut, Bad Bentheim
Loos, Götz H., Kamen
Patzke, Erwin, Aachen
Pusch, Jürgen, Erfurt
Sackwitz, Peter, Heilbronn
Wolff, Peter, Saarbrücken-Dudweiler

und denen, die Einzelhinweise gegeben haben:
Adolphi, Prof. Dr. Klaus, Rosbach-Reifert
Baborka, Dr. Michael, München
Baier, Ernst, Witzenhausen
Bergmeier, Dr. Erwin, Freiburg/Br.
Bremer, Gerrit, Münster

Oskar Angerer dankt den folgenden Personen, die ihm in verschiedener Weise zum Gelingen seiner Fotos geholfen haben:
Bauer, Ernst, Kalchreuth
Beck, Martin, Bot. Garten München
Berg, Dr. Christian, Rostock
Eberlein, Fritz, Reichenhall
Englert, Dr. Karl, Kottgeisering
Götzke, Hans, Bot. Garten München
Günther, Dr. Karl-Friedrich, Jena
Hain, Hermann, Laubau/Ruhpolding
Henker, Dr. Heinz, Neukloster
Köth, Barbara, Bot. Garten München
Krausch, Dr. Heinz Dieter, Potsdam
Liersch, Dr. Manfred, Riehen/Basel
Meyer, Dr. Karl, Jena
Milthaler, Hedwig, Görrisau
Müller, Rudolf, Bot. Garten München
Rehbein, Rolf, Rostock
Schacht, Dieter, Bot. Garten München
Schmitt, Hans, Bot. Garten München
Schuwerk, Herbert, Pappenheim

Soweit keine anderen Quellen angegeben, wurden die Zeichnungen angefertigt von:
Frebel, Thomas, Herne: *Equisetum*, sowie ab Sippen-Nr. 378
Haeupler, Henning: Sippen-Nr. 460, 462–64, 468, 2103–11, 2177–78, 2319, 2510, 2511, 2739–43, 3166–76, 3674–75, 3717–20
Loos, Götz Heinrich, Kamen: Sippen 3637, 3643 a
Steinecke, Hilke, Frankfurt: bis Sippen-Nr. 441
Zygmunt, Jerzy, Katowize: *Oenothera*

1.2.2 Textautoren

Die Texte wurden verfasst von:
Haeupler, Prof. Dr. Henning, Bochum und Muer, Thomas, Telgte (Einzelaufstellungen in Abschn. 4.3).
Weitere Bearbeiter ausgewählter Texte:
Dahmen, Ralf, Oldenburg: *Salicornia*
Gottschlich, OStR Günther, Tübingen: *Hieracium*
Horn, Karsten, Uttenreuth: *Taraxacum*
Hügin, Dr. Gerold: *Euphorbia* sect. *Chamaesyce*
Jung, Klaus, Bischoffen: *Taraxacum*
Keil, Dr. Peter, Essen: *Bidens*
Kiffe, Karl, Münster: *Cyperaceae*, *Juncaceae*
Lippert, Dr. Wolfgang, München: *Alchemilla*
Loos, Götz Heinrich, Kamen: *Achillea millefolium* agg, *Anthyllis vulneraria* agg, *Aster novi-belgii* agg, *Centaurea*, *Crataegus*, *Echinops*, *Festuca*, *Pastinaca sativa* agg, *Ranunculus auricomus*, *Rosa*, *Taraxacum*
Meyer, Norbert, Oberasbach: *Sorbus*
Müller, Stefan, Bochum: Kap. 5.1, 5.2
Patzke, Prof. Dr. Erwin, Aachen: *Festuca*
Ploeg, van der, D.T.E., Sneek: *Potamogetonaceae*
Rostański, Prof. Dr. Krysztof, Katowice (PL): *Oenothera*
Sackwitz, Peter, Öhringen: *Taraxacum*
Sarazin, Andreas, Bochum: Kap. 5.3
Schmid, Martin, Stuttgart: *Taraxacum*
Uhlemann, Ingo, Dresden: *Taraxacum*
Weber, Prof. Dr. Dr. Heinrich E., Bramsche: *Rubus*
Wolff, Peter, Saarbrücken: *Hydrocharitaceae*, *Lemnaceae*, *Lentibulariaceae*
Wucherpfennig, Dr. Wolfgang, Eching: *Orchidaceae*

Texte gelesen und z. T. ausführliche Kommentare zu kritischen Gruppen geliefert haben:
Adolphi, Prof. Dr. Klaus, Roßbach
Diekjobst, Dr. Herbert, Oberhambach: *Erigeron annuus* agg
Dopheide-Haeupler, Ilse, Bochum: besonders gründliche Durchsicht des gesamten Textes
Bennert, Prof. Dr. H. Wilfrid, Bochum: *Pteridophyta*
Garve, Eckhard, Sarstedt: *Atriplex*, *Chenopodium*
Horn, Karsten, Uttenreuth: *Pteridophyta*
Kutzelnigg Prof. Dr. Herfried, Essen: *Sorbus*
Loos, Götz Heinrich, Kamen, Durchsicht der gesamten Texte, Blühsippenzuordnung und speziell z.T. als Koautor bei: Arenaria serpyllifolia, Barbarea, Cardamine pratensis, Euphrasia, Erophila,

Helianthemum, Hypericum maculatum/perforatum, Nasturtium spec., *Rumex acetosella, Salicaceae, Sedum rupestre/forsterianum, Vicia sativa*
Patzke, Dr. Erwin, Aachen: *Festuca ovina* u. *rubra*, Blühsippenzuordnung
Pott, Prof. Dr. Richard, Hannover: Biotoptypen-System
Schubert, Prof. Dr. Rudolf, Halle: Biotoptypen-System
Weber, Prof. Dr. Dr. Heinrich E., Bramsche: Biotoptypen-System
Wimmer, Walter: *Myriophyllum*
Wisskirchen, Dr. Rolf, Remagen: *Amaranthus, Fallopia, Polygonum*

Aber auch ohne den großen Einsatz vieler MitarbeiterInnen in der Arbeitsgruppe Geobotanik in Bochum wäre das Werk in der vorliegenden Form kaum machbar gewesen. Erste Arbeiten am Formatieren für das Layout hat wie immer höchst zuverlässig Frau Sabine Hoeper erledigt. Die Hauptmenge der Texte wurde jedoch von Frau Gisela Schauer in die rechte Form gebracht und sie hat überdies die Texte des Erstautors komplett in die EDV transferiert. Frau Nina Weihrauch hat eine Reihe von komplizierten Tabellen bearbeitet und zusammen mit Heike Odparlik umfängliche Textbearbeitungen übernommen. Vor allem in der Endphase der Texterstellung hatten Frau Nina Weihrauch und Herr Andreas Sarazin großes Verdienst am Gelingen. Frau Heidi Kuhlmeier-Lang hat in hervorragender Weise die Farbscans für das Layout gefertigt und bei der Literatur-Recherche wertvolle Dienste geleistet. Herr Dr. Andreas Vogel hat jederzeit auf Abruf die neuesten Verbreitungskarten aus der Datenbank bereitgestellt, um die Verbreitungsangaben in den Naturräumen so vollständig wie möglich zu machen. Für EDV-Ratschläge konnten alle Beteiligten immer auf die verständnisvolle Bereitschaft von Herrn Dr. Ingolf Kühn zurückgreifen. Allen diesen Damen und Herren sei an dieser Stelle aus tiefem Herzen gedankt! Den Familien der beiden Autoren muss gedankt werden für Korrekturhinweise und für die Tolerierung bei der Überstrapazierung ihrer Geduld entweder bei langer Abwesenheit auf Fotosafaris oder bei ausgefallenen Ferienreisen mit der Familie und viele Abende ohne Väter.

Einen nicht unerheblichen Anteil am fristgerechten Fertigstellen in der Endphase vor Drucklegung hat das Bundesamt für Naturschutz, Bonn-Bad Godesberg, durch den Auftrag an den Erstautor, das Bildmaterial und die Texte auch für eine Bilddatenbank im Internet aufzubereiten. Dadurch standen Mittel zur Verfügung, mehrere Fachkräfte einzustellen (ihnen wird an entsprechender Stelle im Buch gedankt). Dafür an dieser Stelle einen herzlichen Dank von den Autoren. Das Bilddatenmaterial ist im Internet unter http://www.daisybytes.com zu finden mit dem Titel: Floraweb.

Schließlich gebührt auch dem Verlagshaus Eugen Ulmer ein besonderes Dankeschön: Herrn Roland Ulmer, dass er dieses große Verlagsprojekt überhaupt in Angriff genommen hat, v. a. aber Herrn Dieter Kleinschrot für die vielen, vielen Stunden geduldiger und kritischer Bildsichtung und Beratung für das Layout und der Reproduktionen, an denen von Anfang an Oskar Angerer intensiv beteiligt war. Der Verlag hat auch großzügig die Fertigstellung der Zeichnungen gefördert und das Einscannen der Farbfotos für das Layout durch die Bereitstellung eines Scanners und eines CD-Brenners unterstützt. Hierfür ebenfalls herzlichen Dank! Erst dadurch wurden die Grundlagen gelegt, auf der wir unsere Hoffnung gründen, der Bildteil sei ohne gravierende Fehler. Etwaige Mängel und Fehler in den Texten gehen dagegen ganz auf das Konto der entsprechenden Autoren, die für jeden Hinweis zur Optimierung der Texte für zukünftige Auflagen dankbar sind.

1.3 Aufbau der beschreibenden Texte

Der Aufbau der beschreibenden Texte gliedert sich in sachlich klar abgegrenzte Bereiche. Sie werden im Folgenden einzeln in der im Buch verwendeten Reihenfolge erläutert.

1. Zeile:
Hier wird der bei Wisskirchen & Haeupler (1998)in der »Standardliste der Farn- und Blütenpflanzen« (im Folgenden kurz »Standardliste« genannt) angenommene **Name mit Autor** erwähnt, aber keine Synonyme. Diese sind allerdings im Register (Kap. 5.2) berücksichtigt, so dass jede Sippe, auch mit Hilfe älterer Namen, im vorliegenden Band über die Sippennummer auffindbar ist. Auch die systematische Anordnung der Sippen im Bildteil richtet sich im Wesentlichen nach der Standardliste. Es wird davon aus didaktischen Gründen nur in solchen Fällen abgewichen, wenn äußerlich sehr ähnliche Sippen, die aber systematisch an unterschiedlichen Positionen stehen, nebeneinander gestellt werden sollen, um den optischen Vergleich zu erleichtern bzw. wenn die Anordnung in der Standardliste falsch ist (z. B. bei *Rubus*). Über die nomenklatorischen Zusammenhänge und evtl. Probleme in der Sippenfassung informiere sich der Leser bitte im Einzelnen bei Wisskirchen & Haeupler (1998). Bei Hybriden wird die Formel in den meisten Fällen nicht mit Hilfe von Sippennamen, sondern -nummern wiedergegeben, z.B. 120 × 121 statt *Nuphar lutea* × *N. pumila*. Überdies bestehen durchaus bei verschiedenen Autoren unterschiedliche Auffassungen über die Sippenabgrenzung. Vieles bedarf auch noch weiterer Untersuchungen (Hinweise hierzu finden sich v. a. in den Bemerkungen Kap. 3.3).

2. Zeile:
Die **deutschen Namen** richten sich ebenfalls nach der Standardliste. Sie sind dort konsequent bearbeitet und angeglichen (vgl. dort das entsprechende Kapitel 3.2.4). Gegenüber dem allgemeinen Gebrauch in Bestimmungsfloren ergeben sich durchaus eine Reihe von sachbezogenen, sinnvollen Änderungen. Inzwischen notwendig gewordene Berichtigungen, Ergänzungen und Verbesserungen gegenüber der Standardliste sind mit ⟨ ⟩ gekennzeichnet.

In der gleichen Zeile finden sich Hinweise zu zusätzlichen Abbildungen und zwar: **Abb.**, wenn es sich um Fotos, und **Fig.**, wenn es sich um Zeichnungen handelt. Sofern es der Platz erlaubt, findet sich zu Beginn jeder neuen Gattung in dieser Zeile (sonst darüber bzw. darunter) auch der Hinweis, **wie viele Arten** in dieser Gattung derzeit weltweit bekannt sind. Diese Hinweise richten sich nahezu ausschließlich nach Mabberley (1996). Beim gegenwärtigen Stand der Kenntnis kann man dazu je nach Quelle sehr unterschiedliche Angaben finden. Die Darstellung bei Mabberley erscheint uns aber, bei aller angebrachten Vorsicht, die derzeit aktuellste und verlässlichste Referenz, so dass wir uns auf sie beziehen (bis auf die auch hier mit ⟨ ⟩ gekennzeichneten Ausnahmen, die zumeist auf Willis 1973 zurückgehen). Die Angabe dieser Artenzahlen erschien uns erwähnenswert, denn es ist durchaus wichtig zu wissen, welchen Anteil eine Gattung in unserer heimischen Flora hat im Vergleich zur Weltflora. Solche Zahlen sind pflanzengeographisch interessant, können sie doch Hinweise auf sogenannte Sippenzentren geben. Auf diese Weise sind auch monotypische Gattungen auf den ersten Blick erkennbar.

3. Zeile:
Sie umfasst sehr viele und sehr unterschiedliche Informationen. Die inhaltlichen Bereiche sind jeweils durch Semikolon getrennt. Zuerst wird angegeben – sofern relevant – ob eine Sippe im Gebiet **endemisch** ist und welchen **floristischen** Status sie im Bezugsraum hat; es folgen **Lebensform**, **Blattausdauer** und **Phänologie** sowie ein Hinweis auf **Blühsippen** im Sinne von Patzke (1990, sowie schriftliche Mitteilungen); **Verbreitung** in den naturräumlichen Großeinheiten; **Gefährdung** und rechtlicher **Schutz**, national wie gesamteuropäisch; am Schluss finden sich schließlich Angaben zu den vielfältigen **Nutzungen** durch den Menschen. Diese Inhalte werden in der Einleitung in den Abschnitten 2.3.2 bis 2.3.5 ausführlich besprochen.

4. Zeile:
Statt der raumgreifenden Standortsangaben wird ein **Chiffren-System** angewandt, das auf einem von Haeupler & Garve (1983) begründeten und in Pott (1996) überarbeiteten und im vorliegenden Band weiter entwickelten Biotoptypen-System beruht. Es wird in Abschnitt 2.3.6 ausführlich erläutert (vgl. Tabellen 5–7).

Danach folgen unter **M** eine morphologische Kurzbeschreibung mit den wichtigsten, notwendigen Merkmalen für eine sichere Bestimmung und unter **B** (nicht bei jeder Sippe) weitere Bemerkungen zur Sippe, z. B. über ihre Herkunft. Ist der Umfang dieser Bemerkung zu groß, wird sie z. T. in die Bemerkungen (Kap. 3.3) verlegt.

2 Einleitung

2.1 Nomenklatur

Die Namengebung der Sippen und ihre systematische Reihenfolge richtet sich konsequent nach Wisskirchen & Haeupler (1998). In dieser »Standardliste« ist durch die breite Mitarbeit von Spezialisten aus 7 Nationen eine pluralistisch angelegte Übersicht über den derzeitigen Kenntnisstand zu allen in Deutschland nachgewiesenen Sippen zusammengefasst und z. T. sehr ausführlich und kritisch kommentiert. Die taxonomische Grundlinie wurde so eng wie möglich mit der Wiener Arbeitsgruppe um Dr. Gutermann und Prof. Dr. Niklfeld abgesprochen (um in der Tradition des Ehrendorfer 1973 zu bleiben, der seinerzeit weithin akzeptierten, aber jetzt veralteten Referenzliste). Diese taxonomische Grundlinie ist nicht konservativ, sondern erkennt die auf vielen neuen Untersuchungen basierenden taxonomischen und nomenklatorischen Änderungen an, wenn auch durchaus nicht alle. Um die Liste nicht in wenigen Jahren wieder veraltet erscheinen zu lassen, galt es, die internationalen Entwicklungen vergleichend zu betrachten und zu berücksichtigen. Wenn auch manche Veränderung in den Namen und Gattungsauffassungen (z. B. in der Gattung *Polygonum*) dem Nutzer unbequem und vielleicht auch aus lokaler und regionaler Sicht nicht zwingend notwendig erscheinen mag, so ist im Rahmen der allgemeinen Globalisierung doch eine internationale Anpassung zwingend notwendig (es erscheint derzeit in Folgen auch eine globale Checkliste: Govaerts 1995). Die Gründe hierfür werden in Wisskirchen & Haeupler (1998, S. 15f) ausführlich diskutiert.

Es ist erfreulich festzustellen, dass rein nomenklatorisch bedingte Änderungen immer mehr abnehmen. Das Mittel der Konservierung gebräuchlicher Namen entgegen der Prioritätsregel wird zunehmend häufiger angewandt und auch von der Nomenklatur-Kommission befürwortet. Das Ausgraben älterer Namen verliert daher an Bedeutung (es wäre ohnehin eine Geschichte fast ohne Ende!).

Stabilität und vor allem Eindeutigkeit der Namen (einschließlich der deutschen) kann nur über die Form von Checklisten für den allgemeinen Gebrauch gesichert werden. Die Standardliste versucht nach bestem Wissen, diese Grundlage bereitzustellen. Wer sich über das »Hin und Her« vieler Namen näher informieren will, kann das in ihren einleitenden Kapiteln tun. Die im vorliegenden Buch benutzten Namen stehen in vollem Einklang mit dem »International Code of Botanical Nomenclature« (Tokyo-Code): Greuter et al. (1994). Dieser Code ist ein wesentlicher Schritt in Richtung auf Realisierung des NCU-Konzeptes (Names in Current Use), d.h. des Schutzes »allgemein gebräuchlicher Namen«. Die entsprechenden Zusätze, ob ein Name auf dieser Tokyo-Liste steht, ist in der Standardliste vermerkt (betrifft derzeit v.a. Gattungsnamen).

In den Buchtexten wird nur der in der Standardliste akzeptierte Name genannt und kein Synonym. Sie und alle Namensänderungen sind im vorliegenden Band jedoch im Register berücksichtigt. Tabelle 1 gibt die gegenüber Ehrendorfer (1973) wichtigsten Änderungen auf Gattungsebene wieder.

Tabelle 1: Wichtige Namensänderungen auf Gattungsniveau im Vergleich zu anderen Floren aus neuerer Zeit, insbesondere aber zu Ehrendorfer (1973)

Achnatherum calamagrostis → *Stipa calamagrostis*
Achnatherum splendens → *Stipa splendens*
Agropyron caninum → *Elymus caninus*
Agropyron elongatum → *Elymus obtusiflorus*
Agropyron intermedium → *Elymus hispidus*
Agropyron junceum / junceiforme → *Elymus farctus*
Agropyron pungens / littorale → *Elymus athericus*
Agropyron repens → *Elymus repens*
Avena/Avenochloa pratensis → *Helictotrichon pratense*
Avena/Avenochloa pubescens → *Helictotrichon pubescens*
Avena/Avenochloa versicolor → *Helictotrichon versicolor*
Avenella flexuosa → *Deschampsia flexuosa*
Calycocorsus stipitatus → *Willemetia stipitata*
Centunculus minimus → *Anagallis minima*
Ceterach officinarum → *Asplenium ceterach*
Comarum palustre → *Potentilla palustris*
Coronilla emerus → *Hippocrepis emerus*
Coronilla varia → *Securigera varia*
Corydalis claviculata → *Ceratocapnos claviculata*
Corydalis lutea → *Pseudofumaria lutea*
Corydalis ochroleuca → *Pseudofumaria alba*
Dentaria bulbifera → *Cardamine bulbifera*
Dentaria enneaphyllos → *Cardamine enneaphyllos*
Dentaria heptaphylla → *Cardamine heptaphylla*
Dentaria pentaphyllos → *Cardamine pentaphyllos*
Elymus arenarius → *Leymus arenarius*
Euphorbia humifusa → *Chamaesyce humifusa*
Euphorbia maculata → *Chamaesyce maculata*
Euphorbia nutans → *Chamaesyce nutans*
Euphorbia prostrata → *Chamaesyce prostrata*
Euphorbia serpens → *Chamaesyce serpens*
Gnaphalium luteoalbum → *Pseudognaphalium luteoalbum*
Halimione pedunculata → *Atriplex pedunculata*
Halimione portulacoides → *Atriplex portulacoides*
Hutchinsia alpina → *Pritzelago alpina*
Inula graveolens → *Dittrichia graveolens*
Kochia laniflora → *Bassia laniflora*
Kochia scoparia → *Bassia scoparia*
Lembotropis nigricans → *Cytisus nigricans*
Lychnis coronaria → *Silene coronaria*
Lychnis flos-cuculi → *Silene flos-cuculi*
Lychnis viscaria → *Silene viscaria*
Myosoton aquaticum → *Stellaria aquatica*

Phyllitis scolopendrium → *Asplenium scolopendrium*
Plantago indica/arenaria → *Psyllium arenarium*
Polygonum amphibium → *Persicaria amphibia*
Polygonum bistorta → *Bistorta officinalis*
Polygonum hydropiper → *Persicaria hydropiper*
Polygonum lapathifolium → *Persicaria lapathifolia*
Polygonum minus → *Persicaria minor*
Polygonum mite → *Persicaria dubia*
Polygonum pensyivanicum → *Persicaria pensylvanica*
Polygonum persicaria → *Persicaria maculosa*
Polygonum viviparum → *Bistorta vivipara*
Polygonum polystachyum → *Aconogonon polystachyum*
Reynoutria x bohemica → *Fallopia × bohemica*
Reynoutria japonica → *Fallopia japonica*
Reynoutria sachalinensis → *Fallopia sachalinensis*
Rhynchosinapis cheiranthos → *Coincya monensis ssp cheiranthos*
Scilla forbesii / siehei → *Chionodoxa forbesii*
Scilla luciliae → *Chionodoxa luciliae*
Scilla sardensis → *Chionodoxa sardensis*
Senecio congestus → *Tephroseris palustris*
Senecio helenitis → *Tephroseris helenitis*
Senecio integrifolius → *Tephroseris integrifolia*
Senecio rivularis → *Tephroseris crispa*
Senecio gaudinii → *Tephroseris tenuifolia*
Veronica longifolia → *Pseudolysimachion longifolium*
Veronica spuria / paniculata → *Pseudolysimachion spurium*
Veronica spicata → *Pseudolysimachion spicatum*

Tabelle 2: Das in diesem Band zugrunde gelegte System der Farn- und Blütenpflanzen (aus Wisskirchen & Haeupler, 1998)

Abt. Pteridophyta

Kl. Lycopodiopsida (= Lycopodiatae)

Ord. Lycopodiales
Fam. *Lycopodiaceae* (inkl. *Huperziaceae*)

Ord. Selaginellales
Fam. *Selaginellaceae*

Ord. Isoetales
Fam. *Isoetaceae*

Kl. Equisetopsida (= Sphenopsida)

Ord. Equisetales
Fam. *Equisetaceae*

Kl. Pteridopsida (= Filicatae)
Fam. *Ophioglossaceae*
Fam. *Osmundaceae*
Fam. *Adiantaceae* (inkl. *Cryptogrammaceae*)
Fam. *Marsiliaceae*
Fam. *Hymenophyllaceae*
Fam. *Polypodiaceae*
Fam. *Dennstaedtiaceae* (inkl. *Hypolepidaceae*)
Fam. *Thelypteridaceae*
Fam. *Aspleniaceae*
Fam. *Dryopteridaceae* (inkl. *Woodsiaceae*)
Fam. *Blechnaceae*
Fam. *Salviniaceae*
Fam. *Azollaceae*

Abt. Spermatophyta

UAbt. Coniferophytina (= Gymnospermae p.p.)

Kl. Pinopsida

Ord. Pinales
Fam. *Pinaceae*
Fam. *Cupressaceae*

Ord. Taxales
Fam. *Taxaceae*

UAbt. Magnoliophytina (= Angiospermae)

Kl. Magnoliopsida = Dicotyledoneae

UKl. Magnoliidae (incl. Ranunculidae)

Ord. Aristolochiales
Fam. *Aristolochiaceae*

Ord. Nymphaeales
Fam. *Nymphaeaceae*
Fam. *Ceratophyllaceae*

Ord. Ranunculales
Fam. *Ranunculaceae*
Fam. *Berberidaceae*

Ord. Papaverales
Fam. *Papaveraceae*
Fam. *Fumariaceae*

UKl. Hamamelididae

Ord. Urticales
Fam. *Ulmaceae*
Fam. *Cannabaceae*
Fam. *Urticaceae*

Ord. Juglandales
Fam. *Juglandaceae*

Ord. Myricales
Fam. *Myricaceae*

Ord. Fagales
Fam. *Fagaceae*
Fam. *Betulaceae* (inkl. *Corylaceae*)

UKl. Caryophyllidae

Ord. Caryophyllales
Fam. *Phytolaccaceae*
Fam. *Chenopodiaceae*
Fam. *Amaranthaceae*
Fam. *Portulacaceae*
Fam. *Caryophyllaceae* (inkl. *Illecebraceae*)

Ord. Polygonales
Fam. *Polygonaceae*

Ord. Plumbaginales
Fam. *Plumbaginaceae*

UKl. Dilleniidae

Ord. Theales
Fam. *Elatinaceae*
Fam. *Clusiaceae* = *Guttiferae*

Ord. Malvales
Fam. *Tiliaceae*
Fam. *Malvaceae*

Ord. Nepenthales
Fam. *Sarraceniaceae*
Fam. *Droseraceae*

Ord. Violales
Fam. *Cistaceae*
Fam. *Violaceae*
Fam. *Tamaricaceae*
Fam. *Cucurbitaceae*

Ord. Salicales
Fam. *Salicaceae*

Ord. Capparales
Fam. *Brassicaceae* = *Cruciferae*
Fam. *Resedaceae*

Ord. Ericales
Fam. *Empetraceae*
Fam. *Ericaceae* (inkl. *Pyrolaceae*, *Monotropaceae*)

Ord. Primulales
Fam. *Primulaceae*

UKl. Rosidae

Ord. Rosales
Fam. *Hydrangeaceae*
Fam. *Grossulariaceae*
Fam. *Crassulaceae*
Fam. *Saxifragaceae*
Fam. *Parnassiaceae*
Fam. *Rosaceae*

Ord. Fabales
Fam. *Fabaceae* = *Leguminosae*

Ord. Proteales
Fam. *Elaeagnaceae*

Ord. Haloragales
Fam. *Haloragaceae*

Ord. Myrtales
Fam. *Lythraceae*
Fam. *Thymelaeaceae*
Fam. *Trapaceae*
Fam. *Onagraceae*

Ord. Cornales
Fam. *Cornaceae*

Ord. Santalales
Fam. *Santalaceae*
Fam. *Loranthaceae*
Fam. *Viscaceae*

Ord. Celastrales
Fam. *Celastraceae*
Fam. *Aquifoliaceae*

Ord. Euphorbiales
Fam. *Buxaceae*
Fam. *Euphorbiaceae*

Ord. Rhamnales
Fam. *Rhamnaceae*
Fam. *Vitaceae*

Ord. Linales
Fam. *Linaceae*

Ord. Polygalales
Fam. *Polygalaceae*

Ord. Sapindales
Fam. *Staphyleaceae*
Fam. *Hippocastanaceae*
Fam. *Aceraceae*
Fam. *Anacardiaceae*
Fam. *Simaroubaceae*
Fam. *Rutaceae*

Ord. Geraniales
Fam. *Oxalidaceae*
Fam. *Geraniaceae*
Fam. *Balsaminaceae*

Ord. Apiales
Fam. *Araliaceae*
Fam. *Apiaceae* = *Umbelliferae*

UKl. Asteridae (inkl. Lamiidae)

Ord. Gentianales
Fam. *Gentianaceae*
Fam. *Apocynaceae*
Fam. *Asclepiadaceae*

Ord. Solanales
Fam. *Solanaceae*
Fam. *Convolvulaceae* inkl. *Cuscutaceae*)
Fam. *Menyanthaceae*
Fam. *Polemoniaceae*

Ord. Lamiales
Fam. *Boraginaceae*
Fam. *Verbenaceae*
Fam. *Lamiaceae* = *Labiatae*

Ord. Callitrichales
Fam. *Hippuridaceae*
Fam. *Callitrichaceae*

Ord. Plantaginales
Fam. *Plantaginaceae*

Ord. Scrophulariales
Fam. *Buddlejaceae*
Fam. *Oleaceae*
Fam. *Scrophulariaceae* inkl. *Orobanchaceae*
Fam. *Globulariaceae*
Fam. *Lentibulariaceae*

Ord. Campanulales
Fam. *Campanulaceae*

Ord. Rubiales
Fam. *Rubiaceae*

Ord. Dipsacales
Fam. *Caprifoliaceae*
Fam. *Adoxaceae*
Fam. *Valerianaceae*
Fam. *Dipsacaceae*

Ord. Asterales
Fam. *Asteraceae* = *Compositae*

Kl. Liliopsida = Monocotyledoneae

UKl. Alismatidae (= Helobiae)

Ord. Alismatales
Fam. *Butomaceae*
Fam. *Alismataceae*

Ord. Hydrocharitales
Fam. *Hydrocharitaceae*

Ord. Najadales
Fam. *Scheuchzeriaceae*
Fam. *Juncaginaceae*
Fam. *Potamogetonaceae* (inkl. *Ruppiaceae*)
Fam. *Najadaceae*
Fam. *Zannichelliaceae*
Fam. *Zosteraceae*

UKl. Arecidae (s.l.)

Ord. Arales
Fam. *Acoraceae*
Fam. *Araceae*
Fam. *Lemnaceae*

UKl. Commelinidae (Farinosae s.l.)

Ord. Juncales
Fam. *Juncaceae*

Ord. Cyperales
Fam. *Cyperaceae*
Fam. *Poaceae* = *Gramineae*

Ord. Typhales
Fam. *Typhaceae* (inkl. *Sparganiaceae*)

UKl. Liliidae = Liliiflorae

Ord. Asparagales
Fam. *Convallariaceae*
Fam. *Asparagaceae*
Fam. *Anthericaceae*
Fam. *Hyacinthaceae*
Fam. *Alliaceae*
Fam. *Amaryllidaceae*

Ord. Liliales
Fam. *Melanthiaceae*
Fam. *Hemerocallidaceae*
Fam. *Liliaceae* (s.str.)
Fam. *Colchicaceae*
Fam. *Iridaceae*

Ord. Dioscoreales
Fam. *Dioscoreaceae*
Fam. *Trilliaceae*

Ord. Orchidales
Fam. *Orchidaceae* (inkl. *Cypripediaceae*)

2.2 Das zugrunde liegende System

Übernommen aus Wisskirchen & Haeupler (1998, S. 553-555)

Das System der höheren Einheiten (Abteilungen bis Familien) folgt bei den Blütenpflanzen Cronquist (1981), bei den Farnpflanzen der »Checklist of European Pteridophytes« (Derrik et al. 1987). Brummitt (1992) »Vascular Plant Families and Genera« wurde allgemein als Standard bei der Zuordnung der Gattungen zu Familien gewählt (aber: Fumariaceae und Najadaceae als eigene sowie Corylaceae und Illecebraceae nicht als eigene Familien wie in Cronquist [1981] und Kubitzki et al. [1993]; außerdem Dryopteridaceae s. l. inkl. Woodsiaceae wie in Kramer & Green [1990]). Von Cronquist (1981) wurden die Parnassiaceae, Acoraceae (akzeptiert in Cronquist 1988!) und die neu umgrenzten Kleinfamilien der Liliaceae s. l. noch nicht unterschieden, was hier auf der Grundlage von Brummitt (1992) geschieht. Umgekehrt finden sich bei Cronquist (1981, 1988) noch einige Familien, die nach Brummitt (1992) nicht mehr anerkannt werden, so die Pyrolaceae, Monotropaceae, Cuscutaceae, Orobanchaceae, Ruppiaceae und Sparganiaceae. Um einen besseren Überblick über Abänderungen zu geben sind alle von Cronquist (1981) nicht anerkannte Familien mit einem (+) gekennzeichnet. Bei hier weiter gefassten Familien zeigt ein (-) in der Synonymie eine von Cronquist noch als eigenständig angesehene Familie.

Die Anordnung der Gattungen innerhalb der Familien folgt »The Families and Genera of Vascular Plants« - soweit veröffentlicht (Kramer & Green 1990, Kubitzki et al. 1993). Dies sind bisher nur die Pteridophyta, Spermatophyta (Gymnospermae und Angiospermae, Dicotyledoneae mit Magnoliidae, Hamamelidae und Caryophyllidae). Bei den restlichen Unterklassen der Dicotyledoneae und den Monocotyledoneae wurde die Reihenfolge der Gattungen und auch der Arten weitgehend mit Rothmaler (1990) abgeglichen. Hybriden sind, wo möglich, zwischen den Eltern eingefügt.

Abt. = Abteilung, UAbt.= Unterabteilung,
Kl. = Klasse, UKl. = Unterklasse, Ord. = Ordnung,
Fam. = Familie.

2.3 Informationen in den Kopfzeilen der beschreibenden Texte

Schon im Vorwort wurde erwähnt, dass wir trotz des durch das Modulsystem geringen zur Verfügung stehenden Platzes für die begleitenden Texte je Sippe (normalerweise ein halbes Modul, bei kritischen Formenkreisen steht u. U. mehr Platz zur Verfügung) so viel Information über die Sippen wie möglich einbringen wollten. In den folgenden Abschnitten sollen diese Informationen im Einzelnen erläutert und alle benutzten Symbole, Chiffren und Abkürzungen erklärt werden, die diese hoch komprimierte Informationsdichte erst ermöglicht haben.

Wenn man sich damit befasst, möglichst knappe, aber doch treffende Texte zu verfassen, ist man immer wieder erstaunt über die Fülle der Ungereimtheiten, Unvollständigkeiten und Inkonsequenzen und vor allem Kenntnislücken in den verschiedenen ausgewerteten Quellen. Es ist offensichtlich, dass gewisse Standardaussagen, z. B. über Lebensformen, Blühzeiten, Pflanzengrößen, Verbreitungsangaben kritiklos von einer Quelle in die andere übernommen werden. Bei offenkundigen Fehlern gegenüber landläufigen bzw. zitierten Quellen haben wir abweichende Einstufungen grundsätzlich mit ⟨ ⟩ gekennzeichnet. Wir sind aber weit davon entfernt, alle hier zusammengefassten Informationen aus den unterschiedlichsten Quellen kritisch hinterfragen zu können. Dies bedürfte zahlreicher, oft zeitintensiver Einzeluntersuchungen. Unser Anliegen ist es vielmehr, die wichtigsten Aussagen zu einer Sippe aus den verstreuten Quellen zusammenzufassen und Kenntnislücken bewusst aufzuzeigen (z. B. durch Fehlen der entsprechenden Symbole), um so zu weiterer Arbeit anzuregen.

Florenelemente und Arealformeln wurden überhaupt nicht aufgenommen. Zumindest erstere dürften aufgrund der in Kürze vorliegenden Verbreitungskarten der 2. Generation grundlegend überarbeitungsbedürftig sein. Es ist nicht Aufgabe dieses Bildbandes, hier Vorarbeit zu leisten. Wir haben die Einzelinformationen jeweils weitgehend konsequent den folgend genannten Quellen entnommen (Tabelle 3):

2.3.1 Endemismus, floristischer Status

Von endemischen Sippen sprechen wir im allgemeinen dann, wenn deren Verbreitungsgebiete (Areale) deutlich kleiner sind als die vergleichbarer, insbesondere nah verwandter Sippen. Ein solches Areal kann so klein sein, dass es sich beispielsweise nur auf einen Sonderstandort (Felsmassiv, Berggipfel, Gebirgsmassiv, Tal) bezieht. Wir sprechen dann von einem Lokalendemiten. Der Endemismus-Begriff wird aber gleichermaßen auf Flächenstaaten und in der globalen Pflanzengeographie auch auf ganze Kontinente bezogen. In Haeupler et al. (in Vorber.) wird ausführlich auf diese Problematik eingegangen. Im Bildatlas wollen wir zwei Typen von Endemismus berücksichtigen. Da die Bedeutung für den Naturschutz ganz besonders groß ist, steht diese Information auch an erster Stelle. Für eine Pflanze, die es nur in Deutschland gibt, die also endemisch für dieses Gebiet ist, kann weltweit auch nur allein die Bundesrepublik Deutschland für deren Schutz verantwortlich sein. Diese Zuordnung ist übrigens in der Standardliste nicht getroffen worden, wohl aber nach damaliger Kenntnis bei Korneck et al. (1996).

Die zwei hier unterschiedenen Typen von Endemismus sind:

☆ Für Deutschland endemische Sippen

Diese Sippen sind in ihrer Weltverbreitung auf die politischen Grenzen Deutschlands beschränkt. Es gibt dafür eine Reihe von Beispielen, die von extremen Lokalendemiten (z. B. *Viola guestphalica*, nur bei Blankenrode in einem einzigen mittelalterlichen Erztagebau) bis hin zu solchen, mit kleinen, sich aber über mehrere Grundfelder erstreckenden Arealen reichen (z. B. *Deschampsia wibeliana*, heute nur im Elbe-Ästuar, früher auch an der Eider und der Weser).

(☆) Für das engere Mitteleuropa endemische Sippen

Diese kommen in einem relativ eng begrenzten geographischen Raum vor, der Mitteleuropa im Sinne der Hegi-Flora kaum überschreitet. Das Areal der Pflanzen erstreckt sich dabei über Deutschland hinaus in ein bis wenige angrenzende Länder. Das Areal kann dabei allerdings ähnlich klein sein wie bei Lokalendemiten (z. B. *Viola calaminaria*, nur im engeren Aachen-Lüt-

Tabelle 3: Quellen für die Texte

Artenzahl/Gattung	Mabberley (1995), Willis (1973)
floristischer Status	Wisskirchen & Haeupler (1998), weitgehend nach Rothmaler (1996)
Lebensform, Blattausdauer	Ellenberg et al. (1991)
Phänophase	Dierschke (1995)
Gefährdung und Schutz	Korneck et al. (1996) und BArtSchV (1986, 1989)
Nutzungen für den Menschen	zahlreiche in 2.3.5 genannte Quellen
Standortsbedingungen	nach Oberdorfer (1994), jedoch übersetzt in unser Biotoptypen-System (2.3.6)
Morphologie	in erster Linie nach den zahlreichen in 2.4 genannten Quellen

ticher Schwermetall-Gebiet, aber sich trotzdem auf mehrere Staaten erstrecken, in diesem Fall B, D und NL).

Die Areale können aber auch weitere Ausdehnung haben, ja geradezu kennzeichnend für ganz Mitteleuropa im obigen Sinne sein, z. B. *Linum leonii*, deren Verbreitung von Lothringen (F) bis nach Mitteldeutschland (D) hinein reicht. Vollständige Tabellen mit allen für Deutschland endemischen Sippen werden in HAEUPLER et al. (in Vorber.) veröffentlicht.

Endemische Sippen sind grundsätzlich indigen, d. h. einheimisch im entsprechenden Gebiet. Es gibt in der Gattung *Oenothera* aber auch sehr junge, in Deutschland erst aus neophytisch eingewanderten Sippen entstandene Endemiten (sie können sich z. B. durch Hybridisierung gebildet haben). Sie kommen in der Heimat der ursprünglich eingeschleppten Elterarten jedenfalls nicht vor.

Die meisten Endemiten finden sich in Deutschland in apomiktischen Verwandtschaftskreisen (z. B. in den Gattungen *Rubus*, *Sorbus*). Sie werden im vorliegenden Buch gleichermaßen wie die sexuellen Arten gekennzeichnet, ohne irgendwelche Wertungen vorzunehmen.

Voraussetzung für die Entstehung jeglicher Form von Endemismus ist ein gewisser Grad von Isolierung räumlicher oder funktioneller Art. Inseln sind deshalb oft besonders reich an Endemiten. Ihre Entstehung kann auch eine besonders lange Entwicklungsgeschichte voraussetzen (Reliktendemiten). Da Mitteleuropa durch die Eiszeiten erst vor geologisch relativ kurzer Zeit radikal überformt wurde, gilt dieser Raum als entsprechend arm an Endemiten. Tabelle 4 gibt die Bilanz aus HAEUPLER et al. (in Vorber.) wieder, die von dieser landläufigen Meinung etwas abweichende Daten liefert. Die Bewertung seltener Taxa für den Naturschutz unter Berücksichtigung des Alters (sogenannte »alte slt Pfl« und »neue slt Pfl«) steht noch in den Anfängen (HOLDEREGGER 1996), bezieht jedoch durchaus diskussionswürdige »Qualitäten« in die Debatte ein.

Neben den indigenen Sippen enthält der Bildband aber auch vollständig alle Sippen mit dem floristischen Status:

- A – Archäophyt (wir sind dabei konsequent ROTHMALER 1996 gefolgt),
- A? – Archäophyt, evtl. aber doch indigen?
- E – fest eingebürgerter Neophyt (im ganzen Gebiet, zumindest aber regional),
- E? – noch nicht ganz sicher, ob fest eingebürgert,
- E lok– fest eingebürgert, aber (erst?) ganz lokal. Nur sehr vereinzelt aufgeführt werden Sippen mit dem floristischen Status:
- U-E – vermutlich auf dem Wege der Einbürgerung,
- U – unbeständig, immer auf neuen Nachschub von Diasporen angewiesen,
- K – nur kultiviert.

Sippen mit den drei letzten Statuskategorien in Klammern wurden aus didaktischen Gründen nur aufgenommen, um nah verwandte, indigene oder fest eingebürgerte Sippen sicher ansprechen und abgrenzen zu können.

Über den floristischen Status kann man in Einzelfällen trefflich streiten. Die Entscheidung ist nicht immer einfach. Wir empfehlen die Definitionen bei SCHROEDER (1974) nachzulesen, wie sie auch in der Kartieranleitung von BERGMEIER et al. (1993) ausführlich diskutiert werden. Hier ist nicht der Ort, dies zu wiederholen (vgl. auch Kap. 3.4.7 in HAEUPLER & SCHOENFELDER 1985, 1986). Bei der Zuordnung zu den einzelnen Status-Kategorien folgen wir hier konsequent WISSKIRCHEN & HAEUPLER (1998). Inzwischen durch Erkenntnis-Fortschritt notwendig gewordene Änderungen sind wiederum mit 〈〉 gekennzeichnet.

Tabelle 4: Florenbilanzen und Endemiten-Anteile in Deutschland nach verschiedenen Quellen

Quelle	Anzahl Farn- und Blütenpflanzen	Anzahl Endemiten	% an Gesamtflora
IUCN 1977	—	4[a)]	—
DAVIS et al. 1986	2476 (West)	3	0,1
	1842 (DDR)	3	0,2
GROOMBRIDGE 1992[b)]	2682	6	0,2
KORNECK et al. 1996	3319	88 (+49)[c)]	2,7 (4,1)
	3056[d)]	34 (+49)	1,1 (2,7)
WISSKIRCHEN & HAEUPLER 1998	4142	157 (+120) [277]	3,8 [6,7]
		Alpenend.[f)] 68 [322]	[7,9]
	3084[e)]	20 (+30) [50]	0,7 [1,5]
		+ Alpenend. 63 [113]	[3,7]

a) *Deschampsia wibeliana, Stipa bavarica, Calamagrostis pseudopurpurea, Rhinanthus halophilus*. b) Die deutsche Flora gilt im weltweiten Vergleich als weitgehend komplett erfasst (Stufe 1, d. h. nur < 5% der Arten sind noch zu beschreiben). c) In ( ) zusätzlich die Arten mit kleinen mitteleuropäischen Arealen, an dem Deutschland aber einen wesentlichen Anteil hat, d) ohne *Rubus*, e) ohne apomiktische Großgruppen und *Oenothera*, [ ] Summe bzw. %-Sätze aller Mikroarealophyten. f) Zahl noch unvollständig.

2.3.2 Lebensformen und Phänologie

Die Definition der Lebensform-Typen im Sinne von RAUNKIAER (1934) ist durchaus noch nicht endgültig abgeklärt. Die Kurzfassung mit 5 Haupttypen, die nach der Lage der Erneuerungsknospen in Bezug zum Erdboden als Anpassung an die ungünstige Jahreszeit unterschieden werden, wie sie noch in allen gängigen Lehrbüchern dargestellt wird, entspricht keineswegs der tatsächlichen Vielfalt. Die Begriffe Lebensform (als Anpassungsform an ökologische Verhältnisse) und Wuchsform (als bauplanorientierte Organisationsform) werden überdies nur selten sauber getrennt. Den ausführlichsten und global umfangreichsten Schlüssel für Lebensformen findet man bei ELLENBERG & MÜLLER-DOMBOIS (1967). Wir wählen hier einen mittleren Weg, um die Lebensformen, wie sie in Mitteleuropa verwirklicht sind, zumindest auf einer zusammenfassenden Ebene vollständig zu berücksichtigen, und behalten dabei die klassischen Hauptgruppen weitgehend bei. In der Nomenklatur, die in sich schlüssig sein sollte, weichen wir aber von einigen gängigen Floren ab. Beschränken wir uns auf die mitteleuropäischen Verhältnisse, gilt es zu unterscheiden zwischen:

- P – Makrophanerophyten (Bäume),
- N – Nanophaneropyhten (Sträucher),
- PP – Pseudophanerophyten (Scheinsträucher, oberirdisches Sprosssystem meist nur 2-jährig, dann absterbend, sich ständig erneuernd (bei *Rubus*).
- HP – Hemiphanerophyten (Halbsträucher, z. B. *Epilobium dodonaei*). Nur die Basis der Stängel bzw. Zweige verholzen, sonst krautig.
- C – Chamaephyten (Zwergsträucher, inkl. der krautigen Vertreter, die bei ELLENBERG et al. (1991) mit Z bezeichnet werden),
- H – Hemikryptophyten (die Halbverborgenen, deren Erneuerungsknospen knapp über dem Erdboden liegen),
- K – Kryptophyten (Erneuerungsknospen liegen im Boden), bei ELLENBERG et al. noch traditionell, aber inkonsequent Geophyten (G) genannt,
- B – Bienne und kurzlebige, hapaxanthe, d.h. nach der Blüte absterbende Hemikryptophyten,
- T – Therophyten (Einjährige),
- W* – Wasserpflanzen (bei ELLENBERG et al. A genannt, was wir wegen der Mehrfachbelegung des Buchstabens A hier vermeiden wollen),
- E – Epiphyten (Aufsitzerpflanzen).

* »Wasserpflanze« ist genau genommen aber keine Lebensform, sondern nur eine Standortsangabe. Man kann die Wasserpflanzen ganz analog der obigen Gliederung einteilen, z.B. in

- TW – therophytische Wasserpflanzen, z.B. *Trapa natans*,
- HW – hemikryptophytische Wasserpflanzen, z. B. an der Wasseroberfläche überwinternd: *Lemna* z. T., Wasserhyazinthe in den Tropen,
- KW – kryptophytische Wasserpflanzen, z. B. alle mit Turionen unter Wasser überwinternde Arten,
- PW – phanerophytische Wasserpflanzen, z. B. die Mangroven der Tropen.

Die Lebensformen sind ökologische Anpassungsformen an die jeweiligen Standortsbedingungen und keine genetisch festgelegten Wuchsformen, d. h. sie können sich (auch im Gebiet Deutschlands) mit wechselnden Standortsbedingungen durchaus ändern. Durch das Erwähnen von mehreren Lebensformen bei einigen Sippen wird dieser natürlichen Variabilität auch in den von uns genutzten Quellen oft entsprochen. Am Anfang steht dabei jeweils der im Gebiet am häufigsten auftretende Fall. Ist dies nicht zu entscheiden, wird durch einen Schrägstrich / die Gleichwertigkeit der Angaben betont.

Den Lebensformen kann noch eine bauplanbedingte Wuchsform bzw. Lebenstrategie hinzugefügt werden, z. B.:

hp – Halbparasit
li – lianenartig wachsend,
sc – scapos (schaftig) wachsend,
r – repent (kriechend) wachsend,
h – horstig wachsend.
vp – Vollparasit

Diese Zusätze können unabhängig voneinander bei den unterschiedlichsten Lebensformen gefunden werden (so ist z. B. *Clematis vitalba* mit P(li) eine phanerophytische Liane, *Humulus lupulus* mit H(li) eine hemikryptophytische Liane und *Galium aparine* mit T(li) eine therophytische Liane).

Ellenberg et al. (1991) geben zu den Lebensformen noch eine Information über die Blattausdauer, die wir ebenfalls übernommen haben, und zwar in der Abstufung:

i – immergrün, Blätter leben länger als 1 Jahr,
w – wintergrün, Blätter überwintern, werden dann im Sommer durch neue ersetzt,
s – sommergrün, Blätter sterben in der kalten Jahreszeit ab,
v – vorsommergrün (einziehende Frühjahreskryptophyten).

Diese Information steht, wie der Nutzer unschwer erkennen wird, nicht für jede Sippe zur Verfügung. Wir haben dann selber entschieden (und mit ⟨ ⟩ gekennzeichnet) oder wir lassen diese Position einfach offen. So ist am einfachsten erkennbar, wo noch Informationsbedarf besteht.

Eine dritte Information in diesem Themenkomplex betrifft die phänologische Artengruppe im Sinne von Dierschke (1995). Auf die Angabe von Blütezeiten (bzw. Sporenreife bei Gefäßkryptogamen) haben wir grundsätzlich verzichtet, weil diese Angaben in der Literatur extrem unzuverlässig sind und meist auch noch unkritisch voneinander abgeschrieben werden. Eine Sippe, die im atlantisch getönten Flachland bereits in Februar blüht, kommt im Gebirge vielleicht erst im Mai/Juni zur Blüte. Eine solche Spanne mit II–VI zu kennzeichnen, würde der Sache jedoch in keiner Weise gerecht. Einen Ausweg aus diesem Dilemma bieten die von Dierschke (1995) für 1577 Blütenpflanzen (v. a. der Wälder) aus der planaren bis montanen Stufe mitgeteilten phänologischen Artengruppen. Hier wird die Blütezeit einer Sippe in Relation zu anderen Sippen betrachtet und in Klassen (Phänophasen) zusammengefasst. Die Zuordnung beruht dabei auf langjährigen Beobachtungen in Wäldern, die das charakteristische Blühverhalten von Sippen in regelhafter Abfolge der Blühaspekte über den Jahresverlauf hinweg in immer wieder gleichem Verhalten von bestimmten Artengruppen festhalten, wenn auch von Jahr zu Jahr zu unterschiedlichen Terminen.

Diese Angaben sind allerdings noch sehr lückenhaft und überdies bei einigen Sippen revisionsbedürftig. So fehlen viele seltene Sippen und nahezu alle Gebirgspflanzen. Hier ist ein sehr lohnendes Betätigungsfeld für weitere Grundlagenforschung.

Dierschke (1995) unterscheidet 9 Phänophasen und zwei den Jahresablauf ergänzende Phasen. Die Bezeichnung der Phänophasen 1–9 erfolgt nach je einem Gehölz und einer krautigen Waldpflanze. Die Phasen 10–11 ergänzen den Jahresablauf (in Klammern allgemeinere Bezeichnungen für phänologische Jahreszeiten):

1 *Corylus-Leucojum*-Phase (Vorfrühling)
2 *Acer platanoides-Anemone nemorosa*-Phase (Beginn Erstfrühling)
3 *Prunus avium-Ranunculus auricomus*-Phase (Ende Erstfrühling)
4 *Fagus-Lamiastrum*-Phase (Beginn Vollfrühling)
5 *Sorbus aucuparia-Galium odoratum*-Phase (Ende Vollfrühling)
6 *Cornus sanguinea-Melica uniflora*-Phase (Beginn Frühsommer)
7 *Ligustrum-Stachys sylvatica*-Phase (Ende Frühsommer)
8 *Clematis vitalba-Galium sylvaticum*-Phase (Hochsommer)
9 *Hedera-Solidago*-Phase (Frühherbst)
10 Herbstphase (Herbst)
11 Ruhephase (Winter)

Hierbei noch nicht berücksichtigt sind allerdings die unterschiedlichen Blühsippen eines Taxons im Sinne von Patzke (1990). Dieser Autor hat mehrfach auf das Phänomen der Blühsippen hingewiesen und Forschungsansätze dazu gemacht. Die große Zusammenschau und Synthese, die es erlauben würde, diese Typisierung auf die gesamte Flora zu beziehen, steht allerdings noch aus. Wir geben mit einem Blütensymbol (❀) an, ob bei einem Taxon solche Blühsippen bekannt sind oder vermutet werden.

2.3.3 Verbreitung in den Naturräumen

So wünschenswert es wäre, bei jeder Sippe die Verbreitung in Deutschland, ggf. auch in Europa bzw. die Gesamtverbreitung anzugeben, wie es z.B. in der Neuauflage von Rothmaler Band 2 (1996) versucht wurde, so hätte dies einerseits zu viel Platz beansprucht und andererseits Informationen vorweggenommen, die viel präziser in Kürze in Band 3 der Trilogie, dem Verbreitungsatlas der Farn- und Blütenpflanzen Deutschlands, vorliegen werden. Auch Angaben über Florenelemente (im Sinne von Oberdorfer 1994) oder Arealformeln (im Sinne von Rothmaler 1996) haben wir bewusst weggelassen, da zumindest erstere nach Erscheinen des Verbreitungsatlas teilweise zu überarbeiten sein dürften.

So haben wir uns hier für einen neuen Weg entschieden, die Verbreitung nach den naturräumlichen Großeinheiten anzugeben, wie sie in der Gliederung von Klink (1990) vorgeschlagen wurde. Diese wurde im wesentlichen von Pott (1996) übernommen. Danach unterscheiden wir die Großräume (vgl. Fig. 2.1, Seite 14):

A – Alpen
AV – nördliches Alpenvorland
M_1 – Süddeutsches Schichtstufenland (mit Oberrhein-System)
M_2 – Zentraleuropäische Mittelgebirgsschwelle
F – Norddeutsches Flachland
K – Watten- und Marschenküste der Nordsee sowie Insel- und Boddenküste Schleswig-Holsteins und Mecklenburgs.

Eine Differenzierung kann durch die Zusätze westl. bzw. östl. erfolgen oder der Höhenstufen (s. 2.3.6). Die Angaben der Großräume erfolgen jeweils von Süd nach Nord, von den Alpen hinab ins Flachland und zur Küste. Wenn nur sehr sporadische Einzelvorkommen in einem Naturraum vorliegen, kann das Kürzel dafür in Klammern ( ) stehen.

Auf solche, zugegebenermaßen grobe Verbreitungsangaben kann jedoch nicht ganz verzichtet werden, da vor allem für den Anfänger das geographische Vorkommen (oder noch wichtiger: das Fehlen!) als Kriterium zur Vermeidung von Fehlbestimmungen grundsätzlich mit herangezogen werden sollte.

2.3.4 Gefährdung und gesetzlicher Schutz

Die Gefährdung der Farn- und Blütenpflanzen wird seit Sukopp (1974) in Form sogenannter »Roter Listen« dokumentiert. Die letzte bundesweite Liste wurde von Korneck et al. (1996) vorgelegt. Die dortigen Einstufungen werden hier übernommen und mit den entsprechenden Kategorien der Gefährdung in der 3. Zeile wiedergegeben. Fig. 2.2 gibt eine Übersicht über diese Kategorien.

Für weitere Informationen sei Heft 28 der Schriftenreihe für Vegetationskunde »Rote Liste gefährdeter Pflanzen Deutschlands« 1996 mit seinen zahlreichen Einzelbeiträgen empfohlen.

Zuweilen steht hinter der Gefährdungskategorie noch eine weitere Information zur Verantwortlichkeit der Bundesrepublik Deutschland für den Schutz einer Sippe, wobei bedeutet:

!! die Bundesrepublik ist in besonderem Maße verantwortlich (meist sind diese Sippen in ihre Verbreitung auf Deutschland beschränkt, also endemisch)

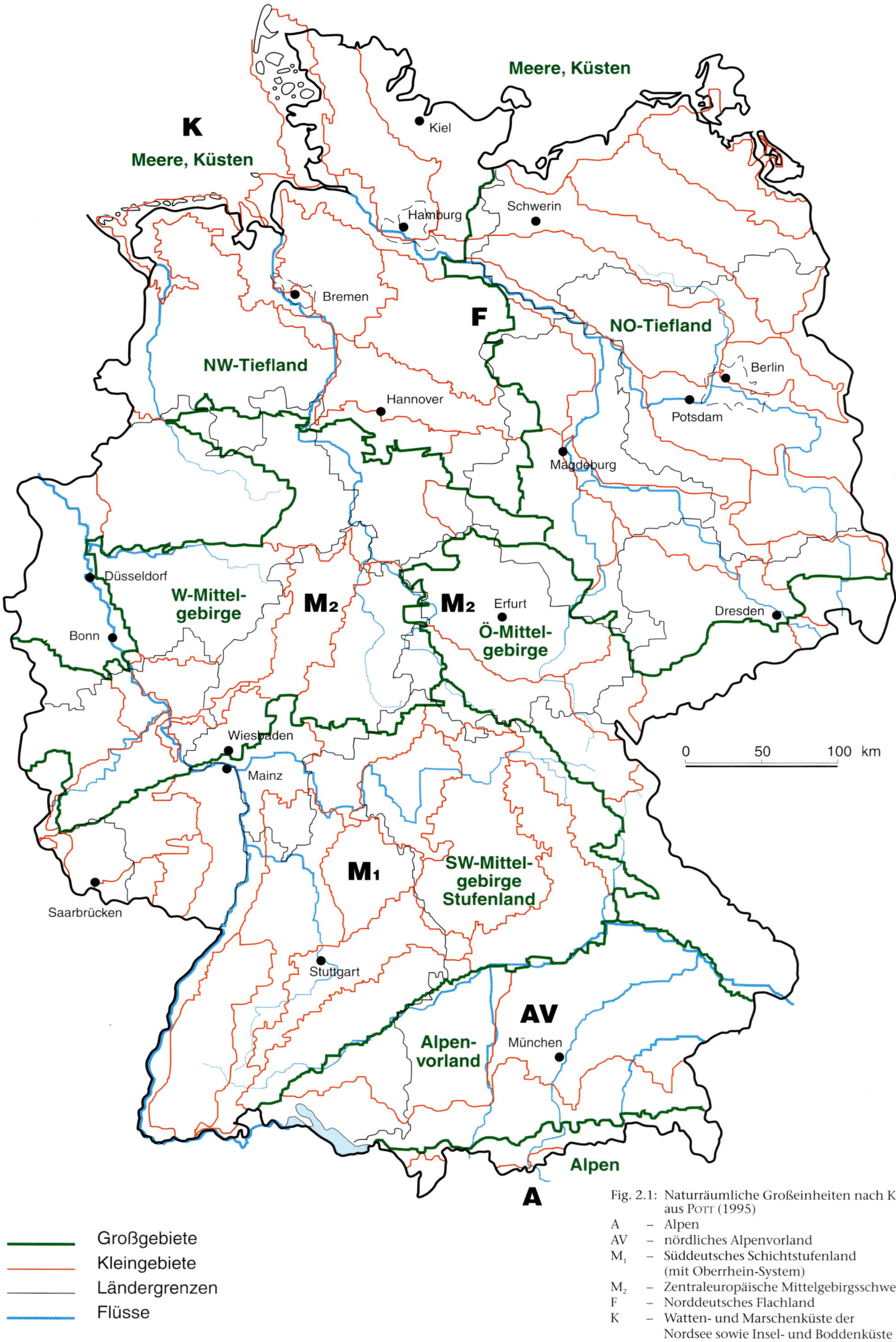

Fig. 2.1: Naturräumliche Großeinheiten nach KLINK (1990) aus POTT (1995)

A	–	Alpen
AV	–	nördliches Alpenvorland
M_1	–	Süddeutsches Schichtstufenland (mit Oberrhein-System)
M_2	–	Zentraleuropäische Mittelgebirgsschwelle
F	–	Norddeutsches Flachland
K	–	Watten- und Marschenküste der Nordsee sowie Insel- und Boddenküste Schleswig-Holsteins und Mecklenburgs.

Fig. 2.2 aus: Korneck et al (1996) Einführung, Rote Liste

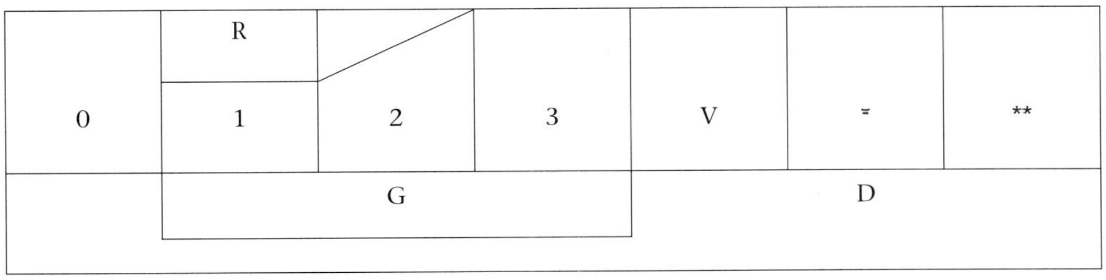

Kategorien der Roten Liste Deutschlands: 0 = ausgestorben oder verschollen, 1 = vom Aussterben bedroht, 2 = stark gefährdet, 3 = gefährdet, G = Gefährdung anzunehmen (genaue Zuordnung zu Kategorie 1–3 nicht möglich), R = extrem selten. Zusätzliche Kategorien: V = Vorwarnliste, * = nicht als gefährdet angesehen, ** = ungefährdet, D = Daten mangelhaft (Zuordnung nicht möglich)

! die Bundesrepublik ist stark verantwortlich (zugleich aber auch ein oder wenige Nachbarstaaten).

RL reg wird von uns benutzt, um Sippen zu kennzeichnen, die bei Korneck et al. (1996) für wenigstens ein Bundesland, oft aber auch für mehrere und zuweilen sogar für alle mit regionalen Gefährdungseinstufungen versehen sind, aber von Korneck et al. trotzdem keine Gesamtgefährdung für die Bundesrepublik im Ganzen angenommen wird. Sie sind aber auf jeden Fall regional gefährdet bzw. zurückgehend.

Der gesetzliche Schutz ist nach Bundesartenschutzverordnung (BArtSchV) von 1986, 1989 eingetragen und zwar mit dem Paragraphen-Symbol §. Weitere internationale Schutzkategorien sind ebenfalls nach Korneck et al. (1996) übernommen:

- C geschützt nach Washingtoner Artenschutzabkommen (Cites) (Convention on International Trade in Endangered Species),
- B geschützt nach Berner Konvention von 1992,
- F geschützt nach FFH-Richtlinie (Fauna-Flora-Habitat-Richtlinie des Council of the European Communities von 1992).

2.3.5 Nutzbarkeit für den Menschen

Eine Information, die in dieser Form allenfalls nur teilweise, meist aber gar nicht in Floren enthalten ist, betrifft die vielfältigen Nutzungen der Pflanzen durch den Menschen. Verschiedene Symbole geben an, ob eine Pflanze giftig ist oder essbar, ob sie als Heilpflanze genutzt wird, ob sie von ethnobotanischer Bedeutung ist (z. B. als Zauber- und Hexenpflanze, als Aphrodisiakum), ob sie industriell oder mechanisch nutzbar ist oder ihre vielfältigen Nutzungen als Zier- oder Kulturpflanze (z. B. Obstgehölz) findet.

Die **Giftigkeit** wurde nach dem umfangreichen Handbuch von Roth et al. (1984) beurteilt und durch das Totenkopf-Symbol ☠ wiedergegeben. Mit Ausrufezeichen bedeutet sehr stark (bis tödlich) giftig, schwache Giftigkeit wird dagegen durch ein Einklammern des Totenkopfes (☠) gekennzeichnet.

Die **Essbarkeit** bezieht sich entweder auf die Früchte, die als Wildobst zu genießen sind, oder auf die Nutzung als Wildgemüse. Hier hält die heimische Flora durchaus eine Fülle von heute meist unbekannten, weil vergessenen Gaumenfreuden bereit. Eine Reihe sogenannter »Feld-, Wald- und Wiesen-Kochbücher« (hier ausgewertet: Däncke & Däncke 1979, Helm 1978, Kerler 1977 und Mabey 1978) schließen diese meist wenig bekannten Schätze auf. Auch hier wird durch Klammern ( ) eine eingeschränkte Genießbarkeit (z. B. erst nach entsprechenden Vorbehandlungen, um die Giftstoffe, z. B. durch Kochen, zu zerstören) kenntlich gemacht. Im Einzelnen sollte daher in jedem Fall vor der Nutzung in den oben genannten Quellen nachgelesen werden.

Mit dem Gehalt an Giftstoffen geht sehr oft eine Nutzung als **Heilpflanze** einher. Erinnert sei an den berühmten Ausspruch von Paracelsus: »allein die Dosis macht, dass ein Ding kein Gift ist«. Es gibt zahlreiche Bücher über Heilpflanzen. Wir beziehen uns hier auf Pahlow (1979), Schoenfelder & Schoenfelder (1980) und Thomson (1978).

Dank der hervorragenden Enzyklopädie der psychoaktiven Pflanzen von Rätsch (1998) und der umfangreichen Spezialliteratur: Beckmann & Beckmann (1997, Hexen), Engel (1978, Zauber), Jantzen (1980, Amor), Müller-Ebeling et al. (1998, Hexen & Teufel), Rätsch (1990, Liebe), Rätsch (1996a, Bier und Rauschgetränke), Rätsch (1996b, Räucherstoffe), Schöpf (1986, Zauber), Schultes & Hofmann (1989, Götter) war es möglich, erstmals in einer solchen Florenübersicht die unterschiedlichen **ethnobotanischen Bedeutungen** von Pflanzen aufzulisten. Eine Differenzierung in die einzelnen Anwendungsbereiche würde hier allerdings zu weit führen, hierzu lese man in den genannten Quellen direkt nach, deshalb fassen wir hier all diese ethnobotanisch bemerkenswerten Zusammenhänge unter einem einzigen Masken-Symbol (☺) zusammen.

Bei der **industriellen Nutzung** sind natürlich alle Nutzholz liefernden Bäume entsprechend gekennzeichnet, hinzu kommen insbesondere die Färbepflanzen, bei denen wir uns auf Renz-Rathfelder (1990) und Roth et al. (1992) berufen. Manch wenig bekannte Verwendung konnte auch Düll & Kutzenigg (1992) entnommen werden.

Auch bei der Zuordnung der Verwendung als **Zierpflanzen** kann man sich auf eine Vielzahl von Quellen stützen. Bei Zierstauden beschränken wir uns auf Jelitto, Schacht & Fessler (1985), bei den einjährigen Sommerblumen auf Hielscher (1986) und bei Gehölzen auf Bärtels (1991). Die Aquarienpflanzen wurden nach Mühlberg (1980) ausgewählt.

Nach Hausen (1988) und Jelks (1977) sind diejenigen Pflanzen mit einem **Al** gekennzeichnet, die nachgewiesenermaßen **Allergien** auslösen können, oder im Verdacht dazu stehen.

2.3.6 Standortsangaben mit Hilfe eines neuartigen Biotoptypen-Schlüssels

Die Angaben, an welchen Standorten eine Sippe zu finden ist, kann für eine Entscheidungsfindung beim Bestimmen (v. a. aber für die Falsifizierung) sehr wichtig sein. Wir konnten also auf derartige Informationen nicht verzichten. Solche Angaben benötigen aber meist viel Platz.

Im Rahmen der Überlegungen, wie man den Umfang der Standortsangaben zugunsten einer extrem ökonomischen Raumausnutzung im Modul-System des vorliegenden Textes straffen könne, lag es nahe, Biotoptypen-Schlüssel und -Kataloge heranzuziehen, die in der Landesplanung und im Naturschutz heute vielerorts benutzt werden (u.v.a. Blab 1993, Böhmer et al. 1989, Corine 1991, Drachenfels 1982, Pott 1996, Riecken et al. 1994, Schwertner 1991, Zimmermann 1990, um nur einige wenige zu nennen). Es herrscht wahrlich kein Mangel an solchen Systemen, sondern im Gegenteil eine verwirrende Vielfalt, aber ohne große Kompatibilität untereinander. Ein Musterbeispiel dafür ist die Rote Liste der Biotope Deutschlands (Riecken et al. 1994). Das zugrunde liegende System ist völlig unhandlich und heterogen; viele ökologische Zusammenhänge werden dabei außer Acht gelassen. Somit läuft es einer notwendigen Biotopkomplex-Bildung direkt entgegen, abgesehen davon, dass die dort verwendeten Zahlenkombinationen unpraktikabel und unlogisch sind. Es zeigte sich sehr schnell, dass die Chiffrierungen dieser Systeme wenig geeignet waren, kurz und knapp, leicht nachvollziehbar und zumindest auf den zweiten Blick auch verständlich, Standortsinformationen zu übermitteln. Aus diesem Grund griffen wir auf den Vorschlag von Haeupler & Garve (1983) zurück, entwickelten das für das Pflanzenerfassungsprogramm in Niedersachsen vorgesehene System weiter, v. a. auch durch die umfangreichen praktischen Erfahrungen von Ludwig (1990) im Rahmen seiner Anwendungen zur Bewertung von Eingriffsregelungen. Das in Tabelle 6 hier vollständig wiedergegebene System stellt in einer hierarchisch organisierten Form eine nahezu komplette Übersicht aller in Deutschland vorkommenden Biotoptypen dar, einschließlich derjenigen, die frei von Pflanzen sind. Ein gutes Biotoptypen-System muss auch solche Lebensräume umfassen, die (auf Pflanzen bezogen) synsystematisch unvollständig ausgebildet sind (über Vollkommenheit der Ausbildung vgl. Ludwig 1990). Pott (1996) hat dieses System schließlich übernommen und weiteren Nutzern ist es inzwischen zur Verfügung gestellt worden.

Tabelle 5 : Kurzfassung des Biotoptypen-Systems

H HALINE (SALZWASSER-) UND TIDEBEEINFLUSSTE LEBENSRÄUME

H1 **Meeresküsten**
- 1 schlickige Flachküsten (Binnenküste)
- 2 sandige Flachküsten (Außenküste)
- 3 Brackwasserformationen
- 4 weiche Steilküsten (Kies, Lehm, Sand, Moränen, v. a. Ostsee)
- 5 Felsküsten (nur Helgoland)

H2 **Binnensalzstellen**
- 1 natürliche Salzquellen
- 2 künstliche Salzstellen

H3 **Süßwasser-Tidebereiche**

L LIMNISCHE LEBENSRÄUME (BINNENGEWÄSSER)

L1 **Unterirdische Gewässer**

L2 **Quellgewässer, Quellfluren**

L3 **Stehende Gewässer** (stark untergliedert!)
- 1 Seen
- 2 seeähnliche Altwasser von Flüssen
- 3 temporäre Kleingewässer, Tümpel
- 4 Kleinstgewässer
- 5 Stauseen
- 6 kommerzielle Fischteiche
- 7 Zierteiche, Gartenteiche
- 8 Rieselfelder, Klärteiche
- 9 Kiesgruben-, Steinbruchs- und Tagebaugewässer in Sandgruben

L4 **Fließende Gewässer**
- 1 Bäche, kleine Flüsse, stark fließend
- 2 große Flüsse und Ströme, langsam fließend
- 3 Altläufe in Verbindung mit dem Fluss
- 4 kleine, langsam fließende Gräben
- 5 temporäre Fließgewässer
- 6 Wasserfälle
- 7 technisch ausgebaute Fließgewässer
- 8 Stauhaltungen in Flüssen
- 9 Kanäle u. träge fließende Kunstgewässer
- 10 Beton und Steinrinnen

L5 **Fluss- und Bachauen-Lebensräume**
- 1 Gebirgs-Fluss- und Bachauen
- 2 Fluss- und Bachauen tieferer Lagen

S SEMITERRESTRISCHE LEBENSRÄUME

S1 **Hochmoore ohne Gehölze**
- 1 Schlenken, Kolke
- 2 Schwingrasen
- 3 Bultkomplexe
- 4 Torfstiche
- 5 abgetorfte Flächen

S2 **Hochmoor-Randsümpfe, Zwischenmoore u. Niedermoore ohne Gehölze**
- 1 Großseggenriede
- 2 Kleinseggenriede
- 3 Glockenheide-Feuchtheideformationen

S3 **Gehölzreiche Übergangsmoore und Bruchwälder**
- 1 Randgehänge Waldhochmoore
- 2 arme Übergangsmoore, Sumpfgebüsche, Moor- u. Bruchwälder

T TERRESTRISCHE LEBENSRÄUME

T1 **Wälder**
- 1 Laubwälder, laubholzbeherrschte Mischwälder
- 2 Laubholzbestände nicht bodenständiger Arten
- 3 Parks und waldähnliche Anlagen
- 4 Nadelwälder, nadelbaumbeherrschte Mischwälder

T2 **Gebüsche u. Waldlichtungsgesellschaften**
- 1 Gebüsche außerhalb des Waldes (inkl. Hecken und Waldmäntel)
- 2 Krautige Waldlichtungsfluren
- 3 Waldlichtungsgebüsche mit Brombeere, Himbeere, Traubenholunder, Salweide
- 4 Gebüsche aus Exoten und Apophyten

T3 **Hochstaudenfluren, Gebüsche und Rasen an und oberhalb der Waldgrenze**
- 1 Subalpine Hochstaudenfluren und Gebüsche
- 2 arktisch alpine Windheiden und -rasen
- 3 Schneeböden
- 4 alpine Rasen

T4 **Zwergstrauchheiden außerhalb der Hochgebirge**
- 1 primäre Krähenbeerenheiden v. a. auf Braundünen
- 2 Sandheiden
- 3 Bergheiden
- 4 Besenginsterheiden
- 5 Feuchtheiden
- 6 Wacholdergebüsche in Sandheiden

T5 **gehölzfreie Fels- und Geröllfluren**
- 1 Steinschutt- und Geröllfluren
- 2 Felsfluren
- 3 Höhlen
- 4 Weichgesteinswände
- 5 Erdrutsche
- 6 Firnflächen

T6 **Magerrasen**
- 1 Felsrasen
- 2 Trocken- und Halbtrockenrasen

T7 **Wiesen und Weiden**
- 1 Fettwiesen
- 2 Fettweiden
- 3 Feucht- und Nasswiesen
- 4 Tritt- und Flutrasen
- 5 Grünland-Übergangsbereiche

T8 **Krautfluren, Säume, Staudenhalden außerhalb der Auen**
- 1 Staudenfluren u. Säume trockener Standorte
- 2 stickstoffbedürftige Krautfluren u. Säume
- 3 kurzlebige Ruderalfluren
- 4 Huflattich-Pionierfluren

T9 **Kulturpflanzenbestände**
- 1 Acker-Beikrautfluren
- 2 Gärten
- 3 Fruchtplantagen
- 4 Alleen, Einzelbäume und Gruppen
- 5 öffentliche Grünflächen und Anlagen

T10 **urban-industrielle u. a. wirtschaftsbezogene Formationen**
- 1 Siedlungsflächen, Industriegebiete
- 2 Bauwerke
- 3 Verkehrswege
- 4 Ödland, Siedlungsbrache
- 5 Bodenabbauflächen
- 6 kleinflächige Offenböden, Erdanrisse
- 7 Brand- und Meilerflächen
- 8 Deponien und Halden
- 9 biogene Strukturen
- 10 Künstliche Hochleistungssysteme

In Tabelle 5 wird eine auf eine höhere hierarchische Ebene beschränkte Kurzfassung wiedergegeben, die sehr schnell einen Überblick ermöglicht. Auf dieser Ebene haben wir es mit 90 Einheiten zu tun, eine durchaus noch überschaubare Menge, mit der schon ausreichend genau Biotoppräferenzen einzelner Arten ausgedrückt werden können. Diese Version geht deutlich über das viel gröbere, häufig benutzte System der 24 Pflanzenformationen von Korneck & Sukopp (1988) hinaus. Die Einheiten in Tabelle 5 sind allerdings durchaus nicht standörtlich »gleichwertig«. Die Standortsangaben in unseren Texten gehen aber weit über diese Hierarchie-Ebene der Tabelle 5 hinaus, sind also feiner differenziert (vgl. Tabelle 7).

Ohne Zweifel findet man bei Oberdorfer (1994) die ausführlichsten Angaben zum Lebensraum von Farn- und Blütenpflanzen in Deutschland, und zwar sowohl als allgemein gehaltene Standortsangaben (wie z. B. Wege, Mauern, Schuttplätze) wie auch als pflanzensoziologische Angaben über die Bindung an bestimmte Syntaxa (z. B. als Filipendulion-Verbandscharakterart). Das hier benutzte Biotoptypen-System berücksichtigt ebenfalls beide Aspekte. In sehr vielen Fällen sind diese Angaben sogar zur Deckung zu bringen, in anderen nicht, man braucht also beide Arten von Standortsbeschreibung. Unser System wurde im Hinblick auf die Verschlüsselung von Standortsangaben mit Hilfe der in ihm enthaltenen Biotoptypen-Kürzel noch einmal gründlich überarbeitet und mehreren Kollegen zur Durchsicht vorgelegt. Schon die erste Fassung wurde noch mit Prof. Ellenberg in Göttingen und dem BfN in Bonn-Bad Godesberg ausgiebig diskutiert, aber nach der Veröffentlichung 1983 wenig beachtet. Durch seine konsequente Hierarchie und die nach Odum (1971) orientierte Grobgliederung mit dem Prinzip, möglichst die Biotoptypen so nebeneinander aufzuführen, wie sie auch in der Natur wirklich benachbart vorkommen, vernetzt sind oder in Sukzession bzw. Zonierung aufeinander folgen, weicht das vorliegende System deutlich von anderen ab, was aber gerade seine Praktikabilität ausmacht. Die synsystematische und syntaxonomische Überarbeitung hat zumindest auf der Ebene der Verbände volle Kongruenz mit Pott (1995) erreicht. Diese Ebene ist auch für den Nicht-Vegetationskundler in allgemeinen Begriffen beschreibbar (linke Hälfte in Tabelle 6), nachvollziehbar und im Gelände »erkennbar«, natürlich immer eine gewisse Übung vorausgesetzt. Die Untergliederung kann theoretisch weitergeführt werden bis zur Assoziationsebene, was aber nur für den erfahrenen Vegetationskundler nachvollziehbar wäre und nicht Aufgabe von allgemeineren »Standortsbeschreibungen« in einer Flora ist.

Für die Standortsangaben in der 4. Zeile wurde schließlich der gesamte Oberdorfer (1994) in diese Chiffren übersetzt. Nach einer kurzen Einarbeitung bereitete das keinerlei Schwierigkeiten. Tabelle 7 gibt die wichtigsten Umsetzungen in alphabetischer Reihenfolge wieder. Das System ist ohne Zweifel noch wei-

Tabelle 6: Schlüssel für die Biotoptypen[1)] (nach Haeupler & Garve 1983, völlig neu bearbeitet, Stand 27.03.2000)
rechts syntaxonomische Entsprechung bei Pott 1992, 1995

H ~ SALZWASSER- U./OD. TIDEBEEINFLUSSTE LEBENSRÄUME (weitgehend haline Biotope)

H1 ~ **Meeresküsten**
- 1 ~ schlickige Flachküsten (Binnenküste) ________
  - 1 ~ Unterwasserlebensräume — *Zosterion marinae*
    - 1 O ohne Höhere Pflanzen (Freiwasser, Pelagial, weiter zu untergliedern ________
    - 2 O Unterwasserrasen des Tiefwassers (nicht trockenfallend) — *Zosteretum marinae*
    - 3 O Unterwasserrasen des Litoral (trockenfallend) *Zosteretum noltii*
  - 2 ~ Wattflächen ________
    - 1 ~ Schlickwatt ________
    - 2 ~ Mischwatt ________
    - 3 ~ Sandwatt ________
      - 1 ~ vegetationsfrei ________
      - 2 ~ Quellerwatt — *Salicornion strictae*
      - 3 ~ Schlickgras-Fluren — *Spartinion maritimae*
      - 4 ~ Sommertrockene Halophyten-Pionierfluren — *Thero-Suaedion*
      - 5 ~ Priele ________
  - 3 ~ Salzwiesen — *Astertea*
    - 1 O Andelrasen — *Puccinellion maritimae*
    - 2 O Strandnelkenrasen, Salzbinsenweiden — *Armerion maritimae* p.p.
    - 3 O kurzlebige Salzbodengesellschaften (auch H2) — *Puccinellio-Spergularion* p.p.
    - 4 O Ephemere, wechselhaline Strand-Mastkrautfluren — *Saginion maritimae*
    - 5 O Festuca rubra-Rasen oberhalb Springtide-Hochwasser ________
- 2 ~ sandige Flachküsten u. Dünen (Außenküste) ________
  - 1 ~ Unterwasserlebensräume im Freiwasser, Pelagial (weiter zu untergliedern) ________
  - 2 ~ Sandflächen ________
    - 1 O Sandstrände (ohne Höhere Pflanzen) ________
    - 2 O Spülsäume — *Atriplicion littoralis*
    - 3 O Vordünen — *Elymo-Honkenyion peploides*
    - 4 O Strandhaferdünen (Weißdünen) (Kontakte zu T2.1.1.4) — *Ammophilion arenariae*

-------------------- (Salzgrenze) --------------------

    - 5 O Graudünen[2)] ________
      - 1 O Rasen → T6.4
      - 2 O Gebüsch → T2.2..1.4
    - 6 O Braundünen ________
      - 1 O primäre Krähenbeerenheiden → T4.1
      - 2 O sekundäre Calluna-Heiden → T4.2
    - 7 O Dünentäler ________
      - 1 O trocken → T6.4
      - 2 O feucht → u. a. S2
- 3 ~ Brackwasserformationen ________
  - 1 ~ submers ________
    - 1 O Armleuchteralgenrasen sauberen Brackwassers — *Charion canescentis*
    - 2 O Untergetauchte Brackwasser-Meersalden-Gesellschaften (auch H2) — *Ruppion maritimae*
    - 3 O Submerse Teichfadengesellschaften — *Zanichellion pedicellatae*
  - 2 ~ amphibisch ________
    - 1 O Brackwasserröhrichte (→ H2..5) — *Bolboschoenion*
- 4 ~ weiche Steilküsten (Kies, Lehm, Sand, Moränen, v. a. Ostsee) (vgl. T5.3) ________
  - 1 O Steilhänge ________
  - 2 O Hangfüße ________
  - 3 O Geröll- u. Blockstrände u. a. — *Crambetum maritima*
- 5 ~ Felsküsten (nur Helgoland) — *Crithmo-Armerion maritimae*

H2 ~ **Binnensalzstellen**
- 1 ~ natürliche Salzquellen ________
- 2 ~ künstliche Salzstellen ________
  - 1 ~ Salinen (inkl. Gradierwerke u. ä.) ________
  - 2 ~ Kalihalden (→ T10) ________
  - 3 ~ Zechenteiche, Bergehalden ________
    - 1 ~ makrophytenfreie Flächen ________
    - 2 ~ Quellerfluren — *Salicornion ramosissimae*
    - 3 ~ kurzlebige Salzboden-Gesellschaften — *Puccinellio-Spergularion* p.p.
    - 4 ~ Strandnelkenrasen, Salzbinserweiden — *Armerion maritimae*
    - 5 ~ Strandsimsenröhrichte (→ H1.3.4) — *Bolboschoenion*

H3 ~ **Süßwasser-Tidebereiche** (Kontakte zu L4)
- 1 ~ Ästuare ________
- 2 ~ Deltabildungen ________
  - 1 ~ Freiwasser ________
  - 2 ~ Süßwasserwatten ________
  - 3 ~ Röhrichte — *Phragmition* p.p.
  - 4 ~ Hochstaudenfluren (→ L5.2.6) von diversen Endemiten u. Neophyten ________
  - 5 ~ Tideauenwald (vgl. L5.2) — *Salicion albae* p.p.

L ~ BINNENGEWÄSSER (Limnische Biotope)

L1 ~ **Unterirdische Gewässer**
- 1 ~ Grundwasser ________
- 2 ~ Höhlengewässer ________
  - 1 O Fließgewässer ________
  - 2 O Stillgewässer ________
- 3 ~ Gewässer in künstlichen Höhlungen (vgl. T10) ________
  - 1 ~ kalkarm ________
  - 2 ~ kalkreich (Karst) ________

L2 ~ **Quellgewässer, Quellfluren**
- 1 ~ Tümpelquellen (Limnokrenen) ________
- 2 ~ Karstquelltöpfe ________
- 3 ~ Sicker- u. Rieselquellen, Sumpfquellen (Helokrenen) ________
  - 1 O kalkarm (Weichwasser) ________
    - 1 O montan — *Cardamino-Montion*
    - 2 O alpin — *Philonotidion seriatae*
  - 2 O kalkreich (Hartwasser) — *Cratoneurion commutati*
  - 3 O Waldquellfluren (vgl. T7.3.7) — *Caricion remotae*/ *Chrysosplenio oppositifolii-Alnetum glutinosae*
- 4 ~ Sturz- od. Fließquellen (Rheokrenen) ________
- 5 ~ Quellbäche ________
- 6 ~ Thermalquellen ________
- 7 ~ gefasste Quellen (→ T10) ________
  - 1 ~ beschattet ________
  - 2 ~ teilbeschattet ________
  - 3 ~ unbeschattet ________
    - 1 ~ temporär ________
    - 2 ~ dauernd ________
- 8 ~ überrieselte Felsen ________

Zur Bedeutung der Hierarchie-Symbole in Tab. 6

~ kennzeichnet jeweils eine hierarchische Ebene, die mit über- wie nachgeordneten Ebenen frei verknüpft werden kann, während
O nur mit derjenigen übergeordneten Ebene zusammenhängt, unter der der so gekennzeichnete Biotoptyp steht.

Beispiel: T1~ Wälder
können sowohl mit
T1.1~ Laubwälder, als auch
T1.3~ Parks oder
T1.4~ Nadelwälder und diese
z.B. wiederum auf der 7. Ebene mit
1~ nass
2~ frisch
3~ trocken verknüpft werden.

aber 1O Flaumeichenwälder
2O Steppeneichenwälder
können jeweils nur mit der einen übergeordneten Ebene 4O Wärme-liebende Eichenwälder verknüpft werden und diese wieder nur mit 2~ Laubwälder außerhalb der Flussauen, aber nicht mit T1~ Buchen- und Buchenmischwälder.

1) viele Einheiten können nach Nutzungsart u. -intensität noch weiter untergliedert werden (vgl. Ausführungen im Kapitel 2.5)
2) Ab hier sind die Küstendünen nicht mehr im Einfluss des Salzes, gehören also im Grunde nicht zu diesem Formationskomplex. Die Zuordnung geschieht hier nur grob nach Standortsabfolge. Es wird ausdrücklich auf die weiteren, durch Querverweise gekennzeichneten Einheiten verwiesen.

L3 ~ **Stehende Gewässer** (inkl. Ufer- u. Verlandungsbereiche ohne Gehölze, Kontakt zu L4, S2, T7.3, T7.4)

- 1 ~ Seen
- 2 ~ seeähnliche Altwasser von Flüssen
- 3 ~ temporäre Kleingewässer (Tümpel)
- 4 ~ Kleinstgewässer
  - 1 O mit Wasser gefüllte Wagenspuren, Ackerfurchen
  - 2 O Pfützen
  - 3 O Regentonnen
  - 4 O Jauchepfützen
  - 5 O vollgesogene Moospolster
- 5 ~ Stauseen } vgl. T10
- 6 ~ kommerzielle Fischteiche } vgl. T10
- 7 ~ Zierteiche, Gartenteiche } vgl. T10
- 8 ~ Rieselfelder, Klärteiche (Zuckerfabriken u.ä.) } vgl. T10
- 9 ~ Kiesgruben-, Steinbruchs- u. Tagebaugewässer in Sandgruben (o. a. Bodenabbau)
  - 1 ~ makrophytenfreies Wasser
  - 2 ~ Unterwasserrasen — *Charetea*
    - 1 O in sauren Gewässern u. Torfstichen — *Nitellion flexilis*
    - 2 O in Grundwasseraustritten voralpiner Schotterflächen, tiefe, klare Seen — *Nitellion syncarpo-tenuissimae*
    - 3 O im Hartwasser — *Charion asperae*
    - 4 O ephemer in episodischen Kleingewässern — *Charion vulgaris*
  - 3 ~ freischwimmende Pflanzendecken — *Lemnetea*
    - 1 O in Sauberwasser — *Riccio-Lemnion trisulcae*
    - 2 O in nährstoffreichem Wasser — *Lemnion gibbae*
    - 3 O wärmeliebende Schwimmfarngesellschaften — *Lemno minoris-Salvinion natanis*
    - 4 O Krebsscheren- u. Froschbissdecken — *Hydrocharition morsus-ranae*
  - 4 ~ wurzelnde Laichkraut- u. Schwimmblattbestände — *Potamogetonetea*
    - 1 O ohne Schwimmblätter — *Potamogetonion pectinati* p.p.
    - 2 O mit Schwimmblättern — *Nymphaeion albae* p.p.
    - 3 O amphibische Wasserfeder- u. Wasserhahnenfußbestände — *Ranunculion aquatilis*
  - 5 ~ Großröhrichte (vgl. S2.1) (Schilf, Rohrkolben) — *Phragmition australis*
  - 6 ~ subaquatisch-amphibische Litoralgesellschaften oligotropher bis mäßig nährstoffreicher Gewässer — *Littorelletea uniflorae*
    - 1 O oligotrophe Heideseen auf reinen Quarzsanden — *Littorellion uniflorae*
    - 2 O wechselnasse Flachgewässer über organischen Bodensubstraten — *Hydrocotylo-Baldellion*
    - 3 O wechselnasse bis schwach brackige Dünentäler — *Samolo-Baldellion*
    - 4 O dichte Teppiche basenreicher Wechselwasserzonen — *Eleocharition acicularis*
    - 5 O endemische Bodensee-Strandschmielen-Bestände — *Deschampsion litoralis*
  - 7 ~ einjähriger Bewuchs trockengefallener Teichböden u. Ackersenken (Kontakt zu T 9.1) — *Isoeto-Nanojuncetea bufonii*
    - 1 O Teichböden — *Elatino-Eleocharition ovatae*
    - 2 O Zwergpflanzengesellschaften wechselfeuchter Standorte — *Radiolion linoides*
    - 3 O dto. auf Standorten mit erhöhter Bodensalzkonzentration — *Nanocyperion flavescentis*
      - 1 ~ kalkarm (Weichwasser)
      - 2 ~ kalkreich (Hartwasser)
        - 1 ~ dystroph
        - 2 ~ oligotroph
        - 3 ~ mesotroph
        - 4 ~ eutroph
        - 5 ~ polytroph
          - 1 ~ wechselnde Wasserstände
          - 2 ~ gleichbleibende Wasserstände
            - 1 ~ mit Flachufer
            - 2 ~ mit Steilufer
              - 1 ~ sonnig
              - 2 ~ beschattet

L4 ~ **Fließende Gewässer** (inkl. Uferbereiche ohne Gehölze, Kontakte zu H3, L3, L5, T7.3, 7.4)

- 1 ~ Bäche, kleine Flüsse, stark fließend (meist sommerkalt) (Rhitral)
- 2 ~ große Flüsse u. Ströme, langsam fließend (meist sommerwarm) (Potamal)
  - 1 O sandig-kiesige Fließgewässer-Abschnitte, Epipotamal (Barbenregion)
  - 2 O sandig-schlammige Fließgewässer-Abschnitt der Ebene, Metapotamal (Brassenregion)
  - 3 O Mündungsbereich, Hypopotamal (Kaulbarsch-Flunderregion)
- 3 ~ Altläufe in Verbindung mit dem Fluss
- 4 ~ kleine, langsam fließende Gräben
- 5 ~ temporäre Fließgewässer
- 6 ~ Wasserfälle } vgl. T10.4
- 7 ~ technisch ausgebaute Fließgewässer } vgl. T10.4
- 8 ~ Stauhaltungen in Flüssen } vgl. T10.4
- 9 ~ Kanäle u. träge fließende Kunstgewässer } vgl. T10.4
- 10 ~ Beton u. Steinrinnen } vgl. T10.4
  - 1 ~ Freiwasser
  - 2 ~ submerse, fest verwurzelte Wasserpflanzenbestände — *Potamogetonetea*
    - 1 O ohne Schwimmblätter — *Potamogetonion pectinati* p.p.
    - 2 O mit Schwimmblättern — *Nymphaeion alba*
    - 3 O strömungsresistente Wasserhahnenfuß- u. Wassersterngesellschaften — *Ranunculion fluitantis*
  - 3 ~ Fließgewässer-Röhrichte — *Phalaridion arundinaceae*
  - 4 ~ Bach-Kleinröhrichte — *Glycerio-Sparganion*
  - 5 ~ Buhnen u. Steinpackungen
  - 6 ~ Uferböschungen
  - 7 ~ Flussdünen, Ansandungen
  - 8 ~ Kiesbänke tieferer Lagen
  - 9 ~ Schwemmkegel von Flussmündungen
  - 10 ~ Schuttfächer von Gebirgsbächen
    - 1 ~ kalkarm (Weichwasser)
    - 2 ~ kalkreich (Hartwasser)
      - 1 ~ dystroph
      - 2 ~ oligotroph
      - 3 ~ mesotroph
      - 4 ~ eutroph
      - 5 ~ polytroph
        - 1 ~ mit Flachufer
        - 2 ~ mit Steilufer
          - 1 ~ nicht ausgebaut
          - 2 ~ schwach ausgebaut
          - 3 ~ stark ausgebaut
            - 1 ~ sonnig
            - 2 ~ beschattet

L5 ~ **Fluss- und Bachauen-Lebensräume**

- 1 ~ Gebirgsfluss- u. Bachauen
  - 1 ~ Flussgeröllfluren, alpine Schwemmuferfluren — *Epilobion fleischeri*
  - 2 ~ Auengebüsche (Weiden, Grünerlen u.a.) — *Salicion eleagni*
  - 3 ~ Auenwälder (Weiden, Grauerlen) — *Alnetum incanae*
- 2 ~ Fluss- u. Bachauen tieferer Lagen — *Salicion albae*
  - 1 ~ Auengebüsche (Korb- u. Mandelweiden u.a.) — *Salicion triandro-viminalis*
  - 2 ~ Weichholz-Auenwälder (Silberweiden u.a.) — *Salicetum albo-fragilis*
  - 3 ~ Hartholz-Auenwälder (Ulmen-Eschen-Eichen-Auenwälder) — *Alno-Ulmion* p.p.
    - 1 O Eichen-Ulmen-Auenwälder der Flüsse — *Ulmenion minoris*
    - 2 O Bachauen, von Schwarzerle dominiert — *Alnerion glutinosae*
  - 4 ~ einjähriger Bewuchs trockenfallender Flussufer (vgl. T8.3) — *Bidentetea tripartiti*
    - 1 O stickstoffliebende Wasserpfeffer-Zweizahn-Uferfluren — *Bidention tripartiti*
    - 2 O stickstoffliebende Flussmeldenfluren — *Chenopodion rubri*

5 ~ stickstoffliebende Ufer-Hochstaudenfluren — *Convolvulion sepium*
1 O Pestwurzfluren — *Chaerophyllo-Petasitetum hybridi* (inkl. *Phalarido-Petasitetum officinalis*)
2 O Knollenkälberkropf-Auensäume — *Chaerophylletum bulbosi*
3 O Hochstaudensäume in Ufer-Steinpackungen — *Convolvulo-Archangelicetum litoralis*
4 O Mädesüß-Uferfluren — *Filipendulion*
5 O Flussgreiskraut-Stromtal-Staudensäume — *Senecionetum fluviatili*
6 O Zaunwinden-Nesselseide-Schleier — *Cuscuto-Convolvuletum*
7 O Neophyten-Staudendickichte (→ H3..3) ———
8 O Flutmulden ———

S ~ SEMITERRESTRISCHE LEBENSRÄUME
(Moore, Sümpfe, Bruchwälder)

S1 ~ **Hochmoore** (bis Übergangsmoore) ohne Gehölze
1 ~ Schlenken, Kolke — *Sphagno-Utricularion + Rhynchosporion albae*
2 ~ Schwingrasen — *Caricion lasiocarpae*
3 ~ Bultkomplexe — *Oxycocco-Sphagnetea*
1 O torfmoosreich — *Oxycocco-Ericion tetralicis*
2 O zwergstrauchreich, subkontinental-montan — *Sphagnion magellanici*
4 ~ Torfstiche ———
1 O wasserreich — *Sphagno-Utricularion*
2 O weitgehend verlandet ———
5 ~ abgetorfte Flächen ———
1 O vorwiegend nackter Torf (inkl. Torfhalden) ———
2 O torfiges Brachland (Pfeifengrasstadien, Birkenstadien u. ä.) ———
3 O bis zum Mineralgrund abgetorft ———

S2 ~ **Hochmoor-Randsümpfe, Zwischenmoore u. Niedermoore ohne Gehölze**
1 ~ Großseggenriede (Kontakte zu L3, L4, T7.3)[3] — *Magnocaricion*
1 O mesotraphente Ausbildungen — *Caricion rostratae*
2 O nährstoffreiche Ausbildungen — *Caricion gracilis*
2 ~ Kleinseggenriede (Kontakte zu L2) ———
1 O Braunseggensümpfe u. a. kalkarme Riede — *Caricion nigrae*
2 O Davallseggen- u. a. Kalkniedermoore — *Caricion davallianae*
1 O in Küstendünen — diverse Assoziationen
2 O im Alpenraum — diverse Assoziationen
3 O im Mittelgebirgsraum — diverse Assoziationen
3 O alpine Schwemmufer-Gesellschaften u. Rieselfluren — *Caricion maritimae*
3 ~ Glockenheide-Feuchtheideformationen (→T4.5) — *Ericion tetralicis*

3) nach dominierenden Arten weiter zu gliedern

S3 ~ **Gehölzreiche Übergangsmoore u. Bruchwälder**
1 ~ Randgehänge Waldhochmoore ———
1 O vorwiegend Laubholz (Birke) ——— [4]
2 O vorwiegend Nadelholz (Kiefer, Spirke, Fichte) ——— [4]
2 ~ arme Übergangsmoore, Sumpfgebüsche, Moor- u. Bruchwälder ———
1 O Weidengebüsche u. Pionierwälder (inkl. Gagelgebüsche) — *Salicion cinereae*
2 O Birken- u. Kiefernbrüche auf Torf — *Betulion pubescentis*
1 O *Betula pubescens* ———
2 O *Betula carpatica* ———
3 O Bergkiefern-Moorwälder — *Vaccinio uliginosi-Pinetum rotundatae*
4 O Fichtenbrüche u. Moorwälder — *Vaccinio-Piceetum + Bazzanio-Piceetum*
5 O Erlenbrüche — *Alnion glutinosae*

T ~ TERRESTRISCHE LEBENSRÄUME

T1 ~ **Wälder** (Kontakte zu T8, bei starker Beeinflussung durch den Menschen zu T6, T9)
1 ~ Laubwälder, laubholzbeherrschte Mischwälder ———
1 ~ Buchen- u. Buchenmischwälder — *Fagion sylvaticae*
1 O Moderbuchenwälder (Hainsimsen-Buchenwälder) — *Luzulo-Fagenion*
2 O Flattergras-Buchenwälder u. a. mittlere Buchenwälder — *Milio-Fagetum* p.p.
3 O Mull-Buchenwälder auf Braunerden (nährstoffreich) — *Galio odorati-Fagenion*
4 O Trockenhang-Kalk-Buchenwälder (auf Rendzinen) — *Cephalanthero-Fagenion*
5 O montane Tannen-Buchenwälder — *Lonicero alpigenae-Fagenion*
6 O Hochlagen-Buchenwälder (mit Bergahorn) — *Aceri-Fagenion*
2 ~ Laubmischwälder außerhalb der Flussauen (→ L5) u. Moore (→ S3) ———
1 O ahorn- u. eschenreiche Mischwälder (Schlucht- u. Schatthang-Wälder) — *Tilio platyphylli-Acerion pseudoplatani*
2 O Lindenmischwälder (Schutthaldenwälder) — *Aceri-Tilietum cordatae*
3 O Eichen-Hainbuchenwälder — *Carpinion betuli*
4 O wärmeliebende Eichenmischwälder — *Quercetalia pubescentis*
1 O Flaumeichenwälder — *Quercion pubescentis*
2 O Steppeneichenwälder — *Potentillo albae-Quercion petraeae*
5 O bodensaure Eichenmischwälder[5] — *Quercion robori-petraeae*
1 O Birken-Eichenwälder — *Betulo-Quercetum roboris*
2 O Buchen-Eichenwälder — *Fago-Quercetum petraeae*
3 O windharte Pappel-Eichenwälder der Küsten — *Populo-tremulae-Quercetum petraeae*
4 O Felshang-Hainsimsen-Trauben-Eichenwälder — *Betulo-Quercetum petraeae* (= *Luzulo-Quercetum petraeae*)
5 O subkontinentale Kiefern-Eichenwälder — *Vaccinio vitis-ideae-Quercetum petraeae*
1 ~ auf kalkarmen, sehr sauren Böden ———
2 ~ auf mäßig bis schwach sauren Böden ———
3 ~ auf kalkreichen Böden ———
1 ~ feucht (frei von Überschwemmungen!), diese unter S4 ———
2 ~ frisch ———
3 ~ trocken ———
1 ~ Schonungen ———
2 ~ Stangenholz ———
3 ~ Niederwälder ———
1 O aus Eichen ———
2 O aus Eichen u. Hainbuchen ———
3 O aus Hasel ———
4 O aus Buche ———
5 O aus sonstigen Gehölzen ———
4 ~ Mittelwälder ———
5 ~ Hudewälder (meist Reste) ———
6 ~ Hochwälder (Kahlschläge (T2) ———
7 ~ Feldgehölze, »Kratts« (naturnahe Restbestände mit starken Randeffekten) ———
8 ~ Altholz (inkl. Totholz) ———
1 O Bestände ———
2 O Einzelbäume ———
3 O Tot- u. Moderholz ———
2 ~ Laubholzbestände nicht bodenständiger Arten (vgl. T9) ———
1 O Hybridpappelbestände ———

4) z. T. in den folgenden Typen (S3.2) bzw. in S2)
5) noch sehr diskussionsbedürftig

2 O Robinienwälder — *Robinia pseudoacacia*-Gesellschaft
3 O Roteichenforste — ————
4 O Bestände anderer Exoten — ————
3 ~ Parks u. waldähnliche Anlagen (Mischung autochthoner u. exotischer Arten) (→ T9.5) — ————
4 ~ Nadelwälder, nadelbaumbeherrschte Mischwälder (Kontakte zu S3) — ————
1 ~ Kiefernwälder — ————
1 O Moosreiche Sand-Kiefernwälder — *Leucobryo-Pinetum*
2 O Kiefer-Trockenwälder (Kiefer-Steppenwälder) — *Cytiso ruthenico-Pinion*
3 O Schneeheide-Kiefernwälder (auf Kalk) — *Erico-Pinion*
2 ~ Tannenmischwälder — *Galio-Abietenion*
3 ~ Fichtenwälder — ————
1 O vermoorte Fichtenwälder auf Mineralboden (→ S3.2) — *Vaccino-Piceion*
2 O Zwergstrauchreiche Tannen-Fichtenwälder — *Abieto-Piceion*
3 O Blockschutthalden-Wälder (Kontakte zu T5.1) — *Betulo carpaticae-Piceetum*
4 ~ Lärchen-Arvenwälder (Kontakte zu T3.1.4) — *Rhododendro-Vaccinion*
5 ~ Nadelholzforsten — ————
1 O Waldkiefernforsten — ————
2 O Schwarzkieferaufforstungen — ————
3 O Fichtenforsten — ————
4 O Lärchenforsten — ————
5 O Douglasienforsten — ————
6 O andere Exoten — ————
1 ~ auf kalkarmen, sehr sauren Böden — ————
2 ~ auf mäßig bis schwach sauren Böden — ————
3 ~ auf kalkreichen Böden — ————
1 ~ feucht (aber frei von Überschwemmungen) — ————
2 ~ frisch — ————
3 ~ trocken — ————
1 ~ Schonungen — ————
2 ~ Stangenholz — ————
3 ~ Hochwälder — ————
4 ~ Altholz — ————
1 O Bestände — ————
2 O Einzelbäume — ————
3 O Tot- u. Moderholz — ————

T2 ~ **Gebüsche und Waldlichtungsgesellschaften**
1 ~ Gebüsche außerhalb des Waldes[6] (einschließlich Hecken u. Waldmäntel) — ————
1 O Faltenbrombeergebüsche (auf sauren Böden) — *Rubetalia plicati*
1 O Besenginster- u. Gaspeldorngebüsche — *Ulici-Sarothamnion*
2 O Waldbrombeergebüsche atlantisch getönter Gebiete — *Lonicero-Rubion silvatici*
2 O Schlehengebüsche (auf reicheren Böden) — *Prunetalia spinosae*
1 O Brombeerfreie Schlehengebüsche — *Berberidion* u. *Carpino-Prunion*
1 ~ Wärmeliebende Ligustergebüsche — *Berberidion*
1 O Schlehen-Liguster-Gebüsche — *Ligustro-Prunetum*
2 O Felsenbirnengebüsche — *Cotoneastro-Amelanchieretum*
3 O Berberitzen-Sauerdorngebüsche — *Hippophaeo-Berberidetum*
2 O Mesophile Schlehengebüsche — *Carpinio-Prunion*
3 O Kontinentale Zwergkirschengebüsche — *Prunion fruticosae*
2 O Raspelbrombeergebüsche — ————
1 O Hundsrosen-Wacholdergebüsche — *Roso caninae-Juniperetum*
2 O übrige Schlehen-Brombeergebüsche — *Pruno-Rubion radulae*
3 O Dünenweidengebüsche (Kontakte zu H1.2.4) — *Salicetalia arenariae*

2 ~ Krautige Waldlichtungsfluren — *Epilobietea angustifolii*
1 ~ Auf sauren Böden — *Carici piluliferae-Epilobion angustifolii*
2 ~ Auf basenreichen Böden (Tollkirschen-Schläge) — *Atropion belladonnae*
3 ~ Waldlichtungsgebüsche mit Brombeere, Himbeere, Traubenholunder, Salweide — *Sambucetalia racemosae*
1 ~ Auf sauren Böden (u. a. reine Himbeer-Schläge, Salweidengebüsche, Ebereschenvorwälder) — *Sambuco-Salicion capreae*
2 ~ Auf basischen Böden (u. a. Fuchsgreiskraut-Gesellschaften, Salweidengebüsche) — *Senecioni ovatae-Corylion*
4 ~ Gebüsche aus Exoten u. Apophyten — ————
1 O Kartoffelrosengebüsche der Dünen — ————
2 O Bocksdorngebüsche — ————
3 O Gartenbrombeergebüsche — ————
4 O Hybrid-Weiden-Gebüsche (vgl. T9.6.4, T10.4) — ————
5 O Sommerfliedergebüsche — ————
6 O z. B. ruderale Waldrebengebüsche — ————

T3 ~ **Hochstaudenfluren, Gebüsche und Rasen an und oberhalb der Waldgrenze** (Kontakte zu T4, T5, T7.2.2)
1 ~ Subalpine Hochstaudenfluren u. Gebüsche — *Betulo-Adenostyletea*
1 O Grünerlengebüsche — *Adenostylion alliariae*
2 O subalpine Lägerfluren — *Rumicion alpinae*
3 O Sauerhumus-Latschengebüsche über Karbonatgestein (Krummholz) — *Rhododendro hirsuti-Mugetum*
4 O Alpenrosengebüsche (Kontakte zu T1.4.4) — *Rhododendro ferruginei-Vaccinietum*
5 O Zwergwacholder-Bärentraubenheiden — *Arctostaphylo-Juniperetum nanae*
6 O Gebirgs-Hochgrasfluren (Prärien im Sinne von Carbiener) — *Calamagrostion villosae*
2 ~ arktisch alpine Windheiden u. -rasen — *Cetrario-Loiseleurietea hermaphroditi*
1 O Krähenbeeren-Rauschbeerenheiden — *Vaccino uliginosi-Empetretum*
2 O Alpenazaleen-Windheiden — *Loiseleurio-Cetrarietum*
3 O Nacktriedrasen — *Elynion myosuroides*
3 ~ Schneeböden — *Salicetea herbaceae*
1 O Silikat-Schneebodenfluren — *Salicion herbaceae*
2 O Kalkschneebodenfluren — *Arabidion coeruleae*
4 ~ alpine Rasen — ————
1 O alpine Sauerbodenrasen — *Caricetalia curvulae*
2 O alpine Kalkrasen — *Seslerietea variae*
1 O trockenheitsertragende Polsterseggen- u. Blaugras-Horstseggenrasen — *Seslerion variae*
2 O auf oft durchrieselten, frischen Böden (Rostseggenrasen) — *Caricion ferrugineae*
3 O alpine Milchkrautweiden u. Ur-Fettweiden (→ T7.2.2) — *Poion alpinae*
5 ~ Lawinenbahnen — ————

T4 ~ **Zwergstrauchheiden außerhalb der Hochgebirge** — *(Calluno-)Ulicetalia*
1 ~ primäre Krähenbeerenheiden (Kontakte zu T2.1.1.4) v. a. auf Braundünen *Empetrion nigri*
2 ~ Sandheiden (inkl. anthropo-zoogener Besenheidebestände)[7] — *Genistion pilosae*
3 ~ Bergheiden — *Vaccinion myrtilli / Vaccinio-Callunetum*
4 ~ Besenginsterheiden — *Sarothamnion*
5 ~ Feuchtheiden (S2.3) — *Ericion tetralicis*
1 ~ flächendeckend — ————
2 ~ rudimentär als Säume an Wegen — ————
1 ~ typisch — ————
2 ~ vergraste Altersstadien — ————
3 ~ mit Anflug von Pioniergehölzen — ————
6 ~ Wacholdergebüsche in Sandheiden — *Dicrano-Juniperetum communis*
Borstgrasrasen *(Nardetalia strictae)* → T6.2.5

6) Weber (1997) verwendet dafür die Termini »Ruricole Gebüsche« (= T2.1) u. »Silvicole Gebüsche«) (= T2.3 + T2.4)
7) nach Standorten weiter zu gliedern, z. B. Dünen, Sandgebiete des Binnenlandes, Bergländer

T5 ~	**gehölzfreie Fels- u. Geröllfluren** (Kontakte zu T3, T6)	
	1 ~ Steinschutt- u. Geröllfluren (vgl. L4..6)	*Thlaspietea rotundifolii*
	1 ~ auf Silikatgestein	———
	1 O hochmontan-alpin	*Androsacion alpinae*
	2 O submontan-montan	*Galeopsion segetum*
	3 O gehölzfreie Blockhalden der Mittelgebirge (Kontakt zu T1.4..3.3)	———
	4 O alpine Felsgrus-(Hauswurz-)Fluren	*Sedo-Scleranthion*
	5 O Schieferschutt	*Drabion hoppeanae*
	2 ~ auf Kalkgestein	———
	1 O wärmeliebende Schuttfluren	*Stipion calamagrostis*
	2 O Schuttfluren der Hochgebirge	———
	1 O beweglicher Grobschutt	*Thlaspion rotundifolii*
	2 O Feinschutt- u. Mergelhalden	*Petasition paradoxi*
	3 ~ Schwermetallrasen, Galmeifluren	*Violetalia calaminariae*
	4 ~ Blockhalden (des Mittelgebirges)	———
	5 ~ Serpentinschutt	———
	6 ~ Lawinenbahnen (Kontakte zu T3, T7)	———
	7 ~ Lesesteinhaufen	———
	2 ~ Felsfluren (Mauern (T10.2.2)	*Asplenietea trichomanis*
	1 ~ steile Felswände	———
	1 ~ nackter Fels, ohne jegliche Vegetation	———
	2 ~ Fels mit Flechtenüberzügen	———
	3 ~ Felsfuß	———
	1 ~ Silikat	———
	2 ~ Kalk	———
	1 ~ Silikatfels-Flechten	*Rhizocarpetea geographici*
	2 ~ Karbonatfels-Flechten	*Protoblastenietea immersae*
	3 ~ Tintenstriche	———
	4 ~ Vogelfelsen	———
	1 O Kalk	*Caloplacion decipientis*
	2 O Urgestein	*Rhizoplacion chrysoleucae*
	2 ~ Felsspalten	*Asplenietea trichomanis*
	1 ~ Silikat	*Androsacetalia vandellii*
	1 O Silikatfugen-Fluren mit Nordischem Streifenfarn Androsacion vandellii	
	2 O schattige, luftfeuchte Silikatfluren der atlantischen Mittelgebirge	*Asarinion procumbentis*
	3 O Serpentinfugen-Fluren	*Asplenion serpentini*
	4 O Spalier- u. Felsstrauch-Bestände	———
	2 ~ Kalk	*Potentilletalia caulescentis*
	1 O trockene Kalkfugen-Fluren (mit Mauerraute)	*Potentillion caulescentis*
	2 O feuchte Kalkfugen-Fluren (mit Blasenfarn)	*Cystopteridion fragilis*
	3 ~ Felsbänder, Felsköpfe	———
	1 O Silikat	———
	2 O Kalk	———
	3 ~ Höhlen	u. a. *Leprarion chlorinae*
	1 O Halbhöhlen (Balmen)	———
	2 O Höhle ohne Tageslichteinfluss	———
	3 O Stollen u. Schächte	———
	4 ~ Weichgesteinswände (vgl. H1.4) (T10.6	———
	1 O Löß-Hohlwege bzw. -Wände	———
	2 O Molassefelsen (weiche Sandsteine)	———
	3 O Prallhänge von Fließgewässern	———
	5 ~ Erdrutsche	———
	6 ~ Firnflächen	———

T6 ~	**Magerrasen** (Kontakte zu L5.2, T1, T5)	
	1 ~ Felsrasen (Kontakte zu T5)	———
	1 ~ Silikat (T5.1.1)	———
	2 ~ Kalk	———
	1 ~ wärmeliebende Kalk-Felsgrusrasen	*Sedo albi-Veronicion dillenii*
	2 ~ wärmeliebende Silikat-Felsgrusrasen	*Alysso-Sedion*
	3 ~ Felsbandrasen	*Seslerio-Festucion pallentis*
	1 ~ Silikat, Massenkalk	*Diantho gratianopolitani-Festucetum pallentis*
	2 ~ Kalk	*Teucrio botrys-Melicetum ciliatae*
	2 ~ Trocken- u. Halbtrockenrasen (Kontakte zu T1.1....1 u. 2)	*Festuco-Brometea*
	1 ~ kalkarm, sauer	———
	2 ~ kalkreich	———
	1 ~ Horstgrashalden (Blaugras, Schwingel)	———
	2 ~ Submediterrane Trocken- u. Halbtrockenrasen	*Brometalia erecti*
	1 O Xerothermrasen	*Xerobromion*
	2 O Bodensaure Trockenrasen	*Koelerio-Phleion phleoides*
	3 O Trespen-Halbtrockenrasen (inkl. Auen-Halbtrockenrasen, z. B. Oberrhein)	*Bromion erecti*
	4 O Dealpine Blaugrashalden	*Seslerio-Mesobromion*
	3 ~ subkontinentale Halbtrockenrasen	*Festucetalia valesiacae*
	1 O Frühlingsadonis-Fiederzwenkenrasen	*Cirsio-Brachypodion*
	2 O Federgras-Steppenrasen	*Festucion valesiacae*
	4 ~ Sand-Magerrasen	*Koelerio-Corynephoretea* p.p.
	1 O offene Sande (Binnendünen, vgl. aber T10.5..5)	———
	2 O Küsten-Sandschillergras-Rasen (lokal auch Sandgebiete im Binnenland)	*Koelerion*
	3 O Grasnelkenfluren	*Armerion elongatae*
	4 O Silbergrasfluren offener Flugsande	*Corynephorion canescentis*
	5 O Kleinschmielenrasen auf festgelegten Sanden	*Thero-Airion*
	6 O Mauerpfeffer-Fluren	*Alysso-Sedion* p.p.
	7 O Blauschillergras-Sandsteppen	*Koelerion glaucae*
	8 O Moosdecken des neophytischen *Campylopus introflexus*	*Campylopus introflexus*-Gesellschaft
	5 ~ Borstgrasrasen (Kontakte zu T4)	*Nardetalia strictae*
	1 O Borstgrastriften der Tieflagen auf trockenen Standorten	*Violion caninae*
	2 O feuchte Borstgrasrasen	*Juncion squarrosi*
	3 O Flügelginster-Weiden	div. *Genista sagittalis*-Gesellschaft
	4 O Bärwurz-Magerrasen, montane u. subalpine Borstgrasrasen	*Nardion strictae*

T7 ~	**Wiesen u. Weiden**	*Molinio-Arrhenatheretea*
	1 ~ Fettwiesen (vgl. T3.3)	———
	1 O Rotschwingelwiesen (vgl. T9.5)	*Festuco commutatae-Cynosuretum* u.a.
	2 O Glatthafer-Talfettwiesen	*Arrhenatherion*
	3 O Goldhafer-Bergfettwiesen	*Polygono-Trisetion*
	4 O Umbruchwiesen (neu eingesät)	———
	2 ~ Fettweiden	———
	1 O Intensiv-Fettweiden der Tieflagen (nach Bewirtschaftung weiter zu untergliedern)	*Cynosurion cristati* p.p.
	2 O Alpenrispengras-Fettweiden der Hochlagen (vgl. T3.3.5)	*Poion alpinae*
	3 ~ Feucht- u. Nasswiesen (Kontakte zu L5, S2)	*Molinietalia caeruleae*
	1 O bodensaure Pfeifengraswiesen	*Junco-Molinetum caeruleae*
	2 O Kalk-Pfeifengraswiesen	*Molinion caeruleae* p.p.
	3 O Brenndoldenwiesen östl. Stromtäler	*Cnidion dubii*
	4 O Wassergreiskrautwiesen	*Bromo-Senecionetum aquatici*
	5 O Sumpfdotterblumen-Wiesen	*Calthion* p.p.
	6 O Kohldistel-Wiesen	*Angelico-Cirsietum oleraci*
	7 O Fadenbinsen-Sümpfe	*Juncus filiformis*-Gesellschaft
	8 O Waldsimsen-Quellwiesen (vgl. L2)	*Scirpus sylvaticus-Gesellschaft*
	9 O Staudenreiche Nasswiesen mit Schlangenknöterich (Tieflagen, montan)	*Sanguisorba officinalis-Polygonum bistorta*-Gesellschaft
	10 O atlantische *Juncus acutiflorus u. conglomeratus*-reiche Wiesen	*»Juncion acutiflorae«*
	4 ~ Tritt- u. Flutrasen	———
	1 O Feuchtpionier- u. Flutrasen (Kontakte zu L5)	*Lolio-Potentillion*

2 O kurzlebige Tritt-Pionierrasen (Kontakte zu T10) *Polygono-Poetea annuae*
3 O ausdauernde Wegerich-Trittrasen (Kontakte zu T10) *Lolio-Plantaginion*
4 O innerstädtische Trittrasen mediterraner Herkunft *Eragrostion minoris*
5 ~ Grünland-Übergangsbereiche (Kontakte zu L3-5, T8) ______
1 ~ Grünlandbrachen (Kontakte zu L5) ______
2 ~ halbruderale Quecken-Trockenfluren (Kontakte zu T8) *Agropyretalia repentis*
1 O mesophile Bestände *Convolvulo-Agropyrion repentis*
2 O xerophile Bestände *Artemisio absinthii-Agropyrion intermedii*
3 ~ rudimentäre Glatthafer-Böschungsrasen (Kontakte zu T10.4), Straßenränder ______

T8 ~ **Krautfluren, Säume, Staudenhalden außerhalb der Auen**
(Kontakte zu T10)
1 ~ Staudenfluren u. Säume trockener Standorte (Kontakte zu T1, T5) *Trifolio-Geranietea sanguinei*
1 ~ wärmebedürftige Blutstorchenschnabel-Säume *Geranion sanguini*
2 ~ mesophile Säume ______
1 O Säume kalkarmer Standorte (u. a. mit Salbei-Gamander) *Melampyrion pratensis*
2 O Säume kalkreicher Standorte (u. a. mit Zickzackklee) *Trifolion medii*
2 ~ stickstoffbedürftige Krautfluren u. Säume (Kontakte zu L3-5, T1, T5) ______
1 ~ stickstoffbedürftige Säume u. Krautfluren *Glechometalia hederaceae*
1 O frische Brennessel-Giersch-Säume (T8.2.2.7) *Aegopodion podagrariae*
2 O halbschattige Knoblauchsrauken-Kälberkropf- u. Klettenkerbel-Säume *Galio-Alliarion*
3 O kurzlebige frische Wald-Verlichtungsfluren mit Springkraut *Ranunculo-Impation noli-tangere*
2 ~ ausdauernde Krautfluren *Artemisietea vulgaris*
1 O Graukresseﬂuren auf Sand *Berteroetum incanae*
2 O Honigklee- u. Natternkopf-Fluren *Echio-Melilotion*
3 O Rainfarn-Beifuß-Gestrüppe *Tanaceto-Artemisietum vulgaris*
4 O Reseden-Fluren auf basenreichen, trockenen Substraten *Resedo-Carduetum nutantis*
5 O Eselsdistel- u. Wolldistel-Fluren *Onopordion acanthii*
6 O Kletten- u. Stinknessel-Fluren (v. a. im Siedlungsbereich) *Arction lappae*
7 O anthropogene Brennnesselherden ______
3 ~ kurzlebige Ruderalfluren *Sisymbrienea*
1 ~ Raukenfluren i.w.S. *Sisymbrion*
1 O wärmeliebende Wegmalvengesellschaften *Urticio urentis-Malvetum neglecti*
2 O Kompasslattichfluren *Conyzo-Lactucetum serriolae*
3 O Mäusegerstenfluren *Hordeetum murinae*
4 O Raukenfluren diverse Assoziationen
5 O Melden-Gänsefuß-Pionierfluren diverse Assoziationen
6 O *Bromus tectorum-Conyza canadensis*-Pionierfluren ______
2 ~ Salzkrautfluren auf urban-industriellen Sonderstandorten *Salsolion*
4 ~ Huflattich-Pionierfluren (Kontakt zu T7.5) *Poo-Tussilaginetum farfarae*

T9 ~ **Kulturpflanzenbestände** (exkl. Wiesen u. Weiden, Forsten)
Kontakte zu T10
1 ~ Acker-Beikrautfluren (durch Fruchtfolge oft kurzlebig, sich durchdringend) *Violenea arvensis*
1 ~ kalkarme Lehmäcker (Kornblumenäcker) *Sperguletalia arvensis*
1 ~ (sub)atlantische Windhalmäcker *Aperion spicae-venti*
1 O Lämmersalatäcker *Arnoseridenion minimae*
2 O Ackerfrauenmantel u. Kamillenäcker *Aphanenion arvensis*
2 ~ sommerwarme Sandäcker des Tieflandes *Digitario-Setarion*
3 ~ kalkarme, frische Lehmäcker *Polygono-Chenopodion polyspermi*
2 ~ kalkreiche Lehmäcker (Mohnäcker) *Papaveretalia rhoealis*
1 ~ nährstoffreiche Lehm- u. Tonäcker *Fumario-Euphorbion*
1 O Hackfruchtäcker (Kontakte zu T9.2) diverse Assoziationen
2 O Beikrautfluren od. Bingelkrautfluren *Mercurialietum annuae*
3 O Weinberge u. a. *Geranio-Allietum vinealis*
2 ~ Halmfrucht-Kalkäcker *Caucalidion platycarpi*
3 ~ Leinäcker (heute nur noch fragmentarisch) *Lolio remotae-Linetalia*
4 ~ Maisäcker ______
5 ~ Ölfruchtäcker (Raps, Sonnenblumen u.a.) ______
6 ~ Klee, Luzerne u. a. Zwischenfrüchte (inkl. *Trifolium resupinatum*) ______
7 ~ Buchweizenfelder ______
8 ~ Hanf ______
9 ~ Ackerbrachen (vgl. T9.2.2) ______
1 O auf Kalk ______
2 O auf Lehm ______
3 O auf Sand ______
10 ~ Ackerraine ______
2 ~ Gärten ______
1 ~ Bauerngärten ______
2 ~ Nutzgärten ______
3 ~ Ziergärten (mit hohem Rasenanteil) ______
4 ~ Reihenhaus-Siedlungsgärten ______
5 ~ Botanische Gärten ______
6 ~ Gehölzreiche Parks (vgl. T1.3) ______
7 ~ Erwerbsgärtnereien, Baumschulen ______
1 ~ in Nutzung ______
2 ~ brachgefallen ______
3 ~ Fruchtplantagen ______
1 ~ Obstbaumplantagen (inkl. Streuobstwiesen) ______
2 ~ Obststrauchplantagen ______
1 ~ Weingärten ______
1 ~ silikatisch ______
2 ~ basisch ______
1 ~ in Nutzung ______
2 ~ im Brachezustand ______
2 ~ andere Beerstrauchplantagen ______
1 ~ in Nutzung ______
2 ~ im Brachezustand ______
4 ~ Alleen, Einzelbäume u. Gruppen ______
1 ~ Nadelholz ______
2 ~ Laubholz ______
3 ~ gemischt ______
4 ~ Kopfweidenbestände ______
5 ~ öffentliche Grünflächen u. Anlagen (vgl. T9.2 u. waldähnliche Parks (T1.3) ______
1 ~ Scher- u. Parkrasen *Cynosurion cristati* p.p.
1 O dicht ______
2 O mit Moosen ______
3 O lückig, mit Platz für Einjährige ______
1 ~ oft gemäht ______
2 ~ wenig gemäht ______
4 O Kunstwiesen, angesäte »bunte Blumenwiesen« ______
2 ~ Zierpflanzen-Rabatten, Ziergesträuche ______
1 O nur Gehölze ______
2 O nur Stauden ______
3 O gemischt ______
3 ~ Friedhöfe ______
1 O Waldfriedhöfe ______
2 O alte Friedhöfe ______
3 O junge Friedhöfe ______
4 ~ Straßenböschungen mit Baumschulgehölzen (vgl. T10.3.4.2) ______
5 ~ Sportplätze ______

T10 ~ **urban-industrielle u. a. wirtschaftsbezogene Formationen**
(Kontakte zu T8, T9)

- 1 ~ Siedlungsflächen, Industriegebiete [8)]
  - 1 ~ geschlossenen Bebauung (City, Stadtkern)
  - 2 ~ Wohngebiete mit Zeilenbebauung (u. a. mit begrünten Höfen)
  - 3~ offene Bebauung (Villenviertel, Stadtrand mit Gärten)
  - 4 ~ industriell-gewerbliche Bebauung
  - 5 ~ historische Wallanlagen im Stadtgebiet
  - 6 ~ Dorfkern
    - 1 O alt, mit offenen Jaucherinnen
    - 2 O mäßig gepflegt, mit einzelnen »verlassenen« Winkeln
    - 3 O neu, »gepflegt«
    - 4 O Gänseanger
      - 1 ~ in Nutzung
      - 2 ~ brachgefallen
- 2 ~ Bauwerke
  - 1 ~ Burganlagen
  - 2 ~ unbefestigte Schloss- u. Hofgebäude
  - 3 ~ Kirchen, Kapellen
  - 4 ~ in der Feldmark isolierte Ställe
  - 5 ~ Betongebäude
  - 6 ~ Gewächshäuser
  - 7 ~ Brunnenschächte
  - 8 ~ sonstige
    - 1 ~ Dächer
      - 1 O Kies
      - 2 O Reet
    - 2 ~ Mauern
      - 1 O Kalkmörtelfugen mit Farnen *Asplenietum trichomano-rutae-murariae*
      - 2 O Silikatgestein-Mauern *Asplenio-viridis-Cystopteridetum fragilis*
      - 3 O Glaskraut-Zymbelkrautfluren *Centrantho-Parietarion*
      - 4 O Trockenmauern (z. B. Weinberge, vgl T9.3.2.1.2)
      - 5 O Mauerkronen
      - 6 O Mauerfuß
    - 3 ~ Zäune
      - 1 O Holz
      - 2 O Draht
        - 1 ~ in Nutzung
        - 2 ~ brachgefallen
- 3 ~ Verkehrswege
  - 1 ~ Eisenbahngelände
    - 1 O Schotterflächen zw. bzw. neben den Gleisen
    - 2 O Bahnhöfe, Verladerampen
    - 3 O Dämme, Böschungen
  - 2 ~ Hafengelände (sofern nicht bei L4.8)
    - 1 O Spundwände
    - 2 O Uferpackungen (vgl. L5.2.5.3)
    - 3 O Deiche
  - 3 ~ kleine bis mittlere Fahrstraßen, -wege, Gehwege, Parkplätze (vgl. T2.5.4, T7.5.3, T9.5.4)
    - 1 ~ unbefestigt
      - 1 O sandig
      - 2 O lehmig
      - 3 O geschottert
      - 4 O torfig
    - 2 ~ teilweise versiegelt (Pflasterritzen)
    - 3 ~ versiegelt
  - 4 ~ Autobahnen u. ähnliche Fernverkehrsstraßen
    - 1 O Straßenränder u. -gräben
    - 2 O Böschungen ohne Gehölze (vgl. T9.5.4)
    - 3 O Mittelstreifen
  - 5 ~ Parkplätze (z. T. unversiegelt)
  - 6 ~ Tunnel
    - 1 ~ in Nutzung
    - 2 ~ brachgefallen
- 4 ~ Ödland, Siedlungsbrache (vgl. T9.3)
  - 1 ~ dörfliches Ödland
  - 2 ~ städtisches Ödland
  - 3 ~ Trümmerschutt
  - 4 ~ Ruinen alter Gebäude
  - 5 ~ Industriebrachen
  - 6 ~ Hofplätze
  - 7 ~ Komposthaufen
- 5 ~ Bodenabbauflächen 8) (vgl. T5.4)
  - 1 ~ große Erd- u. Lockergesteinswände
  - 2 ~ kleine Erdanrisse, Schürfstellen
  - 3 ~ Kiesgruben
  - 4 ~ Steinbrüche
  - 5 ~ Sandgruben
  - 6 ~ Tongruben
    - 1 O Kalkstein
    - 2 O Basalt, Diabas u. ä.
    - 3 O Sandstein
    - 4 O Urgestein
      - 1 ~ in Nutzung
      - 2 ~ aufgelassen
- 6 ~ kleinflächige Offenböden, Erdanrisse (vgl. T5.4)
  - 1 O Sand
  - 2 O Lehm
  - 3 O Kies
  - 4 O Steingrus
  - 5 O Stein
    - 1 O basenreich
    - 2 O kristallin
- 7 ~ Brand- u. Meilerflächen
- 8 ~ Deponien u. Halden (vgl. L3.8)
  - 1 ~ Große Müll-Deponien
  - 2 ~ Bauschuttdeponien
  - 3 ~ Kehrichtplätze
  - 4 ~ Wollkämmereiplätze
  - 5 ~ Sondermülldeponien
  - 6 ~ bergbauliche Abraumhalden
  - 7 ~ Sandaufschüttungen
  - 8 ~ Erdaufschüttungen (bindiges Substrat)
  - 9 ~ Gesteinsaufschüttung
    - 1 ~ Plateau
    - 2 ~ Hang
    - 3 ~ Fuß
  - 10 ~ Holzlagerplätze
- 9 ~ biogene Strukturen
  - 1 O tierische Exkremente
  - 2 O Vogelfutterstellen
  - 3 O Vogelnester
  - 4 O Wildläger
  - 5 O Tierbauten
    - 1 O Ameisenhaufen
    - 2 O Maulwurfshaufen
    - 3 O Fuchs- u. Dachshöhlen
    - 4 O Kaninchenhöhlen
    - 5 O Hasensassen
  - 5 O Tierleichen
- 10 ~ Künstliche Hochleistungssysteme
  - 1 ~ Gewächshauskulturen
  - 2 ~ Tierhaltungen
    - 1 O Trockenhälterung
    - 2 O Wasserhälterung
  - 3 ~ Algenkulturen
  - 4 ~ Pilzkulturen
  - 5 ~ Bakterienkulturen
    - 1 ~ in Nutzung
    - 2 ~ brachgefallen

8) Hier einzugruppierende Lebensräume lassen sich u. U. auch in anderen Einheiten von L1-T9 einordnen.

**Tabelle 7: Wichtigste Biotoptypen wie sie in Oberdorfer (1994) benutzt werden (alphabetisch geordnet, Auszug aus Tabelle 6)
Die … stehen für ausgelassene Kriterien im hierarchisch aufgebauten System der Tabelle 6**

Abieto-Piceion	T1.4.3.2
Aceri-Fagenion	T1.1.1.6
Aceri-Tilietum cordatae	T1.1.2.2
Acerion pseudoplatani	T1.1.2.2
Äcker	T9.1
Adenostylion alliariae	T3.1.1
Aegopodion podagrariae	T8.2.1.1
Agropyretalia repentis	T7.5.2
Agropyro-Honckenyon p.p.	H1.2.2.3
Agropyro-Rumicion = Lolio-Potentillion	T7.4.1
Agrostietalia	T7.4 ?
Alleen	T9.4.2
Alliarion	T8.2.1.2
Alnerion glutinosae	L5.2.3.2
Alnetum incanae	L5.1.3
Alnetalia, Alnion glutinosae	S3.2.5
Alno-Ulmion p.p.	L5.2.3
Alpenschwemmling	L5.1.1
Altwasser	L3.2
Alysso-Sedion (Fels)	T6.1.2.2
Alysso-Sedion (Magerrasen)	T6.2..4.6
Ammophilion arenariae	H1.2.2.4
Androsacetalia vandellii	T5.2.2.1
Androsacion alpinae	T5.1.1.1
Androsacion vandellii	T5.2.2.1.1
Angelico-Cirsietum oleraci	T7.3.6
Aperion spicae-venti	T9.1.1.1
Aphanenion arvensis	T9.1.1.1.2
Arabidion coeruleae	T3.3.2
Arction lappae	T8.2.2.6
Arctostaphylo-Juniperetum nanae	T3.1.5
Armerion elongatae	T6.2.1.4.3
Armerion halleri (= Violetalia)	T5.1.3
Armerion maritimae	H2...4
Armerion maritimae p.p.	H1.1.3.2
Arnoseridenion minimae	T9.1.1.1.1
Arrhenatherion	T7.1.2
Artemisietea vulgaris	T8.2.2
Artemisio absinthii-Agropyrion intermedii	T7.5.2.2
Asarinion procumbentis	T5.2.2.1.2
Asplenietea trichomanis	T5.2.2
Asplenietum trichomano-rutae-murariae	T10.2..2.1
Asplenio-viridis-Cystopteridetum fragilis	T10.2..2.2
Asplenion serpentini	T5.2.2.1.3
Asteretea	H1.1.3
Atriplicion littoralis	H1.2.2.2
Atropion belladonnae	T2.2.2
Autobahn (-ränder)	T10.3.4.(1)
Auwälder	L5
Bäche	L4.1
Bachkleinröhrichte	L4.1.4
Bahndamm	T.10.3.1.3
Bahngelände	T10.3.1
Balmen	T5.3.1
Bauerngärten	T9.2.1
Berberidion	T2.1.2.1.1
Bergwiesen	T7.1.3
Berteroetum incanae	T8.2.2.1
Betulion pubescentis	S3.2.2
Betulo carpaticae-Piceetum	T1.4.3.3
Betulo-Quercetum petraeae	T1.1.2.5.4
Betulo-Quercetum roboris	T1.1.2.5.1
Bidentetea tripartiti	L5.2.4
Bidention tripartiti	L5.2.4.1
Binnendünen	T6.2.1.4.1
Binnensalzstellen	H2
Blockhalden	T5.1.4
Blockhaldenwälder	T1.4.3.3
Bolboschoenion	H1.3.2.1/ H2...5
Böschungen	T10.3.4.2
Böschung Straße mit Gehölzen	T9.5.4
Brachäcker	T9.1.9
Brackwasserbereich	H1.3
Brometalia erecti	T6.2.2.2
Bromion erecti	T6.2.2.2.3
Bromo-Senecionetum aquatici	T7.3.4
Bromus tectorum-Conyza canadensis-Pionierfluren	T8.3.1.6
Cakiletalia (s. Atriplicion)	H1.2.2.2
Cakiletea	H1.2.2.2
Calamagrostion villosae	T3.1.6
Calluno-Ulicetalia	T4
Caloplacion decipientis	T5.2.1..4.1
Calthion p.p.	T7.3.5
Campylopus introflexus-Gesellschaft	T6.2.1.4.8
Cardamino-Montion	L2..1.1
Caricetalia curvulae	T3.4.1
Carici piluliferae-Epilobion angustifolii	T2.2.1
Carici rupestris-Kobresietea bellardii (= Elynion)	T3.2.3
Caricion davallianae	S2.2.2
Caricion ferrugineae	T3.4.2.2
Caricion gracilis	S2.1.2
Caricion lasiocarpae	S1.2
Caricion maritimae	S2.2.3
Caricion (fuscae) nigrae	S2.2.1
Caricion remotae/ Chrysosplenio oppositifolii	L2.3.3
Caricion rostratae	S2.1.1
Carpinion betuli	T1.1.2.3
Carpino-Prunion	T2.1.2.1.2
Caucalidion platycarpi	T9.1.2.2
Centauretalia (= Papaveretalia)	T9.1.2
Centrantho-Parietarion	T10.2..2.3
Cephalanthero-Fagenion	T1.1.1.4
Cetrario-Loiseleurietea hermaphroditi	T3.2
Chaerophylletum bulbosi	L5.2.5.2
Chaerophyllo-Petasitetum hybridi	L5.2.5.1
Charetea	L3..2
Charion asperae	L3..2.3
Charion canescentis	H1.3.1.1
Charion vulgaris	L3..2.4
(*Chenopodietea* p.p., Acker)	T9.1
(*Chenopodietea* p.p., ruderal)	T8.3
Chenopodion rubri	L5.2.4.2
Cirsio-Brachypodion	T6.2..3.1
Cnidion dubii	T7.3.3
Convolvulion sepium	L5.2.5
Convolvulo-Agropyrion repentis	T7.5.2.1
Convolvulo-Archangelicetum litoralis	L5.2.5.3
Conyzo-Lactucetum serriolae	T8.3.1.2
Corynephorion canescentis	T6.2.1.4.4
Cotoneaster-Amelanchieretum	T2.1.2.1.1.2
Crambetum maritimae	H1.4.3
Cratoneurion commutati	L2..2
Crithmo-Armerion maritimae	H1.5
Cuscuto-Convolvuletum	L5.2.5.6
Cynosurion cristati p.p.	T7.2.1
Cystopteridion fragilis	T5.2.2.2.2
Cytiso ruthenico-Pinion	T1.4.1.2
Dämme (Bahn)	T10.3.1.3
Dämme (Straße)	T10.3.3.4.2
Dauco-Melilotion (= Echio-Melilotion)	T8.2.2.2
Deiche	T10.3.2.3
Deschampsion litoralis	L3..6.5
Diantho gratianopolitani-Festucetum pallentis	T6.1.2.3.1
Dicrano-Juniperetum communis	T4.6
Dicrano-Pinion	T1.4.1.1
Digitario-Setarion	T9.1.1.2
Dorf	T10.1.6
Drabion hoppeanae	T5.1.5
Dünen (Küste)	H1.2.2.5-7
Dünentäler	H1.2.2.7
Echio-Melilotion	T8.2.2.2
Elatino-Eleocharition ovatae	L3..7.1
Eleocharition acicularis	L3..6.4
Elymo-Honkenyion peploides	H1.2.2.3
Elynion myosuroides	T3.2.3
Empetrion nigri	T4.1
Epilobietea	T2.2
»Epilobion angustifolii«	T2.2.1
Epilobion fleischeri	L5.1.1
Eragrostion	T7.4.4
Erdanrisse	T10.6
Ericion tetralicis	S2.3/T4.5
Erico-Pinion	T1.4.1.3
Fagion sylvaticae	T1.1.1
Fago-Quercetum petraeae	T1.1.2.5.2
Felsbänder	T5.2.3
Felskuppen, -köpfe	T5.2.3
Felsspalten	T5.2.2
Festucetalia valesiaca	T6.2..3
Festucion valesiacae	T6.2..3.2
Festuco commutatae-Cynosuretum u. a.	T7.1.1
Festuco-Brometea	T6.2
Feuchte Heiden	T4.5
Filipendulion	L5.2.5.4
Flussgeröll	L5.1.1
Flussufer	L4.2 (Ufer)
Flutmulden	L4.2..10
Friedhöfe	T9.5.3
Fumario-Euphorbion	T9.1.2.1
Galeopsion segetum	T5.1.1.2
Galio odorati-Fagenion	T1.1.1.3
Galio-Abietenion	T1.4.2
Galio-Alliarion	T8.2.1.2
Galio-Urticenea (inkl. Glechometalia)	L5.2.4-5/T8.2.1.4
Gänseänger	T10.1.6.4

Tabelle 7: Wichtigste Biotoptypen (Fortsetzung)

Gärten	T9.2
Genista sagittalis-Gesellschaft	T6.2.5.3
Genisto-Callunion	T4.2
Genisto-Quercenion	T1.1.2.5 (kont.)
Genisto-Vaccinion	T4.2
Geranion sanguini	T8.1.1
Geranio-Allietum vinealis	T9.1.2.1.3
Glechometalia hederaceae	T8.2.1.4
Glycerio-Sparganion	L4.1
Gräben	L4.4
Grasansaaten	T9.5.1.4
Hackfruchtäcker	T9.1.2.1.1
Häfen	T10.3.2
Hecken	T2.1
Heiden	T4
Hippophaeo-Berberidetum	T2.1.2.1.1.3
Holzlagerplatz	T10.8.10
Hordeetum murinae	T8.3.1.3
Hydrocharition morsus-ranae	L3..3.4
Hydrocotylo-Baldellion	L3..6.2
Industriebrachen, -Halden	T10.4.5
Isoetion (in Littorellion)	L3..6.1
Isoeto-Nanojuncetea bufonii	L3..7
»Juncion acutiflori«	T7.3.2
Juncion squarrosi	T6.2.1.5.2
Junco-Molinetum caeruleae	T7.3.1
Juncus filiformis-Gesellschaft	T7.3.7
Kalihalden	H2.2.2
Karpatenbirken-Bruchwald	S3.2.2.2
Kiesboden, offen	T10.6.3
Kiesdach	T10.2..1.1
Kiesgruben	T10.5.3
Kleefelder	T9.1.6
Kläranlagen	L3.8
Koelerio-Corynephoretea p.p.	T6.2.1.4
Koelerio-Phleion phleoides	T6.2..2.2
Koelerion albescentis	T6.2.4.2
Krummholz	T3.1.3
Koelerion glaucae	T6.2.1.4.7
Lawinenbahnen	T5.1.6
Leinäcker	T9.1.3
Lemnetea	L3..3
Lemnion gibbae	L3..3.2
Lemno minoris-Salvinion natanis	L3..3.3
Leprarion chlorinae	T5.2.3
Leucobryo-Pinetum	T1.4.1.1
Ligustro-Prunetum (= Pruno-Ligustretum)	T2.1.2.1.1.1
Littorelletea uniflorae	L3..6
Littorellion uniflorae	L3..6.1
Loiseleurio-Cetrarietum	T3.2.2
Lolio remotae-Linetalia	T9.1.3
Lolio-Plantaginion	T7.4.3
Lolio-Potentillion	T7.4.1
Lonicero alpigenae-Fagenion	T1.1.1.5
Lonicero Rubion sylvatici	T2.1.1.2
Luzulo-Fagenion	T1.1.1.1
Luzulo-Quercetum petraeae	T1.1.2.5.4
Magerrasen	T6
Magnocaricion	S2.1
Mauerfuß	T10.2..2.6
Mauerkronen	T10.2..2.5

Mauern	T10.2..2
Melampyrion pratensis	T8.1.2.1
Mercurialietum annuae	T9.1.2.1.2
(Meso)bromion	T6.2.2.2.3
Milio-Fagetum p.p.	T1.1.1.2
Molinion caeruleae p.p.	T7.3.2
Molinio-Arrhenatheretea	T7
Molinietalia caeruleae	T7.3
Moore (abgetorfte)	S1.5
Moorwiesen	T7.3 (moorig)
Nadelwald	T1.4
Nanocyperion flavescentis	L3..7.3
Nardetalia strictae (Borstgrasrasen s. l.)	T6.2.1.5
Nardion strictae	T6.2.1.5.4
»Nardo-Callunetea«	T4
Nitellion flexilis	L3..2.1
Nitellion syncarpo-tenuissimae	L3..2.2
Nymphaeion albae p.p.	L3..4.2/ L4..2.2
Onopordion acanthii	T8.2.2.5
Origanetalia	T8.1.2
Oxycocco-Ericion tetralicis	S1.3.1
Oxycocco-Sphagnetea	S1.3
Papaveretalia rhoealis	T9.1.2
Parkrasen	T9.5.1
Parks	T1.3
Petasition paradoxi	T5.1.2.2.2
Pflasterfugen	T10.3.3.2
Phalaridion arundinaceae	L4..3
Phalarido-Petasitetum officinalis	L5.2.5.1
Philonotidion seriatae	L2..1.2
Phragmition australis	L3..5/ H3.1-2.3
Piceetalia	T1.4.3
Plantaginetea	T7.4
Poion alpinae	T3.4.3/ T7.2.2
Polygonion avicularis (=Polygono-Poetea annuae)	T7.4.2
Polygono-Chenopodion polyspermi	T9.1.1.3
Polygono-Poetea annuae	T7.4.2
Polygono-Trisetion	T7.1.3
Polygonum bistorta-Gesellschaft	T7.1.3
Poo-Tussilaginetum farfarae	T8.4
Populo-tremulae-Quercetum petraeae	T1.1.2.5.3
Potamogetonetea	L3..4/L4..2
Potamogetonion pectinati p.p.	L3..4.1/ L4..2.1
Potentilletalia caulescentis	T5.2.2.2
Potentillion caulescentis	T5.2.2.2.1
Potentillo albae-Quercion petraeae	T1.1.2.4.2
Protoblastenietea immersae	T5.2.1..1.2
Prunetalia spinosae	T2.1.2
Prunion fruticosae	T2.1.2.1.3
Pruno-Rubion radulae	T2.1.2.2.2
Puccinellio-Spergularion p.p.	H1.1.3.3/ H2..3
Puccinellion maritimae	H1.1.3.1
Quellen	L2
Quellmoore	S2.2.2

Quercetalia pubescentis	T1.1.2.4
Quercion pubescentis	T1.1.2.4.1
Quercion robori-petraeae	T1.1.2.5
Querco Fagetea	T1.1
Radiolion linoides	L3..7.2
Ranunculion aquatilis	L4..4.3
Ranunculion fluitantis	L4..2.3
Ranunculo-Impation noli-tangere	T8.2.1.3
Resedo-Carduetum nutantis	T8.2.2.4
Rhizocarpetea geographici	T5.2.1..1.1
Rhizoplacion chrysoleucae	T5.2.1..4.2
Rhododendro ferruginei-Vaccinietum	T3.1.4
Rhododendro-Vaccinion	T1.4.4
Rhynchosporion albae	S1.1
Riccio-Lemnion trisulcae	L3..3.1
Robinia pseudoacacia-Gesellschaft	T1.2.2
Roso caninae-Juniperetum communis	T2.1.2.2.1
Ruderalstellen	T8.2.2-8.3
»Rubetum armeniacae«	T2.4.3
Rubion plicatae	T2.1.1
Ruinen	T10.4.4
Rumicion alpinae	T3.1.2
Ruppion maritimae	H1.3.1.2
Saginion maritimae	H1.1.3.4
Salicetea herbaceae	T3.3
Salicetum albo-fragilis	L5.2.2
Salicion albae	L5.2
Salicion arenariae	T2.1.2.3
Salicion cinereae	S3.2.1
Salicion eleagni	L5.1.2
Salicion herbaceae	T3.3.1
Salicion triandro-viminalis	L5.2.1
Salicornion ramosissimae	H2...2
Salicornion strictae	H1.1.2.1.2
Salsolion	T8.3.2
Sambuco-Salicion capreae p.p.	T2.3.1
Samolo-Baldellion	L3..6.3
Sandboden (offen)	T10.6.1
Sandgrube	T10.5.5
Sandrasen	T6.2.1.4
Sanguisorba officinalis-Polygonum bistorta-Gesellschaft	T7.3.9
(Ulici-)Sarothamnion	T2.1.1.2
Scherrasen	T9.5.1
Scheuchzerietalia	S1.1
Schläge	T2.2.2
Schneetälchen	T3.3
Schuttplätze	T10.7
Scirpus sylvaticus-Gesellschaft	T7.3.8
»Secalietea«	T9.1
Sedo albi-Veronicion dillenii	T6.1.2.1
Sedo-Scleranthetea (= Koelerio-Corynephoretea)	T6.2.1.4
Sedo-Scleranthion	T5.1.1.4
Senecionetum fluviatili	L5.2.5.5
Senecion ovati-Corylion	T2.3.2
Seslerietea variae	T3.4.2
Seslerio-Festucion pallentis	T6.1.2.3
Seslerio-Mesobromion	T6.2.2.2.4
Seslerion variae	T3.4.2.1
Sisymbrienea	T8.3
Sisymbrion	T8.3.1

Tabelle 7: Wichtigste Biotoptypen (Fortsetzung)

Spartinion maritimae	H1.1.2.1.3
Sperguletalia arvensis	T9.1.1
Sphagnion magellanici	T10.1.1
Stadtkern (City)	T10.1.1
Stauseen	L3.5
Steinbrüche	T10.5.4
Steingrusböden (offen)	T10.6.4
Stipion calamagrostis	T5.1.2.1
Straßenränder	T10.3.4.1
Talsperren	L3.5
Tanaceto-Artemisietum vulgaris	T8.2.2.9
Teiche (Fisch-)	L3.6
Teucrio botrys-Melicetum ciliatae	T6.1.2.3.2
Thero-Airion	T6.2.1.4.5
Thero-Suaedion	H1.1.2.1.4
Thlaspietea rotundifolii	T5.1
Thlaspion rotundifolii	T5.1.2.2.1
Tierbauten	T10.9.4
Tilio platyphylli-Acerion	T1.1.2.1
»Tofieldietalia«	S2.2.2
Tongruben	T10.5.4
Torfstiche	S1.4.1
Trifolio-Geranietea sanguinei	T8.1
Trifolion medii	T8.1.2.2
Trifolium resupinatum-Äcker	T9.1.6
Trümmer	T10.4.3
Tümpel	L3.3
Ufer (Fließgewässer)	L4.1-4
Ufer (Stillgewässer)	L3.1
Uferböschungen	L4..6
Ulmenion minoris	L5.2.3.1
Urticio urentis-Malvetum neglecti	T8.3.1.1
Vaccinio-Abieton → Abieto-Piceion	
Vaccinio-Callunetum	T4.3
Vaccinio-Piceetum + Bazzanio Piceetum	S3.2.4
Vaccinio-Piceion	T1.4.3.1
Vaccinio uliginosi-Empetretum	T3.2.1
Vaccinio uliginosi-Pinetum rotundatae	S3.2.3
Vaccinio vitis-ideae-Quercetum petraeae	T1.1.2.5.5
Verladeplätze (Bahn)	10.3.1.2
Viehläger (salp)	T3.1.2
Violenea arvensis	T9.1
Violetalia calaminariae	T5.1.2.3
Violion caninae	T6.2.1.5.1
Vogelfutter(stelle)	T10.9.2
Wacholdergebüsche (Kalk)	T2.1.2.2.1
Waldquelle	L2.3.3
Wege	T10.3.3.1
Weidengebüsche	L.5.2.1
Weingärten	T9.3.2.1
Wildläger	T5.3.1 (Balmen), T3.1.2 (salp)
Xerobromion	T6.2.2.2.1
Zanichellion pedicellatae	H1.3.1.3
Zäune	T10.2.8.3
Zosteretum marinae	H1.1.1.2
Zosteretum noltii	H1.1.1.3
Zosterion marinae	H1.1.1

ter zu verbessern. Für diesbezügliche Hinweise sind die Autoren jederzeit sehr dankbar.

Die Geltungsbereiche der Biotoptypen können noch durch Beschränkung auf bestimmte Höhenstufen der Vegetation eingeengt werden. Zu unterscheiden sind (vgl. Haeupler 1970):

p/c	planar/colliner Stufenkomplex (bei Bedarf auch trennbar)
sm	submontan
m	montan
o	oreal (hochmontan)
salp	subalpin (Krummholz, Kampfzone des Waldes)
alp	alpin
n	nival.

2.4 Zu den beschreibenden Texten

2.4.1 Zur Morphologie

Bewusst wurde unter **M** weitgehend auf umfangreiche morphologische Beschreibungen verzichtet. Der Text konzentriert sich auf meist einfach erkennbare Merkmale bzw. Merkmalsgruppen, die zur sicheren Bestimmung hilfreich sein können. Die Texte sind als Ergänzung zum jeweiligen Bild, u. U. auch nur zu dessen besserem Verständnis angelegt, sie enthalten also keine Komplettbeschreibungen von Pflanzensippen. Besonders ist auf die Hinweise zur Variabilität bzw. besondere Bestimmungshürden zu achten, die eine Ansprache relativieren können. Dieser Bildatlas soll in keiner Weise die klassischen Bestimmungsfloren ersetzen (z. B. Oberdorfer 1994, Rothmaler 1996, Schmeil-Fitschen 1993), sondern diese nur bildlich ergänzen, um beim Bestimmungsgang anhand der Fotos und Abbildungen das Ergebnis zu verifizieren. Die Vollständigkeit, die nicht unbeträchtlich über diese Floren hinausgeht, zieht allerdings notgedrungen einen Umfang des Buches nach sich, der seine Verwendung im Gelände einschränkt.

In den Texten werden in erster Linie die differenzierenden Merkmale betont. Es ist auch besonders bei benachbarten Sippen Wert darauf gelegt worden, dass die Merkmale aufeinander Bezug nehmen. Ein weit verbreitetes Manko vieler Bestimmungsschlüssel ist das Nennen einer Merkmalsausprägung, aber das Fehlen eines entsprechenden Hinweises an der Gabelungsstelle im Schlüssel. Als Quellen für die charakteristischen Merkmale dienten neben Spezialliteratur vor allem die Florenwerke von Adler et al. (1994), Hegi (1906 ff), Lauber & Wagner (1996), Sebald et al. (1990-98), Stace (1991), für Gehölze Adolphi (1995), Krüssmann (1976-1978), Roloff & Bärtels (1996) und die Standardfloren Oberdorfer (1994), Rothmaler (1996), Schmeil-Fitschen (1993).

Im Text wird eine feste Reihenfolge eingehalten: der Größenangabe in cm oder m (als Gesamthöhe, sofern dies Sinn macht, bei Wasserpflanzen fehlen diese Angaben z. T.) folgen Spross-, Wurzel- (sofern sinnvoll), Blatt-, Blüten-, Frucht-, sonstige Merkmale, jeweils getrennt durch einen Punkt oder ein Semikolon.

Abkürzungen im Text wurden trotz des Platzmangels so wenig wie möglich benutzt und so verständlich wie möglich gehalten. In Abschnitt 3.1 sind sie alle aufgelistet.

2.4.2 Sonstige Bemerkungen

Unter **B** finden sich Hinweise auf die im Gebiet vorkommende(n) Subspezies, auf die Variationsbreite einer Sippe im Gebiet, auf naheliegende Verwechslungsmöglichkeiten und auf die Herkunftsgebiete bei Neophyten.

B1–**B**59 beziehen sich auf zusätzliche Bemerkungstexte, die wegen ihres Umfanges und um den Modulcharakter nicht zu sprengen in den Anhang (Abschn. 3.3) verlegt wurden.

Weitere Informationen zu den Sippen sind u. U. bei Bergmeier (1994) zu finden, einer ausführlich kommentierten Zusammenstellung und Aufbereitung der weit verstreuten Literatur zu kritischen Formenkreisen, nach der wenig bekannte Quellen mit Bestimmungshilfen und geeigneten Abbildungen herauszufinden sind.

2.5 Zu den Illustrationen

Die Wiedergabe wichtiger Erkennungsmerkmale einer Pflanze mit Hilfe eines Farbfotos ist eine problematische Angelegenheit. In den meisten Fällen reicht zwar eine gut vom Hintergrund abgehobene Habitusabbildung. Bei kritischen Formenkreisen oder kleinblütigen Formen (z. B. bei fast allen Gräsern und Sauergräsern) ist es aber unvermeidlich, Abbildungen von Details heranzuziehen. Bei den Farnen der Gattung *Dryopteris*, bei *Salix*, *Rumex*, *Festuca ovina* agg und anderen wurden deshalb vom Modul-Layout abweichende Fototafeln eingesetzt, die solche wichtigen Details wiedergeben.

Manchmal ist es aber besser, solche Einzelheiten in idealisierten Zeichnungen darzustellen. Sie wurden in der Mehrzahl eigens für dieses Werk angefertigt und nur zum geringeren Teil aus der Literatur (unter Angabe der Quelle) entnommen. Im Fall von *Rubus* wurde anfangs überlegt, in der von Weber (1995) entwickelten Technik Herbarbelege abzufotografieren, da sie alle bestimmungsrelevanten Merkmale schärfer und deutlicher wiederzugeben scheinen. Für den vorliegenden Band hat Weber aber dann doch neue Ausschnittfotos angefertigt, die jeweils ein charakteristisches mittleres Blatt mit entsprechendem Schösslingsabschnitt wiedergeben. Auf Blütenmerkmale wurde nur in Einzelfällen zurückgegriffen. Die *Rubus*-Seiten erscheinen daher vielleicht auf den ersten Blick etwas monoton, aber gerade der standardisierte Bildausschnitt macht den Blick frei für die wesentlichen Merkmale und der zweite Blick erschließt hoffentlich jedem Interessierten die Vielfalt der Brombeeren in einer bis heute an keiner anderen Stelle erreichten Vollständigkeit.

Diese bislang einmalige Vollständigkeit wird auch erreicht bei den Gattungen *Alchemilla*, *Hieracium*, *Rosa* und *Sorbus*. Bei *Ranunculus auricomus* und *Taraxacum* werden erstmals wichtige Typen im Bild vorgestellt.

Hin und wieder war es bei sehr kritischen Sippen kaum möglich, die wesentlichen Merkmale in einem optimalen Bild darzustellen oder sie ließen sich sogar leichter im Text beschreiben (z. B. besondere Behaarungsmerkmale) als durch ein sehr ähnliches Foto, auf dem dies Merkmal aber wenig sichtbar ist. In solchen Fällen findet sich der Hinweis: »ohne Abb.« neben dem deutschen Namen. Bewusst wurde im Abbildungsteil eine gewisse Heterogenität im Layout in Kauf genommen, wenn auch das Schema der 9 Module pro Seite weitgehend befolgt werden konnte. Das direkte Gegenüberstellen von leicht verwechselbaren Sippen machte zuweilen auch eine Abweichung von der an sich durch die Standardliste (Wisskirchen & Haeupler 1998, S. 562–616) vorgegebenen systematischen Reihenfolge notwendig.

Bei der Auswahl der Fotos wurden schärfste Qualitätskriterien angelegt. Trotzdem dürfte das eine oder andere Bild noch zu verbessern sein. Auch hier sind wir für Hinweise für eine Neuauflage dankbar.

2.6 Florenbilanz

Auf die merkwürdige Tatsache, dass bis auf Korneck et al. (1996) (auf der Basis einer vorläufigen Fassung der Standardliste) keine annähernd richtigen Sippenzahlen für die Farn- und Blütenpflanzen Deutschlands bekannt waren, wurde bei Wisskirchen & Haeupler (1998, S. 27) ausführlich eingegangen. Wie schwierig und komplex allein der Zählvorgang selbst auf der Basis der fertigen Standardliste ist, zeigt ein Blick auf Tabelle 2 in derselben. Je nach floristischem Status, den man berücksichtigt haben möchte, der taxonomischen Ränge, die in die Zählung einfließen sollen und ob mit oder ohne Apomikten gezählt wird, schwanken die Zahlen in weiten Grenzen. Mit allen inzwischen erfolgten Nachträgen und Status-Korrekturen hat eine neuerliche Zählung die Bilanz der Tabelle 8 ergeben. Danach hätten wir im vorliegenden Bildband 4145 Sippen zu behandeln (unter Zugrundelegung der Sippenauffassung von Rostański bei *Oenothera* in der Standardliste).

Die taxonomische Erforschung der deutschen Flora ist aber immer noch nicht abgeschlossen (insbesondere die der kritischen Gattungen *Taraxacum* und *Hieracium* und der sogenannten »Zwillingssippen«).

Tabelle 8: Sippenzählung für die deutschen Farn- und Blütenpflanzen nach Wisskirchen & Haeupler (1998) aus Haeupler (1999)

	Taxonomischer Rang	Floristischer Status					
		I	A?	A	E	E lok	∑
»normale« Sippen	Spezies	1821 (1843)	31	172	328 (335)	47	2399 (2428)
	Subspezies	469	1	28	35	35	48
	Varietäten	55 (60)	–	12	6	1	74 (79)
	Zwischensummen	2345 (2372)	44	212	369 (376)	51	
		2601 (2228)			420 (427)		
		3021 (3055)					
apomikt. Großgruppen	Spezies	944	–	–	6	–	950
	Subspezies	8	–	–	–	–	8
	Varietäten	14	–	–	–	–	14
	Zwischensummen	966	–	–	6	–	972
Hybriden	Nothospezies	87 (92)	1	–	18 (16)	–	106 (109)
	Nothosubspezies	5	–	–	–	–	5
	Nothovarietäten	4	–	–	–	–	4
	Zwischensummen	96 (101)	1	–	18 (16)	–	115 (118)
Endsummen	∑ Status	3407 (3439)	45	212	393 (398)	51	4108 (4145)
			701 (706)			4108	
		3664 (3696)			444 (449)		
	∑ Spezies	2852 (2879)	32	172	352 (357)	47	
		3056 (3083)			399 (404)	3455	(3487)
	∑ Subspezies	482	13	28	35	3	
		523			38		561
	∑ Varietäten	73 (78)	–	12	6	1	
		85 (90)			7	92 (97)	
Gesamtsumme aller Sippen		3664 (3696)			444 (449)		4108 (4145)

2.7 Zeichenerklärung und Abkürzungsverzeichnis

2. Zeile (nach deutschem Namen)

(Gttg 150 sp)	Ziffer gibt an, wie viele Sippen weltweit in dieser Gattung bekannt sind (nach MABBERLY 1997)
ohne Abb.,	Hinweis, wenn Sippe nicht abgebildet ist oder nur (oder zusätzlich) eine Zeichnung (Fig.) oder
Fig., Abb.	Foto (Abb.) unter der entsprechenden Nummer vorhanden. Hinweis auf Zeichnung (Fig.)

3. Zeile

☆	Sippe endemisch in Deutschland
(☆)	Sippe endemisch in Mitteleuropa (etwa im Sinne von HEGI)
I, A, E, E (lok),	**I**ndigen (im Sinne von urwüchsig), **A**rchaeophyt, **e**ingebürgert, nur lokal **e**ingebürgert,
U, U-E; K	**u**nbeständig, auf dem Wege zur **E**inbürgerung, nur **k**ultiviert;
B, C, H, K, N, P, PP, T, W, E	Lebensformen meist nach ELLENBERG et al. (1991): **B**ienn (zweijährige bzw. kurzlebige, hapaxanthe **H**emikryptophyten), **C**hamaephyt (ELLENBERG z. T. Z), **K**ryptophyt (dort G = Geophyt), **N**anophanerophyt, **P**hanerophyt, **P**seudo**p**hanerophyt (Scheinstrauch, bei *Rubus*), **T**herophyt, Hydrophyt (A wird hier durch **W** [Wasserpflanze] symbolisiert), **E** Epiphyt
li	**li**anenartig wachsend
hp	**H**albparasit
vp	**V**ollparasit
i, s, v, w	**i**mmer-, **s**ommer-, **v**orsommer-, **w**intergrün (nach ELLENBERG et al. 1991)

①–⑩	Phänophasen nach DIERSCHKE (1995)
⊙	Phänophase unbekannt
❀	Blühsippen im Sinne PATZKE & LOOS (schriftlich, non publ.)
(♀♂), ⚥	monözisch (einhäusig), zwittrig
♀♂	diözisch (zweihäusig);
A, **AV**, **M**$_1$, **M**$_2$, **F**, **K**	Großnaturräume: **A**lpen, **A**lpen**v**orland, **M**ittelgebirge (**M**$_1$ süddeutsches Schichtstufenland, **M**$_2$ zentraleuropäische Mittelgebirgsschwelle), **F**lachland, **K**üste, nach KLINK (1990);
RL	Kategorien der Roten Liste 0 bis R, Zuordnung nach KORNECK et al. (1995), s. Fig. 2.2
reg	nur **reg**ional gefährdet, bundesweit nicht
§	geschützt nach § 1 Anlage 1 der Bundesartenschutzverordnung vom 18.9.1989 (grundsätzl. nur wildwachsende Populationen)
§C	geschützt nach Washingtoner Artenschutzabkommen (CITES) (**C**onvention on International Trade in Endangered Species)
§B	geschützt nach **B**erner Konvention von 1992
§F	geschützt nach FFH-Richtlinie (**F**auna-**F**lora-**H**abitat-Richtlinie des Council of the European Communities von 1992)
E§	geschützt durch **E**WG-Richtlinie 3626/82
✝	ausgestorben;
Nutzungen:	(nach verschiedenen Quellen, Erläuterungen im Text)
☠!	stark bzw. tödlich giftig
☠	giftig
(☠)	schwach giftig, giftverdächtig
🍴	essbar, z. B. als Wildgemüse zum Verzehr geeignet
(🍴)	bedingt essbar, z. B. nur nach besonderer Zubereitung, da sonst giftig, vom Genuss abzuraten

✠	Heilpflanze
(✠)	früher Heilpflanze, z. T. heute nur noch slt homöopathisch angewandt
☺	Pflanze mit ethnobotanischer Bedeutung (Zauberpflanze, Aphrodisiaka, Hexenpflanze, psychoaktiv)
☼	Pfl. mit technischer Nutzung (Baumaterial, Dachbedeckung, Möbel, Gerberlohe), z. T. nur noch historisch (dann in Klammern)
F	**F**ärbepflanze
Z	**Z**ierpflanze
D	Pflanze **d**uftend oder stark riechend
Al	**al**lergieinduzierende Pflanze
Aq	**Aq**uarienpflanze
Ob	**Ob**stgehölz
⟨⟩	Neuzuordnung bzw. -einstufung gegenüber hier benutzter Literatur, z. B. KORNECK et al. (1995), ELLENBERG et al. (1991), MABBERLY (1997) etc., bei Pflanzennamen Korrektur gegenüber WISSKIRCHEN & HAEUPLER (1998).

4. Zeile

H1–T10:	Biotoptypen nach HAEUPLER in POTT (1996)
p/c, sm, m, o,	Höhenstufenkürzel (meist nur zur Präzisierung der Biotoptypenzuordnung)
sa, a, n:	**p**lanar/**c**ollin, **s**ub**m**ontan, **m**ontan, **o**real (=hochmontan), **s**ub**a**lpin, **a**lpin, **n**ival (Definition bei HAEUPLER 1970)
/	im Übergangsbereich zwischen den entsprechenden Angaben

Zeichen im Text (z. B. bei **M**)

∅	Durchmesser

weitere Abkürzungen im Text

µm, mm, cm, m	(alle Maßangaben)
f, var, ssp, sp, agg, Fam, UFam, Gttg, UGttg, sect.	(alle taxonomischen Ränge)
agg	– Aggregat
alp	– alpin
ca	– circa
cv	– cultivar
Mieu	– Mitteleuropa
nm	– nothomorphe
nvar	– nothovarietät
nssp	– nothosubspezies
br	– breit
D	– Deutschland
DI	Diskusindex (bei *Rosa*)
dkl(r)	– dunkel (dunkler)
-fg(e$_1$ r$_1$)	– förmig (-e$_1$ -er, ...)
fri	– frisch
gr(er)	– groß, größer
hfg(er)	– häufig, häufiger
insg	– insgesamt
jg(er)	– jung, jünger
kl	– klein
Lf	– Läufer (bei *Hieracium*)
lg(r)	– lang(e, er), aber:
lgr	– länger
lok	– lokal
O	– Osten
Pfl	– Pflanze
prap	– präalpin
reg	– regional
S	– Süden
slt	– selten
stdg	– ständig
Stg	– Stängel, aber:
stglig	– stängelig
Stgln	– Stängeln
Sto	– Standort
t	– getupft (bei *Oenothera*)
u	– ungetupft (bei *Oenothera*)
wpralp	– westpräalpin
tro	– trocken (z. B. trockenhäutig)
zw	– zwischen

Abkürzungen mit Punkt

Abb.	– Abbildung (Foto)
Abschn.	– Abschnitt
apoph.	– apophytisch
bzw.	– beziehungsweise
d. h.	– das heißt
div.	– divers(e, er)
einf.	– einfach
evtl.	– eventuell
Fig.	– Figur (Zeichnung)
ggf.	– gegebenenfalls
i.d.R.	– in der Regel
inkl.	– inklusive
ind.	– indigen
jew.	– jeweils
kult.	– kultiviert
-l.	– lich(e, er)
li.	– links
M.	– Mitte
mind.	– mindestens
o.	– oben
od.	– oder
östl.	– östlich
p.p.	– zum Teil (pro parte)
re.	– rechts
s.	– siehe
S.	– Seite
sek.	– sekundär
s. l.	– sensu lato
s. str.	– sensu stricto
SP.	– Schwerpunkt
syn.	– synanthrop
typ.	– typisch
u.	– und (bei Abb. auch: unten)
u. a.	– unter anderem
v. a.	– vor allem
vgl.	– vergleiche
v. l. n. r.	– von links nach rechts
westl.	– westlich
z. B.	– zum Beispiel
z. T.	– zum Teil
zuw.	– zuweilen

Abteilung

Pteridophyta (Farnpflanzen)

- ➜ Kl. Lycopodiopsida (= Lycopodiatae, Bärlappe)
- ➜ Kl. Equisetopsida (= Sphenopsida, Schachtelhalme)
- ➜ Kl. Pteridopsida (= Filicatae, Filicopsida, Farne)

1 Huperzia selago (L.) Bernh. ex Schrank & Mart

Europäische Teufelsklaue, Tannen-Bärlapp

I; C, i; A, AV, M_1, M_2, F, K; RL reg, §; ☠, (✠), ☺
T1.1 (mo), T1.4.3, T4, T5 (Gttg ca 300 sp)
M 5–25 cm. Pfl ohne kriechenden Hauptspross (Unterschied zur Gattung *Lycopodium*), mit aufsteigenden, derben (z. T. gabelästigen) langlebigen Trieben. Sporophylle nicht in abgesetzten Ähren. Oberste Blätter oft mit achselstdg Brutknospen.
B Im Gebiet nur ssp *selago*.

2 Lycopodiella inundata (L.) Holub

Gewöhnlicher Sumpf-Bärlapp (Gttg 40 sp)

I; ⟨H, w⟩, s; A, AV, M_1 , M_2, F, K; RL 3, §
S1, T4.5
M 2–10 cm. Mit kurzem, bis 10 cm kriechendem Hauptspross, pro Vegetationsperiode nur einen aufrechten Ast ausbildend. Sporangien in den Achseln etwas breiterer Tragblätter, dadurch Sporophyllstand nicht gestielt.
B Schnellere Prothallien-Entwicklung (oberflächl., ergrünend), daher Spontanbesiedlungen auf Pionierstandorten möglich.

3 Lycopodium clavatum L.

Keulen-Bärlapp (Gttg 40 sp)

I; C, i; A, AV, M_1, M_2, F, K; RL 3, §; ☠,✠, ☺, (☼), F
T1.1, T.1.4 (mo), T2.3.1, T4.2, T4.3
M Oberirdisch kriechende Sprosse bis 4 m. Die 5–20 cm hoch aufsteigenden Triebe können deutl. abgesetzte, lg gestielte Sporophyllstände tragen. Blätter aufrecht abstehend, weich, mit 2–4 mm lgr, hyaliner (weißer) Haarspitze, nur undeutl. gezähnt.
B Im Gebiet nur ssp *clavatum*.

4 Lycopodium annotinum L.

Sprossender Bärlapp

I; C, i; A, AV, M_1, M_2, F, K; RL reg, §; ☠ ?,✠, ☺, ☼
S 3.2.2, T1.1.1.1 (mo), T1.4.1, T.1.4.3, T4
M Oberirdisch kriechende Sprosse bis 1 m lg u. mehr. Die 10–30 cm aufsteigenden Triebe können einen dicht beblätterten, unmittelbar aufsitzenden Sporophyllstand tragen. Blätter waagerecht abstehend, starr, scharf zugespitzt, fein gesägt, Haarspitze nicht vorhanden.
B Im Gebiet nur ssp *annotinum*.

Diphasiastrum complanatum agg

Man kann alle Taxa mit kriechendem, langlebigem Hauptspross zur Gattung *Lycopodium* zusammenfassen. Eine globale Betrachtungsweise des ganzen Verwandtschaftskomplexes legt dies nahe. Die Gruppe der Flachbärlappe bilden dann die Sektion *Complanata*. Sie enthält bestimmungskritische Sippen, die durch Zwischenformen untereinander verknüpft sind. Die Benutzung entsprechender Spezialliteratur ist für die Artengruppe notwendig (vgl. Bennert in Wisskirchen & Haeupler 1998). Inzwischen wird aber der Abtrennung der Flachbärlappe im Sinne von Holub wieder der Vorzug gegeben.

Abb.1
a: Diphasiastrum tristachyum
b: Diphasiastrum zeilleri
c: Diphasiastrum complanatum
d: Diphasiastrum issleri
e: Diphasiastrum alpinum
f: Diphasiastrum oellgaardii

◄◄5 **Diphasiastrum alpinum** (L.) Holub
Alpen-Flachbärlapp Abb. 1e (S. 30)

I; C, i; A, AV, M_1, M_2; RL 2, §
T3.2, T4.3, T6.2.1.5
M Oberirdische, sterile Sprosse 4-kantig, nicht abgeflacht (an schattigen Standorten etwas abgeflacht), Ventralblätter deutl. gestielt u. gekniet. Dorsal- u. Ventralblätter gleichgroß, Pfl blaugrün überlaufen. Sporophyllstand ungestielt.
B Die sehr zerstreuten Vorkommen in den Mittelgebirgen werden als Glazialrelikt gedeutet.

◄6 **Diphasiastrum oellgaardii** A. M. Stoor et al.
Oellgaards Flachbärlapp Abb. 1f (S. 30)

I; ⟨C, i; M_2, RL 2, §⟩
M In allen Merkmalen zw 5 u. 7 stehend. Oberirdische, sterile Sprosse abgeflacht, zuw. fast zylindrisch, aufrechte Sprosse lockerer stehend als bei 5, blaugrün. Ventralblättchen erreichen mit ihrer Spitze die Basis des darüber stehenden Blattes (bei 7 nicht!), auch schmaler als bei 7.
B1 Siehe Bemerkung 1, Seite 719.

7 **Diphasiastrum tristachyum** (Pursh) Holub ►
Zypressen-Flachbärlapp Abb. 1a (S. 30)

I; C, i; AV, M_1, M_2, F; RL 2, §
T1.4, T4(m)
M Oberirdische, sterile Sprosse rundl. bis 4-kantig, dklgraugrün, unterseits bereift, in dichten, oft kompakten Büscheln stehend, scheinzypressenähnl. (Name!). Chlorophyllfreier Hauptspross 3–15 cm tief, unterirdisch. Sporophyllstand 3–12 cm lg gestielt.

8 **Diphasiastrum zeilleri** (Rouy) Holub ►►
Zeillers Flachbärlapp Abb. 1b (S. 30)

I; C, i; AV, M_1, M_2, F; RL 2, §
T1.4, T4
M Oberirdische, sterile Sprosse etwas abgeflacht (zw 9 u. 7 stehend), graugrün, unterseits oft blaugrau bereift. Chlorophyllfreier Hauptspross unterirdisch. Ventralblätter kl (s. Abb. 1, auch bei diesem Merkmal zw den genannten Arten stehend). Sporophyllstand lg gestielt.

◄◄9 **Diphasiastrum complanatum** (L.) Holub
Gewöhnlicher Flachbärlapp Abb. 1c (S. 30)

I; C, i; A, AV, M_1, M_2, F; RL 2, §; ☺
T1.4, T4
M Oberirdische, sterile Sprosse stark abgeflacht u. deutl. ungleichblättrig, frischgrün, Hauptspross ober- bzw. flach unterirdisch, Ventralblätter sehr kl (s. Abb. 1). Sporophyllstand meist lg gestielt.

◄10 **Diphasiastrum issleri** (Rouy) Holub
Isslers Flachbärlapp Abb. 1d (S. 30)

I; C. i; A, M_1, M_2; RL 2, §
T3.2, T4.3, T6.2.1.5
M Oberirdische, sterile Sprosse flach 4-kantig bzw. nur schwach abgeflacht mit ungestielten Ventralblättern, Dorsalblätter größer als Ventralblätter. Pfl blaugrün überlaufen. Sporophyllstand kurz (bis 2,5 cm) gestielt bis sitzend.

11 **Selaginella apoda** (L.) Spring
Wiesen-Moosfarn* (Gttg ca 700 sp)

E; C, i; F (nur Berlin); RL reg.: 0
T 9.6.1
M Kurze gabelige Sprosse, kahl, flach. Papierdünne Blättchen, bei uns nicht fertil.
B Bildet in seiner Heimat, dem östl. N-Amerika, einen schwierigen Formenschwarm, inkl. Hybriden. In Berlin über 100 Jahre beobachtet, jetzt erloschen.

* entspricht dem amerik. Volksnamen: Meadow spike-moss

12 **Selaginella selaginoides** (L.) P. Beauv.
Gezähnter Moosfarn

I; C, i; A, AV, (M_1); RL reg, §
L2.3.2, S2.2.2, T3.4, T6.2.2.1
M Aufrechte Triebe 2–12 cm. Stg bis 5 cm weit kriechend. Blätter spiralig angeordnet, wimperig gezähnt. Sporangien in nicht deutl. getrennten Ähren, blattachselstdg.

13 **Selaginella helvetica** (L.) Spring
Schweizer Moosfarn

I; C, i; A, AV; RL reg
S2.2, T5.2, T6.2.
M Aufrechte Triebe 2–8 cm. Stg bis 20 cm weit kriechend, abgeflacht, oft dichte Rasen bildend. Blätter (fast) ganzrandig, 4-zeilig angeordnet.

14 **Isoëtes lacustris** L.
See-Brachsenkraut (Gttg ca 150 sp)

I; W, s; (M_1), F; RL 2, §
L3.1.6 (auch m)
M 5–20(–40) cm. Rosettige Unterwasserpflanze mit am Grund scheidigen, binsenfg runden, gekammerten Blättern (70 u. mehr), dklgrün, steif, kaum durchscheinend, Makrosporen runzelig, ∅ 500–700 µm (Fig.1a). Im Herbst werden oft abgelöste Blätter massenhaft ans Ufer gespült.
B Verwechslungsmöglichkeit mit untergetauchter *Littorella* (unten l. im Bild); durch die dunklen Wurzeln (*L.*: weiße Wurzeln, fadenfg Ausläufer, ungekammerte Blätter) u. den unangenehmen Geruch (Urin) beim Trocknen unterschieden.

Fig. 1a
Isoëtes lacustris

Fig. 1b
Isoëtes echinospora

15 **Isoëtes echinospora** Durieu
Stachelsporiges Brachsenkraut

I; W, s; (M_1), F✝; RL 1, §
L3.1.6 (auch m)
M Bis 18 cm. Wie 14, aber Blätter meist weniger (bis 50), hellgrün, weich, durchscheinend gekammert. Makrosporen mit Stacheln (Name!), ∅ 440–540 µm (Fig. 1b).
B Verwechslungsmöglichkeit wie bei 14.

16 **Equisetum sylvaticum** L.
Wald-Schachtelhalm (Gttg 15 sp), Fig. 2; 3/4

I; K, s; A, AV, M_1, M_2, F; RL reg
L2.3.3, L5.2.3, S3.2.5, T1.4....1-2, T1.4.2, T7.3
M 10–80 cm. Stg 1,5–3 mm ∅, sehr dünne Äste, 4–5-rippig, überhängend, 2–3mal verzweigt, Astscheiden abstehend mit langen, spitzen Zähnen, Zentralhöhle ½ des ∅.

Equisetum telmateia

▲
17 **Equisetum telmateia** Ehrh.
Riesen-Schachtelhalm Fig. 2;1/2

I; K, s; A, AV, M_1, M_2, (F), K; RL reg
L2.3.2, S2.2.
M 50–150 cm (fertil 10–25[–50]). Stg elfenbeinweiß (nicht grün!). Fertile Sprosse früh im Jahr, absterbend. Sterile Sprosse später braun, 10–15 (–20) mm ∅, Zentralhöhle bis ⅔ des ∅, Äste grün. l.: steril, r.: fertil.

▲
18 **Equisetum pratense** Ehrh.
Wiesen-Schachtelhalm Fig. 2;5/6

I; K, s; A?, AV, M_1, M_2, F; RL reg
L5.2, T1.1....1–2
M 10–60 cm. Stg 1–3 mm dick, quirlig beastet, Äste 3(–5)-kantig, ± waagerecht abstehend bis überhängend, unverzweigt, unterste Astscheiden rotbraun, Zentralhöhle ½ des ∅.

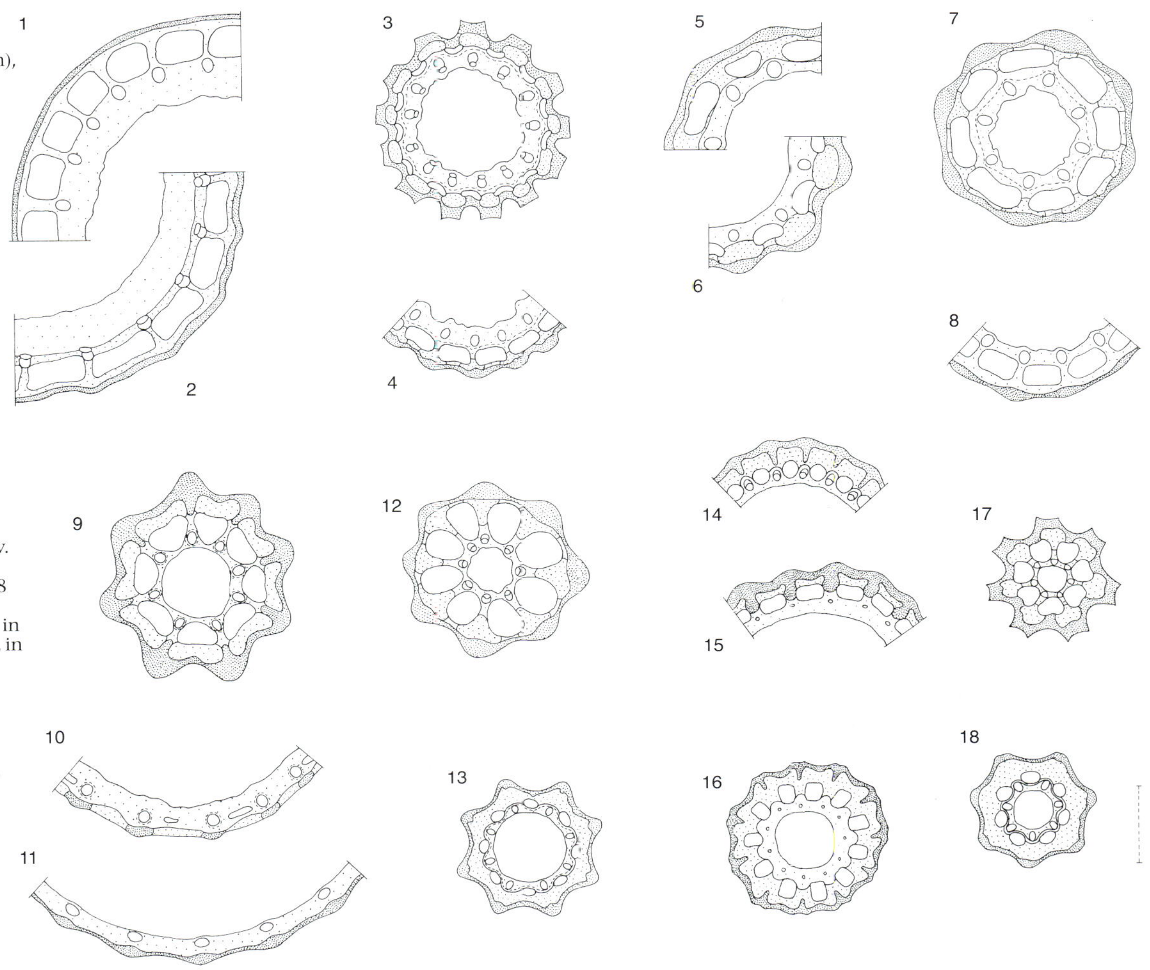

Fig. 2: Stängelquerschnitte aller *Equisetum*-Sippen (Maßstab 1 mm), Sklerenchym dicht punktiert, Chlorenchym locker punktiert, Parenchym schwach punktiert, Höhlen leer.

1/2: *E. telmateia* Ehrh.
(1 steriler, 2 fertiler Stängel).
3/4: *E. sylvaticum* L.
(3 steriler, 4 fertiler Stängel).
5/6: *E. pratense* Ehrh.
(5 fertiler, 6 steriler Stängel).
7/8: *E. arvense* L.
(7 steriler, 8 fertiler Stängel).
9: *E.* × *litorale* Kühlew. ex Rupr.
10: *E. fluviatile* L.
11: *E.* × *dycei* C. N. Page.
12: *E. palustre* L.
13: *E. ramosissimum* Desf.
14: *E.* × *moorei* Newman.
15: *E. hyemale* L.
16: *E.* × *trachyodon* (A. Braun) W. D. J. Koch.
17: *E. variegatum* Schleich. ex Weber & D. Mohr.
18: *E.* × *meridionale* (Milde) Chiov.

(11 Original Frebel. 13, 14 und 18 nach Hrouda & Krahulec 1982. 15 und 16 nach EM-Aufnahmen in Geiger 1981. Übrige nach Dostal in Hegi 1984.)

19 **Equisetum arvense** L.
Acker-Schachtelhalm Fig. 2;7/8

I; K, s; A, AV, M_1, M_2, F, K; RL –; ✻, ☼, F, ☺
L5.2, T8–10 u. a.
M Seitenäste 4–5-kantig, rau, ± aufrecht abstehend, das erste Internodium lgr als zugehörige Scheide am Haupttrieb. Scheiden grün bis (hell-)braun. Fertile Sprosse elfenbeinweiß, sterile grün.

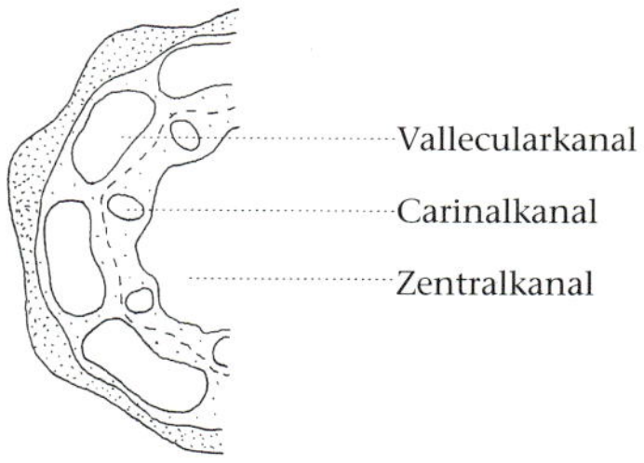

Fig. 3: Luftführende Interzellularräume im Sprossquerschnitt der Gattung *Equisetum* (Original FREBEL).

20 **Equisetum × litorale** Kühlew. ex Rupr.
Ufer-Schachtelhalm (19 × 21) Fig. 2;9

I; K, s; AV, M_1, M_2, F, K?; RL reg
S2.1, T7.3 (gern Tendenz zu T10)
M 20–100 cm. Stg einf. ästig, oben zuw. unverzweigt, Zentralhöhle ⅙–½ des ∅. Vallecularhöhlen gleich groß wie Zentralhöhlen.
B Auf nassen Standorten sich *E. fluviatile* nähernd, auf trockenen *E. arvense*.

21 **Equisetum fluviatile** L.
Teich-Schachtelhalm Fig. 2;10

I; W, K, s; A, AV, M_1, M_2, F, K; RL –
L3, L4.1–5
M 20–150 cm. Stg (2–)4–8 mm, unverzweigt od. unregelmäßige, kurze Äste in der Mitte. Zentralhöhle weit, ¾–9/10 des ∅, Vallecularhöhlen viel kleiner als Zentralhöhlen od. fehlend.

22 **Equisetum × dycei** C. N. Page (21 x 23)
Dyces Schachtelhalm Fig. 2;11

I; K, s; M_2, F; RL –; ⟨☠ ?⟩
T7.3 (Tendenz zu T9.5)
M 15–45 cm. Dünne Stg, halbaufrecht aufsteigend, wenig verzweigt bis unverzweigt, mit langem unverzweigtem Ende. Habituell ähnl. wie kümmerl. 20.
B Bildet schwach wüchsige Kleinbestände, leicht zu übersehen, bislang erst 2 Funde in D.

23 **Equisetum palustre** L.
Sumpf-Schachtelhalm, Duwock Fig. 2;12

I; K, s; A, AV, M_1, M_2, F, K; RL –; ☠, (✻), ☺
T7.3, S2.2
M 10–50(–100) cm. Stg quirlig verzweigt, 1–3 mm ∅, unterste Scheiden der Seitenäste braunschwarz, viel kürzer als Scheidenröhre des Hauptsprosses, etwa gleich große Zentral- u. Vallecularhöhlen, Carinalhöhlen sehr kl.

24 **Equisetum ramosissimum** Desf.
Ästiger Schachtelhalm Fig. 2;13

I; K, s; AV, M_1, F (Rhein); RL 3
L4.2..7, T6.2.2.2.3, T7.4.1
M 10–145 cm. Stg 2–9 mm ∅, Seitenäste im mittleren Teil, Zentralhöhle etwa ¾ des ∅, Vallecularhöhlen kleiner als Zentralhöhle, Carinalhöhlen sehr kl, aber deutl. Mikromorphologisch mit Inkrustierung in Form von Querrippen.*
B Im Gebiet nur ssp *ramosissimum*.

25 **Equisetum × moorei** Newman (24 × 26)
Moores Schachtelhalm Fig. 2;14

I; K, s, (w); M_1, F (Rhein); RL reg
L5
M Stg astlos od. nur oben verzweigt, weniger kräftig als 26, blassgrün. Zähne der Scheiden ± früh abfallend. Mikromorphologisch mit Inkrustierungen in Form von Querrippen unten u. Punktierungen oben.* Zentralhöhle bis ¾ des ∅, Vallecularhöhlen kleiner.

* Lichtmikroskopisch durch Kollodiumabdrucke gut zu erkennen (Bennert & Böcker 1991).

26 **Equisetum hyemale** L.
Winter-Schachtelhalm Fig. 2;15

I; C, i; A, AV, M_1, M_2, F; RL reg; ☼
L5, T1.1.2.3...1
M 30–150 cm. Sprosse unverzweigt (slt mit einigen Ästen), 4–6 mm ∅, hart, rau, Zentralhöhle ⅔–⁹⁄₁₀ des ∅. Zähne der Scheiden früher abfallend. Mikromorphologisch mit Inkrustierung in Form von Doppelpunktreihen.*

27 **Equisetum × trachyodon** (A. Braun) W. D. J. Koch (26 × 28)
Rauzähniger Schachtelhalm Fig. 2;16

I; C, i; AV, M_1; RL 2
L5.1, T7.3.2
M 20–45 cm. Stg einf., nur unten mit einigen rauen Ästen (bis 3 mm des ∅). Zentralhöhle ¼–⅓ des ∅. Zähne der Scheiden ausdauernd.
B Unterschied zu *E. × moorei:* nicht abfallende, gerade, weiß berandete Scheidenzähne.

28 **Equisetum variegatum** Schleicher ex Weber & D. Mohr
Bunter Schachtelhalm Fig. 2;17

I; C, i; AV, M_1, (F), KV; RL 2; (✠)
L2.3, L5.1, S2.2.2.1, T10.5..3
M 10–30(–40) cm. Stg 1,1–3 mm dick, aus reich verzweigtem Rhizom oft dicht rasig, astlos, am Grund mit 1–2 stgähnl. Ästen, Zentralhöhle eng, ¼–⅓ des ∅, slt fehlend, 5–10 etwas kleinere Vallecularhöhlen, sehr kleine Carinalhöhlen.

29 **Equisetum × meridionale** (Milde) Chiov.
Südlicher Schachtelhalm (24 × 28) Fig. 2;18

I; C, w; AV (bisher nur bei Augsburg u. Zechau [Sachsen]); RL –⟨1⟩
T10.3..1.3
M 27–85 cm. Stg 1,5–3,6 mm ∅, an der Basis verzweigt bis unverzweigt, Stgscheiden mit (7–)9–11(–12) Rippen, Zentralhöhle > ½–¾ des ∅, steril.

30 **Botrychium simplex** E. Hitchc. ▸
Einfache Mondraute (Gttg ca 50 sp)

I; K, s; M_1†, M_2, F†, K†; RL ⟨1⟩, §, B, F
T6.2.1.5
M 2–8(–15) cm. Blattstiel von abgestorbenen, braunen Scheiden vorjähriger Blätter umhüllt, Blätter einzeln, kahl, gelbgrün, steriler Abschn. deutl. gestielt, im unteren Teil entspringend, ungeteilt bis 3-teilig, dünn fleischig, fertiler Teil ebenfalls lg gestielt, einf. bis doppelt gefiedert, Ähre bis 8 cm lg gestielt, oft nur 5–12 Sporangien, 0,5–5 cm lg.
B Variabel in der Blattgestalt. In D derzeit nur ein aktueller Nachweis.

31 **Botrychium lunaria** (L.) Sw. ▸▸
Echte Mondraute

I; K, s; A, AV, M_1, M_2, F, K; RL 3, §; ☺
T4.2, T4.3, T6.2
M 2–30 cm. Blätter kräftig, frigrün, steriler Abschn. fast sitzend, in der Mitte (od. knapp darunter) des Blattes entspringend, gefiedert mit 2–9 nieren- bis halbrundfg Abschnitten. Fertiler Abschnitt eine Rispe bildend.
B Im Gebiet nur ssp *lunaria,* Blattgestalt variabel.

◂32 **Botrychium matricariifolium** (A. Braun ex Doll) W. D. J. Koch
Ästige Mondraute

I; K, s; A, AV, M_1, M_2, F†, K; RL 1, §
T4.3, T6
M Bis 20 cm. Stiel an Basis rotbraun überlaufen, steriler Abschn. des Blattes graugrün, fast sitzend, im oberen Drittel des Blattes entspringend, einf. bis doppelt fiederspaltig, fertiler Abschnitt 2–3fach gefiedert.

33 **Botrychium multifidum** (S. G. Gmel.) Rupr. ▸
Vielteilige Mondraute

I; K(-H), s(-w); AV†, M_1†, F, K†; RL 1, §
T6.2.1.5
M 5–25 cm. Blätter jährl. 2(–4), nur eines mit fertilem Abschn., behaart (jg weißl.!), steriler Abschn. 3-eckig, doppelt gefiedert, Zipfel rundl., ganzrandig gekerbt. Fertiler Abschnitt lg gestielt, 2–3fach gefiedert. Blätter z. T. überwinternd.
B Im Gebiet nur ssp *multifidum.*

34 **Botrychium virginianum** (L.) Sw. ▸
Virginische Mondraute

I; K, s; A; RL 1, §
T2.1, T2.4 (m)
M 15–80 cm. Blatt jg mit Gliederhaaren, verkahlend, steriler Blattabschnitt 3-eckig, bis 40 cm br, 2–4fach gefiedert, dünn häutig, Zipfel spitz od. stumpf gezähnt, fertiler Abschnitt dagegen kl, lg gestielt, 2–3fach gefiedert.
B Im Gebiet nur ssp *europaeum* (Ångstr.) Javorka.

35 **Ophioglossum vulgatum** L. ▸▸
Gewöhnliche Natternzunge (Gttg 25–30 sp)

I; K, s; AV, M_1, M_2, F, K; RL 2
S2.2, S3.2, T4.5, T7.3
M 10–20(–30) cm. Rhizom unterirdisch, Blätter jährl. einzeln über dem Boden erscheinend, in sterilen (spreitenähnl.) u. fertilen (Sporangienstand) Abschnitt gegliedert.
B Eine (35a) var *polyphyllum* A. Braun mit kleinerem sterilem, oft linealisch schmalen Blattabschnitt beschrieben.

36 **Osmunda regalis** L.
Gewöhnlicher Rispenfarn, Königsfarn (Gttg ca 10 sp)

I; H, s; M_1, M_2, F, K; RL 2, §; (✠)
S3.2 (v. a. S3.2.5)
M Wedel 60–160(–200) cm. Sterile Blätter doppelt gefiedert, ausgebreitet, fertiler Wedelabschnitt vom sterilen Teil getrennt, aufrecht, unterer Teil gefiedert, oberer Teil ausschließl. sporangientragend, braun.

37 **Cryptogramma crispa** (L.) R. Br. ex Hook.
Krauser Rollfarn (Gttg 2 sp)

I; H, s; M_1, (M_2); RL 4, §
T5.1.1
M Sterile Wedel 5–30 cm, büschelig, zart, frigrün, 2–4fach gefiedert. Blattstiel lgr als Spreite. Sporangientragende Wedel die sterilen überragend, mit »schmalen«, am Rand umgerollten Fiedern.

38 **Marsilea quadrifolia** L.
Vierblättriger Kleefarn (Gttg 50–70 sp)

I; W, ⟨H⟩, s; M_1✝; RL 0, B, F
L3.1.–3.7, T7.2.1 (Schweine)
M 5–10 (im Wasser bis 50) cm. Durch seine 4-teilige, kleeblattartige, kahle Spreite unverwechselbar. Mit weit kriechendem Rhizom. Sporokarpien rund bis bohnenfg, zu 2, kurz gestielt, am Grunde des Blattstiels abzweigend (nur nach Trockenfallen des Lebensraumes ausgebildet).

39 **Pilularia globulifera** L.
Gewöhnlicher Pillenfarn (Gttg 3–6 sp)

I; ⟨H-T⟩, s; M_1, M_2, F, K; RL 2
L3.1-3.7
M 5–15 cm. Blätter binsenartig, schmal, frigrün, ganze Rasen bildend, jg wie ein Bischofsstab eingerollt. Sporokarpien rund, einzeln, kurz gestielt, am Grunde der Blätter.

40 **Hymenophyllum tunbrigense** (L.) Sm.
Englischer Hautfarn (Gttg ca 250 sp)

I; C, i; M_1; RL 1, §
T5.2.2.1 (beschattet)
M 2–6(–8) cm. Wedel hautfg dünn, bläul. grün, matt, mit drahtigen Rhizomen. Blattstiele u. Spindel geflügelt. Sori einzeln am Blattrand. Indusium 2-klappig, gezähnt.

41 **Trichomanes speciosum** Willd.
Prächtiger Dünnfarn (Gttg ca 80 sp)

I; C, (i); M_1, M_2; RL ⟨4⟩
T5.3
M Erst jüngst in Mitteleuropa (u. mehrfach in D) als Gametophyt entdeckt: bildet dichte grüne Rasen in tiefen, höhlenartigen Felsspalten. Ausbildung von Gemmen zur vegetativen Vermehrung. **B** Winzige Sporophyten sind bisher in D noch nicht nachgewiesen (Vogesen). Neuere Untersuchungen legen nahe, von einer postglazialen Wiederbesiedlungswelle im Atlantikum auszugehen. Die einzelnen Populationen in D unterscheiden sich genetisch deutlich (Rumsey et al. 1998).

42 **Polypodium vulgare** L. ▸
Gewöhnlicher Tüpfelfarn, (Gttg ca 150 sp)
Engelsüß

I; C, i; A, AV, M_1, M_2, F, K; RL –; (✠), ✿, ☺
T1.1.2.5, T10.2.2
M Wedel fiederspaltig bis einf. gefiedert, lanzettl. bis lineal-lanzettl. im Umriss, Sori rund (ohne Indusium), zw Mittelrippe u. Blattrand. Anulus mit 10–15 dickwandigen Zellen, Sekundäradern 1–2(–3)mal gegabelt, Sporen im Mittel < 70 µm, Basalstrecke (Fig. 4a) 20–70 µm, Basalzellen 1–2.

44 **Polypodium interjectum** Shivas ▸▸
Gesägter Tüpfelfarn

I; C, i, M_1, M_2, F; RL reg; (✠), ✿
T5.2.2, T10.2.2
M wie 40, aber Wedel eifg lanzettl. Sekundäradern 3–4mal gegabelt. Sori oft etwas längl., Anulus mit 6–10 dickwandigen Zellen. Sporen im Mittel > 74 µm, Basalstrecke (Fig. 4c) 100–200 µm, Basalzellen 3–4.

43 **Polypodium × mantoniae**
Rothm. & v. Schneid. (42 x 44)
Mantons Tüpfelfarn Fig. 4b

I; C, i; M_1, M_2; RL ⟨4⟩
B Blattmerkmale zw denen der Eltern stehend. Sicherstes Merkmal: Basalstrecke zw verdickten Anuluszellen u. Sporangiumstiel: 70–100 µm (Fig. 4b), Basalzellen 3, mit verkümmerten Sporen, relativ hfg zw den Eltern, z. T. ohne sie, große Klone bildend.

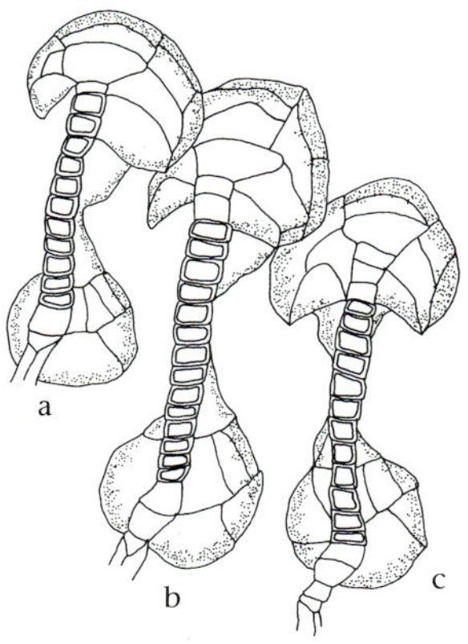

Fig. 4: Basalstrecken des Anulus bei *Polypodium*
a: *Polypodium vulgare* (42), b: *Polypodium × mantoniae* (43), c: *Polypodium interjectum* (44)

45 **Pteridium aquilinum** (L.) Kuhn ▸
Gewöhnlicher Adlerfarn (Gttg 1–6 sp)

I; K, s; A, AV, M_1, M_2, F, (K); RL –; ✿, (✂), F
T1.1.2.5..1, T1.4.1..1, T2.1.2.2, T2.4.1
M Bis 2 m (spreizklimmend bis 4 m). Wedel einzeln dem Rhizom entspringend, lg gestielt, 3-eckig im Umriss, 3fach gefiedert, herdenbildend.
B Variabel, bei uns: überwiegend ssp *aquilinum* T1.1.1–2..2, T1.4.1–2..1, 3 u. a. Junger Spross weißl. behaart, Fiedern 3. Ordnung nicht gefiedert. Var *aquilinum*: behaarte Blattspindel; (45a) var *latiusculum* (Desv.) Unterw.: kahl.

◂◂46 **Thelypteris palustris** Schott
Gewöhnlicher Sumpffarn (Gttg ca 280 sp)

I; K, s; AV, M_1, M_2, F; RL 3
S2, S3.2.5
M Wedel 15–100 cm lg, am Grunde wenig verschmälert, zart. Blattabschnitte ganzrandig (bis schwach gezähnelt), mit gelbl. Drüsen u. weißl. Haaren, ohne speziellen Duft. Sori zw Mittelrippe u. Rand, diesem später genähert.
B Im Gebiet nur var *palustris*.

◂47 **Oreopteris limbosperma**
(Bellardi ex All.) Holub
Bergfarn (Gttg 3 sp)

I; H, s; A, AV, M_1, M_2, F; RL reg
S3.2.5, T1.1,(v. a. T.1.1.1.6), T1.4,T3.1,T7.3.8–9
M Wedel 60–100 cm lg, zum Grunde u. zur Spitze hin verschmälert, zart, gelbgrün, mit gelben Drüsen u. weißl. Haaren (feiner Zitronengeruch). Blattabschnitte ganzrandig, Sori dem Rand genähert.

◄ 48 **Phegopteris connectilis** (Michx.) Watt
Gewöhnlicher Buchenfarn (Gttg 3 sp)

I; K, s; A, AV, M_1, M_2, F; RL reg
T1.1, T1.4, T3
M Wedel 10–50 cm lg, mit 30 cm lgm Stiel. Im Umriss 3-eckig eifg, hellgrün, unterstes Fiederpaar nach unten abgewinkelt. Sori randl.

49 **Asplenium scolopendrium** L. ►
Hirschzunge (Gttg ca. 720 sp)

I (reg Apophyt); H, i; A, AV, M_1, M_2, (F), (K); RL reg, §; ✠
T1.1.3..2.1,T5.1.2.,T5.2.2,T10.2.7
M 10–60(–100) cm. Spreite mit tief herzfgm Grund, ungeteilt, zungenfg, krautig, lederartig, glänzend. Sori lineal, schräg zur Mittelrippe.

▲
50 **Asplenium ceterach** L.
Schriftfarn, Milzfarn

I (reg Apophyt); H, i; M_1, M_2, (F); RL 3, §; ☺
T5.2.2.2.1, T10.2.2.1
M 6–20(–35) cm. Dicht büschelig. Spreite einf. fiederschnittig, mit 9–12 Fiedern, lederartig, graugrün, unterseits dicht mit blassbraunen Spreuschuppen bedeckt.
B Im Gebiet nur ssp *ceterach*.

▲
51 **Asplenium obovatum** Viv.
ssp **lanceolatum** (Fiori) P. Silva
Lanzettblättriger Streifenfarn

I; H, s; M ; RL 4
T5.2.2.1.1–2
M Wedel 15–25(–40) cm lg, doppelt gefiedert, lg gestielt. Im Umriss eifg lanzettl., am Grunde oft kaum verschmälert. Mit 12–20 Fiedern. Sori nahe dem Rande.

52 **Asplenium fontanum** (L.) Bernh. ►
Jura-Streifenfarn

I; H, s-w; M_1; RL 4, §
T5.2.2.2, T 10.2.2
M Wedel (5–)12–15(–25) cm lg, rosettig, meist kahl. Blattspindel strohgelbgrün, Fiedern 12–24, nochmals fiederteilig mit stachelspitzigen Lappen. Umriss der Spreite nach unten stark verschmälert, Blattstiele nur am Grunde schwarzbraun. Sori nahe der Mittelrippe.

53 Asplenium foreziense Magnier
Französischer Streifenfarn

E; H, s?; M_2; RL – (4)
T10.2.2
M Ähnl. 52. Fiedern 15–20, nochmals fiederteilig mit groben Zähnen. Spreite nach unten wenig verschmälert, untere Fieder rückwärts gerichtet. Blattstiel bis fast zur Spindel od. ganz braun. Sori nahe der Mittelrippe.
B Heimat: SW-Europa.

54 Asplenium viride Huds.
Grüner Streifenfarn

I; H, ⟨s-w⟩; A, AV, M_1, M_2; RL reg
T5.2.2.2.2, T10.2.2
M Aussehen wie 56–59, aber ganze Rhachis grün. Blattspindelrücken zuw. drüsig, bis 30 Fiedern.

55 Asplenium adulterinum Milde
Braungrüner Streifenfarn Abb. M. li.

I; H, i; M_1; RL 4, §
T5.2.2.1.3
M Ähnl. wie *A. trichomanes*, aber vorderer Abschnitt der Rhachis grün gefärbt (10–50 % der Länge), bis 20 Fiederpaare.

56–59 Asplenium trichomanes L.
Brauner Streifenfarn

Schwieriger, in Einzelheiten noch nicht völlig geklärter Sippen-Komplex. Neben den hier genannten Unterarten sind aus D insg 4 intraspezifische Hybriden beschrieben (vgl. JESSEN, 1995).

56 ssp trichomanes
Silikatliebender Brauner Streifenfarn ohne Abb.

I (reg Apophyt); H, i; A, AV, M_1, M_2, (F); RL reg
T5.2.2.1
M Typusunterart, am schwierigsten von 59 zu unterscheiden. Wedel mit je 10–25 Fiedern, lg, rundl, dünn, drüsenlos, besonders die oberen voneinander entfernt, Sporen 29–36 µm, Rhizomschuppen bis 3,5 mm, mit rostbraunem Mittelstreifen.

57 ssp hastatum (Christ) S. Jessen
Geöhrter Brauner Streifenfarn

I; H, i; A, AV, M_1, M_2; RL ⟨4⟩
T5.2.2.2, T10.2.2
M 2,5–15(–22) cm lg, Wedel trichterfg. Fiedern dicht, sich oft berührend, an der Basis geöhrt, unterste Fiederchen zuw. fast spießfg. Unterseits mit mehrzelligen, weißl. Drüsenhaaren. Blattoberseite tendiert zu gelbgrün.
B Siehe Bemerkung 2, Seite 719.

58 ssp pachyrhachis (Christ) Lovis & Reichst.
Dickstieliger Brauner Streifenfarn

I; H, i; M_1, M_2; RL reg
T5.2.2.2.1, T10.2.2
M Wedel 2–12(–15) cm lg. Fiedern unterseits mit mehrzelligen, weißl. Drüsenhaaren, Blattoberseite tendiert zu blaugrün. Sporen 34–42 µm. Fiedern dicht, sich überlappend. Seesternartig dem Fels anliegend.

59 ssp quadrivalens D. E. Mey.
Gewöhnlicher Brauner Streifenfarn

I; H, i; M_1, M_2; RL reg
T5, T10.2.2
M Wedel 10–20 cm lg. Fiedern am Grunde rundl. eifg, längl., derb, dicht gestellt, 16–32 Paare (u. mehr), drüsenlos, Sporen 34–42 µm, Rhizomschuppen bis 5 mm, mit dklbraunem Mittelstreifen.

60 **Asplenium seelosii** Leyb.
Dolomit-Streifenfarn

I; H, s; A; RL 1
T5.2.2.2.1
M Wedel 3–10 cm lg. 3-spaltig bis 3-fingerig, lederartig, glanzlos, deutl. gestielt, beiderseits drüsenhaarig, zerstreut gliederhaarig. Blattabschnitte keilfg, mittlerer größer, oft ihrerseits 3-spaltig.

61 **Asplenium septentrionale** (L.) Hoffm.
Nördlicher Streifenfarn

I; H, [w]; AV, M_1, M_2, (F); RL reg
T5.2.2.1, T10.2.2
M Wedel 5–15(–17) cm lg. Spreite stark reduziert, 1–3fach gabelteilig, ledrig, kahl, schwach glänzend, Abschnitte lineal-lanzettl., nur 1–2 mm br.

62 **Asplenium × murbeckii** Doerfl. (61 × 63)
Schwäbischer Streifenfarn

I; H, [w]; M_1, M_2; RL reg
T5.2.2, T10.2.2
M Wedel 2–14 cm lg. Zw den Eltern stehend, Blattstiel lgr als Spreite, nur am Grunde schwarzbraun. Nur 1–2 Fiedern aus keiligem Grund, schmal fächerfg Spreite, im Umriss eifg. Häufiger mit keimfähigen Sporen.

62a, b **Asplenium × alternifolium** Wulfen (61 × 56–59)
Deutscher Streifenfarn

Die Streifenfarne bilden sehr leicht Bastarde, die zw den Eltern vorkommen. Nicht alle der 38 in der Natur gefundenen Kombinationen können hier aufgeführt werden, sondern nur solche, die häufiger vorkommen (auch ohne Eltern!) u./od. teilweise fertil sein können. Da es sich um Spontanhybriden zw den Eltern handelt, sind die folgenden 2 Sippen nicht in die Standardliste aufgenommen worden.

62a **Asplenium × alternifolium** nssp **alternifolium** (61 × 56)
Deutscher Streifenfarn

I; H, s; M_1, M_2; RL reg
T5.2.2.1, T10.2.2.2
M 15(–25) cm. Blattstiel bis zur M. braun, so lg wie Spreite. Fiedern 2–5, untere weit voneinander entfernt, linealisch keilfg, untere fiederschnittig. Sporen verkümmert.

62b **Asplenium × alternifolium** nssp **heufleri** (Reichardt) Aizpuru et al. (61 × 59)
Heuflers Streifenfarn

I; H, s; M_1; RL reg
T5.2.2.1, T10.2.2.4
M Seltene Hybride von auffallender Gestalt: ganzer Blattstiel bis zur Hälfte der Rhachis braun, 3–9(–12) oft ± gegenstdge Fiedern, br verkehrt eifg bis rhombisch (keine schmalen Lappen wie 62a). Einzelne Sporen fertil.

63 **Asplenium ruta-muraria** L.
Mauerraute

I; H, ⟨w⟩, (reg Apophyt); A, AV, M_1, M_2, F, (K); RL reg
T5.2.2.2.1, T10.2.2
M Wedel 15(–20) cm lg. Blattstiel meist lgr als Spreite, grün, Basis schwarzbraun, zerstreut drüsig u. spreuschuppig, Spreite im Umriss 3-eckig bis eifg, Fieder doppelt fiederspaltig, keilfg.
B Im Gebiet bislang nur ssp *ruta-muraria* nachgewiesen.

◄64 **Asplenium fissum** Kit. ex Willd.
Zerschlitzter Streifenfarn

I; H, ⟨w⟩; A; RL 4, §
T5.1.2

M 10–25 cm. Wedel aufrecht, starr, zerbrechl., verkahlend, 3–4fach gefiedert, Fiedern eifg stumpf, gestielt, mit 3–6 doppelt gefiederten ei- bis fächerfgn Fiederchen. Diese an der Spitze ausgerandet od. eingeschnitten.
B Verwechslungen mit 91!

65 **Asplenium adiantum-nigrum** L. ►
Schwarzer Streifenfarn

I; H, ⟨w⟩; (AV), M_1, M_2; RL reg
T1.1.1...2.5, T5.2.2.1, T10.2.2

M Wedel 10–45(–50) cm lg. Dicht büschelig rasig, mit langem Stiel. Spreite im Umriss 3-eckig, 2–3fach gefiedert, glänzend, kahl, ledrig. Letzte Fiederabschnitte mit lg zugespitzten, oft stachelspitzigen Blattzähnen, diese oft einwärts gekrümmt. Sporen 33–40 µm lg.
B Formenreich.

◄66 **Asplenium cuneifolium** Viv.
Serpentin-Streifenfarn

I; H, s; M_1; RL 4, §
T5.2.2.1.3

M Wedel glanzlos, sonst ähnl. 65. Letzte Fiederabschnitte fächerkeilfg, spitz od. stumpfl. gezähnt, aber nicht stachelspitzig, gerade. Sporen (27–) 30–34(–36) µm lg.

67 **Dryopteris cristata** (L.) A. Gray ►
Kammfarn (Gttg 225 sp), Abb. 2 (S. 44)

I; H, s; AV, M_1, M_2, F, K; RL 2, §
S2, S3.2

M 20–60 cm, slt. größer. Sporentragende Wedel straff aufrecht, lgr als die überhängenden sterilen, untere Fiedern fast senkrecht zur Achse, Silhouette der fertilen Wedel schmal, alle Fiedern (bis auf Spitze) ± gleich lg.
B Die Hybride mit 70 (67a *D.* × *uliginosa*, Abb. 3, S. 44) kann äußerl. sehr ähnl. werden u. bei sich verschlechternden Standortsbedingungen überleben, während *D. cristata* dort meist schnell ausstirbt. Völlig verkümmerte Sporen.

68–72 Dryopteris carthusiana agg

Formenreiche Gruppe, die zahlreiche interspezifische Hybriden in der Gattung bildet. Diese sind im Gelände kaum eindeutig erkennbar (allgemein durch ihre verkümmerten Sporen) u. bedürfen der eingehenden Analyse durch Spezialisten.

68 **Dryopteris expansa** (C. Presl) Fraser-Jenk. et Jermy
Feingliedriger Dornfarn Abb. 5 (S. 44)

I; H, s; A, AV, M_2; RL reg
T1.1.1, T1.4.3

M 30–100(–150) cm. Wedel hellgrün (bis gelbl.), 3–4fach gefiedert, früh im Jahr absterbend (Sept.–Okt., 77 dann noch grün). Unterstes, äußeres Fiederchen auffallend (bis doppelt) so gr wie sein Gegenüber. Unterstes Fiederpaar fast ein gleichseitiges Dreieck bildend.
B Im Gebiet nur var *alpina* (Moore) Viane. Mit 72 zu verwechseln! Zusätzl. erschwert durch Hybride (62a) *D.* × *ambroseae* Fraser-Jenk. & Jermy 68 × 72: (Abb. 8, S. 44).

69 **Dryopteris × sarvelae** Fraser-Jenk. & Jermy
Sarvelas Dornfarn (68 × 70) ohne Abb.

I; H, s; K; RL -
T1

M Bis 70(–100) cm. Wedel aufrecht, hohe Exemplare von 70 vortäuschend, unterseits deutl. bedrüst, Spreuschuppen wenig zahlreich, einfarbig, oft dkler (rötl.) als bei 70, zuw. mit dkl Basalfleck.

70 **Dryopteris carthusiana** (Vill.) H. P. Fuchs ►
Gewöhnlicher Dornfarn Abb. 4 (S. 44)

I; H, s; A, AV, M_1, M_2, F, K; RL –
L5; T1, T2.1–3, T4

M 15–60(–80) cm. Wedel büschelig, weniger horstig, ± fri- bis gelbl. grün, ± aufrecht, 2fach gefiedert, im Herbst früh absterbend. Wedelstiel so lg wie od. lgr als Spreite, mit einfarbigen, strohfarbenen Spreuschuppen, drüsenlos bis zerstreut kurzdrüsig. Schleier ± drüsenlos.

71 **Dryopteris × deweveri** (Jansen) Jansen & Wacht. (70 x 72)
Dewevers Dornfarn Abb. 9 (S. 44)

I; H, s; A, AV, M_1, M_2, F; RL –
T1.4.5.1, austrocknende Waldsümpfe
M Bis 70(–100) cm. Ähnl. 70, etwas überhängend, Sori mit drüsigem Schleier, auch unterseits Wedel dicht drüsig (bis klebrig!). Spreuschuppen zahlreich, mit dkl Basalfleck bis Mittelstreifen.
B 69 wird extrem slt, 71 häufiger gebildet. 69 ist in D bisher nur von Rügen bekannt. Beide Hybriden neigen zur vegetativen Vermehrung u. bilden mehrere m² große Bestände (Klone).

72 **Dryopteris dilatata** (Hoffm.) A. Gray
Breitblättriger Dornfarn Abb. 6 (S. 44)

I; H, ⟨w⟩; A, AV, M_1, M_2, F, K; RL 2; ☺
T1, T3.1, T4
M 30–100(–150) cm. Horstig, br ausladend, 3–4fach gefiedert. Wedelstiel halb bis fast so lg wie Spreite, v. a. am Grunde mit 2-farbigen Spreuschuppen. Im Herbst nicht absterbend. Zerstreut drüsig. Schleier am Rande mit Drüsen.

73 **Dryopteris remota** (Döll) Druce
Entferntfiedriger Dornfarn Abb. 7 (S. 44)

I; H, ⟨(w)⟩; A, AV, (M_1); RL –, §
T1.1.1.5..1.1; T1.4.3.3
M 20–90 cm. Büschelig, dklgrün, ledrig derb, aufrecht. Am Grunde mit dklbraunen bis schwärzl Spreuschuppen (2-farbig!). Ansatz an Blattspindel im frischen Zustand blauschwarz. Wedel höchstens spärl. drüsig. Maximal 62 gute Sporen pro Sporangium.
B Verwechslungsgefahr mit 70!

▸▸ 74–76 **Dryopteris filix-mas agg**
Artengruppe Gewöhnlicher Wurmfarn

In diese durch Hybriden formenreiche Artengruppe gehören die Sippen 74–76. *D. filix-mas* ist eine allotetraploide Sippe, deren einer Vorfahr *D. oreades* ist. Der andere ist inzw als *D. caucasica* (A. Br.) Fras.-Jenk. et Corley identifiziert. *D. affinis* selbst ist ein Komplex aus Apomikten mit unterschiedl. Ploidiegrad. Zum Verständnis der komplizierten Verhältnisse ist Spezialliteratur zu empfehlen.

◂74 **Dryopteris filix-mas** (L.) Schott
Gewöhnlicher Wurmfarn Abb. 11 (S. 44)

I; H, s; A, AV, M_1, M_2, F, K; RL –; ☺
T1.1, T1.4, T3, T5.1, (T7.2.2)
M 30–140(–160) cm. Spreite derb, zur Spitze verschmälert, zum Grunde weniger, dklgrün bis in den Winter. Fiederchen abgerundet, scharf (aber nicht stachelspitzig) gezähnt, Fiederspindel am Grunde ohne violette Färbung, Schleier nierenfg, drüsenlos, dünn, den Sorus nicht umfassend.
B Formenreich.

75 **Dryopteris oreades** Fomin
Geröll-Wurmfarn Abb. 12 (S. 44)

E; H, s; M_2; RL 0
T5.1.1.2
20–80(–100) cm. Kleiner als 74, oft von zahlreichen rotbraunen, trockenen Wedeln aus dem Vorjahr umgeben. Frische Wedel starr aufrecht, stark nach unten verschmälert, dicht mit hellrötl. braunen Spreuschuppen bedeckt, jg auch drüsig, zum Winter früh absterbend, Schleier lederartig, in der Jugend den Sorus umfassend.
B Heimat: SW- u. W-Europa.

76 **Dryopteris affinis** (Lowe) Fraser-Jenk. ssp **affinis**
Spreuschuppiger Wurmfarn ohne Abb.

I; H, ⟨w⟩; A, AV, M_1, M_2; RL reg
T1.1.1.5–6..1
M 80–100(–140) cm. Derb ledrige Wedel, dklgrün, mattglänzend, auffallend gr, weit trichterfg, Stiel u. Blattspindel dicht mit glänzend braunen Spreuschuppen besetzt. Fiederabschnitte deutl. getrennt (2 mm). Ansatz der Fiedern an der Rachis mit deutl., violettschwarzem Fleck (nur fri zu erkennen).

◂76a ssp **borreri** (Newman) Fraser-Jenk.
Borrers Spreuschuppiger Wurmfarn Abb. 13 (S. 44)

I; H, ⟨w⟩; A, AV, M_1, M_2; RL –
T1.1.1.5–6
M Bis 100 cm. Aufrecht, ledrig, dklgrün. Hellbraune, an der Basis dunklere Spreuschuppen. Zw 74 u. 76 stehend. Fiederabschnitte sich berührend, Pfl drüsenlos.
B In der Tracht 76b *D.* × *complexa* (Bastard 74 × 76, Abb. 10, S. 44) ähnl. u. oft damit verwechselt. Dieser hat überwiegend verkümmerte Sporen.

76b ssp **cambrensis** Fraser-Jenk.
Walisischer Spreuschuppiger Wurmfarn ohne Abb.

I; H, s; AV, M_1, M_2; RL –
wo?, saure Böden bevorzugend
M 40–80(–100) cm, z. T. rasig wachsend. Wedel gelbl. dklgrün, haarfg rostfarbene Schuppen u. Drüsenhaare, junge Wedel daher süßl duftend. Fiederabschnitte sich berührend.

77 **Dryopteris villarii** (Bellardi) Woynar ex Thell.
Starrer Wurmfarn

I; H, s; A; RL –
T5.1.2.2
M 15–50(–60) cm. Wedel in aufrechten Trichtern gehäuft, derb, wohlriechend, beiderseits mit gelbl. Drüsenhaaren, graugrün. Fiederchen feiner zerteilt als bei 88 u. dornig gezähnt.
B Von den Sippen des *D. carthusiana-agg* durch schmalere Wedel u. die starke Spreuschuppigkeit unterschieden.

▾

Abb. 2 Dryopteris cristata (67)

Abb. 3 Dryopteris × uliginosa (67a)

Abb. 4 Dryopteris carthusiana (70)

Abb. 5 Dryopteris expansa (68)

Abb. 6 Dryopteris dilatata (72)

Abb. 7 Dryopteris remota (73)

Abb. 8 Dryopteris × ambroseae (68 × 72)

Abb. 9 Dryopteris × deweveri (71)

Abb. 10 Dryopteris × complexa (76 × 74)

Abb. 11 Dryopteris filix-mas (74)

Abb. 12 Dryopteris oreades (75)

Abb. 13 Dryopteris affinis ssp borreri (76a)

◄ 78 **Polystichum braunii** (Spenner) Fee
⟨Zarter⟩ Schildfarn (Gttg 200 sp)

I; H, s; AV, M_1, M_2; RL 2, § Abb. 14
T1.1.1.5..1.2
M 20–80(–100) cm. Wedel 2(–3)fach gefiedert, weich, schlaffer als 81, etwas glänzend, zum Grunde stark verschmälert, auf der Fläche mit weißl. bräunl. haarartigen Schuppen (verkahlend), Fiederchen stumpfl., am Rande weich stachelig gesägt, kurz zugespitzt, Blattstiel weniger als ⅕ der Spreite.

79 **Polystichum lonchitis** (L.) Roth ►
Lanzen-Schildfarn

I; H, w; A, AV, M_1, M_2; RL reg, §
T3.1.3, T5.1.2.2, T5.2.2.2.2.4, T10.2.2
M 10–50 cm. Derbe Wedel lederartig, einfach gefiedert, Fiedern ungeteilt mit spitz geöhrtem Grund, dicht stachelig gesägt bis gezähnt, an der Spitze mit Stachelborsten.
B Arten der Gattung bis auf 80 wenig variabel, aber zahlreiche Hybriden bildend.

◄ 80 **Polystichum aculeatum** (L.) Roth
Gelappter Schildfarn Abb. 15

I; H, w; A, AV, M_1, M_2; RL reg, §
T1.1.2.1...1
M 30–90(–100) cm. Wedel 2fach gefiedert, derb ledrig, dklgrün, glänzend, kahl, unterseits blasser, spreuschuppig, im Umriss lanzettl., zum Grund verschmälert. Fiederchen sitzend, sichelfg vorwärts geneigt, gesägt gezähnt, das untere vorderste Fiederchen deutl. größer als alle anderen. Blattzähne kräftig begrannt, Blattstiel weniger als ⅕ der Spreite.
B Variabel. Der Bastard mit 79 (80a) *P.* × *illyricum* (Borbas) Hahne bildet sich hfg zw den Eltern.

81 **Polystichum setiferum** (Forssk.) T. Moore ex Woyn. ►
Borstiger Schildfarn Abb. 16

I; H, s ⟨w⟩; M_1, M_2; RL 3, §
T1.1.2.2..1.2 sm
M 30–120 cm. Wedel 2(bis fast 3)fach gefiedert, 3-eckig lanzettl., deutl. gestielt, am Grunde wenig verschmälert, gelbgrün. Fiederchen deutl. gestielt, lg borstig begrannt. Blattstiel mehr als ⅕ der Spreite.

Abb. 14 Polystichum braunii (78)

Abb. 15 Polystichum aculeatum (80)

Abb. 16 Polystichum setiferum (81)

◄82 **Athyrium filix-femina** (L.) Roth. ►
Wald-Frauenfarn (Gttg 180 sp)

I; H, s; A, AV, M_1, M_2, F, K; RL –, ✠, ☺
L5.2, T1.1, T1.4, T3, T5.1, T10.2.2, T10.3
M 50–100(–150) cm. Wedel zart, lichtgelbgrün, Rhachis grün bis rosa od. braun, Wedel im Umriss br lanzettl., beidseitig verschmälert, 2–3fach gefiedert, Fiedern ihrerseits fiederschnittig, mind. im ob. Blattdrittel mit einzelligen, keuligen Haaren, dadurch wie bemehlt erscheinend. Sori 1 mm br, längl., kommafg, bis zur Sporenreife vom Schleier bedeckt. Sporen glatt bis warzig.

83–85 **Athyrium × reichsteinii**
Schneller & Rasbach (82 x 86)
Reichsteins Frauenfarn ohne Abb.

I; ⟨H, s; A; RL –⟩
T1.1.1.6 (o-sa), T1.4, T3
B In Höhenlagen um 900 m bis zur Baumgrenze kommt es zw den beiden Eltern zur Bildung von Hybriden, die in 3 Formen auftreten:
83 nssp *microderris* Rasbach, Reichst. & Schneller
84 nssp *praetermissum* Rasbach, Reichst. & Schneller
85 nssp *reichsteinii*
wobei 83 durch Rückkreuzung von 85 mit 86 u. 84 von 85 mit 82 entstanden sind. Die Hybriden sind im Gelände morphologisch nicht zu unterscheiden.

◄86 **Athyrium distentifolium** Tausch ex Opiz ►
Gebirgs-Frauenfarn

I; H, s; A, AV, M_1, M_2; RL reg
T1.1.1.6 (o-sa), T1.4, T3
M 60–160(–200) cm. Wedel ähnl. 82, doppelt bis 3fach (4fach) gefiedert, dklgrün, Rhachis grün, später gelb, ohne Haare. Sori hufeisenfg bis rund, kl. Schleier früh abfallend. Sporen netzartig geflügelt.
B Beide Arten (82 u. 86) lassen sich nach dem Blattschnitt nur schwer trennen.

◄87 **Cystopteris montana** (Lam.) Desv.
Berg-Blasenfarn (Gttg ca 12 sp)

I; K, H, s; A, AV, (M_1); RL reg, §
T5.1.2.2, T5.2.2.2.2 (o-sa)
M 10–45 cm. Blattstiel 1–3mal lgr als Spreite, dklbraun mit Spreuschuppen (diese am Rande drüsig), Spreite so lg wie br, 3-eckig, 3–4fach fiedrig, dklgrün, Abschnitte stumpfl. Rhachis u. Adern oft klein drüsig, unterste Fiederchen lgr als die folgenden.

88 **Cystopteris sudetica** A. Braun & Milde ►
Sudeten-Blasenfarn

I; K, s; A; RL 1, §
T5.1.2.2
M ⟨10–30 cm⟩. Ähnl. 87, robuster, Spreuschuppen am Rande drüsenlos. Spreite eifg 3-eckig, gelbgrün, unterste Fiederchen kürzer (zumindest nicht lgr) als die folgenden.

89 **Cystopteris fragilis** (L.) Bernh. s. str.
Zerbrechlicher Blasenfarn

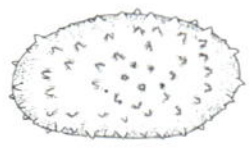

I; H, s; A, AV, M_1, M_2, F; RL reg Fig. 5
T5.2.2.2.2, T10.2.7, T10.2.2.2
M 10–50 cm. Wedel wenig, mit längl. eifg lanzettl. Spreitenumriss, 2–3fach gefiedert, meist kahl, von gelb über lebhaft- bis dklgrün. Fiedern 1. Ordnung längl eifg, unterste kürzer als folgende. Abschnitte der Fiedern höherer Ordnung zugespitzt. Sporen stachelig (Fig. 5).
B Sehr variabel.

90 **Cystopteris dickieana** R. Sim.
Runzelsporiger Blasenfarn

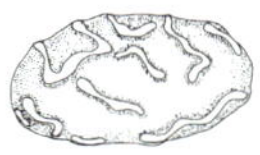

I; H, s; A; RL 0 Fig. 6
T5.2.2.2.2
M ⟨10–30 cm⟩. Sehr ähnl. 89. Zur sicheren Unterscheidung sind die Sporen entscheidend: runzelig mit unregelmäßigen Leisten (Fig. 6).
B Das Foto zeigt eine Pfl aus NW-Europa. Die in D vorgekommenen Pflanzen unterschieden sich davon durch nicht od. weniger stark überlappende Fiedern.

91 **Cystopteris alpina** (Lam.) Desv.
Alpen-Blasenfarn

I; H, s; A; RL –
T5.2.2.2.2 (sa-a)
M ⟨10–30 cm⟩. 2–3fach gefiedert, Abschnitte 3. Ordnung keilfg bis linealisch, eingeschnitten gezähnt, Zähne an der Spitze ausgerandet bis eingeschnitten. Sporen stachelig.

92 **Gymnocarpium dryopteris** (L.) Newman
Eichenfarn (Gttg 6 sp)

I; K, s; A, AV, M_1, M_2, F, (K); RL reg
T1.1, T1.4., T10.2.2
M 10–45 cm. Wedel entfernt stehend, die untersten Fiedern etwa so gr wie die restl. Blattspreite, dünn, lichtgrün. Stiel u. Spindel drüsenlos. Junge Blätter in 3-teiligen Knäueln eingerollt.

93 **Gymnocarpium robertianum** (Hoffm.) Newman
Ruprechtsfarn

I; K, s; A, AV, M_1, M_2, (F); RL reg
T1.1.2.2..3.2, T5.1.2, T5.2.2.2.2, T10.2.2.1
M 15–60 cm. Wedel büschelig, die untersten Fiedern kleiner als die restl. Spreite, Blattstiel u. Spindel dicht drüsenhaarig. Junge Blätter in einem einzigen Knäuel eingerollt.

94 **Woodsia pulchella** Bertol.
Zierlicher Wimperfarn (Gttg 25 sp)

I; H, s; A; RL 4, §
T5.2.2.2.2
M 3–12 cm. Blattstiel unten schwarz, oben grün bis gelbl., kahl. Blattunterseite meist ohne Spreuschuppen u. Haare.

◂ 95 **Woodsia alpina** (Bolton) S. F. Gray
Alpen-Wimperfarn

I; H, s; A; RL 4, §
T5.2.2.1
M 3–15(–25) cm. Blattstiel unten schwarz, oben braun, mit 1–2 mm lgn Spreuschuppen, insgesamt zarter als 96, Spreite hellgelbgrün, unterseits wenig spreuschuppig u. verkahlend, Adern unverdickt.

96 **Woodsia ilvensis** (L.) R. Br. ▸▸
Rostroter Wimperfarn

I; H, s; M_1, M_2; RL 2, §
T5.2.2.1
6–20(–30) cm. Blattstiel unten schwarz, oben braun, mit 2–3 mm lgn Spreuschuppen. Spreite längl. lanzettl., bräunl. schmutzig grün, dünn krautig, gefiedert, Adern deutl. verdickt, unterseits dicht spreuschuppig u. behaart.

97 **Matteuccia struthiopteris** (L.) Tod. ▸
Straußenfarn (Gttg 2 sp)

I; H, s; (A), AV, M_1, M_2, F (Apophyt); RL 3, §; ✂
L5.1, L5.2.3, T1.1.2.1..1.1
M 50–170 cm. Wedel trichterfg angeordnet, zum Grunde stark verschmälert. Sporangientragende Wedel (Sporophylle) 50–60 cm, zentral, anders gestaltet, reif braun, Sporen erst im folgenden Frühjahr ausstreuend.
B Junge Blätter werden in N-Amerika als Wildgemüse genutzt.

98 **Blechnum spicant** (L.) Roth. ▸▸
Rippenfarn (Gttg 150–200 sp)

I; H, ⟨w⟩; A, AV, M_1, M_2, F, K; RL reg
S3.2.5, T1.1.1.6; T1.4
M 10–60 cm. Viele sterile Wedel, einf. gefiedert, rosettig wachsend, derb lederartig, grün, dem Boden anliegend bzw. niedergebogen, wenige fertile Wedel straff aufrecht, rippenartig, bei Sporenreife braun, kurzlebiger.

◂ 99 **Salvinia natans** (L.) All.
Gewöhnlicher Schwimmfarn (Gttg 10 sp)

I; W, ⟨T⟩, s; M_1, F; RL 1, §, B
L3.1/2.3
M 5–10 cm lg u. 3 cm br. Schwimmende, locker verzweigte Pflanzen können im Alter auseinanderbrechen. Blätter in 3-zähligen Quirlen, 2 als Schwimmblätter (dicht behaart, unbenetzbar), 1 als Wasserblatt wurzelartig zerteilt. Sporokarpien am Grunde der Wasserblätter.

100 **Azolla filiculoides** Lamk. ▸
Großer Algenfarn (Gttg 6 sp)

E; W, s; M_1, (M_2), F; RL –
L3.1/2.3
M (1–)5(–10) cm (hfg in kleine Teilstücke zerfallend). Pflanzen blaugrün, im Herbst rotbraun. Blättchen mit 2 mm langen, dachziegelartig übereinanderliegenden Lappen, unbenetzbar durch Papillen. Sporangien an den Unterlappen der Seitenäste.
B Über die Probleme bei dieser Sippe vgl. Bennert in Wisskirchen & Haeupler 1998.

Abteilung

Spermatophyta (Blütenpflanzen)

- ➜ UAbt. Coniferophytina (= Gymnospermae p.p., Gabel- und nadelblättrige Nacktsamer)
- ➜ Kl. Pinopsida (Nadelhölzer)

◂ 101 **Pseudotsuga menziesii** (Mirb.) Franco
Gewöhnliche Douglasie (Gttg 4–7 sp)

K-E; P, i, ⊙, (♂♀); F, M_1, M_2, ☼
T1.1.1.1, T1.1.1.3, T1.4.5.5

M Fichtenähnl. hoher Baum (50–60 m). Nadeln 2–4 cm, schraubig angeordnet, ± 2-zeilig stehend, abgeflacht, an der Basis stielartig verschmälert, unterseits mit 2 silbergrauen Spaltöffnungsstreifen, Zapfen 5–10 cm, hängend, im ersten Jahr reifend.
B Nadeln zerrieben mit Orangenduft. Heimat: westl. Nordamerika. Hfg als Forstbaum kult., z. T. zur Einbürgerung neigend.

102 **Larix decidua** Mill. ▸
Europäische Lärche (Gttg 9 sp)

I; P, s, ② (♂♀); A, kult.: AV, M_1, M_2, F; RL – ;☼
T1.4.4.4, T1.4.5.4

M Bis 40 m. Nadeln zu 20–40 an Kurztrieben entlang der rutenfgn Langtriebe. Kurztriebe grau, unbereift. Nadeln hellgrün, im Herbst leuchtend gelb u. abfallend.
B Hfg gepflanzt *L. kaempferi* (Lamb.) Carr., Japanische Lärche (Triebe bereift, Kurztriebe rotbraun, Nadeln blaugrün, > 40 Nadeln je Kurztrieb), u. deren Hybride mit 102.

103 **Abies alba** Mill. ▸ ▸▸
Weißtanne (Gttg 49 sp)

I; P, i, ⑤, (♂♀); A, AV, M_1, M_2; RL 3; ☼, ☺
T1.1.1.5, T1.4.2

M 30–60 m. Junge Krone kegelfg, im Alter überragen Seitenäste den Gipfeltrieb (»Storchennest«). Rinde ± glatt. Nadeln einzeln an Langtrieben, bis 3 mm br, flach, stumpf, dklgrün unterseits mit 2 weißen Wachsstreifen, mit scheibenfgr Ansatzstelle, Zweige daher nach Abfallen glatt. Zapfen aufrecht, sich schuppenfg auflösend.

104 **Picea abies** (L.) Karsten
Fichte (Gttg ca 40 sp)

I (z. T. Apophyt); P, i, ④, (♂♀); A, AV, M_1, M_2; RL–; ☼, ✠, ☺
S3.1.2, T1.4.3; kult.: T.1.4.5.3

M 30–50 m. Krone bis ins Alter kegelfg (durch Wipfelbruch in hohen Lagen z. T. anders). Nadeln einzeln an Langtrieben, ± 4-kantig, 1 mm br, spitz, ohne scheibenfge Ansatzstelle; Abbruchstelle der Nadeln machen Zweige nach Abfallen rau, Zapfen hängend, als Ganzes abfallend.
▾ ▸

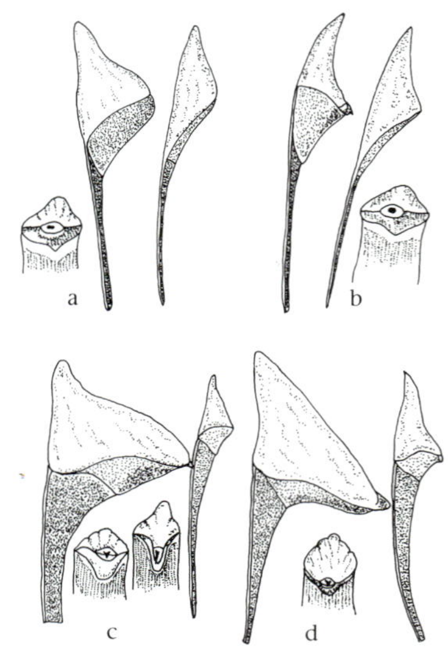

Fig. 7: Zapfenschuppen bei *Pinus* sp
a: *Pinus mugo* ssp *mugo* (106)
b: *Pinus mugo* ssp *pumilio* (107)
c: *Pinus* × *rotundata* (108)
d: *Pinus uncingta* (109)

◄◄ 105 **Pinus cembra** L.
Zirbel-Kiefer, Arve (Gttg 93 sp)

I; P, i, ⑦, (♂♀); A; RL –; ✂, ✿, ☺
T1.4.4
M 10–20 m. Krone im Alter unregelmäßig mehrwipfelig, bis kurz über dem Grund verzweigt. Nadeln zu 5 am Kurztrieb, 5–9 cm lg, Zapfen reif bis über 10 cm lg, Samen 9–14 mm, essbar.

106 **Pinus mugo** Turra ssp **mugo**
Gewöhnliche Krummholz-Kiefer, Abb. M. li.
Gewöhnliche Legföhre, Latsche Fig. 7a

I; N, i, ⑥, (♂♀); A, M_1; RL reg; ✠, ☺
T3.1.3
M 3–5 m. Niederliegend bis aufsteigend, im Alter kegelfg buschig, nie schirmfg. Nadeln zu 2–3 am Kurztrieb, 1–5 cm lg, ähnl 107, nur mit 2–6 Harzgängen. Zapfen 2–5 cm lg, unbereift, reif zimtbraun. Schuppenschild zieml. flach, Nabel zentral od. wenig unterhalb M., mit stechendem Dorn.

107 ssp **pumilio** (Haenke) Zenari
Zwerg-Krummholz-Kiefer, ohne Abb.
Zwerg-Legföhre Fig. 7b

I; N, i, ⊙, (♂♀); A; ✠
T3.1.3
M Ähnl. 106, Nabel des Schuppenschildes unterhalb der Mitte fast eingesenkt, Zapfen zuerst bläul. violett bereift, reif gelbl. dklbraun.

◄ 108 **Pinus × rotundata** Link (106 × 109)
Moor-Spirke, Aufrechte Bergföhre Fig. 7c

I; (N)-P, i, ⊙, (♂♀); AV, M_1; RL reg
S1.3, S3.1.2, T1.4.3.1
M Bis 25 m. Aufrecht mit waagerechten bis hängenden Ästen, Zapfen relativ gr, ausgesprochen asymmetrisch, 4–7 cm lg. Schuppenschilder schwach hakenfg zurückgebogen od. zumindest zugespitzt, zentral gelegen.
B Formenreich, Abgrenzung zw 106–108 unklar.

109 **Pinus uncinata** DC.
Haken-Kiefer, Spirke Fig. 7d

ssp *uncinata* bisher in D nicht sicher.

110 **Pinus sylvestris** L. ssp **sylvestris**
Gewöhnliche Wald-Kiefer, Föhre

I Oft Apophyt u. kult.; P, i, ⑥, (♂♀); AV, M_1, M_2, F; RL –; ✿, ☺
S3.1.2, T1.4.1.1., T1.4.5.1
M Bis 40(–48) m. Krone im Alter schirmfg, Rinde im Kronenbereich fuchsrot, sonst dklgrau, Nadeln zu 2 am Kurztrieb, (1–)4–6(–10) cm lg, mit (7–)9–11(–21) Harzgängen. ◄◄
B Veränderl., div. Sippen beschrieben.

111 ssp **engadinensis** (Heer) Asch. & Graebn.
Engadiner Wald-Kiefer ohne Abb.

I; F, i, ⊙, (♂♀); A, AV; RL ?; ✿
T1.4.1.1
M Bis 15 m. Schlank mit schmal walzenfgr Krone, tief herab beastet. Nadeln bis 3 cm, dick, steif, graugrün, Hochgebirgsrasse von 110. Möglicherweise hybridogener Einfluss von 106.

◄ 112 **Pinus nigra** J. F. Arnold ssp **nigra**
Schwarz-Kiefer

K-E; P, i, ⑤, (♂♀); A, AV, M_1, M_2, (F); RL –; ✿
T1.4.5.2
M 20(–35) m. Rinde bis in die Krone dklgrau. 2 Nadeln je Kurztrieb, derb, 8–18 cm lg, dklgrün.
B Hfg an trockenen Standorten gepflanzt.

113 **Thuja orientalis** L. ▶
Morgenländischer Lebensbaum (Gttg 5 sp)

K–E; P, i, ⊙, (♂♀); M_2; RL –; ☠, D
T10.2.2.5
Baum, oft mehrstämmig wachsend, in Kultur 10–15 m. Dicht kegelförmig, dünne, längsrissige rotbraune Borke, sich streifenartig lösend. Triebe abgeflacht, senkrecht ausgebreitet, von schuppenfgen Blättern dachziegelartig umschlossen, aromatisch duftend. Eifg kugelige Zapfen, 2 cm, fleischig bereift, später holzig, braun mit 6 Schuppen (hornartige Fortsätze auf dem Rücken). Samen ungeflügelt (*T. occidentalis*: geflügelt, Triebe waagerecht ausgebreitet).
B Heimat: N- bis W-China, eingebürgert z. B. auf Mauern in Boppard. Nicht verwechseln mit Scheinzypressen der Gattung *Chamaecyparis* mit kugeligen, nicht verholzenden Zapfen.

Von den zahlreichen zu Zierzwecken kultivierten Nadelhölzern zeigt v. a. (113a) *Chamaecyparis lawsoniana* (A. Murray) Parl. (Lawsons Scheinzypresse) Tendenz zur Einbürgerung.

▲

114 **Juniperus communis** L. ssp **communis** ▶
Gewöhnlicher Heide-Wacholder (Gttg 50 sp)

I; N, i, ①, (♂♀); A, AV, M_1, M_2, F; RL reg; (☠), ✠, ✄, ☺
I:T6.1.2; Apoph.:T4.2., T4.3, T6.2.2.2
M Bis 12 m. Von sehr unterschiedl., aber immer aufrechtem Wuchs, vom Grunde an verzweigt. Nadeln in 3(–4)-gliedrigen Quirlen, gerade abstehend, stechend. Kugelige Scheinbeeren (»Beerenzapfen«), 5–6 mm, von der dazugehörigen Nadel deutl. überragt, reif schwarzbraun, bläul. bereift, würzig schmeckend (Wacholderbeeren).
B »Weideunkraut« in Heiden, auf Kalktriften.

115 ssp **alpina** Čelak. ▶▶
Zwerg-Wacholder

I; C, i, ⊙, (♂♀); A; RL –; F
T3.1.5
M 20–50 cm. Niederliegend spalierfg wachsend. Nadeln in dicht gestellten Quirlen, daher dachziegelig sich deckend, aufwärts gekrümmt, kaum stechend, nicht herablaufend. Beerenzapfen größer als bei 114, von der dazugehörigen Nadel nicht od. kaum überragt, ohne Harzdrüsen.

◀ 116 **Juniperus sabina** L.
Stink-Wacholder, Sadebaum

I; N, i, ⊙, (♂♀); A; RL 4; ☠!, ☺, Z
T1.4.1.3, T6.1.2 (alp.)
M 0,5–2(–12) m. Meist niederliegend, vielästig, sich weit ausbreitend. Nadeln schuppenfg, nur an jungen Pflanzen auch nadelfg, kreuzweise gegenstdg, am Spross herablaufend mit Harzdrüsen. Strauch scharf riechend.

117 **Taxus baccata** L. ▶
Europäische Eibe (Gttg 7 sp)

I; P, i, ①, (♂♀); A, AV, M_1, M_2, F✝; RL 3, §; ☠!, ☺, ✿, (✄), F
T1.1.1 (div.), T1.2.1, T1.4.2 (gern sm–m)
M Bis 20 m. Im Alter mit anderen Individuen zu Scheinstämmen verwachsend, mit Stockausschlägen. Nadeln flach, 2 mm br, in einer Ebene, dklgrün, unterseits hellgrün, matt. Blüten früh im Jahr, gefolgt von holzigen, giftigen Samen, die von einem roten, süßen u. essbaren Samenmantel (Arillus) umgeben werden.
B Für Paarhufer ungiftig, daher von Rehwild ganz extrem verbissen.

Abteilung

Spermatophyta (Blütenpflanzen)

- ➜ UAbt. Magnoliophytina (= Angiospermae, Bedecktsamer)
- ➜ Kl. Magnoliopsida (= Dicotyledonae p.p., Einfurchenpollen – Zweikeimblättrige) (Aristolochiaceae bis Ceratophyllaceae)
- ➜ Kl. Rosopsida (= Dicotyledonae p.p., Zweifurchenpollen – Zweikeimblättrige) (Ranunculaceae bis Asteraceae)

◂118 **Asarum europaeum** L.
Europäische Haselwurz (Gttg ca 70 sp)

I; H, G, i, ②; A, AV, M_1, M_2, RL reg; ✠, ☠, ☺
L5.2.3, T1.1.3–4

M 5–10 cm. Kriechend, mit 3–10 cm breiten, nierenfgn, immergrünen Blättern (mit pfefferartigem Geruch). Blüten rotbraun, glockig, 3(–4)-teilig.

B Im Gebiet nur ssp *europaeum*. (118a) ssp *caucasicum* (Duchartre) Soó bisher nicht in D. Übergangsformen aus Bayern bekannt (var *romanicum* Kukk. & Uotila). Die ssp *caucasicum* hat zugespitzte, sommergrüne Blätter, unterwärts kahl, nur auf Nerven papillös, oberseits keine Spaltöffnungen, bevorzugt trockene Standorte.

119 **Aristolochia clematitis** L. ▸
Gewöhnliche Osterluzei (Gttg 120 sp)

A; H, s, ⑥; (AV), M_1, M_2, F; RL reg; ✠, ☠, ☺
L5.2.3, T2.1.2.1.2, T8.2.1.1, T9.3.2.1

M 30–100 cm. Stg unverzweigt, aufrecht aus kurz kriechendem Rhizom. Blätter tief herzfg, bis 10 cm lg, kahl. Blüten zygomorph, schwefelgelb, Kesselfallenblume. Frucht hängende, grüne, birnenfge Kapsel.

120 **Nuphar lutea** (L.) Sibth. & Sm. ▸
Gelbe Teichrose, Mummel (Gttg 16 sp)

I; W, s, ⑦; AV, M_1, M_2, F (K); RL reg, §; (✠), ☠, ☺
L4.2–3.2.2

M Bis 2 m. Schwimmblätter gr, längl. herzfg, 20–30 cm lg, 23–28 seitl. Blattadern, Blattunterseite kahl. Mit Unterwasserblättern. Blüten gelb, 3–6 cm, stark duftend, Narbenscheibe rund, ganzrandig, mit 9–24 Narbenstrahlen, 10–15 mm ∅.

121 **Nuphar pumila** (Timm.) DC. ▸▸
Kleine Teichrose

I; W, s, ⊙; AV, M_1, F; RL 1, §; ☠
L3.1.4.1.2

M 50–150(–350) cm. Schwimmblätter ähnl. 120, aber nur 5–15 cm lg, 11–18 seitl. Blattadern, Blattunterseite ± behaart, mit Unterwasserblättern. Blüten gelb, 2–3 cm ∅, schwach duftend, 37–65 Staubblätter. Narbenscheibe sternfg, wellig, nur mit 7–12 Narbenstrahlen, 6–8,5 mm ∅.

◂◂122 **Nymphaea alba** L.
Weiße Seerose (Gttg ca 50 sp)

I; W, s, ⑥; AV, M_1, M_2, F, (K) z. T. verw.; RL reg, §; (✠), ☠, ☺
L3.1–3.4.2

M 1–1,5(–3) m. Mit großen, herzfgn Schwimmblättern. Hauptnerven der Basallappen fast gerade. Blüten weiß, 10–12 cm ∅, Blütenbasis ± abgerundet. Junge Staubblätter auf der ganzen Länge gleich br bzw. kaum verbreitert. Narbenscheibe (fast) so br wie Fruchtknoten.

◂123 **Nymphaea candida** C. Presl
Glänzende Seerose

I; W, s, ⑧; AV✞, M_1, F; RL 2, §; ☠?
L3.1–3.4.2.1.2

M 30–100(–150) cm. Mit relativ großen herzfgn Schwimmblättern. Hauptnerven der Basallappen bogenfg gekrümmt. Blüten weiß, 7–9 cm ∅, Blütenbasis ± 4-kantig. Staubfäden der innersten Staubblätter in der Mitte am breitesten. Narbenscheiben schmaler als Fruchtknoten.

124 **Nuphar × spenneriana** Gaudin (120 x 121)
Bastard-Teichrose ohne Abb.

I; W, s; A, AV; ⟨RL –⟩
L.3.1.4.1.2.
M Gebietsweise häufiger als der seltene Elter 121. In den Merkmalen zw 120 u. 121. Weniger aber schneller reifende Samen ausbildend als 121. Blätter mit 15–22 seitl. Blattadern. Blüten 1,5–4 cm ∅, 60–100 Staubblätter, Narbenscheibe 7,5–11 mm ∅, am Rande gekerbt, mit 9–14 Strahlen. Pollen < 20 % fertil.

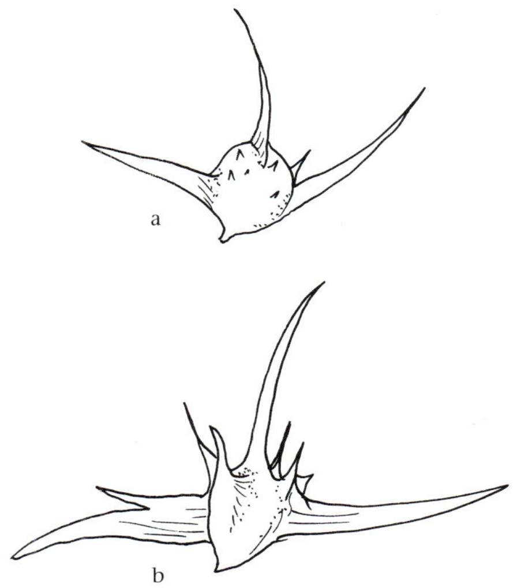

Fig. 8: Früchte von *Ceratophylum*, nach Les (1988)
a: *Ceratophyllum demersum* ssp *demersum*
b: *Ceratophyllum demersum* ssp *platyacanthum*

125 **Ceratophyllum demersum** L. ▸
ssp **demersum** Fig. 8a
Gewöhnliches Raues Hornblatt (Gttg 2–6/30 sp)

I; W, w, ⑧; (AV), M_1, M_2, F, K; RL reg
L3.1–3.3.2, L4.2.2–3.2.1
M 30–100 cm. Blätter dklgrün, 1–2mal gabelig, in Wirteln, mit 2–4 starren, linealischen Zipfeln. Frucht mit 1 End- u. 2 Basalstacheln, diese walzl, so lg wie od. wenig lgr als Frucht, slt schwach geflügelt (Fig. 8a). Griffelrest so lg wie od. lgr als Frucht, slt blühend.
▾

126 ssp **platyacanthum** (Cham.) Nyman
Breitstacheliges ohne Abb.
Raues Hornblatt Fig. 8b

I; W, w, ⊙; wo?; RL ⟨–⟩
L3.1–3.3.2, L4.2.2–3.2.1
M Wie 125, aber Frucht zw Basalstacheln mit (oft gezähntem) Flügel, Stacheln am Grunde verbreitert, seitl. zusammengedrückt, viel lgr als Frucht, sowie mit kleineren Stacheln dazwischen (Fig. 8b).

127 **Ceratophyllum submersum** L. ▸
Zartes Hornblatt

I; W, w, ⑧; AV✞, M_1, M_2, F, K; RL 2
L3.1–3.3.2, L3.1–3.4.2
M 25–60 cm. Blätter hellgrün, 3–4mal gabelig, mit 5–8 weichen, borstl. Zipfeln, in Wirteln. Frucht stachellos, Griffelrest viel kürzer als Frucht. Slt blühend.

◂◂128 **Caltha palustris** L. var **palustris**
Gewöhnliche Sumpfdotterblume (Gttg 12 sp)

I; H, s, ③, ❀; A, AV, M_1, M_2, F, K; RL reg; ✠, ☠, ☺, (✋)
L5.2.3, T7.3
M 15–60 cm. Bogig aufsteigend, nicht wurzelnd, Blätter rundl, herz-nierenfg, bis 15 cm ∅. Perigon dottergelb, mit Nektarien am Grunde des Fruchtknotens. Nektarblätter fehlend.
B Sehr veränderl. Die beschriebenen ssp *minor* (Mill.) Graebn. u. ssp *laeta* (Schott, Nyman & Kotschy) sind nach Hegi [Smit (1973)] nicht aufrecht zu erhalten. Eine eigene Sippe dürfte 129 darstellen. Eine gründl. Revision ist dringend nötig.

◂129 var **radicans** (Forster) Beck
Wurzelnde Sumpfdotterblume, Tide-S.

I; ⟨H, s⟩, ⊙, ❀; F, K; RL – ⟨4⟩; ☠!
H3..3–5
M Bis 150 cm, aufrecht. Nach der Blüte an den Knoten wurzelnd, sich den wechselnden Tiden anpassend, sonst sehr ähnl. 128.

130 **Trollius europaeus** L. ▸
Europäische Trollblume (Gttg 31 sp)

I; H, s, ⑤; A, AV, M_1, M_2 (F); RL 3, §; ☠
L5.2.5.4, T7.3.2, T7.3.9
M 20–60 cm. Aufrecht, kahl, meist 1(–2–3)-blütig. Grundstdge Blätter rundl., tief 5-teilig (*Geranium*-ähnl.), Stgblätter nach oben zunehmend weniger geteilt. Perigonblätter (5–)10–15, gelb, kugelig zusammenneigend, 4–10 Nektarblätter, zahlreiche Fruchtblätter (Bälge).

• 131 **Helleborus niger** L. ▸▸
Schwarze Nieswurz, Christrose (Gttg 21 sp)

I; H, i, ①; A; RL 3, §; ✠, ☠!, ☺
T1.1.1.6; T1.4.1.3
M 15–30 cm. 1–3 grundstdge, wintergrüne Blätter mit 7–9 Lappen, lederartig, dklgrün, kahl, fußfg. Perigon weiß bis schwach rosa, Nektarblätter gelbl.
B Im Gebiet nur ssp *niger*.

◂ 132 **Helleborus foetidus** L.
Stinkende Nieswurz

I; C, i, ②; M_1(M_2); RL reg, §; ☠!, ☺
T1.1.1.4, T1.1.2.4.1, T1.1.2.3, T2.1.2.1.2
M 30–80 cm. Grundblätter überwinternd, 3–9-teilig, zu mehreren, zu Beginn der Blütezeit oft herabgebogen. Perigon glockig zusammenneigend, hängend, grünl., randl. rot überlaufen, ∅ 1–3 cm, Nektarblätter grün. Blütenstand vielblütig, mit zahlreichen bleichen Hochblättern.

133 **Helleborus viridis** L. ▸
ssp **occidentalis** (Reut.) Schiffn.
Westliche Grüne Nieswurz

I; H, s, ②; AV, (M_1), M_2; RL reg, §; ✠, ☠!, ☺
T1.1.1.3
M 15–40 cm. 2 grundstdge Blätter, sommergrün, fußfg mit 7–13 Lappen, kahl. Perigon grasgrün, wenig nickend. Blütenstand 3–9-blütig, Blüte 4–7 cm ∅, gelbl., viele Nektarblätter. Griffel wenigstens so lg wie höher hinauf verwachsene Fruchtblätter.
B Viele Vorkommen werden als alte Verwilderungen aus Schloss- u. Klostergärten angesehen.

134 ssp **viridis**
Gewöhnliche Grüne Nieswurz ohne Abb.

I; H, s ⊙; AV, M_1; RL –, §; ✠, ☠!
T1.1.1.3
M Blattabschnitte unterseits behaart, Blütenstand 1–3-blütig. Blüte 3–5 cm ∅. Griffel höchstens ⅔ so lg wie die am Grunde kurz verwachsenen Fruchtblätter. V. a. im S des Gebietes.
B Die Abgrenzung der Unterarten bedarf weiterer Untersuchungen.

• 135 **Eranthis hyemalis** (L.) Salisb. ▸
Südeuropäischer Winterling (Gttg 8 sp)

E; ⟨G, v⟩, ①; F (nur im O); RL reg; ☠!
L5.2.3, T1.1.2.3, Apoph.: T9.3..2.1
M 5–20 cm. Stg einzeln, Grundstdge Blätter separat aus knolligem Rhizom, rundl., 3–7-teilig, meist nach der Blüte erscheinend. Blüte gelb, mit 6(–10) Perigonblättern, 1,5–2 cm lg, gelbe trichterfge Nektarblätter. Balgfrüchte geschnäbelt, mehrsamig.

◄136 **Actaea spicata** L. ►
Schwarzfruchtiges Christophskraut (Gttg 8 sp)

I; H, G, s, ⑤; A, AV, M_1, M_2, F; RL reg; (☠), ☺
T1.1.1.3+5, T1.1.2.1, T1.4.2, T2.1.2.2.1.2
M 30–70 cm. Stg einzeln, ± verzweigt, ohne Grundblätter. Große 3-geteilte Laubblätter (im Umriss 5-eckig), Lappen einf. bis doppelt gefiedert. Blüten kl, weiß, mit 15–20 Staubblättern (zuw. violett), in dichten, endstdg Trauben, mit weißl., hinfälligem Kelch. Frucht eine schwarze Beere, 1 cm lg.

137 **Nigella arvensis** L. ►
Acker-Schwarzkümmel (Gttg 20 sp)

A; T, s, ⑥; AV✝, M_1, M_2, (F✝); RL 2; ☠?
(T7.5.2.1), T9.1.2.2
M 15–40 cm. Blätter 2–3fach fiederteilig mit lineal fadenfgn Abschnitten. Blüte ohne Hochblattkranz, einzeln, endstdg, 23–34 mm ∅, Perigon wasserblau mit grünen Adern, 1–1,5 cm, in einen Stiel verschmälert, Staubblätter in Gruppen, in mehreren Kreisen, mit grannenartiger Verlängerung. Nektarblätter becherfg, 2-lippig.

138 **Aquilegia einseleana** F. W. Schultz ►►
Kleinblütige Akelei (Gttg 80 sp)

I; H, s, ⊙; A; RL 4, §
T3.1, T5.1.2.2.2.
M 10–45 cm. Stg zierl., 1–3-blütig, meist ungeteilt, oben drüsig flaumhaarig. Blätter graugrün (z.T. rötl. überlaufen), unterseits behaart. Blüten 25–30(–40) mm ∅, mit fast geradem Sporn, nickend, blauviolett, an bis zu 10 cm langen Stielen.

◄139 **Aquilegia vulgaris** L.
Gewöhnliche Akelei

I; H, s, ⑤; A, AV, M_1, M_2, (F nur syn.); RL reg, §; ✠, ☠, ☺
T1.1.1.3–4, T2.4.2.1, T6.2.2.2
M 30–60(–90) cm. Stg kräftig, 3–5 mm dick, 3–10-blütig, verzweigt, oben fast kahl od. wenig drüsig. Blätter unterseits meist behaart, grün. Blüten bis 5 cm ∅, an bis 15 cm langen Stielen, nickend, blauviolett (slt rosa, purpurn od. weiß). Blütensporn hakig. Staubblätter beim Stäuben kaum aus der Blüte ragend.

140 **Aquilegia atrata** W. D. J. Koch ►
Schwarzviolette Akelei

I; H, s, ⑤; A, AV, (M_1); RL –, §
T1.4.1.3, T1.4.3
M 20–80 cm. Stg 2–4 mm dick, oben dicht behaart, ohne Drüsen. Blätter unterseits kahl. Blüten dkl(braun)violett, an bis zu 10 cm langen Blütenstielen, Blütensporn hakig. Staubblätter beim Stäuben deutl. sichtbar, d. h. 1–2 cm aus der Blüte ragend.

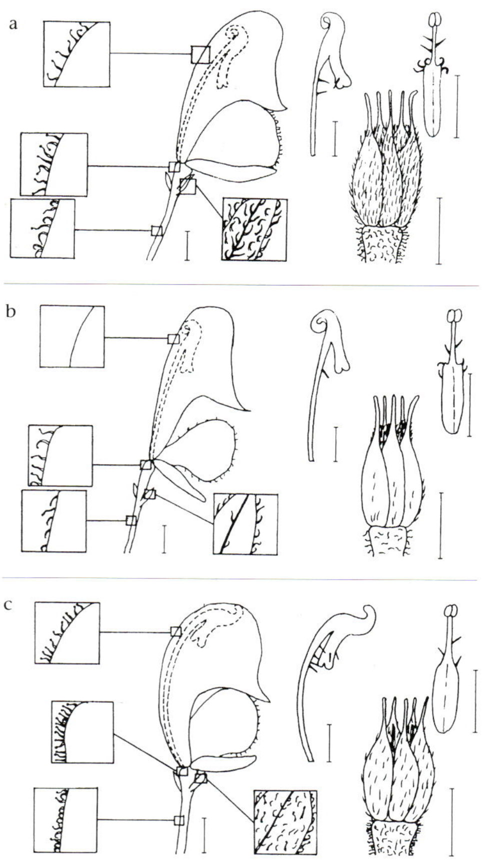

Fig. 9: Morphologie verschiedener *Aconitum*-Blüten (nach Starmühler 1996). Messstrich = 5 mm.
a: *Aconitum pilipes*
b: *Aconitum × austriacum*
c: *Aconitum × pilosiusculum*

146 **Aconitum × pilosiusculum** (Ser.) Gáyer (145 × 147)
Mischhaariger Eisenhut ohne Abb., Fig. 9c

I; H, s, ⊙; A; ⟨RL reg⟩, §; ☠!, ✠
T3.1
M 30–100 cm. Stg ± aufrecht, Stgblätter meist gr, mit brn Abschnitten, Blütenstiel über den Brakteolen dicht gerade abstehend behaart, schlängelig drüsig, darunter nur krummhaarig. Helm nur wenig höher als br, Nektarblätter den Helmgipfel (gegenüber 143–145) meist erreichend, meist behaart. Fruchtblatt kahl bis allseits behaart.

◂141 **Aconitum variegatum** L. ssp **variegatum**
Gewöhnlicher Bunter Eisenhut (Gttg ca 300 sp)

I; H, s, ♃; A, AV, M_1(M_2); RL reg, §; ✠, ☠!
L5.1.3, T1.1.1, T2.1.2.1.2.1, (T3.1.1)
M (25)–60–200(–250) cm. Stg aufrecht od. überhängend, hin- u. hergebogen, kahl. Blätter netznervig. Blüten gr, Helme nie sehr gr, variabel, nur am Rücken behaart, violett, slt. blau, Blütenstiele kahl, drüsenlos. Helm deutl. höher als br: 1 zu 2,5. Nektarien gerade, den Helmgipfel nicht erreichend. Stiel der Nekarblätter aufrecht. (3–)5 Fruchtblätter, an den Bauchnähten behaart, Perigon außen kahl. Samen braun.

142 ssp **nasutum** (Fisch. ex Rchb.) Götz
Geschnäbelter Eisenhut ohne Abb.

I; H, s, ⊙; A; ⟨RL R⟩, §; ✠, ☠!
B An einer Stelle im Allgäu wurde die süd- u. ostalpische Sippe gefunden. Von 141 durch nur 3 kahle Fruchtblätter unterschieden, Blütenstiele kahl bis kraus anliegend behaart.

143 **Aconitum × austriacum** Mucher (141 × 145) ▸
Österreichischer Eisenhut Fig. 9b

I; H, s, ⊙; A; ⟨RL reg⟩, §; ✠, ☠!
wo?
M 40–200 cm, wie 141. Behaarung u. Blütenstiel ähnl. 145, Helm höher als breit, Nektarblatt kahl od. schwach behaart, Fruchtblätter kahl bis allseits behaart.
B Siehe Bemerkung 3, Seite 719.

144 **Aconitum × hebegynum** DC. (141 × 147)
Flaumfrüchtiger Eisenhut ohne Abb.

I; H, s, ⊙; A; ⟨RL –⟩, §; ✠, ☠!
wo?
Häufiger als der eine Elter (147), zw diesen intermediär. 5 allseits ± behaarte Fruchtblätter mit allen anderen Merkmalen in der Variationsbreite der Eltern liegend.

145 **Aconitum pilipes** (Rchb.) Gáyer ▸
Raustieliger Eisenhut Fig. 9a

I; H, s, ⊙; A; ⟨RL reg⟩, §; ✠, ☠!
T 3.1 (m-alp)
M 30–150 cm. Blütenstiel schlängelig drüsig, unterhalb der direkt unter der Blüte sitzenden Brakteolen krumm behaart. Perigon außen drüsig, Helm höher als br (wie 141), Nektar u. Staubblätter behaart, Fruchtblätter 3–5, allseits behaart.

147–148 **Aconitum degenii** Gayer ssp **paniculatum** (Arcang.) Mucher ▸
Rispen-Eisenhut

I; H, s, ♃; A, AV; RL –, §; ☠, ✠
L5.1.3, T3.1.1
M 40–300 cm, aufrecht od. überhängend, ausgebreitet ästig, Stgblätter unterseits mit deutl. Netznervatur. Blüten blauviolett, auf dem Rücken drüsig, Blütenstiele abstehend drüsenhaarig. Helmhöhe/-breite 0,6 zu 1, d. h. Helm nur so hoch wie od. nur wenig höher als br. Nektarien gebogen, den Helmgipfel erreichend, Stiel der Nektarblätter gebogen. Vorblätter lineal. Samen braun.
B Zur Nomenklatur vgl. Starmühler in Wisskirchen & Haeupler 1998. Die Unterart tritt uns in D in 2 Varietäten entgegen:

147 var *laxiflorum* (Rchb.) Mucher,
Lockerblütiger Eisenhut ohne Abb.
Staubblätter kahl.
148 var *turrachense* (Mucher) Mucher,
Turracher Eisenhut ohne Abb.
Staubblätter behaart.

149 **Aconitum × cammarum** L.
Garten-Eisenhut ohne Abb.

U; H, s; A, AV, M_1, M_2, F; RL –; ⟨✠, ☠!?⟩,☺
L5.2, T9.2.2
M 60–250 cm. Stg straff aufrecht, kahl, od. einzelne Kraushaare. Blätter mit fast linealen Zipfeln. Vorblätter kl, Blütenstiele behaart. Helmhöhe/-breite 0,6 zu 1,1, Helm meist nur schwach geschnäbelt. (1–)3(–5) Fruchtblätter.
B Eltern unbekannt, steril, nur vegetativ vermehrt, zu verwechseln mit 151 u. 141 (aber Blütenstiele kahl!). Zu verwildern scheint nach Starmühler in Wisskirchen & Haeupler (1998) nur die ostasiatische (149a) *A. carmichaelii* Debeaux: ☺, Z.

150 **Aconitum degenii** Gáyer
Bündner Eisenhut

I; H, s, ⊙; A; RL ⟨R⟩; ☠, ✠
T3.1?
M Infloreszenz, Blütenstiel u. Außenseite der Perigonblätter völlig kahl. Isolierte Vorkommen im Allgäu vom rhätisch-alpischen Hauptverbreitungsgebiet.
B Im Gebiet nur ssp *rhaeticum* Starmühler.

▼

151 **Aconitum napellus** L. ssp **napellus** ▶
Gewöhnlicher Blauer Eisenhut

I; H, s, ⑦, ❀; A, AV, M_1, M_2; RL reg, §; ☠!, ✠, ☺
L5.1.2, L5.2.3, L5.2.5.4, T3.1.1; T3.1.2
M 30–200(–300) cm. Stg steif aufrecht, Stgblätter unterseits meist ohne deutl Netznervatur. Blütenstand stark verzweigt, dicht bogenhaarig, slt. mit Drüsen untermischt, Helm gr, breiter als hoch, 18–32 mm, außen ± bogenhaarig, tiefblau (bis weiß). Vorblätter der untersten Endtraubenblüte 3–8(–15) mm lg, lanzettl. bis spatelig, allseits krummhaarig od. tief eingeschnitten. (2–)3(–5) Fruchtblätter, kahl. Samen schwarz.

152 ssp **formosum** (Rchb.) Gáyer
Schöner Eisenhut ohne Abb.

I; H, s, ⊙; A; RL –
wo?
M 30–150 cm. Blütenstand wenig verzweigt. Fruchtblätter 2–3, kahl. Vorblätter der untersten Endtraubenblüte 1–2(–3) mm, lineal bis 3-eckig, Verbreitung sm–salp.

153 ssp **lobelii** Mucher
Mariazeller Eisenhut ohne Abb.

I; H, s, ⊙; A; RL –
wo?
M 30–60 cm. Blütenstand nicht od. nur wenig verzweigt. Fruchtblätter allseits dicht krummhaarig. Zuw. Brutknöllchen in unteren Laubblattachseln. Verbreitung m–salp.

154 **Aconitum plicatum** Köhler ex Rchb. ▶
Klaffender Eisenhut

I; H, s, ⊙; AV✞, M_1; RL 4, §: ⟨☠!⟩, ✠
L5.1
M Ähnl. 151, aber (25–)40–190 cm. Blütenstand meist nur schwach verzweigt. Vorblätter der untersten Endtraubenblüte 1–2(–3) mm, lineal, 3-eckig, 2–3 Fruchtblätter, Blütenstand behaart.

155 **Aconitum tauricum** Wulfen
Tauern-Eisenhut

◀ **I**; H, s, ⊙; A; RL 4, §; ⟨☠!⟩, ✠
T3.1.2, T3.4.2.1
M Wie 151, aber 15–60(–80) cm. Blütenstand meist kahl, ± unverzweigt Helm außen kahl, Vorblätter fadenfg lineal, 3(–5) Fruchtblätter.

156 **Aconitum lycoctonum** L. ▶
ssp **lycoctonum**
Wolfs Eisenhut; i. e. S., Gelber Eisenhut

I; H, s, ⑥, ❀; A, AV, M_1, M_2, (F); RL reg, §; ☠! ✠, ☺
L5.1.3, L5.2.3, T1.1.1.3–6, T1.1.2.1, T3.1.1
M 40–150 cm. Stg aufrecht, oben stärker behaart (variabel), Grundblätter handfg, 5–7-teilig, Blüten blassgelb in traubigen bis rispigen Blütenständen. Helm ca 3mal so hoch wie br, Balgfrüchte kahl.

157 **Aconitum lycoctonum** L.
ssp **vulparia** (Rchb. ex Spreng.) Nyman
Fuchs-Eisenhut ohne Abb.

I; H, s, ⊙,❀; A; RL ⟨R⟩; ☠!, ✠
T1.1.1–2 (licht), T2.1, T2.4, T3.1
M Behaarung am Blütenstiel u. Außenseite der Perigonblätter gerade abstehend u. kurz drüsig.
B In D nur in den Berchtesgadener Alpen.

158–160 **Consolida regalis** Gray
Acker-Rittersporn (Gttg 43 sp)

A; T, s, ⑦; AV, M_1, M_2, F; RL reg; ☠, ✠, ☺
T9.1.1.1, T9.1.2.2

M 15–50 cm. Stg oben verzweigt, locker bis dicht behaart. Blütenstand locker, armblütig (5–8 Blüten). Blüten blau, Sporn 12–55 mm, Fruchtknoten kahl.

B Im Gebiet ssp *regalis* in 2 var: (159) var *glanduligera* (Peterm.) Soó, Drüsiger Acker-Rittersporn u. in der Typus-Varietät (158) u. (160) ssp *paniculata* (Host) Soó in der var *sparsiflora* (Vis.) Starmühler, Zerstreutblütiger Acker-Rittersporn. Zur genauen Unterscheidung bedarf es Spezialliteratur. Alle ssp ohne Abb.

161 **Consolida hispanica** (Costa) Greuter & Burdet
Orientalischer Rittersporn ohne Abb., Fig. 10a

E; T, s, ⊙; wo?; RL –; (☠?); ☺
T9.1.2.2

M 30–100 cm. Blütenstand dicht, reichblütig (8–20 Blüten), Sporn 8–12 mm, Blüten rotviolett. Vorblätter mit ihrer Spitze den Blütengrund erreichend od. überragend. Fruchtknoten behaart. Frucht plötzl. in den Griffel verschmälert. Samen rötl. braun.

162 **Consolida ajacis** (L.) Schur
Garten-Rittersporn Fig. 10b

E; T, s, ⊙; wo?; RL –; (☠ ?), ☺
T9.1.2.2

Blüten tief blauviolett, Sporn 13–18 mm. Vorblätter mit ihrer Spitze den Blütengrund nicht erreichend. Frucht allmähl. in den Griffel verschmälert. Samen schwarz.

163 **Adonis vernalis** L.
Frühlings-Adonisröschen (Gttg 26 sp)

I; H, v, ②; F, M_1, M_2, (östl); RL 3, §; ☠!; ✠, ☺
T6.2..3

M 10–40(–60) cm. Blühende u. nicht blühende Stg aufrecht, einf., zu mehreren aus dem Wurzelstock. Blätter 2–4fach fein gefiedert. Blüten einzeln, (3–)4–7(–8) cm ∅. Kronblätter zu 10–20, hellgelb, Kelchblatt 5, Staubblätter ∞, gelb.

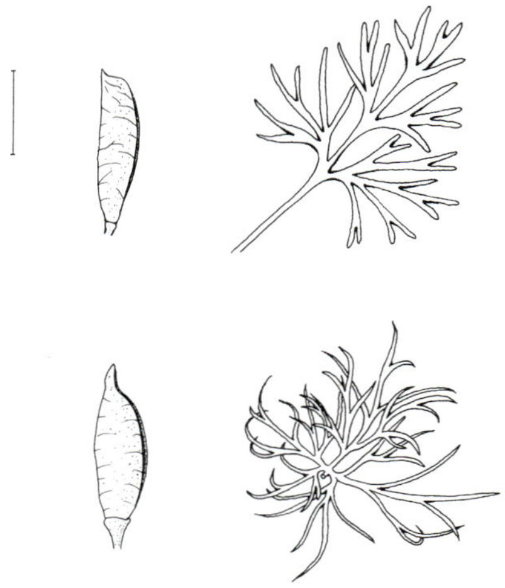

Fig. 10: Frucht und Blatt von *Consolida hispanica* (Costa) Greuter & Burdet (oben) und *Consolida ajacis* (L.) Schur (unten). Maßstab 1 cm.
Consolida hispanica nach De Bolòs & Vigo 1984
Consolida ajacis nach Beaumont in Grenfell 1987

164 **Adonis flammea** Jacq.
Flammen-Adonisröschen

A; T, s, ⑥; (AV) M_1, M_2; RL 1; ☠! ✠, ☺
T9.1.2.2

M (10–)20–50 cm. Stg aufrecht, im unteren Drittel verzweigt, basal weichhaarig, oben zerstreut behaart bis kahl. Blätter 3–4fach fiederteilig. Blüten einzeln, 1,5–3,5 cm ∅, Kelchblätter am Grund zerstreut langhaarig, zuletzt verkahlend, Kronblätter 3–8, scharlach- bis blutrot, slt gelb, an der Basis mit schwarzem Fleck. Staubblätter ∞, dklviolett. Früchtchen an der Spitze mit rundem Höcker, der den endstdgn Zahn zur Seite drückt.

165 **Adonis aestivalis** L.
Sommer-Adonisröschen

A; T, s, ⑥; (AV) M_1, M_2, (F); RL 3; ☠! ✠, ☺
T9.1.2.2

M 20–45(–60) cm. Stg aufrecht, im oberen Teil verzweigt, kahl. Blätter 3–4fach fiederteilig (feiner als bei 164). Blüten einzeln, (0,7–)1–2,5(–3,5) cm ∅, Kelchblätter kahl, Kronblätter (5–)6(–8), mennigerot od. gelb, an der Basis mit schwarzem Fleck. Staubblätter ∞, dklviolett. Früchtchen an der Spitze mit langem geradem Zahn.

166 **Anemone ranunculoides** L.
Gelbes Windröschen (Gttg 144 sp)

I; G, v, ②; AV, M_1, M_2, F; RL –; ☠, ✠,
L5.2.3, T1.1.1.3, T1.1.2.2–3

M 10–30 cm. Grundstdge Blätter zur Blütezeit fehlend. Stgblätter zu 3 als Hochblattquirl, weniger als 1 cm gestielt bis sitzend. Blüten zu (1–)2(–3), gelb, mit 5(–6) Perigonblättern. Nüsschen dicht kurzborstig.

B Die (166a) ssp *wockeana* (Aschers. & Graebn.) Hegi, sehr unsichere Sippe, wird hier nicht näher berücksichtigt.

167 **Anemone narcissiflora** L.
Narzissenblütiges Windröschen, Berghähnlein

I; G, v, ⑤; A, AV, M_1; RL 3, §
T3.1.6, T3.2.3, T.3.4.2

M 20–50 cm. Stg aufrecht, abstehend zottig behaart, Grundblätter stets vorhanden, 4–8 cm ∅, handfg 3–5-teilig. Blüten in doldigen Blütenständen, weiß, 2–3 cm ∅, Nüsschen kahl.

168 **Anemone nemorosa** L.
Busch-Windröschen

I; G, v, ②; A, AV, M_1,M_2, F, (K); RL –; ☠, ✠, ☺
L5.2.3, T1.1.1, T1.1.2.3, T1.3 u. a. sek.: T9.5

M 10–25 cm. Grundstdge Blätter zur Blütezeit fehlend, Hochblatt mind. 1 cm gestielt, Abschnitte 2–3mal so lg wie breit, Blüte 1(–2). Perigon 6–8(–12)-teilig, Nüsschen dicht kurzborstig.

169 **A. × seemenii** Camus (166 × 168)
Bastard-Windröschen ohne Abb.

I; G, v, ⊙; u.a. M_2, F; RL –
L5.2.3, T1.1.1.3, T1.1.2.2–3

M Blütenhülle verwaschen gelb, zitronen- bis erbsengelb, fast steril. Ausbreitung vegetativ. Meist zw den Eltern vorkommend.

170 **Anemone sylvestris** L.
Großes Windröschen

I; H, s, ④, M_1, M_2; RL 3, §; ✠
T1.4.1.2–3, T8.1.1

M 15–50 cm. Stg aufrecht, abstehend behaart, grundstdge Blätter handfg, 3–5-teilig, derb. Perigon 5–6-teilig, weiß, außen behaart, 4–7 cm ∅.

171 **Hepatica nobilis** Schreb.
Leberblümchen (Gttg 7 sp)

I; H, i, ①,⊛; A, AV, M_1, M_2, F; RL reg, §; ☠, ✠, ☺
T1.1.1.3–4, T1.4.3.2

M 5–15 cm. Laubblätter überwintern, grün, unterseits rötl., lg behaart bis kahl, mit 3 stumpfen breiten Lappen, am Grunde herzfg. Perigon 5–10-teilig, blau, 2–3,5 cm ∅, Nektarien fehlend.

B Verschiedene Blühsippen.

172 **Pulsatilla alpina** (L.) Delarbre
ssp **alpina**
Alpen-Kuhschelle (Gttg 38 sp)

I; H, s, ⊙; A, AV; RL –, §; ☠, ☺
T3.4

M 20–50 cm. Stg kahl bis kurz zottig. Stgblätter gestielt, den grundstdg ähnl., doppelt 3-teilig, laubblattartig. Blütenstände weiß, Blütenhülle 3–6 cm ∅. Nektarblätter fehlend. Auf Kalk.

◀◀173 ssp **apiifolia** (Scop.) Nyman
Schwefelgelbe Alpen-Kuhschelle

I; H, s, ⊙; A; RL R, §; ☠
T6.2.1.5.4 (alp)
M 20–70 cm. Stg kahl bis kurz zottig. Stgblätter gestielt, frei, nicht verwachsen, den grundstdgn ähnl., doppelt 3-teilig, laubblattartig. Blütenhülle schwefelgelb, 3–5 cm ∅, ohne Nektarblätter. Auf kalkfreiem Boden.

◀174 ssp **alba** Domin
Kleinblütige Kuhschelle, Brocken-Anemone

(✫), **I**; H, s, ⊙; (M_1 angesalbt?), M_2; RL 1!, §; ☠,
T6.2.1.5.4 (salp)
M 10–35 cm. Stg kahl kurz zottig. Stgblätter gestielt, frei, nicht verwachsen, den grundstdgn ähnl., doppelt 3-teilig, laubblattartig, Laubblattspreite schmal eingeschnitten. Blütenhülle weiß, 2–5 cm ∅, Nektarblätter fehlend. Auf humusreichen, aber kalkarmen Böden.

175 **Pulsatilla vernalis** (L.) Mill. ▶
Frühlings-Kuhschelle

I; H, i ⟨W⟩, ⊙; A, AV✞, M_1; RL 1, §; ☠, ☺
T1.4.1.2 (alp)
M 5–15 (fruchtend 35) cm. Grundstdge Blätter 1–2fach gefiedert, wintergrün. Hochblatthülle, bronzegolden behaart. Blütenhüllblätter innen gelbl. weiß, außen rosa, violett bis blau, anfangs nickend, später aufrecht, ebenfalls bronzegolden behaart, z. T. bei Fruchtreife bleibend. Staubblätter grüngelb.

176 **Pulsatilla pratensis** (L.) Mill. ▶▶
ssp **pratensis**
Gewöhnliche Wiesen-Kuhschelle

I; H, s, ②; F (östl.); RL 2, §; ☠, ✠
T1.4.1.2, T6.2.1.4
M 7–30 (fruchtend 50) cm. Blätter nach der Blüte, 3–4fach gefiedert. Blütenhüllblätter beiderseits violett, aber innen heller (bis gelbl.) u. behaart, nickend. Staubblätter gelb.

◀◀177 ssp **nigricans** (Störck) Zamels
Dunkle Wiesen-Kuhschelle

I; H, s, ⊙; F (östl.); RL ⟨1⟩, §; ☠
T1.4.1.2, T6.2.1.4
M (7–)10–25 (fruchtend 50) cm. Blätter z. T. während der Blüte erscheinend, 1–2fach gefiedert. Blütenhüllblätter außen rotviolett, behaart, innen schwarzviolett, wenig behaart, nickend. Staubblätter gelb.

◀178 **Pulsatilla vulgaris** Mill. ssp **vulgaris**
Gewöhnliche Kuhschelle

I; H, s, ②; AV, M_1, M_2, F; RL 3, §; ☠, ✠, ☺
T1.4.1.2, T5.1.2, T6.2.2.2
M 5–13 (fruchtend 40 [–50]) cm. Grundstdge Blätter doppelt gefiedert, die (75–)100–150(–200) linealischen Blättchen (1–)2–4(–6) mm br, schon bei der Blüte vorhanden. Hochblattwirtel silbrig (slt gelbl.) behaart. Blütenhüllblätter beidseitig rotviolett, aufrecht (bei schlechtem Wetter zu Boden gedrückt bis nickend), silbrig (slt gelbl.), behaart. Staubblätter gelb.

179 ssp **grandis** (Wender.) Zamels ▸
Große Kuhschelle

I; H, s, ⊙; M_1; RL 2, §; ☠
T6.2.2.3
M 10–20 (fruchtend 45–60) cm. Grundstdge Blätter 2–4fach gefiedert, die 40–90 Blättchen (2–)4–7 (–12) mm br, erst nach Blüte erscheinend. Hochblattwirtel goldgelb behaart. Blütenhüllblätter beiderseits hellviolett (slt dunkler), Blüten immer aufrecht. Staubblatt gelb.
B Wird auch als eigene Art aufgefasst.

180 **Pulsatilla patens** (L.) Mill. ▸▸
Finger-Kuhschelle

I; H, s, ②; AV; RL1!, §, B, F; ☠
T1.4.1.2, T6.2.2.3.1
M 7–15 (fruchtend 45) cm. Grundstdge Blätter handförmig geteilt, 3–5(–7)-spaltig, meist nach, sonst mit der Blüte erscheinend. Blütenhüllblätter beiderseits blauviolett, anfangs glockig, später fast aufrecht, abstehend, innen kahl. Staubblätter gelb.

◂◂181 **Clematis recta** L.
Aufrechte Waldrebe (Gttg ca 295 sp)

I; H, s, ⑦; AV, M_1; RL 3; ☠, ✠, ☺
T1.1.2.4.2, T2.1.2.1.2, T8.1.1
M 100–150 cm. Stg aufrecht, nicht kletternd, slt an der Basis etwas verholzend. Blätter unpaarig einf. gefiedert, gegenstdg, Fiedern ganzrandig. Perigonblätter weißl., nur am Rande filzig, in reichblütigen, aufrechten, endstdgn Rispen. Früchte zahlreich, fast kahl. Griffel 2 cm, fedrig behaart.

◂182 **Clematis vitalba** L.
Gewöhnliche Waldrebe

I; P, s, ⑧; A, AV, M_1, M_2, F; RL –; ☠, ✠, ☺
L5.2.3, T2.1.2.1, T10.1.2, T10.3.2.1
M Bis 30 m. Klimmender Strauch mit armdicken Sprossen. Blätter gegenstdg, unpaarig gefiedert. Teilblättchen lg gestielt mit fast herzfgm Grund, zugespitzt, unregelmäßig gekerbt. Perigonblätter milchweißgrünl., beidseitig weißfilzig. Blüten in reichblütigen Rispen. Griffel 2–3 cm, gekrümmt, abstehend behaart. Hochblätter zahlreich.

183 **Clematis alpina** (L.) Mill. ▸
Alpen-Waldrebe

I; N, s, ③; A, (AV); RL –, §; ☠
T1.4.1.2, T1.4.4, T3.1.4
M 100–200 cm. Stg kahl, verholzend, mit Blattstielen rankend u. klimmend. Blätter einf. bis doppelt 3-zählig od. handfg, Teilblättchen sitzend, tief gesägt. Blüten einzeln, lg gestielt, 4(–5) glockig zusammenneigende, violett-hellblaue, eifge, zugespitzte Perigonblätter. 10–12 weißl. Staminodien, gelbe Staubblätter. Früchte mit 3(–4) cm lg abstehend behaartem Griffel.

184 **Myosurus minimus** L. ▸▸
Kleines Mäuseschwänzchen (Gttg 6 sp)

I; T, v, ③; (AV), M_1, M_2, F, K; RL reg
L3.4.7.3, T7.4.2, T9.1.2.1
M Bis 11(–18) cm. Grundstdge Rosette mit schmal linealen, ganzrandigen Blättern. Stg blattlos, zu mehreren mit endstdgn Blüten. 5 grünl. Kelchblätter mit dem Stg anliegendem Sporn. 5 grüne Kron-, 5–10 gelbe Staubblätter u. zahlreiche (> 70) einsamige Nüsschen an einem bei Fruchtreife bis zu 6 cm verlängerten Fruchtboden.

◂185 **Ranunculus ficaria** L. ssp **bulbilifer** Lambinon
Gewöhnliches Scharbockskraut (Gttg ca 600 sp)

I; K, v, ②,❀; A, AV, M_1, M_2, F, K; RL –; ☠, (✠), ✂
T1.1.1, T7.1.2, T8.2

M 5–30 cm. Stg niederliegend, wurzelnd. Blätter herzfg, gekerbt, kahl. Nach Blüte in den Achseln oft mit Brutknospen (Bulbillen). Kelchblätter 3(4–6), grün, Kronblätter gelb, glänzend 6–14, sich nicht überlappend, Blüte bis 20 mm ∅. Pollen oft steril. 0–6(–10) Nüsschen, meist verkümmert.
B Siehe Bemerkung 4, Seite 719.

187 **Ranunculus aconitifolius** L. ▸
Eisenhutblättriger Hahnenfuß

I; H, s, ④; A, AV, M_1, M_2 (westl.); RL reg; ☠, ☺
L5.2.3 (mo), T3.1.1, T3.3.1, T7.3.5

M (15–)20–50 cm. Stg hohl, fest, nicht zusammendrückbar, zerstreut abstehend behaart, an Blattansätzen stielrund. Äste aufrecht. Laubblätter 3–5(–7)-teilig, Mittelabschnitt frei, gestielt, Abschnitte br, bis zur Spitze gesägt. Blüten weiß, Blütenstiele 1–3mal so lg wie Tragblätter, meist kraus anliegend behaart. Staubblätter bis zum Griffel reichend. Reife Nüsschen 2–3 mm lg, 2 mm br.

◂◂188 **Ranunculus platanifolius** L.
Platanenblättriger Hahnenfuß

I; H, s, ⑥; A, AV, M_1, M_2; RL reg; ☠
T1.1.2.1, T1.1.1.6, T2.1.2.1.2, T3.1.1, T3.1.6

M (20–)50–70(–130) cm. Stg mit gespreizt abstehenden Ästen, hohl, weich, biegsam, meist kahl, zu den Blattansätzen stumpf kantig. Laubblätter 5–7-teilig, Mittelabschnitt am Grund nicht frei, ungestielt, Abschnitte schmal, oberste meist ganzrandig. Blüten weiß, Blütenstiele 4–5mal so lg wie Tragblätter, meist kahl, Staubblätter die Griffel überragend. Reife Nüsschen 3–4 mm lg, 3 mm br.

◂189 **Ranunculus glacialis** L.
Gletscher-Hahnenfuß

I; H, w, ⊙; A; RL R; ☠
T5.2.2.1

M (4–)10–15(–25) cm. Stg dick, aufrecht bis aufsteigend, kahl, slt zottig behaart. Grundstdge Blätter fleischig, gestielt, bis zum Grund 3-teilig, Abschnitte 2- bis vielteilig. Stgblätter 3–5-teilig. Blüten weiß, 12–30 mm ∅, Kronblätter außen oft rosarot bis tiefrot, nach der Blüte bleibend. Kelchblätter außen rotbraun behaart. Nüsschen 2,5 mm lg, 2 mm br.

◂◂190 **Ranunculus alpestris** L.
Alpen-Hahnenfuß

I; H, s, ⊙; A; RL –; ☠
T3.3.2

M 5–10(–20) cm. Stg gefurcht, kahl, 1(–3)-blütig. Grundstdg Laubblätter rundl. bis nierenfg, mit herzfgm Grund, 3–5-lappig, Stgblätter fehlend od. schmal linealisch, ungeteilt. Blüten weiß, 2–2,5 cm ∅, Kronblätter ausgerandet. Kelchblätter kahl od. weiß behaart. Nüsschen aufgeblasen, 2 mm lg, 1,5 mm br.

◂191 **Ranunculus parnassiifolius** L.
Herzblättriger Hahnenfuß

I; H, s, ⊙; A; RL 1; ☠
T5.1.2.2.1

M 4–10(–20) cm. Stg bogig aufsteigend, mehrblütig, weiß wollig behaart, grundstdge Laubblätter gestielt, mit breiter Scheide, br lanzettl. bis br eifg, ungeteilt, bläul. grün, verkahlend. Blüten 2–2,5 cm ∅, Kelchblätter zottig behaart, Kronblätter weiß, rötl. überlaufen. Nüsschen 3 mm lg, 2 mm br, aufgeblasen, deutl. geadert.

◄ 192 **Ranunculus hederaceus** L.
Efeublättriger Wasserhahnenfuß Fig. 11–15i

I; W, (T–H), H, w, ⊙; M_2, F, K; RL 2; ☠
L2..1.1, (L4.4)
M 10–40 cm. Stg verzweigt, stielrund, hohl, kahl, an den Knoten wurzelnd. Blätter ungeteilt, mit 2–4mal so lgm Stiel wie Spreite, diese nierenfg herzfg, mit 3–5(–7) Lappen, ganzrandig. Kronblätter weiß, (1,25–)2,5–3,5(–4 25) mm lg, hinfällig. Nektardrüsen halbmondfg, Staubblätter (4–)7–10 (–11). Kahle Nüsschen zu (9–)18–24(–42).

193 **Ranunculus circinatus** Sibth. ►
Spreizender Wasserhahnenfuß

I; W, (H–T), w, ⊙; AV, M_1, M_2, F, K; RL reg; ☠
L3..4.2, L3..7.3 (f. *terrestris*), L4..2.2
M Stg kahl, Blätter in haarfeine Segmente geteilt, die auch an der Luft in einer Ebene spreizend auseinander stehen, Umriss ± kreisrund. Kelchblätter bis 6 mm, abstehend. Kronblätter bis 10 mm, ausdauernd, Nektardrüsen halbmondfg, Staubblätter (5–)20–24(–27), Blütenboden behaart. Nüsschen (30–)42–48(–56), lg behaart, verkahlend, Griffel seitl. ansitzend.

194 **Ranunculus ololeucos** J. Lloyd ►
Reinweißer Wasserhahnenfuß Fig. 11–15l

I; W–⟨T⟩, w, ⑦; F (westl.); RL 1; ☠
L3..6.2
M Mit haarfein zerteilten u. ungeteilten Blättern (nieren- bis kreisfg), mit ± kreisfgn Nebenblättern, diese zu mehr als ⅔ ihrer Länge mit Blattstiel verwachsen. Kelchblätter 3,5–4,5 mm lg, zurückgebogen, zuw. mit blauer Spitze. Kronblätter 7–15 mm, lg eifg, hinfällig, reinweiß. Nektardrüsen halbmondfg, (10–)15–20(–25) Staubblätter. 16–30 kahle Früchtchen (unreif behaart).

195 **Ranunculus rionii** Lagger ►►
Rions Wasserhahnenfuß

I?; ⟨T, w⟩, ⊙; M_1; RL –; ☠
L3..4.1
M Nur mit fein zerschlitzten Blättern, die eifgn Nebenblätter ± zu ⅔ mit dem Blattstiel verwachsen. Blattsegmente steif auseinanderstrebend. Kleine Blüten wie 194 u. 195. Nektarblätter röhrig mit birnfger Mündung. (50–)60–90 Nüsschen, kugelig, kleiner als 1 mm, kahl (bis auf Griffelbasen), Griffel seitl. bis fast an der Spitze sitzend.

◄ 196 **Ranunculus trichophyllus** Chaix
ssp trichophyllus Fig. 11–15b
Gewöhnlicher Haarblättriger Wasserhahnenfuß

I; W ⟨–T⟩, w, ④; A; AV, M_1, M_2, F, K; RL reg; ☠
L4..2.3
M Nur mit haarfein zerteilten Blättern, spreizenden, an der Luft pinselfg zusammenfallenden Blattzipfeln, robust, Nebenblätter eifg zu ⅔ od. mehr in der Länge mit Blattstiel verwachsen. Unreife Früchtchen ± behaart, reif kahl. Kelchblätter 2,5–3,5 mm lg, abstehend, abfallend, Kronblätter 3,5–5,5 mm lg, im Vergleich zu anderen Wasserhahnenfüßen kl. 9–15 Staubblätter, 16–33 gelegentl. kahle Nüsschen.

197 ssp **eradicatus** (Laest.) C. D. K. Cook ►
Gebirgs-Wasserhahnenfuß

I; W, w, ⊙; A; RL reg; ☠
L3..6.1
M Habitus wie 196, unterscheidet sich durch seine Zartheit, Bewurzlung an fast allen Knoten. Blüten kleistogam. Kelchblätter 2–3 mm lg, Kronblätter 3–4,5 mm lg, hinfällig, Nektardrüsen halbkreis- bis kreisfg, 9–13 Staubblätter. 15–25/30–40 verkahlende Nüsschen.

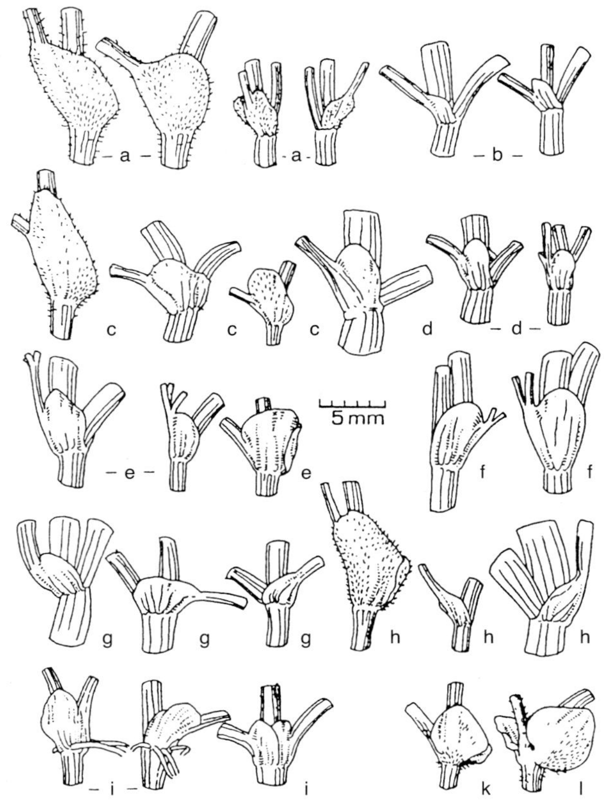

Fig. 11 Nebenblätter

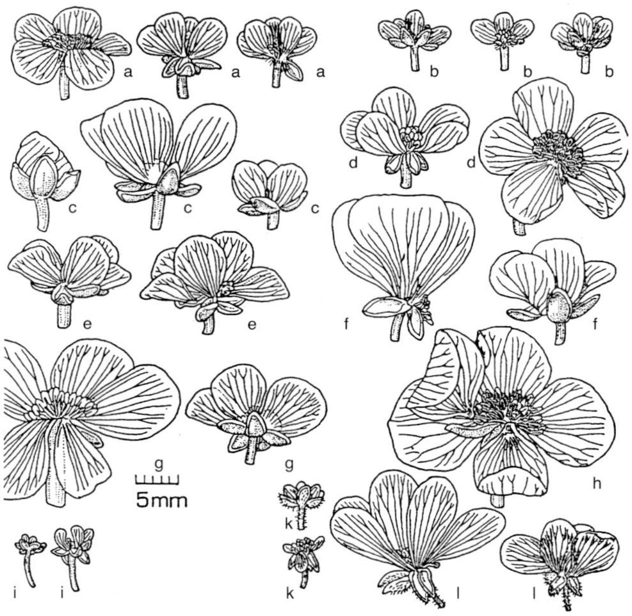

Fig. 12 Blüten

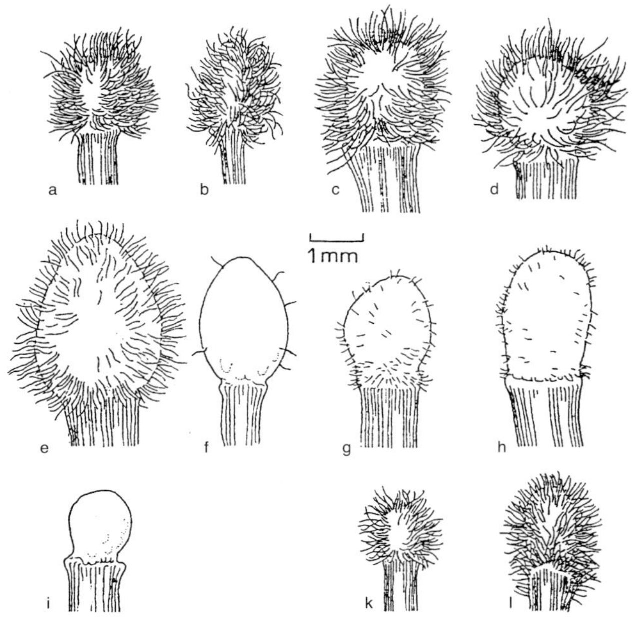

Fig. 13 Narbenköpfchen

Fig. 14 Früchte

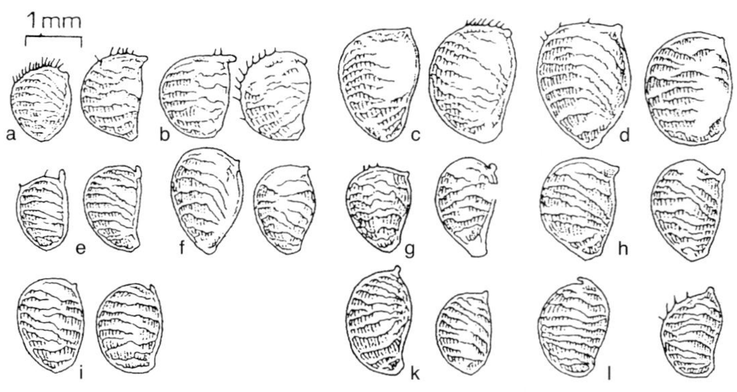

Fig. 15 Samen

Fig. 11–15: Nebenblätter, Blüten, Narbenköpfchen, Früchte und Samen bei *Ranunculus aquatilis* agg.

a: *Ranunculus aquatilis*
b: *Ranunculus trichophyllus*
c: *Ranunculus peltatus*
d: *Ranunculus penicillatus* ssp *pseudofluitans*
e: *Ranunculus baudotii*
f: *Ranunculus fluitans*
g: *Ranunculus peltatus* ssp *fucoides*
h: *Ranunculus penicillatus* ssp *penicillatus*
i: *Ranunculus hederaceus*
k: *Ranunculus tripartitus*
l: *Ranunculus ololeucos*

Nach Pizzaro (1995)

194–203 **Ranunculus aquatilis** agg

B Die weißblütigen Wasserhahnenfüße sind zeitweise als eigene Gattung *Batrachium* (DC.) A. Gray abgetrennt worden. Durch zahlreiche Bastarde, die z. T. große Populationen bilden können u. die die Artgrenzen völlig verwischen (so u. a. in Fließgewässern), ist deren Bestimmung sehr schwierig. Zum sicheren Bestimmen sind ganze Pflanzen mit Blüten u. Früchten notwendig. Alle Sippen können als Landtypen od. bis ins tiefe Wasser vorkommen, so dass Längenangaben im Prinzip wenig Sinn machen.

198 **Ranunculus aquatilis** ▸

Gewöhnlicher Wasserhahnenfuß Fig. 11–15a

I; W ⟨–T⟩, w, ⑤; A; AV, M_1, M_2, F, K; RL reg; ☠
L3..4.2, L4..2.1, L4..4.3

M Mit haarfein zerteilten Unterwasser- u. tief gezähnten Schwimmblättern (diese aber zuw. fehlend). 3-eckige Nebenblätter zu ¾ od. mehr ihrer Länge mit dem Blattstiel verwachsen. Kelchblätter 3–5 mm lg, hinfällig, Kronblätter 5–10 mm lg, ausdauernd, am Grunde gelb, Nektardrüse rund bis becherfg, 14–22 Staubblätter. (21–)32–36(–49) z. T. verkahlende Nüsschen, Griffel fast am Ende ansitzend.

199 **Ranunculus peltatus** Schrank ssp **peltatus** ▸

Gewöhnlicher Schild-Wasserhahnenfuß Fig. 11–15c

I; W, ⟨-T⟩, w, ④, M_1, M_2, F, K; RL reg; ☠
L4..2.3, L4..4.3

M Blätter haarförmig geteilt sowie nierenfge, gelegentl. 3–7-lappige Schwimmblätter. Verkehrt eifge Nebenblätter, ¾ od. mehr ihrer Länge mit Blattstiel verwachsen. Kelchblatt 3–6 mm lg, abstehend, abfallend. Kronblätter (3–)6–15(–21) mm lg, ausdauernd, sich deckend, längl. birnförmige Nektardrüse. Blütenstiele zur Blütezeit mehr als 5 cm lg, viel lgr als der gegenüberstehende Blattstiel. 15–30 Staubblätter. (25–)30–40 (–80) behaarte, slt verkahlende Nüsschen. Griffel seitl. bis fast am Ende ansitzend.

▴

200 ssp **baudotii** (Godr.) C. D. K. Cook

Salz-Wasserhahnenfuß Fig. 11–15e

I; W, ⟨T⟩, w, ⊙; F (östl.), K; RL reg; ☠
H 1.3.1.2

M Blätter haarförmig geteilt u. ungeteilte nierenförmige, tief 3(–5)-lappige Schwimmblätter, gelegentl. fehlend. Kreisförmige Nebenblätter ± ½ ihrer Länge mit Blattstiel verwachsen. Kelchblätter 2,5–4,5 mm lg, ausdauernde Kronblätter 5,5–10 mm lg. Nektardrüse halbmondfg. 10–20 Staubblätter. (15–)33–39(–60) kahle, tro geflügelte Nüsschen.

201 ssp **fucoides** (Freyn) Munoz Garm.

Sanikelblättriger Wasserhahnenfuß Fig. 11–15g ohne Abb.

I; ⟨T–W, w⟩, ⊙; wo?; RL ⟨–⟩; ⟨☠⟩
H1.3.1, L 3..4.6..4

M Ähnl. 199. Blütenstiele zur Blütezeit weniger als 5 cm lg, kürzer als der gegenüberstehende Blattstiel. Kronblätter sich nicht deckend. Nektardrüse halbmondfg. Kahle Nüsschen, Griffel am Ende (slt unterhalb) ansitzend.
B Mediterrane Sippe.

◂ 202 **Ranunculus penicillatus** (Dumort.) Bab. ssp **penicillatus**

Gewöhnlicher Pinselblättriger Wasserhahnenfuß Fig. 11–15h

I; W, w, ⊙; M_1, wo noch?; RL reg; ☠
L4...1.2

M Neben den haarfein geteilten Blättern (diese lgr als Internodien) 3–5-lappige, am Grund keilförmig verschmälerte halbkreisfge Schwimmblätter, diese oft fehlend. 3–7 cm lge, abstehende Kelchblätter, Kronblätter (5–)10–15(–20) mm lg, ausdauernd. Nektardrüse ± birnfg, (8–)20–40 Staubblätter. (15–)50–80 behaarte bzw. kahle Nüsschen. Griffel seitl. od. fast am Ende ansitzend.

203 ssp **pseudofluitans** (Syme) S. D. Webster

Flutender Pinselblättriger Hahnenfuß Fig. 11–15d ohne Abb.

I; ⟨W, w⟩, ⊙; AV, M_1; RL ⟨–⟩; ⟨☠⟩
L4...2.4

M Ähnl. 202, aber weitgehend nur mit geteilten Blättern, diese verkehrt kegelfg im Umriss, gleichlang od. kürzer als ausgewachsene Internodien. Blattsegmente steif od. schlaff, etwas auseinanderweichend, mit bis zu 150 Enden stark verzweigt.

204 **Ranunculus fluitans** Lam. ▸
Flutender Wasserhahnenfuß Fig. 11–15f

I; W, ⟨–T⟩, w, ⑧; AV, M_1, M_2, F; RL reg; ☠
L 4..2.3

M Bis 6 m lg flutende Triebe mit bis zu 35 cm lgn Internodien. Nur zerteilte, zieml. derbe, mind. 8 cm lge Unterwasserblätter mit wenigen Segmenten, eifge Nebenblätter zu ¾ ihrer Länge mit Blattstiel verwachsen. Kelchblätter 4–6,5 mm, abstehend, Kronblätter (5–)7–10(–13) mm lg, ausdauernd, eifg birnfge Nektardrüse. 20–35 Staubblätter. 34–63 spärl. behaarte (bis verkahlende) Nüsschen.

205 **Ranunculus lingua** L. ▸▸
Zungen-Hahnenfuß

I; H, W, s, ⑦; AV, M_1, M_2, F, (K); RL 3, §; ☠
L3..5, S2.1

M (50–)60–120(–150) cm. Stg kräftig, aufrecht, hohl, nur oben verzweigt, kahl od. wenig dicht angedrückt behaart. Grundstdge Blätter lg gestielt, eifg bis verkehrt eifg, mit herzfgr stumpfer Basis, bis 20 cm lg, 8 cm br, Stgblätter kurz gestielt bis sitzend, längl. bis lanzettl., Blüten 3–4(–5) cm ∅, goldgelb, glänzend.

◂ 206 **Ranunculus reptans** L.
Ufer-Hahnenfuß

I; H, W, s, ⊙; AV, M_2, F; RL 1; ☠
L3..6

M 5–20(–50) cm. Niederliegend, rasig wachsend. Stg fadenfg (0,5–2 mm ∅), kahl. Stgglieder bogig, an jedem Knoten wurzelnd, mit nur jew. einer endstdgn, blassgelben, glänzenden Blüte. Blätter zu 3–5 in Büscheln an den Knoten, spatelfg bis schmal elliptisch. Nüsschen eifg, Fruchtschnabel gekrümmt, etwa ⅓ so lg wie Nüsschen.
B Verwechslung mit Hungertypen von *207*.

207 **Ranunculus flammula** ▸
Brennender Hahnenfuß

I; H, s, ⑤,❀; A; AV, M_1, M_2, F, K; RL (reg); ☠
L2.3, L3..6, L3..7.3, L4.4, S2.2.1, T7.3.5 u. a.

M 8–50(–70) cm. Stg bogig aufsteigend, niederliegend, nur an unteren Knoten wurzelnd, vielblütig. Grundblätter keilfg od. abgerundet, lg gestielt, Stgblätter kurz gestielt mit sitzender Scheide, ganzrandig bis gezähnt. Blütenstiele gefurcht, Blüten einzeln, meist zu mehreren, 0,7–1,8 cm ∅. Krone blassgelb, glänzend. Nüsschen kahl, rundl., Fruchtschnabel gerade, bis ⅒ so lg wie Nüsschen.

208 **Ranunculus hybridus** Biria ▸
Nierenblättriger Hahnenfuß

I; H, w, ⊙; A; RL R; ☠
T3.4.2.1, T5.1.2

M 10–15(–20) cm. Zur Blütezeit meist mit 1–2(–4) grundstdgn, nierenfgn, in den Blattstiel verschmälerten, vorne 3–5-lappigen Blättern. Stgblätter ähnl., 3–5-lappig bis handfg, derb, blaugrün bereift. Kronblätter gelb, bis 6 mm lg. Wenige kahle, deutl. geaderte, fast kugelige, 3,5–4 mm lge Nüsschen, Schnabel kurz, gebogen.

209 **Ranunculus illyricus** L. ▸▸
Illyrischer Hahnenfuß

I; K, s, ⊙; F (östl); RL 2!; ☠
T6.2..3, T7.1.2

M (20–)30–45(–60) cm. Rübenfge Speicherwurzeln, Stg angedrückt weiß zottig, glänzend, schlankästig, wenig beblättert, 1–5-blütig. Blätter mit lineal-lanzettl. ungeteilten od. bis zum Grund 3-teiligen Abschnitten. Blüte 9–15(–30) mm ∅. Kelch silberzottig, zurückgeschlagen. Krone schwefelgelb, an der Basis gefleckt. Nüsschen zusammengedrückt, zahlreich, schmal geflügelt, mit lgm, geradem Schnabel, seitwärts punktiert.

210 **Ranunculus bulbosus** L.
Knolliger Hahnenfuß

I; K, H, s, ④; AV, M_1, M_2, F, K; RL –; ☠, ✠
T6.2.2.3, T7.12 u. a.
M 15–40(–50) cm. Mit Sprossknolle, verbreiterten Blattbasen u. ± fleischigen Wurzeln. Stg aufrecht bis aufsteigend, verzweigt, abstehend bis (an der Basis) anliegend behaart. Grundblätter vielgestaltig, eifg, bis zur Mitte 3-teilig, zahlreiche stumpfe Zähne, ± stark behaart. Blüten 1,5–3 cm ∅, Kelch zottig, zurückgeschlagen, Kronblätter hellgelb, glänzend. Nüsschen kahl, flach berandet, mit kurzem, schwach gebogenem Schnabel.

211 **Ranunculus sardous** Crantz
Sardischer Hahnenfuß

I; T, ⟨B⟩, s, ⑤; (AV), M_1, M_2, F, K; RL 3; ☠
L3..7.3, T7.2.1, T7.4.1, T9.1.1.1, T9.5.1
M 10–40(–50) cm. Habituell ähnl. 210, ohne Sprossknolle, Stg ± dicht abstehend zottig behaart, verkahlend. Blüten 1–1,5(–2,5) cm ∅. Eifge Kelchblätter zurückgeschlagen, langhaarig, hinfällig. 5 (od. mehr) blassgelbe Kronblätter. Nüsschen abgeflacht, berandet, Seiten bräunl., mit Höckerchen. Schnabel kurz, fast gerade.

212 **Ranunculus repens** L.
Kriechender Hahnenfuß

I; H, w, ⑤, ❀?; A; AV, M_1, M_2, F, K; RL –; ☠, ☺
L5.2.1–2, T7.4.1; S2.1, T3.5.5 (beides gestört)
M (10–)30–40(–50) cm. Stg niederliegend bis bogig aufsteigend, an den Knoten wurzelnd. Grundblätter gestielt, variabel, im Umriss 3-eckig, 3-zählig, mit mehrfach eingeschnittenen Lappen. Blütenstiele gefurcht, Blüten 2–3 cm ∅, Kelchblätter hinfällig, Kronblätter goldgelb, glänzend. Nüsschen zahlreich, kahl, berandet. Schnabel 1 mm lg, gerade bis schwach hakenfg.

213 **Ranunculus nemorosus** DC.
Gewöhnlicher Hain-Hahnenfuß Fig. 16a

I; H, s, ⑥; A; AV, M_1, M_2, F; RL reg.; ☠
L5.2.2, T1.1.1–2 (licht), T1.4.2, T6.2.2.3, T6.2..5.1, T7.2.1, T7.3.1–2, T8.1.2
M 20–80 cm. Stg aufrecht, oben zerstreut anliegend behaart. Grundblätter bis zu ⅔ 3-teilig, Mittelabschnitt ungestielt. Blattzipfel sich nie deckend. Stgblätter mit schmal linealen Abschnitten. Vielblütig, Kümmer- u. alpine Pfl wenigblütig. Blütenstiele gefurcht, Blüten leuchtend gelb, Fruchtschnabel 1,5 mm, hakig, eingerollt.

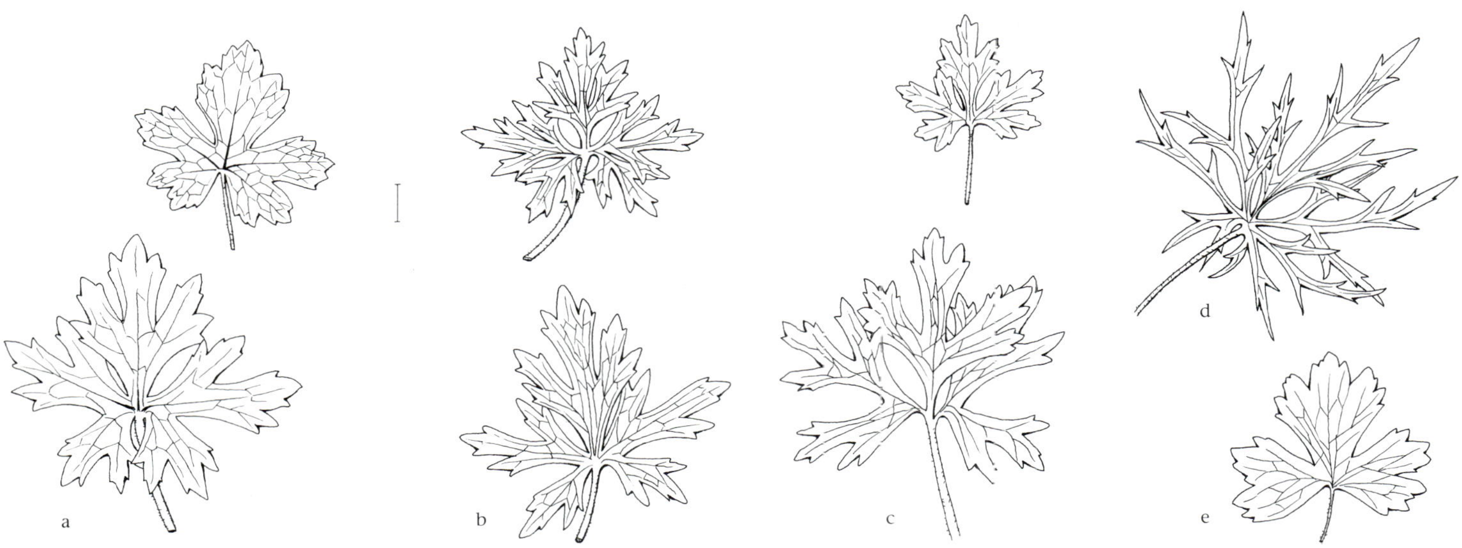

Fig. 16: Grundblätter von *Ranunculus polyanthemos* agg.
a: *Ranunculus nemorosus* DC.
b: *Ranunculus polyanthemoides* Boreau
c: *Ranunculus polyanthemophyllus* W. Koch & Hess
d: *Ranunculus polyanthemos* L.
e: *Ranunculus serpens* Schrank
a und b nach Duvigneaud & Lambinon 1977; übrige nach Photographien in Baltisberger 1983. Maßstab 1 cm.

214 **Ranunculus serpens** Schrank ▸
Wurzelnder Hain-Hahnenfuß Fig. 16e

I; ⟨B⟩, s, ⑥; A; AV, M_1, M_2, RL reg.; ☠
T1.1.1, T1.1.1.6, T3.1.1
M 20–50 cm. Stg schief aufrecht, später niederliegend, in den Blattachseln neue Blattrosetten bildend, sich bewurzelnd. Stg abstehend behaart, Grundblätter 3-teilig, nur bis ⅔ eingeschnitten, Abschnitte wenig zerteilt, Stgblätter ähnl. Wenigblütig (2–3), Blütenstiele gefurcht. Blüten dunkler gelb, z. T. orange (im Herbar verblassend), 2–3 mm ∅. Fruchtschnabel 1,5 mm, stark hakig, eingerollt.

◂215 **Ranunculus polyanthemos** L.
Vielblütiger Hain-Hahnenfuß Fig. 16d

I; H, s, ⑥; M_1, M_2, F, K, (jew. östl.); RL 3+; ☠
T1.1.2.4.2, T7.3.2, T8.1.1
M (20–)30–60 cm. Stg am Grunde abstehend, oben anliegend behaart. (3–)5-teilige Grundblätter tief bis zum Stielansatz zerschnitten, mit linealisch lanzettl. Abschnitten. Mittelabschnitt gestielt, Abschnitte abermals 3-spaltig, schmal linealisch, gezähnt. Vielblütig, Blütenstiele schwach gefurcht, angedrückt behaart. Blüten leuchtend gelb, 18–25 mm ∅. Fruchtschnabel kurz, spitz, wenig gekrümmt.

216 **Ranunculus polyanthemophyllus** W. Koch & Hess
Schlitzblättriger Hain-Hahnenfuß ohne Abb., Fig. 16c

I; ⟨H, s⟩, ⑥; A; AV, M_1, M_2; RL reg.; ☠
T6.2.2.2.3
M 50–100 cm. Stg aufrecht, nur oben zerstreut anliegend behaart. Grundblätter bis zum Grund 3–5-teilig, mit 4–8 mm lg gestieltem Mittelabschnitt, nochmals 3-lappig, oft gelbgrün gefleckt, die Blattabschnitte überdecken sich oft. Blütenstiele gefurcht, abstehend behaart, Blüten leuchtend gelb. Fruchtschnabel 1,5 mm, hakig eingerollt.

217 **Ranunculus polyanthemoides** Boreau
⟨Verschiedenschnabeliger⟩ Hain-Hahnenfuß ohne Abb.,Fig. 16b

I; ⟨H, s⟩, ⊙; M_1, M_2; RL reg.; ☠
T6.2.2.2.3
M 20–50 cm. Grundblätter tief 3-teilig, ähnl. 214, sonst die Merkmale von 213. Blattzipfel sich z. T. überdeckend. Vielblütig, Blütenstiele gefurcht, abstehend behaart. Blüten leuchtendgelb. Fruchtschnabel 1,5 mm, ± hakig gebogen, vereinzelt auch gerade, spitz.
B Die Abgrenzung zur vorhergehenden Art ist problematisch u. lässt sich vielleicht nur über die Aufblühzeit klar durchführen (Patzke & Loos, mdl.).

▴

218 **Ranunculus sceleratus** L.
Gift-Hahnenfuß

I; T, s, ⑥; AV, M_1, M_2, F, K; RL –; ☠, ✠, ☺
H2...5, H3.1–2, L3.4.4, L3.8, L5.2.4.1 u. a.
M (10–)20–50(–100) cm. Stg hohl, aufrecht, stark verzweigt, weitgehend kahl. Die fleischigen Blätter im Umriss 5-eckig nierenfg, unten kahl, oben am Stg einf. 3-teilig, etwas behaart. Kelchblätter zurückgeschlagen, hinfällig. Kronblätter hellgelb, 2–4 mm lg. Nüsschen zahlreich, zusammengedrückt, kahl, seitl. glatt od. querrunzelig. Schnabel sehr kurz (0,1–0,2 mm), gerade.

219 **Ranunculus arvensis** L. ▸
Acker-Hahnenfuß

A; T, v, ⑥; AV, M_1, M_2, F (K); RL 3; ☠, ☺
T9.1.2.2
M (15–)20–80 cm. Stg aufrecht, ästig, kahl od. ± anliegend behaart. Blätter an der Basis einfach, br spatelfg, an der Spitze grob gezähnt, am Stg ± 3-teilig mit schmal keilfgn Abschnitten, kahl. Obere Blätter behaart. Blütenstiele rund, ebenfalls behaart. Blüten zahlreich, 8–15 mm ∅, hellgelb bis grünl. gelb. Nüsschen (4–)6–7(–8) mm lg, 4–5 mm br, flach, berandet, mit 2–4 mm lgn Stacheln besetzt, zuw. nur netzig gerippt. Schnabel 3 mm lg, gerade od. an der Spitze ± gebogen.

220–268 **Ranunculus auricomus** agg

Artengruppe Gold-Hahnenfuß
Bearbeitet von G. H. Loos

I; H?, ⟨K⟩, w, ③; A; AV, M_1, M_2, F, (K); RL reg.; ☠ L5.2.3, T1.1.1, T1.1.2.3, T7

M Diese Artengruppe umfasst nur sehr wenige sexuelle, aber sehr zahlreiche agamosperme Sippen, die weitgehend noch unbefriedigend erforscht u. erst zu einem kleinen Teil beschrieben sind. Nach der Analyse von Melzheimer in Wisskirchen & Haeupler 1998, S. 403, sind Blütenmerkmale wegen ihrer großen Variabilität »untauglich« u. nur im Einzelfall u. in Kombination mit anderen Merkmalen zu verwenden. Merkmale von diagnostischem Wert sind u. a. »spreitenlose Niederblätter, Habitus, Stgverzweigung, Rotfärbung der unteren Stgabschnitte, Form u. Zähnung der mittleren Abschnitte der unteren Stgblätter, Behaarung u. Zähne der Grundblätter. Das relativ konstanteste Merkmal stellen jedoch die sich jährl. wiederholenden Abfolgen der Grundblätter (der so genannte »Blattzyklus«) dar. Erforderl. sind immer mehrere kräftige Exemplare einer Population u. keineswegs Einzelexemplare. Melzheimer schlägt zur Gliederung der vorsichtig auf ca 100 Sippen für D kalkulierten Vielfalt 13 Artengruppen (z. T. als Serien aufzufassen) vor. Davon kann die 1. Gruppe als klarer abgegrenzte u. wohl monophyletische Subsektion *Cassubici* G. H. Loos abgetrennt werden. Die übrigen 12 Gruppen werden der Subsektion *Ranunculus* zugerechnet. Da hierüber noch keineswegs letzte Klarheit besteht, illustrieren wir hier nur einige wenige gut umschriebene Arten.

Subsect. Cassubici G. H. Loos
R. cassubicifolius (220)

Subsect. *Ranunculus* kann in folgende Gruppen gegliedert werden:

R. megacarpus-Gruppe: u. a.
R. megacarpus, *R. pseudaemulans* (221–222)

R. biformis-Gruppe: u. a.
R. biformis, ⟨*R. guestphalicus*⟩, *R. puberulus*, *R. monacensis*, *R. transiens*, *R. danubius*, *R. doerrii*, *R. rhombilobus*, *R. macrotis*, *R. lunaris* (223–232)

R. alnetorum-Gruppe: u. a.
R. alnetorum, *R. lucorum*, *R. nicklesi*, *R. rectus* (233–236)

R. stricticaulis-Gruppe: u. a.
R. stricticaulis, *R. vertumnalis*, *R. pseudovertumnalis*, *R. mergenthaleri* (237–240)

R. indecorus-Gruppe: u. a.
R. indecorus, ⟨*R. guelzowiensis*⟩, *R. haasii*, *R. ponticus*, *R. basitruncatus*, *R. integerrimus*, *R. palmularis* (241–247)

R. alsaticus-Gruppe: u. a.
R. alsaticus, *R. opimus*, *R. pseudopimus*, *R. roessleri*, *R. rotundatus* (248–252)

R. kochii-Gruppe: u. a. *R. kochii*, *R. petiolatus*, *R. suevicus*, *R. varicus* (253–256)

R. argoviensis-Gruppe: u. a.
R. argoviensis, *R. hevellus*, *R. stellaris* (257–259)

R. abstrusus-Gruppe: u. a.
R. abstrusus, *R. aemulans*, *R. mosbachensis*, *R. bayerae* (260–263)

R. leptomeris-Gruppe: u. a.
R. leptomeris, *R. dactylophyllus* (264–265)

R. phragmiteti-Gruppe: u. a.
R. phragmiteti, *R. rostratulus* (266–267)

R. multisectus-Gruppe: u. a.
R. multisectus (268)

Ranunculus sect. **Ranunculus** (**R. auricomus** agg)

Ranunculus subsect. **Cassubici** G. H. Loos

M Pfl sehr robust u. stark verzweigt. Grundblätter auffallend gr, meist ungeteilt, höchstens 1–2 mit einem kleinen rhomboidalen Haupteinschnitt, mit einer v-fgn bis nahezu geschlossenen Basalbucht. Stgblätter breit elliptisch, gezähnt. Torus fast immer dicht behaart.

Ranunculus subsect. **Ranunculus**

M Pfl mittelgroß bis zierl. Grundblätter wenigstens z. T. schwach bis stark geteilt, mit einer flachen bis geschlossenen Basalbucht. Stgblätter zieml. schmal. Torus dicht behaart bis unbehaart.

Ranunculus cassubicifolius (220)

Ranunculus puberulus (225)

Ranunculus monacensis (226)

Ranunculus doerrii (229)

Ranunculus lucorum (234)

Ranunculus vertumnalis (238)

Ranunculus mergenthaleri (240)

Ranunculus alsaticus (248)

Ranunculus roessleri (251)

Ranunculus kochii (253)

Ranunculus argoviensis (257)

Ranunculus abstrusus (260)

Ranunculus phragmiteti (266)

Ranunculus multisectus (268)

◄269 **Ranunculus breyninus** Crantz
Gebirgs-Hahnenfuß

I; H, w, ⊙; A; AV, (M_1); RL 3; ☠
T6.2.2.2.3 (AV, M_1), T5.1.2.2.1
M 5–15(–50) cm. Wurzelstock dünn, oben büschelig dicht behaart (2–4 mm lg), Wurzeln dünn. Stg aufrecht, unverzweigt, 1–5 anliegend behaarte Blütenstiele. Spreite matt, anliegend behaart, bis fast zum Grunde 3-teilig, mit scharf zugespitzten Zähnen, jg gefaltet, nach unten geknickt. Stgblätter kl, mit 3–5 linealischen Zipfeln. Staubfadenansatz behaart. Fruchtschnabel kurz.

270 **Ranunculus montanus** Willd. ►
Gewöhnlicher Berg-Hahnenfuß

I; H, s, ④; A, AV, (M_1); RL 3; ☠
S2.2.2, T1.4.1.3, T5.1.2, T7.1.3
M (5–)25–30(–50) cm. Wurzelstock walzl. od. knotig mit dünnen Zwischenabschnitten, kahl, Wurzeln fleischig. Stg aufrecht, einf., unten abstehend, oben meist anliegend behaart. 1(–3) seidig behaarte Blütenstiele. Blätter kahl bis zerstreut behaart (weniger als 6 Haare je mm^2), Stgblätter lanzettl. bis lineal-lanzettl. Staubfadenansatz kahl. Fruchtschnabel deutl.

271 **Ranunculus carinthiacus** Hoppe ►
Kärntner Berg-Hahnenfuß

I; H, s, ⊙; A, M_1; RL 2; ☠
T3.4.2.2, T3.4.3, T6.2.1.5.1, T6.2.2.2.3, T7.2.2
M 4–20(–40) cm. Wurzelstock kahl. Stg meist stielrund, unverzweigt. 1(–3) angedrückt seidig behaarte Blütenstiele. Grundblätter glänzend, kahl, zuw. randl. bewimpert, nierenfg od. 5–7-eckig, bis fast zum Grund in 3 Abschnitte geteilt. Spreiten im gefalteten Zustand aufrecht. Stgblätter schmal lanzettl. bis lineal, 6–15mal so lg wie br. Staubfadenansatzstelle kahl. Fruchtschnabel sehr kurz.

272 **Ranunculus villarsii** DC. ►►
Greniers Berg-Hahnenfuß

I; H, w, ⊙; A; RL R; ☠
T3.4.1, T3.4.3, T6.2.1.5.4, T7.2.2
M (3–)12–20(–60) cm. Wurzelstock walzl., wie abgebissen, kahl, mit fleischigen Wurzeln. Stg aufrecht, 1–6 runde, seidig behaarte Blütenstiele. Grundblätter nierenfg, 2fach bis nah zum Grund (od. zur Mitte) geteilt, matt, dicht seidig behaart (8–20 Haare je mm^2), Stgblätter lineal-lanzettl. bis lanzettl., ebenso behaart. Staubfadenansatzstelle kahl. Fruchtschnabel deutl.

◄◄273 **Ranunculus acris** L. ssp **acris**
Gewöhnlicher Scharfer Hahnenfuß

I; H, s, ⑤, ❀; A, AV, M_1, M_2, F, K; RL –; ☠, ✠, ☺
T6.2.2.2.3, T7.1.1–3
M (15–)30–70(–120) cm. Wurzelstock kurz, bis 1 cm lg. Blätter relativ derb, meist an nicht blühenden Trieben schraubig angeordnet, bis zum Grunde geteilt, Abschnitte schmal linealisch, spreizend, sich überdeckend. Nüsschen rundl., mit kurzem, geradem od. etwas gebogenem Schnabel.

◄274 ssp **friesianus** (Jord.) Syme
Fries' Scharfer Hahnenfuß

E; ⟨H, s⟩, ⊙; M_1, M_2, F, wo noch?; RL –; ☠
T7.1.1–3, v. a. T9.5.1
M wie 273, aber Wurzelstock kräftig, 3–10 cm lg, kriechend. Blätter weicher u. dünner, an nicht blühenden Trieben 2-reihig angeordnet, fast bis zum Grund geteilt, Abschnitte eifg bis längl., nicht spreizend, ± deckend. Schnabel stark gekrümmt.
B Westeuropäische Sippe, mit Grassamen im NO u. NW eingeführt, im SW ind.

275 **Ranunculus lanuginosus** L. ▸
Wolliger Hahnenfuß

I; H, s, ④; A; AV, M_1, M_2, F; RL –; ☠
L5.2.3, T1.1.1, T1.1.2.1, T1.1.2.3
M (20–)30–50(–90) cm. Stg kräftig, aufrecht, dicht abstehend weichhaarig, unten stielrund, hohl, stark verzweigt. Grundblätter 3–5(–7)-spaltig, bis 15 cm breit. Die oberen Stgblätter 3-zählig. Blütenstiele rund. Blüten (15–)20–30(–40) mm ∅, Kelchblätter abstehend, Kronblätter tief goldgelb, glänzend. Nüsschen kahl, undeutl. gerandet. Schnabel bis 1,5 mm lg, stark hakig gekrümmt bis eingerollt.

276 **Ceratocephala falcata** (L.) Pers. ▸▸
Sichelfrüchtiges Hornköpfchen (Gttg 3 sp)

I; T, w, ⊙; M_2; RL 0
T9.1.2.2 (?), T10.7
M 2–10 cm. Stg unverzweigt, blattlos, 1–2-blütig. Laubblätter 3-teilig (Mittelzipfel z. T. gegabelt), aus lgm, stielfgm Blattgrund in dichter grundstdgr Rosette. Kronblätter 5–7 mm, gelb, mit Nektarien. Früchte höckerig mit lg zugespitztem, sichelfgm bis fast geradem Schnabel. Der ganze Fruchtstand wird als Klettfrucht verbreitet.

◂◂277 **Thalictrum aquilegifolium** L.
Akeleiblättrige Wiesenraute (Gttg 330 sp)

I; H, s, ⑥; A, AV, M_1, M_2, F (östl.); RL reg; ☺
L5.2.3, T3.1.1, T7.3, T8.2.1.1
M 40–120 cm. Blatt 3fach gefiedert, mit rundl. Abschnitten, ähnl. *Aquilegia vulgaris* (139). Blüten lila bis hellviolett (slt weiß), Staubfaden verdickt. Frucht lg gestielt, glatt (ohne Rippen), 3-kantig geflügelt, später hängend.

◂278 **Thalictrum minus** L. ssp **minus**
Gewöhnliche Kleine Wiesenraute

I; H, s, ⑦, ❀; A, AV, M_1, M_2, F, K; RL reg
T2.1.2.3, T8.1.1
M 20–50(–120) cm. Blätter ± gleichmäßig am Stg verteilt. Blättchen 4–15 mm breit. Blüten gelb, entfernt in pyramidenfg Rispen, Staubfäden nicht verdickt, ± hängend. Frucht sitzend, gerieft.
B Die Gliederung der Art ist nicht befriedigend geklärt. Verschiedene Blühsippen. Hier werden vorläufig zusätzlich unterschieden:

279 ssp **saxatile** Ces.
Stein-Wiesenraute ohne Abb.

I; ⟨H, s⟩, ⑦; A, K; RL reg
T1.4.1.3, T6.2, T8.1.1
M 15–30(–40) cm. Blätter unterhalb Stgmitte gehäuft, unterseits mit deutl. Nerven. Blüten gelb, entfernt in pyramidenfgn Rispen, Staubfäden nicht verdickt, ± hängend, Frucht sitzend, gerieft.
B Kritische Sippe.

◂◂280 ssp **majus** (Crantz) Hook. f.
⟨Alpische⟩ Kleine Wiesenraute

I; ⟨H, s⟩, ⊙; A, M_1?, F (östl.); RL –
T1.1.2.1, T1.1.2.4.2, T3.1.1, T3.4.2, T8.1.1
M 50–120 cm. Blätter ± gleichmäßig am Stg verteilt, Blättchen 10–30 mm breit. Blüten gelb, entfernt in pyramidenfgn Rispen, Staubfäden nicht verdickt, ± hängend. Frucht sitzend, gerieft.

◂281 **Thalictrum simplex** L. ssp **simplex**
Gewöhnliche Einfache Wiesenraute

I; H, s, ⊙; AV, M_1, M_2, F, K; RL 2
T6.2.2.3, T7.3.2, T8.1.1
M 40–100 cm. Fiederblättchen 3–5 mm breit, oberseits matt, gelappt. Blüten grünl., entfernt in eifgn Rispen, Staubfäden nicht verdickt. Frucht sitzend, gerieft.

◂282 ssp **galioides** (DC.) Korsh.
Labkraut-Wiesenraute

I; H, s, ⊙; AV, M_1, M_2; RL 2
T6.2.2.3, T7.3.2
M 30–60 cm. Fiederblättchen 1–2 mm breit, oberseits glänzend, alle ungeteilt. Blüten grünl., einzeln in kompakten, eifgn Rispen. Staubfäden nicht verdickt. Frucht sitzend, gerieft. Blütenstand oben blattlos (ähnl. [2568] *Galium verum*).

283 **Thalictrum lucidum** L. ▸
Glänzende Wiesenraute

I; H, s, ⑦; AV, F (östl.); RL 3+; D
L5.2.3, L5.2.5.4, T7.2.3, T7.3.5
M 60–120 cm. Pfl ohne unterirdische Ausläufer. Blättchen der oberen Stgblätter lanzettl., längl. keilfg bis schmal lineal, mehr als 5mal so lg wie br, glänzend. Junge wie alte Blätter ohne Nebenblätter. Fiederblättchen lanzettl. lineal, oberseits glänzend dklgrün, Blüten gelbl. wohlriechend, Staubfäden nicht verdickt, ± aufrecht. Frucht lg eiförmig, sitzend, gerieft. Nüsschen mit 8–10 Längsrippen.

◂◂284 **Thalictrum flavum** L.
Gelbe Wiesenraute

I; H, s, ⑦; AV, M_1, M_2, F, K; RL reg; ☺
L4.1–4.3, L5.2.5.4, T7.3.2
M 50–120 cm. Stg nicht glänzend, Pfl meist mit unterirdischen Ausläufern. Blättchen rundl. keilfg, vorn 3-spaltig, junge Blätter mit Nebenblättchen (als häutige Abschnitte am Grund der Fiedern 1 Ordnung). Blüte gelbl., Staubfäden (1,4–1,7 mm) nicht verdickt, ± aufrecht. Frucht sitzend, gerieft. Rispe ± zusammengezogen. Nüsschen mit 6 Längsrippen.

◂285 **Thalictrum morisonii** C. C. Gmel.
Hohe Wiesenraute

I; ⟨H, s⟩, ⊙; M_1; RL reg
L3.9.5, L5.2.5.4, T8.2.1.1
M 100–150 cm. Stg glänzend, Pfl mit unterirdischen Ausläufern. Blättchen rundl. keilfg, vorn 3-spaltig, Blüte gelbl., Staubfäden (1–1,4 mm) nicht verdickt, ± aufrecht. Frucht sitzend, gerieft. Rispe ausladend.
B Im Gebiet nur ssp *morisonii*.

◂286 **Mahonia aquifolium** (Pursh) Nutt.
Gewöhnliche Mahonie (Gttg ca 100 sp)

E; ⟨N, i⟩, ⊙; AV, M_1, M_2, F, K; RL –; ☠-(☠), B, ✿, F, Z
T9.5.2–3, T9.5.5.5
M Bis 1 m hoher buschiger Strauch. Blätter bis 20 cm lg, einfach gefiedert mit 5–13 eifgn, oberseits glänzend dklgrünen, unterseits helleren Blättchen, 5–15 Stachelzähne an jeder S. Blüten gelb, 6-zählg, in endstdg rispigen Blütenständen. Am Grund der Staubblätter Nektardrüsen. Beeren schwarz purpurn, blau bereift.
B Heimat: Westl. N-Amerika.

287 **Berberis vulgaris** L. ▸
Gewöhnliche Berberitze, Sauerdorn (Gttg 500 sp)

I; N, s; A, AV, M_1, M_2, F (östl.); RL reg; (☠), ✠, ☺, ✂, ✿, F, (Z)
L5.2.3, T1.1.2.4, T1.4.1.3, T2.1.2.1.2, T2.3
M Bis 3 m. Blätter 2–6 cm, in Büscheln am Kurztrieb, randl. fein gezähnt, Blätter der Langtriebe in 0,5 bis 3 cm lge, 1–7-teilige Dornen umgewandelt. Blüten gelb in hängenden, traubigen Blütenständen. Am Grund der 6 Kronblätter Nektardrüsen, Staubblätter reizbar. Beeren rot.
B Weitere Arten gepflanzt, z. T. verwildernd.

◄288 **Epimedium alpinum** L.
Alpen-Sockenblume (Gttg 44 sp)

E; ⟨K, s⟩, ⊙; M_1?; RL –; (Z), ☺
T1.3

M (15–)20–30 cm. Je 1 grundstdgs Blatt (nach der Blüte) u. 1(–2) stgstdge Blättchen, doppelt 3-zählig, lg gestielt, in verschiedenen Ebenen übereinander stehend, herzfg, stachelig bewimpert. Blüten 4-zählig, Kelch hinfällig, Krone blutrot. Blütenstand drüsig, weichhaarig, mit 4 schuhfgn, hellgelben Nektarblättern.
B Heimat: Oberitalien, Albanien.

289 **Epimedium pinnatum** DC. ►
Gefiederte Sockenblume

E (lok); ⟨H, w⟩, ⊙; wo?; ⟨RL –⟩; Z
T 1.3?

M 20–30 cm. Nur grundstdge Blätter, Stg unbeblättert, Blätter doppelt 3-zählig. Blüten 4-zählig, goldgelb, mit kurzen Nektarblättern. Blütenstand nur drüsig (od. slt zerstreut weichhaarig drüsig).
B Heimat: Trans-Kaukasus, Nordpersien. Wird häufiger gepflanzt als 288, neigt eher zur Verwilderung. In der gärtn. Praxis hfg Verwechslungen mit anderen Sippen, diese z. T. auch verwildert.

290 **Chelidonium majus** L. ►
Schöllkraut (Gttg 1 sp)

I; H, s, ④; A, AV, M_1, M_2, F, K; RL –; ☠! aber wohl nur (☠), ✠, ☺
T1.3, T8.2.1, T8.2.2.6, T9.2, T10.1–4

M 20–80 cm. Stg aufrecht, stark verzweigt, abstehend behaart. Pfl mit orangegelbem Milchsaft, Blätter gefiedert bis fiederteilig, mit abgerundeten Abschnitten u. gerundeten Buchten. Oberseits grün, unterseits graugrün. Blüte 4-zählig, gelb, 2 Kelch-, 4 Kronblätter, in 2–8-blütigen Scheindolden. Frucht eine 2–5 cm lge Schote, schwarze nierenförmige Samen mit Elaiosom.

291 **Glaucium flavum** Crantz ►►
Gelber Hornmohn (Gttg ca 23 sp)

E; T, H, s, ⑦; K V, syn.: M_2, F (östl.); RL reg; ☠, ☺
H 1.2.2, T8.3

M 30–70(–100) cm. Stg kahl bis schwach behaart, stark verzweigt, sich niederlegend, mit gelbem Milchsaft, Pfl blaugrün bereift. Blätter dickl., fiederteilig. Blüte zitronen- bis goldgelb, einzeln, 6–9 cm ∅, 2 Kelch-, 4 Kronblätter. 2-fächrige Kapsel warzig, kahl, bei Reife 15–30 cm lg.

◄292 **Glaucium corniculatum** (L.) Rudolph
◄Roter Hornmohn

A?; T, ⟨B⟩, s, ⊙; M_2, F (östl.); RL reg
T8.2.1, T9.1.2.2

M 15–50 cm. Stg behaart, mit gelbem Milchsaft, wenig verzweigt. Ganze Pfl bläul. bereift, Blätter fiederteilig. Blüte orangerot, einzeln, 2 Kelch-, 4 Kronblätter, diese am Grunde mit schwarzem Fleck, 4–6 cm ∅. 2-fächrige Kapsel, steifhaarig, bei Reife bis 20 cm lg.

293 **Eschscholzia californica** Cham.
◄Kalifornischer Kappenmohn (Gttg ca 12 sp)

U–E; ⟨T, s⟩, ⊙; F (westl.); ⟨RL –⟩; ☠, ✠, ☺, Z
T8.3.1

M (20–)30–50(–60) cm. Blätter 3fach feinzipfelig fiederteilig, blaugrün, kahl. Pfl enthält farblosen, wässrigen Saft. Blüten einzeln, 2–12 cm ∅. Kelch sich mützenartig abhebend, aus 2 verwachsenen Blättern entstanden. 4 Kronblätter leuchtend orange (slt weiß od. rötl.). Zahlreiche Staubblätter. Frucht eine 7–10 cm lge, einfächrige, kahle Kapsel.
B: Heimat: westl. Nordamerika.

◂ 294 **Papaver alpinum** L. ssp **sendtneri** (Hayek) Schinz & Thell.
Weißer Alpenmohn (Gttg 80 sp)

I; H, s, ⊙; A; RL –, §; ☠ ?, (D)
T5.1.2.2.1
M 5–15 cm. Derbe Polster bildend, Laubblätter rosettig, graugrün, 1–2fach gefiedert, nach Moschus duftend, am Grund lg scheidig, abgestorben den Wurzelstock umhüllend. Blütenschaft blattlos, einblütig, 2 braunzottige, hinfällige Kelchblätter, 4 weiße Kronblätter, 4–5 cm ∅. Kapsel zugespitzt, borstig, 12 mm lg.

295 **Papaver argemone** L. ▸
Sand-Mohn

A; T, w, ⑥; AV, M_1, M_2, F, K; RL reg; ☠
T8.3.1, T9.1.1.1
M (10–)15–30(–50) cm. Grundstdge Laubblätter fiederteilig bis doppelt fiederteilig, anliegend steifhaarig. 4 am Grund verschmälerte Kronblätter, sich nicht deckend, dklkarminrot, am Grunde mit schwarzem Fleck, 2–3,5 cm ∅. Blütenstiele borstig. Kapsel mit gewölbter Narbenscheibe, 4–6 Narbenstrahlen, keulenförmig, lgr als br, mit einf. Borsten.

296 **Papaver hybridum** L. ▸
Ziegelroter Mohn

A; T, s, ⊙; M_2, F; RL 2; ☠
T 8.3.1, T9.1.2
M 15–60 cm. Blüten nickend bis aufrecht, 4 cm ∅. Blütenstiele angedrückt behaart. 4 verkehrt eiförmige Kronblätter, sich deckend, ziegel- bis weinrot, am Grunde mit schwarzem Fleck. Kapsel mit gewölbter Narbenscheibe, 5–9 Narbenstrahlen, kugelig, Borsten am Grunde verbreitert.

297 **Papaver rhoeas** L. ▸▸
Klatsch-Mohn

A; T, s, ⑥, ❀; (A), AV, M_1, M_2, F, K; RL –; (☠), ✠, ☺, (✎)
T8.3.1, T9.1.1, T9.1.2
M 20–90 cm. Blätter lanzettl., einf. bis doppelt fiederteilig, mit grob eingeschnittenen bis scharf gesägten Abschnitten, borstig behaart. Blüten einzeln, bis 10 cm ∅, 4 scharlach- bis purpurrote Kronblätter (slt weiß od. violett), am Grund mit großem schwarzen, oft weiß umrandeten Fleck. Narbenscheibe kurzkegelig, (5–)10(–18) Narbenstrahlen. Kapsel 10–22 mm lg, bis doppelt so lg wie br, am Grund abgerundet.

◂ 298 **Papaver dubium** L. ssp **dubium**
Gewöhnlicher Saat-Mohn Abb. 17a (S. 78)

A; T, w, ⑥; AV, M_1, M_2, F, K; RL reg; ☠
T8.3.1, T9.1.1.1, T9.1.2.2
M (25–)30–60(–70) cm. Milchsaft an der Luft weiß od. schwach cremefarben, eingetrocknet allerdings dkl- bis braunschwarz. Blüte 2–6 cm ∅, trübrot bis rosa (slt weiß), zuw. mit schwarzem Fleck, sehr kurzlebig, Staubbeutel bläul. Blütenstiele stets anliegend behaart. Kapsel keulenfg, mit (4–)5–8(–10) Narbenstrahlen, auf 0,5–0,3 mm an den Deckelrand der Kapsel reichend.

299 ssp **lecoqii** (Lamotte) Syme ▸
Gelbmilchender Saat-Mohn

A; T, s, ⊙; M_2; RL –; ⟨☠⟩
T6.2.2.2.2, T8.3.1, T9.1.2.2
M 30–60 cm. Milchsaft an der Luft sofort orangegelb werdend. Blüte wie 297, Blütenstiele auf ganzer Länge anliegend behaart. Staubbeutel gelbl. braun. Kapsel keulenfg, mit 5–8 Narbenstrahlen, auf 0,3–0,1 mm an den Deckelrand der Kapsel reichend.

300 ssp **confine** (Jord.) Hörandl
Verkannter Saat-Mohn — Abb. 17b

A; ⟨T, s⟩, ⊙; AV, M_1, M_2, F, K; RL –; ⟨☠⟩
T6.2.2.2.2, T8.3.1
M 40–80 cm. Milchsaft an der Luft weiß bis farblos trocknend, nach ca 15 Minuten hellgelb werdend. Blüte wie 298, Blütenstiele oben anliegend im untersten ¼ bis ⅓ aufrecht abstehend behaart. Staubbeutel gelbl. braun, Kapsel ± zylindrisch, unten ± abgerundet, 5–8 Narbenstrahlen.

301 Papaver somniferum L.
Schlaf-Mohn

U–E, K; ⟨T, s⟩, ⊙; M_1, M_2, F; RL ⟨–⟩; ☠!,✠, ☺, ✂
T8.3.1
M 30–150 cm. Einstglig, blau bereift, einf. od. verzweigt, meist kahl, ganze Pfl weißen Milchsaft führend, obere Stgblätter stgumfassend, randl gekerbt od. gesägt. Blüten aufrecht, bis 10 cm ∅, Blütenstiele abstehend behaart. Kronblätter violettrosa, weiß bis rot, mit dunklem Fleck an der Basis. Kapsel kugelig, gr, bis 5 cm ∅.

302 Corydalis cava (L.) Schweigg. & Körte
Hohler Lerchensporn (Gttg ca 400 sp)

I; K, v, ②; A, AV, M_1, M_2, F; RL reg; (☠), Knolle ☠!, ✠, ☺, D
L5.2.3, T1.1.1.3, T1.1.2.1–4, T9.1.2.1.3
M 10–35 cm. Mit kugeliger, bald hohl werdender Knolle. Stg aufrecht, ohne Schuppenblatt an der Basis, mit 2 gestielten doppelt 3-zähligen, kahlen blaugrünen Blättern. Blüten zu etwa gleichen Teilen in einer Population trübviolett od. weiß, in reichblütigen Trauben, lackartiger Duft, Tragblätter ganzrandig. Frucht grün bleibende Bälge, schwarze Samen mit großem Elaiosom.

Fruchtkapseln von Papaver
Abb. 17a: Papaver dubium
Abb. 17b: Papaver confine

303 Corydalis intermedia (L.) Mérat
Mittlerer Lerchensporn

I; K, v, ②; (A), (AV), M_1, M_2, F; RL reg
T1.1.2.2–4, T3.1.1
M 7–15(–20) cm. Knolle kugelig, massiv. Stg aufrecht, zart, mit bleichem Niederblatt, die beiden Laubblätter zart, doppelt 3-zählig. Blütentraube wenigblütig (1–8 Blüten), Blüte trübpurpurn. Tragblätter ganzrandig, slt ganz wenig eingeschnitten.

304 Corydalis solida (L.) Clairv.
Gefingerter Lerchensporn

I; K, v, ②; M_1, M_2, (F nur syn.); RL reg; ☠, ✠
T1.1.2.3–4, T1.1.1.3, T2.1.2
M 10–15(–30) cm. Knolle kugelig, massiv. Stg aufrecht, kahl, unter der Mitte mit schuppigem Niederblatt, in dessen Achsel bisweilen ein steriler Ast. Die beiden darüber stehenden Laubblätter ähnl. 302. Die endstdge Traube reichblütig, die Tragblätter der Blüten fingerfg eingeschnitten. Blüten ausschließl. trübrot (nur slt weiß od. blassrot). Duft schwächer als bei 302.

305 **Corydalis pumila** (Host) Rchb.
Zwerg-Lerchensporn

I; ⟨K, v⟩, ⊙; F (östl.); RL reg
L5.2.3, T1.1.2.3
M 7–20 cm. Knolle kugelig, massiv. Stg aufrecht, zart, mit bleichem Niederblatt, aus dessen Achsel oft ein steriler Nebenast mit bis zu 2 Laubblättern entspringt. Die übrigen Laubblätter ähnl. 303, ebenso die wenigblütige Traube (1–8 Blüten), Hochblätter allerdings fingerfg eingeschnitten. Blüten trübpurpurn.

306 **Pseudofumaria lutea** (L.) Borkh.
Gelber Lerchensporn (Gttg 2 sp)

E; H, w, ④, M_1, M_2, F; RL –
T5.1, T5.2.2.2, T10.2..1–3.2.1
M 10–20(–40) cm. Die zarten Stg stark verzweigt. Laubblätter hellgrün, doppelt bis 3fach gefiedert, kahl. Blütentrauben dicht u. reichblütig, Blüten goldgelb, 2 cm.
B An Mauern eingebürgert, Heimat wahrscheinl. Südalpen.

307 **Pseudofumaria alba** (Mill.) Lidén
ssp **acaulis** (Wulfen) Lidén
Blassgelber Lerchensporn

E lok; ⟨H, w⟩, ⊙; M_1; RL ⟨–⟩
T5.1
M Bis 40 cm. Stg stark verzweigt. Laubblätter gestielt, 3fach gefiedert, blaugrün bereift. Blütentrauben lg gestielt, reichblütig, Blüten einseitswendig, gelbl. weiß, mit kurzem Sporn, 1,5 cm lg.
B Heimat: italienische Gebirge, ehemaliges Jugoslawien.

308 **Ceratocapnos claviculata** (L.) Lidén
Rankender Lerchensporn (Gttg 3 sp)

I (stellenw Apo); T, s, ⑤; F (westl.); RL reg
T1.1.2.5, T2.3.1, T8.1.2, T8.2.1.2
M 50–100 cm. Lianenartig mit dünnen 4-kantigen Stgln u. Wickelranken (statt der obersten Seitenfiedern der Blätter), dem Unterwuchs atlantisch getönter Wald- u. Saumgesellschaften aufliegend. Die einblütige Blütentraube sympodial, scheinbar den Blättern gegenüberstehend. Blüte weiß, 1 cm, mit kurzem Sporn.

309 **Fumaria rostellata** Knaf
Geschnäbelter Erdrauch (Gttg 50 sp)

I; T, s, ⊙; M_2, F (östl.); RL reg
T9.1.2.1
M 15–50 cm. Ein- bis mehrstglig, aufsteigend, kahl, blaugrün bereift. Kelchblätter 2–4 mm lg, ⅓–½ so lg wie die Blüte (ohne Sporn), br 3-eckig, so br wie Krone. Blüte rötl., Frucht schwach runzlig, kurz bespitzt.

310 **Fumaria officinalis** L. ssp **officinalis**
Gewöhnlicher Erdrauch i. e. S.

A; T, s, ⑤; A, AV, M_1, M_2, F, K; RL –; (☠),.✠, ☺
T9.1.2.1, T9.2
M 10–30(–50) cm. Stg aufrecht, aber auch Spreizklimmer, Blattstiele reizbar. Blütentraube zu Beginn dicht. Krone 8–9 mm lg, äußere Kronblätter schmal berandet. Kelchblätter 2–4 mm lg, ⅓–½ so lg wie die Blüte (ohne Sporn), schmaler als Krone. Blüte rötl. Einsamige Nussfrucht, schwach runzlig, breiter als hoch, oben etwas eingedrückt.

311 ssp **wirtgenii** (W. D. J. Koch) Arcang. ▸
Wirtgens Erdrauch

A; T, s, ⊙; M_1; RL –; (☠)
T9.2, T10.3.3.1
M 10–30(–50) cm. Blütentrauben von Anfang an locker, Krone ± 6–8 mm lg, äußere Kronblätter br berandet. Frucht oben nicht eingedrückt.

312 **Fumaria schleicheri** Soy.-Will. ▸▸
Dunkler Erdrauch

A; T, s, ⊙; M_1, M_2, F; RL 3
T8.2.1.2, T9.1.2.1
M 15–30(–50) cm. Hochblätter etwa ⅓ so lg wie die Fruchtstiele. Kelchblätter 0,5–1 mm lg, höchstens so lg wie die Blüte (ohne Sporn). Blüte dklrot. Früchte kurz bespitzt, glatt.

313 **Fumaria parviflora** Lam.
Kleinblütiger Erdrauch

A; T, s, ⊙; F (östl.); RL 2
T9.1.2.1–2
M 15–30 cm. Hochblätter etwa ebenso lg wie die Fruchtstiele, Blüten weiß, Kelchblätter 0,5–1 mm ▸ lg, höchstens ¼ so lg wie die Blüte (ohne Sporn). Frucht oben kegelig spitz, rau.

314 **Fumaria vaillantii** Loisel. ssp **vaillantii** ▸▸
Blasser Erdrauch

A; T, s, ⊙; AV, M_1, M_2, (F); RL reg
T9.1.2.1, T9.2, T10.3.3.1
M 7–25(–60) cm. Hochblätter etwa ebenso lg wie die Fruchtstiele. Blütentraube gestielt, armblütig, Blüten weißl. rot, mit dkln Flügeln. Kelchblätter 0,5–1 mm lg, höchstens ¼ so lg wie die Blüte (ohne Sporn). Frucht kugelig, stumpf, glatt.

315 **Fumaria vaillantii** Loisel. ssp **schrammii** (Asch.) Nyman
Schramms Erdrauch

A; T, s, ⊙; F(östl.); RL reg.
T9.1.2.1
M 7–25(–60) cm. Zierl. als 314. Hochblätter etwa ebenso lg wie Fruchtstiele. Blütentraube fast sitzend. Blüten lila, ohne dkle Flügel. Kelchblätter 0,5–1 mm lg, höchstens ¼ so lg wie die Blüte (ohne Sporn). Frucht kugelig, mit winzigem Spitzchen, glatt.
▾

◂ 316 **Platanus × hispanica** Miller ex Münchh. **(P. occidentalis × P. orientalis)**
Gewöhnliche Platane, Ahornblättrige Platane

U–E, K; P, s, ⊙; A, AV, M_1, M_2, F, K; RL (–); ✿
L4.8–9, T10.1, T10.3..2 (Gttg ca 8 sp)
M Bei uns bis 35 m hoher Baum. Borke sich in großen Platten ablösend. Die derben Blätter 3–5-lappig, bis zur Mitte eingeschnitten, Lappen ± ganzrandig. 12–25 cm breit, buchtig gezähnt. Blüten unscheinbar, in kugeligen Köpfchen, voll fertil, zur Fruchtreife auf etwa 25 cm ∅ anschwellend, an langen Stielen zu zweit hängend.
B Als anspruchsloser, sehr stadtfester Alleebaum sehr hfg gepflanzt. Wahrscheinl. aus der nordamerikanischen *P. occidentalis* u. der ostmediterranen *P. orientalis* entstanden. Teilweise fruchtbar, so dass Sämlinge hfg angetroffen werden. Oft von einem Pilz *(Apiognomonia veneta)* befallen, der im Frühsommer die Blätter schwarz werden lässt.

317 **Ulmus laevis** Pall.
Flatter-Ulme (Gttg 25–30 sp)

I; P, s, ①; M_1, M_2, F; RL reg; ☺
L5.2.3

M Bis 35 m hoher Baum. Stamm am Grunde zuw. brettwurzelartig verbreitert. Die wechselstdg, 2-zeilig angeordneten, oberseits glatten Blätter mit stark asymmetrischer Basis, oberseits mattglänzend, verkahlend, unterseits samtigweich, grau, mit bis zu 18 Seitennervenpaaren (Fig. 17a). Blattstiel 4–6 mm lg, Triebe dicht weich behaart. Blüten (u. Früchte) in lg gestielten Büscheln hängend. Flügelnüsse rundl. br elliptisch, 1–1,4 cm, Samen etwa in der Mitte, Flügel oben mit V-fgm Einschnitt, dieser den Samen erreichend, am Rande dicht gewimpert.

318 **Ulmus minor** Mill.
Feld-Ulme, Rotrüster

I; P, s, ①; AV, M_1, M_2, F, K; RL 3; ✠, ✿
L5.2.3, T1.1.2.3–4, T2.1.2.1.2, T9.4.2

M Bis 40 m hoher Baum. Die wechselstdg, 2-zeilig angeordneten, oberseits glatten, unterseits (wie Triebe) dicht behaarten Blätter, mit höchstens 14 Seitennervenpaaren, nicht 3-spitzig (Fig. 17b). Blüten zu 4. Flügelnüsse elliptisch bis verkehrt eifg, 1,3–2 cm lg, Samen dicht unter dem Flügeleinschnitt, dessen Spitzen sich überlappen.

B Durch die Ulmenkrankheit, die von einem Schlauchpilz (*Ceratocystis ulmi* = [*Ophiostoma u.*]) verursacht wird, besonders gefährdet.

319 **Ulmus glabra** Huds.
Berg-Ulme, Weißrüster

I; P, s, ①; A, AV, M_1, M_2, F, K; RL reg; ✠, ☺, ✿
L5.2.3, T1.1.1, T1.1.2.1

M 30–40 m hoher Baum. Die wechselstdg, 2-zeilig angeordneten, oberseits stark rauen Blätter mit asymmetrischem Blattgrund, höchstens 4 mm lg gestielt, mit bis zu 14 Seitennervenpaaren, an der Spitze zuw. 3-spitzig (Fig. 17c). Flügelnüsse br elliptisch, 2–2,5 cm lg, Samen in der Mitte, mit einem Strang mit dem schmalen, meist geschlossen erscheinenden Einschnitt am oberen Rand verbunden.

320 **Ulmus × hollandica** Mill. (318 × 319)
Bastard-Ulme

I; ⟨P, s– ①⟩; M_1, M_2, F, K(syn.); RL ⟨–⟩
wo?

M Bis 40 m hoher Baum. Mit viel Wurzelbrut. Die wechselstdg, 2-zeilig angeordneten Blätter mit ± stark asymmetrischer Basis, 5–10 mm lg gestielt, unterseits meist nur entlang der Nerven behaart, mit 10 bis 14 Seitennervenpaaren (Fig. 17d). Triebe spärl. behaart. Blüten zu 15–30. Flügelnüsse rundl. bis br elliptisch, 1–1,4 cm lg, Samen etwa in der Mitte, Flügel mit V-fgm Einschnitt od. wie bei 318, randl. bewimpert.

B In verschiedenen Sorten u. Varietäten in Kultur, ähnl. ist ferner die noch unzureichend untersuchte *U. procera* Salisb. (Englische Ulme).

321 **Celtis occidentalis** L.
Amerikanischer Zürgelbaum (Gttg 100 sp)

E lok; ⟨P, s⟩, ⊙; verw. M_1, M_2; RL ⟨–⟩
T1.3

M Bis 25 m hoher Baum. Mit leicht überhängenden, behaarten Trieben. Blätter lanzettfg, 5–12 cm lg, kurz zugespitzt, Basis schief, oberseits glatt u. glänzend grün, unterseits heller, aber kahl, Stiel 1 cm. Blattrand bis über die Mitte scharf gesägt, im Herbst goldgelb. Früchte 7–10 mm lg, dicke orange- bis dklpurpurfarbene Steinfrüchte, Stiel 2 cm lg.

B Heimat: östl. Nordamerika.

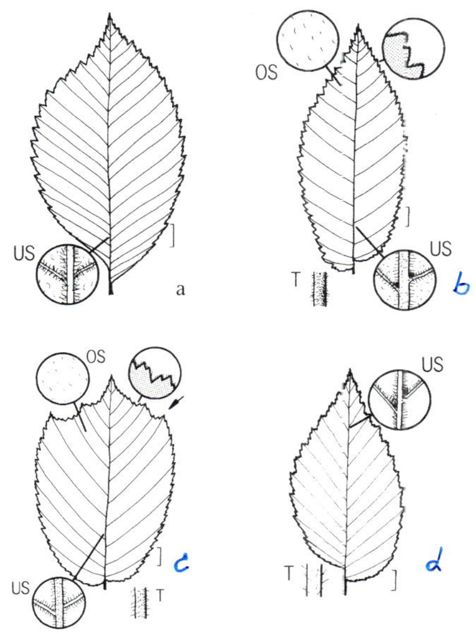

Fig. 17: Blätter von *Ulmus* aus Roloff & Bärtels (1996)
a: *Ulmus laevis* b: *Ulmus minor* c: *Ulmus glabra*
d: *Ulmus × hollandica*

322 **Cannabis sativa** L. ssp **sativa**
Kultur-Hanf (Gttg 1 sp), ohne Abb.

K; ⟨T, s⟩, ⊙, ♂♀; AV, M_1, M_2, F; RL ⟨-⟩; ☠, ✠, ☺, ✿
T9.1.5

M 150–250(–350) cm. Weibl. Pflanzen höher u. dichter belaubt als männl. Stg wenig verzweigt, angedrückt borstig. Blätter gefingert, 5–9(–11)-teilig, lanzettl. Blättchen gesägt. Blütenhülle (♀) verkümmert. Nüsschen hellgrau, 3,5–5 mm lg, ohne Ringwulst, nicht abfallend.

B Mitteleuropäische Sorten (wie auch 322) weitgehend rauschgiftfrei. Reine Kulturpfl., aber derzeit wenig in Kultur, (Faserpfl.), als Vogelfutterpflanze unbestdg, in vielen Zuchtsorten weltweit angebaut, z. T. zur Rauschgiftgewinnung (nur 332a ssp *indica* (Lam.) Serebr.).

323 ssp **spontanea** Serebr.
Wilder Hanf

A; ⟨T, s⟩, ⊙, ♀♂; M_1, ✞?; RL –; ☠, ☺
T8.3.1

M 50–150 cm. Stg stärker verzweigt, angedrückt borstig. Blätter gefingert, 5–9(–19)-teilig, lanzettl. Blättchen gesägt. Blütenhülle (♀) vorhanden. Nüsschen bräunl., 2,5–3,5 mm lg, an der Basis mit stielähnl. Ringwulst, dadurch leicht abfallend, von der vertrockneten Blütenhülle umgeben.

324 **Humulus lupulus** L.
Gewöhnlicher Hopfen (Gttg 3 sp)

I; H, i, s, ⊚; ♀♂, (A), AV, M_1, M_2, F, K; RL –; ✠, ☺, ✂
L5.2.3, S3.2.5, T2.1

M 3–6 m (Kultursorten bis 12 m) hoher Schlinger. Gegenstdge Blätter tief 3–7-spaltig bis ungeteilt (obere), dklgrün, sehr rauhaarig, unterseits heller, mit gelben Drüsen, mit Nebenblättern. Männl. Blüten in achselstdg Rispen, die weibl. durch die verwachsenen Nebenblätter mit vielen gelben Lupulindrüsen zapfenartig vergrößert, bei der Reife noch wachsend u. die Blüten völlig verdeckend.

325 **Urtica urens** L.
Kleine Brennnessel (Gttg 80 sp)

A; T, s, ⑦; AV, M_1, M_2, F, K; RL –; ✠, ☺, ✂
T8.3.1.1, T9.1.1.3, T9.2

M 10–60 cm. Pfl nur mit Brennhaaren, Blätter eifg elliptisch, hellgrün, meist weniger als 5 cm lg, eingeschnitten gesägt, am Grunde keilfg bis stumpf, Endzahn nicht lgr als Seitenzähne. Blütenrispen kürzer als der Blattstiel.

326 **Urtica dioica** L. ssp **dioica**
Gewöhnliche Brennnessel

I; H, s, ⑦, ♀♂; A, AV, M_1, M_2, F, K; RL –; (☠), ✠, ☺, ✂, ✿
L5.2, T1.1.1 (feucht), T1.3, T2.2.2, T8.2.2, T9.2

M 30–150(–250) cm. Stg meist unverzweigt, neben Brennhaaren mit Borstenhaaren. Blätter längl., über 5 cm lg, dklgrün, lg zugespitzt, grob gesägt, am Grunde herzfg, unterseits allenfalls spärl. behaart, obere Nebenblätter frei, längl. Blütenrispen lgr als Blattstiel, am 7.–14. Blattknoten beginnend. Frucht 1,1–1,3 mm, oval elliptisch.

B Die (326a) f. *angustifolia* (Fisch) Ledeb., Übergangsform zu 327, wurde erst jüngst verstärkt in Mieu beachtet, Verbreitung ungenügend bekannt.

327 ssp **galeopsifolia** (Wierzb. ex Opiz) Chrtek
Hohlzahnblättrige Brennnessel

I; ⟨H, s⟩, ⊙, ♀♂; AV, M_1, F; RL ⟨–⟩
L4.2 (Ufer), L5.2.3, S2 (eutroph)

M Ganze Pfl mit sehr wenigen Brennhaaren. Blätter sehr schmal, über 5 cm lg, dklgrün, sehr lg zugespitzt, grob gesägt, am Grunde herzfg, unterseits immer dicht behaart. Obere Nebenblätter frei. Blätter ganz ohne Brennhaare, unterseits dicht flaumhaarig. Blütenrispen lgr als Blattstiel, am 13.–22. Knoten beginnend. Später blühend als 326.

◄ 328 **Urtica kioviensis** Rogow.
Röhricht-Brennessel

I; H, s, ⊙, ⚥; F (östl); RL reg.
L3..5
M (30–)60–200 cm. Stg kriechend bis aufsteigend, an den unteren Knoten stark wurzelnd. Untere Internodien hohl. Pfl mit wenigen, oben allerdings dichter stehenden Brennhaaren, keine Borstenhaare. Blätter längl., über 5 cm lg, hellgrün, zugespitzt, grob gesägt, am Grunde herzfg, obere Nebenblätter bis zur Mitte verwachsen, br 3-eckig. Blattunterseite mit auffallend gelbl. weißen Nerven. Blütenrispen lgr als Blattstiel. Frucht 1,6–2 mm, schmal elliptisch.
B Die Sippe wird z.T. verkannt u. mit 326 verwechselt.

329 **Parietaria pensylvanica** H. L. Mühl. ex Willd. ►
Pennsylvanisches Glaskraut (Gttg 10 sp)

E; T, s, ⊙; F (nur Berlin); RL –
T8.2.1.2, T8.3.1
M 20–80 cm. Aufrecht, Blütenstand locker. Reife Früchte braun.
B Heimat: Nordamerika.

330 **Parietaria officinalis** L. ►
Aufrechtes Glaskraut

A; H, s, ⑦; AV, M_1, M_2, F, K; RL reg.; ✠, (✿)
L5.2.3, T8.2.1.2
M 30–80(–150) cm. Stg aufrecht, einf. od. spärl. verzweigt, Blütenstände dicht. Blätter gr, Spreite (5–)10–15(–20) cm lg, glasartig glänzend, beidseitig verschmälert (lanzettl.), Hochblätter am Grunde frei. Reife Früchte schwarz.

331 **Parietaria judaica** L. ►►
Mauer-Glaskraut

A; H, s, ⑦; M_1, M_2, (F); RL reg.; ✠, (✿)
T10.2.2.3
M (10–)50–90(–110) cm. Stg oft rötl. überlaufen, niederliegend bis aufsteigend ästig, meist stark verzweigt. Blütentraube dicht. Blätter kl, 2–3(–6) cm lg, glasartig glänzend, zugespitzt (rundl. eifg). Hochblätter am Grunde verwachsen. Reife Früchte schwarz.

◄ 332 **Juglans regia** L.
Echte Walnuss (Gttg 21 sp)

E; P, s, ⑤; (♀♂), verw.: M_1, M_2; RL –; ✠, ☺, ✂, ✿, F
L5.2.3, T1.1.2.1
M 10–25 m. Stamm mit aschgrauer, glatter, im Alter rissiger Borke. Krone breit, locker. Mit unpaarig gefiederten Blättern, mit bis zu 35 cm lgm Blattstiel, an der Basis stark angeschwollen, Fiedern 5–13(–18) cm lg, 5 cm br in der Jugend drüsig punktiert (beim Zerreiben stark aromatisch riechend). Blüten grün, unscheinbar, in getrenntgeschlechtl. Blütenstand. Steinfrüchte (keine Nüsse!).

333 **Myrica gale** L. (l.♀, r.♂) ►
Moor-Gagelstrauch (Gttg ca 55 sp)

I; N, s, ④, ♀♂, F(westl.); RL 3; ☠, (✠), ☺, (✂), ✿, F, D
S3.2.1
M (30–)50–125(–200) cm. Stark verzweigt. Dklbraune Äste dicht mit gold glänzenden Harzdrüsen besetzt. Ganzer Strauch stark aromatisch duftend. Längl., oberseits dklgrüne, unterseits hellere, 2,5–5(–6) cm lge Blättchen, am Grunde keilfg verschmälert, im Alter ledrig werdend, mit Harzdrüsen. Blüten in kurzen Kätzchen, bräunl. Früchte 3-spitzige trockene Steinfrüchte.

▲

337 **Quercus petraea** Liebl.
Trauben-Eiche

I; P, s, ④(♀♂); AV, M_1, M_2, F, (K); RL –; ✠, ☼
T1.1.1.1, T1.1.2.3–5
M 18–30(–40) m. Stamm schlanker u. geradstämmiger als bei 335. Blätter 8–12(–16) cm lg, 5–7(–10) cm br, an der Basis kurz keilfg verschmälert (slt ausgerandet herzfg), in der Jugend unterseits büschelig flaumig u. seidenhaarig, verkahlend. Blattstiel 12–24 mm lg, Spreite mit 5–8(–10) abgerundeten Lappen. Eicheln 16–26 mm lg, Fruchtbecher ca ½ der Eichel einnehmend, dicht flaumig.

338 **Quercus × calvescens** Vukot. (337 × 339)
Flaumblättrige Bastard-Eiche ohne Abb.

I; ⟨P, s⟩, ⊙ (♀♂); M_1; RL reg.
T1.1.1.1, T1.1.2.3–5
M Ähnl. 339, aber ältere Blätter nur schwach behaart u. lgr gestielt (an 337 erinnernd), Fruchtstände kurzgestielt (an 339 erinnernd). Zw den Eltern nicht slt vorkommend.

◄334 **Castanea sativa** Mill.
Esskastanie, Marone (Gttg 10 sp)

A; P, s, ⑧ (♀♂); M_1, M_2, F (Niederrhein); RL –; ✠, ☺, 🦌, ☼, D
T1.1.1.1, T1.1.2.5.1
M Bis 30 m. Z. T. vom Grunde an ästig wachsend (v. a. Stockausschlag). Borke glatt, olivfarben mit zahlreichen Korkwarzen. Laubblätter längl. bis lanzettl., 8–18(–25) cm lg, 3–6(–8) cm br, am Grund keilfg abgerundet mit unterseits stark hervortretenden Nerven, grob stachelspitzig gezähnt, sattgrün, glänzend, kahl (unterseits grau filzig, verkahlend). Blüten gelbl. weiß, geknäuelt an bis zu 20 cm lgn, nach Sperma riechenden Kätzchen, ♀ am Grund des Blütenstandes. Der stark bestachelte Fruchtbecher 4-spaltig aufbrechend, die Nüsse (Maronen) freigebend.
B In Südeuropa vor Einführung der Kartoffel Grundnahrungsmittel.

335 **Quercus robur** L. ►
Stiel-Eiche (Gttg ca 400 sp)

I; P, s, ④ (♀♂); A, AV, M_1, M_2, F, K; RL –; ✠, ☺, (🦌), ☼
L5.2.3, T1.1.2.3–5, T1.4.1.3
M Bis 50 m. Stamm sich gewöhnl. schon wenige m über dem Grund in stark knorrige, gewundene Äste teilend, Borke im Alter tief rissig. Blätter 5–15 cm lg, 3–10 cm br, buchtig fiederlappig, mit je 5–6 Lappen, kahl, mit 2–7 mm lgm Blattstiel, Blattgrund höchstens fein grauhaarig. Nur in der Jugend etwas seidenhaarig. Eichel 18–28 mm, ¼–⅓ (slt ½) von Fruchtbecher umschlossen.
B Stark veränderlich.

336 **Quercus × rosacea** Bechst. (335 x 337)
Gewöhnliche Bastard-Eiche ohne Abb.

I; ⟨P, s⟩, ⊙ (♀♂); u. a.: M_1, M_2, F; RL ⟨–⟩; ☼
L5.2.3, T1.1.2.3–5, T1.4.1.3
M In den Merkmalen sehr schwankend, zw den Eltern stehend, am ehesten durch den unregelmäßig herzfgen Blattgrund (→ 335), aber längere Blattstiele (→ 337) u. die relativ kurz gestielten Fruchtstände erkennbar.
B In unseren Wäldern weit verbreitet, lok häufiger als die Eltern.

339 **Quercus pubescens** Willd. ►
Flaum-Eiche

I; P, s, ③ (♀♂); M_1; RL 3
T1.1.2.4
M Bis 20 m. Ähnl. 337, durch weich graufilzige Knospen, Zweige, Blätter u. Fruchtbecher gut zu unterscheiden. Laubblätter mit kurz keilfgm bis herzfgm Grund, 5–8(–10) cm lg, 4–6 cm br, 4–7(–8) meist seicht abgerundete Lappen, anfangs beiderseits dicht filzig, oberseits fast verkahlend. Blattstiele sternhaarig filzig, bis 1 cm lg. Frucht schlanker u. schmaler als bei 335 u. 337, Fruchtbecher diese ⅓ (bis fast ½) umschließend.

340 **Quercus rubra** L. ►
Rot-Eiche

U–E, K; ⟨P, s⟩, ⊙ (♀♂); AV, M_1, M_2, F; RL ⟨–⟩; ☼
T1.1.1, T1.3, T9.5
M 25–30 m. Forstbaum. Borke zieml. glatt, hellgrau, dick schuppig. Junge Zweige behaart, verkahlend. Blätter 10–20 cm lg, 9–12 cm br, buchtig gezähnt bis fiederspaltig, jg unterseits grau flaumig. Lappen zugespitzt, tiefgrün, im Herbst hell bis dklorange-, scharlach- bis braunrot. Blattstiel 2–5 cm lg.
B Heimat: atlantisches Nordamerika.

341 **Fagus sylvatica** L. ▸
Rot-Buche (Gttg 10 sp)

I; P, s, ④(♀♂); A, AV, M_1, M_2, F, K; RL –; ✠, ☺, ✂, ✿
T1.1.1, T1.1.2.5
M 24–30(–40) m. Mit weißgrauer, glatter Rinde. Knospen lg u. schmal, spitz, 1–3 cm lg. Blätter eifg 4–10(–15) cm lg, 2,5–7 cm br, schwach wellig gerandet, glänzend dklgrün, jg beiderseits seidig behaart, verkahlend, nur randl. u. in den Nervenwinkeln bärtig. ♂ Blütenstände hängende fast kugelige Kätzchen, ♀ 2-blütig, aufrecht, später verholzenden Fruchtbecher bildend, die 3-kantigen Nussfrüchte umschließend.
B In atlantischen Gebirgen auch als Krummholz, ansonsten nicht sehr ausschlagfreudig.

342 **Alnus alnobetula** (Ehrh.) K. Koch ▸▸
Grün-Erle (Gttg 25 sp)

I; N, s, ④(♀♂); A, AV, M_1 (Schwarzwald); RL –; ✠, (D)
T2.4.2.3, T3.1.1
M 0,5–2,5(–4) m. Vielästig. Blätter kurz zugespitzt, herb duftend, jg klebrig. Fruchtkätzchen an diesjährigen Zweigen mit den Blättern erscheinend. Samen br geflügelt.

◂◂ 343 **Alnus glutinosa** (L.) P. Gaertn.
Schwarz-Erle

I; P, s, ①(♀♂); A, AV, M_1, M_2, F, K; RL –; ✠, ☺, ✿, F
L5.2.3, L5 2.3.2, S3.2.5
M 10–25(–35) m. Junge Triebe ± 2-seitig kantig. Blätter stumpfl., vorn ausgerandet, einf. gezähnt, unterwärts grün. Knospe klebrig. Fruchtkätzchen an vorjährigen Zweigen, vor Erscheinen der Blätter blühend. Früchte zapfenförmig, verholzend. Samen kaum geflügelt.
B Wurzelknöllchen mit Aktinomyzeten.

◂ 344 **Alnus incana** (L.) Moench
Grau-Erle

I; P, s, ①(♀♂); A, AV, M_1, M_2; RL –; ✠
L5.1.3
M 5–15(–20) m. Blätter zugespitzt, doppelt gesägt, unterwärts graugrün, ± behaart. Knospe nicht klebrig. Fruchtkätzchen an vorjährigen Zweigen, vor Erscheinen der Blätter blühend. Früchte zapfenfg, Samen kaum geflügelt.

345 **Betula pendula** Roth ▸ ▸▸
Hänge-Birke, Warzen-Birke (Gttg 35 sp)

I; P, s, ③(♀♂); A, AV, M_1, M_2, F, K; RL –; ✠, ☺, (✂), ✿, F, Z
T1.1.1.1, T1.1.2.5, (T1.4.4), T2.4.1.3, (T3.1), T4
M Bis 26(–30) m. Rinde schneeweiß, sich in horizontalen Streifen abschälend, später in schwarze, aufgerissene Borke umgewandelt. Äste spitzwinklig aufsteigend, stark überhängend. Junge Zweige mit warzigen Harzdrüsen, alte Zweige kahl (aber Wasserreiser kurz zottig!). Blätter rautenfg, 3-eckig mit lg ausgezogener Spitze, 4–7 cm lg, 2,5–4 cm br, scharf doppelt gesägt, klebrig, verkahlend, Blattstiel 2–3 cm lg. Blüten in Kätzchen. Früchte mit abstehenden bis abwärts gerichteten Seitenlappen. Fruchtflügel 2–3mal so br wie Nuss.

346 **Betula pubescens** Ehrh.
ssp **pubescens**
Moor-Birke

I; P, s, ③(♀♂); A, AV, M_1, M_2, F, K; RL –; ✠, ☺
S3.2.1–2

M Bis 30 m. Rinde lange weiß bleibend od. bräunl., spät in rissige, schwarze Borke umgewandelt. Äste waagerecht bis stumpfwinklig, aufrecht abstehend, nicht überhängend. Junge Zweige dicht flaumig behaart, drüsenlos, ältere Zweige verkahlend. Blätter trübgrün mit abgerundetem bis herzfgm Grund, eifg, kurz zugespitzt, unterhalb der m. am breitesten, 3–8 cm lg, 2–6 cm br, grob gesägt, beidseitig flaumig behaart, später bis auf die Nerven u. Aderwinkel verkahlend. Blattstiel 1–2,5 cm lg. Blüten in Kätzchen. Früchte mit aufwärts abstehenden Seitenlappen, Fruchtflügel so br od. nur wenig breiter als Nüsse.

347 **Betula × aurata** Borkh. (344 x 345)
Bastard-Birke

I; P, s, ⊙(♀♂); u. a.: M_1, M_2, F, K; RL ⟨–⟩
wo?

M Bis 30 m. Im Habitus eher an 346 erinnernd, aber Zweige schlanker, anfangs behaart, ± dicht drüsenwarzig, Rinde anfangs schneeweiß. Blätter rhombisch eifg, spitz, am Grunde abgerundet, doppelt gesägt, dklgrün, unterseits heller, kahl od. in den Aderwinkeln etwas behaart.

B Sehr variabel in allen Merkmalen. Die Existenz derartiger Hybriden ist umstritten. Wenn man 347 so fasst wie hier, bleiben zahlreiche Zwischentypen zu 346 übrig, die dann aber nur als Hybriden betrachtet werden können. Manche Typen sind von 346 u. 348 schwer abzugrenzen.

348 **Betula pubescens** ssp **carpatica**
(Waldst. & Kit. ex Willd.) Asch. & Graebn.
Karpaten-Birke

I; P, N, s, ③(♀♂); M_1, M_2, F (nach Osten hfger); RL –
S3.2.2, T1.4.3.3

M 1–3(–8) m. Oft strauchartig wachsend, knorriger Stamm mit weißl. gelber bis rötl. brauner Rinde. Junge Zweige bald verkahlend, mit vereinzelten Warzen. Blätter rautenfg bis rhombisch eifg, in der m. am breitesten, am Grunde keilig bis abgerundet, randl. meist einf. gesägt, 2,5–5 cm lg, 2–6 cm br, bald bis auf Nervenwinkel völlig verkahlend. Kätzchenschuppen mit ± kurzer Spitze, ein wenig lgr u. schmaler als die zurückgekrümmten Seitenlappen.

349 **Betula humilis** Schrank
Strauch-Birke

I; N, s, ⊙(♀♂); AV, F (nordöstl.); RL 2, §
S3.2.1

M 0,5–2(–3) m. Blätter eifg bis rundl., ungleich gekerbt, gesägt, Zähne spitz. Junge Zweige dicht drüsig behaart, bald verkahlend. Weibl. Kätzchen gestielt. Fruchtflügel ⅓–¼ so br wie Frucht.

350 **Betula nana**
Zwerg-Birke

I; N, s, ⊙(♀♂); AV, M_1, M_2, F; RL 2, §
S1.3.2, S3.2.4

M 20–50(–120) cm. Blätter kl, fast kreisrund, breiter als lg, gekerbt. Junge Zweige dicht fein kurz haarig, drüsenlos. Weibl. Kätzchen sitzend. Fruchtflügel mehrmals schmaler als die Frucht.

B Eiszeitrelikt auf wenigen Hochmooren in Mieu.

◄351 **Carpinus betulus** L.
Gewöhnliche Hainbuche (Gttg 26 sp)

I; P, s, ④(♀♂); AV, M_1, M_2, F, K; RL –; ☺, ✿, Z (T1.1.1), T1.1.2.3, T2.1

M 6–25 m. Rinde geflammt (keine Borkenbildung). Stamm korkenzieherartig gewunden. Blätter 2-zeilig, eifg, faltig, zugespitzt, jg sattgrün, schwach seidig behaart, sich mit den Kätzchen entwickelnd. Die ♀ lg herabhängend, die ♂ zuerst kurz rote Narben zeigend sich bei Reife verlängernd. Der flügelartig auswachsende Fruchtbecher umhüllt die Nüsschen, sich bei Reife mit ihnen ablösend (Flugfrüchtchen).

352 **Corylus avellana** L. ►
Gewöhnliche Hasel (Gttg 15 sp)

I; N, s, ①(♀♂); A, AV, M_1, M_2, F, K; RL –; ✠, ☺, ✂, ✿, Z
L5.2.3, T1.1.2.1, T1.1.2.3, T2.1, T5.1

M 1–4(–20) m. Blätter rundl. bis verkehrt eifg, am Grunde etwas herzfg, am oberen Ende in eine ± ausgeprägte Spitze ausgezogen, eckig gelappt, doppelt grob gezähnt. ♂ Kätzchen vor Laubaustrieb blühend, überwinternd, die ♀ Blüten den Laubknospen ähnelnd, nur durch die roten Narben erkennbar. Fruchtbecher glockenfg, umschließt gelbl. braune Nuss halb.

353 **Phytolacca esculenta** Van Houtte ►
Asiatische Kermesbeere (Gttg 25 sp)

E; ⟨H, s⟩, ⊙; M_1, M_2; RL –; ☠, ✠, ☺, ✂, ✿, F
T8.2, T8.2.2.6

M 1–2 m. Blätter bis 25 cm lg u. 10 cm br, eifg elliptisch, ganzrandig, wechselstdg. Blüten in blattgegenstdg, aufrechten Trauben. Staubblätter 8, Fruchtblätter 8, frei. Beeren tief längsfurchig.
B Heimat: Ostasien.

◄354 **Phytolacca americana** L.
Amerikanische Kermesbeere

U; ⟨H, s⟩, ⊙; M_2; RL –; ☠, ✠, ☺, ✿, F
T9.3.2.1

M 1–3 m. Aufrecht, verzweigt. Blätter bis 40 cm lg u. 12 cm br, eifg elliptisch, wechselstdg. Blüten in blattgegenstdg, meist bogig überhängenden Trauben. Staubblätter 10; Fruchtblätter 10, ringfg verwachsen, zuletzt schwarz. Frucht beerenartig, 10-rippig, aber nicht tief gefurcht.
B Heimat: Nordamerika.

355 **Beta vulgaris** L. ssp **maritima** (L.) Arcang. ►
Wilde Runkelrübe (Gttg 11–13 sp)

I; T, ⟨B⟩, s, ⊙; K (nur Helgoland); RL R; ✠?, Al
H1.2.2.2

M Stg kantig gerillt, kahl, meist vom Grunde an stark verzweigt, mit niederliegenden od. aufrechten Zweigen. Wurzel kaum verdickt. Blätter bis 10 cm lg, gekräuselt, glänzend. Blüten zu 2–4, blattachselstdg; Blütenhülle 5-teilig, Blütenhüllblätter nicht od. nur wenig gekielt, nur slt verknorpelt. Frucht eine Deckelkapsel.
B Slt verschleppt auf Bahnhöfen. Stammsippe von (356) *B. vulgaris* ssp *vulgaris* mit vielen Zuchtsorten, Stg immer aufrecht.

357 **Chenopodium pumilio** R. Br. ►►
Australischer Gänsefuß (Gttg ca 100 sp)

E; T, s, ⊙; M_2, F; RL –
L5.2.4.2, T8.3.1

M 10–80 cm. Vom Grunde an ästig verzweigt, Zweige niederliegend od. aufsteigend. Blätter bis 4 cm lg, beiderseits mit 3–4 Lappen, mit Drüsenhaaren. Teilblütenstände in den Blattachseln sitzend.
B Heimat: Australien, Tasmanien, Neuseeland.

◂ 358 **Chenopodium botrys** L.
Klebriger Gänsefuß

E; T, s, ⑧; AV, M_2, F; RL –; D
L5.2.4.2, T8.3.2, T10.1, T10.4.5
M 10–70 cm. Dicht drüsenhaarig klebrig, aromatisch duftend (wie Kiefernharz). Blätter bis 7 cm lg, fiederspaltig, mit etwa 5 ganzrandigen od. wenig gezähnten Abschnitten. Teilblütenstände deutl. gestielt, verzweigt. Blütenhüllblätter auf dem kiellosen Mittelnerv ohne kammartige Höcker.

358a **Chenopodium schraderianum** Schult. ▸
Schraders Gänsefuß

U, K; ⟨T, s⟩, ⊙; M_1, M_2, F; ⟨RL –⟩
T8.3.1 (wärmebegünstigt)
M Ähnl. 358, aber bis 1 m hoch, weniger klebrig, zitronenartig duftend. Blätter buchtig fiederspaltig mit 3–5 Abschnitten. Blütenhüllblätter auf dem Rücken deutl. gekielt, mit unregelmäßigen stumpfen Höckern od. spitzen Zacken.

359 **Chenopodium foliosum** Asch. ▸
Echter Erdbeerspinat, Durchblätterter Gänsefuß

E; T, s, ⊙; A, AV, M_1, M_2, F, K; ⟨RL –⟩; ⚘
T5.3.1, T8.3.1, T10.2.2.1, T10.7
M 30–100 cm. Einf. od. am Grunde verzweigt. Blätter 3-eckig spießfg, unregelmäßig buchtig gezähnt. Blüten in kugeligen Knäueln in den Achseln von laubblattähnl. Tragblättern, zur Fruchtzeit fleischig, maulbeerartig, intensiv rot. Samen gerillt.
B *Ch. foliosum* wurde früher, wie (359a) *Ch. capitatum* (L.) Asch. (ähnl., aber obere Blütenknäuel ohne Tragblätter), als Spinatgemüse kult.

360 **Chenopodium bonus-henricus** L. ▸▸
Guter Heinrich

I; T, K, w, ④; A, AV, M_1, M_2, F, K; RL 3; ☺, ⚘
T3.1.2, T8.2.2.6, T10, T10.1.6.1
M 20–100 cm. Meist unverzweigt. Blätter bis 15 cm lg, 3-eckig spießfg, unterseits mehlig bestäubt. Blütenstand eine nur am Grunde beblätterte, mit vielen, dicht stehenden Seitenästen versehene Scheinähre, oft nickend. Samenschale fast glatt.

◂ 361 **Chenopodium hybridum** L.
Stechapfelblättriger Gänsefuß

A; T, s, ⑧; AV, M_1, M_2, F, K; RL reg; (⚘)
T8.3.1, T9.1.2.1, T10.7
M 10–120 cm. Aufrecht, (fast) kahl. Untere Blätter bis 20 cm lg, eifg bis 3-eckig, beiderseits mit 2–5 zugespitzten Zähnen, nach oben hin deutl. kleiner werdend, dklgrün. Blattgrund herzfg. Blütenstand rispig. Samenschale mit kraterartigen Gruben.

362 **Chenopodium polyspermum** L. ▸
Vielsamiger Gänsefuß

I; T, s, ⑧; AV, M_1, M_2, F, K; RL –
L5.2.4.2, T8.2.2.6, T9.1.1.3, T9.2, T9.3.2.1, T10.7
M 5–80 cm. Vom Grunde an verzweigt, oft niederliegend, im Herbst meist rot gefärbt, kahl. Blätter bis 5 cm lg, eifg rhombisch bis elliptisch, ganzrandig. Blütenstände in blattachsel- u. endstdg Rispen. Samenschale feingrubig punktiert.

◂363 **Chenopodium urbicum** L. var urbicum
Gewöhnlicher Straßen-Gänsefuß

A; T, s, ⊙; AV, M_1, M_2, F, K; RL 1
L5.2.4.1, T8.2.2.5
M 10–120 cm. Steif aufrecht, (fast) kahl, grün. Blätter mitunter sehr gr (bis 20 cm lg), meist unregelmäßig buchtig gezähnt bis gelappt, so br wie lg, 3-eckig, am Grunde fast gestutzt (var *urbicum*), oberseits dklgrün, glänzend. Blütenstand teils endstdg, teils mit zahlreichen, steif aufrechtstehenden, blattachselstdgn Seitenästen.
B Abzugrenzen ist (364) var *intermedium* (Mert. & W. D. J. Koch) W. D. J. Koch, Keilblättriger Straßen-Gänsefuß: Blätter rautenfg, bis 2mal so lg wie br, am Grunde keilfg. ohne Abb.

365 **Chenopodium glaucum** L. ▸
Graugrüner Gänsefuß

A?; T, s, ®; AV?, M_1, M_2, F, K; RL reg
L5.2.4.2, T9.1.2.1.1, T10.1.6.1, T10.7
M 5–120 cm. Niederliegend bis aufrecht. Blätter bis 9 cm lg, buchtig gezähnt bis gelappt, unterseits stark weißgrau bemehlt, oberseits dkl bläul. grün, kahl, mitunter etwas fleischig. Blütenhülle 3–5-zipflig. Samenschale fein grubig punktiert bis netzadrig.

◂366 **Chenopodium rubrum** L.
Roter Gänsefuß

I; T, s, ®; AV, M_1, M_2, F, K; RL reg
L5.2.4.2, T8.3.1, T9.1.2.1, T10.1.6.1, T10.7
M 5–150 cm. Meist purpurrot überlaufen, vollständig kahl. Blätter unregelmäßig tief buchtig gezähnt, meist etwas fleischig, auf beiden Seiten (fast) gleich gefärbt. Blütenhüllblätter der 3-zipfligen Seitenblüten jedes Knäuels höchstens bis zur Mitte verwachsen, die endstdg Blüten 4–5-zipflig.

367 **Chenopodium botryodes** Sm. ▸
Dickblättriger Gänsefuß

I; T, s, ⊙; M_1, F, K; RL reg
H1.1.2.1.4, H1.1.3.3, H2...3, L5.2.4.2
M Ähnl. 366, aber nur 5–50 cm, meist niederliegend aufsteigend. Blätter ganzrandig od. seicht gezähnt, durch 2 Spießecken br 3-eckig, fleischig. Blütenhüllblätter der seitl. Blüten fast bis zur Spitze verwachsen, die Frucht sackartig umschließend.

◂◂368 **Chenopodium vulvaria** L.
Stinkender Gänsefuß

A; T, s, ®; A, AV, M_1, M_2, F, K; RL 2; (☠), D
T8.3.1, T10.1.6.1, T10.7
M 5–40 cm. Mit niederliegenden Seitentrieben, graugrün, stark mehlig bestäubt, nach Hering stinkend. Blätter nur bis 3 cm lg, rhombisch, ganzrandig, besonders unterseits mit dichtem Mehlstaub. Samenschale glatt.

◂369 **Chenopodium murale** L.
Mauer-Gänsefuß

A?; T, s, ©; A, AV, M_1, M_2, F, K; RL 3+
T8.3.1, T10.1.6.1 (warme Lagen)
M 10–120 cm. Nur schwach mehlig. Blätter bis 9 cm lg, grob unregelmäßig buchtig bis scharf gesägt od. gezähnt, mit meist nach vorn gerichteten Zähnen, oberseits glänzend. Blütenstände blattachselstdg (kürzer als das Tragblatt) u. endstdg. Samen scharf gekielt, dicht mit sehr kleinen Höckern besetzt.

370 **Chenopodium ficifolium** Sm. ▸
Feigenblättriger Gänsefuß

A?; T, s, ⑧; AV, M_1, M_2, F, K; RL –
L3.8, L5.2.4.2, T9.1.1.3, T9.2
M 10–120 cm. Aufrecht, im Blütenstand mehlig bestäubt, ästig, ohne auffälligen Geruch. Blätter bis 6 cm lg, 3-lappig mit tief sitzenden Seitenlappen u. schmalem, parallelrandigem Mittellappen. Blütenstände blattachselstdg u. endstdg. Samenschale mit längl., wabenartigen Gruben.

371 **Chenopodium album** L. ssp **album** ▸▸
Gewöhnlicher Weißer Gänsefuß

A?; T, s, ⑧; A, AV, M_1, M_2, F, K; RL –; ; Al
T8.3.1, T9.1, T9.2, T10.7
M (5–)15–180(–300) cm. Pfl. mehr od. weniger dicht mehlig bestäubt, daher oft graugrün. Stg grün gestreift, oft rot überlaufen. Blätter äußerst variabel: oval, lanzettl. od. rhombisch, meist unregelmäßig gesägt, zuw. ganzrandig, deutl. lgr als br, nicht rotrandig, die oberen schmaler u. weniger gesägt. Gesamtblütenstand pyramidal, blattachsel- u. endstdg. Blütenknäuel weißl. grün, stark mehlig. Samenschale flach u. unregelmäßig gerillt bis glatt.
B Sehr formenreich. Bildet mit den folgenden ssp einen z. T. schwierig abzugrenzenden Sippenschwarm, dessen taxonomische Bewertung bisher noch nicht entschieden ist. ▸

372 ssp **borbasii** (Murr.) Soó
Dreilappiger Weißer Gänsefuß ohne Abb.

?; ⟨T, s⟩, ⊙; M_2, F; ⟨RL –⟩
T8.3.1, T10.7
M Wie ssp *album*, aber Blätter deutl. 3-lappig. Mittellappen kurz u. gestutzt, meist parallelrandig.

373 ssp **pedunculare** (Bertol.) Arcang. ▸
Stielblütiger Weißer Gänsefuß

?; ⟨T, s⟩, ⊙; F, wo noch?; ⟨RL –⟩
T9.1, T9.2, T10.7
M Unterscheidet sich von der ssp *album* durch folgende Merkmale: meist aufrecht, slt niedergestreckt, mit dicht stehenden unteren, niederliegend aufsteigenden Ästen; Blätter dkl graublaugrün, ganzrandig bis wenig gezähnt, mit relativ schwacher mehliger Bestäubung. Blütenstand zymös rispig, lge Internodien der Infloreszensachsen, oft ausgebildete, lg gestielte Einzelblüten.

◂ 374 **Chenopodium strictum** Roth
ssp **strictum**
Gestreifter Gänsefuß

E; T, s, ⊙; M_1, M_2, F; RL –
T8.3, T10.4.3
M Ähnl. 371, aber am Grund mit weit ausgebreiteten, waagerecht abstehenden u. aufsteigenden Ästen. Blätter elliptisch eifg, ohne größere Zähne u. Lappen, dklgrün, Blattrand frühzeitig gerötet. Stg stark rotstreifig. Blütenknäuel dklolivgrün, (fast) nicht mehlig bestäubt. Samenschale stets glatt.

375 ssp **striatiforme** (Murr.) Uotila
Kleinblättriger Gestreifter Gänsefuß ohne Abb.

U; ⟨T, s⟩, ⊙; M_1, F; RL –
T8.3.2
M Wie ssp *strictum*, aber meist zierl., schon am Stggrund mit bogig aufsteigenden Ästen. Blätter meist kl, deltoidisch, fein gesägt, obere lanzettl., ganzrandig.

▴
376 **Chenopodium opulifolium**
Schrad. ex W. D. J. Koch & Ziz
Schneeballblättriger Gänsefuß

A?; T, s, ⑧; M_1, M_2, F; RL reg
T8.3.1, T10.7. warme Lagen
M Ähnl. 371, aber z. T. mit fast waagerecht abstehenden Ästen, meist ohne Rotfärbung. Spreite der oberen u. mittleren Blätter bis 3(–5) cm, etwa so lg wie br, 3-lappig, mit kurzen, stumpfen, manchmal undeutl. Seitenlappen u. einem halbkreisfgn bis langspitzigen Mittellappen, oberseits graugrün, unterseits heller.

377 **Chenopodium suecicum** Murr.
Grüner Gänsefuß ohne Abb.

A?; T, s, ⊙; AV, M_1, M_2, F; RL –
T8.3.1, T9.1, T10.7, warme Lagen
M Ähnl. 371, aber weniger stark bemehlt, grün bis graugrün. Blattspreite bis 10 cm lg u. 7 cm br, rhombisch eifg bis elliptisch, oft br 3-lappig mit scharfen, vorwärtsgerichteten Zähnen. Blütenknäuel in lockeren Blütenständen. Samenschale mit radiären Rillen u. rundl. bis längl., narbigen Wabengruben.

378 **Atriplex pedunculata** L.
Stielfrüchtige Salzmelde (Gttg ca 300 sp)

I; T, s, ⑧; F, K; RL 3!
H1.1.3.1, H2.2.2 Fig. 18a
M 10–50 cm. Aufrecht od. aufsteigend, silbrig. Blätter bis 4 cm lg, die oberen wechselstdg, die unteren gegenstdg, verkehrt eifg bis elliptisch, stumpfl., ganzrandig. Vorblätter 3-lappig, mit sehr kurzem Mittellappen, Frucht lg gestielt.

379 **Atriplex portulacoides** L.
Strand-Salzmelde Fig. 18b

I; C, i, ⑧; K; RL reg;
H1.1.3.1
M 15–80 cm. Niederliegend od. aufsteigend, am Grunde verholzt, grau. Blätter bis 7 cm lg, gegenstdg, die unteren büschelig gehäuft, elliptisch bis lanzettl. od. verkehrt eifg, ganzrandig, graugrün. Vorblätter mit 3 fast gleich großen Lappen, Frucht ungestielt.

380 **Atriplex sagittata** Borkh.
Glanz-Melde Fig. 18c

A; T, s, ⑧; M, F; RL –
L5.2.4.2, T8.3.1, T10.3.1.4, T10.7
M 10–250 cm. Ästig. Blätter bis über 10 cm lg, längl. 3-eckig, oft lg zugespitzt, buchtig gezähnt, oberseits dklgrün, glänzend, unterseits weißl. grau bemehlt. Vorblätter bis 10 mm, br eifg, zugespitzt, halb transparent, ganzrandig. Weibl. Blüten z. T. auch mit 4–5-zähligem Perigon.
B Verwechslung mit 382 u. 381.

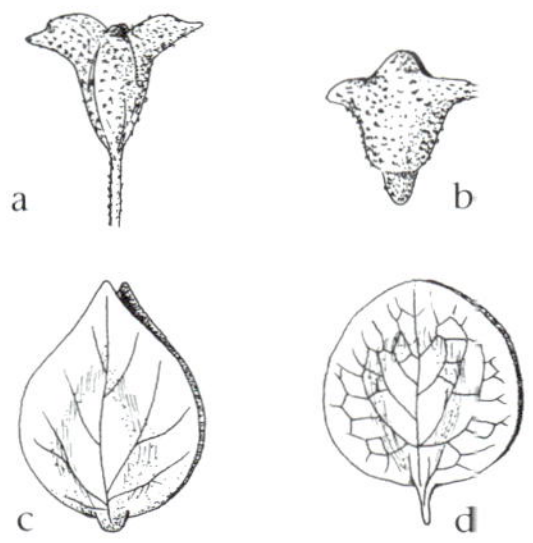

Fig. 18: Früchte von *Atriplex* (I)
a: *Atriplex pedunculata* b: *Atriplex portulacoides*
c: *Atriplex sagittata* d: *Atriplex hortensis*

381 **Atriplex hortensis** L.
Garten-Melde Fig. 18d

U, K; T, s, ⊙; A, AV, M, F; RL –; (✠), F
T9.1, T9.2.1
M 50–250 cm. Aufrecht, oft rot überlaufen. Blätter bis über 10 cm lg, längl. 3-eckig bis eifg, buchtig gezähnt bis fast ganzrandig, beiderseits gleich farbig dklgrün od. rot, glanzlos. Vorblätter rundl. bis eifg, nicht od. kaum zugespitzt, bis 15 mm, halb transparent, ganzrandig. Weibl. Blüten z. T. mit 4–5-zähligem Perigon.
B Kulturpflanze, früher als Gemüse angebaut. Heimat: Vorderasien, Orient.

382 **Atriplex micrantha** Ledeb.
Verschiedensamige Melde Fig. 19a

E; T, s, ⊙; M, F; RL –
T8.3.1, T10.3.1.4
M 20–180 cm. Abstehend ästig (sparrig). Blätter br 3-eckig, mit basalen Spießecken, buchtig gezähnt bis fast ganzrandig, beiderseits gleichfarbig dklgrün, glanzlos? Vorblätter 2–7 mm lg, auffällig verschieden gr, eifg rundl., kaum zugespitzt, ganzrandig, nicht transparent. Alle weibl. Blüten gleichartig.
B Verwechslung mit 380 u. 386.

383 **Atriplex patula** L.
Spreizende Melde — Fig. 19b

A?; T, s, ⑧; A, AV, M_1, M_2, F, K; RL –; 👌, Al
L5.2.4.2, T9.1, T9.2

M 10–120 cm. Mit lgn, waagerecht abstehenden od. aufrechten Ästen, dklgrün, kahl. Blätter längl. 3-eckig rhombisch, gezähnt bis ganzrandig, mit basalen Spießecken od. schwach 3-lappig, mit keilfgm Blattgrund. Vorblätter br rhombisch, an der breitesten Stelle jederseits mit einem Zahn, ohne od. mit Anhängsel, krautig, fast bis zur Mitte verwachsen.
B Sehr formenreich, mit intermediären Merkmalen (384) *A.* × *northusiana* Wein (*A. oblongifolia* × *A. patula*), Nordhäuser Melde.

385 **Atriplex oblongifolia** Waldst. & Kit.
Langblättrige Melde — Fig. 19c

A; T, s, ⑧; M_1, F; RL –
T8.3.1, T10.7 (v. a. Trockengebiete)

M 10–180 cm. Mit steif aufrecht abstehenden Ästen. Blätter bis 6 cm lg, eifg bis rhombisch, gezähnt bis ganzrandig, mit keilfgm Blattgrund, unterseits zuerst mehlig, später verkahlend. Vorblätter br eifg, zugespitzt, ganzrandig od. an breitester Stelle jederseits mit 1 Zahn, nur am Grunde verwachsen.

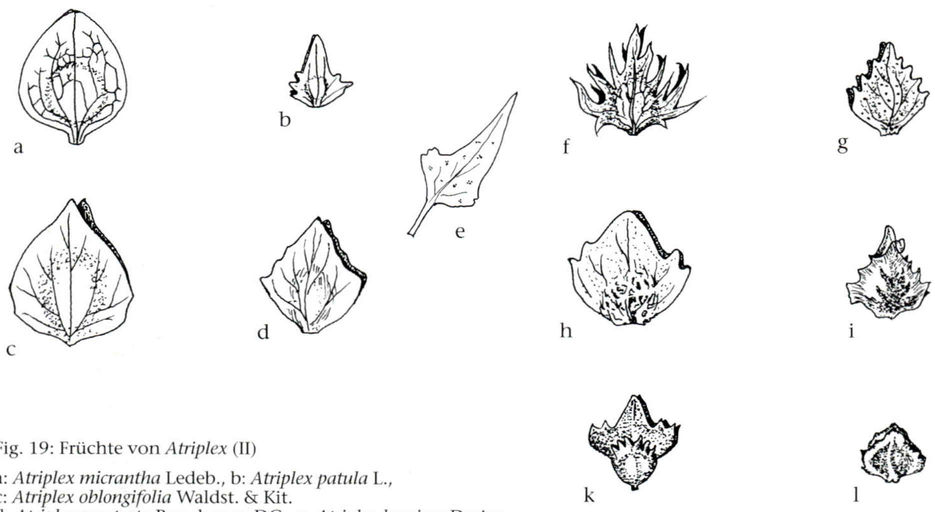

Fig. 19: Früchte von *Atriplex* (II)

a: *Atriplex micrantha* Ledeb., b: *Atriplex patula* L.,
c: *Atriplex oblongifolia* Waldst. & Kit.
d: *Atriplex prostrata* Boucher ex DC., e: *Atriplex longipes* Drejer,
f: *Atriplex calotheca* (Rafn) Fr., g: *Atriplex glabriuscula* Edmondston
h: *Atriplex laciniata* L.,
i: *Atriplex littoralis* L., k: *Atriplex tatarica* L., l: *Atriplex rosea* L.
Nach Rothmaler 1994.

386 **Atriplex prostrata** Boucher ex DC.
Spieß-Melde — Fig. 19d

I; T, s, ⑧; AV, M_2, F, K; RL –; 👌
H1.2.2.2, H2, L5.2.4.2, T8.3.1, T10.3.3, T10.7

M 30–60 cm. Ästig, mehr od. weniger mehlig bestäubt. Blätter bis 10 cm lg, 3-eckig spießfg, mit gestutztem Blattgrund, mehr od. weniger stark gezähnt, mitunter fleischig. Vorblätter bis 10 mm, 3-eckig rhombisch, gezähnt od. ganzrandig, mit od. ohne Anhängsel, nur am Grunde miteinander verwachsen, sich zur Fruchtzeit am Grunde nicht od. kaum knorpelig verhärtend.
B Sehr variabel.

387 **Atriplex longipes** Drejer
Stiel-Melde — Fig. 19e

I; T, s, ⊙; K; RL reg
H1

M Ähnl. *A. prostrata*, aber mit keilfgm Blattgrund. Vorblätter ganzrandig od. mit nur einem Zahn. Einige (meist achselstdg) Früchte 2–15 mm lg gestielt.
B Im Gebiet nur ssp *longipes*. Neigt stark zur Hybridbildung mit *A. prostrata*.

◄ 388 **Atriplex calotheca** (Rafn) Fr.
Pfeilblättrige Melde Fig. 19f

I; T, B, s, ⊙; K; RL 2
H1.2.2.2
M 30–100 cm. Aufrecht od. aufsteigend, stark ästig, kaum mehlig bestäubt. Blätter bis 9 cm lg, 3-eckig spießfg, bis auf die obersten tief buchtig gezähnt, Zähne meist sehr spitz, ungleich, oft gebogen. Vorblätter tief eingeschnitten, mit lgn, pfrieml. Zähnen, nur am Grunde verwachsen, nicht knorpelig.

◄◄ 389 **Atriplex glabriuscula** Edmondston
Kahle Melde Fig. 19g

I; T, s, ⊙; K; RL reg
H1.2.2.2
M Ähnl. 386, aber meistens Blätter tiefer buchtig gezähnt. Vorblätter rhombisch, in od. kurz unter der m. am breitesten bis etwa zur Mitte miteinander verwachsen, an der Basis schwammig verdickt, später knorpelig verhärtet.

◄ 390 **Atriplex laciniata** L.
Gelappte Melde Fig. 19h

I; T, s, ⊙; K; RL 1
H1.2.2.2
M 20–60 cm. Niederliegend bis aufsteigend, ästig, weißl. silbrig. Untere Blätter bis 5 cm lg, buchtig gezähnt bis fast ganzrandig. Vorblätter bis 10 mm lg, br rhombisch, meist breiter als lg. mehr od. weniger 3-lappig, etwa bis zur Hälfte verwachsen, am Grunde knorpelig verhärtet, auf der Fläche oft mit großen Anhängseln.

391 **Atriplex littoralis** L. ►
Strand-Melde Fig. 19i

I; T, s, ⑧; M_2, F, K; RL –
H1.2.2.2, T10.3.1.2, T10.3.2
M 5–150 cm. Niederliegend bis aufrecht, mit aufrechten Ästen, anfängl. mehlig bestäubt, verkahlend. Blätter bis 10 cm lg, schmal lanzettl., ganzrandig od. buchtig gezähnt. Vorblätter 3-eckig, zumindest im unteren Teil stark bemehlt, am Rande gezähnt, nur am Grunde verwachsen u. oft mit 2 Anhängseln, innen oft glänzend weiß.

392 **Atriplex tatarica** L. ►
Tataren-Melde Fig. 19k

E; T, s, ⑧; M, F; RL –
T8.3.1, T10.3.1.2, T10.3.2
M 30–150 cm. Verzweigt, mit weißl. Ästen. Blätter bis über 10 cm lg, variabel, meist unregelmäßig buchtig gelappt bis 3-lappig, am Rande kraus gewellt, silbrig. Vorblätter variabel, bis 8 mm lg, teilweise deutl. 3-lappig, etwa so lg wie br, mitunter mit knotigen Anhängseln auf der Fläche, bis zur m. miteinander verwachsen, sich knorpelig verhärtend.

393 **Atriplex rosea** L. ►►
Rosen-Melde Fig. 19l

A?; T, s, ⊙; M_2, F, K; RL reg
H1.2.2.2, L5.2.4.2, T8.3.1
M 20–90 cm. Sparrig verzweigt, Zweige weißl. gelb. Blätter meist rhombisch, bis 6 cm lg, scharf gezähnt, graugrün. Blüten blattachselstdg, in kurzen, beblätterten Scheinähren. Vorblätter bis 5 mm lg, rhombisch, unregelmäßig scharf gezähnt, bis ca zur Mitte verwachsen, basal verhärtend, auf der Fläche mitunter mit kleinen knotigen Anhängseln.

▲ 394 **Bassia hirsuta** (L.) Asch.
Rauhaarige Dornmelde (Gttg 21 sp), Fig. 20a

I; T, s, ⊙; K; RL 2!
H2...2
M 20–50 cm. Meist aufsteigend, seltener aufrecht, ästig, rauhaarig, nicht dornig stechend. Blätter lineal, halbstielrund, fleischig. Blüten zu 1–2 blattachselstdg. Blütenhülle behaart, (3–)5-zipflig, Zipfel zur Fruchtzeit meist mit 3 kurzen, knotenartigen Auswüchsen.

▲ 395 **Bassia lanifolia** (S. G. Gmel.) A. J. Scott
Sand-Radmelde Fig. 20b

I; T, s, ⊙; M_1, F; RL 1!!
T6.2..4.7
M 20–80 cm. Meist am Grunde verzweigt, mit niederliegenden od. aufsteigenden Ästen, dicht flaumig behaart, später verkahlend. Blätter bis 2,5 cm lg, lineal. Blüten zu 1–2 in den Blattachseln, am Grunde mit einem Kranz weißer od. hellbrauner Haare. Blütenhülle zur Fruchtzeit mit trockenhäutigen, deutl. voneinander getrennten Anhängseln.

▲ 396 **Bassia scoparia** (L.) A. J. Scott ssp **scoparia**
Besen-Radmelde i. e. S. Fig. 20c

E; T, s, ⊙; M_2, F, (K); RL –; Al
T8.3.1
M 30–150 cm. Aufrecht, flaumig behaart. Blätter eifg lanzettl. bis lineal, behaart. Blüten zu 1–2, am Grunde kahl od. schwach bewimpert. Blütenhülle zur Fruchtzeit mit sehr kurzen, krautigen, nicht voneinander getrennten Anhängseln.

397 ssp **densiflora** (Turcz. ex B. D. Jackson) Ciruja & Velayos
Dichtblütige Besen-Radmelde,
Sommerzypresse ohne Abb.

E; T, s, ⊙; (M_1), M_2, F; ⟨RL –⟩; Z
T8.3.1
M Unterscheidet sich von 396 durch einen 2 mm lgn, dichten Haarkranz an der Blütenbasis (bei 396 mehr od. weniger fehlend).

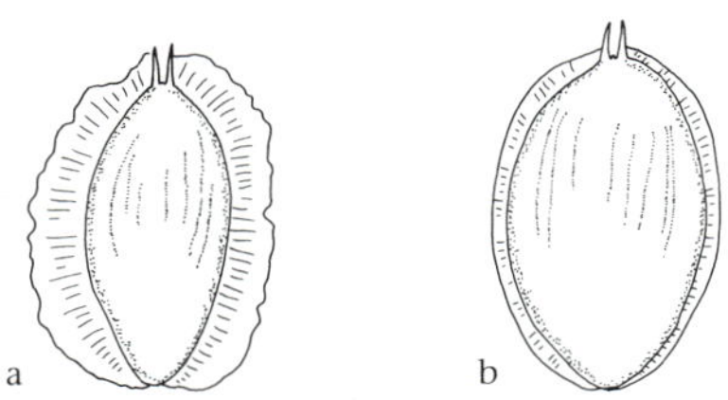

Fig. 21: Früchte von *Corispermum*
a: *Corispermum marschallii*
b: *Corispermum leptoptermun*

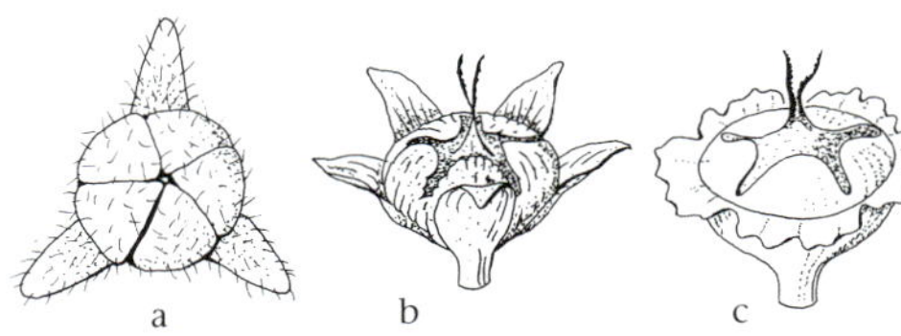

Fig. 20: Früchte von *Bassia*
a: *Bassia hirsuta* (L.) Asch., b: *Bassia laniflora* (S. G. Gmel.) A. J. Scott und c: *Bassia scoparia* (L.) A. J. Scott
Nach Rothmaler 1994.

◂ 398 **Corispermum marschallii** Steven
Grauer Wanzensame (Gttg 60 sp), Fig. 21a

E; T, s, ⊙; M_1; RL reg
T8.3.2
M 30–40 cm. Ästig verzweigt, zuerst behaart, später verkahlend. Blätter schmal lanzettl. bis lineal, bespitzt. Blütenstand kurz, dicht, ährig. Tragblätter br eifg, schmaler als die flache, br eifge Frucht. Fruchtflügel häutig, mind. ⅛ so br wie der Same, gezähnelt.

399 **Corispermum leptopterum** (Asch.) Iljin ▸
Schmalflügeliger Wanzensame Fig. 21b

E; T, s, ⑧; F, M_1, M_2, K; RL reg
T8.3.2, T10.3.1, T10.3.2
M 10–60 cm. Am Grunde verzweigt, meist kahl. Blätter lineal bis lanzettl., bespitzt. Blütenstand dicht bis stark verlängert, ährig. Untere Tragblätter mind. so br wie die flache, ovale Frucht. Fruchtflügel häutig, höchstens ¼ so br wie der Same.

400–403 **Salicornia** (Gttg 28 sp)

Bearbeitet von R. Dahmen

Alle bei uns vorkommenden Queller gehören dem *Salicornia europaea* agg »Europäischer Queller« an.

M 5–30(–45) cm hoch. Spross bei größeren Exemplaren stark verzweigt, dick fleischig, blattlos, segmentiert, unscheinbare Blüten in Dreier-Gruppen angeordnet. Erstbesiedler auf Wattböden, auf ansonsten oft vegetationslosen Flächen im Salzwiesenbereich u. in binnenländischen Salzstellen.

400–401 **Salicornia europaea** L. s. l.

Kurzähren-Queller

M Aufrecht, seltener niederliegend, einf. bis reich verzweigt. Scheinähren 1–4(–5) cm. Verzweigungen u. Scheinähren entspringen meist > 45°, oft intensive rote od. gelbl. Herbstfärbung. Seitenblüten weniger als halb so hoch wie die Mittelblüte, Winkel zw. Mittel- u. Seitenblüten > od. = 90°.
B Immer über mittlerem Tide-Hochwasser, Prielränder, lockere Andelrasen, Blänken in Salzwiesen, Salzstellen des Binnenlandes.

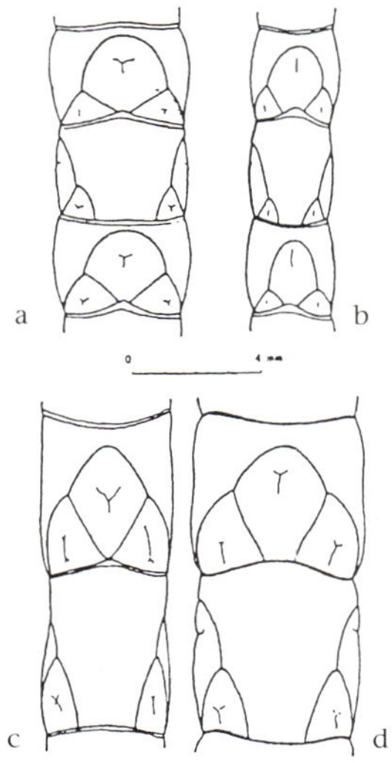

Fig. 22: Sprossabschnitte *Salicornia europaea*
a: *Salicornia* ssp *brachystachya*
b: *Salicornia europaea* ssp *europaea*
c: *Salicornia stricta*
d: *Salicornia procumbens*

▲
400 **Salicornia europaea** L. ssp **europaea**

Zierlicher Kurzähren-Queller Fig. 22b

I; T, s, ⑧; K; RL reg; ✂, ☼
H1.1.2.1.2
M Lockeres Erscheinungsbild, meist mit doppelten Scheinährenpaaren. Scheinähren bis 5 cm, mäßig sukkulent (daher glatt wirkend), aufwärts gebogen, spitz zulaufend. Fertile Segmente < 2,5 mm im Durchmesser, etwa so br wie hoch. Seitenblüten sehr zierl. Herbstfärbung rötl. od. gelb.

◄
401 ssp **brachystachya** (G. Mey.) Dahmen & Wisskirchen

Gewöhnlicher Kurzähren-Queller Fig. 22a

I; T, s, ⑨; M_2, F, K; RL 2–; ✂, ☼
H1.1.2.1.2, H2
M Ähnl. 400, aber Ähren kurz (bis 3 cm), knorpelig gegliedert. Mittelblüte immer oben rund u. mind. 2mal so hoch wie die Seitenblüten. Fertile Segmente > 3 mm im Durchmesser, nie höher als br, Färbung im Herbst karminrot, seltener braun od. anders.

402 **Salicornia procumbens** Sm.

Sandwatt-Queller Fig. 22d

I; T, s, ⊙; K; RL –; ✂, ☼
H1.1.2.3.2
M Unregelmäßiges Erscheinungsbild, sehr variabel: auf feuchtem Kapillarsand schräg aufrecht. Verzweigungen zw 45 u. 90°. Scheinähren an einer Pfl sehr verschieden lg, 3–10(–20) cm, in verschiedene Richtungen wachsend, lge Scheinähren spitz zulaufend, kürzere meist stumpf abgerundet, hfg doppelte Scheinährenpaare. Durchmesser der fertilen Segmente ca 4–5(–8) mm. Seitenblüten fast so gr wie die Mittelblüte. Herbstverfärbung gelb bis bräunl. orange. Auf trockenem Flugsand oft niederliegend nestfg, ohne deutl. erkennbaren Hauptspross mit extrem lgn Scheinähren (–20 cm).
B Relativ hfg Abweichungen, wie z. B. aus Blütengruppen entspringende Scheinähren, Blütengruppen mit abweichender Blütenzahl (z. B. 5), ausgedehntes Sandwurzelwerk.

►

▲
403 **Salicornia stricta** Dumort.

Schlickwatt-Queller Fig. 22c

I; T, s, ⑧; K; RL –; ✂, ☼
H1.1.2.1.2
M Verzweigungen < 45°, dadurch geschlossenes Erscheinungsbild, (fast) immer aufrecht wachsend. Scheinähren streben parallel aufwärts, (die endstdg) bis 8 cm lg. Seitenblüten mehr als halb so hoch wie die Mittelblüte. Winkel zw Mittel- u. Seitenblüten < 90°. Durchmesser der fertilen Segmente ca 3,5–4 mm. Vergeht im Herbst, ohne zu verfärben. Samen verbleiben in der Mutterpflanze.
B Auf Schlick kleines kompaktes Wurzelwerk ohne klar erkennbare Hauptwurzel, seltener auf Sand, dann größeres Wurzelwerk (aber deutl. kleiner als bei *S. procumbens*). Auf Sand reisigbesenfgr Wuchs. Spitzen der Scheinähren (durch Sandschliff) in eine Richtung gebogen.

◄404 **Suaeda maritima** (L.) Dumort.
Strand-Sode (Gttg 100 sp)

I; T, s, ⑧; F, K; RL reg
H1.1.2.1.2
M 10–50(–90) cm. Verzweigt, kahl, blaugrün, oft rot überlaufen. Blätter bis 5 cm lg, lineal, halbstielrund, gerade, nicht stechend, fleischig. Blüten bis zu 5 blattachselstdg. Vorblätter kl, schuppenfg. Zipfel der Blütenhülle ohne dornige Mittelrippe. Frucht halbkugelig od. schwach niedergedrückt, ohne Hautsaum.
B Formenreich, im Gebiet nur ssp *maritima*.

405 **Salsola kali** L. ssp **kali** ►
Gewöhnliches Kali-Salzkraut, Strand-Salzkraut

I; T, s, ⑧; K; RL reg; 👌, Al (Gttg 150 sp), Fig. 23a
H1.2.2.2
M 15–60 cm. Meist niederliegend, vom Grund an verzweigt, fleischig, graugrün bis rötl., meist borstig behaart. Blätter stachelspitzig. Blüten zu 1–3 blattachselstdg, von 2 längeren, dornigen, stechenden Vorblättern umgeben. 3–5 Zipfel der Blütenhülle derb, oberhalb jew. mit dornig zugespitzter, aufrechter, nach vorn gerichteter, kräftiger Mittelrippe. Früchte mit kurzen u. daher i. d. R. undurchsichtigen Flügeln.

◄406 ssp **tragus** (L.) Čelak
Steppen-Salzkraut Fig. 23b

E; T, s, ⑧; M_1,M_2, F; RL –
T8.3.2
M Wie 405, aber meist aufrecht. Alle Zipfel dünn häutig, weich, zerknittert od. 1–2 Zipfel fest u. aufrecht. Früchte i. d. R. mit großen häutigen, durchscheinenden u. daher von Nerven durchzogenen Flügeln. Bisweilen auch Früchte ohne Flügel.
B Sehr variabel.

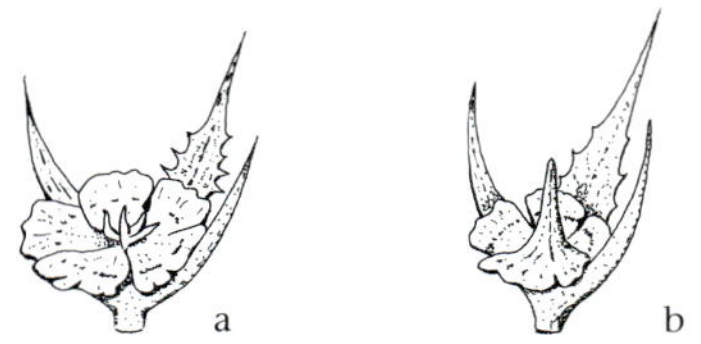

Fig. 23: Blüten von a: *Salsola kali* ssp *kali* und b: *Salsola kali* ssp *tragus* (L.) Čelak
Nach Rothmaler 1994.

407 **Polycnemum arvense** L. ►
Acker-Knorpelkraut (Gttg 7–8 sp)

A; T, s, ⊙; M_1, M_2, F; RL 1
T9.1.2.2, Pionier auf Kies
M 5–30 cm. Verzweigt, in der Blütenregion meist gerade. Blätter büschelig gehäuft, pfrieml. nadelfg, 3-kantig, bis 10 mm lg. Blüten zwittrig, einzeln blattachselstdg, das Tragblatt (2–)3–5mal so lg, die beiden Vorblätter etwa so lg wie die 5-teilige, 1–1,5 mm lge Blütenhülle. Frucht von der Blütenhülle eingeschlossen.

◄408 **Polycnemum majus** A. Braun
Großes Knorpelkraut

A; T, ⟨B⟩, s, ⊙; AV, M_1, M_2, (F); RL 2
T8.3.1, T9.1.2.2, T10.3.1, T10.7
M Ähnl. 407, aber untere Blätter bis 20 mm lg. Vorblätter 1,5–2mal so lg wie die 2–2,5 mm lge Blütenhülle.

409 **Polycnemum verrucosum** Lang ►
Warziges Knorpelkraut

I; T, s, ⊙; M_1; RL 0
T5.2, T6.1.2.1, T9.1.2.2
M Ähnl. 407, aber zarter (bis 15 cm). Stg u. Äste meist deutl. geschlängelt, hin u. her gebogen, oft purpurrot gefärbt. Tragblätter 2(–3)mal so lg wie die 1,5–1,7 mm lge Blütenhülle.

410 **Amaranthus retroflexus** L.
Zurückgekrümmter Fuchsschwanz (Gttg 60 sp)

E; T, s, ⑧; AV, M_1, M_2, F, K; RL –; ✋, Al — Fig. 24c
L5.2.4, T8.3.1, T9.1.1.3, T10.7
M Stg 0,2–1,2 m. Weißl. grün, oben dicht kraushaarig. Blätter mit auffällig stark eingesenktem Adernetz. Vorblätter 4–6 mm lg. Blütenhüllblätter 5, bei weibl. Blüten spatelig, ausgerandet od. gestutzt, meist mit Stachelspitze. Frucht eine Deckelkapsel, kürzer als die Blütenhülle.
B Formenreich.

411 **Amaranthus powellii** S. Watson.
Grünähriger Fuchsschwanz — Fig. 24a

E; T, s, ⊙; AV, M_1, M_2, F, K; RL –; ☺, Al
T8.3.1, 9.1.1.3, T9.1.4, T10.7
M 20–150 cm. Stg ästig, unterhalb des Blütenstandes fast kahl, grün. Gesamtblütenstand grün, nicht sehr dicht, seitl. Scheinähren oft aufrecht bis aufrecht abstehend, viel kürzer als die endstdg Scheinähre. Laubblätter bis 20 cm lg, lebhaft grün, glänzend. Die längeren Vorblätter der weibl. Blüten 5–8 mm lg, mit lgr Stachelspitze. Blütenhüllblätter 2–4 mm lg. Frucht eine Deckelkapsel, quer aufreißend.
B *A. hybridus* agg bildet mit obiger Sippe u. mit (412) *A. hypochondriacus* L. (Trauer-F.), (413) *A. hybridus* L. s. str. (Ausgebreiteter F.) u. (414) *A. cruentus* L. s. str. (Rispiger F.), u. 415 einen eng verwandten Komplex schwer unterscheidbarer Sippen. Diese u. weitere *Amaranthus*-Sippen treten im Gebiet aber vorwiegend nur adventiv auf.

415 **Amaranthus bouchonii** Thell.
Bouchons Fuchsschwanz — Fig. 24b

E; ⟨T, s⟩, ⊙; M_2, F; RL –, Al
T8.3
M Wie 411, aber Blätter meist nur bis 6 cm lg. Blütenstand dicht, oft rot überlaufen. Frucht eine Nuss, lgr als die Blütenhüllblätter. Fruchthülle nicht quer aufreißend.

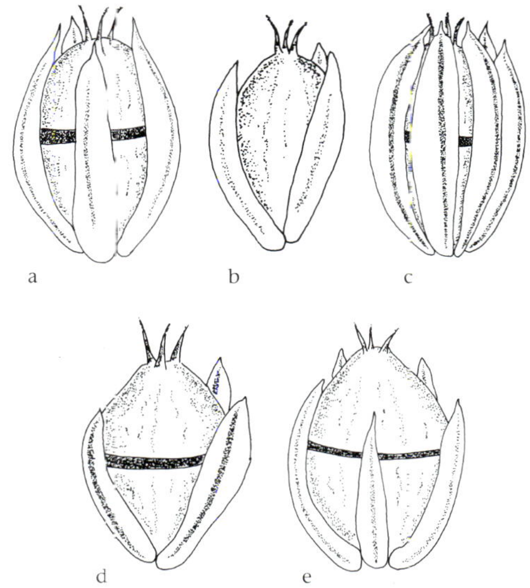

Fig. 24: Früchte von *Amaranthus* (I) (Original)
a: *Amaranthus powellii*, b: *Amaranthus bouchonii*, c: *Amaranthus retroflexus*, d: *Amaranthus graecizans*, e: *Amaranthus blitoides*

416 **Amaranthus graecizans** L.
Griechischer Fuchsschwanz — Fig. 24d

E; T, s, ⊙; (AV), M_1, M_2, F, (K); RL –, Al
T8.3.1, T9.1 bis 9.1.2.1, T9.3.2.1
M 20–80 cm. Aufrecht bis aufsteigend, ästig, grün, kahl. Blätter bis 4 cm lg, ohne Ausrandung, kurz begrannt, am Rande etwas wellig. Blüten alle in blattachselstdg Knäueln. Blütenhülle 3-zählig, so lg wie die Vorblätter, kürzer als die 1,5–2 mm lge Frucht; Fruchthülle quer aufreißend.
B Im Gebiet die ssp *sylvestris* (Vill.) Brenan.

417 **Amaranthus blitoides** S. Watson
Westamerikanischer Fuchsschwanz — Fig. 24e

E; T, s, ⊙; (AV), M_1, M_2, F, (K); RL –
T10.3.1, T10.3.2
M 15–50 cm. Niederliegend aufsteigend. Blätter bis 3 cm lg, verkehrt eifg, mit weißem Knorpelrand. Blütenknäuel alle blattachselstdg. Blüten mit 4–5 ungleich lgn Hüllblättern, die längeren so lg wie die Frucht. Fruchthülle quer aufreißend.

418 **Amaranthus albus** L.
Weißer Fuchsschwanz Fig. 25a

E; T, s, ®; AV, M_1, M_2, F, K; RL –, Al
L5.2.4, T8.3.2, T9.1, T10.7
M 10–70 cm. Stg aufrecht bis niederliegend, stark verzweigt, weiß, kahl. Blätter bis 2,5 cm lg, vorn abgerundet, begrannt, am Rande wellig. Blütenknäuel blattachselstdg. Blütenhülle 3-zählig, deutl. kürzer als die stechenden Vorblätter. Frucht 1,5 mm lg. Fruchthülle quer aufreißend.

419 **Amaranthus blitum** L. ssp **blitum**
Aufsteigender Fuchsschwanz i. e. S. Fig. 25b

A; T, s, ⊙; AV, M_1, M_2, F, K; RL –, Al
T8.3.1, T9.1.1.3, T9.2, T9.3.2.1
M 20–70 cm. Niederliegend bis aufsteigend, verzweigt, kahl. Blätter 1,5–6,5 cm lg, an der Spitze ausgerandet, oberseits oft mit einem dunklen Fleck. Blüten blattachselstdg u. in endstdg Ähre, geknäuelt, meist 3-zählig. Blütenhüllblätter etwa 1,5–1,75 mm lg u. 0,5 mm br. Frucht 2–2,5 mm lg.
B Formenreich.

420–421 ssp **emarginatus** (Moq. ex Uline & W. L. Bray) Carretero et al.
Ausgerandeter Fuchsschwanz Fig. 25c

420 var **emarginatus** (Moq. ex Uline & W. L. Bray) Lambinon
Kurzähriger Ausgerandeter Fuchsschwanz

E; ⟨T, s⟩, ⊙; F; ⟨RL –⟩, Al
T8.3, T9.1
M Wie 419, aber mit meist kleineren, an der Spitze tief ausgerandeten, dadurch fast 2-lappigen, bis 2 cm lgn Blättern. Blütenhüllblätter wenig über 1 mm lg u. etwa 0,5 mm br. Früchte etwa 1,5 mm lg.

421 var **pseudogracilis** (Thell.) Lambinon
Langähriger Ausgerandeter Fuchsschwanz

E; ⟨T, s⟩, ⊙; F; ⟨RL –⟩, Al
T8.3, T9.1
B Wie 420, aber endstdg Blütenstand stark verlängert u. verzweigt, mit schlanken Ästen.

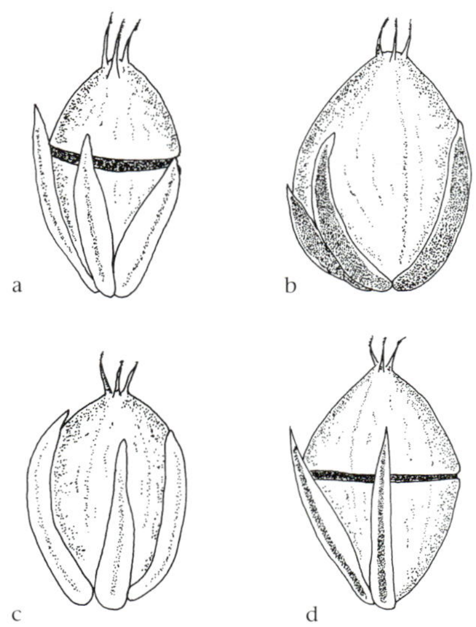

Fig. 25: Früchte von *Amaranthus* (II)
a: *Amaranthus albus*, b: *Amaranthus blitum*,
c: *Amaranthus emarginatus*, d: *Amaranthus deflexus*

422 **Amaranthus deflexus** L.
Liegender Fuchsschwanz Fig. 25d

U-E; T, s, ⊙; F, (K); ⟨RL –⟩, Al
T7.4.2-3
M Ähnl. 419, aber Stg 20–50 cm, niederliegend aufsteigend, oberseits dicht flaumhaarig. Blätter mit stumpfl. Spitze, höchstens schwach ausgerandet. Frucht aufgeblasen häutig.

◂◂423 **Portulaca oleracea** L. ssp **oleracea**
Europäischer Portulak (Gttg 40 sp)

A; T, s, ⑧; AV, M_1, M_2, F; RL –; (☺),
T7.4.2, T8.3.1, T9.1.1.3, T9.3.2.1, T10.3.3.2
M 10–30 cm. Stg niederliegend, verzweigt. Blätter längl. keilig, vorn abgerundet, fleischig, glänzend, kahl, am Sprossende gehäuft. Blüten etwa 10 mm ∅. Kelchblätter 2, Kronblätter 4–6, goldgelb. Staubblätter 6–15. Fruchtknoten halbunterstdg., Frucht eine Deckelkapsel.
B (424) ssp *sativa* (Haw.) Čelak., Gemüse-Portulak, ist in allen Teilen größer, mit aufrechtem Stg; wird als Suppen- od. Salatkraut kultiviert.

◂425 **Claytonia perfoliata** Donn ex Willd.
Gewöhnliches Tellerkraut (Gttg 24 sp)

E; T, s, ⑤; (AV), (M_1), M_2, F, K; RL –;
T1.3, T8.2.1.2, T9.2, T9.5.2-4
M 10–30 cm. Tragblätter unterhalb des Blütenstandes zu einem vom Stg durchwachsenen Kranz vereinigt. Grundblätter rhombisch eifg, lg gestielt, fleischig. Kronblätter weiß, 2–4 mm lg, ganzrandig od. ausgerandet.

◂426 **Claytonia sibirica** L.
Sibirisches Tellerkraut

E (lok); ⟨T, s⟩, ⊙; M_2, F; ⟨RL –⟩
T1.3, T9.2, T9.5.2-4
M 5–40 cm. Stgblätter sitzend, nicht miteinander verwachsen. Grundblätter eifg, zugespitzt. Kronblätter rosa, slt weiß, 6–10 mm lg, 2-spaltig.

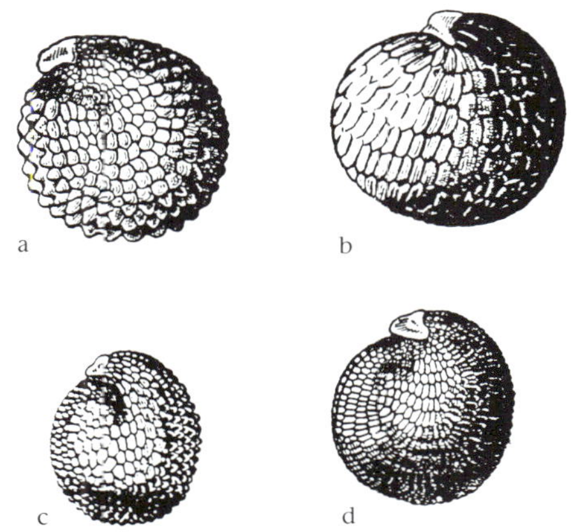

Fig. 26: Samen von *Montia*
a: *Montia fontana* ssp *chondrosperma*, b: *Montia fontana* ssp *fontana*, c: *Montia fontana* ssp *amporitana*, d: *Montia fontana* ssp *variabilis*
Aus: Wigginton & Graham (1981)

427 **Montia fontana** L. ssp **fontana**
Glanzsamiges (Gttg 10 sp)
Bach-Quellkraut Fig. 26b, ohne Abb.

I; ⟨W⟩, T, K ⟨?⟩, w, ①; (M_1), M_2, F; RL reg
L2..1.1
M Ähnl. 430, aber Blätter dklgrün, reife Samen vollstdg glatt, stark glänzend.

428 ssp **amporitana** Sennen
Mittleres Bach-Quellkraut Fig. 26c

I; T, W, w, ⊙; M_1, M_2, F, (K); RL reg
L2..1.1
M Sehr ähnl. 427, aber reife Samen auf dem Kiel (Rand) mit 3–4 Reihen lgr. spitzer Warzen.

429 ssp **variabilis** Walters
Veränderliches Fig. 26d
Bach-Quellkraut ohne Abb.

I; T, W, w, ⊙; M_1, M_2, F; RL reg
L2..1.1
M Sehr ähnl. 427, aber reife Samen am Rand mit entfernt stehenden, niedrigen Warzen.

◂430 ssp **chondrosperma** (Fenzl) Walters
Acker-Quellkraut Fig. 26a

I; T, W, w, ⊙; AV, M_1, M_2, F, K; RL 3
L2..1.1, L3.4.1, L3..7.3
M 2–20(–30) cm lg. Aufsteigend, stark verzweigt. Blätter bis 25 mm lg, verkehrt eifg, mit keilig verschmälertem Blattgrund, gegenstdg, etwas fleischig, gelbgrün. Blüten gestielt, 2–3 mm gr. Kelch 2-blättrig. Kronblätter 5, weiß. Staubblätter 3. Reife Samen matt, ganz mit Warzen überzogen.

▸

431 **Spergula arvensis** L. ssp **arvensis**
Gewöhnlicher Acker-Spark (Gttg 6 sp), Fig. 27a

A; T, w, ⑥; (A), AV, M_1, M_2, F, K; RL –
T9.1.1.3

M 10–60 cm. Stg zerstreut drüsenhaarig. Mit 6–12 (scheinbar) quirlstdg, lineal pfrieml., fleischigen Blättern, 1–3 cm lg, unterseits rinnig gefurcht, dklgrün. Nebenblätter vorhanden, häutig. Blütenstiele nach der Blüte zurückgeschlagen, zuletzt aufrecht. Kelchblätter 3–5 mm lg, frei, etwa so lg wie die ungeteilten Kronblätter. Griffel 5. Reife Kapsel 5-klappig. Samen 0,8–1 mm, papillös, mit sehr schmalem Hautrand.

B Der Futter-Spark (432) ssp *maxima* (Weihe) O. Schwarz tritt gelegentl. als Beikraut (**E**) od. Futterpflanze auf. **M**: sehr kräftig, 50–100 cm, Samen bis 1,5 mm br, papillös. Lein-Spark (433) ssp *linicola* (Boreau) Janch.: (**A**); T9.1.3; früher in Leinfeldern, heute verschollen. **M**: 50–60 cm hoch, Samen glatt, ohne Papillen. beide ohne Abb.

434 ssp **sativa** (Boenn.) Čelak
Saat-Spark

U-K; ⟨T, w⟩, ⑥; wo?; ⟨RL –⟩
Kulturpfl., 9.1, T9.2, T8.2.2–8.3

M Gelegentl. verwilderte Kultursippe, hat sehr fleischige Blätter u. einen dickl. Stg. Samen fein punktiert, bis 3 mm br.

435 **Spergula morisonii** Boreau
Frühlings-Spark Fig. 27b

I; T, v, ④ (AV), M_1, M_2, F, K; RL reg
T6.2...4.4–5

M 5–20 cm, kahl, mit (scheinbar) quirlstdg, lineal pfrieml., 1–2 cm lgn, blaugrünen Blättern. Spreiten unterseits ungefurcht. Nebenblätter häutig. Blütenstiele nach dem Verblühen abwärts gerichtet, zuletzt wieder aufrecht. Kelchblätter 4 mm lg, frei. Kronblätter br oval, sich berührend, etwa so lg wie der Kelch. Griffel 5. Staubblätter meist 10. Kapsel 5-klappig. Samen 1–1,5 mm br, der bräunl. Rand halb so br wie das Mittelfeld.

436 **Spergula pentandra** L.
Fünfmänniger Spark Fig. 27c

I; T, v, ④; M_1, M_2, F; RL 3
T6.1.2.1, T6.2..4..5

M Ähnl. 435, aber Kronblätter lanzettl., sich nicht berührend. Staubblätter meist 5. Samen etwa 2,5 mm br. Der weiße Samenrand so br wie das Mittelfeld.

437 **Spergularia segetalis** (L.) G. Don
Getreide-Schuppenmiere (Gttg 25 sp), Fig. 28a

E; T, s, ⊙; (M_1), M_2, F; RL 0
L3..7.3

M 3–10 cm, aufrecht, kahl, im oberen Teil verzweigt. Blätter 10–15 mm lg, pfrieml., am Grund mit kleinen weißhäutigen Nebenblättern, gegenstdg. Blütenstiele sehr dünn, mehrmals lgr als der 1,5–2 mm lge, br lanzettl. Kelch. Kelchblätter mit sehr breitem weißem Hautrand. Kronblätter viel kürzer als der Kelch. Griffel 3. Kapsel 3-klappig.

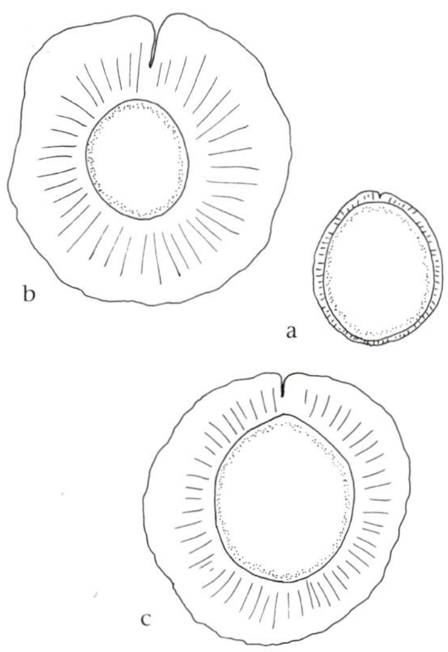

Fig. 27: Samen von *Spergula*
a: *Spergula arvensis*
b: *Spergula pentandra*
c: *Spergula morisonii*

438 **Spergularia media** (L.) C. Presl
Flügelsamige Schuppenmiere Fig. 28b

I; H, C, w, ⑥; M_2, F, K; RL reg
H1.1.3.1
M 5–45 cm. Niederliegend aufsteigend, verzweigt. Blätter bis 40 mm lg, linealisch, fleischig. Nebenblätter lanzettl., häutig. Kelchblätter 5–6 mm lg, mit Hautrand. Kronblätter etwa so lg wie der Kelch, blassrosa bis lila. Staubblätter meist 10. Griffel 3. Reife Kapsel 2mal so lg wie der Kelch, 3-klappig aufspringend. Samen mit breitem weißem Hautsaum.

439 **Spergularia echinosperma** (Čelak) Asch. & Graebn.
Igelsamige Schuppenmiere Fig. 28c

I; T, w, ⊙; F, K; RL reg
L3..7.3, L5.2.4.2, T7.4.2
M Ähnl. 440, aber nur 4–10 cm. Obere Blätter stachelspitzig, die unteren stumpfl. Nebenblätter winzig, glanzlos, hinfällig. Reife Kapsel sich am Grund ablösend. Samen am Rande mit zahlreichen Stacheln, auf der Fläche mit spitzen Warzen besetzt.

440 **Spergularia rubra** (L.) J. Presl & C. Presl
Rote Schuppenmiere Fig. 28d

A?; T, w, ④ AV, M_1, M_2, F, K; RL reg
L3..3, T7.4.2
M 3–25 cm. Niederliegend aufsteigend, stark verzweigt. Blätter 4–25 mm lg, alle stachelspitzig, mit Laubsprossen in ihren Achseln. Nebenblätter 4 mm lg, eifg, silbrig glänzend. Kelchblätter 4 mm lg. Kronblätter kürzer als der Kelch. Staubblätter 10. Griffel 3. Kapsel 4–5 mm, 3-klappig. Samen ohne Hautsaum, fein runzelig, ohne Stacheln.

441 **Spergularia salina** J. Presl & C. Presl
Salz-Schuppenmiere Fig. 28e–f

I; H, w, ⑥: (M_1), M_2, F, K; RL reg
H1.1.3.3, H2...3, L5.2.4.2
M 5–15 cm. Niederliegend aufsteigend, mit zahlreichen Stgln. Blätter bis 20 mm lg, linealisch, fleischig. Nebenblätter eifg, häutig, matt. Kelchblätter 3–4 mm lg, mit Hautrand. Kronblätter kürzer als der Kelch, blassrosa bis weiß. Staubblätter (2–)5(–9). Griffel 3. Reife Kapsel 4–5 mm lg, 3-klappig. Die meisten Samen ohne breiten Hautsaum.

442 **Polycarpon tetraphyllum** (L.) L.
Vierblättriges Nagelkraut (Gttg 16 sp)

E?; T, s, ⊙; M_1, M_2, F; RL reg
T7.4.2, T10.3.3.2
M 5–15 cm. Aufsteigend bis aufrecht, meist gabelästig verzweigt, kahl. Blätter verkehrt eifg, im mittleren Stgabschnitt quirlstdg (zu 4), ansonsten gegenstdg. Nebenblätter häutig Kelchblätter 1,5–2 mm lg, am Rande weißhäutig. Kronblätter kürzer, unscheinbar. Griffel 3. Kapsel 3-klappig.
B Im Gebiet nur ssp *tetraphyllum*.

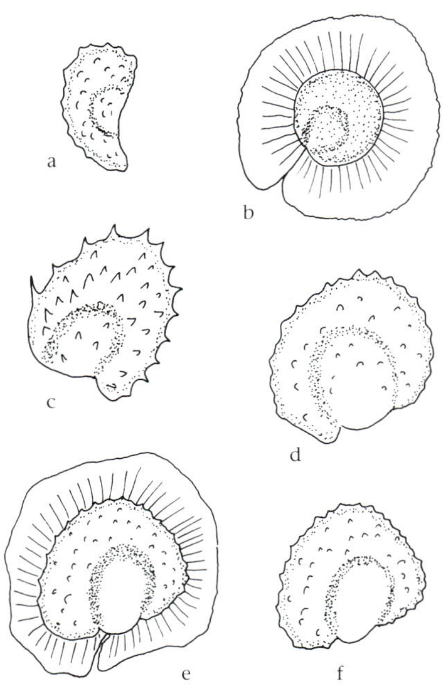

Fig. 28: Samen von *Spergularia*
a: *Spergularia segetalis*, b: *Spergularia media*,
c: *Spergularia echinosperma*, d: *Spergularia rubra*,
e: *Spergularia salina* (geflügelt),
f: *Spergularia salina* (ungeflügelt)

◀◀443 **Paronychia kapela** (Hacq.) A. Kern.
Dachziegelartiges Nagelkraut (Gttg 110 sp)

E (lok); ⟨C, w⟩, ⊙?; M_2; ⟨RL –⟩; (Z)
T10.2.2.1
M 5–15 cm lg. Niederliegend, reich verzweigt. Blätter geknäuelt, 2–4 mm lg, elliptisch bis eifg, bewimpert. Nebenblätter häutig. Blüten in Knäueln, umgeben von auffälligen, 3–5 mm lgn, silbrigen Hochblättern. Kelchblätter 1,5 mm lg. Kronblätter unscheinbar od. fehlend. Staubblätter 5.
B Im Gebiet nur ssp *kapela*.

◀444 **Herniaria glabra** L.
Kahles Bruchkraut (Gttg 48 sp)

A; H, T, w, ⑤; (A), AV, M_1, M_2, F, K; RL –; ✠, ☺
T6.2..4, T7.4.2, T10.3.3.2, T10.4.5
M 5–15 cm. Pfl dem Boden angedrückt, niederliegend, verzweigt, oft kahl, mitunter locker behaart. Blätter 3–8 mm lg, eifg lanzettl., kahl od. kurz bewimpert, mit etwa 1 mm lgn Nebenblättern. Blüten in Knäueln, blattachselstdg, fast sitzend. Kelchblätter 0,5 mm lg, kahl. Kronblätter unscheinbar. Frucht lgr als der Kelch.
B Im Gebiet nur ssp *glabra*.

445 **Herniaria hirsuta** L.
Behaartes Bruchkraut

E; T, C, w, ⊙; AV, M_1, M_2, F; RL reg; ✠
T6.2.1.4.4–5
M 5–15 cm. Im Habitus 444 ähnl., aber Stg, Blätter u. Kelch auffallend borstig behaart. Kelchblätter 0,5–2 mm lg, stachelspitzig. Frucht höchstens so lg wie die Blütenhülle.
B Heimat: submediterran. Im Gebiet nur ssp *hirsuta*.

▶

446 **Illecebrum verticillatum** L.
Knorpelkraut (Gttg 1 sp)

I; T, ⟨H⟩, s, ⊙; (M_1), M_2, F, (K); RL 3+
L3.5, L3..7.3, T10.4.5
M 5–20 cm lg. Niederliegend aufsteigend, mit 4-kantigem Stg. Blätter verkehrt eifg, bis 5 mm lg. Blüten blattachselstdg zu 4–6. Kelchblätter 5, weiß, kappenfg, mit rückenstdgr Granne. Kronblätter 5, unscheinbar, fadenfg, kürzer als der Kelch. Staubblätter 5.

▼

▲

447 **Corrigiola litoralis** L.
Gewöhnlicher Hirschsprung (Gttg 11 sp)

I; T, s, ⑧; M_1, M_2, F; RL 3
L3.5, L3..7.3, L5.2.4.2, T9.1.1.3, T10.4.5
M 7–25(–50) cm lg, niederliegend, am Grunde verzweigt, blaugrün. Blätter lineal bis schmal lanzettl., wechselstdg. Blüten in dichten blattachselstdg od. endstdg Knäueln. Kelch 1–1,5 mm lg, eifg, hautrandig, lgr als die weißl. Kronblätter. Staubblätter 5. Griffel 3. Frucht 1–1,5 mm lg.

a b c

Fig. 29: Fruchtkapseln von
a: *Arenaria serpyllifolia* ssp *serpyllifolia*,
b: *Arenaria serpyllifolia* ssp *lloydii* (Jord.) Bonnier
c: *Arenaria leptoclados* (Rchb.) Guss.
Nach Rich, Rich & Perring 1988

◄448 **Arenaria serpyllifolia** L. ssp **serpyllifolia**
Thymianblättriges Sandkraut i. e. S. (Gttg ca 150 sp)

I; T, ⟨B⟩, C, w, ④ A, AV, M_1, M_2, F, K; RL – Fig. 29a
T6.2..4, T6.2, T9.1, T9.1.2.2
M 5–30 cm, graugrün. Blätter eifg, zugespitzt. Blütenstiele 2–3mal so lg wie der Kelch, zur Fruchtzeit aufrecht. Kelchblätter 3–4,5 mm lg, eilanzettl., der Hautrand der inneren schmaler als der grüne Mittelabschnitt, lgr als die ganzrandigen Kronblätter. Griffel 3. Reife Kapsel (1,1–)1,5–2,2 mm br, am Grunde bauchig, etwas lgr als der Kelch, 6-zähnig. Samen 0,5–0,55(–0,7) mm lg.

449 ssp **lloydii** (Jord.) Bonnier
Lloyds-Sandkraut ohne Abb., Fig. 29b

I; ⟨T, B, w⟩, ⊙; K; ⟨RL ?⟩;
H1.2.2.5–7
Hat dickere Kapseln u. kürzere Fruchtstiele (kürzer als der Kelch) Samen 0,6–0,65(–0,7) mm lg.
B Siehe Bemerkung 5, Seite 719.

450 **Arenaria leptoclados** (Rchb.) Guss. ►
Dünnstängeliges Sandkraut Fig. 29c

I; ⟨T, B, s⟩, ⊙; AV, M_1, M_2, F; RL –
T6.2..4, T6.2
M Ähnl. 448, aber meist dünnstglger, gelbl. grün, Blätter schmal lanzettl. Fruchtstiele an der Spitze meist übergebogen. Kelchblätter 2–3 mm lg, lanzettl., Hautrand der inneren so br wie der Mittelabschnitt. Reife Kapsel bis 1,5(–1,8) mm br, am Grunde nicht bauchig, so lg wie Kelch. Samen 0,4–0,45(–0,5) mm lg.

◄451 **Arenaria ciliata** L. ssp **multicaulis** (L.) Arcang.
Wimper-Sandkraut

I; C, T, w, ⊙; A; RL R
T3.2.3, T3.4.2.1, T5.1
M 3–10 cm, rasig wachsend. Blätter 3–7 mm lg, 2–3mal so lg wie br, eifg bis lanzettl., am Grunde bewimpert. Blüten zu (2–)3–5(–7). Kronblätter ganzrandig, 4–5 mm lg, lgr als der 3–3,5 mm lge Kelch. Griffel 3. Kapsel 6-zähnig. Samen ohne Anhängsel.
B Neu für D: auch ssp *ciliata*.

452 **Arenaria biflora** L. ►
Zweiblütiges Sandkraut

I; C, w, ⊙; A; RL –
T3.3.1
M Stg bis 30 cm. Niederliegend kriechend, mit seitl. Trieben. Blätter rundl., stumpf, bis 5 mm lg, nur am kurzen Blattstiel bewimpert. Blüten 1–2; Kelchblätter 4–4,5 mm lg. Kronblätter ganzrandig, meist etwas lgr als der Kelch. Griffel 3. Kapsel 6-zähnig. Samen ohne Anhängsel.

◄453 **Moehringia trinervia** (L.) Clairv.
Dreinervige Nabelmiere (Gttg ca 25 sp)

I; T, H, s, ④; A, AV, M_1, M_2, F, K; RL –
T1.1.1–4, T2.4.2.1, T8.2.1.2
M 10–30 cm. Aufsteigend. Blätter bis 30 mm lg, eifg, spitz, mit 3(–5) bogigen Nerven. Blüten 5-zählig, lg gestielt. Kronblätter ganzrandig, kürzer als die 4–5 mm lgn Kelchblätter. Griffel 3(–4). Kapsel kugelig, kürzer als der Kelch, 6-zähnig. Samen mit Anhängsel.

454 **Moehringia muscosa** L. ►
Moos-Nabelmiere

I; H, w, ⑤; A, AV; RL reg
T5.1.2.2.1, T5.2.2.2.2
M 5–20 cm. Rasen bildend, vielfach verzweigt, kahl. Blätter bis 4 cm lg, fädig. Blüten 4-zählig. Kronblätter ganzrandig, lgr als zugespitzte, hautrandige Kelchblätter. Griffel 3. Kapsel kugelig, etwas lgr als Kelch, 4-klappig. Samen mit Anhängsel.

▲
455 **Moehringia ciliata** (Scop.) Dalla Torre
Gewimperte Nabelmiere

I; H, w, ⊙; A, AV; RL –
T3.3.2, T5.1.2.2.1
M 5–20 cm. Niederliegend, stark verzweigt, mit bis zu 8 cm aufsteigenden Blühtrieben. Blätter bis 1 cm lg, lineal, dickl., grün. Blüten 5-zählig. Kronblätter ganzrandig, lgr als die 3–4 mm lgn Kelchblätter. Griffel 3. Kapsel etwas lgr als der Kelch, sich mit 6 stark nach außen gebogenen Zähnen öffnend. Samen mit Anhängsel.
B Formenreich.

▲
456 **Cerastium cerastoides** (L.) Britton
Dreigriffeliges Hornkraut (Gttg ca 100 sp)

I; C, w, ⊙; A; RL –
L2.3.1.2, T3.3
M 5–15 cm. Lockerrasig, kriechend bis aufsteigend, mit aufrechten Blühtrieben, unterhalb der Blüten mit Haarleiste. Blätter bis 10 mm lg, lanzettl., dickl., kahl. Tragblätter krautig. Blütenstiele drüsig flaumig, zur Fruchtzeit herabgebogen. Kronblätter 2-spaltig, etwa 2mal so lg wie der 5–6 mm lange, am Grunde drüsenhaarige Kelch. Griffel 3 (slt 4–5). Kapsel lgr als der Kelch, sich mit 6 stumpfen Zähnen öffnend.

457 **Cerastium dubium** (Bastard) Guepin
Klebriges Hornkraut

I; T, s, ⊙; M_1, F; RL 3
T7.4.1
M (3–)6–30 cm. Ganze Pfl drüsig weichhaarig. Blätter bis 20 mm lg, linealisch. Tragblätter krautig. Kronblätter 2-spaltig, fast 2mal so lg wie die 4–5 mm langen Kelchblätter. Griffel 3. Fruchtstiele drüsig flaumig, aufrecht. Kapsel 2mal so lg wie der Kelch, mit 6 Zähnen.
▼

▲
458 **Cerastium diffusum** Pers.
Viermänniges Hornkraut

I; T, s, ③; K; RL reg
H1.2.2.5/T6.2.1.4.2
M 4–15 cm. Stark drüsig behaart. Blätter (5–)10(–20) mm lg, lanzettl. bis eifg. Tragblätter krautig, ohne Hautrand. Blüten (3–)4(–5)-zählig. Kronblätter 2-spaltig, etwas kürzer als die 4–9 mm lgn Kelchblätter. Griffel 4 (slt 3 od. 5). Kapsel lgr als der Kelch, 8–10-zähnig.
B Im Gebiet nur ssp *diffusum*.

◄459 **Cerastium glomeratum** Thuill.
Knäueliges Hornkraut

A?; T, w, ④; A, AV, M_1, M_2, F, K; RL –
L3..7.2, T7.4.1, T9.1.1.3, T10
M 2–50 cm. Abstehend behaart, gelbgrün, im oberen Teil meist drüsenhaarig. Blätter bis 2 cm lg, verkehrt eifg bis eilanzettl. Alle Tragblätter krautig, ohne Hautrand, vorn bewimpert. Fruchtstiele höchstens so lg wie der Kelch, Blütenstand daher knäuelig. Kronblätter 2-spaltig, etwa so lg wie der 5 mm lange Kelch. Griffel 5. Staubblätter kahl.

460 **Cerastium brachypetalum** Desp. ex Pers.
Bärtiges Hornkraut Fig. 30b

A?; T, w, ④; AV, M_1, M_2, F; RL reg
T6.1.1.2, T6.2.1.4.5
M 5–40 cm. Blütenstiele u. Kelchblätter mit lg abstehenden bis aufgerichteten Haaren, mit od. ohne Drüsenhaare. Tragblätter krautig. Fruchtstiele 2–3mal so lg wie der Kelch, Blütenstand locker. Kronblätter 3–3,5 mm lg, wie Staubblätter (Lupe!) am Grund bewimpert, kürzer als der lg bewimperte Kelch.

461 **Cerastium tenoreanum** Ser.
Tenores Hornkraut

?; T, w, ⊙; wo?; ⟨RL wie 459⟩
T6..1.1.2
M 5–18 cm. Wie 460, aber mit aufrecht anliegenden, drüsenlosen Haaren an Blütenstielen u. Kelch, Staubblätter kahl.

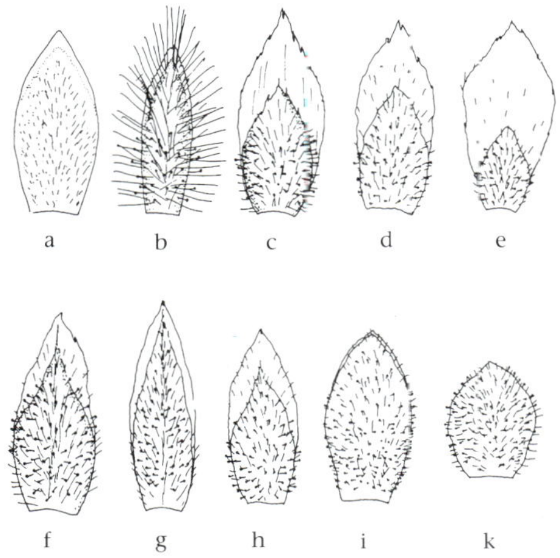

Fig 30: Unterste Tragblätter bei *Cerastium*
a: *Cerastium fontanum*, b: *Cerastium brachypetalum*
c–e: *Cerastium semidecandrum*,
f–i: *Cerastium glutinosum*, k: *Cerastium pumilum*.
Nach HAEUPLER (1968)

462 **Cerastium semidecandrum** L.
Sand-Hornkraut Fig. 30c–e

I; T, s, ③, ⊛; AV, M_1, M_2, F, K; RL –
T6.1–2, T9.1.1, T10
M 3–20 cm. Drüsig behaart. Blätter bis 18 mm lg, längl. elliptisch. Alle Tragblätter (auch die untersten) mit breitem Hautrand u. schmalem grünen Mittelteil, an der Spitze gezähnelt od. zerschlitzt, nicht bärtig bewimpert. Kronblätter ⅕– ⅒ ausgerandet, gezähnelt, kürzer als der 3,5–5 mm lange Kelch. Staubblätter u. Griffel 5.

463 **Cerastium pumilum** Curtis
Dunkles Zwerg-Hornkraut Fig. 30k

I; T, s, ③; AV, M_1, M_2, (F); RL –
T6.1-2, (T10.3-4)
M 3–15(–20) cm. Hfg dklgrün. Stg drüsig od. kahl. Unterstes Tragblatt den Stgblättern ähnl., ganz krautig, beiderseits behaart, oft mit roter Knorpelspitze; die oberen (wie der Kelch) nur schmal hautrandig. Kronblätter auf ⅓–¼ ausgerandet, meist etwas lgr als der Kelch. Staubblätter stets 5!

464 **Cerastium glutinosum** Fr.
Bleiches Zwerg-Hornkraut Fig. 30f–i

I; T, s, ④; AV, M_1, M_2, F; RL reg
T6.1, T6.2, T10.3
M Ähnl. 463, aber Anzahl der Staubblätter in verschiedenen Blüten einer Pfl stets schwankend (3–5–)6–10. Pfl oft gelbgrün bis violettrot überlaufen. Stg meist dicht drüsig. Tragblätter oberseits meist kahl, ohne rote Knorpelspitze, die oberen wie die Kelchblätter stets hautrandig, die untersten variabel hautrandig (⅓ der Blattbreite bis fehlend). Kronblätter meist kürzer als der Kelch.

465 **Cerastium siculum** Guss.
Sizilianisches Hornkraut ohne Abb.

U–E (lok); ⟨T, s⟩, ⊙; M_2; ⟨RL –⟩
T10.3.3–4 (nur bei Marburg)
M Ähnl. 464, aber unterstes Tragblatt ganz krautig, ohne Haarsaum. Blütenstand ± geknäuelt. Neben 5-zähligen Blüten an jedem Blütenstand auch 4-zählige. Fruchtstiele i. d. R. kürzer als der Kelch (bei den Marburger Exemplaren dagegen oft lgr als dieser).

◄466 **Cerastium holosteoides** Fr.
Gewöhnliches Hornkraut

I; C, H, w, ④, ⊛;A, AV, M_1, M_2, F, K; RL –
T7, T9.1, T10
M 5–50 cm. Pfl aufsteigend, mit nicht blühenden Trieben, dklgrün. Stg mit 0,5 mm lgn Haaren, auch mit Drüsenhaaren. Blätter 10–25 mm lg, meist elliptisch. Untere Tragblätter krautig, die oberen meist mit schmalem Hautrand. Kronblätter ausgerandet, 4–7 mm lg, etwa so lg wie der Kelch. Griffel 5. Staubblätter 10. Kapsel 7–12 mm lg, stark gebogen. Samen rotbraun, 0,4–0,8 mm.
B Insbesondere in der Behaarung sehr variabel.

467 **Cerastium lucorum** (Schur) Möschl ►
Großfrüchtiges Hornkraut

I; C, w, ⊙; A, AV, M_1, M_2, F; RL –
L5.2.3, T8.2.1
M Wie 466, 10–60 cm, frigrün, dicht drüsenhaarig. Blätter 30–60 mm lg. Tragblätter alle (bis auf diejenigen der endstdg Blüten!) hautrandig. Kronblätter am Nagel bis 0,4 mm bewimpert, etwa so lg wie der 6–9 mm lange Kelch. Kapsel 12–18 mm, fast gerade. Samen 0,8–1,2 mm.

468 **Cerastium fontanum** Baumg. ►
Quellen-Hornkraut Fig. 30a

I; C, w, ⊙; A; RL –
T3.4.3
M Wie 467, 10–40 cm, dichtrasig, dklgrün, (fast) drüsenlos, dicht abstehend rauhaarig. Blätter bis 25 mm lg. Kronblätter meist unbewimpert (slt bis 0,2 mm), 7–9 mm lg, lgr als der Kelch. Samen blassbraun, 1–1,3 mm.

469 **Cerastium tomentosum** L. ►►
Filziges Hornkraut

U–E, K; C, w, ⊙; M_1, M_2, F; ⟨RL –⟩; Z
T9.2.2, T10.1.2, T10.4
M 15–30(–45) cm. Große Rasen bildende, kriechende u. reich verzweigte, dicht weiß filzige Pfl mit lineal lanzettl. Blättern. Stgl mit 3–15 Blüten. Kelchblätter 5–7 mm lg. Kapselzähne am Rande zurückgeschlagen.
B Sehr ähnl. ist (469a) *C. biebersteinii* DC. (Biebersteins H.), 10–30 cm, (Kapselzähne am Rande flach, Kelchblätter 6–10 mm lg). T9.2.2, T10, Heimat: Krim; kult. u. sich stellenweise einbürgernd. Hinzu kommen Hybriden. Die genaue Abgrenzung ist noch unklar.

◄◄470 **Cerastium alpinum** L. ssp **alpinum**
Gewöhnliches Alpen-Hornkraut

I; C, w, ⊙; A, (AV); RL –
T3.2.3
M 6–20 cm. Mit nicht blühenden, rosettenähnl. Trieben, lockerrasig, mit zahlreichen (1–1,5 mm) langen, weichen Haaren u. vereinzelten Drüsenhaaren, seltener kahl, graugrün. Blätter eifg bis lanzettl. Obere Tragblätter sehr schmal hautrandig, die unteren oft krautig. Kronblätter ausgerandet, 14–18 mm lg, etwa 2mal so lg wie der meist drüsige Kelch. Griffel 5. Kapsel 10-zähnig, 1–2mal so lg wie der Kelch.

◄471 ssp **lanatum** (Lam.) Asch. & Graebn.
Wolliges Alpen-Hornkraut

I; ⟨C, w⟩, ⊙; A; RL –
T3.2.3
M Wie 470, jedoch mit dicht kraushaariger, aber drüsenloser Behaarung. 4–10 cm hoch.

◂◂472 **Cerastium latifolium** L.
Breitblättriges Hornkraut

I; C, w, ⊙; A; RL reg
T5.1.2.2.1
M 3–10 cm. Lockerrasig, mit wenigen nicht blühenden Trieben, bläul. grün. Blätter 10–35 mm lg, br eifg bis lanzettl., spitz, dickl., in od. unterhalb der Mitte am breitesten, weich, kurz (0,5 mm) borstig behaart. Tragblätter stgblattartig, ohne Hautrand. Kronblätter 12–18 mm, leicht ausgerandet, meist mehr als 2mal so lg wie der Kelch. Kapsel ca 15 mm lg.

◂473 **Cerastium uniflorum** Clairv.
Einblütiges Hornkraut

I; C, w, ⊙; A; RL reg
T5.1.1.1
M 2–8 cm. Dicht rasig, zahlreiche nicht blühende Triebe, grauhaarig. Blätter 4–14(–18) mm lg, eifg lanzettl., abgerundet, oberhalb der Mitte am breitesten, starr, mit bis 1,5 mm lgn, zottigen Gliederhaaren. Tragblätter ohne Hautrand. Kronblätter 10–16 mm, tief ausgerandet, 1,5–2mal so lg wie der Kelch. Griffel 5. Kapsel ca 12 mm lg.

474 **Cerastium arvense** L. ssp **arvense** ▸
Gewöhnliches Acker-Hornkraut

I; C, w, ④; A, AV, M_1, M_2, F, K; RL –
(T5.1.2), T6.2.2.2-3, T7.5.2.1
M 10–25 cm. Lockerrasig, aufsteigend aufrecht, oft mit Drüsen (im oberen Teil) u. ± rückwärts gerichteten Haaren. Blattachselstdg, vegetative Laubblattbüschel etwa so lg wie die Blühtriebe, meist niederliegend. Blätter bis 3,5 cm lg, lineal-lanzettl., weich, oberseits meist behaart. Tragblätter br hautrandig. Kronblätter 11–15 mm lg, ausgerandet. Kelch 5–7 mm lg, Kapsel 1–2mal so lg.

475 ssp **strictum** (Koch) Schinz & R. Keller ▸▸
Steifes Acker-Hornkraut

I; C, w, ⊙; A; RL –
T6.2..4
M Wie 474, aber nur 3–10 cm, in lockeren Polstern. Stg kahl od. flaumig behaart, slt drüsig. Nicht blühende Triebe nur halb so lg wie die blühenden, aufrecht. Blätter nur bis 15 mm lg, etwas eifg, oberseits kahl. Kronblätter 10–12 mm lg. Kelchblätter 4–6 mm lg, etwa so lg wie die Kapsel.

◂476 **Moenchia erecta** (L.) P. Gaertn., B. Mey. & Scherb.
Aufrechte Weißmiere (Gttg 3 sp)

I; T, s, ⊙; M_1, M_2; RL 2!
T6.2.1.4.5
M 3–12 cm. Aufrecht, oberwärts mit 2–4 Blattpaaren. Blätter 6–12 mm lg, lineal-lanzettl. Blüten 1–2, auf zuletzt auffällig verlängerten, aufrechten Stielen, 4-zählig. Kronblätter ganzrandig, kürzer als der Kelch. Kapsel lgr als der Kelch, 8-zähnig.
B Im Gebiet nur ssp *erecta*.

477 **Holosteum umbellatum** L. ▸
Doldige Spurre (Gttg 3–4 sp)

I; T, w, ②; AV, M_1, M_2, F, K; RL reg
T6.2..4, T6.2 (lückig), T9.1.1.2, T10.2..1.1
M 5–25 cm. Am Grunde rosettig beblättert. Stg oberwärts drüsenhaarig, mit bis zu 15 mm lgn, längl. ovalen, blaugrünen Blättern. Blüten in Dolden, mit ungleich lgn, nach der Blüte zurückgeschlagenen, zuletzt, aber wieder aufgerichteten Stielen. Kronblätter 5, gezähnelt, etwas lgr als der 4–5 mm lg Kelch. Griffel 3. Kapsel 6-zähnig.
B Im Gebiet nur ssp *umbellatum*.

478 **Stellaria nemorum** L. ssp **nemorum** ▸
Gewöhnliche Hain-Sternmiere (Gttg 150–200 sp)

I; H, w, ⑤; A, AV, M_1, M_2, F, K; RL –
L5.2.3.2., T1.1.2.1, T3.1
M 20–60 cm. Stg rund, zerbrechl., ringsum weich behaart, zuw. niederliegend, verlängert (dann aber ohne Blüten). Blätter elliptisch bis herzeifg, am Grunde höchstens undeutl. herzfg, 2–3mal so lg wie br, am Rande bewimpert, die oberen (fast) sitzend, die unteren lg gestielt. Kronblätter tief 2-spaltig, 2mal so lg wie der drüsige Kelch. Staubbeutel weißl. Griffel 3. Samen randl. mit halbkugeligen Höckern, ohne Widerhäkchen.
B Verwechselungsgefahr mit 489.

479 ssp **montana** (Pierrat) Berher ▸▸
Hexenkrautartige Hain-Sternmiere

I; H, w, ⊙; A, AV, M_1, M_2, F; RL –
T2.4.1.1, T8.2.1
M Wie 478, aber ganze Pfl weniger behaart. Obere Blätter (10–40 mm) gestielt, am Grunde auffallend herzfg, höchstens doppelt so lg wie br. Samen mit zylindrischen Höckern, an der Spitze mit winzigen Widerhäkchen besetzt.

480 **Stellaria media** (L.) Vill. ▸
Gewöhnliche Vogelmiere, Hühnerdarm

A?; T, w, ①; A, AV, M_1, M_2, F, K; RL –; ✠, 👌
L5.2.4, T9.1–3, T10
M 5–40 cm. Niederliegend bis aufsteigend, grasgrün. Stg rund, 1-reihig behaart. Blätter eifg, spitz. Blütenstiele 1-reihig behaart. Kronblätter (zuw. fehlend) tief 2-teilig, etwa so lg wie der 3–5 mm lge Kelch. Staubblätter 3–5(–10); Griffel 3. Kapsel wenig lgr als der Kelch. Samen 0,8–1,4 mm, dklrötl. braun, mit flachen, stumpfen Höckern.
B Im Gebiet nur ssp *media*.

481 **Stellaria neglecta** Weihe ▸▸
Großblütige Vogelmiere

I; ⟨T-H, w⟩, ⊙; ? bisher AV, M_1, M_2, F, K; RL –
L5.2.4, T8.2.1, T9.1.1.3
M Ähnl. 480, Pfl 20–80 cm, sattgrün. Blütenstiele kahl od. ringsum weichhaarig. Kronblätter meist lgr als Kelch, dieser 5–6,5 mm lg. Staubblätter meist 10; Samen 1,1–1,7 mm, dklrotbraun, am Rand mit hohen, spitzkegeligen Warzen.

◂ 482 **Stellaria pallida** (Dumort.) Crepin
Bleiche Vogelmiere

A; ⟨T, w⟩, ⊙; AV, M_1, M_2, F, K; RL –
T8.3.1, T10.1–3
M Ähnl. 480, aber Pfl gelbgrün. Kronblätter meist fehlend od. sehr kl. Kelchblätter 2–4 mm lg. Staubblätter 1–3(–5); Samen bis 0,8 mm, gelbl. braun, mit sehr flachen Höckern (breiter als hoch).

483 **Stellaria holostea** L. ▸
Große Sternmiere

I; C, i, ④; (AV), M_1, M_2, F, K; RL –; ☺
T1.1.2.3, T2.1–3, T8.1.2
M 20–60 cm. Mit aufsteigenden, 4-kantigen Stgln. Blätter bis 8 cm lg, schmal lanzettl., steif, am Rande rau, ungestielt. Kronblätter nur bis zur Mitte 2-spaltig, bis doppelt so lg wie der 6–8 mm lange Kelch. Griffel 3. Kapsel etwa so lg wie der Kelch.

◂484 **Stellaria longifolia** H. L. Mühl. ex Willd.
Langblättrige Sternmiere

I; H, w, ⊙; AV, M_1, F; RL 3
S3.2, T1.4.3.1
M 10–25 cm. Zarte Pfl mit oberwärts rauem, 4-kantigem Stg, zerbrechl., hfg klimmend. Blätter bis 3 cm lg, lineal-lanzettl., am Rande rau. Kronblätter 3–5 mm lg, fast bis zum Grunde 2-teilig, etwa so lg wie der Kelch. Griffel 3. Kapsel etwas lgr als der Kelch.

485 **Stellaria crassifolia** Ehrh. ▸
Dickblättrige Sternmiere

I; H, w, ⊙; AV, M_1, F; RL 1!
S2.2
M 3–15 cm. Locker rasig, mit glattem 4-kantigem Stg. Blätter 6–15 mm lg, längl. lanzettl., grün, etwas fleischig. Tragblätter krautig, am Rande kahl. Kronblätter bis zum Grunde 2-teilig, 2–3 mm lg, etwas lgr als die (im frischen Zustand) undeutl. nervigen Kelchblätter. Griffel 3. Kapsel eifg, lgr als der Kelch.

486 **Stellaria alsine** Grimm ▸
Bach-Sternmiere

I; H, w, ⑤, ❀; A, AV, M_1, M_2, F, K; RL –
L2.3, L3.4.1, L3.7, L4.4, L5.2.3
M 10–40 cm. Mit 4-kantigem, kahlem, schlaffem, oft niederliegend aufsteigendem Stg. Blätter bis 25 mm lg, lanzettl., am Grunde bewimpert, bläul. grün. Tragblätter trockenhäutig, am Rande kahl. Kronblätter bis zum Grunde 2-teilig, kürzer als der 2–3 mm lange Kelch. Kelchblätter (im frischen Zustand) deutl. 3-nervig. Griffel 3. Kapsel längl. eifg, etwa so lg wie der Kelch.

487 **Stellaria graminea** L. ▸▸
Gras-Sternmiere

I; H, s, ⑥, ❀; A, AV, M_1, M_2, F, K; RL –
T6.2.1.5 (mo), T7.3
M 10–50 cm. Hohes, lockerrasig wachsendes Kraut, mit 4-kantigem, kahlem, schlaffem Stg. Blätter bis 4 cm lg, schmal lanzettl., am Grunde bewimpert, grün. Tragblätter trohäutig, am Rand bewimpert. Kronblätter fast bis zum Grunde geteilt, etwa so lg wie die 3–5 mm langen, 3-nervigen Kelchblätter. Griffel 3. Kapsel längl., lgr als der Kelch.

◂◂488 **Stellaria palustris** Ehrh. ex Hoffm.
Sumpf-Sternmiere

I; K–H, w, ⑥, ❀; AV, M_1, M_2, F, K; RL 3
S2.1–2, T7.3.5
M 10–50 cm. Aufrecht, kahl. Blätter bis 4 cm lg, längl. lanzettl., etwas fleischig, grasblaugrün. Tragblätter trockenhäutig, kahl. Kronblätter fast bis zum Grunde geteilt, 1–2mal so lg wie der 5–7 mm lange, deutl. nervige Kelch. Griffel 3.

◂489 **Stellaria aquatica** (L.) Scop.
Wasserdarm

I; K, H, w, ⑥, ❀; A, AV, M_1, M_2, F, K; RL –
L4.4, L5.2.4.2, L5.2.5, T2.4.2.3, T9.1
M 15–50(–100) cm. Mit liegendem od. klimmendem, zerbrechl., 4-kantigem, oberwärts drüsenhaarigem Stg. Blätter längl. bis herzeifg, am Rand oft wellig, mit breitem Grund sitzend od. (die unteren) kurz gestielt. Kronblätter fast bis zum Grunde 2-teilig, 1–1,5 mal so lg wie die 5–8 mm lgn Kelchblätter. Staubbeutel gelbl. lila. Griffel 5.

490 **Minuartia cherlerioides** (Hoppe) Bech.
Polster-Miere (Gttg ca 100 sp)

I; C, w, ⊙; A; RL reg
T5.2.2.2
M 2–5 cm. Dicht polsterfg wachsend, mit säulenfgm Stg; dieser unterseits mit abgestorbenen, oberseits mit lebenden Blättern dicht bestückt. Blätter 1–3 mm lg, eifg, oberseits rinnig, vorn abgerundet, dicht dachziegelig stehend. 4 Kron- u. Kelchblätter, 2–3 mm lg. Griffel meist 3.
B Im Gebiet nur ssp *cherlerioides*.

491 **Minuartia rupestris** (Scop.) Schinz & Thell.
Felsen-Miere

I; C, w, ⊙; A; RL R
T5.2.2.2
M 4–15 cm. Rasig kriechend. Blätter 2–5 mm lg, lanzettl., spitz, oberseits flach, bewimpert. Kronblätter 5, etwa so lg wie die 4 mm lgn Kelchblätter. Griffel 3. Staubblätter 10.

492 **Minuartia sedoides** (L.) Hiern
Zwerg-Miere

I; C, w, ⊙; A; RL –
T3.2.3, T5.1.1.1, T5.3.4.1
M 2–5 cm. Dichte Polster bildend, mit zahlreichen, dicht beblätterten Stgln, im unteren Teil mit abgestorbenen Blättern. Blätter 3–6 mm lg, schmal lanzettl. Kronblätter fehlend od. fadenfg. Kelchblätter 5, 2–3 mm lg, grünl. gelb. Griffel 3. Staubblätter 10. Kapsel 3-klappig, fast doppelt so lg wie der Kelch.

493 **Minuartia viscosa** (Schreb.) Schinz & Thell.
Klebrige Miere

I; T, H, s, ⊙; M_1, M_2, F; RL 1!
T6.2..4, T6.2 (lückig), T9.1.2.2
M 3–10 cm. Oberwärts drüsig behaart. Blätter pfrieml. linealisch. Kelchblätter 2–2,5(–3) mm lg, schmal lanzettl., 3-nervig, spitz, grün, mit schmalem Hautrand, deutl. lgr als die Kronblätter. Griffel 3. Kapsel 3-klappig, so lg od. etwas kürzer als der Kelch.

494 **Minuartia hybrida** (Vill.) Schischk.
Schmalblättrige Miere

I; T, w, ⊙; AV, M_1, M_2, (F); RL 3
T6.2..2, T6.2..4.6, T10.2..2, T10.3.2.1.3
M 5–20 cm. Meist kahl. Blätter pfrieml. linealisch. Kelchblätter 3–4 mm lg, eilanzettl., 3-nervig, fein zugespitzt, grün, mit schmalem Hautrand, lgr als die Kronblätter. Griffel 3. Kapsel 3-klappig, etwas lgr als der Kelch.
B Im Gebiet nur ssp *vaillantiana* (DC.) Friedrich.

495 **Minuartia stricta** (Sw.) Hiern
Steife Miere

I; C, w, ⊙; AV; RL 0
S1.1
M 5–20 cm. Rasen bildend. Stg steif aufrecht. Blätter fadenfg, nervenlos od. 1-nervig. Blüten meist zu 3. Blütenstiele 1,5–3,5 cm lg, auffallend verlängert. Kelchblätter 2,5–3 mm lg, eifg lanzettl., spitz, grün, mit schmalem Hautrand. Kronblätter etwa so lg wie der Kelch. Griffel 3. Kapsel 3-klappig, etwas lgr als der Kelch.

496–499 **Minuartia verna** (L.) Hiern

M Dichte Rasen od. Polsterpflanze. Blätter schmal linealisch od. pfrieml., unterseits deutl. 3-nervig. Kelchblätter 2,5–4,5 mm lg, eifg lanzettl., 3-nervig, spitz, grün, mit schmalem Hautrand. Kronblätter etwa so lg wie der Kelch. Griffel 3. Kapsel 3-klappig, etwas lgr als der Kelch.
B Sehr formenreicher, schwierig abzugrenzender Sippenkomplex.

496 ssp **verna**
Gewöhnliche Frühlings-Miere ohne Abb.

I, ⟨C, w⟩, ⑤; M_1; RL –
T6.2.2.2.1–3, T6.2.2.3
M Ähnl. 497, aber 5–15 cm, mit 4–8-blütigem Stg, am Grunde nicht holzig, Rasen bildend. Die 3 Blattnerven sehr dicht nebeneinanderliegend; meist alle Blätter mit achselstdg Büscheln. Kelchblätter 2,5–3,5 mm. Kronblätter eifg, so lg wie der Kelch. Samen 0,6–0,7 mm.

◂497 ssp **gerardii** (Willd.) Graebn.
Alpen-Frühlingsmiere

I; C, w, ⊙; A; RL –
T3.2.3, T3.4.2.1
M 5–10 cm. Meist dichte Polster bildend, mit (1–)2–4-blütigem Stg. Grundachse etwas verholzend. Die 3 Blattnerven deutl. durch breitere Furchen getrennt; nur die untersten Blätter achselstdg Blattbüschel tragend od. Blattbüschel fehlend. Kelchblätter 3,5–4,5 mm lg. Kronblätter br eifg bis herzfg, meist 1 mm, lgr als Kelch. Samen 1 mm.

498 ssp **hercynica** (Willk.) O. Schwarz
Galmei-Frühlingsmiere

(☆) **I**; C, w, ⑤; M_1, M_2; RL 3
T5.1.2.3
M Ähnl. 496, aber Pfl dichte Polster bildend, mit mehr od. weniger verholzender Grundachse, nur bis 10 cm hoch. Blätter 3–7 mm lg, oft drüsig behaart. Blütenstände 3–5-blütig.
▾

499 **Minuartia austriaca** (Jacq.) Hayek ▸
Österreichische Miere

I; C, w, ⊙; A; RL R
T5.1, T5.2.2.2
M 10–20 cm. Lockere Rasen bildend. Blätter 10–20 mm lg, lineal, unterseits 3-nervig. Blütenstiele bis 6 cm lg, aufrecht. Kelchblätter 5–6 mm lg, eifg, 3-nervig, zugespitzt, grün, schmal hautrandig, kahl od. etwas drüsig. Kronblätter etwa doppelt so lg wie der Kelch. Griffel 3. Kapsel 3-klappig, etwa doppelt so lg wie der Kelch.

500 **Minuartia rubra** (Scop.) McNeill
Büschel-Miere

I; T, ⟨B⟩, w, ⑤; AV, M_1; RL 2
T6.2.2.2.1, T6.2.2.4.6
M 8–25 cm. Mit vielblütigen Blütenständen u. büschelig gehäuften Blättern in den unteren Blattachseln. Blätter pfrieml. borstig, 3-nervig. Kelchblätter 4–6 mm lg, spitz, weißl. mit 2 grünen Mittelstreifen. Kronblätter deutl. kürzer als der Kelch. Griffel 3. Kapsel 3-klappig, kürzer als der Kelch.
▾

◂501 **Minuartia setacea** (Thuill.) Hayek
Borsten-Miere

I; C, w, ⑦; M_1; RL R!
T6.1.2.3, T6.2.2.2.1
M 5–20 cm. Mit wenigblütigen, nicht büschelig gehäuften Blütenständen. Blätter pfrieml. borstig, schwach 3-nervig. Kelchblätter 2,5–3 mm lg, spitz, br weißl. hautrandig, mit grünem längsgeteiltem Mittelstreifen. Kronblätter etwas lgr als der Kelch. Griffel 3. Kapsel 3-klappig, so lg od. etwas lgr als der Kelch.
B Im Gebiet nur ssp *setacea*.

502 **Lepyrodiclis holosteoides** (C. A. Mey.) J. Fisch. & C. A. Mey.
Spurrenähnliche Blasenmiere (Gttg 3 sp), ohne Abb.

U; ⟨T, s⟩, ⊙; AV, M_1, M_2, F; ⟨RL –⟩
T9.1.6 u.a.
M Habituell ähnl. (483) *Stellaria holostea*, niederliegend aufsteigend. Blüten 5-zählig, weiß. Kronblätter an der Basis miteinander verwachsen, außen drüsig behaart, schwach ausgerandet. Kelchblätter stumpf. Griffel 2. Fruchtblätter 4.

◄ 503 **Honckenya peploides** (L.) Ehrh.
Salzmiere (Gttg 1–2 sp)

I; K, H, w, ⑤; K; RL –
H1.2.2.2–3
M 10–30 cm. Mit eifgn, auffallend fleischigen, 4-zeilig angeordneten Blättern. Blütenstand armblütig. Kronblätter 5, etwa so lg wie der Kelch. Griffel 3. Kapsel kugelig, mit 3 Klappen aufspringend.

504 **Sagina apetala** Ard. ►
Kronblattloses Mastkraut (Gttg ca 20 sp)

A; T, w, ⊙; AV, M_1, M_2, F, K; RL reg
L3..7.3, T6.2.1.4.5, T7.4.2
M Ähnl. 505, aber Kelchblätter fast so lg wie reife Kapsel, dieser zur Reifezeit anliegend. Samen angebl. größer als 0,34 mm.
B Autogamer Komplex (inkl. 505), hoch variabel.

505 **Sagina micropetala** Rauschert
Aufrechtes Mastkraut

A; T, w, ⊙; AV, M_1, M_2, F, K; RL reg
L3..7.3, T7.4.2, T9.1, T10.3.3.2
M 3–15 cm. Aufrecht bis aufsteigend. Blätter bis 10 mm lg, lineal, lg stachelspitzig. Blüten 4-zählig. Kronblätter winzig od. fehlend. Die (2 äußeren) ◄ Kelchblätter kapuzenfg, 1–2 mm lg, deutl. kürzer als die 4-spaltige Kapsel, zur Fruchtzeit von dieser sternfg abstehend. Samen meist 0,34 mm.

506 **Sagina procumbens** L. ►
Niederliegendes Mastkraut

I; C, H, w, ⑥; A, AV, M_1, M_2, F, K; RL –
L2 (betreten), L3..7.3, T7.4.2, T10.3.3.2
M 2–5 cm. Mit Blattrosette u. niederliegend aufsteigenden Stgln. Blätter 5–15 mm lg, lineal, kurz stachelspitzig. Blüten 4-zählig. Kronblätter kl od. fehlend. Kelchblätter bis 2,5 mm lg, zur Fruchtzeit kürzer als 4-zähnige Kapsel u. (meist) abstehend.
B Formenreich. Auf salzhaltigen Böden vorkommende Formen mit dickl., deutl. fleischigen Blättern werden z. T. als (507) var *littoralis* Rchb. (Salz-Mastkraut) bezeichnet. Bewimperte Blattränder u. Drüsenhaare (an Blütenstielen, Kelchblättern u. Stgln) besitzt das Moos-Mastkraut (508) var *bryoides* (Froel.) Hausm.

509 **Sagina maritima** G. Don ►
Strand-Mastkraut

I; T, w, ⑥; K; RL reg
H1.1.3.4
M 5–8 cm. Aufrecht aufsteigend, ohne zentrale Blattrosette. Blätter schmal lanzettl., etwas fleischig, ohne Stachelspitze, meist kahl. Blüten 4-zählig. Kronblätter winzig od. fehlend. Kelchblätter kapuzenfg, bis 2 mm lg, zur Fruchtzeit der 4-klappigen Frucht anliegend.

510 **Sagina nodosa** (L.) Fenzl ►►
Knotiges Mastkraut

I; H, C, w, ⊙; (A), AV, M_1, M_2, F, K; RL 2
H1.1.3.4, L3..7.3, S2.2.2, T7.4.1
M 5–15 cm. Wenig verzweigt, mit nicht blühenden Trieben in den Blattachseln, die z. T. abfallen u. sich bewurzeln können. Blätter 2–25 mm lg, schmal lineal. Blüten 5-zählig. Kronblätter eifg, doppelt so lg wie der 2–3 mm lge Kelch. Kelchblätter der 4 mm lgn, 5-zähnigen Kapsel angedrückt.

◄511 **Sagina subulata** (SW.) C. Presl
Pfriemen-Mastkraut

I; C, H, w, ⊙; M_1, M_2, F, K; RL 2; Z
T9.5.3, T10.7
M 3–10 cm. Stark verzweigt, mit dicht beblätterten Stgln. Blätter schmal lineal, drüsig bewimpert, mit 1,5 mm lgr Stachelspitze. Blüten 5-zählig. Kronblätter etwa so lg wie die 2 mm lgn Kelchblätter. Kapsel 5-zähnig, zur Reifezeit wenig lgr als der drüsenhaarige Kelch.
B Wird als »Sternmoos« hfg gepflanzt.

512 **Sagina saginoides** (L.) H. Karst. ►
Alpen-Mastkraut

I; H, C, w, ⊙; A, AV, M_1; RL reg
L2..1.1, T3.3, T6.2.1.5 (lückig), T7.4.2
M 2–8 cm. Niederliegend aufsteigend, meist unverzweigt. Blätter schmal lineal, mit kurzer Stachelspitze, kahl. Blüten 5-zählig, ihre Stiele bis 2,5 cm lg. Kronblätter wenig kürzer als der 2–3 mm lge, meist kahle Kelch. Kapseln 5-zähnig, 2,5–3,5 mm lg, wenig bis um die Hälfte lgr als der Kelch.
B Kritisch ist (512a) ssp *macrocarpa* (Rchb.) Soó.
M Kapseln 3,5-4,5 mm lg. Blütenstiele bis 4 cm lg.

◄513 **Scleranthus perennis** L.
Ausdauernder Knäuel (Gttg 15 sp)

I; C, H, w, ④; AV, M_1, M_2, F, K; RL R
T6.2..4
M 5–15 cm. Niederliegend aufsteigend, reichl. verzweigt, graugrün. Blätter pfrieml., bis 10 mm lg. Ohne Nebenblätter. Blütenstand geknäuelt, mit ungestielten Blüten. Kelchblätter frei, 2 mm lg, stumpf, mit breitem weißl Hautrand. Kronblätter fehlend. Staubblätter 10. Frucht 3–4,5 mm lg.

514 **Scleranthus annuus** L. ►
Einjähriger Knäuel

A; T, w, ⑧; AV, M_1, M_2, F, K; RL –; ☺
T9.1.1.1–2
M 2–20 cm. Niederliegend aufsteigend, vom Grunde an stark ästig verzweigt, grün. Stgglieder 1–5 cm lg, (viel) lgr als die pfrieml.. bis 8 mm lgn Blätter, zuw. mit achselstdg Kurztrieben. Nebenblätter fehlend. Blütenstand geknäuelt, ausgebreitet. Blüten fast sitzend. Kelchblätter frei, spitz, mit sehr schmalem Hautrand, gleich lg, zur Fruchtzeit abstehend. Reife Frucht 3,2–4,5(–5,6) mm lg.

◄515 **Scleranthus polycarpos** L.
Triften-Knäuel

I; T, s, ⊙; AV, M_1, M_2, F, K; RL reg
T6.2..4, T6.2.1.4.5
M Ähnl. 514, aber Stgglieder kürzer als die 4–8 mm lgn Blätter. Blütenstände weniger stark ausgebreitet. Kelchblätter fast gleich lg, zur Fruchtzeit aufgerichtet bis einwärts gekrümmt. Reife Frucht (2,2–)3(–3,8) mm lg.
B In bestimmten Gebieten dominieren Übergangstypen zw 514 u. 515, die hinsichtl. der Merkmale z. T. lückenlose Reihen zeigen. Über den Artwert von 515 wird daher kontrovers diskutiert.

516 **Scleranthus verticillatus** Tausch ►
Hügel-Knäuel

I; T, s, ⊙; M_2, F; RL 2
T6.2.2.4.5–6
M Ähnl. 514, aber 3–10 cm, mehr gelbgrün. Stgglieder 2–5 mm lg, slt mehr, kürzer als die 4–6 (–10) mm lgn Blätter. Blütenstand wenig ausgebreitet. Kelchblätter ungleich lg, zur Fruchtzeit schwach einwärts gekrümmt. Reife Frucht (1,5–) 2,2(–3,0) mm lg.

◄◄ 517 **Gypsophila fastigiata** L.
Ebensträußiges Gipskraut (Gttg 150 sp)

I; C, i, ⑥; M_1, M_2, F (östl.); RL 3+!, §
T1.4.1.2, T6.1.2.3, T6.2.2.3.2, T6.2.2.4.7
M 15–60 cm. Niederliegend aufsteigend, mit aufrechten, oberseits drüsenhaarigen Blühtrieben. Blätter schmal lanzettl. Blütenstand dicht. Kelchblätter 2–3 mm lg, durch weißl., trohäutige Streifen miteinander verbunden (dadurch nicht frei), ohne erhabene Längsrippen. Kronblätter 3–5 mm lg, ganzrandig, kürzer als die Staubblätter u. die 2 Griffel.
B Im Gebiet nur ssp *fastigiata*.

◄ 518 **Gypsophila repens** L.
Kriechendes Gipskraut

I; C, w, ⑥; A, AV, M_1, M_2; RL reg
L5.1.1, T3.4.2, T5.1.2.2.2
M 8–25 cm. Stg niederliegend aufsteigend, kahl. Blätter 1–3 cm lg, lanzettl., blaugrün. Blütenstand locker. Kelchblätter 3–4 mm lg, miteinander verbunden, ohne erhabene Längsrippen. Kronblätter 8–10 mm lg, ganzrandig, lgr als Staubblätter u. Griffel.

▲

519 **Gypsophila muralis** L.
Mauer-Gipskraut

I; T, s, ⊙; AV, M_1, M_2, F; RL 3
L3..7, L4.4, T10.3.1.2, T10.3.2.3
M 5–25 cm. Von Grund an ästig, aufrecht wachsend. Blätter linealisch. Kelchblätter 3–4 mm lg, miteinander verbunden, ohne erhabene Längsrippen. Kronblätter 6–8 mm lg, rosa, dunkler geadert, vorn etwas ausgerandet. Griffel 2. Kapsel 4-zähnig.

520 **Gypsophila paniculata** L. ►
Rispiges Gipskraut

E; ⟨C, w⟩, ⊙; F(östl.); RL reg; Z
T6.2.1.4, T10.7
M 60–90 cm. Stg blaugrün, vom Grunde an mit zahlreichen, spreizenden, blütentragenden Seitenästen, im Habitus ± kugelig (Steppenroller). Stg höchstens am Grunde behaart, sonst kahl. Untere Blätter lineal-lanzettl., bis 10 mm br, 1(–3)-nervig. Blüten (auf kahlen, drüsenlosen Stielen) in vielblütigen Rispen. Kelch 1,5–2 mm lg, mit stumpfen Kelchzähnen. Krone geöffnet ca 4 mm br. Kronblätter abgerundet, weiß, slt rosa. Samen mit hohen, stumpfen Höckern.

521 **Gypsophila perfoliata** L.
Durchwachsenblättriges Gipskraut

E; ⟨C, w⟩, ⊙; F(östl.); RL –
wo?
M 30–80(–110) cm. Habitus ähnl. 520, aber an der Basis dicht drüsenhaarig, oberhalb (sowie Blütenstiele) völlig kahl u. drüsenlos. Untere Blätter über 10 mm br, 2–4(–5)mal so lg wie br, eifg bis lanzettl., 3–7-nervig, gelbgrün, stgumfassend, drüsenhaarig. Kelch 2–2,5 mm lg, kahl. Krone geöffnet ca 5 mm br. Kronblätter abgerundet od. gestutzt, slt ◄ schwach ausgerandet, unterseits purpurlila, oberseits hell lilarosa. Samen mit flachen, sehr kleinen Höckern.

522 **Gypsophila scorzonerifolia** Ser. ►
Schwarzwurzel-Gipskraut

E; ⟨C, w⟩, ⊙; M_2, F (östl.); RL –
T10.3.3.1, T10.7
M Ähnl. 521, aber Stg 50–180 cm, vorwiegend im oberen Teil verzweigt, unterseits kahl, oberwärts wie die Blütenstiele weichhaarig drüsig. Blätter lanzettl., über 10 mm br, etwa 5–10mal so lg wie br, mit verschmälertem Grunde, blaugrün, kahl. Kelch (2,5–)3–4 mm lg, drüsig. Krone geöffnet ca. 10 mm br. Kronblätter deutl. ausgerandet, unterseits hellrosa, oberseits fast weiß. Samen mit hohen, stumpfen Höckern.

523 **Vaccaria hispanica** (Mill.) Rauschert ▸
Kuhkraut (Gttg 1 sp)

A; T, s, ⊙; AV, M_1, M_2, F, (K); RL 1
T9.1.2.2, T9.1.6 *(Trifol. resup.)*, T10.7
M 30–60 cm. Kahl, oben ästig verzweigt, blaugrün. Blätter bis 8 cm lg, lanzettl., sitzend, am Grunde verwachsen. Kelch bauchig, aus 5 röhrig miteinander verwachsenen, auffällig scharf geflügelten Kelchblättern bestehend. Krone rosa, ohne Nebenkrone.
B Im Gebiet nur ssp *hispanica*.

524 **Saponaria officinalis** L. ▸▸
Gewöhnliches Seifenkraut (Gttg 40 sp)

I; H, s, ⑧; AV, M_1, M_2, F, K; RL –; ☠, ✠
H3.1–2.5, L5.2, T7.5.2.1; T8.2.2.2, T8.2.2.6
M 40–80 cm. Stg aufrecht. Blätter br lanzettl., 3-nervig. Blüten in doldigen Blütenständen. Kelchblätter röhrenfg verwachsen, 20–25 mm lg. Krone weiß od. rötl., am Schlundeingang mit kleiner Nebenkrone.

◂ 525 **Saponaria ocymoides** L.
Kleines Seifenkraut

I; H, s, ⑧, ⑥; A, (AV); RL D
L5.1.1, T5.1.2.1
M 10–30 cm. Rasen bildend, verzweigt, mit niederliegenden bis aufsteigenden Trieben. Blätter eifg spatelig, behaart. Blüten büschelig an Zweigenden. Kronblätter lebhaft rot, mit Nebenkrone. Kelchblätter zu einer Röhre verwachsen, 8 mm lg, drüsig behaart.

526 **Dianthus deltoides** L. ▸
Heide-Nelke (Gttg ca 300 sp)

I; C, H, w, ⑦, ❀; AV, M_1, M_2, F, K; RL reg, §, ☺
T6.2.2.2.2-3, T6.2.1.5.1
M 10–40 cm. Am Grunde verzweigt. Blätter bis 25 mm lg, schmal lineal, (wie Stg) dicht kurz haarig. Blüten einzeln od. in wenigblütigen Rispen. Kelchschuppen 2, eifg, mit aufgesetzter Granne, halb so lg wie der 12–18 mm lange Kelch. Kelchzähne spitz. Platte der Kronblätter etwa 10 mm lg, purpurn, gezähnt, mit weißen Punkten u. dunklerem Querstreifen, behaart.

◂◂ 527 **Dianthus sylvestris** Wulfen
Stein-Nelke

I; H, w, ⊙, ❀; A; RL reg, §
T3.4.2, T6.2..4, T5.2.2, T6.2
M 5–30 cm, einf. od. oberwärts verzweigt, kahl. Blätter 2–4 cm lg, schmal lineal, rinnig. Blüten einzeln, rotviolett bis rosa. Kelchschuppen meist 2, br eifg, plötzl. kurz zugespitzt. Kelch 20–25 mm lg, 4mal so lg wie die Kelchschuppen. Platte der Kronblätter 10–12 mm, vorne gezähnt, ohne Zeichnung, kahl.
B Im Gebiet nur ssp *sylvestris*.

◂ 528 **Dianthus gratianopolitanus** Vill.
Pfingst-Nelke

(✫) **I**; C, w, ⑥; AV, M_1, M_2; RL 3!; §
T6.1.2.3
M 10–20 cm. In lockeren Polstern, kahl. Blätter 2–6 cm lg, lineal, flach. Blüten meist einzeln. Kelchschuppen 4(–6), untere mit lgr, sich gleichmäßig verjüngender Spitze. Kelch 12–16 mm lg, 2–3mal lgr als Kelchschuppen. Platte der Kronblätter 10–12 mm lg, gezähnt, rosa bis rot, behaart.
B Im Gebiet nur ssp *gratianopolitanus*.

◄529 **Dianthus seguieri** Vill.
Busch-Nelke

I; C, w, ⑥; AV, M_1, M_2; RL 2!, §
T6.2.1.5.1, T8.1.2.2
M 25–60 cm. Unverzweigt. Blätter 30–60 mm lg, schmal lanzettl. Blüten einzeln od. in wenigblütigen Rispen. Kelchschuppen meist 4, eifg, mit aufgesetzter Spitze, weniger als halb so lg wie der 14–20 mm lange Kelch. Platte der Kronblätter 10–14 mm lg, gezähnt, rot, mit dklroten Punkten u. hfg mit basalem Querstreifen.
B Im Gebiet nur ssp *glaber* Čelak.

530 **Dianthus armeria** L. ►
Büschel-Nelke

I; T, ⟨B⟩, w, ⑧; AV, M_1, M_2, F, K; RL reg, §
T4.4, T6.2..4, T6.2.1.2.3, T8.1.2.2
M 30–60 cm. Verzweigt, steif aufrecht, wenigstens oben rau behaart. Blätter bis 10 cm lg, schmal lineal. Blüten zu 2–10 in Büscheln, von schmalen Hochblättern umgeben. Kelchschuppen 2 od. 4, etwa so lg wie der 13–20 mm lange, dicht kurzhaarige Kelch. Platte der Kronblätter 4–7 mm lg, gezähnt, gepunktet.
B Im Gebiet nur ssp *armeria*.

◄531 **Dianthus carthusianorum** L.
Kartäuser-Nelke

I; C, w, ⑥, ❀; AV, M_1, M_2, F, K; RL reg, §; ☺
T6.2.2.2.3, T6.2.2.3
M 15–60 cm. Aufrecht, kahl. Blätter bis 6 cm lg, lineal. Blüten zu (2–)5–10(–15) in kopfigen Blütenständen, von bräunl. Hochblättern umgeben. Kelchschuppen lg zugespitzt, mehr als halb so lg wie der 14–20 mm lge, braunrote Kelch. Platte der Kronblätter 5–12 mm lg, gezähnt, dklrot.
B Im Gebiet nur ssp *carthusianorum*.

532 **Dianthus superbus** L. ssp **superbus** ►
Gewöhnliche Pracht-Nelke

I; H, w, ⑦, ❀; A, AV, M_1, M_2, F, (K); RL 3, §
T7.3.2
M 30–60 cm. Mit am Grunde aufsteigenden Stgln, wenig verzweigt, grasgrün. Blätter 2–3 mm br, lineal-lanzettl. Blüten zu 2–10 in Rispen, im Sommer blühend. Kelchschuppen 4, kurz zugespitzt. Platte der Kronblätter bis weit über die m. unregelmäßig fiedrig zerschlitzt, am Grunde mit grünem Fleck. In Moorwiesen.

◄533 ssp **alpestris** Čelak.
Alpen-Pracht-Nelke

I; C, w, ⊙; A; RL 3, §
T3.1.6, T3.4.2.2
M Wie 532, aber Stg steif aufrecht, bläul. bereift, 1- bis wenig blütig. Gebirgsrasse.
B Die Späte Pracht-Nelke (534) ssp *sylvestris* Čelak., RL ?; §; (T1.1.2.3, T1.1.2.4.2) ist 50–100 cm hoch, reichästig, vielblütig, mit einer Vielzahl von hellblaugrünen Blättern; blüht erst im Herbst.
ohne Abb.

535 **Dianthus plumarius** L. ►
Feder-Nelke

E (lok); C, w; M?; RL –
T5.2.2, T10.2.2.5
M Änl. 536, aber Polster dichter, blaugrün. Stg ± 4-kantig, 1–5-blütig. Krone hellrosa bis rötl. Platte der Kronblätter 12–18 mm lg, an der Basis nicht gepunktet.

◄ 536 **Dianthus arenarius** L.
Sand-Nelke

I; C, H, w, ⊙; F (östl.); RL 2!; §
T6.2..4
M Lockere Polster bildend, mit 20–30 cm hohen, meist einblütigen ± zylindrischen Stgln. Blätter linealisch, ca 1 mm br. Kelchschuppen eifg, mit kurzer Spitze. Kelch 20–25 mm lg, 3–4mal so lg wie die Kelchschuppen. Platte der Kronblätter etwa 10 mm lg, weiß, an der Basis grünl. gepunktet, bis über die Mitte zerschlitzt.
B Im Gebiet nur ssp *borussicus* Vierh.

537 **Petrorhagia prolifera** (L.) P. W. Ball & Heywood ►
Sprossende Felsennelke (Gttg 28 sp)

I; T, s, ⑦; AV, M_1, M_2, F; RL reg
T6.2.1.4, T6.2.2.2 (lückig)
M 15–40 cm. Aufrecht, zuw. verzweigt. Blätter 1–4 cm lg, linealisch. Blüten einzeln od. zu mehreren, endstdg, von einer hellbraunen, häutigen Hochblatthülle umgeben. Kelch 10–13 mm lg, röhrig verwachsen. Kronblätter etwa 15 mm lg, rosa, seicht ausgerandet. Griffel 2. Kapsel 4-zähnig, kürzer als der Kelch.

◄ 538 **Petrorhagia saxifraga** (L.) Link
Steinbrech-Felsennelke

I; C, w, ⑧; AV, M_1, (M_2); RL reg
T6.2 (lückig), T6.2.1.4
M 10–30 cm. Dichtrasig, verzweigt. Blätter bis 1 cm lg, schmal lineal. Blüten einzeln in rispigen Blütenständen, mit je 4 Außenkelchschuppen, Hochblatthülle fehlt. Kelch 4–6 mm lg, glockig. Kronblätter 5–10 mm lg, rosa od. weißl., dunkler gestreift, seicht ausgerandet. Griffel 2. Kapsel 4-zähnig, 5–6 mm lg.

539 **Silene acaulis** (L.) Jacq. ►
Stengelloses Leimkraut (Gttg ca 700 sp)

I; C, i, ⊙; A; RL –; ☺
T3.4.2.1
M 1–3 cm. Dichte Polster bildend, mit dachziegeligen, aufrecht abstehenden, bis 12 mm lgn Blättern. Stg 1-blütig, ungeflügelt. Kronblätter purpurrot, seicht ausgerandet. Kelch am Grunde plötzl. verschmälert, kürzer als die elliptische Fruchtkapsel.
B Im Gebiet ssp *longiscapa* Vierh.

◄ 540 **Silene dioica** (L.) Clairv.
Rote Lichtnelke

I; ⟨B⟩, s, ⑤, ♀♂, ⊛; A, AV, M_1, M_2, F, K; RL –
L5.2.5.4, T2.4.2.1, T3.1.1, T7.1.2-3
M 30–90 cm, behaart. Blätter eifg bis lanzettl. Kelchröhre 10–15 mm, bei männl. Blüten mit 10, bei weibl. Blüten mit 20 Nerven. Kronblätter 15–25 mm lg, 2-spaltig, am Schlund mit Nebenkrone. Griffel 5. Kapsel 10-zähnig.
B Der Bastard ⟨540a⟩ *Silene × hampeana* Meusel & Werner (*S. latifolia* ssp *alba* × *S. dioica*) besitzt intermediäre Merkmale (Behaarung, Blätter, Kelch, Kapsel, Blütenfarbe). Sehr hfg. ►

◂541 **Silene latifolia** Poir.
Weiße Lichtnelke

I; ⟨B⟩, s, ⑥; ♀♂, ❀; A, AV, M_1, M_2, F, K; RL –; ☺
T8.2.2, T8.3.1, T9.1.2.2, T10.7
M 30–120 cm, kurzhaarig. Blätter 3–10 cm lg, eifg bis lanzettl. Kelchröhre 18–30 mm lg, behaart, bei männl. Blüten 10-nervig, bei weibl. mit 20 Nerven. Kronblätter weiß, 25–35 mm lg, mit 2-spaltiger Platte. Nebenkrone vorhanden. Griffel 5. Kapsel 10-zähnig.
B Im Gebiet ssp *alba* (Mill.) Greuter. & Burdet.

542 **Silene otites** (L.) Wibel ▸
Ohrlöffel-Leimkraut

I; H, s, ⑥, ♀♂, ❀; M_1, M_2, F (östl.), K; RL 3
T6.2.2.2.1-2, T6.2.2.3
M 20–60 cm hohe Rosettenpflanze. Mit kurzhaarigen, oberwärts drüsig klebrigen Stgn. Rosettenblätter 2–8 cm lg, spatelig lanzettl. Blütenstand traubig od. ährig, vielblütig. Kelch 5-zähnig 4–6 mm lg. Kronblätter 3–5 mm lg, ungeteilt, ohne Nebenkrone, gelbgrün. Griffel 3. Kapsel 6-zähnig.
B Formenreich.

◂543 **Silene vulgaris** (Moench) Garcke
ssp **vulgaris**
Gewöhnliches Taubenkropf-Leimkraut

I; H, C, s, ⑥, ❀; A, AV, M_1, M_2, F, K; RL –; ✎
T6.2.2.2.3, T8.1.1, T8.2.2.2, T10.3.1.1–3, T10.5.4
M 15–60 cm. Aufsteigend od. aufrecht, oberwärts verzweigt, kahl, nicht klebrig drüsig. Blätter eifg lanzettl., zugespitzt. Blütenstand 3–20-blütig. Blüten zwittrig. Kelch aufgeblasen, mit 20 Nerven, netzartig untereinander verbunden. Kronblätter 15–25 mm lg, tief 2-spaltig, ohne Nebenkrone. Fruchtkapsel mit 6 aufrechten Zähnen. Samen fein stachelig. Sehr variabel, z. B.:
B (☆) (543a) var *humilis* R. Schub., Galmei-Leimkraut (RL reg.), besonderer Ökotyp auf Erzhalden (T5.1.2.3), 10–30 cm, aufsteigend. Blätter schmal lanzettl. Blütenstand 1–7-blütig, Hochblätter trohäutig, Samen fein stachelig, 0,8–1,3 mm br. ▸

544 ssp **glareosa** (Jord.)
Marsden-Jones & Turrill ▸
Kies-Leimkraut

I; H, C, s, ⊙; A, (AV); RL –
T3.4.2.2, T5.1
M Zahlreiche niederliegend aufsteigende Stg. Blütenstand (1–)2–5(–7)-blütig. Hochblätter krautig. Nebenkrone meist entwickelt. Fruchtkapsel mit umgebogenen Zähnen, Samen fein warzig, 1,5–2 mm br.

545 **Silene conica** L. ▸▸
Kegelfrüchtiges Leimkraut

I; T, s, ⊙; (AV syn.), M_1, M_2, F, K; RL 3
T6.2.2.4
M 10–30 cm. Mit schmal linealen Blättern, drüsenhaarig. Blütenstand wenigblütig. Kelch 10–18 mm lg, röhrig kegelig, zuletzt aufgeblasen, 30-nervig, nicht netzadrig. Kronblätter 13–20 mm lg, mit ausgerandeter Platte, Nebenkrone vorhanden. Griffel 3.

546 **Silene tatarica** (L.) Pers. ►
Tataren-Leimkraut

I; ⟨H, w⟩, ⊙; F (östl.); RL 3
T6.2.14.4
M 30–100 cm. Niederliegend aufsteigend, mit aufrecht stehenden, verholzenden, reichblättrigen Stgn, vollstdg kahl. Blätter lanzettl., fein gesägt, mit achselstdg Seitentrieben. Blütenstand traubenähnl., reichblütig. Kelch 9–13 mm lg, 10-nervig. Kronblätter 13–16 mm, mit tief 2-spaltiger Platte. Nebenkrone fehlt. Griffel 3.

547 **Silene viscosa** (L.) Pers. ►►
Klebrige Lichtnelke

I; ⟨H, w⟩, ⊙; F (östl.), K; RL 0
T6.2.1.4.4
M 30–70 cm. Dicht drüsig klebrig, aufrecht, mit grundstdgr Rosette. Stgblätter lanzettl., am Rande gewellt. Blütenstand traubig, reichblütig. Blüten zwittrig. Kelch 12–20 mm lg, 10-nervig. Kronblätter 18–28 mm, mit tief 2-spaltiger Platte. Nebenkrone fehlt. Griffel 3.

548 **Silene chlorantha** (Willd.) Ehrh. ►
Grünliches Leimkraut

I; H, s, ⊙; F (östl.); RL 2
T6.2.2.4.7
M 30–60 cm. Stg aufrecht, kahl. Grundblätter lanzettl. spatelfg; Stgblätter wenige, lineal. Blütenstand einseitswendig mit zahlreichen, zwittrigen Blüten. Kelch 9–12 mm, 10-nervig, mit bewimperten Kelchzipfeln. Kronblätter 12–16 mm, Platte 2-spaltig. Nebenkrone kl, 2-zähnig. Griffel 3

◄ 549 **Silene nutans** L.
Nickendes Leimkraut

I; H, s, ⑥, ⊛; A, AV, M_1, M_2, F, K; RL reg
T1.1.2.5.4, T6.2.2.2, T6.2.1.5.1, T8.1
M 20–50 cm. Aufrecht, behaart, oben drüsig klebrig, mit nicht blühenden Blattrosetten. Blätter spatelfg bis eifg, behaart. Blütenstand einseitswendig, mit meist nickenden, nur nachts od. bei trübem Wetter geöffneten Blüten. Kelch 6–16 mm lg, 10-nervig, drüsig. Kronblätter 15–25 mm tief 2-spaltig, unterseits rötl. od. grün. Nebenkrone 1–3 mm. Griffel 3.

◄◄ 550 **Silene dichotoma** Ehrh.
Gabeliges Leimkraut

E; T, s, ⊙; AV, M_1, M_2, F, K; ⟨RL –⟩
T9.1.2.2, T9.1.6
M 30–90 cm. Kurzhaarig, ohne nicht blühende Blattrosetten. Blätter spatelig lanzettl. Blütenstand einseitswendig, wiederholt gabelig verzweigt, vielblütig, mit Einzelblüte an jedem Gabelpunkt. Kelch 11–15 mm lg, 10-nervig, borstig behaart. Kronblätter 15–20 mm lg, mit tief 2-spaltiger Platte. Griffel 3.

◄ 551 **Silene noctiflora** L.
Acker-Lichtnelke

A; T, s, ⑦; AV, M_1, M_2, F, K; RL reg
T9.1.2.2
M 10–40 cm. Stg behaart, ohne nicht blühende Blattrosetten, drüsig behaart. Blätter längl. eifg. Blütenstand armblütig. Blüten zwittrig, abends od. nachts geöffnet. Kelch 18–25 mm lg, 10-nervig, mit Querverbindungen. Kronblätter 25–30 mm lg, mit tief 2-spaltiger Platte. Nebenkrone vorhanden. Griffel 3.

◂ 552 **Silene italica** (L.) Pers.
Italienisches Leimkraut

U–E; ⟨H, s⟩, ⊙; F; ⟨RL –⟩
wo?
M 30–60 cm. Mehrjährig, mehrstglg, unterseits kurzflaumig, oberwärts drüsig klebrig beringelt, mit grundstdg Rosette. Blütenstand locker, reichblütig. Kelch 14–22 mm, 10-nervig, drüsig. Kronblätter 13–20 mm, mit 2-spaltiger Platte u. meist gewimpertem Nagel, unterseits rötl., grau od. grünl. geadert. Nebenkrone fehlend od. undeutl. Griffel 3.

553 **Silene nemoralis** Waldst. & Kit.
Hain-Leimkraut ohne Abb.

E; H; s; M_1, M_2, F; RL D
L5.2.4.1, T8.1.2.2, T10.3.3.1 (Wälder)
M Ähnl. *S. italica*, aber 2-jährig, (30–)60–100 (–120) cm, mit einzelnen Stgn u. dichterem Blütenstand. Nagel der Kronblätter meist kahl.

554 **Silene pusilla** Waldst. & Kit. ▸
Kleines Leimkraut

I; C, s, ⊙; A, AV; RL –
L2..2, L5.1.1, T5.1
M 5–20 cm. Mit aufsteigenden, einf. od. verzweigten Stgn, oberwärts klebrig. Blätter lineal. Blüten einzeln, lg gestielt. Kelch 3–7 mm lg, undeutl. 10-nervig. Kronblätter 7–9 mm lg mit 4-zähniger Platte. Nebenkrone 1 mm, 2-teilig. Griffel 3(–5). Samen mit am Rande strahlig abstehenden Schuppen.

◂ 555 **Silene rupestris** L.
Felsen-Leimkraut

I; ⟨B⟩, s, ⊙; A, M_1; RL reg
T5.1.1.4, T5.2.2.1.1, T10.2..2.5
M 10–20 cm. Aufsteigend, von Grund an verzweigt, bläul. grün, kahl, nicht drüsig klebrig. Blätter lanzettl. Blütenstand locker. Kelch 4–5 mm lg, 10-nervig. Kronblätter 6–9 mm lg, weiß od. rosa, ausgerandet. Nebenkrone undeutl. Griffel 3. Samen randl. ohne Schuppen.

556 **Silene gallica** L. ▸
Französisches Leimkraut

E; T, s, ⊙; AV, M_1, M_2, F; RL reg
T9.1.2.2, T9.3.2.1, T10.3.3, T10.7
M 10–40 cm. Aufrecht, behaart, oberwärts drüsig. Blätter lanzettl. bis spatelfg. Blütenstände traubenartig, einseitswendig, lockerblütig. Kelchblätter 7–10 mm lg, auffallend lg rauhaarig. Kronblätter 10–15 mm lg, etwas ausgerandet. Griffel 3.

◂ 557 **Silene armeria** L.
Nelken-Leimkraut

I; T, s, ⑦; (AV), M_1, M_2, F; RL reg; (Z)
T6.2..4, T8.1.2.2
M 15–60 cm. Aufrecht wachsend, blaugrün, vollstdg kahl. Stg unter den Knoten klebrig. Blätter br lanzettl. Blütenstand trugdoldig, reichblütig. Kelchblätter 14–20 mm lg. Kronblätter 20–28 mm lg, ausgerandet. Nebenkrone vorhanden. Griffel 3.

558 **Silene cretica** L. ▸
Kreta-Leimkraut

A; ⟨T, s⟩, ⊙; M_1, M_2, F; ⟨RL 0⟩
T9.1.3
M 10–70 cm. Stg verzweigt, nur am Grunde behaart, sonst kahl, oben klebrig. Obere Stgblätter lanzettl., untere spatelig eifg. Blütenstand armblütig. Kelch 9–13 mm lg, 10-nervig, kahl, mit meist weißrandigen, spitzen Zähnen. Kronblätter 8–15 mm lg, tief ausgerandet. Nebenkrone vorhanden. Griffel 3.

◄559 **Silene linicola** C. C. Gmel.
Flachs-Leimkraut

A; T, s, ⑦; AV, M_1; RL 0
T9.1.3
M 30–60 cm. Stg aufrecht, kurz rauhaarig. Stgblätter lanzettl. Blütenstand lockerblütig. Kelch 10–14 mm lg, 10-rippig, mit Quernerven. Kelchzähne stumpf, weiß berandet. Kronblätter 10–15 mm lg, ausgerandet, mit 3 purpurnen Streifen. Nebenkrone kurz. Griffel 3.
B Weltweit extrem vom Aussterben bedroht.

560 **Silene viscaria** (L.) Borkh. ►
Pechnelke

I; C, H, w, ⑥; AV, M_1, M_2, F, K; RL reg
T1.1.2.5, T6.2.1, T8.1.1
M 20–90 cm. Am Grunde mit nicht blühenden Rosetten. Blühtriebe mit meist rötl. Stgn, unter den Knoten stark klebrig. Stgblätter lineal-lanzettl. Blütenstand traubig rispig. Kelch 9–13 mm lg, mit Quernerven. Kronblätter 12–18 mm, gestutzt od. seicht ausgerandet. Nebenkrone 2-spaltig. Griffel 5. Reife Kapsel 5-zähnig.
B Im Gebiet nur ssp *viscaria*.

◄◄561 **Silene flos-cuculi** (L.) Clairv.
Kuckucks-Lichtnelke

I; H, w, ⑥; A, AV, M_1, M_2, F, K; RL reg; ☺
T7.1.2 (feucht), T7.3.2, T7.3.5
M 20–90 cm. Mit nicht blühenden Blattrosetten u. kurzhaarigem Stg. Blätter spatelig bis schmal eifg, die oberen schmaler. Blütenstand rispig. Kelch 6–10 mm lg. Kronblätter 15–25 mm lg, tief 4-teilig zerschlitzt, mit Nebenkrone. Griffel 5. Kapsel 5-zähnig.

◄562 **Silene coronaria** (L.) Clairv.
Kronen-Lichtnelke

U–E, ⟨C, H, w⟩, ⊙; AV, M_1, M_2, F; ⟨RL –⟩; Z
T1.1.2.4 (verlichtet), T10.7
M 40–90 cm. Stg u. Blätter dicht weißfilzig od. weißwollig. Blätter eifg lanzettl. Blüten lg gestielt. Kronblätter dklrot, ausgerandet od. ungeteilt.

563 **Cucubalus baccifer** L. ►
Taubenkropf (Gttg 1 sp)

I; H, s, ⑧; (AV), M_1, M_2, F; RL reg
H3.1–2.5, L5.2.5 (v.a. 5)
M 60–120(–200) cm. Pfl aufsteigend, stark ästig, spreizend kletternd, kurzhaarig. Blätter eifg, zugespitzt. Blütenstand rispig. Kelch weit glockig, mit stumpfen Zähnen. Kronblätter 2-spaltig, lgr als der Kelch. Griffel 3. Frucht eine schwarze, kugelige Beere.

564 **Agrostemma githago** L. ►►
Gewöhnliche Kornrade (Gttg 2 sp)

A; T, w, ⑦; (A), AV, M_1, M_2, F, K; RL 1; ☠!, ✠, ☺
T9.1.2.2 (v. a. Wintergetreide), heute: T10.8.1/3 (Vogelfutter)
M 50–100 cm. Zottig grau filzig behaart. Blätter schmal lanzettl. Kelch 3–6 cm lg, mit 2–4 cm langen Zipfeln, lgr als die 30–36 mm langen, seicht ausgerandeten Kronblätter. Nebenkrone fehlt. Griffel 5.
B Im Gebiet aufgrund verbesserter Saatgutreinigung vom Aussterben bedroht.

565 **Rumex salicifolius** Weinm.
Weidenblatt-Ampfer (Gttg 200 sp)

E; H, s, ⊙; (M_1, M_2), F, K; RL –; Al Abb. 18 (S. 124)
T7.4.1
M 30–100 cm. Meist aufrecht aufsteigend, ohne Grundblätter. Stgblätter lineal lanzettl., etwa 4–5mal so lg wie br. Blattachseln mit Seitentrieben, die später als der Hauptspross blühen u. diesen zuletzt übergipfeln. Innere Blütenhüllblätter (Valven) 3–4 mm lg, 3-eckig, am Grunde gestutzt, (fast) ganzrandig, wenigstens eine mit längl. Schwiele.
B Im Gebiet var *triangulivalvis* (Danser) Hickmam.

566 **Rumex conglomeratus** Murray
Knäuelblütiger Ampfer Abb. 19 (S. 124)

I; H, w, ⑧; A, AV, M_1, M_2, F, K; RL –; Al
L4.4, L5.2.4.1, T2.4.2.1, T7.4.1
M 30–80 cm. Oft am Grunde verzweigt. Grundblätter bis 20 cm lg u. 6 cm br, am Grunde abgerundet od. seicht herzfg. Gesamtblütenstand mit zahlreichen, von jew. einem lanzettl. Hochblatt versehenen Scheinwirteln, diese voneinander entfernt. Valven 2–3 mm lg, jew. mit einer großen Schwiele.

567 **Rumex sanguineus** L.
Hain-Ampfer, Blut-Ampfer Abb. 20 (S. 124)

I; H, s, ⑧; (A), AV, M_1, M_2, F, (K); RL –; Al
L5.2.3, T2.4.2.1, T8.2.1.2, T10.3..3.1 (Wälder)
M 50–80 cm. Meist erst oberhalb der Mitte verzweigt. Grundblätter bis 25 cm lg u. 6 cm br, längl. eifg, am Grunde gestutzt od. seicht herzfg, spitzl. Blüten in entfernten Scheinwirteln, nur die untersten mit einem Hochblatt versehen. Valven 3–4 mm lg, mit nur einer großen Schwiele.

568 **Rumex hydrolapathum** Huds.
Fluss-Ampfer Abb. 21 (S. 124)

I; A, H, s, ⑧; AV, M_1, M_2, F, K; RL –; Al
L3..5, S2.1
M 1–2 m. Stg über der Mitte verzweigt. Grundblätter bis 80 cm lg, 4–8mal so lg wie br, mit verschmälertem Grund; mittlere Seitennerven rechtwinklig vom Hauptnerv abzweigend. Valven 5–7 mm lg, jew. mit einer Schwiele.
B 569 *R.* × *heterophyllus* Schultz *(R. aquaticus* × *R. hydrolapathum)* hat einen schiefen bis einseitig herzfgn Blattgrund. Valven gestutzt bis schwach herzfg, alle mit weniger dicken, oft ungleichen Schwielen (Abb. 22, S. 124).

570 **Rumex aquaticus** L.
Wasser-Ampfer Abb. 23 (S. 124)

I; A, H, s, ⑧; AV, M_1, M_2, F; RL reg; Al
L5.2.5.4, S2.1, T7.4.1
M 0,8–2 m. Aufrecht. Grundblätter bis 50 cm lg, 1,5–2,5mal so lg wie br, am Grunde tief herzfg, spitz. Blütenstände in sehr dichten Rispen, reich verzweigt. Valven 5–9 mm lg, ohne Schwielen. Fruchtstiel unter der Frucht nur schwach verdickt.
B Im Gebiet nur ssp *aquaticus*.

571 **Rumex crispus** L.
Krauser Ampfer Abb. 24 (S. 124)

I; H, w, ⑦, ❀; A, AV, M_1, M_2, F, K; RL –; (☠)-☠, ✠, ☺, ✋, Al
T7 (v. a. 4.1), T9.1, (Gänseanger)
M 0,3–1,2 m. Untere Blätter bis 30 cm lg, lanzettl., am Grunde abgerundet od. verschmälert, vorne lg zugespitzt, am Rande auffällig wellig kraus. Blütenstände locker rispig, mit zahlreichen einander genäherten Scheinwirteln. Valven 3,5–6 mm lg, ohne Zähne, meist nur eine mit großer Schwiele (die beiden anderen gelegentl. mit sehr kleinen Schwielen).
B Im Gebiet nur ssp *crispus*.

572 **Rumex obtusifolius** L. ssp **obtusifolius** ▸
Gewöhnlicher Stumpfblättriger Ampfer Abb. 25 (S. 124)

I; H, w, ⑦, ⊛; A, AV, M_1, M_2, F, K; RL –; ✠, ✪, F, Al
L4.4, T7.4.1, T8.2.2.1/6, T10.1..6, T10.7

M 0,5–1,2 m. Grundblätter bis 40 cm lg u. 20 cm br, längl. eifg, am Grunde herzfg, vorne abgerundet od. mit kurzer Spitze, unterseits auf den Nerven weiß papillös behaart. Valven 4,5–6 mm lg, die längsten Zähne so lg wie die Valvenbreite, meist nur eine mit Schwiele.

573 ssp **sylvestris** (Wallr.) Čelak.
Östlicher Stumpfblättriger Ampfer Abb. 26 (S. 124)

I; H, w, ⊙; M_2, F (östl.); ⟨RL –⟩; Al
wie 572?

M Wie 572, aber Blätter unterseits nicht papillös. Valven 3–4 mm lg, kurz gezähnelt od. ganzrandig, alle mit längl. Schwiele.

574 ssp **transiens** (Simonk.) Rech. F.
Mittlerer Stumpfblättriger Ampfer Abb. 27 (S. 124)

(✩) **I**; H, w, ⊙; A, M_1, M_2, F, K; ⟨RL –⟩; Al
wie 572?

M Wie 572, aber Blätter kahl od. unterseits auf den Blattnerven papillös behaart. Valven 4–5 mm lg, die längsten Zähne halb so lg wie die Valvenbreite, alle mit unregelmäßig großen Schwielen.

B Übergangstypen zw den Unterarten treten regelmäßig auf.

575 **Rumex stenophyllus** Ledeb. ▸
Schmalblättriger Ampfer Abb. 28 (S. 124)

E; H, s, ⊙; F (östl.); RL reg; Al
L5.2.4.2, T7 (v. a. 4)

M 0,6–1 m. Untere Blätter bis 30 cm lg, lanzettl., am Grunde meist abgerundet, vorne zugespitzt, mit nur schwach krausem Spreitenrand. Blütenstand zieml. dicht. Valven 4–5 mm lg, mit zahlreichen kurzen Zähnen, jew. mit Schwiele.

B Verwechselungsgefahr mit dem häufigen Bastard (575a) *Rumex* × *pratensis* Mert. & Koch (571 × 572), der jedoch meist steril ist (Abb. 29, S. 124).

576 **Rumex pseudoalpinus** Höfft ▸▸
Alpen-Ampfer Abb. 30 (S. 124)

I; H, s, ⑧; A, AV, M_1; RL –; ✠, ✎
T3.1.1–2, T7.1.3

M 0,5–1,2 m. Aufrecht. Grundblätter bis 40 cm lg, 1–1,5mal so lg wie br, am Grunde tief herzfg, mit abgerundeter Spitze. Blütenstand dicht. Valven 4–6 mm lg, ganzrandig, ohne Schwielen. Fruchtstiele unter der Frucht verdickt.

◂ 577 **Rumex longifolius** DC.
Gemüse-Ampfer Abb. 31 (S. 124)

E; H, w, ⊙; M_2, F, K; RL reg; ✎; Al
T7.4.1, T8.2.2.6

M 0,6–1,5 m. Aufrecht. Grundblätter bis 80 cm lg, br lanzettl., 3–4mal so lg wie br, mit verschmälertem Grund, nie herzfg. Blütenstände in dichten Rispen. Valven 5–6 mm lg, ganzrandig, schwielenlos.

578 **Rumex patientia** L. ▸
Garten-Ampfer, Englischer Spinat Abb. 32 (S. 124)

E; H, s, ⊙; M_2, F; RL reg; ✎, ☺, Al
T8.2.2.6, T9.2..1, T9.3..2.1

M 1–2 m. Aufrecht. Grundblätter bis 50 cm lg, etwa 3mal so lg wie br, am Grunde keilfg od. gestutzt, vorne spitz, am Rande nicht kraus; mittlere Seitennerven mit spitzwinklig abzweigenden Nerven. Blattstiel oberseits abgeflacht. Valven bis 8 mm lg, meist nur eine mit kleiner Schwiele.

B Im Gebiet nur die ssp *patientia*.

Abb. 18 Rumex salicifolius (565)

Abb. 19 Rumex conglomeratus (566)

Abb. 20 Rumex sanguineus (567)

Abb. 21 Rumex hydrolapathum (568)

Abb. 22 Rumex × heterophyllus (569)

Abb. 23 Rumex aquaticus (570)

Abb. 24 Rumex crispus (571)

Abb. 25 Rumex obtusifolius ssp obtusifolius (572)

Abb. 26 Rumex obtusifolius ssp sylvestris (573)

Abb. 27 Rumex obtusifolius ssp transiens (574)

Abb. 28 Rumex stenophyllus (575)

Abb. 29 Rumex × pratensis (575a)

Abb. 30 Rumex pseudoalpinus (576)

Abb. 31 Rumex longifolius (577)

Abb. 32 Rumex patientia (578)

Abb. 33 Rumex maritimus (579)

Abb. 34 Rumex palustris (580)

Abb. 35 Rumex pulcher (581)

579 **Rumex maritimus** L.
Ufer-Ampfer Abb. 33 (S. 124)

I; T, s, ⑧; AV, M_1, M_2, F, K; RL –; Al
L3, L4.4, L5.2.4.1
M 10–70 cm. Zur Fruchtzeit goldgelb. Grundblätter u. untere Stgblätter lanzettl., mit verschmälertem Grund. Blütenstand zieml. dicht, Scheinwirtel genähert, einander oft berührend. Valven 2,5–3 mm lg, mit lgn Zähnen (> 2 mm), mit jew. einer schmal lanzettl., zugespitzten Schwiele. Staubbeutel 0,4–0,6 mm lg.

580 **Rumex palustris** Sm.
Sumpf-Ampfer Abb. 34 (S. 124)

I; T, H, s, ⊙; (AV), M_1, M_2, F; RL reg; Al
L5.2.4.1
M 10–90 cm. Zur Fruchtzeit rötl. od. braun. Untere Blätter längl. lanzettl., mit verschmälertem Grund. Blütenstand locker, Scheinwirtel voneinander entfernt. Valven 3–4 mm lg, mit kürzeren Zähnen (< 2 mm) u. jew. einer eifgn, stumpfl. Schwiele. Staubbeutel 0,9–1,3 mm lg.

581 **Rumex pulcher** L.
Schöner Ampfer Abb. 35 (S. 124)

A; T, H, s, ⊙; AV, M_1, F; ⟨RL –⟩; Al
T8.3.1, T10.3.1–2
M 20–60 cm. Meist schon unterhalb der Mitte sparrig verzweigt, mit (fast) senkrecht abstehenden Ästen. Grundblätter bis 20 cm lg, am Grunde herzfg od. gestutzt, oft beiderseits eingeschnürt, am Rande wellig. Valven 4–6 mm lg, alle mit ungleichen Schwielen.
B Im Gebiet nur ssp *pulcher*.

582 **Rumex scutatus** L.
Schild-Ampfer

I; H, w, ⊙; A, AV, M_1, M_2; RL –; Al?
T5.1.2.1, (T5.2)
M 20–40 cm. Bogig aufsteigend. Blätter bis 5 cm lg, spießfg, blaugrün od. blaugrau, lg gestielt. Innere Valven bis 6 mm lg, ganzrandig, schwielenlos; äußere Blütenhüllblätter aufrecht. Nussfrucht 3–3,5 mm lg.
B Im Gebiet nur ssp *scutatus*.

583-585 **Rumex acetosella** L. ssp **acetosella**
Gewöhnlicher Kleiner Sauerampfer

I; H, (K), w, ⑤; A, AV, M_1, M_2, F, K; RL –; 👌, Al
T2.2.1, T5.1.1.4, T6.2.1.4, T6.2.1.5.4, T7.4.2, T9.1.1.2
Bearbeitet von G. H. Loos
M 10–30 cm. Blätter bis 5 cm lg, pfeil- od. spießfg, sauer schmeckend. Blütenblätter mit der Frucht fest verklebt (angiokarp) od. Frucht frei, nicht mit den Blütenhüllblättern verbunden (gymnokarp).
B Die Gliederung dieser variablen Sippe ist problematisch, da sich z. T. widersprechende Auffassungen gegenüberstehen. Unterscheiden lassen sich generell:
- Sippe mit 2n = 14 Chromosomen; Früchte angiokarp od. gymnokarp (583a, *Rumex angiocarpus* Murb.). ohne Abb.
- Sippe mit 2n = 28 u. mit sehr schmalen Blättern (583, var *tenuifolius* Wallr. ohne Abb.
- Sippe mit 2n = 42; Früchte gymnokarp (584, var *acetosella*)
- wie vorige, aber angiokarp (585 ssp *pyrenaicus* Pourr. ex Lapeyr.).

586 **Rumex arifolius** All. ▶
Berg-Sauerampfer

I; H, s, ⑥; A, AV, M_1, M_2; RL reg; Al
T1.1.1.6, T3.4.2.2, T3.4.3, T7.1.3, T7.2.2
M 0,3–1 m. Grundblätter br eifg, 1–2 mal so lg wie br, mit stumpfen, nach außen gerichteten Spießecken, obere Blätter längl. eifg, am Grunde geöhrt. Nebenblattscheiden ganzrandig. Valven 3,5–4,5 mm lg, wenigstens eine am Grunde mit kleiner Schwiele. Nussfrucht 2,5–3 mm lg.

587 **Rumex acetosa** L. ▶▶
Großer Sauerampfer, Wiesen-Sauerampfer

I; H, w, ⑤,❀; A, AV, M_1, M_2, F, K; RL –; (☠), ✠, ✋, ✿, F, Al
T7.3
M 30–50(–90) cm. Blätter sauer schmeckend. Grundblätter spieß- od. pfeilfg, mit spitzen, abwärts gerichteten Ecken, 2–5mal so lg wie br, lg gestielt; obere Blätter stgumfassend. Nebenblattscheiden gefranst. Valven ganzrandig, wenigstens eine mit kleiner Schwiele. Nussfrucht 1,8–2,2 mm lg.
B Im Gebiet nur ssp *acetosa*.

◀◀ 588 **Rumex thyrsiflorus** Fingerh.
Straußblütiger Sauerampfer

I; H, w, ⑧,❀; (AV), M_1, M_2, F, K; RL –; Al
T6.2.2.2.3, T7.1.2, T7.5.2., T8.2.2.2
M 0,3–1,2 m. Grundblätter spieß- od. pfeilfg, lg gestielt, 3–4mal so lg wie br. Obere Stgblätter schmal lanzettl. bis lineal, stgumfassend. Nebenblattscheiden gefranst. Blütenstand dicht, mit reich verzweigten Seitenästen. Wenigstens eine Valve mit kleiner Schwiele. Nussfrucht 1,8–2,2 mm lg.
B Im Gebiet nur ssp *thyrsiflorus*.

◀ 589 **Rumex nivalis** Hegetschw.
Schnee-Ampfer

I; C, w, ⊙; A; RL –; Al?
T3.3.2
M Stg zu mehreren, 10–25 cm, blattlos od. 1–2-blättrig, unverzweigt. Grundstdge Blätter bis 3 cm lg, oval spießfg, dickl. Blütenstand unverzweigt. Valven ganzrandig, wenigstens eine am Grunde mit kleiner Schwiele. Äußere Blütenhüllblätter zurückgeschlagen.

◀ 590 **Oxyria digyna** (L.) Hill
Säuerling (Gttg 1 sp)

I; H, w, ⊙; A, M_2 (Apoph.); RL reg
T3.3.1, T5.1.1.1

M 5–30 cm. Aufrecht od. aufsteigend, meist nur am Grunde beblättert, kahl. Blätter 1–3 cm lg, meist nierenfg, vorn oft ausgerandet, lg gestielt. Blütenhüllblätter 4, die 2 inneren viel größer als die 2 äußeren.

591 **Aconogonon polystachyum** (Wall. ex Meisn.) Small ▶
Himalaya-Bergknöterich (Gttg 15 sp)

E; ⟨H, s⟩, ⊙; AV, M_1, M_2, F; ⟨RL –⟩; Z
T8.2.1.1
M 1–2 m. Blätter 5–15 cm lg, br lanzettl., (fast) sitzend. Blütenstände weit ausladend, rispig, endstdg. Blütenhülle ca 4 mm lg, die äußeren Blütenhüllblätter größer als die 3 inneren, die 3-kantige Frucht einschließend.

◂ 592 **Bistorta vivipara** (L.) Delarbre
Knöllchen-Wiesenknöterich (Gttg 50 sp)

I; H, w, ⑥; A, AV, M_1; RL reg
T3.2.3, T3.4.1–2, T6.2..5.1
M 5–25 cm. Pfl mit kräftigem Rhizom, Stg unverzweigt. Rosettenblätter bis 8 cm lg, schmal oval bis lineal-lanzettl., mit umgebogenem Rand. Scheinähre dünn walzl., lockerblütig, im unteren Teil mit Brutknöllchen. Blüten weiß bis hellrosa. Nüsse nur slt entwickelt.

593 **Bistorta officinalis** Delarbre ▸
Schlangen-Wiesenknöterich

I; K, H, s, ⑥; A, AV, M_1, M_2, F, K; RL reg; ✠, ⚕, ✿, F
L5.2.3, T3.1.1, T7.1.3, T7.3
M 30–80 cm. Mit kräftigem Rhizom. Stg unverzweigt. Rosettenblätter lg gestielt, bis 18 cm lg, unterseits weich behaart, mit abgesetzt herablaufendem Blattgrund. Stgblätter wenige, kürzer gestielt, mit gestutztem bis leicht herzfgm Grund, nach oben zu reduziert. Blüten in dichten Scheinähren, rosa. Nüsse 4–5 mm lg.

◂ 594 **Persicaria amphibia** (L.) Delarbre ▸
Wasser-Knöterich (Gttg 150 sp)

I; W, H, w, s, ⑥; A, AV; M_1, M_2, F, K; RL –
L3..4.2, L3..5, T9.1.1.3
M Stg am Grunde stark verzweigt, bis 1 m (Wasserform bis 3 m) lg. Schwimmblätter längl. elliptisch, bis zu 10 cm lg, sehr lg gestielt, am Grunde gestutzt bis herzfg, kahl; Landform mit bis zu 20 cm lgn, kurz (1 cm) gestielten, am Grunde abgerundeten, oben zugespitzten, anliegend behaarten Blättern (z. T. mit dunklem Fleck). Scheinähren 1(–2–3), dichtblütig. Blüten rosa. Nüsse 2 mm lg.
B Land (l)- u. Wasserform (r) sind bloße Standortmodifikationen ohne taxonomischen Wert.

◂ 595 **Persicaria pensylvanica** (L.) m. Gomez
Pennsylvanischer Knöterich

U–E; ⟨T, s⟩, ⊙; F; ⟨RL –⟩
T10.4.5
M 30–100 cm. Pfl kräftig. Blätter bis 20 cm lg, lanzettl., zugespitzt, mit kurzem Stiel. Blütenstände zylindrisch, in dichten, bis 5 cm lgn Scheinähren, aufrecht, ihre Stiele mit zahlreichen Drüsen. Blütenhüllblätter ca 2,5 mm lg, rosa, drüsenlos. Nüsse 2,5–3,5 mm, glänzend, dklbraun bis schwarz.

596 **Persicaria maculosa** Gray ▸
Floh-Knöterich

I; T; s, ⑧; A, AV, M_1, M_2, F, K; RL –; ☺, ✿, F
L5.2.4.1, T8.3.1, T9.1.1.3
M 20–80 cm. Blätter oberseits oft mit dunklem Fleck, stets ohne Filz, kurz gestielt, unterseits ohne Drüsenpunkte, die größte Breite hfg in der Mitte Nebenblattscheiden (Ochrea) am Rande mit 1,5–3 mm lgn Wimpern, auf der Fläche anliegend behaart. Scheinähre dicht, aufrecht, ihre Stiele ohne Drüsen. Blütenhüllblätter intensiv rosa od. auch weiß, fast drüsenlos, Nervatur nur am Grunde deutl.. Nüsse 2–3 mm lg, schwarz, gewölbt linsenfg od. 3-kantig.

◄ 597 **Persicaria lapathifola** (L). Delarbre
ssp **lapathifolia** ►
Gewöhnlicher Ampfer-Knöterich,
Ufer-Ampfer-Knöterich

I; T, s, ®; A, AV, M_1, M_2, F, K; RL –
L5.2.4.1, T9.1.1.3

M Bis 1,5 m hoch. Meist aufsteigend od. aufrecht, oft rot überlaufen u./od. punktiert, mit 14–30 Knoten. Blätter lanzettl., 3–6mal so lg wie br, oberseits oft mit dunklem Fleck, unterseits mit Drüsenpunkten, z. T. filzig, meist unterhalb der Mitte am breitesten, deutl. gestielt. Nebenblattscheiden am Rande kahl od. bis 0,8 mm lg bewimpert. Blütenstand locker, mit 2–5 Scheinähren oberhalb des letzten (deutl.) Blattes. Scheinähren schlank (zur Fruchtzeit 6–8 mm ∅), ihre Stiele etwas drüsig. Blütenhüllblätter zur Blütezeit weißl., danach weiß bleibend od. rötl. (nicht grün!) verfärbend, drüsig, zur Fruchtreife mit deutl., ankerfgn Nerven. Nüsse 1,8–2,3 mm, dklbraun, flach linsenfg mit konkaven Seitenflächen, slt 3-kantig.

◄ 598 ssp **brittingeri** (Opiz) Sojak
Fluss-Ampfer-Knöterich

I; T, s, ⊙; (AV), M_1, M_2, F; RL reg
L5.2.4.2

M Ähnl. 597, aber Stg meist niederliegend. Blätter eifg, br elliptisch od. fast rund, zumindest die unteren höchstens 2mal so lg wie br.

B In vielen Übergangsformen zu 597, daher nicht immer eindeutig anzusprechen.

599 ssp **mesomorpha** (Danser) Sojak ►
Mittlerer Ampfer-Knöterich

I; T, s, ⊙; M_1, M_2, F; RL –
L3.5, L3.8, L5.2.4.1, T9.1.1.3

M Übergangsformen, die morphologisch zw 597 u. 600 stehen u. meist zerstreut auftreten. Weitere Übergangsformen zw den anderen Unterarten erschweren die Bestimmung!

B Bewertung der Sippe noch nicht abschließend geklärt.

◄ 600 ssp **pallida** (With.) A. Löve
Acker-Ampfer-Knöterich

I; T, s, ⊙; AV, M_1, M_2, F, K; RL –
L5.2.4.1, T8.3.1, T9.1.1.3

M Wie 597, aber Stg nicht hochwüchsig, slt etwas rötl. überlaufen, mit meist 7–14 Knoten. Blätter lanzettl., ohne od. nur mit undeutl. Blattfleck. Blütenstand kompakt, mit meist nur 1–2 dickl. (zur Fruchtzeit 8–10 mm im Durchm.) Scheinähren oberhalb des letzten (deutl.) Blattes, ihre Stiele meist dicht drüsig. Blütenhüllblätter zur Blütezeit weiß, nach der Blüte grünl. (slt zusätzl. etwas rötl.), drüsig, ihre Nerven z. T. nicht hervortretend. Nüsse 2,3–3,0 mm.

601 ssp **leptoclada** (Danser) Wisskirchen ►
Lein-Ampfer-Knöterich

I; T, s; (M_1, F), RL D
T9.1.3

M Ähnl. 600, aber Stg auffallend lg u. schlank. Seitenäste lgr als der Hauptspross. Blätter schmal lanzettl. Blütenhüllblätter ohne deutl. hervortretende Nerven, deutl. kürzer als die reife Nuss. Nüsse bei der Fruchtreife nicht abfallend.

B Als Leinbeikraut im Gebiet ausgestorben.

◀ 602 **Persicaria dubia** (Stein) Fourr.
Milder Knöterich

I; T, s, ⑧; A, AV, M_1, M_2, F, K; RL reg.
L5.2.4.1, T10.3.3.1(Wälder)
M Ähnl. 604, aber ohne pfefferartigen Geschmack (Geruch). Blätter mittelgrün, mit deutl. Seitennerven. Nebenblattscheiden am Rande 3–6 mm lg bewimpert, auf der Fläche anliegend behaart. Scheinähre gebogen od. nickend. Blütenhüllblätter unten grün, oben weiß, rosa od. rot, drüsenlos od. nur mit wenigen Drüsen. Nüsse 2,5–3,5 mm lg, linsenfg od. 3-kantig, glänzend, schwarz.

603 **Persicaria minor** (Huds.) Opitz ▶
Kleiner Knöterich

I; T, s, ⑧; AV, M_1, M_2, F, K; RL –
L5.2.4.1, T10.3.3.1 (Wälder)
M 10–30(–60) cm. Meist niederliegend od. aufsteigend. Blätter fast sitzend lineal bis lineal-lanzettl., 3–8 mm br, am Grunde plötzl. verschmälert, mit undeutl. (od. fehlenden) Seitennerven. Scheinähren aufrecht od. wenig gebogen. Nebenblattscheiden am Rand (2–5 mm) lg bewimpert, auf der Fläche anliegend behaart. Blütenhüllblätter drüsenlos. Nüsse 1,5–2,5 mm lg, glänzend, schwarz.
B Formenreich. Verwechslungsgefahr mit kleinwüchsigem 602, v. a. der breitblättrigen f *latifolium* A. Br.

◀ 604 **Persicaria hydropiper** (L.) Delarbre
Wasserpfeffer

I; T, s, ⑧; A, AV, M_1, M_2, F, K; RL –; ☺, ✿, F
L5.2.4.1, T9.1.1.3, T10.3.3.1 (Wälder)
M 20–60(–100) cm. Mit pfefferartigem Geschmack (Geruch). Blätter lanzettl., hellgrün, kurz gestielt, ohne Blattfleck. Nebenblattscheiden auf der Fläche kahl, am Rande bis 2 mm lg bewimpert. Scheinähre locker, oft nickend. Blütenhüllblätter grün, an der Spitze etwas weiß od. rötl., dicht mit gelbl. bräunl. Drüsen besetzt. Nüsse 2,5–4 mm lg, meist 3-kantig, matt, feinwarzig rau, dklbraun.

605 **Polygonum aviculare** L. ssp **aviculare** ▶
Breitblättriger Acker-Vogelknöterich (Gttg 50 sp)

I; T, s, ⑦; A?, AV, M_1, M_2, F, K; RL –
L5.2.4.1, T9.1
M Wie *P. arenastrum*, aber größer u. kräftiger. Stg bis zu 1 m, aufsteigend bis aufrecht, reich verzweigt. Blätter am Hauptspross 2–5 cm lg u. 0,5–2 cm br, lanzettl., 2–3mal größer als die Blätter der Seitensprosse. Nebenblattscheiden etwa 5 mm lg. Blütenhüllblätter oben weiß od. intensiv rosa, bis fast zum Grunde getrennt. Staubblätter 8. Nüsse 2,5–3,5 mm lg, gerieft, matt, größte Seitenflächen nach innen gewölbt.
B Vielgestaltige Art. Eine Sippe mit dünnen Stgln, schmalen, am Ende zugespitzten Blättern u. Blütenhüllen, die kürzer als die Nuss sind, ist als (606) ssp *rectum* Chrtek (Schmalblättriger Acker-V.) (H1.2.2.2, T7.4.2, T5.8.3, T9.1.2.2) bekannt.
ohne Abb.

Ähnl. ist auch (607) *P. rurivagum* (Jord. ex Boreau) Berher (Unbeständiger Acker-V.) (T7.4.2, T9.1.2.2, T9.1.1.3): Stg bis 30 cm hoch, meist aufrecht, sparrig verzweigt, zierl. Blätter bis 4 cm lg u. bis 7 mm br, an den Seitensprossen deutl. kleiner. Nebenblattscheiden 7–10 mm lg. Blütenhüllblätter weiß od. rosa, bis zum Grunde voneinander getrennt. Staubblätter 8. Nüsse glatt, glänzend, so lg wie die Hülle.
ohne Abb.
B Der taxonomische Wert dieser Sippe ist noch weitgehend unklar.

◀◀ 608–610 **Polygonum arenastrum** Boreau
Gewöhnlicher Vogelknöterich i. e. S.

I; T, s, ⊙; A, AV, M_1, M_2, F, K; RL –; ✠, ☺, ✿, F
T7.4.2
M Bis 30 cm. Stg niederliegend, an schattigen Stellen auch aufrecht, reich verzweigt. Blätter bis 2 cm lg, elliptisch bis lanzettl. Nebenblattscheiden bis 4 mm lg. Blüten zu 1–3, blattachselstdg. Blütenhüllblätter weiß, grünl. od. rosa, im unteren Drittel verwachsen. Nüsse an den größten Seitenflächen nach außen gewölbt.
▼

B zu 608–610: Formenreich. Neben (608) ssp *arenastrum* (Wegrand-Vogelknöterich), Staubblätter 7–8. Nüsse 2–2,5 mm lg, dklbraun, matt, gerieft od. deutl. punktiert, lassen sich (nicht immer sicher!) unterscheiden:
(609) ssp *calcatum* (Lindm.) Wisskirchen, (Pflaster-V.) T7.4.2, T10.3.3.2, mit kleinen schmalen Blättern, mind. ½–⅔ verwachsener Blütenhülle, mit 5–6 Staubblättern, 1,3–2 mm lgn, schmalen, schwarzen od. dklbraunen, glatten od. schwach punktierten, glänzenden Nüssen (nicht slt an trockenen, voll exponierten Stellen im Flachland).
Vorheriger Sippe ähnl: (610) ssp *microspermum* (Jord. ex Boreau) H. Scholz (Kleinfrüchtiger V.) T7.4.2, mit ⅓ bis knapp zur Hälfte verwachsener Blütenhülle; Blütenhüllblätter schmal u. kürzer als die seitl. u. oben sichtbare Nuss. Nüsse relativ br, dklbraun, gerieft od. fast glatt (slt an tro Stellen in Wärmegebieten, z. B. Oberrheinebene).
beide ohne Abb.

611 **Polygonum oxyspermum** Mey. & Bunge ex Ledeb. ssp **raii** (Bab.) Webb & Chater ▸
Dunkelbrauner Strand-Vogelknöterich

I; T, s, ⊙; K (Nordsee); RL R
H1.2.2.2
M Stg bis 1 m lg. Niederliegend. Blätter 1–3,5 cm lg, lanzettl. bis elliptisch. Blütenhüllblätter ca 3 mm lg. Nuss 3,5–6 mm lg, dklbraun bis schwarz, die Blütenhüllblätter zur Reifezeit bis ⅓ überragend.
B Ähnl.: (612) ssp *oxyspermum* (Hellbrauner Strand-V.)
I; T, s, ☼; K (Ostsee), RL R, ohne Abb.
H1.2.2.2
Blätter lineal-lanzettl. Nussfrucht 5–6,5 mm lg, braungrün od. hellbraun, die Blütenhüllblätter bis ½ überragend.

613 **Fallopia convolvulus** (L.) A. Löwe
Acker-Flügelknöterich (Gttg 9 sp)

A; T li, s, ⑦; A, AV, M_1, M_2, F, K; RL –; ☺
T8.3.1, T9.1.1.3, T9.1.2, T9.1.2.2
M Stg bis über 1 m lg, am Boden kriechend, windend od. kletternd, zumindest unten kantig, rau. Blätter spieß- od. pfeilfg. Blütenhüllblätter 5, zur ◂Blütezeit grünl. weiß, später grün, dicht drüsig, die 3 äußeren gekielt, slt schmal geflügelt. Nüsse 3,5–5 mm lg, schwarz, matt, feinwarzig. Fruchtstiel 1–3 mm lg, oberhalb der Mitte gegliedert.

614 **Fallopia dumetorum** (L.) Holub ▸
Hecken-Flügelknöterich

I; T li, s, ⑧; AV, M_1, M_2, F, K; RL –
L4.1–3 (Ufer), T8.2.1, T8.2.2
M Ähnl. 613, aber Stg bis 3 m lg, fast rund, glatt. Blütenhüllblätter grünweißl. braun od. rötl., drüsenlos, die 3 äußeren 1–2 mm br geflügelt. Nüsse 2–3 mm lg, schwarz, glänzend, glatt. Fruchtstiel 5–8 mm lg, in od. unterhalb der Mitte gegliedert.

615 **Fallopia baldschuanica** (Regel) Holub
Schling-Flügelknöterich

U–E, K; H li, w, ⊙; M_1, M_2, F; RL –; Z
T10.2.3, T10.3.1.3 (Bahndämme)
◂**M** Stg bis 10 m (u. mehr), windend, verholzend. Blätter 3–6 cm lg, längl. eifg, mit mehr od. weniger herzfgm Grund, lg gestielt. Blütenstände blattachsel- u. endstdg. Blüten 5 mm br, weiß, später rötl. überlaufen. Äußere Blütenhüllblätter zur Fruchtzeit geflügelt. Nüsse 4 mm lg, rau.

616–617 **Fallopia japonica** (Houtt.) Ronse Decr. ▸
Japanischer Flügelknöterich

E; K, s; ♀♂, A, AV, M_1, M_2, K, K; RL –
L4.1(v. a. Gebirge), L5.2.2–3, T8.2.1.1, T8.2.2
M Bis 3 m. Spross aufrecht, rötl. gestrichelt. Blätter bis 18 × 13 cm, am Grunde gestutzt, abgerundet od. stumpf keilfg, vorn plötzl. zugespitzt, ledrig hart, völlig kahl. Am Blattstielgrund außen nur 1 Grubennektarium. Blütenstände blattachselstdg, rispig, die weibl. gestreckt, locker, die männl. halb aufrecht. Blüten weiß. Fruchtansatz mäßig.
B Bisher im Gebiet nur (616) var *japonica* fest eingebürgert. (617) var *compacta* (Hook. F.) J. P. Bailey, der Kleine Japanische Flügelknöterich, zeigt Einbürgerungstendenzen (**U–E, K**). Merkmale: frühere Blütezeit, niederwüchsig, deutl. kleinere Blüten u. Blätter. ohne Abb.

◄618 **Fallopia × bohemica** (Chrtek & Chrtkova) J. P. Bailey (616 × 619)
Bastard-Flügelknöterich

E; K, ⊙; ♀♂, M_1, M_2, F; ⟨RL –⟩
T8.2.1
M Die Merkmale sind den jeweiligen Elterteilen genähert od. sind intermediär ausgebildet. Oft bestandbildend u. stellenweise häufiger als die Eltern (auch ohne diese vorkommend).

619 **Fallopia sachalinensis** (F. Schmidt Ronse Decr.) ►
Sachalin-Flügelknöterich

E; K; s, ⑨, ♀♂; AV, M_1, M_2, F, (K); RL –
T8.2.1
M Ähnl. 616, aber Spross 2,5–4 m, rein grün. Blätter bis max. 43 × 27 cm (am Hauptspross), am Grunde herzg, vorn allmähl. zugespitzt, weich, unterseits meist stark behaart. An den Knoten seitl. mehrere zusätzl. Grubennektarien. Weibl. Blütenstände kurz, rispig, bogig überhängend, grünl. weiß, die männl. aufrecht weiß.

◄◄620 **Fagopyrum esculentum** Moench
Echter Buchweizen (Gttg 8 sp)

U, K; T, s, ⊙; ⟨RL –⟩; ☠ (Kraut!), ✠, ✎
T9.1 (v. a. 7), T10.7
M 15–60 cm. Aufrecht, zur Fruchtzeit rot überlaufen. Blätter 3-eckig spießfg, bis 8 cm lg, etwa so lg wie br. Blütenhüllblätter 3–4 mm lg, weißl. od. rosa, am Grunde manchmal grünl. Nussfrüchte mit ganzrandigen, scharfen, ungezähnten Kanten, auf der Fläche glatt.

◄621 **Fagopyrum tataricum** (L.) P. Gaertn.
Tatarischer Buchweizen, Falscher Buchweizen

A; T, s, ⊙; (AV), M_1, M_2, F (östl.), K; RL D
T9.1.1.3, T9.1.7
M 30–70 cm. Aufrecht, zur Fruchtzeit grün bleibend. Blätter bis 8 cm lg, 3-eckig eifg, mit herzfgm Grund, die oberen stgumfassend. Blütenhüllblätter 2 mm lg, grünl. Nussfrüchte mit geschweift gezähnten, stumpfen Kanten, auf der Fläche runzlig.

◄622 **Limonium vulgare** Mill.
Gewöhnlicher Strandflieder (Gttg ca 350 sp)

I; H, w, ⑧; K; RL 3, §
H1.1.3.1
M 20–40 cm. Aufsteigend bis aufrecht, verzweigt. Blätter in grundstdg Rosette, bis 20 cm lg, verkehrt eifg, ganzrandig, kahl. Blütenstände aus einseitswendigen Ähren u. Ährchen bestehend. Kelch trockenhäutig. Kronblätter verwachsen, blauviolett.
B Im Gebiet nur ssp *vulgare*.

623 **Armeria arenaria** (Pers.) Schult. ►
Wegerich-Grasnelke (Gttg 100 sp)

I; H, i, ⊙; RL 0, §
T6.2..2.2
M Schaft bis 60 cm lg, kahl. Blätter in grundstdg Blattrosette, über 3 mm br, lanzettl., 3–7-nervig, kahl. Blütenköpfe 2–3 cm br, von den äußeren Blütenhüllblättern seitl. überragt. Hochblatthülle 2–4 cm lg. Kronblätter rosa.

624 **Armeria maritima** Willd. ssp **maritima**
Strand-Grasnelke

I; H, i, ⑤; K; RL reg, §; ☺
H1.1.3.2, H2...4
M 5–15 cm. Unverzweigt, oft flaumig behaart. Blätter in grundstdg Rosette, 1 mm br, lineal, undeutl. 1-nervig, fleischig, oft gewimpert. Blütenköpfe 1,5–2 cm br. Äußere Blütenhüllblätter 4–8 mm lg, bleich, stumpf od. kurz zugespitzt, den Blütenkopf nicht überragend. Hochblatthülle 1–2 cm lg. Kronblätter rosa.

625 ssp **elongata** (Hoffm.) Bonnier
Sand-Grasnelke

I; H, i, ⑤; (AV), M_1, M_2, F, K; RL 3, §
T6.2..4.3, T10.3.1.4 (Apoph.)
M Ähnl. 624, aber 20–50 cm lg, kahl. Blätter 2–3 mm br, 1-nervig, krautig schlaff, kahl od. bewimpert. Blütenköpfe 1,8–2,5 cm br. Blütenhüllblätter bleich, die äußeren 10–25 mm lg, lanzettl., lg zugespitzt. Kronblätter meist hellrosa.

626 ssp **halleri** (Wallr.) Rothm.
Galmei-Grasnelke

(✰) I; H, i, ④ M_1, M_2, F; RL 3, §
T5.1.3, alle Sippen: bis auf ssp *serpentini* (T5.1.5)
M Wie 624, aber Schaft völlig kahl. Blätter 1–1,5 mm br, 1-nervig, am Grunde 3-nervig, straff u. ledrig. Blütenköpfe 1–1,5 cm br. Blütenhüllblätter 5–8 mm lg, stumpf, krautig. Kronblätter rosa. Aufgrund neuerer Untersuchungen werden alle, in der BRD z. T. als Lokalendemiten angesehenen, auf schwermetallhaltigen Böden vorkommenden, schwer unterscheidbaren Sippen zusammengefasst: (626a) Serpentin-G. ✰ ssp *serpentini* (Gauckler) Rothm. (Fichtelgebirge); (626b) Bottendorfer G. ✰ ssp *bottendorfensis* (A. Schulz) Rothm. (Abb. re.). RL 3!! (M_2: bei Bottendorf/Sachsen-Anhalt); (626c) Hornburger G. ✰ ssp *hornburgensis* (A. Schulz) Rothm. RL R!! (M_2: bei Eisleben/Sachsen-Anhalt); (626d) (✰) ssp *calaminaria* (Petri) Ernst (nur M_2: Aachener Raum) u. (626e) ✰ ssp *halleri* i. e. S nur: M_2 (Harz). Die Sippen werden von anderen Autoren auch als Arten aufgefasst. Eine adäquate Bearbeitung steht noch aus.

627 ssp **purpurea** (Koch) A. Löve & D. Löve
Purpur-Grasnelke

(✰) I; H, i, ⊙; AV; RL 1!!, §
L3..6.5
M Ähnl. 624, aber 20–40 cm lg, kahl. Blätter etwa 2 mm br, 1(–3)-nervig, nicht fleischig. Blütenhüllblätter braun, 8–20 mm lg. Hochblatthülle 1,2–2 cm lg. Kronblätter rosapurpurn.

628 **Elatine alsinastrum** L.
Quirl-Tännel (Gttg 12 sp)

I; T, W, w, ⊙; M_1, M_2, F; RL 2!
L3..7.3, L4.4, auch: Maisäcker, Schweineweiden
M 2–50(–100) cm, aufrecht od. aufsteigend. Unterwasserblätter bis 5 cm lg, schmal lineal, quirlstdg zu 8–16; Blätter über dem Wasser bis 12 mm lg, eifg, meist zu 3(–6), ungestielt. Blüten grünl., einzeln in den Achseln der Überwasserblätter. Kelchblätter u. Kronblätter 4, Staubblätter 8.
B Habitus an (2316) *Hippuris vulgaris* erinnernd.

◂ 629 **Elatine hydropiper** L. ssp **hydropiper**
Gewöhnlicher Wasserpfeffer-Tännel

I; T, W, w, ⊙; M_1, M_2, F, K; RL 3
L3..6-7

M 2–15 cm, liegend od. kriechend, an den Knoten wurzelnd. Blätter elliptisch bis spatelig, gegenstdg. Blattstiel (zumind. der unteren Blätter) 1–3mal so lg wie die Spreite. Blüten 4-zählig, Kronblätter 0,5 mm lg, rosa, etwa so lg wie der Kelch, Staubblätter 8. Samen asymmetrisch hufeisenfg gekrümmt (Fig. 31a). Kapsel kugelig, eingedrückt.

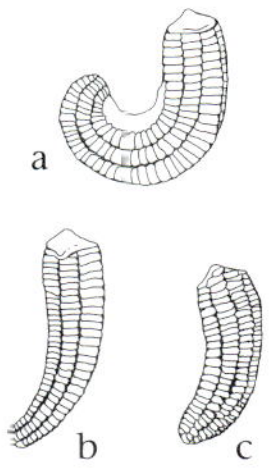

Fig. 31: Samen von *Elatine*

B Ähnl. ist der Geradsamige W-T. (630) *E. orthosperma* (Düben) F. Herm. **I**, T, A, w, ⊙; AV F; RL ?, mit geraden od. an einem Ende schwach gekrümmten Samen u. längl., gewölbter Kapsel (Fig. 31b).

631 **Elatine triandra** Schkuhr ▸
Dreimänniger Tännel

I; T, W, w, ⊙; AV, M_1, M_2, F; RL 3
L3..7

M 2–15 cm, kriechend, an den Knoten wurzelnd. Blätter elliptisch bis eilängl., kaum sichtbar gekerbt. Blattstiel höchstens so lg wie die Spreite, meist kürzer. Blüten 3-zählig, sich meist nicht öffnend, wie Frucht sitzend. Kronblätter 3, rosa od. weiß, so lg wie der 2-teilige Kelch, Staubblätter 3. Samen leicht gebogen, ohne Längsrippen. (Fig. 31c)

◂ 632 **Elatine hexandra** (Lapierre) DC.
Sechsmänniger Tännel

I; T, W, w, ⑧; AV, M_1, M_2, F; RL 3
L3..7

M Ähnl. 631, aber Blätter ganzrandig. Blüten u. Frucht (0,5–)1–5(–10 mm lg) gestielt. Kronblätter 3, rosa od. weiß, lgr als der 3-teilige Kelch. Staubblätter 6. Samen fast gerade, mit deutl. Längsrippen.

633 **Hypericum elodes** L. ▸
Sumpf-Johanniskraut (Gttg ca 370 sp)

I; H, w, ⑧; M_2, F (westl.); RL 2, §
L3..6.2

M 10–30 cm, niederliegend aufsteigend, flaumig behaart. Blätter eifg elliptisch, behaart. Blütenstand armblütig. Kelchblätter eifg, am Rande rot drüsig gefranst, Kronblätter 6–8 mm lg.

634 **Hypericum humifusum** L. ▸
Niederliegendes Johanniskraut

I; C, T, w, ⑧; (A), AV, M_1, M_2, F, K; RL reg; (☠)
L3..6.2, L3..7, T2.2, T6.2.1.4, T7.4, T10.3.3.1 (Wald)

M 10–30 cm, niederliegend kriechend, fädig, kahl. Blätter 5–15 mm lg, schmal längl. bis schmal elliptisch. Blütenstand wenigblütig. Kelchblätter lanzettl., (fast) ganzrandig, kurz bespitzt, schwarzdrüsig, Kronblätter 4–7 mm lg.

635 **Hypericum hirsutum** L. ▸▸
Behaartes Johanniskraut

I; H, s, ⑧, ⑧; A, AV, M_1, M_2, F, K; RL reg; (☠)
T2.2(2), T10.3.3.1 (Wald)

M 40–80(–100) cm, aufrecht, dicht behaart, stielrund. Blätter bis 5 cm lg, oval, durchscheinend punktiert, beiderseits behaart. Blütenstand rispig. Kelchblätter 3–4 mm lg, lanzettl., spitz, am Rand schwarzdrüsig, Kronblätter 8–10 mm lg.

◂636 **Hypericum tetrapterum** Fr.
Geflügeltes Johanniskraut

I; H, w, ⑧; A, AV, M_1, M_2, F, K; RL reg; (☠)
L3..5, L5.2.5(4), T2.2, T7.4

M 30–80 cm, kahl. Stg aufrecht, mit deutl. geflügelten Kanten, hohl. Blätter 2–4 cm lg, elliptisch bis eifg, dicht durchscheinend punktiert, am Rande schwarzdrüsig. Blütenstand trugdoldig. Kelchblätter bis 5 mm lg, lanzettl., spitz. Kronblätter nur bis 8 mm lg.

637 **Hypericum perforatum** L. ▸
var **perforatum**
Gewöhnliches Tüpfel-Johanniskraut

I; H, s, ⑧, ❀; A, AV, M_1, M_2, F, K; RL –; (☠), ✠, ☺, F
T2.2, T4.4, T6.2.2.2.3 (brach), T8.1, T8.2.2.2, T10.3.1, T10.3.4.2

M 15–80(–100) cm, aufrecht, kahl. Stg durchgehend 2-kantig, innen markig. Blätter bis 3 cm lg, oval eifg bis längl. linealisch, dicht mit hellen, durchsichtigen Öldrüsen besetzt. Blütenstand br ausladend. Kelchblätter bis 5 mm lg, schmal lanzettl., mit aufgesetzter Spitze. Kronblätter bis 13(–15) mm lg, unterseits höchstens am Rand mit schwarzen Punkten (typ.!) od. auch mit schwarzen Strichen u. einzelnen Punkten auf der Fläche (dann allerdings vielleicht schon 643, solche Formen bedürfen weiterer Beobachtung).

B Übergangsformen zu *H.* × *desetangsii* (s. **B**6).
Weitere Varietäten (bzw. taxonomisch unklare Typen):

638 var *angustifolium* Borkh., Schmalblättriges Tüpfel-Johanniskraut.
T1.4.1.3

639 var *microphyllum* DC., Kleinblättriges Tüpfel-Johanniskraut.
T6.2..4, T8.2.2.2

640 var *latifolium* Gaudin, Breitblättriges Tüpfel-Johanniskraut.
T3.1, T3.4 alle ohne Abb.

◂641 **Hypericum maculatum** Crantz ▸
ssp **maculatum**
Gewöhnliches Geflecktes Johanniskraut Fig. 32a

I; H, w, ⑧, ❀; A, AV, M_1, M_2, F, K; RL reg; (☠)
T6.2..5(1)

M 20–70 cm, kahl, aufrecht. Stg durchgehend 4-kantig, ungeflügelt, hohl. Blätter br eifg bis elliptisch, dicht netzadrig, im Gegenlicht nicht durchscheinend punktiert (ohne Öldrüsen). Blütenstand schmal, Äste fast spitzwinklig vom Stg abstehend. Kelchblätter br eifg, rundl. (Fig. 32a), ganzrandig. Kronblätter bis 12 mm lg, unterseits mit schwarzen Punkten, außerdem oft mit kurzen Strichen.

B Siehe Bemerkung 6, Seite 719.

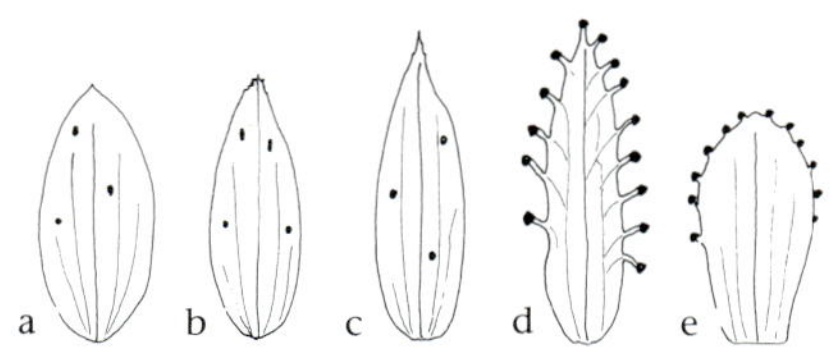

Fig. 32: Kelchblätter von *Hypericum*, aus Weber (1995)
a: *Hypericum maculatum* ssp *maculatum*, b: *Hypericum maculatum* ssp *obtusiusculum*, c: *Hypericum* × *desetangsii*, d: *Hypericum montanum*, e: *Hypericum pulchrum*

◂642 ssp **obtusiusculum** (Tourlet) Hayek ▸
Stumpfblättriges Geflecktes Johanniskraut

I; ⟨H, w⟩, ⊙; AV, M_1, M_2, wo noch? RL –; (☠)
L5.2.5.4

M Ähnl. 641, aber Stg oberwärts ± 2-kantig. Blätter locker netzadrig, ohne Öldrüsen. Blütenstand ± br ausladend, Äste fast stumpfwinklig vom Stg abstehend. Kelchblätter br, rundl. (Fig. 32b). Kronblätter bis 15 mm lg, unterseits mit längeren, schwarzen Strichen u. wenigen Punkten.

643 **Hypericum × desetangsii** Lamotte nssp **desetangsii**
Bastard-Flecken-Johanniskraut i. e. S. Fig. 32c

I; H, w, ⊙; A, AV, M_1, M_2, wo noch?; RL –; (☠)
L2, L4.4, T7.3(?)
B Bildet in allen Merkmalen lückenlose Übergänge zw 642 u. 637.
Hybridogener Sippenkomplex (spontane u. stabilisierte Sippen). Die Abgrenzung zu den Elternsippen ist nicht ganz klar, je nachdem inwiefern man helle Öldrüsen in den Blättern u. schwarze Striche auf der Unterseite der Kronblätter als Abgrenzungsmerkmal verwendet.

644 nssp **carinthiacum** (A. Fröhl.) N. Robson
Kärntner Bastard-Flecken-Johanniskraut

I; ⟨H; w⟩; ⊙; wo?; ⟨RL –⟩;
wo?
M 641 × 637, sehr ähnl. 643, besitzt einen insg schmaleren Habitus, vermittelt zw den Elternsippen.

645 **Hypericum pulchrum** L.
Schönes Johanniskraut Fig. 32e

I; H, w, ⑧; AV, M_1, M_2, F, K; RL reg; (☠)
T1.1.1.1, T1.1.2.5, T2.1.1.1
M 20–80 cm, kahl. Stg stielrund. Blätter 0,5–2 cm lg, br 3-eckig, sitzend, am Grunde am breitesten, die unteren mit durchscheinenden Punkten, randl. ohne schwarze Drüsen. Blütenstand rispig. Kelchblätter 2–3 mm lg, br eifg, stumpf, schwarzdrüsig. Kronblätter 6–9 mm lg, oft rötl. überlaufen.

646 **Hypericum montanum** L.
Berg-Johanniskraut Fig. 32d

I; H, s, ⑧; A, AV, M_1, M_2, F, K; RL reg; (☠)
T1.1.1 (licht), T1.1.2.3, T1.1.2.4, T2.1.2.1.2
M 30–80 cm. Aufrecht, mit stielrundem, kahlem Stg, Blätter 2–6 cm lg, br eifg, unterseits auf den Nerven kurz behaart, am Rande mit schwarzen Drüsenpunkten, kürzer als die Stgglieder. Blütenstand fast kopfig, armblütig. Kelchblätter 5–6 mm lg, lanzettl., spitz, mit gestielten Drüsen. Kronblätter etwa 10 mm lg.

647 **Hypericum elegans** Stephan ex Willd.
Zierliches Johanniskraut

I; H, s, ⑦; M_2; RL 3+!, §; (☠)
T6.2.2.2.3, T6.2..3, T8.1.1
M 15–30(–50) cm, kahl. Stg stielrund, im oberen Teil mit 2 zarten Längsleisten, schwarzdrüsig punktiert. Blätter dicht durchscheinend punktiert, am Rand schwarzdrüsig, lgr als die Stgglieder. Blütenstand locker, vielblütig. Kelchblätter spitz, mit gestielten Drüsen. Kronblätter bis 12 mm lg.

648 **Hypericum majus** (A. Gray) Britton
Großes Kanadisches Johanniskraut

E; ⟨T, H, s⟩, ⊙; M_1; RL reg; (☠)?
L3..7.3
M 5–30 cm, zierl., kahl. Stg 4-kantig, aufrecht. Blätter 15–40 mm lg, lanzettl., an der Basis (3–)5–7-nervig, nicht drüsig punktiert. Kelchblätter 5–7 mm lg, ohne schwarze Drüsen, Kronblätter blassgelb. Kapsel 5,5–7,5 mm lg, rundl.
B Heimat: Nordamerika. Möglicherweise ohne Mithilfe des Menschen im Gebiet aufgetaucht, weitere nah verwandte Sippen in Polen.

649 **Tilia platyphyllos** Scop. ssp **cordifolia** (Besser) C. K. Schneider
Herzblättrige Sommer-Linde (Gttg 45 sp)

I; P, s, ⑦; A, AV, M_1, M_2, F, K; RL reg; ✠, 👌, ☺, Z
T1.1.1, T1.1.2.1

M 15–40 m. Blätter am Grund herzfg, asymmetrisch, beiderseits grün, weich u. dünn, oberseits u. v. auch unterseits (jedoch schwächer als bei 649a ssp *grandiflora* (Ehrh.) Vollm., der häufigeren Sippe im Norden) behaart, in den Nervenwinkeln deutl. weißl. gebärtet. Blattstiele u. junge Triebe reichl. behaart. Blütenstand 2–5-blütig. Frucht dickwandig (zw den Fingern nicht zerdrückbar), mit 4–5 deutl. Längsrippen. Häufigere Sippe im Süden.

B Die Gewöhnliche Sommer-Linde, (650) ssp *platyphyllos*, unterscheidet sich von 649 wie folgt: Junge Triebe meist kahl; Blätter unterseits nur auf den Nerven zerstreut behaart, auf der Fläche kahl. ohne Abb.

Die Kahle Sommer-Linde, (651) ssp *pseudorubra* C. K. Schneider, (A, AV, M_1, RL ?;) hat fast kahle Blätter, mit einzelnen Haaren auf den Hauptnerven, Nervenwinkel nur mit einzelnen Haarbüscheln, Blattstiel im Alter verkahlend. ohne Abb.

652 **Tilia cordata** Mill.
Winter-Linde

I; P, s, ⑧; A, AV, M_1, M_2, F, K; RL –; ✠, ☺, Z
L5.2.3, T1.1.2.1,–3,–5

M 10–25 m. Junge Triebe anfängl. behaart, später verkahlend. Blätter am Grunde herzfg u. oft asymmetrisch, dickl., oberseits kahl, dklgrün, unterseits graublaugrün, in den Nervenachseln zunächst weißl., später bräunl. gebärtet, sonst kahl, Blattstiele kahl. Blütenstände 4–12-blütig, mit häutigem Hochblatt. Frucht dünnwandig (zw den Fingern leicht zerdrückbar), mit 2–3 undeutl. Längsrippen.

Die Behaarte Sommer-Linde (651a) ssp *braunii* (Simk.) C. K. Schneider mit reichl. weich- u. lghaarigen Blattnerven u. kahlen jungen Zweigen (bisher nur in Sachsen, weiter verbreitet?). ohne Abb.

653 **Tilia × vulgaris** Hayne (652 × 650)
Holländische Linde

E, wo **I**?; ⟨P, s⟩, ⊙; kult. im ganzen Gebiet; ⟨RL -⟩; ✠, 👌, Z
T1.1.2.1, T1.1.2.3

M Vermittelt zw 652 u. 649: Laubblätter schief, am Grunde herzfg, oberseits grün u. kahl, unterseits bleich od. bläul. grün, auf der Fläche mit wenigen sternfg gruppierten Haaren od. kahl, in den Nervenwinkeln weiß od. bräunl. gebärtet. Blattstiel bereits in der Jugend spärl. behaart od. kahl. Blütenstände mit 3–10 Blüten. Frucht angedrückt filzig, deutl. gerippt.

B Aufgrund ihrer Attraktivität vielerorts die häufigste angepflanzte Linde.

654 **Althaea officinalis** L.
Echter Eibisch (Gttg 12 sp)

I; H, s, ⑧; M_1, M_2, F, K; RL 3, §; ✠, 👌, Z
H1.1.3, L4.4, L5.2.5, T7.3, T7.4

M 0,6–1,5 m. Stg wie Blätter dicht samtig filzig. Obere Stgblätter schwach 3-lappig bis ungeteilt, zw den Nerven gefaltet. Außenkelchblätter 8–9, am Grunde verwachsen. Kronblätter 15–25 mm lg, weiß bis hellrosa, wenig ausgerandet. Teilfrüchte am Rücken dicht sternhaarig filzig.

655 **Althaea hirsuta** L.
Rauhaariger Eibisch

A; T, H, s, ⊙; AV, M_1, M_2, (F slt **U**); RL 3
T8.3.1, T9.1.2.1–2

M Stg 30–60 cm, wie Blatt- u. Blütenstiele mit lgn, steifen Borstenhaaren. Obere Stgblätter bis nahe zum Grund 3–5-teilig. Außenkelchblätter 6–9, am Grunde verwachsen. Kronblätter 12–17 mm, rosa bis blasslila, kaum lgr als die spitzen Kelchblätter. Teilfrüchte kahl, am Rücken runzelig.

◄ 656 **Lavatera thuringiaca** L.
Thüringer Strauchpappel (Gttg ca 25 sp)

I; H, s, ⑧; AV, M_2, F (östl.); RL reg; Z
T8.1.2, T8.2.2.6 (auch salzhaltig, wärmeliebend)
M 50–125 cm. Im oberen Teil wie Blatt- u. Blütenstiele sternhaarig filzig. Obere Stgblätter bis 10 cm lg, 3–5-lappig (die unteren 5-eckig), max. bis zur Mitte geteilt. Außenkelch zu einer 3-spaltigen Hülle verwachsen, kürzer als der Kelch. Kronblätter 2,5–4,5 cm lg, tief ausgerandet, rosa. Teilfrüchte kahl, am Rücken runzelig.
B Im Gebiet nur ssp *thuringiaca*.

657 **Malva alcea** L. ►
Rosen-Malve, Sigmarskraut (Gttg ca 30 sp)

A; H, s, ⑧; AV, M_1, M_2, F, K; RL reg; Z
T8.2.2.5–6, T9.5.4, T10.3.3.1
M 0,4–1,2 m. Oberwärts wie Blätter u. Kelch sternhaarig. Obere Stgblätter fast bis zum Grunde 3–7-teilig, einzelne Fiedern fiederteilig, grob gesägt. Blüten einzeln blattachselstdg (am Stgende zu mehreren). Außenkelchblätter 3, eifg bis br lanzettl., 3 mm br, am Grunde verbreitert, Kronblätter bis 35 mm lg, tief ausgerandet. Teilfrüchte kahl, an den Seiten querrunzelig.

◄ 658 **Malva moschata** L.
Moschus-Malve

A?; H, w, ⑦, ⑧; AV, M_1, M_2, F, K; RL –; ☺, Z
T6.2.2.2.3, T7.1.2, T8.1.2
M 20–80 cm. Ähnl. 657, aber Stg u. Blätter mit einf., abstehenden Haaren. Obere Stgblätter fast bis zum Grund 3–7-teilig, einzelne Fiedern in schmal lineale u. spreizende Zipfel fiederteilig gespalten. Außenkelchblätter lineal-lanzettl., 1 mm br, am Grunde verschmälert. Teilfrüchte am Rücken dicht behaart, an den Seiten nicht querrunzelig.

659 **Malva sylvestris** L. ssp **sylvestris** ►
Wilde Malve

A; H, ⟨B⟩, w, ⑦; AV, M_1, M_2, F, K; RL reg; ✠, ⚘, Z
T8.2.2.5–6, T8.3.1, T10.2.2, T10.3.3.1, T10.7
M 30–100 cm. Niederliegend bis aufrecht, ± dicht behaart. Obere Stgblätter 3–7-teilig gelappt, etwa bis zur Hälfte geteilt, behaart; Blattstiele ringsherum behaart. Blüten zu 2–6 blattachselstdg. Außenkelchblätter 3, längl. eifg. Kelch sternhaarig. Kronblätter 25–30 mm lg, mit 3 dunklen Längsstreifen. Teilfrüchte mit scharfem Rand. Fruchtstiele aufrecht od. abstehend.

◄ 660 ssp **mauritiana** (L.) Boiss. ex Coutinho
Mauretanische Malve

E; H, w?, ⊙; F, wo noch?; ⟨RL –⟩; Z
T8.3.1
M Ähnl. 659, aber Stg schwach behaart, Blätter fast kahl. Blattstiele nur oberseits flaumhaarig.

661 **Malva neglecta** Wallr. ►
Weg-Malve, Käsepappel

A; T, H, s, ⊙; A, AV, M_1, M_2, F, K; RL –; ✠, ⚘, ☺
T8.3.1, T9.1.1.3, T9.2, T10.2.2, T10.3.3.1
M 15–50 cm. Niederliegend. Obere Stgblätter 5-7-teilig, bis auf ¼ gelappt. Blüten zu (1–)2–6, lg gestielt, blattachselstdg. Außenkelchblätter 3, schmal lanzettl. Kronblätter meist 8–12 mm lg, etwa 2mal so lg wie der Kelch, tief ausgerandet, rosa bis weiß. Teilfrüchte an den Kanten abgerundet, glatt. Fruchtstiele zuletzt zurückgebogen.

662 **Malva pusilla** Sm.
Kleinblütige Malve

A; T, H, s, ⑦; M_1, M_2, F, K; RL 3
T7.4.2, T8.3.1, T9.1.1.3, T9.3..1, T10.3.3.1, T10.7
M Ähnl. 661, aber Kronblätter 3–5 mm lg, schwach ausgerandet, etwa so lg wie der Kelch, blassrosa bis weiß. Teilfrüchte querrunzelig mit schmalem, scharfem Rand.

663 **Abutilon theophrasti** Medik.
Chinesische Samtpappel (Gttg 100 sp)

A; ⟨T, s⟩,⊙; AV, M_1, M_2, F, K; ⟨RL –⟩
T8.3.1, T9.1
M 50–100 cm. Behaart (einf. Haare u. Sternhaare). Blätter bis 15 cm, lg gestielt, rundl. herzfg, randl. schwach gekerbt. Blüten in blattachselstdg Zymen. Kelchblätter im unteren Teil verwachsen. Außenkelch fehlend. Kronblätter 7–13 mm lg, gelb. Teilfrüchte, geschnäbelt, behaart, schwarz.

664 **Sarracenia purpurea** L.
Braunrote Schlauchpflanze (Gttg 9 sp)

E (lok); H, w, ⊙; M_1, F; RL –, E§; Z
S1.3
M Blätter zu Beutefallen umgebildet, meist 10–20 cm lg, in grundstdg Rosette, schlauchfg, mit meist 4–6 cm breiter Öffnung u. schaufelartig verlängertem Abschn. sowie einer Flügelleiste. Blütenstg 20–50(–60) cm. Blüten einzeln, 3–5 cm br, nickend, fast kugelig, 5-zählig. Griffel die Staubblätter überdeckend, zu einem purpurrot gefärbten Schirm (ca 3 cm br) erweitert.
B Heimat: Nordamerika. Im Gebiet nur ssp *purpurea* zunehmend angesalbt.

665 **Aldrovanda vesiculosa** L.
Wasserfalle (Gttg 1 sp)

E; W, s, ⊙; AV, M_1, F (östl.); RL 1; Aq
L3..3.4
M 10–30 cm. Freischwimmend, wurzellos, mit wirtelig angeordneten Fangblättern. Spreite drüsenlos, muschelfg, nach Berührung zusammenklappend. Blattgrund mit 4–6 Borsten (–8 mm lg). Blüten grünl. weiß.
B Heimat: palaeotropisch. Aufgrund der kühlen Wassertemperaturen werden Blüten im Gebiet nur sehr slt ausgebildet.

666 **Drosera longifolia** L.
Langblättriger Sonnentau (Gttg ca 80 sp)

I; H, w, ⑦; A, AV, M_1, (M_2), F, (K); RL 2, §; Z
S1.1, S2.2.2
M 7–20 cm. Hohe, insekten- (auch andere gliedertier-) fangende Rosettenpflanze. Blütenstg aufrecht, mittelstdg, 2–3mal so lg wie die Blätter, mit 3–8 Blüten. Blattspreiten 10–40 mm lg, linealisch spatelig, 4–8(–10)mal so lg wie br. Blattstiele kahl.
B Die Fangblätter der *Drosera*-Arten besitzen Drüsententakel, die sich aufgrund taktiler u. chemischer Reize einwärts krümmen. Von den Tentakelköpfen ausgesonderte Sekrete zersetzen das Beutetier. Später wird die zersetzte Nahrung über die Köpfchen absorbiert.

667 **Drosera rotundifolia** L.
Rundblättriger Sonnentau

I; H, w, ⑦; A, AV, M_1, M_2, F, K; RL 3, §; ✠, ☺, Z
L2.3, S1.1, S1.3.2
M 7–20 cm. Blütenstg mit 4–12 Blüten, viel lgr als Blätter. Spreite 5–10 mm lg u. bis 15 mm br, rundl., nicht lgr als br, plötzl. in den deutl. abgesetzten, mehrfach längeren, behaarten Stiel verschmälert.

668 **Drosera × obovata** Mert & W. D. J. Koch (666 × 667)
Bastard-Sonnentau

I; H, w, ⊙; A; AV, M_1; F; RL ?, §; Z
S1.1, S2.2.2
M 7–10(–20) cm. Blütenstg von Grund an aufrecht, 2–3mal so lg wie die Blätter (Unterschied zu 669). Spreite verkehrt eifg, (1,5–)2–3mal so lg wie br, allmähl. in den behaarten Stiel verschmälert. Fruchtkapsel kl. Samen 0,3 mm lg, degeneriert.

669 **Drosera intermedia** Hayne
Mittlerer Sonnentau

I; H, w, ⑦; A, AV, M_1, M_2, F; K; RL 3, §; Z
S1.1, S2.2.2
M 5–10 cm. Blütenstg mit 3–8 Blüten, seitl. der Blattrosette entspringend, bogig aufsteigend, (im blühenden Zustand) kaum lgr als die Blätter. Spreiten 7–10 mm lg, keilig verkehrt eifg, 2–4mal so lg wie br. Blattstiele kahl.

670–673 **Helianthemum nummularium** (L.) Mill.

B Siehe Bemerkung 7, Seite 719. (Gttg ca 110 sp)

670 ssp **nummularium**
Zweifarbiges Sonnenröschen

I; C, i, ⑥; A, AV, M_1, M_2; RL reg; Z
T6.2.2.2.3, T6.2.2.5.1, T8.1.1
M 10–20(–50) cm. Oberseits behaart, am Grunde verholzt. Blätter eifg bis lineal-lanzettl. mit nahezu parallelen Blatträndern, ledrig, am Rande nach unten gerollt, unterseits anliegend od. zottig mit kurzen od. lgn Sternhaaren, dabei sehr stark bis weißl. verfilzt, Blattunterseitenfläche selbst nicht sichtbar, mit bis zu 0,4–0,8 mm lgn Nebenblättern. Innere Kelchblätter zw den borstig behaarten Nerven kurz sternhaarig (5–)6–8(–9) mm lg. Kronblätter 8–12 mm lg, Staubbeutel bis 0,6 mm lg.

671 ssp **obscurum** (Čelak.) Holub
Ovalblättriges Sonnenröschen

I; C, i, ⑥, ⊙; A, AV, M_1, M_2, F; RL reg
T1.4.1.3, T6.2.2.2.3, T6.2.2.3.2, T6.2.2.5.1, T8.1.1
M Wie 670, aber Blätter oft eifg lanzettl., nicht ledrig, am Rande flach, unterseits Behaarung stark variabel, nicht deutl. filzig, gelegentl. auch fast unbehaart.

672 ssp **grandiflorum** (Scop.) Schinz & Thell.
Großblütiges Sonnenröschen

I; C, i, ⊙; A, AV, M_1; RL –; Z
T1.4.1.3, T3.4.2, T5.1+2 (Hochgebirge)
M Wie 670, aber Blätter eifg br lanzettl., nicht ledrig, am Rande flach, unterseits dicht bis zerstreut büschelig borstenhaarig bis lg sternhaarig (gelegentl. auch mit kurzen Sternhaaren). Innere Kelchblätter zw den Nerven kahl od. kurz sternhaarig u./od. borstenhaarig, (6–)7–12(–13) mm lg. Krone 12–18 mm lg, Staubbeutel 0,5–0,8 mm lg.

673 ssp **glabrum** (W. D. J. Koch) Wilczek
Kahles Sonnenröschen

I; C, i, ⊙; A; RL –
T3.4.2
M Wie 672, aber Blätter unterseits kahl, nur am Rand u. am Mittelnerv zerstreut borstenhaarig. Innere Kelchblätter zw den Nerven stets kahl, glänzend.

674 **Helianthemum apenninum** (L.) Mill.
Apenninen-Sonnenröschen

I; Z, i, ④; M_1, M_2 (östl.); RL 3!, §; Z
T6.2.2.2.1, T6.2.2.2.3
M 10–30 cm, reich verzweigt. Blätter 8–30 mm lg, lineal bis lineal-lanzettl., am Rande ± umgerollt, oberseits ± stark behaart, unterseits grau- bis weißfilzig. Nebenblätter pfrieml. fädig. Kronblätter 8–18 mm lg, weiß.

675 **Helianthemum canum** (L.) Baumg.
Graues Sonnenröschen

I; Z, i, ⑤; M_1; RL 3!, §; Z
T1.4.1.3, T5.2.3, T6.2.2.2.1
M Ähnl. 676, aber Blätter am Rande umgerollt, wenigstens unterseits durch Sternhaare grau od. weißfilzig. Kronblätter 5–8 mm lg, gelb.
B Formenreich, im Gebiet nur ssp *canum*.

676 **Helianthemum alpestre** (Jacq.) DC
Alpen-Sonnenröschen

I; Z, i, ⊙, ⊛; A; RL –; Z
T3.4.2.1
M 3–15 cm. Im oberen Teil mit einf. Haaren (Sternhaare fehlend). Blätter 5–15 mm lg, oval bis schmal lanzettl., am Rande flach, beiderseits grün, mit einf. Haaren od. kahl; zumindest die unteren Blätter ohne Nebenblätter. Kronblätter 7–10 mm lg, gelb.

677 **Fumana procumbens** (Dunal) Gren. & Dodr.
Gewöhnliches Nadelröschen (Gttg 9 sp)

I; Z, i, ⑦; (AV), M_1, M_2; RL 3+!
T6.2.2.2.1, T6.2.2.2.3 (lückig), T6.2..4.7
M 5–10 cm hoch. Stg kurz anliegend behaart, mit Drüsenhaaren. Zweige niederliegend bis aufsteigend, bis 20 cm lg. Blätter 5–20 mm lg, alle nadelfg, wechselstdg. Blüten 1–2, blattachselstdg. Kelchblätter ungleich lg, Kronblätter 6–10 mm lg, hinfällig (nur vormittags blühend).

678 **Tuberaria guttata** (L.) Fourr.
Geflecktes Sandröschen (Gttg 12 sp)

I; T, s, ⊙; F (östl.), K (westl.); RL 1!
T6.2..4.5 (z. T. unter Kiefern)
M 5–30 cm. Aufrecht, abstehend behaart. Untere Stgblätter längl. elliptisch, obere schmal lanzettl., ungestielt. Kelchblätter ungleich (die 2 äußeren kleiner als die 3 inneren). Blüten 1–2 cm br, gelb, am Grunde meist schwarzbraun gefleckt.

679 **Viola biflora** L.
Zweiblütiges Veilchen (Gttg ca 400 sp)

I; H, w, ③; A, AV, M_2; RL reg; Z
L5.2.3 (o), T1.1.1 (o), T3.1
M 5–15 cm. Unverzweigt. Blätter nierenfg, breiter als lg. Nebenblätter kurz, ganzrandig. Blüten gelb; unteres Kronblatt braun gestreift.
B Siehe Bemerkung 8, Seite 719.

680 **Viola tricolor** L. ssp **tricolor** var **tricolor**
Gewöhnliches Wildes Stiefmütterchen

I; H, T, w, ④; AV, M_1. M_2, F, K; RL reg; ✠, ☺
T6.2..4.4, T7.1.2, T9.1.1.2
M 10–40 cm hoch. Blattspreiten 1–3 cm lg, Nebenblätter fiederspaltig, ihr Mittellappen nicht blattähnl., meist lanzettl., ganzrandig od. gekerbt. Blüten 1,5–3 cm lg, mit od. ohne Duft. Kelchblätter spitz, mit den Anhängseln 9–15 mm lg. Kronblätter deutl. lgr als die Kelchblätter, die 2 oberen meist blau od. blauviolett, die unteren zum Schlund gelb. Unterstes Kronblatt (mit Sporn) 12–25 mm lg, etwa 1,4–2mal so lg wie die Kelchblätter. Sporn 3–5 mm lg, ca 1,5mal so lg wie Kelchanhängsel.
B Siehe Bemerkung 9, Seite 719.

681 var **maritima** Schweigg. ex G. Hagen
Dünen-Stiefmütterchen

I; H, w, ⊙; K; RL reg Abb. M. li.
H1.2.2.5-7
M Ähnl. 680, aber Krone 1–1,5 cm lg, meist (bis auf den gelben Schlund) ganz violett, slt 3-farbig, Blätter u. Nebenblätter schmaler, etwas fleischig.
B Unter Umständen gebührt der Sippe ein höherer Rang, evtl. sogar als Art. Die (682) var *polychroma* (A. Kern.) Gams, (ohne Abb.) Gebirgswiesen-Stiefmütterchen, ist eine ungeklärte Sippe. Von einigen Autoren wird (683) als Art aufgefasst u. var *polychroma* dann dazu als ssp gestellt.

683 ssp **saxatilis** (F. W. Schmidt) Arcang.
Felsen-Stiefmütterchen

I; H, w, ⊙; A, M_1, M_2; RL reg
T7.1.3
M Ähnl. 680, aber Sporn 5–6 mm lg, doppelt so lg wie die Kelchanhängsel. Blüten 2–3,5 cm lg, gelb, nur am Sporn bläul. bis vielfarbig, oft duftend.
B Auch dieser Sippe gebührt unter Umständen Artrang.

684 **Viola arvensis** Murray ssp **arvensis**
Gewöhnliches Acker-Stiefmütterchen

A; T, w, ③; A, AV, M_1, M_2, F, K; RL –; ✠
T9.1.1.3, T9.1.2, T10.3.3.1, T10.7
M 5–40 cm. Unten kahl bis ± flaumhaarig. Nebenblätter fiedrig geteilt, ihr Endabschnitt deutl. kleiner als die dazugehörige Spreite, die übrigen Abschnitte meist pfriemlich, < als der Endabschnitt. Spreite der größten Blätter meist längl., 1,5mal so lg wie br, beiderseits fast immer mit 5 Kerben; Spreiten der mittleren Stgblätter meist > 1 cm. Blüten 8–15 mm lg, (fast) duftlos; Kronblätter zuerst meist so lg wie Kelchblätter, sonst oft kürzer, hfg nach vorne neigend, dadurch etwas trichterfg. Obere Kronblätter weiß od. seltener bläul., die unteren hellgelb. Unterstes Kronblatt (mit Sporn) 0,8–1,3mal so lg wie die meist nicht gewimperten Kelchblätter. Sporn 2–4 mm lg, etwa so lg wie die Kelchblattanhängsel.

685 ssp **megalantha** Nauenb.
Großblütiges Acker-Stiefmütterchen

A?; ⟨T, w⟩, ⊙; AV, M_1, M_2, F; ⟨RL–⟩
T8.2.2–T8.3, T9.1.2
M Wie 684, aber Blüten zuerst 18–26 mm lg, später 14–17 mm; Krone gelbl., flach, stark duftend; Kronblätter nie kürzer als die Kelchblätter, v. a. die oberen Kronblätter blauviolett überlaufen. Sporn lgr als die Kelchblattanhängsel.
B Übergangsformen zw 684 u. 685 treten auf.

686 **Viola kitaibeliana** Schult.
Kleines Stiefmütterchen

I; ⟨T, w⟩, ⊙; M_2, wo noch?; ⟨RL –⟩
T9.1.2.2, T10.3.1.2
M Stg 2–10(–15) cm. Unten hfg dicht kurz rauhaarig. Nebenblätter meist handfg geteilt, ihr Endabschnitt nur wenig kleiner als die dazugehörige Spreite, die übrigen Abschnitte lineal bis lineallanzettl., lgr als Endabschnitt. Spreite der größten Blätter rundl. bis br eifg, beiderseits mit je 1–2(–4) Kerben. Spreite der mittleren Stgblätter meist < 1 cm lg. Krone 4–8 mm lg. Kronblätter meist kürzer als die oft bewimperten Kelchblätter, etwas trichterfg.

687 **Viola guestphalica** Nauenb.
Violettes Galmei-Stiefmütterchen

☆**I**; H, w, ③; M_2 (nur Blankenrode); RL R!!, §
T5.1.2.3
M Ähnl. 688, aber Blüten purpurviolett bis blau.
B Siehe Bemerkung 10, Seite 719.

688 **Viola calaminaria** (Ging.) Lej.
Gelbes Galmei-Stiefmütterchen

(☆) **I**; H, w, ③; M_2 (nur bei Aachen); RL 2!!, ⊙
T5.1.2.3
M Stg verlängert, 8–20 cm, zu vielen, mit weit kriechendem Wurzelstock. Nebenblätter fast fingerfg geteilt, Zipfel lineal, ganzrandig; Mittelabschnitt kaum lgr als die Seitenzipfel. Blüten 15–30 mm lg, gelb (slt blau). Sporn etwa halb so lg wie die Kronblätter.

689 **Viola calcarata** L.
Langsporniges Stiefmütterchen

I; H, w, ⊙; A; RL reg; ⊙; Z
T3.3.2, T5.1.2.2.1
M Stg kurz, 4–10 cm, mit unterirdischen Ausläufern. Blätter grundstdg, rosettig. Nebenblätter ganzrandig od. 3-spaltig. Blüten ca 30 mm lg, meist blauviolett. Sporn 8–15 mm, etwa so lg wie die Kronblätter, 3–4mal so lg wie die Kelchblattanhängsel.
B Im Gebiet nur die ssp *calcarata*.

690 **Viola mirabilis** L.
Wunder-Veilchen

I; H, s,③; A, AV, M_1, M_2; RL reg; Z; D
L5.2.3, T1.1.1, T1.1.2.1, T1.1.2.3–4
M Stg 15–30 cm, erst zur Fruchtzeit ausgebildet (dann neben grundstdgn auch stgstdge Blätter). Blätter gr, br herzfg, unterseits stark glänzend. Stg u. Blattstiele 1-reihig behaart. Kelchblätter spitz. Grundstdge Blüten 1,5–2,5 cm, blasslila, duftend, stgstdge kronenlos u. kleistogam. Sporn 3–7 mm lg, grünl. weiß.

691 **Viola rupestris** F. W. Schmidt
Sand-Veilchen

I; H, s,③; A, AV, M_1; RL 3
T1.4.1.2–3, T3.4.2, T6.2, T6.2.2.3.2
M Ähnl. 692, aber Stg 3–8 cm. Blätter rundl. herzfg, bis 2 cm lg u. 1,5 cm br, schwach gekerbt od. ganzrandig, wie Stg meist flaumig behaart. Stgblätter den grundstdgn ähnl. (etwas kleiner). Kelchblätter weniger lg zugespitzt mit 1–2 mm lgn, gestutzten Anhängseln. Blüten 1–1,8 cm gr, meist blauviolett. Sporn 3–4 mm lg, hellviolett.
B Im Gebiet nur die ssp *rupestris*.

◄ 692 **Viola reichenbachiana** Boreau
Wald-Veilchen

I; H, w, ③; A, AV, M_1, M_2, F, K; RL –
T1.1.1
M Stg deutl. ausgebildet, 10–25 cm, kahl. Blätter grund- u. stgstdg, am Grunde deutl. herzfg >2 cm lg. Stgblätter meist lgr als br, deutl. schmaler als grundstdge Blätter. Nebenblätter lg gefranst. Kelchblätter spitz, mit unscheinbaren, zur Fruchtzeit nicht ausgerandeten Anhängseln. Blüten 1,5–2 cm lg, hellviolett. Sporn 3–6 mm lg, an der Spitze abgerundet, hellviolett, ungefurcht.

693 **Viola riviniana** Rchb. ►
Hain-Veilchen

I; H, s, ③; A, AV, M_1, M_2, F, K; RL –; Z
T1.1.2.3–5, T8.1.2
M Ähnl. 692, aber Stgblätter etwa so lg wie br, nicht deutl. schmaler als die grundstdg Blätter. Nebenblätter kurz gefranst. Anhängsel auffällig, 2–3 mm lg, zur Fruchtzeit ausgerandet. Blüten 1,8–2,5 cm gr, hell blauviolett. Sporn weißl., unterseits gefurcht, an der Spitze ausgerandet, 4–7 mm lg.

◄ 694 **V. × bavarica** Schrank (692 × 693)
Bastard-Wald-Veilchen

I; ⟨H, w⟩, ⊙; A, AV, M_1, M_2, F, K; ⟨RL –⟩
T1.1.1
M Wie 693, aber mit hellblauem bis blauviolettem Sporn, Anhängsel kleiner. Meist steril.
B Formenreich. Der Bastard ist reg häufiger als die reinen Arten, bzw. ersetzt sie völlig.

695 **Viola canina** L. ssp **canina** ►
Gewöhnliches Hunds-Veilchen

I; H, w, ③; A, AV, M_1, M_2, F, K; RL reg; Z
T4, T62.2.3, T6.2..5.1
M 5–20 cm. Ohne grundstdge Blätter. Spreite 1,2–2mal so lg wie br, mit seicht herzfgm Grund, vorne ± stumpf. Nebenblätter der mittleren Stgblätter ⅙–⅓ so lg wie der zugehörige Blattstiel. Kelchblätter spitz. Kronblätter blauviolett. Sporn 1–2mal so lg wie die Kelchanhängsel, meist gerade, gelbl. grün.

696 ssp **schultzii** (Billot) Kirschl. ►
Schultz' Hunds-Veilchen

I; H, w, ⊙; AV, M_1; RL 0
T7.3.2
M Ähnl. 695, aber Spreite 2mal so lg wie br, am Grund schwach herzfg, vorn ± zugespitzt. Nebenblätter der mittleren Stgblätter ¼–⅔ so lg wie der dazugehörige Blattstiel. Kronblätter schmal elliptisch, blassviolett bis weißl. Sporn 2–3mal so lg wie die Kelchblattanhängsel, stark aufwärts gebogen, grünl. od. gelbl.

697 ssp **montana** (L.) Hartm. ►►
Berg-Veilchen

I; ⟨H, w⟩, ⊙; A, AV, M_1, M_2, F; RL reg
T1.1.2.3, T4.2, T7.3.2
M Ähnl. 695, aber Spreite 2 mal so lg wie br, am Grunde schwach herzfg, vorn ± zugespitzt. Nebenblätter der mittleren Stgblätter ¼–⅔ so lg wie der dazugehörige Blattstiel. Kronblätter blassblau bis weiß. Sporn 1,5–2mal so lg wie Kelchblattanhängsel, gerade od. schwach aufwärts gebogen, weißl.

698 **Viola elatior** Fr.
Hohes Veilchen

I; H, s, ⑤; AV, M_1; RL 2- !
T7.3.2–3
M 20–50 cm. Kräftig, vor allem oberseits an den Kanten dicht kurzhaarig, ohne grundstdg Blätter. Stgblätter lanzettl., am Grunde gestutzt bis schwach herzfg; Blattstiel undeutl. geflügelt. Nebenblätter der mittleren Stgblätter so lg wie der Blattstiel, die der oberen lgr als dieser. Blüten 2–2,5 cm, hellblau. Kelchblätter spitz. Sporn 3–4 mm lg, grünl. gelb.

699 **Viola pumila** Chaix
Niedriges Veilchen

I; H, w, ⊙; AV, M_1; RL 2!
T7.3.3
M 5–20 cm. Kahl, ohne grundstdge Blätter. Stgblätter lanzettl., am Grunde keilfg verschmälert; Blattstiel deutl. geflügelt. Nebenblätter der mittleren Stgblätter so lg wie Blattstiele, die der oberen lgr. Blüten 1,5–2 cm gr, blassviolett, dunkler geadert. Kelchblätter spitz. Sporn 2–3 mm, grünl. gelb.

700 **Viola persicifolia** Schreb.
Gräben-Veilchen

I; H, w, ⑥; AV, M_1, M_2, F; RL 2
T7.3.2–3
M 10–25 cm. (Fast) kahl, ohne grundstdg Blätter. Stgblätter längl. lanzettl., am Grunde gestutzt od. schwach herzfg; Blattstiel geflügelt. Nebenblätter der mittleren Stgblätter ½–¾ so lg wie der Blattstiel. Blüten 1–1,8 cm, milchweiß, lila geadert. Kelchblätter spitz. Sporn 2–3 mm lg, grünl. weiß.

701 **Viola uliginosa** Besser
Moor-Veilchen

I; ⟨H, s?⟩, ⊙; F (östl., Lausitz); RL 1!; Z
S3.2.5, T7.3 (moorig)
M Blätter in grundstdg Rosette, meist 3–4; Spreite herzfg, stumpf od. kurz zugespitzt; Nebenblätter fast bis zur Hälfte mit dem geflügelten Blattstiel verwachsen. Blütenstiele grundstdg, 10–12 cm lg. Kelchblätter stumpf. Blüten 2–3 cm, meist lebhaft violett. Sporn 3–4 mm lg, hellviolett, etwas abwärts gebogen.

702 **Viola palustris** L.
Sumpf-Veilchen

I; H, w, ③; A, AV, M_1, M_2, F, K; RL reg
L5.2.3, S2.2.1, T6.2.1.5.2, T7.3.10
M Blätter zu (2–)4(–6) in grundstgr Rosette. Spreite rundl. od. nierenfg, meist breiter als lg, kahl, Nebenblätter nicht verwachsen. Blattstiel (fast) ungeflügelt. Blütenstiele grundstg, 5–10 cm lg, Vorblätter in od. unterhalb der Mitte, Kelchblätter stumpf. Blüten 1–1,5 cm, meist rötl. lila, unteres Kronblatt violett geadert. Sporn 3 mm lg, 1,5mal so lg wie Anhängsel.
B Im Gebiet nur die ssp *palustris*.

703 **Viola epipsila** Ledeb.
Torf-Veilchen

I; H, s, ⊙; F; RL 1
S1.2
M Sehr ähnl. 702, aber in allen Teilen größer. Laubblätter immer nur zu 2, hfgr etwas lgr als br, unterseits zerstreut behaart, mit geflügelten Stielen. Vorblätter weit über der Mitte, meist im oberen ⅓ od. ¼ des Blütenstiels. Blüten 1,5–2 cm. Sporn 2–3mal so lg wie die Anhängsel.
B Siehe Bemerkung 11, Seite 719.

◄◄ 704 **Viola hirta** L.
Rauhaariges Veilchen

I; H, s, ②; A, AV, M_1, M_2, F, K; RL reg; Z
T1.1.1.4, T1.1.2.4, T1.4.1.3, T2.1.2.1.2, T6.2.2.2.3, T8.1.1–2
M 3–10(–25) cm. Ausläufer fehlend. Blätter u. Blütenstiele grundstdg, abstehend behaart. Blätter 1,5–2mal so lg wie br, am Grunde schwach herzfg, mit seichter breiter Bucht. Fransen der Nebenblätter viel kürzer als die Breite der Nebenblätter. Vorblätter der Blütenstiele unterhalb deren Mitte Kelchblätter stumpf. Blüten 1,2–2,2 cm, duftlos, meist blauviolett, Kronblätter alle ausgerandet. Sporn 3–5 mm lg, dunkler als die Krone.

◄ 705 **Viola** × **scabra** F. Braun (704 × 712)
Raues Veilchen

I; ⟨H, s?⟩, ⊙; A, AV, M_1, M_2, F, K; RL ?
T1.1 (licht), T10.3.4.2
M In den Merkmalen zw den Eltern stehend.
B Lok bis reg hfg. Teilweise ohne die Elternarten.

◄ 706 **Viola ambigua** Waldst. & Kit.
Pontisches Veilchen

I; ⟨H, ?⟩, ⊙; M_2 (nur Kyffhäuser); ⟨RL 0⟩; D
T6.2.2.3.2
M 5–10 cm. Ähnl. 704, aber Spreite etwa 1,5–2 mal so lg wie br, mit gestutztem (slt undeutl. herzfgm) Grund. Blattstiel oberwärts geflügelt. Vorblätter in od. oberhalb der Mitte des Blütenstiels. Blüten 1,5–2 cm, stark duftend, satt rotviolett, Kronblätter nicht ausgerandet. Sporn 2–4 mm lg, blassviolett.

707 **Viola pyrenaica** Ramond ex DC. ►
Pyrenäen-Veilchen

I; ⟨H, s⟩, ⊙; A; RL –; D
T3.1.1–2
M 8–10 cm. Ähnl. 704, aber Blätter 0,8–1,2mal so lg wie br, am Grunde schwach herzfg, spitz. Vorblätter ungefähr in der Mitte des Blütenstiels. Blüten duftend. Krone hellblau (seltener violett). Sporn blasslila bis weißl.

708 **Viola collina** Besser ►
Hügel-Veilchen

I; H, s, ②; A, AV; M_1, M_2 (östl.); RL 2-; D
T1.1.2.4.2, T1.4.1.2, T8.1.1
M 6–12 cm. Ähnl. 704, aber Blätter 1–1,5mal so lg wie br, am Grunde deutl. herzfg, mit tiefer enger Bucht. Fransen der Nebenblätter etwa so lg wie ihre Breite. Vorblätter in od. oberhalb der Mitte des Blütenstiels. Blüten duftend. Kronblätter hellviolett, nur das unterste ausgerandet. Sporn 3 mm lg, weißl., heller als die Krone.

709 **Viola suavis** M. Bieb. ►►
Blaues Veilchen

E; ⟨H, s⟩, ⊙; AV, M_1; RL reg; Z
T1.1.2.4, T8.2.1.2
M 6–10 cm. Ähnl. 712, aber mit bis 5 cm lgn, unterirdischen Ausläufern. Blätter herzeifg, dklgrün, fast kahl. Nebenblätter 5–10mal so lg wie br, lg gefranst. Vorblätter befinden sich weit unter der Mitte des Blütenstiels. Blüten blaulila mit deutl. weißen Zentrum. Sporn 6 mm lg.
B Auf stabilisierte Hybridschwärme mit 712 ist zu achten. Hier verwischen die Merkmale.

710 Viola alba Besser ssp **alba**
Gewöhnliches Weißes Veilchen

I?; H, s, ①; AV, M_1; RL reg; Z
T1.1.1, T1.1.2.4, T2.1.2.1.2, T8.2.1.2
M Ähnl. 712, aber Blätter herzeifg, zugespitzt, 1–1,5mal so lg wie br, hellgrün. Stiel der Sommerblätter mit 0,5–1,2 mm lgn, waagerecht abstehenden Haaren. Nebenblätter 4–8mal so lg wie br, lg gefranst. Vorblätter in od. oberhalb der Mitte des Blütenstiels. Blüten weiß mit gelbgrünem, 4–6 mm lgm Sporn.

711 ssp **scotophylla** (Jord.) Nyman
Violettsporniges Weißes Veilchen

I; ⟨H, s⟩, ⊙; AV, M_1; ⟨RL reg⟩
T1.1 (licht), T2.1
M Wie 710, aber Blätter dklgrün, (im Gegensatz zu 710) oft violett überlaufen. Blüten weiß od. violett, Sporn violett. Frucht braunviolett (bei 710 gelbgrün).

712 Viola odorata L.
Wohlriechendes Veilchen

E; H, w, ②; A, AV, M_1, M_2, F, K; RL –; ✠, ✄, Z, D
T1.3, T2.1, T8.2.1.2
M 5–10 cm. Mit oberirdischen Ausläufern. Blätter grundstdg, br eifg bis nierenfg, abgerundet, etwa so lg wie br, behaart, am Grunde tief ausgebuchtet. Stiel der Sommerblätter mit bis 0,4 mm lgn, rückwärts anliegenden Haaren. Nebenblätter 1–4mal so lg wie br, ganzrandig od. kurz gefranst. Vorblätter der Blütenstiele in od. über der Mitte Kelchblätter stumpf. Blüten 1–2 cm gr, duftend, dklviolett, ohne weißes Zentrum, slt weiß (wenn weiß, dann Sporn auch weiß!). Sporn violett, 5–7 mm lg.

713 Myricaria germanica (L.) Desv.
Deutsche Tamariske (Gttg 10 sp)

I; N, i, ⊙; A, AV, M_1; RL 1;
L5.1.1-2
M 60–200 cm. Hoher Strauch mit aufrechten, rutenfgn Zweigen. Blätter wechselstdg, schuppenfg, 2–5 mm lg, grau- od. blaugrün. Blüten in dichten Trauben. Kronblätter (4–)5, ca 4 mm lg, weiß od. rosa. Staubblätter 10. Frucht eine ca 12 mm lge Kapsel. Samen mit Haarschopf.

714 Bryonia alba L.
Schwarzfrüchtige Zaunrübe (Gttg 12 sp)

A; K, H li, s, ⑤, (♀♂); AV, M_1, M_2, F, K; RL reg; N, ✠, ☺
T8.1.2.1
M Stg 2–4 m lg, kletternd, mit korkenzieherartigen Ranken. Blätter handfg gelappt. Unterer Teil der Blühtriebe mit männl., oberer Teil mit weibl. Blüten (diese ohne Staubblattreste), ihr Kelch fast so lg wie die Krone, Narbe kahl. Beere schwarz.

715 Bryonia dioica Jacq.
Rotfrüchtige Zaunrübe

I; K, H li; s, ⑤, ♀♂; AV, M_1, M_2, F, K; RL reg; ☠!, ✠, ☺
T8.1.2.1
M Stg 2–4 m lg, kletternd, mit korkenzieherartigen Ranken. Blätter handfg gelappt. Weibl. Blüten 10–12 mm im Durchmesser, mit verkümmerten, dicht behaarten Staubblattresten, ihr Kelch etwa halb so lg wie die Krone, Narbe rauhaarig, männl. Blüten größer (12–18 mm). Reife Beere rot.

716 **Echinocystis lobata** (Michx.) Torr. & A. Gray
Stachelgurke (Gttg 1 sp)

E; T ⟨li⟩, s, ⊙, (♀♂); M_1, F (östl.); ⟨RL –⟩
L5.2.5.5

M Stg 1–6 m lg, kletternd, mit verzweigten Ranken. Blätter bis 20 cm lg, handfg 5-lappig, schwach gesägt. Männl. Blüten in längl., vielblütigen Rispen, weibl. Blüten einzeln. Krone 6-teilig, tief zerteilt, ihre Zipfel 3–5 mm (♂) bzw. 6–8 mm (♀) lg. Frucht 4–6 cm lg, elliptisch, stachelig.

717 **Populus alba** L.
Silber-Pappel (Gttg ca 35 sp)

I; P, s, ①, ♀♂; AV, M_1, M_2, F, K; RL –; ☺, Z
L5.2.3

M Bis 35 m, Rinde weißgrau. Jungtriebe dicht schneeweiß filzig behaart, ältere Zweige kahl. Blätter grob unregelmäßig gesägt bis gelappt, an Langtrieben oft 3–5-teilig (ahornähnl.!), lgr als br. Oberseite dklgrün, zunächst behaart, später verkahlend, Blattunterseite dicht schneeweiß filzig. Kätzchen bis 8 cm lg. Staubblätter (3–)6–8(–9). Fruchtknoten kahl, Narben gelbgrün, Tragblätter zottig bewimpert.

718 **Populus × canescens** (Aiton) Sm. (717 × 719)
Grau-Pappel

I; ⟨P, s⟩, ①, ♀♂; AV, M_1, M_2, F, K; RL –; Z
L5.2.3 syn. mit br Sto-Amplitude

M Ähnl. 717, aber Blätter an Langtrieben rundl. bis 3-eckig eifg, schwach u regelmäßig gelappt, unterseits graufilzig, am Rand bewimpert. Blätter an Kurztrieben bzw. an der Basis von Langtrieben kahl od. fast kahl (719 ähnl.). Staubblätter 8–15, Narben rot, Tragblätter zerschlitzt.

719 **Populus tremula** L.
Zitter-Pappel, Espe Abb. 36 (S. 152)

I; P, s, ①, ♀♂; A, AV, M_1, M_2, F, K; RL –; ✠, ☺, Z
T2.1, T2.1.2.1, T2.3.1, T4.2, T5.1.4

M Bis 20 m. Rinde bei jungen Bäumen gelbbraun, später schwärzl. Junge Triebe (fast) kahl. Blätter im Umriss fast kreisrund, zuerst seidenhaarig, später verkahlend, ausgeschweift gezähnt; Zähne nach vorne gerichtet, zugespitzt; Oberseite grün, glänzend, Unterseite heller mit weißl. Adernetz. Blattstiel seitl. zusammengedrückt, etwa so lg wie die Spreite. Kätzchen bis 10 cm lg. Staubblätter 4–12. Fruchtknoten kahl, kurz gestielt, Narben rot. Tragblätter dicht u. lg zottig bewimpert.

720 **Populus trichocarpa** Torr. & A. Gray ex Hook.
Haarfrüchtige Balsam-Pappel

E, K; ⟨P; s⟩, ⊙, ♀♂; F; ⟨RL –⟩, Z
T10.4.5

M Bis 35 m hoher Baum mit graubrauner Rinde. Knospen klebrig, wie junge Blätter nach Balsam duftend. Sommerblätter br od. schmal eifg, allmähl. zur Spitze hin verschmälert, am Grunde keilfg od. gestutzt, slt seicht herzfg, oberseits dklgrün glänzend, unterseits kahl, auffällig weißl., mit deutl. Nervatur. Tragblätter zerschlitzt. Staubblätter 30–60. Narben 2.

B Siehe Bemerkung 12, Seite 719.

721 Populus nigra L. ssp **nigra**
Echte Schwarz-Pappel Abb. 37 (S. 152)

I; P, s, ①, ♀♂; AV, M_1, M_2, F, K; RL 3; ✠, ☺
L5.2.2, L5.2.3.1

M Bis 30 m hoher Baum. Rinde dklgrau, mit auffälligen horizontalen Korkwülsten. Junge Triebe immer ohne Korkrippen, daher rundl., kahl. Austreibende Blätter grün, licht behaart od. kahl; Sommerblätter eifg dreieckig, zugespitzt, unregelmäßig u. grob gesägt, kahl; Blattgrund am Blattstielansatz ohne Drüsen. Kätzchen bis 12 cm lg. Staubblätter 12–30, Staubbeutel rot. Fruchtknoten kahl, Narben 2, gelb. Tragblätter zerschlitzt, kahl.

B Infolge oft ungenügender Unterscheidung von 723 ist die Verbreitung von 721 nicht ausreichend geklärt. Eine wahrscheinl. zugehörige Kultursorte ist die Pyramiden-Pappel (*P. nigra* cv Italica), die hfg (z. B. als Alleebaum) angepflanzt wird.

722 ssp **betulifolia** (Pursh) W. Wettst.
Birkenblättrige Schwarz-Pappel

M Unterschiede zu 721: Junge Sprosse, Blattstiele u. Blattrachis unterseits fein (hinfällig) behaart.

723 Populus × canadensis Mönch
(P. nigra x P. deltoides)
Bastard-Schwarz-Pappel

E, K; ⟨P, s⟩, ①, ♀♂; AV, M_1, M_2, F, K; RL –; Z
L5.2.2

M Ähnl. 721, aber Stamm ohne auffällige horizontale Korkwülste. Junge Triebe mit Korkrippen, daher mehr od. weniger kantig. Austreibende Blätter rötl., mit behaartem Rand, dieser mehr od. weniger beständig; Blattgrund am Blattstielansatz mit Drüsen. Narben meist (2–)3–4.

B Aufgrund der besseren Wuchsleistungen angepflanzt (ca 14 Sorten) u. die Schwarzpappel fast überall verdrängend. Häufige Sorten sind cv Serotina, cv Regenerata u. cv Marylandica. Alle auch syn. an Flussufern auftretend. So auch *P. × robusta* Schneid. (*P. nigra × P. angulata*), oft gepflanzt.

724 **Salix pentandra** L.
Lorbeer-Weide Abb. 38, 60 (Gttg ca 500 sp)

I; N, P, s, ⊙, ♀♂; AV, M_1, M_2, F, K; RL reg; ✠, Z
S3.2.1, L5.2, v.a. 5.2.3, T3.1.1

M Bis 7(–15) m. Jüngere Triebe gelb bis rötl. braun, lackartig glänzend, kahl, Zweige am Grunde biegsam. Sommerblätter 5–10 cm lg, lanzettl., größte Breite oberhalb der Mitte, vorne meist kurz zugespitzt, ledrig derb, oberseits stark glänzend, sattgrün, kahl; unterseits matt, bläul. grün, kahl. Blattrand regelmäßig fein drüsig gesägt, Drüsen klebrig, nach Balsam duftend. Blattstiel 10 mm, kahl, mit 2–5 Drüsenpaaren. Nebenblätter slt vorhanden. Kätzchen erst nach der Blattentfaltung blühend. Staubblätter (4–)5(–12), unterer Teil behaart. Fruchtknoten kahl, bis 1 mm gestielt. Tragblätter einfarbig, hellgelb, am Grunde behaart, an der Spitze völlig kahl, nach der Blütezeit abfallend.

B V. a. im Alpengebiet in schmalblättrigen Ausbildungen.

726 **Salix triandra** L. ssp **triandra**
Gewöhnliche Mandel-Weide Abb. 39, 65

I; N, s, ④, ♀♂; A, AV, M_1, M_2, F, K; RL –; Z
L4.1–4 (Ufer), L5.2.1

M Strauch, slt bis 8 m hoher Baum. Borke älterer Äste sich in Fetzen ablösend, neue Rinde rotbraun. Junge Zweige kahl, an der Basis leicht abbrechend. Blätter bis 15 cm lg, lanzettl., vorn lg zugespitzt, regelmäßig fein gesägt mit Drüsen auf den Zähnen. Oberseite sattgrün, leicht glänzend, beidseitig kahl, an der Blattbasis mit 2 stiftfgn Petiolardrüsen. Nebenblätter gut entwickelt, nierenfg. Kätzchen bis 8 cm lg, zylindrisch. Staubblätter 3, am Grunde behaart. Fruchtknoten zieml. lg gestielt, kahl, Griffel sehr kurz. Tragblätter einfarbig grün, nur an der Basis lg bärtig, oberer Teil kahl.

B Bastarde mit S. alba (S × *undulata* Ehrh.), *S. viminalis* (*S.* × *mollissima* Ehrh.), *S. fragilis* (*S.* × *alopecuroides* Tausch) u. mit *S. triandra* × *viminalis* (*S.* × *lanceolata* Sm.).

727 ssp **amygdalina** (L.) Schübl. & Martens
Bereifte Mandel-Weide ohne Abb.

I; ⟨N, s⟩, ⊙, ♀♂; A, AV, M_1, M_2, F, K; RL –; Z
Sto wie ssp *triandra*

M Ähnl. 726, aber Blattunterseite graubraun bis weißl., matt, Petiolardrüsen an den Stielen schwach entwickelt, nicht stiftfg.

725 **Salix** × **meyeriana** Rostkov ex Willd. (724 × 729)
Zerbrechliche Lorbeer-Weide Abb. 61

I; ⟨N, P, s⟩, ⊙, ♀♂; AV, M_1, M_2, F, K; ⟨RL –⟩
L5.2

M Bis 20 m. Zweige am Grunde spröde, ± leicht brechend. Langtriebe fast immer mit gut entwickelten Nebenblättern. Blätter lanzettl., ca 4mal so lg wie br, größte Breite meist im unteren Drittel, zur Spitze hin verlängert; beiderseits grün u. kahl, weniger ledrig. Blattrand mit knorpeliger Zähnung. Blattstiel mit 1–2 Drüsenpaaren. Staubblätter meist < 5.

728 **Salix** × **mollissima** Hoffm. ex Elwert (726 × 750)
Busch-Weide Abb. 67

I; ⟨N, s⟩, ⊙, ♀♂; A, AV, M_1, M_2, F, K; ⟨RL –⟩
Sto wie 726 u. 748

M Rinde längsrissig, nicht in schildfgn Fetzen abblätternd. Bast grün. Blätter nie gegenstdg, schmal lanzettl., 5–9mal so lg wie br, unterhalb der Mitte am breitesten, unterseits grün, ± licht behaart, bisweilen völlig verkahlend, beim Trocknen grün bleibend; Blattrand vom Grunde an stumpf gesägt. Blattstiele ca ⅒ der Spreitenlänge. Staubblätter meist 2. Fruchtknoten kurz gestielt, anliegend behaart. Griffel bis halb so lg wie der Fruchtknoten.

B Verwechselungsgefahr mit *S.* × *rubra*.

729 **Salix fragilis** L.
Bruch-Weide Abb. 40, 62

I; P, s, ④ ♀♂; A, AV, M_1, M_2, F, K; RL –; ✠, Z
L4.1–4 (Ufer), L5.2.1–3

M Bis 25 m hoher Baum. Zweige starr abstehend, annähernd rechtwinklig, an ihrer Basis leicht knackend abbrechend (Name!), lehmgrau bis gelbl. grau; junge Triebe kahl, glänzend. Sommerblätter bis 18 cm lg, schmal lanzettl., größte Breite unterhalb der Mitte, lg zugespitzt, oberseits glänzend dklgrün, unterseits matt, bläul. grün, kahl. Seitennerven bilden mit dem Mittelnerv Winkel von deutl. < 45°. Blattrand unregelmäßig grob drüsig gesägt. Kätzchen erscheinen gleichzeitig mit den Blättern, 5–7 cm lg, zylindrisch. Staubblätter 2, am Grunde dicht behaart. Fruchtknoten kahl, am Grunde sitzend od. sehr kurz gestielt. Tragblätter einfarbig gelb, an den Rändern bis zur Spitze lg weißhaarig, vor der Fruchtreife abfallend.

B Ein nach Lautenschlager (1994) sicheres Unterscheidungsmerkmal gegenüber dem häufigen Bastard *Salix* × *rubens* ist das zusätzl. Vorhandensein einer inneren, gelb durchscheinenden Knospenschuppe, die sich zw der äußeren sowie einer hellen »Pseudoschuppe« (= Übergangsform zw Erstblatt u. Knospenschuppe) befindet. Sehr variabel. Welche Typen in D vorkommen ist noch zu überprüfen.

730 **Salix** × **rubens** Schrank (729 × 731)
Fahl-Weide Abb. 63

I; P, s, ⊙, ♀♂; AV, M_1, M_2, F, K; RL –
L5.2.2

M Vermittelt zw 729 u. 731 Unterscheidungsmerkmale gegenüber 729: Zweige rotbraun. Blattoberseite junger Blätter hellgrau, sehr kurz behaart (Lupe). Innere Knospenschuppe fehlt. Unterscheidungsmerkmal gegenüber 731: Zweige am Grunde spröde. Blattspreite unterhalb der Mitte am breitesten. Tragblätter stumpf, am Rand lg behaart, an der Spitze bärtig.

B Alle Übergänge zw den Elternarten zu beobachten.

731 **Salix alba** L. var **alba** ▶
Gewöhnliche Silber-Weide Abb. 41, 64

I; P, s, ③, ♀♂; A, AV, M_1, M_2, F, K; RL –; ✠, ☺, Z
L4.1–4 (Ufer), L5.2.2

M Bis zu 35 m. Verzweigungen spitzwinklig, junge Zweige gelb bis (rot)braun, kurz anliegend behaart, am Grunde biegsam, ältere kahl. Sommerblätter 5–12 cm lg, lanzettl., größte Breite in der Mitte, beiderseits gleichmäßig verschmälert, am Rand fein drüsig gesägt (Drüsen auf den Zahnspitzen sitzend); oberseits dünn seidig behaart, unterseits dicht längsbehaart, silbrigweiß glänzend. Blattstiel bis 5 mm lg. Blütezeit nach dem Blattaustrieb. Kätzchen bis 7 cm lg, zylindrisch. Staubblätter an der Basis dicht behaart. Fruchtknoten kahl, sitzend od. kurz gestielt. Tragblätter einfarbig gelb, lg gestreckt, Basis u. Rand kurz haarig, vorderer Teil kahl, nicht bärtig. Zur Unterscheidung von 730: nur äußere Knospenschuppe vorhanden (unter der sich Kätzchen u. grüne Erstblätter entwickeln), innere K. u. »Pseudoschuppe« fehlend.

E (lok) ist 732 *S. alba* L. var *vitellina* (L.) Stokes, ▶▶ Bunte Weide, mit ockergelben bis mennigeroten Zweigen u. rötl. Austrieb. Blätter unterseits nur wenig behaart, oberseits fast kahl, dklgrün. Bastarde mit *S. pentandra*, *S. triandra*.

733 **Salix daphnoides** Vill.
Reif-Weide Abb. 43, 83

I; P, N, s, ⊙, ♀♂; A, AV, M_1, F, K; RL 2; Z
L5.1.2

M Strauch od. bis 12 m hoher Baum, Zweige am Grund brüchig, braun bis purpurn, leicht glänzend, mit hellem hechtblauem, abwischbarem Wachsbelag. Sommerblätter 4–8 cm lg, lanzettl., ca 2,5–5mal so lg wie br, lg zugespitzt, regelmäßig drüsig gesägt, beiderseits mit 8–12 Seitennerven; Rand flach. Oberseite grün, stark glänzend, kahl, Hauptnerv br, gelb od. rot; Unterseite bläul. grün, heller, matt, kahl. Nebenblätter am Grund der Blattstiele, mit diesen abfallend. Kätzchen bis 6 cm lg, auffallend gr. Fruchtknoten seitl. stark zusammengedrückt, kurz gestielt, kahl. Tragblätter 2-farbig, an der Spitze langbärtig, so lg wie der Fruchtknoten.

B Im Norden nur syn. Bastarde mit *S. aurita*, *S. caprea*, *S. cinerea*, *S. eleagnos*, *S. purpurea*, *S. repens*.

▼

734 **Salix × alopecuroides** Tausch
(729 × 726)
Fuchsschwanz-Weide Abb. 66

I; ⟨N, P, s⟩, ⊙, ♀♂; AV, M_1, M_2, F, K; ⟨RL –⟩
Sto wie 726 u. 729

M Unterschied zu 726: Rinde mit groben Längs- u. feinen Querrissen, sich nicht in schildfgn Fetzen ablösend. Blattrand besonders stark knorpelig gesägt. Unterschied zu 729: Blattunterseite grün. Seitennerven bilden mit dem Mittelnerv Winkel von meist ≥ 45°. Verwechslungsgefahr auch mit 725.

◀ 735 **Salix acutifolia** Willd.
Spitzblättrige Weide

U–E, K; ⟨P, N, s⟩, ⊙, ♀♂; A, AV, M_1, M_2, F, K; RL –; Z
L4.1–4 (Ufer), T9.5.4

M Ähnl. 733, aber Zweige am Grund biegsam, rotviolett. Blätter lanzettl. bis lineal-lanzettl., 5–7mal so lg wie br, jederseits mit mehr als 15 Seitennerven, unterseits schwach blaugrün. Blattstiel kurz, etwa ⅒ der Spreitenlänge. Tragblätter nur halb so lg wie der Fruchtknoten.

B Als Ziergehölz eingeführt, dient als Sandfestiger an Ufern u. Dämmen.

◀ 736 **Salix waldsteiniana** Willd.
Bäumchen-Weide Abb. 42

I; N, Z, s, ⊙, ♀♂; A; RL –; Z
T3.1.1, T3.4.2.2

M Um 1 m hoher Strauch, dichte Horste bildend. Jüngere Triebe gelbgrün, flaumig zottig behaart. Blätter in Büscheln an den Zweigenden. Sommerblätter bis 4 cm lg, verkehrt eifg, größte Breite oberhalb der Mitte, manchmal schief zugespitzt. Rand drüsig gesägt, manchmal ganzrandig (ohne Drüsen); Oberseite grün, stark glänzend, Unterseite blaugrün, mit Wachsüberzug bis zur Spitze. Nervennetz unterseits vorspringend, Blatt beiderseits kahl. Nebenblätter, wenn vorhanden, unscheinbar. Kätzchen bis 3 cm, vor der Blattentfaltung blühend. Staubfäden kahl. Fruchtknoten kurz gestielt, dicht behaart. Tragblätter 2-farbig, Spitze lg bärtig.

B Bastarde mit *S. appendiculata*.

◄ 737 **Salix myrtilloides** L.
Heidelbeer-Weide Abb. 44

I; N, C, s, ⊙, ♀♂; (A), AV, M_1; RL 1!
S3.2.1

M Sparrig verästelter kleiner Strauch, bis 50 cm hoch. Zweige rotbraun, zunächst kurz behaart, später kahl. Sommerblätter kahl, elliptisch, bis 2,5 cm lg u. etwa halb so br, vorn kurz zugespitzt, ganzrandig; Oberseite grün, leicht bläul., Unterseite hell blaugrün mit dichtem Wachsüberzug (Blatt ähnl. *Vaccinium uliginosum* [959]). Winkel zw Mittel- u. Seitennerven ca 60°. Nebenblätter fehlend. Kätzchen bis 2,5 cm, gleichzeitig mit dem Blattaustrieb. Staubfäden kahl, Staubbeutel rot. Fruchtknoten lg gestielt, kahl. Tragblätter gelbl. grün mit purpurrotem Saum, wenig behaart.

B Verwechslungsgefahr mit dem Bastard *S. myrtilloides × S. repens*. Weiterer Bastard: *S. myrtilloides × S. aurita*. Die wenigen Vorkommen im Alpenvorland sind eiszeitl. Reliktvorkommen.

738 **Salix bicolor** Willd. ►
Zweifarbige Weide Abb. 45

I; ⟨N, s⟩, ③, ♀♂; M_2 (Brocken/Harz); RL 0
T3.1.1

M Stark verzweigter Strauch bis 5 m, jüngere Triebe gelbl. grün, leicht flaumig. Nacktes Holz mit 2–3 mm lgn Striemen. Sommerblätter um 4 cm lg, verkehrt eifg, ganzrandig od. mit seichten Buchten, kahl; Oberseite dklgrün, stark glänzend mit gelbem Mittelnerv, Unterseite meergrün, matt, Blattnerven vorspringend. Nebenblätter slt, 1–1,5 mm lg. Kätzchen bis 4 cm, mit dem Blattaustrieb erscheinend. Staubfäden spärl. behaart, Staubbeutel rot. Fruchtknoten dicht behaart, gestielt. Tragblätter 2-farbig, gebärtet.

B Slt kult. werden: *S. bicolor × S. caprea* u. *S. bicolor × S. myrsinifolia*.

◄ 739 **Salix hastata** L.
Spieß-Weide

I; N, Z, s, ⊙, ♀♂; A, M_2 (Südharz), K (Amrum); RL reg
T3.1.1+3

M Bis 1,5 m, meist bogig aufsteigend. Jüngere Zweige braun od. rötl. Sommerblätter bis 7 cm lg, variabel, elliptisch bis verkehrt eifg. Rand immer unregelmäßig, nie bis zur Spitze gesägt; Oberseite graugrün matt bis sattgrün glänzend, Unterseite mit einem sehr feinen flachen Nervennetz, nur die Haupt- u. Seitennerven vorspringend, beidseitig kahl. Nebenblätter meist ausgebildet. Kätzchen bis 4 cm lg, gleichzeitig mit den Blättern erscheinend. Staubbeutel kahl, rot. Fruchtknoten seitl. zusammengedrückt, kurz gestielt, kahl. Tragblätter 2-farbig, auffällig lg bärtig.

B Im Gebiet nur ssp *hastata*.

◄ 741 **Salix eleagnos** Scop.
Lavendel-Weide Abb. 47, 71

I; N, s, ②, ♀♂; A, AV, M_1; RL –; Z
L5.1.2, T1.4.1.3, T2.1.2.1.2

M Strauch, seltener bis 20 m hoher Baum. Jüngere Zweige zerstreut flaumig, später gelbl. bis rötl. braun, glänzend, kahl. Sommerblätter bis 15 cm lg, schmal lanzettl., randl. stark umgebogen; Oberseite dklgrün, verkahlend, Unterseite dicht grau- bis weißfilzig behaart. Kätzchen vor od. mit den Blättern erscheinend, 2–5 cm lg, gekrümmt. Staubblätter im unteren Drittel zusammengewachsen. Fruchtknoten gestielt, kahl. Tragblätter gelbgrün mit rötl. Spitze, am Rand kraushaarig, sonst kahl.

B Bastarde z. B. mit *S. appendiculata*, *S. aurita*, *S. caprea* u. *S. daphnoides*.

▲

740 **Salix myrsinifolia** Salisb.
Schwarzwerdende Weide Abb. 46, 77

I; N, s, ⊙, ♀♂; A, AV, M_1, M_2, F; RL 3-; Z
L5.2.3, S3.2.1+5, T2.1.2.1.2 (feucht)

M Bis 4 m, dicht verzweigt. Entrindetes Holz mit kurzen Striemen. Junge Triebe kurz behaart. Sommerblätter bis 6 cm lg, rundl., elliptisch od. eifg, zugespitzt, Blattrand gekerbt gesägt. Oberseite dklgrün, schwach glänzend, entlang des Mittelnervs behaart, Unterseite mit einer graugrünen Wachsschicht, aber mit grüner Spitze, auf den Nerven meist borstig behaart. Blätter beim Trocknen schwarz werdend. Kätzchen bis 5 cm, gleichzeitig od. kurz vor dem Blattaustrieb erscheinend. Staubfäden an der Basis behaart, Staubbeutel rot. Fruchtknoten kahl, gestielt. Tragblätter 2-farbig, an der Spitze bärtig.

B Bastarde mit *S. aurita*, *S. caprea*, *S. cinerea*, *S. dasyclados*, *S. purpurea*, *S. repens* u. *S. starkeana*.

Abb. 36 Populus tremula ♂ (719)

Abb. 37 Populus nigra ♂ (720)

Abb. 38 Salix pentandra ♂ (724)

Abb. 39 Salix triandra ♂ (726)

Abb. 40 Salix fragilis ♂ (729)

Abb. 41 Salix alba ♂ (731)

Abb. 42 Salix waldsteiniana ♂ (736)

Abb. 43 Salix daphnoides ♂ (733)

Abb. 44 Salix myrtilloides ♂ (737)

Abb. 45 Salix bicolor ♂ (738)

Abb. 46 Salix myrsinifolia ♂ (740)

Abb. 47 Salix eleagnos ♂ (741)

Abb. 48 Salix purpurea ♂ (742)

Abb. 49 Salix repens ssp dunensis ♂ (745)

Abb. 50 Salix starkeana ♂ (749)

Abb. 51 Salix viminalis ♀ (750)

Abb. 52 Salix caprea ♂ (754)

Abb. 53 Salix caprea ♂ (754)

Abb. 54 Salix appendiculata ♂ (753)

Abb. 55 Salix cinerea ♀ (756)

Abb. 56 Salix aurita ♂ (759)

Abb. 57 Salix alpina ♂ (762)

Abb. 58 Salix glabra ♂ (760)

Abb. 59 Salix dasyclados ♂ (748)

742 **Salix purpurea** L.
Purpur-Weide Abb. 48, 70

I; N, P, s, ③, ♀♂; A, AV, M_1, M_2, F, K; RL reg; ✠, Z
L5.2.1, T2.1.2.1.2 (feucht)

M Bis zu 6 m hoher Strauch, seltener Baum. Zweige dünn, biegsam, gelbbraun od. purpurn. Sommerblätter bis 12 cm lg, lanzettl., am Rand fein gesägt, kahl, größte Breite im oberen Drittel. Oberseite bläul. grün bis grün, Unterseite heller, graugrün, beim Trocknen schwarz werdend; Nebenblätter fehlend. Kätzchen bis 5 cm lg, gekrümmt, sitzend, vor den Blättern erscheinend. Staubblätter in der ganzen Länge zusammengewachsen, Staubbeutel vor der Blüte rot, später gelb. Fruchtknoten sitzend, dicht behaart, Griffel sehr kurz. Tragblätter 2-farbig, lg bärtig behaart.
B Bastarde mit *S. appendiculata*, *S. aurita*, *S. caprea*, *S. cinerea*, *S. daphnoides*, *S. myrsinifolia*, *S. repens*, *S. viminalis*. Äußerst variabel. Typen mit parallelrandigen Blättern können als »lambertiana«-Typen bezeichnet werden (vermutl. mehrere Sippen umfassend).

▸

◂744 **Salix repens** L. ssp **repens**
Kriech-Weide

I; ⟨Z, N, s⟩, ③, ♀♂; AV, M_1, M_2, F, K; RL reg; Z
S3.2.1

M Bis 1 m hoher Strauch. Mit z. T. unterirdisch ausgebreiteten Ästen, jüngste Triebe kurz flaumig, später kahl. Sommerblätter lanzettl., bis 5mal so lg wie br, größte Breite in der Mitte, beide Enden zugespitzt, bis 3 cm lg, meist ganzrandig (bisweilen mit wenigen kleinen Zähnchen); Seitennerven jederseits 4–6, in einem Winkel von ca 45° abzweigend; Oberseite sattgrün, kahl, Unterseite blaugrün, meist mit schütterer, seidiger Behaarung. Kätzchen eifg, bis 3 cm, kurz vor dem Blattaustrieb erscheinend. Staubfäden kahl. Fruchtknoten lg gestielt, meist dicht behaart, seltener kahl. Tragblätter 2-farbig, am Grunde hell, an der Spitze purpurn, lg bärtig.
B Bastardiert z. B. mit *S. aurita*, *S. cinerea*, *S. daphnoides*, *S. myrtilloides*, *S. myrsinifolia*, *S. purpurea*, *S. starkeana*.

743 **Salix × rubra** Huds. (742 × 750)
Blend-Weide Abb. 69

I; ⟨N, P, s⟩, ⊙, ♀♂; A?, AV, M_1, M_2, F, K; ⟨RL –⟩; ✠
L5.2

M Unterschiede zu 750: Blätter in der Mitte am breitesten, deutl. gesägt (am Grunde fast ganzrandig), 15–25 Seitennerven pro Blatthälfte, unterseits locker behaart bis kahl, beim Trocknen oft etwas schwarz werdend. Blattstiel 1/15–1/20 der Spreitenlänge.
Unterschiede zu 742: Blätter grün (nicht glauk), größte Breite nicht im oberen Drittel. Nebenblätter an den Langtrieben vorhanden.
Unterschiede zu 728: Bast gelb. Blätter an der Zweigbasis gegenstdg, in der Mitte am breitesten, beim Trocknen schwärzend. Spreitengrund ohne Drüsen. Eine eindeutige Abgrenzung ist jedoch nicht immer mögl.

747 **Salix × ambigua** Ehrh. (744 × 759)
Bastard-Ohrweide Abb. 82

I; ⟨N, s⟩, ⊙, ♀♂; AV, M_1, M_2, F, K?; ⟨RL –⟩
wo?

M Bis 1,5 m hoch. Blätter längl. od. verkehrt eifg, unterseits schimmernd anliegend behaart (Unterschied zu 759). Blattrand ± wellig gezähnt, Nervennetz oberseits eingesenkt (Unterschied zu 744). Nebenblätter deutl., bleibend.

748 **Salix dasyclados** Wimm.
Filzast-Weide Abb. 59, 74

I; ⟨P, N, s⟩, ⊙, ♀♂; AV, M_1, M_2, F, K (meist syn.); ⟨RL –⟩
L5.2

M 4–6 m hoher baumartiger Strauch. Mit mehr od. weniger deutl. abgesetzten, 5–12 mm lgn Striemen auf dem nackten Holz 4–6-jähriger Zweige. Zweige u. Knospen dicht samtig behaart. Sommerblätter bis über 20 cm lg, lanzettl., größte Breite unterhalb der Mitte, undeutl. gezähnt, oberseits grün, glänzend, nur auf den Nerven behaart. Staubblätter 2. Fruchtknoten sitzend od. kurz gestielt. Tragblätter 2-farbig, bärtig.
B Die Striemen sind an frischen Zweigen mit mind. 1 cm Durchmesser zu untersuchen! Wahrscheinl. Tripelbastard *viminalis* × *caprea* × *cinerea*.

◂745 ssp **dunensis** Rouy
Dünen-Weide, Sand-Weide Abb. 49

I; Z, N, s, ③, ♀♂; F, K; RL reg
H1.2.2.5–7, T2.1..2.3, T4.1

M Ähnl. 744, aber dicht verzweigter aufrechter Strauch. Sommerblätter br elliptisch, bis 2,5mal so lg wie br, oberseits mehr od. weniger dicht behaart bleibend, unterseits lghaarig, silbrig, beiderseits mit 5–8 Paaren von Seitennerven.

746 **Salix rosmarinifolia** L. ▸
Rosmarin-Weide

I; N, Z, s, ⊙, ♀♂; AV, M_1, F, K; RL reg
S3.2.1, T7.3.2 (moorig)

M Wie 744, aber Blätter lanzettl. bis lineal-lanzettl., 5–10mal so lg wie br, mit 12 Paar Seitennerven od. mehr; meist unterhalb der Mitte am breitesten. Fruchtknoten immer behaart. Kätzchen vor den Blättern entwickelt.

▲

749 **Salix starkeana** Willd.
Bleiche Weide Abb. 50

I; N, Z, s, ⊙, ♀♂; AV, M_1; RL 2!!
S3.2.6, T6.2.1.5.1, T7.3.2 (moorig)
M Niederliegender bis bogig aufsteigender Strauch, bis 1 m hoch. Zweige rotbraun bis purpurrot. Jüngere Triebe zuerst flaumig behaart, später kahl. Sommerblätter bis 5 cm verkehrt eifg, kurz zugespitzt, zuerst flaumig, verkahlend, Rand leicht buchtig gekerbt od. ganzrandig; Oberseite schwach glänzend, dklgrün, Unterseite matt bläul. grün. Blattstiel 5 mm lg behaart. Nebenblätter vorhanden. Kätzchen bis 3 cm lg, gleichzeitig od. kurz nach dem Blattaustrieb erscheinend. Staubblätter 2, am Grunde behaart. Fruchtknotenstiele so lg wie der Fruchtknoten, dicht behaart. Tragblätter gelbl. od. bräunl., an der Spitze wenig dunkler, auf der Fläche kahl, am Rand lg gebärtet.
B Die wenigen Vorkommen in Baden-Württemberg u. Bayern sind eiszeitl. Reliktvorkommen.

▲

750 **Salix viminalis** L.
Korb-Weide Abb. 51, 68

I; N, P, s, ②, ♀♂; (A), AV, M_1, M_2, F, K; RL –; ☼, Z
L5.2.1
M Meist Strauch, slt bis 10 m hoher Baum. Zweige gelbbraun bis olivgrün, jüngste Triebe grünl., behaart. Sommerblätter bis 20 cm lg, lineal-lanzettl., beide Enden lg zugespitzt, mit der größten Breite im untersten Drittel. Rand wellig umgebogen, mit entfernt stehenden, kleinen Drüsenzähnchen, oberseits dklgrün, (fast) kahl, mit eingesenktem Mittelnerv, unterseits mit deutl. vorspringenden Haupt- u. Seitennerven, letztere dicht seidig, kurz behaart, Nebenblätter nur an Langtrieben, kl. Kätzchen vor dem Blattaustrieb, bis 4 cm lg, zylindrisch. Staubfäden 2, kahl. Fruchtknoten dicht behaart, sitzend. Griffel bis 5 mm lg. Tragblätter 2-farbig, am Grund hell an der Spitze schwarz, lg bärtig.
B Bastarde mit *S. aurita*, *S. caprea*, *S. cinerea*, *S. atrocinerea*, *S. eleagnos*, *S. purpurea*, *S. triandra*.

751 **Salix × smithiana** Willd. (750 × 754)
Smith's Weide Abb. 72

I; ⟨N, P, s⟩, ⊙, ♀♂; AV, M_1, M_2, F, K; RL –; ☼, Z
wie 754, oft gepfl.
M Keine rautenfgn Lentizellen am Stamm, Holzstriemen fehlend. Blätter lanzettl., bis 12 cm lg, größte Breite unterhalb der Mitte (bei *S. caprea* in der Mitte od. wenig oberhalb), Unterseite weich behaart; Kätzchen bis 4 cm lg.
B *S.* × *smithiana* wird hfg als Bienenweide gepflanzt.

752 **Salix × holosericea** Willd. (750 × 756)
Seidenblatt-Weide ohne Abb.

I; ⟨N, P, s⟩, ⊙, ♀♂; AV, M_1, M_2, F, K?; ⟨RL –⟩
wo ?
M Unterscheidung von 751: Holzstriemen vorhanden, sonst sehr ähnl.

753 **Salix appendiculata** Vill. ▶
Großblättrige Weide Abb. 54, 75

I; N, P, s, ⊙, ♀♂; A, AV, M_1; RL –
T3.1.1, T3.5
M Strauch od. bis 6 m hoher Baum. Zweige mit undeutl. Striemen. Sommerblätter 6–12(–18) cm lg, verkehrt eifg bis lanzettl., größte Breite oberhalb der Mitte, kurz zugespitzt, Rand meist umgebogen, grob unregelmäßig gesägt bis gezähnt; Oberseite sattgrün, leicht glänzend, mit eingesenktem Nervennetz, Unterseite blaugrün, matt, das dicht maschige Nervennetz stark hervorspringend, borstig behaart (sich rau anfühlend). Nebenblätter meist gut entwickelt, gr. Kätzchen 2–3 cm lg, mit dem Blattaustrieb od. wenig früher erscheinend. Staubblätter 2, am Grunde behaart. Fruchtknoten dicht behaart, Fruchtknotenstiel so lg wie der Fruchtknoten. Tragblätter 2-farbig, behaart, an der Spitze bärtig.
B Bastarde mit *S. caprea*, *S. aurita*, *S. eleagnos*, *S. purpurea*, *S. waldsteiniana*.

▲

754 **Salix caprea** L.
Sal-Weide Abb. 52, 53, 73

I; N, P, s, ○, ♀♂; A, AV, M_1, M_2, F, K; RL –; (✠), Z
T2.3.1, T10.5.4, T10.7
M Strauch od. bis 10 m hoher Baum. Stamm mit rautenfgn, in Reihen angeordneten Aufsprüngen. Nur jüngste Triebe kurzhaarig. Nacktes Holz 2–4-jähriger Zweige ohne Striemen. Sommerblätter bis 10 cm lg, br elliptisch bis verkehrt eifg, hfg mit schiefer Spitze; Oberseite grün, kahl, glänzend, mit eingesenktem Nervennetz, Unterseite hell, dicht u. weich behaart. Kätzchen bis 4 cm lg, vor dem Blattaustrieb erscheinend. Staubfäden kahl. Fruchtknoten dicht silberweiß behaart, lggestielt. Tragblätter 2-farbig, Spitze dicht behaart, bärtig.
B Bastarde mit *S. appendiculata*, *S. aurita*, *S. cinerea*, *S. daphnoides*, *S. eleagnos*, *S. myrsinifolia*, *S. purpurea*, *S. starkeana*, *S. viminalis*.

Abb. 60 Salix pentandra (724)

Abb. 61 Salix × meyeriana (725)

Abb. 62 Salix fragilis (729)

Abb. 63 Salix × rubens (730)

Abb. 64 Salix alba (731)

Abb. 65 Salix triandra (726)

Abb. 66 Salix × alopecuroides (727)

Abb. 67 Salix × mollissima (728)

Abb. 68 Salix viminalis (750)

Abb. 69 Salix × rubra (743)

Abb. 70 Salix purpurea (742)

Abb. 71 Salix eleagnos (741)

Abb. 72 Salix × smithiana (751)

Abb. 73 Salix caprea (754)

Abb. 74 Salix dasyclados (748)

Abb. 75 Salix appendiculata (753)

Abb. 76 Salix cinerea ssp oleifolia (757)

Abb. 77 Salix myrsinifolia (740)

Abb. 78 Salix × reichardtii (755)

Abb. 79 Salix cinerea (756)

Abb. 80 Salix × multinervis (758)

Abb. 81 Salix aurita (759)

Abb. 82 Salix × ambigua (747)

Abb. 83 Salix daphnoides (733)

759 **Salix aurita** L.
Ohr-Weide Abb. 56, 81

I; N, s, ③, ♀♂; A, AV, M_1, M_2, F, K; RL –; Z
L3.1 (Ufer), S3.1, S3.2.1, T2.1.1, T7.3 (moorig)
M Slt höher als 2 m. Zweige braun od. rotbraun, meist kurz behaart, verkahlend; nacktes 2-4-jähriges Holz mit scharf abgehobenen mehreren cm lgn Striemen. Knospenschuppen rot od. rotbraun. Sommerblätter 2–5 cm lg, verkehrt eifg, vorn mit kurzer schiefer Spitze, Rand unregelmäßig gesägt gekerbt, wellig; Oberseite trübgrün, mit tief eingesenktem Nervennetz, Unterseite mit vorspringendem Nervennetz, graugrün, dicht flaumig behaart. Nebenblätter gut entwickelt, gr. Kätzchen eifg, bis 2,5 cm lg. Staubfäden am Grunde kahl od. wenig behaart. Fruchtknoten behaart u. lg gestielt. Tragblätter 2-farbig, behaart, an der Spitze bärtig.
B Bastarde mit *S. appendiculata, S. caprea, S. cinerea, S. eleagnos, S. myrtilloides, S. myrsinifolia, S. purpurea, S. repens, S. starkeana, S. viminalis.*

755 **Salix × reichardtii** A. Kern. (754 × 756)
Reichardts Weide Abb. 78

I; ⟨N, P, s⟩, ⊙, ♀♂; A, AV, M_1, M_2, F, K; ⟨RL –⟩
wo ?
M Sehr variabel, das gesamte Merkmalsspektrum zw. den Eltern abdeckend. Die schlanken, samtig behaarten zimtbraunen, oft mit einigen Striemen versehenen Zweige weisen auf den Einfluss von 756 hin, während die brn, unterseits weiß filzig samtig behaarten, mit deutl. hervortretenden Nerven versehenen u. am Rand wellig gezähnten Blätter auf 754 hinweisen.

756 **Salix cinerea** L. ssp **cinerea**
Grau-Weide Abb. 55, 79

I; N, s, ②, ♀♂; A, AV, M_1, M_2, F, K; RL –; Z
L5.2, S3.1, S3.2.1, T2.1.2.1.2 (feucht), T7.3 (moorig)
M Bis 6 m hoch. Jüngere Triebe zimtbraun, bleibend kurz samtig behaart; nacktes Holz der 2–4-jährigen Zweige mit deutl., mehrere cm lgn Striemen. Knospenschuppen auffallend gr, nie rot od. rotbraun. Sommerblätter elliptisch bis verkehrt eifg, bis 9 cm lg, Spitze kurz, meist gerade; Oberseite mit schwach eingesenktem Nervennetz, Unterseite blaugrün, dicht flaumig behaart, mit deutl. Nervennetz, Nebenblätter meist vorhanden. Kätzchen bis 5 cm, vor dem Blattaustrieb erscheinend. Staubblätter am Grunde behaart. Fruchtknoten lg gestielt, dicht behaart. Tragblätter 2-farbig, dicht behaart, bärtig.
B Bastarde mit *S. aurita, S. caprea, S. myrsinifolia, S. purpurea, S. repens, S. starkeana, S. viminalis.*

757 ssp **oleifolia** MacReight
Rostrote Weide Abb. 76

I; ⟨N, s⟩, ⊙, ♀♂; M_1, M_2; RL?
Sto wie 754
M Ähnl. 756, aber jüngere Zweige mehr od. weniger kahl, Blätter bis 7 cm lg, verkehrt eifg, Oberseite glatt, Unterseite blaugrün, rot punktiert, auf den Nerven rostrot behaart.
B Öfter kult.: (757a) *S. atrocinerea* × *S. viminalis* (*S.* × *calodendron* Wimmer).

758 **Salix × multinervis** Döll (756 × 759)
Vielnervige Weide Abb. 80

I; ⟨N, s⟩, ⊙, ♀♂; A?, AV, M_1, M_2, F, K?; RL –
L3.1 (Ufer), S3.1, S3.2.1, T2.1.1, T7.3 (moorig)
M Bis 5 m. Zweige behaart bleibend. Knospenschuppen rötl. braun. Blätter bis 8 cm lg, mit bis zu 15 Seitennervenpaaren. Blattspitzen hfg gekrümmt. Nervennetz stark eingesenkt, einzelne Blätter runzlig. Nebenblätter mehr od. weniger auffällig u. beständig, nie ganz fehlend.
B Vermittelt zw 759 u. 756, aber auf mehr durchsickerten Böden.

760 **Salix glabra** Scop.
Kahle Weide Abb. 58

(✫) **I**; N, C, s, ⊙, ♀♂; A; RL –
T3.1.1, T3.1.3
M Bis 1,5 m. Junge Triebe kahl; entrindetes Holz mit zerstreuten kurzen Striemen. Sommerblätter bis 7 cm lg, lanzettl. bis verkehrt eifg, zugespitzt, Rand gesägt mit Drüsen auf den Zahnspitzen; Oberseite sattgrün, stark lackartig glänzend, kahl, Unterseite weißl. matt, mit dichtem Wachsbelag, kahl, Nervatur stark hervortretend. Kätzchen bis 3 cm lg, kurz nach dem Blattaustrieb blühend. Staubfäden an der Basis locker behaart, Staubbeutel rot. Fruchtknoten gestielt, kahl. Tragblätter einfarbig (♂) od. 2-farbig (♀), an der Spitze bärtig.
B *S. glabra* ist ein Endemit der Ostalpen.

761 **Salix reticulata** L.
Netz-Weide

I; C, s, ⊙, ♀♂; A; RL –; Z
T3.3.2, T3.4.2
M Zwergweide mit niederliegenden sparrigen Zweigen. Äste u. Zweige wurzelnd. Blätter bis 3 cm lg, br elliptisch bis rund. Oberseite sattgrün, glänzend mit tief eingesenktem Nervennetz. Unterseite mit hervorspringendem Nervennetz, heller, dicht behaart. Kätzchen aufrecht, gestielt. Staubblätter kahl. Fruchtknoten dicht behaart, sitzend. Tragblätter purpurn, dicht behaart.

762 **Salix alpina** S. Cop.
Alpen-Weide Abb. 57

I; C, s, ⊙, ♀♂; A; RL 0
T3.1.1, T3.1.3
M Niederliegender, ausgebreiteter kleiner Strauch mit wurzelnden Zweigen. Äste schwarzbraun. Blätter um 1,5 cm lg, elliptisch, ganzrandig (z. T. mit kleinen Drüsenzähnchen); Oberseite grün, leicht glänzend, kahl, Unterseite entlang der Mittelrippe seidig behaart, am Rand bewimpert. Kätzchen bis 20 mm lg, mit den Blättern erscheinend. Staubfäden rosa, kahl, Staubbeutel rot. Fruchtknoten behaart, gestielt. Tragblätter 2-farbig, Spitze bärtig.

763 **Salix herbacea** L.
Kraut-Weide

I; C, s, ⊙, ♀♂; A; RL –; Z
T3.3.1, T3.4.1, T6.2.1.5.4 (a)
M Niederliegender Spalierstrauch mit unterirdischen Ästen u. Zweigen. Blätter rundl., bis 1,5 cm lg, am Grund keilfg in den Blattstiel zusammengezogen, beiderseits (unterseits etwas heller) grün, auf beiden Seiten kahl, Rand gekerbt gesägt. Kätzchen bis 1,5 cm, von Laubblättern rosettig umhüllt, nach der Blattentfaltung blühend. Staubblätter kahl, Staubbeutel rot. Fruchtknoten kurzgestielt, kahl. Tragblätter einfarbig, Spitze manchmal purpurn gesäumt, fast kahl.

764 **Salix retusa** L.
Stumpfblättrige Weide

I; C, s, ⊙, ♀♂; A; RL –; Z
T3.3.2
M Niederliegender Spalierstrauch mit auf dem Boden ausgebreiteten, oft an den Fels geschmiegten Ästen, lockere Polster bildend. Blätter bis 2,5 cm lg, verkehrt eifg, am Grunde keilfg zusammenlaufend, vorn br abgerundet, oft ausgerandet, seltener stumpf od. zugespitzt, ganzrandig od. unterbrochen klein drüsig gesägt; beide Blattseiten grün, kahl. Kätzchen gestielt, bis 1,5 cm lg, nach der Blattentfaltung blühend. Staubfäden kahl, Staubbeutel rot. Fruchtknoten kurzgestielt, kahl. Tragblätter einfarbig, oft mit rötl. Saum, an der Spitze mit gekräuselten Haaren.

765 **Salix serpillifolia** Scop.
Thymianblättrige Weide

I; C, s, ⊙, ♀♂; A; RL –; Z
T3.4.1, T5.1.5
M Ähnl. 764, aber kleiner, Zweige z. T. unterirdisch, dichte Polster bildend. Blätter nur bis 0,8 cm lg u. 0,3 cm br, schmal elliptisch, zugespitzt od. stumpf, ganzrandig. Kätzchen nur 0,5 cm, kurzgestielt, von Blättern rosettenartig umhüllt, nach der Blattentfaltung blühend. Tragblätter kahl.

◂766 **Alliaria petiolata** (M. Bieb.) Cavara & Grande
Gewöhnliche Knoblauchsrauke (Gttg 2 sp)

I; H, s, ④, A, AV, M_1, M_2, F, K; RL –; ✠.
L5.2, T1.1, T1.3, T2.2, T8.2.1.4, T9.2
M 20–80(–100) cm, aufrecht. Untere Blätter lg gestielt, nieren- bis herzfg, buchtig gezähnt, beim Zerreiben nach Knoblauch riechend. Kronblätter weiß. Schote 3–6 cm lg, aufrecht abstehend. Fruchtstiel 3–6 mm lg, etwa so dick wie die Schote.

767 **Sisymbrium supinum** L. ▸
Niedrige Rauke (Gttg 90 sp)

E; T, H, s, ⊙; M_1; ⟨RL 0⟩
L3.1 (Ufer), L5.2.4.2, T7.4.1
M 5–25 cm, niederliegend aufsteigend. Pfl kurz behaart. Blätter fiederteilig. Blütenstand traubig, bis zur Spitze beblättert. Blüten weiß. Kronblätter 3–4 mm lg. Schoten 15–30 mm lg, aufrecht abstehend, auf 2–4 mm lgn Stielen. Samen 2-reihig.

◂◂768 **Sisymbrium strictissimum** L.
Steife Rauke

I; H, s, ⑦; M_1, M_2, F (östl.); RL reg
L4.4, L5.2.5, T8.2.1.4, T10.3.3.1
M 50–150 cm, aufrecht. Blätter 6–18 cm lg, lanzettl., ungeteilt, spitz gezähnt bis fast ganzrandig. Kelchblätter 4–6 mm lg, die 2 äußeren mit einem Hörnchen. Schoten 4–7 cm lg, fast waagerecht abstehend. Fruchtstiele 7–13 mm lg.

◂769 **Sisymbrium officinale** (L.) Scop.
Weg-Rauke

A; T, s, ⑥; A, AV, M_1, M_2, F, K; RL –; ☠, ✠
L4.1-4 (Ufer), T7.4.2, T8.2.2.6, T8.3.1, T10.3.3.1, T10.3.4.2, T10.7
M 30–70 cm, aufrecht, mit sparrig abstehenden Ästen. Untere Blätter unregelmäßig fiederteilig, mit großem Endabschnitt. Kronblätter gelb, 2–4 mm lg. Schoten behaart, 8–20 mm lg, dem Stg angedrückt. Fruchtstiel 2–3 mm lg, fast so dick wie die Schoten.

◂◂770 **Sisymbrium volgense** M. Bieb. ex E. Fourn.
Wolga-Rauke

E; H, s, ⊙; M_2, F, K; RL –
T8.2.2.2, T8.3.1, T10.3.3.1, T10.3.4.2, T10.3.1+2
M 30–80 cm. Pfl blaugrün, aufrecht, mit kriechendem Rhizom. Größere Stgblätter 3-eckig eifg, leierfg fiederspaltig, mit meist gezähnten Abschnitten. Kelchblätter 3,5–5 mm lg, die 2 äußeren unter der Spitze gehörnt. Kronblätter gelb, 7–9 mm lg. Schoten 25–50 mm lg, fast aufrecht, 1 mm br, auf aufrecht abstehenden, etwas gebogenen, dünnen (< 1 mm), 5–8 mm lgn Stielen.

◂771 **Sisymbrium irio** L.
Glanz-Rauke

E; T, w, ⊙; M_1, F (östl. syn.); RL –
T8.3.1, T10.3.1+2, T10.7
M 10–50 cm. Pfl aufrecht, frigrün, verzweigt. Blätter mit 1–6 gezähnten Abschnitten, fiederteilig bis -spaltig, mit größerem, spießfgm Endabschnitt. Kelchblätter 2 mm lg, ungehörnt. Kronblätter blassgelb, 2–4 mm lg. Staubblätter 0,7 mm lg. Junge Schoten die Blüten weit überragend, später 3–5 cm lg, auf dünnen, 5–10 mm lgn Stielen.

◂ 772 **Sisymbrium loeselii** L.
Loesels Rauke

E; H, T, w, ⑥; M_1, M_2, F, K; RL –
T8.3.1.3, T10.2..2, T10.3.3.1, T10.3.4.2, T10.7
M 30–150 cm, aufrecht. Pfl besonders im unteren Teil dicht rauhaarig, ebenso Blätter. Diese leierfg fiederspaltig, seitl. mit 1–3 buchtig gezähnten Abschnitten, Endabschnitt gr. Kelchblätter 3–4 mm lg. Kronblätter gelb, 5–7 mm lg. Staubblätter 1,5–2 mm lg. Griffel < 1 mm. Schoten 15–40 mm lg, auf dünnen, 7–12 mm lgn Stielen, jg die Blüten nicht überragend.

773 **Sisymbrium austriacum** Jacq. ▸
Österreichische Rauke

I; T, ⟨B⟩, s, ⑤; M_1, M_2; RL reg
T5.2.1.3, T5.3.1, T8.2.2.6, T8.3.1, T10.2..2
M 20–60(–80) cm, aufrecht. Pfl im unteren Teil kahl od. mit wenigen, aufwärts gerichteten Haaren. Blätter variabel: schrotsägefg, fiederspaltig, fiederteilig bis fast ganzrandig, glänzend, kahl. Kelch 4 mm lg, ungehörnt. Kronblätter 6–8 mm lg, gelb. Staubblätter 1,5–2 mm lg. Griffel 1–2 mm lg. Schoten 2–6 cm lg, auf dünnen, 5–12 mm lgn Stielen.
B Im Gebiet nur ssp *austriacum*.

◂ 774 **Sisymbrium altissimum** L.
Ungarische Rauke

E; T, H, w, ⑥; AV, M_1, M_2, F, K; RL –
T8.3.1, T10.3.1+2, T103.3.1, T10.3.4.2, T10.7
M 30–80 cm, am Grunde borstig behaart (Haare 1,5–3 mm lg). Obere u. mittlere Blätter fiederteilig, mit jederseits 2–6 linealischen Abschnitten. Grundblätter schrotsägefg, mit 4–9, lanzettl. bis 3-eckigen Abschnitten pro Seite. Kelchblätter 4–5 mm lg, die 2 äußeren unter der Spitze gehörnt. Kronblätter hellgelb. Schoten 6–10 cm lg, auf gleichdicken, 5–12 mm lgn Stielen.

775 **Sisymbrium orientale** L. ▸
Orientalische Rauke

E; ⟨T, H, w⟩, ⊙; M_1, M_2, F (östl.); RL –
T8.3.1, T10.3.1+2, T10.3.3.1, T10.7
M 20–80 cm, aufrecht. Pfl am Grunde weichhaarig (Haare 1 mm lg). Obere Blätter ungeteilt bis 3-teilig, spießfg, die mittleren fiederteilig mit großem Endabschnitt. Grundblätter ungeteilt. Kelchblätter 4–5 mm lg, ungehörnt. Kronblätter 8–9 mm lg, blassgelb. Schoten 5–11 cm lg, auf fast gleich dicken, 3–7 mm lgn Stielen.

◂ 776 **Descurainia sophia** (L.) Prantl
Gewöhnliche Besenrauke (Gttg 40 sp)

A; T, w, ⑤; AV, M_1, M_2, F, K; RL –
L4.1-4 (Ufer), T8.2.2.5, T8.3.1, T10.2..2, T10.3.4.2, T10.7
M 30–100 cm, aufrecht. Blätter 2–3fach fiederschnittig geteilt, mit linealischen Abschnitten, graugrün. Kronblätter 1,5–2 mm lg, blass- od. grünl. gelb, meist kürzer als der Kelch. Schoten 15–25 mm lg, auf viel dünneren, 7–15 mm lgn Stielen.

777 **Arabidopsis thaliana** (L.) Heynh. ▸
Acker-Schmalwand (Gttg 15–20 sp)

A; T, H, w, ③; A, AV, M_1, M_2, F, K; RL –
T5.1.1.4, T9.1.1.1+2, T10.2..2, T10.3.3.1
M 5–30 cm. Mit Grundblatt-Rosette, Blätter ganzrandig od. schwach gezähnt. Stgblätter lanzettl., am Grunde verschmälert, sitzend, ganzrandig. Kronblätter 2–4 mm lg, weiß. Schoten rund bis 4-kantig, 10–20 mm lg u. bis 1 mm br.

783a **Bunias erucago** L.
Geflügeltes Zackenschötchen ohne Abb., Fig. 33a

U; ⟨T, H, s⟩, ⊙; AV, M_1, F (östl.); ⟨RL –⟩
T8.3.1
M Ähnl. 783, aber weniger kräftig (20–70 cm). Grundblätter rosettig, fiederteilig schrotsägefg. Gesamter Stg rotdrüsig warzig. Kronblätter 8–12 mm lg. Fruchtstiel 2–4 cm lg. Schötchen mit zackig geflügelten Längsleisten.

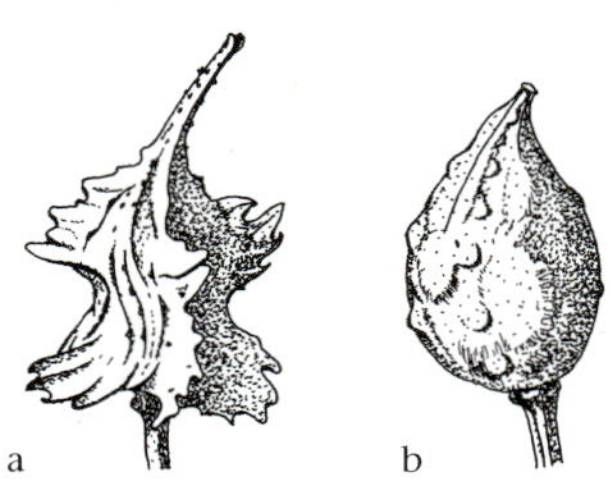

a b

Fig. 33: Früchte von *Bunias erucago* L. (a) und *Bunias orientalis* L. (b). Nach Hegi 1986

778 **Arabidopsis suecica** (Fr.) Norrl.
Schwedische Schmalwand ohne Abb.

?; T, s, ⊙; F (östl.); ⟨RL 0⟩
T6.2.1.4
Ähnl. 777, v. a. aber 823 (aber größere Kronblätter). Grundblätter gezähnt fiederspaltig, in allen Teilen heller grün. Stgblätter gezähnt. Kronblätter 4–6(–8) mm lg, Früchte 2–2,6 cm lg. Blütenboden auch im Fruchtzustand kaum br als Blütenstiel.
B Näheres bei Scholz (1963).

779 **Isatis tinctoria** L.
Färber-Waid (Gttg ca 30 sp)

A; ⟨B⟩ ,s, ⑤; AV, M_1, M_2, F; RL reg; (☼ F)
T5.1, T6.2, T7.5.2.1, T8.2.2.2, T10.3.1, T10.3.4.2, T10.5.4
M 40–120 cm, aufrecht. Pfl im oberen Teil verzweigt, blaugrün. Stgblätter kahl, sitzend, am Grund pfeilfg stgumfassend. Blütenstand meist weit ausladend. Kronblätter 3–4 mm lg, gelb. Frucht 10–25 mm lg, geflügelt, hängend, reif schwarz.

780 **Myagrum perfoliatum** L.
Hohldotter (Gttg 1 sp)

E; T, s, ⊙; AV, M_1, M_2; RL 1
T8.3.1, T9.1.2.2
M 20–60 cm, aufrecht. Pfl blaugrün, im oberen Teil meist sparrig verzweigt. Stgblätter ganzrandig od. fein gezähnt, am Grunde herz- bis pfeilfg stgumfassend. Kronblätter 3–4 mm lg, hellgelb. Schötchen 5–8 mm lg, birnfg, aufrecht; Fruchtstiele verdickt, dem Stg anliegend.

781 **Calepina irregularis** (Asso) Thell.
Wendich (Gttg 1 sp)

E; T, H, ⟨s⟩, ⊙; M_1, M_2; RL reg
T7.5.2, T9.3.2.1, T10.3.3.1, T10.3.4.2, T10.7
M 20–60 cm. Kahl, oft mehrstglig, mit Grundblatt-Rosette. Rosettenblätter buchtig bis fiederspaltig. Stgblätter eilanzettl., sitzend, am Grunde mit spitzen Zipfeln, stgumfassend. Kronblätter weiß, etwas ungleich, 1,5–3 mm lg. Frucht ei- bis birnfg, mit kurzem, dickem Schnabel, netzartig gefeldert.

782 **Hesperis matronalis** L.
Gewöhnliche Nachtviole (Gttg 25 sp)

E; ⟨B⟩, s, ⑥; A, AV, M_1, M_2, F; RL –; (N), Z
L5.2.3, L5.2.5.4, T8.2.1.1, T9.2.1, T10.3.3.1, T10.3.4.2
M 40–100 cm, aufrecht. Stg mit einf. u. verzweigten Haaren. Stgblätter zahlreich, eifg bis lanzettl., gezähnt, nach oben hin kleiner werdend. Seitl. Kelchblätter ausgesackt. Kronblätter 18–25 mm lg, violett, rosa od. weiß, wohlriechend. Schoten 4–10 cm lg u. 1,5–2 mm br.

783 **Bunias orientalis** L.
Orientalisches Zackenschötchen (Gttg 6 sp)

E; ⟨B⟩, K, s, ⑤; AV, M_1, M_2, F; RL reg Fig. 33b
L4.1–4 (Ufer), L5.2.5, T7.5.2.1, T8.2.1.1, T8.2.2.6, T10.3.1, T10.7
M 40–150 cm, oben stark verzweigt. Oberer Stgteil u. Blütenstand (rot)drüsig warzig. Untere Blätter tief fiederteilig, mit großem, 3-eckigem od. spießfgm Endabschnitt. Obere Blätter meist ungeteilt, kleiner. Kronblätter gelb, 5–8 mm lg. Schötchen 5–10 mm lg, mit unregelmäßigen Höckern.

784 **Erysimum cheiranthoides** L.
Acker-Schöterich (Gttg ca 200 sp)

I; T, w, ⑦; AV, M_1, M_2, F, K; RL –; (✠)
L5.2.4.2, T8.3.1, T9.1.1.3
M 20–60(–120) cm, aufrecht. Stgblätter lanzettl., ganzrandig bis geschweift gezähnt, mit 3–4-strahligen Haaren besetzt. Kronblätter 3–5 mm lg. Schote 1–3 cm lg, 4-kantig, auf 6–13 mm lgn, dünnen, aufrecht abstehenden Fruchtstielen.

785 **Erysimum repandum** L.
Sparriger Schöterich

E; T, s, ⊙; M_1, M_2, F; RL reg
T8.3.1, T10.3.3.1, T10.7
M 10–50 cm, aufrecht. Stgblätter mit 2–3-strahligen Haaren, schmal lanzettl., die oberen fast ganzrandig bis geschweift gezähnt, die unteren buchtig gezähnt. Kronblätter 6–10 mm lg. Schoten 5–10 cm lg, fast waagerecht abstehend, rundl., auf 3–6 mm lgn, etwa ebenso dicken Fruchtstielen.

786 **Erysimum hieraciifolium** L.
Steifer Schöterich

I; ⟨B⟩, s, ⑥; M, M_2, F; RL reg
T8.2.1.1, T8.2.1.2, T10.2..2 (feucht), T10.3.3.1
M 40–100 cm. Stgblätter ganzrandig bis entfernt buchtig, die unteren gezähnt, vorwiegend mit 3(–4)-strahligen Sternhaaren besetzt (daneben wenige 2- bzw. 5-strahlige Haare). Blütenstiele etwa so lg wie der Kelch. Kelchblätter 5–8 mm lg. Kronblätter 8–10 mm lg, mit Sternhaaren. Antheren 1,2–2,2 mm lg. Schoten 30–55 mm lg, an den Kanten nicht verkahlend. Fruchtstiele 3–7(–10) mm, aufrecht abstehend (Winkel ca 30°).

787 **Erysimum marschallianum**
Andrz. ex DC.
Harter Schöterich

I; H, s, ⊙; AV, M_1, M_2, F, RL –
T6.2 (ruderal), T8.3.1
M Wie 786, aber Stgblätter ganzrandig od. höchstens (die unteren!) undeutl. gezähnt, vorwiegend mit 3- u. 4-strahligen Sternhaaren besetzt (daneben slt 2- bzw. 5-strahlige Haare). Kelchblätter 4–5 mm lg. Kronblätter 6,5–8(–8,5) mm lg, kahl. Schoten 23–30(–39) mm lg. Fruchtstiele aufrecht (Winkel höchstens 10°).

788 **Erysimum crepidifolium** Rchb.
Bleicher Schöterich Gänsesterbe

I, ⟨B⟩, w, ⊙; M_1, M_2, (F, östl.); RL reg
T6.1.2.3, T6.2, T7.5.2
M 20–60 cm. Stgblätter ganzrandig bis buchtig gezähnt, vorwiegend mit 2(–3)-strahligen Sternhaaren besetzt. Blütenstiele kürzer als der Kelch. Blüten geruchlos. Kelchblätter 5–8 mm lg. Kronblätter 9–15 mm lg, mit Sternhaaren. Griffel 0,8–2 mm lg. Antheren 2–3 mm lg. Schoten 20–70 mm lg, 4-kantig, an den Kanten nicht verkahlend. Fruchtstiele 3–5(–6) mm.

789 **Erysimum odoratum** Ehrh.
Wohlriechender Schöterich

I; ⟨B⟩, s, ⑧; AV, M_1, M_2; RL reg
T6.1.2.3, T6.2.2.2.1, T6.2.2.3.2
M 20–80 cm. Stgblätter ganzrandig bis gezähnt, vorwiegend mit 3(–4)-strahligen Sternhaaren besetzt, 2-strahlige Haare slt. Blütenstiele kürzer als der Kelch. Blüten duftend. Kelchblätter 7–10 mm lg. Kronblätter 12–18 mm lg u. 4–7 mm br, mit Sternhaaren. Griffel 1,5–2,7 mm lg. Antheren 2–3,5 mm lg. Schoten 20–60(–90) mm lg, scharf 4-kantig, an den Kanten verkahlend (grünl.!). Fruchtstiele (3–)5–6(–10) mm.

◄ 790 **Erysimum cheiri** (L.) Crantz
Goldlack

A; C, w, ③; M_1, M_2, sonst nur U; RL reg; ☠!, ✠, Z
T10.2.1, T10.2..2, T10.2..2.3
M 20–90 cm. Stg mit 2-strahligen Haaren dicht besetzt. Blätter ganzrandig bis entfernt gezähnt. Blüten stark duftend. Kronblätter 15–25 mm lg, gelb, orange od. bräunl. Schoten 30–60 mm lg, auf 6–15 mm lgn Stielen, Fruchtklappen mit deutl. Mittelnerv.

791 **Cardamine enneaphyllos** (L.) Crantz ►
Quirlblättrige Zahnwurz ⟨Gttg 187 sp⟩

I; K, s, ③; A, AV, M; RL reg; (✠), Z
T1.1.1.5, (T3.1.1)
M 10–30 cm, mit waagerecht kriechendem Rhizom. Stgblätter meist 3, quirlstdg, 3-zählig gefingert. Teilblättchen lanzettl. bis eifg, gesägt. Blüten anfangs nickend, später aufrecht. Kronblätter 13–20 mm lg, gelbl. weiß. Schoten 5–7 cm lg.

792 **Cardamine bulbifera** (L.) Crantz ►
Zwiebel-Zahnwurz

I; K, s, ④; A, AV, M_1, M_2, F, (K); RL reg; Z
T1.1.1, T1.1.2.3 (feucht)
M 30–60 cm, mit waagerecht kriechendem Rhizom. Stgblätter 2–3-paarig gefiedert. Teilblättchen lanzettl., gesägt. Blattachseln meist mit kleinen, bräunl. violetten Brutknöllchen. Kronblätter 13–20 mm lg, hellviolett, rosa od. weiß. Schoten mit reifen Samen sehr slt.

793 **Cardamine pentaphyllos** (L.) Crantz ►►
Finger-Zahnwurz

I; K, s, ③; A, AV, M_1; RL –; Z
T1.1.1, T1.1.1.5, T1.1.2.1
M 20–50 cm, mit waagerecht kriechendem Rhizom. Stgblätter meist 3, gefingert, die unteren 5-zählig, das obere 3-zählig. Teilblättchen lanzettl. bis eifg, gezähnt. Kronblätter 15–25 mm lg, meist violett. Schoten 4–7 cm lg.

◄◄ 794 **Cardamine heptaphylla** (Vill.) O. E. Schulz
Fieder-Zahnwurz

I; K, s, ③; M_1; RL –; Z
T1.1.1, T1.1.1.5
M 30–60 cm, mit waagerecht kriechendem Rhizom. Stgblätter 2–3(–4), 2–4-paarig gefiedert. Teilblättchen lanzettl., gesägt gekerbt. Kronblätter 18–23 mm lg, meist weiß od. blasslila. Schoten 4–7 cm lg.

◄ 795 **Cardamine alpina** Willd.
Alpen-Schaumkraut

I; H, w, ⊙; A; RL –
L2.3.1.1, T3.3.2, T3.4.1
M 2–12 cm. Stg kahl. Grundblätter rosettig, ungeteilt. Stgblätter ungeteilt, seicht gelappt, ausgeschweift buchtig gezähnt od. ganzrandig, am Grunde des Blattstiels ohne stgumfassende Öhrchen. Kronblätter 3,5–5 mm lg, weiß. Schoten 10–15 mm lg, gerade, aufrecht.

796 **Cardamine resedifolia** L.
Resedablättriges Schaumkraut

I; K, H, w, ⊙; A; RL reg
T5.1.1.1, T5.2.2.1.1
M 2–15 cm, kahl. Grundblätter rosettig, die älteren ungeteilt, die jüngeren 3-teilig. Stgblätter fiederschnittig, mit 2–3 Paaren lineal-lanzettl. Abschnitte, Blattstiel am Grunde geöhrt. Kronblätter 4–6 mm lg, weiß. Schoten 12–22 mm lg.

797 **Cardamine trifolia** L.
Kleeblättriges Schaumkraut

I; K, w, ③; A, AV; RL –
L5.2.3 (m-o), T1.1.1.5
M 10–30 cm, kahl. Grundstdg Blätter 3-zählig kleeblattartig, lg gestielt. Teilblättchen rundl. bis rautenfg. Stgblätter 0–2, 3-zählig od. ungeteilt, geöhrt. Kronblätter 8–11 mm lg, weiß (blassrosa). Schoten 15–27 mm lg, aufrecht abstehend.

798 **Cardamine amara** L.
Bitteres Schaumkraut

I; H, w, ⑤, ❀; A, AV, M_1, M_2, F, K; RL reg; ✠
L2.3, L5.2.3, S3.2.5
M 10–60 cm, ausläufertreibendes Rhizom. Stg markig. Blätter mit 4–10 Fiederpaaren, Endfieder etwas größer, zu 6–15 gleichmäßig am Stg verteilt, untere nicht rosettig. Kronblätter 6–10 mm lg, verkehrt eifg, weiß (slt rosa). Staubblätter violett. Schoten 20–30 mm lg, aufrecht abstehend.
B Im Gebiet nur ssp *amara*.

799 **Cardamine pratensis** L.
Wiesen-Schaumkraut

I; H, w, ③, ❀; A, AV, M_1, M_2, K; RL reg; ✠, ☺, ☝, Z
L5.2.3, T7.3.2, T8.2.1.1
M 10–60 cm. Stg hohl, grundstdge Blattrosette, kahl. Grundblätter mit 1–8 Fiederpaaren. Endfieder der Grundblätter nierenfg bis rundl., viel größer als die Seitenblättchen, aber meist < 2 cm br; Fiedern unterer Stgblätter (5–8 Paare) ungestielt. Kronblätter (6–)8–12 mm lg, verkehrt eifg, lila, slt rosa od. weiß. Staubblätter gelb. Schoten 25–40 mm lg, aufrecht abstehend.
B Siehe Bemerkung 13, Seite 719.

800 **Cardamine dentata** Schult.
Sumpf-Schaumkraut

I; H, w, ⟨③⟩; AV, M_1, M_2, F; RL reg; Nutzung wie 799?
L3..5, S2.1, S3.2.5
M Ähnl. 799, aber Grundblätter mit 3–8 Fiederpaaren, Endfieder nur wenig vergrößert, kahl, Stgblätter mit 5–10 Paaren gestielter Fiederchen. Kronblätter 12–18 mm lg, meist weißl.
B Siehe Bemerkung 14, Seite 719.

801 **Cardamine udicola** Jord.
Morast-Schaumkraut

?; ⟨H, w⟩, ⟨③⟩; AV; RL?; wie 799?
L5.2.5.4
M Wie 799, aber Grundblätter mit 2–12 Fiederpaaren, Endblättchen wenig vergrößert (kaum lgr als 15 mm). Stgblätter 4–10, untere mit 4–10 Blattpaaren. Kronblätter 7–12 mm lg, weiß od. lila.

802 **Cardamine impatiens** L.
Spring-Schaumkraut

I; H, T, w, ⑥; A, AV, M_1, M_2, (F); RL reg
T8.2.1.2 in L5.2.3 / T1.1.2.1
M 10–80 cm, ohne Rhizom. Grundblatt-Rosette zur Blütezeit meist schon abgestorben. Stg kahl. Stgblätter mit 5–9 Fiederpaaren, am Grunde mit 2 schmalen pfeilfgn Zipfeln. Teilblättchen etwa gleich groß, die der unteren Stgblätter eifg, 3–5-spaltig. Kronblätter längl., 2–3 mm lg, kürzer als der Kelch, oft fehlend. Schoten 2–3 cm lg, aufrecht abstehend.

803 **Cardamine parviflora** L.
Kleinblütiges Schaumkraut

I; T, w, ⊙; M_1, M_2, F (östl.); RL 3
L4.2 (Ufer), T7.4.1
M 4–25 cm, Stg kahl. Grundblätter nie in Rosette, mit keilfgn Abschnitten. Stgblätter ohne Zipfel, die unteren mit 3–6 Fiederpaaren. Teilblättchen lineal-lanzettl. Kronblätter längl., 2–2,5 mm lg, weiß. Schoten 8–20 mm lg, aufrecht abstehend.

804 **Cardamine hirsuta** L.
Behaartes Schaumkraut

I; T, H, w, ②; A, AV, M_1, M_2, F, K; RL –;
T1.3, T8.2.1.2, T9.1.1.3, T9.2.7 (Ausgang), T9.3.2.1, T9.2, T10.3.3.1, T10.3.4.2
M 5–30 cm. Mit deutl. Grundblatt-Rosette, vielstglig, besonders am Grunde ästig. Grundblätter viele, mit 1–4 Fiederpaaren u. größerem Endblättchen. Stg kahl od. zerstreut behaart. Stgblätter 2–4, am Grunde ohne Zipfel, gefiedert. Staubblätter meist 4. Schoten 12–25 mm lg, auf aufrechten Fruchtstielen. Griffel 0,3–0,5 mm lg.

805 **Cardamine flexuosa** With.
Wald-Schaumkraut

I; ⟨B⟩, T, w, ④; A, AV, M_1, M_2, F, K; RL reg
L2..1.1, T10.3.3.1 (Wälder)
M 10–50 cm. Mit deutl. Grundblatt-Rosette, oft mehrstglig, auch oben verzweigt. Grundblätter wenige, mit 3–6 Fiederpaaren u. größerem Endblättchen. Stg unten behaart. Stgblätter 4–10, am Grunde ohne Zipfel, gefiedert. Staubblätter meist 6. Schoten 12–25 mm lg, auf aufrechten abstehenden Fruchtstielen. Griffel 0,5–0,8 mm lg.

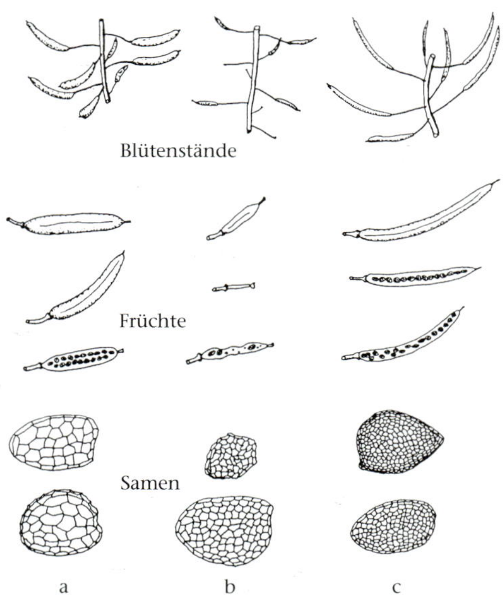

Fig. 34: Früchte u. Samen von *Nasturtium* aus RICH (1991)
a: *Nasturtium officinale*, b: *Nasturtium × sterile*,
c: *Nasturtium microphyllum*

806 **Nasturtium officinale** R. Br.
Echte Brunnenkresse ⟨Gttg 6 sp⟩

I; W, w, ⑥; A, AV, M_1, M_2, F; RL reg; ✠,
L4.1.4, L4..2.3 Fig. 34a
M 20–80 cm. Niederliegend od. aufsteigend, verzweigt, kahl. Blätter gefiedert, mit (1–)2–4(–5) Fiederpaaren. Kronblätter meist 3–4 mm lg, weiß. Staubbeutel gelb (vgl. 798 *Cardamine amara*). Schote 8–20(–23) mm lg u. 2–3 mm br, kaum gebogen. Samen in jedem Fruchtfach deutl. 2-reihig, auf jeder Seite mit < 60 Feldern. Fruchtstiele relativ dick, 7–16 mm lg, gerade od. kaum gebogen.

807 **Nasturtium microphyllum** Boenn. ex Rchb.
Kleinblättrige Brunnenkresse ohne Abb., Fig. 34c

I; W, w, ⊙; A, AV, M_1, M_2, F, K; RL reg;
L4.1.4
M Wie 806, aber Kronblätter meist 5–6 mm lg, weiß. Schote 15–27 mm lg u. 1,2–2 mm br, oft gebogen. Samen in jedem Fruchtfach 1-reihig, auf jeder Seite mit über 100 Feldern. Fruchtstiele relativ dünn, 12–21 mm lg, gerade od. kaum gebogen.

808 **N.** × **sterile** (Airy-Shaw) Oefelein
(806 × 808)
Bastard-Brunnenkresse Fig. 34b, ohne Abb.

I; W, w, ⊙; M_1, M_2, F, wo noch?; RL ?
L4.1.4
M In den Merkmalen zw den Eltern. Anordnung der Samen in der Frucht 1–2-reihig. Sippe mit Missbildungen u. fehlgeschlagenen Samen. Auf jeder Seite der Samen 60–120 Felder.
B Bildet eigene, teilweise fertile Populationen aus. Bislang weitgehend übersehen. 807 ist in D möglicherweise viel hfgr als 808. Vgl. Bleeker et al. (1997).

◂809 **Barbarea vulgaris** R. Br. ssp **vulgaris**
Gewöhnliches Barbarakraut (Gttg 20 sp)

I; ⟨B⟩, w, ⊙; A, AV, M_1, M_2, F, K; RL –; ✋, Z
L4.1–4 (Ufer), T7.4.1, T8.2.2, T10.3.3.1
M 30–90 cm. Stg oft zu mehreren, ästig, kahl. Grundblätter rosettig, fiederteilig, mit 2–5 Paar längl. Seitenlappen u. großem rundl., am Grunde oft herzfgm Endabschnitt, dieser kürzer als der Blattrest; oberste Stgbätter einf., meist ungeteilt, gezähnt. Blütentrauben locker. Kelchblätter kahl. Kronblätter 5–7(–8) mm lg, goldgelb. Fruchtgriffel 1,5–3,5(–4) mm lg. Fruchtstiele dünn, wie die Schoten aufrecht abstehend bis schräg, aber nicht gebogen.

810 ssp **arcuata** (Opiz) Hayek
Krummfrüchtiges Barbarakraut Abb. M. re.

I; ⟨B, w⟩, ⊙; wo?; ⟨RL –⟩
wo?
M Wie 809, aber Fruchtstiele waagerecht, dann wie die Schoten bogig aufsteigend, diese zuletzt kandelaberartig.
B Die mit den Eltern öfter auftretenden Hybriden zw 809 u. 810 (*B.* × *abortiva* Hausskn.) zeichnen sich durch meist fehlgeschlagene Früchte aus. Verwandt ist die unzureichend untersuchte (811) ssp *rivularis* (Martrin-Donos) Sudre mit nachfolgenden Merkmalen: Stg meist einzeln. Endzipfel der Grundblätter so gr wie der Rest des Blattes. Untere Blätter mit kleinen, oft fast od. völlig fehlenden Seitenblättchen. Blütenstand fast schirmtraubig, dicht, Kronblätter kl. Schoten schlank, genähert, fast dachziegelartig angeordnet, aufrecht. Fruchtstiele gerade, aufrecht.

◂◂812 **Barbarea stricta** Andrz.
Steifes Barbarakraut

I; ⟨B⟩, w, ⊙; AV, M_1, M_2, F, K; RL reg
L5.2.4–5, T7.4.1, T8.2.1.1
M Ähnl. 809, aber Grundblätter mit 1–2 Paar Seitenlappen u. eilängl., am Grunde nie herzfgm Endabschnitt, dieser lgr als Blattrest. Blatt insg. weniger geteilt als bei 809 u. 811. Spitze der Kelchblätter u. Knospen mit 0,3–0,5 mm lgn Haaren. Kronblätter 3,5–6 mm lg, hellgelb. Fruchtgriffel 0,5–1,5 mm lg. Schoten steif aufrecht, auf dicken Stielen.

813 **Barbarea intermedia** Boreau ▸
Mittleres Barbarakraut

E; ⟨B⟩, w, ⊙; AV, M, F, K; RL reg
T7.4.1, T8.2.1.2, T8.3.1, T9.1.1.3, T9.2, T10.3.3.1, T10.7
M 25–75 cm. Stg kahl od. mit vereinzelten Haaren, oben meist verzweigt. Grundblätter rosettig, mit (0–)2–6 Paaren von linealischen Seitenabschnitten u. einem großen, rundl. bis keilfgn Endabschnitt. Oberste Stgblätter fiederspaltig, mit 2–4 Paar z. T. lineal. Seitenabschnitten. Kelch 2–3,5 mm lg. Kronblätter 4–7 mm lg. Schoten 15–35(–40) mm lg, gerade, schief abstehend. Fruchtgriffel 0,6–1,6(–1,7) mm lg.

814 **Barbarea verna** (Mill.) Asch. ▸▸
Frühes Barbarakraut

U–E; H, w, ⊙; M, F; ⟨RL –⟩; Z
T8.2.2.6, T8.3.1, T10.3.1+2
M Ähnl. 813, aber Grundblätter mit 4–10 Paaren von Seitenabschnitten u. kleinem Endabschnitt. Kelchblätter 2,8–5,1 mm lg. Kronblätter 6–9 mm lg. Schoten 30–70 mm lg, leicht gekrümmt. Fruchtgriffel 0,6–2(–2,3) mm lg.

815 **Rorippa palustris** (L.) Besser
Gewöhnliche Sumpfkresse ⟨Gttg 74 sp⟩

I; T, ⟨B⟩, s, ⑥; A, AV, M_1, M_2, F, K; RL –
L3.1–4 (Ufer), L5.2.4.1, T9.1 (feucht), T10.3.3.1
M 20–60 cm. Stg oben oft sparrig verzweigt, aufrecht. Alle Blätter leierfg fiederschnittig, mit 2–8 Paaren von Seitenabschnitten u. größerem Endabschnitt. Kelchblätter 1,6–2,5 mm lg, etwa so lg wie die hellgelben Kronblätter. Frucht 5–12 mm lg u. 1,5–3 mm br, oft schwach gekrümmt. Fruchtstiel 4–8 mm lg, 0,7–1,3mal so lg wie die Frucht.

816 **Rorippa austriaca** (Crantz) Besser
Österreichische Sumpfkresse

I; H, s, ⑥; AV, M_1, M_2, F; RL reg
L4.2 (Ufer), T7.1.2, T7.4.1, T8.2.1.1, T10.3.3.1, T10.3.4.2
M 40–100 cm. Mit unterirdischen Ausläufern, oben verzweigt. Mittlere u. obere Stgblätter ungeteilt, unregelmäßig gezähnt, elliptisch, am Grund herzfg, den Stg mit 2 Zipfeln umfassend, unterseits kurz behaart. Kelchblätter 1,5–2,5 mm lg. Kronblätter 3–4 mm lg, gelb. Frucht fast kugelig, 1,5–3 mm lg, auf 7–15 mm lgn Stielen.

817 **Rorippa amphibia** (L.) Besser
Wasser-Sumpfkresse

I; W, H, s, ⑥; AV, M_1, M_2, F, K; RL –
L3..5, L4..3, T7.4.1
M 50–150 cm. Stg am Grunde niederliegend bis aufsteigend, oft Wurzeln treibend. Obere Blätter ungeteilt, ganzrandig od. gezähnt, sitzend. Grundblätter meist kammfg fiederlappig bis -teilig. Kronblätter 3,5–6,5 mm lg. Frucht 2–5 mm lg, eifg, auf 8–15 mm lgn Stielen, waagerecht abstehend od. leicht nach unten gebogen.

818 **Rorippa pyrenaica** (L.) Rchb.
Pyrenäen-Sumpfkresse

I; H, s, ⊙; M_1 (östl.), F; RL reg
T7.1.2, T7.2.1, T10.3.3.1, T10.3.4.2
M 15–40 cm. Stg aufrecht, zur Blütezeit mit Grundblatt-Rosette. Blätter fiederteilig bis gefiedert, mit 2–8 Paaren von lineal bis schmal lanzettl. Seitenabschnitten, am Grunde geöhrt. Kronblätter 2,5–4 mm lg. Frucht 2,5–5 mm lg u. 1,2–2,5 mm br. Fruchtstiele 6–9 mm lg, waagerecht bis schräg aufwärts gerichtet.

819 **Rorippa anceps** (Wahlenb.) Rchb.
Niederliegende Sumpfkresse

I; H, W, s, ⊙; AV, M_1, M_2, F, K; RL reg
L4..3, S2.1, T7.4.1
M 30–100 cm. In den Merkmalen zw den mutmaßl. Eltern (817 × 820) stehend. Blätter variabel, fiederteilig bis -spaltig, slt ungeteilt, meist mit großem Endabschnitt, die oberen gestielt. Kronblätter 3,5–5 mm lg. Fruchtbare Schoten 5–8(–11) mm lg u. 1–2,5 mm br, ihre Stiele meist herabgeschlagen. Fruchtgriffel 1–2,5 mm lg.

820 **Rorippa sylvestris** (L.) Besser
Wilde Sumpfkresse

I; K, H, s, ⑥; A, AV, M_1, M_2, F, K; RL –
L4.1–4 (Ufer), T7.4.1, T9.1 (feucht), T10.3.3.1
M 20–60 cm. Stg aufsteigend bis aufrecht. Blätter gefiedert bis fiederteilig, mit 4–7 Paaren von Seitenabschnitten, ohne viel größeren Endabschnitt. Öhrchen fehlend. Teilblätter gezähnt bis fiederteilig. Obere Blätter meist sitzend. Kronblätter 4–5 mm lg. Schoten 8–18 mm lg, etwa 1 mm br, auf waagerechten bis aufsteigenden, 6–12 mm lgn Stielen. Fruchtgriffel 0,5–1,1 mm lg.

821 **Armoracia rusticana** P. Gaertn., B. Mey. & Scherb.
Gewöhnlicher Meerrettich (Gttg 4 sp)

E; K, s, ⑥; AV, M_1, M_2, F, K; RL –; ✠, ☺, ✂
L4.4, T8.2.1.1, T8.2.2.6, T10.7
M 60–150 cm. Stg aufrecht, verzweigt, kahl, kantig, hohl. Grundblätter 20–100 cm lg, eifg lanzettl., unregelmäßig gekerbt, lg gestielt. Untere Stgblätter oft fiederspaltig, die oberen ungeteilt, lanzettl., gesägt. Kronblätter weiß. Schötchen eifg, 4–6 mm lg, glatt, auf 5–20 mm lgn Stielen.

822 **Cardaminopsis petraea** (L.) Hiitonen.
Felsen-Schaumkresse (Gttg 13 sp)

I; C, H, s, ⑥; M, M_2; RL reg
T5.1 (sek.), T5.2.2.2.1, T6.1.2.3
M 10–25 cm, ohne Ausläufer. Grundblätter längl., ganzrandig od. unregelmäßig grob gesägt bis buchtig, behaart. Stgblätter lineal, ganzrandig (höchstens das unterste etwas gezähnelt), kahl od. mit einzelnen Haaren. Kronblätter 6–8 mm lg, weiß. Schoten 20–45 cm lg, flach, über den Samen höckerig.

823 **Cardaminopsis arenosa** (L.) Hayek ssp **arenosa**
Gewöhnliche Sand-Schaumkresse

I, ⟨T, B, s⟩, ⑥; A, AV, M_1, M_2, F, K; RL reg
T6.2.1.4.4, T7 (lückig), T8.3.1, T10.3.3.1, T10.3.1
M 10–50 cm. Pfl ohne Ausläufer, aufrecht, neben Grundblatt-Rosette keine sterilen Rosetten. Stg zumindest im unteren Teil von einf. Haaren (sowie einigen Gabelhaaren) rau. Grundblätter u. untere Stgblätter leierfg fiederteilig, jede Seite mit 1–6 Abschnitten od. Zähnen. Kronblätter 6–10 mm lg, meist weiß, Blütenboden stark verbreitert. Schoten 20–55 mm lg, 0,6–1,1 mm br, flach, über den Samen höckerig. Samen 0,6–1,1 mm lg, ohne od. mit undeutl. Hautrand. Früchte 2–4,5 cm lg.
B Tetraploide Sippe des Flachlandes.

824 ssp **borbasii** (Zapal.) Pawl. ex H. Scholz
Steinschutt-Sandkresse

I; ⟨B⟩, C, s, ⊙; A, M_1, M_2; RL reg
T5.1.2.2.2, T5.2.2.2.2
M Wie 823, aber hfg sterile Rosetten vorhanden. Untere Blätter mit jederseits 3–11 Abschnitten od. Zähnen. Kronblätter meist rosa bis lila. Schoten 1–1,7 mm br. Samen 1–1,6 mm lg, mit schmalem Hautrand.
B Diploide Sippe mitteleurop. Gebirge.

825 **Cardaminopsis halleri** (L.) Hayek
Wiesen-Schaumkresse

I; H, s, ④; M_1, M_2, F (verschleppt); RL reg
T5.1.2.3, T7.1.2, T7.1.3
M 15–50 cm. Pfl mit oberirdischen Ausläufern, behaart. Obere Stgblätter eifg bis lanzettl., sitzend, die unteren ungeteilt od. fiederteilig bis gefiedert, gestielt, mit großem Endabschnitt. Krone 4–6 mm lg, weiß, slt lila. Schoten 10–22 mm lg, flach, über den Samen höckerig.

826 **Arabis glabra** (L.) Bernh.
Turmkraut (Gttg 180 sp)

I; H, s, ⑥; A, AV, M_1, M_2, F, K; RL reg
T2.1.2.1, T2.2.2, T8.2.1.1, T8.2.1.2
M 50–120 cm, aufrecht. Grundblätter buchtig gezähnt bis leierfg, von Gabel- u. Sternhaaren rau. Stgblätter zahlreich, ganzrandig, herzpfeilfg stgumfassend, blaugrün, kahl. Blütenstand reichblütig. Kronblätter 4–6 mm lg, gelbl. weiß. Schoten 4–7 cm lg, 4-kantig, aufrecht, dem Stg angedrückt.

827 **Arabis turrita** L. ▸
Turm-Gänsekresse

I; ⟨B⟩, s, ⑤; A, AV, M_1, M_2; RL reg
T1.1.2.4, T2.1.2.1.2, T8.1.2
M 20–80 cm. Pfl aufrecht, mit zahlreichen Gabel- u. Sternhaaren. Stgblätter längl., am Grunde herzfg stgumfassend, am Rand unregelmäßig gezähnt. Blütenstand beblättert. Kronblätter 5–8 mm lg, gelbl. weiß. Schoten flach, 7–14 cm lg, einseitswendig, bogig überhängend.

828 **Arabis pauciflora** (Grimm) Garcke ▸▸
Armblütige Gänsekresse

I; H, s, ⑤; M_1, M_2; RL reg
T1.1.1.4, T1.1.2.4, T2.1.2.1.2, T8.1.1
M 30–100 cm. Pfl aufrecht, völlig kahl. Blätter längl. bis lanzettl., ganzrandig, herzfg stgumfassend, blaugrün. Blütentraube zur Fruchtzeit locker. Kronblätter 5–8 mm lg, weiß. Schoten 4–8 cm lg, flach, auf 7–16 mm lgn Stielen, nach oben abgewinkelt.

◂ 829 **Arabis caerulea** All.
Blaue Gänsekresse

I; C, H, w, ⊙; A; RL –
T3.3.2, T5.1.5
M 2–12 cm. Pfl mit einf. u. Gabelhaaren. Grundblätter in ihren Stiel keilfg verschmälert, nahe der Spitze mit 2(–7) deutl., spitzen Zähnen. Blütentraube 2–8-blütig, nickend. Kronblätter bläul. Schoten 1–3 cm lg, oft blau überlaufen, auf aufrecht anliegenden Stielen.

830 **Arabis ciliata** Clairv. ▸
Doldige Gänsekresse

I; C, ⟨B⟩, w, ⊙; A, AV; RL reg
T3.4.2
M 8–20 cm. Pfl mit Grundblatt-Rosette, behaart od. kahl. Stgblätter 4–10, entfernt stehend, mit breitem Grunde sitzend, nicht geöhrt, ganzrandig, matt. Blütentraube 15–25-blütig, dicht. Kronblätter 4–5 mm lg, weiß. Schoten 16–30 mm lg, aufrecht abstehend, die unteren den Blütenstand überragend, ihre Stiele 3–6(–10) mm lg. Samen ungeflügelt.

◂◂ 831 **Arabis bellidifolia** Crantz
ssp **bellidifolia**
Gewöhnliche Zwerg-Gänsekresse

I; C, w, ⊙; A; RL –
T5.1.2.2.1 (a)
M 10–20 cm. Mit Grundblatt-Rosette, behaart, am Blattrand mit 2-teiligen Gabelhaaren. Stglblätter (0–)2–6(–11), längl. eifg, sitzend, nicht geöhrt, glänzend. Blütentraube 5–15(–20)-blütig, locker. Kronblätter 5–8 mm lg, weiß. Schoten 20–40 mm lg, aufrecht abstehend, ihre Stiele 5–13(–18) mm lg. Samen 0,3–0,8 mm br geflügelt.

◂ 832 ssp **stellulata** (Bertol.) Greuter & Burdet
Sternhaarige Zwerg-Gänsekresse
I; ⟨C, w⟩, ⊙; A; RL –
T5.2.2.2.1 (a)
M Wie 831, aber Stg nur 5–10 cm, am Laubblattrand Sternhaare (3–4-teilig).

833 **Arabis soyeri** Reut. & Huet
Glänzende Gänsekresse

I; C, H, w, ⊙; A, AV; RL –; Z
L2..2 (sa-a), L4.1 (sa-a), S2.2.2 (sa-a)
M 15–30 cm, (fast) kahl. Blätter glänzend, ganzrandig od. entfernt gezähnt. Stgblätter 5–12, sitzend od. oft mit angedeuteter herzfgr Basis stgumfassend. Kronblätter 6–7 mm lg, weiß. Schoten 24–40 mm lg, aufrecht. Samen 0,3–0,4(–0,5) mm br geflügelt.
B Im Gebiet nur ssp *subcoriacea* (Gren.) Breistr.

834 **Arabis collina** Ten.
Hügel-Gänsekresse

E; ⟨H, w⟩, ⊙; M_1; RL –
wo?
M 10–30 cm. Stg aufrecht od. aufsteigend, hfg zu mehreren Rosetten, dicht behaart, neben einf. auch 2–5-spaltige Haare. Grundblätter in den Stiel verschmälert, gezähnt. Stgblätter 3–10, sitzend. Kronblätter 8–9 mm lg, weiß od. rosa. Schoten 25–50 mm lg, auf aufrechten, 5–6 mm lgn Stielen.

835 **Arabis hirsuta** (L.) Scop.
Behaarte Gänsekresse

I; ⟨B⟩, T, s, ④, ⊛; A, AV, M_1, M_2, F, K; RL reg
T1.4.1.3, T5.1, T6.2.2.2, T6.2.2.2.3, T8.1.2
M 10–80(–100) cm, aufrecht, meist mehrstglig, mit Rosetten. Stg vorwiegend mit lgn, einf. u./od. Gabelhaaren, mit 5–30 meist gezähnten Blättern, die längsten in der unteren Hälfte des beblätterten Stgteils. Blätter gabelhaarig u. mit einf. Haaren. Blattgrund variabel (pfeilfg bis abgerundet). Blattöhrchen (wenn vorhanden) vom Stg abstehend. Kronblätter 3–7 mm lg, weiß. Schoten locker, nicht streng parallel zueinander, etwas abstehend, 25–52 mm lg; Mittelnerv bis ins oberste ¼ deutl. (trockene Schoten verwenden!).

836 **Arabis nemorensis** (Hoffm.) Koch
Flachschotige Gänsekresse

I; ⟨B⟩, T, s, ⊙; AV, M_1, (M_2), F (östl.); RL 2
L5.2.3 (licht), T7.3.3
M Ähnl. 835, aber Stg (besonders im basalen Teil) vorwiegend mit angedrückten, fast sitzenden, 2(–4)-spaltigen, kompassnadelartigen Haaren. Blätter 20–90, dicht stehend, mit lggestielten 2- bis mehrstrahligen u. einf. Haaren, die mittleren mit tief herzfgr Basis; Öhrchen dem Stg ± angepresst. Schoten dicht stehend, ± parallel zueinander, steif aufrecht, 30–50 mm lg; etwas knotig perlschnurfg. Mittelnerv undeutl.

837 **Arabis sagittata** (Bertol.) DC.
Pfeilblättrige Gänsekresse

I; ⟨B, T, s⟩, ⊙; (A, AV), M_1, M_2, F (östl.); RL reg
T6.2.2.2, T8.1.2
M Sehr ähnl. 835, aber mit 10–50 Stgblättern, die längsten in der Mitte des beblätterten Stgteils. Blattgrund meist pfeilfg bis (seltener) abgerundet. Schoten dicht stehend, steif aufrecht u. parallel zueinander, 32–65 mm lg; Mittelnerv wird im 2.–3. ¼ undeutl. (trockene Schoten verwenden!).

838 **Arabis alpina** L.
Alpen-Gänsekresse

I; C, i, ⊙; A, M_1, M_2; RL reg; Z
(T3.3.2), T5.1, T5.2.2.1 (feucht), T5.2.2.2
M 10–40 cm. Mit ausläuferartig kriechenden Stgn u. sterilen Blattrosetten, aufsteigend bis aufrecht, rasig wachsend, rauhaarig. Blätter grob gezähnt, die unteren kurzgestielt, die oberen mit kurzen Öhrchen stgumfassend. Kelchblätter 3–4 mm lg. Kronblätter 7–10 mm lg, reinweiß, allmähl. in den Nagel verschmälert. Schoten 25–60 mm lg, auf schräg abstehenden Stielen.

839 **Arabis caucasica** Willd.
Kaukasische Gänsekresse

E; ⟨C, i⟩, ⊙; AV, M_1, M_2, (F); RL –; Z
wo?
M Wie 838, aber Pfl grau- bis weißfilzig. Kelchblätter 4–6 mm lg. Kronblätter 10–18 mm lg, abrupt in den Nagel zusammengezogen, elfenbeinweiß. Schoten bis über 60 mm lg.

840 **Arabis auriculata** Lam.
Öhrchen-Gänsekresse

I; T, s, ⊙; M_1; RL 3
T6.2.2.2, T6.2.2.4.6
M 10–30 cm. Zur Blütezeit ohne Rosetten. Stg im unteren Teil (wie Blätter) neben 2-armigen auch 3–5-spaltige, lg gestielte Haare. Stgblätter 5–15, mit gerundeten Öhrchen stgumfassend. Kronblätter 2–4 mm lg, weiß. Schoten 10–30 mm lg, schief abstehend, so dick wie der 2–5 mm lge Fruchtstiel.

841 **Lunaria rediviva** L.
Ausdauerndes Silberblatt, Mondviole (Gttg 3 sp)

I; H, s, ④; A, AV, M_1, M_2; RL reg; Z
T1.1.2.1
M 30–150 cm, mit Rhizom. Alle Blätter gestielt, herzfg. Kronblätter 15–20 mm lg, lila, hellviolett od. weiß, stark duftend. Schötchen 5–8 cm lg, elliptisch bis br lanzettl., flach, an beiden Enden zugespitzt, an einem 1–4 cm lgn, gebogenen Fruchtträger hängend.

842 **Lunaria annua** L.
Einjähriges Silberblatt, Judas-Silberling

U–E; ⟨T, s⟩, ⊙; A, AV, M_1, M_2, F, K; ⟨RL –⟩; Z
T8.2.2–8.3, T9.2.1
M 30–100 cm, ohne Rhizom. Obere Blätter ungestielt. Blätter br herzfg. Kronblätter 20–25 mm lg, meist purpurn, slt weiß, ohne Duft. Schötchen 2–5 cm lg, br elliptisch bis fast kreisrund, an beiden Enden abgerundet, flach. Fruchtträger 1–2 cm lg, mit Ausnahme der Spitze gerade.

843 **Aurinia saxatilis** (L.) Desv.
Felsen-Steinkraut (Gttg ca 10 sp)

E?; C, i, ③; M_1, M_2; RL 3, ⊙; Z
T5.2.3, T6.1.2.3
M 15–50 cm. Stg mit kurzgestielten Sternhaaren, am Grunde verholzt. Blätter oft rosettig gehäuft, 4–12 cm lg, graufilzig, ganzrandig od. entfernt gezähnt. Blütenstand meist stark verzweigt, rispig. Kronblätter 3–7 mm lg, gelb. Schötchen 4–6 mm lg, kahl, pro Fach mit 2 Samenanlagen.

◂◂ 844 **Alyssum montanum** L. ssp **montanum**
⟨Berg-Steinkraut⟩ (Gttg 190 sp)

I; C, i, ③; M_1, M_2, F (östl.); RL reg, §; Z
T6.1.2.2+3, T6.2 (lückig)
M 10–25 cm. Stg am Grunde etwas holzig, mit zahlreichen, aufsteigenden Blühtrieben, von Sternhaaren grau. Blätter 8–25 mm lg, verkehrt eifg, die oberen schmaler, dicht sternhaarig. Blütenstand kurztraubig. Kronblätter 4–6 mm lg u. 1–2 mm br, goldgelb. Kelch zur Fruchtzeit abfallend. Schötchen fast kreisrund, 3–6 mm lg, sternhaarig, mit 1–2 Samenanlagen pro Fach.

◂ 845 ssp **gmelinii** (Jord. & Fourr.) Thell.
Sand-Steinkraut

I; ⟨C, i⟩, ⑦, M_1; RL 2!!, §
T6.2.1.4.1, T6.2.2.4.7
M Wie 844, aber niederliegend bis aufrecht. Blätter schmal längl., locker sternhaarig. Kronblätter 3–4 mm lg u. 1–1,5 mm br, hellgelb. Schötchen br elliptisch, 3–4 mm lg, oft verkahlend.

◂ 846 **Alyssum alyssoides** (L.) L.
Kelch-Steinkraut

I; T, H, s, ④; AV, M_1, M_2, F, K; RL reg
T5.2.3, T6.2..4.6, T10.3.4.2, T10.5.4
M 4–25 cm. Stg aufrecht od. aufsteigend, sternhaarig, grau. Blätter 5–28 mm lg, längl. eifg bis spatelfg, oberseits graugrün, unterseits weißl. Blütenstand locker traubig. Kronblätter 2,5–4 mm lg, blassgelb, später weißl. Kelchblätter zur Fruchtzeit noch vorhanden. Schötchen 3–4,5 mm lg, sternhaarig, mit 1–2 Samenanlagen pro Fach.

847 **Alyssum murale** Waldst. & Kit. ▸
Mauer-Steinkraut

E lok; C, i, ⊙; M_2, wo noch?; RL – wo?
M 20–50 cm, sternhaarig. Blätter 10–30 mm lg, mit Ausnahme der unteren rosettig gehäuft, oberseits graugrün, unterseits weiß od. grau. Blütenstand reich verzweigt, doldig rispig. Kronblätter 2,5–3,5 mm lg. Schötchen 3–5 mm lg, sternhaarig, mit einer Samenanlage pro Fach.

848 **Lobularia maritima** (L.) Desv. ▸
Strand-Silberkaut (Gttg 4 sp)

U–E; ⟨H, T, s⟩, ⊙; M_2; ⟨RL –⟩; Z
T10.3.3.2, T10.7
M 10–40 cm. Stg aufsteigend, graugrün, dicht besetzt mit angedrückten, 2-armigen, kompassnadelfgn Haaren bis fast kahl. Blätter 2,5–4 cm lg, linear bis verkehrt eifg, ganzrandig. Blütenstand dicht traubig, später lockerer. Kronblätter 2,5–4 mm lg, weiß od. violett. Schötchen 2–3 mm lg, rund bis verkehrt eifg, mit einem Samen pro Fach.

849 **Berteroa incana** (L.) DC. ▸▸
Gewöhnliche Graukresse (Gttg 5 sp)

E; T, ⟨B⟩, w, ⑦; AV, M_1, M_2, F, K; RL –
T6.2.1.4, T7.5.2, T8.2.2.2, T10.3.1+2, T10.3.3.1, T10.3.4.2
M 20–65 cm. Stg aufrecht, verzweigt, von Sternhaaren grau. Blätter lanzettl., ganzrandig bis leicht gezähnt. Blütenstand traubig, später verlängert. Kronblätter 4–6 mm lg, weiß, fast bis zur Mitte 2-teilig. Schötchen elliptisch, 4–10 mm lg.

Erophila verna agg (Gttg ca 10 sp*)

Autogamer, bislang nur unzureichend untersuchter u. gegliederter Komplex aus zahllosen, oft nur lok verbreiteten Sippen, die sich v. a. nach der Stghöhe u. -dicke, der Form der Früchte u. der Behaarung unterscheiden lassen. Abgebildet werden hier 2 Fruchttypen: 850 zeigt die am häufigsten auftretende Fruchtform (hierher u. a. der »*krockeri*-Typ«); v. a. in wärmeren Regionen tritt vermehrt der in 851 abgebildete »*spathulata*-Typ« mit annähernd runden Früchten auf.

*ohne die zahlreichen selbstständigen Linien

In der Standardliste werden unterschieden (850–852):

◂ 850 **Erophila verna** (L.) DC. ssp **verna** ▸
Frühlings-Hungerblümchen

I; T, v, ①, ❀; A, AV, M_1, M_2, F, K; RL –; ☺
T6.2 (lückig), T6.2..4, T9.1.1.1, T10.2..2, T10.2..1.1, T10.3.3.1
M (2–)5–20(–25) cm, mit grundstdgr Blattrosette. Blätter spatelfg bis verkehrt eifg, ganzrandig od. etwas gezähnt, wie unterer Stgteil mit vielen 2–4-strahligen Haaren besetzt. Einfache Haare fehlen meist. Kronblätter 2-spaltig, weiß. Frucht 2,5–5mal so lg wie br, meist 6–10 mm lg.

◂ 851 ssp **spathulata** (Lang) Vollm.
Rundfrüchtiges Hungerblümchen

I; T, H, v, ⊙; M_1, M_2, wo noch ?; RL –
T6.2.1+2.4
M Ähnl. 850, aber unterer Teil des Stgls u. Laubblätter mit Gabelhaaren u. 3–5-strahligen Haaren. Schötchen fast kreisrund, kaum lgr als br, etwa 3–5 mm lg.

852 ssp **praecox** (Steven) Walp. ▸
Frühes Hungerblümchen

I; T, H, w, ⊙; AV, M_1, M_2, F?; RL –
T6.2.1+2.4
M Wie 851, unterer Stgteil u. Blätter vorwiegend mit einfachen Haaren, daneben vereinzelt Gabelhaare. Schötchen br elliptisch, 1–2mal so lg wie br.

◂◂ 853 **Draba sauteri** Hoppe
Sauters Felsenblümchen (Gttg ca 300 sp)

I; C, w, ⊙; A; RL reg; §
T5.2.2.2.1(a)
M 3–10 cm, lockerrasig. Stg blattlos, kahl. Blätter starr, auf der Fläche kahl, am Rande borstig bewimpert. Blütentraube 2–5-blütig. Kronblätter 4–6 mm lg, hellgelb, deutl. lgr als die Staubblätter. Griffel 0,3–1 mm lg. Schötchen 4–6 mm lg, auf 2–5 mm lgm Stiel.

◂ 854 **Draba aizoides** L.
Immergrünes Felsenblümchen

I; C, w, ⊙; A, AV, M; RL –, §; Z
T3.4.2, T5.1.1, T5.2.2.2.1
M 5–10 cm, rasig bis polsterfg. Stg blattlos, kahl. Blätter starr, auf der Fläche kahl, am Rande borstig bewimpert. Blütentraube 5–10-blütig. Kronblätter 4–6 mm lg, hellgelb, etwa so lg wie die Staubblätter. Griffel 1,5–3 mm lg. Schötchen 5–10 mm lg, auf 5–15 mm lgm Stiel.

855 **Draba tomentosa** Clairv.
Filziges Felsenblümchen

I; C, i, ⊙; A; RL –, §; Z
T5.2.2.2.1 (a)
M 2–10 cm. Stg sternhaarig, mit 0–3 Stgblättern. Grundstdge Blätter in dichten Rosetten, sternhaarig. Blüten weiß. Kronblätter 3,5–5,5 mm lg. Schötchen 5–11 mm lg, elliptisch, an den Enden gerundet, behaart (einf. u. gabelige Haare). Fruchtstiele ebenfalls dicht behaart.

856 **Draba fladniziensis** Wulfen
Fladnitzer Felsenblümchen

I; H, C, w, ⊙; A; RL R!, §
T3.2.3, T5.1.5
M 1–5(–8) cm. Stg kahl, sehr slt unten lghaarig, mit 0–1(–2) Stgblättern. Grundstdge Blätter in dichten Rosetten, kahl od. mit einf. u./od. Gabelhaaren, nie mit Sternhaaren. Kronblätter 2–2,5 mm lg, weiß. Schötchen 2,5–7,5 mm lg, kahl. Fruchtstand kurz doldentraubig, weniger als ½ so lg wie der restl. Stg.

857 **Draba siliquosa** M. Bieb.
Kärntner Felsenblümchen

I; C, w, ⊙; A; RL reg, §
T3.2.3
M 3–15(–20) cm. Stg im unteren Teil gabel- od. sternhaarig, im oberen Teil kahl, mit 0–4 Stgblättern. Grundstdge Blätter in dichten Rosetten, einf.-, gabel- od. sternhaarig, seltener kahl. Kronblätter 2–3,5 mm lg, weiß. Schötchen 3–10 mm lg, kahl. Fruchtstand nicht doldentraubig verkürzt, mind. ½ so lg wie der restl. Stg.

858 **Draba dubia** Suter
Eis-Felsenblümchen

I; C, w, ⊙; A; RL R, §
T5.2.2 (a)
M 1–15 cm. Stg locker sternhaarig, mit 0–4 Stgblättern. Grundstdge Blätter in dichten Rosetten, sternhaarig. Blüten weiß. Kronblätter 3–5 mm lg. Schötchen 6–14 mm lg, schmal bis br lanzettl., kahl od. slt randl. behaart. Fruchtstiele kahl od. locker sternhaarig.

859 Draba muralis L.
Mauer-Felsenblümchen

I, T, w, ⊙; M_1, M_2, F; RL reg
T5.1.1.2, T6.1.2.2, T8.2.1.2, T10.3.3.1, T10.3.4.2
M 10–40 cm. Stg oft verzweigt, behaart (Stern- u. Gabelhaare, einfache Haare). Untere Blätter rosettig. Stgblätter mehr als 4, eifg, mit brm Grund sitzend od. etwas stgumfassend. Kronblätter 2–2,5 mm lg, weiß. Fruchtstand stark verlängert. Schötchen 4–6 mm lg, längl. elliptisch, kahl.

860 Draba nemorosa L.
Hain-Hungerblümchen

E; T, s, ⊙; AV, (Donau bei Straubing); RL –
T6.2..4.6, T10.3.4.2
M 10–30 cm. Stg im unteren Teil von einfachen u. Sternhaaren rau. Grundblätter rosettig. Stgblätter mehr als 4, br eifg, mit verschmälertem Grund sitzend. Kronblätter 2–4 mm lg, hellgelb, vorne ausgerandet. Fruchtstand stark verlängert. Schötchen 5–8 mm lg, elliptisch bis schmal eifg, kurz behaart, seltener kahl.

861 Petrocallis pyrenaica (L.) R. Br.
Steinschmückel (Gttg 1 sp)

I; C, w, ⊙; A; RL reg, §; Z
T3.4.2.1, T5.1.2.2.1, T5.2.2.2.1
M 2–8 cm, dichtrasig polsterfg. Blätter in dichter Rosette, vorne 3–5-spaltig, abstehend behaart, ohne verzweigte Haare. Kronblätter lila bis rosa. Schötchen oval, kahl. Fruchtstiel behaart.

862 Cochlearia danica L.
Dänisches Löffelkraut (Gttg ca 25 sp)

I; T, ⟨B⟩, w, ⊙; (F an Autobahnen), K; RL –, §
H1.1.3.4, T10.3.1.4 (Apoph.)
M 10–20 cm, kahl. Grundblätter ca 1 cm lg u. br, fast ganzrandig. Untere u. mittlere Stgblätter gestielt, 3–7-lappig (efeuähnl.), die obersten sitzend, ohne stgumfassende Öhrchen. Kronblätter 2,5–4,5 mm lg. Schötchen 4–6 mm lg, rundl. eifg, kahl. Fruchtklappen nicht aufgeblasen.

863 Cochlearia anglica L.
Englisches Löffelkraut

I; ⟨T, B⟩, H, w, ②; K; RL reg, §
H1.1.3.1
M 10–30 cm, kahl. Grundblätter lg gestielt, mit abgerundetem bis br keilfg Grund. Stgblätter längl. elliptisch bis eifg, meist grob gezähnt, herzfg stgumfassend. Kronblätter 5,5–6,5 mm lg. Schötchen 8–16 mm lg, br elliptisch, gefurcht, kahl. Fruchtklappen stark aufgeblasen.

864 Cochlearia officinalis L.
Echtes Löffelkraut

I; ⟨B⟩, w, ⊙; F; K; RL G, §; ✠, 👌
H1.1.3
M 20–50 cm, kahl. Grundblätter meist nierenfg, obere Blätter sitzend, herzfg stgumfassend. Kronblätter 3–5,5 mm lg, weiß. Schötchen eifg kugelig, an beiden Enden meist abgerundet. Fruchtstiele fast waagerecht von der Traubenachse abstehend, 1–3mal so lg wie die reifen Schötchen. Samen bis 1,5 mm lg.

865 **Cochlearia pyrenaica** DC. ▸
Pyrenäen-Löffelkraut

I; H, C, w, ③; AV, M_1, M_2; RL 3, §
L2..2, S2.2.2, T8.2.1.2
M 15–30(–40) cm, kahl. Grundblätter 1,2–4,5 (–8,0) cm br, nierenfg, obere Blätter sitzend, bis 2,5(–3,5) cm lg, herzfg stgumfassend. Kronblätter bis 6,0(–7,2) mm lg, weiß. Fruchtstiele meist aufrecht von der Traubenachse abstehend. Schötchen eifg, an beiden Enden meist verschmälert. Griffel an reifen Früchten (0,2–)0,3–0,5(–0,6) mm lg. Samen (1,3–)1,5–2,2(–2,6) mm lg.

866 **Cochlearia bavarica** Vogt ▸▸
Bayerisches Löffelkraut

☆**I**; ⟨H, C, w⟩, ⊙; AV; M; RL 2!!, §
L2.3.2
M Ähnl. 865, aber 25–45(–55) cm. Grundblätter 2,0–6,0(–11,5) cm br, nierenfg, obere Blätter sitzend, bis 4,0(–6,5) cm lg. Kronblätter bis 7,5(–8,5) mm lg. Griffel an reifen Früchten 0,4–0,8(–1,0) mm lg. Samen (1,4–)1,8–2,4(–2,6) mm lg.

◂867 **Kernera saxatilis** (L.) Sweet
Kugelschötchen (Gttg 1 sp)

I; C, w, ⊙; A, AV, M_1; RL reg; Z
(T5.1), TT5.2.2.2.1
M 10–30 cm. Stg unten behaart. Grundblätter rosettig, verkehrt eifg, ganzrandig, seltener gezähnt od. fiederspaltig, mit einf. Haaren. Blüten weiß. Schötchen fast kugelfg, 2–3 mm lg, kahl.

868 **Neslia paniculata** (L.) Desv. ▸
ssp paniculata
Gewöhnlicher Finkensame (Gttg 2 sp)

A; T, w, ⑦; AV, M_1, M_2, F, K; RL 3+
T8.3.1, T9.1.1.1, T9.1.2.2
M 15–80 cm. Stg aufrecht, einf. od. verzweigt, mit Sternhaaren u. einf. Haaren. Blätter mit pfeilfgm Grund stgumfassend. Kronblätter 2–3 mm lg, goldgelb. Schötchen etwa 2–3 mm br, breiter als lg, ohne deutl. Längsrippen, oben u. unten abgerundet. Rand nicht od. undeutl. gekielt.

869 ssp **thracica** (Velen.) Bornm.
Zugespitzter Finkensame ohne Abb.

A; ⟨T, w⟩, ⊙; M_1 (bei Istein) RL?;
T9.1.2.2
M Wie 868, aber Schötchen so lg wie br od. lgr als br, besonders am Grund mit deutl. Längsrippen, oben u. unten spitz ausgezogen. Rand scharf gekielt.

◂870 **Capsella bursa-pastoris** (L.) Med.
⟨Gewöhnliches⟩ Hirtentäschel (Gttg 5 sp)

I; T, ⟨B⟩, ①; A, AV, M_1, M_2, F K; RL –; ✠, ☺, ⚘
T3.1.2, T7.4.2, T8.3.1, T9.1.1.3, T10.3.3.1, T10.7
M 5–40(–70) cm. Stg einf. od. verzweigt. Grundblätter rosettig, ganzrandig bis fiederteilig, mit einf. u. verzweigten Haaren. Blätter pfeilfg stgumfassend. Kronblätter 2–3 mm lg, weiß. Schötchen verkehrt herzfg bis 3-eckig.
B Autogamer, hoch variabler Komplex.

871 **Pritzelago alpina** (L.) Kuntze ▸
Gämskresse ⟨Gttg 2 sp⟩

I; C, w, ⊙; A, AV; RL –; Z
L5.1.1, T3.3.1, T5.1.2.2.1
M 5–12 cm. Stg aufrecht od. aufsteigend, nur am Grunde verzweigt, kahl od. mit Sternhaaren. Blätter in Rosetten, fiederspaltig bis -teilig. Blütenstand doldig, zur Fruchtzeit stark verlängert. Kronblätter 3,5–5 mm lg, weiß. Schötchen 4–5 mm lg, lanzettl. bis oval, kahl.

◂◂872 **Camelina alyssum** (Mill.) Thell.
Gezähnter Leindotter (Gttg 6–7 sp), Abb. 84a

A; T, s, ⊙; AV, M_1, M_2, F; K; RL 0
T9.1.3
M 30–100 cm. Pfl fast kahl. Blätter buchtig gezähnt fiederspaltig (slt fast ganzrandig). Kronblätter 4,5–6,0(–6,5) mm lg, gelb. Schötchen fast kugelig, ohne Griffel 6,5–8,5(–9,0) mm lg u. 5,0–7,0 mm br, oben etwas eingedrückt, dünnhäutig, auch reif zusammendrückbar. Fruchtklappen stark aufgewölbt. Samen (1,8–)2,0–2,7 mm lg.
B Infolge Saatgutreinigung im ganzen Gebiet ausgestorben. Im Gebiet nur ssp *alyssum*.

◂873 **Camelina sativa** (L.) Crantz var **sativa**
Gewöhnlicher Saat-Leindotter Abb. 84c

A; T, s, §; AV, M_1, M_2, F, K; RL reg
T9.1.2, T10.7
M (20–)30–70(–100) cm. Pfl mit kurzen einf. Haaren od. Gabelhaaren, od. fast kahl, ohne lge einf. Haare. Blätter ganzrandig od. entfernt gezähnt. Kronblätter 4,0–4,5(–5,0) mm lg, gelb. Schötchen meist birnenfg, deutl. netznervig, ohne Griffel (6,2–)6,6–9,0(–10,0) mm lg u. (3,6–)4,0–5,5 mm br, verholzend, reif nicht zusammendrückbar. Fruchtklappen stark aufgewölbt. Samen (1,6–) 1,7–2,0(–2,1) mm lg.
◂◂**B** 874 var *zingeri* Mirek, Behaarter Saat-Leindotter (Abb. 84d) **A**; ⟨T, s⟩, ⊙; T9.1.2.2; RL reg: wie var *sativa*, aber 30–60 cm, meist winterannuell. Stg u. Blätter mit lgn einf. Haaren u. kurzen Sternhaaren, niemals kahl. Frucht meist br birnenfg bis fast kugelig. Schötchendicke (3,0–)3,2–4,2(–4,4) mm, vgl. zu 875. Samen 1,5–1,8(–1,9) mm lg.

◂875 **Camelina microcarpa** Andrz.
Kleinfrüchtiger Leindotter Abb. 84b

A; H, T, s, ⑥; AV, M_1, M_2, F, K; RL reg
T6.2..3 (lückig), T9.1.2.2, T10.3.4.2 (Löss), T10.7
M (15–)20–60 cm. Rosetten bildend, mit einf., höchstens 2 mm lgn Haaren. Blätter ganzrandig od. entfernt gezähnt. Kronblätter (3,4–)3,5–4,1 (–4,5) mm lg, hellgelb. Schötchen meist birnenfg, nicht deutl. netznervig, ohne Griffel 5,2–6,8(–7,2) mm lg u. (3,5–)3,7–4,4(–4,8) mm br, verholzend, reif nicht zusammendrückbar. Fruchtklappen nur schwach gewölbt. Schötchendicke (2,1–)2,3–3,1 (–3,2) mm. Samen (1,1–)1,2–1,4 mm lg.
B Im Gebiet nur ssp *sylvestris* (Wallr.) Hitonen.

▾

Abb. 84: Früchte von Camelina. a: Camelina alyssum, b: Camelina microcarpa, c: Camelina sativa var sativa, d: Camelina sativa var zingeri

◄◄ 876 **Hymenolobus procumbens** (L.) Nutt.
⟨Gewöhnlicher⟩ Salztäschel (Gttg 5 sp)

I; ⟨T, s⟩, ⊙; M_2, F (östl.); RL 2!
H1.1.2, H2
M 2–15 cm. Niederliegend od. aufrecht, ohne Rosette. Untere Stgblätter ungeteilt bis fiederteilig, mit größerem Endzipfel u. 1–3 Paar Seitenzipfeln, etwas fleischig. Obere Stgblätter wenig gezähnt bis ganzrandig. Kronblätter etwa 2 mm lg, wenig lgr als der Kelch, weiß. Schötchen eifg längl., flach, fein netznervig.
B Sich neuerdings an Kalihalden nach Westen ausbreitend.

◄ 877 **Hornungia petraea** (L.) Rchb.
Kleine Felsenkresse (Gttg 2 sp)

I; T, v, ②; M_1, M_2; RL 2!
T5.2.3, T6.2.2.2.1, T6.2.2.4.6
M 2–15 cm. Stg meist ästig, hin- u. hergebogen, oft rötl. Blätter fiederteilig. Grundblätter u. untere Stgblätter gestielt, obere sitzend. Blütentraube gedrungen. Kelchblätter meist violett. Kronblätter weiß, 1 mm lg, kaum lgr als Kelch. Schötchen eifg, 2–2,5 mm lg, ihre Stiele waagerecht abstehend.

◄ 878 **Teesdalia nudicaulis** (L.) R. Br.
Kahler Bauernsenf (Gttg 2 sp)

I; T, H, v, ④, ❀; (AV), M_1, M_2, F, K; RL reg
H1.2.2.5–7, T6.2.1.4.1, T6.2.1.4.4+5, T9.1.1.1.1, T9.1.1.2
M 8–25 cm. Pfl fast kahl. Blätter in grundstdg Rosette (daneben manchmal 1–3 kleine Stgblätter), leierfg fiederspaltig. Blütentraube doldig, zur Fruchtzeit stark verlängert. Kronblätter ungleich lg, die äußeren etwa 2mal so lg wie die inneren. Schötchen verkehrt herzfg, geflügelt, löffelfg gebogen.

879 **Thlaspi arvense** L. ►
Acker-Hellerkraut (Gttg 60 sp)

A; T, s, ①; (A), AV, M_1, M_2, F, K; RL –; ☠
T8.3.1, T9.1, T9.1.2.1, T10.7
M 10–50 cm. Pfl mit Lauchgeruch, kahl. Stg kantig. Mittlere u. obere Blätter sitzend, am Grund pfeilfg stgumfassend. Kronblätter 3–5 mm lg. Griffel 0,3–0,5 mm lg. Schötchen 9–18 mm lg, fast kreisrund, flach, ringsum 3–5 mm br geflügelt, an der Spitze mit tiefer U-fgr Ausrandung.

880 **Thlaspi alliaceum** L. ►
Lauch-Hellerkraut

E; T, s, ③; AV, M_1; ⟨RL 0⟩
T9.1, T9.1.2.1, T10.3.4.2
M 20–60 cm. Pfl mit Lauchgeruch. Stg gerillt, jg am Grunde lg haarig. Mittlere u. obere Blätter sitzend, am Grund mit spitzen, etwas spreizenden Zipfeln stgumfassend. Kronblätter 2,5–4 mm lg. Griffel 0,3 mm lg. Schötchen 6–10 mm lg, verkehrt eifg, gewölbt, vorne 0,5–1 mm br geflügelt, an der Spitze kurz V-fg ausgerandet.

881 **Thlaspi perfoliatum** L. ►►
Stängelumfassendes Hellerkraut

I; T, v, ③; A, AV, M_1, M_2, (F); RL reg
T6.1.2.2+3, T6.2..2, T9.1.2.1+2
M 5–30 cm. Pfl ohne Lauchgeruch, blaugrün, kahl. Stg rund. Blätter eifg, herzfg stgumfassend. Kronblätter 2–3 mm lg. Staubbeutel gelb. Schötchen 5–7 mm lg, verkehrt herzfg, löffelfg, am Rand schmal (an der Spitze br) geflügelt, Griffel 0,2–0,7 mm lg, von den Fruchtflügeln weit überragt.

◄882 **Thlaspi caerulescens** Noccaea c.
J. Presl & C. Presl
Gebirgs-Hellerkraut

I; ⟨B⟩, C, s, ③; AV, M_1, M_2, F; RL reg
T7.1.2, T7.1.3
M 10–30 cm. Pfl 2–3-jährig, mehrstglig, kahl. Grundblätter rosettig. Stgblätter kleiner, sitzend, am Grunde geöhrt, stgumfassend. Blütenstand zunächst kurz u. dicht, sich während der Fruchtreife stark verlängernd. Kronblätter weiß, 2–3 mm lg, so lg wie od. kürzer als die violetten, später schwärzenden Staubblätter. Schötchen 6–9 mm lg, schmal verkehrt eifg, gewölbt, im vorderen Teil geflügelt, an der Spitze bis 1 mm ausgerandet. Griffel 0,7–1,5 mm lg, die Ausrandung meist deutl. überragend. 4–6 Samen pro Fach.

883 **Thlaspi calaminare** (Lej.) Noccaea c. ►
Lej. & Courtois
Galmei-Hellerkraut

(☆) **I**; H, C, s, ③; M_2; RL 2!!
T5.1.3
M Sehr ähnl. 882, aber ausdauernd, Rasen bildend. Kronblätter meist lila angehaucht, etwa 3,5 mm lg, > als Staubblätter. Griffel etwa 1–1,3 mm lg, wenig lgr als die Ausrandung der Frucht. Samen meist nur 2–4 pro Fach.
B *T. calaminare* besitzt die Fähigkeit, höhere Konzentration von Zinksalzen zu ertragen. In den Blättern kann mehr als 20 % des Aschengewichtes an Zinkoxid angesammelt werden. Die Abgrenzung zu 882 bedarf der Überprüfung, da die Trennmerkmale unklar sind u. lückenlose Übergänge bestehen.

◄884 **Thlaspi cepaeifolium** (Wulfen)
W. D. J. Koch Noccaea rotundifolia
Rundblättriges Hellerkraut

I; C, w, ⊙; A; RL –; Z
T5.1.2.2.1
M 5–15 cm. Mit zahlreichen kriechenden Stgn, sterilen Rosetten u. aufrechten Blühtrieben, locker rasig. Blätter dkl- bis bläul. grün, die oberen stgumfassend. Blütenstand doldig, zur Fruchtzeit wenig verlängert. Kronblätter 6–9 mm lg, lila. Staubbeutel gelb. Schötchen 4–8 mm lg, fast ungeflügelt.
B Im Gebiet nur ssp *rotundifolium* (L.) Greuter & Burdet.

885 **Thlaspi montanum** L. Noccaea m. ►
Berg-Hellerkraut

I; C, w, ③; M_1, M_2; RL reg; Z
T1.1.2.4.1, T1.4.1.3, T2.1.2.1.2, T6.2.2.2.4
M 5–25 cm. Mit blühenden u. nicht blühenden Rosetten, Rasen bildend. Grundblätter ei- bis spatelfg, Stgblätter mit herzfg od. pfeilfg geöhrtem Grunde stgumfassend. Blütenstand anfangs doldig, sich später verlängernd. Kronblätter 5–8 mm lg. Staubbeutel gelb. Griffel (1–)1,5–2 mm lg. Schötchen 5–8 mm lg, rundl. bis verkehrt herzfg, am Grunde abgerundet, vorn 1,5–2 mm br geflügelt.

◄886 **Aethionema saxatile** (L.) R. Br. ►
Felsen-Steintäschel (Gttg 70 sp)

I; C, ⟨B⟩, w, ⊙; A, AV; RL reg
L5.1.1, T5.1.2.1
M 5–20 cm. Stg aufsteigend bis aufrecht, kahl. Blätter 5–20mm lg, bläul. bereift, schmal bis br lanzettl., ganzrandig, dickl. Kronblätter 2–4mm lg, lila, rosa od. weiß. Fruchtstand zuletzt locker. Früchte 2-gestaltig: 1.: br geflügelte, oben ausgerandete Schötchen (5–7mm, lg), auf bogig abstehendem Stiel. 2.: Nüsse (3 mm lg) auf geradem, aufrechtem Stiel.

◂887 **Iberis amara** L.
Bittere Schleifenblume (Gttg 40 sp)

A; T, s, ⊙; AV, M_1, M_2, F (ösl.); RL 1; ✠, ☺, Z
T8.3.1, T9.1.2.2
M 10–40 cm. Stg aufrecht, meist verzweigt. Blätter keilfg bis spatelfg, stumpf, beiderseits 2–3-zähnig. Blütenstand doldentraubig, später verlängert. Kronblätter weiß (blassviolett), die beiden äußeren der Randblüten vergrößert. Schötchen 4–7 mm lg, rundl., mit 2 brn, spitzen Flügellappen, ihre Stiele waagerecht abstehend. Griffel 1–2 mm lg.

888 **Iberis umbellata** L. ▸
Doldige Schleifenblume

E; ⟨T, s⟩, ⊙; F, wo noch?; ⟨RL –⟩; Z
T10.4.5, T10.7
M 15–50 cm. Stg aufrecht, oben verzweigt. Blätter lanzettl., spitz, (fast) ganzrandig. Kronblätter rosa bis purpurn, die äußeren 2–3mal so lg wie die inneren. Fruchtstand sehr dicht schirmtraubig. Schötchen 7–10 mm lg, rundl., vom Grunde an geflügelt, vorne mit 2 längl. Fruchtlappen. Fruchtstiele aufrecht abstehend. Griffel 2,5–4 mm lg, die Ausrandung überragend.

◂889 **Iberis linifolia** L.
Bopparder Schleifenblume

☆**A**?; T, s, ⊙; M_2; RL 2!!
T5.1.2.1
M 30–60 cm. Ähnl. 888, aber einige Blätter beiderseits mit 1–2 Zähnchen. Kronblätter hellrosarot (weiß). Fruchtstand kurz traubig, später verlängert. Schötchen 6–8 mm lg, verkehrt eifg bis rundl., am Grunde ungeflügelt. Griffel 1–1,5 mm lg, die Ausrandung meist nicht überragend.
B Im Gebiet nur die ssp *boppardensis* (Jord.) Korneck.

▴
◂◂890 **Biscutella laevigata** L. ssp **laevigata**
Glattes Brillenschötchen (Gttg 40 sp)

I; H, s, ⑤; A, AV, M_1; RL –, §; Z
T1.4.1.3, T3.4.2, T5.1.2.2.1
M 15–40 cm. Mit Grundblatt-Rosette. Stg oben meist verzweigt, samt Blütenstandsachse höchstens bis zu ½ seiner Höhe behaart. Grundblätter 3–12 cm lg u. 3–20 mm br, lanzettl. bis verkehrt eifg lanzettl., kahl od. kurz rauhaarig, grob gezähnt. Kronblätter 4–6 mm lg, hellgelb. Schötchen brillenfg, 5–9 mm hoch, behaart od. kahl. Abgeleitete, adalpine tetraploide Sippe (alle anderen Unterarten diploid).
B Im Alpenraum weit verbreitet u. formenreich.

891 ssp **varia** (Dumort.) Rouy & Foucaud
Veränderliches Brillenschötchen

☆**I**; ⟨H, s⟩, ⊙; M_1, M_2; RL reg, §
T5.2.2.1.1, T5.2.2.2.1, T6.1.2.3, T6.2.2.3.1
M Ähnl. 890, aber Grundblätter bis 8 cm lg u. 12 mm br, lanzettl., stumpf gelappt, weich flaumig, mit längeren Haaren dazwischen, aufgerichtet. Stg verzweigt, am Grunde behaart. Fruchtstand locker, verlängert. Schötchen 7 mm hoch, fast kahl.

892 ssp **subaphylla** Mach.-Laur.
⟨Wenigblättriges⟩ Brillenschötchen

☆**I**; ⟨H, s⟩, ⊙; M_1, M_2; RL –, §
T5.2.2+3
M Ähnl. 890, aber Grundblätter 3–4 cm lg u. 5–7 mm br, kurz flaumig behaart, lineal, fast ungeteilt bis tief stumpf gelappt, aufgerichtet. Stg kaum verzweigt, am Grunde behaart. Fruchtstand dicht ebensträußig. Schötchen 6 mm hoch, behaart.
B Trennung von 893 schwierig.

893 ssp **kerneri** Mach.-Laur.
Kerners Brillenschötchen

I; ⟨H, s⟩, ⊙; AV; RL –, §
T1.4.1.3, T6.2 (pralp)
M Ähnl. 890, aber Grundblätter bis 12 cm lg u. 5–20 mm br, lanzettl., gestielt, meist scharf gezähnt, grauflaumig, mit längeren Haaren dazwischen, etwas aufgerichtet. Stg vom Grund an verzweigt, samt Blütenstandsachse bis zu ½–¾ seiner Höhe behaart. Fruchtstand locker. Schötchen 5–7 mm hoch, meist dicht behaart.

894 ssp **guestphalica** Mach.-Laur.
Westfälisches Brillenschötchen ohne Abb.

☆**I**; ⟨H, s⟩, §; M_2 (Süntel); RL R!!, §
T5.2.2+3
M Ähnl. 890, aber Grundblätter bis 8 cm lg u. 10–15 mm br, lineal-lanzettl., ungelappt, meist ganzrandig, rau flaumig, aufgerichtet. Stg von der Basis an verzweigt, am Grunde behaart. Fruchtstand verlängert. Schötchen 5 mm hoch, kahl.

896 ssp **gracilis** Mach.-Laur.
Zierliches Brillenschötchen

☆ **I**; ⟨H, s⟩, §; F (Elbe, Saale); RL 3!!, §
T6.2..3
M Ähnl. 890, aber mit zahlreichen Rosetten. Grundblätter etwa 5 cm lg u. 10 mm br, lggestielt, lanzettl., ungelappt, spitz gezähnt, weich flaumig mit längeren Haaren dazwischen, aufgerichtet. Stg reich verzweigt, am Grunde rauhaarig. Fruchtstand locker. Schötchen 6 mm hoch, kahl od. behaart. Mittleres Elbtal.

895 ssp **tenuifolia** (Bluff & Fingerh.) Mach.-Laur.
Schmalblättriges Brillenschötchen

☆**I**; ⟨H, s⟩, ⊙; M_2 (S-Harz); RL 2!!, §
T5.1 (Gips)
M Ähnl. 890, aber Grundblätter etwa 5 cm lg u. 8 mm br, kurzgestielt, stumpf lanzettl. od. längl., ungelappt, meist gezähnt, aufgerichtet, grauflaumig, mit längeren weichen Haaren. Stg reich verzweigt, am Grunde flaumhaarig. Fruchtstand locker. Schötchen 4,5–5 mm hoch, kahl od. behaart.

◄ 897 **Cardaria draba** (L.) Desv.
Pfeilkresse ⟨Gttg 1 sp⟩

E; H, K, s, ④; AV, M_1, M_2, F, K; RL reg
T7.5.2.1, T9.3.2.1, T10.3.1+2, T10.3.3.1, T10.3.4.2, T10.7
M 20–60 cm. Stg aufrecht, oben verzweigt, kurzhaarig. Obere Stgblätter längl. bis verkehrt eifg, sitzend, mit pfeilfgm od. herzfgm Grund stgumfassend. Kronblätter 3–4 mm lg, weiß. Schötchen 3–4 mm lg, verkehrt herzfg, an der Spitze nicht ausgerandet, nicht aufspringend.
B Im Gebiet nur ssp *draba*.

898 **Lepidium campestre** (L.) R. Br. ►
Feld-Kresse ⟨Gttg ca 140 sp⟩

A; T, ⟨B⟩, s, ④; A, AV, M_1, M_2, F, K; RL reg
T8.3.1, T9.1.2.1, T10.3.3.1, T10.3.4.2, T10.7
M 20–60 cm. Stg aufrecht, oben verzweigt, 1-stglig, kurzhaarig. Obere u. mittlere Stgblätter eifg bis lanzettl., meist gezähnt, sitzend, mit pfeilfgm Grund stgumfassend. Kronblätter 1,8–3 mm lg, weiß. Schötchen 4–7 mm lg, br eifg, dicht mit schuppigen Bläschen bedeckt, vorne geflügelt. Freier Griffelteil 0,5 mm lg, die Ausrandung des Flügels nicht od. nur wenig überragend.

◄ 899 **Lepidium heterophyllum** Benth.
Verschiedenblättrige Kresse

E; H, w, ⊙; M_2, F; RL –
L4.1–4 (Ufer), T9.1, T10.3.3.1
M Ähnl. 898, aber mit mehreren aufsteigenden, 15–50 cm hohen Stgn, kurzhaarig. Schötchen mit wenigen schuppigen Bläschen bedeckt od. kahl. Freier Griffelteil > 1 mm lg, die Ausrandung des Flügels deutl. überragend.

900 **Lepidium graminifolium** L. ►
Grasblättrige Kresse

I; H, w, ⊙; M_1, M_2, F; RL –
T8.3.1.3, T10.3.1, T10.3.4.2
M 30–80 cm. Stg sparrig verzweigt mit rutenfgn Ästen. Untere Blätter lanzettl., gezähnt od. fiederspaltig, gestielt, die oberen lineal, sitzend. Kronblätter 1,5–2 mm lg, weiß. Staubblätter 6. Schötchen 2–4 mm lg, eifg, spitz, kahl, nicht geflügelt u. ohne Ausrandung.

◄ 901 **Lepidium latifolium** L.
Breitblättrige Kresse

I; H, w, ⑧; M_1, M_2 (östl.), F, K; RL reg;
H1.1.3, L5.2.5.5, T8.3.1, T10.3.1.2
M 50–130 cm. Pfl aufrecht, kahl, scharf schmeckend. Grundblätter bis 25 cm lg, eifg, lggestielt. Obere Stgblätter 5–10 cm lg, eifg bis lanzettl., sitzend. Kronblätter 2–2,5 mm lg, weiß. Staubblätter 6. Schötchen ca 2 mm lg, br elliptisch bis fast rund, ungeflügelt u. (fast) nicht ausgerandet, jg weichhaarig.

902 **Lepidium virginicum** L. ►
Virginische Kresse

E; T, ⟨B⟩, w, ⊙; AV, M_1, M_2, F; RL –
T7.4.2, T8.2.2.2, T10.3.1+2, T10.3.3.1, T10.7
M 15–50 cm. Stg oben ± stark verzweigt, mit sichelfg gebogenen, etwas angedrückten Haaren. Grundblätter leierfg fiederteilig, borstig behaart (zur Blütezeit verwelkt). Stgblätter längl. lanzettl., scharf gezähnt. Kronblätter 1–1,5 mm lg, lgr als der Kelch, weiß. Staubblätter 2 od. 4. Schötchen 3–4 mm lg, rundl., vorne mit flügelartigem Rand. Griffel kürzer als die Ausrandung.

◄903 **Lepidium ruderale** L.
Schutt-Kresse

A; T, ⟨B⟩, w, ⑥; AV, M_1, M_2, F, K; RL –
T7.4.2, T8.3.1, T10.3.1, T10.3..3.1
M 10–40 cm. Stg meist verzweigt, kurz behaart od. kahl. Pfl mit starkem Kressegeruch. Untere Blätter 1–3fach fiederteilig, die oberen lineal bis lanzettl., ganzrandig. Kronblätter fehlend. Staubblätter 2 od. 4. Schötchen 2–2,5 mm lg, eifg bis elliptisch, vorne schmal geflügelt. Griffel viel kürzer als die Ausrandung.

904 **Lepidium densiflorum** Schrad. ►
Dichtblütige Kresse

E; T, ⟨B⟩, w, ⊙; AV, M_1, M_2, F; K?; RL –
T7.4.2, T8.2.2.5, T8.3.1, T10.3.1+2, T10.3.3.1, T10.7
M 10–30 cm. Stg verzweigt, zieml. dicht behaart. Haare gerade, abstehend u. kurz. Pfl nicht streng riechend. Obere Stgblätter lineal bis lanzettl., 3-nervig, meist deutl. entfernt sägezähnig, am Grunde bewimpert, am Rande nicht papillös. Kronblätter fehlend. Staubblätter 2 od. 4. Fruchtstand sehr dicht, mit 2–3(–5,5) mm lgn, schräg aufwärts gerichteten, etwas dickl. Fruchtstielen. Schötchen 2,5–3(–4) mm lg, rundl. bis br verkehrt eifg, vorne geflügelt. Griffel kürzer als die Ausrandung.

◄904a **Lepidium perfoliatum** L.
Durchwachsene Kresse

U; T, H, s, ⊙; M_2, F (östl.); ⟨RL –⟩
T7.4.1, T7.4.2, T8.3.1
M 20–50 cm. Stg oben meist verzweigt. Untere Blätter 1–2fach fiederschnittig, mit linealischen Abschnitten, die oberen ungeteilt, ganzrandig, mit 2 großen, gerundeten Zipfeln stglumfassend. Kronblätter 1,5–2 mm lg, blassgelb. Schötchen 3–4 mm lg.

905 **Coronopus squamatus** (Forssk.) Asch. ►
Niederliegender Krähenfuß (Gttg 10 sp)

I; T, s, ⑥; (AV), M_1, M_2, F, K; RL 3
T7.4.2, T10.1..6.4, T10.3.3.1
M 5–30 cm. Stg niederliegend bis aufsteigend, kahl. Blätter 1–2fach fiederschnittig. Blütenstand kurz, gedrängt. Blütenstiele kürzer als die Blüten. Kronblätter weiß, lgr als die Kelchblätter. Staubblätter 6. Schötchen 3,5–4 mm br, nicht ausgerandet, mit Zacken besetzt.

◄906 **Coronopus didymus** (L.) Sm.
Zweiknotiger Krähenfuß

E; T, s, ⊙; AV, M_1, M_2, F, K; ⟨RL –⟩
T7.4.2, T9.1.1.3
M 10–40 cm. Stg niederliegend bis aufsteigend, behaart. Blätter 1–2fach fiederschnittig. Blütenstand lockerer. Blütenstiele lgr als die Blüten. Kronblätter gelbl., kürzer als die Kelchblätter od. fehlend. Staubblätter 2 od. 4. Schötchen 2–3 mm br, aus 2 fast kugeligen Hälften bestehend, ausgerandet, netzig runzelig, ohne Zacken.

907 **Subularia aquatica** L. ►
Pfriemenkresse (Gttg 1 sp)

I; W, T, w, ⊙; M_1, M_2, F, K; RL 0; Aq
L3..6.1
M 2–8 cm. Stg unverzweigt, meist untergetaucht. Blätter pfrieml. bis lineal, alle grundstdg, zu 10–20. Blütenstand locker, mit 2–8 Blüten. Kronblätter 1–2 mm lg, weiß. Schötchen 3–5 mm lg.

908 **Conringia orientalis** (L.) Dumort.
Gewöhnlicher Ackerkohl (Gttg 6 sp)

A; T, w, ⑦; AV, M_1, M_2, F, K; RL 2
T9.1.2.2, T10.7
M 10–60 cm. Pfl aufrecht, kahl. Mittlere u. obere Blätter elliptisch eifg, mit runden Zipfeln herzfg stglumfassend, ganzrandig, blaugrün. Kelchblätter 5–8 mm lg, die seitl. ausgesackt. Kronblätter 7–14 mm lg, gelbl. weiß. Schoten 7–12 cm lg, 4-kantig, aufrecht.

909 **Diplotaxis viminea** (L.) DC.
Ruten-Doppelsame (Gttg 27 sp)

E; T, s, ⊙; M_1; RL reg (0!)
T9.1.2.1, T9.2, T9.3.2.1
M 5–30 cm. Stg meist zu mehreren, kahl od. schwach behaart, nur am Grunde beblättert. Blätter meist leierfg fiederlappig bis fiederspaltig. Kronblätter 3–4 mm lg, wenig lgr als der Kelch. Fruchtstiele 3–20 mm lg, zieml. steil abstehend. Schoten 10–35 mm lg. Samen 2-reihig.

910 **Diplotaxis tenuifolia** (L.) DC.
Schmalblättriger Doppelsame

E; C, H, w, ⑥; AV, M_1, M_2, F, K; RL –
T7.5.2.1, T8.2.2.5, T8.3.1, T10.3.3.1, T10.3.4.2, T10.7
M 20–80 cm. Stg ± kahl, am Grunde etwas verholzend, ohne deutl. Grundrosette. Stgblätter ca 3–6, meist fiederteilig, mit längl. bis linealen Abschnitten. Kelchblätter 4–7 mm lg. Kronblätter 8–15 mm lg, schwefelgelb. Schoten 2–5 cm lg, über dem Kelchansatz 0,8–3 mm lg gestielt. Fruchtstiele 12–35 mm lg, abstehend. Samen 2-reihig.

911 **Diplotaxis muralis** (L.) DC.
Mauer-Doppelsame

E; T, ⟨B⟩, s, ⑤; AV, M_1, M_2, F, K; RL reg
T7.4.4, T8.3.1, T9.1.2.1
M 10–60 cm. Stg am Grunde nicht verholzend, mit Grundrosette, zu mehreren aufsteigend. Stgblätter 1–3, nur im unteren Drittel buchtig gezähnt bis fiederspaltig. Kelchblätter 3–4 mm lg. Kronblätter 5–8 mm lg, schwefelgelb. Schoten 2–5 cm lg, über dem Kelchansatz 0–0,5 mm gestielt. Fruchtstiele 7–25 mm lg, abstehend. Samen 2-reihig.

912 **Brassica nigra** (L.) W. D. J. Koch
Schwarzer Senf (Gttg 35 sp)

E; T, s, ⑦; AV, M_1, M_2, F, K; RL reg; ✠, ☺, ☠
L4.1–4 (Ufer), L5.2.4.2, L5.2.5.5, T10.3.3.1, T10.7
M 50–150 cm. Stg meist stark verzweigt, im unteren Teil abstehend behaart, oben ± kahl, bläul. Stgblätter gestielt, die unteren fiederteilig mit großem Endabschnitt. Kronblätter 6–9 mm lg. Schoten 10–22 mm lg, 4-kantig, wie die 2–5 mm lgn Fruchtstiele dem Stg angedrückt. Fruchtschnabel 2–3 mm lg, dünn.

913 **Brassica oleracea** L.
Atlantischer Wildkohl

I, C, ⟨B⟩, w, ⊙; K; RL reg; ✠, ☠
H1.5
M 40–120 cm. Stg verzweigt, kahl. Untere Blätter gestielt, runzelig, fleischig, die oberen mit abgerundetem od. verschmälertem Grund sitzend. Kelchblätter u. Staubblätter aufrecht. Kronblätter 12–20 mm lg, schwefelgelb. Schoten 7–10 cm lg, aufrecht abstehend, mit 4–8 mm lgm Schnabel. Fruchtstiele 15–20 mm lg.

◄914 **Brassica rapa** L.
Wilde Weißrübe

E; T, ⟨B⟩, s, ⊙; AV, M_1, M_2, F; RL –; ☺, ✋
T9.1.1.3
M 40–80 cm. Stg schwach blaugrün. Zumindest die oberen Blätter stgumfassend, bläul., die unteren grasgrün, behaart. Blütenknospen von den geöffneten Blüten überragt. Blütenstiel lgr als die Blüten. Kelch zuletzt waagerecht abstehend. Kronblätter 6–12 mm lg, goldgelb. Schoten 4–10 cm lg, mit 5–30 mm lgm Schnabel. Samen netzadrig.
B Im Gebiet nur ssp *campestris* (L.) A. R. Clapham. Abgebildet ist eine Kultursippe.

915 **Brassica napus** L. ►
Raps

U, K; T, C, ⟨B⟩, s, ⊙; im ganzen Gebiet; RL –
T8.3.1, T10.3.3.1, T10.3.4.2, T10.7
M 100–140 cm. Pfl blaugrün. Alle Blätter bläul. bereift, die oberen halbstgumfassend, ganz kahl, die unteren schwach behaart. Geöffnete Blüten von den Blütenknospen überragt. Blütenstiel so lg bis wenig lgr als die Blüten. Kelch zuletzt aufrecht abstehend. Kronblätter 10–18 mm lg, goldgelb. Schoten ähnl. 914. Samen nicht od. kaum netzadrig.

◄916 **Sinapis arvensis** L.
Acker-Senf (Gttg 7 sp)

A; T, w, ©; A, AV, M_1, M_2, F, K; RL –; (✋)
T8.3.1, T9.1.1.1, T9.1.2.1, T10.3.3.1, T10.7
M 20–80 cm. Stg unten behaart. Untere u. mittlere Stgblätter unregelmäßig buchtig gezähnt, gelappt od. leierfg fiederteilig, gestielt. Kronblätter hellgelb, 8–12 mm lg. Schoten 25–60 mm lg (10–20 mm Schnabel), kahl od. rückwärts gerichtet, kurz behaart. Schnabel wenig abgeflacht, 4-kantig od. konisch. Samen schwarzbraun, je Schote 8–13 (Fig. 35a).

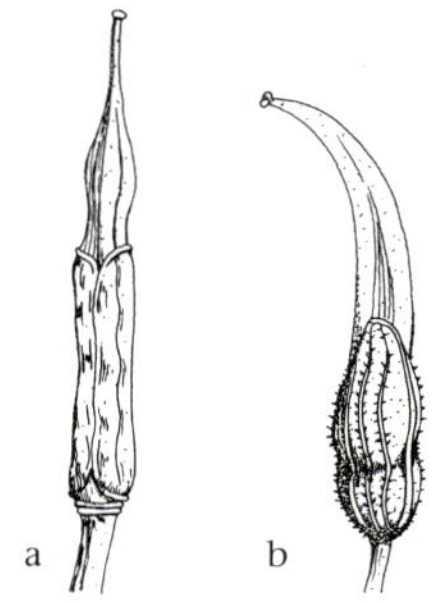

Fig. 35: Früchte von *Sinapis*.
a: *Sinapis arvensis*, b: *Sinapis alba*

916a **Sinapis alba** L.
Weißer Senf

U; T, w, ⊙; im ganzen Gebiet; RL –; ✠, (✋)
T8.3.1, T9.1, T10.3.3.1, T10.7
M Ähnl. 916, aber Blätter fiederspaltig bis -teilig. Schote 20–40 mm lg, meist steifborstig, Schnabel etwa so lg wie Rest der Frucht, schwertfg, stark abgeflacht. Samen hellgelb, je Schote 4–8 (Fig. 35b).
B Siehe Bemerkung 15, Seite 719.

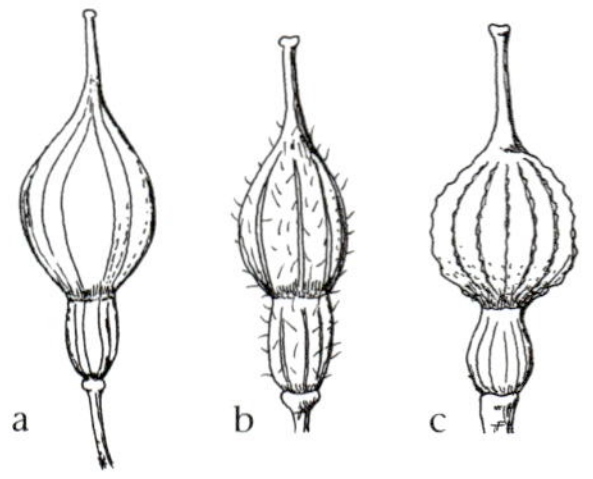

Fig. 36: Früchte von *Rapistrum*. a: *Rapistrum perenne*, b: *Rapistrum rugosum*, c: *Rapistrum rugosum* var *orientale*

917 **Erucastrum nasturtiifolium** (Poir.) O. E. Schulz
◄Stumpfkantige Hundsrauke (Gttg 20 sp)

I; ⟨B⟩, T, w, ⊙; AV, M_1, F (sonst vereinzelt **U**); RL reg
L5.1.1, T7.4.1, T10.2..2, T10.3.4.2, T10.7
M 30–80 cm. Stg am Grunde behaart, verzweigt. Blätter fiederteilig, mit jederseits 4–8 Abschnitten. Blütenstand ohne Blätter. Kelchblätter behaart, fast waagerecht abstehend. Kronblätter 8–13 mm lg, sattgelb. Schoten 25–50 mm lg, auf 8–16 mm lgn Stielen. Fruchtschnabel 2–8 mm lg, mit 1–2 Samen, von der übrigen Frucht kaum abgesetzt.

918 **Erucastrum gallicum** (Willd.) O. E. Schulz ►
Französische Hundsrauke

A; T, ⟨B⟩, w, ⊙; N; A, AV, M_1, M_2, F; RL –
L4.1–4 (Ufer), T8.3.1, T9.1.2.1, T10.3.3.1, T10.3.4.2
M 10–60 cm. Stg am Grunde behaart, verzweigt. Blätter fiederlappig bis -teilig, mit jederseits 4–8 Abschnitten. Blütenstand mit Tragblättern. Kelchblätter etwas behaart, aufrecht. Kronblätter 7–9 mm lg, blassgelb. Schoten 25–50 mm lg, auf 5–15 mm lgn Stielen. Fruchtschnabel 2–4 mm lg, ohne Samen, von der übrigen Frucht deutl. abgesetzt.

◄919 **Coincya monensis** (L.) Greuter & Bourdet
Goldlack-Schnabelsenf (Gttg 6 sp)

A?; T, s, ⊙; M_1, M_2, (F unbestdg); RL –
T6.2.1.4.4, T8.2.2.2, T9.1.1.2, T10.3.2, T10.3.4.2
M 30–60 cm. Stg verzweigt, unten borstig behaart. Blätter gestielt, fiederteilig, mit 3–6 schmalen Abschnitten. Blattspindel, Adern u. Rand borstig. Kelchblätter aufrecht. Kronblätter 12–20 mm lg, gelb. Schoten vielsamig, 30–70 mm lg, mit schwertfg abgeflachtem, 10–20 mm lgm Schnabel.
B Im Gebiet nur ssp *cheiranthos* (Vill.) Aedo et al.

920 **Hirschfeldia incana** (L.) Lagr.-Foss. ►
Gewöhnlicher Grausenf (Gttg 2 sp)

E; T, s, ⊙; M_1, M_2, F; RL –
T8.3.1, T9.1.6, T10.3.3.1, T10.7
M 20–100 cm. Stg sparrig verzweigt, mit rückwärtsgerichteten Haaren. Blätter grauhaarig, die unteren leierfg fiederspaltig, mit 2–5 Fiederpaaren u. großem Endlappen. Kronblätter 6–8 mm lg, blassgelb. Schoten aufrecht, 8–15 mm lg; Schnabel 4–7 mm lg, so dick wie die Schote. Fruchtstiele 2–4 mm lg, keulig verdickt, dem Stg anliegend.

◄921 **Cakile maritima** Scop. ssp **maritima**
Europäischer Meersenf (Gttg 7 sp)

I; T, w, ⑧; K (Nordsee); RL –
H1.2.2.2
M 15–30 cm. Stg niederliegend od. aufsteigend, meist ästig. Blätter dickl., fleischig, ungeteilt od. fiederteilig; letzte Abschnitte nicht mehr als 5mal so lg wie br. Kronblätter 6–10 mm lg, rosa od. lila, slt weiß. Frucht 10–22 mm lg, 2-gliedrig; unteres Fruchtglied mit sehr kurzen Anhängseln. Fruchtstiele dick, 2–5 mm lg.

922 ssp **baltica** (Jord. ex Rouy & Foucaud) Hyl. ex P. W. Ball ►
Baltischer Meersenf

I; T, w, ⟨⑧⟩; K (Ostsee); RL reg
H1.2.2.2
M Wie 921, aber Blätter 1–2fach fiederteilig, letzte Abschnitte 10–20mal so lg wie br. Unteres Fruchtglied mit deutl. zurückgebogenen Anhängseln, oft mehr als 1 mm lg.

923 **Rapistrum perenne** (L.) All.
Ausdauernder Rapsdotter (Gttg 2 sp)

I; H, G, s, ⑦; M_2, F (östl.), sonst nur **U**; RL reg
T6.2, T7.5.2, T8.3.1, T10.7
◄**M** 30–100 cm. Stg verzweigt, am Grunde dicht borstig zottig behaart. Untere Stgblätter fiederspaltig, mit wenig vergrößertem Endabschnitt. Blütenstiele lgr als der Kelch. Kronblätter 5–7 mm lg, lebhaft gelb. Frucht 7–10 mm lg, 2-gliedrig. Griffel zur Fruchtzeit 0,5–1 mm lg, kurz kegelfg, kaum ½ so lg wie das kahle obere Fruchtglied, von diesem nicht scharf abgesetzt (Fig. 36a).

924 **Rapistrum rugosum** (L.) All. ►
Runzeliger Rapsdotter

A; T, ⟨B⟩, s, ⊙; AV, M_1, M_2, F; RL reg
T9.1, T9.1.6
M 20–60 cm. Stg verzweigt, am Grunde zerstreut borstig behaart. Untere Stgblätter leierfg fiederlappig, mit viel größerem Endabschnitt. Blütenstiele höchstens so lg wie der Kelch. Kronblätter 6–10 mm lg, blassgelb. Frucht 2-gliedrig. Griffel zur Fruchtzeit 2,5–4 mm lg, längl. walzl., fast so lg wie das behaarte obere Fruchtglied, von diesem deutl. abgesetzt (Fig. 36b).
B Vielgestaltig, z. B. (924a) ssp od. var *orientale* mit stark wulstig-runzeligen Fruchtrippen (unbestdg). (Fig. 36c).

◂ 925 **Crambe maritima** L.
Küsten-Meerkohl (Gttg 20 sp)

I; H, w, ⑥; K (Ostsee); RL 3, §; ✂, Z
H1.2.2.2
M 30–75 cm. Stg vom Grunde an sparrig ästig. Untere Blätter gestielt, 30–60 cm lg, gelappt, wellig, blaugrün, fleischig, kahl. Blütenstand stark verzweigt, vielblütig. Kronblätter weiß. Frucht 12–14 mm lg, 2-gliedrig; der untere Teil stielfg, der obere kugelig, gerippt u. netznervig.

926 **Raphanus raphanistrum** L. ▸
Acker-Hederich (Gttg 3 sp)

A; T, s, w, ⊙; A, AV, M_1, M_2, F, K; RL reg; ☺, ✂
T8.3, T9.1.1.1, T9.1.1.3, T10.7
M 20–60 cm. Stg am Grunde borstig behaart. Untere Stgblätter rau haarig, leierfg fiederspaltig bis -teilig, mit großem Endlappen, die obersten ungeteilt. Kronblätter 14–20 mm lg, weiß od. hellgelb, mit violetten Adern. Schoten 30–90 mm lg, perlschnurartig eingeschnürt. Schnabel 10–25 mm lg.

◂ 927 **Reseda luteola** L.
Färber-Wau (Gttg 60 sp)

A?; ⟨B⟩, s, ⑥; AV, M_1, M_2, F, K; RL –; ☺, F
T7.5.2.1, T8.2.2.5, T10.3.3.1, T10.3.4.2, T10.3..1+2, T10.7
M 50–150 cm. Stg steif aufrecht, verzweigt. Blätter ungeteilt, ganzrandig, am Rande oft wellig. Blütentraube viel- u. dichtblütig, später stark verlängert. Krone hellgelb, wie Kelch (3–)4-teilig. Fruchtkapsel 2–4 mm lg, kugelig.

928 **Reseda lutea** L. ▸
Gelber Wau

A; ⟨B⟩, s, ⑥; A, AV, M_1, M_2, F, K; RL –
T5.1.2.1, T8.2.2.5+6, T10.3.4.2, T10.3..1+2, T10.7
M 30–70 cm. Pfl aufrecht od. aufsteigend, meist buschig wachsend. Blätter 1–2fach fiederteilig od. 3-teilig, mit lgn, schmalen Abschnitten, am Rande meist wellig od. kraus. Blüten in kurzen, später verlängerten Trauben, hellgelb. Kelch u. Krone (5–)6-teilig. Fruchtkapsel 8–12 mm lg, längl., aufrecht.

◂ 929 **Empetrum nigrum** L.
Schwarze Krähenbeere (Gttg 2 sp)

I; C, i, ♀♂, ②; AV, M_1, M_2, F, K; RL 3; (☠), ☺, (✂), Z
S1.3, T1.4.1.1, T4.1, T4.2
M 15–40 cm. Pfl niederliegend, mit aufrechten Trieben. Blätter 4–5 mm lg u. 1–1,5 mm br, nadelfg, ± gleichmäßig br, mit stark umgerolltem Blattrand (Längsfurche der Blattunterseite < 0,1 mm br), sparrig abstehend. Blüten einzeln in den Blattachseln, (2–)3-teilig, eingeschlechtl. Schwarze Beeren slt, wenn vorhanden, dann keine Staubblattreste auffindbar. Krone rötl., 2–3 mm lg, von Staubblättern weit überragt.

930 **Empetrum hermaphroditicum** Hagerup ▸
Zwittrige Krähenbeere

I; C, i, ⊙, meist ⚥; A, M_1; RL reg
T3.2.1
M Wie 929, aber Sprosse 15–50 cm hoch, mehr aufrecht. Blätter 1,5–2 mm br, größte Breite in der Mitte (unterseits mit 0,1–0,2 mm breiter Längsfurche). Blüten fast immer zwittrig. Schwarze Beeren regelmäßig vorhanden, mit Staubblattresten.
B Eine eindeutige Abgrenzung kann nur über die Chromosomenzahl erfolgen.

931 **Chimaphila umbellata** (L.) Barton ▶
Doldiges Winterlieb (Gttg 4–5 sp)

I; C, i, ⊙; M_1, M_2, F; RL 2!, §; ✠, (Z)
T1.4.1.2, T1.4.1.3
M 10–20 cm. Pfl am Grunde holzig, mit weit kriechendem Rhizom, truppweise wachsend. Blätter rosettenartig genähert, ledrig, glänzend, scharf gesägt. Blütenstand eine endstdg Dolde mit 3–7 nickenden Blüten. Kronblätter 5–6 mm lg, rosa, zusammenneigend. Griffel kurz, unterhalb der Narbe verdickt.

932 **Moneses uniflora** (L.) A. Gray ▶▶
Moosauge, Einblütiges Wintergrün (Gttg 1 sp)

I; H, K, w, ⑦; A, AV, M_1, M_2, F; RL reg; ☺, (Z)
T1.4.1.1, T1.4.1.2, T1.4.3
M 5–15 cm, mit verzweigtem Rhizom. Blätter in einer grundstdg Rosette, mit rundl. Spreite. Blüten einzeln, endstdg, ca 2 cm br, nickend. Kronblätter ausgebreitet, weiß. Staubblätter S-fg gebogen. Griffel gerade, unterhalb der Narbe nicht verdickt. Kapsel aufrecht.
B Mit Fichtenkultur auch verschleppt.

◀◀933 **Orthilia secunda** (L.) House
Birngrün, Nickendes Wintergrün (Gttg 1 sp)

I; C, i, ⑦; A, AV, M_1, M_2, F, K; RL reg; (Z)
T1.1.2.5, T1.4.1.2+3, T1.4.3
M 7–25 cm, mit verzweigtem Rhizom. Untere Blätter nicht rosettig, sondern entfernt stehend, lanzettl. bis eilanzettl., am Rand schwach gesägt. Blüten in einseitswendiger, vielblütiger Traube. Krone 3–4 mm lg, glockig bis halbkugelig, hell gelbgrün. Griffel gerade, lgr als der Fruchtknoten, die Krone überragend.

◀934 **Pyrola rotundifolia** L. ssp **rotundifolia**
Rundblättriges Wintergrün (Gttg 35 sp)

I; H, w, ⑤; A, AV, M_1, M_2, F, K?; RL 3+; (Z)
S3.2.2, T1.1.1.1, T1.1.2.5, T1.4.1.3, T1.4.3
M 15–35 cm. Mit grundstdg Blattrosette. Grundblätter 3–5 cm lg, eifg, am Grunde keilfg bis gerundet. Schaft mit 1–2 Schuppen, am Grunde meist grün, stumpfkantig. Blütenstand allseitswendig. Blüten zu 8–30, nickend, offen, glockig. Blütenstiele 4–8 mm lg. Kelchzipfel 3,5–4,5 mm lg, lineal-lanzettl., spitz. Kronblätter weiß, slt rosa. Griffel S-fg gebogen, 6–10 mm lg, weit aus der Krone herausragend, lgr als der Fruchtknoten.

◀◀935 ssp **maritima** (Kenyon) E. F. Warb.
Dünen-Wintergrün

I; ⟨H, w⟩, ⊙; K; RL?
H1.2.2.7
M Ähnl. 934, aber Grundblätter rund, an der Basis gerundet bis gestutzt. Schaft mit 2–5 Schuppen. Blütenstiele 4–8 mm lg. Kelchzipfel 2–3 mm lg, eifg bis eifg lanzettl., stumpf. Griffel 4–6 mm lg.

◀936 **Pyrola chlorantha** Sw.
Grünliches Wintergrün

I; H, w, ⑧; AV, M_1, M_2, F; RL 3+
T1.4.1.2, (T1.4.1.3)
M 10–30 cm, mit grundstdg Blattrosette. Grundblätter (1–)2–3 cm lg, rundl. Stg am Grunde scharf kantig, meist rot. Blütenstand allseitswendig. Blüten zu 4–12, nickend, offen, glockig. Kelchzipfel 1,5–2 mm lg, 3-eckig. Kronblätter grünl. weiß od. hellgrün. Griffel schräg abwärts gebogen, 6–7 mm lg, etwa so lg wie die Krone, lgr als der Fruchtknoten.

937 **Pyrola media** Sw.
Mittleres Wintergrün

I; H, w, ⊙; A, AV, M_1, M_2, F (östl.); RL 2
T1.4.1.3, T1.4.3
M Ähnl. 938, aber Kelchzipfel br lanzettl., abstehend. Kronblätter 6–8 mm lg. Griffel > 3 mm lg, die Krone überragend, gerade od. wenig gekrümmt, schief auf dem Fruchtknoten stehend, lgr als dieser, unter der Narbe verdickt.

938 **Pyrola minor** L.
Kleines Wintergrün

I; H, C, w, ⊙; A, AV, M_1, M_2, F, K; RL reg; (B)
S3.2.2, T1.1.1.1, T1.1.2.5, T6.2.1.5.4 (offen)
M 10–30 cm, mit grundstdg Blattrosette. Grundblätter 2–5 cm lg, rundl. Blütenstand allseitswendig. Blüten zu 5–20, nickend, kugelig zusammenneigend, fast geschlossen. Kelchzipfel 3-eckig eifg, der Krone angedrückt. Kronblätter 3–5 mm lg, weiß od. rötl. Griffel gerade, 1–2 mm lg, kürzer als die Krone, höchstens so lg wie der Fruchtknoten, unter der Narbe nicht verdickt.

939 **Monotropa hypopitys** L.
Fichtenspargel ⟨Gttg 3 sp⟩

I; K vp, s, ⑥; A, AV, M_1, M_2, F, K; RL reg
T1.1.1.1, T1.1.1.3, T1.4.1.2+3, T1.4.2, T1.4.3
M 10–25 cm. Pfl blass- od. braungelb, mit schuppenfgn Blättern, ohne Chlorophyll. Oberer Teil des Stgs, Kelchblätter u. Krone außen behaart od. kahl. Blütentraube dicht, mit 8–15(–30) zur Blütezeit nickenden, glockenartigen Blüten. Kronblätter (9–)10–15 mm lg. Innenseite der Krone, Griffel u. Staubbeutel steifhaarig. Frucht lgr als br, aufrecht.

940 **Monotropa hypophegea** Wallr.
Buchenspargel

I; ⟨K vp, s⟩, ⑥; A?, AV, M_1, M_2, F?; RL reg
T1.1.4
M Ähnl. 939, aber ganze Pfl kahl. Blütentraube locker, mit 3–6(–12) Blüten. Kronblätter 8–10 mm lg. Frucht fast kugelig.
B Die Abgrenzung von 939 ist nicht immer ganz klar. Beide Sippen sind variabel u. durch Übergänge verbunden.

941 **Ledum palustre** L.
Sumpf-Porst (Gttg 10 sp)

I; ⟨N⟩, i, ⑦; M_1, M_2 (östl.), F; RL 3+, §; ☠, ✠, ☺, ☼, Z, D
S1.3.2, T1.4.1.1, T5.2.3 (Elbsandsteingebirge)
M 60–150 cm. Blätter bis 3,5 cm lg, lineal-lanzettl., 4–12mal so lg wie br, ledrig, unterseits rostrot filzig, mit durchdringendem Geruch. Blüten am Ende der Zweige, doldig, aromatisch duftend. Kelchblätter drüsig klebrig. Kronblätter 5–8 mm lg, weiß, frei, sternfg ausgebreitet, Staubblätter 10. Frucht eine eifge Kapsel.

942 **Ledum groenlandicum** Oeder
Grönländischer Porst

E; ⟨N, i⟩, §; F (westl.); RL –; ☺, Z, D
S1.3
M Ähnl. 941, Blätter eifg bis br lanzettl., 2–5mal so lg wie br. Staubblätter 5–8.

◄943 **Rhododendron hirsutum** L.
Bewimperte Alpenrose (Gttg 850 sp)

I; C, i, ⑥; A, AV; RL –, §; Z
T3.1.3 auf Kalk
M 20–100 cm, aufrecht. Blätter 1,5–4 cm lg, br lanzettl., beiderseits grün, drüsig punktiert, am Rande flach u. 1–3 mm lg bewimpert, sonst kahl. Blüten in endstdg Doldentrauben. Kronblätter am Grunde miteinander verwachsen. Krone etwa 1,5 cm lg, trichterfg vertieft, purpurrosa od. hellrot. Staubblätter 10.

944 **Rhododendron ferrugineum** L. ►
Rostblättrige Alpenrose kalkmeidend

I; C, N, i, ⑥; A, AV, M; RL reg, §; ☠!, ✠, ☺, Z
T3.1.4, T1.4.4
M 20–100 cm, aufrecht. Blätter 1,5–4 cm lg, lanzettl., oberseits grün, unterseits (voll entwickelt) rostbraun, am Rande umgerollt u. nicht bewimpert. Blüten in endstdg Doldentrauben. Kronblätter am Grunde miteinander verwachsen. Krone etwa 1,5 cm lg, trichterfg vertieft, dklrot. Staubblätter 10.
B Im Berührungsgebiet von 943 u. 944 nicht slt: (944a) *R.* × *intermedium*, morphologisch wie ökologisch zw den Eltern stehend.

◄945 **Rhododendron luteum** Sweet
Pontische Azalee

E (lok); ⟨N; s⟩, ⊙; wo?; ⟨RL –⟩; Z, D
T1.1.1
M 1–4 m, aufrecht. Zweigachsen jg drüsenhaarig, klebrig. Laubblätter 6–12 cm lg, lanzettl. bis verkehrt lanzettl., fein bewimpert. Krone gelb, 4–6 cm ∅, sehr stark duftend. Blütenstiele u. Kelch drüsenhaarig. Staubblätter 5.
B Heimat: Kaukasus, Türkei.

946 **Rhodothamnus chamaecistus** (L.) Rchb. ►
Ostalpine Zwergalpenrose (Gttg 2 sp)

I; C, i, ⊙; A; RL –, §; ☺, Z
T3.1.3
M 20–40 cm, niederliegend, mit zahlreichen aufsteigenden Zweigen. Blätter 0,5–1 cm lg, eifg lanzettl., ledrig, ganzrandig bis gekerbt gezähnt, am Rande bewimpert, gedrängt stehend. Blüten meist zu 1–4. Kelchblätter u. Blütenstiele drüsenhaarig. Krone schüsselfg ausgebreitet, 18–30 mm ∅, hellrosa.

947 **Kalmia angustifolia** L. ►
Schmalblättrige Lorbeerrose (Gttg 7 sp)

E; ⟨N⟩, i, ⊙; AV, F; RL –; ☠, Z
S1.3
M 50–150 cm, meist aufrecht. Blätter 2–6 cm lg, elliptisch bis verkehrt eifg, gegenstdg od. zu 3 quirlstdg, unterseits (jg) rostrot, später blaugrün. Blatt- u. Blütenstiele drüsenhaarig. Blütenstand doldentraubig, achselstdg. Krone 7–12 mm ∅, napffg, rosarot. Staubblätter 10, bewegl.

948 **Loiseleuria procumbens** (L.) Desv. ►►
Alpenazalee, Gämsheide (Gttg 1 sp)

I; C, i, ⊙; A; RL –; Z
T3.2.2
M 3–15 cm. Niederliegender, reich verzweigter, Teppich bildender hoher Spalierstrauch. Blätter 4–7 mm lg, ledrig, ganzrandig, nach unten umgerollt, gegenstdg, kahl. Blüten zu 2–5, doldentraubig, endstdg. Kelch rot, 2 mm lg. Krone ca 5 mm lg, weit glockig, hellrosa. Staubblätter 5.

▲

949 **Arctostaphylos uva-ursi** (L.) Spreng.
Immergrüne Bärentraube (Gttg 50 sp)

I; C, i, ③; A, AV, M_1, M_2, F, K; RL 2, §; (☠), ✠, F, Z
T1.4.1.2+3, T3.1.4, T4.2 (offen)

M 5–10 cm hoch, 20–50 cm lg, niederliegend, Spalierstrauch mit aufsteigenden Ästen. Blätter 1–3 cm lg, verkehrt eifg, jg behaart, später kahl, derb, oberseits dklgrün, unterseits netzadrig, nicht drüsig punktiert, graugrün, am Rand nicht umgerollt, flach, ganzrandig. Blütenstand 3–10-blütig, traubig, überhängend. Krone 5–6 mm lg, weiß od. rötl. Reife Beeren rot.

◂ 950 **Arctostaphylos alpinus** (L.) Spreng. ▸
Alpen-Bärentraube

I; C, s, ⊙; A; RL –
T3.1.3, T3.1.5

M Ähnl. 949, aber Blätter dünn, sich zuletzt rot verfärbend, am Rand lg bewimpert, fein gesägt, oberseits hellgrün, unterseits graugrün. Blütenstand 2–5-blütig. Krone 5–6 mm lg, rosa od. grünl. weiß. Beeren zuerst rot, reif schwarz.

◂ 951 **Andromeda polifolia** L.
Rosmarinheide (Gttg 1–2 sp)

I; C, i. ④; A, AV, M_1, M_2, F, K; RL 3; ☠!, ✠, Z
S1.3

M 10–20(–30) cm. Pfl weit kriechend, mit aufsteigenden bis aufrechten Zweigen. Blätter 2–4 cm lg, lanzettl., ledrig, kahl, am Rand nach unten umgerollt, oberseits dklgrün, unterseits weißl. bis blaugrün. Blüten nickend, zu 2–8, in einem lockeren, doldenartigen Blütenstand. Krone 5–8 mm lg, kugelig bis eifg, rosa. Staubblätter 10.

952 **Calluna vulgaris** (L.) Hull ▸
Heidekraut, Besenheide (Gttg 1 sp)

I; C, i, ⑨; A, AV, M_1, M_2, F, K; RL –; ✠, ✂, ☺, F, Z
S1.3, T1.1.2.5, T4.2, T6.2.1.5

M 20–50(–90) cm. Pfl aufsteigend, reichästig. Blätter gegenstdg, 4-zeilig angeordnet, schuppenfg, 2–4 mm lg, sich dachziegelartig überdeckend, kahl. Blütenstand traubig, vielblütig. Kelch 4 mm lg, violettrosa (weiß), 2mal so lg wie die Krone, darunter ein aus 4 Hochblättern zusammengesetzter grüner Außenkelch. Staubblätter 8. Frucht eine Kapsel.

953 **Erica tetralix** L.
Glocken-Heide (Gttg 735 sp)

I; C, i, ⑦; AV, M_1, M_2, F, K; RL reg; ✠, Z
S2.3, T4.5
M 15–50 cm, stark verzweigt. Blätter 3–6 mm lg, nadelfg, zu 3 od. 4 quirlstdg, sparrig abstehend, steifhaarig bewimpert, am Rand umgerollt, stumpf. Blütenstand kopfig doldig, mit 5–15 Blüten. Kelchblätter 4-teilig, 2–3 mm lg. Außenkelch fehlt. Krone 6–9 mm lg, rosa, eifg zylindrisch, die 8 Staubblätter einschließend.

954 **Erica cinerea** L.
Graue Heide

I; C, i, ⊙; M_2, F (westl.); RL 1; Z
T4.2 (atl.)
M 20–60 cm, locker verzweigt. Blätter 4–5(–7) mm lg, nadelfg, zu 3 quirlstdg, aufrecht abstehend, kahl, am Rand umgerollt, spitz. Blütenstand dicht traubig, vielblütig. Kelchblätter 4-teilig, 2–3 mm lg. Außenkelch fehlt. Krone 4–7 mm lg, hellpurpurn, eifg zylindrisch, die 8 Staubblätter einschließend.

955 **Erica carnea** L.
Schnee-Heide

I; C, i, ①, ❀; A, AV, M_1; RL reg; Z
T1.4.1.3, T3.1.3, T3.4.2.1
M 10–30 cm, niederliegend, verzweigt. Blätter 6–10 mm lg, nadelfg, zu 4 quirlstdg, sparrig abstehend, kahl, am Rand umgerollt, spitz. Blütenstand dicht traubig, einseitswendig. Kelchblätter 4-teilig, 3–5 mm lg. Außenkelch fehlt. Krone 5–7 mm lg, rosa bis rot, zylindrisch, Staubblätter 8, aus der Kronröhre herausragend.

956 **Vaccinium vitis-idaea** L.
Preiselbeere, Kronsbeere (Gttg ca 450 sp)

I; C, i, ⑤; A, AV, M_1, M_2, F, K; RL reg; ✠, ⚘, Z
T1.1.2.5, T1.4.3, T4.2
M 10–20(–30) cm. Pfl aufrecht bis aufsteigend, verzweigt. Blätter 1–3 cm lg, verkehrt eifg, derb, oberseits dklgrün, unterseits drüsig punktiert, nicht netzadrig, hellgrün, am Rand meist deutl. umgerollt, verdickt, ganzrandig od. gezähnelt. Blütenstand meist 5–10-blütig, traubig, hängend. Krone 5–6 mm lg, glockig, weiß od. rötl. Beeren rot.

958 **Vaccinium myrtillus** L.
Heidelbeere, Blaubeere

I; C, s, ④; A, AV, M_1, M_2, F, K; RL –; ✠, ☺, ⚘, Z
S1.3.2, T1.1.1.1, T1.1.2.5, T1.4.3, T4.2
M 10–60 cm. Pfl reich verzweigt, mit aufrechten, kantigen bis schmal geflügelten, grünen Ästen, kahl. Blätter 2–3 cm lg, eifg bis elliptisch, drüsig gesägt bis gezähnt, beiderseits grasgrün. Blüten einzeln blattachselstdg, nickend. Krone 3,5–5 mm lg, kugelig krugfg, grünl. od. rötl. Beeren blauschwarz, bereift.
B 957 *V.* × *intermedium* Ruthe (958 × 956) Bastard-Heidelbeere, mit den Merkmalen zw den Eltern.

959 **Vaccinium uliginosum** L. ▸
ssp **uliginosum**
Gewöhnliche Rauschbeere, Trunkelbeere

I; C, s, ⑤; A, AV, M_1, M_2, F, K; RL reg; ✠, ☺, 👌, Z
S1.3, T1.4.3.1, T4.2
M 10–90 cm. Pfl aufrecht, verzweigt, mit runden (nie geflügelten), braunen Ästen. Blätter 10–25 (–35) mm lg u. meist > 10 mm br, eifg, stumpf, ganzrandig, oberseits bläul. grün, unterseits graugrün, kahl. Blüten zu 2–3 blattachselstdg, nickend. Blütenstiele 3–10 mm lg, lgr als die Blüten. Krone 4–6 mm lg, längl. eifg bis krugfg, rötl. od. weißl. Beeren blauschwarz, bereift.

960 ssp **pubescens** (Wormsk.) Young ▸▸
Gaultheria-ähnliche Rauschbeere

I; C, s, ⊙; A, M_1; ⟨RL reg⟩; ☺, 👌
T3.2
M Ähnl. 959, aber nur 5–20 cm, niederliegend bis aufsteigend. Blätter 6–15 mm lg u. meist < 10 mm br, verkehrt eifg, oberseits schwach bläul. grün, unterseits mit kleinem Randwulst. Blüten nur zu 1(–2). Blütenstiele 1–3 mm lg, kürzer als die Blüten.

▾

◂ 962 **Vaccinium macrocarpon** Aiton
Großfrüchtige Moosbeere

E; C, i, ⊙; A, AV, M_1, F, K; RL reg; 👌
S1.3.2
M Wie 961, aber Stg bogig aufsteigend. Blätter 8–15 mm lg, oval od. lanzettl., mit der größten Breite in der Mitte, mit regelmäßig u. wenig umgerolltem Rand. Blütenstiele mit 2 od. mehr grünen, 3–10 mm lgn, blattartigen Vorblättern. Frucht 10–20 mm ∅.

963 **Vaccinium angustifolium** Aiton
× **Vaccinium corymbosum** L.
Strauch-Heidelbeere ohne Abb.

E; ⟨N, s⟩, ⊙; F; ⟨RL –⟩; 👌, Z
S1.5
M 1–2 m hoher Strauch. Aufrecht, Zweige abstehend, junge Triebe gelbgrün, kahl od. etwas behaart, warzig. Blätter eifg, 3–8 cm lg, oben dklgrün, kahl, unten kahl bis etwas behaart, Blüten weißl. rötl. in dichten Büscheln. Frucht blauschwarz, bereift, innen weißl.

▴
961 **Vaccinium oxycoccus** L.
Gewöhnliche Moosbeere

I; C, i, ⑤; A, AV, M_1, M_2, F, K; RL 3; 👌
S1.1, S1.3.2
M 2–6 cm. Stg fadenfg, niederliegend, bis 1 m weit kriechend. Blätter 5–10 mm lg, elliptisch bis lanzettl., mit der größten Breite nahe dem Grund, ledrig, oberseits dklgrün, unterseits weißgrün, ganzrandig, mit gegen die Spitze umgerolltem Rand, kahl. Blüten zu 1–4 endstdg, auf bis zu 5 cm lgn Blütenstielen; diese mit 2 roten, 1–2,5 mm lgn Vorblättern. Krone 5–7 mm lg, mit 4(–5) zurückgeschlagenen Zipfeln, hellrot. Frucht bis 8 mm ∅, gelbrot bis rot.

964 **Lysimachia thyrsiflora** L.
Straußblütiger Gilbweiderich (Gttg ca 150 sp)

I; H, A, s, ⑥; (A), AV, M_1, M_2, F, K; RL 3; Z
S2.1, S3.2.1, S3.2.5
M 25–70 cm. Stg aufrecht, unverzweigt. Blätter schmal lanzettl., bis 8 cm lg u. 1,5 cm br, kreuzweise gegenstdg angeordnet. Blüten im mittleren Stgteil, in dichten, blattachselstdg, ca 2 cm lg gestielten Trauben. Kronblätter schmal lanzettl., zu (5–)6–7, 3–6 mm lg, gelb, kürzer als die Staubblätter.

965 **Lysimachia nummularia** L.
Pfennigkraut, ⟨Pfennigblättriger Gilbweiderich⟩

I; C, w, ⑦; A, AV, M_1, M_2, F, K; RL –; ✠, Z
L4.4, L5.2.3, T7 (lückig), T7.4.1, T8.2.1.2
M 10–50 cm. Stg niederliegend, wenig verzweigt, an den Knoten wurzelnd. Blätter bis 3 cm lg, rundl., stumpf, rot drüsig punktiert. Blüten im mittleren Stgteil, gestielt, zu 1–2 blattachselstdg. Kelchzipfel herzfg, rot punktiert. Krone gelb, 5-teilig, nur am Grunde verwachsen. Kronblätter 9–16 mm lg, eilanzettl.

966 **Lysimachia nemorum** L.
Hain-Gilbweiderich

I; C, w, ⑤; A, AV, M_1, M_2, F, K; RL reg; Z
L2.1.1, L5.2.3, T1.1.1, T3.1.1
M 10–30 cm. Stg aufsteigend, nur im unteren Teil wurzelnd, meist verzweigt. Blätter bis 3 cm lg, eifg, zugespitzt, durchscheinend punktiert. Blüten im oberen Stgteil, gestielt, einzeln, blattachselstdg. Kelchzipfel schmal lanzettl., nicht punktiert. Krone gelb, 5-teilig, nur am Grunde verwachsen. Kronblätter 5–8 mm lg, lanzettl.

967 **Lysimachia vulgaris** L.
Gewöhnlicher Gilbweiderich

I; H, s, ⑧, ⊛; A, AV, M_1, M_2, F, K; RL –; Z
S2.1, S3.2.5, T5.2.5.4, T7.3.2
M 40–150 cm. Stg aufrecht, im oberen Teil oft verzweigt, behaart. Blätter bis 12(–15) cm lg, eifg lanzettl., gegenstdg od. zu 3–4 quirlig, nicht punktiert. Blüten in Rispen od. Trauben, endstdg sowie in den Achseln der oberen Blätter. Kelchzipfel rötl. berandet. Krone gelb, 5-teilig, fast bis zum Grunde geteilt. Kronzipfel 7–12 mm lg, am Rande kahl.

968 **Lysimachia punctata** L.
Punktierter Gilbweiderich

E; H, w, ⑦; A, AV, M_1, M_2, F, K; RL –; Z
L4.4, L5.2.5.4, T8.2.1.1, T10.3.3.1
M 50–100 cm. Stg aufrecht, unverzweigt, behaart. Blätter bis 8 cm lg, br eifg, zu 3–4(–6) quirlig, unterseits dkl punktiert. Blüten zu 3–4 in den Blattachseln. Kelchzipfel ohne rötl. Berandung. Krone gelb, 5-teilig, fast bis zum Grunde geteilt. Kronzipfel 10–16 mm lg, drüsig bewimpert.

969 **Trientalis europaea** L.
Europäischer Siebenstern (Gttg 4 sp)

I; K, s, ④; (A, AV), M_1, M_2, F; K; RL reg
S3.1–2, T1.1.1.1, T1.1.2.5, T1.4.3
M 10–20(–25) cm. Pfl kahl. Ausläufer am Ende knollig verdickt. Blühtriebe aufrecht. Blätter bis 7 cm lg, eifg lanzettl., meist ganzrandig, im oberen Stgteil quirlartig gehäuft. Blüten einzeln, blattachselstdg, auf langen dünnen Stielen. Krone meist 7-teilig, fast bis zum Grunde geteilt, weiß.

970 **Glaux maritima** L.
Milchkraut (Gttg 1 sp)

I; H, w, ⑤; M_2, F, K; RL reg
H1.1.3.2, H2
M 3–20 cm. Stg kriechend bis aufsteigend, an den Knoten wurzelnd, dicht beblättert. Blätter 4–15 mm lg, untere gegenstdg, obere wechselstdg, fleischig. Blüten 3–6 mm ∅, blattachselstdg, fast sitzend. Krone fehlend. Kelchblätter 5, kronblattartig, rosa, slt weiß.

971 **Anagallis tenella** (L.) L.
Zarter Gauchheil (Gttg ca 28 sp)

A?; H, C, w, ⊙; M_1, M_2, F; RL 1, §; (Z)
L3..6, S1.1, T7.3.2
M 4–20 cm. Stg kriechend, dünn, an den Knoten wurzelnd, kahl. Blätter < 1 cm, rundl., gegenstdg. Blüten einzeln in den Blattachseln. Blütenstiele 20–35 mm lg. Krone glockenfg, 6–10 mm lg, blassrosa, dunkler geadert, 2–3mal so lg wie der Kelch.

972 **Anagallis arvensis** L.
Acker-Gauchheil

A; T, w, ⑦; A, AV, M_1, M_2, F, K; RL –; ☠, ✠
T8.3.1, T9.1, T9.1.2.1, T9.3.2.1, T10.3.4.1, T10.7
M 5–30 cm. Stg niederliegend bis aufsteigend. Blätter bis 25 mm lg u. 14 mm br, eifg, zugespitzt. Blüten blattachselstdg, ihre Stiele 1,2–2mal so lg wie das dazugehörige Tragblatt. Krone rot (slt blau, rosa od. weiß), radfg ausgebreitet. Kronblätter 5–7 mm lg u. 3,6–6 mm br, vorn ganzrandig od. wenig gekerbt, mit 50–70 3-zelligen Drüsenhaaren. Fruchtstiele 20–30 mm lg. Kapsel mit 20–22 Samen.
B Formenreich in Hinsicht auf die Farbe der Kronblätter: bei f *azurea* (Blüten blau) besteht Verwechselungsgefahr mit 973!

973 **Anagallis foemina** Mill.
Blauer Gauchheil

I; T, w, ⑦; AV, M_1, M_2, F; RL reg
T9.1.2.2
M Sehr ähnl. 972, aber Blätter schmaler (bis 10 mm br). Blütenstiele 0,6–1,2mal so lg wie das dazugehörige Tragblatt. Krone oberseits blau, unterseits violett. Kronblätter 4–5 mm lg u. 2,5–3,5 mm br, vorn fransig gezähnelt, mit 5–10(–15) meist 4-zelligen Drüsenhaaren. Fruchtstiele 10–20 mm lg. Kapsel mit 15–16 Samen.

974 **Anagallis minima** (L.) E. H. L. Krause
Kleinling, Zwerg-Gauchheil

I; T, s, ③; AV, M_1, M_2, F, K; RL 3
L3..7.3
M 2–10 cm. Stg aufsteigend bis aufrecht, verzweigt od. unverzweigt, kahl. Blätter 2–6 mm lg, br eifg, kurz zugespitzt, 1 mm lg gestielt, die oberen wechselstdg. Blüten blattachselstdg, einzeln, fast sitzend. Krone 4–5-zipfelig, bis etwa zur Mitte geteilt. Kronblätter 1,5 mm lg, rosa od. weiß, hinfällig, kürzer als der Kelch.

975 **Cortusa matthioli** L.
Alpen-Heilglöckchen (Gttg ca 8 sp)

I; H, s, ⑤; A; RL –, §; Z
T3.1.1
M 20–50 cm. Pfl zottig behaart. Blätter grundstdg, lg gestielt. Spreite bis 12 cm br, fast rund, gelappt, mit herzfgm Grund. Blütenstand doldig, mit 5–12(–20) lg gestielten, nickenden Blüten. Krone purpurn, ca 1 cm lg, 1,5–2mal so lg wie der Kelch. Staubfäden miteinander verbunden, am Grunde verdickt.

◂976 **Primula vulgaris** Huds.
Stengellose Schlüsselblume (Gttg 400 sp)

I; H, v, ①; A, AV, M_2, F, K; RL 3, §; ✂, Z
T1.1.1, T1.1.2.3, T2.1.2.1, T7.1 (fri)
M 5–15 cm. Blätter (wie bei allen Primula-Arten) in grundstdg Rosette, bis 15 cm lg, längl. bis verkehrt eifg, sich allmähl. in den geflügelten Stiel verschmälernd, oberseits runzelig, ± kahl, am Rande gekerbt gezähnt. Blütenschaft sehr kurz, daher Blüten in grundstdg Dolde. Blütenstiele sehr lg (5–10 cm), zottig behaart. Krone hellgelb. Fruchtstiele niederliegend.

977 **Primula elatior** (L.) Hill ▸
Hohe Schlüsselblume

I; H, s, ⑧; A, AV, M_1, M_2, F, K; RL reg; ✠, Z
L5.2.3, T1.1.1, T1.1.2.3 (feucht), T7.1
M 10–30 cm. Blätter bis 25 cm lg, runzelig, unregelmäßig u. fein gezähnt, beiderseits behaart. Blütenschaft an der Spitze mit vielblütiger Dolde. Blütenstiele 3–20 mm lg. Kelch der Krone eng anliegend. Kronsaum flach. Krone hellgelb. Frucht zylindrisch, meist lgr als der Kelch. Fruchtstiele steif aufrecht.

◂978 **Primula veris** L. ssp **veris**
Gewöhnliche Wiesen-Schlüsselblume

I; H, w, ②, ❀; A, AV, M_1, M_2, F, K; RL reg; ✠, ☺, ✂, Z
T1.1.2.3, T1.1.14, T6.2.2.2.3, T7.1, T8.1.1+2
M 10–30 cm. Blätter bis 12 cm lg, runzelig, am Rand wellig kerbig, beiderseits grün, oberseits kahl, unterseits schwach behaart (Haare < 0,3 mm, unverzweigt, gerade) bis kahl, drüsig. Blütenstiele 2–15 mm lg. Kelch 8–16 mm lg, bauchig, der Kronröhre nicht anliegend, kürzer als die Kronröhre. Kronsaum trichterfg vertieft. Krone goldgelb. Frucht oval, halb so lg wie der Kelch. Fruchtstiele aufrecht.
B Im Gebiet meist ssp *veris*. Blühbeginn etwa zeitl. mit *Lathyrus vernus*, deutl. nach *Adonis vernalis*. Echte (978a) ssp *columnae* (Ten.) Lüdi mit anfangs ▸ ± weißfilzigen Blattunterseiten u. oft herzfgr Spreitenbasis, Blühbeginn etwa zeitgleich mit *Viola hirta* u. *Anemone ranunculoides*, ist in D ebenfalls nachgewiesen. Vgl. Wisskirchen & Haeupler 1988, S. 391 bzw. Andres (1935).

979 **Primula farinosa** L. ▸
Mehl-Primel

I; H, s, ⑤; A, AV, M_1, F; RL 3+, §; Z
S2.2.2, T3.4.2.1 (a), T7.3
M 5–20 cm. Blätter längl. bis längl. spatelig, kahl, unterseits dicht mehlig bestäubt, ganzrandig od. entfernt gesägt. Blütenschaft mehrfach lgr als die Blätter, an der Spitze mit vielblütiger Dolde. Kelch stumpf kantig. Krone hellpurpurn. Kronzipfel 4–7 mm lg, tief ausgerandet.

980 **Primula minima** L. ▸▸
Zwerg-Primel

I; H, w, ⊙; A; RL –, §; ☺, Z
T3.2.3, T3.4.1, T3.4.2.1, T6.2.1.5.4 (a)
M 1–3 cm. Blätter 5–30 mm lg, keilfg, an den Seiten ganzrandig, vorne mit 3–9 groben, knorpelspitzigen Sägezähnen, ledrig. Blätter auf der Fläche mit winzigen Drüsen besetzt, ansonsten kahl. Schaft 1–2-blütig. Krone leuchtend rot. Kronzipfel tief V-fg geteilt.

◀◀ 981 **Primula clusiana** Tausch
Clusius' Primel

I; H, s, ⊙; A; RL R, §; Z
T3.4.2.1, T5.2.2.2.1 (a)
M 1–8 cm. Blätter 15–60 mm lg, längl. od. verkehrt eifg, vorne abgerundet, ganzrandig, nur am Rande drüsig, ansonsten kahl, ledrig, mit schmalem Knorpelrand. Schaft meist 2-blütig. Krone rosarot, ihre Zipfel ± tief ausgerandet.

◀ 982 **Primula hirsuta** All.
Behaarte Primel

I; H, i, ⊙; M_1 (im Schwarzwald); RL R, §
T5.2.2.1.1
M 2–7 cm. Blätter 20–60 mm lg, rundl. oval od. verkehrt eifg, stumpfl., am Rande gekerbt, beiderseits drüsig, klebrig, fleischig, ohne Knorpelrand. Schaft 2–5-blütig. Krone rosa bis purpurn, ihre Zipfel ± tief ausgerandet.

◀ 983 **Primula × pubescens** Jacq.
Bastard-Aurikel

I; ⟨H, i⟩, ⊙; A, AV, M_1; RL reg, §
T5.2.2.1.1
M Bastard zw 982 u. 984 mit hellroten od. 2-farbigen Blüten. Krone radfg ausgebreitet. Zipfel auf ⅓ gelappt. Blattrand etwas knorpelig. Pfl mehlig.

984 **Primula auricula** L. ▶
Alpen-Aurikel

I; H, i, ⊙; A, AV, M_1; RL 3, §; Z
T1.4.1.3, T3.4.2.1(a), T5.2.2.2.1+2, T7.3
M 5–20 cm. Blätter verkehrt eifg, bis 13 cm lg, ganzrandig od. schwach gezähnt, ledrig, blaugrün, ± bestäubt, mit ± stark ausgeprägtem Knorpelrand, drüsig. Schaft an der Spitze mit vielblütiger Dolde. Blüten leuchtend gelb. Kronsaum ± trichterfg vertieft. Zipfel nur schwach ausgerandet.
B Im Gebiet nur ssp *auricula*.

985 **Androsace maxima** L. ▶
Großer Mannsschild (Gttg ca 100 sp)

A; H, T, s, ⊙; M_1, M_2 (Rheingebiet); RL 0
T9.1.2.2, T6.2.2.4.6
M 5–15 cm. Stg zu mehreren, weichhaarig, mit einf. Haaren. Blätter 1–3 cm lg, gezähnt, in grundstdg Rosette. Blütenstand doldig. Hüllblätter der Dolde 6–12 mm lg, laubblattartig, mind. so lg wie die Blütenstiele. Kelch 5–6 mm lg, sich zur Fruchtzeit verlängernd. Krone weiß od. rosa, wie die Frucht kürzer als der Kelch.

986 **Androsace elongata** L. ▶▶
Langgestielter Mannsschild

A?; T, s, ⊙; M_1, M_2; RL 2!
T6.1.2.1, T6.2..4.6
M 2–8 cm. Stg zu mehreren, durch Sternhaare flaumhaarig. Blätter 6–14 mm lg, ± ganzrandig, in grundstdg Rosette. Blütenstand doldig. Blütenstiele 2–8mal so lg wie die 3–8 mm lgn Hüllblätter der Dolde. Kelch 3,5–5 mm lg, sternhaarig. Krone weiß, kürzer als der Kelch.

987 **Androsace septentrionalis** L.
Nördlicher Mannsschild

I; T, s, ③; M_1; RL 1
T6.2.1.4
M 8–20 cm. Stg zu mehreren, mit Stern-, Gabel- sowie einf. Haaren. Blätter 1–3 cm lg, ± gezähnt, in grundstdg Rosette. Blütenstand doldig. Blütenstiele mind. 3mal so lg wie die 2–4 mm lgn Hüllblätter der Dolde. Kelch 2,5–3,5 mm lg, fast kahl. Krone weiß od. rosa, (wie die Frucht) lgr als der Kelch.

988 **Androsace lactea** L.
Milchweißer Mannsschild

I; H, i, ⊙; A, M_1; RL 3, §; Z
T3.4.2.1, T5.2.2.2
M 3–15 cm, ± kahl. Rosetten zu mehreren, lockerrasig. Blätter lineal, 10–25 mm lg u. 2 mm br, ganzrandig, (bis auf einige Haare an der Spitze) kahl. Blütenstand doldig, lg gestielt, 3–4-blütig. Blütenstiele bis 4(–6) cm lg, kahl. Krone weiß mit gelbem Schlund. Kronzipfel deutl. ausgerandet.

989 **Androsace obtusifolia** All.
Stumpfblättriger Mannsschild

I; C, i, ⊙; A; RL R, §; Z
T3.4.1, T6.2.1.5.4 (o)
M 2–10 cm. Stg u. Blütenstiele mit kurzen Gabel- u. Sternhaaren, ohne Drüsenhaare. Rosetten locker rasig. Blätter schmal lanzettl., 4–25 mm lg u. 2–4 mm br, stumpfl., ganzrandig. Blütenstand doldig, lg gestielt, 1–8-blütig. Blütenstiele 2–12 mm lg. Krone weiß mit gelbem Schlund, slt rötl.

990 **Androsace chamaejasme** Wulfen
Bewimperter Mannsschild

I; C, s, ⊙; A; RL –, §; Z
T3.2.3, T3.4.2.1
M 2–7(–10) cm. Stg, Blattrand u. Blütenstiele lg zottig (bis 2 mm) abstehend behaart, ohne verzweigte Haare, mit kurzen Drüsenhaaren. Rosetten lockerrasig. Blätter lanzettl., 5–15 mm lg u. 2–4 mm br, auf der Fläche fast kahl, spitzl., ganzrandig. Blütenstand doldig, lg gestielt, 2–8-blütig. Blütenstiele 2–7 mm lg. Krone weiß mit gelbem Schlund, slt rötl.

991 **Androsace helvetica** (L.) All.
Schweizer Mannsschild

I; C, i, ⊙; A; RL –, §; Z
T5.2.2.2.1 (a)
M Dichte, harte, halbkugelige Polster bildend; diese von einf., bis 0,4 mm lgn Haaren grau schimmernd. Stg dicht dachziegelig beblättert, im oberen Teil mit lebenden, im unteren Teil mit abgestorbenen, 2–4 mm lgn Blättern. Blüten einzeln, in den Blattachseln der obersten Blätter, auf etwa 1 mm lgn Stielen. Krone weiß, mit gelbem Schlund.

992 **Androsace hausmannii** Leyb.
Dolomiten-Mannsschild

I; C, i, ⊙; A; RL R, §; Z
T5.2.2.2.1 (a)
M Keine dichten Polster bildend. Blätter 5–10 mm lg, in wenigen, ± dichten Rosetten. Abgestorbene Blätter nicht lange erhalten bleibend. Haare bis 0,2 mm lg, (2–)3-gabelig. Blüten rötl. weiß mit gelbem Schlund, einzeln in den Blattachseln der obersten Blätter, 1–10 mm lg gestielt.

◄ 993 **Hottonia palustris** L.
Europäische Wasserfeder, Wasserprimel (Gttg 2 sp)

I; W, w, ⑥; AV, M_1, M_2, F, K; RL 3-, §; Z, Aq
L3..4.2
M 15–50 cm. Pfl im Schlamm wurzelnd. Blätter untergetaucht, bis 8 cm lg, rosettig genähert, kammfg gefiedert; Abschnitte 3(–5) cm lg u. 1,5 mm br, z. T. gegabelt. Blüten zu 3–6 blattachselstdg, in etagenartig angeordneten Quirlen. Krone ca 2 cm ∅, weiß od. rosa.

994 **Soldanella minima** Hoppe ►
Winziges Alpenglöckchen (Gttg 10 sp)

I; H, w, ⊙; A; RL R; §, Z
L2..2 (sa-a), T3.3.2, T3.4.2.1
M 3–10 cm. Mit 1(–2)-blütigem, drüsigem Schaft. Blätter 4–10 mm br, grundstdg, rundl., ledrig, dickl., (fast) ohne Basalbucht, oberseits ohne vorspringende Nerven. Spaltöffnungen nur auf der Unterseite. Blatt- u. Blütenstiele dicht mit 0,15–0,2 mm lgn, gestielten Drüsenhaaren besetzt. Stiel der Drüsenhaare 2–4(–6)-zellig, lgr als Drüsenköpfchen. Krone röhrig bis trichterig glockenfg, meist hellpurpurn, auf ¼–⅓ ihrer Länge zerschlitzt, innen mit sehr kl Schlundschuppen, lgr als der Griffel. Staubbeutelspitze unbegrannt. Frucht 5-zähnig.

◄ 995 **Soldanella austriaca** Vierh.
Österreichisches Alpenglöckchen

I; H, w, ⊙; A; RL R, §;
T3.3.2
M Sehr ähnl. 994, aber Schaft immer 1-blütig. Spreite oft mit seichter Basalbucht, beiderseits mit Spaltöffnungen. Blatt- u. Blütenstiele locker mit 0,05–0,1 mm lgn Drüsenhaaren (meist etwas verkahlend). Stiel der Drüsenhaare 1–2-zellig, kürzer als das Drüsenköpfchen. Krone meist weiß bis sehr blasspurpurn. Schlundschuppen fehlend.

996 **Soldanella alpicola** F. K. Mey. ►
Zwerg-Alpenglöckchen

I; H, w, ⊙; A; RL –, §; Z
T3.3.1, T3.4.1, T6.2.1.5.4 (a)
M Ähnl. 994, aber Blätter (4–)10(–20) mm br, rundl. nierenfg, dünn, mit deutl. Basalbucht, oberseits mit vorspringenden Nerven. Blatt- u. Blütenstiele spärl. mit sitzenden, bald verkahlenden Drüsenhaaren besetzt. Krone hellpurpurn, nur auf ¼ ihrer Länge zerschlitzt, ohne Schlundschuppen.

◄ 997 **Soldanella alpina** L.
Gewöhnliches Alpenglöckchen

I; H, w, ⊙; A, M_1; RL reg, §; J, Z
T3.1.1, T3.3.2, T7.1.3
M 5–15 cm. Mit (1–)2–3(–4)-blütigem Schaft. Blätter grundstdg. Blattspreite (10–)13–25(–35) mm br, dickl., ± ganzrandig bis sehr leicht gekerbt, mit breiter Basalbucht. Blüten- u. Blattstiele mit sitzenden Drüsen, schnell verkahlend. Kelchblätter (1–)3-nervig. Krone trichterfg, blauviolett, bis zur Mitte od. tiefer zerschlitzt, kürzer als der Griffel. Schlundschuppen vorhanden. Kapsel meist 10-zähnig.

998 **Soldanella montana** Willd. ►
Berg-Alpenglöckchen

I; H, w, ②; AV, M_1; RL 3, §; Z
T1.4.3
M Ähnl. 997, aber 10–35 cm hoch, mit (2–)3–6 (–8)-blütigem Schaft. Blattspreite 25–70 mm br, dünn, deutl. gekerbt, mit tiefer Basalbucht. Blüten- u. Blattstiele mit gestielten Drüsen, kaum verkahlend. Kelchblätter 1-nervig.

◂999 **Cyclamen purpurascens** Mill.
Europäisches Alpenveilchen (Gttg 19 sp)

I; K, i, ⑧; A, AV, M_1; RL reg, §, E§; ☠, (✠), ☺, Z, D
T1.1.1.5, T1.1.2.4, T1.4.1.3
M 5–15 cm. Mit scheibenfg abgeplatteter Knolle. Blätter grundstdg. Blattspreite herzfg, oberseits dklgrün, weißl. gefleckt, unterseits violett, lg gestielt. Blüten einzeln auf lgn Stielen, grundstdg, wohlriechend. Krone karminrot. Kronzipfel 15–25 mm lg, zurückgeschlagen.

1000 **Samolus valerandi** L. ▸
Salz-Bunge (Gttg 15 sp)

I; H, w, ⑦; M_1, M_2, F, K; RL 2; Aq
H1.1.3.2, H1.3.2.1, H2, L3..7.3, T7.4.1
M 10–50 cm. Pfl fast kahl. Grundblätter 2–6 cm lg u. 0,5–2 cm br, in grundstdg Rosette, verkehrt eifg, dklgrün, glänzend. Stgblätter kleiner, wechselstdg. Blütenstand locker traubig. Blütenstiele dünn, ca 1 cm lg, in der Mitte geknickt, mit kleinem Blättchen. Krone 3–4 mm im Durchmesser, weiß. Kapsel kugelig, kürzer als der Kelch.

◂◂1001 **Philadelphus coronarius** L.
Gewöhnlicher Pfeifenstrauch,
Falscher Jasmin (Gttg 65 sp)

U–E, K; ⟨N, s⟩, ⊙; AV, M_1, M_2, F; ⟨RL –⟩; Z, D
Heimat: T1.1.2.4, syn.: L5.2.1–3, T10.1.2.4
M 1–3 m. Blätter ungeteilt, 5–9 cm lg, 2–3(–4,5) cm br, lanzettl. bis schwach eifg, gezähnt, gegenstdg. Winterknospen in der Basis des Blattstiels verborgen. Blüten zu 5–10 in Trauben, 4-zählig. Kronblätter 12–14 mm lg, verkehrt eifg, cremefarbenweiß. Staubblätter ca 25. Kapsel 6–8 cm lg.
B Heimat: SO-Europa. In vielen Sorten gepflanzt.

◂1001a **P. × lemoinei** Lemoine
(1001 × **P. microphyllus**)
Lemoines Pfeifenstrauch.

U–E, K; N, s, ⊙; M_2 (wo noch?); ⟨RL –⟩
M Winterknospen sichtbar. Blätter ganzrandig od. meist mit 1–3(–4) Zähnen jederseits, nur 1,5–2,5 (–4) cm lg (an starken Langtrieben gelegentl. lgr, an Blütentrieben meist < 3 cm lg) u. 0,5–1,2 (–1,8) cm br. Blütentrauben meist 3–7-blütig.

1002 **Ribes uva-crispa** L.
◂◂Stachelbeere (Gttg 150 sp)

I; N, s, ②; A, AV, M_1, M_2, F, K; RL –; ☺, B, Ob
L5.2.3, T1.1.2.1, T2.1.2.1, T10.2..1
M 60–150 cm. Zweige stachelig. Blattspreite 2–5 cm br, 3–5-lappig, unterseits (besonders auf den Nerven) behaart. Blüten einzeln od. zu 2(–3), blattachselstdg, hängend, grünl. bis rötl. Blütenbecher, Fruchtknoten u. Frucht weichhaarig, drüsenlos (1002a, var *uva-crispa*) od. mit einzelnen Drüsen bis drüsenborstig u. weichhaarig (1002b, var *grossularia*). Beere rundl., hängend, grün bis gelb, rötl. überlaufen, zuletzt kahl.
B Siehe Bemerkung 16, Seite 719.

◂1003 **Ribes alpinum** L.
Alpen-Johannisbeere

I; N, s, ③; A, AV, M_1, M_2, F (nur syn); RL –; Z
T1.1.1 (mont), T1.1.2.1, T1.4.1.3, T2.1.2.1.2, T3.1.1, oft K in: T1.3
M 0,8–2(–3) m, mit unbestachelten Zweigen. Blätter 3–4 cm br, tief 3(–5)-lappig. Blüten meist unvollkommen ⚥, die männl. in 10–30-blütigen, die weibl. in 2–5-blütigen, aufrechten bis waagerechten, drüsigen Trauben. Blüten gelbl. bzw. bräunl. Beeren rot, etwas glänzend, kugelig, ungenießbar.

1006 **Ribes rubrum** L.
Rote Johannisbeere

I; N, s, ③; AV, M_1, M_2, F, K; RL –; ✋, Ob
L5.2.3 (atl), T1.1.1, T1.1.2.3
M 1–1,5 m, ohne Stacheln. Blätter 5–8 cm br, 3–5-lappig, mit mehr rundl. Lappen, wie der Blattstiel meist rein grün. Trauben 10–20-blütig, hängend. Kelch kahl. Blütenboden schüsselfg, mit erhabenem, 5-eckigem Ringwulst (var *rubrum*) zw Staubblättern u. Griffeln. Blütenansatz oben an der Beere 5-eckig. Achsenbecher Fig. 37a
B 1006 var *rubrum* – Wilde Rote Johannesbeere, Wildsippe der Garten-Johannisbeere mit Kriechsprossen u. oberseits oft etwas glänzenden, netzrunzeligen Blättern u. kleinen Beeren.
1007 var *domesticum* Wallr., Rote Garten-J., Kultursippe. Blätter oft matt, Beeren gr, Kriechsprosse fehlend, Ringwulst undeutl. od. fehlend. Oft kann die Zugehörigkeit nicht klar ermittelt werden, da infolge Hybridisierung lückenlose Übergänge existieren; var *domesticum* wurde auch öfter mit 1008 gekreuzt (*R.* × *houghtoniarum* Jancz.), so dass die Zugehörigkeit von verwilderten Kulturtypen z. T. unklar bleibt.

1004 **Ribes nigrum** L.
Schwarze Johannisbeere

I; N, s, ③; AV, M_1, M_2, F, (K); RL reg; ✠, ☺, ✋, F, Ob
S3.2.1, S3.2.5, L5.2.3
M 0,8–1,5 m, ohne Stacheln. Blätter 3–10 cm br, 3–5-lappig, deutl. größerer Mittellappen, unterseits mit gelbl. Drüsen, beim Zerreiben mit unverwechselbar intensivem Geruch. Blüten zwittrig, in hängenden 5–10-blütigen Trauben. Kelch behaart, drüsig punktiert. Krone weißl. Beeren kugelig, schwarz.
B Oft verwildert u. eingebürgert.

1008 **Ribes spicatum** Robson
Ährige Johannisbeere Fig. 37b, ohne Abb.

I; N, s, ⊙; F (v. a. östl.), RL reg; ✋
L5.2.3 (boreal)
M Ähnl. 1006, aber Blütenboden flach trichterig, ohne 5-eckigen Ringwulst zw Staubblättern u. Griffeln; Blütenansatz rundl. Blätter mit spitzeren Lappen, oft rötl. überlaufen; Blattstiel am Grunde meist rötl. Achsenbecher siehe Fig. 37b.
B Formenreich, z. T. an Kultursorten beteiligt.

1005 **Ribes petraeum** Wulfen
Felsen-Johannisbeere

I; N, s, ⑥; M_1; RL R
T1.1.1.6, T1.1.2.1, T3.1.1
M 1–2 m, ohne Stacheln. Blätter bis 10 cm breit, 3–5-(spitz)lappig, unterseits ohne Drüsen, geruchlos. Blüten zwittrig, meist zu 10–30 in bis zu 10 cm lgn, zuletzt hängenden Trauben. Kelch bewimpert. Krone grünl. bis rötl. Beeren kugelig, rot bis schwarzrot, sauer.

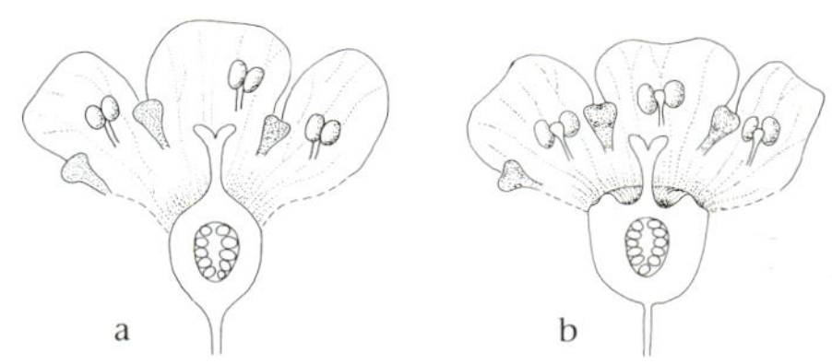

Fig. 37: Längsschnitt durch eine Blüte. Nach Weber 1992
a: *Ribes rubrum* var *rubrum*, b: *Ribes spicatum*

1009 **Rhodiola rosea** L.
⟨Gewöhnliche⟩ Rosenwurz (Gttg ca 50 sp)

I; H, s, ⑤, 2-häusig; M_1; RL R; (✠), Z
T5.2.2.1.1
M 15–40 cm, kahl. Blätter flach, vorne gezähnt. Blütenstand dicht doldig, vielblütig. Blüten 4-zählig, gelbl., hfg rot überlaufen.
B Der Status der Art für das Gebiet ist fragl.

1010 **Sedum telephium** L. ssp **telephium**
Purpur-Fetthenne (Gttg. ca 280 sp)

I; H, K, s, ⑧; A, AV, M_1, M_2, F, K?; RL reg; ✠, ☺, ✋, Z
T5.1, T8.1.2, T9.1.2.2 (steinig), T9.1.2.1
M Ähnl. 1012, aber untere Blätter zum Grund hin keilfg verschmälert, wenig gezähnt, obere mit abgerundetem od. gestutztem Grund, sitzend. Kronblätter purpurrot, über der Mitte zurückgekrümmt.

1011 ssp **fabaria** Kirschl. ▸
Berg-Fetthenne

I; H, s, ⊙; M_1, M_2; RL reg; Nutzen wie 1010, Z
T3.1.6, T5.1.1.4, T5.2.2.1.1
M Ähnl. 1010, aber alle Blätter zum Grund hin keilfg od. stielartig verschmälert, tief gezähnt. Kronblätter rosa, gerade abstehend.

1012 **Sedum maximum** (L.) Hoffm. ▸▸
Große Fetthenne

I; H, s, ⑧,❀; A, AV, M_1, M_2, F; RL –; ✠, ☺, ✂, Z
T1.1.2.5 (felsig), T5.1, T7.5.2.1, T8.1
M 30–80 cm. Ohne nicht blühende Triebe mit aufrechten Stgn. Blätter flach, bis 10 cm lg, die mittleren u. oberen schwach herzfg stgumfassend. Blüten in Trugdolden, Kronblätter gelbl. weiß bis grünl. weiß.
B Die Taxonomie der *S. telephium*-Gruppe ist unzureichend untersucht, so dass die hier gegebene Gliederung als vorläufig zu betrachten ist.

◂1013 **Sedum spurium** M. Bieb.
Kaukasus-Fetthenne

E; C, w, ⊙; (A), AV, M_1, M_2, F, K; RL –; Z
T5.2, T6.2.1.4.1, T6.2..4, T7.5.2.1, T10.2...2, T10.3...1
M Rasen bildend, mit niederliegenden, verzweigten Stgn u. aufsteigenden 10–20 cm hohen Blühtrieben. Blätter flach, vorne gekerbt gezähnt, am Rande bewimpert. Kronblätter 5, hellpurpurn (slt gelbl. weißl.), Staubblätter 10.

1014 **Sedum dasyphyllum** L. ▸
Dickblättrige Fetthenne

I; C, w, ⑦; A, AV, M_1, (M_2); RL 3; Z
T5.2.2, T6.2..4, T10.2...2
M Rasen bildend, mit nicht blühenden Trieben, 5–15 cm, im oberen Teil drüsig behaart. Blätter 3–7 mm lg, eifg, oben flach, unten stark gewölbt, blaugrün, die der Blühtriebe überwiegend gegenstdg. Kronblätter 5–6, weiß od. rosa mit dunklem Mittelnerv, spitzl., 2–3mal so lg wie die Kelchblätter.

◂◂1015 **Sedum villosum** L.
Sumpf-Fetthenne

I; T, ⟨B⟩, s, ⊙; A, AV, M_1, M_2, F (östl); RL 1
L2..1.1, S1.1
M 5–15 cm, oft mit kurzen, sterilen Seitentrieben, stark drüsig behaart. Blätter 4–7 mm lg, halbstielrund. Kronblätter 5, doppelt so lg wie die Kelchblätter, elliptisch, oft kurz bespitzt, rosa mit dunklerem Mittelnerv. Staubblätter (5–)10.
B Durch abfallende Fragmente vegetative Vermehrung mögl.

◂1016 **Sedum album** L.
Weiße Fetthenne

I; C, w, ⑧,❀; A, AV, M_1, M_2, F; RL –; ☺, Z
T5.2.2, T6.2, T6.2..4, T10.2...1.1, T10.2...2.5
M 8–20 cm, Rasen bildend, mit zahlreichen nicht blühenden Trieben, kahl. Blätter 7–20 mm lg, halbstielrund (beiderseits gewölbt), immer wechselstdg. Kronblätter 5, weiß (blassrosa) mit rotem Mittelnerv, stumpfl., ca 3mal so lg wie die Kelchblätter.
B Formenreich.

◂1017 **Sedum rupestre** L.
Gewöhnliche Felsen-Fetthenne, Tripmadam

I; C, w, ⑧; AV, M_1, M_2, F, K; R reg; ✂, Z
T1.1.2.5, T6.2.1.4.1, T6.2..4, T10.2...2.5
M Ähnl. 1020, aber sterile Triebe mit ± kegelfgn. Enden. Blätter der sterilen Triebe an den Enden nicht auffällig rosettig gedrängt, über 1,5 mm dick. Fertile Triebe ohne verdorrte Blätter. Blütenstand bis in die letzten Verzweigungen von schuppenfgn. Tragblättern durchsetzt. Kronblätter 6–7 mm lg, goldgelb.
B Hinsichtl. der Größe u. der Farbe der Blätter sehr variabel. Am häufigsten in einer Sippe mit blaugrünen Blättern. Ähnl., aber viel kräftigere Typen auch in Kultur u. daraus verwildert.

1018 **Sedum forsterianum** Sm. ▸
Zierliche Felsen-Fetthenne

I; C, w, ⑦; M_2 (westl); RL 3
T6.2..4
M 15–35 cm. Rasen bildend, mit nicht blühenden Sprossen, kahl. Sterile Triebe mit stumpfen, fast kugeligen Enden. Blätter an den Enden dicht rosettig gedrängt. Fertile Triebe mit zahlreichen braunen, verdorrten Blattresten. Blätter etwa 1 mm dick. Blütenstand höchstens an der Basis mit wenigen Tragblättern. Kronblätter goldgelb.
B Auch aus Kultur verwildert u. eingebürgert.

◂1020 **Sedum ochroleucum** Chaix
Blassgelbe Fetthenne

E; ⟨C, w⟩, ⊙: M; RL –
T6.2..2.1
M Ähnl. 1018, aber Blätter stielrund, an den Enden steriler Triebe nicht gehäuft (zylindrisches Aussehen). Vertrocknete Blätter rasch abfallend. Kronblätter 8–10 mm lg, gelbl. weiß, 1,5mal so lg wie der drüsig behaarte Kelch, spitzl.
B Außerdem wird für das Gebiet 1019 *S. thartii* L.P. Hebert, Harts Fetthenne, angegeben. Allerdings ist aufgrund der Abgrenzungsprobleme gegenüber 1020 bisher unklar, ob die angegebenen Vorkommen wirklich zu dieser Sippe gehören. ▸

◂◂1021 **Sedum sexangulare** L.
Milder Mauerpfeffer

I; C, w, ⑦; A, AV, M_1, M_2, F, (K); RL reg; Z
T1.4.1.3, T5.2.2, T6.2, T6.2..4, T10.2...2.5
M 5–15 cm, kahl, mit sterilen Trieben. Blätter 3–7 mm lg u. ca 1,5 mm br, wurstfg, mit spornartigem Ansatz, 6-zeilig angeordnet, nicht bitter schmeckend. Kronblätter 4–5(–6) mm lg, sattgelb.
B Formenreich.

◂1022 **Sedum annuum** L.
Einjährige Fetthenne

I; T, s, ⊙; AV, M_1; RL 3
T5.1.1.4
M 5–15 cm, aufrecht, ohne nicht blühende Triebe, von Grund an ästig, kahl. Blätter 5–10 mm lg. Blüten fast sitzend, in verzweigten, lockeren Wickeln, gelb. Kelchblätter von ähnl. Gestalt wie die Stglblätter.
B Formenreich.

1023 **Sedum acre** L. ▸
Scharfer Mauerpfeffer

I; C, w, ⑥,⊛; A, AV, M_1, M_2, F, K; RL –; ☠! ✠, ☺, Z
T1.4.1.2, T6.2, T6.2..4, T10.2...1.1, T10.2...2, T10.4.5, T10.5..3
M 5–15 cm, kahl, mit sterilen Trieben. Blätter 3–5 mm lg u. 2–4 mm br, nahe dem Grund am breitesten, eifg, ungespornt, nach einigem Kauen bitter schmeckend. Kronblätter (5–)6–9 mm lg, sattgelb.
B Formenreich.

1024 **Sedum alpestre** Vill. ▸▸
Alpen-Fetthenne

I; C, w, ⊙; A; RL R; ✠
T3.3.1, T5.1.1.1
M 5–8 cm, kahl, mit zahlreichen, dicht beblätterten nicht blühenden Trieben. Blätter 4–6 mm lg, fast ungespornt. Kronblätter ca 3 mm lg, stumpf, etwa 1,5mal so lg wie die Kelchblätter, gelbl.

1025 **Sedum atratum** L. ssp **atratum** ▸
Gewöhnliche Schwärzliche Fetthenne

I; T, H, w, ⊙; A, AV; RL –
T5.1.2.2.1
M 2–8 cm, ohne nicht blühende Triebe, kahl, meist rotbraun überlaufen, am Grunde wenig verzweigt. Blätter 4–6 mm lg, im Querschnitt fast rund. Blütenstand dicht traubig, 3–6-blütig. Kronblätter spitz, gelbl. weiß mit roten Streifen od. rot überlaufen, etwa so lg wie der Kelch.
B Ähnl. ist die Kärntner Schwärzliche Fetthenne, (1026) ssp *carinthiacum* (Pacher) D. A. Webb, A; RL?; aber Pfl insgesamt gelbl. grün, oft vom Grunde an verzweigt. Kronblätter stumpf, grünl. gelb, ohne Rotton, etwa doppelt so lg wie der Kelch. ohne Abb.

1027 **Sedum hispanicum** L. ▸▸
Spanische Fetthenne

E; T, ⟨B⟩, H, s; AV, M_1, M_2, F; ⟨RL –⟩; Z
T5.1, T5.2, T10.2...2
M 5–15 cm, meistens ohne nicht blühende Triebe. Blätter halbstielrund, mit Spitzchen. Kronblätter zu (5–)6(–9), etwa 4mal so lg wie der Kelch, weiß mit rotem Mittelnerv.
B Siehe Bemerkung 17, Seite 719.

◂◂1028 **Sedum rubens** L.
Rötliche Fetthenne

I; T, s, ⊙; M_2; RL 1
T6.2..4, T9.1, T9.1.8, T9.3...1
M 5–15 cm, einf. od. verzweigt. Blätter 10–20 mm lg, meist halbstielrund, wechselstdg, blaugrün. Blüten fast sitzend. Kronblätter 5, weiß bis rosa, mit rotem Mittelnerv, spitz. Staubblätter gewöhnl. nur 5, rot.
B Im Gebiet nur ssp *rubens*.

◂1029 **Sedum sarmentosum** Bunge
Ausläufer-Fetthenne

E (lok); ⟨C, w⟩, ⊙; M_2; ⟨RL –⟩; (Z)
T10.2...2
M Bis 15 cm hoch, mit niederliegenden, bis zu 25 cm lgn Ausläufern, kahl. Blätter lanzettl., flach, ca 15 mm lg, zu 3 quirlstdg. Blüten gelb. Kronblätter 5, spitz, ca 2mal so lg wie die 3,5–5 mm lgn Kelchblätter.
B Heimat Ostasien.

◂◂1030 **Jovibarba globifera** (L.) J. Parn.
ssp **globifera**
Sprossende Fransen-Hauswurz,
Jupiterbart (Gttg 6 sp)

I; C, i, ⑧; M_1, M_2, F (östl.); RL 3, §; Z
T1.4.1.2, T6.2..4, v. a. T6.2..4.6
M Ähnl. 1031, aber Pfl fri- bis graugrün; blühende Stg meist über 20(–40) cm, (im Gebiet sehr blühunwillig!). Rosetten halbkugelig, (1–)2,5–3(–4) cm Ø. Rosettenblätter im vorderen Drittel am breitesten, auf den Flächen kahl, am Rande bewimpert. Kelchblätter auf der Fläche kahl.

◂1031 ssp **allionii** (Jord. & Fourr.) J. Parn.
Allionis Fransen-Hauswurz

E (lok.); C, i, ⊙; M_2 (Bad Berneck); ⟨RL –⟩; Z
T5.2 (kalkarm)
M Pfl gelbgrün, blühender Stg 10–18 cm hoch. Rosetten kugelig, 1,5–2,5 cm br, ihre Blätter in der Mitte od. darunter am breitesten, oft mit roter Spitze, auf den Flächen kurz drüsig behaart, am Rande bewimpert. Kronblätter drüsig gefranst. Kelchblätter auf der Fläche kurz drüsig behaart.
B Heimat: SW-Alpen. Es gibt auch Auffassungen, dass es sich hier um ssp *arenaria* (Koch) J. Parnell handelt (vgl. Hegi IV 2A, 1995, S. 96).

◂1032 **Sempervivum arachnoideum** L.
ssp **arachnoideum**
Gewöhnliche
Spinnweben-Hauswurz (Gttg ca 50 sp)

I; C, w, ⑦; A (M_2 syn); RL R, §; Z
T5.1.1.4, T5.2.3, T10.2..2.5
M 5–15 cm. Rosetten 5–12 mm br, eifg, geschlossen oder sternfg ausgebreitet, ihre Blätter an der Spitze durch spinnwebenähnliche Haare miteinander verbunden (Behaarung dicht bis spärl.). Blüten karminrot, 10–15 mm br.

1033 ssp **tomentosum**
(C. B. Lehm. & Schnittsp.) Schinz
Filzige Spinnweben-Hauswurz

I; ⟨C, w⟩, ⊙; A; RL ?, §; Z
wo?, Heimat: heiße, tro Hänge.
M Rosetten halbkugelig, oben stark abgeflacht, 1–2,5(–3) cm br, mit sehr dichter, bleibender Spinnwebbehaarung. Blüten 20–23 mm br.
B Ob in Deutschland?
▾

▴
1034 **Sempervivum tectorum** L.
ssp **alpinum** (Griseb. & Schenk) Wettst.
⟨Alpen-⟩Hauswurz

I; C, w, ⑦; A; RL –, §; ✠, ☺, Z
T5.1.1.4, T5.2.3
M 10–60(–100) cm. Rosetten 3–8 cm br, ihre Blätter sternfg ausgebreitet, zugespitzt, grün, an der Spitze meist rotbraun, auf der Fläche beiderseits kahl, drüsenlos, randl. bewimpert. Blütenstand verzweigt. Blüten ca 2 cm br. Kronblätter purpurn bis rosenrot. Staubblätter voll entwickelt.
B Extrem formenreich. Der taxonomische Status der im Gebiet darüber hinaus vorkommenden Sippe (1035) ssp *tectorum*, Gewöhnliche Hauswurz i. e. S., Dachwurz M_1, M_2, F, K; RL reg, T5.2.3, T6.1.2.2, T6.2..4, T10.2..1.1, T10.2..2.5, (inkl. ☆ var *rhenanum* RL –!!) ist gegenwärtig noch ungeklärt. Bei der im Allgemeinen kultivierten Sippe sind die Staubblätter meist verkümmert, die Rosetten größer (6–14 cm br).

1036 **Sempervivum × barbulatum** Schott ▸
(1032 × **S. montanum**)
Bärtige Hauswurz

E; ⟨C, w⟩, ⑦; AV, M_1; RL reg, §; Z
T3.4.1, T6.2..5.4
M 5–15 cm hoch. Rosetten 1–2 cm br, ihre Blätter ohne spinnwebige Behaarung, höchstens an den Spitzen etwas wollig. Blüten ca 2 cm br, Kronblätter rosa.
B Tritt im Allgäu ohne *S. montanum* auf, im Schwarzwald 1867 angesalbt, seitdem **E**.

1037 **Sempervivum × funckii** ▸▸
Braun ex W. D. J. Koch
(1032 × 1034 × **S. montanum**)
Funcks Hauswurz

E; ⟨C, w⟩, ⊙; M_2; RL –, §; Z
T5.2.3, T10.2..2
M 10–25 cm hoch. Rosetten 1,5–5 cm br, ihre Blätter plötzl. zugespitzt, grün, an der Spitze rötl., mit Drüsenhaaren auf den Flächen. Blattrand mit lgn weißen, z. T. drüsigen Wimperhaaren, an der Spitze mit Haarbüschel aus kurzen, geschlängelten Haaren. Blüten ca 3 cm, Kronblätter rosenrot.
B Eltern unbekannt, angepflanzt u. eingebürgert im Fichtelgebirge u. im Frankenwald.

1038 **Crassula tillaea** Lest.-Garl. ▸
Moos-Dickblatt (Gttg ca 200 sp)

I; T, s, ⊙; F; RL 0
L3..6.1, L3..7.3
M 3–6(–8) cm, moosartig, mit niederliegenden bis aufrechten, meist stark verzweigten Stgln, an den Knoten wurzelnd. Blätter gegenstdg, eifg spitzl., 1–2 mm lg. Blüten ungestielt, zu 2–4 blattachselstdg, 3(–4)-zählig. Kronblätter kürzer als der Kelch, weiß od. hellrot.

1039 **Crassula aquatica** (L.) Schönland ▸▸
Wasser-Dickblatt

I; T, s, ⊙; F; RL 0
H3.1–2, L3..7.3
M 3–5(–10) cm, niederliegend od. aufrecht, an den Knoten Wurzeln treibend. Blätter kreuzweise gegenstdg, lineal, spitzl., 4–6 mm lg. Blüten einzeln blattachselstdg, bis 1 mm lg gestielt, (3–)4(–5)-zählig. Kronblätter stumpf, 1–1,5 mm lg, weiß, lgr als der Kelch.

◂1040 **Crassula helmsii** (Kirk) Cockayne
Nadelkraut

E; ⟨H, s⟩, ⊙; F; M_2; RL –; Aq
L3..4, L3..6.1
M 2–5 cm, bis 15 cm lg, kriechende Sprosse ausbildend (od. flutend), an den unteren Knoten wurzelnd. Blätter gegenstdg, die unteren stumpfl., die oberen spitz, 5–15(–20) mm lg. Blüten einzeln in den Blattachseln, deutl. gestielt, 4-zählig, weiß bis blassrosa.
B Heimat: Australien, Neuseeland.

1041 **Saxifraga oppositifolia** L. ▸
ssp **oppositifolia**
Gegenblättriger Steinbrech (Gttg ca 440 sp)

I; C, i, ⊙; A; RL –, §
L5.1.1, T3.4.2, T5.1
M 3–5 cm. Rasen od. lockere, seltener feste Polster bildend, Blätter variabel, gegenstdg, verkehrt eifg bis längl. lanzettl., 3–5 mm lg, an der Spitze mit einem (slt 3) Kalk ausscheidenden Grübchen, am Rande meist bis zur Spitze bewimpert. Kelchzipfel bewimpert, aber ohne Drüsenhaare. Blüten einzeln, purpurrosa bis weinrot, verblassend

◄1042 ssp **amphibia** (Sünd.) Braun-Blanq.
Bodensee-Steinbrech

☆ **I**; C, i, ⊙; AV (Bodensee); RL 0, §
L3..6.5

M Wie 1041, aber locker rasig mit lg kriechenden Stgn. Blätter mit (1–)3 nicht Kalk ausscheidenden Grübchen, nur in der unteren Blatthälfte bewimpert.

B Die am Bodensee endemische Unterart ist seit 1978 infolge der Verbauung u. Verschmutzung der Ufer ausgerottet.

1043 **Saxifraga** × **kochii** Hornung (**S. biflora** × 1041) ►
Kochs Steinbrech

I; ⟨C, i⟩, ⊙; A; RL R, §
T5.1.5

M 3–5 cm. Pfl in den Merkmalen den Eltern genähert od. intermediär, niederliegend aufsteigend, verzweigt, Rasen od. lockere Polster bildend. Zumindest untere Blätter gegenstdg, eifg lanzettl. bis rundl., bis 8 mm lg, meist bewimpert. Blüten zu (1–)2–5, weißl. bis rötl.

B Nach neueren Untersuchungen handelt es sich bei den in den Allgäuer Alpen vorkommenden Pfln um Hybriden zw *S. biflora* mit *S. oppositifolia*, wobei *S. biflora* im Gebiet nicht vorkommt.

◄1044 **Saxifraga caesia** L.
Blaugrüner Steinbrech

I; C, w, ⊙; A, AV; RL –, §
L5.1.1, T3.4.2.1, T5.2.2

M 3–10 cm. Dichte u. harte Polster bildend. Grundblätter 3–5 mm lg, auf der ganzen Länge bogig zurückgekrümmt, am Rande mit Kalk ausscheidenden Grübchen, stumpfl., blaugrün. Blütenstand 3–10 cm hoch, aufrecht, mit 2–5(–8) weißen Blüten. Kronblätter 3–4 mm lg.

1045 **Saxifraga burseriana** L. ►
Bursers Steinbrech

I; C, w, ⊙; A; RL R, §
T5.2.2.2.1

M 2–6(–8) cm. Dichte u. harte Polster bildend. Grundblätter 5–14 mm lg, gerade, in eine lge stechende Spitze verschmälert, am Rande mit Kalk ausscheidenden Grübchen, hellgrau. Blütenstand 1(–2)-blütig. Kronblätter weiß, (5–)8–15 mm lg.

◄1046 **Saxifraga paniculata** Mill.
Rispen-Steinbrech

I; C, i, ⑥; A, AV, M_1, (M_2); RL reg, §
T3.4.2, T5.1

M 12–30 cm. Rasen bildend, in deutl. Rosetten. Grundblätter 1–3 cm lg, eifg bis zungenfg, am Rand knorpelig gesägt, mit Kalk ausscheidenden Grübchen. Blütenstand rispig, mit 1–5-blütigen Ästen. Kronblätter (milchig) weiß, hfger mit roten Punkten, 3–6 mm lg.

B Im Gebiet nur ssp *paniculata*.

1047 **Saxifraga mutata** L. ►
Kies-Steinbrech

I; H, C, w, ⊙; A, AV; RL 2, §
L2..2, S2.2.2, T5.1.2.2.1

M 10–50 cm. Oberwärts drüsenhaarige Rosettenpfl. Rosetten 4–15 cm ∅. Grundblätter spatelig zungenfg, fast ganzrandig, mit undeutl. Vertiefungen, 3–7 cm lg. Blütenstand locker, rispenartig, mit zahlreichen gelbl. bis rötl. Blüten. Kronblätter spitz.

B Im Gebiet nur ssp *mutata*.

1048 **Saxifraga hirculus** L.
Moor-Steinbrech

I; H, s, ⊙; AV, F; RL 1!, §
L2..1.1, S1.2
M 10–40 cm. Mit kurzen, aus den Blattachseln der Grundblätter entspringenden Ausläufern, Rosetten fehlend. Grundblätter 1–3 cm lg, lanzettl., ganzrandig, am Grunde zottig braunrot behaart. Blütenstand behaart, mit 1–3 Blüten. Kronblätter 6–15 mm lg, gelb, gelegentl. rot punktiert.
B Eiszeitrelikt, in höchstem Maße vom Aussterben bedroht!

1049 **Saxifraga cymbalaria** L.
Zymbelkraut-Steinbrech

E (lok); ⟨T, H, s⟩, ⊙; M_2, F; ⟨RL –⟩
T5.2.2..2, T10.2...2
M 10–25 cm. Stg meist niederliegend bis aufsteigend, verzweigt, zerbrechl. Blätter ± 5–9-lappig, rundl. od. br 3-eckig eifg, am Grunde gestutzt od. herzfg, lg gestielt, hellgrün. Blüten in lockeren Zymen. Kronblätter 4–6 mm gelb, gegen die Basis orange.
B Heimat: Kleinasien.

1050 **Saxifraga aizoides** L.
Fetthennen-Steinbrech

I; C, w, ⊙; A, AV; RL reg, §
L2..2, S2.2.2, T5.1
M 7–20(–30) cm. Pfl Rasen bildend, reich verzweigt, 5–30 mm lg, fleischig mit Knorpelspitze, am Rande bewimpert. Blütenstand 2–10-blütig, drüsig behaart. Kronblätter goldgelb bis orange, slt tiefrot.

1051 **Saxifraga aphylla** Sternb.
Blattloser Steinbrech

I; C, i, ⊙; A; RL –, §
T5.1.2.2.1
M 1–5 cm. Lockere Rasen bildende Rosettenpfl, mit 1–3(–5) cm lgn, schlaffen Stgn. Grundblätter meist 3(–5)-spaltig (slt ungeteilt). Stgblätter fast immer fehlend. Blüten meist einzeln. Kronblätter lineal, nur 2–2,5 mm lg, blassgelb, viel schmaler als die Kelchblätter.

1052 **Saxifraga moschata** Wulfen
Moschus-Steinbrech

I; C, w, ⊙; A; RL –, §
T3.2.3, T3.4.2.1, T5.2.2.2
M 2–12 cm. Dichte Polster bildende Rosettenpfl. Grundblätter 3–5 mm lg, am Vorderrand 2–3-zähnig od. 3-spaltig, oberseits gefurcht. Stgblätter 2–5. Blütenstand meist 2–5-blütig. Kronblätter gelbl. grün, orange od. purpurrot, variabel in Größe u. Form, meist aber nicht viel schmaler als die Kelchblätter.
B Im Gebiet nur ssp *pseudoexarata* Br.-Bl. Sehr vielgestaltiger Sippenkomplex, wobei eine endgültige Gliederung noch aussteht. Für das Gebiet wird gelegentl. eine ssp *linifolia* Br.-Bl. mit vorwiegend ungeteilten Rosettenblättern, 1- bis wenigblütigen, niedrigen Stgn u. schmaleren Kronblättern (schmaler als Kelchzipfel) unterschieden. Aufgrund hfger Übergänge zur ssp *pseudoexarata* besser als Varietät einzustufen.

1053 **Saxifraga rotundifolia** L. ▸
Rundblättriger Steinbrech

I; H, w, ⑤; A, AV; RL –, §
T1.1.1 (hochmontan), T3.1.1
M 10–60 cm. Stg reich verzweigt. Grundblätter 1,5–5 cm br, nierenfg, gekerbt gezähnt, mit lgn Blattstielen. Untere Stgblätter den Grundblättern ähnl., nach oben kleiner werdend. Blütenstand reichblütig, mit weißen, gelb u. rot punktierten Blüten. Kelchblätter nach der Blüte herabgeschlagen.
B Im Gebiet nur ssp *rotundifolia*.

1054 **Saxifraga stellaris** L. ▸▸
Stern-Steinbrech

I; C, H, w, ⊙; A, AV, M_1; RL reg, §
L2..1.1
M 3–20(–30) cm. Mit Ausläufern, lockere Rasen bildend. Blätter 1–5 cm lg, in grundstdg Rosette, verkehrt eifg bis spatelfg, vorn grob gesägt bis gezähnt, glänzend. Blütenstand locker rispig, mit kl Tragblättern, armblütig. Kronblätter weiß mit 2 gelben Punkten an der Basis.
B Im Gebiet nur ssp *robusta* (Engl.) Gremli.

◂1055 **Saxifraga granulata** L.
Knöllchen-Steinbrech

I; H, v, ③; AV, M_1, M_2; F, K; RL reg, §; ✠
T1.1.2.3, T6.2..2.2, T7.1.2
M 20–50 cm. An der Sprossbasis mit Brutzwiebeln. Grundblätter 12–40 mm br, rundl. nierenfg, mit gekerbtem Rand, lg gestielt. Blütenstand rispig, mit weißen Blüten. Kronblätter 10–17 mm lg.
B Im Gebiet nur ssp *granulata*.

1056 **Saxifraga androsacea** L. ▸
Mannsschild-Steinbrech

I; C, w, ⊙; A; RL –, §
T3.3.2
M 1–6(–13) cm. Einzeln od. lockerrasig. Rosettenblätter 7–25 mm lg, verkehrt eifg bis keilfg, vorne ganzrandig od. mit 3(–5) kurzen Zähnen, am Rande drüsenhaarig. Stg drüsenhaarig, blattlos od. armblättrig, meist 1–2-blütig. Kronblätter weiß, ohne Punkte, 7–8 mm lg.

◂◂1057 **Saxifraga bryoides** L.
Moos-Steinbrech

I; C, i, ⊙; A, RL 2, §
T5.1.1.1, T5.2.2.1
M 1,5–6 cm. Dichte u. oft gr, hohe Flachpolster bildend. Blätter der nicht blühenden Triebe in kugeligen Rosetten sehr dicht gedrängt, 4–7 mm lg, deutl. gebogen, am Rand steif bewimpert. Blütenstand 1-blütig, vom Laubspross deutl. abgesetzt. Kronblätter gelbl. weiß, am Grund mit mehreren orangegelben Punkten.

◂1058 **Saxifraga tridactylites** L.
Dreifinger-Steinbrech

I; T, v, ?; AV, M_1, M_2, F, K; RL reg
T6.2..4.6, T10.2.1.1, T10.2.2.5, T10.3.1
M 2–20 cm. Pfl drüsig klebrig, mit rosettig angeordneten, 5–20 mm lgn, ganzrandigen od. 3-lappigen Grundblättern, zur Blütezeit bereits vertrocknet. Stgblätter meist 3-lappig, etwas fleischig. Blütenstand rispig verzweigt, mit Blütenstielen, diese 2–5mal so lg wie ihre Blüten. Kronblätter weiß, 2–4 mm lg.

1059 **Saxifraga rosacea** Moench
ssp **rosacea**
Rasen-Steinbrech

I; C, w, ⑤; M_1, M_2; RL 3, §
T5.1, T5.2.2
M 10–30 cm. Lockere bis dichte Rasen bildend. Grundblätter rosettig, im Umriss verkehrt eifg bis keilfg, handfg geteilt, mit einander etwas genäherten Abschnitten, tief 3–7-spaltig, ihre Abschnitte stumpf bis spitz, aber ohne Grannenspitze, meist behaart. Blütenstand lockerrispig, mit 2–9 weißen Blüten. Kronblätter 6–12 mm lg.
B Die ähnl., sehr hfg kultivierte, formenreiche Gartenhybride *Saxifraga × arendsii* ist vielfach aus Gärten verwildert.

1060 ssp **sponhemica** (C. C. Gmel.) D. A. Webb
Sponheimer Steinbrech

(☆) **I**; C, w, ⑤; M_2; RL 3!!, §
T5.2.2.1.1
M Wie 1059, aber mäßig dichte Rasen bildend. Blattabschnitte meist schmaler, mehr spreizend, spitz, mit deutl. Grannenspitze.

1061 **Chrysosplenium alternifolium** L.
Wechselblättriges Milzkraut (Gttg ca 60 sp)

I; H, s, ②; A, AV, M_1, M_2, F, (K); RL –; ☺
L2..1.1, L5.2.3, T1.1.1 (feucht), T3.1
M 5–20 cm. Mit blattlosen, meist unterirdischen Ausläufern. Stg 3-kantig. Grundblattspreiten nierenfg, am Stielansatz herzfg, viel kürzer als ihr Stiel. Stgblätter deutl. gekerbt, wechselstdg. Blüten in Trugdolden, kronblattlos, unscheinbar, von gelbl. Hochblättern umgeben.

1062 **Chrysosplenium oppositifolium** L.
Gegenblättriges Milzkraut

I; H, w, ②; (AV), M_1, M_2, F, (K); RL reg; ✄
L2..1.1, L5.2.3
M Ähnl. 1061, aber mit kriechenden, nicht blühenden Seitensprossen, daher oft gr Rasen bildend. Stg undeutl. 4-kantig. Spreite der Grundblätter am Stielansatz gestutzt od. keilfg verschmälert, mind. so lg wie ihr Stiel. Stgblätter nur undeutl. gekerbt, gegenstdg.

1063 **Tellima grandiflora** (Pursh) Douglas ex Lindl.
Falsche Alraunenwurzel (Gttg 1 sp)

E; ⟨H, w⟩, ⊙; M, F; ⟨RL –⟩; Z
T8.2.1.2
M 50–80 cm. Mit rundl., gelappten, 8–15 cm breiten Grundblättern. Blüten 1–2 cm br, in ährigen Blütenständen. Kronblätter an der Spitze fransig zerschlitzt.
B Neuerdings in Grünanlagen eingebürgert, Heimat: pazif. Nordamerika.

1064 **Parnassia palustris** L.
Sumpf-Herzblatt (Gttg 15 sp)

I; H, s, ⑧, ⊛; A, AV, M_1, M_2, F, K; RL 3+, §; (✠), ☺
S1.1, T3.4.2, T6.2.2.3, T7.3.2 (letzte alle sickerfeucht)
M 10–30 cm. Mit grundstdgr Blattrosette u. (meist) einem Stgblatt. Blätter herzfg. Blüten einzeln, 5-zählig, weiß. Zw den 5 Staubblättern auffällige gelbgrüne Nektarschuppen, mit 7–15 fächerartig angeordneten Fransen, die je in einem gelben, nicht drüsigen Stielköpfchen enden.

◂◂1065 **Spiraea alba** Du Roi
Weißer Spierstrauch (Gttg 80–100 sp)

E; ⟨N, s⟩, ⊙; AV, M_1, M_2, F, K; RL –; Z
L4.1-2, L5, T10.3.1, T10.3.3
M Bis 1,5 m. Aufrechter Strauch, junge Triebe schwach behaart, kantig, rötl. braun. Blätter längl, verkehrt lanzettl. 3–6 cm lg, an beiden Enden spitz, scharf gesägt. Kahl, nur am Rand u. unterseits auf den Hauptnerven mit wenigen Wimpern, kurz gestielt. Blütenstände br pyramidal, Blüten weiß (allenfalls beim Aufblühen etwas rosa), mit Drüsenring.
B Heimat: Osten Nordamerikas.

◂1066 **Spiraea billardii** Hérincq
Billards Spierstrauch (wohl aus 1065 × 1067)

E; N, s, ⊙; M_2, F; RL –; Z
L4.1-2, T10.4
M Bis 2 m. Straff aufrecht, stark Ausläufer bildend, Triebe braun, behaart. Blütenstände br pyramidal, Blüten rosa, ohne od. mit kümmerl. Drüsenring. Blätter längl. bis lanzettl., 5–8 cm lg, an beiden Enden spitz, scharf, oft doppelt gesägt, nicht im unteren Drittel. Unterseits dünnfilzig, kurz gestielt.
B Siehe Bemerkung 17, Seite 719.

◂1067 **Spiraea douglasii** Hook.
Douglas' Spierstrauch

E lok; ⟨N, s⟩, ⊙; M_2; ⟨RL –⟩; Z
L5.2, T10.3.1
M Bis 2 m. Stark Ausläufer treibend. Triebe schlank, rötl. braun gestreift, anfangs behaart. Blätter längl. bis schmal längl., 3–10 cm lg, an beiden Enden stumpf. Unterseits weißfilzig, bis weit über die Mitte ganzrandig. Blütenstände br pyramidal, Blüten rosa, ohne Drüsenring.
B Heimat: Westl. Nordamerika (Alaska bis Südkalifornien).

1068 **Spiraea tomentosa** L. ▸
⟨Gelb⟩filziger Spierstrauch

E; ⟨N, s⟩, ⊙; F (östl.); RL –; Z
L3.5
M Bis 1,2 m. Triebe kantig, braunfilzig. Blätter längl. eifg, spitz, bis 7 cm lg, grob gesägt, oberseits runzelig sattgrün, unterseits dicht gelbfilzig, höchstens im unteren Drittel ganzrandig. Blütenstände br pyramidal, Blüten rosa, ohne Drüsenring.
B Heimat: Östl. Nordamerika. Liebt feuchten Standort.

1069 **Spiraea chamaedryfolia** L.
◂⟨Ulmen-⟩Spierstrauch

E lok: ⟨N, s⟩, ⊙; M_2;⟨RL-⟩;Z
T8.2
M Bis 1,5 m. Ausläufertreibend. Zweige bogig abstehend, Triebe hin- und hergebogen, kantig, kahl. Blätter eifg elliptisch bis längl. lanzettl., 4–6 cm lg, spitz, Basis keilfg, frischgrün, Blattrand dicht gesägt, nahezu kahl. Stiel 5–10 mm lg. Blütenstände in 4 cm brn Trugdolden, Blüten weiß.
B Heimat: SO-Alpen, Balkan, Karpaten, Sibirien, NO-Asien

1070 **Spiraea japonica** L. f. ▸
Japanischer Spierstrauch

E lok; ⟨N, s⟩, ⊙; M_2; ⟨RL –⟩; Z
T10.3..3.2
M Bis 1,5 m. Steif aufrecht, wenig verzweigt. Triebe gestreift od. fast stielrund, kahl od. nur anfangs behaart. Blätter eifg bis eilängl., 2–8 cm lg, spitz od. zugespitzt, Basis keilfg bis abgerundet, doppelt eingeschnitten gesägt, unterseits hell- od. graufilzig, meistens auf den Nerven behaart, Blattrand kahl, Stiel 1–3 mm lg. Blütenstände in 15–20 cm brn Trugdolden, Blüten hell- bis dklrosa.
B Heimat: Ostasien.

1071 **Physocarpus opulifolius** (L.) Maxim.
Virginische Blasenspiere (Gttg 10 sp)

U–E, K; ⟨N, s⟩, ⊙; M_1, F; RL –; Z
L5.2
M 2–3 m hoch u. br. Äste mit brauner, rissiger, abblätternder Rinde. Blätter eirundl. mit herzfgr Basis, 3–5-lappig, kerbig gesägt. Nebenblätter hinfällig. Blüten 1 cm ∅, weißl. (bis rosa) in 5 cm br Doldentrauben. Früchte rötl., blasig aufgetriebene Hülsen.
B Heimat: Östl. Nordamerika.

1072 **Sorbaria sorbifolia** (L.) A. Braun
Gewöhnliche Fiederspiere (Gttg 4 sp)

U–E; ⟨N, s⟩, ⊙; M_2; ⟨RL –⟩; Z
L3.5, T1.3, T10.3.3.1 (Wälder)
M Bis 2 m. Aufrecht, steif, sich durch Ausläufer weit ausbreitend. Blätter früh austreibend, bis 25 cm, mit 9–25 lanzettl. bis eilanzettl. Blättchen, 5–10 cm lg, > 15 mm br., lg zugespitzt, bis an die Spitze doppelt gesägt, kahl od. nahezu kahl, mit ca 20 Paar Seitennerven. Blüten in 10–25 cm lgn Rispen, weiß.
B Heimat: NO-Asien. Zu verwechseln mit anderen gepflanzten Arten, diese aber nicht verwildernd. Alle mit schmaleren Blättchen, behaart, u./od. mehr als 25 Seitennervenpaaren.

1073 **Aruncus dioicus** (Walter) Fernald
Geißbart (Gttg 1 sp)

I; H, s, ⑥, ❀; A, AV, M_1, M_2, F (syn.); RL reg; ☺, Z
L4.1 (Gebirge), L5.2.3, T1.1.2.1, T3.1.1, (T8.2.1.1)
M (0,3–)1–1,5(–2) m. Rhizom holzig, kräftig, reich mit Wurzeln besetzt. Stg aufrecht, etwas geknickt, stielrund bis seicht gefurcht, nur in Blütenregion verzweigt. Blätter bis 1 m lg, doppelt bis 3fach 3-zählig, kahl (nur auf Unterseite Nerven mit einzelnen Haaren). Blütenrispen 20–30(–50) cm lg, oft überhängend, Blüten rein weiß.

1074 **Filipendula ulmaria** (L.) Maxim.
Echtes Mädesüß (Gttg 10 sp)

I; H, s, ?, ⑧; A, AV, M_1, M_2, F, K; RL –; ☠, ✠, ☺, (✋), R, F, Z, D
L5.2.3, L5.2.5.4, T1.1.2.3 (feucht), T7.3
M 60–150(–200) cm. Stg aufrecht, nur oben etwas verzweigt, schwach kantig, meist kahl, oben zuw. kurzhaarig. Blätter unpaarig gefiedert, die untersten in Rosetten, lg gestielt, 2–5 gr Fiederpaare, dazw unregelmäßig viele, kl Fieder, kahl, unterseits fast kahl bis grauweißfilzig. Blüten gelbl. weiß in spirrig doldentraubigen Blütenständen.
B Pfl beim Zerreiben nach Salicylaldehyd riechend (Rheumasalbe).

1075 **Filipendula vulgaris** Moench
Kleines Mädesüß

I; H, s, ⑦, ❀, AV, M_1, M_2, F, K (östl.); RL reg; (☠), (✠), (✋), Z
T1.1.2.4.2, T6.2.2.2.3, T6.2..3.1, T7.3.2, T8.1.1
M (15–)30–80 cm. Stg aufrecht, unverzweigt bis Blütenstand, stielrund bis schwach kantig, kahl. Blätter in grundstdg Rosette u. entfernt am Stg, kahl. 15–25 cm lg, 3(–4) cm br, Fiedern zu 8–30, undeutl. doppelt fiederteilig eingeschnitten. Blüten weiß.
B Blätter beim Zerreiben orangenartig riechend.

1076 **Agrimonia eupatoria** L.
Kleiner Odermennig (Gttg 15 sp)

I; H, s, ⑧, A, AV, M_1, M_2, F, K; RL –; ✠, ☺, ✿, F
T2.1.2.1, T6.2.2.3, T6.2..3.1, T8.1.2.2
M 15–150(–180) cm. Stg oben mit kurzen u. lgn Deckhaaren, wenige Drüsen. Blätter (auf halber Stghöhe) 10–30 cm lg, mit 5–9(–13) größeren u. 6–10 kleineren Fiederblättchen, unterseits graugrün, oft weißfilzig, mit 6–12 groben stumpfl. Zahnpaaren. Blüten gelb, in dichten Trauben, Kronblätter abgerundet, ohne Außenkelch. Reife Frucht wenigstens auf ¾ ihrer Länge gefurcht, Außenborsten aufrecht bis gerade abstehend, nur bei der nicht im Gebiet vorkommenden ssp *grandis* (Aschers. & Graebner) Bornm. etwas zurückgeschlagen.

1077 **Agrimonia procera** Wallr.
Großer Odermennig

I; H, s, ⑧; AV, M_1, M_2, F, (K, östl.); RL reg; ☺
T2.1.2.1, T8.1.2.2, ⟨T8.2⟩, T10.3.3.1 (Wälder)
M 50–180 cm. Stg oben nur mit lgn Deckhaaren, zahlreiche Drüsenhaare, dadurch Pfl z. T. aromatisch duftend. Blätter wie 1076, aber mit 6–14 groben, spitzen Zahnpaaren, unterseits grün bis graugrün, nie weißfilzig. Blüten gelb, in dichten Trauben, Kronblätter oft etwas ausgerandet, ohne Außenkelch. Reife Frucht nur bis zur Hälfte gefurcht, Außenborsten weit zurückgebogen.

1078 **Aremonia agrimonoides** (L.) DC.
Nelkenwurz-Odermennig (Gttg 1 sp)

I; H, s, ⑥; (AV: **E lok**), M_1; RL 3
T1.1.2.4, T8.2.1.2
M 5–40 cm. Stg weich abstehend behaart, mit 1–3 hochblattartigen Blättern u. basaler Rosette mit 10–15 cm lgn, 2–4 paarig gefiederten Blättern, dazw. kleinere, meist ganzrandige Fiederchen. Blüten gelb in 2–5-blütigen Trauben, mit Außenkelch. Frucht 1(–2)-samig, von hartem Außenkelch überragt.

1079 **Sanguisorba officinalis** L.
Großer Wiesenknopf (Gttg ca 10 sp)

I; H, s, ⑧,❀; A, AV, M_1, M_2, F, (K); RL reg; ✠, ☺, ✎, Z
T7.1.2, T7.3.2, T7.3.5
M 50–100 cm. Rhizom verholzend. Stg rund bis vielkantig, kahl, nach oben ästig. Gefiederte Rosettenblätter 20–40 cm, 3–8 Paar Fiedern. Stgblätter kleiner mit weniger Fiedern. Diese rundl. eifg. mit 5–10 mm lgm Stielchen, gezähnt, unterseits graugrün. Blüten mit 4-zipfligen, blut- bis dkbraunroten Kelchen in 1–3 cm lgn, 1 cm brn Köpfchen.

1080 **Sanguisorba minor** Scop. ssp **minor**
Kleiner Wiesenknopf, i. e. S. Fig. 38a

I; H, s, ⑤, ⊛; A, AV, M_1, M_2, F, (K); RL reg; ✠, ✂, Z
T1.4.1.3, T6.2.2.2.3, T6.2..5.1, T7.1.2
M (10–)40–60(–120) cm. Stg aufsteigend aufrecht, rund bis kantig, stark verzweigt, kahl od. nur unten behaart. Grundblätter 10–20 cm in dichter Rosette, mit 4–12 Paaren von Fiedern. Diese eifg elliptisch, 4–20 mm lg, 0–3 mm lg gestielt. Stgblätter regelmäßig am Stg verteilt, nach unten kleiner werdend, mit abnehmender Fiederzahl. Unterseite zuw. heller od. grauer als Oberseite. Blüten in eifg Köpfchen, 1–3 cm ∅, Kelch grün, in Sonne zuw. rötl. Fruchtbecher mit schmalen Leisten, ohne Flügel, Zwischenflächen ± deutl. netzfg runzelig.

a b

Fig. 38: Früchte von *Sanguisorba*
a: *Sanguisorba minor* ssp *minor*
b: *Sanguisorba minor* ssp *polygama*

1081 ssp **polygama** (Waldst. & Kit.) Holub
Höckerfruchtiger Wiesenknopf,
(Garten-Bibernelle) Fig. 38b

E; H, s, ⊙; M_1, M_2, F, wo noch?; RL –; ✂, Z
T6.2.2.3, T6.2..4, T8.3.1
M Wie 1080, aber Fruchtboden mit schmalen bis brn Flügeln. Zwischenflächen deutl. skulpturiert mit unregelmäßig rundl. spitzen Erhöhungen, nicht netzfg.

1082 **Dryas octopetala** L.
Weiße Silberwurz (Gttg 2 sp)

I; C, i, ⊙; A, AV, (M_2 ✝); RL reg; ☺, Z
T3.2.3, T3.4.2.1, T5.1
M 2–10 cm lg Kurztriebe. Spalierstrauch, niederliegende Stg stark verzweigt, z. T. wurzelnd, z. T. mit Blattgrundresten, die mit Ringelborke abgestoßen werden. Ledrige Blätter annähernd 2-zeilig, dklgrün mit vertieftem Adernetz, kahl, unterseits weißfilzig, kerbig gezähnt, Blattrand umgefalzt. Blüten weiß, 2,5–4 cm ∅, auf 5–10 cm lg Stielen, mit je (7–)8(–9) Kelch- u. Kronblättern. Griffel der zahlreichen Fruchtblätter bei Reife verlängert, fedrig weiß behaart.

1083 **Geum montanum** L.
Berg-Nelkenwurz (Gttg ca 40 sp)

I; H, w, ⑤; A; RL –; ☺, Z
T3.3.1, T3.4.1, T6.2..5.4
M 5–30(–40) cm. Blühende Stg einzeln od. zu mehreren in den Achseln von Rosettenblättern, diese unterbrochen 9–21-zählig leierfg gefiedert, Endblättchen 5 cm br, 6 cm lg, viel größer als Seitenfiedern. Blüten meist einzeln, Kronblätter goldgelb zu 5 (-6[-8]), Blüte 2–4 cm ∅, Außenkelch 5, lineal-lanzettl., grün; Kelch 5, grün, br lineal. Griffel bei Reife lg fedrig behaart.

1084 **Geum reptans** L.
Kriechende Nelkenwurz

I; H, w, ⊙; A; RL –; Z
T5.1.1.1
M (3–)5–15(–20) cm. Blühende Stg zu mehreren in den Achseln von Rosettenblättern, diese 13–19-zählig gefiedert, Endblättchen nur wenig größer als benachbarte Seitenfiedern. Blüten meist einzeln, Kronblatt lebhaft gelb, zu 5–6(–10), Blüte 3–4 cm ∅, Außenkelch rot überlaufen, Kelchblätter rotbraun, doppelt so lg. Griffel bei Reife lg fedrig behaart.

◀1085 **Geum rivale** L.
Bach-Nelkenwurz

I; H, w, ④, ⊛; A, AV, M_1, M_2, F, K; RL reg; ✠, Z
L5.2.3, S2.1, T3.1.1, T7.3, T7.3.5
M (10–)20–60(–70) cm. Blühender Stg aufsteigend, rötl. überlaufen, nach oben zunehmend drüsig behaart. Blätter mit 15–20 cm lgn Stiel, unregelmäßig unterbrochen gefiedert, Endblättchen 10–15 cm br, ungeteilt od. 3–5-teilig. Blüten, nickend, 1–2. Kronblätter (8–)10–15 mm lg, blassgelb bis bräunl. rosa, Kelch u. Außenkelch rotbraun. Früchte bei Reife mit sich verlängerndem Stiel über Blütenboden u. Kelch emporgehoben.

1086 **Geum urbanum** L. ▶
Gewöhnliche Nelkenwurz

I; H, w, ⑥; A, AV, M_1, M_2, F, K; RL –; ✠, ☺, ✎
T1.1.1 (feucht), T2.1.3.1, T8.2.1.4
M 20–60(–100) cm. Blühende Stg aus den Achseln von Rosettenblättern, diese mit 10(–15) cm lgm Stiel, 5–6-zählig, unregelmäßig gefiedert mit gr Endabschnitt. Nebenblätter kerbzähnig. Blütenstand sparrig, Blüten, leuchtendgelb, Kronblätter bald abfallend, Kelch später zurückgeschlagen. Fruchtblätter 60–80, mit lghaarigem Fruchtknoten.

1087 **Geum japonicum** Thunb. ▶
Japanische Nelkenwurz

U–E; H, s, ⊙; F (nur Bremen); ⟨RL –⟩
T1.3
M Wie 1086. Blätter größer, heller, Nebenblätter kleiner, oft ungezähnt. Blütenstand gedrungen, Kelchblätter bereits zur Blütezeit zurückgeschlagen. Mit fast doppelt so vielen Teilfrüchtchen.
B Heimat: China bis Japan.

1088 **Potentilla palustris** (L.) Scop. ▶▶
Sumpfblutauge, *Comarum p.*
Sumpf-Fingerkraut (Gttg ca 500 sp)

I; C, A, w, ⑥; A, AV, M_1, M_2, F, K; RL reg; ☺
S1.2, S2.1
M 20–60 cm. Rhizom verholzend. Stg locker flaumig bis dicht zottig, zuw. drüsig behaart. Stgblätter 5–7-zählig gefiedert, Fiedern stark genähert, fast gefingert, sägezähnig, bläul. grün, oft rot überlaufen. Blüten 5-zählig (endstdg zuw. 7-zählig), grüner Außenkelch halb so lg wie trübpurpurne Kelchblätter, Kronblätter halb so lg, purpurn, 20 schwarzpurpurne Staubblätter. Kelch bei Fruchtreife vergrößert, zusammenneigend.

1089 **Potentilla rupestris** L. *Drymocallis r.* ▶
Felsen-Fingerkraut

I; H, w, ⑤; AV, M_1, M_2, F (östl.); RL 3+
T6.2.2.2.3, T6.2..4, T8.1.1, T10.2..2
M (8–)30–60(–70) cm. Stg zerstreut kurzzottig, unten kahl, oft braunrot überlaufen, aus den Achseln 5–7(–9)-zählig gefiederter Rosettenblätter. Endblättchen am größten, Seitenblättchen zum Grund kleiner werdend. Stgblätter fehlend od. 1 bis wenige, meist nur 3-zählig, Blütenstand reichblütig, Blüten weiß, 14–22 mm ∅, kahle Staubbeutel.

1090 **Potentilla caulescens** L. ▶▶
Stängel-Fingerkraut

I; H, w, ⊙; A; RL –; Z
T5.2.2.2
M 10–30 cm. Blütenstg zu mehreren aus Rosettenblättern aufsteigend. Rosettenblätter gestielt, (3–)5(–7)-zählig gefingert, Blättchen 1,5–3,5 cm lg, verkehrt eifg, gestutzt, seitl. mit je 3–7 ungleichen, zusammenneigenden Zähnen, oben kahl, unten anliegend seidig (bis drüsig). Blüten in (2–)3–7-blütigen Trugdolden, Kronblätter weiß, 7–9 mm lg, verkehrt eifg mit keilfgm Grund, wenig ausgerandet. Staubblätter behaart.

1091 **Potentilla clusiana** Jacq.
Ostalpen-Fingerkraut

I; H, w, ⊙; A; RL R
T5.2.2.2.2
M 5–10 cm. Stg armblättrig u. armblütig (1–3), locker abstehend, zuw. drüsig behaart. Rosettenblätter 5-zählig gefingert, Fiedern keilfg gestutzt, mit 5 Zähnchen, beiderseits grün. Blüte 2 cm ∅, Kronblätter gelbl. weiß, ausgerandet, 20 kahle Staubfäden, oft rot überlaufen.

1092 **Potentilla sterilis** (L.) Garcke
Erdbeer-Fingerkraut

I; H, w, ②; A, AV, M_1, M_2, F; RL reg
T1.1.2.3, T2.1.2.2, T7.1.2, T8.1.2.2
M 5–10(–15) cm. Stg niederliegend, ausläuferartig, wurzelnd. Blütenstg zart, von den 3-zähligen, erdbeerartigen, lg gestielten Grundblättern überragt. Jede Fieder mit beiderseits 4–6 groben, kerbigen Blattzähnen u. schmalen kl Endzähnen, dklgrün, unterseits bläul. grün, behaart. 1–3-blütige Trugdolden. Kronblätter weiß, 4–7 mm lg, nur etwas lgr als Kelch, an der Spitze ausgerandet, sich nicht deckend. Blütenboden bei Fruchtreife nicht anschwellend, Staubfäden fädl.

1093 **Potentilla micrantha** Ramond ex DC.
Kleinblütiges Fingerkraut

I; H, w, ⊙; AV, M_1, M_2; RL reg
T1.1.2.3 (warm), T1.1.2.4, T1.4.1.3, T2.1.2.1.2
M 5–10 cm. Ohne Ausläufer, Rosettenblätter überragen Blütenstg, Blätter erdbeerartig, aber Fiedern jederseits mit 6–11 spitzen Zähnen, dklgrün, unterseits heller aber nicht bläul. grün, behaart. Kronblätter weiß, 3–5(–8) mm lg, an der Basis ± rosa, Staubfäden bandartig verbreitert, unten behaart. Blütenboden wie 1092.

1094 **Potentilla alba** L.
Weißes Fingerkraut

I; H, s, ④; AV, M_1, M_2, F (östl.); RL 3; Z
T1.1.2.4.2, T8.1.1
M 10–20 cm. Stg 5–8 cm lg, dünn, oft schlaff niedergebogen, von den Rosettenblättern deutl. überragt. Diese 5-zählig, Fiedern bis 10 cm lg, 2 cm br, keilfg verschmälert, an der Spitze mit 1–4 flachen Kerbzähnen, slt ganzrandig, gefaltet, oberseits kahl, unterseits silberweiß, seidig anliegend, drüsig. Blüten in lockeren (1–)2–5-blütigen Trugdolden, Kronblätter 6–8 mm lg, weiß, verkehrt herzfg. 20 weiße, kahle Staubfäden.

1095 **Potentilla supina** L.
Niedriges Fingerkraut

I; T, H, s, ⊙; AV, M_1, M_2, F; RL reg
L3..7.3, T7.4.1, T8.2.2.5, T10.3..3.1
M 10–20(–40) cm. Stg niederliegend bis aufsteigend, reich beblättert, vom Grund an gabelig, gt reichblütig, Blütenstände traubig bis trugdoldig. Blätter (2–)5–8(–10)-zählig gefiedert, unregelmäßig ± tief gesägt, grün, slt dicht grauhaarig. Kronblätter so lg bis deutl. kürzer als Kelchblätter, gelb, verkehrt herzfg, sich nicht berührend. Fruchtboden postfloral schwammig anschwellend.

1096 **Potentilla erecta** (L.) Raeusch.
Blutwurz

I; H, w, ⑤; A, AV, M_1, M_2, K; RL reg; ✠, ☺, F, Z
T1.1.2.5, T6.2.2.2.3, T6.2..5.4, T7.1.3, T7.3
M (5–)10–30(–50) cm. Wurzelstock 1–3 cm ∅, verholzt, innen blutrot. Stg aufrecht bis niederliegend, beblättert, oben mehrgabelig. Grundblätter lg gestielt, 3-zählig (slt 4–5-zählig), mit 3–5 gr Nebenblättern, daher mehrzählig erscheinend. Stgblätter sitzend bis kurz gestielt, 3-zählig. Blüten 4-zählig (slt 3–5(–6)-zählig), gelb, verkehrt herzfg, Kronblätter 4–5 mm lg, ± so lg wie Kelchblätter.

▲

1097 **Potentilla anglica** Laichard.
Niederliegendes Fingerkraut

I; H, w, ⊙; (AV), M_1, M_2, F, K; RL reg; Z
T7.3.2, T7.4.1
M 15–30 cm. Wurzelstock 3–10 mm ∅, innen nicht rötl., ausläuferähnl. Stg 15–70 cm lg, im Herbst an den Knoten wurzelnd. Grundblätter lg gestielt, 3–5-zählig, ausdauernd. Stgblätter mit 3–20 mm lg Stiel, 3-zählig (zuw. 4–5-zählig), nach oben einf. Blüten einzeln, goldgelb, Kronblätter ± doppelt so lg wie Kelch, 5–20 Staubblätter.
B Hybridogen aus 1096 u. 1099 entstanden.

1098 **Potentilla × mixta**
Nolte ex W. D. J. Koch (1096 × 1099)
Bastard-Fingerkraut ohne Abb.

I; ⟨H, w⟩, ⊙; M_2, F, K, wo noch?; ⟨RL reg⟩
⟨T7.3.2, T7.4.1⟩
M 5–10 cm. Primärhybride, in allen Merkmalen zw den Eltern. Zuweilen schwer zu trennen von 1097, einer erbfest gewordenen Hybride gleichen Ursprungs, so dass ein Kartier-Agg zu empfehlen ist, das beide Sippen vereinigt. Sterile Früchte sind angebl. einziges sicheres Differenzialmerkmal.

1099 **Potentilla reptans** L. ▶
Kriechendes Fingerkraut

I; H, w, ⑦; A, AV, M_1, M_2, F, K; RL –; ✠, ☺
T7.1.2, T7.3.2, T7.4.1, T10.3..3.1
M 10–20 cm. Nur kriechende Stg, bis 1 m lg, an den Knoten wurzelnd. Blätter lg gestielt, 5–7-zählig gefingert, grob gezähnt. Blüten 1 (slt 2), blattgegenstdg, an lgn Stielen, 5-zählig, 8–12 mm lg, Kronblätter goldgelb, verkehrt herzfg, bis doppelt so lg wie Kelch.

1100 **Potentilla norvegica** L.
Norwegisches Fingerkraut

E; T, H, w, ⑦; AV, M_1, M_2, F, K; RL reg
◀ L3..7.3, L5.2.4.1, T7.4.1, T8.3.1, T10.3.1
M (10–)20–50(–70) cm. Stg einzeln od. zu mehreren, rötl., über der Mitte gabelig verzweigt, reich beblättert, abstehend reich behaart, mit u. ohne Drüsen. Alle Blätter 3-zählig (zuw. 4–5-zählig) gefingert, am Grunde oft gefiedert, zur Blütezeit oft abgestorben. Blütenstand reichblütig, rispig bis ebensträußig, Blütenstiele unterschiedl. lg, aufrecht abstehend. Kronblätter so lg wie od. kürzer als Kelch, 3–4 mm lg, gelb, (15–)20 Staubblätter. Fruchtstiel immer aufrecht.

1101 **Potentilla anserina** L. ▶
Gänse-Fingerkraut

I; H, s, ⑤; A, AV, M_1, M_2, F, K; RL –; ✠, ☺, ☙
T7.4.1, T7.4.1, T10.1..6.4
M 10–20 cm. Stg seitenstdg, aus Rosettenblättern entspringend, bis 80 cm kriechend u. wurzelnd. Rosettenblätter (7–)13–21-zählig, unterbrochen gefiedert. Untere Stgblätter kleiner, nach oben am Stg auf Nebenblätter reduziert. Blättchen 1–3 cm lg, randl. scharf gesägt bis fiederspaltig, unterseits weiß, seidenhaarig. Blüten einzeln an lgn, den Stgknoten entspringenden Stielen, 1,5–2 cm ∅. Kronblätter goldgelb, nicht ausgerandet.

◀◀1102 **Potentilla brauneana**
Hoppe ex Nestl.
Zwerg-Fingerkraut

I; H, w, ⊙; A; RL –
T3.1.2, T3.3.2
M 2–5 cm. Rasen bildend, Stg niederliegend, dünn, 1–2-blättrig, 1–(2–3)-blütig, spärl. anliegend behaart, drüsenlos. Grundblätter 3-zählig, oberseits kahl, frischgrün, beiderseits 2–3-zähnig. Stgblätter ähnl. aber kleiner. Blüten kl, zu 1–3, 7–12 mm ∅, lebhaft gelb, 20 Staubblätter. Kronblätter so lg wie od. kürzer als Kelch.

◀1103 **Potentilla aurea** L.
Gold-Fingerkraut

I; H, w, ⊙; A, AV, M_1; RL –; ✠, Z
T3.3.1, T6.2..5.4 (ab 970 m)
M 5–20(–35) cm. Stg bogig aufsteigend, reich beblättert, ästig, anliegend behaart, drüsenlos. Rosettenblätter lggestielt, 5-zählig gefingert. Blätter am Rande anliegend seidenhaarig, oberseits dklgrün glänzend, unterseits engmaschiges Nervennetz zu erkennen. Kronblätter verkehrt herzfg, br ausgerandet, lebhaft gelb, am Grunde oft mit dklm. Fleck, ± 20 Staubblätter, Blüten bis 20 mm ∅.

1104 **Potentilla argentea** L.
Silber-Fingerkraut

I; H, w, ⑥, ❀; AV, M_1, M_2, F, K; RL –; Z
T6.2, T6.2..4

M (10–)20–30(–50) cm. Stg direkt dem Rhizom entspringend, aufsteigend, weißfilzig, reich beblättert. Stgblätter 5(–7)-zählig, gefingert, oberseits nur dünn weißfilzig behaart, unterseits stark weißfilzig. Blattrand oft nach unten umgerollt. Blütenstand reichblütige, ± ebenstraußige Doldenrispe. Kronblätter 3–5 mm lg, schwach ausgerandet, lebhaft gelb.

1105 **Potentilla neglecta** Baumg.
Übersehenes Fingerkraut

I; ⟨H, w⟩, ⊙; AV, M_1, M_2, F (östl.), wo noch?; ⟨RL –⟩ wie 1104?

M 20–50 cm. Ähnl. 1104, aber Blattoberseite ebenfalls filzig grau bis weiß. Wärmeliebender als 1104.

1106 **Potentilla tabernaemontani** Asch.
Gewöhnliches Frühlings-Fingerkraut

I; H, w, ③, ❀; A, AV, M_1, M_2, F; RL reg; ☺
T1.4.1.3, T6.2, T6.2..4

M 5–15 cm. Durch die bis 30 cm lg ausgebreiteten Triebe rasig wachsend. Stg u. Blätter nur mit einf. Haaren. Grundblätter 5–9-zählig, glänzend grün, unterseits slt mit einzelnen, 2–3-strahligen Sternhaaren. Blütenstiele mit aufwärts gerichteten, z. T. hellen drüsigen Haaren. Blüten 8–12 mm ∅, lebhaft gelb.

B Sehr variabel.

1107 **Potentilla pusilla** Host
Sternhaariges Frühlings-Fingerkraut

I; H, s, ⊙; A, AV, M_1,(M_2); RL reg
T6.2..3

M 5–15 cm. Rhizom ± ausläuferartig verlängert, Pfl daher Rasen bildend. Laubblätter mattgrün, 5(–7)-zählig, mit 3–4 Zähnen, unterseits locker mit 2–10(–15)-strahligen Sternhaaren mit verlängertem Mittelstrahl (2–10-mal so lg wie die anderen). Untere Nebenblätter schmal lanzettl. bis lineal., oft hinfällig. Blütenstiele abstehend u. drüsig behaart. Blüten 8–12 mm ∅, gelb.

B Sehr variabel. Diese Art ist kaum vom Bastard 1106 × 1109 zu unterscheiden.

1108 **Potentilla heptaphylla** L.
Rötliches Fingerkraut

I; H, w, ④; A, AV, M_1, M_2, F (östl.); RL reg
T1.4.1.3, T6.2..3.1–2, T6.2 .4.6

M 5–20 cm. Stg niederliegend bis aufsteigend. Stg u. Blattstiele waagerecht abstehend zottig behaart, mit Drüsenhaaren, oft rötl. überlaufen. Grundblätter 7(–9)-zählig, Blättchen mit 4–8 Zähnen, untere Nebenblätter eifg lanzettl., ausdauernd. Blüten 10–15 mm ∅, gelb.

1109 **Potentilla incana** P. Gaertn., B. Mey. & Scherb.
Sand-Fingerkraut

I; H, s, ⊙; AV, M_1, M_2, F (östl.); RL reg
T1.4.1.2, T6.2..2.1, T6.2..3

M 5–15 cm. Pfl Rasen bildend, aber ohne ausläuferartig verlängerte Rhizome. Stg u. Laubblätter v. a. unterseits ± dicht mit (6–)15–25(–35)-strahligen Sternhaaren besetzt, zusätzl. mit kln, hellen Drüsen. Mittelstrahl, wenn überhaupt, maximal 4mal so lg wie die anderen. Blütenstiele mit Sternhaaren u. ± drüsig. Blüten 8–12 mm ∅, gelb.

1110–1115 **Potentilla collina** agg

Artengruppe Hügel-Fingerkraut

M 10–25 cm. Mit (z. T. erst im Spätsommer) u. ohne nicht blühende Blattrosetten. Stg niederliegend bis aufsteigend. Blätter 5–7-zählig, mit 2–6 Zähnen, unterseits grün- bis weißfilzig. Kronblätter 4–7 mm lg, gelb. Fruchtstiele ± zurückgebogen, Früchte oft verkümmert.
B Siehe Bemerkung 18, Seite 719.

1110 **Potentilla collina** Wibel
Gewöhnliches Hügel-Fingerkraut

I; H, s, ⊙; M_1; RL –
T6.1.1, T6.2..4
M 25–35 cm. Ohne nicht blühende Blattrosetten zur Blütezeit (ggf später im Jahr!). In der Tracht 1104 nahestehend. Stg kräftig, aufrecht. Blätter oberseits locker kurzhaarig, unterseits weißgraufilzig, jederseits mit 2–3(–4) tief eingeschnittenen Zähnen, Endzahn meist kürzer als die seitl.

1111 **Potentilla sordida** Aspegren
Schmutziges Hügel-Fingerkraut

I; ⟨H, s⟩, ⊙; AV, M_1, F (östl.); RL reg
T6.1.1, T6.2..4
M 20–30 cm. Wie 1110, aber Stg schlaff niederliegend aufsteigend. Blätter oberseits fast kahl, unterseits nur grau bis graugrün, weniger dichtfilzig, Blattrand oft umgerollt. Ähnl. 1112 wenn stärker behaart u. zuw. mit nicht blühenden Blattrosetten.

1112 **Potentilla leucopolitana** P. J. Müll.
Weißenburger Hügel-Fingerkraut

I; ⟨H, s⟩, ⊙; M_1, M_2, F (östl.); RL reg
T6.1.1, T6.2..4
M 10–20 cm. Pfl mit nicht blühenden Blattrosetten, zur Blütezeit 1106 näherstehend bzw. intermediär. Stg weißgraufilzig, nur zerstreut abstehend behaart. Blättchen wenig tief eingeschnitten mit 2–3(–4) fast gleichen, stumpfen, nicht vorwärts gerichteteten Zähnen, oberseits anliegend bis seidig od. graufilzig, unterseits graufilzig behaart. Blüten kleiner als 1113, Kronblätter wenig lgr als Kelch.

1113 **Potentilla praecox** F. W. Schultz
Frühes Hügel-Fingerkraut

(✫) **I**; ⟨H, s⟩, ⊙; M_1; RL D!!
T6.1.1, T6.2..4
M Bis 30 cm lg. Wie 1112, aber obere Stgteile etwas abstehend zottig. Blättchen jederseits 3–4-zähnig, oberseits dünn seidig, unterseits seidig graufilzig. Blüten 12–15 mm ∅. Kronblätter deutl. lgr als Kelch, Krone 12–15 mm ∅.

1114 **Potentilla rhenana** Zimmeter
Rheinisches Hügel-Fingerkraut

✫ **I**; ⟨H, s⟩, ⊙; M_2; RL 1!!
T6.1.1, T6.2..4
M Wie 1112, aber Blätter unterseits wenig weißfilzig, ± locker behaart, grün, zuw. seidig glänzend. Blättchen vorn 1–2-zähnig, fast 3-lappig, unterseits schwach seidig. Blüten bis 15 mm ∅, Krone viel lgr als Kelch.

1115 **Potentilla thyrsiflora** Zimmeter
Reichblütiges Hügel-Fingerkraut

I; ⟨H, s⟩, ⊙; M_1, F (östl.); RL 3
T6.1.1, T6.2..4
M 5–20 cm. Wie 1112, aber Grundblätter 5–7-zählig, Blättchen tief eingeschnitten gezähnt, jederseits mit 4–7 Zähnen, oberseits kahl bis zerstreut behaart, unterseits weißfilzig. Blütenstand reichblütig. Kronblätter bis doppelt so lg wie Kelch.

◂1116 **Potentilla intermedia** L.
Mittleres Fingerkraut

E; ⟨B⟩, w, ⑦; M_1, M_2, F; RL reg
T8.2.2.2, T10.3.1+2, T10.3.3.1
M 20–50 cm. Stg aufrecht, reich beblättert, vom unteren Drittel an gabelig verzweigt, weich flaumig behaart bis fast filzig u./od. zottig. Grund- u. Stgblätter 5-zählig (vereinzelt 3-zählig), mit einf., geraden Haaren. Blüten lg gestielt, kl, bis 1 cm ∅, gelb, Kronblätter kürzer als Kelch, 20 Staubbeutel. Kelch postfloral nicht vergrößert, aufrecht

1117 **Potentilla inclinata** Vill. ▸
Graues Fingerkraut

E?; H, w, ⊙; AV, M1, M2, (F östl.); RL reg
T6.2..3+4, T10.3.3.1
M 15–50 cm. An 1104 erinnernd, aber Stg dicker, wie Blatt- und Blütenstiele flaumig bis zottig oder filzig, unterseits oft violett überlaufen. Blätter 5–7-zählig, tief gezähnt bis fiederspaltig, jederseits mit 6–9 Zähnchen, oberseits hellgrün, unten ± graufilzig. Blüten 10–15 mm ∅. Außenkelch zottig, Kronblätter seicht ausgerandet, goldgelb bis blassgelb, 20 Staubblätter.
B Möglicherweise hybridogen aus 1104 × 1118.

1118 **Potentilla recta** L. ▸
Hohes Fingerkraut

A; H, s, ⑥; AV, M_1, M_2, F, K; RL reg; Z
T6.2, T6.2..4, T8.2.2.6, T10.3.3.1, T10.5.3
M 30–100 cm. Stg kräftig, steif aufrecht mit kurzen u. lgn, abstehenden Haaren, oft auch Drüsen. Blättchen verkehrt eifg. Grundblatt 5–7-zählig, Blütenstand reichblütig. Kronblätter den Kelch überragend, Blüten (1,5–)2–2,5 cm ∅, blassgelb bis leuchtend goldgelb, (25–)30 Staubblätter.

1119 **Potentilla crantzii** (Crantz) Beck ex Fritsch ▸▸
Zottiges Fingerkraut

I; H, w, ⊙; A; RL –; Z
T3.2.3, T3.4.2.1
M 5–15(–20) cm. Stg bogig, niederliegend. Grundblätter (3–)5(–7)-zählig, Stgblätter 3-zählig, jederseits mit 2–5 meist stumpfen Zähnen, oberseits fast kahl bis anliegend, unterseits dicht abstehend bis zottig behaart, niemals silbrig glänzend, unterseits nur Haupt- u. Seitennerven sichtbar. Nebenblätter der Grundblätter häutig, braun. Blüten 10–25 mm ∅, goldgelb (od. blassgelb), oft mit orangerotem Fleck. 20 Staubblätter.

◂1120 **Potentilla thuringiaca** Bernh.
Thüringer Fingerkraut

I; H, w, ③; M_1, M_2; RL 3
T1.1.2.4.2, T8.1.1
M 15–30 cm. Stg aufrecht, lockerrasig. Blätter (5–)7(–9)-zählig. Blüten 10–20 mm ∅.

1121 **Fragaria × ananassa** (Duchesne) Decaisne & Naudin ▸
Kultur-Erdbeere (Gttg ca 12 sp)

E; ⟨H, w⟩, ⊙; AV, M_1, M_2, F, K; RL –; ✎
T1.3, T9.2.2
M 15–40 cm. Blätter 3-zählig, ledrig derb, oben dklbläul. grün, unterseits bleich bereift, auf den Nerven angedrückt behaart, Seitennerven stark hervorstehend. Endzahn des mittleren Teilblattes oft kürzer als Nachbarzähne. Zahlreiche Ausläufer. Außenkelch-, Kelch-, Kronblätter 6–12, Krone weiß, Blüte 2,5–3,7 cm ∅. Sammelfrucht gr, schmackhaft. Bei Verwilderungen kleiner. Sammelfrucht mit 300–600 eingesenkten Nüsschen.
B In Westeuropa entstandene Kulturhybride aus der südchilenischen Dünenpfl *F. chiloensis* (L.) P. Miller u. der nordamerikanischen *F. virginiana* P. Miller.

1122 **Fragaria moschata** (Duchesne) Weston ▶
Zimt-Erdbeere

I; H, w, ⑤, ♀♂; AV, M_1, M_2, F, K; RL reg; ✂
L5.2.3, T1.1.2.3 (feucht), T2.1.2.2

M 18–30(–45) cm. Ausläufer bis 2,5 mm dick, dicht abstehend behaart wie der Stg, Blüten die Rosettenblätter überragend. Blüten auf oberes ¼ bis ⅓ des Stg beschränkt, daher trugdoldig genähert (bis zur Fruchtreife), zu 7–12(–24). Alle Blüten zur gleichen Zeit blühend, daher sehr auffällig, 21–28 mm br, rein weiß. Reife Sammelnussfrucht blutrot, wohlschmeckend.

1123 **Fragaria vesca** L. ▶▶
Wald-Erdbeere Fig. 39a

I; H, w, ④; A, AV, M_1, M_2, F, K; RL –; ✠, ☺, ✂, Z
T2.2, T8.1.2.2, T8.2.1.2

M 8–18(–25) cm. Stg einzeln, aufrecht, in den Achseln von 3-zähligen Rosettenblättern, diese wenig überragend, abstehend behaart. Blüten im oberen ⅓ bis ½ des Stg traubig gestreckt, nacheinander aufblühend, 14–19 mm br, weiß. Karpelle 90–160, reife Sammelnussfrucht, stumpf kegelfg, hellrot, süß bis fein säuerl., aromatisch, Nüsschen etwas eingesenkt.

Fig. 39: Schematische Darstellung der Ausläufer von a: *Fragaria vesca* L., b: *Fragaria viridis* (Duchesne) Weston und c: *Fragaria × hagenbachiana* Lange ex W. D. J. Koch. Nach Gerstberger 1978.

▲
1124 **Fragaria viridis** (Duchesne) Weston
Knack-Erdbeere Fig. 39b

I; H, w, ④; AV, M_1, M_2, F, K; RL reg
T1.1.2.4, T1.4.1.3, T6.2, T8.1.1

M 12–23 cm. Stg dicht waagerecht behaart, die Rosettenblätter überragend, Blüten nur im oberen ¼, 3–6 Blüten, trugdoldig, 18–25 mm ∅, Kronblätter anfängl. grünl.- bis elfenbeinweiß. Reife Sammelfrucht ± rundl., relativ hart, wenig glänzend, rötl. bis dklrot, im Schatten weißl. grün bleibend. Nüsschen eingesenkt. Reife Frucht löst sich mit Blütenstiel u. hörbarem Knacken ab. Aroma säuerl. süß, ohne typ. Erdbeeraroma.

1125 **Fragaria × hagenbachiana**
Lange ex W. D. J. Koch (1123 × 1124)
Bastard-Erdbeere ohne Abb., Fig. 39c

I; ⟨H, w⟩, ⊙; M_1, M_2; ⟨RL ?⟩
wie 1124

M Zerstreut bis slt, trotzdem wohl hfgster wilder Erdbeerbastard. Formenreich. Ausläufer bilden an ersten Knoten keine Tochterpfln, nur einzelne Laubblätter (Fig. 39 c). In allen anderen Merkmalen zw den Eltern stehend, standörtl. wie 1124. Fruchtkelch halb geschlossen bleibend.

1126 **Fragaria × neglecta** Lindemann (1122 × 1124)
Übersehene Erdbeere ohne Abb.

I; ⟨H, w⟩, ⊙; M_1; ⟨RL ?⟩
T2.1, T8.1 (licht, hochgrasig)

M Im Habitus eher an 1122 erinnernd, daher von 1125 relativ leicht zu trennen. Ausläufer wie 1125, aber dicker. Blätter derber. Meist kein Fruchtansatz, nach der Blüte vertrocknend.

◀1127 **Duchesnea indica** (Andrews) Focke
⟨Indische⟩ Scheinerdbeere (Gttg 6 sp)

E; ⟨H, w⟩, ⊙; AV, M_1, M_2, F; ⟨RL –⟩; Z
T8.2.1.2

M 2–8 cm. Stg kriechend, an den Knoten wurzelnd, Tochterpfl bildend. Blätter 3-zählig, an den Einwurzelungsstellen in Rosetten stehend, sonst wechselstdg, beiderseits etwas behaart. Blüten einzeln, z. T. in den Achseln einzelner Blätter entspringend, 5(–6)-zählig, Kronblätter goldgelb, 6–8 mm lg, mit grünem Außenkelch. Frucht erdbeerartig leuchtend, rot, aber schwammig, fast saftlos, daher fade schmeckend.
B Heimat: Gebirge Südostasiens.

◂1128 **Sibbaldia procumbens** L.
Alpen-Gelbling (Gttg 8 sp)

I; H, w, ⊙; A; RL –; Z
T3.3.1, T3.4.1, T6.2..5.4 (a)
M 2–4(–20) cm. Stg aus Achsen der Grundblätter entspringend, niederliegend bis aufsteigend, kürzer als Laubblätter, mit einzeln spiralig gestreiften, angedrückten Haaren u. spärl. Drüsen, nur Hochblätter u. Blüten tragend. Pfl Rasen bildend. Rosettenblätter 3-zählig, 3-zähnig, graugrün. Kronblätter 1–2 mm lg, kürzer als Kelch, gelbgrün, hinfällig. Nur 5 Staubblätter. 5 eifge, kahle dk.braune Nüsschen.

1129–1182 Alchemilla

Bearbeitet von W. Lippert
B Siehe Bemerkung 19, Seite 719.

1129 **Alchemilla alpina** L. ▸
Alpen-Frauenmantel,
Silbermantel (Gttg 250 sp)

I; H, s, ⟨w⟩, ⊙; A (sa-a); RL R; ✠, ☺, Z
H; A; T3.1.5, T3.2.1, T.3.3.1, T.3.4.1
M 5–20 cm. Pfl mit ausläuferähnl. Sommertrieben, mit Ausnahme der Blattoberseite seidig anliegend behaart. Blätter 5–7-teilig, Abschnitte schmal lanzettl. bis längl. verkehrt eifg. Blütenstände über dem Blattniveau, Blüten sehr kurz gestielt, Teilblütenstände dicht kugelig. Reife Kelchbecher oben eingeschnürt, mit spreizenden Kelch- u. Außenkelchblättern.

1130–1133 Alchemilla-hoppeana-Gruppe

(Standardliste: *A. conjuncta* agg): von *A. alpina* unterschieden durch das Fehlen der ausläuferähnl. Sommertriebe durch Blütenstände, die in der Regel schon unter der Höhe der Blätter Blüten tragen, durch lgr gestielte Blüten u. deshalb lockere Teilblütenstände sowie durch oben kaum eingeschnürte Kelchbecher.

◂1130 **Alchemilla hoppeana** (Rchb.) Dalla Torre
Hoppes Frauenmantel, Silbermantel

I; H, s ⟨w⟩, ⊙; A (o-a); RL –
T3.3.2, T3.4.2.2, T3.4.3, T5.1.2.2, T5.2.3.2.2, T6.2.1,
M 5–20(–30) cm. Pfl mit Ausnahme der Blattoberseiten seidig anliegend behaart. Blätter beinahe kreisrund, bis fast zum Grund in 7–9 Blattlappen geteilt, diese mit nahezu parallelen Rändern, meist an der Spitze am breitesten, dort gestutzt bis abgerundet.

◂1133 **Alchemilla alpigena** Buser ex Hegi
Kalkalpen-Frauenmantel, Silbermantel

I; ⟨H, s-sw⟩, ⊙; A (o-a); RL –
T3.3.2, T3.4.2.1, T3.4.2.2, T3.4.3, T5.1.2.2, T5.3.2.1, T5.3.2.2, T6.2.1
M 5–20 cm. Pfl mit Ausnahme der Blattoberseiten seidig anliegend behaart. Blätter kreisrund, fast bis zum Grund od. vollständig in 7–9 längl., am Grund nie stielartig verschmälerte Blattlappen geteilt (daher Spreitenmitte nie durchsichtig). Blattunterseite dicht silberweiß seidig behaart. Blattzähne etwa 1 mm, im vorderen Drittel der Blattlappen, dem Blattrand angedrückt u. meist im Haarsaum verborgen. Endzahn sehr kurz.

▴
1131 **Alchemilla pallens** Buser
Blasser Frauenmantel, Silbermantel

I; H, ⟨s w⟩, ⊙; A (AV) (m-a); RL –
T3.1.1, T3.3.2, T3.4.2.2, T3.4.3, T5.1.2.2, T5.3.2.2,
M 5–20 cm. Pfl mit Ausnahme der Blattoberseiten seidig anliegend behaart. Blätter rundl., tief in meist 7(–9) elliptische bis verkehrt eifge Lappen geteilt, die am Grund deutl. miteinander verwachsen sind. Blattunterseite nur schwach behaart, mit durchscheinender Nervatur. Blattzähne zur Lappenspitze geneigt, im vorderen Drittel der an der Spitze abgerundeten Blattlappen.

1132 **Alchemilla grossidens** Buser
Grobzähniger Frauenmantel ohne Abb.

I; H, s, ⊙; A (sa, a); RL 1
T3..3.2, T5.1.2.2
M Ähnl. 1131, aber Blätter meist nur 5-teilig, mit kräftigen, bis 4 mm lgn, geraden Zähnen.

1133a **Alchemilla nitida** Buser
Glänzender Frauenmantel, Silbermantel

I; ⟨H, s-sw⟩; ⊙; A (m-a); RL ?
T3.3.2, T3.4.2.1, T3.4.2.2, T3.4.3, T5.1.2.2, T5.3.2.1, T5.3.2.2, T6.2.1

M 5–20 cm. Pfl mit Ausnahme der Blattoberseiten seidig anliegend behaart. Blätter kreisrund, tief in 7–9 längl. Blattlappen geteilt, die der Frühjahrs- u. Herbstblätter keilfg (fast stielartig) verschmälert, frei (Blattmitte deshalb etwas durchsichtig), die der Sommerblätter am Grund etwas verwachsen. Blattunterseite grauseidig bis silberweiß glänzend. Blattzähne ca 1 mm lg, etwa im vorderen Drittel der Blattlappen, die unteren oft entfernt, abstehend, die übrigen dem Blattrand angedrückt u. meist im Haarsaum verborgen.

▸

1134–1139 Alchemilla-fissa-Gruppe:

Kelch- u. Außenkelchblätter gleich lg u. so lg wie od. lgr als der Kelchbecher, Stg u. Blattstiele kahl od. anliegend behaart.

1134 **Alchemilla fissa** Günther & Schummel
Zerschlitzter Frauenmantel

I; H, s, ⊙; A (o-a); RL –; Z
L2.3.2, L2.3.2, L.2.5, T3.1.1, T3.1.2, T3.3.1, T3.4.2.2, T5.2.2, T5.3.2

M 5–20 cm. Pfl völlig kahl, mit Ausnahme einzelner ± abstehender Haare an den Stielen der Spätsommerblätter u. an den Nervenspitzen der Blattunterseite. Grundblätter meist kreisrund, dünn, mit durchscheinendem Nervennetz, bis etwa zur Hälfte in (5–)7–9 keilfge, vorne gestutzte od. abgerundete Lappen zerteilt, diese nur an der Spitze mit bis 5 mm lgn groben, gerade vorgestreckten Zähnen, an den Seiten ganzrandig, Kelch- u. Außenkelchblätter gleich lg, so lg wie der Kelchbecher od. lgr.

▾

1135 **Alchemilla incisa** Buser
Eingeschnittener Frauenmantel

I; H, ⟨s⟩, ⊙; A (o-a); RL –
L2.3.2, L2.5, L5.1.1, T3.1.1, T3.1.2, T3.3.2, T3.4.2.2, T5.1.2.2.2

M 5–30 cm. Stg an den untersten Internodien anliegend behaart (wenn kahl, dann wenigstens einige Blattstiele anliegend behaart). Blätter kreisrund, fest, unterseits auf den Nerven behaart, tief in 7–9 längl. Blattlappen geteilt, diese vorne abgerundet bis eifg mit etwas zur Spitze gebogenen Zähnen, durch 3–5 mm tiefe Einschnitte getrennt. Kelch- u. Außenkelchblätter gleich lg, so lg wie der Kelchbecher od. lgr.

Die in der Standardliste aufgeführte Sippe (1136) *A. firma* Buser ist in D nicht nachgewiesen.

▸

1137 **Alchemilla othmari** Buser
Othmars Frauenmantel

I; H, s, ⊙; A (o-a); RL 3
T3.1.1, T3.1.2, T3.2.1, T3.4.2.2, T3.4.3

M 5–30 cm. Stg an den untersten Internodien anliegend behaart (wenn kahl, dann wenigstens einige Blattstiele anliegend behaart). Blätter kreisrund, fest, oberseits kahl, unterseits meist nur an den Nervenenden behaart, (7–)9–11-lappig. Blattlappen durch nur kurze Einschnitte getrennt, vorne abgerundet bis eifg mit etwas zur Spitze gebogenen Zähnen. Stiele der Stgblätter meist kahl. Kelchblätter u. Außenkelchblätter gleich lg, etwa so lg wie der Kelchbecher.

▸

1138 **Alchemilla sericoneura** Buser
Seidennerviger Frauenmantel ohne Abb.

I; H, s, ⊙; A (o-a); RL –
T3.1.4, T3.1.5, T3.2.1, T3.4.2.2

M Ähnl. 1137, aber Unterseite der Blätter auf den Nerven u. meist auf den Randlappen seidig glänzend behaart.

1139 **Alchemilla fallax** Buser
Täuschender Frauenmantel ohne Abb.

I; H, s, ⊙; A; RL 2
T3.4.2.1, T3.4.2.2

M Ähnl. 1137, aber Stg bis zur Hälfte wie die Blattstiele anliegend behaart, Stiele der untersten 2–3 Stgblätter anliegend behaart.

1140–1147 Alchemilla-glaucescens-Gruppe

(Standardliste: *A. hybrida* agg): an allen Teilen behaart (gelegentl. mit Ausnahme der Blütenstiele). Blattlappen nur mit 9–11 Zähnen (bei der *Alchemilla-vulgaris*-Gruppe mit (11–)13–23 Zähnen).

1140 **Alchemilla glaucescens** Wallr.
Bastard-Frauenmantel

I; H, s, ⑤; A, AV, M_1, M_2, F; RL 3
T3.2.1, T3.4.1, T3.4.2.1, T4.3, T6.2.1, T6.2.2.2, T6.2.2.4, T6.2.5
M 5–30 cm. Gänzl. weich abstehend behaarte Pfl. Blätter rundl., 7–9-lappig. Blattlappen lgr als br, rundl. bis parabolisch, nicht durch Einschnitte getrennt, mit groben, stumpfen Zähnen. Blütenstiele kurz, Teilblütenstände dicht kugelig. Kelchbecher u. Blütenstiele sehr dicht behaart. Kelchblätter stumpf.

1141 **Alchemilla flabellata** Buser
Fächer-Frauenmantel

I; H, s, ⊙; A; RL –
T3.1.4, T3.2.1, T3.2.3, TT3.4.1, T3.4.2.1, T6.2.5.4
M 5–20 cm. Zierl., aufrecht abstehend behaarte Pfl. Blätter rundl., 7–9-lappig. Blattlappen meist breiter als lg, durch tiefe Einschnitte getrennt, meist nur im vordersten ¼ gezähnt. Blütenstiele lg, Teilblütenstände locker. Kelchbecher u. Blütenstiele dicht behaart. Kelchblätter spitz.

1142 **Alchemilla colorata** Buser
Gefärbter Frauenmantel ohne Abb.

I; H, s, ⊙; A; RL –
T3.1.4, T3.2.1, T3.2.3, TT3.4.1, T3.4.2.1, T6.2.5.4
M Ähnl. 1141, aber Blattlappen abgerundet, durch undeutl. Einschnitte getrennt. Blütenstiele kahl.
B (1143) *Alchemilla exigua* Buser, Schwächlicher Frauenmantel, ähnelt 1142, hat aber ± deutl. abwärts gerichtete Haare an Stg u. Blattstielen sowie oft völlig kahle Blütenstiele u. Kelchbecher.

1146 **Alchemilla kerneri** Rothm.
Kerners Frauenmantel

(✫) **I**; H, s, ⊙; A; RL 1!!
wo?
M 5–15 cm. Stg meist bis einschließl. der ersten Verzweigungen zerstreut bis dicht anliegend behaart, ebenso die Blattstiele. Grundblätter rund, gefaltet, 7–9-lappig. Blattlappen ± deutl. gestutzt, von kurzen Einschnitten begrenzt, oberseits völlig kahl, unterseits besonders auf den Nerven seidig behaart. Blütenstiele u. Kelchbecher schwach behaart od. oft kahl.
B Mit der vorliegenden Fassung ist nur die Sippe des Fellhornzuges in den Allgäuer Alpen umrissen. Nach Fröhner in Hegi (1995) ist sie jedoch von der echten *A. kerneri* des Zillertales verschieden u. soll zu (1147) *A. splendens* (RL –) zu rechnen sein, die vorübergehend im Wettersteingebirge verwildert vorkam.

1148–1160 Alchemilla-vulgaris-Gruppe:

Abstehend behaart. Behaarung bei den Arten unterschiedl. verteilt, nie einzelne Blattstiele od. Stg völlig kahl. Kelch- u. Außenkelchblätter ungleich, kürzer als Kelchbecher.

1148 **Alchemilla vulgaris** L.
Gewöhnlicher Frauenmantel,
Spitzlappiger Frauenmantel

I; H, s, ⑤; A, AV, M_1, M_2, F, (K); RL reg
L5.2.2, L5.2.3, T1.3, T3.1.1, T3.1.2, T7.1.2, T7.1.3, T8.1.2, T9.2.2.1, T9.2.2.6
M 5–80 cm. Stg u. Blattstiele abstehend behaart. Grundblätter bis 20 cm br, nierenfg bis rundl., 9–13-lappig, oberseits in den Falten behaart, unterseits auf den Nerven abstehend behaart. Blattlappen 3-eckig parabelfg mit sehr ungleichen, spitzen, 3-eckigen Zähnen. Unterste Stgblätter sehr lggestielt. Stg erst im oberen Drittel verzweigt. Blütenstiele u. Blüten in der Regel kahl. Kelchbecher rasch in den Stiel verschmälert.

1144 **Alchemilla plicata** Buser
Gefalteter Frauenmantel ohne Abb.

I; H, s, ⊙; A, M_2 (m-a); RL 2
T3.1.1, T3.1.2, T3.4.2.2, T3 4.3, T7.1.3
M Ähnl. 1140–1142, aber Stg- u. Blattstielbehaarung aufwärts gerichtet.

1145 **Alchemilla mollis** (Buser) Rothm.
Weicher Frauenmantel

E (lok); ⟨H, s⟩, ⊙; A, AV, wo sonst noch?; RL –; Z
L4.1, L5.1.2, T1.4.2, T3.3.1, T8.2.1, T9.4
M 10–80 cm. Hohe, kräftige, samtig behaarte Pfl. Grundblätter bis 20 cm br, 9–11-lappig. Blattlappen flachbogig. Blüten bis 5 mm br. Kelch- u. Außenkelchblätter etwa gleich lg, lgr als der Kelchbecher. Wenigstens einige Kelchbecher am Grund abstehend behaart.
B Bisher die einzige im Gebiet eingebürgerte Art einer südosteuropäisch kleinasiatischen Verwandtschaftsgruppe. Blüten (aber nur diese!) erinnern an *A.-fissa*-Gruppe.

◄ 1149 **Alchemilla micans** Buser
Zierlicher Frauenmantel

I; H, s, ⊙; A, AV, M_1, M_2, F, K; RL reg
T3.1.2, T3.4.2.2, T6.5.2, T6.5.4, T7.1.2, T7.1.3, T7.3.2, T7.3.5, T7.4.1, T7.5.3
M 5–40 cm. Abstehend behaarte Pfl. Grundblätter bis 15 cm br, nierenfg bis rundl., 7–9(–11)-lappig, meist beiderseits dicht behaart, unterseits zumindest die Nerven dicht anliegend (glänzend) behaart. Blattlappen 3-eckig bis eifg, mit gestutzter Spitze u. gleichen spitzen Zähnen. Unterste Stgblätter sehr lg gestielt. Stg schon im untersten Drittel verzweigt. Blütenstand locker. Blütenstiele u. Blüten in der Regel kahl. Kelchblätter allmähl. in den Stiel verschmälert.

1150 **Alchemilla xanthochlora** Rothm. ►
Gelbgrüner Frauenmantel.

I; H, s, ⊙; A, AV, M_1, M_2, F, (K); RL reg; ✠, ☺, ✂, ☼, F, Z
L5.2.2, L5.2.3, T1.3, T3.1.1, T3.1.2, T7.1.2, T7.1.3, T8.1.2, T9.2.2.1, T9.2.2.6, T10.3.3.4.1
M 5–80 cm. Stg u. Blattstiele abstehend behaart. Grundblätter bis 20 cm br, nierenfg bis rundl., 9–11-lappig, oberseits meist völlig kahl, unterseits zerstreut behaart. Blattlappen flach gerundet bis kurz parabelfg mit zugespitzten, eifgn Zähnen. Unterste Stgblätter kurzgestielt, alle Stgblätter verhältnismäßig gr. Blütenstiele u. Blüten kahl.
B Abgemähte od. abgeweidete Exemplare können beim Neuaustrieb oberseits zerstreut behaarte Blätter aufweisen.

◄ 1151–1152 **Alchemilla filicaulis** Buser ►
Fadenstängel-Frauenmantel

I; ⟨H, s⟩, ⊙; A, AV, M_1, M_2, F; RL reg
T1.3, T7.1.2, T7.1.3, T7.3.2, T7.3.5, T9.2.2.1, T9.2.2.6, T9.5.1
M 5–30 cm. Recht unterschiedl. behaarte Pfl. Grundstdg Nebenblätter oft weinrot. Stg nur in der unteren Hälfte od. ganz abstehend behaart. Grundblätter bis 10 cm br, nierenfg bis rundl., 7–9-lappig. Blattlappen flachbogig bis halbkreisfg, beidseitig behaart. Blattstiele abstehend behaart. Blüten kahl bis behaart.
B (1151) var *filicaulis*: Stg meist in der unteren Hälfte behaart, oberwärts kahl, Blütenstiele kahl, Kelchbecher schwach behaart. (1152) var *vestita* (Buser) Rothm.: ganze Pfl behaart, auch Blütenstiele u. Kelchbecher.

1153 **Alchemilla subcrenata** Buser ►
Stumpfzähniger Frauenmantel

I; H, s, ⊙; A, AV, M_1, M_2, F; RL reg
T3.1.1, T.3.1.2, T3.4.2, T7.1.3, T7.2.1, T7.3.6
M 10–50 cm. Abstehend behaarte Pfl, im oberen Drittel kahl. Grundblätter bis 15 cm br, nierenfg bis rund, stark gewellt, 9–11-lappig. Blattlappen stumpf 3-eckig bis kurz parabelfg, grobe, stumpfe Zähne. Blätter oberseits in den Falten zerstreut, unterseits oft nur auf den Nerven behaart. Blütenstände locker. Äste, Blütenstiele u. Kelch kahl.
B Siehe Bemerkung 20, Seite 719.

1155 **Alchemilla crinita** Buser ►►
Langhaariger Frauenmantel

I; H, s, ⊙; A, AV, M_2, (m-a); RL reg
T3.1.2, T3.4.1, T3.4.2, T3.4.3, T6.2.4, T7.1.3, T7.2.1, T7.2.2, T7.3.2
M 5–40 cm. Abstehend behaart. Stg wenig lgr als Grundblätter behaart. Grundblätter bis 10 cm br, nierenfg, kaum gewellt, 7–9-lappig, mit oberseits deutl. eingesenktem Nervennetz. Blattlappen flachbogig, mit zieml. groben, stumpfl. Zähnen. Blütenstand mit wenigen, abstehenden Ästen, locker, kahl. Kelchbecher br glockig.

1156 **Alchemilla monticola** Opiz ▶
Bergwiesen-Frauenmantel

I; H, s, ⊙; A, AV, M_1, M_2, F, (K); RL reg
T1–T10
M 5–30(–50) cm. Abstehend behaarte Pfl. Stg oft bis in den Blütenstand behaart. Grundblätter bis 10 cm br, flach, meist kreisfg mit enger Basalbucht, 7–9(–11)-lappig, beiderseits dicht behaart. Blattlappen rundl. bis elliptisch eifg, mit zieml. gleichfgn Zähnen. Blütenstand reichblütig, Teilblütenstände meist dicht kugelig. Blütenstiele u. Kelchbecher in der Regel zerstreut behaart, gelegentl. kahl. Blüten bis 4 mm br, Kelchbecher eifg elliptisch, oben etwas verschmälert.

1157 **Alchemilla subglobosa** C. G. Westerl.
Kugel-Frauenmantel ohne Abb.

I; ⟨H, s⟩, ⊙; AV (slt), M_2, (m–sa); RL reg
T6.2.3, T7.1.1, T7.1.3, T7.2.1
M Ähnl. 1156, aber Stg u. Blattstiele abwärts gerichtet behaart. Blätter wellig mit sich oft überdeckenden Basallappen. Blütenstiele kahl, gelegentl. ganz am Grund mit einzelnen Haaren, Kelchbecher rundl., oben nicht verschmälert.

1158 **Alchemilla cymatophylla** Juz.
Wellenblättriger Frauenmantel ohne Abb.

I; ⟨H, s⟩, ⊙; M_2 (m-o); RL 1
S2.2.1, T7.1.3, T7.2.1
M Ähnl. 1153, aber nur sehr schwach behaart. Zw den flachbogigen Blattlappen deutl. Einschnitte.

1159 **Alchemilla strigosula** Buser
Gestriegelter Frauenmantel ohne Abb.

I; H, s, ⊙; AV, M_1, (sm-[o]); RL –
T6.2.2.2.3, T6.2.2.4, T7.1.3
M Ähnl. 1156, aber Stg (nur in der unteren Hälfte) wie die Blattstiele deutl. abwärts abstehend behaart. Haare auf den Nerven der Blattunterseite zum Blattstiel hin gerichtet.

1160 **Alchemilla propinqua** H. Lindb. ex Juz.
Verwandter Frauenmantel ohne Abb.

I; ⟨H, s⟩, ⊙; M_2, F, (m-o); RL reg
T7.1.1, T7.1.3, T7.2.1
M Ähnl. 1156, aber Stg u. Blattstiele ± aufrecht abstehend behaart, Blüten bis 6 mm br.

1161–1168 Alchemilla-glabra-Gruppe

Zumindest z. T. dicht anliegend behaart. Kelch- und Außenkelchblätter ungleich groß, kürzer als der Kelchbecher.

1161 **Alchemilla lineata** Buser ▶
Streifen-Frauenmantel

I; ⟨H, s⟩, ⊙; A; RL –
T3.1.1, T3.1.2, T3.4.2.2, T7.1.1
M 5–50 cm. Stg u. Blattstiele dicht anliegend behaart. Grundblätter bis 15 cm br, derb, rundl., 9–13-lappig, oberseits auf den Zähnen, unterseits zumindest an Nerven u. Basallappen anliegend behaart. Blattlappen durch deutl., br V-fge Einschnitte getrennt. Nerven der Blattoberseite deutl. eingesenkt.

1162 **Alchemilla glomerulans** Buser ▶▶
Knäuel-Frauenmantel

I; ⟨H, s⟩, ⊙; A, M_1 (Rhön); RL reg
L2.3.2, T3.1.1, T3.1.2, T3.3.1, T3.3.2, T3.4.2, T3.4.3, T7.3.5
M 5–50 cm. Stg, Blattstiele u. Oberseite der Blätter anliegend bis etwas abstehend behaart. Grundblätter bis 15 cm br, rund, 9–11-lappig, stark gewellt, unterseits an den Nerven anliegend behaart. Teilblütenstände geknäuelt.

◀ 1163 **Alchemilla effusa** Buser
Ausgebreiteter Frauenmantel

I; H, s, ⊙; A, AV, (M_1, M_2); RL –
L2.3.1.1, L2.3.1.2, L2.3.2, T3.1.1, T3.1.2, T3.4.2, T3.4.3, T7.1.3, T7.2.1, T7.2.2
M 5–50 cm. Stg an den unteren 3–4 Internodien wie Blattstiele anliegend bis leicht abstehend behaart. Grundblätter bis 10 cm br, meist rund, geschlossene Basalbucht, flach, 9–11(–13)-lappig. Lappen halbrund bis parabelfg, oberseits kahl, unterseits meist nur an Nervenenden anliegend behaart.

1164 **Alchemilla reniformis** Buser ▶
Nierenförmiger Frauenmantel

I; H, s, ⊙; A, AV, M_1, M_2, (m–sa); RL –
L2.3.3, L2.5, L4.1, T3.1.1, T3.1.2, T6.2.5.4, T7.1.3, T7.2.2.
M 10–30(–40) cm. Stg an unteren 3–5 Internodien wie Blattstiele ± dicht anliegend behaart. Grundblätter bis 10 cm br, nierenfg bis rundl., 9–11(–13)-lappig, oberseits nur auf Zähnen spärl., unterseits auf Nerven in ganzer Länge u. auf Randlappen anliegend behaart. Lappen flachbogig bis halbrund, gleichmäßig kurzzähnig. Kelchbecher kugelig bis kurz glockig, am Grund abgerundet.

1165 **Alchemilla impexa** Buser
Ungekämmter Frauenmantel

I; ⟨H, s⟩, ⊙; A, (sa–a); RL –
T3.1.1, T3.1.2, T3.4.2.2, T5.1.2.2.2, T7.2.2
M Ähnl. 1164, aber Stg (bis zu den ersten Verzweigungen) u. Blattstiele aufrecht abstehend behaart. Blätter unterseits oft auf der ganzen Fläche behaart. Kelchbecher schlank.

1166 **Alchemilla glabra** Neygenf.
Kahler Frauenmantel

I; ⟨H, s⟩, ⊙; A, AV, M_1, M_2, F, K; RL reg
L2.3, L2.5, L4.1, T3.1.1, T3.1.2, T3.4.2.2, T3.4.3, T7.1, T7.2, T7.3
M 5–50 cm. Stg an den untersten 2–5 Knoten wie die Blattstiele spärl. bis dicht anliegend behaart, erste Stg u. Blattstiele gelegentl. kahl. Behaarung des Stgs an den Knoten, der Blattstiele meist kurz vor der Blattfläche endend. Grundblätter bis 15 cm br, nierenfg bis rund, flach, meist mit offener Basalbucht, 7–9(–11)-lappig, oberseits kahl, unterseits nur an den Nervenenden anliegend behaart. Blattlappen flachbogig bis halbkreisfg 3-eckig, mit groben, spitzen Zähnen. Kelchblätter deutl. lgr als br, 3-eckig eifg, spitz.
B Bei den für das Gebiet angegebenen Vorkommen von (1167) *A. inconcinna* Buser handelt es sich nach Fröhner in Hegi (1995) um kahle Formen von *A. glabra* u. *A. effusa*.

1168 **Alchemilla obtusa** Buser
Stumpfer Frauenmantel ohne Abb.

I; H, s, ⊙; A, (o-sa); RL –
T3.1.1, T3.4.3, T7.1.1 T7.1.3
M Ähnl. 1166, aber Grundblätter runder, 9(–11)-lappig. Nerven der Blattunterseite meist auf ganzer Länge behaart. Blattlappen halbrund bis rundl. 3-eckig, mit groben, stumpfen Zähnen. Kelchblätter so lg wie br, eifg, stumpfl.

1169–1172 Alchemilla-coriacea-Gruppe:

In der Regel völlig kahl. Kelch- u. Außenkelchblätter ungleich gr, kürzer als der Kelchbecher.

1169 **Alchemilla coriacea** Buser
Lederiger Frauenmantel

I; H, s, ⊙; A, AV, (m-sa); RL reg
L2.3.1.1, L2.3.2, L2.5, S2.2.1., S2.2.2.2, T3.1.1, T7.1.2, T7.3.2
M 5–50 cm. Pfl mit meist völlig kahlen Stgln u. Blattstielen, nur slt einzelne Stg an den untersten 1–3 Internodien anliegend behaart. Grundblätter bis 15 cm br, rund, ledrig derb, oberseits meist kahl, mit eingesenktem Nervennetz, 9–11-lappig. Blattlappen flachbogig bis kurz parabelfg mit eifg rundl., stumpfen Zähnen. Nerven der Blattunterseite nur an der Spitze anliegend behaart. Stgblätter bis in den Blütenstand gr, mit breiten, stumpfen Lappen.

1170 **Alchemilla straminea** Buser
Strohgelber Frauenmantel

I; H, s, ⊙; A, AV, M_1, M_2, (m-sa); RL –
L2.3.1.1, L2.3.2, L2.5, L4.1, S2.2.2.2, T3.1.1, T3.4.3,
M 5–20(–30) cm. Pfl mit meist völlig kahlen Stgn u. Blattstielen, nur im Spätsommer gebildete gelegentl. zerstreut anliegend behaart. Grundblätter bis 15 cm br, rundl., mit meist offener Bucht, 9–11-lappig, oberseits kahl, unterseits nur an den Enden der Hauptnerven anliegend behaart. Blattlappen halbkreisfg bis (meist) parabelfg, mit schmal 3-eckigen, spitzen Zähnen. Obere Stgblätter tief zerteilt, ihre Lappen lgr als br.

1171 **Alchemilla connivens** Buser
Zusammenneigender Frauenmantel

I; H, s, ⊙; A, M_2 (slt), (o-sa); RL reg
T3.1.1, T3.1.2, T3.1.3, T3.4.2.2, T3.4.3, T7.1.3
M 5–20(–30) cm. Stg an den unteren 1–3 Internodien wie die Blattstiele aufrecht abstehend behaart (Frühjahrs-Blattstiele gelegentl. kahl). Grundblätter bis 10 cm br, nierenfg bis rundl. mit offener Basalbucht, 9(–11)-lappig, oberseits am Rand u. in den Falten anliegend behaart, unterseits auf den Nerven in ganzer Länge anliegend behaart. Blattlappen durch deutl. Einschnitte getrennt, parabelfg, mit schmalen, spitzen Zähnen.

1172 **Alchemilla cleistophylla** Rothm. & O. Schwarz ▸
Allgäu-Frauenmantel

☆ **I**; H, s, ⊙; A, (sa); RL 1!!
T3.4.2.2
M Ähnl. 1171, aber Grundblätter mit sich überdeckenden Basallappen.
B Nach Fröhner in Hegi (1995) ist *A. cleistophylla* nur eine üppig gewachsene Form von 1171. Bei von uns kult. Exemplaren von 1171 u. 1172 (vom locus classicus) blieben jedoch die Unterschiede in der Blattgestalt erhalten.

1173–1179 Alchemilla-decumbens-Gruppe:

An manchen Teilen abstehend behaart, im Frühjahr u. Sommer unterschiedl. Erste Blattstiele (und oft auch Blätter) kahl, ebenso meistens die Frühjahrsstg. Im Sommer stärker behaart.

1173 **Alchemilla decumbens** Buser ▸▸
Niederliegender Frauenmantel

I; H, s, ⊙; A, (sa-a); RL –
L2.3.1.2, L2.3.1.2, L2.5, T3.1.1, T3.3, T3.4.3
M 5–15 cm. Pfl mit oft niederliegendem Stg, kahl od. im Sommer unterste Internodien od. in der Mitte abstehend behaart. Erste Blattstiele kahl, Sommerblattstiele wenigstens z. T. zerstreut abstehend behaart. Grundblätter bis 10 cm br, rundl., wellig, oft bis zur Hälfte 7–9-lappig. Blattlappen meist gestutzt, durch deutl. Einschnitte getrennt, grob gezähnt. Blattoberseite kahl (Frühjahr) bis zerstreut behaart (Sommer), unten höchstens zerstreut behaart. Blütenstand armblütig, Blütenstiele so lg od. lgr als Kelchbecher.
B Frühsommerexemplare können *A. fissa* ähneln, von der sie sich durch Kelchbecher unterscheiden, die deutl. lgr als die Kelchblätter sind.

1174 **Alchemilla undulata** Buser ▸
Welliger Frauenmantel

I; ⟨H, s⟩, ⊙; A, ([o]-a); RL –
L2.3.2, T3.1.1, T3.1.2, T3.4, T7.1.3
M Ähnl. 1173, aber dichter behaart. Nur erste Blattstiele kahl, übrige dicht abstehend behaart. Grundblätter starkwellig, (7–)9–11-lappig, Ober- u. Unterseite der Sommerblätter dicht behaart. Blattlappen nicht durch Einschnitte getrennt. Blütenstand reichblütig, Blüten in Knäueln, die meisten Blütenstiele kürzer als Kelchbecher.

1175 **Alchemilla tirolensis** Buser ▸
Tiroler Frauenmantel

I; H, s, ⊙; A, (sa, a); RL –
T3.1.2, T3.4.2.2
M 5–30 cm. Stg kahl od. in der unteren Hälfte (oft nur in der Mitte) abstehend behaart. Erste Blattstiele kahl, spätere abstehend behaart. Grundblätter bis 10 cm br, gewellt, meist nierenfg mit offener Basalbucht, 7–9-lappig, oberseits kahl od. zerstreut behaart (Sommer). Blattlappen flachbogig, mit breiten Zähnen mit aufgesetzter kleiner Spitze. Stgblätter gr, wenig zerteilt.

1176 **Alchemilla rubristipula** Buser
Rotscheidiger Frauenmantel ohne Abb.

I; H, s, ⊙; A, (sa, a); RL –
T3.4.2.2, T3.4.3
M Ähnl. 1157, aber unterschiedl. behaart. Stg kahl (Frühjahr) od. bis höchstens zur Hälfte abstehend behaart. Erste Blattstiele kahl (Frühjahr), spätere ± dicht abstehend behaart. Grundblätter bis 10 cm br, rundl. nierenfg mit offener Basalbucht, 9–11(–13)-lappig. Die ersten Blätter sind völlig kahl, die nachfolgenden oberseits zerstreut bis dicht behaart, unterseits nur auf den Nerven behaart.
B Siehe Bemerkung 21, Seite 719.

▴
1178 **Alchemilla heteropoda** Buser (inkl. **A. flaccida** Buser)
Verschiedenstängeliger Frauenmantel

I; ⟨H, s⟩, ⊙: A, (m-sa); RL 1
T3.4.2.2, T7.1.1, T7.1.3
M Etwas ähnl. 1153 u. 1156, aber unterschiedl. (stets abstehend) behaart. Stg kahl (Frühjahr) bis behaart (Sommer), erste 3–6 Blattstiele kahl, spätere behaart. Grundblätter oft (mit Ausnahme der Nerven unterseits) beiderseits kahl, manche spärl. bis ± dicht behaart. Blattzähne br 3-eckig, spitz.
B Siehe Bemerkung 22, Seite 719.

1179 **Alchemilla tenuis** Buser
Schmächtiger Frauenmantel ohne Abb.

I; H, s, ⊙; A (AV?, M_1?), (o-a); RL –
L2.3.2, L2 5, T3.4.2.2, T3.4.3, T7.1.3
M Ähnl. 1153 u. 1156, aber unterschiedl. (stets abstehend) behaart. Stg bis zur Mitte behaart, aber oft unterste Internodien kahl, Blattstiele kahl (Frühjahr) bis behaart (Sommer). Grundblätter kahl (Frühjahr) od. beiderseits behaart (Sommer), ihre Nebenblätter kräftig rot bis rotviolett. Blattlappen flachbogig, mit schmalen, spitzen Zähnen.
B Siehe Bemerkung 23, Seite 719.

1183 **Aphanes arvensis** L.
Gewöhnlicher Ackerfrauenmantel (Gttg 20 sp)

A; T, w, ⑥; AV, M_1, M_2, F, K; RL reg;
T9.1.1.1
M 3–30 cm. Stg aufsteigend aufrecht, ästig, anliegend bis aufrecht abstehend behaart. Blätter bis 20 mm lg, untere deutl. (2–8 mm lg) gestielt, mit 7–15(–21) Zipfeln, Zipfel der Nebenblätter 1–2 (–3)mal so lg wie br, 3-eckig. Blüten grün, 1,8–2,7 mm lg, die Nebenblätter meist überragend. Kelch aufrecht spreizend. Nüsschen bräunl., 1,2–1,4 mm lg.

1184 **Aphanes inexpectata** W. Lippert
Kleinfrüchtiger Ackerfrauenmantel

A; T, w, ⑥; M_1, M_2, F, K; RL reg
L3..7.3, T6.2..4.5, T9.1.1.1.1
M (1–)3–15(–30) cm. Stg aufsteigend aufrecht, einf. bis ästig, behaart wie 1183. Blätter bis 5(–18) mm lg, deutl. (bis 10 mm lg) gestielt, mit (4–)6–9(–15) Zipfeln. Zipfel der Nebenblätter (1–)2–5mal so lg wie br, linealisch. Blüten grün, (1–)1,2–1,8 mm lg, die Nebenblätter nicht od. kaum überragend. Kelch aufrecht bis zusammenneigend. Nüsschen gelbl., 0,8–1,2 mm lg.

1185–1211 **Rosa**
Bearbeitet von G. H. Loos

B Die hier vorgenommene Gliederung geht überwiegend von relativ weitgefassten, äußerst variablen, dabei z. T. heterophyletischen Arten (-Komplexen) aus (Konsens des deutschen Arbeitskreises Wildrosen). Dieses Konzept sollte die Grundlage für eine Klärung reg verbreiteter Biotypen sein. Die Aufgliederung einiger Sippen, insbesondere der sect. *Caninae* (1201 ff.) erscheint derzeit nur unter Vorbehalt mögl. Es sollten hier provisorische, ranglose innerartl. Einheiten verwendet werden (vgl. Loos 1996, 1997), bis die taxonomische Bedeutung entsprechender Typen geklärt ist. Bei manchen Arten ist für ein sicheres Erkennen die Berechnung des Diskusindex (DI) bedeutsam; dieser ist der Quotient aus Diskus ∅ u. Griffelkanal ∅ (s. Henker & Schulze 1993). Selbststdg vermehrungsfähige, beständige Hybriden treten immer wieder auf, jedoch meist nur sehr lokal.

1186 **Rosa spinosissima** L.
Bibernell-Rose

I, z. T. **E**; N, s, ⑥; A, M, K; RL reg; ☺, Z
T2.3, T6.2, T8.1.1, T10.3.2
M 20–100 cm. Aufrecht, mit geraden, sehr ungleichartigen Stacheln, außerdem zahlreichen Nadelstacheln u. Stachelborsten. Blätter (5–)7–11-zählig, matt- bis dklgrün, unbehaart, Blättchen kl, fast kreisrund bis elliptisch, einf. drüsenlos bis mehrfach drüsig gesägt (evtl. bedeutsame Sippen!). Blüten einzeln, Blütenstiel meist lgr als die kugelig zusammengedrückte od. flaschenfge, zuletzt schwarze bis purpurschwarze Butte, drüsenlos bis zerstreut stieldrüsig. Kelchblätter ganzrandig, kurz, nach dem Abblühen aufgerichtet, lg ausdauernd. Kronblätter weiß, slt rosa (hybridogener Einfluss?). Griffel in sehr weitem Griffelkanal, durch ein br, wolliges Narbenköpfchen verdeckt.

1185 **Rosa arvensis** Huds.
Kriechende Rose (Gttg 100–150 sp)

I; N, s, ⑦; A, AV, M, F; RL reg; Z
T1.1.2.3, T1.1.1.4, T1.1.2.2, T2.1, T.2.2, T2.3, T2.4.2
M Bis 2 m. Niederliegend od. kletternd, mit kräftigen, hakigen Stacheln an den Ästen, an den Blütenzweigen u. im Schatten Stacheln schwach, leicht gebogen. Blätter meist 7-zählig, stumpfgrün, Blättchen einf. bis doppelt gezähnt, meist eifg, aus ± breitem Grund kurz zugespitzt. Blütenstand einf. od. mehrblütig in schirmartiger Doldentraube, Blütenstiel sehr viel lgr als die Butte, meist kurz stieldrüsig. Kelchblätter 3-eckig, mit ± wenigen fädl. Anhängseln, nach dem Abblühen zurückgeschlagen, bald abfallend. Kronblätter weiß, mit gelbem Farbmal. Griffel zu verlängerter, keulenfgr Säule verwachsen, bei Fruchtreife tro, lge ausdauernd.
B Strauchfg aufrechte Exemplare mit sonst identischen Merkmalen sind vermutl. Hybriden mit *R. canina* od. verwandten Arten.

1187 **Rosa majalis** Herrm.
Zimt-Rose

I, z. T. **E**; N, s, ⊙; A, AV, M, F; RL reg; Z
L5.2.2, L5.2.3, T2.2, T2.3
M Bis 1,5(–2) m. Aufrecht, durch unterirdische Ausläufer dichte Bestände bildend. Rinde auffällig braunrot. Stacheln dünn, gerade od. schwach gebogen, meist paarig unter den Blattachseln, an den unteren Teilen der Zweige oft mit reichl. untermischten Stachelborsten, an Blütenzweigen z. T. fehlend. Blätter 5–7-zählig, Blättchen längl. elliptisch bis verkehrt eif, oberseits fri-, unterseits hell blaugrün, flaumhaarig, einf. gezähnt, drüsenlos. Blüten einzeln an lgm, drüsenlosem, unbehaartem Stiel. Kelchblätter ganzrandig, nach dem Abblühen aufgerichtet, ausdauernd. Kronblätter purpurkarminrot, mit dunkleren Adern. Griffelkanal weit, ∅ 2–3 mm (DI 1,5–2,0), mit brm, wolligem Narbenköpfchen. Butte meist hängend, kugelig bis birnfg, scharlachrot.

▸

▲

1188 **Rosa glauca** Pourr.
Rotblättrige Rose

I, z. T. **E**; N, s, ⑥; A, AV, M, F; RL 3, Z
T2.1, T2.2, T2.3, T10.3.2.1
M Bis 2,5 m. Aufrecht, Rinde braunrot, junge Triebe rotblau. Stacheln leicht gebogen od. geneigt, an Blütenzweigen auch fehlend. Blätter 5–9-zählig, auffällig bläul. grün, mit purpurnen Nerven. Blättchen elliptisch eifg, meist einf. drüsenlos gezähnt, unbehaart. Blüten zu 1–5. Kelchblätter überwiegend ganzrandig, nach dem Abblühen aufgerichtet, ausdauernd. Kronblätter tiefpurpurrosa, auffällig kl. Griffelkanal weit, ∅ 2,5–4 mm. Butte ± flachrund, an lgn, drüsenlosen od. stieldrüsigen Stielen.
B Indigene Populationen unterscheiden sich u. a. farbl. von kult. bzw. verwilderten Exemplaren, gehören also unterschiedl. Sippen an.

1189 **Rosa pendulina** L.
Alpen-Rose

I; N, s, ⑤; A, AV, M; RL reg; Z
T1.1.2.1, T1.4.1, T2.2, T2.3, T3.1
M 1–2,5 m. Aufrecht, mit Ausläufern. Blütenzweige u. junge Triebe in der Regel stachellos, ältere Stämme mit nadelfgn, abwärts gerichteten Stacheln. Blätter 7–11-zählig, dklgrün, Blättchen längl., ± stark drüsig gezähnt. Blüten meist einzeln, Blütenstiel lgr als die Butte, unbedrüst bis dicht stieldrüsig (bis drüsenborstig). Kelchblätter ungeteilt, nach dem Abblühen aufgerichtet, ausdauernd. Kronblätter dklrot bis rosa. Griffelkanal weit, mit brm, wolligem Narbenköpfchen. Butte hängend, kugelig bis flaschenfg, rot.

▸

1190 **Rosa rugosa** Thunb.
Kartoffel-Rose

E; N, s, ⊙; F, K; RL –; 👌, Z
T2.5.1, T10.3.2.1, T10.3.2.3, T10.4
M 1–2 m. Aufrecht, durch Ausläufer dichte Gebüsche bildend, dicht stachelborstig. Blätter gr, 7–9-zählig, Blättchen eifg elliptisch, derb, stark runzelig, oberseits dklgrün, glänzend, unterseits bläul., netzaderig, behaart bis filzig. Blüten 1–3. Kelchblätter filzig, ganzrandig, nach dem Abblühen straff aufgerichtet, ausdauernd. Kronblätter sehr gr, violettpurpurn, seltener rosa od weiß. Griffelkanal sehr weit, 2,5–4 mm ∅. Butte br kugelig bis flachrund, bis 25 mm br, drüsenlos, scharlachrot.

▾

1191 **Rosa gallica** L.
Essig-Rose

I; N, s, ⑦; A, AV, M; RL 3+; ✠, Z
T1.1.2.3, T1.1.2.4, T2.1, T2.3, T2.4.2, T8.1.1
M Bis 1 m. Aus unterirdisch kriechenden Achsen kurze, dünne Stämme treibend, im Gebüsch auch etwas kletternd, mit zahlr. dünnen, geraden, Stacheln, Stachelborsten u. Stieldrüsen. Blätter gr, 3–5-zählig, in der Sonne ledrig, rau, Blättchen zur Mitte gefaltet, am Blattstiel abwärts geschlagen, bei geringerer Belichtung flacher ausgebreitet, Blattstiel raudrüsig, hakenstachelig. Blüten meist einzeln, auf sehr lgn, dicht stieldrüsig stacheligen Stielen. Kelchblätter lg, die äußeren mit Anhängseln, Rücken u. Ränder dichtdrüsig, nach dem Abblühen zurückgeschlagen, hinfällig. Kronblätter gr, außen dklpurpurn, zur Mitte heller bis weiß. Griffelkanal weit, darüber ein wolliges Narbenköpfchen. Butte kugelig bis kegelfg, dicht stieldrüsig drüsenborstig.

▸

1192 **Rosa stylosa** Desv.
Verwachsengriffelige Rose

I; N, s, ⊙; M, F; RL 3
T1.1.2.3, T2.1, T2.2, T2.3

M Bis 2 m. Aufrecht bis etwas kletternd. Stacheln kräftig, hakig, an älteren Stämmen breit 3-eckig. Blätter 5–7-zählig, dklgrün glänzend, Blättchen eifg, lg u. allmähl. zugespitzt, einf. drüsenlos gezähnt, unterseits auf den Nerven locker, am Blattstiel flaumig behaart. Blüten fast nie einzeln, bis zu 12, auf sehr lgn, locker stieldrüsigen Stielen. Kelchblätter gefiedert. Kronblätter zieml. kl, (fast) weiß bis hellrosa. Diskus auffällig kegelig mit sehr engem Griffelkanal, Griffel zu einer schmal keulenfgn Säule verklebt, kürzer als Filamente. Butte meist längl. eifg, drüsenlos od. mit einzelnen Stieldrüsen.

B Unter diesem Namen sollten derzeit nur Pfl akzeptiert werden, die der Beschreibung in allen Einzelheiten entsprechen. Schon geringfügig abweichende Biotypen sind gesondert zu erfassen; hierbei handelt es sich mind. z. T. um Hybriden mit *R. canina* u. verwandten Arten.

1193 **Rosa jundzillii** Besser
Raublättrige Rose

I; N, s, ⊙; A, AV, M; RL reg; Z
T1.1.2.3, T1.1.2.4, T1.4.1.3, T2.1, T2.2, T2.3

M 1–2 m. Aufrecht, z. T. mit Ausläufern. Stacheln zieml. schlank, gerade bis gebogen, slt auch mit Stachelborsten. Blätter 5–7-zählig, Blättchen ± br oval, mehrfach drüsig gezähnt, Nervatur unterseits auffällig im Durchlicht, drüsig u. drüsenborstig rau. Kelchblätter gefiedert. Kronblätter gr, lebhaft rosa. Griffelkanal weit, etwa die Hälfte des Diskus einnehmend, von br, wolligem, hutartigem Narbenköpfchen bedeckt. Butte mit stieldrüsigen bis drüsenborstigen Stielen.

B Vermutl. hochgradig polyphyletischer Komplex mit gr Variabilität in vielen Merkmalen; eine taxonomische Klärung steht aus.

1194 **Rosa agrestis** Savi
Feld-Rose

I; N, s, ⊙; A, AV, M, F, K; RL reg; (D)
T1.1, T2.1, T2.2, T2.3

M Bis 2,5 m. Aufrecht, lockerwüchsig. Stacheln hakig gekrümmt, gleichartig, auch paarig. Blätter 5–7-zählig, dklgrün glänzend, Blättchen elliptisch bis längl. verkehrt eifg, an der Basis keilig, slt verschmälert, unterseits dicht mit braunen bis roten (schwach nach Apfel duftenden) Drüsen, doppelt bis mehrfach drüsig gezähnt. Kelchblätter gefiedert. Kronblätter weiß, kl. Kelchblätter nach dem Abblühen zurückgeschlagen, hinfällig. Griffelkanal schmaler als 1 mm (DI = 4,5–7,0), Narbenköpfchen schwach behaart, kugelig, bukettartig. Stiel etwa so lg wie die Butte, drüsenlos.

B Biotypen mit behaarten Blättern können als var *pubescens* Rapin unterschieden werden.

1195 **Rosa micrantha** Borrer ex Sm.
Kleinblütige Rose

I; N, s, ⑥; A, AV, M, F, K; RL 3; (D)
T1.1.2.3, T1.1.2.4, T1.4.1.3, T2.1, T2.2, T2.3

M Ähnl. 1194, aber mit br eifgn bis elliptischen Blättchen, diese an der Basis br abgerundet, slt schmaler bis schwach keilig (einzelne Blätter an einem Strauch). Kronblätter blass- bis weißl. rosa. DI (4,0–)6,0–6,6(–11,3). Stiel, oft auch die Butte ± dicht stieldrüsig, oft auffällig schmal (spindel- od. flaschenfg).

B Übergangstypen zu 1198 scheinen reg stabilisiert aufzutreten, ansonsten handelt es sich meist um Primärhybriden.

1196 **Rosa elliptica** Tausch
Keilblättrige Rose

I; N, s, ⊙; A, AV, M, F; RL 3; (D)
T2.1, T2.2, T2.3

M Ähnl. 1194, aber gedrungener, dichter Strauch. Kronblätter hellrosa, etwas größer. Kelchblätter nach dem Abblühen aufgerichtet, lge ausdauernd. Griffelkanal 1–2 mm br (DI = 2,5–3,8). Narbenköpfchen br, wollig. Stiel viel kürzer als die Butte, drüsenlos.

B Taxonomisch kritisch sind zu 1198 neigende, schwerpunktmäßig in SO-Mecklenburg vorkommende Biotypen mit stieldrüsigen Buttenstielen u. weniger deutl. keiligen Blättchen, die bislang als *R. elliptica* ssp *subeglanteria* auct. bezeichnet werden.

1197 **Rosa inodora** Fries
Duftarme Rose

I; N, s, ⊙; M, F; RL reg; (D)
T2.1, T2.2, T2.3

M Ähnl. 1196, aber Kronblätter mitunter weiß. Kelchblätter flatterig, meist frühzeitig abfallend. Griffelkanal um 1 mm br [DI = (3,3–)4,9(–7,6)]. Narbenköpfchen kugelig, behaart. Buttenstiel etwas lgr.

1198 **Rosa rubiginosa** L.
Wein-Rose

I; N, s, ⊙; A, AV, M, F, K; RL reg; ☺, D, Z
T1.1, T2.1, T2.2, T2.3

M Ähnl. 1196, aber mit br eifg bis elliptischen Blättchen, diese an der Basis br abgerundet, slt schmaler bis schwach keilig (einzelne Blätter an einem Strauch). Kronblätter lebhaft rosenrot (sehr slt weißl.) Blättchen stark nach Apfel duftend. DI (1,8–)2,0(–3,2). Stiel u. Butte fast immer dicht stieldrüsig.

B Biotypen mit abweichender Kronblattfarbe u. ungleicher Bestachelung werden mitunter höherrangig bewertet; ihre taxonomische Bedeutung bleibt noch zu klären.

◄◄ 1199 **Rosa tomentella** Léman ex H. Christ
Stumpfblättrige Rose

I; N, s, ⊙; A, AV, M, F, K; RL 3
T1.1, T2.1, T2.2, T2.3
M Bis 3 m. Aufrecht, Wuchs ± gedrungen. Stacheln hakig gekrümmt, gleichartig. Blätter 5–7-zählig, dklgrün glänzend, Blättchen br eifg bis angedeutet rundl., an der Basis abgerundet, einzelne keilig, unterseits auf den Nerven behaart u. bedrüst, oft auch auf der Fläche, doppelt bis mehrfach drüsig gezähnt. Kelchblätter gefiedert. Kronblätter weiß bis hellrosa, kl. Kelchblätter nach dem Abblühen zurückgeschlagen, hinfällig. Griffelkanal schmaler als 1 mm [DI = 4–5(–8)], Narbenköpfchen kugelig, bukettartig. Stiel etwa so lg wie die Butte erscheinend, in der Regel drüsenlos.
B Die oben im engeren Sinne beschriebene Sippe wird v. a. in N-D weitgehend durch eine Sippe mit schmaler eifgn u. stärker zugespitzten Blättern ersetzt, die als eigenstdg Art *Rosa sclerophylla* Scheutz aufgefasst werden kann.

◄ 1200 **Rosa abietina** Gren. ex H. Christ
Tannen-Rose

I; N, s, ⊙; A, AV, M; RL 0
T2.1, T2.2, T2.3
M Wie 1199, jedoch Kelchblätter flatterig, lge ausdauernd. Griffelkanal deutl. über 1 mm br. Stiel u. Butte stieldrüsig.

◄ ◄◄ 1201 **Rosa canina** L.
Hunds-Rose
I; N (li), s, ⑥, A, AV, M, F, K; RL –; ✠, 👌, ☺, Z
T1.1, T2.1, T2.2, T2.3
M Bis 3 m. Aufrecht, auch höher kletternd, ± lockerwüchsig. Stacheln gewöhnl. hakig gekrümmt mit breiter Basis, slt sichelig. Blätter 5–7-zählig, Blättchen schmal bis br eifg od. elliptisch, vielgestaltig, unbehaart. Kelchblätter gefiedert. Kronblätter meist hellrosa. Kelchblätter nach dem Abblühen zurückgeschlagen, hinfällig. Griffelkanal schmaler als 1 mm [DI = (4,5–)5–6(–10)], Narbenköpfchen kugelig, bukettartig. Stiel etwa so lg wie die Butte (od. lgr).
B Diese u. die meisten der folgenden Arten lassen sich nach der Bedrüsung des Blättchenrandes, des Fruchtstiels bzw. der Butte aufgliedern; die taxonomische Bedeutung dieser Typen bleibt jedoch festzustellen.

◄ ◄◄ 1202 **Rosa corymbifera** Borkh.
Hecken-Rose

I; N, s, ⑥; A, AV, M, F, K; RL –; 👌
T1.1, T2.1, T2.2, T2.3
M Wie 1201, nur Blättchen zumindest teilweise auf der Nervatur u./od. am Blattstiel behaart.
B Problematisch abzugrenzender u. zu gliedernder, hochvariabler Komplex (einschließl. Übergangstypen zu 1201). Ähnl. sind auch 1205 u. v. a. 1206 einzuschätzen.

1203 **Rosa dumalis** Bechst.
Vogesen-Rose

I; N, s, ⊙; A, AV, M, F, K; RL –; ✎
T1.1, T2.1, T2.2, T2.3
M Ähnl. 1201, aber gedrungener, dichter Strauch. Kelchblätter nach dem Abblühen aufgerichtet, lge ausdauernd. Griffelkanal 1,1–2,5 mm br [DI = 2,0–3,2(–4,1)]. Narbenköpfchen br, ± wollig, hutartig. Stiel viel kürzer als die Butte, oft von einem Hochblatt eingeschlossen.

1204 **Rosa caesia** Sm.
Lederblättrige Rose

I; N, s, ⊙; A, AV, M, F, K; RL reg
T1.1, T2.1, T2.2, T2.3
M Wie 1201, nur Blättchen zumindest teilweise auf der Nervatur u./od. am Blattstiel behaart.

1205 **Rosa subcanina** (H. Christ) R. Keller
Falsche Hunds-Rose

I; N, s, ⊙; A, AV, M, F, K; RL reg; ✎
T1.1, T2.1, T2.2, T2.3
M In den Merkmalen zw 1201 u. 1203 stehend u. alle denkbaren Merkmalskombinationen realisierend. DI = 2,5–4,3(–5,7).

1206 **Rosa subcollina** (H. Christ) R. Keller
Falsche Hecken-Rose

I; N, s, ⊙; A, AV, M, F, K; RL reg; ✎
T1.1, T2.1, T2.2, T2.3
M Wie 1205, nur Blättchen zumindest teilweise auf der Nervatur u./od. am Blattstiel behaart. DI = 2,0–4,8(–7,0).

1206a **Rosa brilonensis** G. H. Loos
Briloner Rose

☆I; ⟨N, s⟩, ⊙; M, F; RL ?
T2.1, T2.2, T2.3
M Wie 1206, aber mit folgender stabiler Merkmalskombination abweichend: Blättchen gräul. grün, zumindest unterseits dichtfilzig behaart, einf. drüsenlos gezähnt. Kelchblätter zurückgeschlagen, hinfällig. Griffelkanal (0,5–)0,6–0,8 (–1,0) mm br. DI = 8,3–8,6.

1207 **Rosa tomentosa** Sm.
Filz-Rose

I; N, s, ⊙; A, AV, M, F, K; RL reg; Z
T1.1.2.3, T1.1.2.4, T1.4.1.3, T2.1, T2.2, T2.3
M Bis 3 m. Aufrecht, lgästig. Stacheln zieml. schlank, schwach gebogen mit breiter Basis. Blätter 5–7-zählig, dklgrün glänzend, Blättchen ± gräul., meist eifg, eifg lanzettl. od. elliptisch, ober- u. unterseits flaumhaarig bis filzig, drüsenlos, unterseits mitunter mit ± zahlreichen grauen od. braunen, geruchlosen od. schwach harzig duftenden Drüsen besetzt. Kronblätter weiß bis hellrosa, zieml. kl. Kelchblätter gefiedert, nach dem Abblühen waagerecht bis (fast) zurückgeschlagen, spätestens nach der Fruchtreife hinfällig. Griffelkanal schmaler als 1 mm (DI = (3,5–)4–6(–8,4), Narbenköpfchen ± bukettartig. Stiel ca 1,5–2,5mal so lg wie die Butte, in der Regel dicht stieldrüsig.

1208 **Rosa pseudoscabriuscula** (R. Keller) Henker & G. Schulze
Kratz-Rose

I; N, s, ⊙; A, AV, M, F, K; RL reg
T2.1, T2.2, T2.3
M Ähnl. 1207, aber Kronblätter blassrot bis kräftig rosa. Kelchblätter schräg aufgerichtet, slt ausgebreitet od. straff aufgerichtet, ausdauernd. Griffelkanal um 1 mm (meist 0,8–1,2 mm) br. Stiel in der Regel etwas lgr als die Butte.
B Die Abgrenzung dieser Sippe ist umstritten, als typisch wird von einigen Autoren eine mehrfache drüsige Zähnung angesehen; in der hier beschriebenen weiten Fassung vermutl. hochgradig polyphyletisch.

1209 **Rosa sherardii** Davies
Samt-Rose

I; N, s, ⊙; A, AV, M, F, K; RL reg; (D)
T2.1, T2.2, T2.3, T2.4.2
M Ähnl. 1207, aber bis 2 m hoch, gedrungen. Kronblätter in der Regel lebhaft dklrosa. Kelchblätter nach dem Abblühen schräg aufgerichtet flatterig, slt ausgebreitet od. straff aufgerichtet, ausdauernd. Griffelkanal weit, (1,1–)1,5–2,0 (–2,5) mm br [DI = (1,4–)2,0–3,5(–4,0)], Narbenköpfchen hutartig, wollig. Stiel meist etwas lgr als die Butte.

1210 **Rosa villosa** L.
Apfel-Rose

I; N, s, ©; A, AV, M, F, K; RL reg; (D), Z
T1.1.2.4, T1.4.1.2, T1.4.1.3, T2.1, T2.2, T2.3, T8.1.1
M Bis 3 m. Stacheln schlank, völlig gerade. Blätter 5–7-zählig, Blättchen längl. elliptisch, doppelt bis mehrfach drüsig gezähnt, oberseits flaumhaarig, unterseits wollig bis filzig behaart, mit zahlreichen, meist gelben bis roten, meist geruchlosen Drüsen, bläul. grün. Kronblätter rosa, am oberen Rand reich drüsig gewimpert. Kelchblätter gefiedert, nach dem Abblühen straff aufgerichtet, ausdauernd. Griffelkanal stets > 2 mm br, nur bei einem sehr kleinen Diskus sinkt der ∅ unter 2 mm, Narbenköpfchen hutartig, br aufsitzend, wollig. Stiel gewöhnl. kürzer als die kugelige, dicht drüsenborstige Butte, nach der Reife meist herabhängend.
B Syn. Populationen zeichnen sich durch Hochwüchsigkeit (bis über 3 m), gr Blätter (Endblättchen bis über 5 cm) u. Butten aus; indigene Vorkommen werden knie- bis schulterhoch, in allen Teilen kleiner.

1211 **Rosa mollis** Sm.
Weiche Rose

I; N, s, ⊙; K; RL reg
T2.2, T2.3
M Ähnl. 1210, jedoch Blättchen mehr elliptisch, Endblättchen höchstens 3 cm lg. Griffelkanal weit, (1,2–)1,6(–2,2) mm br [DI = (2,0–)2,4(–3,2)]. Stiel gelegentl. nur spärl. stieldrüsig, Butte nach der Reife gewöhnl. nicht herabhängend.

1212–1545 **Rubus** L.

Bearbeitet von H. E. Weber
⟨Gttg ca 400 + > 700 apomiktische sp⟩

1212 Subgenus **Anoplobatus** Focke

1212 **Rubus odoratus** L. ▸
Zimt-Himbeere

U; PP, s, ⑤; M_2, F; RL –; Z
T2.1
M 1,5–2 m. Stg aufrecht, stachellos, Blätter aus herzfgm Grund 5-lappig, 15–25(–30) cm br, Blüten rot, 3–5 cm ∅, Frucht (Sammelfrucht, im Gebiet slt entwickelt) halbkugelig, orange, fade.
B Heimat: Östl. Nordamerika.

1213–1215 Subgenus **Idaeobatus** Focke

1213 **Rubus idaeus** L. ▸▸
Himbeere

I; PP, s, ⑥; A, AV, M_1, M_2, F, K; RL –; ✂, Ob
T2.1, T2.3
M 1–1,5(–2) m. Stg (fast) aufrecht, mit (meist zerstreuten) dklvioletten kurzen Stacheln. Blätter gefiedert (3–)5-zählig, unterseits (grau- bis) weißfilzig. Kronblätter weiß, kürzer als Kelch, aufrecht, Fruchtknoten filzig, Frucht rot.
B Sehr slt. Abwandlungen: Blüten zu Laubsprossen umgewandelt (f *phyllanthus*), Blätter nierenfg, ungeteilt bis 3-zählig, (fast) steril (f *anomalus*), Blätter unterseits grün (f *denudatus*), Sammelfrüchte weißl. bis gelbl. (f *leucoparpus*).

1214 **Rubus phoenicolasius** Maxim. ▸
Japanische Weinbeere

E; PP, s, ⑥; AV, M_1, M_2, F; RL –; ✂, N
T2.1, T2.3
M 1,5–2(–3) m. Stg fast aufrecht bis hochbogig, wie alle Achsen u. Kelche mit 7–9 mm lgn fuchsroten Drüsenborsten. Blätter 3-zählig, unterseits weißfilzig. Kronblätter rosa, kürzer als Kelch, aufrecht. Frucht glasig hellrot.
B Heimat: Japan, China, Korea.

1215 **Rubus spectabilis** Pursh ▸▸
Pracht-Himbeere

E reg, (**U**); PP, s, ⑤–⑥; F; RL –; ✂, Z
T2.1
M 1–2(–2,5) m. Stg ± aufrecht, oberhalb der Basis stachellos, kahl. Blätter 3-zählig, beidseits fast kahl, Endblättchen lg bespitzt. Blüten zu 1–2, rot, 2,5–4 cm ∅. Frucht (im Gebiet meist nicht ausgebildet) blassgelb bis orange.
B Heimat: westl. Nordamerika. Völlig **E** in Ostfriesland, sonst slt **U**.

1216–1541 Subgenus **Rubus**

Oberirdische Teile 2-jährig: Im 1. Jahr ± verzweigter Stg (»Schössling«) mit Blättern, im 2. Jahr derselbe mit Blüten u. Früchten u. danach absterbend. Lebensform: Pseudophanerophyt = PP.

1216–1451 Sektion **Rubus** (**Rubus fruticosus** agg.)

Brombeeren Fig. 40a

Blättchen meist lg gestielt, sich nicht randl. deckend, untere Blättchen 5-zähliger Blätter 1–8 mm lg gestielt, Blattstiel oberseits nur im unteren Teil rinnig, Nebenblätter fädig dünn bis schmal (um 0,5 mm) lineal. Kronblätter meist verkehrt eifg, nicht knittrig. Frucht gewöhnl. mit allen Teilfrüchtchen vollständig entwickelt.

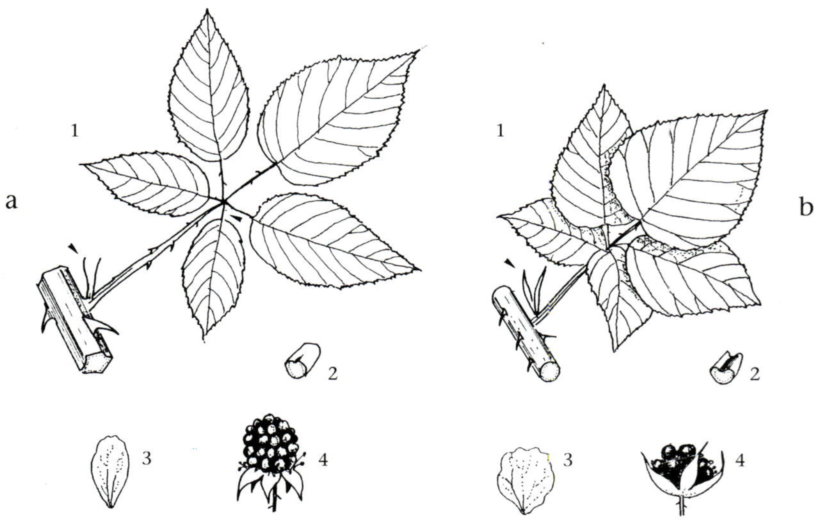

Fig. 40: *Rubus fruticosus* agg. (a) und *Rubus corylifolius* agg. (b).
Wichtigste allgemeine Unterscheidungsmerkmale:
1 = Blatt mit Stängel-Abschnitt, 2 = Querschnitt durch den unteren Teil des Blattstiels,
3 = Kronblatt, 4 = Frucht (Sammelfrucht)

1216–1240 Subsektion **Rubus**

Sommergrüne Brombeeren

Stg meist aufrecht, gleichstachelig, ohne Stieldrüsen, (fast) kahl, Blätter 5(–7)-zählig, Laub sommergrün. Kelch außen, abgesehen vom Rand, meist grün.

1216–1218 **Rubus nessensis** Hall

Fuchsbeere, Halbaufrechte Brombeere

M Stg grünl., kahl, mit 1–3(–5) mm lgn Stacheln. Blätter 5–7-zählig, frischgrün, Blütenstand bis 12-blütig. Blüten weiß, Fruchtknoten kahl oder wenig behaart. Frucht schwarzrot, etwas himbeerartig schmeckend.

1216 ssp **nessensis** ▸

Gewöhnliche Fuchsbeere

I; PP, s, ⑤–⑥; A, AV, M_1, M_2, F, K; RL –;
T2.1.1, T2.3.1

M (1–)1,5–2(–2,5) m. Stg rundl., sehr zerstreut sitzdrüsig, mit (0–)1–5 violetten, kegelig pfrieml. Stacheln pro 5 cm, Blätter oberseits glänzend, glatt (nicht gefaltet), Staubblätter höher als Griffel, Fruchtboden kahl.
B Sehr slt Stacheln grünl (f. *chloracanthus*).

1217 ssp **scissoides** H. E. Weber

Eingeschnittene Fuchsbeere ohne Abb.

I; PP, s, ⑤–⑥; M_1, M_2, F, K; RL reg;
T2.1.1, T2.3.1

M (1–)1,5–2(–2,5) m. Stg rundl., dicht sitzdrüsig, mit (5–)10–15 dklvioletten Stacheln pro 5 cm, Blätter oberseits fast matt, etwas gefaltet, Staubblätter kaum höher als Griffel, Fruchtboden behaart.

1218 ssp **cubirianus** H. E. Weber

Kuhbiers Fuchsbeere ohne Abb.

☆ **I**; PP, s, ⑤–⑥; F, ⟨RL –⟩;
T2.1.1.2

M Wie 1217, doch Stg meist ± kantig, stets mit gelbl. grünen Stacheln. Blätter oberseits glänzend, gefaltet. Staubblätter kaum höher als Griffel, Fruchtboden kahl.
B Niedersachsen.

1219 **Rubus scissus** W. C. R. Watson ▸

Eingeschnittene Brombeere

I; PP, s, ⑤–⑥; M_2, F, K; RL reg;
T2.1.1, T2.3.1

M 0,5–0,8(–1) m. Stg grünl., kantig, dicht sitzdrüsig, stellenweise etwas behaart, mit 18–30 nadeligen, 3–4(–5) mm lgn Stacheln pro 5 cm. Blätter überwiegend 6–7-zählig, gefaltet, oberseits mattgrün, vielhaarig. Blütenstand 5–10-blütig, Blüten weiß. Frucht klein, schwarzrot. Fruchtboden behaart.

◂ 1220 **Rubus ammobius** Focke

Sandbewohnende Brombeere

I; PP, s, ⑤–⑥; (M_2), F, K; RL –;
T2.1.1, T2.3.1

M 1–1,5 m. Stg rotbraun, mit dünnen, (fast) geraden, bis 5–6 mm lgn Stacheln. Blätter 5(–7)-zählig, oberseits dklgrün, unterseits etwas graufilzig. Kelch außen graugrün, Blüten weiß. Fruchtknoten dicht zottig behaart. Frucht schwarzrot.
B Im Gebiet nur ssp *ammobius*.

▴

1221 **Rubus sulcatus** Vest

Gefurchte Brombeere

I; PP, s, ⑤–⑥; A, AV, M_1, M_2, F; RL reg;
T 2.3.1

M 2–3,5 m. Stg ± aufrecht, tief rinnig, mit 6–10 mm lgn Stacheln. Blätter 5-zählig, Endblättchen lg gestielt, herz-eifg, gleichmäßig gesägt, lebend ± konvex. Blattstiel mit 3–10 hakigen Stacheln. Blütenstand ausgebreitet, mit krummen Stacheln. Blütenstiele 20–40 mm lg, Kelch grün, Blüten weiß (slt blassrosa). Staubblätter höher als Griffel. Frucht schwarz.

◂ 1222 **Rubus constrictus** P. J. Müll. & Lef.

Zusammengezogene Brombeere

I; PP, s, ⑥; A, AV, M_1, M_2, F (slt); RL reg;
T 2.1.2.2

M Ähnl. 1221, doch Stg bogig, mit 6–7 mm lgn Stacheln. Endblättchen grober gesägt, nicht konvex. Blattstiel mit 12–16 hakigen Stacheln. Rispe eng zusammengezogen, mit sehr hakigen Stacheln. Blütenstiele 10–15 mm lg. Kelch graugrün.

1223 **Rubus pseudothyrsanthus** (Frid. & Gelert) Frid. & Gelert
Falsche Straußblüten-Brombeere ohne Abb.

I; PP, s, ⑥; M_2, F; RL reg; ✂
T 2.1.2.2
M Ähnl. 1222, doch Stg hochbogig, Endblättchen am Grunde kaum herzfg, nicht konvex. Blattstiel mit 8–15 Stacheln. Blütenstiele bis 20 mm lg, Kelch graugrün.

1224 **Rubus barrandienicus** Holub & Palek
Barrandische Brombeere ohne Abb.

(☆) **I**; PP, s, ⑥; M_1; ⟨RL 2⟩, ✂
?T2.1.1, T2.3.1
M 1,5–2,5 m lg. Stg kantig flachseitig, mit bis 6 breiten, etwas krummen, bis 5–6 mm lgn Stacheln pro 5 cm. Blätter 5-zählig, unterseits kaum fühlbar behaart. Endblättchen verlängert elliptisch, lg bespitzt. Blütenstand armblütig, Achse mit fast hakigen Stacheln, Kelch grün. Blüten weiß. Fruchtknoten kahl.
B Sehr slt im östl. Bayern.

1225 **Rubus canaliculatus** P. J. Müll.
Rinnige Brombeere ohne Abb.

(☆) **I**; PP, s, ⑥; M_1; RL reg; ✂
T2.1.1, T2.3.1
M 2–4 m lg. Stg ± rinnig, mit rotfüßigen, 6–8 mm lgn Stacheln. Blätter unterseits ± filzig weichhaarig. Endblättchen rundl. herz-eifg, lg bespitzt. Rispenachse mit rotfüßigen, hakigen Stacheln, Kelch graugrün, ± abstehend. Blüten weiß bis blassrosa. Fruchtknoten (fast) kahl.

◄1226 **Rubus immodicus** A. Schum. ex H. E. Weber
Maßlose Brombeere

(☆) **I**; PP, s, ⑥; M_2; F; RL reg; ✂
T2.1.1, T2.3.1
M Bis 4 m hoch kletternd. Stg kantig, mit ± geraden, 5–6(–8) mm lgn Stacheln. Blätter gr, unterseits nicht fühlbar behaart. Endblättchen lg herzeifg, 10–25 mm lg bespitzt. Rispenachse mit leicht krummen Stacheln. Kelch grün. Kronblätter (blassrosa-) weiß, 13–20 mm lg. Fruchtknoten vielhaarig.

◄1227 **Rubus allegheniensis** Porter
Allegheny-Brombeere

E; PP, s, ⑤–⑥; M_1, M_2, F, K; RL –; ✂, Ob
T2.1.1.2, T2.3.1
M 1,5–2 m. Stg fast aufrecht, grünl., ± rinnig, kahl, sitzdrüsig, mit 0,5–5 (fast) geraden, 3–6(–9) mm lgn Stacheln pro 5 cm. Blätter 5-zählig, unterseits schimmernd weichhaarig. Endblättchen herzeifg, dünn, 20–30 mm lg bespitzt, gleichmäßig eng gesägt. Blattstiel oberseits ± stieldrüsig. Blütenstiele 20–35 mm lg, dicht kurz stieldrüsig. Kelch grünl., zurückgeschlagen. Kronblätter weiß, verwelkt haften bleibend. Staubblätter später waagerecht ausgebreitet. Frucht etwas zylindrisch.
B Heimat: Östl. Nordamerika.

1228 **Rubus canadensis** L.
Kanadische-Brombeere ohne Abb.

E (lok), **U**; PP, s, ⑤–⑥; M_2, F; RL –; ✂, Ob
?T2.1.1.2, T2.3.1
M Wie 1227, doch Stg kaum sitzdrüsig, Blätter unterseits fast kahl. Blütenstiele ohne Stieldrüsen.
B Heimat: Östl. Nordamerika.

1229–1230 **Rubus plicatus** Weihe & Nees
Falten-Brombeere

1,5–2 m lg. Stg ± aufrecht, kantig flachseitig, grünl., kahl, mit etwas krummen, 5–6 mm lgn Stacheln. Blätter unterseits fühlbar behaart. Endblättchen kurzgestielt, gleichmäßig gesägt, gefaltet. Untere Blättchen (im Sommer) bis 2 mm gestielt. Blütenstiele meist 20–30 mm lg, grünl., mit 2(–3) mm lgn Stacheln. Kelch kurz, grün, abstehend. Kronblätter bis 13 mm lg. Staubblätter ± kürzer als Griffel, Antheren kahl, Fruchtboden vielhaarig.

1229 var **plicatus** ►
E; PP, s, ⑤–⑥; A, AV, M_1, M_2, F, K; RL –; ✂
T2.1.1, T2.31
M Endblättchen herz-eifg bis fast elliptisch, allmähl. 10–15 mm lg bespitzt, Blüten weiß bis schwach rosa.

1230 var **rosulentus** (P. J. Müll.) Nyman
E; PP, s, ⑤–⑥; M_1; RL –; ✂ ohne Abb.
T2.1.1, T2.3.1
M Endblättchen fast rundl., kürzer bespitzt, Blüten blass- bis lebhaftrosa.

▲
1231 **Rubus arrheniiformis** W. C. R. Watson
Feingesägte Brombeere

I; PP, s, ⑥; F; ⟨RL 1⟩; ✂
T2.1.1.2, T2.3.1
M Bis 1,5–3 m lg. Stg rotbräunl., stumpf, (fast) kahl, mit 4–10 schwach gekrümmten, gelbl., 5–7 mm lgn Stacheln pro 5 cm. Blätter 5-zählig, unterseits kaum fühlbar behaart. Endblättchen elliptisch, kurz bespitzt, sehr gleichmäßig gesägt. Blütenstand traubig, Blütenstiele (15–)20–40 (–50) mm lg, Kelch außen grün, oft lg bespitzt, abstehend bis etwas aufrecht. Kronblätter hellrosa, bis 12 mm lg, Staubblätter etwas höher als Griffel, Fruchtknoten kahl.
B Nur am Niederrhein bei Elterberg. Hauptareal: Südengland mit Wales.

◂ 1232 **Rubus opacus** Focke
Dunkle Brombeere

(☆) **I**; PP, s, ⑥; M_2, F; RL reg; ✂
T2.1.1.2, T2.3.1
M Wie 1229, doch Stg mit etwas rotfüßigen, 6–7 mm lgn Stacheln. Endblättchen aus runder bis schwach herzfg Basis ± elliptisch, weniger gefaltet. Untere Blättchen im Sommer (2–)3–5 mm lg gestielt. Staubblätter so hoch od. höher als Griffel, Antheren (teilweise) behaart.

1233 **Rubus bertramii** G. Braun ▸
Bertrams Brombeere

I; PP, s, ⑥; A, AV, M_1, M_2, F, K; RL reg; ✂
T2.1.1.2., T2.3.1
M 1,5–2,5 m lg. Wie 1229, doch Blätter manchmal 6–7-zählig, unterseits nicht fühlbar behaart, Endblättchen zuletzt oft mehr rundl., mit abgesetzterer, dünnerer 15–20 mm lgr Spitze, kaum gefaltet. Untere Blättchen 2–4 mm lg gestielt. Staubblätter deutl. höher als Griffel. Fruchtboden (fast) kahl.

1234 **Rubus divaricatus** P. J. Müll. ▸
Sparrige Brombeere

T1.1.2., T 1.3
I; PP, s, ⑥; A, AV, M_1, M_2, F, K; RL reg; ✂
M 1,5–2,5 m lg. Stg mit 6–8 mm lgn Stacheln. Blätter meist < 20 cm lg, unten fühlbar behaart. Endblättchen verkehrt eifg bis elliptisch, allmähl. kurz bespitzt. Untere Blättchen 2–5 mm lg gestielt. Rispe hakenstachelig. Blütenstiele 10–20 mm lg. Kelch ± bestachelt. Kronblätter bis 11 mm lg.

1235 **Rubus integribasis** P. J. Müll. ex Boulay ▸▸
Große Sparrige Brombeere

I; PP, s, ⑥; M_1, M_2, F; RL reg; ✂
T1.1.2., T 1.3
M Wie 1234, doch Stg 2–4 m lg., mit 5–7 mm lgn Stacheln. Blätter meist > 25 cm lg, Endblättchen br verkehrt eifg bis rundl., abgesetzt bespitzt. Untere Seitenblättchen 3–8 mm lg gestielt. Rispe mit fast geraden Stacheln. Blütenstiele 15–25 mm lg. Kelch meist unbestachelt. Kronblätter 12–16 mm lg.

◂◂ 1236 **Rubus frederici** Beek
Falsche Sparrige Brombeere

I; PP, s, ⑥; F; RL 2; ✂
T2.1.1.2, T2.3.1
M 2–3 m lg. Stg ± weinrot, stumpfkantig, Stacheln 5–6 mm lg. Blätter unten weichhaarig. Endblättchen verkehrt eifg bis br ellitpisch, kaum abgesetzt bespitzt, (fast) gleichmäßig gesägt. Untere Blättchen 1–2(–3) mm lg gestielt. Rispenachse fast kahl, mit (fast) geraden Stacheln. Kronblätter weiß.

◂ 1237 **Rubus vigorosus** P. J. Müll. & Wirtg.
Üppige Brombeere

I; PP, s, ⑥–⑦; M_1, M_2, F; RL reg; ✂
T2.1.1.2., T2.3.1
M 2–3 m lg. Stg weinrötl., mit rotfüßigen, 8–12 mm lgn Stacheln. Blätter unten fühlbar behaart u. oft ± sternhaarig. Endblättchen br herz-eifg, ± abgesetzt bespitzt, grobwellig, mit längeren Hauptzähnen. Rispenachse mit rotfüßigen, 7–8 mm lgn Stacheln. Kronblätter rundl., Antheren oft z. T. behaart.

1238 Rubus senticosus Köhler ex Weihe
Dornige Brombeere

I; PP, s, ⑥–⑦; M_1, M_2, F; RL reg;
T2.1.1.2., T2.3.1

M 2–3 m lg. Stg mit 13–25 mm lgn Stacheln pro 5 cm. Blätter etwas fußfg, 5-zählig, oben kahl, unten ± fühlbar behaart, slt dünnfilzig. Endblättchen br verkehrt eifg elliptisch, abgesetzt bespitzt, gefaltet. 1–2 mm tief gesägt. Blattstiel mit 15–28 krummen Stacheln. Rispe dicht krummstachelig.

1239 Rubus sorbicus H. E. Weber
Sorbische-Brombeere

☆ **I**; PP, s, ⑤–⑥; M_2, F; r RL –;
T2.3.1

M 1,5–2 m. Stg mit schlanken, ± geraden 5–7 mm lgn Stacheln. Blätter fußfg 5-zählig, unterseits nicht fühlbar behaart. Endblättchen aus ± rundl. Basis br elliptisch bis verkehrt eifg, kurz bespitzt, mit breiten u. mit langen, ± auswärts gekrümmten Hauptzähnen. Blütenstand mit dünnen, (fast) geraden Stacheln.

1240 Rubus discors Beek
Zwieträchtige Brombeere

E; PP, s, ⑥–⑦; F; RL 2;
T2.1.1.2., T2.3.1

M 2–3 m lg. Stg hochbogig, weinrötl., locker behaart, mit 3–6 mm brn, 5–7 mm lgn Stacheln pro 5 cm. Blätter handfg 5-zählig, unterseits fühlbar bis weich behaart. Endblättchen aus runder Basis elliptisch bis verkehrt eifg, allmähl. bespitzt. Serratur ± gleichmäßig, 1,5–2 mm tief. Blattstiel mit 15–25 Stacheln. Rispe krummstachelig. Kronblätter weiß.

B Westl. Niedersachsen.

1241–1451 Subsektion **Hiemales** E. H. L. Krause

Wintergrüne Brombeeren

Stg hochbogig bis kriechend, gleich- bis ungleichstachelig, kahl od. behaart, mit od. ohne Stieldrüsen. Laub wintergrün.

1241–1266 Serie **Discolores** (P. J. Müll.) Focke

Zweifarbige Brombeeren

Stg gleichstachelig, ohne Stieldrüsen, Blätter meist 5-zählig, unterseits grau- bis weißfilzig. Rispe (fast) ohne Stieldrüsen. Kelch (weiß)graufilzig, zurückgeschlagen, Staubblätter höher als Griffel.

1241 Rubus ulmifolius Schott
Mittelmeer-Brombeere

I (lok E–U); PP, w, ⑦–⑧; AV, M_1, M_2, T, K; RL reg;
T2.1.2.2, T2.4.2

M 2–4 m lg. Stg violettbläul., anfangs sternhaarig, mit brn, ± geraden, 7–11 mm lgn Stacheln. Blätter fußfg (4–)5-zählig, unten angedrückt (grau-) weißfilzig, ohne fühlbare längere Haare. Endblättchen (Stielchen bis > halb so lg wie Spreite), unterschiedl. geformt, meist aus runder Basis verkehrt eifg, aufgesetzt bespitzt, bis 3–4(–5) mm tief gesägt. Kronblätter violettstichig rosenrot, rundl., Griffel rötl., Antheren oft behaart, Fruchtknoten dichthaarig.

1242 Rubus bifrons Vest
Zweifarbige Brombeere

I, U lok; PP, w, ⑦; AV, M_1, M_2, F (**U**); RL reg;
T2.1.2.2, (T2.3.2)

M 2,5–4 m lg. Stg rotviolett, ± sternhaarig, mit dünnen, geraden, 6–9 mm lgn Stacheln. Blätter stark fußfg (3–)4–5-zählig, oben kahl, unten weißgraufilzig u. fühlbar behaart. Endblättchen aus ± runder Basis verkehrt eifg, abgesetzt kurzspitzig. mit spitzen verschiedenengerichteten Zähnen, 1–3 mm tief gesägt. Rispe mit dünnen, ± geraden Stacheln. Kronblätter hellrosa. Staubblätter höher als gelbl Griffel. Antheren (z. T.) behaart, Fruchtknoten (fast) kahl.

1243 **Rubus praecox** Bertol. ▸
Robuste Brombeere

I; PP, w, ⑦; A, AV, M_1, M_2; RL reg;
T2.1.2.2

M 3–5 m lg. Stg bis 15 mm ∅, mit einzelnen Härchen u. 8–11 mm lgn, gleichfarbigen Stacheln. Blätter unten ± weichhaarig. Endblättchen br herz-eifg od. br elliptisch bis verkehrt eifg, mit breiter Spitze. Serratur ± ungleich, 2–3 mm tief. Achse mit brn, krummen Stacheln. Kronblätter 10–14 mm lg. Antheren meist kahl. Fruchtknoten vielhaarig.

1244 **Rubus armeniacus** Focke ▸▸
Gartenbrombeere, Armenische Brombeere

E; PP, w, ⑦; A, AV, M_1, M_2, F, K; RL –; Ob
T2.4.1

M Ähnl. 1243, doch Stg bis 25 mm ∅, im Sommer grünl mit roten Kanten, Stacheln ausgeprägt rotfüßig, Blätter sehr gr, Endblättchen nichtwellig, lebend konvex. Kronblätter blassrosa, 14–20 mm lg. Frucht ungewöhnl gr, sehr süß.
B Heimat: Armenien.

◂1245 **Rubus perperus** H. E. Weber
Lügen-Brombeere

(✰) **I**; PP, w, ⑦; AV, M_1, M_2; (RL reg);
T2.1.2.2

M 3–5 m lg. Stg rinnig, verkahlend, mit 6–7 mm lgn Stacheln. Endblättchen kurz gestielt, schmal eifg elliptisch, allmähl. 20–25 mm lg bespitzt, mit lgn Hauptzähnen gesägt. Blattstiel deutl. kürzer als untere Blättchen. Blüten ± weiß. Fruchtknoten behaart.
B Verbreitet im mittleren Westdeutschland.

1246 **Rubus winteri** (P. J. Müll. ex Focke) Foerster ▸
Winters Brombeere

I; PP, w, ⑦–⑧; M_1, M_2; F; RL reg;
T2.1.2.2

M 3–7 m lg. Stg mattgrün, ± 10 mm ∅, dicht fein büschelhaarig, mit sternhaarigen, 6–10 mm lgn Stacheln. Endblättchen verkehrt eifg bis rundl., scharf abgesetzt, dünn, 15–22 mm lg bespitzt, sehr eng gesägt, unten grauweißfilzig. Blütenstand umfangreich, Achse krummstachelig. Kronblätter weiß od. rosa angehaucht. Antheren u. Fruchtknoten kahl.

◂◂1247 **Rubus godronii** Lecoq & Lamotte
Godrons Brombeere

I; PP, w, ⑦; M_1; RL G;
T2.1.2.2

M Ähnl. 1246, doch Stg dünner, schwächer behaart, Blätter etwas fußfg, unten weniger filzig, Endblättchen weniger lg u. mehr allmähl. bespitzt. Blütenstand schmaler, Achse fast geradstachelig.
B Nur in der Vorderpfalz.

◂1248 **Rubus pseudargenteus** H. E. Weber
Falsche Silber-Brombeere

✰ **I**; PP, w, ⑦; M_2, F; RL –;
T2.1.2.2

M 2,5–4 m lg. Stg dklrot, dicht büschelhaarig, mit geraden, schlanken 6–8 mm lgn Stacheln. Blätter unten weichhaarig. Endblättchen elliptisch bis verkehrt eifg, allmähl. 10–15 mm lg bespitzt, bis 3(–4) mm tief gesägt. Rispe mit dünnen, fast geraden Stacheln. Kronblätter lebhaft rosa. Griffel oft am Grunde rosa. Antheren z. T. behaart.

1249 **Rubus amiantinus** (Focke) Foerster
Asbestschimmernde Brombeere

(☆) **I**, (**U lok**); PP, w, ⑦; M_1, M_2, (F), RL –; ✂
T2.1.2.2

M Wie 1248, doch Stg mit breiteren, leicht krummen Stacheln. Endblättchen bis 2,5 mm tief gesägt. Rispe mit breiteren u. krummen Stacheln, Antheren z. T. behaart.

1250 **Rubus cretatus** Matzke-Hajek
Kreidige Brombeere ohne Abb.

(☆) **I**; PP, w, ⑦; M_2, F; ⟨RL –⟩; ✂
T2.1.2.2

M 2,5–4 m lg. Stg dklrot, hell grausilbrig, sternhaarig, mit krummen, 5–7 mm lgn Stacheln. Blätter etwas fußfg, oben behaart, unten angedrückt grauweißfilzig. Endblättchen lg gestielt (Stielchen bis halb so lg wie Spreite), herz-eifg elliptisch, kurz bespitzt, ungleich gesägt. Rispe mit sehr krummen Stacheln. Fruchtknoten behaart.

B Rheinland.

1251 **Rubus chloocladus** W. C. R. Watson
Grünästige Brombeere

I; PP, w, ⑦–⑧; M_2; F, RL reg; ✂
T2.1.2.2, T2.3.2

M 3–5 m lg. Stg büschelhaarig, mit 5–8 mm lg Stacheln. Blätter oben fast kahl. Endblättchen verkehrt eifg, Spitze 12–20 mm. Serratur ± ungleich, bis 2,5(–3) mm tief. Rispe oben auf 10–20 cm blattlos, krummstachelig, Blütenstiele mit 7–10 Stacheln. Kronblätter meist weiß. Fruchtknoten (fast) kahl.

1252 **Rubus poliothyrsus** Beek
Graurispige Brombeere ohne Abb.

I; PP, w, ⑦; F; ⟨RL 1⟩; ✂
T2.1.2.2, T2.3.2

M Wie 1251, doch Stg kaum behaart. Rispe mit ± geraden Stacheln. Blütenstiele mit 0–3 Stacheln. Fruchtknoten dichthaarig.

B Nur 1 Fundort in NRW bei Anholt.

1253 **Rubus elatior** Focke ex Gremli
Höhere Brombeere

(☆) **I**; PP, w, ⑧; AV, M_1, M_2; RL –; ✂
T2.1.2.2, T2.3.2

M 3–5 m lg. Stg vielhaarig, mit gelbl., 6–8 mm lgn Stacheln. Blätter oben kahl. Endblättchen schmal verkehrt eifg bis elliptisch, allmähl. bespitzt. Serratur grob, 4–5 mm tief. Rispenachse filzig kurzzottig, hakenstachelig. Blüten weiß. Fruchtknoten (fast) kahl.

1254 **Rubus obtusangulus** Gremli
Stumpfkantige Brombeere

(☆) **I**; PP, w, ⑦; AV, M_1; RL ⟨–⟩; ✂
T2.1.2.2

M 3–5 m lg. Stg (fast) kahl, mit 7–9 mm lgn Stacheln. Blätter oben mit 100–200 Härchen pro cm^2. Endblättchen lg gestielt, schmal verkehrt eifg, abgesetzt kurzspitzig, mit scharfen Zähnen 1–2 mm tief gesägt. Rispenachse etwas krummstachelig. Blüten blassrosa.

1255 **Rubus lindebergii** P. J. Müll.
Lindebergs Brombeere

I; PP, w, ⑦–⑧; M_2, F; RL reg; ✂
T2.1.2.2

M Wie 1254, doch Stacheln auffallend rotfüßig, Blätter oben mit < 100 Härchen pro cm^2, Endblättchen nur 0,5–1 mm tief gesägt. Blüten weiß.

1256 **Rubus montanus** Libert ex Lej. ▸
Mittelgebirgs-Brombeere

I; PP, w, ⑦; A, AV, M_1, M_2, F, (K); RL reg;
T2.1.2.2

M 3–5 m lg. Stg kahl, kantig, mit 1–4 Stacheln pro 5 cm. Blätter oben kahl. Endblättchen kurzgestielt, aus seicht herzfgm Grund schmal verkehrt eifg, kaum abgesetzt bespitzt, 3–4 mm tief gesägt. Rispenachse krummstachelig (Stacheln sehr verbreitert: f *macromontanus*). Blütenstiele mit 0–3 (–4) Stacheln. Blüten weiß bis blassrosa. Fruchtknoten kahl.

1257 **Rubus grabowskii** Weihe ▸▸
Grabowskis Brombeere

I; PP, w, ⑦; AV, M_1, M_2, F, K; RL reg;
T2.1.2.2

M Wie 1256, doch Stg stets deutl. rinnig, mit 4–8 Stacheln pro 5 cm. Blätter etwas fußfg, 5-zählig, Endblättchen breit eifg bis verkehrt eifg, mit stärker abgesetzter Spitze. Blütenstiele mit 4–10 Stacheln. Fruchtknoten etwas behaart.

◂1258 **Rubus phyllostachys** P. J. Müll.
Durchblätterte Brombeere

(✰) **I**; PP, w, ⑦; M_1, M_2, F; RL reg;
T2.1.2.2

M 3–5 m lg. Stg verkahlend, rinnig, mit 5–6 mm lgn Stacheln. Blätter oben kahl. Endblättchen (br) herz-eifg, 10–15 mm lg bespitzt, zieml. gleichmäßig 2–3 mm tief gesägt. Rispe bis fast oben beblättert, krummstachelig. Blütenstiele mit 3 bis > 10 Stacheln. Blüten weiß. Fruchtknoten verkahlend.

1259 **Rubus goniophorus** H. E. Weber ▸
Winkel-Brombeere

(✰) **I**; PP, w, ⑦–⑧; M_1, M_2, (F: **U**); RL reg;
T2.1.2.2

M 3–5 m lg. Stg, kahl, rinnig, mit rotfüßigen, brn, 7–10 mm lgn Stacheln. Blätter oben kahl, Endblättchen aus ± keilfgr Basis schmal verkehrt eifg, abgesetzt kurzspitzig, 2–2,5 mm tief gesägt. Rispe mit krummen, brn, rotfüßigen Stacheln. Blütenstiele mit 7–16 Stacheln. Blüten weiß. Fruchtknoten behaart.

◂◂1260 **Rubus flaccidus** P. J. Müll.
Schlaffblättrige Brombeere

(✰) **I**; PP, w, ⑦–⑧; M_1, M_2, F; RL reg;
T2.1.2.2

M Wie 1259, doch Stg behaart, mit dünneren, ca 6–8 mm lgn Stacheln. Endblättchen mit etwas herzfg Basis, breiter bespitzt, nur 1–2 mm tief gesägt, lebend ± konvex. Rispe oben auf 12–30 cm blattlos. Kronblätter oft wie Griffelbasen blassrosa.

1261 **Rubus cardiophyllus** P. J. Müll. & Lef.
Herzblättrige Brombeere ohne Abb.

I; PP, w, ⑦–⑧; F, K; RL 3;
T2.1.2.2

M 3–5 m lg. Stg (fast) kahl, mit 7–9 mm lgn Stacheln. Blätter oben zerstreut behaart, sitzdrüsig, Endblättchen meist herz-eifg, allmähl. 10–20 mm lg bespitzt, 2–3 mm tief gesägt. Rispe (fast) geradstachelig. Kronblätter weiß, rundl. Antheren manchmal z. T. behaart. Fruchtknoten behaart.

◄ 1262 **Rubus arduennensis** Libert ex Lej.
Ardennen-Brombeere

(✰) **I**; PP, w, ⑦; M_1, M_2, RL reg; ✂
T2.1.2.2
M 3–5 m lg. Stg rinnig, etwas behaart, mit 5–7 mm lgn Stacheln. Blätter klein, oben kahl, Endblättchen br elliptisch bis verkehrt eifg, später ± kreisrund, abgesetzt kurzspitzig, 2–3 mm tief gesägt. Rispe sehr schmal, mit ± krummen Stacheln. Blüten weiß. Fruchtknoten an der Spitze dichthaarig.

1263 **Rubus albiflorus** Boulay & Lucand ►
Weißblütige Brombeere

I; PP, w, ⑦; A, AV, M_1; RL –; ✂
T2.1.2.2
M 3–5 m lg. Stg dicht büschelhaarig, mit schlanken, (fast) geraden, 5–7,5 mm lgn Stacheln. Blätter fußfg, 5-zählig, oben kahl. Endblättchen (herzbis) eifg elliptisch, allmähl. 10–15 mm lg bespitzt. Serratur ausgeprägt periodisch, 3–5 mm tief. Rispenachse dichtfilzig bis kurzzottig, mit dünnen, ± geraden Stacheln. Blüten weiß. Fruchtknoten kahl.

1264 **Rubus geniculatus** Kaltenb. ►
Gekniete Brombeere

I; PP, w, ⑦–⑧; M_1, M_2, F; RL reg; ✂
T2.1.2.2, T2.3.2
M 3–5 m lg. Stg kahl, mit (anfangs) auffallend rotfüßigen 7–8 mm lgn Stacheln. Blätter gr, oben kahl. Endblättchen aus rundl. Basis schmal verkehrt eifg elliptsch, allmähl. lg bespitzt. Rispe sperrig, mit schlanken, rotfüßigen Stacheln. Blüten weiß (bis blassrosa). Fruchtknoten behaart.

1265 **Rubus elegantispinosus** A. Schum. ex H. E. Weber
Schlankstachelige Brombeere

I; PP, w, ⑦–⑧; M_1, M_2, F; RL reg; ✂
T2.1.2.2, (T2.3.2)
M 3–5 m lg. Stg kahl, mit roten Kanten u. rotfüßigen, dünnen, 6–8 mm lgn Stacheln. Blätter oben kahl, unten sehr weichhaarig. Endblättchen verkehrt eifg elliptisch, abgesetzt kurzspitzig, mit auswärts gekrümmten Hauptzähnen. Rispe mit dünnen u. geraden Stacheln. Blüten blassrosa. Fruchtknoten behaart.
▼

▲
1266 **Rubus hassicus** H. E. Weber
Hessische Brombeere

✰ **I**; PP, w, ⑦; M_1; ⟨RL reg⟩; ✂
T2.1.2.2
M 3–5 m lg. Stg stumpfkantig, dichthaarig, geradstachelig. Blätter oben behaart. Endblättchen verkehrt eifg elliptisch, 3–4 mm tief gesägt. Rispe mit dünnen, ± geraden Stacheln. Blüten weiß.

1267–1289 Serie **Rhamnifolii** (Bab.) Focke

Lederblättrige Brombeeren

Blätter meist ± derb, ledrig, unterseits filzlos od. etwas graufilzig. Kräftige Pflanzen.

◄ 1267 **Rubus rhamnifolius** Weihe & Nees
Faulbaumblättrige Brombeere

✰ **I**; PP, w, ⑦; M_2, (F); RL R; ✂
T2.1.2.2
M 3–5 m lg. Stg dick, rotkantig, (fast) kahl, mit 6–8 mm lgn, rotfüßigen Stacheln. Blätter oben kahl, unten graugrünfilzig. Endblättchen sehr lg gestielt, br elliptisch rundl., bis 2 mm tief gesägt. Rispe mit brn. ± hakigen Stacheln. Blüten weiß.

1268 **Rubus maassii** Focke ex Bertram ▶
Maassens Brombeere

☆ **I**; PP, w, ⑦; M_2, F; RL reg; ✍
T2.3.1.1, (T2.1.2.2)
M 3–5 m lg. Stg stark verzweigt, kantig, (fast) kahl, mit rotfüßigen 6–7,5 mm lgn Stacheln. Blätter oben behaart, unten ± grün, weichhaarig. Endblättchen sehr lg gestielt, rundl. verkehrt eifg bis kreisrund, mit dünner abgesetzter kurzer Spitze. Rispenachse mit rotfüßigen, ± krummen Stacheln. Blütenstiele 5–15 mm lg. Blüten weiß. Fruchtknoten etwas behaart.

1269 **Rubus muenteri** T. Marsson ▶▶
Münters Brombeere

I; PP, w, ⑦; M_2, F, K; RL reg; ✍
T2.3.1.1, T2.1.2.2
M Wie 1268, doch Stg deutl. behaart, mit 7–9 mm lgn Stacheln. Blätter 4–5-zählig, unterseits kaum fühlbar behaart. Rispenachse mit z. T. fast geraden Stacheln.

◀ 1270 **Rubus laevicaulis** Beek
Glattstängelige Brombeere

I; PP, w, ⑦; M_2, F; RL –; ✍
T2.1.1.2, T2.3.1
M 3–5 m lg. Stg kahl, stumpfkantig, mit rotfüßigen, 7–8 mm lgn Stacheln. Blätter oben wenig, unten ± fühlbar u. oft etwas filzig behaart. Endblättchen rundl. bis kreisrund, kurzspitzig, 1–2 mm tief gesägt. Rispenachse mit rotfüßigen, meist geraden Stacheln. Blüten meist weiß. Fruchtknoten kahl.

1271 **Rubus vulgaris** Weihe & Nees ▶
Gewöhnliche Brombeere

(☆) **I**; PP, w, ⑦; (M_1), M_2, F; RL reg; ✍
T2.1.1.2, T2.3.1
M 3–5 m lg. Stg kantig, (fast) kahl, mit 6–8 mm lgn Stacheln. Blätter handfg 5-zählig, oben kahl, unten grün bis ± graugrün. Endblättchen aus keiligem od. rundem Grund elliptisch bis verkehrt eifg, abgesetzt bespitzt, 1,5–3,5 mm tief gesägt. Rispe krummstachelig. Blüten weiß (bis blassrosa).

1272 **Rubus latiarcuatus** W. C. R. Watson ▶
Breitbogige Brombeere

☆ **I**; PP, w, ⑦; M_2, F; RL reg; ✍
T2.1.2.2, T2.3.2
M Wie 1271, doch Stg mit ungleichen Stacheln, Stachelhöckern u. (drüsigen) Borsten. Blätter unten filzig weichhaarig. Rispe mit zerstreuten Stieldrüsen.

1273–1274 **Rubus nemoralis** P. J. Müll.
Hain-Brombeere

M Wie 1271, doch Stg etwas behaart. Blätter unterseits weichhaarig. Endblättchen breit verkehrt eifg bis fast kreisrund. Blüten stets blassrosa.

◀ 1273 var **nemoralis**
I; PP, w, ⑦; M_1, M_2, F, (K); RL reg; ✍
T2.3.1, T2.1.1.2
M Blattunterseiten grün (bis graugrün), nicht od. kaum filzig.

1274 var **argyriophyllus** (Ranke) H. E. Weber — ohne Abb.
☆ **I**; PP, w, ⑦; F; RL –; ✍
T2.1.2.2
M Blattunterseiten grau- bis grauweißfilzig. Endblättchen lgr gestielt, stärker ledrig.

◄1275 **Rubus laciniatus** Willd.
Schlitzblättrige Brombeere

E; PP, w, ⑦; AV, M_1, M_2, F, K; RL reg; , (Z), Ob
T2.3.1, T2.4.1
M Wie 1271 u. 1273, doch Laub, abweichend von allen übrigen Brombeeren, fiederteilig bis gefiedert, mit fiederteiligen Abschnitten.
B Zuerst in England, jetzt weltweit (in stachellosen Sorten) kultiviert. Wahrscheinlich aus 1273 entstanden.

1276 **Rubus marssonianus** H. E. Weber ►
Marssons Brombeere

(☆) **I**; PP, w, ⑦–⑧; F, K; RL –;
T2.3, T2.1.2.2
M Sehr ähnl 1273, doch Stg stärker behaart, Stacheln auch der Rispe schlanker u. weniger krumm. Blätter etwas fußfg 5-zählig, Endblättchen mehr 3-eckig u. geradlinig zugespitzt. Kelchzipfel mit 3–5 (statt 0–1) Stacheln.

1277 **Rubus lindleianus** Lees
Lindleys Brombeere

◄**I**; PP, w, ⑦; M_2, F; RL reg;
T2.1.2.2
M 3–5 m lg. Stg (fast) kahl, Stacheln 6–9 mm lg. Blätter ± fußfg 5-zählig, oben (fast) kahl, unten nicht od. kaum filzig. Endblättchen verkehrt eifg (bis elliptisch), kurz bespitzt, mit auswärts gekrümmten Hauptzähnen. Rispe mit vielen dünnen Stacheln. Blüten ± weiß.

1278 **Rubus** ⟨**incarnatus** P. J. Müll.⟩
Knochen-Brombeer ohne Abb.

☆ **I**; PP, w, ⑦; M_1, M_2, F; ⟨RL reg⟩;
T2.1.2.2
M 3–5 m lg. Stg (fast) kahl, Stacheln 6–8 mm lg. Blätter oben verkahlend, unten ± graufilzig. Endblättchen eifg (bis elliptisch). Rispe krummstachelig. Blüten mit Griffelbasis rosa.

1279 **Rubus langei** ►
G. Jensen ex Frid. & Gelert
Langes Brombeere

I; PP, w, ⑦; M_1, M_2, F, K; RL reg;
T2.1.1.2, T2.3.1
M 3–5 m lg. Stg (fast) kahl, mit geraden 7–12 mm lgn Stacheln. Blätter oben kahl, unten ± graufilzig weichhaarig. Endblättchen elliptisch bis verkehrt eifg, kurz bespitzt, 1,5–2,5 mm tief gesägt. Ripse mit sehr lgn geraden Stacheln, Blüten hellrosa. Antheren (z. T.) behaart.

◄1280 **Rubus gelertii** Frid.
Gelerts Brombeere

I; PP, w, ⑦–⑧; M_2, F, K; RL reg;
T2.1.2.2 T2.3
M Wie 1279, doch Stg mit dünneren Stacheln. Blätter unten grau- bis weißfilzig, mit kaum fühlbaren längeren Haaren. Serratur mit auswärts gekrümmten Hauptzähnen. Blütenstiele mit >5 kurzen Stieldrüsen.

1281 **Rubus rhombifolius** Weihe ►
Rautenblättrige Brombeere

☆ **I**; PP, w, ⑦; M_2, F; RL R;
T2.1.2.2, T2.3
M 3–5 m lg. Stg behaart, mit rotfüßigen 6–7 mm lgn Stacheln. Blätter oben behaart, unten weichhaarig, kaum filzig. Endblättchen aus keilfgm Grund, ± rhombisch. Rispe mit rotfüßigen, wenig krummen Stacheln. Kronblätter u. Griffel am Grunde rosa(rot).

1282–1283 **Rubus gracilis** J. & C. Presl
Haarstängelige Brombeere

3–5 m lg. Stg dklrot, vielhaarig, Stacheln br, 7–9 mm lg. Blätter oben behaart, unten weichhaarig. Rispe ± zottig, mit 7–9 mm lgn, ± krummen Stacheln. Fruchtknoten (fast) kahl.

1282 ssp **gracilis** ▸
Südöstliche Haarstängelige Brombeere
I; PP, w, ⑦; AV, M_1, M_2, F, K; RL –; ✎
T2.1.2.2, T2.3
M Blätter hand- od. kaum fußfg, 5-zählig, unten meist kaum filzig. Endblättchen mehr elliptisch. Kronblätter weiß od. blassrosa, Griffel grünl.
B Halb so große Zwergform (f *parvulus*).

1283 ssp **insularis** (F. Aresch.) H. E. Weber ▸▸
Nordische Haarstängelige Brombeere
I; PP, w, ⑦; M_2, F, K; RL reg; ✎
T2.1.2.2
M Blätter fußfg 4-5-zählig, unten meist graufilzig. Endblättchen rundl. Kronblätter u. Griffelbasis rosa.

1284 **Rubus longior** Beek
Längere Brombeere ohne Abb.
(☆) **I**; PP, w, ⑦; F; RL R; ✎
T2.1.2.2
M Wie 1282, doch Stg nur mit 6–7 mm lgn Stacheln. Blätter unterseits grau(weiß)filzig. Rispenachse mit dünnen, 5–6 mm lgn Stacheln.

◂ 1285 **Rubus steracanthos** P. J. Müll. ex Boulay
Hartstachelige Brombeere
(☆) **I**; PP, w, ⑦; M_1, M_2, F, K; RL reg; ✎
T2.1.2.2, T2.3
M 3–5 m lg. Stg behaart, Stacheln 6–7,5 mm lg. Blätter 3–4, fußfg, 5-zählig, oben ± behaart, unten etwas filzig (bis weichhaarig). Endblättchen rundl. verkehrt eifg, abgesetzt kurzspitzig. Rispenachse mit 6–10 mm lgn Stacheln. Blüten blassrosa. Antheren (z. T.) behaart.

1286 **Rubus insulariopsis** H. E. Weber ▸
Inselbrombeerähnliche Brombeere
☆ **I**; PP, w, ⑦; F; RL reg; ✎
T2.1.2.2
M Wie 1285, doch Stg mit einzelnen Stieldrüsen, Stachelchen u. Stachelhöckern. Endblättchen schmaler. Rispe ± stieldrüsig. Blüten weiß.

◂ 1287 **Rubus polyanthemus** Lindeb.
Vielblütige Brombeere
I; PP, w, ⑦; M_2, F, K; RL reg; ✎
T2.1.2.2 (T2.3)
M 3–5 m lg. Stg behaart, Stacheln rotfüßig, dünn, 6–7,5 mm lg. Blätter 5–(6–7)-zählig, oben behaart, unten ± graufilzig. Endblättchen br verkehrt eifg rundl., abgesetzt kurzspitzig, fein gesägt. Rispenachse mit dünnen, ± geraden Stacheln. Blütenstiele mit 1–20 Stieldrüsen Blütenstiele 5–15 mm lg. Blüten weiß bis blassrosa. Fruchtknoten behaart.

1288 **Rubus egregius** Focke ▸
Ausgezeichnete Brombeere
I; PP, w, ⑦; M_2, F, K; RL reg; ✎
T2.1.2.2 (T2.3)
M Ähnl. 1287, doch Stg fast kahl, mit nur 3,5–6 mm lgn Stacheln. Blätter überwiegend 3-zählig, einzelne 4–5-zählig. Blütenstiele 15–20 mm lg, mit 0–5 Stieldrüsen. Blüten weiß. Fruchtknoten kahl.

1289 **Rubus confusidens** H. E. Weber
Wirrzähnige Brombeere ohne Abb.

(☆) **I**; PP, w, ⑦; F; RL –;
T2.1.2.2
M 3–5 m lg. Stg behaart, Stacheln rotfüßig, 7–10 (–12) mm lg. Blätter 5-zählig, oben (fast) kahl, unten ± sternhaarig filzig. Endblättchen br verkehrt eifg rundl., abgesetzt kurzspitzig, mit spitzen, verschieden gerichteten Zähnen. Rispe schmal, mit rotfüßigen Stacheln. Blüten lebhaft rosa. Antheren kahl.

1290–1313 Serie **Sylvatici** (P. J. Müll.) Focke

Waldbrombeeren

Stg meist behaart, gleichstachelig, ohne Stieldrüsen. Blätter oben meist behaart, unten meist filzlos grün. Rispe meist stieldrüsenlos. Staubblätter höher als Griffel. Antheren oft behaart.

1290 **Rubus silvaticus** Weihe & Nees ▸
Wald-Brombeere

I; PP, w, ⑦–⑧; (M_1, **E**), M_2, F, K; RL reg;
T2.1.1.2, T2.3.1
M 3–5 m lg. Stg rundl., behaart, mit 4–5 mm lgn Stacheln. Blätter 5-zählig, unten kaum fühlbar bis ± weich behaart. Endblättchen aus rundem Grund schmal verkehrt eifg, wenig abgesetzt bespitzt, 2–3 mm tief gesägt. Rispe schmal. Blüten weiß. Antheren (z. T.) behaart. Fruchtknoten dichthaarig.

1291 **Rubus macer** H. E. Weber
Magere Brombeere Abb. o. re.

☆ **I**; PP, w, ⑦; M_2; RL reg;
T2.1.1.2, T2.3.1
M Wie 1290, doch insgesamt kräftiger, Stg 3–5 m lg, mit 6–7 mm lgn Stacheln. Stg (fast) kahl, mit 7–9 mm lgn Stacheln. Blätter unten stets nicht fühlbar behaart. Fruchtknoten kahl.

1292 **Rubus trichanthus** Beek
Behaartblütige Brombeere ohne Abb.

I; PP, w, ⑦; F, ⟨RL 1⟩;
T2.3.1.1?
M Wie 1290, doch Stg (scharf)kantig, (fast) kahl. Endblättchen lg zugespitzt, periodisch 3–4 mm tief gesägt.
B Nur an der niederl. Grenze bei Elten.

1293 **Rubus galeatus** H. E. Weber ▸
Helm-Brombeere

☆ **I**; PP, w, ⑦; F; RL –;
T2.1.2.2, T2.3
M 3–5 m lg. Stg rundl., verkahlend, Stacheln 5–6,5 mm lg. Blätter 5-zählig, unten weichhaarig. Endblättchen aus rundl. Basis schmal eifg elliptisch, 2–3 cm lg bespitzt, ± fein gesägt, lebend konvex. Kronblätter u. Griffelbasis etwas rosa. Antheren kahl.

1294 **Rubus sciocharis** (Sudre) W. C. R. Watson
Schattenliebende Brombeere Abb. u. li.

I, (**E lok**); PP, w, ⑦–⑧; (M_1, M_2 **E**), F, K; RL reg;
T2.1.1.2, T2.3.1
M 3–5 m lg. Stg behaart, mit 4–5(–6) mm lgn Stacheln. Blätter 3- bis fußfg 5-zählig, unten kaum fühlbar behaart. Endblättchen aus herzfgm Grund breit (verkehrt) eifg elliptisch, konvex. Kelch ± stachelig. Kronblätter weiß, 13–18 mm lg. Antheren dicht behaart.
B »Unkraut« in Baumschulen Holsteins, von dort vielerorts verschleppt u. **E**.

◂ 1295 **Rubus schlechtendalii** Weihe ex Link
Schlechtendals Brombeere

I; PP, w, ⑦; M_2, F; RL reg;
T2.1.2.2, T2.3
M 3–6 m lg. Stg behaart, mit 6–7 mm lgn Stacheln. Blätter 5-zählig, unten schimmernd weichhaarig. Endblättchen aus rundem Grund schmal verkehrt eifg, abgesetzt 10–20 mm dünn bespitzt, ± gleichmäßig gesägt. Rispenachse mit (fast) geraden Stacheln. Kronblätter blassrosa. Antheren kahl. Fruchtknoten (fast) kahl.

1296 **Rubus schlechtendaliiformis** H. E. Weber
Mittelholsteinische Brombeere ohne Abb.

☆ **I**; PP, w, ⑦; F; RL 3;
T2.1.1.2, T2.3.1
M Wie 1295, doch Endblättchen breiter, allmählicher zugespitzt, grober gesägt. Fruchtknoten behaart.
B Endemisch in Holstein.

◄ 1297 **Rubus lasiandrus** H. E. Weber
Wollmännige Brombeere

☆ **I**; PP, w, ⑦; M_2, F; RL reg
T2.1.1.2, T2.3.1
M 3–5 m lg. Stg behaart, Stacheln 4–5 mm lg. Endblättchen aus ± rundem Grund verkehrt eifg elliptisch, abgesetzt dünnspitzig. Rispenachse ± geradstachelig. Blütenstiele nur mit 0–2 Stacheln. Blüten weiß. Antheren u. Fruchtknoten dichthaarig.

1298 **Rubus circipanicus** E. H. L. Krause
Circipanier-Brombeere ohne Abb.

☆ **I**; PP, w, ⑦; M_1, M_2, F, K; RL reg;
T2.1.1.2, T2.3.1
M 3–5 m lg. Stg behaart, Stacheln 6–7 mm lg. Blätter unten weichhaarig. Endblättchen verkehrt eifg elliptisch bis rundl., ± abgesetzt bespitzt. Rispenachse oben ± zottig, (fast) geradstachelig. Blüten u. Griffelbasis blassrosa. Antheren kahl, Fruchtboden (fast) kahl.

1299 **Rubus imbricatus** Hort ►
Dachziegelblättrige Brombeere

I; PP, w, ⑦; M_2, F; RL G;
T2.1.1.2?
M 3–5 m lg. Stg verkahlend, mit 5–6 mm lgn Stacheln. Blätter (4–)5-zählig unten fühlbar behaart. Endblättchen aus herzfgm Grund br verkehrt eifg rundl., abgesetzt bespitzt, grob gesägt. Rispenachse (fast) geradstachelig. Blüten ± weiß. Fruchtknoten behaart.

◄ 1300 **Rubus macrophyllus** Weihe & Nees
Großblättrige Brombeere

I; PP, w, ⑦–⑧; AV, M_1, M_2, F; RL reg;
T2.1.2.2, (T2.3.1)
M 3–8 m lg. Stg kurzhaarig, Stacheln 4–6,5 mm lg. Blätter gr (bis > 40 cm lg), unten fühlbar behaart. Endlättchen aus herzfgm Grund verkehrt eifg, konvex, entfernt 1–2 mm tief gesägt. Rispenachse filzig kurzzottig, (fast) geradstachelig. Blüten weiß bis blassrosa. Antheren kahl. Fruchtknoten (fast) kahl.

1301 **Rubus gremlii** Focke ►
Gremlis Brombeere

(☆) **I**; PP, w, ⑦; AV, M_1, M_2; RL reg;
T2.1.2.2, T2.3.2
M 3–6 m lg. Wie 1300, doch Endblättchen verlängert eifg, allmähl. lg bespitzt, 2–3 mm tief gesägt. Rispenachse krummstachelig.

◄ 1302 **Rubus edeesii** H. E. Weber & A. L. Bull
Edees' Brombeere

I; PP, w, ⑦; F; ⟨RL –⟩;
T2.1.1.2, T2.3.1
M 3–5 m lg. Stg behaart, mit 7–8 mm lgn Stacheln. Blätter 5-zählig, unten kaum fühlbar behaart. Endblättchen aus etwas herzfgr Basis elliptisch bis schwach verkehrt eifg, lg bespitzt, grob 3–5 mm tief gesägt. Rispe breit, Achse mit ± krummen Stacheln. Blüten weiß. Antheren u. Fruchtknoten kahl.

1303 **Rubus amisiensis** H. E. Weber ►
Ems-Brombeere

I; PP, w, ⑦; F; RL reg;
T2.3.1
M 3–6 m lg. Stg behaart, mit 6–9 mm lgn Stacheln. Blätter unterseits weichhaarig, filzlos grün bis grauweißfilzig. Endblättchen br elliptisch verkehrt eifg od. rundl., abgesetzt 7–12 mm lg bespitzt, 1,5–2 mm tief gesägt. Rispe sperrig, Achse mit (fast) geraden Stacheln. Blüten ± rosa. Antheren kahl od. behaart. Fruchtknoten lghaarig.

◄◄ 1304 **Rubus leptothyrsos** G. Braun
Dünnrispige Brombeere

I; PP, w, ⑦; M_2, F, K; RL –;
T2.1.1.2, T2.3.1
M 3–5 m lg. Stg behaart, Stacheln 6–8 mm lg. Blätter unten weichhaarig, slt auch filzig. Endblättchen br verkehrt eifg rundl., abgesetzt bespitzt. Rispe schmal, Achse mit dünnen, ± geraden Stacheln. Blüten blassrosa. Antheren behaart. Fruchtknoten (fast) kahl.

1305 **Rubus phyllothyrsos** Frid.
Blattsträußige Brombeere ohne Abb.

(☆) **I**; PP, w, ⑦; F; RL 2;
T2.1.1.2, T2.3.1
M Ähnl 1304, doch u. a. Blätter (4–)5-zählig, Griffel rotfüßig, Antheren kahl.

◄ 1306 **Rubus gratus** Focke
Angenehme Brombeere

I; PP, w, ⑦; M_2, F, K; RL reg;
T2.1.1.2, T2.3.1
M 3–5 m lg. Stg (fast) kahl, rinnig, mit 4–5,5 mm lgn Stacheln. Blätter unten kaum fühlbar behaart. Endblättchen aus herzfgm Grund elliptisch verkehrt eifg, 10–30 mm lg bespitzt, grob 3–5 mm tief gesägt. Rispe br, geradstachelig. Blüten ± blassrosa. Antheren (z. T.) behaart. Fruchtknoten kahl.

1307–1308 **Rubus leucandrus** Focke
Weißmännige Brombeere

Stg behaart, Stacheln 5–6 mm lg. Blätter unten nicht fühlbar behaart. Rispenachse ± geradstachelig. Blüten weiß. Antheren meist kahl.

◄◄ 1307 ssp **leucandrus**
Gewöhnliche Weißmännige Brombeere

☆ **I**; PP, w, ⑦; (M_2), F; RL –;
T2.1.1.2, T2.3.1
M 3–5 m lg. Endblättchen ca 85–100 mm lg, eifg bis verlängert elliptisch, allmähl. ca 15 mm lg bespitzt. Nebenblätter ca 1 mm br.

◄ 1308 ssp **belgicus** H. E. Weber
Belgische Weißmännige Brombeere

(☆) **I**; PP, w, ⑦; M_2, F; RL –;
T2.1.1.2, T2.3.1
M 3–5 m lg. Endblättchen < 85 mm lg, br elliptisch verkehrt eifg bis rundl., abgesetzt 5–12 mm lg bespitzt. Nebenblätter 2–3 mm br.

◄ 1309 **Rubus adspersus** Weihe ex H. E. Weber
Hainbuchenblättrige Brombeere

I; PP, w, ⑦; (M_1), M_2, F; RL reg;
T2.1.1.2, T2.3.1
M 3–5 m lg. Stg behaart, Stacheln gelbl, 7–10 mm lg. Blätter unten grün- od. ± graufilzig. Endblättchen herz-eifg. Rispenachse krummstachelig. Blütenstiele mit stieldrüsigen Deckblättchen. Blüten weiß od. ± rosa. Antheren kahl. Fruchtknoten behaart.

1310 **Rubus platyacanthus** P. J. Müll. & Lef. ►
Breitstachelige Brombeere

I; PP, w, ⑦; M_2, F; RL reg;
T2.1.1.2, T2.3.1
M Wie 1309, doch Endblättchen elliptisch verkehrt eifg. Deckblättchen ohne Stieldrüsen.

1311 **Rubus correctispinosus** H. E. Weber
Begradigte Brombeere ohne Abb.

☆ **I**; PP, w, ⑦; F; RL 2;
T2.1.1.2, T2.3.1
M Ähnl 1310, doch Stg u. Rispe mit geraden Stacheln.

1312 **Rubus neumannianus** H. E. Weber & Vannerom
Neumanns Brombeere

I; PP, w, ⑦; M_1, M_2; RL reg;
T2.1.1.2, T2.3.1
M 3–5 m lg. Stg schwach behaart, mit 5–7 mm lgn Stacheln. Blätter oben kahl, unten schimmernd weichhaarig. Endblättchen verkehrt eifg elliptisch, 10–20 mm bespitzt, periodisch 2–4 mm tief gesägt. Rispenachse mit geraden od. leicht krummen Stacheln. Blüten blassrosa. Antheren u. Fruchtknoten kahl.

1313 **Rubus braeuckeriformis** H. E. Weber
Westmünsterländer Brombeere — ohne Abb.

(☆) I; PP, w, ⑦; F; RL –;
T2.1.1.2, T2.3.1
M 3–5 m lg. Stg (fast) kahl, mit 5–7 mm lgn Stacheln. Blätter oben (fast) kahl, unten nicht fühlbar behaart. Endblättchen herz-eifg verkehrt eifg, grob periodisch 3–5 mm tief gesägt. Rispe krummstachelig. Blütenstiele mit 5–15 Stacheln. Blüten weiß. Antheren kahl. Fruchtknoten (fast) kahl.

1314–1323 Serie **Sprengeliani** Focke
Sprengels Brombeeren

Wie Serie *Sylvatici* mit ± behaartem, doch stets stumpfkantig bis rundl. Stg, Blätter oben behaart, unten filzlos grün. Rispe (besonders Blütenstiele) mit Stieldrüsen, Staubblätter nicht so hoch wie Griffel, Kronblätter verwelkt lge an der Blüte haftend.

1314 **Rubus sprengelii** Weihe
Sprengels Brombeere — Abb. o. re.

I; PP, w, ⑦; M_1, M_2, F, K; RL –;
T2.1, T2.3.1
M 3–5 m lg. Stg behaart, mit 5–6 mm lgn, sicheligen Stacheln. Blätter 3- bis fußfg 5-zählig, unten nicht fühlbar behaart. Rispe dünnästig sperrig, krummstachelig. Blütenstiele 15–25 mm lg. Kelch ± abstehend, etwas bestachelt. Kronblätter rosa. Antheren kahl. Fruchtknoten behaart.

1315 **Rubus arrhenii** Lange
Arrhenius' Brombeere

I; PP, w, ⑦; (M_2), F, K; RL reg;
T2.1.1.2, T2.3.1
M 3–5 m lg. Stg behaart, mit 3–4 mm lgn Stacheln. Blätter 5-zählig, unten nicht fühlbar behaart. Endblättchen schmal elliptisch, 8–12 mm lg bespitzt, sehr gleichmäßig 1,5–2 mm tief gesägt. Rispe ± krummstachelig. Kronblätter weiß, rundl. Antheren kahl.

1316 **Rubus pervirescens** Sudre
Grünliche Brombeere

☆ I; PP, w, ⑦; M_2, F; RL reg;
T2.1.1.2, T2.3.1
M Wie 1315, doch Blätter unten weichhaarig, Endblättchen herz-eifg, lg bespitzt. Rispe sehr armstachelig.

1317 **Rubus myricae** Focke
Heide-Brombeere — ohne Abb.

☆ I; PP, w, ⑦; F; RL –;
T2.1.1.2, T2.3.1
M 3–5 m lg. Stg behaart, Blätter überwiegend 3-zählig, unten weichhaarig. Kronblätter weiß, verkehrt eifg. Antheren (z. T.) u. Fruchtknoten behaart.

1318 **Rubus glandisepalus** H. E. Weber
Drüsenkelchige Brombeere ohne Abb.

☆ **I**; PP, w, ⑦; M_2; RL R;
T2.3.1
M 3–5 m lg. Stg behaart, mit 2,5–4 mm lgn Stacheln. Blätter fußfg 4–5-zählig, oben fast kahl, unten weichhaarig. Endblättchen herz-eifg, fast gleichmäßig 2–3 mm tief gesägt. Rispe armstachelig, Blütenstiele meist ohne Stacheln u. Stieldrüsen. Kelch mit roten Stieldrüsen. Blüten weiß. Antheren kahl.

1319 **Rubus imitans** H. E. Weber
Nachahmende Brombeere ohne Abb.

☆ **I**; PP, w, ⑦; M_2; RL reg;
T2.3.1
M 3–5 m lg. Stg behaart, Stacheln bis 4 mm lg. Blätter 5-zählig mit ± herz-eifg, gefalteten Endblättchen, 1229 vortäuschend. Blattstiel oberseits u. Rispe ± stieldrüsig. Rispenachse mit wenigen, ± geraden, 3,5(–4) mm lgn Stacheln. Kelch aufgerichtet. Blüten weiß. Antheren u. Fruchtknoten kahl.

1320 **Rubus chlorothyrsos** Focke
Grünsträußige Brombeere

(☆) **I**; PP, w, ⑦; M_2, F, K; RL reg;
T2.1.1.2, T2.3.1
M 3–5 m lg. Stg behaart, mit 6–7 mm lgn Stacheln. Blätter 5-zählig, unterseits ± weichhaarig. Endblättchen aus rundl. keilfg Grund verkehrt eifg, konvex, 2–3 mm tief gesägt. Rispe bis zur Spitze mit lanzettl Blättern, Achse leicht krummstachelig. Kronblätter weiß, Staubblätter fast so hoch wie Griffel. Antheren kahl. Fruchtknoten (fast) kahl.

1321 **Rubus axillaris** Lej.
Achselblütige Brombeere

I; PP, w, ⑦; M_2; RL R;
T2.3.1
M Von 1320 vor allem verschieden durch nur 4–5 mm lge Stacheln auf dem Stg. Blätter 3–5-zählig, Endblättchen aus breiterem Grund rundl., grober gesägt. Rispe mit breiteren Blättchen. Staubblätter viel kürzer als Griffel. Fruchtknoten behaart.

1322 **Rubus cimbricus** Focke
Cimbrische Brombeere

(☆) **I**; PP, w, ⑦; F, K; RL reg;
T2.1.1.2, T2.3.1
M 3–5 m lg. Stg (fast) kahl, mit 6–7 mm lgn Stacheln. Blätter 5-zählig, oben fast kahl, unten ± weichhaarig. Endblättchen herz-eifg, grobwellig, 3,5–5 mm tief gesägt. Rispen mit (fast) geraden Stacheln. Kelch aufgerichtet. Blüten weiß od. blassrosa. Antheren u. Fruchtknoten kahl.

1323 **Rubus braeuckeri** G. Braun
Braeuckers Brombeere

☆ **I**; PP, w, ⑦; M_2, (F); RL reg;
T2.1.1.2, T2.3.1
M 3–5 m lg. Stg behaart, mit vielen 3(–4) mm lgn Stacheln. Blätter 3–5-zählig, unten kaum fühlbar behaart. Endblättchen schmal verkehrt eifg elliptisch, 3–4 mm tief gesägt. Rispe sperrig, dicht krummstachelig, Blütenstiele ohne Stieldrüsen. Blüten weiß. Antheren behaart. Fruchtknoten zottig.

1324–1325 Serie **Canescentes** H. E. Weber

Filzbrombeeren

Monotypische Serie, deren Merkmale mit der einzigen darin enthaltenen Art zusammenfallen. Diese zählt zu den wenigen diploiden »Primärarten« der Brombeeren Europas.

1324–1325 **Rubus canescens** DC.

Filz-Brombeere

I; PP, w, ⑦; AV, M_1, M_2; RL reg;
T2.1

M 2–4 m lg. Stg kahl bis filzig, mit 0 bis vielen Stieldrüsen, Stacheln ± ungleich, meist 5–6 mm lg. Blätter 3–4- oder fußfg 5-zählig, etwas ledrig derb, unterseits grau(weiß)filzig u. weichhaarig. Endblättchen ± rhombisch elliptisch, nicht abgesetzt bespitzt, sehr grob, oft fast eingeschnitten 4–5(–6) mm tief gesägt. Rispe schmal, ± stieldrüsig. Kronblätter weiß, beim Trocknen gelbl, Antheren u. Fruchtknoten kahl. Sammelfrucht klein.
B Als diploide Art lokal zahlreiche Primärbastarde bildend.

1324 var **canescens**

M Blätter oberseits (meist dicht) sternhaarig u. sich oft weich anfühlend.
B Stg u. Rispe (fast) stieldrüsenlos (f *canescens*) bis (reichl.) stieldrüsig (f. *setosoglandulosus*).

1325 var **glabratus** (Wirtgen) H. E. Weber

ohne Abb.

Blätter oberseits kahl.

1326–1350 Serie **Vestiti** (Focke) Focke

Samt-Brombeeren

Stg im typischen Fall rundl. stumpfkantig, dklweinrot, dichthaarig, ± gleichstachelig, mit 0 bis wenigen zerstreuten Stieldrüsen. Blätter unterseits von nervenständigen Haaren schimmernd u. samtig weich. Rispe konisch, dichthaarig u. stieldrüsig, Staubblätter höher als Griffel, Antheren kahl.

1326 **Rubus vestitus** Weihe

Samt-Brombeere

I; PP, w, ⑦–⑧; A, AV, M_1, M_2, F, K; RL reg;
T2.1.2.2 (T2.3.2.)

M 3–5 m lg. Stg dklweinrot, dichthaarig, mit dünnen, geraden, 7–9 mm lgn Stacheln. Blätter (4–)5-zählig, unten samtig weich u. ± graugrün bis graufilzig. Endblättchen br verkehrt eifg bis kreisrund, abgesetzt 5–8 mm lg bespitzt, 1–1,5 mm tief gesägt. Rispe mit dünnen geraden Stacheln. Griffel grün od. ± rosafüßig. Antheren kahl od. etwas behaart. Fruchtknoten vielhaarig.
B Zwei genetisch u. pflanzengeographisch unterschiedl. Formen: Blüten weiß (f *albiflorus*, so meistens) od. rosarot (f *vestitus*).

1327 **Rubus conspicuus** P. J. Müll. ex Wirtg.

Ansehnliche Brombeere

(☆) **I**; PP, w, ⑦; AV, M_1, M_2, F; RL –;
T2.1.2.2

M 3–5 m lg. Stg dichthaarig, Stacheln ± ungleich, 7–9 mm lg. Blätter (4–)5-zählig, unten angedrückt weißgraufilzig, nicht weichhaarig. Endblättchen verkehrt eifg, grob 2,5–3,5 mm tief gesägt. Rispenachse mit z. T. etwas krummen Stacheln. Blüten rosa. Fruchtknoten (fast) kahl.

1328 **Rubus adscitus** Genev.

Fremde Brombeere

ohne Abb.

I; PP, w, ⑦; M_2; ⟨RL1, RL 0?⟩,
T2.1.2.2?

M 3–5 m lg. Stg filzig kurzzottig, Stacheln 4–6 mm lg. Blätter 3–5-zählig, unten graufilzig weichhaarig. Endblättchen verkehrt eifg, abgesetzt dünnspitzig, grob ca 4 mm tief gesägt. Rispe geradstachelig. Blüten blassrosa. Fruchtknoten (fast) kahl.

1329 **Rubus macrothyrsus** Lange
Schmalsträußige Brombeere

(☆) **I**; PP, w, ⑦–⑧; F, K; RL 4;
T2.1.2.2

M 3–5 m lg. Stg wie bei 1326 gefärbt u. behaart, stieldrüsig, Stacheln 6–7 mm lg. Blätter 5-zählig, oben kahl, unten graufilzig weichhaarig. Endblättchen schmal verkehrt eifg bis ± 5-eckig, allmähl. zugespitzt, mit längeren gekrümmten Hauptzähnen. Rispe schmal, Stacheln dünn, ± gekrümmt. Blütenstiele bis 10 mm lg. Blüten rosarot.

1330 **Rubus cinerascens** Weihe ex Lej. & Court.
Aschgraue Brombeere ohne Abb.

(☆) **I**; PP, w, ⑦; M_2, F; RL –;
T2.1.2.2, T2.3.2

M 3–5 m lg. Stg aschgrau dichthaarig, sehr stieldrüsig, Stacheln 3–4 mm lg. Blätter 3–5-zählig, unten weichhaarig. Endblättchen verkehrt eifg rundl., abgesetzt bespitzt, nur 1 mm tief gesägt. Rispenachse zottig filzig, nadelstachelig. Blüten rosa.

1331 **Rubus viscosus** Weihe ex Lej. & Court.
Klebrige Brombeere ohne Abb.

(☆) **I**; PP, w, ⑦; M_2; RL –;
T2.1.2.2, T2.3.2

M 3–5 m lg. Stg kantig (bis rinnig), ± stieldrüsig. Stacheln 4–6 mm lg. Blätter 4–5-zählig, weichhaarig, kaum filzig. Endblättchen eifg bis ± verkehrt eifg, allmähl. bespitzt, 1–2 mm tief gesägt. Rispenachse geradstachelig. Blüten rosa(rot), Griffelbasis rosa.

1332 **Rubus omalodontos** P. J. Müll. ex Wirtg.
Flachzähnige Brombeere

(☆) **I**; PP, w, ⑦; M_2; RL reg;
T2.1.2.2, T2.3.2

M 3–5 m lg. Stg dichthaarig, sehr stieldrüsig, Stacheln 6–7 mm lg. Blätter (3–)5-zählig, unten grün, weichhaarig. Endblättchen br eifg elliptisch, abgesetzt bespitzt, mit brn Zähnen nur 1 mm tief gesägt. Rispe mit geraden, drüsigen Nadelstacheln. Blüten weiß.

1333 **Rubus guestphalicus** (Focke) Utsch
Westfälische Brombeere ohne Abb.

(☆) **I**; PP, w, ⑦; F; RL ⟨G⟩;
T2.1.2.2, T2.3.2

M 2,5–4 m lg. Stg dklrot, dichthaarig, kaum stieldrüsig, Stacheln 4–5 mm lg. Blätter 3-zählig, unterseits filzlos weichhaarig. Endblättchen aus rundem Grund schmal verkehrt eifg rhombisch, allmähl. bespitzt, eng 2 mm tief gesägt. Rispenachse filzig zottig, stieldrüsig, Stacheln pfrieml., ± gerade. Kelch zurückgeschlagen. Blüten rosarot.

1334 **Rubus oblongifolius** P. J. Müll. & Wirtg.
Verlängertblättrige Brombeere ohne Abb.

(☆) **I**; PP, w, ⑦; M_1, M_2; RL –;
T2.1.2.2, T2.3.2

M Wie 1333, doch Stg reicher stieldrüsig, Stacheln 6(–7) mm lg. Blätter z. T. auch 4–5-zählig, unten oft etwas filzig. Endblättchen aus ± herzfgm Grund verlängert verkehrt eifg.

1335 **Rubus guestphalicoides** H. E. Weber
Weißblütige Westfälische Brombeere ohne Abb.

(☆) **I**; PP, w, ⑦; M_2, F; RL R;
T2.1.2.2, T2.3.2

M Wie 1333, doch Stg stärker stieldrüsig, Endblättchen am Grunde etwas herzfg, elliptisch verkehrt eifg. Kelch abstehend od. aufrecht. Kronblätter weiß. Fruchtknoten behaart.

1336 **Rubus pannosus** P. J. Müll. ex Wirtg.
Dickfilzige Brombeere

I; PP, w, ⑦; M_1, M_2, (F); RL reg;
T2.1.2.2, T2.3.2

M 3–5 m lg. Stg violettrot, aschgrau dichthaarig, stieldrüsig. Stacheln 6–7 mm lg. Blätter 5-zählig, unten grün, weichhaarig. Endblättchen aus br herzfgr Basis elliptisch bis verkehrt eifg, mit gekrümmten Hauptzähnen ca 2 mm tief gesägt. Rispenachse filzig zottig, mit pfrieml., geraden Stacheln. Blütenstiele mit violetten Stieldrüsen. Kronblätter rosarot, Griffel ± rot. Fruchtknoten (fast) kahl.

1337 **Rubus bombycinus** Matzke-Hajek
Seidenhaarige Brombeere ohne Abb.

☆ I; PP, w, ⑦; M_2; ⟨RL –⟩;
T2.3.1
M 3–4 m lg. Stg kantig, rotbraun, dichthaarig u. stieldrüsig. Stacheln 4–5 mm lg. Blätter 4–5-zählig, unten graufilzig u. weichhaarig. Endblättchen verkehrt eifg, allmähl. bespitzt. Rispenachse mäßig dichthaarig, stieldrüsig, mit dünnen, z.T. krummen Stacheln. Blüten rosa, Griffelbasen rosa. Fruchtknoten ± kahl.

1338 **Rubus adornatus** P. J. Müll. ex Wirtg.
Geschmückte Brombeere

(☆) I; PP, w, ⑦; M_2; RL –;
T2.1.1.2, T2.3
M 3–5 m lg. Stg ± rundl., vielhaarig, stieldrüsig. Stacheln 6–7 mm lg. Blätter (3–)4–5-zählig, weichhaarig, filzlos. Endblättchen aus herzfgn Grund verkehrt eifg rundl. ± allmähl. bespitzt, 2,5–3 mm tief gesägt. Stacheln der Rispenachse wenig gekrümmt. Kelch abstehend bis zurückgeschlagen. Blüten mit Griffelbasis rosa. Fruchtknoten kahl.

1339 **Rubus adornatoides** H. E. Weber
Falsche Schmuck-Brombeere

☆ I; PP, w, ⑦; M_2; RL –;
T2.1.1.2, T2.3
M 3–5 m lg. Stg rundl., behaart, stieldrüsig, Stacheln 6–7 mm lg. Blätter (3–)4- bis fußfg 5-zählig. Endblättchen 20–35 % der Spreitenlänge gestielt, verkehrt eifg, fast gleichmäßig, nur 1–2 mm tief gesägt, etwas abgesetzt bespitzt. Kelch zuletzt meist ± zurückgeschlagen. Blüten mit Griffelbasis rosa.
B Im rechtsrheinischen Schiefergebirge.

1340 **Rubus rubercadaver** Beek
Niederrheinische Brombeere ohne Abb.

(☆) I; PP, w, ⑦; F; ⟨RL –⟩;
T2.1.1.2, T2.3
M 3–5 m lg. Von 1339 wenig verschieden: Blätter ± handfg 5-zählig, Endblättchen lgr (meist 35–40 % der Spreitenlänge) gestielt. Kelchzipfel verlängert, zuletzt aufgerichtet.
B Niederrheinisches Tiefland u. angrenzende Niederlande.

1341 **Rubus schumacheri** (Ade) Matzke-Hajek
Schumachers Brombeere ohne Abb.

☆ I; PP, w, ⑦; M_2, K; ⟨RL –⟩;
T2.1.2.2
M 3–5 m lg. Stg behaart, mit 5–7,5 mm lgn Stacheln. Blätter (3–)4–5-zählig, oben fast kahl, unten fühlbar (doch nicht weich) behaart, filzlos. Endblättchen br verkehrt eifg bis rundl., 2–4 mm tief gesägt. Rispe schlank, Achse ± krummstachelig. Blütenstiele nur 5–12 mm lg, mit 3–7 Stacheln. Kelch ± aufgerichtet. Blüten weiß, Griffelbasis rosa.

1342 **Rubus hostilis** P. J. Müll. & Wirtg.
Rotmännige Brombeere

☆ I; PP, w, ⑧; M_2; RL –;
T2.1.2.2, T2.3
M 2–3 m lg. Stg kantig, behaart, stieldrüsig u. stachelhöckerig. Stacheln ± ungleich, bis 4–5 mm lg. Blätter 3–5-zählig, unten weichhaarig u. graufilzig. Endblättchen verkehrt eifg elliptisch, 1,5–2 mm tief gesägt. Rispenachse ± sichelstachelig. Kronblätter rosa, Staubblätter tiefrosa, Griffel weißl.

1343 **Rubus buhnensis** G. Braun
Buhn-Brombeere ohne Abb.

☆ I; PP, w, ⑦; M_2; RL reg;
T2.1.2.2, T2.3
M 3–5 m lg. Stg wenig behaart, stieldrüsig. Stacheln etwas ungleich, 5–6 mm lg. Blätter (4–)5-zählig, unten weichhaarig, filzlos. Endblättchen ± elliptisch, fein nur 1 mm tief gesägt. Rispenachse mit geraden u. krummen Stacheln. Kronblätter lebhaft rosa, Staubblätter rosenrot. Griffel rotfüßig.

1344 **Rubus pyramidatus** P. J. Müll.
Deister-Brombeere ohne Abb.

☆ I; PP, w, ⑦; M_2; ⟨RL –⟩;
T2.1.2.2, T2.3
M 3–5 m lg. Stg dichthaarig, stieldrüsig. Stacheln gleichartig, 6(–7) mm lg. Blätter 3-5-zählig, unten weichhaarig, filzlos. Endblättchen br verkehrt eifg bis kreisrund, aufgesetzt bespitzt, 1–1,5 mm tief gesägt. Rispenachse mit ± krummen Stacheln. Blüten rosarot. Griffelbasis rötl.

1345 **Rubus eifeliensis** Wirtg.
Eifel-Brombeere

☆ I; PP, w, ⑦; M_1, M_2; RL –;
T2.1.2.2, T2.3
M 3–5 m lg. Stg dichthaarig, ± stieldrüsig, Stacheln 3–5 mm lg. Blätter 5-zählig, unten weichhaarig, filzlos. Endblättchen verkehrt eifg, abgesetzt bespitzt, 1–2 mm tief gesägt. Rispenachse etwas graufilzig zottig, krummstachelig. Blütenstiele filzig kurzzottig, stieldrüsig, stachelig. Blüten weißl. Griffel grünl.

1346 **Rubus dechenii** Wirtg.
Dechens Brombeere ohne Abb.

☆ I; PP, w, ⑦; M_2; RL –;
T2.1.2.2, T2.3.
M 3–5 m lg. Stg mäßig dichthaarig, etwas stieldrüsig, mit 4–6,5 mm lgn Stacheln. Blätter (4–)5-zählig, unten weichhaarig, filzlos. Endblättchen elliptisch bis ± verkehrt eifg, ca 2 mm tief gesägt. Rispenachse filzig dichthaarig, mit rotfüßigen, ± krummen Stacheln. Blüten weiß. Griffelbasis z.T. rosa.

1347 **Rubus tauni** Schnedl. & Grossheim
Taunus-Brombeere ohne Abb.

☆ **I**; PP, w, ⑦; M_1, M_2; ⟨RL –⟩;
T2.3.2
M 3–5 m lg. Stg ± dichthaarig, dicht stieldrüsig, Stacheln ± ungleich, bis 5(–7) mm. Blätter 5-zählig, unten samtig weich, filzlos. Endblättchen verlängert verkehrt eifg (fast geradlinig nach oben verbreitert), 1–2 mm tief gesägt. Rispenachse ± geradstachelig. Blüten rosa. Griffel z. T. rötl.

1348 **Rubus hirtifolius** P. J. Müll. ex Wirtg.
Haarblättrige Brombeere ohne Abb.

☆ **I**; PP, w, ⑦: M_2; RL –;
T2.1.2.2
M 3–5 m lg. Stg vielhaarig, stieldrüsig, Stacheln 5–6 mm lg. Blätter (4–)5-zählig, unten weichhaarig, angedeutet filzig. Endblättchen br verkehrt eifg bis kreisrund, aufgesetzt bespitzt, 2–3 mm tief gesägt. Rispenachse ± zottig, mit dünnen, z. T. krummen Stacheln. Blüten weiß, Griffel grünl. weiß.

1349 **Rubus crassidens** H. E. Weber
Dickzähnige Brombeere ohne Abb.

☆ **I**; PP, w, ⑦–⑧; M_2, F; RL –;
T2.1.2.2
M 3–5 m lg. Stg kantig flachseitig, vielhaarig, zerstreut stieldrüsig. Stacheln 4–6 mm lg. Blätter 5-zählig, oben fast kahl, unten weichhaarig, filzlos. Endblättchen br verkehrt eifg bis kreisrund, sehr grob, vorn 4–10 mm eingeschnitten gesägt. Rispenachse mit ± geraden Stacheln. Blüten weiß bis blassrosa.

1350 **Rubus pyramidalis** Kaltenb.
Pyramiden-Brombeere

I; PP, w, ⑦; M_1, M_2, F, K; RL reg;
T2.1.1.2, T2.3.1
M 3–5 m lg. Stg meist fast kahl u. ohne Stieldrüsen, Stacheln 6–7 mm lg. Blätter 5-zählig, unten weichhaarig, filzlos. Endblättchen elliptisch bis verkehrt eifg od. rundl., mit auswärts gekrümmten Hauptzähnen grob 3–5 mm tief gesägt. Rispenachse geradstachelig. Blüten blassrosa bis weiß. Griffel grünl.

1351–1368 Serie **Micantes** Sudre
Stachelhöckerige Brombeeren

Stg fast gleich- bis mäßig ungleichstachelig, kahl bis behaart, mit fast fehlenden bis mäßig vielen Stieldrüsen, Stachelchen u. Stachelhöckern. Blätter unterseits filzlos grün bis graufilzig. Endblättchen nicht kreisrund mit aufgesetzter Spitze. Rispe mit wenigen bis vielen Stieldrüsen. Heterogene Übergangsgruppe zw den stieldrüsenarmen u. drüsenreichen Brombeeren.

1351 **Rubus micans** Godron
Schimmernde Brombeere

I; PP, w, ⑦; M_1, M_2, F, K; RL G;
T2.1.2.2
M 3–5 m lg. Stg rotkantig, wenig behaart, Stacheln 5–6 mm lg. Diese wie die Stachelchen rotfüßig. Blätter (3–)4–5-zählig, oben kahl, unten weichhaarig u. ± graufilzig. Endblättchen verkehrt eifg, mit auswärtsgekrümmten Hauptzähnen, 2–3 mm tief gesägt. Blüten blassrosa.

1352 **Rubus raduloides** (Rogers) Sudre
Raspelartige Brombeere

I; PP, w, ⑦; M_1, M_2, F; RL reg;
T2.1.2.2
M 3–5 m lg. Stg, Stacheln, Stachelhöcker wie bei 1351 gefärbt, Stg kahl, Stacheln bis 7–8 mm lg. Blätter 4–5-zählig, oben (fast) kahl, unten weichhaarig u. graufilzig. Endblättchen verkehrt (br) eifg elliptisch, 2–3,5 mm tief gesägt. Blütenstand mit lgn, geraden Stacheln. Blüten hellrosa.

1353 **Rubus klimmekianus** Matzke-Hajek
Klimmeks Brombeere ohne Abb.

☆ **I**; PP, w, ⑦; M_2; ⟨RL –⟩;
T2.3.2,T2.1.2.2
M Wie 1351, doch Stg vielhaarig u. mit zahlreicheren lgn Stieldrüsen u. Stachelborsten. Stacheln sehr ungleichlg. Blätter oben stärker behaart. Endblättchen meist rundl., am Grunde mehr herzfg, gleichmäßiger gesägt. Blüten kräftig rosa, Griffel am Grunde rosa.
B Rechtsrheinisches Schiefergebirge.

1354 **Rubus melanoxylon** P. J. Müll. & Wirtg.
Schwarzholzige Brombeere ohne Abb.

(☆) **I**; PP, w, ⑦; M_2, (F); RL G;
T2.1.2.2, T2.3
M 3–5 m lg. Stg stumpfkantig, schwarzrot, (fast) kahl, größere Stacheln bis 4–5 mm lg. Blätter 3–4(–5)-zählig, oben fast kahl, unten weichhaarig. Endblättchen verkehrt eifg, abgesetzt kurzspitzig, nur 1–2 mm tief gesägt. Rispenachse ± geradstachelig. Blüten rosa bis rosarot, Griffel ± rot.

1355 **Rubus siekensis** G. Braun
Kegelstrauß-Brombeere ohne Abb.

(☆) **I**; PP, w, ⑦; M_2, F; RL reg;
T2.1.2.2, T2.3.2
M 3–5 m lg. Stg wenig behaart, fast ohne Stieldrüsen, Stacheln bis 5–6 mm lg. Blätter meist 5-zählig, unten wenig fühlbar behaart, filzlos. Endblättchen schmal verkehrt eifg elliptisch, 1,5–2,5 mm tief gesägt. Blüten blassrosa bis weiß. Antheren behaart.

◄ 1356 **Rubus caflischii** Focke
Caflischs Brombeere

☆ **I**; PP, w, ⑦; AV, M_1; RL –; ✎
T2.1.2.2, T2.3
M 3–5 m lg. Stg behaart, Stacheln bis 5–6 mm lg, dazu Stachelhöcker u. (Drüsen-)Borsten. Blätter 5-zählig, oben kahl, unten ± graufilzig u. fühlbar behaart. Endblättchen verkehrt eifg elliptisch, wenig abgesetzt bespitzt, mit auswärts gekrümmten Hauptzähnen, 2–3 mm tief gesägt. Blüten blassrosa.

1357 **Rubus thelybatos** Focke ex Caflisch ►
Zarte Brombeere

☆ **I**; PP, w, ⑦; AV, M_1; RL –; ✎
T2.1.2.2, T2.3
M 3–4 m lg. Stg kahl, Stacheln bis 4–5 mm lg, dazu Stachelchen u. (Drüsen-)Borsten. Blätter meist 3-zählig, oben kahl, unten wenig fühlbar behaart u. ± filzig. Endblättchen br (verkehrt) eifg, br kurzspitzig, mit sehr br Zähnen 1–2 mm tief gesägt. Rispenachse fast kahl, geradstachelig. Blüten blassrosa.

1358 **Rubus condensatus** P. J. Müll. ►
Gedrängtblütige Brombeere

I; PP, w, ⑦; M_1, M_2; RL <- >; ✎
T2.1.2.2, T2.3.
M 3–5 m lg. Stg mäßig behaart, ± stieldrüsig, ohne Stachelhöcker, Stacheln gleichartig, 4–5 mm lg. Blätter (fast) alle 3-zählig, unten nicht fühlbar behaart, filzlos. Endblättchen br herz-eifg elliptisch, allmähl. bespitzt, 2–3 mm tief gesägt. Rispe oben gedrängtblütig. Blüten weiß. Antheren behaart.

1359 **Rubus praestans** H. E. Weber ►►
Vorzügliche Brombeere

(☆) **I**; PP, w, ⑦; M_2; RL –; ✎
T2.1.2.2
M 3–5 m lg. Stg vielhaarig, kaum stieldrüsig, Stacheln 6–7(–8) mm lg. Blätter (3–)4–5-zählig, oben fast kahl, unten weichhaarig u. ± graufilzig. Endblättchen (verkehrt) eifg, 10–20 mm lg bespitzt, 3–4 mm tief gesägt. Rispe sperrig. Kelch zurückgeschlagen. Kronblätter rosa, Staubblätter rot, Griffel(-basis) rot. Fruchtknoten kahl.

◄◄ 1360 **Rubus schlickumii** Wirtg.
Schlickums Brombeere

☆ **I**; PP, w, ⑦; M_1, M_2, F, K; RL –; ✎
T2.1.2.2
M Wie 1359, doch Stg wenig behaart, mit zahlreicheren Stieldrüsen. Blätter 5-zählig, stärker graufilzig. Endblättchen oft rundl., 10–15 mm lg bespitzt, 2 mm tief gesägt. Rispe mehr zylindrisch, nicht sperrig, stärker stieldrüsig.

◄ 1361 **Rubus geminatus** H. E. Weber
Zwillings-Brombeere

(☆) **I**; PP, w, ⑦; M_2; RL G; ✎
T2.3.1.
M 3–5 m lg. Stg (fast) kahl, kaum stieldrüsig, ohne Stachelhöcker. Stacheln gleichartig, 5–6 mm lg. Blätter 5-zählig, unten ± weich behaart, dazu mit einem Anflug von Sternhärchen. Endblättchen verkehrt eifg elliptisch, grob 3–4(–5) mm tief gesägt. Rispe schmal. Blüten weiß.

1362 **Rubus chaerophyllus** Sagorski & W. Schultze
Frischgrüne Brombeere

(☆) **I**; PP, w, ⑦–⑧; M_2, (F); RL reg;
T2.3
M 3–5 m lg. Stg (fast) kahl, ± ohne Stieldrüsen, Stacheln gleichartig, 5–7(–9) mm lg. Blätter (3–)5-zählig, unten weichhaarig, filzlos. Endblättchen br herz-eifg elliptisch, gleichmäßig ca 2 mm tief gesägt. Rispe etwas sperrig, (fast) geradstachelig, mit zerstreuten Drüsenborsten. Blüten meist weiß.

1363 **Rubus clusii** Borbás
Clusius' Brombeere ohne Abb.

I; PP, w, ⑦; AV, M_1; ⟨RL G⟩;
T2.3
M 3–5 m lg. Stg etwas behaart, stieldrüsig, drüsenborstig, Stacheln ungleich, die größten gelbl, br, 6–7 mm lg. Blätter 5-zählig, unten ± fühlbar behaart, filzlos. Endblättchen herz-eifg, allmähl. 8–15 mm lg bespitzt, periodisch 2–4(–5) mm tief gesägt. Rispe stieldrüsig drüsenborstig. Blüten weiß.

►

◄ 1364 **Rubus marianus** (E. H. L. Krause) H. E. Weber
Marienwald-Brombeere

(☆) **I**; PP, w, ⑦; F; RL reg;
T2.3
M 3–5 m lg. Stg behaart, stieldrüsig, drüsenborstig, Stacheln ± ungleich, bis 6–7 mm lg. Blätter 5-zählig, unten fühlbar behaart u. filzig. Endblättchen verkehrt eifg elliptisch bis rundl., allmähl. lg bespitzt, stark periodisch 3–5 mm tief gesägt, lebend am Rand ausgeprägt kleinwellig. Blüten weiß bis blassrosa.

▲ 1366 **Rubus acanthodes** Hofm.
Hofmanns Brombeere

(☆) **I**; PP, w, ⑦; M_2, F; RL reg;
T2.3
M 3–5 m lg. Stg kantig, mäßig dichthaarig, ± drüsenborstig. Stacheln ungleich, bis 6–7 mm lg. Blätter (3–)5-zählig, unten weichhaarig, filzlos. Endblättchen verkehrt eifg elliptisch, ± abgesetzt bespitzt, grob periodisch 3–4 mm tief gesägt. Rispe fast geradstachelig u. mit lgn Drüsenborsten. Blüten weiß.

1365 **Rubus hastiferus** H. E. Weber
Spieß-Brombeere Abb. u.li.

(☆) **I**; PP, w, ⑦–⑧; M_2, F; RL reg;
T2.1.1.2, T2.3.1
M 3–5 m lg. Stg (fast) kahl, mit zerstreuten Stieldrüsen u. Borsten, Stacheln ± ungleich, bis 7–8 mm lg. Blätter überwiegend 3-zählig, unten weichhaarig, meist filzlos. Endblättchen elliptisch bis verkehrt eifg, 1,5–2 mm tief gesägt. Rispenachse mit spießfg geraden, bis 7 mm lgn Stacheln. Blüten blassrosa.

1367 **Rubus sieberi** Hofm.
Siebers Brombeere ohne Abb.

☆ **I**; PP, w, ⑦; M_2, F; ⟨RL G⟩;
T2.3
M 3–5 m lg. Stg kahl, ohne Stieldrüsen u. Stachelhöcker, Stacheln gleichartig, 4–6 mm lg. Blätter 5-zählig, unten kaum fühlbar behaart. Endblättchen (br) herz-eifg elliptisch, lg bespitzt, 1–3 mm tief gesägt. Rispenachse ± stieldrüsenlos, zartstachelig. Blütenstiele etwas stieldrüsig. Blüten rosa.
B Endemisch u. slt in Sachsen.

◄ 1368 **Rubus amphistrophos** (Focke) H. E. Weber
Schwankende Brombeere

(☆) **I**; PP, w, ⑦; AV; ⟨RL –⟩;
T2.3
M 3–5 m lg. Stg behaart, ± drüsenborstig, Stacheln etwas ungleich, bis 6–7 mm lg. Blätter (3–)4–5-zählig, unten fühlbar bis weich behaart, etwas filzig. Endblättchen eifg elliptisch. 10–15 mm lg bespitzt, 3–4 mm tief gesägt. Rispe drüsenborstig. Blüten blassrosa bis weiß.
B Im südöstl. Bayern u. angrenzenden Österreich.

1369–1377 Serie **Mucronati** (Focke) H. E. Weber

Pickelhauben-Brombeeren

Mit rundl., aufgesetzt bespitzten Blättchen, unterseits filzlos. Stacheln meist schlank. Rispe mit 0,5–2 mm lgn Drüsenborsten. Übrige Merkmale meist wie bei der Serie Micantes.

1369 **Rubus mucronulatus** Boreau ▸

Pickelhauben-Brombeere

I (**E lok**); PP, w, ⑦; (M_1 **E**), M_2, F, (K **E**); RL –;
T2.1.2.2

M 3–5 m lg. Stg behaart, zerstreut drüsenborstig. Stacheln ungleich, schlank, bis 5–8 mm lg. Blätter (3–)5-zählig, unten nicht fühlbar behaart. Endblättchen aus herzfgm Grund br verkehrt eifg bis kreisrund, mit aufgesetzter, dünner, 10–15 mm lgr Spitze, 1–1,5 mm tief gesägt, lebend oft konvex. Blütenstiele reich stieldrüsig, mit 0–3 nadeligen Stacheln. Blüten weiß bis blassrosa. Antheren dicht behaart.
B Aus Baumschulen Holsteins (dort »Unkraut«) verschleppt.

1370 **Rubus bovinus** Beek & H. E. Weber

Rinder-Brombeere ohne Abb.

I; PP, w, ⑦; F; ⟨RL R⟩;
T2.1.2.2

M Wie 1369, doch Stg fast kahl u. kaum drüsenborstig. Endblättchen nicht rundl., weniger abgesetzt bespitzt. Blütenstiele nur mit 0–5 Stieldrüsen.
B Nordwestl. Westfalen, mittlere Niederlande.

1371 **Rubus drejeri** G. Jensen ex Lange

Drejers Brombeere Abb. o. re.

I; PP, w, ⑦; (M_2), F, K; RL reg;
T2.1.2.2

M Wie 1369, doch Stg mit breiteren Stacheln. Blätter 3–4(–5)-zählig, etwas ledrig, Endblättchen mit weniger abgesetzter, nur 5–12 mm lgr Spitze. Rispe dichter bestachelt. Blütenstiele mit (5–)10–18 Stacheln. Fruchtknoten kahl.

1372 **Rubus ripuaricus** Matzke-Hajek

Ripuarier-Brombeere ohne Abb.

(☆) **I**; PP, w, ⑦; M_1, M_2; ⟨RL –⟩;
T2.1.2.2?

M Wie 1369, doch Stg stärker behaart, Stacheln nur 3–5 mm lg. Blätter unterseits fühlbar bis weich behaart. Endblättchen oft weniger aufgesetzt bespitzt. Antheren kahl. Griffelbasis ± rosa.
B Im linksrheinischen Schiefergebirge.

◂ 1373–1374 **Rubus atrichantherus** E. H. L. Krause

Kahlmännige Brombeere

M 3–5 m lg. Stg mit schlanken, 5–6 mm lgn Stacheln. Blätter (3–)5-zählig, unten nicht fühlbar behaart. Endblättchen (br) verkehrt eifg, abgesetzt kurzspitzig, fein u. fast gleichmäßig 1,5–2 mm tief gesägt. Rispe mäßig br, mit geraden, dünnen Stacheln. Blüten meist weiß. Antheren kahl.

1373 var **atrichantherus**

I; PP, w, ⑦; M_2, F, K; RL reg;
T2.1.2.2, T2.3.

M Stg (fast) kahl, pro 5 cm mit 0–10(–30) (Drüsen-) Borsten. Rispe mäßg dicht stieldrüsig drüsenborstig.

1374 var **vestitior** H. E. Weber

I; PP, w, ⑦; F, K; RL reg; ohne Abb.
T2.1.2.2, T2.3.

M Stg mäßig dichthaarig, mit > 150 (Drüsen-) Borsten pro 5 cm. Rispe dicht stieldrüsig drüsenborstig.

◂1375 **Rubus nuptialis** H. E. Weber ◂◂

Hochzeits-Brombeere

☆ **I**; PP, w, ⑦; F; RL reg;
T2.1.2.2

M 3–5 m lg. Stg wenig behaart, mit (anfangs drüsigen) 1–3 mm lgn Borsten. Stacheln ± ungleich, dünn gerade, bis 4–5 mm lg. Blätter (3–)4–5-zählig, oben zerstreut, unten nicht fühlbar bis weich behaart. Endblättchen verkehrt eifg, abgesetzt 10–20 mm lg bespitzt, periodisch 2–4 mm tief gesägt. Rispe extrem sperrig, mit ± waagerecht abgespreizten, dünnen Ästen, u. schlanken, (fast) geraden Stacheln, oben auf 15–25(–30) cm blattlos. Blüten weiß, Antheren kahl.

1376 **Rubus glandithyrsos** G. Braun
Drüsensträußige Brombeere

I; PP, w, ⑦; M_2, F, K; RL –;
T2.1.1.2, T2.3.1
M 3–5 m lg. Stg kantig, rotbraun, (fast) kahl, meist stieldrüsenlos, Stacheln gleichartig, 5–6 mm lg. Blätter (3–)5-zählig, unten ± fühlbar behaart. Endblättchen verkehrt eifg elliptisch, etwas abgesetzt bespitzt, 1,5–2 mm tief gesägt. Rispe geradstachelig, stieldrüsig. Blüten rosa(rot). Antheren behaart.

1377 **Rubus hypomalacus** Focke
Samtblättrige Brombeere

(☆) **I**; PP, w, ⑦; M_1, M_2, F; RL reg;
T2.1.1.2, T2.3.1
M 3–5 m lg. Stg ± kahl, ohne Stieldrüsen, Stacheln schlank, 5–7 mm lg. Blätter 3–4(–5)-zählig, unten weichhaarig. Endblättchen verkehrt eifg elliptisch, ± abgesetzt bespitzt, mit entfernten Zähnen u. auswärts gebogenen Hauptzähnen 1,5–2 mm tief gesägt. Rispe mit dünnen geraden Stacheln, etwas stieldrüsig. Blüten weiß. Antheren kahl.

1378–1382 Serie **Anisacanthi** H. E. Weber
Unregelmäßig bestachelte Brombeeren

Stg teils fast gleichstachelig u. fast stieldrüsenlos, teils sehr ungleichstachlig, stieldrüsig, drüsenborstig u. stachelhöckerig.

1378 **Rubus infestus** Weihe
Feindliche Brombeere

I; PP, w, ⑦; M_2, F; RL reg;
T2.1.1.,T2.1.2.2, T2.3
M 3–5 m lg. Stg kantig, (fast) kahl, größere Stacheln rotfüßig, br, 7–9 mm lg. Blätter 4–5-zählig, unten fühlbar behaart, grün- bis graufilzig. Endblättchen verkehrt eifg (bis elliptisch), 10–15 mm lg bespitzt, 1,5–3 mm tief gesägt. Rispe mit lgn, brn, krummen Stacheln, stieldrüsig. Blüten blassrosa bis weiß. Fruchtknoten dichthaarig.

1379 **Rubus pseudinfestus** H. E. Weber
Falsche Feindliche Brombeere

☆ **I**; PP, w, ⑦; M_1; RL –;
T2.3
M Wie 1378, doch Stg behaart, überall stieldrüsig, Stacheln dünner, 5–7 mm lg. Blätter 3–5-zählig, unten stets filzlos. Endblättchen oft ± rundl. Rispe mit dünneren, fast geraden Stacheln. Fruchtknoten (fast) kahl.

1380 **Rubus anisacanthos** G. Braun
Verschiedenbestachelte Brombeere ohne Abb.

I; PP, w, ⑦; M_2, F; RL reg;
T2.1.2.2, T2.3
M 3–5 m lg. Stg behaart, kaum stieldrüsig, Stacheln ± gleichartig, 6–9 mm lg. Blätter 5-zählig, oben kahl, unten ± graufilzig, wenig fühlbar behaart. Endblättchen br eifg elliptisch bis rundl., 5–15 mm lg bespitzt, 2–3 mm tief gesägt. Rispe fast geradstachelig. Blüten blassrosa.

1381 **Rubus anisacanthiopsis** H. E. Weber
Hakenstachelige Brombeere

☆ **I**; PP, w, ⑦; M_1; RL –;
T2.1.2.2
M Wie 1380, doch Stg (fast) kahl, zerstreut stieldrüsig. Endblättchen br rhombisch bis 5-eckig, nur ca 5 mm lg bespitzt. Rispe hakenstachelig.

1382 **Rubus conothyrsoides** H. E. Weber
Kegelstraußartige Brombeere

(✫) **I**; PP, w, ⑦; M_2, F; RL –;
T2.1.1.2, T2.3.1

M 2,5–5 m lg. Stg schwach behaart, mit ± vielen (Drüsen-)Borsten u. Stachelchen. Stacheln ± ungleich, bis 6–7 mm lg. Blätter (4–)5-zählig, wenig fühlbar behaart, ± filzig. Endblättchen schmal verkehrt eifg, 1,5–2,5 mm tief gesägt. Rispe mit lgn, (fast) geraden Stacheln, drüsenborstig. Blüten blassrosa.

1383–1392 Serie **Radula** (Focke) Focke

Raspelbrombeeren

Stg (Fig. 41) zw den ± gleichgroßen Stacheln durch kurze Stieldrüsen (od. deren Stümpfe) raspelartig rau. Kaum Übergänge zw den Stacheln u. Stieldrüsen. Blätter unten graugrün- bis graufilzig. Rispe dicht stieldrüsig.

1383 **Rubus radula** Weihe
Raspel-Brombeere

I; PP, w, ⑦–⑧; AV, M_1, M_2, F, K; RL –;
T2.1.2.2

M 3–5 m lg. Stg behaart, Stacheln 6–9 mm lg. Blätter (3–)4–5-zählig, oben kahl, unten graufilzig, längere Haare kaum fühlbar. Endblättchen br eifg elliptisch, scharf mit gekrümmten Hauptzähnen, 2–3 mm tief gesägt. Rispe geradstachelig. Haare der Blütenstiele lgr als die Stieldrüsen. Kronblätter blassrosa.

1384 **Rubus fimbriifolius** P. J. Müll. & Wirtg.
Fransenblättrige Brombeere

(✫) **I**; PP, w, ⑦; M_2; RL –;
T2.1.2.2

M Wie 1383, doch Endblättchen schmaler, fast eingeschnitten 3–5 mm tief gesägt. Pflanze oft insgesamt weniger stieldrüsig.

1385 **Rubus saxicola** P. J. Müll.
Felsenbewohnende Brombeere

✫ **I**; PP, w, ⑦–⑧; M_1, M_2; RL reg;
T2.1.2.2

M Wie 1383, doch Stg mit 5–7 mm lgn Stacheln. Blätter oben oft ± behaart, nur 1,1–5 mm tief gesägt. Rispe etwas sperrig. Kronblätter weiß. Griffelbasis oft ± rosa.

1386 **Rubus macrostachys** P. J. Müll.
Großrispige Brombeere

(✫) **I**; PP, w, ⑦; M_1; RL ⟨reg⟩;
T2.1.2.2

M 3–5 m lg. Stg behaart, Stacheln 3–5 mm lg. Blätter (4–)5-zählig, oben behaart, unten graufilzig u. weichhaarig. Endblättchen verkehrt eifg bis rundl., abgesetzt bespitzt, mit ± krummen Hauptzähnen 2,5–2,5 mm tief gesägt. Rispe sehr breit, oben auf 15–30 cm blattlos, Achse filzig kurz zottig, mit geraden Nadelstacheln. Blüten ± weiß.

1387 **Rubus epipsilos** Focke
Kahlstirnige Brombeere

(✫) **I**; PP, w, ⑦; AV, M_1; RL –;
T2.1.2.2, T2.3.2

M Wie 1383, doch Stg mit krummen (statt geraden), 5–7 mm lgn Stacheln. Endblättchen eifg bis verkehrt eifg. Rispenachse mit sicheligen Stacheln. Haare der Blütenstiele die Stieldrüsen nicht überragend. Kronblätter meist weiß.

1388 **Rubus distortifolius** Matzke-Hajek
Verbogenblättrige Brombeere ohne Abb.

☆ **I**; PP, w, ⑦–⑧; M_2; ⟨RL –⟩;
T2.3

M 3–5 m lg. Stg wenig behaart, Stacheln etwas ungleich, bis 4–7 mm lg. Blätter 5-zählig, oben zerstreut, unten fühlbar behaart u. ± filzig. Endblättchen eifg, allmähl. bespitzt, periodisch 2–3 mm tief gesägt. Rispenachse mit geraden Stacheln. Blüten zartrosa. Antheren kahl.
B Im linksrheinischen Schiefergebirge.

1389 **Rubus indusiatus** Focke
Chiemgauer Brombeere

(☆) **I**; PP, w, ⑦–⑧; AV, M_2; ⟨RL –⟩;
T2.1.2.2, T2.3.2

M 3–4 m lg. Stg ± behaart, Stacheln 5–6 mm lg. Blätter meist 5-zählig, oben behaart, unten weichhaarig u. ± graufilzig. Endblättchen verkehrt eifg elliptisch, dünn bespitzt, 1,5–2 mm tief gesägt. Rispenachse geradstachelig. Blüten meist weiß. Fruchtknoten dichthaarig.
B Südöstl. Bayern mit Bayerischem Wald.

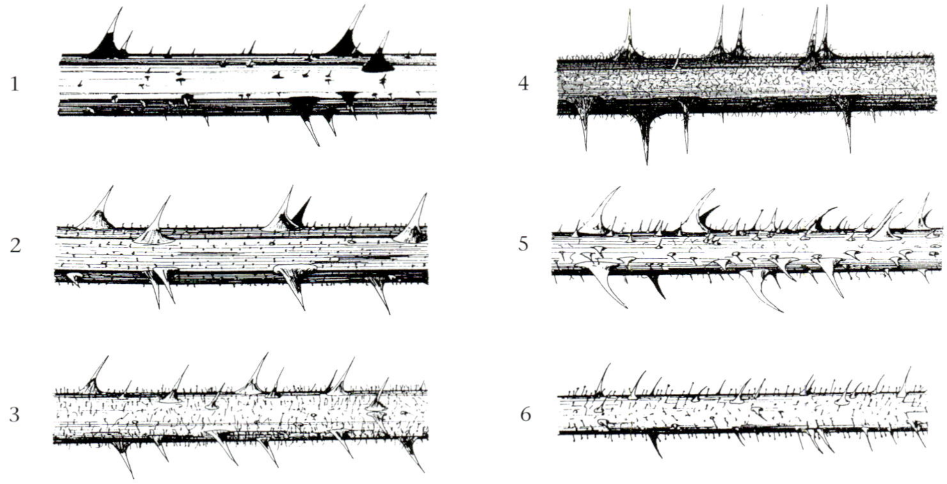

Fig. 41: Abschnitte aus dem mittleren Teil des Stängels (diesjähriger Spross).
1: *Rubus micans* (Serie *Micantes*), 2: *Rubus rudis* (Serie *Radula*), 3: *Rubus pallidus* (Serie *Pallidi*),
4: *Rubus vestitus* (Serie *Vestiti*), 5: *Rubus schleicheri* (Serie *Hystrix*), 6: *Rubus pedemontanus* (Serie *Glandulosi*)

1390 **Rubus platycephalus** Focke
Breitköpfige Brombeere ohne Abb.

☆ **I**; PP, w, ⑦–⑧; AV; ⟨RL –⟩;
T2.3

M 3–4 m lg. Stg behaart, Stacheln 3–5 mm lg. Blätter meist 3-zählig, oben behaart, unten filzig u. etwas weichhaarig, Endblättchen schmal verkehrt eifg, 2–2,5 mm tief gesägt. Rispe wenigblütig, Achse mit ± krummen, dünnen Stacheln. Blüten blassrosa bis weiß.
B Reg im Chiemgau verbreitet.

1391 **Rubus rudis** Weihe
Raue Brombeere

I; PP, w, ⑦; AV, M_1, M_2, F; RL –;
T2.3.2, T2.1.2.2

M 3–5 m lg. Stg kantig (Fig 41), kahl, Stacheln 4–6 mm lg. Blätter (3–)5-zählig, oben kahl, unten ± filzig, fühlbar behaart. Endblättchen verkehrt eifg elliptisch, mit krummen Hauptzähnen 1,5–3 mm tief gesägt. Blütenstiele mit 0,1–0,3 mm lgn rotköpfigen Stieldrüsen, diese lgr als die Haare. Blüten blassrosa.

1392 **Rubus salisburgensis** Focke ex Caflisch
Salzburger Brombeere

(☆) **I**; PP, w, ⑦; A, AV, M_1; RL –;
T2.3.2

M 3–5 m lg. Stg behaart, Stacheln 3–4 mm lg. Blätter 3–5-zählig, unten filzig u. weichhaarig. Endblättchen rundl., ca 5 mm lg bespitzt, 1–2 mm tief gesägt. Rispenachse ± krummstachelig. Drüsen der Blütenstiele wie bei 1391. Blüten rosa.

1393–1418 Serie **Pallidi** W. C. R. Watson

Filzlose Raspel-Brombeeren

Wie Serie *Radula*, doch mit unterseits filzlosen, oberseits stets behaarten Blättern.

1393 **Rubus pallidus** Weihe
Bleiche Brombeere

I; PP, w, ⑦–⑧; M_1, M_2, F; RL reg;
T2.1.2.2, T2.3

M 3–5 m lg. Stg behaart (Fig. 41), Stacheln 3–5 mm lg. Blätter 5-zählig, nicht fühlbar behaart. Endblättchen herz-eifg elliptisch, 15–20 mm lg bespitzt, 2–4 mm tief gesägt. Rispenachse ± geradstachelig. Blütenstiele mit 15–20 Stacheln. Blüten weiß, Griffelbasis rosa.

1394 **Rubus rufescens** P. J. Müll. & Lefèvre
Rötliche Brombeere ohne Abb.

I; PP, w, ⑦; M_2; RL R;
T2.1.2.2
M 3–5 m lg. Stg stark behaart, Stacheln dünn, gerade, 3–5 mm lg. Blätter (3–)5-zählig, unten ± weichhaarig u. wenig filzig. Endblättchen verkehrt eifg, abgesetzt bespitzt, ca 2 mm tief gesägt. Rispenachse mit nadeligen, geraden, 3–4 mm lgn Stacheln. Kelch verlängert, die Frucht umfassend. Blüten einschließl. Griffel(basis) rosa.

1395 **Rubus calyculatus** Kaltenb.
Langkelchige Brombeere ohne Abb.

(☆) **I**; PP, w, ⑦; M_2; RL ⟨G⟩;
T2.3
M 3–5 m lg. Stg behaart, Stacheln 2–3(–4) mm lg. Blätter 4–5-zählig, oben ± kahl, unten nicht fühlbar behaart. Endblättchen verkehrt eifg, 20–30 mm lg bespitzt, 2–3,5 mm tief gesägt. Rispenachse mit 2–3,5 mm lgn Stacheln. Blütenstiele wenig stieldrüsig. Kelchzipfel verlängert, ± abstehend. Blüten weiß.

1398 **Rubus eideranus** (Frid.) H. E. Weber
Eider-Brombeere ohne Abb.

☆ **I**; PP, w, ⑦; F; RL 3;
T2.1.2.2
M 3–5 m lg. Stg karminrot, (fast) kahl, Stacheln 5–7(–8) mm lg. Blätter 5-zählig, oben fast kahl, unten nicht fühlbar behaart. Endblättchen elliptisch verkehrt eifg, zuletzt ± kreisrund, kurz bespitzt, grob periodisch 3–5 mm tief gesägt. Rispenachse mit geraden dünnen Stacheln. Kelch zurückgeschlagen. Kronblätter weiß bis blassrosa. Antheren behaart.

1399 **Rubus glaucovirens** Maass
Blaugrüne Brombeere ohne Abb.

☆ **I**; PP, w, ⑦; F; RL –;
T2.1.2.2, T2.3.
M 3–5 m lg. Stg behaart, mit 3–5 mm lgn Stacheln. Blätter 3–5-zählig, unten fühlbar behaart. Endblättchen verkehrt eifg, aufgesetzt dünn 10–15 mm lg bespitzt, seicht ca 1 mm tief gesägt. Kronblätter weiß bis angedeutet rosa. Griffel grünl.

1402 **Rubus erubescens** Wirtg.
Errötende Brombeere ohne Abb.

☆ **I**; PP, w, ⑦; M_2; RL –;
T2.1.2.2
M 3–5 m lg. Stg dichthaarig, Stacheln 2,5–4 mm lg. Blätter 5-zählig, unten fühlbar behaart. Endblättchen verlängert elliptisch bis schwach verkehrt eifg, 10–18 mm lg bespitzt, grob 2–3 mm tief gesägt, lebend am Rande wellig. Rispenachse kurzzottig, Stacheln ± gekrümmt, 2–4 mm lg. Blüten weiß, Griffelbasis rot werdend.

1403–1404 **Rubus foliosus** Weihe
Blattreiche Brombeere

M Stg behaart, mit 2,5–4 mm lgn, meist geraden Stacheln. Blätter 3–5-zählig, unten fühlbar bis weich behaart, dazu oft leicht filzig. Endblättchen meist elliptisch, 10–25 mm lg bespitzt, 1–1,5 mm tief gesägt. Rispenachse mit fast geraden, 2–3(–4) mm lgn Stacheln. Staubblätter ± so lg wie die Griffel. Fruchtknoten an der Spitze reichl behaart.

1396 **Rubus carduelis** Matzke-Hajek
Stieglitz-Brombeere ohne Abb.

☆ **I**; PP, w, ⑦; M_2, F; ⟨RL –⟩;
T2.1.2.2
M Wie 1395, doch Stg mit 3,5–6 mm lgn Stacheln. Untere Blättchen 2–8 mm (statt 7–11 mm) lg gestielt. Stacheln der Rispenachse 3–5 mm lg.
B Nördl. Rheinisches Schiefergebirge mit angrenzender Kölner Bucht.

1397 **Rubus euryanthemus** W. C. R. Watson
Weitblütige Brombeere

I; PP, w, ⑦; M_2, F; RL reg;
T2.1.2.2, T2.3
M Wie 1393, doch Stg kantig flachseitig bis rinnig, Stacheln 5–7 mm lg. Endblättchen lg gestielt (Stielchen 33–50 % statt nur bis 30 % so lg wie Spreite), elliptisch verkehrt eifg, oft angedeutet 5-eckig. Blütenstiele nur mit 2–10(–12) Stacheln. Griffel grünl. weiß.

1403 var **foliosus**

I; PP, w, ⑦; M_1, M_2, F; RL –;
T2.1.1.2,T2.3.1
M Kronblätter weiß, Griffel grünl., Blütenstiele oft nur zerstreut stieldrüsig. Endblättchen meist br, oft fast kreisrund.
B Mehr im Norden des Areals, doch südl. bis zur Schweiz.

1404 var **corymbosus** (P. J. Müll.) R. Keller

I; PP, w, ⑦; M_1, M_2; RL –; ohne Abb.
T2.3
M Kronblätter u. Griffelbasis rosa. Blütenstiele stets mit vielen Stieldrüsen. Endblättchen meist schmaler, nie kreisrund.
B Nördlichster Fundort bei Koblenz. Mit der var *foliosus* ± durch Übergänge verbunden.

1400 **Rubus hirsutior** Fitschen ex H. E. Weber
Rauhaarigere Brombeere ohne Abb.

☆ **I**; PP, w, ⑦; F; RL –;
T2.1.1.2,T 2.3.1.
M Wie 1393, doch Stg mit dichter, aschgrauer Behaarung. Blättchen breiter, viel enger u. spitzer gesägt. Rispenachse nadelstachelig, oben wie die Äste kurzzottig. Blütenstiele mit > 10 Stacheln. Kelch die Sammelfrucht umfassend. Griffel grünl.

1401 **Rubus fuscus** Weihe
Braune Brombeere

☆ **I**; PP, w, ⑦; M_1, M_2, (F); RL reg;
T2.1.2.2, T2.3
M 3–5 m lg. Stg behaart, Stacheln ± ungleich, bis 6–7 mm lg. Blätter 3–5-zählig, unten kaum fühlbar bis weich behaart, manchmal auch ± filzig. Endblättchen verkehrt eifg elliptisch, 8–15 mm lg bespitzt, 2–3,5 mm tief gesägt. Rispenachse mit geraden u. krummen 2–3,5 mm lgn Stacheln. Kronblätter, Staubblätter u. Griffelbasis meist rosa.

1405 **Rubus flexuosus** P. J. Müll. & Levèvre ▸ ▸▸
Zickzackachsige Brombeere

I; PP, w, ⑦; M_1, M_2, F, K; RL reg;
T2.1.1.2, T2.3

M Wie 1404, doch Stg meist geringer behaart u. mit zahlreicheren Stachelhöckern. Blätter fast alle 3-zählig, ledrig, unterseits kaum fühlbar behaart, meist dünn sternhaarig. Endblättchen schlank, nur 5–15 mm lg bespitzt. Rispenachse ausgeprägt zickzackförmig gebogen. Fruchtknoten kahl od. wenig behaart.

1406 **Rubus schnedleri** H. E. Weber
Schnedlers Brombeere

I; PP, w, ⑦; M_1, M_2; RL ⟨–⟩;
T2.1.2.2, T2.3

M 3–5 m lg. Stg behaart, Stacheln bis 5–6 mm lg. Blätter 5-zählig, unten meist nicht fühlbar behaart. Endblättchen br eifg bis kreisrund, abgesetzt 12–15 mm lg bespitzt, 2,5–3 mm tief gesägt. Rispenachse kurzzottig, mit 3,5–5 mm lgn Stacheln. Blüten rosarot, Griffelbasis ± rot.
▾

◂1407 **Rubus transvestitus** Matzke-Hajek
Falsche Samt-Brombeere

(✰) **I**; PP, w, ⑦; M_1, M_2; RL –;
T2.3

M 3–5 m lg. Stg behaart, Stacheln 2,5–5 mm lg. Kleinere Stacheln fast fehlend. Blätter 4–5-zählig, unten weichhaarig, oft schwachfilzig. Endblättchen rundl., abgesetzt 5–10 mm lg bespitzt, 1–2 mm tief gesägt. Rispenachse ± geradstachelig. Kronblätter, Staubblätter u. Griffelbasis rosa.

◂◂1408 **Rubus loehrii** Wirtg.
Löhrs Brombeere

(✰) **I**; PP, w, ⑦; M_1, M_2, (F); RL reg;
T2.3

M 3–5 m lg. Stg stark behaart, Stacheln 4–6,5 mm lg. Blätter (4–)5-zählig, unten weichhaarig. Endblättchen verlängert verkehrt eifg, ca 2 mm tief gesägt. Rispenachse mit dünnen ± geraden Stacheln. Kelchzipfel verlängert, nadelstachelig, aufgerichtet. Blüten weiß. Staubblätter die Griffel kaum überragend.

◂1409 **Rubus caninitergi** H. E. Weber
Hunsrück-Brombeere

(✰) **I**; PP, w, ⑦; M_1, M_2; ⟨RL –⟩;
T2.3

M 3–5 m lg. Stg reichl behaart, mit dicht gedrängten Stieldrüsen od. deren Stümpfen u. mit bis 5 mm lgn Stacheln. Blätter (4–)5-zählig, unten schwach fühlbar behaart. Endblättchen verkehrt eifg elliptisch od. etwas rundl., 10–15 mm lg bespitzt, fast gleichmäßig etwa 3 mm tief gesägt. Kron- u. Staubblätter rosa, Griffelbasis ± rot.
B Schwerpunkt im Hunsrück, sonst bis Odenwald. Versprengt in den östl. Niederlanden.

1410 **Rubus tereticaulis** P. J. Müll. ▶
Rundstängelige Brombeere

I; PP, w, ⑦; M_1, M_2; RL reg;
T2.3
M 3–4 m lg. Stg dichthaarig, mit dklroten Stieldrüsen. Stacheln nadelig pfrieml., bis 3 mm lg. Blätter vorwiegend 3-zählig, unten nicht fühlbar behaart. Rispenachse mit geraden Nadelstacheln. Endblättchen verkehrt eifg, lg bespitzt, 1 mm tief gesägt. Rispenachse nadelstachelig. Blüten weiß. Griffel ± rosa.

1411 **Rubus scaber** Weihe ▶▶
Scharfe Brombeere

(☆) **I**; PP, w, ⑦; M_1, M_2; RL 1;
T2.1.2.2
M 3–4 m lg. Stg wenig behaart, Stacheln bis 3,5 mm lg. Blätter überwiegend 3-zählig, nicht fühlbar behaart. Endblättchen herz-eifg, gleichmäßig 1–2 mm tief gesägt. Rispenachse mit ± krummen, pfrieml. Stacheln. Kelch abstehend od. zurückgeschlagen. Blüten (grünl.) weiß.

1412 **Rubus betckei** T. Marsson
Betckes Brombeere ohne Abb.

☆ **I**; PP, w, ⑦; F; RL –;
T2.3
M 3–5 m lg. Stg behaart, Stacheln 5–6 mm lg. Blätter 3–5-zählig, nicht fühlbar behaart. Endblättchen verkehrt eifg, abgesetzt 15–20 mm lg bespitzt, 1,5–2 mm tief gesägt. Blüten weiß.

◀◀ 1413 **Rubus distractus** P. J. Müll. ex Wirtg.
Spreizrispige Brombeere

(☆) **I**; PP, w, ⑦; M_1, M_2, (F), RL reg;
T2.3
M 3–5 m lg. Stg dichthaarig, Stacheln 4–6 mm lg. Blätter 3-zählig, unten weichhaarig. Endblättchen verkehrt eifg, dünnspitzig, mit krummen Hauptzähnen 2–3 mm tief gesägt. Blüten weiß.

◀ 1414 **Rubus bregutiensis** A. Kern. ex Focke
Bregenzer Brombeere

(☆) **I**; PP, w, ⑦; AV, M_1; RL (–);
T2.1.2.2, T2.3
M Wie 1413, doch Endblättchen br verkehrt eifg bis kreisrund, weniger abgesetzt bespitzt, 1–2,5 mm tief gesägt. Blüten blassrosa.

1415 **Rubus stormanicus** H. E. Weber
Stormarner Brombeere ohne Abb.

☆ **I**; PP, w, ⑦; F; RL 3;
T2.1.2.2, T2.3
M Wie 1413, doch Endblättchen weniger abgesetzt bespitzt, gleichmäßig gesägt.

◀◀ 1416 **Rubus subcordatus** H. E. Weber
Herzähnliche Brombeere

(☆) **I**; PP, w, ⑦; M_1, M_2; RL –;
T2.1.2.2, T2.3
M 3–5 m lg. Stg ± kahl, Stacheln 4–5 mm lg. Blätter meist 3-zählig, kaum fühlbar behaart. Endblättchen ± herzfg, gleichmäßig ca 2 mm tief gesägt. Blütenstiele ähnl. (1391) kurzdrüsig. Blüten weiß.

◀ 1417 **Rubus oenensis** H. E. Weber
Inn-Brombeere

☆ **I**; PP, w, ⑦; AV, M_1; RL –;
T2.3
M 3–5 m lg. Stg behaart, Stacheln um 5 mm lg. Blätter meist 3-zählig, kaum fühlbar behaart. Endblättchen br verkehrt eifg, 2–3 mm tief gesägt. Blüten weiß bis blassrosa.

1418 **Rubus oberdorferi** H. E. Weber
Oberdorfers Brombeere

☆ **I**; PP, w, ⑦; M_1; ⟨RL –⟩;
T2.1.2.2, T2.3
M 3–4 m lg. Stg behaart, Stacheln bis 6 mm lg. Blätter (überwiegend) 3-zählig, unten fühlbar behaart u. oft etwas sternhaarig. Endblättchen verkehrt eifg, ± abgesetzt bespitzt, um 2 mm tief gesägt. Rispenachse krumm u. geradstachelig. Blütenstiele wie bei 1391 kurz stieldrüsig. Blüten weiß.
B Vor allem im mittleren Schwarzwald.

1419–1432 Serie **Hystrix** Focke
Stachelschwein-Brombeeren

Stg mit Stacheln, Stachelchen, Stachelhöckern, Drüsenborsten u. Stieldrüsen in allen Übergängen besetzt. Größere Stacheln zum Grunde hin breit, nicht pfrieml.

1419 **Rubus koehleri** Weihe
Köhlers Brombeere

(☆) **I**; PP, w, ⑦; M_1, M_2, F; RL reg;
T2.1.1.2, T2.3.1
M 3–5 m lg. Stg fast kahl, Stacheln bis 5–6(–7) mm lg. Blätter (4–)5-zählig, unten fast weich behaart, filzlos. Endblättchen br eifg bis ± verkehrt eifg od. rundl., dünn bespitzt, grob 2–4 mm tief gesägt. Rispenachse geradstachelig. Blüten weiß bis blassrosa.

1420 **Rubus balticus** (Focke) E. H. L. Krause
Baltische Brombeere ohne Abb.

☆ **I**; PP, w, ⑦; F; RL –;
T2.3
M 3–4 m lg. Stg behaart, wenig stieldrüsig, Stacheln bis 5–6 mm lg. Blätter (4–)5-zählig, nicht fühlbar behaart. Endblättchen verkehrt eifg, allmähl. lg bespitzt, periodisch 2–2,5 mm tief gesägt. Rispenachse mit fast geraden Stacheln. Blüten blassrosa bis weiß.

1421 **Rubus bavaricus** (Focke) Utsch
Bayerische Brombeere

(☆) **I**; PP, w, ⑦; AV, M_1, M_2; RL reg;
T2.3
M Wie 1420, doch Stg deutl. behaart. Blätter größtenteils 3(–4)-zählig, unterseits ± graufilzig. Blüten rosa.

1422 **Rubus dasyphyllus** (Rogers) Marshall
Dickblättrige Brombeere

I; PP, w, ⑦; M_1, M_2, F; RL reg;
T2.1.2.2, T2.3
M 3–4 m lg. Stg behaart, Stacheln bis 6–7 mm lg. Blätter 3–5-zählig, oben kahl, unten ± graufilzig u. weichhaarig. Endblättchen verkehrt eifg elliptisch, etwas abgesetzt bespitzt, periodisch mit krummen Hauptzähnen 1,5–2,5 mm tief gesägt. Blütenstiele mit roten bis 1(–2) mm lgn Stieldrüsen. Kronblätter, Staubblätter u. Griffelbasis rosa.

1423 **Rubus henrici-weberi** Beek
Webers Brombeere ohne Abb.

(☆) **I**; PP, w, ⑦; F; ⟨RL G⟩;
T2.1.1.2, T2.3
M Wie 1422, doch Blätter (4–)5-zählig, unterseits filzlos u. nicht od. kaum fühlbar behaart. Endblättchen mit geraden od. wenig gekrümmten Hauptzähnen. Blüten weiß.
B Nordwestl. Westfalen, angrenzende Gebiete Niedersachsens u. der Niederlande.

1424 **Rubus pedica** Matzke-Hajek
Fußangel-Brombeere ohne Abb.

(☆) **I**; PP, w, ⑦; M_1; ⟨RL –⟩;
T2.3
M 3–4 m lg. Stg kaum behaart, Stacheln bis 5–7 mm lg. Blätter (3–)5-zählig, kaum fühlbar behaart, filzlos. Endblättchen verlängert verkehrt eifg elliptisch, periodisch 2–3 mm tief gesägt. Blüten weiß. Fruchtknoten kahl.
B Vor allem im Rheinischen Schiefergebirge u. Pfälzerwald.

1425 **Rubus christianseniorum** H. E. Weber
Christiansensche Brombeere

☆ **I**; PP, w, ⑦; F; RL ⟨G⟩;
T2.1.2.2, T2.3
M 3–4 m lg. Stg behaart, Stacheln bis 5–7 mm lg. Blätter 5-zählig, unten kaum fühlbar bis weich behaart. Endblättchen verkehrt eifg elliptisch, allmähl. bespitzt, ± periodisch 2–2,5 mm tief gesägt. Rispenachse mit teils geraden, teils krummen Stacheln. Blüten ± weiß.
B Im mittl. Schleswig-Holstein.

1426 **Rubus rosaceus** Weihe
Rosarote Brombeere

(☆) **I**; PP, w, ⑦; M_2, F; RL –;
T2.3
M 3–4 m lg. Stg ± glänzend dklrot, fast kahl, Stacheln bis 6 mm lg. Blätter 3(–5-)zählig, nicht fühlbar behaart. Endblättchen verkehrt eifg bis rundl., 2–3 mm tief kerbig gesägt. Kelch ± zurückgeschlagen. Blüten rosarot, Griffelbasis ± rötl.

1427 **Rubus meierottii** H. E. Weber
Meierotts Brombeere

☆ **I**; PP, w, ⑦; M_1, M_2; ⟨RL reg⟩;
T2.3
M 3–4 m lg. Stg behaart, Stacheln bis 5–6 mm lg. Blätter fast alle 3-zählig, nicht fühlbar behaart. Endblättchen verkehrt eifg elliptisch, 2–3 mm tief kerbzähnig. Blütenstiele fast zottig, mit 8–20 Stacheln. Kelch abstehend bis aufgerichtet. Blüten weiß.
B Von S.-Westfalen bis Thüringen.

1428 **Rubus bonus-henricus** Matzke-Hajek
Guter-Heinrich-Brombeere ohne Abb.

☆ **I**; PP, w, ⑦; M_2, F; ⟨RL –⟩;
T2.3
M Wie 1427, doch Blätter 5-zählig mit lg gestielten Blättchen, unten fühlbar behaart. Endblättchen ± br verkehrt eifg bis rundl., etwas aufgesetzt bespitzt, schärfer gesägt. Blütenstiele wirrhaarig filzig.
B Vor allem im Rheinischen Schiefergebirge.

1429 **Rubus schleicheri** Weihe ex Tratt.
Schleichers Brombeere

(☆) **I**; PP, w, ⑦; M_1, M_2, F; RL reg;
T2.3.1
M 2,5–4 m lg. Stg (Fig. 41, S. 264) meist grünl., behaart, Stacheln gelbl., br, krumm, bis 6–7(–8) mm lg. Blätter überwiegend od. alle 3-zählig, nicht fühlbar behaart. Endblättchen (verlängert) verkehrt eifg, 1,5–2 mm tief gesägt. Kelchzipfel oft fädig verlängert, abstehend bis aufrecht. Blüten weiß.

1430 **Rubus apricus** Wimm.
Besonnte Brombeere

(☆) **I**; PP, w, ⑦; AV, M_1, M_2; RL reg;
T2.3
M 2,5–4 m lg. Stg mäßig dichthaarig, Stacheln schlank, (fast) gerade, bis 5–6 mm lg. Blätter (4–)5-zählig, meist nicht fühlbar behaart. Endblättchen schmal verkehrt eifg, zur Spitze hin grob periodisch 3–4 mm tief gesägt. Rispenachse pfriemstachelig. Kelch abstehend od. locker zurückgeschlagen. Blüten weiß.

1431 **Rubus lignicensis** Figert
Liegnitzer Brombeere ohne Abb.

(☆) **I**; PP, w, ⑦; M_2; RL 0;
T2.3
M Wie 1430, doch Stg kahl, mit breiteren, oft etwas sicheligen Stacheln. Blätter unterseits fühlbar behaart, Endblättchen gleichmäßiger gesägt.

1432 **Rubus spinulatus** Boulay
Feinstachelige Brombeere

(☆) **I**; PP, w, ⑦; M_1; ⟨RL –⟩;
T2.3
M 2,5–3 m lg. Stg rundl., ± dichthaarig, Stacheln dünn, gerade, bis 5–6(–7) mm lg. Blätter 3–5-zählig, unten ± weichhaarig. Endblättchen oft an das von 1369 erinnernd, br verkehrt eifg bis kreisrund, stark abgesetzt dünnspitzig, 1,5–2,5 mm tief gesägt. Blüten weiß, Griffelbasis ± rötl.
B Schwarzwald u. Vogesen. – Hier anzuschließen sind zwei neuerdings nachgewiesene Arten: (1) (1432a) *Rubus asperidens* Sudre ex Bouvet (Rauzähnige Brombeere) mit bereiftem u. behaartem Stg, 5-zähligen, oben fast kahlen, unten weichhaarigen Blättern u. mit gelbl (slt etwas rotfüßigen) Griffeln (Niederrhein u. Bergisches Land, sonst in England). (2) (1432b) *R. murray* Sudre (Murrays Brombeere) mit schwach behaartem Stg, (4–)5-zähligen, unten nicht fühlbar behaarten Blättern, mit lg gestielten Blättchen u. mit rosa Griffeln (Niederrhein u. Nordrand der Eifel, sonst in Südengland).

1433–1451 Serie **Glandulosi** (Wimm. & Grab.) Focke

Drüsenreiche Brombeeren

Stg flachbogig bis kriechend, wie bei der Serie *Hystrix* verschiedenstachelig u. drüsenreich, doch größere Stacheln kurz oberhalb der Basis pfrieml. verengt bis nadelig (Fig. 41, S. 264). Vorwiegend (sub-)montan u. ausgeprägt nemophil (fast nur in od. an Wäldern).

◄ 1433 **Rubus pedemontanus** Pinkw.
Träufelspitzen-Brombeere

I; PP, w, ⑦; AV, M_1, M_2, F; RL reg;
T2.3.1
M 2,5–3 m lg. Stg stielrund, (fast) kahl (Fig. 41, S. 264), Stacheln bis 3–4,5 mm lg. Blätter alle 3-zählig, nicht fühlbar behaart. Blättchen fast gleich gr, elliptisch, aufgesetzt dünnspitzig (»Träufelspitze«), 1–2 mm tief gesägt. Kronblätter weiß, spatelig, nur 3(–4) mm br.
B Blätter slt 4–5-zählig (f *declinatus*).

1434 **Rubus picearum** (Beek) Beek
Fichtenliebende Brombeere ohne Abb.

(☆) **I**; PP, w, ⑦; M_2, F; RL –;
T2.3
M 2,5–3 m lg. Stg (fast) kahl, Stacheln bis 2–3(–4) mm lg. Blätter 3-zählig, auch in der Behaarung ähnl 1433, doch weniger dünnspitzig. Blättchen am Grunde ± herzfg. Kronblätter weiß, elliptisch bis verkehrt eifg, > 3 mm breit.

1435 **Rubus atrovinosus** H. E. Weber ►
Schwarzrotdrüsige Brombeere

☆ **I**; PP, w, ⑦; M_1, M_2; RL reg;
T2.3
M 2,5–3 m lg. Wie 1433, doch Stg kantig mit flachen od. vertieften Seiten, mit dklvioletten, kürzeren Stieldrüsen. Endblättchen verlängert verkehrt eifg, schwächer abgesetzt u. breiter bespitzt, grober gesägt. Seitenblättchen deutl. kleiner. Blütenstiele mit schwarzroten (nicht ± blassen) Stieldrüsen. Kronblätter bis 5 mm br, Griffelbasis rötl.

▲ 1436 **Rubus lusaticus** Rostock
Lausitzer Brombeere

(☆) **I**; PP, w, ⑦; M_2; RL G;
T2.3.2
M 2,5–3 m lg. Stg (mäßig) dichthaarig, Stacheln bis 4–5 mm lg. Blätter (fast) alle 3-zählig, oben mit Lederglanz, unten fühlbar u. ± filzig behaart. Endblättchen verlängert verkehrt eifg, nur ca 1 mm tief gesägt. Kelch igelstachelig drüsenborstig, aufrecht. Blüten weiß od. rosa angehaucht.

1437 **Rubus multicaudatus** H. E. Weber
Vielschwänzige Brombeere ohne Abb.

☆ **I**; PP, w, ⑦; M_1; ⟨RL –⟩;
T2.3
M 2,5–3 m lg. Stg mäßig behaart, Stacheln bis 4(–5) mm lg. Blätter (4–)5-zählig, unten fühlbar bis weich behaart. Endblättchen elliptisch od. schwach verkehrt eifg, 18–30 mm lg bespitzt, periodisch 3–5 mm tief gesägt. Blütenstiele schwarzrot stieldrüsig. Kelchzipfel verlängert, aufrecht. Blüten weiß. Griffelbasis meist rosa.

1438 **Rubus ignoratus** H. E. Weber ►
Unerkannte Brombeere

(☆) **I**; PP, w, ⑦; M_2; RL ⟨reg⟩;
T2.3
M 2,5–3 m lg. Stg meist ± kahl, Stacheln bis 3–4 mm lg. Blätter 3–5-zählig, nicht fühlbar behaart. Endblättchen herz-eifg, seltener elliptisch bis verkehrt eifg, 1–2 mm tief gesägt. Rispe mit gelbl. od. blassrötln. Stieldrüsen. Kelch die Frucht umfassend. Kronblätter weiß (am Grunde etwas grünl.), Griffel grünl. Fruchtknoten fast kahl.

1439 **Rubus ignoratiformis** H. E. Weber ►►
Sauerland-Brombeere

☆ **I**; PP, w, ⑦; M_2; RL –;
T2.3
M Wie 1438, doch Stg mäßig dicht abstehend behaart, mit breiteren gelbl. Stacheln. Blütenstiele mit meist 15–25 (statt 3–10) breiteren, etwas krummen (statt nadeligen geraden) Stacheln. Fruchtknoten deutl. behaart.

1440a **Rubus iuvenis** Beek
Jugendliche Brombeere

(☆) **I**; PP, w, ⑦; M_2; ⟨RL 1⟩;
T2.3
M 2,5–3 m lg. Sehr ähnl 1439, doch Blätter überwiegend 3-zählig, Blättchen grober gesägt. Kelchzipfel abstehend od. zurückgeschlagen.
B Nur bei Aachen. Sonst Belgien, Niederlande.

1441–1442 **Rubus hercynicus** G. Braun
Harzer Brombeere

(☆) **I**; PP, w, ⑦; M_2; RL reg;
T2.3
M 2,5–3 m lg. Stg mit bis 4–5 mm lgn Stacheln. Blätter 3-zählig, bläul. grün, unten ± fühlbar behaart. Endblättchen br herz-eifg bis verkehrt eifg od. rundl., ca 1 mm tief kerbzähnig. Blütenstiele angedrückt dünnfilzig, nadelstachelig drüsenborstig. Blüten weiß.

1441 ssp **hercynicus**
Gewöhnliche Harzer Brombeere

M Stg (fast) kahl, Seitenblättchen 5–12 mm lg gestielt.

1442 ssp **pubescens** (Sudre) H. E. Weber
Behaarte Harzer Brombeere ohne Abb.

M Stg (mäßig) dichthaarig. Seitenblättchen bis 4 mm lg gestielt.

1443 **Rubus lividus** G. Braun
Bleigraue Brombeere

(☆) **I**; PP, w, ⑦; M_2; RL reg;
T2.3
M Wie 1441, doch Stg oft etwas kantig, Stacheln bis 3–4 mm lg. Blätter 3–5-zählig, nicht fühlbar behaart. Endblättchen verkehrt eifg, nie rundl. Kelch kaum bestachelt (statt ± igelstachelig).

1444 **Rubus barberi** H. E. Weber
Barbers Brombeere ohne Abb.

(☆) **I**; PP, w, ⑦; M_2; RL 0;
T2.3
M 2,5–3 m lg. Stg dicht angedrückt büschelhaarig u. mit längeren Haaren. Stacheln bis 3–4 mm lg. Blätter 3-zählig, unten schimmernd weichhaarig. Endblättchen (br) elliptisch od. verkehrt eifg, 1–2 mm tief gesägt. Blüten weiß.

1445 **Rubus oreades** P. J. Müll. & Wirtg.
Bergnymphen-Brombeere

I; PP, w, ⑦; (M_1), M_2; RL reg;
T2.3
M 2,5–3 m lg. Stg rundl., (fast) kahl, Stacheln bis 4,5 mm lg. Blätter 3–(5–)-zählig, oben ± runzelig, unten nicht od. kaum fühlbar behaart. Endblättchen verkehrt eifg elliptisch, ausgeprägt periodisch mit gekrümmten Hauptzähnen 2–3(–4) mm tief gesägt. Rispenachse mäßig behaart. Blütenstiele angedrückt behaart, mit dklroten Stieldrüsen. Blüten weiß, Griffelbasis oft ± rötl.

1446 **Rubus pallidifolius** E. H. L. Krause
Blassblättrige Brombeere ohne Abb.

(☆) **I**; PP, w, ⑦; F; RL 3;
T2.3
M Ähnl 1445, doch Stg ± dichthaarig, Stacheln bis 5–6 mm lg. Blätter (3–)4–5-zählig. Rispenachse filzig zottig. Blütenstiele dichthaarig mit blasseren (meist nur rotköpfigen) Stieldrüsen. Kronblätter spatelig, bis 4 mm breit.

1447 **Rubus erythrocomus** G. Braun
Rotschopf-Brombeere ohne Abb.

☆ **I**; PP, w, ⑦; M_2; ⟨RL –⟩;
T2.3
M 2,5–3 m lg. Stg kantig, wenig behaart, Stacheln bis 4–5 mm lg. Blätter (4–)5-zählig, unten fühlbar behaart. Endblättchen eifg (bis etwas verkehrt eifg), allmähl. bespitzt, periodisch 2–3,5 mm tief gesägt. Rispenachse spärl behaart. Blütenstiele schwarzrot stieldrüsig. Blüten weiß, Griffelbasis weißl. od. rosa.
B Nördl. Rheinisches Schiefergebirge.

1448 **Rubus hilsianus** H. E. Weber
Hils-Brombeere ohne Abb.

☆ **I**; PP, w, ⑦; (M_1), M_2; ⟨RL reg⟩;
T2.3
M 2,5–3 m lg. Stg mäßig behaart, Stacheln bis 3(–3,5) mm lg. Blätter 3(–5)-zählig, unten ± fühlbar behaart. Endblättchen verkehrt eifg, aufgesetzt dünnspitzig, grob periodisch mit z. T. gekrümmten Hauptzähnen, 3–4(–5) mm tief gesägt. Blüten weiß. Griffelbasis rötl.
B Westdeutschland.

1449 **Rubus speculatus** Matzke-Hajek
Spiegelnde Brombeere ohne Abb.

☆ **I**; PP, w, ⑦; M_2; RL –;
T2.3
M 2,5–3 m lg. Stg stumpfkantig, mäßig behaart, ± bereift. Stacheln bis 5 mm lg. Blätter 3(–5)-zählig, oben glänzend, unten fühlbar behaart. Endblättchen aus herzfgm Grund meist br verkehrt eifg, abgesetzt bespitzt, 1–2 mm tief gesägt. Rispe mit schwarzroten lgn Stieldrüsen. Blüten weiß, Staubblätter nicht so hoch wie die am Grunde rötl. Griffel. Fruchtknoten kahl.
B Rheinisches Schiefergebirge.

1450 **Rubus hirtus** Waldst. & Kit. s. l. ▸
Dunkeldrüsige Brombeeren

I; PP, w, ⑦; A, AV, M_1, M_2; RL –;
T2.3

M 2,5–3 m lg. Alle Achsen dicht mit ungleichlgn schwarzroten Stieldrüsen u. Drüsenborsten. Übrige Merkmale unterschiedl.

B Dieses Aggregat umfasst alle unstabilisierten dkldrüsigen Brombeeren. Sie bilden einen Hybridschwarm mit Hunderttausenden von singulären Biotypen. Fast ausschließl. in submontanen bis subalpinen Lagen.

1451 **Rubus guentheri** Weihe ▸▸
Günthers Brombeere

(☆) I; PP, w, ⑦; M_2; RL –;
T2.3

M 2,5–3 m lg. Stg aschgrau behaart, Stacheln bis 3(–4) mm lg. Blätter 3(–5)-zählig, nicht fühlbar behaart. Endblättchen elliptisch verkehrt eifg, allmähl. bespitzt. Blütenstiele graufilzig, mit dazu kontrastierenden dunklen lgn Stieldrüsen. Blüten weiß, Staubblätter kürzer als die rotfüßigen Griffel.

1452–1541 Sektion **Corylifolii** Lindley **(Rubus corylifolius** agg)
Haselblattbrombeeren (Fig. 40b, S. 238)

Blättchen meist kurzgestielt, sich oft randl deckend, untere Blättchen 5-zähliger Blätter 0–2 mm lg gestielt, Blattstiel oberseits durchgehend rinnig, Nebenblätter schmal bis mäßig br lanzettl. (> 0,5 mm br). Kronblätter meist ± rundl., knittrig (Abb. li.). Frucht unvollkommen (nicht mit allen Teilfrüchtchen) entwickelt. – Apomiktisch fixierte Sippen aus unbekannten Kreuzungs- u. Rückkreuzungsvorgängen zwischen Brombeeren u. *Rubus caesius*, teils auch mit Beteiligung von *Rubus idaeus*.

1452–1457 Subsektion **Subidaeus** (Focke) Hayek

Stg rundl., kahl, seltener angedrückt filzig, meist (fast) ohne Stieldrüsen, Stacheln ± gleichartig, auffallend dklviolett. Blätter bei mehreren Arten 6–7-zählig. Fruchtknoten oft ± filzig. Früchte schwarzrot. – Vereinigt Merkmale von *Rubus idaeus* u. *R. caesius* mit denen der Brombeeren.

◂ 1452 **Rubus pruinosus** Arrh.
Bereifte Haselblattbrombeere

I; PP, s, ⑥–⑦; (M_1, M_2), F; RL reg;
T2.1.2.2

M 2–2,5 m lg. Stg rundl., manchmal bereift, kahl, seltener filzhaarig (f *heteracanthus*). Stacheln dklviolett, dünn, gerade, 4–6 mm lg. Blätter 5–7-zählig, unten ± filzig u. weichhaarig. Endblättchen 5-zähliger Blätter herz-eifg bis rundl., oft gelappt, mit scharfen Zähnen 1,5–2,5 mm tief gesägt. Rispenachse filzhaarig, Blüten weiß. Fruchtknoten filzig zottig, Fruchtboden filzig-kurzhaarig.

1453 **Rubus picticaulis** H. E. Weber ▸
Buntstängelige Haselblattbrombeere

(☆) I; PP, s, ⑥–⑦; F, K; RL –;
T2.1.1.2

M 2,5–3 m lg. Stg rundl., kahl, weißl. bereift, mit zerstreuten Stieldrüsen. Stacheln dklviolett, 2,5–3,5 mm lg. Blätter 3–4(–5)-zählig, unten filzig weichhaarig. Endblättchen br herz-eifg od. rundl., ca 5 mm lg bespitzt, 1–2 mm tief gesägt. Rispenachse fast kahl. Blüten weiß. Fruchtknoten u. Fruchtboden kahl.

1454 **Rubus phoenicacanthus** Beek
Purpurstachelige Haselblattbrombeere — ohne Abb.

I; PP, s, ⑥–⑦; F; RL 1;
T2.1.1.2?

M Wie 1453, doch Stg weniger bereift, mit etwas ungleichen Stacheln. Blätter überwiegend od. alle 3-zählig, unterseits filzlos, kaum fühlbar behaart. Kronblätter schmal elliptisch (statt rundl.).

B Nur 2 Fundorte im grenznahen westl Niedersachsen. Sonst in den Niederlanden.

1455 **Rubus inhorrens** (Focke) Holzfuss
Ungleichstacheligere Haselblattbrombeere — ohne Abb.

(☆) I; PP, s, ⑥–⑦; F, K; RL –;
T2.1.1.2

M Wie 1453, doch Stg kaum bereift, oft etwas behaart, meist mit dichten ungleichlgn Stacheln sowie vielen Stieldrüsen u. Drüsenborsten. Blätter 3–5-zählig mit oft 2–3-lappigen Endblättchen, slt 6–7-zählig, unten filzlos u. meist nicht od. kaum fühlbar behaart. Rispe ungleichstachelig, stieldrüsig.

B Im westl. Niedersachsen.

1456 **Rubus maximiformis** H. E. Weber
Violettstachelige Haselblattbrombeere

I; PP, s, ⑥–⑦; F, (K); RL reg;
T2.1.2.2
M 2,5–3 m lg. Stg rundl., ± grünl., (fast) kahl, zerstreut 0,1–0,2 mm lg stieldrüsig. Stacheln dklviolett, zu (7–)10–25 pro 5 cm, 2,5–4 mm lg. Blätter 3(–5)-zählig, unten filzlos, fast kahl bis etwas fühlbar behaart. Endblättchen aus br herzfgm Grund rundl. eifg od. kreisrund, kaum abgesetzt ca 5 mm lg bespitzt, grob bis 3 mm tief gesägt. Blüten weiß. Fruchtknoten ± kahl.

1457 **Rubus maximus** T. Marsson
Größte Haselblattbrombeere ohne Abb.

(☆) I; PP, s, ⑥–⑦; F, K; RL 1;
T2.1.2.2
M Ähnl 1456, doch Stg mit viel weniger Stacheln. Blätter gr, Endblättchen etwa 20 mm lg bespitzt.
B Nur im nordöstl. Vorpommern.

1458–1541 Subsektion **Sepincola** (Weihe ex Focke) Hayek

Stg rundl. od. kantig, kahl od. behaart, Stieldrüsen fehlend bis zahlreich, Stacheln gleich bis ungleich. Blätter 3–5–(7–)-zählig. Früchte (matt) schwarz. – Vereinigt Merkmale von *R. caesius* mit denen der Brombeeren.

1458–1469 Serie **Suberectigeni** H. E. Weber

Stg kahl, mit fehlenden bis vielen bis 0,5 mm lgn Stieldrüsen. Stacheln ± gleichartig. Blätter unterseits grün, filzlos. Kelch auf der Fläche grün bis ± graugrün. Antheren kahl. Fruchtknoten fast kahl. Vereinigt Merkmale der Subsektion *Rubus* (*Suberecti*) mit *Rubus caesius*.

1458 **Rubus dissimulans** Lindeb.
Unähnliche Haselblattbrombeere Abb. M. li.

I; PP, s, ⑥–⑦; (M_2), F; RL reg;
T2.1.1.2
M 2,5–3 m lg. Stg kahl, mit vielen bis 0,5 mm lgn Stieldrüsen. Stacheln 4–5 mm lg. Blätter (3–)4–5-zählig, nicht fühlbar behaart. Endblättchen br verkehrt eifg bis rundl., abgesetzt 10–15 mm lg bespitzt, 3–4 mm tief gesägt. Blütenstiele grün, mit vielen 0,1–0,2 mm lgn Stieldrüsen. Kelch grün.

1459 **Rubus demissus** H. E. Weber & Martensen
Bescheidene Haselblattbrombeere

(☆) I; PP, s, ⑥–⑦; F; RL reg;
T2.1.1.2
M 2,5–3 m lg. Stg stumpfkantig, kahl, stieldrüsenlos. Stacheln 4–5(–6) mm lg. Blätter gr, 5-zählig, fast kahl. Endblättchen br herz-eifg bis rundl., 15–20(–30) mm lg bespitzt, 2–2,5 mm tief gesägt, lebend ± konvex. Blüten weiß bis blassrosa. Griffel grünl. od. etwas rosafüßig.

1460 **Rubus hallandicus** (Gabr. ex F. Aresch.) Neuman
Halland-Haselblattbrombeere ohne Abb.

I; PP, s, ⑥–⑦; F; RL reg;
T2.1.1.2
M Wie 1459, doch Stg mit sehr dickfüßigen Stacheln. Blätter unten nicht slt ± fühlbar behaart. Endblättchen grob 4–5 mm tief gesägt, nicht konvex. Stacheln der Rispenachse mit mammillös verdickter Basis. Kelch (z. T.) stark verlängert. Blüten weiß, Staubblätter nicht so hoch wie die weißgrünl. Griffel.

1461 **Rubus josefianus** H. E. Weber
Holubs Haselblattbrombeere

(☆) I; PP, s, ⑥–⑦; M_1, M_2, F; RL reg;
T2.1.1.2
M 2,5–3 m lg. Stg kahl, kurz stieldrüsig, Stacheln 15–20 pro 5 cm, bis 4 mm lg. Blätter 5-zählig, nicht fühlbar behaart. Endblättchen br (herz- bis) eifg, 10(–20) mm lg bespitzt, grob 3–7 mm tief gesägt, oft etwas gelappt. Blütenstiele grünl., 20–30 mm lg, mit 10–20 krummen Stacheln. Blüten (fast) weiß.

1462 **Rubus vaniloquus** A. Schumach. ex H. E. Weber
Angeber-Haselblattbrombeere

☆ I; PP, s, ⑥–⑦; F; RL reg;
T2.1.2.2
M 2,5–3 m lg. Stg ± kahl u. ± ohne Stieldrüsen, Stacheln 3–4(–5) mm lg. Blätter 4–5-zählig, meist nicht fühlbar behaart. Endblättchen br herz-eifg bis verkehrt eifg od. rundl., 10–20 mm lg bespitzt, 2–4(–5) mm tief gesägt. Rispe blattreich. Kelchzipfel bis zu 10 mm verlängert, teils aufrecht. Blüten weiß.

◄1463 **Rubus orthostachys** G. Braun
Geradachsige Haselblattbrombeere

(☆) **I**; PP, s, ⑥–⑦; AV, M_1, M_2, F; RL reg;
T2.1.2.2

M 2,5–3 m lg. Stg kantig bis rinnig, kahl, wie alle Achsen stieldrüsenlos. Stacheln zu 3–5 pro 5 cm, 3–4 mm lg. Blätter 5(–7)-zählig, oben fast kahl, unten filzlos u. nicht fühlbar behaart. Endblättchen br verkehrt eifg bis kreisrund, abgesetzt 5 mm lg bespitzt, 1–2(–3) mm tief gesägt, lebend konvex. Blüten einschließl. Griffelbasis rosa. Kronblätter rundl.

1464 **Rubus incisior** H. E. Weber ►
Eingeschnittenere Haselblattbrombeere

(☆) **I**; PP, s, ⑥–⑦; F; RL reg;
T2.1.2.2

M Wie 1463, doch Stg etwas behaart u. stieldrüsig. Blätter oberseits behaart. Endblättchen 3–5 mm tief gesägt. Blüten ± weiß. Kronblätter schmal elliptisch od. verkehrt eifg.

B Ähnl. ist *R. pseudincisior* H. E. Weber, (Niedersachsen, Westfalen), doch dichter bestachelt, Blättchen schmaler. Kronblätter rosa, breiter.

◄◄1465 **Rubus lamprocaulos** G. Braun
Feingesägte Haselblattbrombeere

I; PP, s, ⑥–⑦; (M_1, M_2), F; RL –;
T2.1.1, T2.3.1

M 2,5–3 m lg. Stg kahl, mit 0,1–0,3 mm lgn Stieldrüsen. Stacheln 4–5 mm lg. Blätter 5-zählig, unten ± fühlbar behaart. Endblättchen verkehrt eifg elliptisch bis kreisrund, nur etwa 1 mm tief gesägt, lebend konvex od. konkav. Blütenstiele mit 0,1–0,2 mm lgn Stieldrüsen. Blüten blassrosa. Griffel grünl.

◄1466 **Rubus lobatidens** H. E. Weber & Stohr
Lappenzähnige Haselblattbrombeere

(☆) **I**; PP, s, ⑥–⑦; (M_2), F; RL reg;
T2.1.2.2

M 2,5–3 m lg. Stg (fast) kahl, zerstreut stieldrüsig, Stacheln schlank, gerade, 4–5(–6) mm lg. Blätter 5-zählig, nicht fühlbar behaart. Endblättchen br eifg, oft 2–3-lappig, allmähl. 10–15 mm lg bespitzt, periodisch u. sehr grob lappig 5–8 mm tief gesägt. Rispenachse (fast) geradstachelig. Blüten weiß bis blassrosa.

1467 **Rubus cordiformis** H. E. Weber & Martensen ►
Herzförmige Haselblattbrombeere

☆ **I**; PP, s, ⑥–⑦; F; RL reg;
T2.1.1.2

M 2,5–3 m lg. Stg kahl, zerstreut 0,1 mm lg stieldrüsig, Stacheln 2,5–4,5 mm lg. Blätter 5-zählig, nicht fühlbar behaart. Endblättchen ausgeprägt herzfg, gleichmäßig bis periodisch 2,5–5 mm tief gesägt. Rispe fast zylindrisch, oben blattlos. Blüten weiß.

1468 **Rubus contractipes** H. E. Weber ►►
Kurzfüßige Haselblattbrombeere

(☆) **I**; PP, s, ⑥–⑦; F; RL –;
T2.1.1.2

M 2,5–3 m lg. Stg kahl, Stieldrüsen zerstreut, 0,1–0,2 mm lg, Stacheln 3,5–5 mm lg. Blätter 5-zählig, nicht fühlbar behaart, mittlere Seitenblättchen 0,5 mm lg gestielt, untere sitzend. Endblättchen kurz gestielt, schwach verkehrt eifg, 1–2 mm tief gesägt, stark konvex. Rispenachse fast kahl. Blüten einschließl. Griffelbasis hellrosa.

1469 **Rubus ubericus** Matzke-Hajek
Ubier-Haselblattbrombeere ohne Abb.

(☆) **I**; PP, s, ⑥–⑦; M_1, M_2, F; ⟨RL –⟩;
T2.1.2.2
M Wie 1468, doch Stg ± behaart, mit 12–25 (statt 4–10) Stacheln pro 5 cm. Endblättchen rundl. bis kreisrund.
B Rheinland u. Belgien.

1470–1481 Serie **Sepincola** (Weihe ex Focke) E. H. L. Krause

Stg ± kahl, meist schwachstachelig. Nebenblätter br, Antheren kahl. Frucht mit großen Teilfrüchten relativ gut entwickelt, oft vom Kelch ± umfasst. – Wohl stabilisierte Rückkreuzungen *R. corylifolius* agg × *R. caesius*.

1470 **Rubus leuciscanus** E. H. L. Krause
Plötzensee-Haselblattbrombeere

☆ **I**; PP, s, ⑥–⑦; F; RL reg;
T2.1.2.2
M 2,5–3 m lg. Stg rundl., stark bereift, kahl, Stacheln zahlreich, pfrieml., 2–3(–3,5) mm lg. Blätter 3–5-zählig, oben dichthaarig, unten ± fühlbar behaart, filzlos. Endblättchen br eifg bis ± 3-eckig, lappig 3–6 mm tief gesägt. Rispe nadelstachelig, mit dklroten Stieldrüsen. Blüten weiß. Ähnelt 1542 *R. caesius*.

1471 **Rubus dethardingii** E. H. L. Krause
Dethardings Haselblattbrombeere ohne Abb.

☆ **I**; PP, s, ⑥–⑦; F; RL reg;
T2.1.2.2
M 2,5–3 m lg. Stg kahl, kantig rinnig, (fast) stieldrüsenlos. Stacheln ± gerade, 2–3,5 mm lg. Blätter 5-zählig, unten weichhaarig u. ± filzig. Endblättchen herz-eifg, 1–2 mm tief gesägt. Rispe oben zylindrisch, dichtblütig. Blütenstiele mit fast geraden od. wenig krummen Stacheln. Blüten weiß.
B Besonders in Nordostdeutschland.

1472 **Rubus curvaciculatus** Walsemann ex H. E. Weber
Krummnadelige Haselblattbrombeere Abb. o. re.

I; PP, s, ⑥–⑦; M_1, M_2, F; ⟨RL reg⟩;
T2.1.2.2
M Wie 1471, doch Stg weniger kantig, Stacheln meist sichelig gekrümmt. Rispe ± ebensträußig. Blütenstiele krummstachelig.
B Mitteleuropa, Jütland.

1473 **Rubus egregiusculus** (Frid. & Gelert) E. H. L. Krause
Ausgezeichnete Haselblattbrombeere ohne Abb.

I; PP, s, ⑥–⑦; F; RL 2;
T2.1.2.2
M Wie 1471, doch Endblättchen br elliptisch bis verkehrt eifg, Blütenstiele geradstachelig.

1474 **Rubus orthostachyoides** H. E. Weber
Geradachsenförmige Haselblattbrombeere

(☆) **I**; PP, s, ⑥–⑦; M_1, M_2, F; RL reg;
T2.1.2.2
M 2,5–3 m lg. Stg kantig rinnig, kahl, Stacheln 2–3 mm lg. Blätter 5-zählig, oben dichthaarig, unten graufilzig, weichhaarig. Endblättchen br ± 3-eckig od. rundl., oft leicht 2–3-lappig, 4–8 mm lg bespitzt, 1–2 mm tief gesägt. Rispe etwas ebensträußig, Blütenstiele mit dicken, wenig krummen Stacheln. Blüten weiß.

1475 **Rubus wessbergii** A. Pedersen & Walsemann
Wessbergs Haselblattbrombeere ohne Abb.

I; PP, s, ⑥–⑦; (M_1), F; RL reg;
T2.1.2.2
M Wie 1471, doch Stg stumpfkantig rundl. Blätter oben fast kahl (statt deutl. behaart). Endblättchen rundl., fast so breit wie lg, mit größter Breite in od. oberhalb der Mitte. Rispe mit (fast) geraden Stacheln. Kronblätter in der Knospe oft etwas rosa.

1476 **Rubus martensenii** H. E. Weber
Martensens Haselblattbrombeere ohne Abb.

(☆) **I**; PP, s, ⑥–⑦; F; RL reg;
T2.1.2.2
M 2,5–3 m lg. Stg kantig, kahl, Stacheln 4–5 mm lg. Blätter 5-zählig, oben fast kahl, unten graufilzig u. weichhaarig. Endblättchen br verkehrt eifg bis fast kreisrund, abgesetzt dünn ca 15 mm lg bespitzt, 0,5–1,5 mm tief gesägt. Kron- u. Staubblätter lebhaft rosa, Griffel rosafüßig od. insgesamt rosarot.

1477 **Rubus mortensenii** E. H. L. Krause
Mortensens Haselblattbrombeere

I; PP, s, ⑥–⑦; F; RL 1;
T2.1.2.2
M Ähnl. 1473, doch kräftiger bestachelt. Blüten einschließl. Griffelbasen rosa.

1478 **Rubus exstans** Walsemann & Stohr
Ragende Haselblattbrombeere ohne Abb.

☆ **I**; PP, s, ⑥–⑦; F; ⟨RL –⟩;
T2.1.2.2
M 2,5–3 m lg. Stg kantig mit meist flachen Seiten, Stacheln 3–4 mm lg. Blätter überwiegend od. alle 3-zählig, oben ± verkahlend, unten weichhaarig, nicht od. kaum filzig. Endblättchen br eifg bis leicht 3-eckig od. rhombisch, fast geradlinig zugespitzt, periodisch 3–6 mm tief gesägt. Rispe oben büschelig dichtblütig. Blütenstiele mit sitzenden od. in der Behaarung versteckten sehr kurzen Stieldrüsen, krummstachelig. Blüten weiß.
B Vor allem in Holstein u. Ostdeutschland.

◂1479 **Rubus hadracanthos** G. Braun
Dickstachelige Haselblattbrombeere

I; PP, s, ⑥–⑦; M_1, M_2, F; RL ⟨–⟩;
T2.1.2.2
M 2,5–3 m lg. Stg stumpfkantig rundl., kahl, Stacheln dickfüßig, 3–4 mm lg. Blätter 5-zählig, oben (fast) kahl, unten fühlbar behaart, meist filzlos. Endblättchen br eifg elliptisch, 2–3 mm tief gesägt, lebend etwas konvex. Blütenstiele mit dickfüßigen krummen, 1–1,5 mm lgn Stacheln. Blüten (oft einschließl. Griffelbasen) rosa.

1480 **Rubus franconicus** H. E. Weber ▸
Fränkische Haselblattbrombeere

(✩) **I**; PP, s, ⑥–⑦; M_1, M_2, F; RL ⟨–⟩;
T2.1.2.2
M 2,5–3 m lg. Stg stumpfkantig, meist rundl., kahl, Stacheln 4–5 mm lg. Blätter 5-zählig, oben (fast) kahl, unten nicht fühlbar behaart, filzlos. Endblättchen br eifg bis ± kreisrund, oft breiter als lg, meist nur 3–5 mm lg bespitzt, ca 2 mm tief gesägt. Blütenstiele mit 10–20 breiten, krummen, 1–2 mm lgn Stacheln. Blüten weiß. Fruchtboden ± stark behaart.

1481 **Rubus walsemannii** H. E. Weber ▸
Walsemanns Haselblattbrombeere

I; PP, s, ⑥–⑦; F; RL reg;
T2.1.2.2
M 2,5–3 m lg. Stg stumpfkantig rundl., kahl, Stacheln 3,5–4(–5) mm lg. Blätter 5-zählig, oben fast kahl, unten fühlbar behaart, filzlos grün- bis graugrünfilzig, Endblättchen br verkehrt eifg bis rundl. od. etwas 5-eckig, 3–5 mm tief gesägt. Blütenstiele mit 8–20 derben, meist etwas krummen Stacheln. Fruchtboden fast kahl.

1482–1499 Serie **Subthyrsoidei** (Focke) Focke

Stg meist kahl, gleichstachelig, meist ohne, sonst mit bis 0,2 mm lg Stieldrüsen. Blätter unterseits oft filzig. Kelch graufilzig. Antheren meist kahl. – Hybridogene Sippen mit Beteiligung vor allem der Serien *Discolores*, *Rhamnifolii*, weniger auch *Micantes* u. *Sylvatici*.

1482 **Rubus wahlbergii** Arrh. ▸
Wahlbergs Haselblattbrombeere

I; PP, s, ⑥–⑦; (M_2), F, K; RL reg;
T2.1.2.2
M 2,5–3 m lg. Stg kantig flachseitig, (fast) kahl u. (fast) stieldrüsenlos, Stacheln 3–5(–6) mm lg. Blätter 5-zählig, oben ± kahl, unten graufilzig u. weichhaarig. Endblättchen aus brm, herzfgm Grund ± rundl., periodisch 3–5 mm tief gesägt. Nebenblätter meist 1–1,5 mm br. Rispe mit rotfüßigen derben Stacheln, an den Blütenstielen 2–3 mm lg. Kronblätter hellrosa. Griffel grünl. od. rosafüßig.

1483 **Rubus glauciformis** Gust. ex H. Hyl.
Blaugrüne Haselblattbrombeere ohne Abb.

I; PP, s, ⑥–⑦; F; RL 1;
T2.1.2.2
M Wie 1482, doch Stg u. andere Achsen blaugrün bis violett bereift, stieldrüsig u. oft stachelhöckerig, mit nur 3–4 mm lgn Stacheln. Nebenblätter 2,5–3,5 mm breit.
B Nur in Mecklenburg.

▴
1484 **Rubus hevellicus** (E. H. L. Krause) E. H. L. Krause
Heveller-Haselblattbrombeere

(✩) **I**; PP, s, ⑥–⑦; F; RL reg;
T2.1.2.2
M 2,5–3 m lg. Stg kantig flachseitig bis rinnig, (fast) kahl, ohne Stieldrüsen. Stacheln 2,5–3,5(–4) mm lg. Blätter überwiegend od. alle 3-zählig, oberseits nicht od. wenig behaart, unten graufilzig u. weichhaarig. Endblättchen br elliptisch bis rundl., 5(–8) mm lg bespitzt, 2–3(–4) mm tief gesägt. Rispe mit rotfüßigen, an den Blütenstielen 1–2(–2,5) mm lgn Stacheln. Blüten lebhaft rosa, Griffel ± rosa.
B Ostdeutschland.

1485 **Rubus grossus** H. E. Weber
Grobe Haselblattbrombeere

(☆) **I**; PP, s, ⑥–⑦; M_1, M_2; RL reg;
T2.1.2.2
M 2,5–3,5 m lg. Stg dick, kantig, kahl, Stacheln 4–4,5 mm lg. Blätter 5-zählig, oben verkahlend, unten fühlbar behaart, kaum filzig. Endblättchen br herz-eifg bis rundl. elliptisch, periodisch 2–4 mm tief gesägt, lebend ± grobwellig. Rispenachse fast kahl, ohne Stieldrüsen. Blüten weiß.

1486 **Rubus gothicus** Frid. & Gelert ex E. H. L. Krause
Gotische Haselblattbrombeere

I; PP, s, ⑥–⑦; M_1, M_2, F, K; RL reg;
T2.1.2.2
M 2,5–3 m lg. Stg stumpfkantig, (fast) kahl, Stacheln 4–5 mm lg. Blätter 5-zählig, nicht od. kaum fühlbar behaart, filzlos. Endblättchen verlängert eifg, 15–20 mm lg bespitzt, periodisch 3–4 mm tief gesägt, lebend am Rande grobwellig. Rispe schmal. Kronblätter rundl., weiß, slt blassrosa.

1487 **Rubus haesitans** Martensen & Walsemann
Unentschlossene Haselblattbrombeere — ohne Abb.

I; PP, s, ⑥–⑦; F; RL reg;
T2.1.2.2
M Wie 1486, doch Stg scharfkantig, mit einzelnen Stieldrüsen u. Stachelhöckern, Blätter oft z. T. 6–7-zählig, Endblättchen oft etwas rhombisch od. 2–3-lappig. Kronblätter eifg od. elliptisch.

1488 **Rubus septifolius** H. E. Weber
Siebenblättrige Haselblattbrombeere — ohne Abb.

☆ **I**; PP, s, ⑥–⑦; F; RL ⟨G⟩;
T2.1.2.2
M Wie 1486, doch Stg rundl., etwas stieldrüsig, Blätter oft 6–7-zählig.
B Nur Schleswig-Holstein.

1489 **Rubus sprengeliusculus** Frid. & Gelert
Breitrispige Haselblattbrombeere — ohne Abb.

I; PP, s, ⑥–⑦; F; RL 2;
T2.1.2.2
M Wie 1486, doch Stg meist etwas behaart, Rispe sehr br bis sperrig. Blüten lebhaft rosa.

1490 **Rubus decurrentispinus** H. E. Weber
Herablaufendstachelige Haselblattbrombeere — ohne Abb.

I; PP, s, ⑥–⑦; F; RL reg;
T2.1.2.2
M 2,5–3 m lg. Stg rundl., kahl, stieldrüsenlos, Stacheln 4–5 mm lg. Blätter (4–)5-zählig, oben (fast) kahl, unten weichhaarig, meist filzlos. Endblättchen elliptisch bis verkehrt eifg, 7–10 mm lg bespitzt, periodisch scharf 3–4 mm tief gesägt. Rispenachse mit an der Basis etwas herablaufenden Stacheln. Blüten weiß bis blassrosa.

1491 **Rubus lidforssii** (Gelert) Lange
Lidforss' Haselblattbrombeere

I; PP, s, ⑥–⑦; M_2, F; RL reg;
T2.1.2.2
M 2,5–3 m lg. Stg kantig rinnig, bereift, (fast) kahl, ohne Stieldrüsen, Stacheln 3–5 m lg. Blätter 5-zählig, unten fast weichhaarig u. ± filzig. Endblättchen br elliptisch bis eifg, lg bespitzt, periodisch 3–4 mm tief gesägt. Rispe ohne Stieldrüsen. Kronblätter weiß, rundl., nur 7–9 mm lg.

1492 **Rubus loosii** H. E. Weber
Loos' Haselblattbrombeere

☆ **I**; PP, s, ⑥–⑦; M_2, F; ⟨RL –⟩;
T2.1.2.2
M 2,5–3 m lg. Stg dünn, kahl, stieldrüsenlos, Stacheln 3–4(–5) mm lg. Blätter 5-zählig mit sehr schmalen Blättchen, unten ± graufilzig u. weichhaarig. Endblättchen schmal verkehrt eifg – elliptisch, 1–2 mm tief gesägt. Blattstiel sehr lg. Blüten hellrosa, Griffel grünl.
B Westfalen u. Bergisches Land.

1493 **Rubus mougeotii** Billot ex F. W. Schultz
Mougeots Haselblattbrombeere

(☆) **I**; PP, s, ⑥–⑦; M_1; RL –;
T2.1.2.2
M 2,5–3 m lg. Stg kantig, kahl, stieldrüsenlos, Stacheln 4–5 mm lg. Blätter 5-zählig, oben ± kahl, unten weichhaarig, oft etwas filzig. Endblättchen br verkehrt eifg rundl., abgesetzt bespitzt, um 2 mm tief gesägt. Kron- u. Staubblätter rosa, Griffel gelbl. od. am Grunde rosa.

1494 **Rubus luminosus** Martensen
Lichtgrüne Haselblattbrombeere ohne Abb.

☆ **I**; PP, s, ⑥–⑦; F; RL reg;
T2.1.2.2
M 2,5–3 m lg. Stg stumpfkantig, grünl., kahl, stieldrüsenlos, Stacheln 4–5 mm lg. Blätter 5-zählig, oben meist kahl, unten weichhaarig, ± filzlos. Endblättchen elliptisch, 5–15 mm lg bespitzt, 2–3 mm tief gesägt. Blütenstiele ohne Stieldrüsen, mit 0–3 ± geraden, 1–2 mm lgn Stacheln. Blüten weiß.

1495 **Rubus stohrii** H. E. Weber & Ranft
Stohrs Haselblattbrombeere

☆ **I**; PP, s, ⑥–⑦; M_1, M_2, F; ⟨RL –⟩;
T2.1.1.2, T2.3
M 2,5–3 m lg. Stg kantig, kahl, stieldrüsenlos. Stacheln 3,5–5 mm lg. Blätter (3–)4–5-zählig, oben zerstreut, unten nicht od. kaum fühlbar behaart. Endblättchen br herz-eifg bis rundl. od. ± 2–3-lappig, periodisch 3–5(–6) mm tief gesägt. Rispe meist (fast) ohne Stieldrüsen. Kronblätter rosa, Griffel grünl.

1496 **Rubus intricatus** P. J. Müll.
Wirrästige Haselblattbrombeere ohne Abb.

☆ **I**; PP, s, ⑥–⑦; M_1, M_2; ⟨RL reg⟩;
T2.1.2.2
M 2,5–3 m lg. Stg stumpfkantig, kahl, slt etwas stieldrüsig stachelhöckerig, Stacheln dick, 3–4 mm lg. Blätter (3–)4–5-zählig, oben verkahlend, unten weichhaarig, filzlos. Endblättchen br eifg, kurz bespitzt, bis 4 mm tief gesägt. Rispe etwas wirrästig, Achse krummstachelig. Kronblätter weiß, nur 7–8 mm lg.
B Pfälzerwald.

1497 **Rubus calvus** H. E. Weber
Kahlköpfige Haselblattbrombeere

(☆) **I**; PP, s, ⑥–⑦; M_2, F, K; RL reg;
T2.1.1.2
M 2,5–3 m lg. Stg rundl., (fast) kahl, kaum stieldrüsig, Stacheln 3,5–5 mm lg. Blätter 5-zählig, unten ± weichhaarig, meist filzlos. Endblättchen (verlängert) verkehrt eifg bis rundl., 1–2 mm tief gesägt, lebend ± konvex. Kron- u. Staubblätter hellrosa, Griffel etwas rosafüßig.

1498 **Rubus raunkiaeri** (Frid.) Gust.
Raunkiaers Haselblattbrombeere ohne Abb.

I; PP, s, ⑥–⑦; F; ⟨RL G⟩;
T2.1.2.2
M 2,5–3 m lg. Stg stumpfkantig, kahl, mit 0–100 Stieldrüsen pro 5 cm, Stacheln ungleich, 4–5 mm lg. Blätter (3–)4–5-zählig, unten fühlbar behaart, filzlos. Endblättchen br herz-eifg bis rundl. od. br 3-eckig, bis 4 mm tief gesägt. Blütenstiele mit 10–15 rotfüßigen, derben Stacheln. Blüten einschließl. Griffel rosa.

1499 **Rubus rhytidophyllus** H. E. Weber
Runzelblättrige Haselblattbrombeere Abb. o. re.

☆ **I**; PP, s, ⑥–⑦; (M_2), F; RL –;
T2.1.2.2
M 2,5–3 m lg. Stg stumpfkantig, (fast) kahl, pro 5 cm mit 10–200 Stieldrüsen. Stacheln 4–5 mm lg. Blätter 5-zählig, oben mit > 150 Härchen pro cm^2, unten weichhaarig, meist filzlos. Endblättchen br eifg bis elliptisch, ± 3-eckig od. seicht 2–3-lappig, 3–6 mm tief gesägt. Blüten weiß, Griffel grünl.

1500–1505 Serie **Subsilvatici** (Focke) Focke

Stg stumpfkantig rundl., meist etwas behaart. Stieldrüsen fast fehlend bis zahlreich. Stacheln (bis auf 1503) gleichartig. Antheren behaart. Durch die behaarten Antheren u. teilweise auch behaarte Stg zeigen die hierher zu rechnenden Sippen Anklänge an Vertreter der Serie *Sylvatici* (Sektion *Rubus*) u. dürften hybridogen vor allem aus diesen, aber z. T. dazu auch aus Arten der Serien *Rhamnifolii*, *Anisacanthi* u. anderen hervorgegangen sein.

1500 **Rubus nemorosus** Hayne & Willd.
Hain-Haselblattbrombeere

I; PP, s, ⑥–⑦; (M_1), M_2, F; RL reg;
T2.1.1.2
M 2,5–3 m lg. Stg stumpfkantig rundl., deutl. behaart, (fast) stieldrüsenlos. Stacheln gerade, ± abstehend, 4–6 mm lg. Blätter (3–)4–5-zählig, oben graugrün, behaart, unten weichhaarig u. etwas graufilzig. Endblättchen ± elliptisch bis br eifg od. rundl., geradlinig verschmälert, oft 2–3-lappig, lebend nicht konvex. Rispenachse mit geraden, 4–6 mm lgn Stacheln. Kronblätter rosa, 11–18 mm lg, Griffel rosafüßig.

1501 **Rubus nemorosoides** H. E. Weber
Große Hain-Haselblattbrombeere ohne Abb.

(☆) **I**; PP, s, ⑥–⑦; M_2, F; RL –;
T2.1.1.2
M Wie 1500, doch kräftiger mit längeren Stacheln. Blätter unterseits stärker filzig u. samtig weichhaarig. Endblättchen ohne lappige Absätze, grober bis 4 mm tief gesägt. Blütenstiele mit bis 1,5–2 mm (statt nur bis 1 mm) lgn Stieldrüsen.

1502 **Rubus placidus** H. E. Weber
Friedliche Haselblattbrombeere

I; PP, s, ⑥–⑦; (M$_1$), M$_2$, F, K; RL reg;
T2.1.1.2, T2.3

M 2,5–3 m lg. Stg stumpfkantig rundl., (fast) kahl, mit 0–10 Stieldrüsen pro 5 cm, Stacheln 3–5 mm lg. Blätter 5-zählig, unten fast weich, slt auch ± filzig behaart. Endblättchen eifg elliptisch, 1–1,5 mm tief kerbzähnig, lebend konvex. Rispenachse mit geraden od. wenig krummen 3–4(–5) mm lgn Stacheln. Kronblätter rosa, 8–14 mm lg. Griffel rosafüßig. Antheren meist wenig behaart.

1503 **Rubus ferocior** H. E. Weber
Wildere Haselblattbrombeere

(☆) **I**; PP, s, ⑥–⑦; M$_2$, F, (K); RL reg;
T2.1.1.2

M Wie 1502, doch Stg mit zahlreicheren Stieldrüsen u. streckenweise sehr ungleichen Stacheln u. Stachelhöckern. Blätter unterseits oft kaum fühlbar behaart. Endblättchen 2(–3) mm tief gesägt, lebend sehr stark konvex (meist nicht plan entfaltbar). Rispe stark stieldrüsig. Antheren dichthaarig.

1504 **Rubus tiliaster** H. E. Weber
Lindenblättrige Haselblattbrombeere

I; PP, s, ⑥–⑦; (M$_2$), F, K; RL reg;
T2.1.1.2

M 2,5–3,5 m lg. Stg etwas behaart, Stacheln gerade, 6–7 mm lg. Blätter 5-zählig, unten weichhaarig u. ± graufilzig. Endblättchen br herz-eifg od. lindenartig rundl., 1–2(–2,5) mm tief gesägt. Rispenachse mit 5–6 mm lgn geraden Stacheln. Blüten weiß bis blassrosa, Griffel meist grünl.

1505 **Rubus camptostachys** G. Braun
Bewimperte Haselblattbrombeere

I; PP, s, ⑥–⑦; (M$_1$), M$_2$, F, K; RL reg;
T2.1.1.2

M 2,5–3 m lg. Stg (fast) kahl, ± stieldrüsig, Stacheln 3,5–4,5 mm lg. Blätter 4–5-zählig, unten fühlbar behaart, meist filzlos. Endblättchen elliptisch bis eifg, 2–3 mm tief gesägt, nicht konvex. Rispenachse mit z. T. krummen Stacheln. Blüten weiß (slt schwach rosa). Antheren dichthaarig.

1506–1516 Serie **Subcanescentes** H. E. Weber

Blätter oberseits dicht bis weichhaarig, oft auch sternhaarig, unterseits graufilzig, weichhaarig. – Hybridogen wohl mit Beteiligung von 1324 *R. canescens* entstanden.

1506 **Rubus mollis** J. & C. Presl
Weiche Haselblattbrombeere

(☆) **I**; PP, s, ⑥–⑦; M$_1$, M$_2$, F; RL –;
T2.1.2.1.2

M 2,5–3 m lg. Stg (fast) kahl, Stacheln dünn, 2–3 mm lg. Blätter 5-zählig, beidseits weichhaarig, unten stark graufilzig. Endblättchen br bis rundl., bis 5–6 mm tief gesägt. Rispe ebensträußig, nadelstachelig. Blüten weiß.

1507 **Rubus rhombicus** H. E. Weber
Rhombische Haselblattbrombeere

(☆) **I**; PP, s, ⑥–⑦; AV, M$_1$, M$_2$; (RL –);
T2.1.2.2

M 2,5–3 m lg. Stg etwas behaart, Stacheln br, 3–4 mm lg. Blätter 5-zählig, oben (anfangs) dichthaarig, unten graufilzig, weichhaarig. Endblättchen ± rhombisch, 3–5 mm tief gesägt. Rispe mit brn Stacheln. Blüten weiß.

◂1508 **Rubus amphimalacus** H. E. Weber
Samtblättrige Haselblattbrombeere

(☆) **I**; PP, s, ⑥–⑦; M_1, M_2; RL –!!;
T2.1.2.2

M 2,5–3 m lg. Stg stumpfkantig, (fast) kahl, wenig stieldrüsig, Stacheln um 2,5 mm lg. Blätter (fast) alle 3-zählig, beiderseits weichhaarig, unten graufilzig. Endblättchen verkehrt eifg mit etwas abgesetzter, nur 3–7 mm lg Spitze, nur 1 mm tief gesägt. Rispe schmal, Achse mit etwas krummen Stacheln. Kronblätter blassrosa, 7–10 mm lg. Griffel grünl.

1509 **Rubus baruthicus** H. E. Weber ▸
Bayreuther Haselblattbrombeere

(☆) **I**; PP, s, ⑥–⑦; M_1, M_2; RL –;
T2.1.2.2

M Wie 1508, doch Stg 8–10 (statt um 5 mm) dick, (fast) ohne Stieldrüsen. Blätter 3–5-zählig, oben (fast) kahl. Endblättchen 1,5–2 mm tief gesägt. Blätter der Rispe oben nicht fühlbar (statt weich) behaart.

B Südl. Westdeutschland bis Westfalen. Außerdem Schweiz, Lothringen, Luxemburg.

◂◂1510 **Rubus leucophaeus** P. J. Müll.
Weißgraue Haselblattbrombeere

(☆) **I**; PP, s, ⑥–⑦; M_1, M_2, F; ⟨RL reg⟩;
T2.1.2.2

M 2,5–3 m lg. Stg fast kahl, stieldrüsenlos, Stacheln 2–3 mm lg. Blätter (3–)5-zählig, oben graugrün u. weichhaarig, unten graufilzig, weichhaarig. Endblättchen ± verkehrt eifg, 5–8 mm bespitzt, 1–2 (–2,5) mm tief gesägt. Rispe stieldrüsenlos, Blüten weiß (slt rosa angehaucht).

B Vor allem in Südwestdeutschland.

◂1511 **Rubus fioniae** Frid. ex Neuman
Fünensche Haselblattbrombeere

I; PP, s, ⑥–⑦: F; RL reg;
T2.1.2.2

M 2,5–3 m lg. Stg rundl., kahl, meist stieldrüsenlos, Stacheln 15–20 pro 5 cm, dünn, 3–3,5 mm lg. Blätter 3–5-zählig, oben wenig, unten weich behaart u. graufilzig. Endblättchen eifg, 8–15 mm lg bespitzt, 2–3 mm tief gesägt. Blütenstiele 15–30 mm lg. Blüten weiß.

1512 **Rubus fasciculatiformis** H. E. Weber
Falsche Büschelblütige Haselblattbrombeere

(☆) **I**; PP, s, ⑥–⑦; M_1, M_2, F; RL reg;
◂◂T2.1.2.2

M 2,5–3 m lg. Stg fast kahl, ± stieldrüsig, Stacheln 3,5–5 mm lg. Blätter 3–5-zählig, oben wenig, unten weich behaart u. graufilzig. Endblättchen (br) verkehrt eifg bis elliptisch, 3–8 mm lg bespitzt, 2–3 mm tief gesägt. Nebenblätter ca 1,5 mm br. Blüten weiß.

◂1513 **Rubus visurgianus** H. E. Weber
Weser-Haselblattbrombeere

☆ **I**; PP, s, ⑥–⑦; M_1, M_2, F; RL –;
T2.1.2.2

M Wie 1512, doch Blätter 5-zählig, Endblättchen breiter, oft rundl. bis kreisrund, 6–10 mm lg bespitzt. Nebenblätter 1,5–3,5 mm br.

1514 **Rubus deweveri** Beek
Dewevers Haselblattbrombeere — ohne Abb.

I; PP, s, ⑥–⑦; F; ⟨RL 1⟩;
T2.1.2.2

M Stg kahl, stieldrüsenlos. Blätter 5-zählig, oben (fast) kahl. Endblättchen eifg bis etwas 3-eckig. Blüten blassrosa.

B Um Aachen u. am Niederrhein.

1515 Rubus fasciculatus P. J. Müll.
Büschelblütige Haselblattbrombeere

I; PP, s, ⑥–⑦; M_1, M_2, F; RL reg;
T2.1.2.2
M 2,5–3 m lg. Stg (fast) kahl, drüsenlos, Stacheln 4–5 mm lg. Blätter 5-zählig, oben runzelig, dicht feinhaarig, unten graufilzig u. ± weichhaarig. Endblättchen eifg elliptisch, 5–10 mm lg bespitzt, periodisch 3–4 mm tief gesägt, ± konvex. Rispe stieldrüsenlos, Achse mit bis 5 mm lgn Stacheln. Blüten weiß.

1516 Rubus suevicola H. E. Weber
Schwäbische Haselblattbrombeere

I; PP, s, ⑥–⑦; AV, M_1, M_2, F; ⟨RL reg⟩;
T2.1.2.2
M 2,5–3 m lg. Stg kahl, stieldrüsenlos, Stacheln 4–6 mm lg. Blätter 5-zählig, oben ± kahl, unten graufilzig u. ± weichhaarig. Endblättchen schmal verkehrt eifg bis etwas 5-eckig, 5–10 mm lg bespitzt, periodisch 3–5 mm tief gesägt. Rispe stieldrüsenlos. Blüten weiß.
B Württemberg, Bayern, Thüringen.

1517–1519 Serie **Vestitiusculi** H. E. Weber

Stg rundl., behaart od. kahl, mit ± gleichen bis sehr ungleichen, meist lgn Stacheln. Blätter unterseits schimmernd weichhaarig, dazu oft filzig. Rispe oft mit etwas zottigen Haaren. Vermutlich mit Beteiligung von Vertretern der Serie *Vestiti* hybridogen entstandene Sippen.

1517 Rubus slesvicensis Lange
Schleswigsche Haselblattbrombeere

I; PP, s, ⑥–⑦; F, K; RL –;
T2.1.2.2
M 2,5–3 m lg. Stg reichl behaart, pro 5 cm mit 10–300 Stieldrüsen, Stacheln fast gleichartig, brettartig br, 4–7(–8) mm lg. Blätter (3–)5(–7)-zählig, oben vielhaarig, unten schimmernd weich u. oft etwas filzig behaart. Endblättchen br eifg bis rundl., oft 2–3-lappig, 2–3 mm tief gesägt. Rispenachse mit (fast) geraden 3–6 mm lg Stacheln. Blüten weiß.

1518 Rubus firmus Frid. & Gelert ex Utsch
Violettdrüsige Haselblattbrombeere ohne Abb.

I; PP, s, ⑥–⑦; F, K; RL 2;
T2.1.2.2
M Wie 1517, doch Stg (fast) kahl, stärker stieldrüsig, Stacheln ungleich, dünn, bis 6 mm lg. Blätter 3–5-zählig, Endblättchen br eifg bis kreisrund, stets ungelappt, gleichmäßiger gesägt. Blütenstiele mit dklvioletten (statt gelbl.) Stieldrüsen.

1519 Rubus xiphophorus H. E. Weber
Schwerttragende Haselblattbrombeere

☆ **I**; PP, s, ⑥–⑦; M_2; RL –;
T2.1.2.2
M 2,5–3 m lg. Stg behaart, mit vielen Stieldrüsen, Stacheln ungleich, etwas schwertfg, gerade, 7–9 mm lg. Blätter (3–)5-zählig, oben fast kahl, unten grau schimmernd, weichhaarig, filzlos. Endblättchen br eifg bis verkehrt eifg, 1,5–3 mm tief gesägt. Rispenachse mit geraden, 6–7,5 mm lgn Stacheln. Blüten blassrosa bis fast weiß.

1520–1530 Serie **Subradula** W. C. R. Watson

Stg mit überwiegend gleichartigen Stacheln u. vielen, meist bis 0,5 mm lg Stieldrüsen. Dazwischen keine od. nur wenige Übergänge. Blätter unterseits filzlos grün- bis graufilzig. Rispe mit vielen Stieldrüsen. Parallelserie der Serien *Radula* u. *Pallidi* in der Sektion *Rubus* u. wohl vor allem mit Beteiligung von Vertretern dieser Serien hybridogen entstanden.

1520 Rubus cuspidatus P. J. Müll.
Zugespitzte Haselblattbrombeere

(☆) **I**; PP, s, ⑥–⑦; M_1, M_2, F; RL –;
T2.1.2.2
M 2,5–3 m lg. Stg fast kahl, Stacheln 3,5–5 mm lg. Blätter (3–)5-zählig, oben kahl, unten weichhaarig u. ± graufilzig. Endblättchen herz-eifg, oft fast geradlinig in eine 10–18 mm lge Spitze verschmälert, 1,5–2,5 mm tief gesägt. Blütenstiele mit rötl., 0,5 mm lgn Stieldrüsen u. 0–5(–8) Stacheln. Kelchzipfel meist fädig verlängert. Blüten weiß.

1521 **Rubus delectus** P. J. Müll. & Wirtg.
Auserlesene Haselblattbrombeere ohne Abb.

☆ **I**; PP, s, ⑥–⑦; M_2, (F); ⟨RL –⟩;
T2.1.2.2
M Wie 1520, doch Blätter oberseits stärker behaart, Kelch rot (statt gelb) drüsig. Blüten rosa, Griffelbasis rosa.

1522 **Rubus horridus** K. F. Schultz
Schreckliche Haselblattbrombeere

I; PP, s, ⑥–⑦; (M_2), F; RL reg;
T2.1.2.2
M 2,5–3 m lg. Stg kantig, ± kahl, Stacheln 4–5 mm lg. Blätter 5-zählig, oben (fast) kahl, unten graugrün, weichhaarig. Endblättchen rundl. bis ± 5-eckig, 3–4 mm tief gesägt. Blütenstiele mit 10–20 rotfüßigen Stacheln. Kelch meist verlängert. Blüten rosa.

1523–1524 **Rubus fabrimontanus** Sprib.
Schmiedeberger Haselblattbrombeere

M 2,5–3 m lg. Stg rundl., mit 0,3–1 mm lgn Stieldrüsen, Stacheln gerade abstehend, 4–5(–6) mm lg. Blätter 5-zählig, oben ± behaart, unten filzlos, ± fühlbar behaart. Endblättchen 1–1,5(–2) mm tief gesägt. Rispe mit geraden dünnen Stacheln. Griffel grün.

1523 var **fabrimontanus** Abb. o. re.
(☆) **I**; PP, s, ⑥–⑦; M_1, M_2, F, K; RL reg;
T2.1.1.2, T2.3.1
M Stg behaart, Endblättchen br elliptisch bis kreisrund, 6–13 mm lg bespitzt. Blüten rosa.

1524 var **tuberculatiformis** (H. E. Weber) H. E. Weber ohne Abb.
(☆) **I**; PP, s, ⑥–⑦; M_1, M_2, F; RL –;
T2.1.2.2
M Stg (fast) kahl. Endblättchen verlängert elliptisch, 10–18 mm lg bespitzt. Blüten weiß, slt blassrosa.

1525 **Rubus rotundifoliatus** Sudre
Rundblättrige Haselblattbrombeere

(☆) **I**; PP, s, ⑥–⑦; M_1; RL –,
T2.1.2.2
M 2,5–3 m lg. Stg behaart, Stacheln 3,5–5 mm lg. Blätter (4–)5-zählig, unten filzlos, kaum fühlbar bis weich behaart. Endblättchen rundl., kurz bespitzt, 1–2 mm tief gesägt. Rispe mit ± rundl. Blättern. Blüten blassrosa.

1528 **Rubus frisicus** (Frid. ex Focke) Focke
Friesische Haselblattbrombeere ohne Abb.

I; PP, s, ⑥–⑦; M_1, M_2, F; RL –;
T2.1.2.2
M 2,5–3 m lg. Stg dünn, rundl., (fast) kahl, Stacheln pfrieml., 2–2,5 mm lg. Blätter (überwiegend) 3-zählig, nicht fühlbar behaart. Endblättchen elliptisch bis schmal verkehrt eifg, grob periodisch 2–4 mm tief gesägt. Rispe lg, nadelstachelig, bis oben durchblättert, Achse wenig behaart. Blüten weiß.

1529 **Rubus limitis** Matzke-Hajek
Limes-Haselblattbrombeere

☆ **I**; PP, s, ⑥–⑦; M_1; ⟨RL –⟩;
T2.1.2.2, T2.3.2
M 2,5–3 m lg. Stg (fast) kahl, Stacheln 3–6 mm lg. Blätter (überwiegend) 3-zählig, oben verkahlend, unten fühlbar behaart, oft auch ± dünnfilzig. Endblättchen (verkehrt) eifg bis ± 5-eckig, 1,5–2,5 mm tief gesägt. Kelch an der Frucht ± aufgerichtet. Kronblätter weiß bis rosa angehaucht. Griffel grün od. rosafüßig.
B Rheinland-Pfalz, Hessen, Nordbayern.

1526 **Rubus phylloglotta** (Frid.) Å. Gust.
Zungenblättrige Haselblattbrombeere ohne Abb.

I; PP, s, ⑥–⑦; F; RL 3;
T2.1.2.2
M 2,5–3 m lg. Stg rundl., behaart, Stacheln 3–4 mm lg. Blätter (4–)5-zählig, unten weichhaarig, meist filzlos. Endblättchen elliptisch od. schmal verkehrt eifg, 1,5–2 mm tief kerbzähnig. Rispe schmal. Blüten meist weiß.
B Hier anzuschließen ist (1526a) *R. rugosifolius* Loos (Runzelige H.), die sich durch ungleichere Stacheln der folgenden Serie nähert. – Regionalsippe im mittleren Westfalen.

1527 **Rubus glossoides** H. E. Weber & Stohr
Zungenartige Haselblattbrombeere

☆ **I**; PP, s, ⑥–⑦; M_1, M_2, F; ⟨RL reg⟩;
T2.3
M 2,5–3 m lg. Stg rundl., dünn, kahl, mit zarten Stieldrüsen, Stacheln pfrieml., 3–3,5 mm lg. Blätter 3(–5)-zählig, unten nicht fühlbar bis weich behaart, Endblättchen schmal verkehrt eifg, ca 1 mm tief gesägt. Rispe nadelstachelig. Blüten weiß.
B Sachsen-Anhalt u. Brandenburg.

1530 **Rubus tuberculatus** Bab.
Höckerige Haselblattbrombeere

I; PP, s, ⑥–⑦; M_1, M_2, F; RL reg;
T2.1.1.2

M 2,5–3 m lg. Stg wenig behaart, mit bis 1 mm lg Stieldrüsen, Stacheln ungleich, dickfüßig, bis 6–7(–8) mm lg, daneben dicke Stachelhöcker. Blätter (überwiegend) 3-zählig, oben zerstreut behaart, unten wenig fühlbar behaart u. angedrückt (grün- bis) graufilzig. Endblättchen verkehrt eifg elliptisch, 1,5–2,5 mm tief gesägt. Rispenachse mit 4–7 mm lg Stacheln. Blütenstiele mit 0,5–1,5 mm lg Stieldrüsen u. 2–3 mm lg Stacheln. Blüten weiß.
B Vermittelt zur nächsten Serie.

1531–1541 Serie **Hystricopses** H. E. Weber

Stg rundl. stumpfkantig, Stacheln sehr ungleich mit allen Übergängen zu (drüsigen) Stachelchen, Borsten u. Stieldrüsen. Hybridogene Parallelserie zu den Serien *Hystrix* u. *Glandulosi* innerhalb der Sektion *Rubus*.

1531 **Rubus hystricopsis** (Frid.) Å. Gust.
Stachelschwein-Haselblattbrombeere

I; PP, s, ⑥–⑦; F; RL reg;
T2.1.1.2

M 2,5–3 m lg. Stg (fast) kahl, Stacheln etwas rotfüßig, bis 4–6 mm lg. Blätter (3–)4–5-zählig, oben vielhaarig, unten filzlos, wenig bis deutl. fühlbar behaart. Endblättchen (schmal) elliptisch bis verkehrt eifg, 1–1,5 mm tief gesägt. Rispenachse knickig gebogen. Blütenstiele mit 0,1–1(–2) mm lgn Stieldrüsen u. 7–15 bis 2,5–3,5 mm lgn Stacheln. Blüten weiß.

1532 **Rubus histriculus** H. E. Weber
Stachelschweinchen-Haselblattbrombeere ohne Abb.

(☆) **I**; PP, s, ⑥–⑦; F; RL –;
T2.1.1.2

M Ähnl. 1531, doch Stg kahl, Stacheln nur bis 4(–5) mm lg. Blätter überwiegend 3-zählig mit tief 2-lappigen Seitenblättchen, unten samtig weichhaarig. Endblättchen elliptisch mit abgesetzter dünner Spitze, nur etwa 1 mm tief gesägt. Rispenachse ± gerade. Blütenstiele mit 0–1(–3) bis 2,5 mm lgn Stacheln.

1533 **Rubus fuernrohrii** H. E. Weber
Fürnrohrs Haselblattbrombeere

(☆) **I**; PP, s, ⑥–⑦; AV, M_1; ⟨RL reg⟩;
T2.1.2.2

M 2,5–3 m lg. Stg (fast) kahl, Stacheln dünn, bis 4–5 mm lg. Blätter 5-zählig, oben wenig behaart, unten graugrün bis graufilzig u. weichhaarig. Endblättchen br elliptisch bis kreisrund, oft kaum od. sehr kurz (bis 5 mm) bespitzt, 1,5–2 mm tief gesägt. Rispe etwas ebensträußig, nadelstachelig. Blüten weiß.
B Besonders im mittleren Bayern.

1534 **Rubus sylvulicola** Progel ex Utsch
Waldbewohnende Haselblattbrombeere ohne Abb.

(☆) **I**; PP, s, ⑥–⑦; M_1, M_2, F; RL –;
T2.3

M 2,5–3 m lg. Stg vielhaarig, Stacheln ± violett, dünn, bis 3,5–4(–5) mm lg. Blätter (überwiegend) 3-zählig, kaum fühlbar behaart, filzlos. Endblättchen (br) herzeifg bis elliptisch, mit krummen Hauptzähnen 1,5–3 mm tief gesägt. Rispe dünnstachelig. Kelch stachellos, zuletzt aufrecht. Blüten weiß.

1535 **Rubus sendtneri** Progel
Sendtners Haselblattbrombeere

(☆) **I**; PP, s, ⑥–⑦; AV, M_1, M_2, F; ⟨RL –⟩;
T2.1.2.2,T2.3

M 2,5–3 m lg. Stg vielhaarig, Stacheln dünn, bis 2,5–4(–5) mm lg. Blätter 3–5-zählig, oben zerstreut bis reichl. behaart, unten weichhaarig, filzlos. Endblättchen eifg, 15–20 mm lg bespitzt, periodisch 1,5–3,5 mm tief gesägt. Rispe pfriemstachelig. Blüten weiß.
B Östliches Bayern.

1536 **Rubus parahebecarpus** H. E. Weber
Rheinländische Haselblattbrombeere ohne Abb.

(☆) **I**; PP, s, ⑥–⑦; M_2, F; RL reg;
T2.1.2.2

M 2,5–3 m lg. Stg behaart, Stacheln gerade, bis 4–6(–7) mm lg. Blätter (überwiegend) 5-zählig, oben zerstreut, unten weichhaarig u. graufilzig. Endblättchen br eifg elliptisch, zuletzt meist kreisrund, abgesetzt ca 5 mm lg bespitzt, 1–1,5 mm tief gesägt. Rispenachse mit geraden 4–5 mm lgn Stacheln. Blütenstiele mit bis 3 mm lgn Stacheln. Blüten weiß.

◄1537 **Rubus dollnensis** Sprib.
Drüsenborstige Haselblattbrombeere

(☆) **I**; PP, s, ⑥–⑦; M_1, M_2, F; RL reg;
T2.1.2.2, T2.3

M 2,5–3 m lg. Stg rundl., (fast) kahl, mit dünnen bis 1(–2) mm lgn Stieldrüsen, Stacheln pfrieml., bis 3–4 mm lg. Blätter (fast alle) 3-zählig, nicht fühlbar behaart. Endblättchen (verkehrt) eifg bis etwas rundl., kurz bespitzt, 2–3(–3,5) mm tief gesägt. Rispe ± ebensträußig, nadelstachelig drüsenborstig. Blütenstiele mit 0,5–1 mm lgn Stieldrüsen u. 3–6 bis 2–3 mm lgn Stacheln. Kelche stachellos, die großen Sammelfrüchte umfassend. Blüten weiß. Griffel grünl.

1538 **Rubus ranftii** H. E. Weber
Ranfts Haselblattbrombeere ohne Abb.

☆ **I**; PP, s, ⑥–⑦; M_2, F; RL –;
T2.1.2.2

M Wie 1537, doch Stg mit weniger ungleichen Stacheln, Blätter unterseits fühlbar behaart, nur 1–1,5 mm tief gesägt. Blüten rosa, Griffel rosafüßig od. insgesamt rötl.

1539 **Rubus villarsianus** Focke ex Gremli ►
Schweizer Haselblattbrombeere

☆ **I**; PP, s, ⑥–⑦; AV, M_1; RL reg;
T2.1, T2.3

M 2,5–3 m lg. Stg rundl., (fast) kahl, Stacheln dünn, bis 4–5 mm lg. Blätter überwiegend od. alle 3-zählig, nicht fühlbar behaart. Endblättchen br (verkehrt) eifg, 10–20 mm lg bespitzt, 1–2,5 mm tief gesägt. Rispe mit geraden, pfrieml. nadeligen Stacheln. Blütenstiele mit dichten, dklroten, bis 1–1,5 mm lgn Stieldrüsen. Kelch die Sammelfrucht umfassend. Blüten weiß.

1540 **Rubus pseudopsis** Gremli
Nordschweizer Haselblattbrombeere ohne Abb.

(☆) **I**; PP, s, ⑥–⑦; AV; ⟨RL 0⟩;
T2.1.2.2, T2.3

M Wie 1539, doch Blätter überwiegend 4–5-zählig, Endblättchen schlanker, lgr bespitzt, mehr periodisch mit längeren Hauptzähnen 3–4 mm tief gesägt. Rispe armblütig, mit blassen Stieldrüsen u. weniger aufgerichteten Kelchen.

▲
1541 **Rubus echinosepalus** H. E. Weber
Igelkelchige Haselblattbrombeere

(☆) **I**; PP, s, ⑥–⑦; M_1, M_2; RL reg;
T2.1.2.2

M Ähnl 1539, doch Stg mit derberen Stacheln. Blätter alle 3-zählig, unterseits weichhaarig, Endblättchen br verkehrt eifg bis kreisrund, aufgesetzt 5–15 mm lg bespitzt. Rispe mit gelbl. Stieldrüsen. Kelch vielstachelig, gelbl. drüsenborstig, Kronblätter elliptisch (statt rundl.).

1542–1543 Sektion **Caesii** Lej. & Court.

Monotypische Sektion.

1542 **Rubus caesius** L.
Kratzbeere

I; PP, s, ⑥–⑦; A, AV, M_1, M_2, F, K; RL –;
H1, L5, T1, T2, T8–10

M 2,5–4 m lg. Stg rundl., dünn, kahl bis dünnfilzig, wie alle Achsen mit weißl. bis violettem Wachsüberzug (Reif), Stacheln dünn, nur 1–2,5 mm lg. Blätter (meist) 3-zählig, fast kahl bis unterseits ± weich behaart. Endblättchen br 3-eckig bis ± rhombisch, grob eingeschnitten gesägt. Rispe ebensträußig, ± stieldrüsig. Kelch verlängert, die blau bereifte Sammelfrucht umfassend. Blüten weiß.

◄◄**B** Standortsabhängig sehr variabel, z. B. auf feuchtem Boden mit weißl., wenig bestachelten Stgn, großen Blättern (»var *aquaticus*«), auf Küstendünen mit violettroten, dichtstacheligen Stgn. u. kleineren, unten stärker behaarten Blättern (»var *dunensis*«).

◄1543 **Rubus × pseudidaeus** (Weihe) Lej.
(1213 **[R. idaeus]** × 1542)
Bastard-Himbeere

I; PP, s, ⑥–⑦; A, AV, M_1, M_2, F, K; RL –
T2.1.2, T2.2.2

M Intermediär zw den Eltern od. mehr wie 1213 (nf *pseudidaeus*), doch Blätter nur graufilzig mit breiteren Nebenblättern, Kelch fädig verlängert, aufgerichtet, od. ähnl. 1542 (nf *pseudocaesius*), doch Stg filzig violettstachelig, Blätter unten filzig, Nebenblätter schmaler. Kronblätter sehr klein. Steril od. mit wenigen roten Teilfrüchtchen.

1544 Subgenus Cylactis (Raf.) Focke

Kriechstauden mit ± stachellosem Stg.

1544 Rubus saxatilis L.

Steinbeere

I; PP, s, ⑤–⑥; A, AV, M_1, M_2, F; RL reg, (✎)
T1.1.4, T1.1.2.1, T1.4.1.2.+3, T1.4.2, T3.1.6
M 1–2(–3) m lg. Stg ca 2 mm br, Stacheln vereinzelt, zart, weich. Blätter 3-zählig, nicht fühlbar behaart. Nebenblätter br eifg elliptisch. Blüten weiß, Frucht glasig rot.

1545 Subgenus Chamaerubus Kuntze

Staude, am stärksten abgeleitetes Subgenus.

1545 Rubus chamaemorus L.

Moltebeere

I; PP, s, ⑤–⑥ (♀♂); (M_1), F; RL 1; ✎
S1.3
M 5–25 cm. Stg aufrecht, stachellos, unverzw. Blätter rundl. nierenfg, 5–7-lappig, kerbzähnig. Blüten einzeln, endstg, weiß, ∅ 4–5 cm, Frucht orangegelb.

1546 Cydonia oblonga Mill.

Echte Quitte (Gttg 2 sp)

U–E, K; P, ⟨N⟩, s, ⊙; M_1, M_2, F; ⟨RL –⟩; (✎), Z, Ob
T2.1.2.1.2
M 1,2–8 m. Mit sparrig abstehenden Ästen, dornenlos. Jüngste Zweige dichtfilzig, gelbgrün, ältere lockerfilzig, braunkantig, mit dkln Lentizellen. Laubblätter eifg bis br elliptisch, am Grunde abgerundet bis herzfg, mit kurzen Stachelspitzchen, oberseits dklgrün, lockerfilzig, unterseits hell graugrün, 10 cm lg, 7,5 cm br. Blüten einzeln, endstdg, 5 Kronblätter, 15–27 mm lg, weiß od. rosa. 15–25 violette Staubfäden, Staubbeutel gelb, 5 Griffel, 5 zurückgeschlagene Kelchblätter, bleibend. Frucht apfel- od. birnenfg, 4–12 cm lg, grüngelb, punktiert, duftend. Roh nicht genießbar.

1547 Pyrus communis L.

Kultur-Birne (Gttg ca 25 sp), ohne Abb.

A, K; P, s, ③; A, AV, M_1, M_2, F, K; RL –; ✎, Ob
wo A?
M 3–20 m. Br kegelfge Krone. Äste sparrig abstehend, z. T. bedornt (v. a. wenn verwildernd), kahl, allenfalls flaumig in der Jugend. Blätter eifg bis elliptisch, 5–9 cm lg, 3,5–5,5 cm br, kahl, kerbig gesägt bis ganzrandig, breiter als 5 cm, Blüten weiß od. rosa. Früchte > 5 cm, gelbgrün, saftig, herbsäuerl. bis fruchtig, je nach Sorte.
B Hybridogen entstanden, aber kaum 1548 beteiligt. Wird bis 400 J. alt. Es sind über 1500 Kultursorten beschrieben.

1548 Pyrus pyraster Burgsd.

Wild-Birne

I; ⟨P, N, s⟩, ③; A, AV, M_1, M_2, F, K; RL reg; ☺, ✎, F
L5.2.3, T1.1.2.3+4, T1.4.1.3, T2.1.2.1.2
M Bis 20 m. Äste abstehend bis aufsteigend, kahl od. verkahlend, mit Dornen, oft einseitig, fahnenartig wachsend (z. B. an Steilhängen). Blätter rundl. bis eifg, 2,5–7 cm lg, 2–5 cm br, weniger als 1,5mal so lg wie br, fein gezähnt od. slt ganzrandig, schmaler als 5 cm. Blüten 2,5–3 cm ∅, weiß. Früchte 1,5–3 cm ∅, kugelig bis kurz birnenfg, stumpfgelb, braun gefleckt, hart, roh herb u. zusammenziehend. Kelchblätter auffällig gr, zur Fruchtzeit bleibend.
B Wird 80–120 Jahre alt.

◂1549 **Malus sylvestris** (L.) Mill. ▸
Holz-Apfel, Wild-Apfel (Gttg 55 sp)

I; P, ⟨N⟩, s, ③; A, AV, M_1, M_2, F, K; RL reg; ☺, ✂, F
L5.2.3, T1.1.2.3, T1.1.2.4.1, T2.1.2.1

M 2–15 m. Äste abstehend, dornig, anfangs locker behaart, verkahlend. Knospen kahl od. locker behaart. Blätter br eifg bis fast kreisrund, 3–11 cm × 2,5–5,5 cm, mit kurzer schiefer Spitze, am Rande einf. od. doppelt gekerbt bis gesägt, in der Jugend mit Drüsenspitzchen, Blätter verkahlend. Blüten weiß od. rosa. Früchte kugelfg bis eirundl., 2–3,5 cm ∅, gelbgrün, an der Sonnenseite oft rot, herb.

1550 **Malus domestica** Borkh.
Kultur-Apfel ohne Abb.

K; P, s, ③; A, AV, M_1, M_2, F, K; RL –; ✠, ✂, K
gelegentl. verwildert in T2.1.2.1

M 3–10 m. Br ausladende Äste, ohne Dornen. Knospen flaumig behaart. Blätter br elliptisch bis fast rundl. 4,5–10 cm × 3,5–5 cm, doppelt od. kerbig gesägt, mit Stachelspitzchen, Blätter unterseits dichter, bleibend behaart bis filzig. Blüten weiß, rosa überlaufen. Frucht kugelig, mehr als 5 cm ∅, saftig.

B Es sind über 2000 Sorten bekannt. Wie bei der Birne sind Verwilderungen schwer von der Wildform zu unterscheiden, obwohl hybridogene Prozesse kaum eine größere Rolle spielen sollen.

1551–1576 **Sorbus** L.

Bearbeitet von N. Meyer

Gattung sommergrüner Bäume u. Sträucher ohne Dornen, mit ca 200 Arten über die nördl. gemäßigte Zone verbreitet. Neben den sexuellen Hauptarten kennt man eine größere Anzahl aus der Gruppe um *S. aria* od. deren Hybriden hervorgegangener, polyploider Kleinarten mit oft sehr klm Areal, die sich, soweit bekannt, apomiktisch fortpflanzen. Die Gattung ist auf Grund unvollstdg Kenntnis von Verbreitung u. Abgrenzung der Haupt- u. Kleinarten bestimmungskritisch.

M Blätter wechselstdg, einfach bis unpaarig gefiedert, unterseits in der Jugend od. bleibend filzig. Blüten in reichblütigen Doldenrispen. Kelchblätter 5, 3-eckig. Kronblätter 5, rundl. bis eifg, teils genagelt, weiß od. rosa. Staubblätter (15–)20(–25), gelb. Fruchtblätter u. Griffel 2–5, untereinander u. mit Blütenbecher unterschiedl. verwachsen. Fruchtknoten halb- od. ganz unterstdg. Früchte kl, ca 1–3 cm ∅, kugelig bis eifg, rot, orange, gelb od. braun, mit festen Fächern (Kernapfel). Samen flach bis zylindrisch, lgr als br, rotbraun. Alle Teile durch Blausäurebildung schwach u. unbedeutend giftig.

1551 **Sorbus domestica** L.
Speierling (Gttg ca 200 sp), Abb. M. li., M. re.

I; P, s, ⑤; M_1, M_2; RL reg; ✂, ✠, ✿, Z
T1.1.1.4, T1.1.2.3 (warm), T1.1.2.4.1

M Bis 15(–25) m. Blätter unpaarig gefiedert. Blättchenbasis gleichmäßig abgerundet. Zähne an der Spitze mit früh abfallender Drüse. Nebenblätter am Langtrieb hinfällig. Schirmrispen 35–75-blütig. Früchte birnen- od. apfelfg, olivbraun bis rötl. gelb, 15–30 mm ∅. Borke bald rissig, birnbaumähnl.

◂1552 **Sorbus aucuparia** L. ssp **aucuparia** ▸
Gewöhnliche Vogelbeere, Eberesche

I; P, N, s, ⑤; A, AV, M_1, M_2, F, K; RL –; (☠), ✠,(✂), ☺, Z
T1.4.2–3, T1.4.3.3, T2.3.1, T5.1.4

M 3–15 m. Blätter unpaarig gefiedert. Blättchen am Grunde ungleich, Blattzähne drüsenlos. Nebenblätter bleibend. Knospen behaart, nicht klebrig. Schirmrispen 200–300-blütig. Früchte kugelig, scharlachrot, 10 mm ∅. Borke glatt.

1553 ssp **glabrata** (Wimm. & Grab.) Caj.
Gebirgs-Vogelbeere ohne Abb.

I; ⟨N, s⟩, ⊙; A, AV, M_1, M_2; RL reg; (✎)
T1.1.1.1, T1.4.3.3, T2.3.1, T3.?.1
M Wie 1552, aber Knospen verkahlend, oft klebrig. Diesjährige Zweige, Blattunterseiten u. Blütenstandsachsen schon zur Blütezeit fast kahl. Fr. dick eifg.
B Zu Abgrenzung u. Verbreitung besteht Forschungsbedarf. Übergangsformen!

1554 **Sorbus torminalis** (L.) Crantz
Elsbeere

I; P, N, s, ⑤; AV, M_1, M_2, F; RL reg; ✠, ✎, ✿, Z
T1.1.1.4, T1.1.2.3–5
M 3–12(–25) m. Blätter unterseits lockerfilzig, verkahlend, 4–5-nervig, grob u. spitz gelappt, an der Basis bis ¼ der Spreitenhälfte eingeschnitten. Früchte braun, meist birnenfg, 15 mm × 10 mm.
B Wertvolles Holz. Früchte früher Wildobst u. Naturheilmittel.

Sorbus-aria-Gruppe (S. aria s. l.)

Schwierigster Formenkreis innerhalb der Gattung. Vorkommen u. Abgrenzung der Übergänge u. Kleinarten zwi *S. aria* u. *S. graeca* wenig erforscht.

1555 **Sorbus chamaemespilus** (L.) Crantz
Zwerg-Mehlbeere

I; N, s, ④; A, AV, M_1; RL reg; ✎, Z
T1.4.3.2 (licht), T3.1.1, T3.1.6
M 0,6–1,5(–3) m. Blätter um 4 cm × 8 cm gr, elliptisch, ledrig derb, mit 6–8(–10) Nervenpaaren, scharf einf. bis doppelt gesägt, unterseits anfangs filzig, verkahlend. Blütenblätter rosa, wie Kelche aufrecht. Früchte rundl. eifg, rot.
B Formenreich.

1556 **Sorbus graeca** (Spach) Lodd. ex Schauer
Griechische Mehlbeere

I?; ⟨N, s⟩, ⊙; M_1; RL –; ✎
T1.1.2.4, T2.1.2.1–2, T5.2.3
M Bis 10 m. Von der ähnl. 1557 durch früh ledrig derbe, 5–9 cm lge, rundl. bis eifge Blätter mit 7–9(–10) Nerven unterschieden. Die Blattzähne sind zudem breiter als lg, die Früchte rundl., um 1 cm ∅, scharlachrot, mit wenigen, gr Lentizellen.
B Kritische Sippe, formenreich.

1557 **Sorbus aria** (L.) Crantz
Gewöhnliche Mehlbeere

I; P, N, s, ⑤; A, AV, M_1, M_2; RL reg; ✠, ✎, Z
T1.1.1 (warm), T1.1.2.4, T1.4.1.3, T2.1.2.1.2, T3.1.6
M Bis 10(–15) m. Blätter dünn, 6–12 cm × 4–9 cm gr, mit 10–14 Paar Nerven, eifg elliptisch, gezähnt od. schwach gelappt (var *incisa*), am Grund keilfg bis abgerundet. Blattzähne so lg od. lgr als br. Blattunterseiten bleibend weißfilzig. Früchte lgr als br, dicht mit kl Lentizellen besetzt.
B Kritische Sippe, formenreich.

1558 **Sorbus pannonica** Kárpáti
(1557 s. str. × 1556)
Pannonische Mehlbeere

I; ⟨N, s⟩, ⊙; AV, M_1; RL –;
T2.1, T5.2.3
M Ähnl. 1557, aber meist strauchfg, bis 10 m, Blätter rundl. bis eifg, mit 8–10(–11) Nerven, bis 10(–12) cm lg, Früchte meist br rund, um 1 cm ∅, scharlachrot, lentizellenreich.
B Vorwiegend fixierte Kleinarten. Kritische Sippe, formenreich.

1559 **Sorbus danubialis** (Jáv.) Kárpáti
(1556 × **S. umbellata** (Desf.) Fritsch)
Donau-Mehlbeere

I; ⟨N⟩, s, ⊙; M_1; RL reg;
T2.1, (v. a. T2.1.2.1.2)
M Bis 5 m. Blätter rhombisch kreisfg, bis 8 cm, mit 8–10 Nerven. Zur Spitze hin grob aus der Blattebene verdreht gezähnt. Blütenstand sitzend. Fruchtstand aufrecht. Früchte br rund, um 1 cm ∅, scharlachrot, lentizellenreich.
B Kritische Sippe, im Regensburger u. Altmühljura.

Sorbus hybrida-mougeotii-Gruppe (S. aria s. l.-S. aucuparia)

1560a **Sorbus × pinnatifida** (Smith) Düll
(1557 s. l. × 1552)
Bastard-Eberesche — Abb. u. li.

I; ⟨N, s⟩, ⊙; A, AV, M_1; ⟨RL –⟩;
T2.1
M Bastard 1557 × 1552, steht morphologisch zw den Eltern u. wird nach der Blattform in Nothomorphe gegliedert: nm *thuringiaca* (Ilse) Düll mit eichenähnl. Lappung; nm *pinnatifida* mit gefiederter Blattbasis, u. nm *decurrens* mit vorwiegend gefiedertem Blatt.
B Formenreich, aufspaltend. Hfg in Alleen gepflanzt.

1560b **Sorbus × quercifolia**
Hedlund — ohne Abb.

M Unterste Fiederpaare über 1 cm abgerückt. Die Unterscheidung von fixierten Kleinarten ist schwierig.

1561 **Sorbus mougeotii** Soy.-Will. & Godr.
(1557 s. l. × 1552)
Vogesen-Mehlbeere

I; N, s, ⊙; A, AV, M_1; RL reg;
T2.1.2.1.2, T3.1.6
M 5–10 m. Mit derbem, dklgrünen, längl., unterseits silbrig grünfilzigen Blättern. Blätter schmal elliptisch mit abgerundeten Lappen bis ¼ der Seitenbreite, diese einander nicht deckend. Früchte rot, ca 10 mm im ∅, leicht eifg.
B Fixierte Kleinart, Allgäu, Südbaden u. Hochrhein.

1561a **Sorbus austriaca** (Beck) Hedl. ohne Abb.

M Annähernd runde Blätter mit einander etwas deckenden Blattlappen u. größere Früchte.
B Die Österreichische Mehlbeere (1556 ? × 1552), ersetzt 1561 in den Ostalpen u. Karpaten, ist aber fürs Gebiet nicht nachgewiesen.

1562 **Sorbus pseudothuringiaca** Düll (1557 s.l. × 1552)
Hersbrucker Mehlbeere

☆ **I**; ⟨N, P, s⟩, ⊙; M_1; RL –;
T2.1, T5.2.3 (Dolomit)
M 5–15 m. Blätter schmal elliptisch mit keilfgm Grund, leicht konvex, wenig derb, frigrün, mit ca 9 Nervenpaaren u. eichenartiger Lappung. Früchte rot, rund, Lentizellen winzig.
B Endemit des Pegnitzjuras. Weitere noch unbeschriebene Kleinarten in der Frankenalb.

Sorbus-sudetica-Gruppe (1557 × 1555)

1563 **Sorbus × ambigua** Michalet (1557 × 1555)
Filzige Zwerg-Mehlbeere

I; ⟨N, S⟩, ⊙; A; RL reg;
T3.1.6, T3.2
M Zw den Eltern vermittelnd. Blätter längl. elliptisch, unterseits weißfilzig, mit 7–9 Nervenpaaren. Von 1555 durch dichten Filz der Blattunterseiten, von 1557 durch rosa Blüten u. abgeschwächten Filz unterschieden. Ihre Unterscheidung von fixierten Kleinarten ist schwierig.
B Kritische Sippe, formenreich, öfters einer der Elternarten zuneigend.

1563a **Sorbus sudetica** (Tausch) Nyman ohne Abb.

1563 nahe steht die Sudeten-Mehlbeere, mit besonders br ovalen Blättern, eine seltene, endemische Kleinart des Riesengebirges (Tschechien), dort ohne die Elternarten vorkommend.

1564a **Sorbus algoviensis** N. Mey. (1557 × 1555)
Allgäuer Mehlbeere

☆ **I**; ⟨N, s⟩, ⊙; A; ⟨RL ?!!⟩;
T3.1.1, T3.1.6
M Bis 2 m. Blätter eifg lanzettl. mit um 7 Nervenpaaren, um 6,5 cm × 3,5 cm gr, meist größer als bei 1555. Blattränder scharf vorwärts u. zur Spitze hin doppelt gezähnt. Blattunterseiten mit bleibendem, grauem Filz. Blüten halb offen, rosa. Früchte 15 mm × 8 mm lg, oval, rot.
B Endemit des Allgäus. Leicht mit 1563 zu verwechseln.

Sorbus-hostii-Gruppe (1557 × 1552) × 1555)

1565a **Sorbus doerriana** N. Mey. (1561 × 1555)
Dörrs Mehlbeere

☆ **I**; ⟨N, s⟩, ⊙; A; ⟨RL reg⟩;
T3.1.1
M Krummholzstrauch von 1,5–4 m. Blätter 1 cm gestielt, zungenfg mit etwa parallelen Seitenrändern von 5–6 cm × 2–2,5 cm Größe. Basis keilfg, Spitze stumpfl. bis kurz bespitzt. Zähnung scharf, nach vorn gerichtet. Battunterseiten grüngraufilzig. Blüten gr, rosa, halb geöffnet. Früchte zylindrisch, um 13 mm × 7 mm, rot.
B Endemit des Allgäus.

1565 **Sorbus** × **schinzii** Düll ohne Abb.

Schinz' Mehlbeere (RL reg), der sexuelle Bastard zwi 1561 u. 1555, wird im Allgäu anscheinend durch *S. doerriana* vertreten. Er kommt aber in der Schweiz vor. Die Unterscheidung von *S. doerriana* ist schwierig.

Sorbus-intermedia-Gruppe

(1555 × 1556 × 1552)

◂1566 **Sorbus intermedia** (Ehrh.) Pers.
◂◂ Schwedische Mehlbeere

I; P, N, s, ⊙; K (sonst hfg gepflanzt); RL –; 👌, Z
T1.3, T2.1, T9.5.4

M 3–10(–20) m. Im Alter rundkronig, mit dklgrünen, flachen, derben Blättern. Filz unterseits gelbgrün, randl. Blattlappen br, grob, stumpf, nicht überlappend, mit grober Zähnung. Früchte 13 mm × 10 mm, eifg, orangerot, mit spärl. Lentizellen.

B Fixierter Tripelbastard der Ostseeküsten. Überall gepflanzt, zunehmend eingebürgert.

Sorbus-latifolia-Gruppe

(1557 × 1554)

Der Name des formenreichen, aufspaltenden Bastards ist *Sorbus* × *rotundifolia* (Bechst.) Hedl., Bastard-Elsbeere. Ihre Unterscheidung von fixierten Kleinarten ist schwierig.

◂1567 **Sorbus latifolia** (Lam.) Pers.
◂◂ Breitblättrige Mehlbeere

(☆)?; ⟨P, s⟩, ⊙; M_1, M_2; RL –; 👌, Z
T1.1.1.4, T1.1.2.3, T1.1.2.4, T1.3, (T9.5.4 syn)

M Bis 15 m. Blätter fast rund, 8,5 cm × 7,5 cm gr, mit fast herzfgm Spreitengrund. Früchte fast kugelig, braunorange, ca 13 mm ∅. Lentizellen dkl, zahlreich.

B Endemit des Pariser Beckens, hfge Zierpfl.

◂◂1568 **Sorbus decipiens** (Bechst.) Irmisch ex Petz. & G. Kirchn.
Täuschende Mehlbeere

☆ **I**; ⟨P, s⟩, ⊙; M_2; RL reg; 👌
T1.1.1.4

M Bis 15 m. Blätter 7–8 cm × 4–7 cm gr, unterseits grünfilzig. Blattbasis meist keilfg, das unterste Lappenpaar mind. so lg wie die übrigen. Früchte längl., gelborange, verbraunend, 15 mm × 12 mm gr, mit grn Lentizellen bis 0,5 mm.

B Endemit im Thüringer Muschelkalk bei Waltershausen.

◂1569 **Sorbus acutisecta** Reuther & O. Schwarz
Spitzbuchtige Mehlbeere

☆ **I**; ⟨P, s⟩, ⊙; M_2; RL reg; 👌
T2.1 (südexponierte Waldränder)

M Bis 10 m. Blätter 8–10 cm × 6–7 cm gr, unterseits grünfilzig, mit deutl., spitz 3-eckigen, vorwärts gerichteten Lappen u. 10–11 Nervenpaaren. Früchte kugelig birnenfg, rötl. gelb.

B Endemit des Mittelwerra-Gebiets in Thüringen.

1570–1575: Lokalendemiten des Arnstädter Muschelkalk-Gebiets aus der *Sorbus latifolia*-Gruppe sind:

1570 **Sorbus subcordata** Bornm. ex Düll
Arnstädter Mehlbeere ohne Abb.

☆ **I**; ⟨P, s⟩, ⊙; M_2; RL –!!
T1.1.1.4, T2.1
M Bis 20 m. Blätter 8–9 cm × 6–7 cm gr, unterseits gelbgrünfilzig. Spreitengrund abgerundet bis keilfg, das unterste Lappenpaar kurz. Früchte 12 mm × 11 mm, orange, mit zahlreichen grn Lentizellen bis 0,5 mm, meist 2-samig.

1571 **Sorbus parumlobata** Irmisch ex Petz. & G. Kirchn.
Schwachgelappte Mehlbeere ohne Abb.

☆ **I**; ⟨P, s⟩, ⊙; M_2; ⟨RL –!!⟩
T1.1.1.4, T2.1
M Bis 15 m. Blätter 10–12 cm × 8 cm gr, schwach eingeschnitten, im unteren Drittel nicht gelappt. Spreitengrund abgerundet. Früchte eifg zylindrisch, 11–12 mm × 9–10 mm, orangefarben, Lentizellen zur Basis gehäuft.

1572 **Sorbus heilingensis** Düll ►
Heilinger Mehlbeere

☆ **I**; ⟨P, s⟩, ⊙; M_2; RL reg!!;
T1.1.1.4, T2.1
M Bis 15 m. Blätter dünn, br eifg elliptisch, 9–10 cm × 7,5–8 cm gr. Blattstiel 2–3 cm. Die untersten 2–3 Lappenpaare am besten ausgebildet. Filz gelbgrün, etwas verkahlend. Früchte 13 mm × 9 mm. Lentizellen kl, an der Basis gehäuft. Früchte zu 10–15, variabel, orangefarben, mit wenigen, zur Basis gehäuften Lentizellen.
B Endemit des Thüringer Muschelkalks bei Orlamünde.

◄ 1573 **Sorbus multicrenata** Born. ex Düll
Vielkerbige Mehlbeere

☆ **I**; ⟨N, s⟩, ⊙; M_2; RL reg!!;
T2.1.2.1.2
M Bis 10 m. Blätter elliptisch, 8–9 cm × 7,5–8 cm gr, unterseits gelbfilzig. 4–5 Blattlappen ausgebildet, gleichmäßig gesägt. Früchte eifg, braunorange, 13 mm × 10 mm, Lentizellen gr u. zahlreich.
B Endemit des Thüringer Muschelkalks bei Blankenburg.

1574 **Sorbus isenacensis** R. Reuther ►
Eisenacher Mehlbeere

☆ **I**; ⟨N, s⟩, ⊙; M_2; ⟨RL –!!⟩;
T2.1.2.1.2
M Bis 6 m. Blätter derb ledrig, elliptisch mit keiligem Blattgrund, 6–8 cm × 4,5–7,5 cm, mit um 9 Nervenpaaren. Filz unterseits gelbgrau. Früchte apfelfg, orangebraun, 14–20 mm × 15–20 mm.
B Endemit des Thüringer Muschelkalks bei Eisenach.

◄ 1575 **Sorbus badensis** Düll
Badische Mehlbeere

☆ **I**; ⟨N, P, s⟩, ⊙; M_1; RL reg!!;
T1.4.5.1, T2.1.2.1 (gemäßigt absonnig bis westexponiert)
M Bis 10 m. Blätter eifg elliptisch, 7–8 cm × 3–4 cm gr, mit 9–10 Nervenpaaren. Blattgrund abgerundet bis keilig. Blattlappen spitz, bis 5 mm tief eingeschnitten. Filz unterseits gelbgrün. Früchte rundl. bis schwach birnenfg, 12 mm × 10 mm, hellrot. Lentizellen zahlreich. Kelche aufrecht-zusammenneigend.
B Endemit des Main- u. Taubertals.

1576 **Sorbus franconica** Bornm. ex Düll ►
Fränkische Mehlbeere

☆ **I**; ⟨N, P, s⟩, ⊙; M_1; RL reg!!;
T1.4.5.1, T2.1.2.1 (jew. auf Dolomit)
M Bis 10(–15) m. Blätter sehr ähnl. 1575, elliptisch, 7,5 cm × 4,5 cm gr mit keilfgr Basis u. um 8–9 Nervenpaaren, Blattlappen spitz. Frucht eifg rundl., orangegelb, 11 mm × 10 mm, verbraunend. Lentizellen zahlreich. Fruchtkelche fleischig, 3-eckig, bis zur Reife gespreizt bleibend.
B Endemit des Wiesent-Jura.

1577 **Amelanchier ovalis** Medik.
Mitteleuropäische Felsenbirne (Gttg 33 sp)

I; N, s, ③; A, AV, M_1, M_2; RL reg; 👌, Z
T1.1.2.4, T1.1.2.5 (warm), T1.4.1.3, T2.1.2.1.2
M 2–3(–6) m. Stämme zu mehreren, slt über 5 cm dick, zuw. mit Wurzelsprossen. In Steilhanglage auch waagerecht bis überhängend. Blätter im Austrieb hellolivgrün, anfangs mit dichtem, weißen bis hellgelbl. Wollfilz bedeckt. Spreite verkahlend, ausgewachsen rundl. bis eifg. Herbstfärbung gelbrötl., meist unauffällig fleckig. Blütenstände 3–5(–6) cm lg, mit (3–)5–10 schneeweißen bis elfenbeinfarbenen, zuw. duftenden Blüten, steif aufrecht. Früchte rotviolett, 7–10 mm dick, wohlschmeckend.

1578 **Amelanchier spicata** (Lam.) K. Koch
Besen-Felsenbirne

E; ⟨N, s⟩, ⊙; F; ⟨RL –⟩; Z
T1.1.2.5
M 2–5 m. Steif aufrecht wachsend, besig. Stämmchen z. T. unterirdisch, kurz ausläuferartig wachsend, z. T. mehr als armdick. Blätter im Austrieb hellgrün, unterseits mit gelbl. Haarfilz, verkahlend, br elliptisch bis br verkehrt eifg., in der Mitte am breitesten, an der Spitze abgerundet mit 1–1,5 mm lgr Stachelspitze. Herbstfärbung unansehnl. gelbbraun fleckig. Blütenstand 3,5–6,5 (–7) cm lg, steif aufrecht mit (6–)8–11(–20) duftenden, bzw. fischig riechenden weißen Blüten. Früchte 8–10 cm dick, schmutzigrot blauschwarz, süß mit unangenehmem Beigeschmack.

1579 **Amelanchier lamarckii** F. G. Schroeder
Kupfer-Felsenbirne

E; N, ⟨P⟩, s, ⊙; (M_1, M_2), F; ⟨RL –⟩; 👌, Z
T1.1.2.3, T1.1.2.5
M Bis 10 m. Stamm bis über 20 cm ∅. Keine Ausläufer u. Wurzelsprosse. Blätter im Austrieb kupfern, weißl., seidenhaarig. Ausgewachsene Blätter kahl, br längl. bis verkehrt eifg., oberhalb der Mitte am breitesten, mit 1–2 mm lgr Stachelspitze. Herbstfärbung leuchtend kupferrot. Blütenstand 4–7(–8) cm lg, mit (5–)8–10(–16) weißen, anfangs außen rötl. überlaufenen Blüten, schräg aufrecht bis überhängend. Früchte 9–11 mm dick, purpurrot bis blauschwarz, wohlschmeckend.
B In Europa entstandene Sippe. Als »Ostfriesische Korinthen« lange in Kultur.

1580 **Amelanchier alnifolia** (Nutt.) Nutt.
Erlenblättrige Felsenbirne

E; ⟨N, s⟩, ⊙; F (östl.); ⟨RL –⟩; 👌, Z
wo?
M 2–4 m. Ähnl. 1578, aber Blätter bei der Entfaltung schon flach ausgebreitet, kahl, ausgewachsen br elliptisch, dickl., blaugrün, grob gekerbt, mit 2–5 Zähnen je cm, mit auffallend parallelen in die Blattzähne verlaufenden Seitennerven. Auch Blüten ähnl. 1578, Traube 2–8 cm, mit 5–15 weißen Blüten. Früchte 6–10(–16) mm dick, purpurschwarz, wohlschmeckend.
B Heimat: Nordamerika.

1581–1588 **Crataegus** L.

Bearbeitet von G. H. Loos

Kritische Gruppe mit vielgestaltigen Sippen, z. T. heterophyletischen Hybridkomplexen, die ein einheitl. taxonomisches Konzept erschweren. Auch das vorliegende Konzept weicht von der Bearbeitung von K. I. Christensen in Wisskirchen & Haeupler (1998, S. 158–161) in einzelnen Auffassungen ab. Neben Primärbastardierungen auch durch Agamospermie mind. z. T. stabilisierte Hybridsippen, die jedoch bislang nicht von Primärhybriden (bzw. deren Aufspaltungsprodukten) getrennt wurden u. deshalb hier nicht getrennt behandelt werden können. Auch mutmaßl. Mehrfachhybriden, zumindest Individuen entsprechend der Kombination *C. laevigata* × *rhipidophylla* × *monogyna* treten öfter, aber stets vereinzelt auf. – Die Zahl der Griffel nicht aus Zentralblüten ermitteln, da hier selbst bei sonst streng 1-griffeligen Sippen nicht slt 2 Griffel auftreten. Fruchtfarben beziehen sich auf reife Früchte.

1581 **Crataegus laevigata** (Poir.) DC.

Zweigriffliger Weißdorn

I; P, s; A, AV, M_1, M_2, F, K; RL –; ✠, ✂, ☺, ✿F, Z
T1.1.2, T2.1, T2.2, T2.3, L5.2.3

M Bis 6 m. Kelchblätter br 3-eckig, kaum lgr als br, stumpfl. od mit abgerundeter Spitze, anliegend bis schräg aufrecht u. auswärts geneigt. Kurztriebblätter wenig geteilt (kaum über ⅓ der Spreite), im Umriss oval rundl. mit stumpfen, ± relativ stumpf gezähnten Blattlappen, unterseits etwas heller grün als oberseits, nicht bläul. Fr (mind.) 2-griffelig, leuchtend ziegel- bis stumpf braunrot.

B Hinsichtl. der Blattform identische Typen, aber mit ± verlängerten, zugespitzten Kelchblättern gehören in den Hybridkomplex 1584 (z. T. Rückkreuzungen?) u. können als »*palmstruchii*-Typen« bezeichnet werden.

1582 **Crataegus rhipidophylla** Gandoger

Langkelchiger Weißdorn

I; P, s; A, AV, M_1, M_2, F, K; RL reg
T1.1.2, T2.1, T2.2, T2.3

M Bis 9 m. Kelchblätter schmal lanzettl. bis linealisch, scharf zugespitzt, deutl. lgr als br, stets deutl. zurückgekrümmt bis zurückgeschlagen, seltener ± waagerecht abstehend. Nebenblätter blühender Kurztriebe ± dichtdrüsig gezähnt, alle Einschnitte fein u. scharf gezähnt. Kurztriebblätter tief eingeschnitten, Blattlappen u. Einschnitte fein u. scharf gezähnt, mind. der zum Blattstiel führende Abschnitt des unteren Blattlappens. Fr 1-griffelig, ± rundl. eifg, dklkirschrot.

1583 **Crataegus lindmanii** Hrab.-Uhr.

Lindmans Weißdorn

I; P, s; A, AV, M_1, M_2, F, K; RL reg
T1.1.2, T2.1, T2.2, T2.3

M Wie 1582, aber Kelchblätter auf der Fr senkrecht aufgerichtet od zusammenneigend. Fr ± zylindrisch bis walzl., hell korallenrot.

B In der Standardliste gemäß der Auffassung von K. I. Christensen nur als var von 1582 geführt. Hybriden (1583a) 1582 × 1583 (*C.* × *dunensis* Cinovskis) treten in West-D sehr slt, im NO jedoch hfger auf.

1584 **Crataegus** × **macrocarpa** Hegetschw. (s. l.) (1581 × 1582)

Großfrüchtiger Weißdorn

I; P, s; A, AV, M_1, M_2, F, K; RL –
T1.1.2, T2.1, T2.2, T2.3

M In den Merkmalen alle Übergänge zw. den Elternarten. Oft mit Blättern ähnl. 1582, aber am Spreitengrund etwas rundl. Kelchblätter in der Regel anliegend bis höchstens schräg aufrecht u. auswärts geneigt. Fr überwiegend 2-griffelig, seltener 1–2-griffelige, sehr slt 1-griffelige Typen.

B Neben polytopen Primärbastarden auch agamosperme Sippen umfassend. Äußerst vielgestaltig. In der Standardliste als *C.* × *m.* nvar *macrocarpa*.

1585 **Crataegus** × **calycina** Peterm. (1581 × 1583)

Hochkelchiger Weißdorn

I; P, s; A, AV, M_1, M_2, F, K; ⟨RL –⟩; ✠, ✂, ☺, ✿F
T1.1.2, T2.1, T2.2, T2.3

M Wie 1584 u. nur als Extremtypen davon sicher unterscheidbar: Kelchblätter aufrecht bis zusammenneigend u./od. Fr leuchtend- bis (hell-) korallenrot.

B Eindeutig gegen 1583 abgrenzbar nur in den beschriebenen Extremtypen; vielgestaltig. In der Standardliste als *C.* × *m.* nvar *hadensis* (Hrabetova) K. I. Chr.

1586 Crataegus monogyna Jacq.
Eingriffliger Weißdorn

I; P, s; A, AV, M_1, M_2, F, K; RL –; ✠, 👌, ☺, ☼F, Z
T1.1.2, T2.1, T2.2, T2.3

M Bis 6 m. Kelchblätter br 3-eckig, kaum lgr als br, stumpfl. od mit abgerundeter Spitze, zuletzt zurückgeschlagen. Nebenblätter blühender Kurztriebe ganzrandig od mit wenigen, groben Zähnen. Kurztriebblätter oft bis zur Hälfte od darüber eingeschnitten, Einschnitte ganzrandig, Blattlappen nur zur Spitze hin mit wenigen groben Zähnen. Fr 1-griffelig, dklweinrot mit Blaustich.

B Nach N hin tendenziell zunehmend behaart an den Kelchen (»ssp *nordica*«).

1587 Crataegus × media Bechst. (1581 × 1586)
Mittlerer Weißdorn Abb. M. li.

I; P, s; A, AV, M_1, M_2, F, K; RL –
T1.1.2, T2.1, T2.2, T2.3

M In den Merkmalen zw den Elternarten vermittelnd. Mind. ein gr Teil der Kurztriebblätter fast bis zur Hälfte eingeschnitten u. wenigstens angedeutet 5-lappig, unterseits hellbläul. grün.

B In manchen Gebieten recht hfg, in NW-Deutschland jedoch zieml. slt.

1588 Crataegus × subsphaericea Gandoger (1582 × 1586)
Verschiedenzähniger Weißdorn

I; P, s; A, AV, M_1, M_2, F, K; ⟨RL –⟩
T1.1.2, T2.1, T2.2, T2.3

M In den Merkmalen alle Übergänge zw den Elternarten. Kelchblätter in der Regel wenigstens z. T. lanzettl., linealisch od aus breiter Basis lg u. schmal zugespitzt.

B Äußerst vielgestaltig. In der Abgrenzung gegen 1588 oft problematisch ist (1589) *C.* × *domicensis* Hrab.-Uhr. (1583 × 1586; in der Standardliste als Nothovar. von 1588 geführt), der offenbar stets nur einzeln vorkommt. Als Extremtyp von 1588 unterscheidbar an auf der Frucht aufgerichteten bis zusammenneigenden Kelchblättern u. zugleich oft leuchtend bis hellroten Früchten.
ohne Abb.

1590 Mespilus germanica L.
Echte Mispel (Gttg 2 sp)

A; ⟨N⟩, P, s, ⊙; M_1, M_2, (F); RL reg; 👌, F, Z
T1.1.2.3, T1.1.2.5, T2.1.2.1

M 3–6 m. Dorniger, in Kultur oft dornenloser Strauch, slt baumfg (meist nur in Kultur), Zweige jg filzig behaart. Blätter 6–12 cm lg, lanzettl., Blattzähne drüsig bespitzt, dklgrün, oft kahl, unterseits graugrün u. behaart. Blüten einzeln, gr, Kronblätter weiß. Blüten 4–5 cm ∅, 30–40 Staubblätter, Staubbeutel rot. 5 Fruchtblätter, 5(–4) Griffel, zu 1,5–3 cm brn (bei Kulturform 8 cm brn), birnenfgn, rau behaarten Früchten verwachsend, mit bleibenden Kelchblättern. Erst bei beginnender Fäulnis genießbar, dann bräunl. (oft nach Frost).

B 30–50(–100) Jahre alt werdend.

·1591 Cotoneaster horizontalis Decne.
Fächer-Zwergmispel (Gttg 261 sp)

U–E; ⟨N, w, s⟩, ⊙; AV, F, M_1, M_2; ⟨RL –⟩, (☠), Z
T2.1.2.1.2, T10.2.2

M Bis 1 m. Zweige aufsteigend bis horizontal ausgebreitet. Seitenäste auffällig regelmäßig 2-zeilig angeordnet (fischgrätenartig). Blätter dklgrün, ledrig, 5–15 mm lg, 2-zeilig angeordnet, br elliptisch zugespitzt, unterseits heller, behaart. Blüten rosa bis hellrot zu 1–2. Früchte 5 mm ∅, leuchtend hellrot, mit 3 Nüsschen.

B Eine der am hfgsten in vielen Sorten angebaute Zwergmispel, neigt zur Verwilderung. Heimat: China.

1592 **Cotoneaster integerrimus** Medik.
Gewöhnliche Zwergmispel

I; N, s, ③; A, (AV), M_1, M_2; RL reg; (☠), (Z)
T1.1.2.4, T1.4.1.3, T2.1.2.1.2
M (0,2–)1–1,5(–3) m. Pfl sparrig ästig, aufrecht bis niederliegend, Zweige braunrot. Blätter meist 2-zeilig, 1,5–5 cm lg, 1–3,5 cm br, elliptisch eifg bis fast rundl., grün, oberseits fast kahl, unterseits hell grünfilzig, verkahlend (v. a. Gebirgsformen kahl). 2–4 Blüten in nickenden Trugdolden. Kronblätter 3–4 mm, weiß od. rötl. gezeichnet. Kelche kahl. Früchte kahl, scharlach- bis purpurrot, mit 2–3 Nüsschen.

1593 **Cotoneaster tomentosus** Lindl.
Filzige Zwergmispel

I; N, s, ⊙; A, AV, M_1; RL reg; (☠), (Z)
T1.1.2.4, T1.4.1.3, T2.1.2.1.2
M 1–2(–3) m. Pfl aufrecht, slt ausgebreitet, in allen Teilen kräftiger als 1592, Zweige dklbraun. Blätter meist 2-zeilig, 2–7 cm lg, 2–5 cm br, eifg bis br elliptisch, trübgrün, oberseits nie kahl, unterseits grün bis weißfilzig. Blüten zu 3–12 in nickenden Trugdolden. Kronblätter bis 3 mm, hellrosa bis fast weiß. Kelch behaart. Früchte ziegelrot, dichtfilzig mit 3(–5) Nüsschen.

1594 **Cotoneaster divaricatus**
Rehder & Wilson
Sparrige Zwergmispel

U–E; ⟨N, s⟩, ⊙; M_2, wo noch?; ⟨RL –⟩; (☠), Z
T2.1 (Hecken), T10.5..4
M Bis 2 m. Aufrecht, brwüchsig, ungleichmäßig verzweigt, Zweige weit abstehend. Blätter 0,8–2 cm lg, elliptisch, oberseits glänzend, unterseits auf Mittelrippe locker behaart od. fast kahl. Blüten rosa, zu 2–4. Früchte elliptisch, 8–10 mm lg, dklscharlachrot, 2 Nüsschen.
B Mit 1595 zu verwechseln. Heimat: China.

1595 **Cotoneaster simonsii** Baker
⟨Steife Zwergmispel⟩ ohne Abb.

U–E; ⟨N, s-w⟩, ⊙; A; ⟨RL –⟩; (☠), Z
wo?
M Bis 3(–5) m. Straff aufrecht wachsend, 1594 nahestehend. Blätter rundl. eifg., 1,5–3 cm lg, oberseits stumpfgrün, anfangs behaart, schwach glänzend, unterseits hellgrün, auf der Mittelrippe dicht striegelhaarig. Blüten weiß mit rötl. Anflug, zu 2–4. Früchte elliptisch > 8 mm, rot.
B Mit 1594 zu verwechseln. Heimat: Himalaya.

1596 **Aronia × prunifolia** (Marshall) Rehder
(A. arbutifolia × A. melanocarpa)
Pflaumenblättrige Apfelbeere,
⟨Reichblütige Apfelbeere⟩ (Gttg 3 sp)

E (lok); ⟨N, s⟩, ⊙; F (bei Bremen); ⟨RL –⟩; ✎, Z
S2.2.1, L5.2.3
M Bis 4 m. In den Merkmalen zw den Eltern stehend. ± steif aufrechter Strauch mit verkehrt eilängl. bis schmal elliptischen Blättchen, 6–10 cm lg, unterseits dicht behaart. Weiße Blüten in lockeren Trugdolden, diese dichtfilzig. Früchte apfelartig, kl, 8–10 mm ∅, schwarzpurpurn, lge haftend.
B Baut eine eigene Gesellschaft auf. Heimat: Östl. Nordamerika.

1597 **Prunus serotina** Ehrh.
Späte Trauben-Kirsche (Gttg 200 sp)

E; N, P, s, ⑥; AV, M_1, M_2, F, K; RL –; ☠, ✠, ✎, Z
T1.1.2.5
M Bis 20(–30) m. Krone schmal längl. mit kurzen abstehenden Ästen. Rinde dklbraun, unangenehm riechend. Blätter 4–12 cm lg, längl. eifg bis längl. lanzettl. zugespitzt mit kl Knorpelzähnen, derb, lackartig glänzend, dklgrün, unterseits heller, Mittelrippe rostbraun behaart. Blüten zu ca 30 in aufrechten bis abstehenden Trauben, weiß, duftend. Früchte purpurschwarz, bitter, 8–10 mm ∅.
B Heimat: Östl. Nordamerika, bis Guatemala im SW. Im Flachland sich z. T. aggressiv ausbreitend.

◀1598 **Prunus padus** L. ssp **padus**
Gewöhnliche Trauben-Kirsche

I; P, N, s, ③; A, AV, M_1, M_2, F, K; RL –; ☠, ✠, ☺, (👌), F, (Z), D
L5.2.3, T1.1.1 (feucht), T2.1.2.1 (feucht)
M Bis 10(–18) m. Äste aufsteigend mit schwarzgrauer Rinde, später mit dünner längsrissiger Borke, übelriechend. Blätter br lanzettl., 6–12 cm lg, 3–6 cm br, schnell welkend, an der Basis abgerundet bis herzfg, vorne plötzl. zugespitzt. Unterseite stumpf blassgrün, Seitennerven nicht hervortretend, Haarbüschel in Nervenwinkeln weiß. Blüten zahlreich in lgn, zuerst ± aufrechten, später hängenden Trauben, weiß, stark duftend. Früchte kugelig, 6–8 mm ∅, schwarz glänzend, bitter, adstringierend, nicht wohlschmeckend.

1599 **Prunus padus** ssp **petraea** (Tausch) Domin ▶
⟨Felsen-⟩Trauben-Kirsche

I; ⟨N, s⟩, ⊙; A, AV, M_1, M_2; RL reg; ⟨☠⟩
L5.2.3 (m), T1.1.2.1 (m) T2.1.2.1 (m), (T3.1.1), T5.1.4
M 1–5 m. Durch Ausläufer u. niederliegende, wurzelnde Zweige dichte Bestände bildend. Junge Zweige ± behaart, Blätter derber, durch Wachsüberzug glänzend (sich mit dem Alter verlierend), unterseits hellgrün, mit hervortretenden Seitennerven, diese behaart. Haarbüschel in Nervenwinkeln oft hell rostbraun. Blütenstand aufrecht bis herabhängend, kaum bis gar nicht duftend.
B Abweichungen in der Blattbehaarung der Unterseite treten bei 1597 u. 1598 auf. Systematischer Wert noch ungeklärt.

◀1600 **Prunus mahaleb** L. ▶
Felsen-Kirsche, Stein-Weichsel

I; N, ⟨P⟩, s, ④, ❀; AV (syn), M_1, M_2, F (syn); RL reg; Z, D
T1.1.2.4, T2.1.2.1.2, T10.4.5
M 3–10 m. Krone rund, mit sparrigen, später überhängenden Ästen. Dklgraue, längsrissige Rinde. Langtriebe mit deutl. Endknospe, Blätter in Knospenlage gefaltet. Blätter br eifg bis fast kreisrund, 3–6 cm lg, unten abgerundet bis schwach herzfg, leicht ausgezogene Spitze, kahl. Blüten zu 4–10(–12) in kurzen Schirmtrauben, weiß, duftend. Knospenschuppen beim Aufblühen abfallend. Früchte kugelig bis eifg, zugespitzt, schwarz, bitter.
B Als Veredelungsunterlage für Sauerkirschen genutzt.

◀1601 **Prunus avium** L. ▶
Vogel-Kirsche, Süß-Kirsche

I; P, s, ③; A, AV, M_1, M_2, F, K; RL –; ☺, 👌, (F), Ob
L5.2.3, T1.1.2.3, T1.1.2....4, T2.1.2.1
M 15–20(–30) m. Br kegelfge Krone. Langtriebe mit deutl. Endknospe, Blätter in Knospenlage gefaltet. Knospenschuppen beim Aufblühen bleibend. Rinde später mit charakteristischer Ringelborke. Blätter längl bis oval, 6–15 cm lg, Blattstiel mit 2 rötl. Drüsen. Blüten zu 2–4(–6) in sitzenden Dolden, weiß, 2,5–3,5 cm ∅, duftlos. Frucht kugelig bis herzfg, 6–25 mm ∅, schwarzrot, bittersüß (nur bei Kulturform saftig u. süß).

1602 **Prunus cerasus** L. ssp **acida** Asch. & Graebn.
Strauchige Sauerkirsche

E; ⟨N, s⟩, ⊙; M_1, (M_2, F östl.); RL –; ✠, ✂, F
T2.1.2.1.2

M 50–150 cm. Mit Wurzelsprossen, Äste hängend. Langtriebe mit Endknospe, an deren Grund 1–2 Laubblätter, Blätter in Knospenlage gefaltet, Knospenschuppen beim Aufblühen bleibend. Blattstiel mit Drüsen. Blüten weiß, ohne Duft. Frucht kugelig, dklrot, sauer, Stein oval.
B Nominatsippe (1602a ssp *cerasus*) ist die Kultur-Sauerkirsche, (Pfl mit aufrechten Zweigen, Blattstiel oft ohne Drüsen, Stein rund). Heimat aller Sippen: SO-Europa, Kleinasien.

1603 **Prunus × eminens** Beck (1602 × 1604)
Mittlere Weichsel ohne Abb.

E; ⟨N, s⟩, ⊙; M_1; ⟨RL –⟩; ✂
wo?

M 50–100(–150) cm. Langtriebe mit deutl. Endknospen, Blätter in Knospenlage gefaltet. Kronblätter 0,8–1 cm lg, Frucht 1–1,2 cm lg. Alle Übergänge zw den Eltern.
B Heimat: pannonischer Raum.

1604 **Prunus fruticosa** Pall.
Zwerg-Kirsche

I; N, s, ③; M_1, M_2; RL 2!!; ✂, Z
T2.1.2.1.1

M 20–100(–150) cm. Sparriger Strauch. Langtriebe mit deutl. Endknospen, Blätter in Knospenlage gefaltet. Blätter 2–3 cm lg an Kurztrieb, 4–5 cm an Langtrieb, oft stumpf, Blattstiel drüsenlos. Blüten zu 2–5 in sitzenden Dolden, 1,5 cm ∅, mit einigen Laubblättern am Grund, Knospenschuppen beim Aufblühen bleibend. Kronblätter ausgerandet. Frucht kugelig, 7–9 mm ∅, dklrot, süßsauer, nur vollreif wohlschmeckend.

1605 **Prunus spinosa** L.
Gewöhnliche Schlehe, Schwarzdorn

I; N, s, ③; A, AV, M_1, M_2, F, ⚔; RL –; ✠, ☺, ✂, F, (Z)
L5.2.3, T1.1.2.3, T2.1.2

M Bis 4 m. Reichl. Wurzelbrut. Langtriebe ohne Endknospe, enden blind in einem Vorsprung neben letzter Seitenknospe. Knospenlage gerollt. Strauch sparrig u. dornig. Blätter kl, 2–4(–5) cm lg, 1–2,5 cm br, Stiel ohne Drüsen. Blüten einzeln, genähert, 1–1,5 cm ∅, weiß, vor den Blättern, duftlos. Blütenstiel kahl. Früchte kugelig, 6–18 mm ∅, blauschwarz, bereift. Fruchtfleisch grün, sehr sauer, adstringierend, nach Frost aromatischen Saft ergebend. Steinkern fast kugelig, rau, netzadrig bis pockennarbig.
B Äußerst vielgestaltig u. scheinbar mit Übergängen zu 1606.

1606 **Prunus × fruticans** Weihe (1608 × 1605)
Hafer-Schlehe

I; ⟨N, s⟩, ⊙; AV, M_1, M_2, F; RL –; ✂, Gb
wo? (nur Tieflagen)

M 2–8 m. Hochstrauch, slt mit Wurzelausläufern. Langtriebe ohne Endknospen, enden blind in einem Vorsprung neben letzter Seitenknospe, Knospenlage gerollt. Vereinzelte ältere Zweige verdornt. Blätter bis 5 cm lg, breiter als bei 1605. Blüten zu 1–2, mit den Blättern erblühend. Blütenstiel behaart. Frucht kugelig 12–18(–26) mm ∅, schwarz bis blaugrau, nur schwach herbsauer. Steinkern fast kugelig, fast glatt.
B Als Pfropfunterlage genutzt. Möglicherweise keine Hybride, Kultursorte von 1605.

1607 **Prunus domestica** L. ssp **domestica**
Gewöhnliche Pflaume

E, K; ⟨P, s⟩, ⊙; A, AV, M_1, M_2, F, K; RL –; ☺, ✂, Ob wo?
M Bis 6(–12) m. Langtriebe ohne Endknospe, enden blind in einem Vorsprung neben letzter Seitenknospe. Knospenlage gerollt. Schon einjährige Zweige ± kahl, Blätter gekerbt bis gesägt, beidseits zieml. kahl, zur Blütezeit noch wenig entwickelt. Kelch- u. Kronblätter längl., erstere behaart, grünl. – weiß, 1,5–2 cm br. Frucht längl. bis eifg, 4–8 cm lg, blau bis blauschwarz, saftig süß. Steinkern sich von Fruchtfleisch leicht lösend, deutl. abgeflacht.
B Heimat: Kleinasien. Viele Kultursorten.

1608 **Prunus domestica** L. ssp **insititia** (L.) Bonnier & Layens
Hafer-Pflaume

E, K; ⟨P, N, s⟩, ⊙; AV, M_1, M_2, F, K; RL –; (✂), ✿, (Z) T2.1 (Hecken)
M 3–7 m. Langtriebe ohne Endknospe, enden blind in einem Vorsprung neben letzter Seitenknospe. Knospenlage gerollt. Zweige bis ins 2. Jahr samtig behaart. Blätter stumpf gezähnt, oft behaart. Zur Blütezeit meist fast voll entwickelt. Kelch- u. Kronblätter ± rundl., erstere nur am Rand behaart, Krone rein weiß, 2–2,5 cm br. Früchte kugelig bis tropfenfg, 1,5–3(–5) cm lg, slt blauschwarz mit blutrotem Saft, auch rot, grünl. bis gelbl. Steinkern sich nicht leicht vom Fruchtfleisch lösend, kaum abgeflacht.
B Als Pfropfunterlage für Edelpflaumen genutzt.

1609 **Prunus cerasifera** Ehrh.
Kirschpflaume

E, K; ⟨P, N, s⟩, ⊙; M_1, M_2, F; ⟨RL –⟩; (✂), Z T2.1.2.1?
M Bis 8 m. Langtriebe ohne Endknospe, enden blind in einem Vorsprung neben letzter Seitenknospe. Knospenlage gerollt. Zweige zuw. drüsig. Blätter verkehrt eifg, kl, dklgrün, kahl, glänzend. Blüten meist einzeln, genähert, 2–2,5 cm ∅, kurz vor Blättern erscheinend, weiß, innen schwach rosa, stark duftend. Frucht kugelig, 2–3 cm ∅, rot, braunrot, gelb mit roten Tupfen, hängend, saftig, säuerl. Steinkern rundl. bis eifg, sich nicht vom Fruchtfleisch lösend.
B Heimat: Mittelasien, Kaukasus, Persien, bis SW-Sibirien. In vielen Sorten als frühblühender Zierstrauch in Kultur (auch rotlaubig). Gute Propfunterlage. Im Gebiet nur ssp *cerasifera*.

1610 **Lupinus polyphyllus** Lindl.
Vielblättrige Lupine (Gttg 200 sp)

E; H, s, ⑥; A, AV, M_1, M_2, F, K; RL –; ☠, Z T2.3.1, T8.2.2.6, T9.5.4, T10.3.4
M 60–150 cm. Pfl aufrecht. Blätter gefingert, mit 10–15 lanzettl., 3–15 cm lgn Teilblättchen. Blütenstand traubig, mit 50–80 blauen, slt weißen Blüten. Hülsen 2,5–6 cm lg, behaart.
B Weitere Lupinen hfg kult. u. vorübergehend verwildert: *L. angustifolius* L., *L. albus* L., *L. luteus* L.

1611 **Ulex europaeus** L.
Gewöhnlicher Stechginster (Gttg 20 sp)

E; N, w, ⊙; M_1, M_2, F, K; RL reg; ☠!, (Z) T2.1.1.1
M 60–200 cm. Pfl sparrig verzweigt, mit aufrechten, gefurchten Zweigen, abstehend behaart. Blätter u. Kurztriebe zu Dornen umgebildet. Blütenstiel (wie Kelch u. Vorblätter) dichtfilzig behaart, unter dem Kelch mit 2 kln, rotbraunen Vorblättern. Blüten einzeln. Krone nur wenig lgr als der 2-teilige, bis fast zum Grunde geteilte Kelch. Hülsen bis 15 mm lg, zottig behaart
B Im Gebiet nur ssp *europaeus*.

1612 **Genista pilosa** L. ▸
Behaarter Ginster ⟨Gttg 72 sp⟩

I; C, w, ⑤; M_1, M_2, F, K; RL reg; ☠, (Z)
T1.1.2.5 (skont), T4.2
M 10–30(–150) cm. Pfl niederliegend (bis aufrecht), dornenlos. Junge Zweige u. Blätter verkahlend. Kelch, Fahne, Schiffchen u. Hülsen seidenhaarig. Blätter 4–15 mm lg, bis 7 mm br. 1–3 blattachselstdge Blüten. Krone 8–10 mm lg. Durch Krümmung der Flügel entstehen schlitzfge Aussparungen zw Flügeln u. Schiffchen.

1613 **Genista tinctoria** L. ssp **tinctoria** ▸▸
Gewöhnlicher Färber-Ginster

I; ⟨N⟩, w, ⑦; AV, M_1, M_2, F, K; RL reg; ☠, ✠, ☺, F, Z
T1.1.2.5 (skont), T4, T6.2.2.2.3, T8.1
M 20–60 cm. Pfl aufrecht od. aufsteigend, buschig verzweigt, dornenlos, kahl od. behaart. Blätter bis 45(–50) mm lg u. 10 mm br, lanzettl. Blüten in endstdg, 3–6 cm lgn Trauben, reichblütig, mit laubblattartigen Tragblättern. Krone 8–16 mm lg, kahl. Hülsen kahl.
B Variabler Sippenkomplex. Der Küsten-Färber-Ginster (1614), ssp *littoralis* (Corb.) Rothm. [**I**, (N, w), ⊙; K, RL reg; ☠; T4.5 (Küste)], 10–15 cm, hat niederliegende Stg, schmalere, nur bis 1 cm lge Blätter, wenigblütige, bis 3 cm lge Blütenstände u. behaarte Hülsen. ohne Abb.

1615 **Genista germanica** L. ▸
Deutscher Ginster

I; C, w, ⑥; AV, M_1, M_2, F; RL reg; ☠
T1.1.2.5 (skont), T.1.4.1 (licht), T4.2, T9.5.4
M 10–60 cm. Pfl aufrecht bis aufsteigend, grasgrün, behaart. Ältere Zweige meist stark dornig (Dornen z.T. verzweigt), blattlos. Junge Zweige dicht beblättert. Blätter 10–20 mm lg, bis 8 mm br. Tragblätter pfrieml., halb so lg wie die Blütenstiele. Blüten in 3–5 cm lgn Trauben. Hülsen abstehend lghaarig.

1616 **Genista anglica** L. ▸▸
Englischer Ginster

I; C; w, ④; M_2, F, K; RL 3; ☠, ☺, Z
T4.2, T6.2.1.5.1
M 10–40 cm. Pfl niederliegend aufsteigend, graugrün, kahl. Ältere Äste dornig, junge Zweige ohne Dornen, dicht beblättert. Blätter 3–7 mm lg, bis 4 mm br. Tragblätter eifg, lgr als Blütenstiele. Blüten in kurzen Trauben. Hülsen kahl, etwas aufgeblasen.

1617 **Laburnum anagyroides** Medik. ▸
Gewöhnlicher Goldregen ⟨Gttg 2 sp⟩

E; ⟨N⟩; w, ⊙; AV, M_1, M_2, F; RL –; ☠!, ✠, ☺, Z
T1.1.2.4.1
M Bis 8 m. Blätter lg gestielt, 3-zählig; Blattunterseite wie junge Zweige, Blattstiele, Kelch u. Hülsen auch in voll entwickeltem Zustand anliegend kurzhaarig. Teilblätter 4–10 cm lg. Blüten in hängenden, zieml. lockeren Trauben. Hülsen 4–8 cm lg, ungeflügelt, mit verdicktem oberen Rand.

1618 **Chamaespartium sagittale** (L.) Gibbs ▸▸
Gewöhnlicher Flügelginster ⟨Gttg 15 sp⟩

I; C, H, w, ⑥, ❀; AV, M_1, M_2, F; RL reg
T6.1.2.3, T6.2.1.2.2, T6.2.1.5.1+5.3
M 10–30 cm. Stg kriechend mit aufsteigenden bis aufrechten Zweigen. Stg u. Zweige br geflügelt, gegliedert, ohne Dornen. Blätter ungeteilt, 8–25 mm lg, bis 8 mm br, hinfällig, jg rauhaarig. Blüten in dichten, endstdg Trauben. Hülsen behaart.

◀1619 **Cytisus nigricans** L.
Schwarzwerdender Ginster (Gttg 33 sp)

I; N, w, ⑧; AV, M_1, M_2 (östl.), F (östl.); RL reg; (Z), D
T1.1.2.4.2, T1.1.2.5 (skont), T1.4.1.3, T4.2
M 30–120(–200) cm. Pfl reich verzweigt, mit aufsteigenden bis aufrechten Ästen, beim Trocknen schwarz werdend. Zweige fast stielrund, ihre Achseln gelbl. anliegend behaart. Blätter 3-zählig. Blüten duftend, in endstdg, vielblütigen, slt durchblätterten Trauben. Hülsen anliegend behaart.
B Im Gebiet nur ssp *nigricans*.

1620 **Cytisus scoparius** (L.) Link ▶
ssp **scoparius**
Besenginster (Gttg 33 sp)

I; N, i, s, ④; AV, M_1, M_2, F, K; RL –; ☠, ✠, ☺, ✂, Z
T1.1.2.3, T2.1.2.2, T4.4, T9.5.4
M 50–200 cm. Pfl mit aufrechten, rutenfgen Zweigen, kahl. Junge Zweige 5-kantig. Untere Blätter 3-zählig, gestielt, obere einf., sitzend. Teilblätter 6–20 mm lg, meist kurz behaart. Blüten 20–25 mm lg, zu 1–2 in den Achseln von Stgblättern. Kelch kahl. Hülsen 2,5–6 cm lg, an den Nähten lg abstehend behaart, sonst kahl.
B Siehe Bemerkung 23, Seite 719.

1622 **Cytisus striatus** (Hill) Rothm. ▶
Gestreifter Ginster

E; ⟨N, i, s, ⊙⟩; M_1, M_2; RL –; Z
T9.5.4
M 1–3 m. Pfl aufrecht, mit rutenfgen Zweigen. Junge Zweige 8–10-kantig, hell gestreift, behaart, später verkahlend. Blätter an den unteren Zweigen 3-zählig, gestielt, an den oberen einf. od. 3-zählig, sitzend. Teilblätter 4–16 mm lg, unterseits behaart, oberseits kahl. Blüten 10–25 mm lg, zu 1–2(–3) blattachselstdg. Kelch seidenhaarig. Hülsen 2–3 cm lg, ± aufgeblasen, dicht abstehend behaart.

1623 **Cytisus multiflorus** (L'Her. ex Aiton) ▶▶
Sweet
Vielblütiger Ginster

U–E; ⟨N, s⟩, ⊙; M_1, M_2; RL –; Z
wie 1622
M 1–3 m. Pfl aufrecht, stark verzweigt. Zweige 5(–7)-kantig, schwach gestreift, jg seidenhaarig, verkahlend. Blätter 3-zählig od. einf., sitzend od. kurz gestielt. Teilblätter bis 1 cm lg, silberhaarig. Blüten 9–12 mm lg, weiß, zu 1–3. Kelch seidenhaarig. Hülsen 15–25 mm lg, zusammengedrückt, meist anliegend behaart.

◀◀1624 **Chamaecytisus ratisbonensis**
(Schaeff.) Rothm.
Regensburger Zwergginster, Geißklee (Gttg 30 sp)

I; Z, w, ④; AV, M_1; RL –; Z
T1.4.1.3, T4.2
M 10–30(–50) cm. Stg u. Äste meist niederliegend bis aufsteigend, angedrückt seidenhaarig. Blätter 3-zählig. Blüten zu 1–3 blattachselstdg, an seitenständigen Kurztrieben, oft einen lgn u. dichten, einseitswendigen Blütenstand bildend. Fahne meist mit einem rotbraunen Fleck. Kelch u. Hülsen angedrückt behaart.

◀1625 **Chamaecytisus supinus** (L.) Link
Kopf-Zwergginster, Kopf-Geißklee

I; Z, N; i; AV, M_1; RL –
T1.1.2.5 (skont), T1.4.1.3, T4.2, T8.1.1
M 20–60(–100) cm. Stg meist aufrecht, mit ausgebreiteten bis aufrechten Ästen, abstehend zottig behaart, verkahlend. Blätter 3-zählig. Blüten sowohl zu 1–3 blattachselstdg (im Frühling), als auch zu 2–8 in einer kopfig zusammengezogenen Traube am Ende der letzten Langtriebe. Fahne meist rotbraun gefleckt. Kelch u. Hülsen abstehend zottig behaart.

1626 **Ononis natrix** L. ▸
Gelbe Hauhechel (Gttg 75 sp)

E; C, H, s, ⊙; M_1; RL 0; Z
T6.2.2.2, T10.3.3.1, T10.3.4.2
M 15–60 cm. Pfl stark verzweigt, drüsenhaarig klebrig, ohne Dornen. Blätter 3-zählig. Blütenstand einblütig. Krone gelb, mit rot gestreifter Fahne. Hülsen lggestielt, hängend.
B Im Gebiet nur ssp *natrix*.

1627 **Ononis spinosa** L. ssp **spinosa** ▸▸
Gewöhnliche Dornige Hauhechel

I; C, H, s, ⑧, ❀; A, AV, M_1, M_2, F, K; RL reg; ✠, ☺, Z
T6.2.1.5.1, T6.2.2.2.3, T7.3.2 (tro), T10.3.3.1, T10.3.4.2, Magerkeitszeiger, Weideunkraut
M 30–60(–100) cm. Pfl starr aufrecht, ohne lge unterirdische Ausläufer, stark verzweigt, mit kräftigen Dornen. Stg 1(–2)-zeilig (oberseits hfg ringsum) behaart, kaum drüsig. Blätter wenig drüsig, Blättchen 5–15 mm lg, 2–5(–10)mal so lg wie br, spitz od. abgerundet, nicht ausgerandet. Blüten einzeln blattachselstdg od. an den Zweigenden (aber nicht dichttraubig!) gehäuft. Kelch mit Drüsenhaaren, andere Haare spärl. od. fehlend. Hülsen mind. so lg wie der Kelch.
B Die Österreichische Dornige Hauhechel (1628) ssp *austriaca* (Beck) Gams, (ohne Abb.) **I**; ⟨C, H, s⟩, ⊙; AV, M_1, M_2; RL reg; T6.2.2.2.3, T7.3.2 (tro) ist ähnl., aber aufrecht bis aufsteigend, meist mit lgn unterirdischen Ausläufern, dornenlos (slt mit wenigen weichen Dornen). Stg einf. od. kurzästig. Teilblätter 10–30 mm lg, meist spitz, unbehaart. Hülsen kürzer als der Kelch. Eine weitere Unterart ist die Salzrasen-Hauhechel (1629) ssp *aberrans* Endtm.; (ohne Abb.); **I**; ⟨C, H, s⟩, ⊙; K; RL –; H1.1.3.5; 30–60 cm, mit niederliegend aufsteigenden Stgn.

1630 **Ononis repens** L. ssp **procurrens** (Wallr.) Asch. & Graebn. ▸
Gewöhnliche Kriechende Hauhechel

I; C, H, s, ⑧, ❀; A, AV, M_1, M_2, F, K; RL –; (❀)
T6.2.2.2.3, T7.1.2, T7.3.2 (tro), T10.3.3.1, T10.3.4.2
M 20–60 cm. Pfl niederliegend bis bogig aufsteigend, mit lgn unterirdischen Ausläufern, Dornen weich od. fehlend. Stg ringsum drüsig u. zerstreut zottig behaart (Haare 0,5–2 mm lg). Blätter drüsenhaarig, leicht klebrig, nicht schmierig. Blättchen (3–)7–22 mm lg, 1–3mal so lg wie br, ausgerandet, gestutzt od. abgerundet. Blüten meist einzeln, nicht in dichten Trauben. Kelch drüsig u. an der Basis mit lgn, waagerecht abstehenden Haaren. Hülsen kürzer als der Kelch.
B Die Formenvielfalt, z. T. infolge von Bastardierungen (insbesondere *O. spinosa* agg × *O. repens* ssp *procurrens*), erschwert die Bestimmung sowie eine taxonomische Bewertung. Hybriden zw 1627 u. 1631 sind reg hfger als mind. eine der Eltern. Hierzu auch: Dünen-Hauhechel (1631) *O. r.* ssp *repens* (ohne Abb.); **I**; ⟨C, H, s⟩, ⊙; K; ⟨RL ?⟩, H1.2.2.5–7

1632 **Ononis arvensis** L. ▸
Bocks-Hauhechel

E; H, C; s, ⑦; AV (syn), M_2, F (beide östl.); RL –
T6.2..3.1
M 30–60 cm. Pfl meist aufrecht, fast immer dornenlos, ohne Ausläufer, mit starkem Bocksgeruch. Stg oberseits dicht mit abstehenden, schmierigen Haaren (meist 2–3 mm lg) u. mit Drüsen besetzt. Blätter drüsenhaarig, etwas schmierig, meist spitz. Blättchen 10–25 mm lg. Blüten zu (1–)2(–3), am Ende der Äste dicht traubig gehäuft, blattachselstdg, die Hauptachse meist verdeckend. Kelch drüsig, ganz mit lgn schmierigen Haaren bedeckt. Hülsen kürzer als der Kelch.

1633 **Melilotus albus** Medik. ▸▸
Weißer Steinklee (Gttg 20 sp)

A; ⟨B⟩, T, s, ⑧; A, AV, M_1, M_2, F, K; RL –
T8.2.2.2, T10.3.1–3.1, T10.5.3+4, T10.6, T10.7
M 30–150 cm. Pfl aufrecht, stark verzweigt. Blätter 3-teilig, das mittlere Blättchen (wie bei allen *Melilotus*-Arten) lgr gestielt als die seitl., früh abfallend. Nebenblätter meist ganzrandig. Blütenstand traubig. Krone 4–5 mm lg, weiß. Hülsen netznervig runzelig, kahl.

◄1634 **Melilotus dentatus** (Waldst. & Kit.) Pers.
Gezähnter Steinklee

I; T, ⟨B⟩, s, ⑧; M_1, M_2, F, K; RL 3+
H2.2.1, T7.4.1, T10.3.3.1
M 15–80 cm. Pfl meist aufrecht, verzweigt. Blätter mit mind 18 Paaren Seitennerven, in jeweils einen Blattzahn mündend. Blattzähne scharf u. dicht- stehend. Nebenblätter der mittleren Stgblätter deutl. gezähnt. Blütenstand traubig. Krone 3–3,5 mm lg, blassgelb. Hülsen 5–5,5 mm lg, netznervig, kahl.

1635 **Melilotus indicus** (L.) All. ►
Kleinblütiger Steinklee

E; T, s, ⊙; F syn **U**, auch: AV, M_1, M_2; ⟨RL 3+⟩
L3..7, T7.4.1, T10.3.1+2, T10.7
M 10–50 cm. Pfl aufrecht od. aufsteigend, verzweigt. Blätter mit 6–9 Paaren Seitennerven. Nebenblätter (zumindest der mittleren Stgblätter) am Grund deutl. gezähnt. Blütentraube dichtblütig. Krone 2–3 mm lg, anfangs sattgelb, verbleichend. Hülsen 2–3 mm lg, fast rund, netznervig, kahl.

1636 **Melilotus altissimus** Thuill. ►►►
Hoher Steinklee

I; ⟨B⟩, T, s, ⑧;A, AV, M_1, M_2, F, K; RL reg; ✠
L4.1.–4, L5.2.5.5, T8.2.2.5, T10.3.3.1
M 60–150 cm. Pfl aufrecht, verzweigt. Blätter mit 6–14 Paaren Seitennerven. Nebenblätter ganzrandig od. (mittlere u. untere) am Grunde jederseits mit einem Zahn. Blütentrauben 2–6 cm lg. Krone gelb, 5–8 mm lg. Flügel, Fahne u. Schiffchen etwa gleich lg. Hülsen u. Fruchtknoten zerstreut bis dicht kurzhaarig, Hülsen netznervig, reif schwarz (Fig. 42).
B Verwechselungsgefahr mit *M. officinalis*.

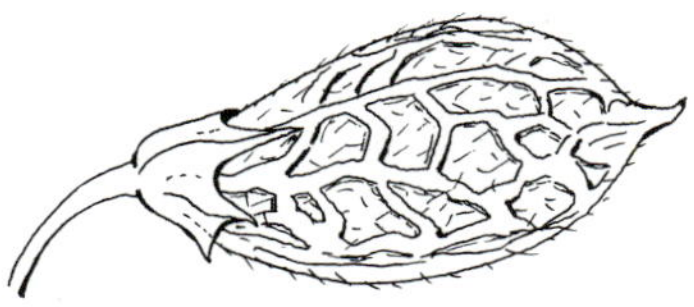

Fig. 42: Hülse von *Melilotus altissimus* Thuill.

1637 **Melilotus officinalis** (L.) Lam. ►►►
Gewöhnlicher Steinklee

A; ⟨B⟩, s, ⑧, ❀; A, AV, M_1, M_2, F, K; RL –; (☠), ✠, ☼, F
L4.1.4, T7.5.2.1, T8.2.2.2, T9.1.2.2, T10.3.1, T10.3.3.1, T10.3.4.2, T10.5.4, T10.7
M 30–100(–200) cm. Pfl aufrecht, verzweigt. Blätter u. Nebenblätter wie bei 1636. Blütentrauben 4–10 cm lg. Krone gelb, 5–7 mm lg. Flügel lgr als das Schiffchen. Hülsen u. Fruchtknoten kahl. Hülsen querrunzelig, reif braun (Fig. 43).
B Verwechselungsgefahr mit *M. altissimus*.

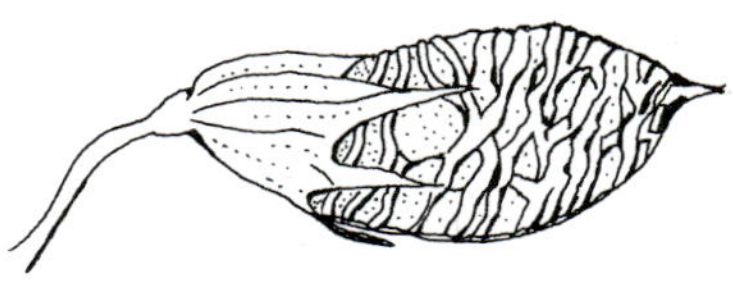

Fig. 43: Hülse von *Melilotus officinalis* (L.) Lam.

1638 **Medicago falcata** L. ▸
Sichelklee (Gttg 85 sp)

I; H, w, ⑧, ⊛; A, AV, M_1, M_2, F, K; RL reg
T6.2, T7.5.2, T8.1.1, T10.3.3.1, T10.3.4.2
M 20–60(–120) cm. Stg niederliegend aufsteigend bis aufrecht, verzweigt. Blätter 3-zählig, gestielt. Blättchen ca 10 mm lg, schmal elliptisch, an der Spitze etwas gesägt, mit Stachelspitze. Blüten 7–11 mm lg, gestielt, in dichten Trauben. Hülsen sichelfg od. gerade.

1639 **Medicago × varia** Martyn (1638 × 1639a) ▸▸
Bastard-Luzerne

E; ⟨H, w⟩, ⑧; A, AV, M_1, M_2, F, K; RL –
T6.2.2.2.3, T7.1.2 (tro), T7.5.2.1, T8.1.1, T8.2.2.2, T9.1.6, T10.3.3.1, T10.3.4.2
M 30–80 cm. Stg aufsteigend od. aufrecht, verzweigt. Blätter 3-zählig, Blättchen längl. lanzettl., vorn gesägt. Blüten 8–11 mm lg, blauviolett, dklpurpurn, grünl., grünl. gelb od. weiß, in lg gestielten Trauben. Hülsen kahl, mit (¾–)1–3,5 Windungen.
B Bei den heute in Mitteleuropa angebauten Luzernen handelt es sich wohl ausschließl. um Bastard-Luzernen. Blaublütige Formen nähern sich dabei (1639a) *Medicago sativa* L. (Saat-Luzerne), Formen mit hohem Gelbanteil in der Blütenfarbe 1638. Bei buntkronigen Pfln handelt es sich z. T. auch um Rückkreuzungen mit einem Elternteil (z. B. 1639 × 1638).

1640 **Medicago lupulina** L. ▸
Hopfenklee, Hopfen-Schneckenklee

I; T, H, w, ⑤, ⊛; A, AV, M_1, M_2, F, K; RL –
T6.2.2.2.3, T7.1.2, T8.3.1, T9.1.2.1+2, T10.3.3.1, T10.3.4.2, T10.6
M 10–30(–50) cm. Pfl mit zahlreichen niederliegenden u. aufsteigenden bis aufrechten Stgn. Blätter 3-zählig. Blättchen eifg elliptisch, vorne meist ausgerandet, dann mit aufgesetzter Spitze (Unterschied zu 1645). Blütenstand lggestielt, 10–50-blütig. Blüten 2,5–3,5 mm lg, früh welkend u. abfallend. Kelch behaart. Hülsen nierenfg, kahl od. behaart, ohne Stacheln.
B Sehr formenreich (z. B. mit drüsenhaarigen Hülsen: var *glandulosa* Mert. & Koch) (T8.3).

1640a **Medicago polymorpha** L. ▸▸
Vielgestaltiger Schneckenklee, eine der hfgsten adventiven Schneckenklee-Arten. Viele weitere Sippen finden sich unbeständig eingeschleppt. Bestimmung schwer, z. B. mit Heyn (1963).

◂◂ 1641 **Medicago minima** (L.) L.
Zwerg-Schneckenklee

I; T, s, ⑥; (AV), M_1, M_2, F, (K); RL 3
T5.2.3, T6.2, T6.2.1.4.1, T10.3.3.1, T10.3.4.2
M 5–30 cm. Stg niederliegend bis aufsteigend. Blätter 3-zählig. Blättchen eifg elliptisch, beiderseits behaart, an der Spitze gezähnt, ungefleckt. Blütenstand 1–8-blütig. Blüten 3,5–4,5 mm lg. Kelch behaart. Hülsen mit 3–5 Windungen u. hakigen Stacheln, behaart.

◂ 1642 **Medicago arabica** (L.) Huds.
Arabischer Schneckenklee

E; T, s, ⊙; AV, M_1, M_2, F; ⟨RL –⟩
T7.1.2, T8.3, T9.5.1.4, T10.3.1+2, T10.3.4.2, T10.7
M 15–50 cm. Pfl niederliegend bis aufrecht, mit abstehend behaarten Stgn. Blätter 3-zählig. Blättchen br eifg bis herzfg, braun(rot) od. purpurschwarz gefleckt, oberseits kahl. Blütenstand 1–5-blütig. Blüten 5–7 mm lg. Hülsen mit 3–6 Windungen u. (oft gekrümmten) Stacheln besetzt, kahl.

1643 **Trifolium spadiceum** L. ▸
Moor-Klee (Gttg 238 sp)

I; T, H, s, ⑤; AV, M_1, M_2, F; RL 2
L2..1.1, S2.2.1, T7.3.2 (m), T7.3.5 (m)
M 10–40 cm. Pfl aufrecht, wenig verzweigt. Blätter 3-zählig (Name!), die oberen fast gegenstdg. Blättchen schmal elliptisch bis verkehrt eifg, fein gezähnt. Nebenblätter längl. lanzettl. Blütenköpfchen zuerst eifg, später zylindrisch, ca 1 cm br u. 2 cm lg. Kelchzipfel lg bewimpert. Blütenstiele viel kürzer als die Kelchröhre. Krone 4–6 mm lg, abgeblüht dklbraunschwarz.

1644 **Trifolium badium** Schreb. ▸▸
Braun-Klee

I; ⟨B⟩, w, ⑤; A; RL –; Z
T3.3.2, T3.4.2.2, T3.4.3, T7.2.2
M 10–25 cm. Pfl aufrecht bis aufsteigend, wenig verzweigt. Oberste Blätter fast gegenstdg. Blättchen br oval bis verkehrt eifg, fein gezähnt. Nebenblätter eifg lanzettl. Blütenköpfe bis 15 mm br, kugelig, zuletzt eifg. Kelchzipfel kahl od. nur wenig wimperhaarig. Blütenstiele so lg wie die Kelchröhre. Krone 6–9 mm lg, nach dem Abblühen kastanienbraun.

◂ 1645 **Trifolium dubium** Sibth.
Kleiner Klee

I; T, s, ⑤; A, AV, M_1, M_2, F, K; RL –
L3.6–7 (Ufer), T7.1.2–3, T7.2.1, T10.3.3.1
M 10–40 cm. Stg niederliegend bis aufrecht. Alle Blätter wechselstdg. Blättchen verkehrt eifg bis herzfg, vorne ausgerandet, ohne aufgesetzte Spitze (Unterschied zu 1640!), das mittlere lgr gestielt als die seitl. Nebenblätter am Grund verbreitert. Blütenköpfchen locker, mit (2–)5–15(–20) Blüten. Blütenstiele 1 mm lg, kürzer als die Kelchröhre. Kelch kahl. Krone 2,5–3,5 mm lg, nach dem Abblühen hellbraun, nicht früh abfallend; Fahne gefaltet, kaum längsgefurcht.

1646 **Trifolium micranthum** Viv. ▸
Kleinster Klee

I; T, s, ⊙; F, (M_2), K; RL 1
L3.6–7 (Ufer), T7.2.1 (lückig), T7.4.1
M Ähnl. 1645, aber nur 5–10 cm lg. Stg fädig, niederliegend bis aufsteigend. Alle Blättchen fast sitzend. Nebenblätter am Grunde nicht verbreitert. Blütenköpfchen 1–6(–12)-blütig. Blütenstiel ca 2 mm lg, haarfg, so lg wie die Kelchröhre. Krone 2–3(–4) mm lg.

1647 **Trifolium campestre** Schreb. ▸
Feld-Klee

I; T, s, ⑥; A, AV, M_1, M_2, F, K; RL –T6.2.1.4.5–6, T6.2.2.2.3, T7.1.2, T9.1, T10.3.3.1, T10.3.4.2
M 5–40 cm. Pfl niederliegend bis aufrecht. Blättchen verkehrt eifg, gestutzt od. ausgerandet, ohne Spitzchen. Mittlere Blättchen viel lgr gestielt als die beiden seitl. Nebenblätter eifg, am Grunde verbreitert, meist kürzer als der Blattstiel. Blütenköpfe 20–40-blütig, 7–12 mm br. Krone (3–)4–6 mm lg. Welke Blüten braun, nicht abfallend. Fahne löffelfg (nicht gefaltet), deutl. längsgefurcht.

1648 **Trifolium aureum** Pollich ▸▸
Gold-Klee

I; T, H, s, ⑦; A, AV, M_1, M_2, F, K; RL reg
T6.2.1.4, T6.2.1.5.1, T8, T10.3.3.1, T10.3.4.2
M 15–40(–60) cm. Pfl meist aufrecht, verzweigt. Alle Blättchen fast sitzend, längl. eifg bis rhombisch, gestutzt od. ausgerandet, slt spitz. Nebenblätter längl. lanzettl., am Grunde nicht verbreitert, mind so lg wie der Blattstiel. Blütenköpfe 20–40-blütig, 10–15 mm br. Krone 5–7 mm lg, abgeblüht hellbraun. Fahne löffelfg, nicht gefaltet, deutl. längsgefurcht.

1649 **Trifolium ornithopodioides** L.
Vogelfuß-Klee

I; T, s, ⊙; K; RL R
T6.2.1.4
M 3–10 cm. Pfl niederliegend, kahl. Blätter lg gestielt. Blättchen verkehrt eifg bis verkehrt herzfg. Blütenstand 1–3(–5)-blütig, bis 20 mm lg gestielt, blattachselstdg. Krone 6–8 mm lg, weißl. rosa. Hülsen von der abgeblühten Krone nicht eingeschlossen.

1650 **Trifolium retusum** L.
Kleinblütiger Klee

I; H, w, ⊙; M_1, M_2; RL 1
T10.6.1+3
M 5–30 cm. Pfl aufsteigend bis aufrecht, vielstängelig, verzweigt, kahl. Blättchen längl. bis verkehrt eifg. Blütenköpfe kl, 7–10 mm br. Blüten 1 mm lg gestielt, weiß od. rosa. Kelch 10-nervig, mind. so lg wie die Krone, mit ungleich lgn, stachelartigen Zähnen, zur Fruchtzeit stark zurückgebogen (Fruchtstand dadurch stachelartig), nie aufgeblasen. Krone 4–5 mm lg.

1651 **Trifolium montanum** L.
Berg-Klee

I; H, s, ⑦; A, AV, M_1, M_2, F; RL reg
T6.2, T6.2.2.2.3, T6.2.2.3.1, T7.3.2 (tro), T8.1.1
M 15–60 cm. Stg aufrecht, wollig behaart. Blättchen längl. eifg bis lanzettl., am Rand stachelig gezähnt, unterseits weichhaarig. Blütenköpfe 15–20 mm br, meist zu 2. Blüten 1 mm lg gestielt. Kelchzähne (fast) gleich lg, so lg wie od. etwas lgr als die 10-nervige Kelchröhre. Krone 7–9 mm lg, (gelbl.) weiß.

1652 **Trifolium hybridum** L. ssp **hybridum**
Gewöhnlicher Schweden-Klee

E, K; H, s, ⑦, ⊛; A, AV, M_1, M_2, F, K; RL –
L4.1–4, T7.1.2, T7.3.5, T7.4.1, T10.3.3.1
M 20–90 cm. Stg aufrecht, wenig verzweigt, kahl, hohl. Blättchen eifg bis br lanzettl. Nebenblätter krautig, in eine lge Spitze ausgezogen. Blütenköpfe ca 25 mm br. Blüten 4 mm lg gestielt. Kelch 5-nervig, Zähne ungleich lg, wenig lgr als die Röhre. Krone 7–10(–12) mm lg, zuerst weiß, später rosa.
B (1653) ssp *elegans* (Savi) Asch. & Graebn. Niederliegender Schweden-K. (ohne Abb.), wie 1652, AV, M_1, M_2, F; ⟨RL –; L4.1–4, T7.2.1, T7.4.1, T10.3.3.1, T10.7⟩, hat markige, niederliegend aufsteigende, oberseits flaumige Stg u. kleinere Blüten (Krone 5–7 mm lg).

1654 **Trifolium repens** L.
Weiß-Klee

I; C, H, w, ⑥; A, AV, M_1, M_2, F, K; RL –; ✠, ☺, Z
T7.1.2, T7.2.1, T7.4, T9.1, T9.2, T9.5.1, T10.3.3.1
M Stg bis 50 cm lg, kriechend, verzweigt, an den Knoten wurzelnd. Blättchen verkehrt eifg bis herzfg, grün, oft mit heller Zeichnung, kahl. Blütenköpfe 15–25 mm br. Blütenstiele 2–5 mm lg. Blüten duftend, abgeblüht herabgeschlagen. Kelch 10-nervig, mit ungleich lgn Zähnen. Krone 7–12 mm lg, (gelbl.) weiß, seltener rötl.
B Formenreich, im Gebiet nur ssp *repens*.

1655 **Trifolium thalii** Vill.
Rasiger Klee

I; H, s, ⑦; A; RL –
T3.3.1, T3.4.2.2, T3.4.3/T7.2.2
M Ähnl. wie 1654, aber Stg niederliegend, nicht kriechend od. wurzelnd. Blütenstiele 1–1,5 mm lg. Blüten abgeblüht aufrecht bleibend. Kelchzähne nur wenig ungleich. Krone zuerst weiß, später rötl., 6–10 mm lg.

◀◀ 1656a **Trifolium resupinatum** L.
Persischer Klee

U, K; T, H, w, ⊙; AV, M_1, M_2, F; ⟨RL –⟩
T7.4.1, T9.1.6, T10.3.3.1, T10.7
M 10–30(–80) cm. Pfl niederliegend bis aufsteigend, nicht wurzelnd. Blättchen verkehrt eifg, gesägt. Blütenköpfe ca 10 mm br, zur Fruchtzeit bis 20 mm. Blüten um 180° gedreht (Fahne nach unten Schiffchen nach oben weisend). Kelch 2-lippig; die Oberlippe drüsig zottig, zur Fruchtzeit blasig aufgetrieben, netznervig. Krone 5–8 mm lg.
B Im Gebiet vorwiegend var *majus* Boiss.

◀ 1657 **Trifolium fragiferum** L.
Erdbeer-Klee

I; H, w, ⑦; (A), AV, M_1, M_2, F, K; RL reg
H1.1.3.2, H2, T7.4.1
M Stg bis 30 cm lg kriechend, verzweigt, meist kahl. Blättchen eifg, fein gezähnt, bläul. grün. Blütenköpfe blühend ca 10 mm, zur Fruchtzeit bis 20(–25) mm br. Blüten nicht gedreht. Kelch undeutl. 20-nervig, 2-lippig, die Oberlippe zur Fruchtzeit blasig aufgetrieben, netznervig, stark behaart. Krone 5–7 mm lg, fleischfarben.
B Im Gebiet nur ssp *fragiferum*.

1658 **Trifolium arvense** L. ▶
Hasen-Klee

I; T, w, ⑦; AV, M_1, M_2, F, K; RL –; ✠, ☺
T5.2.3, T6.2 (lückig), T6.2.1.4, T9.1.1.1, T10.3.3.1 (Sand)
M 10–30(–60) cm. Stg aufrecht, verzweigt, behaart. Blättchen schmal lanzettl., stachelspitzig, fast ganzrandig, behaart. Blütenköpfchen zahlreich, ca 10 mm br, eifg bis zylindrisch, deutl. gestielt. Kelch mit federartig bewimperten Zähnen, lgr als die weißl., später rötl. Krone.
B Im Gebiet nur ssp *arvense*.

1659 **Trifolium striatum** L. ▶▶
Gestreifter Klee

E; T, H, s, ⑦; M_1, M_2, F, K; RL 3
T6.1.2.2, T6.2 (lückig), T6.2.1.4.5
M 5–30 cm. Pfl aufrecht od. aufsteigend, besonders am Grunde verzweigt, abstehend behaart. Blättchen verkehrt eifg, fein gezähnt, mit geraden Seitennerven. Blütenstände ca 1 cm lg, ungestielt. Kelchzähne zur Fruchtzeit gerade. Kelchröhre kugelig, behaart. Krone 5–7 mm lg, rosa, kaum lgr als der Kelch.

◀◀ 1660 **Trifolium scabrum** L.
Rauer Klee

E; T, s, ⊙; M_1; RL 1
T5.2.3, T6.2.1.4.6, T10.3.3.1, T10.6
M 5–15(–25) cm. Stg niederliegend bis aufsteigend, vom Grund an ästig verzweigt, behaart. Blättchen verkehrt eifg, gezähnt, mit am Rande zurückgebogenen Seitennerven. Blütenköpfe ca 1 cm lg, ungestielt. Kelchzähne zur Fruchtzeit zurückgebogen, starr. Kelchröhre zylindrisch, nur zw den Nerven behaart. Krone 4–5 mm lg, weißl., höchstens so lg wie der Kelch.

◀ 1661 **Trifolium ochroleucon** Huds.
Blassgelber Klee

I; H, s, ⑦; AV, M_1, M_2; RL 3
T6.2.2.2.3, T7.3 (moorig, tro), T8.1.2
M 15–50 cm. Stg aufsteigend bis aufrecht, abstehend behaart. Oberste Blätter kurz gestielt, gegenstdg, dem Blütenkopf genähert. Blättchen 10–40 mm lg, längl. elliptisch, beiderseits dicht behaart. Blütenstand (10–)15–25 mm br, eifg, ca 5 mm lg gestielt. Kelchröhre 10-nervig, behaart. Krone 13–18 mm lg, gelbl. weiß.

1662 **Trifolium pratense** L. ssp **pratense**
Gewöhnlicher Wiesen-Klee

I; H, ⟨T, B⟩, w, ⑥, ❀; A, AV, M_1, M_2, F, K; RL –; ✠, ⚘, ☺
T6.2.1.5, T6.2.2.2.3, T7.1.2, T7.3.2+5, T8.1.2.2
M 15–50 cm. Stg hoch, aufrecht od. aufsteigend, kahl bis dicht angedrückt behaart. Blättchen eifg bis elliptisch, stumpf. Nebenblätter eifg lanzettl., der freie Teil grannenartig, viel kürzer als der verwachsene untere Teil, kahl od. behaart. Blütenköpfe 1–2, kugelig bis eifg, 2–3 cm br, von den obersten Stgblättern meist umhüllt. Kelchröhre 10-nervig, nur wenig behaart. Kelchzähne ungleich, gewimpert. Krone 15–18 mm lg, rot.
B Formenreich, mit mehreren Wild- u. Kultursippen, u. a. dem (1662a) Saat-Wiesen-Klee, Sippenkreis *T. sativum*: Stg dick, hohl, schwach behaart od. kahl. Blättchen 3–5 (od. mehr) cm lg. Köpfe groß, meist paarweise, unbehüllt.

1663 ssp **nivale** (Koch) Arcang.
Alpen-Wiesen-Klee

I; H, w, ⊙; A; RL –
T3.4.3/T7.2.2
M 10–30 cm. Stg kräftig, niederliegend bis bogig aufsteigend, dicht abstehend behaart. Nebenblätter auf der Fläche dicht behaart. Blütenköpfe bis 3 cm br. Kelch dicht behaart, oft rötl. Krone gelbl. od. rötl. weiß.

1664 ssp **maritimum** (Zabel) Rothm.
Küsten-Wiesen-Klee ohne Abb.

I; ⟨H, w⟩, ⊙; K; RL –
H1.1.3
M Ähnl. 1663, aber Stg dünn, aus niederliegendem Grunde aufsteigend, unterwärts abstehend, oberwärts bisweilen anliegend behaart. Nebenblätter mit lg bewimperter Spitze. Köpfe kl, einzeln. Blüten rosa bis weiß.

1665 **Trifolium medium** L.
Mittlerer Klee, Zickzack-Klee

I; H, s, ⑦; A, AV, M_1, M_2, F, K; RL –
T1.1.2.4.2, T2.1.2.1, T8.1.2.2, T10.3.3.1
M 20–50 cm. Stg aufsteigend, zickzackfg hin u. her gebogen, zerstreut behaart bis kahl. Blättchen längl. elliptisch. Nebenblätter bewimpert, freier Teil lanzettl., ca so lg wie der verwachsene. Blütenköpfe 2–3 cm br, kugelig bis eifg, anfangs sitzend, später kurzgestielt, meist einzeln. Kelch 10-nervig, außen kahl. Krone 15–18 mm lg.
B Im Gebiet nur ssp *medium*.

1666 **Trifolium alpestre** L.
Hügel-Klee

I; H, s, ⑦; A, AV, M_1, M_2, F (östl); RL reg
T1.1.2.4.2, T8.1.1
M 15–60 cm. Stg aufsteigend, abstehend bis anliegend behaart. Blättchen lanzettl., spitz. Nebenblätter lanzettl., der freie Teil allmähl. in einen schmalen Zipfel verschmälert, kürzer als der verwachsene Teil. Blütenköpfe 1–2, von den obersten Stgblättern umhüllt, (fast) sitzend, 2–3 cm br. Kelchröhre 20-nervig, zottig behaart. Krone 15 mm lg.

1667 **Trifolium rubens** L.
Purpur-Klee

I; H, s, ⑦; AV; M_1, M_2, F (östl); RL 3+
T1.1.2.4, T8.1.1
M 30–80 cm. Stg aufrecht, kahl. Blättchen längl. lanzettl., fein gesägt. Nebenblätter sehr gr (bis 8 cm lg), ihr freier Teil etwa halb so lg wie der verwachsene, kahl. Blütenstand 2–3 cm br, eifg bis zylindrisch, (1–)2-kopfig, oft mit genähertem Laubblatt, kurz gestielt. Kelchröhre 12–20-nervig, kahl. Kelchzähne ungleich lg. Krone 12–15 mm lg.

1668–1673 Anthyllis vulneraria-Gruppe:

Bearbeitet von G. H. Loos & H. Haeupler

Man könnte abweichend von der Standardliste die Sippen aus dem Verwandtschaftskreis von *A. vulneraria* – den klassischen Bearbeitungen von Rothmaler folgend – auch als Arten behandeln, da Hybriden zw ihnen bis auf wenige Ausnahmen sehr slt auftreten u. die intermediären, ursprüngl. vermutl. aus Hybridisierungen hervorgegangenen Sippen in der Regel deutl. abgegrenzt sind u. eigenständige Areale aufweisen (vgl auch Cullen 1976). Loos (1997) führt die Sippen als Arten. Hier wird ein Kompromiss vorgeschlagen.

1668 ssp **vulneraria** ▸

Gewöhnlicher Wundklee (Gttg 20 sp)

I; H, s, ⊙; M_1, M_2; RL reg
wo?
M 5–30(–50) cm, mit Grundblattrosette. Stg niederliegend bis aufsteigend, nicht od. nur wenig verzweigt, dabei die Verzweigungen die Tragblätter nicht überragend, durchgehend angedrückt behaart od. mit halb abstehenden od. slt abstehenden Haaren am Grund. Stgblätter unpaarig gefiedert, eifg bis lanzettl., mit 4–7 Seitenblättchenpaaren. Seitenblättchen der oberen Stgblätter kaum kleiner als das Endblättchen. Blütenstände kopfig, dichtblütig, von handfg gelappten Hochblättern umgeben. Kelch zuerst flaschenfg., nach der Blütezeit aufgeblasen, mit ungleichen Kelchzähnen. Seitl. Kelchzähne an die oberen angedrückt. Krone gelb bis orange.
B Unter diesem Namen (oft im Unterartrang) wurde früher die im Gebiet am weitesten verbreitete Sippe geführt; bislang gibt es jedoch nur einen sicheren Nachweis in NRW, alle anderen Angaben dürften sich auf 1673 beziehen.

1670 ssp **maritima** (Schweigg.) Corb. ▸

Strand-Wundklee

I; ⟨H, s⟩, ⊙; K; RL reg
T6.2.4.2
M Von 1668 durch überwiegend niederliegende, oft stark verzweigte, im unteren Teil dicht weiß seidige, anliegend behaarte Stg unterschieden. Blätter oberseits unbehaart, unterseits dicht seidenhaarig. Blättchen der oberen Stgblätter lineal-lanzettl., zu 7–9.

◂ 1671 ssp **alpestris** (Kit. ex Schult.) Asch. & Graebn.

Alpen-Wundklee

I; H, s, ⊙, ❀; A, AV; RL –
T1.4.1.3, T3.4.2, T5.1
M Ähnl. 1672, jedoch nur mit 1–3 Stgblättern, Grundblätter meist nur aus dem ungeteilten Endblättchen bestehend. Kelch mit dklgrauen, aufrecht abstehenden Haaren, wenig aufgeblasen, (12–)13–18(–19) mm lg, Krone blassgelb, aber z. T. rot überlaufen.
B Eine sehr ähnl. Sippe, jedoch ohne die dklgraue Kelchbehaarung, tritt in Weißjuragebieten Baden-Württembergs auf.

1672 ssp **pseudovulneraria** (Sagorski) Prain ▸

Nordischer Wundklee

I; H, s, ⑤; A, AV, M_1, M_2, F, K; RL –; ✠, ☺, Z
T1.4.1.3, T6.2.2.2, T10.3.3.1, T10.3.4.2, T10.5.4
M Ähnl. 1672, aber Blätter am Stg gleichmäßig verteilt, Kelch meist rot gerandet. Krone voll- bis goldgelb.
B Die in D am weitesten verbreitete u. zumeist hfgste Sippe aus dem Komplex.

1668a ssp **langei** Jalas

Langes Wundklee (ohne Abb.)

I; H, s ⊙; K; RL ?
M Ähnl. 1668, aber mit reich verzweigten Stgn, wobei die Verzweigungen ihre Tragblätter weit überragen.

1669 ssp **polyphylla** (DC.) Nyman

Steppen-Wundklee

I, E; ⟨H, s⟩; AV, M_1 (syn), M_2, F (östl. **I**); RL reg
T6.2..3.1
M Ähnl. 1670, aber Stg aufsteigend bis aufrecht, 10–60(–70) cm hoch, im unteren Teil dicht abstehend zottig od. unbehaart (z. T. verkahlend), im oberen Teil höchstens anliegend behaart. Obere Stgblätter recht gr, ihre Blättchen lineal., End- u. Seitenblättchen beinahe gleichgr, untere Stgblätter u. Grundblätter mit Endblättchen größer als die Seitenblättchen. Kelch einfarbig weißl., Krone gelb bis rot.
▾

◂1673 ssp **carpatica** (Pant.) Nyman
Karpaten-Wundklee

I; ⟨H, s⟩, ⊙; AV, M_1, wo noch?; RL –
T6.2.2.2.3, T7.1.2
M 15–60 cm. Stg aufstehend, höchstens anliegend behaart. Blätter am Stggrund zu 2–4 gehäuft. Grundblätter mit grm End- u. kln Seitenblättchen. Obere Stgblätter mit Endblättchen deutl. größer als die Seitenblättchen. Kelch slt mit roten Spitzen, anliegend behaart, stark aufgeblasen, 8–11(–14) mm lg. Seitl. Kelchzähne deutl. nicht an die oberen angedrückt. Krone weißl.- od. blassgelb.

1674 **Dorycnium germanicum** (Gremli) Rikli ▸
Deutscher Backenklee (Gttg 15 sp)

I; C, w, ⊙; A, AV; RL 3
T1.4.1.3, T6.2.2.2.1
M 15–30(–45) cm. Pfl niederliegend bis aufsteigend. Blätter 5-zählig gefingert, fast sitzend, mit (kurz seidig) anliegend behaarten (oft verkahlenden) Blättchen, die mittleren 5–15 mm lg u. 2–4 mm br, schmal lanzettl. Blütenköpfchen 6–14-blütig. Blütenstiele kürzer als die Kelchröhre. Kelch 2,5–3,5 mm lg. Fahne 5–7 mm lg. Hülsen 3,5–4,5 mm lg u. 2–4 mm br, glatt.

◂1675 **Dorycnium herbaceum** Vill.
Krautiger Backenklee

I; C, w, ⑧; M_1; RL 1
T8.1.2
M Ähnl. *D. germanicum*, aber Blättchen abstehend behaart (oft verkahlend), die mittleren 7–18 mm lg u. (2–)4–6 mm br, lanzettl. Blütenköpfchen (12–)15–25-blütig. Blütenstiele mind. so lg wie die Kelchröhre. Kelch 1,5–2 mm lg. Fahne 3–5 mm lg. Hülsen 3–4 mm lg u. 1,5 mm br, längsrunzelig.

1675a **Dorycnium hirsutum** (L.) Ser. ▸
Behaarter Backenklee

E (lok); ⟨C, w⟩, ⊙; M_1; RL –
T2.1.2
M 20–50 cm, aufsteigend, dicht abstehend behaart. Blätter sitzend, 5-zählig gefingert, abstehend behaart. Blättchen 3–15 mm lg u. 3–6 mm br, verkehrt eifg. Köpfchen 4–10(–20)-blütig. Krone 13–16 mm lg, weiß bis rosa, das Schiffchen mit dklroter Spitze. Kelch 8 mm lg, mit ungleich lgn Zähnen. Hülsen 6–12 mm lg u. 3–4 mm br.

◂◂1676 **Lotus pedunculatus** Cav.
Sumpf-Hornklee ⟨Gttg 80 sp⟩

I; H, s, ⑧; (A), AV, M_1, M_2, F, K; RL –
L4.1–4, L4.4, T7.1.2 (feucht), T7.3.2+5
M Stg 20–90 cm. Pfl aufrecht bis aufsteigend, hohl, meist kahl, mit unterirdischen Ausläufern. Blätter 5-zählig. Blättchen br lanzettl. bis verkehrt eifg, unterseits mit deutl. Seitennerven. Blütenstand doldig, 5–12-blütig. Kelchzähne vor dem Aufblühen bogenfg nach außen gekrümmt, meist lg bewimpert, zw den 2 oberen eine spitze Bucht. Krone 10–14 mm lg.

◂1677 **Lotus tenuis** Waldst. & Kit. ex Willd.
Schmalblättriger Hornklee, Salz-Hornklee

I; H, s, ⊙; M_1, M_2, F, K; RL 3; D
H2..4, T7.3.2, T7.4?
M 20–40(–80) cm. Pfl ohne unterirdische Ausläufer. Stg markig od. engröhrig, oft stark verzweigt, (fast) kahl. Blätter 5-zählig. Blättchen der mittleren u. oberen Stgblätter lineal-lanzettl., spitz, 5–8-mal so lg wie br. Blütenstand 1–4(–6)-blütig. Blüten meist duftend. Kelchzähne an der Knospe zusammenneigend, zw den 2 oberen eine stumpfe Bucht, kürzer als Kelchröhre. Krone 7–12 mm lg.

1678 **Lotus corniculatus** L. ssp **corniculatus** ▸
Gewöhnlicher Hornklee

I; H, s, ⑥, ❀; A, AV, M_1, M_2, F, K; RL –
T6.2.2.2.3, T7.1.2, T7.3.2, T10.3.3.1, T10.3.4.2, T10.5.4
M 10–50 cm. Pfl ohne unterirdische Ausläufer. Stg niederliegend bis aufsteigend, markig (slt engröhrig hohl), kahl od. behaart. Blätter 5-zählig. Blättchen der oberen Stghälfte br eifg bis rundich, bis 20 mm lg, 2–3(–4)mal so lg wie br, ohne deutl. Seitennerven, fast kahl. Blütendolde 3–6(–8)-blütig. Kelchzähne in Knospe zusammenneigend, so lg bis etwas kürzer als die Kelchröhre. Krone 10–14(–17) mm lg, gelb, außen oft rot gezeichnet; Schiffchenspitze weiß, gelb od. rötl.
B Kritischer Komplex, der weitere unzureichend untersuchte Sippen umfasst. Die (1678a) var *sativus* Hyl. in Jalas (= *L. colocensis* Menyh.; bis 1 m hoch, verzweigt, hohle Stg, Blattadern unterseits etwas hervortretend) ist leicht mit 1676 zu verwechseln u. ist stellenweise hfger als die Wildsippe (aus Einsaaten eingebürgert bzw. mit diesen bastardierend). ▸▸

1679 ssp **hirsutus** Rothm.
Behaarter Hornklee ohne Abb.

I; ⟨H, s⟩, ⊙; A, AV, M_1, M_2, F, K?; ⟨RL –⟩
T1.4.1.2, T6.2, T6.2.2.2.1
M Ähnl. 1678, aber Stg u. Blättchen (beiderseits) stark behaart. Endblättchen stumpf od. zugespitzt, verkehrt-eifg.

1680 **Lotus alpinus** (DC.) Ramond ▸
Alpen-Hornklee

I; ⟨H, s⟩, ⊙; A; RL –
T3.4.2, T3.4.3/T7.2.2
M Ähnl. 1678, aber Blätter nur bis 8 mm lg. Dolden nur 1–3(–4)-blütig. Kelchzähne deutl. kürzer als die Röhre. Krone 14–18 mm lg, außen oft rot, Schiffchenspitze dklpurpurn.

1681 **Tetragonolobus maritimus** (L.) Rothm. ▸▸
Gelbe Spargelerbse ⟨Gttg 5 sp⟩

I; H, w, ⑥; A, AV, M_1, M_2; RL 3
L2.3.2, S2.2.2, T6.2.2.2.3 (wechseltro), T7.3.2, T7.4.1
M 10–40 cm. Stg niederliegend bis aufsteigend, kantig, zerstreut behaart. Blätter blaugrün. Blättchen verkehrt eifg, 5-zählig, die 2 unteren kleiner u. von den oberen abgesetzt. Blüten einzeln, lggestielt, an der Basis mit 3-zähligem Hochblatt. Krone 25–30 mm lg.

1682 **Galega officinalis** L. ▸
Gewöhnliche Geißraute (Gttg 6 sp)

E; H, s, ⊙; AV, M_1, M_2, F; RL reg
L5.2.5, T7.4.1
M 40–100(–150) cm. Stg meist aufrecht, spärl. behaart, hohl. Blätter gefiedert, rankenlos, mit 7–19 Blättchen, diese 15–40 mm lg u. 7–15 mm br, lanzettl. bis eifg, begrannt. Blütenstand reichblütig, traubig, lg gestielt. Kelchröhre glockig, so lg wie die Zähne. Krone ca 12 mm lg, bläul. weiß. Hülsen aufrecht abstehend.
B Heimat: Ostsubmediterran.

1683 **Amorpha fruticosa** L. ▸▸
Scheinindigo, Gewöhnlicher Bleibusch

U–E; N, s, ⊙; M_1, syn. u. auch in M_2; ⟨RL –⟩
L5.2
M 1–2(–6) m. Blätter gefiedert, mit (7–)13–17 elliptischen Blättchen. Blütenstand bis 15 cm lg, ährenfg, mit zahlreichen Blüten. Krone nur aus einem dklvioletten eingerollten Kronblatt (Fahne) bestehend, Flügel u. Schiffchen fehlend. Hülse drüsenhaarig, bis 1 cm lg.
B Heimat: Nordamerika.

◄1684 **Robinia pseudoacacia** L.
Gewöhnliche Scheinakazie, Robinie (Gttg 4 sp)

E; P, s, ⑥; AV, M_1, M_2, F, K; RL –; ☠!, ✠, ☺, ✿ Z
T1.4.1, T10.3.1, T10.4.5
M 15–25 m hoch. Stamm mit tief gefurchter Rinde. Blätter gefiedert, mit 9–17 eifgn Blättchen. Nebenblätter meist zu 1–2 cm lgn glänzenden Dornen umgebildet. Blüten stark duftend, in bis zu 20 cm lgn Trauben. Hülsen bis 10 cm lg, bohnenfg.
B Heimat: Nordamerika.

1685 **Caragana arborescens** Lam. ►
Gewöhnlicher Erbsenstrauch (Gttg 80 sp)

U-E; N, s, ⊙; M_1, M_2, F (v.a. östl.), K; ⟨RL –⟩; (☠), Z
T2.1.2.1.1
M 2,5–4(–6) m. Steif aufrecht wachsend. Blättchen 4–6-paarig, elliptisch bis verkehrt eifg, vorn abgerundet u. stachelspitzig, beiderseits gelbgrün. Blüten 1,8–2,2 cm lg, goldgelb, zu 1–4 an den Kurztrieben. Hülsen 3,5–5 cm lg, spitz, schwach behaart.
B Heimat: NO-Asien.

1686 **Colutea arborescens** L. ►
Gewöhnlicher Blasenstrauch (Gttg 28 sp)

I; N, s, ⑥; M_1, **E**: M_1, M_2, F; RL 3; ☠, ✠, Z
T1.1.2.4, T2.1.2.1.2, T10.3.1
M Bis 5 m. Blätter gefiedert, mit 7–13 verkehrt eifgn Blättchen, vorne meist ausgerandet, unterseits behaart. Blütenstand 2–8-blütig, in lg gestielten, aufrechten Trauben. Krone 16–20 mm lg. Fruchtknoten völlig kahl (zuw. an der Bauchnaht einige Haare). Hülsen stark aufgeblasen, 4–8 cm lg u. 2–3 cm br.
B Im Gebiet nur ssp *arborescens*.

1687 **Astragalus exscapus** L. ►►
Stängelloser Tragant (Gttg 1750 sp)

I; H, s, ⊙; M_2, F (beides östl.); RL 3!; Z
T1.4.1.2, T6.2.2.3.2
M 3–8 cm hoch. Pfl (fast) ohne Stg. Blätter am Grunde rosettig gehäuft, dicht abstehend behaart, mit 12–19 Blättchenpaaren. Blütenstand grundstdg, 3–9-blütig. Krone hellgelb. Frucht fast sitzend, eifg, dicht zottig behaart.
B *Astragalus* ist weltweit die artenreichste Gttg der Farn- u. Blütenpfln.

◄◄1688 **Astragalus glycyphyllos** L.
Süßer Tragant, Bärenschote

I; H, s, ⑧, ⊛; A, AV, M_1, M_2, F, K; RL –; ☺, (✎), Z
T5.1, T8.1.2, T10.3.4.2
M 40–150 cm lg. Stg niederliegend od. spreizklimmend, hin u. her gebogen, spärl. behaart, verkahlend. Blätter mit 3–6 Fiederpaaren, süß schmeckend (Name!). Blättchen eifg, oberseits kahl. Stiel des Blütenstandes höchstens halb so lg wie das dazugehörige Blatt. Kelch kahl. Krone blassgelbl. grün. Hülsen 3–4 cm lg, längl., aufwärts gekrümmt, fast sitzend, kahl.

◄1689 **Astragalus cicer** L.
Kicher-Tragant

I; H, s, ⑧; AV, M_1, M_2, F (östl.); RL 3-
T1.4.1.3, T7.5.2, T8.1.1
M 30–100 cm lg. Stg niederliegend bis aufrecht, zerstreut angedrückt behaart (Haare einf.). Blätter mit 7–14 Fiederpaaren. Blättchen längl. lanzettl., beidseitig behaart. Stiel des Blütenstandes ½–1mal so lg wie das zugehörige Blatt. Kelch mit schwarzen Haaren. Krone blassgelb. Hülsen 10–15 mm lg, aufgeblasen, rauhaarig.

◀◀ 1690 **Astragalus frigidus** (L.) A. Gray
Gletscher-Tragant

I; K, s, ⊙; A; RL –, Z
T3.2.3, T3.4.2
M 10–35 cm. Stg aufrecht, unverzweigt, meist kahl. Blätter mit 4–8 Fiederpaaren, bläul. grün. Blättchen 7–18 mm br, eifg bis br elliptisch, meist kahl. Nebenblätter 5–10 mm br. Stiel des Blütenstandes 1–1,5mal so lg wie das zugehörige Blatt. Krone gelbl. weiß. Hülsen kaum aufgeblasen, 6 mm br, rauhaarig, verkahlend.

◀ 1691 **Astragalus penduliflorus** Lam.
Blasen-Tragant

I; H, s, ⊙; A; RL reg; Z
T1.4.1.3, T3.4.2
M 20–80 cm. Stg aufsteigend bis aufrecht, ästig, meist behaart. Blätter mit 7–15 Fiederpaaren, frigrün. Blättchen 3–6 mm br, elliptisch bis lanzettl., weichhaarig. Nebenblätter 3 mm br. Stiel des Blütenstandes 1–1,5mal so lg wie das zugehörige Blatt. Krone gelb. Hülsen aufgeblasen, mehr als 10 mm br, rauhaarig, verkahlend.

1692 **Astragalus australis** (L.) Lam. ▶
Südlicher Tragant

I; H, s, ⊙; A; RL reg
T3.2.3, T3.4.2.1
M 5–30 cm. Stg niederliegend bis aufsteigend. Blätter mit (3–)4–7 Fiederpaaren. Blättchen schmal elliptisch bis lanzettl. Krone gelbl. weiß mit violetter Schiffchenspitze, zuw. auch Fahne violett. Flügel vorne tief 2-lappig bis ausgerandet. Hülsen aufgeblasen, kahl.

1693 **Astragalus alpinus** L. ▶▶
Alpen-Tragant

I; H, s, ⊙; A; RL –, Z
T3.2.3, T3.4.2.1
M 5–20 cm. Stg niederliegend bis aufsteigend. Blätter mit (5–)6–12 Fiederpaaren. Blättchen elliptisch. Krone weiß mit hellblauer Fahne, Schiffchen weiß mit violetter Spitze, so lg wie die Fahne. Flügel ganzrandig. Hülsen aufgeblasen, schwarz zottig behaart, hängend.
B Im Gebiet nur ssp *alpinus*.

◀◀ 1694 **Astragalus arenarius** L.
Sand-Tragant

I; H, s, ⑥; (M_1), F (östl.); RL 2
T1.4.1.2, T6.2.1.4.7, T10.3.3.1 (sandig, kont.)
M 10–30 cm. Pfl niederliegend bis aufsteigend. Blätter mit 3–4(–9) Fiederpaaren. Blättchen lineal bis lanzettl. Blütenstand lockerblütig, mit 3–8 Blüten. Krone hellpurpurn, slt weiß. Schiffchen kürzer als die Fahne. Hülsen lineal, grau behaart (manchmal verkahlend), aufrecht.

◀ 1695 **Astragalus onobrychis** L.
Esparsetten-Tragant

E?; H, s, ⑦; M_1; ⟨RL 0⟩; Z
T6.2.2.3
M 10–30 cm. Stg niederliegend aufsteigend, wie die Blätter mit angedrückten 2-armigen Haaren (Kompassnadel-Haare). Blätter mit 8–12 Fiederpaaren. Blättchen elliptisch bis lanzettl. Blütenstand dichtblütig, mit 10–20 Blüten. Krone violett. Fahne fast linealisch, um 6–8 mm lgr als die Flügel. Hülsen elliptisch, kaum aufgeblasen, weißhaarig.
B Indigenat in M_1 nicht sicher, daneben gab es gesicherte Einbürgerungen.

◄ 1696 **Astragalus danicus** Retz.
Dänischer Tragant

I; H, s, ⑤; M_2, F (östl.); RL 3+; Z
T6.2..3.1, T6.2.2.2.3 (skont)
M 8–30 cm. Stg aufsteigend, wie Blätter mit einf. Haaren zerstreut besetzt. Blätter mit 6–13 Fiederpaaren. Blättchen verkehrt eifg bis lanzettl. Blütenstand kopfig, dicht- u. reichblütig. Krone violett, am Grunde weißl., Fahne eifg, nur um 1–4 mm lgr als die Flügel. Hülsen eifg, aufgeblasen, weißhaarig.

1697 **Oxytropis jacquinii** Bunge ►
Berg-Fahnenwicke (Gttg 300 sp)

I; H, s, ⊙; A; RL –; Z
T3.2.3, T3.4.2.1, T
M 5–20 cm. Mit nur kurzem Stg, niederliegend-aufsteigend, oft rasig ausgebreitet, locker seidig behaart bis kahl. Blätter mit 8–14(–20) Fiederpaaren. Blättchen eifg lanzettl. bis lanzettl. Krone purpurn bis violett. Schiffchen mit deutl. Spitze (Name!, Unterschied zur Gttg *Astragalus*). Frucht aufgeblasen, behaart bis verkahlend.

◄◄ 1698 **Oxytropis pilosa** (L.) DC.
Zottige Fahnenwicke

I; H, s, ⑥; AV, M_1; RL 2!; §
T6.2..3, T6.2.2.2.1
M 15–40 cm. Stg aufrecht od. bogig aufsteigend, wie die Blätter dicht zottig behaart. Blätter mit 9–13 Fiederpaaren. Blättchen lanzettl. Krone hellgelb. Schiffchen mit Spitze. Frucht schwach aufgeblasen, behaart.

◄ 1699 **Ornithopus perpusillus** L.
Kleiner Vogelfuß, Mäusewicke (Gttg 6 sp)

I; T, v, ⑥; AV, M_1, M_2, F, K; RL reg
T6.2.1.4.5, T9.1.1.1.1, T9.1.1.2, T10.3.3.1 (Sand), T10.3.4.2 (Sand)
M 5–30 cm. Pfl niederliegend bis aufsteigend, vom Grunde an verzweigt, abstehend behaart. Blätter mit 5–15 Fiederpaaren. Blättchen eifg, 2–5(–8) mm lg. Blütenstand 2–6-blütig, doldig. Blüten 3–4 mm lg, weißl., kürzer als das Tragblatt. Fahne rotviolett geadert, Schiffchen gelbl. Hülsen gegliedert, netznervig, aufwärts gekrümmt, Fruchtstand daher vogelfußartig.

1700 **Ornithopus sativus** Brot. ►
Großer Vogelfuß, Serradella

U–E; ⟨T, s, ⊙⟩; M_1,M_2, F, wo noch?; ⟨RL –⟩
T6.2.1.4, T9.1.6
M Bis 70 cm hoch. Pfl aufrecht, Fiederblättchen bis 10 mm lg, lanzettl. Blüten 5–9 mm lg, weiß od. rosa, lgr als das Tragblatt. Hülsen fast gerade.

1701 **Coronilla vaginalis** Lam. ►►
Scheiden-Kronwicke (Gttg 9 sp)

I; C, w, ⑤; A, AV, M_1, M_2; RL reg; Z
T1.4.1.3, T5.2.3, T6.2.2.2.1+4
M 10–30 cm. Pfl niederliegend aufsteigend, verzweigt, halbstrauchig, kahl. Blätter kurzgestielt, mit 3–6 Fiederpaaren, das unterste vom Blattgrund entfernt. Fiederblättchen 3–10 mm lg, blaugrün, etwas fleischig, mit hellerem Knorpelrand. Nebenblätter miteinander verwachsen (vgl. 1705), zusammen etwa so gr wie ein Blättchen. Blüten zu 5–10. Blütenstiele 1–1,5mal so lg wie der Kelch. Hülsen deutl. gegliedert, 6-kantig, an 4 Kanten geflügelt.

◂1702 **Coronilla coronata** L.
Berg-Kronwicke

I; C, H, w, ⑦; AV, M_1, M_2; RL reg; Z
T1.1.2.4 (licht, m), T1.4.1.3, T8.1.1
M 30–70 cm. Pfl krautig, mit meist aufrechten Stgn, wenig verzweigt. Das unterste Fiederpaar eines Blattes dem Blattgrund genähert. Blättchen 15–30 mm lg, kaum fleischig. Nebenblätter fädig, die oberen getrennt. Blüten zu 10–30. Blütenstiele 2–4mal so lg wie der Kelch. Hülsen schwach 4-kantig.

1703 **Securigera varia** (L.) Lassen ▸
Bunte Kronwicke (Gttg 12 sp)

I; H, s, ⑦, ⊛; A, AV, M_1, M_2, F, (K); RL reg; ☠, ✠, Z
T6.2.2.2.3, T7.5.2, T8.1.2, T8.2.2.5, T10.3.4.2, T10.5.4, T10.6
M 30–120 cm. Stg niederliegend bis aufsteigend, schwach behaart od. kahl. Blätter mit 5–12 Fiederpaaren. Blättchen längl. eifg bis lanzettl. Blütenstand doldig, 12–15(–20)-blütig. Krone rötl. u. weiß. Schiffchen an der Spitze dklviolett. Hülsen schmal lineal, aufrecht, 4-kantig, wenig gegliedert.

◂◂1704 **Hippocrepis emerus** (L.) Lassen
Strauchiger Hufeisenklee (Gttg 30 sp)

I; N, i, ⑤; A, AV, M_1, (M_2); RL reg; Z
T1.1.1.4, T1.1.2.4, T1.4.1.3, T2.1.2.1.2
M 50–200 cm. Pfl strauchig, zerstreut behaart, mit kantigen Zweigen. Blätter mit 2–4 Fiederpaaren. Fiederblättchen eifge Dolden (1–)2(–6)-blütig. Nagel der Kronblätter (2–)3mal so lg wie der Kelch. Hülsen 5–10 cm lg, schmal lineal, schwach gegliedert, gerade, netznervig, hängend.
B Im Gebiet nur ssp *emerus*.

◂1705 **Hippocrepis comosa** L.
Gewöhnlicher Hufeisenklee

I; H, C, w, ⑥; A, AV; M_1, M_2, F (östl.); RL; ☺, Z reg
T1.4.1.3, T3.4.2, T6.2.2.3, T6.2.3, T10.5.4
M 8–25 cm. Stg niederliegend aufsteigend, verzweigt, am Grunde verholzend. Blätter lggestielt, mit 3–8 Fiederpaaren. Blättchen eifg bis lineal, ohne Knorpelrand. Nebenblätter nicht miteinander verwachsen, viel kleiner als ein Blättchen (vgl. 1701). Blütendolden 5–12-blütig. Blütenstiele kürzer als der Kelch. Hülsen aus hufeisenfgn Segmenten bestehend.

1706 **Hedysarum hedysaroides** (L.) Schinz & Thell. ▸
Alpen-Süßklee (Gttg 100 sp)

I; K, s, ⊙; A; RL –; Z
T3.2.3, T3.4.2
M 10–50 cm. Blätter mit 5–9 Fiederpaaren. Blättchen elliptisch bis eifg. Nebenblätter verwachsen. Blütenstand 10–35(–50)-blütig, traubig, etwas einseitswendig. Blüten hängend, purpurrot. Hülsen eingeschnürt, aus scheibenfgn Gliedern bestehend.
B Im Gebiet nur ssp *hedysaroides*.

1707 **Onobrychis montana** DC. ▸▸
Berg-Esparsette (Gttg 130 sp)

I; H, s, ⊙; A, M_1; RL 3; Z
T3.4.2, T6.2.2.2.3 (salp-a)
M 5–25 cm. Pfl niederliegend bis aufsteigend. Blätter mit 5–7(–8) Fiederpaaren. Blütentraube vor dem Aufblühen eilängl., dick, an der Spitze abgerundet, dichtblütig, zur Blütezeit 1,5–2,5 cm br. Krone (9–)10–14 mm lg, kräftig rosa. Fahne um (1–)2 mm kürzer als das Schiffchen. Flügel 4–6 mm, spitz, etwa so lg wie der Kelch. Hülsen 6–8 mm lg, am Kamm mit schlanken, (0,5–)1–2 mm lgn Stacheln.
B Im Gebiet nur ssp *montana*.

1708 **Onobrychis arenaria** (Kit.) DC.
Sand-Esparsette

I; H, s, ⑦; M_1; RL 3
T6.2.2.2, T6.2.2.3.1
M 10–30 cm. Stg niederliegend bis aufrecht. Blätter mit 5–12(–17) Fiederpaaren. Blütentraube vor dem Aufblühen schmal spindelfg, schlank, spitz, lockerblütig, zur Blütezeit 1–1,5 cm br. Blütenstiele 2 mm lg. Tragblätter 3 mm lg, viel kürzer als der Kelch. Krone 8–10 mm lg, blassrosa. Fahne mind. so lg wie das Schiffchen, Flügel 2–3 mm lg, kürzer als der Kelch. Hülsen 4–6 mm lg, am Kamm mit 4–5(–6) schlanken 0,5–2 mm lgn Stacheln.
B Im Gebiet nur ssp *arenaria*.

1709 **Onobrychis viciifolia** Scop.
Futter-Esparsette

E; H, s, ⑥; A, AV, M_1, M_2, F; RL reg
T6.2.2.2.3, T10.3.3.1, T10.3.4.2
M 30–70(–90) cm. Stg aufrecht. Blätter mit (5–)6–12(–14) Fiederpaaren. Blättchen (10–)15–25 (–35) mm lg u. (3–)4–7(–9) mm br. Blütentraube vor dem Aufblühen eilängl., dick, an der Spitze abgerundet, dichtblütig, zur Blütezeit 1,5–3 cm br. Blütenstiele 1 mm lg. Tragblätter 3,5–4 mm lg, wenig kürzer als der Kelch. Krone (8–)10–14 mm lg, rosa. Fahne etwa so lg wie das Schiffchen. Flügel 3–4 mm lg, stumpf, kürzer als der Kelch. Hülsen 6–8 mm lg, am Kamm mit 6–8 dicken, bis 1 mm lgn Stacheln.

1710 **Vicia pannonica** Crantz ssp **pannonica**
Gewöhnliche Ungarische Wicke (Gttg 140 sp)

E; T, s, ⊙; AV, M_1, M_2, F; RL –
T9.1.1 (Getreide)
M Unterscheidet sich von 1711 in folgenden Merkmalen: Krone weißl. bis gelb. Samen fast kugelig, einfarbig schwarz.

1711 ssp **striata** (M. Bieb.) Nyman
Gestreifte Ungarische Wicke

E; ⟨T, s⟩, ⊙; AV, M_1, M_2; RL –
wie 1710
M 20–50 cm lg. Stg niederliegend, aufsteigend od. kletternd, zottig od. weichhaarig. Blätter mit 7–9 Fiederpaaren, mit Ranke. Blättchen 1–1,5 cm lg u. 2–5 mm br. Blüten 15–20 mm lg, zu 1–4 blattachselständig, kurz gestielt. Kelch behaart, mit ungleich lgn Zähnen. Krone schmutzigviolett. Fahne behaart, braunrot gestreift. Hülsen anliegend behaart. Samen abgeflacht, marmoriert.

1712 **Vicia lutea** L.
Gelbe Wicke

E; T, H, s, ⊙; M_1, M_2, F; RL reg
T9.1 (Getreide), T10.3.1, T10.3.3.1, T10.7
M 20–60 cm lg. Pfl aufsteigend od. kletternd. Blätter mit 6–8 Fiederblättern, mit Ranke. Blättchen 10–20 mm lg u. 3–5 mm br. Blüten 20–25 mm lg, kurz gestielt, einzeln blattachselstdg. Kelch kahl od. an den Zähnen bewimpert, mit ungleichen Zähnen. Krone zitronengelb, zuw. mit schwach rötl. Hauch, Fahne kahl. Hülsen mit abstehenden u. auf Knötchen sitzenden Haaren.

1713 **Vicia grandiflora** Scop.
Großblütige Wicke

E; T, H, s, ⊙; AV, M_1, M_2, F; RL –
T8.3, T10.3.1+2
M 30–60 cm lg. Stg aufsteigend, behaart bis kahl. Blätter mit 3–7 Fiederpaaren, mit Ranke. Blättchen variabel, 10–20 mm lg u. 2–8 mm br. Blüten (20–)25–35 mm lg, blattachselstdg, 2–8 mm lg gestielt, meist zu 2. Kelchzähne fast gleich lg. Krone bleichgelb, zuw. grünl. od. violett überlaufen. Hülsen kurzhaarig, verkahlend.

1714 **Vicia johannis** Tamamsch.
Maus-Wicke

E; T, s, ⊙; M_1, M_2; RL reg
T9.1.2.1, T9.3.2.1
M 30–60 cm. Stg aufrecht. Obere Blätter mit 2–3 Fiederpaaren, mit Ranke, die unteren rankenlos, mit nur einem Fiederpaar. Blättchen 30–50 mm lg u. 20–40 mm br. Blüten 15–30 mm lg, zu 1–2 in den Blattachseln, kurzgestielt. Krone dklviolett od. schmutziglila bis purpurrot, Fahne grau geadert, Schiffchen dklviolett. Hülsen an den Kanten rauhaarig.
B Im Gebiet eingebürgert nur die var *integrifolia* Ser. mit ganzrandigen Blättchen. Die (1714a) var *serratifolia* (Jacq.) Ser. mit gesägten Blättchen nur adventiv.

1715 **Vicia sepium** L.
Zaun-Wicke

I; H(li), w, ⑤; A, AV, M_1, M_2, F, K; RL –
T1.1.1, T7.1.2, T8.1.2.2, T8.2.1.1+2, T10.3.3.1
M 30–60 cm. Pfl meist kahl. Blätter mit 4–8 Fiederpaaren, mit Ranke. Blättchen 7–26 mm lg u. 6–12 mm br, gewimpert. Nebenblätter unterseits mit braunem Nektarium. Blüten 12–15 mm lg, kurzgestielt, zu 2–5(–6), blattachselstdg. Kelch behaart, Kelchzähne ungleich. Krone purpurviolett bis trüblila. Hülsen zuerst kurzhaarig, verkahlend.
B Siehe Bemerkung 24, Seite 719.

1716 **Vicia sativa** L.
Futter-Wicke

?; ⟨T (li), w⟩, ⊙; wo?; RL –
T9.1 (Getreide), T9.1.6
M 30–80 cm. Blättchen der oberen Stgblätter kaum schmaler als die unteren, mind. 5 mm br, längl. keilfg, verkehrt eifg od. verkehrt eiherzfg. Blüten 20–30 mm lg. Fahne meist hell rotviolett bis rosa, Flügel dklkarmin. Hülsen mind. 28 mm lg, zw den Samen ± deutl. eingeschnürt, meist seitl. zusammengedrückt, reif hellgelbl. braun bis bräunl., kurzhaarig, oft samtig.
B Siehe Bemerkung 25, Seite 719.

1717 **Vicia angustifolia** L. ssp **angustifolia**
Gewöhnliche Schmalblättrige Wicke

A; T (li), w, ⑥, ❀; AV, M_1, M_2, F, K; RL –
T6.2.1.1.1, T6.2.2.2, T7.1.2, T8.1.2, T10.3.4.2, T10.5.5, T10.7
M 15–60 cm. Blättchen der oberen Stgblätter meist deutl. schmaler als die der unteren, 2–3 mm (bei einer abweichenden Sippe auch deutl. br bis > 6 mm) br, linealisch. Blüten bis 18 mm lg. Fahne u. Flügel gleichfarbig, meist leuchtend rotviolett. Hülsen 23–40 mm lg, ohne Einschnürungen zw den Samen, in reifem Zustand schwarz, kahl.
B Möglicherweise lassen sich 2 Sippen unterscheiden. V. a. im Rheinland tritt eine später blühende Sippe mit z. T. breiteren Fiederblättchen auf.

1718 ssp **segetalis** (Thuill.) Corb.
Acker-Schmalblatt-Wicke

E; ⟨T (li), w⟩, ⊙, ❀; (A), AV, M_1, M_2, F; K; ⟨RL –⟩
T8.2.2–T8.3, T9.1 (Getreide), T10.3.3.1
M 15–60 cm. Blättchen kaum verschieden, 3–7(–10) mm br, lineal längl. bis verkehrt eifg, zugespitzt od. gestutzt, kaum ausgerandet. Blüten bis 18 mm lg. Fahne meist hell rotviolett. Flügel dklr violett. Hülsen mind. 28 mm lg, zw den Samen nicht eingeschnürt, höchstens etwas abgeflacht (aber nicht zusammengedrückt), reif schwarz bis dklbraun, kahl (bis schwach behaart).
B Siehe Bemerkung 26, Seite 719.

◄◄1719 **Vicia lathyroides** L.
Platterbsen-Wicke

I; T, H, w, ④; M_1, M_2, F, K; RL reg
T6.2.1.4, T10.3.4.2 (Sand)
M 5–20 cm. Stg niederliegend bis aufsteigend. Blätter mit 1–3 Fiederpaaren, am Ende mit Grannenspitze od. mit kurzer unverzweigter Ranke. Blüten 5–9 mm lg, kurzgestielt, einzeln, blattachselstdg. Krone blauviolett. Hülsen ca 20 mm lg, kahl.

◄1720 **Vicia oroboides** Wulfen
Walderbsen-Wicke

I; H, s, ⊙; A; RL R
T1.1.1, T8.1.2
M 25–50 cm. Stg kahl bis zerstreut behaart. Blätter mit 1–3 Fiederpaaren, ohne Ranke. Blättchen 40–80 mm lg u. 30–45 mm br. Blüten 14–19 mm lg, zu 2–8, blattachselstdg, fast sitzend. Kelchzähne fast gleich lg. Krone gelbl., zuw. purpurn überlaufen. Hülsen kahl.

1721 **Vicia pisiformis** L. ►
Erbsen-Wicke

I; H (li), s, ⑦; M_1, M_2, F (östl.); RL reg; (Z)
T1.1.2.4.2, T8.1.2.2
M 1–2 m lg. Stg kletternd, kahl. Blätter kahl, mit 3–5 Fiederpaaren, das unterste Paar dem Stg anliegend, die kln Nebenblätter verdeckend, mit Ranken. Blättchen 20–40(–60) mm lg u. fast ebenso br. Blütenstand lggestielt, 10–30-blütig, einseitswendig. Krone gelbl. Hülsen 25–40 mm lg, kahl.

1722 **Vicia dumetorum** L. ►►
Hecken-Wicke

I; H (li), s, ⑦; AV, M_1, M_2, F (östl.); RL reg
T1.1.2.2, T8.1.2.2, T10.3.3.1 (Wald)
M 80–150(–200) cm. Stg kletternd, kahl bis kurzhaarig. Blätter mit 3–5 Fiederpaaren u. Ranken. Blättchen 20–40 mm lg u. 10–20 mm br, gegeneinander versetzt stehend, das unterste den Nebenblättern genähert. Blütenstand lggestielt, 3–8-blütig, einseitswendig. Krone purpurrot, abgeblüht schmutzig gelb. Hülsen 30–50 mm lg, kahl.

◄◄1723 **Vicia orobus** DC.
Heide-Wicke

I; H, s, ⊙; M_2; RL 2!
T2.1.2.2, T4, T8.1.2.2
M 20–50 cm. Stg aufsteigend bis aufrecht, nicht kletternd. Blätter mit 6–12 Fiederpaaren, am Ende mit Grannenspitze, ohne Ranke. Nebenblätter halbspießfg, oft schwach gezähnt. Blütenstand lggestielt, 6–12-blütig. Kelchzähne ungleich. Krone weiß, Fahne violett geadert. Hülsen 20–30 mm lg, gelbl., kahl.

◄1724 **Vicia sylvatica** L.
Wald-Wicke

I; H (li), s, ⑦; A, AV, M_1, M_2, F, K; RL reg
T1.1.2.2, T1.4.1.3, T3.4.2.2, T8.1.2.2, T10.3.3.1 (Wald)
M 50–200 cm lg. Stg niederliegend od. kletternd, verzweigt. Blätter mit verzweigter Ranke u. 6–8 Fiederpaaren. Nebenblätter zerschlitzt. Blütenstand (mit Stiel) mind. so lg wie das Tragblatt, 6–20-blütig. Kelchzähne ungleich. Krone weiß, Fahne violett geadert, Schiffchenspitze meist violett. Hülsen 2,5–3 cm lg, kahl.

◂◂ 1725 **Vicia cassubica** L.
Kassuben-Wicke

I; H (li), s, ⑥; M_1, M_2 (östl.), F; RL 3
T1.1.2.4.2, T8.1.2.2

M 30–60 cm. Stg niederliegend, aufrecht od. kletternd, zottig behaart, verkahlend. Blätter mit 6–12 Fiederpaaren u. verzweigter Ranke. Nebenblätter ganzrandig. Blütenstand (mit Stiel) kürzer als das Tragblatt, einseitswendig, 5–15-blütig. Kelchzähne ungleich. Krone purpurviolett.

◂ 1726 **Vicia cracca** L.
Gewöhnliche Vogel-Wicke

I; H (li), s, ⑦, ❀; A, AV, M_1, M_2, F, K; RL –; ☺
L5.2.5, T7.3, T8.2, T9.2..2

M 20–150 cm. Stg meist kletternd, wie die Blätter kurz anliegend behaart bis kahl. Blätter mit Ranken u. 6–10 Fiederpaaren. Blättchen (2–)3–5 mm br u. 10–30 mm lg, schmal lanzettl. Blütenstand (mit Stiel) etwa so lg wie das Tragblatt, (8–)20–40-blütig, dicht. Blüten 8–12 mm lg, slt lgr. Kelch am Grunde nicht od. wenig ausgebuchtet. Krone blauviolett. Ausrandung der Fahne weniger als 1 mm tief, Breitenverhältnis Platte/Nagel < 1,1, Längenverhältnis < 1,25.

1727 **Vicia tenuifolia** Roth ▸
Feinblättrige Vogel-Wicke

I; K, H (li), s, ⑥; AV, M_1, M_2, F; RL reg
T8.1.1

M Ähnl. 1726, aber Blätter mit 9–14 Fiederpaaren. Blättchen nur 2–4 mm br, lineal bis lanzettl., Blütenstand (mit Stiel) 1,5–2mal so lg wie das Tragblatt, 10–25-blütig. Blüten 12–15 mm lg. Krone purpurviolett bis lila. Ausrandung der Fahne tiefer als 1 mm. Breitenverhältnis Platte/Nagel > 1,1, Längenverhältnis > 1,25.

1728 **Vicia dalmatica** Kern. ▸▸
Dalmatinische Vogel-Wicke

E; ⟨H (li), s⟩, ⊙; M_1, M_2, F; RL –
wo?

M Ähnl. 1726, aber Blättchen nur etwa 1 mm br, lineal. Blütenstände (mit Stiel) mind 2mal so lg wie die Tragblätter, 7–15-blütig, locker. Blüten 15–20 mm lg, hell violettweißl. Kelch an der Basis etwas ausgebuchtet. Platte der Fahne 2mal so lg wie ihr Nagel, die Flügel weit überragend. Fahne blau bis violett.

◂◂ 1729 **Vicia villosa** Roth ssp **villosa**
Zottige Wicke

E; T, H (li), w, ⑦; AV, M_1, M_2, F, K; RL reg
T9.1.1.1, T10.3.3.1, T10.7

M 30–120 cm lg. Stg kletternd, wie Blätter dicht abstehend (> 1 mm lg) behaart. Blätter mit 5–10 Fiederpaaren u. Ranke. Blütenstand 10–30-blütig, dicht, vor der Blütezeit stark zottig. Blüten (12–)15–20 mm lg. Kelch sackartig ausgebuchtet. Kelchzähne lg bewimpert, die 3 unteren fädig, 2–5 mm lg, etwa so lg wie die Kelchröhre. Krone blauviolett. Platte der Fahne deutl. kürzer als ihr Nagel.

◂ 1730 ssp **varia** (Host) Corb.
Bunte Wicke

E; ⟨T, H (li), s⟩, ⊙; AV, M_1, M_2, F, K; RL reg
T9.1 (Getreide), T10.3.3.1, T10.7

M Ähnl. 1729, aber Stg, Blätter u. Kelch anliegend (< 1 mm lg) behaart, verkahlend. Blütenstände 5–15(–25)-blütig, vor der Blütezeit nicht zottig. Kelchzähne fast kahl, kürzer als die Kelchröhre, die 3 unteren 1–2 mm lg, mit verbreitertem Grund. Blüte 10–16 mm lg, purpurviolett.

1731 **Vicia hirsuta** (L.) Gray
Rauhaarige Wicke

I; T (li), w, ⑦, ❀; AV, M_1, M_2, F, K; RL –
T6.2.1.4, T8.1.2, T8.3.1, T9.1.1+10
M 15–60 cm lg. Stg niederliegend od. kletternd, zerstreut anliegend behaart. Blätter mit 6–8 Fiederpaaren u. Ranke. Blättchen lineal, vorn meist gestutzt od. ausgerandet. Nebenblätter gleich. Blütenstand 3–6-blütig. Blüten 3–4 mm lg. Kelchzähne gleich lg. Krone weißl., Fahne an der Spitze meist violett. Hülsen behaart, verkahlend, 2-samig.

1732 **Vicia tetrasperma** (L.) Schreb.
Viersamige Wicke

I?; T (li), w, ⑦; AV, M_1, M_2, F, K; RL –
T7.3.2, T9.1.1.1
M 10–50 cm lg. Stg niederliegend bis kletternd, kahl bis zerstreut behaart. Blätter mit 3–5 Fiederpaaren, meist mit Ranke. Blättchen lineal, stumpf od. spitz. Nebenblätter gleich. Blütenstand 1–2-blütig, sein Stiel oben ohne Granne. Blüten 5–9 mm lg. Kelchzähne ungleich. Krone bläul. bis helllila. Fruchtstiele 2–4 mm lg, so lg wie ihr Tragblatt. Hülsen kahl, 4-samig.

1733a **Vicia articulata** Hornem.
Einblütige Wicke

U; ⟨T (li), s⟩, ⊙; wo?; ⟨RL –⟩
T9.1.1
M 20–70 cm lg. Stg niederliegend, aufsteigend od. kletternd, kahl. Blätter mit 5–9 Fiederpaaren, mit Ranke. Blättchen lineal längl. Nebenblätter ungleich, das eine kl, linealisch, sitzend, das andere größer, nierenfg, mit borst. Zipfeln, gestielt. Blütenstand 1-blütig. Blüte 8–12(–15) mm lg. Krone bläul. weiß, Fahne lila geadert.
B Aus dem Mittelmeerraum stammende Kulturpfl, die gelegentl. verwildert.

1734 **Vicia parviflora** Cav.
Zierliche Wicke

I; T (li), s, ⊙; M_2, F, wo noch?; ⟨RL –⟩
T9.1.1, T10.7
M 15–60 cm. Stg niederliegend bis kletternd, kahl bis zerstreut behaart. Blätter mit 2–5 Fiederpaaren, mit Ranke. Blättchen lineal. Nebenblätter gleich. Blütenstand 1–5-blütig, oben hellpurpurn in Granne auslaufend. Blüten 6–9 mm lg, Kelchzähne ungleich. Fruchtstiele bis 8 cm lg, lgr als Tragblatt. Hülsen kahl od. behaart, 5(–8)-samig.

1735 **Vicia melanops** Sm.
Grünblütige Wicke

U–E; ⟨T (li), s⟩, ⊙; M_1; ⟨RL –⟩
T9.1, T10.3.1.2, T10.7
M 15–80 cm. Stg niederliegend bis kletternd, behaart. Blätter mit 5–10 Fiederpaaren, mit Ranke. Blättchen verkehrt eifg bis längl., an der Spitze gerundet od. ausgerandet. Blüten zu 1–4 blattachselstdg, fast sitzend. Kelchzähne ungleich lg. Krone 15–22 mm lg, grünl. gelb, Schiffchen purpurn, die Flügel schwarz bespitzt. Hülsen kahl, randl. behaart u. mit Knötchen.

1736 **Lathyrus aphaca** L.
Ranken-Platterbse (Gttg 160 sp)

A; T (li), s, ⑥, AV, M_1, M_2, F; RL 3+
T8.1.2, T9.1, T9.1.2.2, T10.3.3.1
M 15–30 cm. Stg aufsteigend bis kletternd, kahl. Blätter aus 2 fiederblattartig vergrößerten, spießfgn Nebenblättern u. (im mittleren u. oberen Stgabschnitt) aus einer Ranke bestehend. Blütenstand 1(–2)-blütig, lgr als die Nebenblätter. Krone gelb. Hülsen aufrecht abstehend.

1737 **Lathyrus nissolia** L.
Gras-Platterbse

A; T, s, ⑦; (AV syn.), M_1, M_2, F; RL 2
T1.1.2.3 (warm), T9.1 Getreide), T9.1.10
M 30–50 cm. Stg aufsteigend bis aufrecht. Eigentl. Blattspreite fehlend, statt dessen ein grasblattartig verbreiterter Blattstiel ausgebildet, mit 5 deutl., parallel verlaufenden Nerven, rankenlos. Nebenblätter klein, hinfällig. Blütenstand 1(–2)-blütig. Krone purpurn. Hülse abstehend, nickend.

1738 **Lathyrus pratensis** L.
Wiesen-Platterbse

I; H (li), s, ⑦, ❀; A, AV, M_1, M_2, F, K; RL –; ☺
L4.1–4 (Ufer), T2.2, T7, T7.1.2, T8.1.2.2
M 30–60 cm lg. Stg aufsteigend od. kletternd, 4-kantig, ungeflügelt. Blätter mit 1 Paar Fiederblättchen, mit Ranke. Blättchen lanzettl. bis schmal elliptisch, unterseits längsnervig. Nebenblätter fiederblattartig. Blütenstand 3–12-blütig, lggestielt. Krone gelb. Hülsen 2,5–3,5 cm lg, kahl.

1739 **Lathyrus tuberosus** L.
Knollen-Platterbse

I; K, H (li), v, ⑦; AV, M_1, M_2, F, K; RL reg; ✋
(Wurzelknollen)
T9.1.2.2, T10.3.3.1
M 30–100 cm lg. Stg niederliegend od. kletternd, 4-kantig, nicht geflügelt. Unterirdische Ausläufer mit Wurzelknollen. Blätter mit 1 Paar Fiederblättchen, mit Ranke. Blättchen elliptisch bis verkehrt eifg, unterseits netznervig. Nebenblätter kl, halbpfeilfg. Blütenstand 2–5-blütig, lgr als das Tragblatt. Krone purpurrot, duftend. Hülsen netznervig.

1740 **Lathyrus maritimus** (L.) Bigelow
Strand-Platterbse

I; H (li), w, ⑦; K; RL 3; §
T1.2.2.4
M 15–50(–90) cm. Wurzelknollen fehlend. Stg niederliegend od. kletternd, nicht geflügelt. Blätter mit 2–5 Fiederpaaren, meist mit Ranke. Blättchen elliptisch, 30–45 mm lg u. (11–)15–20 mm br (var *maritimus*) bis elliptisch lanzettl., 10–30 mm lg u. (4–)6–11(–14) mm br (var *acutifolius* (Bab.) Bässler). Nebenblätter gr, pfeilfg. Blütenstand 5–12-blütig. Krone lilapurpurn, später blau.

1741 **Lathyrus hirsutus** L.
Behaartfrüchtige Platterbse

A; T (li), w, ⑦; AV, M_1, M_2, F, K; RL 2
T8.1.1, T9.1 (Getreide), T9.1.2.2
M 30–100 cm. Stg aufsteigend od. kletternd, schmal geflügelt. Blätter mit 1 Paar lanzettl. bis elliptischer Fiederblättchen, mit Ranke. Blattstiele schmal geflügelt. Nebenblätter kein, halb pfeilfg. Blütenstand 1–3-blütig, lgr als das Tragblatt. Krone violett, später blau. Hülsen lg behaart (Name!).

1742 **Lathyrus palustris** L.
Sumpf-Platterbse

I; H (li), s, ⑥; AV, M_1, M_2, F, K; RL 3+
S2.1, T7.3.2+3
M 30–100 cm. Stg klimmend od. niederliegend, schmal (0,5–1,5 mm) geflügelt. Blätter mit 2–3 Fiederblattpaaren, mit Ranke u. kaum geflügeltem Blattstiel. Blättchen lineal-lanzettl., 3–6 cm lg u. 3–8(–16) mm br, stachelspitzig, ± deutl. fiedernervig, mit meist 5 Längsnerven. Blütenstand (mit Stiel) mind. so lg wie das Tragblatt, 3–8-blütig. Krone blauviolett bis lila. Hülse kahl.
B Im Gebiet nur ssp *palustris*.

1743 **Lathyrus heterophyllus** L. ▸
Verschiedenblättrige Platterbse

I; H, s, ⑥; A, M_1; RL reg
T1.4.1.3, T5.1.2.1, T6.2.2.2.3, T8.1.2.2
M 1–3 m. Stg niederliegend bis aufsteigend od. kletternd, ästig, br (2–3,5 mm) geflügelt. Blätter mit br geflügeltem Blattstiel u. 1–2(–3) Fiederpaaren, obere meist 2-paarig, mit Ranke. Blättchen lanzettl. elliptisch, 5–10 cm lg, 10–15(–30) mm br, mit 5–7 Längsnerven, netznervig. Blütenstand mit Stiel meist 3mal so lg wie Tragblatt, 3–12-blütig. Krone purpurrot bis rosa. Hülsen etwas rau.

1744 **Lathyrus sylvestris** L. ssp **sylvestris** ▸▸
Gewöhnliche Wald-Platterbse

I; H (li), s, ⑧; AV, M_1, M_2, F, K; RL –
T2.2–3, T8.1.2, T10.3.3.1 (Wald), T10.3.4.2 (Wald)
M 1–2 m. Stg niederliegend, aufsteigend od. kletternd, ästig, geflügelt. Blätter mit jew. nur 1 Fiederpaar, mit Ranke. Blattstiele 0,5–1 mm br geflügelt, höchstens so br wie die Stg-Flügel. Blättchen lineal bis lanzettl., 5–14 cm lg u. 5–30 mm br, mit 3–5 Längsnerven. Blütenstand (mit Stiel) das Tragblatt nicht od. nur wenig überragend, 3–6(–10)-blütig. Blüten 13–18 mm lg. Krone gelbl. grün bis schmutzigrosa, Flügel purpurn. Hülsen rau.
B (1745) ssp *angustifolius* (Medik.) Rothm., Schmalblättrige Wald-P., mit 1-nervigen, 1–3 mm brn Fiederblättchen u. (1746) ssp *platyphyllos* (Retz.) Vollm., Breitblättrige Wald-P. mit deutl. netznervigen, 15–40 mm brn Fiederblättchen.

1747 **Lathyrus latifolius** L. ▸
Breitblättrige Platterbse

E; H (li), s, ⊙; AV, M_1, M_2, F; RL –; Z
T1.1.2.4, T8.1.2.2
M Ähnl. 1744, aber Stg meist rau. Blattstiel-Flügel 2–6 mm br, mind. so br wie die Stg-Flügel. Fiederblättchen br eifg, 4–9(–15) cm lg u. 15–50 cm br, mit 5–7 Längsnerven, netznervig. Blütenstände (mit Stiel) das Tragblatt bereits vor dem Aufblühen überragend, zur Blütezeit bis 3,5mal so lg, 6–14-blütig. Blüten (15–)20–30 mm lg. Krone purpurrot, Schiffchen grünl. Hülsen warzig rau.

1748 **Lathyrus sphaericus** Retz ▸▸
Kugelsamige Platterbse

U–E; ⟨T (li), s⟩, ⊙; M_1; ⟨RL –⟩
T8.1, T10.3.1.2, T10.3.3.1
M 10–50 cm. Stg niederliegend, ungeflügelt. Blätter mit 1 Paar linealisch bis lineal-lanzettl. Fiederblättchen. Nebenblätter halb pfeilfg. Blüten einzeln, orangerot. Hülsen kahl, mit Längsnerven.

1749 **Lathyrus laevigatus** (Waldst. & Kit.) **Gren.** ▸
⟨Westliche⟩ Gelbe Platterbse

I; K (li), s, ⊙; A; RL –
T1.4.1.3, T3.1, T3.1.6, T3.4.2.2
M 20–60 cm. Stg aufrecht, ungeflügelt, behaart. Blätter mit 4–5 Fiederpaaren, rankenlos. Blättchen elliptisch, unterseits behaart. Blütenstand 3–12-blütig. Blüten gelb. Hülsen 5–7 cm lg.
B Im Gebiet nur ssp *occidentalis* (Fisch. & C. A. Mey.) Breistr.

1750 **Lathyrus pannonicus** (Jacq.) Garcke ▸▸
⟨Langknollige⟩ Pannonische Platterbse

I; H, s, ⊙; M_1; RL 2!; §
T8.1.1
M 25–55 cm. Stg aufsteigend, ungeflügelt, 4-kantig. Blätter mit 2–3 Fiederpaaren, rankenlos, mit geflügelten Blattstielen. Blättchen schmal lanzettl. bis linealisch, spitz. Blütenstände 4–8-blütig. Blüten 12–17 mm lg, gelbl. weiß, später bräunl.
B Im Gebiet nur ssp *collinus* (Ortmann) Soó.

◄◄ 1751 **Lathyrus linifolius** (Reichard) Bässler
Berg-Platterbse

I; K, H, s, ⑤; M_1, M_2, F, K; RL reg; 👌
T1.1.2.3 (sauer), T1.1.2.5, T6.2.1.5.1, T7.1.3, T8.1.2.2

M 15–30(–50) cm. Stg niederliegend bis aufrecht, deutl. geflügelt. Blätter mit 2–4 Fiederpaaren, am Blattende meist grannenartig bespitzt, mit geflügeltem Blattstiel, ohne Ranke. Blättchen 3–7 cm lg u. 1–8 mm br, linealisch elliptisch, unterseits blaugrün, oberseits dklgrün. Blütenstand 3–6-blütig. Krone hellpurpurn, am Grunde grünl., später hellblau bis grünl. Hülse 3–4 cm lg.

◄ 1752 **Lathyrus niger** (L.) Bernh.
Schwarzwerdende Platterbse

I; K, H, s, ⑥; AV, M_1, M_2, F; RL reg; Z
T1.1.2.3 (warm), T1.1.2.4, T8.1.1

M 30–90 cm. Stg aufrecht, ästig, ungeflügelt, 2- od. 4-kantig. Pfl beim Trocknen schwarz werdend (Name!). Blätter 2-zeilig angeordnet, mit 4–6 Fiederpaaren, am Ende mit grannenartiger Spitze od. kln Endblättchen, ohne Ranke. Blättchen elliptisch eifg, 10–30 mm lg u. 5–11 mm br, kurz bespitzt, beiderseits matt, unterseits bleichgrün. Blütenstand 3–10-blütig. Krone trübpurpurn bis bräunlich, später violett.

◄◄ 1753 **Lathyrus vernus** (L.) Bernh.
Frühlings-Platterbse

I; K, H, s, ③; A, AV, M_1, M_2, F; RL reg; Z
T1.1.1, T1.1.2.3

M 20–30(–60) cm. Stg einf., aufrecht od. aufsteigend, ungeflügelt. Blätter mit 3–4 Fiederpaaren, ohne Endblättchen u. Ranke. Blättchen eifg, lg zugespitzt, 3–7 cm lg u. 1–3 cm br, besonders unterseits glänzend. Blütenstand 3–5(–8)-blütig. Krone zuerst purpurn, mit violetten Flügeln, verblüht blau bis grünblau.

◄ 1754 **Lathyrus bauhinii** Genty
Schwertblättrige Platterbse

I; H, s, ⊙; M_1; RL 2!; §
T1.4.1.3, T3.4.2.2

M 20–50 cm. Stg aufrecht bis aufsteigend, ungeflügelt, 4-kantig. Blätter mit 2(–3) Fiederpaaren, ohne Ranke. Blättchen lineal-lanzettl., 3–6 cm lg u. 2–4 mm br, in eine lge Spitze ausgezogen, deutl. 5-nervig. Blütenstand 4–10-blütig, viel lgr als das Tragblatt. Krone purpurn od. blauviolett.

1755 **Hippophae rhamnoides** L. ssp **rhamnoides** ►
Küsten-Sanddorn (Gttg 3 sp) ►►

(☆) **I**; N, s, ③, ♀♂; K; RL –; ✠, 👌, Z
H1.2.2.5–7, T2.1.2.3

M 1–3(–5) m. Stark dornig, mit gedrehten, knotigen Schösslingen. Zweige kurz, steif aufrecht. Junge Triebe mit Schild- u. Sternhaaren. Blätter meist 5–10 mm br, lineal-lanzettl., ganzrandig, unterseits silbrig, wechselstdg. Blüten 4-zählig, unscheinbar. Krone fehlend. Frucht meist zylindrisch, fleischig, orangerot (gelb). Samen elliptisch.

B Ähnl. (1756) ssp *carpatica* Rousi, Karpaten-Sanddorn, **I**; ⟨N, s⟩, ⊙, AV; RL –; T2.1.2.1.2.3 (tro). Merkmale: Schösslinge gerade, Frucht fast kugelig, Samen lanzettl. bis schmal eifg.

1757 ssp **fluviatilis** Van Soest
Gebirgs-Sanddorn

I; N, s, ⊙, ♀♂; A, AV, M_1; RL reg; ✠, 👌, Z
L5.1.2, T1.4.1.3 (Flussschotter), T2.1.2.1.2.3

M Ähnl. 1755, aber weniger dornig. Zweige lg, biegsam. Blätter meist 3–6 mm br. Samen eifg, nicht abgeflacht.

◄ 1758 **Myriophyllum verticillatum** L.
Quirlblütiges Tausendblatt (Gttg 60 sp)

I; W, w, ⑦; AV, M_1, M_2, F, K; RL reg; Z, Aq
L3.2, L3..4.2, L4..2.2, L4.4
M 0,5–3 m lg. Pfl verzweigt, bis auf den Blütenstand untergetaucht, mit überdauernden Winterknospen, grün. Blätter zu 5–6 quirlstdg, kammfg gefiedert, mit fadenfgn Abschnitten. Blütenstand ährig, 5–20 cm lg. Obere Tragblätter fiederteilig, meist mehrmals lgr als die Blütenquirle. Blüten eingeschlechtl., vereinzelt zwittrig. Kronblätter der männl Blüten weißl., der weibl verkümmert. Narben weißl. rosa. Staubblätter 8.

1759 **Myriophyllum spicatum** L. ►
Ähriges Tausendblatt

I; W, w, ⑦; AV, M_1, M_2, F, K; RL reg; Z, Aq
L3..4.1, L4..2.1 (langsam)
M 0,4–2 m lg. Pfl verzweigt, bis auf den Blütenstand untergetaucht, ohne Winterknospen, meist rötl. od. bräunl. Blattquirle (3–)4(–5)-zählig, mit 15–40 fadenfgn, ± gegenstdgn Abschnitten. Blütenstand ährig, 4–16 cm lg, aufrecht, mit 4-zähligen Blütenquirlen. Tragblätter, zumindest im oberen Teil des Blütenstandes ungeteilt u. kürzer als die Blüten. Krone u. Narben rosa. Staubblätter 8.

◄ 1760 **Myriophyllum alterniflorum** DC.
Wechselblütiges Tausendblatt

I; W, w, ⊙; (M_1), M_2, F, K; RL 2; Z, Aq
L3..6.1, L4..2.3
M 1(–2) m lg. Blattquirle (3–)4-zählig, mit 8–18 fadenfgn, oft wechselstdgn Abschnitten. Blütenstand 0,5–3 cm lg, anfangs überhängend, im unteren Teil mit weibl., quirlstdg Blüten, im oberen Teil Blüten männl., oft wechsel- od. gegenstdg. Krone gelbl. Narben hellrot.

1761 **Myriophyllum heterophyllum** Michx. ►
Verschiedenblättriges Tausendblatt

E; ⟨W, w⟩, ⊙; M_2, F (östl.); RL –; Z, Aq
L3..4.1, L4..2.1
M 20–250 cm lg. Pfl mit 4–6-zähligen Blattquirlen. Blattspreite je nach Wassertemperatur unterschiedl. gestaltet (von 12–16 °C entwickeln sich fiederteilige Blätter mit 5–20 fadenfgn, ± wechselstdg Abschnitten, von 20–25 °C ungeteilte, gezähnte Blätter). Blütenähre 3–35 cm lg. Blüten meist zwittrig, einzeln in den Achseln von eingeschnittenen od. gezähnten, glänzenden Tragblättern, diese viel lgr als Blüten. Staubblätter 4. Narben rot.

1762 **Peplis portula** L. ►
Gewöhnlicher Sumpfquendel (Gttg ⟨3⟩ sp)

I; T, s, ⊙; AV, M_1, M_2, F, K; RL reg
L3 (Ufer), L3..7
M 2–40(–100) cm lg, niederliegend, wurzelnd. Blätter verkehrt ei- bis löffelfg spatelig, stumpf, in den Stiel verschmälert, 6–22 mm lg, 2–10 mm br, 2 winzige Nebenblätter. Tro oft rötl. überlaufen. Blüten einzeln, 6(–5)-zählig, 1–2 mm ∅, kurzgestielt, Kelchblätter an der Spitze drüsig. Kronblätter kl, rosaweiß, od. ganz fehlend. Frucht eine kugelige 2-fächrige Kapsel.

1763 **Lythrum hyssopifolia** L. ►►
Ysopblättriger Weiderich (Gttg ⟨33⟩ sp)

I; T, s, ⑧; M_1, M_2, F; RL 2
L3..7, T10.3.3.1 (feucht)
M 5–60 cm. Pfl kahl, bleich bläul. grün, aufrecht. Stg einf. od. vom Grunde an verzweigt, kantig. Blatt br elliptisch, lanzettl. bis lineal., untere oft gegenstdg, sonst wechselstdg. Blüten zu 1(–2) in fast allen Blattachseln, 4–6-zählig, mit röhren- bis trichterfgm Achsenbecher, 3–4(–6) mm lg, Kronblätter halb so lg wie Achsenbecher, rötl. lila, meist 4–6 Staubblätter. Kapsel mit 2 Klappen aufreißend.

◂1764 **Lythrum salicaria** L.
Blut-Weiderich

I; H, s, ⑧; A, AV, M_1, M_2, F, K; RL –; ✠, Z, Aq
L3..5, L4.4, L5.2.5.4, T7.3, T7.4.1
M 30–200 cm. Straff aufrecht, im unteren bis mittleren Teil ästig, mit kurzen Haaren besetzt. Stg 4- bis mehrkantig. Blätter sitzend, Folgeblätter mit abgerundetem bis herzfgm Grund, schmal lanzettl., Nerven unterseits deutl. hervortretend. Die unteren gegenstdg, nach oben (z. T. alle) wechselstdg. Blüten in Dichasien in den Achseln von Hochblättern in deutl. abgesetzten Blütenständen. 2 Vorblätter, hinfällig. Röhrenfgr (4–)6–8 mm lgr Achsenbecher. 6 purpurrote, > 1 cm lge Kronblätter (slt rosa, weiß), 12 Staubblätter. Kapsel 2-klappig aufspringend

1765 **Daphne laureola** L. ▸
Lorbeer-Seidelbast (Gttg ca 50 sp)

I; N, i, ①; M_1, M_2; RL 3, §; ☠, ☺, Z
T1.1.1, T1.1.2.1+3, T1.1.2.4.1
M 40–120 cm. Wenig verzweigt. Rinde anfangs gelbgrün, später hellgrau. Blätter keilfg lanzettl. bis 12 cm lg, 3 cm br, dickl., ledrig, matt glänzend, kahl, über der Mitte am breitesten. Blüten 8–12 mm lg, zu (3–)5(–7) in blattachselstdg hängenden Trauben, gelbgrün, mit orangegelben Staubbeuteln, unangenehm riechend. Frucht eifg, 6–10 mm lg, reif schwarz.

◂1766 **Daphne mezereum** L. ▸
Gewöhnlicher Seidelbast, Kellerhals

I; N, s, ①; A, AV, M_1, M_2, F, (K); RL reg, §!, ✠, ☺, Z, D
L5.2.3, T1.1.1, T1.1.2.3, T3.1.1
M 30–150(–250) cm. Aufrecht bis aufsteigend mit rutenfgn, zähen, nur an den Spitzen beblätterten Ästen. Rinde jg gelbl. braun, später braungrau, aufreißend. Blätter spiralig angeordnet, verkehrt eiängl. bis verkehrt lanzettl., 8 cm lg, 2 cm br, weiß, frigrün, unterseits graugrün. Blüten einzeln od. zu (2–)3(–4) an den Zweigspitzen in den Achseln der abgefallenen Blätter des Vorjahres, vor den Blättern erscheinend, rosa, betäubend duftend, 4–8 mm lg. Früchte eifge Beeren, leuchtend rot, 6–10 mm ∅.

1767 **Daphne cneorum** L. ▸
Rosmarin-Seidelbast, Heideröschen

I; C, i, ④; A, AV, M_1; RL 2, §; ☠!, Z, D
T1.4.1.3, T6.2
M (5–)10–40 cm. Locker buschig, mit teilweise niederliegenden Zweigen, diese weichhaarig. Blätter spatelfg bis verkehrt eifg, über den ganzen Zweig verteilt, steif, ledrig dklgrün, 6–25 mm lg, 3–5 mm br. Blüten behaart, zu 2–15 in endstdgn Dolden, dklrosa, slt weiß, intensiv duftend. Frucht eine ellipsoide, behaarte, rötl. braune Beere, oft nicht reifend, 1–1,3 cm lg.

1768 **Daphne striata** Tratt. ▸▸
Gestreifter Seidelbast, Steinröschen

I; C, i, ☉; A, AV; RL –, §; ☠!, ☺, D
T3.1.3, T3.4.2
M 5–15(–35) cm. Mit niederliegend aufsteigenden Stämmchen, zahlreich gabelig verzweigt. Blätter lineal, keilig, hell blaugrün, 18–30 mm lg, 3–5 mm br, am Zweigende rosettig gehäuft, dünn ledrig, kahl. Blütenzahl zu 8–12(–15) in endstdgn Dolden, hellrosa, fliederartig duftend. Frucht kahl, Beere elliptisch, orangegelb, 1,4–1,7 cm lg.

1769 **Thymelaea passerina** (L.) Coss. & Germ.
Kleine Spatzenzunge (Gttg 30 sp)

I; T, s, ⊙; AV, M_1, M_2; RL 2
T6.2.2.4, T9.1.2.2

M 15–40(–50) cm. Pfl kahl, gelbgrün, steif aufrecht, unverzweigt od. oben mit wenigen aufrechten Ästen. Blätter wechselstdg, fast sitzend, schmal lanzettl. bis lineal, etwas ledrig, schwach drüsig, punktiert, bis 2 cm lg, 4 mm br. 4-zählige Blüten kl, zu 1–3(–7) in den Blattachseln der oberen Blätter, 2 mm lg, gelbl., dicht anliegend, fast seidig behaart. Frucht 3 mm lge, birnfge Kapsel.
B Aus der Ferne sieht die Pfl Vertretern der Gattung *Thesium* (1850 ff) ähnl.

1770 **Trapa natans** L.
Gewöhnliche Wassernuss (Gttg ca 15 od. 1 polym. sp)

I; TW, s, ⊙; AV, M_1, M_2 (östl.), F (v. a. östl.); RL 2, §; ☺, ✂, Z, Aq
L3..4.2, L4.3

M Neben Hauptstg noch 1–2 Nebenstg aus den Achseln der Keimblätter. Pfl wurzelnd. Am gestauchten Sprossgipfel 30–50 mosaikartig nebeneinander platzierte Schwimmblätter. Blattstiele unterschiedl. lg, mit aufgetriebenen Luftkammern. Spreite rautenfg, 1,5–4,5 cm lg u. br, mit spitzen Zähnen, ledrig, glänzend dklgrün od. gerötet. Blüten weiß, 4-zählig, 8 mm lg, in den Achseln der Blätter. Frucht eine 3–4 cm lge wie br Steinfrucht, umgeben von 4 Kelchdornen.

1771 **Ludwigia palustris** L. Elliot
Sumpf-Heusenkraut (Gttg 82 sp)

I; T, H, s, ⊙; M_1, (M_2), F; RL 1; Aq
L3..6, L3..7.3, L5.2.4.1

M 10–50(–75) cm lg kriechend. Stg 4-kantig, bleichgrün, im Wasser flutend od. an Land an den Knoten wurzelnd, oft rot überlaufen. Blätter gegenstdg, mit kl, warzenartigen Nebenblättern, elliptisch bis eifg, zugespitzt, dklgrün bis bleichrötl. grün, glänzend, dickl., 2 cm lg. Blüte in den Blattachseln, 4 mm lg mit 2 Vorblättern. 4 Kelchblätter, Krone fehlend, 4 Staubblätter, grün. Achsenbecher mit 4 gelbl. grünen Längsstreifen, dazw verkorkt. Frucht 4-kantige Kapsel, 5 mm lg.
B Auf weitere, adventive Sippen achten, die von Aquarianern ausgesetzt werden.

1772 **Epilobium hirsutum** L.
Zottiges Weidenröschen (Gttg 165 sp)

I; H, s, ⑧; A, AV, M_1, M_2, F, K; RL –; ☺
L4.1.4, L5.2.5.4

M 50–150 cm. Weit kriechendes Rhizom, meist schon zur Blütezeit fleischige, mit Niederblättern besetzte Stocksprosse treibend. Stg aufrecht, verzweigt, oben stielrund, mit lgn abstehenden Haaren u. oben mit kurzen Drüsenhaaren bis filzig (slt kahl). Blätter stgumfassend, sitzend, lg bis schmal lanzettl., fast kahl bis drüsig zottig od. filzig. Blüten bis 2 cm ∅, purpurrosa, Narbe gr, 4-teilig, Zipfel vor Blüte zusammenneigend.

1773 **Epilobium parviflorum** Schreb.
Kleinblütiges Weidenröschen

I; H, C, w, ⊙; A, AV, M_1, M_2, F, K; RL –
L4.1.4, L4.4, L5.2.5.4, T8.2.2

M 15–50 cm. Mit verlängertem Rhizom. Am Wurzelhals zur Blütezeit mit sitzenden später verlängerten Erneuerungsrosetten. Stg aufrecht, rund, abstehend zottig. Blätter längl. eifg, sitzend od. kurzgestielt, weichhaarig, unten gegenstdg, oben wechselstdg bis 3-wirtelig. Blüten bis 8 mm lg, Kronblätter herzfg stumpf od. scharf ausgerandet, hellviolett, Narbe 4-teilig. Kapseln mit lgn einf. u. kurzen Drüsenhaaren, verkahlend.

1774 **Epilobium lanceolatum** Sebast. & Mauri ▶
Lanzettblättriges Weidenröschen

I; H, s, ⑦; M_1, M_2, (F) v. a. westl.; RL reg
T1.1.1, T5.1.1.2, T5.2.2.1.1, T10.2..2, T10.5.4
M 20–60 cm. Im Herbst ausläuferartige, verlängerte Stocksprosse. Stg bogig aufsteigend, aufrecht, ästig, im Blütenstandsbereich neben angedrückten Haaren auch Drüsen. Blätter längl. bis eifg, beidseits verschmälert, 4–8 mm lg, gestielt, bläul. grün, oft rot überlaufen. Blüten 6–10 mm lg, weißl. bis rosarot, Narbe 4-teilig. Kapsel grau, behaart, mit einzelnen Drüsen.

1775 **Epilobium montanum** L. ▶▶
Berg-Weidenröschen

I; ⟨H⟩, w, ⑥; A, AV, M_1, M_2, F, K; RL –
T1.1.1, T1.3, T2.2.2, T8.2.1.2, T9.2, T10.3.3.1
M (3–)10–80 cm. Rhizom kurz, unterirdisch, später als Rosetten oberirdisch. Stg aufrecht, rund, ohne herablaufende Linien, mit 2 Haarleisten, Gipfel im Knospenzustand nickend. Blätter gegenstdg (zuw. 3-wirtelig), elliptisch eifg, am Grund abgerundet herzfg, zugespitzt, unregelmäßig gezähnt, kurzgestielt, fast sitzend, (4–) 6–10 cm lg. Blüte 8–12 mm lg, lila, Narbe 4-teilig, Kapsel flaumig behaart, abstehend drüsig. Same verkehrt eifg, an der Spitze abgerundet, mit feinen verlängerten Papillen besetzt.

1776 **Epilobium collinum** C. C. Gmel. ▶
Hügel-Weidenröschen

I; H, w, ⊙; A, AV, M_1, M_2, (F); RL reg
T5.1.1.1, T5.1.1.2 (sm–m), T5.2.2.1.1
M 10–40 cm. Stg von unten an ästig, drüsenlos, behaart. In den Blattachseln hfg rosettig gestauchte Seitenzweige, Blätter 1–5 cm lg, deutl. gestielt, graugrünl., schwach geschweift gezähnt. Blüten 4–6 mm lg, rosarot. Narbe 4-teilig. Kapsel angedrückt behaart, drüsenlos. Same wie 1775.

1777 **Epilobium alpestre** (Jacq.) Krock. ▶▶
Quirlblättriges Weidenröschen

I; H, w, ⊙; A, AV, M_1; RL reg
T3.1.1, T3.1.2
M 20–70 cm. Unterirdische Stockknospen. Stg aufrecht, oben mit kurzen Ästen, mit (unten) 2 u. (oben) bis 4 flaumigen Linien, sonst kahl, drehrund. Blätter frigrün, unterseits glänzend, zu 3(–4) in Wirteln. Blüten 8–15 mm lg, rosarot. Kapsel aufrecht, fein flaumig drüsig. Samen eifg, am Grund verschmälert, schwach warzig, mit durchscheinendem Anhängsel an der Spitze.

1778 **Epilobium palustre** L. ▶
Sumpf-Weidenröschen

I; H, w, ⑦; A, AV, M_1, M_2, F, K; RL reg
S2..1.1, S2.2.1, T7.3.5
M 10–70 cm. Ausläufer halb unterirdisch, bis 10 cm lg, fädig, im Herbst mit haselnussgr Knospe. Stg rundl., kahl bis angedrückt behaart. Blätter längl. lineal., ± sitzend, Rand glatt, kahl bis flaumig behaart. Blüten 3–8 cm lg, rosaweiß. Narbe keulig. Frucht fein behaart, verkahlend. Same lineal., beidseits verschmälert, dicht warzig.

1779 **Epilobium roseum** Schreb. ▶▶
Rosenrotes Weidenröschen

I; H, w, ⊙; A, AV, M_1, M_2, F, K; RL –
L4.1.4, L4.4, L5.2.5.4, T9.2, T10.7
M 15–80 cm. Unterirdische, später an die Oberfläche gelangende Ausläufer. Stg aufrecht, stark verzweigt, unten 4-kantig, kahl, oben mit behaarten Linien. Stgspitze vor der Blüte nickend. Blätter gegenstdg, eifg lanzettl., beidseits zugespitzt, stark gezähnt, ± graugrün. Blüten 6–10 mm lg, weißl. bis rosa, Narbe keulig. Kapseln grauhaarig, mit Drüsen. Same gedrungen eifg, dicht warzig.

1780 **Epilobium obscurum** Schreb.
Dunkelgrünes Weidenröschen

I; H, C, w, ⊙; AV, M_1, M_2, F, K; RL reg
L2..1.1, L4.1.4, S2.1, T7.3.5, T8.2.1.1
M 20–90 cm. Zur Blüte mit auffallend lgn, fadenfgn, oberirdischen Ausläufern. Stg zusammendrückbar, stark verästelt, unten kahl, Blütenstand fein kraushaarig, mit 2–4 herablaufenden, zuw. rötl. überlaufenen Längslinien. Blätter eifg bis lanzettl., sitzend, zugespitzt, matt dklgrün mit opakem Schimmer. Blüten 5–7 mm lg, trübpurpurn. Narbe schmal keulig. Kapsel angedrückt, grauhaarig. Samen aschgrau, dicht kurzwarzig.

1781 **Epilobium ciliatum** Raf.
Drüsiges Weidenröschen

E; H, w, ⑦, ⊛; AV, M_1, M_2, F, K; RL –
L4.4, L5.2.4–5, L5.2.4.1, T10.3.3.1 (Wald), T10.7
M 30–60 cm. Mit Rosetten. Stg aufrecht, verzweigt, mit 2–4 herablaufenden Linien, kantig, unten kahl, oben angedrückt behaart, Blütenstand drüsig. Knospen geneigt. Blätter eifg bis lanzettl., scharf gezähnt, 2–4 mm lg gestielt, frigrün. Blüten kl, weißl. bis rosa. Narbe keulig. Kapseln reichdrüsig. Samen beidseits verschmälert, mit in Reihen angeordneten spitzen Warzen.
B Heimat: Nordamerika.

1782 **Epilobium tetragonum** L.
ssp **tetragonum**
Gewöhnliches Vierkantiges Weidenröschen

I; H, C, w, ⑧; AV, M_1, M_2, F, K; RL –
L5.2.4–5, L5.2.5.4, T7.4, T8.3.1, T10.3.3.1 (Wald)
M 30–100 cm. Mit Rosetten. Stg unten rundl., oben mit 2–4 erhabenen Leisten, oft rot überlaufen, kahl. Blätter lanzettl. bis eifg, scharf knorpelig nach vorn gezähnt, sitzend, frigrün, glänzend, fast kahl. Blüten 4–6 mm, blassrosa. Narbe keulig. Kapsel angedrückt behaart, graugrün, drüsenlos. Samen gleichmäßig feinwarzig.

1783 **Epilobium tetragonum** ssp **lamyi**
(F. W. Schultz) Nyman
Graugrünes Weidenröschen

I; H, C, w, ⊙; AV, M_1, M_2, F, K; RL reg
T8.2.1.2, T10.4.5
M Wie 1782, aber Stg oben angedrückt grauhaarig, Längsleiste weniger hervortretend. Knospen nicht nickend. Blätter stumpfl., Zähne vereinzelt, schwach bläul. grün, oft rot überlaufen, sitzend, nicht am Stg herablaufend. Blüten bis 8,5 mm lg.

1784 **Epilobium alsinifolium** Vill.
Mierenblättriges Weidenröschen

I; H, w, ⊙; A, AV, M_1; RL reg
L2..1.1 (sa–a)
M 10–25 cm. Unterirdische Ausläufer, Pfl rasig. Stg aufrecht, unverzweigt, kahl, zur Knospenzeit nickend. Blätter dickl., dklgrün, eifg bis elliptisch, zugespitzt, 2–4 cm lg, am Grund zusammengezogen, schwach geschweift gezähnt. Blüten 8–12-(–15) mm lg, Narbe schwach keulig bis ausgerandet. Kapseln drüsig, verkahlend, rot überlaufen. Samen glatt, durchsichtige Anhängsel.

1785 **Epilobium anagallidifolium** Lam.
Gauchheilblättriges Weidenröschen

I; H, w, ⊙; A, M_1; RL –
L2..1.1 (sa–a), T5.1.1.1
M 2–20 cm. Zarte Ausläufer, sich bald abtrennend. Stg bogig, zu mehreren, kahl, zur Blütezeit nickend, armblütig, mit erhabenen, behaarten Leisten, oft rot überlaufen. Blätter kl, eifg, am Grunde keilig, ± ganzrandig, kurzgestielt, stumpf, 1–2 cm lg. Blüten 4–5 mm lg, rosarot. Narbe kopfig. Kapseln jg nickend, drüsig, verkahlend. Samen glatt, mit durchsichtigem Anhängsel.

1786 **Epilobium nutans** F. W. Schmidt
Nickendes Weidenröschen

I; H, w, ⊙; A, M_1, (M_2); RL 3
L2..1.1 (sa–a), S2.2.1 (sa–a)
M 5–20(–30) cm. Am Wurzelhals zarte, sich frühzeitig bewurzelnde u. ablösende Ausläufer. Stg einzeln, bogig aufsteigend, mit zur Blütezeit überhängendem Gipfel, unten kahl, mit 2 kahlen herablaufenden Linien, oben fein kraushaarig mit 4 behaarten Linien. Blätter eifg, stumpf, kahl, oben sitzend, entfernt gezähnt, 1–2 cm lg. Blüte 5 mm lg, blassviolett. Narbe keulig. Kapseln angedrückt weich grauhaarig, rötl. überlaufen, bei Reife sich aufrichtend. Samen an der Spitze mit durchscheinendem Anhängsel, äußerst feinwarzig.

1787 **Epilobium brachycarpum** C. Presl.
Kurzfrüchtiges Weidenröschen

E lok; ⟨T, s⟩, ⊙; M_2; ⟨RL –⟩
T10.5.4
M 10–80 cm. Pfl sparrig aber sehr zierl., locker verzweigt. Stg rund, unten kahl, oben drüsig u. weich behaart. Blätter wechselstdg linealisch (bis etwas lanzettl.), slt mehr als 3 mm br, meist ganzrandig bis leicht gezähnt. Blüten sehr kl, bis 5 mm lg, rosa. Kapsel etwas gekrümmt, nur 2 cm lg. Samen verkehrt eifg, schwarz, wenig papillös.
B Durch seinen Habitus von allen anderen kleinblütigen Weidenröschen unterschieden. Heimat: pazifisches Nordamerika, hier sehr variabel.

1788 **Epilobium angustifolium** L.
Schmalblättriges Weidenröschen

I; H, s, ⑧, ❀; A, AV, M_1, M_2, F, K; RL –; ✠, ☺, ✂, Z
L4.1–4 (Ufer), T2.2, T3.1.1, T10.3.3.1 (Wald), T10.4.3+5, T10.7
M 60–120(–200) cm. Wurzelstock weit kriechend. Stg aufrecht, rund bis leicht kantig, oft rot überlaufen, einf., slt verzweigt. Im Winter absterbend. Blätter schlaff, (lineal-) lanzettl., 1–2 cm br, oft am Rand zurückgerollt, schwach schwielig, gezähnt, unterseits blaugrün mit hervortretenden Nerven. Blütentraube endstdg, reichblütig, Blüten gr, 2–3 cm ∅, zygomorph, purpurrosa (slt weiß), Narbe 4-teilg. Griffel am Grunde meist etwas behaart. Kapsel rot überlaufen, beim Aufspringen zurückrollend.

1789 **Epilobium dodonaei** Vill.
Rosmarinblättriges Weidenröschen

I; ⟨HP⟩, H, w, ⑧, ❀; AV, M_1; RL reg; Z
L5.1.1, T10.5.3
M 20–100 cm. Halbstrauch mit mehrköpfiger Grundachse u. unterirdischen dicken, fleischigen, rot überlaufenen Ausläufern. Stg aufrecht, hart (an der Basis verholzend), rund, unten kahl, oben schwach behaart. In den Blattachseln zur Blütezeit unentwickelte Seitenäste tragend. Blätter starr, linealisch, sitzend bis kurzgestielt, ganzrandig bis schwielig gezähnt, alle wechselstdg, kahl bis weißfilzig, bis 5 mm br, unterseits ohne hervortretende Seitennerven, Blütentrauben endstdg, lockerblütig, Blüten gr, 2–3 cm ∅, zygomorph. Kelch rot. Krone rosa, ¼ lgr als Kelch. 4-teilige Narbe, Griffel am Grunde bis ⅓ der Höhe zottig. Kapseln jg weißfilzig, später rot überlaufen, kurz angedrückt behaart.

1790 **Epilobium fleischeri** Hochst.
Kies-Weidenröschen, Fleischers Weidenröschen

I; ⟨HP⟩, w, ⑧; A, (AV); RL 1, §; Z
L5.1.1
M 20–40 cm. Wie 1788, aber Stg zahlreich, bogig aufsteigend, glänzend, kahl od. oben spärl. kraushaarig. Blätter starr, lanzettl. bis lineal-lanzettl., frigrün, deutl. schwielig gezähnt, bis 5 mm br, unterseits ohne hervortretende Nerven. Blütenstand endstdg, armblütig, Blüten u. Kapsel wie 1788. Griffel am Grunde bis ½ der Höhe zottig.

1791–1821 **Oenothera** (L.)

Bearbeitet von K. Rostański (innerhalb der Series alphabetisch).
Series *Oenothera* [ungetupft (u), rötl. getupft (t)]

Die Taxonomie der Nachtkerzen ist sehr umstritten, so dass als gr Ausnahme in der Standardliste zwei Auffassungen wiedergegeben werden (Wisskirchen & Haeupler 1998, S. 330–340). Dass wir im Bildband der Auffassung von Rostański folgen, ist keine Entscheidung gegen das Dietrich-Konzept. Die Sippen von Rostański sind ohne Zweifel zu unterscheiden, es gibt dazu die hervorragenden Zeichnungen von Zygmunt, wie sie taxonomisch zu werten sind, bleibt eine andere Frage und die wollen wir hier vorerst offen lassen.
Die Oenotheren bestäuben sich selbst (Pollen reift schon in der Knospe). Selbst heterozygote Formen erhalten sich so als eigene Population. Da aber immer wieder auch Fremdbefruchtung stattfindet (die Blüten sind attraktiv), kommt es häufig zu Bastardierungen. Dadurch verschwimmen die Sippengrenzen. Aus den verschiedenen eingeschleppten Sippen aus Nordamerika haben sich in Europa neue Merkmalskombinationen ergeben. Die Frage, ob man sie als »Arten«, artgewordene Bastarde od. nur als spontane Bastarde ansieht, ist schwer zu entscheiden. Die Beiträge von Dietrich u. Rostański in der Standardliste resümieren den aktuellen Stand der Forschung.

Erläuterungen zu den Zeichnungen bei *Oenothera;*
dargestellt sind (mit wechselnden Ziffern):
Habitus
Ausschnitt aus der Sprossachse (vergrößert)
Spitze der reifen Kapsel
Einzelblüte
Übergangsbereich zwischen Fruchtknoten und Basis der Kronröhre

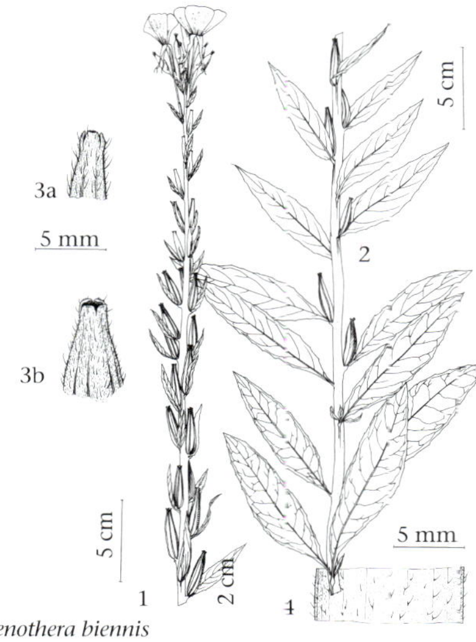

Oenothera biennis

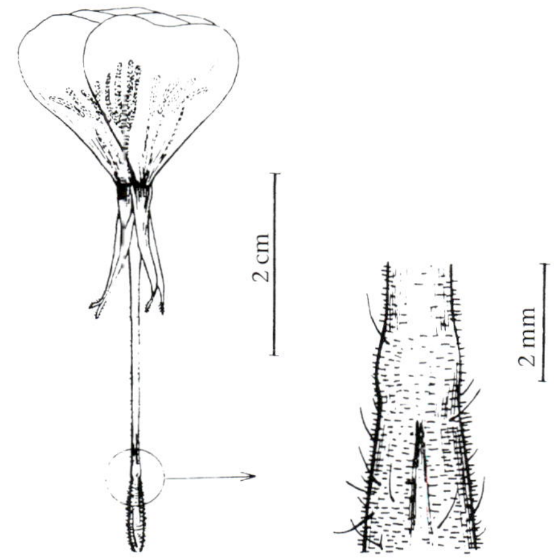

Oenothera biennis

1791 **Oenothera acutifolia** Rostański (t)

Spitzblättrige Nachtkerze ohne Abb., Fig. unten

(☆) **E**; ⟨B, ?⟩, ⊙; F (östl.); RL –
L4.2, T10.3.1

M 0,8–2,0 m. Stg u. Blütenachse rot getupft, gerade, am Gipfel rot. Blätter lanzettl., dklgrün mit roten Nerven. Blütenknospen grün mit 2–4 mm lgn Kelchspitzen. Kelchröhre 16–32 mm lg. Kronblätter 10–20 mm lg u. br. Junge Früchte mit Spitzhaaren u. Drüsenhaaren bedeckt.

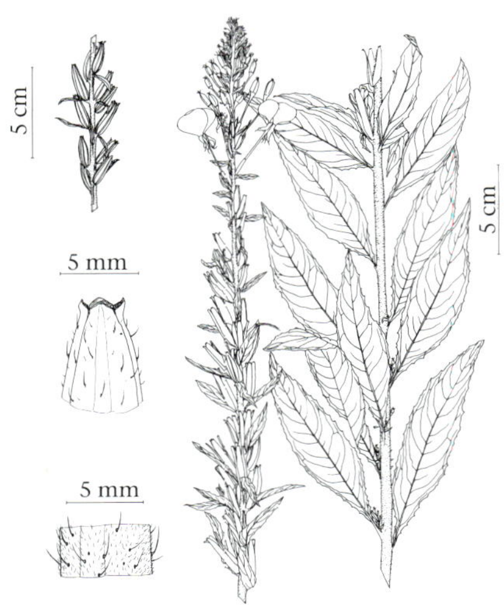

Oenothera acutifolia

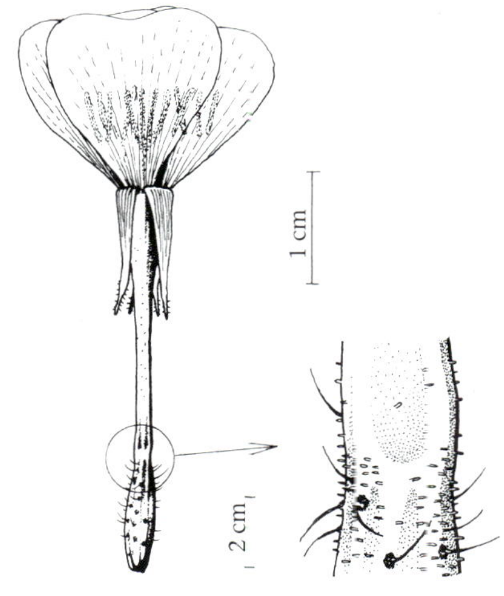

Oenothera acutifolia

1792 **Oenothera biennis** L. (u)

Gewöhnliche Nachtkerze Fig. oben

I; ⟨B⟩, s, ⑧. ⊛; A, AV, M_1, M_2, F, K; RL –
T8.2.2.2, T8.3.1/T9.1.8, T10.3.1+2, T10.3.4.2, T10.4.5, T10.7

M 0,8–1,8 m. Stg grün od. unten rötl. überlaufen. Blütenstandsachse gerade. Blätter elliptisch mit roten Mittelnerven. Blütenknospen grün, Kelchspitzen 3–4 mm lg. Kelchröhre 25–35 mm lg, Kronblätter 20–30 mm lg u. 24–35 mm br. Junge Früchte mit Drüsen- u. Spitzhaaren.
B Im ganzen Gebiet verbreitet, hfgste Nachtkerze, möglicherweise eurasiatische Stammsippe. In var *biennis*, (☆) var *leptomeres* Bartlett u. var *sulfurea* De Vries ex Klemann auftretend.

1793 **Oenothera × brevispicata** Hudziok (t)

Kurzährige Nachtkerze ohne Abb.

☆ **I**; ⟨B, ?⟩, ⊙; F (östl.); ⟨RL –⟩
T8.2.2–8.3 (sandig)

M 0,5–1,5 m. Stg unten rot überlaufen, rot getupft, junge Blütenstandsachse grün. Blätter lanzettl. bis br lanzettl. Knospen grün mit 2–4 mm lgn Kelchzipfelspitzen. Kelchröhre 25–35 mm lg. Kronblätter 15–25 mm lg u. deutl. schmaler. Fruchtähre deutl. kurz. Kapseln 25–30 mm lg, mit abgestutzten Fruchtzähnchen.
B Wahrscheinl. lokal entstandener Bastard.

1794 **Oenothera clavifera** Hudziok (t)

Keulentragende Nachtkerze ohne Abb.

☆ **I**; ⟨B, ?⟩, ⊙; F (östl.); ⟨RL –⟩
T8.2.2–8.3 (sandig)

M 0,5–1,5 m. Stg unten rötl. angelaufen, oben grün u. rot getupft. Blütenstandsachse zuerst grün, dann gerötet. Blätter lineal-lanzettl. mit weißen Mittelnerven. Knospen grün mit 4–8 mm lgn Kelchzipfelspitzen. Kelchröhre 24–40 mm lg. Kronblätter 15–20 mm lg u. br. Kapseln 30–40 mm lg, untere ohne Drüsenhaare. Fruchtzähnchen zugespitzt, 3–5 mm lg.

1795 **Oenothera coloratissima** Hudziok (t)

Starkgefärbte Nachtkerze ohne Abb.

☆ **I**; ⟨B, ?⟩, ⊙; F (östl.); RL –
T10.3.1.3

M 0,8–1,5 m. Stg kräftig, tiefrot gefärbt. Junge Blütenstandsachse oben rot, unten grün u. rot getupft. Blätter eilanzettl. bis lanzettl. mit roten Mittelnerven. Knospen rot gestreift, drüsig behaart, mit 4–6 mm lgn Kelchzipfelspitzen. Kelchröhre 28–36 mm lg mit erweitertem Endteil. Kronblätter 20–30 mm lg u. br. Kapseln 30–40 mm lg, drüsenhaarig mit leicht gekerbten od. abgestutzten Fruchtzähnchen.

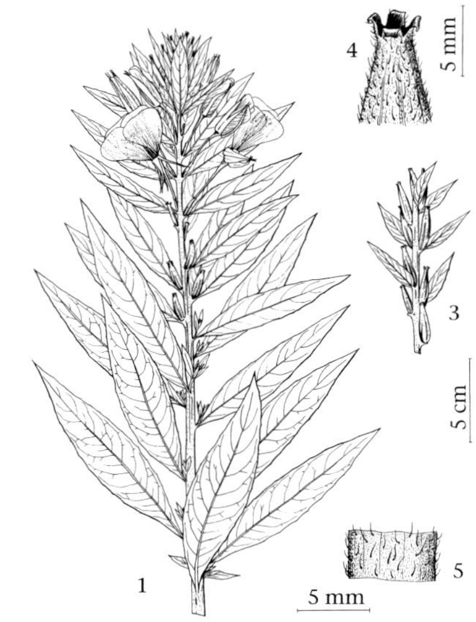

Oenothera coronifera

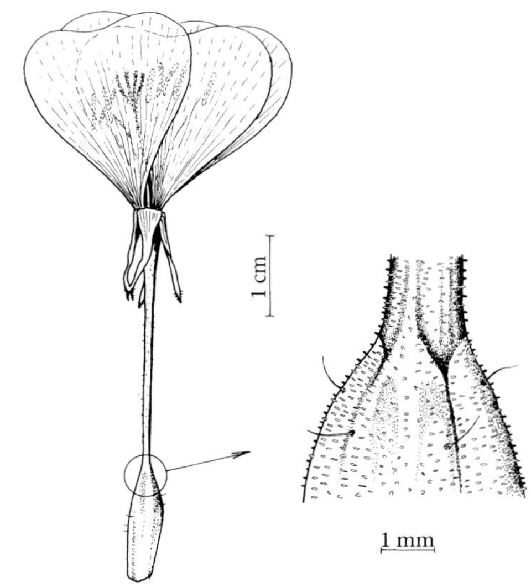

Oenothera coronifera

1796 **Oenothera compacta** Hudziok (t)
Dichtblütige Nachtkerze ohne Abb.

✩ **I**; ⟨H, ?⟩, ⊙; F (östl.); ⟨RL –⟩
T8.2.2–8.3 (sandig)
M 0,51,5 m. Stg unten rot, oben grün und rot getupft.Blätter lanzettl., mit roten Mittelnerven. Knospen grün, mit 4–6 mm lgn Kelchzipfelspitzen. Kelchröhre 25–35 mm lg, oben erweitert. Kronblätter 15–20 mm lg und etwas breiter. Kapseln 25–32 mm lg mit eingekerbten Fruchtzähnchen.

1797 **Oenothera coronifera** Renner (t)
Kronen-Nachtkerze ohne Abb., Fig. links

✩ **E**; ⟨B, ?⟩, ⊙; F (östl.); RL –
T8.2.2–8.3, T10.3.1.3, T10.3.4.1
M 0,8–1,8 m. Stg u. Blütenstandsachse rot getupft, gerade. Blätter br lanzettl., dklgrün mit roten Mittelnerven. Blütenknospen rot gestreift, Kelchzipfel bis 6 mm lg. Kelchröhre (30–)35–40 mm lg. Kronblätter 30–35 mm lg, so br od. etwas breiter. Junge Früchte mit Spitzhaaren u. Drüsenhaaren bedeckt. Kapseln mit deutln., bis 3 mm lgn Zähnen, deutl. Krönchen bildend.

1798 **Oenothera deflexa** Gates (t)
Abgebogene Nachtkerze, Leipziger N.

E; ⟨B, ?⟩, ⊙; F (östl.); RL – ohne Abb., Fig. links
T8.2.2–8.3, T10.7
M 0,6–1,6 m. Stg grün, ungetupft. Blätter lanzettl. mit blassroten Mittelnerven. Knospen grün. Kelchzipfelspitzen 3–4 mm lg. Kelchröhre 30–35 mm lg. Kronblätter 9–12 mm lg u. br. Kapseln meist mit Borstenhaaren, obere auch mit Drüsenhaaren, bis 40 mm lg.
B Sachsen: Leipzig (als *O. lipsiensis* Rostański et Gutte beschrieben).

1799 **Oenothera** × **drawertii**
Renner ex Rostański (1797 × 1828) (t)
Drawerts Nachtkerze ohne Abb., Fig. u. li.

I; ⟨B, ?⟩, ⊙; M_1, M_2, F; ⟨RL –⟩
T8.2.2–T8.3
M 0,8–1,8 m. Stg grün od. rötl. überlaufen, stark rot getupft. Blätter eilanzettl. mit geröteten Hauptnerven. Knospen rot gestreift mit 4–6 mm lgn Kelchzipfelspitzen. Kelchröhre 30–40 mm lg. Kronblätter 20–25 mm lg, schmaler als lg. Kapseln 30–40 mm lg, die unteren ohne Drüsenhaare. Fruchtstand locker.
B Im Gebiet, in dem die beiden Elternarten zusammen wachsen.

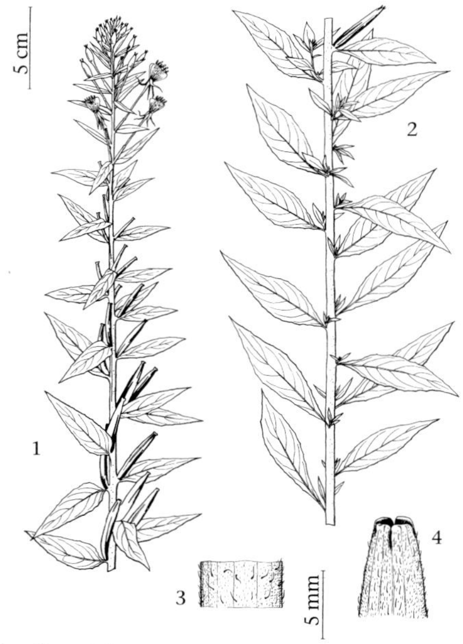

Oenothera deflexa

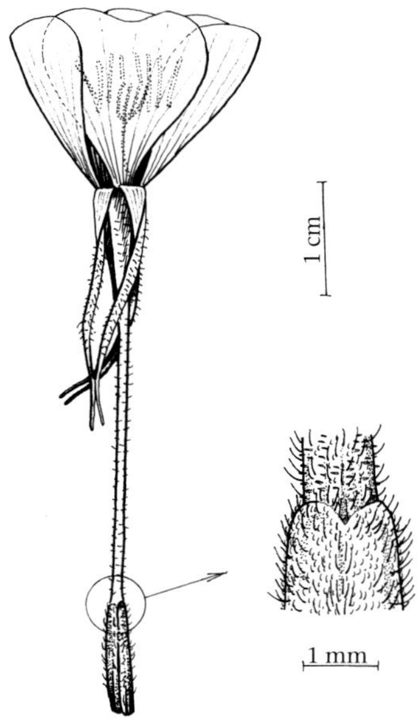

Oenothera deflexa

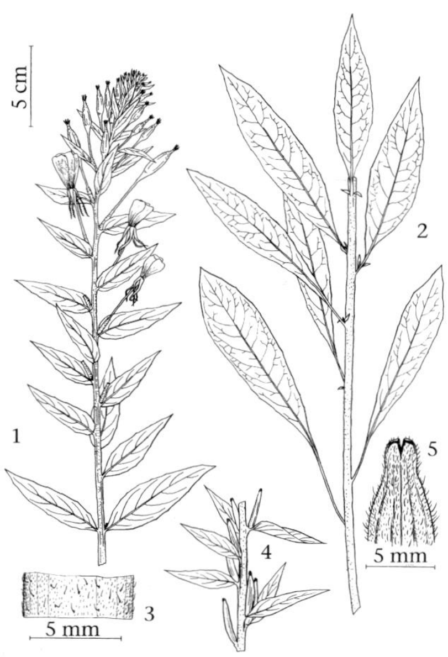

Oenothera × *drawertii*

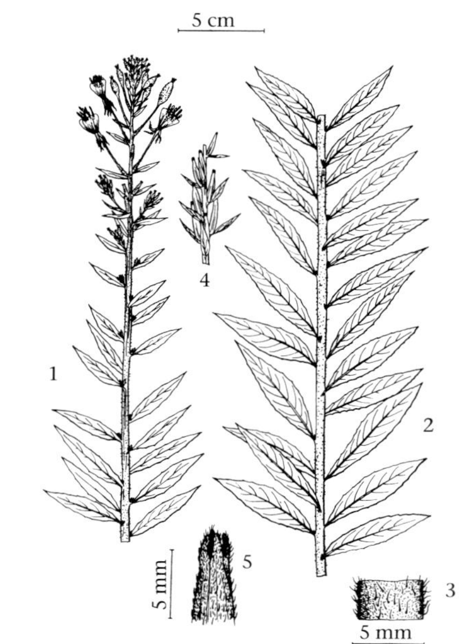

Oenothera editicaulis

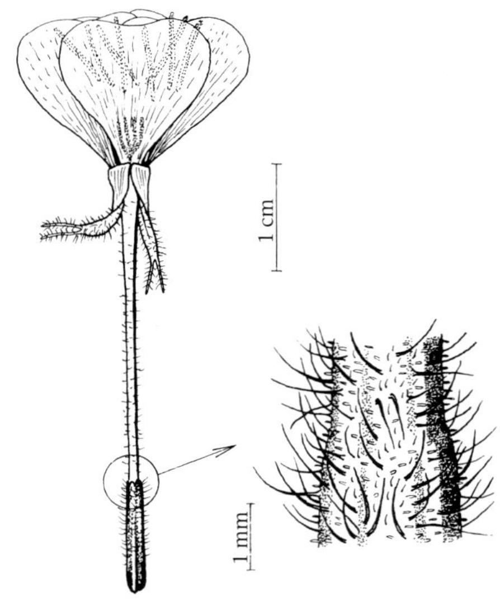

Oenothera editicaulis

1800 **Oenothera editicaulis** Hudziok (t)
Hochwüchsige Nachtkerze ohne Abb., Fig. S. 330

☆ **I**; ⟨B, ?⟩, ⊙; F (östl.); ⟨RL –⟩
T10.3.1
M 0,8–2,0 m. Vegetativer Teil des Stg hoch, Fruchtähre deutl. kurz, beide rot getupft. Junge Blütenstandsachse rötl. Blätter eilanzettl. bis lanzettl. Knospen grün. Kelchzipfel 5–9 mm lg. Kelchröhre 28–40 mm lg. Kronblätter 14–27 mm lg.

1801 **Oenothera ersteinensis** R. Linder & R. Jean (t)
Ersteiner Nachtkerze ohne Abb.

E?; ⟨B, ?⟩; ⊙; M_1, RL –
L4.2
M 0,5–1,5 m. Stg unten tiefrot gefärbt, oben grün u. rot getupft: die Papillen schmal walzenfg, meist nach unten bogig gekrümmt. Blütenstandsachse oben gerötet, rot getupft. Blätter lanzettl. mit roten Mittelnerven. Knospen meist rötl. gestreift mit 2–4 lgn Kelchzipfelspitzen. Kelchröhre 30–40 mm lg. Kronblätter 12–20 mm lg u. br. Kapsel bis 30 mm lg mit schwach eingekerbten Fruchtzähnchen.
B Oberrhein, entlang der Grenze zum Elsass. Wahrscheinl. mit *O. perangusta* Gates identisch.

1802 **Oenothera × fallax** Renner (1821 × 1790) (t)
Täuschende Nachtkerze ohne Abb., Fig. rechts

I; ⟨B, ?⟩, ⊙; M_1, M_2; RL –
L4.2, T8.2.2–8.3, T10.4.3
M 0,8–1,6 m. Stg u. Blütenstandsachse deutl. rot getupft. Blätter elliptisch, bucklig. Knospen rot gestreift. Kelchzipfel 2–4 mm lg. Kelchröhre 30–40 mm lg. Kronblätter 15–30 mm lg u. 18–35 mm br. Junge Früchte stark drüsig behaart.
B Besonders hfg in Hessen u. im Rheinland.

1803 **Oenothera flaemingina** Hudziok (t)
Fläming-Nachtkerze ohne Abb., Fig. rechts

(☆) **I**; ⟨H, ?⟩, ⊙; F (östl.); ⟨RL –⟩
T8.2.2–8.3 (sandig), T10.3.1
M 0,8–1,6 m. Stg unten tiefrot. Blütenstandsachse rot getupft, oben rot. Blätter lanzettl., am Rande buchtig gezähnelt. Knospen grün. Kelchzipfel 3–5 mm lg. Kelchröhre 20–30 mm lg. Kronblätter 7–17 mm lg u. br.

1804 **Oenothera × hoelscheri** Renner ex Rostański (1826 x 1797) (t)
Hölschers Nachtkerze ohne Abb., Fig. rechts

I; ⟨B, ?⟩, ⊙; F; ⟨RL –⟩
L4.2, T8.2.2–8.3, T10.3.1
M 0,5–2,0 m. Stg oft rötl. überlaufen, stark rot getupft, Blütenstandsachse oben gerötet. Blätter elliptisch bis eilanzettl., wellig, oft mit gedrehter Spitze. Knospen grün od. rot gestreift, mit 2–4 mm lgn Kelchzipfelspitzen. Kelchröhre 25–35 mm lg. Kronblätter 14–23 mm lg, 14–26 mm br. Kapseln 20–30 mm lg mit deutl. eingekerbten Fruchtzähnchen. Untere Kapseln mit Borstenhaaren, obere auch mit Drüsenhaaren zugemischt.
B Im Gebiet zu beobachten, in dem die beiden Elternarten zusammen wachsen, aber auch unabhängig von den Elternarten. Im Gebiet var *hoelscheri* u. var *rubicalyx* Rostański.

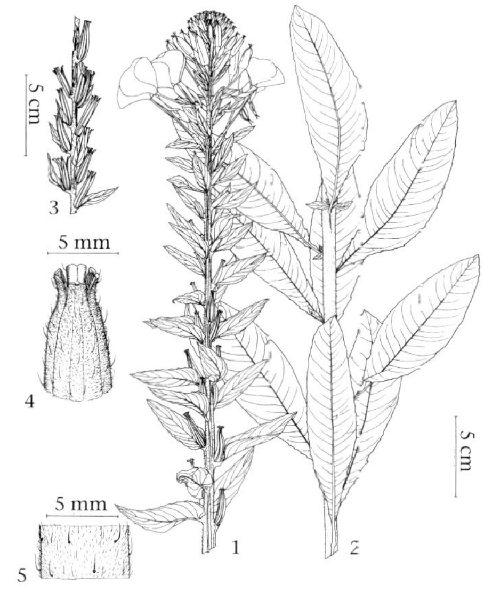

Oenothera × fallax

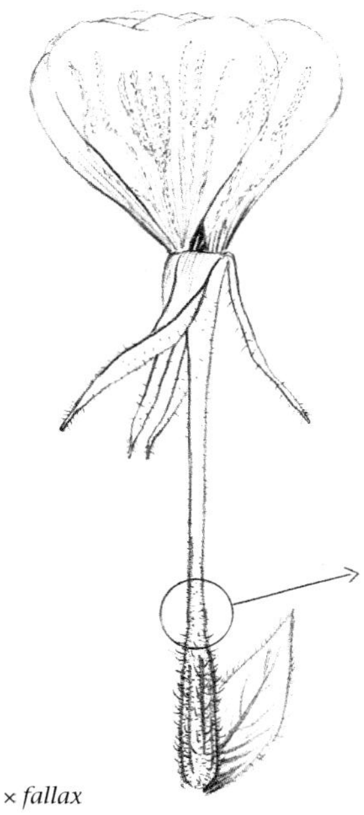
Oenothera × fallax

Oenothera flaemingina

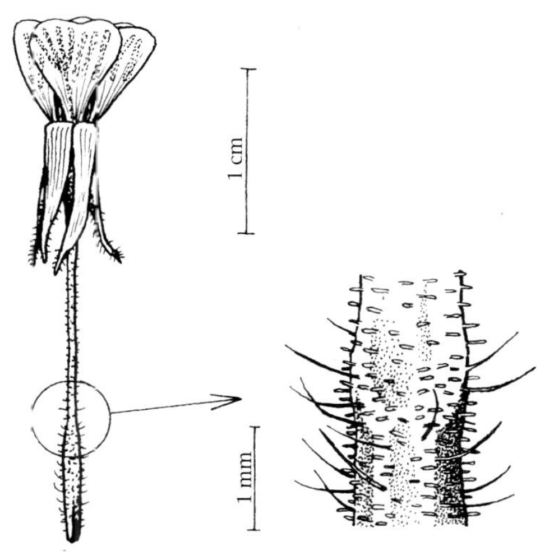

Oenothera flaemingina

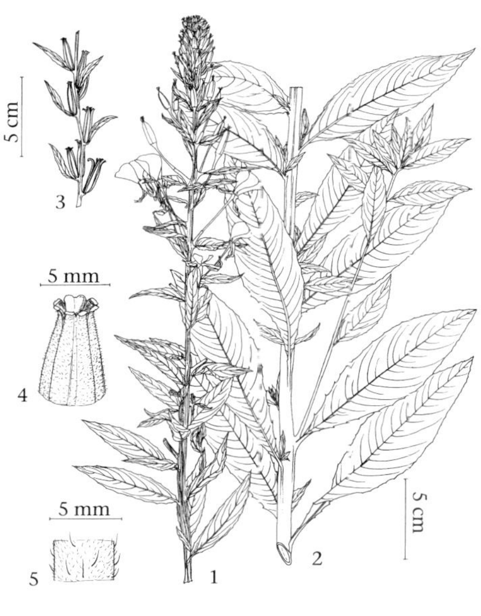

Oenothera hoelscheri

1805 **Oenothera inconspecta** Hudziok (t)
Unscheinbare Nachtkerze ohne Abb.

☆ **I**; ⟨B, ?⟩, ⊙; F (östl.); ⟨RL –⟩
T10.3.1
M 0,5–1,5 m. Stg unten rot, oben grün u. rot getupft. Blütenstand dicht, oben gerötet, Achse rot getupft. Blätter lanzettl. mit roten Mittelnerven. Knospen grün, drüsig, mit 2–4 mm lgn, zusammengedrückten Kelchzipfelspitzen. Kelchröhre 20–25 mm lg. Kronblätter 8–12 mm lg u. br. Blüten oft kleistogam, fallen ab im Knospenzustand. Kapsel 25–35 mm lg, borstig u. drüsig behaart, mit abgestutzten Fruchtzähnchen.

Oenothera glazioviana

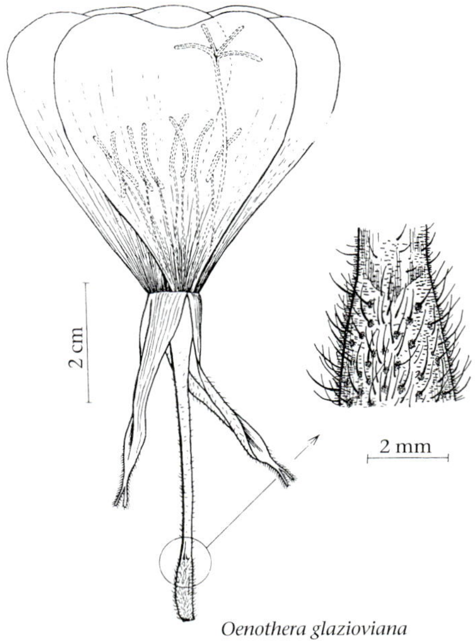

Oenothera glazioviana

1806 **Oenothera glazioviana** Micheli (t)
Rotkelchige Nachtkerze Fig. links

E, ⟨B, ?⟩, ⊙; AV, M_1, M_2, F, K; RL –; Z
T8.2.2–8.3 (v. a. T8.2.2.2), T9.2.1, T10.3.3.1, T10.3.4.2, T10.4.3, T10.7

M 0,8–1,8 m. Stg u. Blütenstandsachse rot getupft. Blätter elliptisch, bucklig. Knospen rot gestreift. Kelchzipfel 3–6 mm lg. Kelchröhre 35–50 mm lg, 34–58 mm br. Junge Früchte drüsenhaarig mit Spitzhaaren zugemischt.

B Oft gepflanzt u. verwildert.

1807 **Oenothera indivisa** Hudziok (t)
Ungeteilte Nachtkerze ohne Abb., Fig. rechts

☆ **I**; ⟨B, ?⟩, ⊙; F (östl.); ⟨RL –⟩
T10.3.1

M Stg rot getupft. Blätter lanzettl. mit roten Mittelnerven. Knospen zuerst grün, dann rot angelaufen. Kelchzipfel 4–7 mm lg. Kelchröhre 27–36 mm lg. Kronblätter 13–21 mm lg, 13–24 mm br. Kapseln bis 32 mm lg mit lgn, gespitzten Zähnchen. Blüten bleiben nach Verblühen mit Fruchtknoten verwachsen!

1808 **Oenothera mediomarchica** Hudziok (t)
Mittelmärkische Nachtkerze ohne Abb.

☆ **I**; ⟨B, ?⟩, ⊙; F (östl.); ⟨RL –⟩
T10.3.1

M 0,5–1,5 m. Stg unten rötl., oben grün u. rot getupft. Junge Blütenstandsachse rot. Blätter lanzettl. mit roten Mittelnerven. Knospen grün mit 4–7 mm lgn Kelchzipfelspitzen. Kelchröhre 26–32 mm lg. Kronblätter 20–28 mm lg, schmaler. Blüten fallen oft ab. Kapsel 30–40 mm lg, mit abgerundeten od. abgestutzten Fruchtzähnchen.

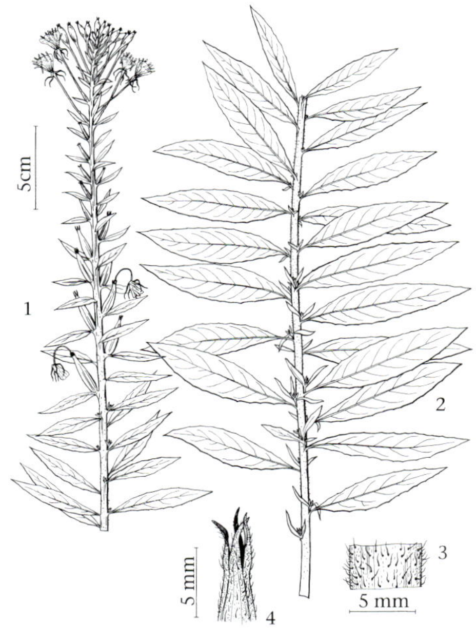

Oenothera indivisa

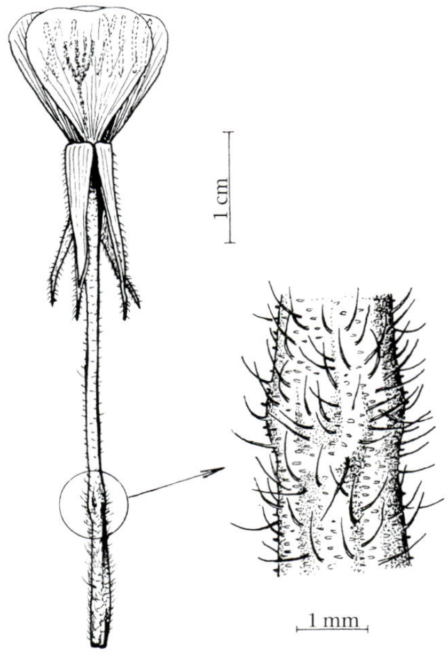

Oenothera indivisa

1809 **Oenothera jueterbogensis** Hudziok (u)
Jüterboger Nachtkerze ohne Abb., Fig. rechts

(☆) **I**; ⟨B, ?⟩, ⊙; F (östl.); RL –
T8.2.2–8.3, T10.3.1
M Stg grün od. rot überlaufen, ungetupft. Blätter eilanzettl. bis lanzettl., oft wellig mit gedrehter Spitze. Knospen grün mit Kelchzipfeln 2–5 mm lg. Kelchröhre 26–32 mm. Kronblätter 12–20 mm lg u. bis 23 mm br.

Oenothera jueterborgensis

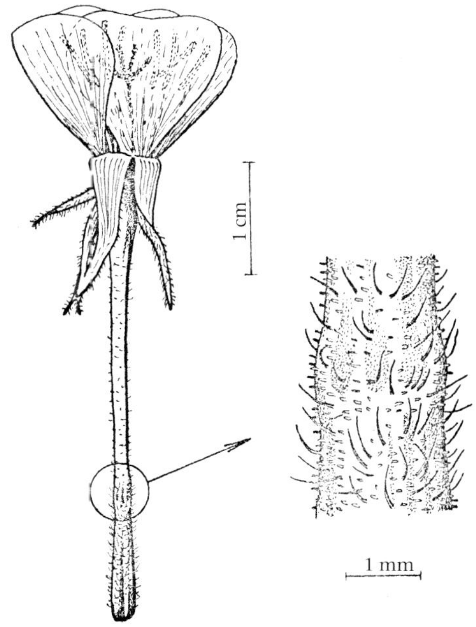

Oenothera jueterborgensis

1810 **Oenothera nuda**
Renner ex Rostański (u)
Kahle Nachtkerze ohne Abb., Fig. rechts

I; ⟨B, ?⟩, ⊙; F (östl.); ⟨RL –⟩
T8.2.2–8.3 (sandig)
M 0,5–1,3 m. Stg grün od. etwas rötl. überlaufen, ungetupft. Blütenstandsachse kahl, nur mit vereinzelten Borstenhaaren. Blätter lanzettl. mit roten Mittelnerven. Knospen grün u. fast kahl, mit 2–6 mm lgn Kelchzipfelspitzen. Kelchröhre 30–40 mm lg. Kronblätter 15–20 mm lg u. br. Kapseln kahl, warzig, 25–40 mm lg.

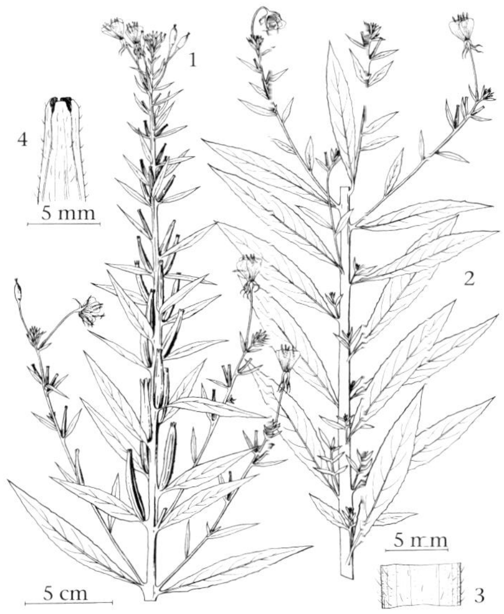

Oenothera nuda

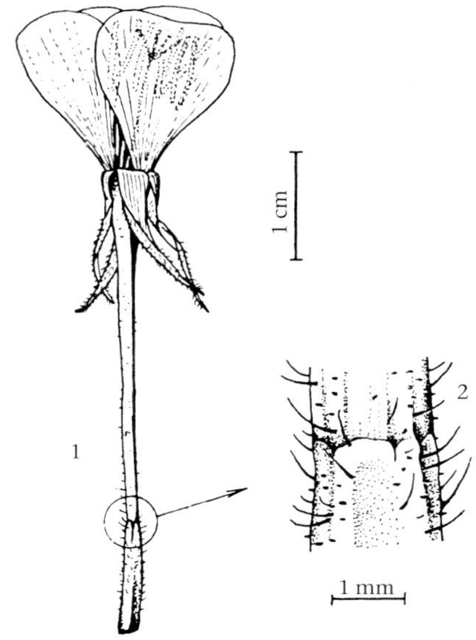

Oenothera nuda

1811 **Oenothera oehlkersii**
Kappus ex Rostański (u)
Oehlkers' Nachtkerze ohne Abb., Fig. links

I; ⟨B, ?⟩, ⊙; M_1, M_2; ⟨RL –⟩
L4.2, T8.2.2.5
M 0,8–2,0 m. Stg grün od. etwas rötl. überlaufen, ungetupft. Blätter elliptisch od. eilanzettl. mit weißen Mittelnerven. Knospen drüsig behaart, grün, mit 5–8 lgn Kelchzipfelspitzen. Kelchröhre 35–45 mm lg. Kronblätter 30–50 mm lg u. br. Griffel lg, mit Narben über den Antheren. Kapseln mit Drüsen- u. Borstenhaaren, ca 30 mm lg.

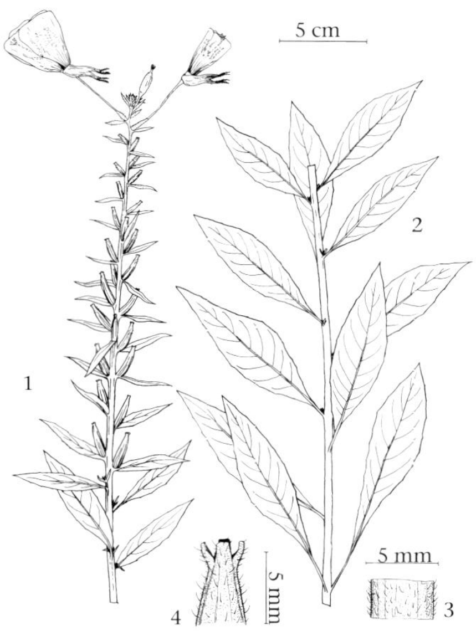

Oenothera oehlkersii

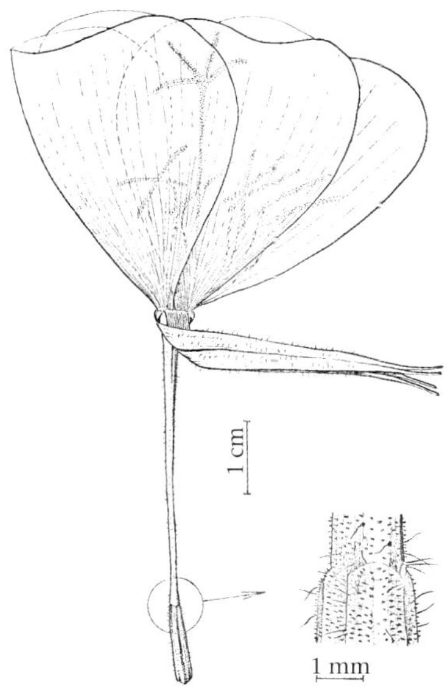

Oenothera oehlkersii

1812 **Oenothera obscurifolia** Hudziok (u)
Dunkelblättrige Nachtkerze ohne Abb., Fig. rechts

☆ **I**; ⟨B, ?⟩, ⊙; F (östl.); ⟨RL –⟩
T10.3.1
M 0,5–1,1 m. Stg grün, ungetupft. Blätter lanzettl., dklgrün mit weißen Mittelnerven. Knospen zuerst grün dann gerötet, mit 3–9 mm lgn Kelchzipfelspitzen. Kelchröhre 22–28 mm lg. Kronblätter 14–20 mm lg u. breiter. Kapseln 20–25 mm lg, mit schwach eingekerbten Fruchtzähnchen, untere mit Borstenhaaren, obere auch mit Drüsenhaaren.

1813 **Oenothera octolineata** Hudziok (t)
Achtrotstreifige Nachtkerze ohne Abb., Fig. rechts

☆ **I**; ⟨B, ?⟩, ⊙; F (östl.); ⟨RL – ⟩
T8.2.2–8.3 (sandig)
M 0,5–1,5 m. Stg unten rot gefärbt, oben grün, rot getupft. Blätter lanzettl., wellig, rotnervig. Knospen grün mit dicken, bis 3 mm lgn Kelchzipfelspitzen. Kelchröhre 20–30 mm lg. Kronblätter 7–16 mm lg u. br. Kapseln 25–35 mm lg, mit abgestutzten Fruchtzähnen. Fruchtknoten u. junge Früchte rot 8-streifig.

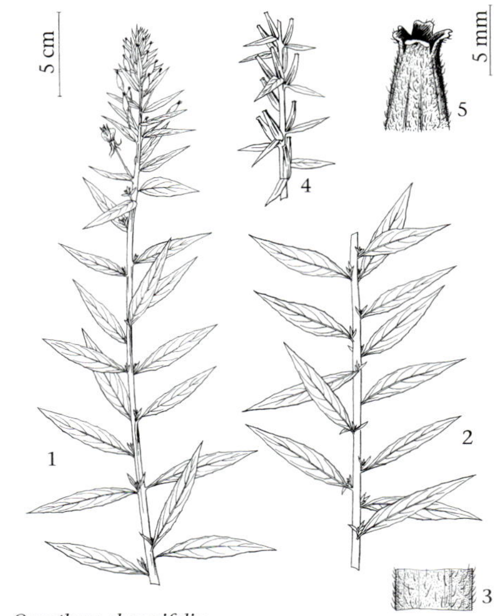

Oenothera obscurifolia

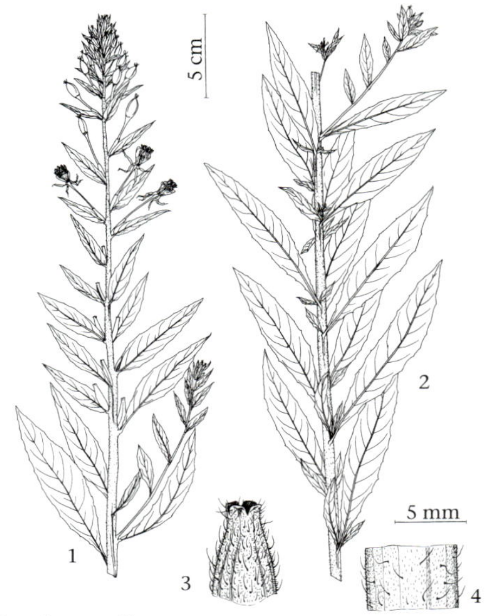

Oenothera octolineata

1814 **Oenothera paradoxa** Hudziok (u)
Seltsame Nachtkerze ohne Abb., Fig. rechts

(☆) **I**; ⟨B, ?⟩, ⊙; F (östl.); ⟨RL –⟩
T8.2.2–8.3, T10.3.3.1, T10.5.5
M 0,5–1,5 m. Stg tiefrot gefärbt. Blätter dklgrün mit tiefroten Mittelnerven, eilanzettl. bis lanzettl., obere oft mit gedrehter Spitze. Blütenknospen im oberen Drittel rot. Kelchzipfelspitzen 3–6 mm lg. Kelchröhre 30–40 mm lg. Kronblätter 10–20 mm lg u. br. Kapseln mit Borstenhaaren bedeckt, mit eingekerbten Fruchtzähnchen, 25–35 mm lg.

1815 **Oenothera pycnocarpa**
G. F. Atk. & Bartlett (t)
Dickfrüchtige Nachtkerze Fig. unten

E; ⟨B, ?⟩, ⊙; M_1, M_2, F; RL –
T8.2.2–T8.3 (sandig)
M 1,0–2,0 m. Stg grün od. leicht rötl. angelaufen, mit Blütenstandsachse stark rot getupft, Blütenstandsgipfel dicht, pyramidenfg, oben grün od. leicht gerötet. Blätter lanzettl., dklgrün mit roten Mittelnerven. Knospen grün mit 3–6 mm lgn Kelchzipfelspitzen. Kelchröhre 30–40 mm lg. Kronblätter 12–20 mm lg u. br. Fruchtstand dicht. Kapseln meist mit Borstenhaaren, untere ohne Drüsenhaare.
▼

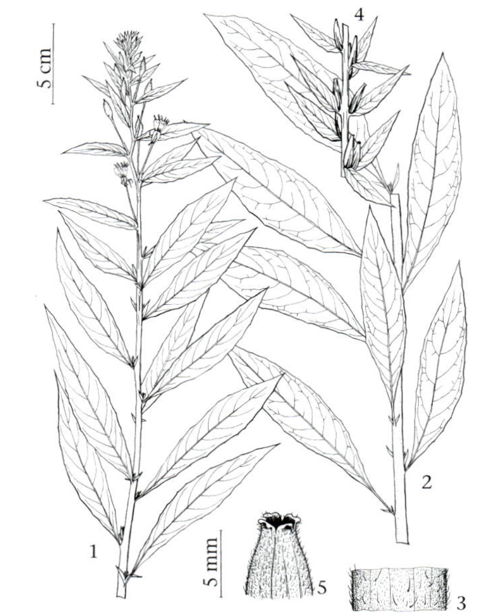

Oenothera paradoxa

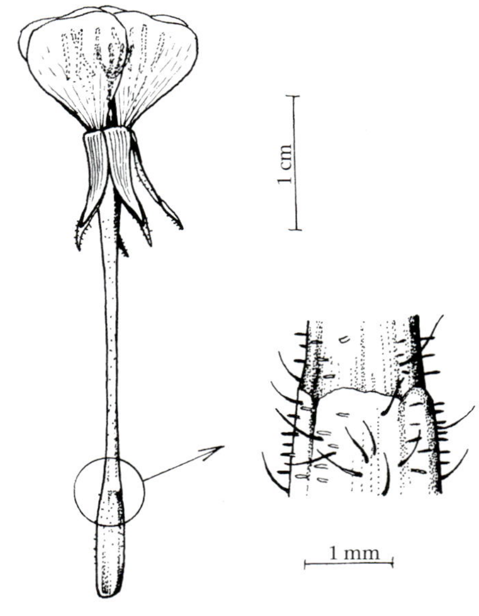

Oenothera paradoxa

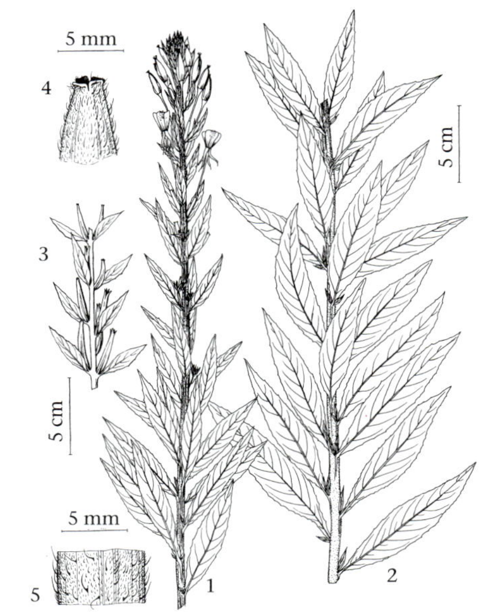

Oenothera pycnocarpa

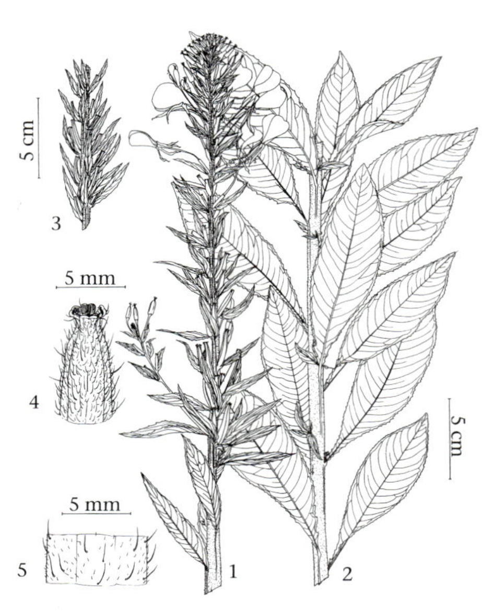

Oenothera × punctulata

1816 **Oenothera × punctulata** Rostański & Gutte (1803 × 1790) (t)
Feinpunktierte Nachtkerze Fig. S. 334

I; ⟨B, ?⟩, ⊙; M_2 (östl.); ⟨RL –⟩
T10.3.1, T10.7
M 0,8–1,8 m. Stg stark rot getupft. Blütenstand br pyramidenfg. Untere Blätter elliptisch, obere lanzettl., mit roten Mittelnerven. Knospen grün mit 3–4 mm lgn, zusammengedrückten Kelchzipfelspitzen. Kelchröhre 25–35 mm lg. Kronblätter 15–20 mm lg, 18–24 mm br. Kapseln mit Drüsenhaaren u. Borstenhaaren, 25–35 mm lg.

1817 **Oenothera pyramidiflora** Hudziok (u)
Pyramidenförmige Nachtkerze ohne Abb., Fig. rechts

☆ **I**; ⟨B, ?⟩, ⊙; F (östl.); ⟨RL –⟩
T8.2.2–8.3 (sandig)
M 0,5–2,0 m. Stg unten dklrot. Blütenstand pyramidenfg mit roter junger Achse. Blätter lanzettl., graugrün. Knospen grün mit 2–4 lgn Kelchzipfelspitzen. Kelchröhre ca 30 mm lg. Kronblätter 10–16 mm lg u. br. Junge Früchte drüsenhaarig, Kapsel 30–40 mm lg.

1818 **Oenothera royfraseri** Gates (t)
Royfrasers Nachtkerze ohne Abb., Fig. rechts

E; ⟨B, ?⟩, ⊙; M_1, F; ⟨RL –⟩
T8.2.2–8.3 (sandig), T10.4.5
M 0,5–1,5 m. Stg grün, stark rot getupft. Blütenstandsgipfel grün. Blätter lanzettl., graugrün, rotnervig. Knospen zuerst grün, dann bräunl. überlaufen, mit 2–3 mm lgn Kelchzipfelspitzen. Kelchröhre 30–40 mm lg. Kronblätter 5–12 mm lg u. br. Untere Kapseln mit Borstenhaaren, ohne Drüsenhaare. Kapseln 30–40 mm lg.

1819 **Oenothera rubricaulis** Kleb. (t)
Rotstängelige Nachtkerze Fig. unten

?; ⟨B, ?⟩, ⊙; M_1, F; RL –
L4.2, T8.2.2.2, T9.1.8, T10.3.1, T10.4.5
M 0,5–1,5 m. Stg u. Blütenstandsachse deutl. rot getupft, am Gipfel tiefrot. Blätter elliptisch bis eilanzettl., mit roten Mittelnerven, oft etwas wellig. Knospen grün, drüsig behaart mit 3–4 mm lgn Kelchzipfelspitzen, unten angedrückt, oben bogig abstehend. Kelchröhre 15–25 mm lg. Kronblätter 15–20 mm lg, oft schmaler als br. Junge Früchte drüsenhaarig mit roten Streifen, Kapsel 20–30 mm lg.

▼

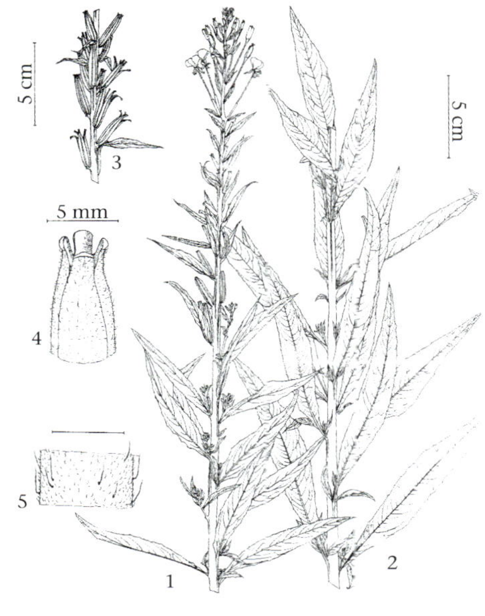

Oenothera pyramidiflora

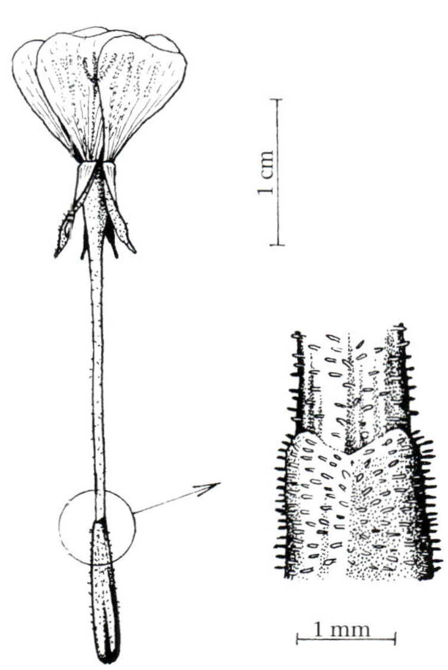

Oenothera pyramidiflora

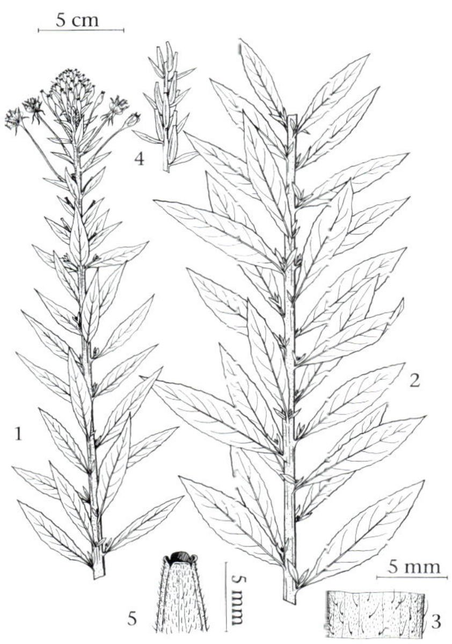

Oenothera royfraseri

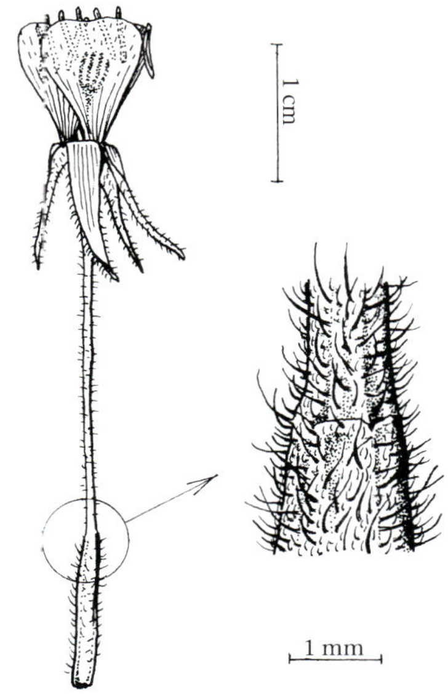

Oenothera royfraseri

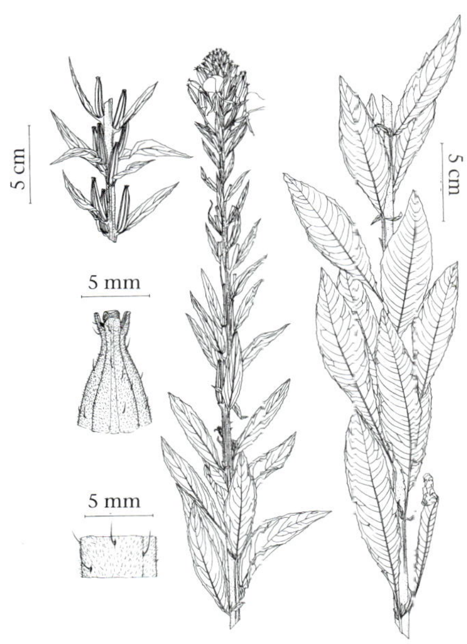

Oenothera rubricaulis

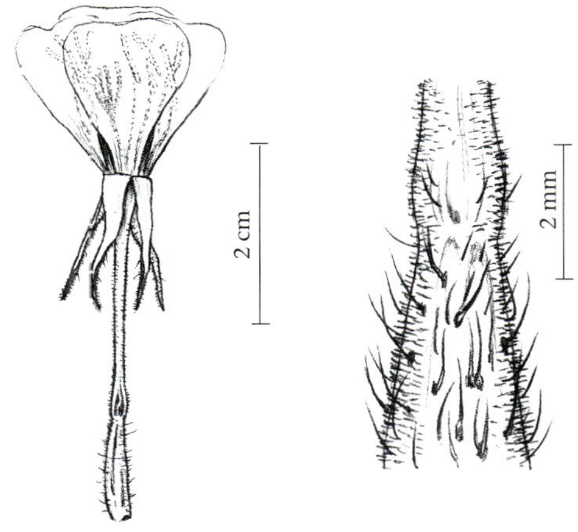

Oenothera rubricaulis

1820 **Oenothera suaveolens** Pers. (u)
Duftende Nachtkerze ohne Abb., Fig. rechts

?; ⟨B, ?⟩, ⊙; M_1, M_2, F; RL –
L4.2, T8.2.2.5, T8.3.1, T10.3.1
M 0,8–2,0 m. Stg grün, ungetupft. Blätter eilanzettl. mit weißen Mittelnerven. Knospen grün, nach vorne etwas gespitzt, mit 4–7 mm lgn Kelchzipfelspitzen. Kelchröhre 35–45 mm lg. Kronblätter 5–12 mm lg u. br. Untere Kapseln mit Borstenhaaren, ohne Drüsenharre, 25–40 mm lg.

1821 **Oenothera victorini**
Gates & Catcheside (u)
Victorins Nachtkerze ohne Abb., Fig. unten

?; ⟨B, ?⟩, ⊙; M_2, F (östl.); ⟨RL –⟩
T10.3.1
M 0,6–1,8 m. Stg grün od. etwas rötl. überlaufen, ungetupft. Blütenstand br pyramidenfg. Blätter lanzettl. mit an der Basis geröteten Mittelnerven. Knospen meist grün. Kelchzipfelspitzen zusammengedrückt, 5–7 mm lg. Kronblätter 10–20 mm lg u. schmaler. Kapsel 30–50 mm lg mit Borsten- u. Drüsenhaaren.

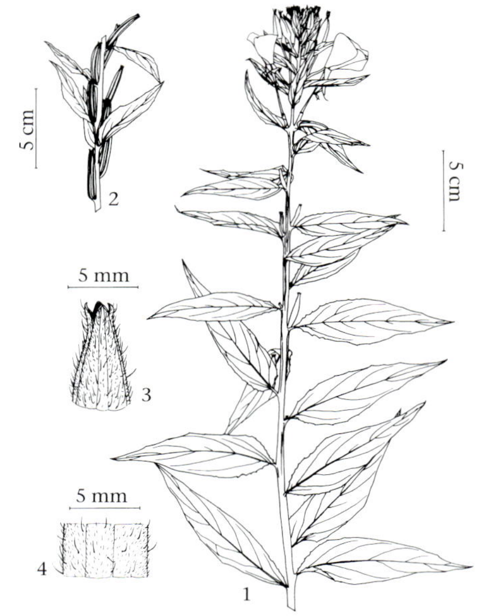

Oenothera suaveolens

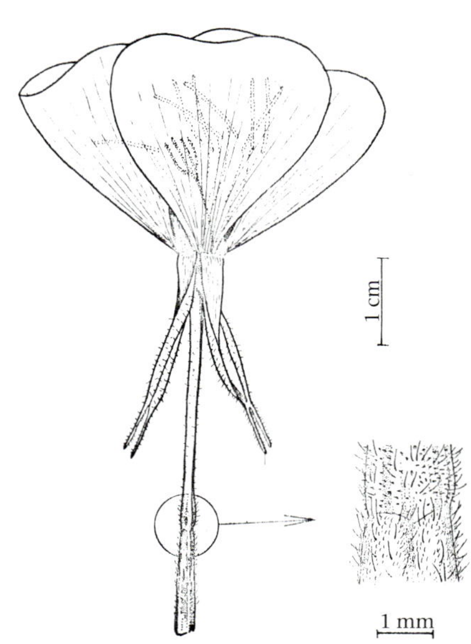

Oenothera suaveolens

Oenothera victorini

1822–1825 Series Deovriesia

1822 **Oenothera canovertex** Hudziok
⟨Gedrehte⟩ Nachtkerze ohne Abb.

☆ **I**; ⟨B, ?⟩, ⊙; F (östl.); ⟨RL –⟩
T8.2.2–8.3 (sandig)
M 0,5–1,2 m. Stg gerade, grün, anliegend behaart. Blütenstandsachse zuerst grün, dann gerötet. Blätter eilanzettl. bis br lanzettl., graugrün mit weißen Nerven. Knospen grün od. gerötet, mit 2–3 mm lgn Kelchzipfelspitzen. Kelchröhre 20–30 mm lg, oben plötzl. erweitert. Kronblätter 12–18 mm lg u. br. Kapseln 25–35 mm lg, anliegend behaart.

1823 **Oenothera canovirens** Steele
Graugrüne
Nachtkerze ohne Abb., Fig. rechts u. unten

E; ⟨B, ?⟩, ⊙; F (östl.); ⟨RL –⟩
T9.1.8, T10.3.1, T10.3.3.1
M 0,5–1,0 m. Stg grün, meist ohne rote Tupfen. Blätter lanzettl., hell graugrün. Knospen weißl. behaart, anfangs grün, später etwas rötl. mit 1–3 mm lgn Kelchzipfelspitzen. Kelchröhre 25–35 mm. Kronblätter 10–20 mm lg u. br. Kapseln anliegend behaart mit eingekerbten Fruchtzähnchen.

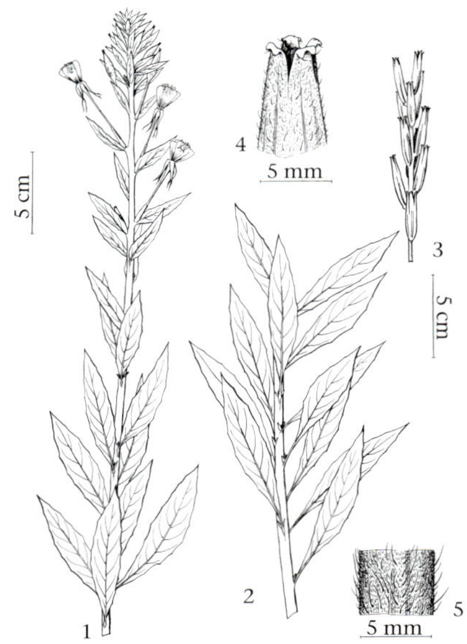

Oenothera canovirens

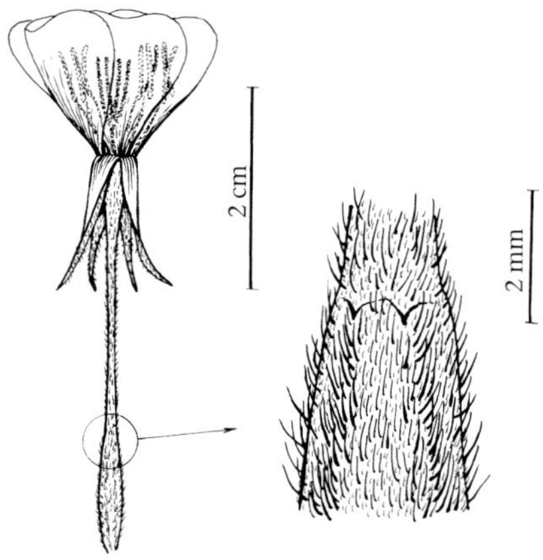

Oenothera canovirens

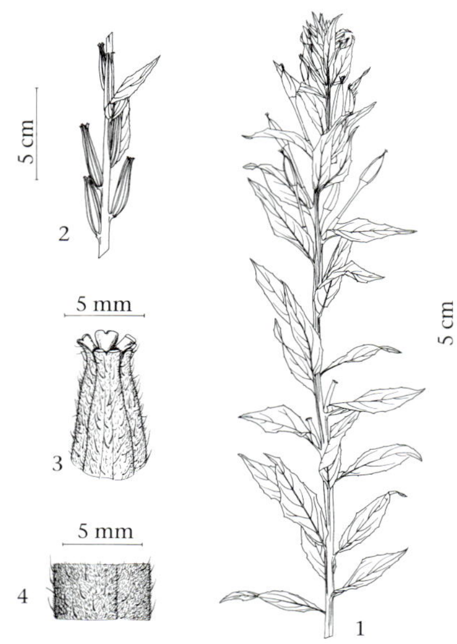

Oenothera depressa

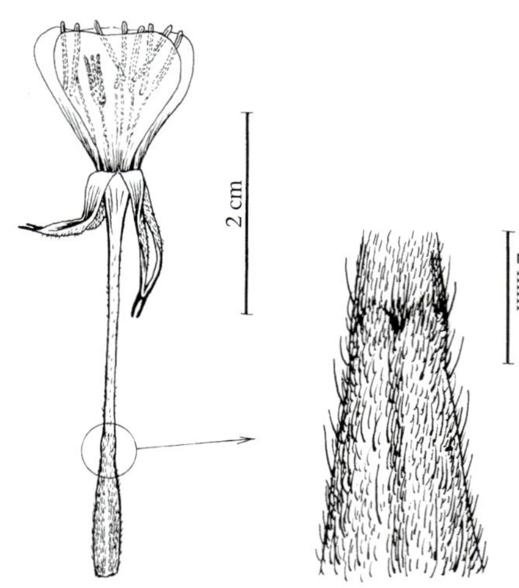

Oenothera depressa

1824 **Oenothera depressa** Grenne
Weidenblättrige Nachtkerze ohne Abb., Fig. S. 336

E; ⟨B, ?⟩, ⊙; F (östl.); RL –
L4.2, T10.3.1., T10.3.3.1
M 0,5–2,0 m. Stg oft leicht rot überlaufen, zusammen mit Blütenstandsachse rot getupft. Blätter hellgrün, am Grunde rotnervig, am Rande wellig mit gedrehter Spitze. Blütenstand locker. Knospen rotstreifig, oft kleistogam, abfallend. Kronblätter 15–20 mm lg u. br. Junge Früchte anliegend behaart. Fruchtzähne deutl. eingekerbt.

1825 **Oenothera × wienii** Renner ex Rostański (1797 × 1826)
Danziger Nachtkerze ohne Abb., Fig. rechts

I; ⟨B, ?⟩, ⊙; wo?; ⟨RL –⟩
L4.2, T8.2.2–8.3 (sandig), T10.3.1
M 0,4–1,5 m. Stg u. Blütenstandsachse rot getupft, Gipfel rötl. Blätter lanzettl., graugrün mit meist weißen Mittelnerven, oft etwas wellig. Knospen grün, mit 4–7 mm lgn Kelchzipfelspitzen. Kelchröhre 20–25(–28) mm lg. Kronblätter 15–20 (–25) mm lg u. br od. etwas schmaler. Kapseln 20–30 mm lg, mit Borsten- u. Drüsenhaaren.

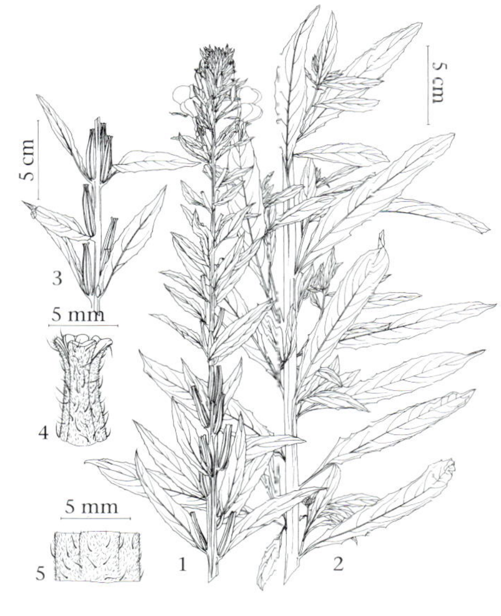

Oenothera × wienii

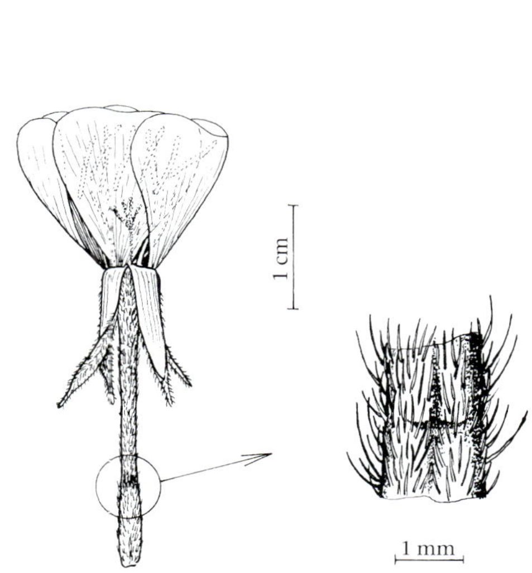

Oenothera × wienii

1826–1836 Series Rugglesia

1826 **Oenothera × albipercurva** Renner ex Hudziok (1790 × 1793)
Gekrümmte Nachtkerze ohne Abb., Fig. rechts

(✫) **I**; ⟨B, ?⟩, ⊙; F, K; ⟨RL –⟩
T8.2.2–T8.3 (sandig)
M 1,0–2,0 m. Stg gerade wachsend, grün, leicht getupft od. ungetupft. Blütenstandsgipfel nickend. Blätter schmal lanzettl., fast ganzrandig, hellgrün mit weißen Mittelnerven. Obere Brakteen am Grunde mit roten Mittelnervbasen. Knospen rot gefleckt. Kelchzipfelspitzen abstehend, 4–6 mm lg. Kelchröhre 30–40 mm lg, breiter als lg. Fruchtstand locker. Kapsel 30–35 mm lg.
B Im Gebiet nvar *albipercurva* u. nvar *punctata* Renner ex Hudziok

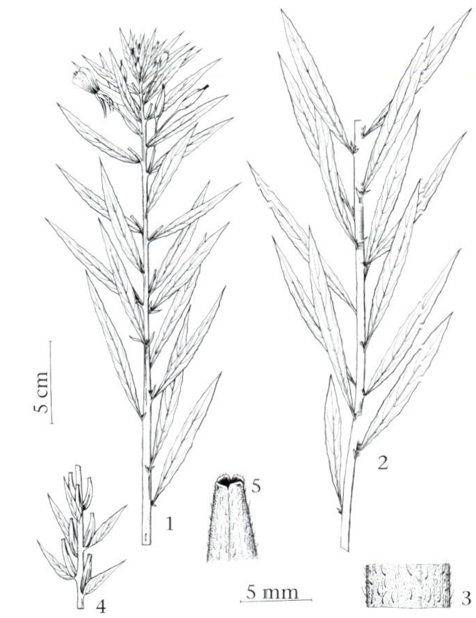

Oenothera × albipercurva

1827 **Oenothera ammophila** Focke
Sand-Nachtkerze Fig. unten

I; ⟨B⟩, w, ⊙; F, K; RL reg
H1.1.2.3, T8.2.2.5, T10.3.1
M 0,5–1,2 m. Stg schräg wachsend mit nickenden Gipfeln des Hauptsprosses u. der Nebenäste, deutl. rot getupft. Blätter dklgrün, lanzettl. Blütenknospen grün od. rot überlaufen, mit Kelchzipfeln 2–5 mm lg. Kelchröhre (25–)30–40 mm lg. Kronblätter 12–18 mm lg, oft etwas schmaler. Junge Früchte anliegend behaart.
B Der Wuchstyp macht die Sippe unverwechselbar. Im Gebiet var *ammophila* u. (✫) var *germanica* (Boedijn) Renner.

1828 **Oenothera × braunii** Doell (1790 × 1824)
Brauns Nachtkerze ohne Abb., Fig. unten

(✫) **I**; ⟨B, ?⟩, ⊙; M_i; ⟨RL –⟩
L4.2, T10.3.1
M 0,5–1,0 m. Stg hellgrün, Blätter schmal lanzettl., hellgrün mit weißen Mittelnerven. Knospen grün mit gerade stehenden, bis 4 mm lgn Kelchzipfelspitzen. Kelchröhre 25–35 mm lg. Kronblätter 10–15 mm lg u. br. Kapseln anliegend behaart, 25–35 mm lg, mit abgestutzten Fruchtzähnchen.
B In Gebieten zu finden, in denen die beiden Elternarten zusammen wachsen (z. B. um Ulm).

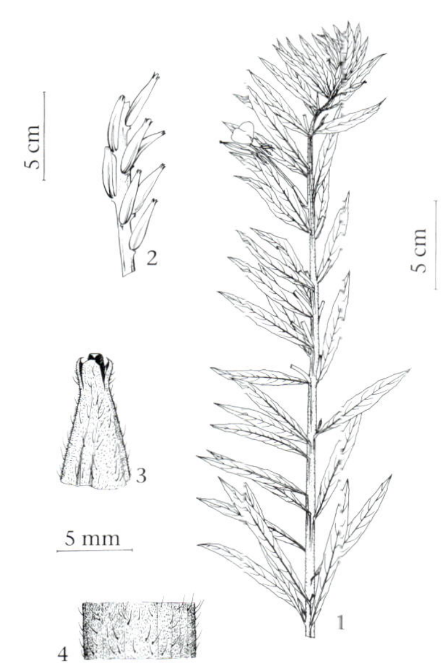

Oenothera ammophila

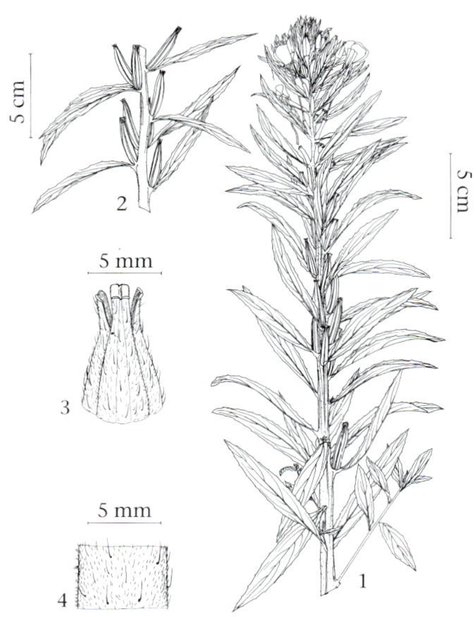

Oenothera × braunii

1829 **Oenothera angustissima** Gates
Schmalblättrige Nachtkerze ohne Abb., Fig. re.

E; ⟨B, ?⟩, ⊙; M_1; ⟨RL –⟩
T10.3.1
M 0,8–1,5 m. Stg unten deutl. tiefrot angelaufen. Blütenstandsachse rot getupft, am Anfang der Blühphase deutl. nickend, dann gerade. Blätter fast ganzrandig, rotnervig, lanzettl. Blütenknospen im oberen Drittel rot mit roten Kelchzipfeln bis 6 mm lg, vom Grunde entfernt. Kelchröhre 30–40 mm lg. Kronblätter 12–20 mm lg u. br. Junge Früchte mit Drüsenhaaren bedeckt.
B Bei Frankfuhrt a. M. Stammt aus Kanada. Von O. Renner als *O. rubricuspis* benannt.

1830 **Oenothera cruciata** Nuttal ex G. Don
Kreuzblütige Nachtkerze ohne Abb., Fig. unten

E; ⟨B, ?⟩, ⊙; wo?; ⟨RL –⟩
T8.2.2–T8.3
M 0,5–1,2 m. Stg unten rot. Blütenstand pyramidenfg mit grüner Achse. Blätter lanzettl., dklgrün mit roten Mittelnerven, Knospen grün, drüsig mit spreizenden,2–3 mmlgnKelchzipfelspitzen.Kelchröhre30–40 mmlg.Kronblätterlängl.,stumpf,8–12 mmlg, 2–3 mmbr. Kapsel25–30 mmlg.

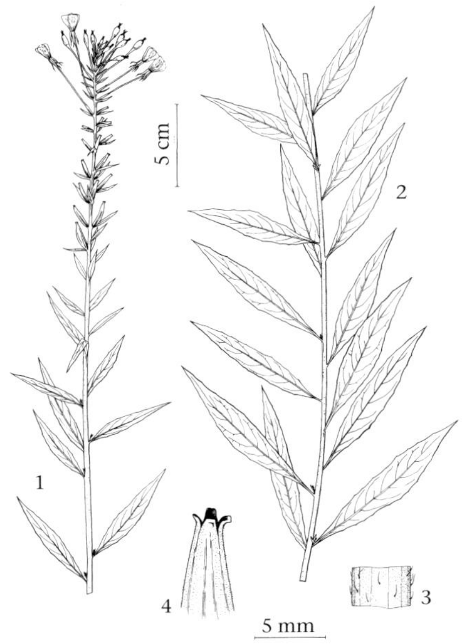

Oenothera angustissima

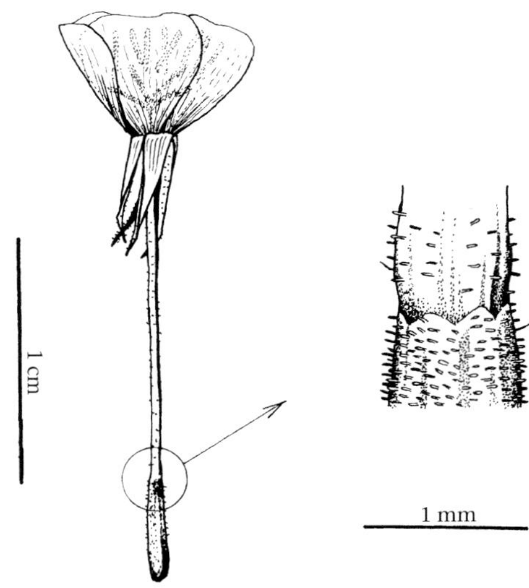

Oenothera angustissima

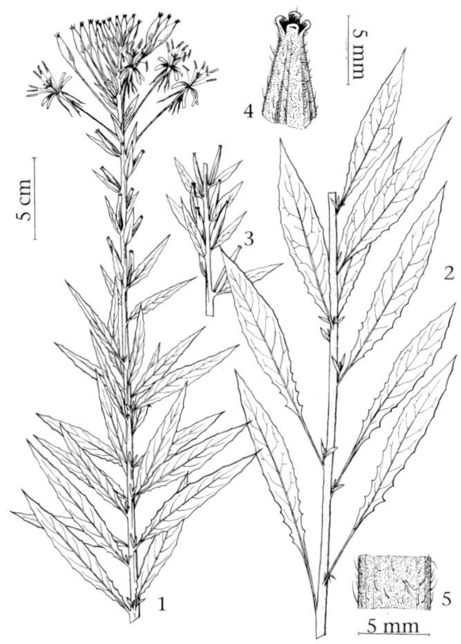

Oenothera cruciata

1831 **Oenothera × issleri**
Renner ex Rostański (1790 × 1809)
Isslers Nachtkerze ohne Abb., Fig. rechts

I; ⟨B, ?⟩, ⊙; M_1, M_2, F; ⟨RL –⟩
T8.2.2–8.3, T10.3.1
M 0,5–1,2 m. Stg ungetupft. Blütenstand dicht, br pyramidenfg, mit grüner Achse. Blätter lanzettl., flach, grasgrün, mit hellroten Mittelnerven an der Basis. Knospen grün, stark drüsig, mit dünnen, bis 3 mm lgn, bogigen Kelchzipfelspitzen. Kelchröhre 30–40 mm lg. Kronblätter 10–18 mm lg u. br. Kapseln 20–30 mm lg, dicht drüsenhaarig.

1832 **Oenothera macrosperma** Hudziok
Großsamige Nachtkerze ohne Abb.

☆ **I**; ⟨B, ?⟩, ⊙; F (östl.); ⟨RL –⟩
T 10.3.1
M 0,6–1,8 m. Stg unten rot, oben grün u. rot getupft. Blütenstand dicht, junge Achse grün, ungetupft u. drüsig. Blätter lanzettl., graugrün mit weißen od. roten Mittelnerven. Knospen grün, drüsig mit 4–8 mm lgn, zusammengedrückten Kelchzipfelspitzen. Kelchröhre 28–34 mm lg, oben erweitert. Kronblätter 13–25 mm lg u. oft deutl. breiter. Kapsel 30–40 mm lg mit leicht eingekerbten od. abgestutzten Fruchtzähnchen.

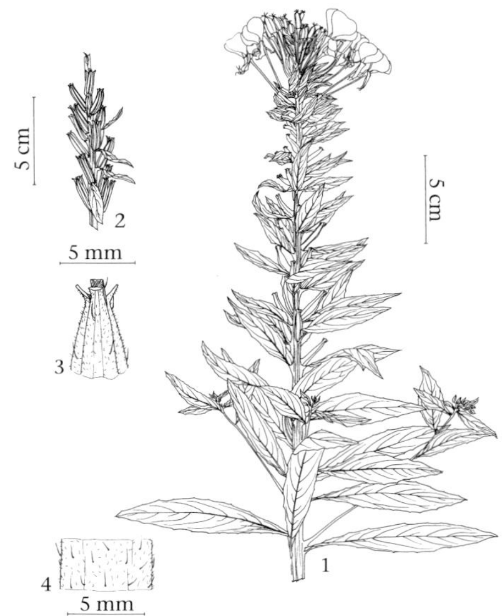

Oenothera × issleri

1833 **Oenothera oakesiana**
(A. Gray) Robbins ex S. Watson & Coult
Oakes' Nachtkerze ohne Abb., Fig. rechts

E; ⟨B, ?⟩, ⊙; M_1, F; RL –
T10.3.1, T10.5.5, T10.7 (warm)
M 0,5–1,5 m. Stg rot getupft. Blütenstandsgipfel vor dem Aufblühen leicht nickend. Blätter hellgrün, lanzettl., am Rande unten etwas buchtig gezähnelt. Blütenknospen zuerst grün, dann rötl. Kelchzipfelspitzen 2–3 mm lg. Kronblätter 16 mm lg u. br. Kapseln anliegend behaart mit stumpfen Fruchtzähnchen, 25–35 mm lg.

1834 **Oenothera pseudocernua** Hudziok
Quasinickende Nachtkerze ohne Abb.

☆ **I**; ⟨B, ?⟩, ⊙; F (östl.); ⟨RL –⟩
T8.2.2–8.3 (sandig)
M 0,6–1,6 m. Stg gerade, ungetupft. Blütenstand dicht, gerade. Blätter schmal lanzettl., grasgrün mit weißen Mittelnerven. Knospen zuerst grün, dann rot gestreift, mit 4–6 mm lgn, aneinander liegenden Kelchzipfelspitzen. Kelchröhre 30–40 mm lg. Kronblätter 20–25 mm lg u. deutl. breiter. Kapseln anliegend behaart, 25–35 mm lg.

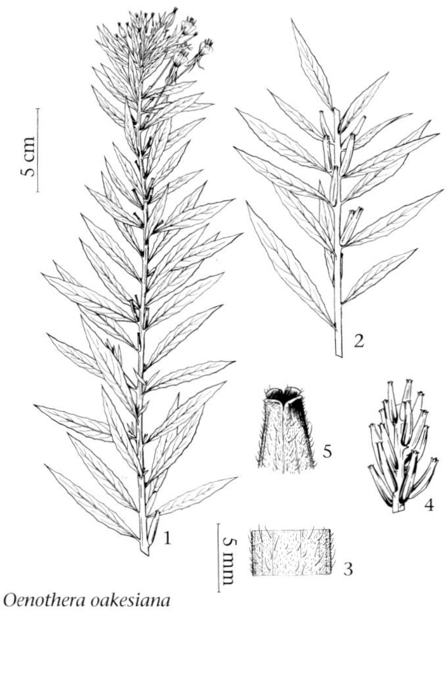

Oenothera oakesiana

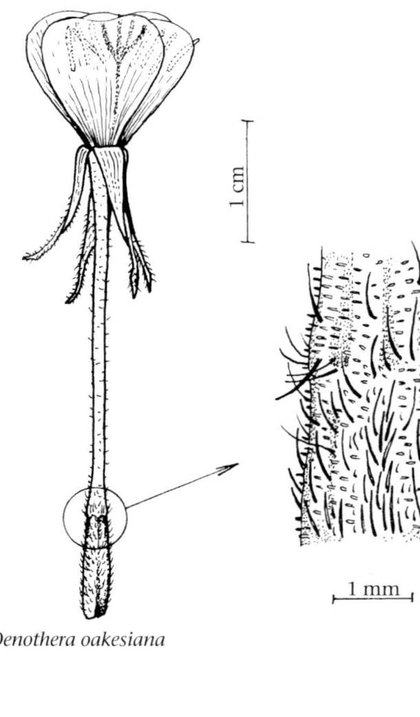

Oenothera oakesiana

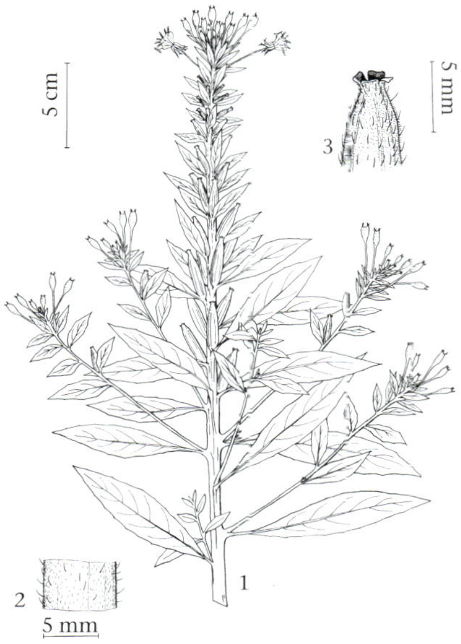

Oenothera parviflora

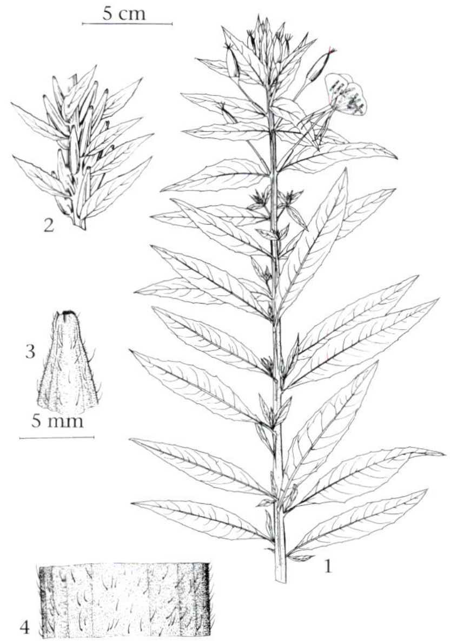

Oenothera subterminalis

1835 **Oenothera parviflora** L.
Kleinblütige Nachtkerze Fig. oben

E; ⟨B, ?⟩, ⊙; F (östl.); RL –
L4.2, T8.2.2.2, T8.3.1+2, T10.3.1, T10.3.2, T10.4.5
M 0,5–1,5 m. Stg unten tiefrot überlaufen. Blütenstand dicht, abgestutzt. Blätter dklgrün mit roten Mittelnerven, lanzettl. Knospen zuerst grün, dann braunrot überlaufen. Kelchzipfelspitzen deutl. voneinander entfernt, 2–3 mm lg. Kelchröhre 30–40 mm lg. Kronblätter 6–12 mm lg u. br. Kapsel 20–30 mm lg.

1836 **Oenothera subterminalis** Gates
Fastendständige Nachtkerze, ohne Abb.,
Schlesische Nachtkerze Fig. oben

E; ⟨B, ?⟩, ⊙; M_1, M_2, F; RL –
L4.2, T10.3.1, T10.4.5 (v. a. sandig)
M 0,5–1,5 m. Stg unten tiefrot gefärbt. Blütenstand br pyramidenfg mit grüner Achse. Blätter lanzettl., dklgrün mit roten Mittelnerven. Knospen grün, drüsig, mit 3–5 mm lgn u. voneinander entfernten Kelchzipfelspitzen. Kelchröhre 30–40 mm lg. Kronblätter 12–20 mm lg u. br. Kapsel 20–30 mm lg mit Borsten- u. Drüsenhaaren.
B Von O. Renner als *O. silesiaca* benannt.

1837 **Circaea alpina** L.
Alpen-Hexenkraut (Gttg 7 sp)

I; K, s, ⑧; A, AV, M_1, M_2, F; RL reg; ☺, Z
L5.2.3, T1.1.1.6, T1.4.2
M 4–20 cm. Dünne am Ende knollig verdickte unterirdische Ausläufer, Niederblätter am Rhizom, bleibend. Stg zart, aufrecht, allenfalls oben etwas verästelt, kahl, zum Blütenstand etwas flaumig drüsig. Blätter herz-eifg bis kreisrundl., scharf gezähnt, dünn. Blütenstiele mit hinfälligen Tragblättern, fast durchsichtig, sattgrün glänzend. Blattstiel geflügelt. Kronblätter 1,5–2 mm, deutl. genagelt, kürzer wie Kelch, hakig borstig. Narbe kopfig. Fruchtstiele u. Kelch kahl. Frucht schief birnfg, einfächrig, einsamig, schwach.

1838 **Circaea lutetiana** L.
Gewöhnliches Hexenkraut

I; K, s, ⑧, ⊛; A, AV, M_1, M_2, F, K; RL –; ☺, Z
L5.2.3, T1.1.1 (feucht), T8.2.1.2, T10.3.3.1 (Wald)
M 20–60(–75) cm. Federkieldicke, am Ende verdickte unterirdische Ausläufer, Niederblätter am Rhizom, hinfällig. Stg zerstreut weichhaarig, einf. Blätter herz-eifg, geschweift gezähnt, trübgrün, matt, kahl bis flaumig behaart (v. a. auf Nerven). Blattstiel ungeflügelt. Blütenstiele ohne Tragblätter. Kronblätter 2–3 mm, undeutl. genagelt, so lg wie Kelch, Narbe 2-lappig. Fruchtstiele u. Kelch drüsig. Frucht verkehrt eifg, 2-fächrig, 2-samig, meist stark hakig borstig.

1839 **Circaea × intermedia** Ehrh. (1841 × 1842)
Mittleres Hexenkraut

I; K, s, ⑧; A, AV, M_1, M_2, F; RL reg; Z
L 5.2.3, T1.1.2.1
M (6–)10–40 cm. Dünne unterirdische Ausläufer, Niederblätter am Rhizom bleibend. Stg kahl, zum Blütenstand etwas flaumig-drüsig, meist verzweigt. Blätter dünn, geschweift gezähnt, bleich- bis sattgrün, mattglänzend bis glanzlos, kahl bis schwach behaart. Blattstiel ungeflügelt. Blütenstiele mit hinfälligen borstenfgn Tragblättern. Kronblätter 2–3 mm, genagelt, so lg wie Kelch, Narbe ausgerandet. Fruchtstiele u. Kelch drüsig. Frucht verkehrt eifg kugelig bis fast schief birnenfg, 2-fächrig, 2-samig, ein Fach meist leer, hakig borstig, vor der Reife abfallend.
B Die Sippe ist steril, mit unfruchtbaren Pollen. Hin u. wieder treten Rückkreuzungen mit 1842 bzw. 1843 auf, sehr variabel, zw den Eltern vermittelnd, mit allen denkbaren Übergangstypen.

1840 **Cornus suecica** L.
Schwedischer Hartriegel (Gttg ca 65 sp)

I; C, s, ⊙; F; RL 1; ✂, Z
T1.4.3.1, T4
M 5–25 cm. Pfl mit Wurzelausläufern, Stg krautig, 4-kantig. Blüten in Dolden, dklrot, von je 4 großen, weißl., kronblattähnl. Hochblättern umgeben. Frucht rot.

1841 **Cornus mas** L.
Kornelkirsche

I; N, P, s, ①; M_1, M_2, (AV, F syn.); RL reg; ✂, Z, Ob
L5.2.3, T1.1.2.4, T2.1.2.1.1
M 2–6(–10) m. Zweigachsen grün. Blätter eifg, vorn etwas zugespitzt, mit (2–)3–5 Paar Seitennerven, unterseits in den Nervenwinkeln bärtig u. dicht mit kompassnadelartigen Haaren besetzt. Blütenstand doldig, an der Basis mit 4 Hochblättern. Blüten gelb, vor den Blättern erscheinend. Frucht längl., rot, hängend.

1842 **Cornus sericea** L.
Weißer Hartriegel

E; ⟨N, s⟩, ⊙; AV, M_1, M_2, F, wo noch?; RL –; Z
T1.3
M 1–3 m. Strauch mit zahlreichen wurzelnden Ausläufern. Zweigachsen purpurrot. Blätter kaum zugespitzt, mit 5–7 Paar Seitennerven, oberseits grün, unterseits graugrün, in den Nervenwinkeln nicht bärtig. Blüten in Schirmrispen, ohne Hochblätter, weiß, nach den Blättern erscheinend. Frucht kugelig, weiß, aufrecht.
B Heimat: Nordamerika. Bildet mit *C. alba* einen Komplex schwer zu differenzierender Sippen.

1843 **Cornus sanguinea** L. ssp **sanguinea**
Gewöhnlicher Blutroter Hartriegel

I; N, s, ⑥; A, AV, M_1, M_2, F, K; RL –; ☺, Z
T1.1.1, T1.1.2.4, T2.1.2, T2.1.2.1.1
M 2–5 m. Zweigachsen meist weinrot. Blätter eifg, meist stumpfl., mit 3–4 Nervenpaaren, beidseitig grün, in den Nervenwinkeln nicht bärtig. Blattunterseite ausschließl. mit abstehenden ± krausen Haaren. Blüten in Schirmrispen, weiß, nach den Blättern erscheinend. Hochblätter fehlend. Frucht kugelig, blauschwarz, aufrecht.
B Der Ungarische Blutrote H., (1844) ssp *hungarica* (Kárpáti) Soó, **I**?; N, s, ⊙; wo ?, RL?; ist sehr ähnl. Unterschied: Blattunterseite außer den abstehenden Haaren dicht mit zahlreichen 2-strahligen, kompassnadelartigen Haaren besetzt. (1844a) ssp *australis* (C. A. Meyer) Sávorka (Blattunterseite nur mit kompassnadelartigen Haaren) wie ssp *hungarica* vielfach oft gepflanzt u. verwildernd, vielleicht beide schon **E (lok)**. beide ohne Abb.

1845 **Thesium ebracteatum** Hayne
Vorblattloses Leinblatt (Gttg 325 sp)

I; K hp, s, ⊙; F; RL 1, B, F
T6.2.1.4.4, T6.2.2.2
M 10–30 cm. Pfl mit lg kriechendem Rhizom u. Ausläufern. Stg mit einem blütenlosen Blattschopf endend. Blüten jeweils nur mit einem Hochblatt; Vorblätter fehlend. Blütenhülle 5-zählig, zur Fruchtzeit höchstens so lg wie die Frucht, diese kurzgestielt, ledrig.

1846 **Thesium rostratum** Mert. & W. D. J. Koch
Schnabelfrüchtiges Leinblatt

auch Vermein-kraut

I; K hp, s, ⊙; A, AV; RL 3
T1.4.1.3
M Wie 1845, aber mit kurzem Rhizom u. ohne Ausläufer. Blütenhülle zur Fruchtzeit 2–3mal so lg wie die fast sitzende, beerenartig saftige, gelbl. Frucht.

1847 **Thesium linophyllon** L.
Mittleres Leinblatt

I; K hp, s, ⑥; AV, M_1, M_2, F (östl.); RL 3
T6.2.2.2, T6.2..3.1
M 10–30 cm. Pfl lockerrasig wachsend, mit unterirdischen Ausläufern. Stg ohne endstdgn Blattschopf. Blätter 1–4 mm br, in der Mitte am breitesten, mit deutl. Mittelnerv u. 2(–4) schwachen Seitennerven, gelbl. grün. Blüten je mit 3 Hochblättern. Blütenhülle (4–)5-zählig, zur Fruchtzeit bis auf den Grund eingerollt, daher viel kürzer als die Frucht.

1848 **Thesium bavarum** Schrank
Bayerisches Leinblatt

I; K hp, s, ⑥; AV, M_1; RL reg
T1.1.2.4, T1.4.1.2, T8.1.1
M 20–60 cm. Pfl buschig wachsend, ohne Ausläufer u. ohne endstdgn Blattschopf. Blätter 3–9 mm br, im unteren Drittel am breitesten, deutl. 3–5-nervig, bläul. grün. Blüten je mit 3 Hochblättern. Blütenhülle wie bei 1847.

1849 **Thesium alpinum** L.
Alpen-Leinblatt

I; H hp, s, ⊙; A, AV, M_1, F (östl.); RL 3+; ☺
T1.4.1.3, T3.1.6, T3.4.2, T6.2.1.5, T8.1.2
M 10–25 cm. Pfl bogig aufsteigend, mit deutl. einseitswendigem Blütenstand. Endstdgr Blattschopf fehlt. Ästchen zur Fruchtzeit aufrecht abstehend. Blätter 1-nervig. Blüten mit je 3 Hochblättern, meist 4-zählig. Blütenhülle zur Fruchtzeit nur an der Spitze eingerollt, daher mind. so lg wie die Frucht.

1850 **Thesium pyrenaicum** Pourr. ssp **pyrenaicum**
Gewöhnliches Wiesen-Leinblatt

I; H hp, s, ⑥; A, AV, M_1, M_2; RL 3; ☺
T6.2.1.5, T6.2.2.2.3, T7.1.2
M 10–40 cm. Stg aufrecht. Blütenstand locker, deutl. allseitswendig. Endstdgr Blattschopf fehlt. Ästchen zur Fruchtzeit waagerecht abstehend. Blätter schwach 3-nervig. Blüten mit 3 Hochblättern, meist 5-zählig, 3–4 mm br. Blütenhülle zur Fruchtzeit nur an der Spitze eingerollt, daher mind. so lg wie die Frucht.
B Das Großblütige Wiesen-L., (1851) ssp *grandiflorum* (DC.) Hendrych, I; H hp, s, ⊙; ob im Gebiet?; RL?; wo?, hat bogig aufsteigende Stg, einen dichten Blütenstand u. 5 mm bre, 4–5-teilige Blütenhüllen. ohne Abb.

1852 **Loranthus europaeus** Jacq.
Riemenblume, Eichen-Mistel (Gttg 1 sp)

I; ⟨C hp, s⟩, ⊙, ♀♂; M_2 (östl.); RL G; ☺
T1.1.2.4
M 30–100 cm. Halbschmarotzer, epiphytisch auf Eichen wachsend. Zweige schwarzgrau. Blätter 1–5 cm lg, schmal eifg, dklgrün, ledrig. Blüten unscheinbar, mit fadenfgm Griffel, in Ähren od. Trauben. Kronblätter 4–6. Frucht eine gelbl., klebrige Beere.

1853 Viscum album L. ssp **album**
Laubholz-Mistel (Gttg 65 sp)

I; C hp, i, ③, ♀♂; AV, M_1, M_2, F; RL reg; ☠, ✠, ☺
T1.2.1, T1.3, T9.3.1, T9.4.2
M Bis 80 cm im ∅. Halbschmarotzer, epiphytisch auf Laubgehölzen lebend, im Umriss kugelig, gabelästig. Blätter 1–5 cm lg, längl. eifg, gelbgrün, ledrig. Blüten in Knäueln, unscheinbar, mit 4 Kronblättern, ohne Griffel. Frucht eine weiße Beere. Samen weiß, mit fast ebenen Seitenflächen. Fig. 44a

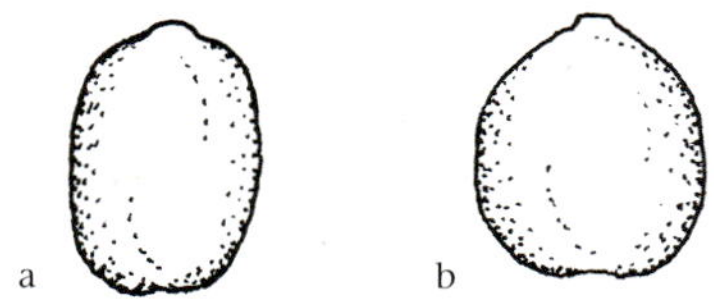

Fig. 44. Samen von *Viscum album*
a *Viscum album* ssp *album*
b *Viscum album* ssp *austriacum*

1854 ssp **austriacum** (Wiesb.) Vollm.
Kiefern-Mistel

I; C hp, i, ⊙, ♀♂; (AV), M_1, F (östl.); RL reg; ☠, ☺
T1.4.1.1, T1.4.1.3. Im natürl. Wuchsgebiet der Waldkiefer
M Wie 1853, aber auf Kiefern wachsend. Blätter 2–4(–6) cm lg, 4–6mal so lg wie br. Beeren gelbl., mit grünl. Samen, deren Seitenflächen stark gewölbt. Fig. 44b.

1855 ssp **abietis** (Wiesb.) Janch.
Tannen-Mistel

I; C hp, i, ⊙, ♀♂; A, AV, M_1; RL reg
T1.4.2. Im natürl. Wuchsgebiet der Tanne
M Wie 1854, aber auf Tannen wachsend. Blätter 4–8 cm lg, 2–3-mal so lg wie br, dklgrün. Beeren weißl.

1856 Euonymus europaea L.
Gewöhnliches Pfaffenhütchen (Gttg 177 sp)

I; N, s, ⑥; A, AV, M_1, M_2, F, K; RL –; ☠!, ✠, Z
L5.2.3, T1.1.1, T1.1.2.3, T2.1.2
M 1,5–3(–6) m. Junge Zweige stumpf 4-kantig, grün zuw. geflügelt, später mit 4 weißl. Korkleisten. Blätter 4–12 cm lg, lanzettl., gesägt gekerbt. Blütenstand 2–6-blütig, 1–3 cm lg gestielt. Blüten 4-zählig. Kronblätter 3–5 mm lg, grünl. weiß. Fruchtstand abstehend. Kapsel 4-kantig, abgerundet, rosa bis karminrot. Samenmantel orangerot.

1857 **Euonymus latifolia** (L.) Mill.
Breitblättriges Pfaffenhütchen

I; N, s, ⊙; A, AV; RL –; ⟨☠⟩
T1.1.1.5, T1.1.2.1, T2.1.2.1.1
M 1–5 m. Zweige stielrund od. etwas zusammengedrückt, ohne Korkleisten. Blätter 5–14 cm lg, meist elliptisch, sehr fein gesägt. Blütenstand 6–15-blütig, 4–6 cm lg gestielt. Blüten meist 5-zählig. Kronblätter ca 2,5 mm lg, grünl. braun. Fruchtstand hängend. Kapsel (4–)5-kantig, (schmal) geflügelt, rosa bis karminrot. Samenmantel orangerot.

1858 **Ilex aquifolium** L.
Gewöhnliche Stechpalme, Hülse (Gttg ca 400 sp)

I; ⟨N⟩, P, i, ③, ♀♂; A, AV, M_1 (westl.), M_2, F, K; RL reg, ; ☠!, ✠, ☺, ✿, Z
S3.2.5, T1.1.1, T1.1.2.3, T1.1.2.5, T2.1.2.2.2
M 1–6(–10) m. Blätter ledrig, dklgrün, glänzend, dornig gezähnt bis ganzrandig, wechselstdg. Blüten 4(–5)-zählig, kurzgestielt. Kelch- u. Kronblätter an der Basis verwachsen. Steinfrucht kugelig, rot.

1859 **Buxus sempervirens** L.
Europäischer Buchsbaum (Gttg 50 sp)

I; N, i, ③; M_1, M_2 (westl.); RL –, §; ☠!, ✠, ☺, Z
T1.1.2.4.1, T1.1.1.4, T2.1.2 1.1
M 0,3–2(–4) m. Blätter 10–25 mm lg, oval, ledrig oberseits dklgrün, unterseits heller, mit umgebogenem Rand ledrig. Blüten in Knäueln, gelbgrün (männl. Blüten mit 4–6(–10) Staubblättern, weibl. mit 3-fächrigem Fruchtknoten u. 3 freien Griffeln). Kronblätter fehlend. Frucht eine runzelige, braune Kapsel.
B In Kultur bis 8 m, in den Subtropen bis 20 m hoch werdend.

1860–1864 Gttg Chamaesyce
Bearbeitet von G. Hügin

Blätter gegenstdg, mit Nebenblättern. Drüsen meist mit petaloidem Anhängsel.

1860 **Chamaesyce nutans** (Lag.) Small
Nickende Wolfsmilch ⟨Gttg 250 sp⟩

U–E; ⟨T, s⟩, ⊙; M; RL?; ☠!
T10.3.1
M Bis ca 60 cm. Pfl meist aufsteigend bis aufrecht. Stg behaart (oft nur an der Spitze, Haare meist in Leisten) ohne sprossbürtige Wurzeln. Nebenblätter z. T. miteinander verwachsen. Blattspreite ca 15–30(–45) mm lg, gezähnt, (spärl.) behaart, oberseits meist mit einem dkln Fleck. Cyathien meist in Scheindolden. Kapsel kahl. Reife Samen unregelmäßig furchig-grubig, ± schwarz.
B Heimat: Nordamerika.

1861 **Chamaesyce humifusa** (Willd. ex Schlecht.) Prokh.
Niederliegende Wolfsmilch

E; T, s, ⊙; M, F (östl.), wo noch?; RL?; ☠!
T7.4.2, T8.3.1, T9.1.1.3, T9.2, T10.3.3.1+2, T10.7
M Bis ca 15(–20) cm. Stg niederliegend, kahl, ohne sprossbürtige Wurzeln. Blattspreite ca 6–9(–10) mm lg, gezähnt, kahl, ohne dkln Fleck. Nebenblätter nicht miteinander verwachsen. Cyathien einzeln od. in Scheintrauben. Reife Samen ohne Furchen od. Gruben (aber oft gescheckt), gräul. bis bräunl.
B Heimat O-Asien.

◄ 1862 **Chamaesyce prostrata** (Aiton) Small
Hingestreckte Wolfsmilch

U–E; ⟨T, s⟩, ⊙; M; RL?; ☠!
T9.5.2 (offen), T9.5.3, T10.3.1, T10.3.3.2, T10.3.3.1.1+3
M Bis ca 30(–50) cm. Pfl prostrat bis aufsteigend (aufrecht). Stg behaart, ohne sprossbürtige Wurzeln. Blattspreite ca 5–11(–15) mm lg, gezähnt, behaart, ohne dkln Fleck. Nebenblätter z. T. miteinander verwachsen (unterseits). Cyathien einzeln od. in Scheintrauben. Kapsel (i. d. R. nur auf Kanten [u. Basis]) abstehend behaart. Reife Samen mit tiefen Querfurchen, Farbe variabel.
B Heimat: Nordamerika.

1863 **Chamaesyce serpens** (Kunth) Small ►
Schlängelnde Wolfsmilch

U–E; ⟨T, s⟩, ⊙; M; RL?; ☠!
T9.5.2 (offen), T9.5.3, T10.3.3.2, T10.3.3.1.1+3
M Bis ca 50 cm. Pfl prostrat. Stg kahl, an den Knoten mit sprossbürtigen Wurzeln (od. bräunl. Wurzelknospen). Blattspreite ca 4–7(–10) mm lg, ganzrandig, kahl, meist ohne dkln Fleck. Alle Nebenblätter ± miteinander verwachsen. Cyathien ± einzeln. Reife Samen meist ohne Furchen od. Gruben, hellbräunl.
B Heimat: Amerika.

◄ 1864 **Chamaesyce maculata** (L.) Small
Gefleckte Wolfsmilch

E; T, s, ⊙; M, F; RL?;☠!
T7.4.4, T8.3.1, T10.3.3.2
M Bis ca 25(–50) cm. Pfl meist prostrat (slt aufsteigend bis aufrecht). Stg behaart, ohne sprossbürtige Wurzeln. Blattspreite ca 6–12(–22) mm lg, gezähnt, behaart, meist mit dklm Fleck. Nebenblätter nicht miteinander verwachsen. Cyathien einzeln od. in Scheintrauben. Kapsel ± anliegend behaart. Reife Samen meist mit ± deutl., flachen Querfurchen, Farbe variabel.
B Heimat: Nordamerika.

1865 **Euphorbia lathyris** L. ►
Kreuzblättrige Wolfsmilch ⟨Gttg ca 1750 sp⟩

A; ⟨B, w⟩, ⊙; M_1, M_2, F, wo noch?; ⟨RL –⟩; ☠!, Z
T9.2, T10.7
M 0,2–1(–1,5) m. Pfl aufrecht, blaugrün, kahl. Stgblätter 5–12 cm lg u. 0,8–2 cm br, kreuzgegenstdg, ohne Nebenblätter. Blütenstand mehrfach gabelig verzeigt. Nektardrüsen halbmondfg, gehörnt. Samen 5–7 mm lg u. 4–5 mm br.

◄ 1866 **Euphorbia helioscopia** L.
Sonnenwend-Wolfsmilch

A; T, w, ③; A, AV, M_1, M_2, F, K; RL –; ☠!, ☺
T9.1.2.1+2, T9.2, T9.3.2.1
M 10–40 cm. Stgblätter verkehrt eifg bis spatelig, oberhalb der Mitte fein gesägt, sonst ganzrandig. Endstdge Scheindolde meist 5-strahlig, Tragblätter den Stgblättern ähnl., meist etwas größer. Nektardrüsen oval, gelb. Kapsel fein punktiert, ohne Warzen.

1867 **Euphorbia villosa** ►
Waldst. & Kit. ex Willd.
Zottige Wolfsmilch

I; K, s, ⊙; AV; RL 1; ☠!
L5.2.5.4
M 50–120 cm. Pfl aufrecht, markig. Stgblätter 4–8 cm lg, längl. eifg bis lanzettl., (fast) sitzend, unterseits weichhaarig. Tragblätter br oval. Endstdge Scheindolde 5- bis mehrstrahlig, später von den seitl. Teilblütenständen deutl. überragt. Nektardrüsen oval, zuerst gelbl. grün, später rotgelb. Kapsel wenig gefurcht, (fast) kahl, ohne deutl. Warzen.
B Im Gebiet nur ssp *villosa*.

◄ 1868 **Euphorbia seguieriana** Neck.
Steppen-Wolfsmilch

I; H, w, ⑥; M_1, M_2, F; RL 3; ☠!, Z
H1.2.2.5–7, T6.2.1.4.1, T6.2.2.2.1, T6.2..3
M 15–60 cm. Mittlere Stgblätter 15–30 mm lg u. 3–6 mm br, bläul. grün, kahl. Endstdge Scheindolde 9–15-strahlig, seitl. Teilblütenstände fehlend od. nur wenige. Tragblätter br 3-eckig, zugespitzt. Nektardrüsen oval (Außenkante gerade od. gebogen), die Enden abgerundet, nie spitz. Kapsel fein punktiert, kahl.
B Im Gebiet nur ssp *seguieriana*.

1869 **Euphorbia palustris** L. ►
Sumpf-Wolfsmilch

I; H, s, ④; AV, M_1, M_2, F (jeweils Stromtäler), RL 3, §; ☠!, Z
S2.1, L5.2.5.4+5, T7.3
M 0,5–1,5 m. Stg bis 15 mm dick, hohl, im oberen Teil mit blütenlosen Seitenästen, kahl. Mittlere Stgblätter wechselstdg, 4–8 cm lg, längl. lanzettl., kahl. Endstdge Scheindolde vielstrahlig (> 5). Drüsen des Hüllbechers gelb, oval. Kapsel dicht kurzwarzig. Samen glatt, graubraun.

◄ 1870 **Euphorbia epithymoides** L.
Vielfarbige Wolfsmilch

I; H, s, ④; AV; RL 0; ☠!, Z
T1.1.2.4, T8.1.1
M 30–50 cm. Stg dicht behaart. Stgblätter 3–5,5 cm lg u. 1,5–3 cm br, eifg längl., ganzrandig, unterseits weichhaarig. Endstdge Scheindolde 3–5-strahlig. Tragblätter verkehrt eifg bis elliptisch, zunächst hellgelb später orangegelb. Nektardrüsen oval. Kapsel mit fadenfgn. an der Spitze roten Warzen.

1871 **Euphorbia dulcis** L. ssp **dulcis** ►
Haarfrüchtige Süße Wolfsmilch

I; K, H, s, ⑤; A, AV, M_1, M_2 (östl.); RL reg; ☠!
(L5.2.3), T1.1.1, (T1.1.2.3)
M 15–60 cm. Pfl mit waagerechtem Wurzelstock. Stg rund, zerstreut behaart. Stgblätter wechselstdg, 4–6(–8) cm lg u. 1–2 cm br, oberseits dklgrün, kahl, unterseits blaugrün, weichhaarig bis fast kahl. Endstdge Scheindolde (3–)5-strahlig. Tragblätter 3-eckig, nicht verwachsen, fein gezähnt. Nektardrüsen oval, anfangs gelbl. grün, später purpurrot. Kapsel zerstreut mit halbkugeligen Warzen besetzt, zur Reifezeit dicht behaart.

◄ 1872 ssp **incompta** (Ces.) Nyman
Kahlfrüchtige Süße Wolfsmilch

I; ⟨K, H, s⟩, ⟨⑤⟩; A, AV, M_1, M_2 (westl.); RL reg; ☠!
(L5.2.3), T1.1.1, (T1.1.2.3)
M Ähnl. 1871, aber in allen vegetativen Teilen kleiner, 25–40 cm, Stgblätter 2,5–4,5 cm lg. Reife Kapsel kahl (höchstens unreif wenig behaart, später verkahlend), Warzen purpurrot.

1873 **Euphorbia verrucosa** L. ►
Warzen-Wolfsmilch

I; H, s, ⑤; A, AV, M_1, (M_2); RL reg; ☠!
T6.2.2.2.3
M 30–50 cm. Pfl mit senkrechtem Wurzelstock. Stgblätter zahlreich, 2–4 cm lg u. 1,5 cm br, schmal elliptisch bis schmal eifg, sitzend, wie Tragblätter vorn sehr fein gezähnelt, zumindest unterseits ± weichhaarig. Scheindolden 5-strahlig. Tragblätter verkehrt eifg bis elliptisch, gelb od. orange. Nektardrüsen oval, gelb. Kapsel kahl mit walzl. Warzen.

1874 **Euphorbia platyphyllos** L.
Breitblättrige Wolfsmilch

I; T, s, ⊙; AV, M_1, M_2, (F); RL reg; ☠!
T7.4.1, T8.2.1.4, T9.1.1.3, T9.2, T10.3.3.1
M 30–60 cm. Pfl kahl bis zerstreut flaumig. Stgblätter eilängl. bis eilanzettl., sitzend, vorne fein gesägt, unterseits wie am Rand zerstreut lghaarig. Endstdge Scheindolde meist 5-strahlig. Tragblätter br 3-eckig, bespitzt. Nektardrüsen oval, gelb. Kapsel 3 mm br, mit halbkugeligen Warzen u. 3 warzenlosen Längsstreifen. Samen 1,6–1,9 mm br.
B Im Gebiet nur ssp *platyphyllos*.

1875 **Euphorbia amygdaloides** L.
Mandelblättrige Wolfsmilch

I; C, i, ③; A, AV, M_1, M_2; RL reg; ☠!, ☺, Z
L5.2.3, T1.1.1, T1.1.2.3
M 30–60 cm. Nicht blühende Triebe mit endstdgr Blattrosette. Laubblätter blühender Triebe in der Mitte rosettig gehäuft, lanzettl. bis verkehrt eifg, dklgrün, derb, behaart. Endstdge Scheindolde (3–)5–9-strahlig, dazu seitenstdge Teilblütenstände. Tragblätter miteinander verwachsen. Nektardrüsen sichelfg, Kapsel kahl, fein punktiert.

1876 **Euphorbia salicifolia** Host
Weidenblättrige Wolfsmilch

I; H, s, ⊙; M_1; RL reg; ☠!
T8.1.2
M 30–70 cm. Pfl flaumig behaart. Mittlere Stgblätter 5–7 cm lg u. 1–2,5 cm br, lanzettl., größte Breite unterhalb der Mitte. Endstdge Scheindolde meist 8–10-strahlig, darunter blühende od. nicht blühende Seitenäste. Tragblätter breiter als lg, stachelspitzig. Hüllbecherdrüsen sichelfg, gelb, später purpurrot. Kapsel tief gefurcht, schwach runzelig, kahl.

1877 **Euphorbia lucida** Waldst. & Kit.
Glänzende Wolfsmilch

I; H, s, ⑥; AV, M_1; RL 2, §; ☠!
L5.2.5 (u. a. 4)
M 60–130 cm. Mittlere Stgblätter 6–12 cm lg u. 1–3 cm br, lanzettl., größte Breite unterhalb der Mitte, oberseits dklgrün, glänzend. Endstdge Scheindolde 7–12-strahlig, darunter seitl. Teilblütenstände u. nicht blühende Triebe. Tragblätter kurz bespitzt, gelbgrün. Hüllbecherdrüsen halbmondfg, gelb, später braun. Kapsel tief gefurcht, glatt.

1878 **Euphorbia esula** L.
Esels-Wolfsmilch

I; H, s, ⊙; AV, M_1, M_2, F, K; RL reg; ☠!, ☺
T6.2.2.2.2, T7.4.1, T8.2.2.5, T10.3.1.3, T10.3.3.1
M 30–80 cm. Mittlere Stgblätter meist 3–6 cm lg u. 3–8(–13) mm br, längl. lanzettl., größte Breite im oberen Drittel. Endstdge Scheindolde 7–13-strahlig, mit zahlreichen Seitenästen. Tragblätter rautenfg. Nektardrüsen hornfg (Hörner zuw. fehlend) an den Enden nicht verbreitert. Kapsel tief 3-furchig, kahl, fein runzelig warzig.

1879 **Euphorbia waldsteinii** (Sojak) A. R. Sm.
Ruten-Wolfsmilch

I?; H, s, ⊙; AV, M_1, M_2, F; RL reg; ☠!
T6.2..3.1, T8.2.2.2, T10.3.1.3, T10.3.2
M Ähnl. 1878, aber mittlere Stgblätter meist 4–12 cm lg u. 4–10 mm br, die größte Breite unterhalb der Mitte, oberseits matt, glanzlos. Hörner der Nektardrüsen keulenartig verdickt. Spreitenbasis abgerundet bis br keilfg.

1880 **Euphorbia × pseudovirgata** (Schur) Soó (1878 × 1879)
Schein-Rutenwolfsmilch

I?; H, s, ⊙; M_2, wo noch?; RL?; ☠!
wie 1878 u. 1879
M In den Merkmalen zw den Eltern stehend. Im Gegensatz zu 1879 Spreitenbasis plötzl. verschmälert bis keilfg, Stgblätter meist ca 4–5 mm br.

1881 **Euphorbia cyparissias** L.
Zypressen-Wolfsmilch

I; H, K, w, ④; A, AV, M_1, M_2, F, K; RL –; ☠!, ✠, Z
T1.4.1.3, T6.2.1.4, T6.2.1.5.4, T7.5.2
M 15–50 cm. Mittlere Stgblätter 1–3 cm lg u. 1,5–3 mm br, lineal-lanzettl., größte Breite in od. oberhalb der Mitte, am Grund verschmälert, kahl. Endstdge Scheindolde 10–20-strahlig, darunter nicht blühende Seitentriebe. Tragblätter rautenfg. Nektardrüsen halbmondfg. Kapsel dicht mit halbkugeligen Warzen bedeckt.

1882 **Euphorbia peplus** L.
Garten-Wolfsmilch

A; T, s, ⊙; A, AV, M_1, M_2, F, K; RL –; ☠!
T8.2.1.2, T8.3.1, T9.1.2.2, T9.2.1, T9.5.3
M 10–25 cm. Pfl verzweigt, kahl. Mittlere Stgblätter 1–2 cm lg, verkehrt eifg bis rundl., meist kurz gestielt, frühzeitig abfallend. Endstdge Scheindolde 3-strahlig, mehrfach gabelig verzweigt. Tragblätter br lanzettl. Nektardrüsen mit 2 fadenfgn Anhängseln. Kapsel, glatt, mit 3 flügelfgn Doppelleisten. Samen 6-kantig, eifg.

1883 **Euphorbia exigua** L.
Kleine Wolfsmilch

A; T, ⟨s⟩, ⑥; AV, M_1, M_2, F, K; RL reg; ☠!
T9.1.1.1, T9.1.2.1, T9.1.2.2
M 6–20 cm. Pfl reich verzweigt, kahl. Mittlere Stgblätter 10–25 mm lg u. 1–3 mm br, lineal-lanzettl., sitzend. Mehrere Teilblütenstände am Ende der Seitenzweige, diese 3(–5)-strahlig, mehrfach gabelig verzweigt. Tragblätter schmal lanzettl., spitz zulaufend. Nektardrüsen mit 2 fadenfgn Anhängseln. Kapsel glatt, kahl. Samen 4-kantig, warzig höckrig.

1884 **Euphorbia falcata** L.
Sichel-Wolfsmilch

A; T, s, ⊙; (AV), M_1, (M_2); RL 1; ☠!
T9.1, T10.7
M 5–40 cm. Stg kahl. Stgblätter 5–30 mm lg u. 3–5 mm br, meist spatelfg, größte Breite oberhalb der Mitte. Tragblätter 3-eckig eifg, deutl. bespitzt. Endstdge Scheindolde 3–4(–5)-strahlig, mehrmals gabelig verzweigt. Anhängsel der Nektardrüsen fadenfg. Frucht glatt, kahl. Samen 4-kantig, mit tiefen Querfurchen.

1885 **Euphorbia stricta** L.
Steife Wolfsmilch

I; T, s, ⑤; A, AV, M_1, M_2 (westl.), F; RL reg; ☠!
L5.2.3, T8.2.1.2, T10.3.3.1 (Wald)
M Ähnl. 1874, aber Stgblätter etwas schmaler, meist kahl. Endstdge Scheindolde 3(–5)-strahlig. Kapseln ohne deutl. warzenfreie Längsstreifen, ca 2 mm br, Warzen kurz walzl. Samen ca 1 mm br.

1886 Mercurialis annua L.
Einjähriges Bingelkraut (Gttg 8 sp)

A; T, s, ⑦, ♀♂; AV, M_1, M_2, F, K; RL reg; (☠), ✠
T8.3.1, T9.1.1.3, T9.1.2.1, T9.3.2.1, T10.3.3.1, T10.7

M 10–40 cm. Pfl verzweigt, Seitenzweige gegenstdg, von unten an beblättert. Blätter eifg bis lanzettl., stumpf gesägt. Blüten unscheinbar, mit 3 grünl. Blütenhüllblättern, in rispigen od. knäueligen Blütenständen auf lgn Stielen. Blüten u. Früchte ± sitzend, Fruchtstiel kürzer als die Frucht, diese kugelig, mit spitzen Höckern.

1887 Mercurialis perennis L.
Wald-Bingelkraut

I; K,H, s, ②, ♀♂; A, AV, M_1, M_2, F, K; RL –; (☠), ✠, ☼, F, Z
L5.2.3, T1.1.1, T1.1.2.3

M 15–40 cm. Stg nur im oberen Teil beblättert, im unteren Teil mit schuppenfgn Niederblättern, ohne Seitenäste. Stgblätter 4–12 cm lg, gegenstdg, lanzettl. bis oval lanzettl., mehr als doppelt so lg wie br, stumpf gesägt, 5–25 mm lg gestielt. Kapsel kugelig, rauhaarig, gestielt, ihr Stiel mehrfach länger als die Kapsel.

1888 Mercurialis ovata Sternb. & Hoppe
Eiblättriges Bingelkraut

I; H,C, s, ⊙, ♀♂; (AV), M_1; RL reg; (☠)
T1.1.1.4, T1.1.2.4.2

M Ähnl. 1887, aber Blätter br eifg, kurz zugespitzt, sitzend od. höchstens 2 mm lg gestielt, beiderseits meist zerstreut kurzhaarig. Unterer Stgteil mit mehreren kleinen Blättern.

B Der Bastard (1888a) *M.* × *paxii* Graebn. (1887 × 1888) besitzt eifge Blätter (2mal so lg wie br, Blattstiel kürzer als bei 1887, weibl. Pfl steril). Ob im Gebiet?

1889 Rhamnus cathartica L.
Purgier-Kreuzdorn ⟨Gttg 75 sp.⟩

I; N, s, ⑥; A, AV, M_1, M_2, F, K; RL –; ☠, ✠, ☺, ☼, F
T1.1.2.4, T2.1, T2.1.2.1.1

M 1,5–3 m. Äste aufrecht, mit Sprossdornen. Blätter 4–6(–8) cm lg, rundl. elliptisch, mit gesägtem Blattrand, gegenstdg. Blattstiel 1–3 cm lg, mind. 2mal so lg wie die (hinfälligen) Nebenblätter. Blüten 4(–5)-zählig, in den Blattachseln gebüschelt. Kronblätter grünl., je ein Staubblatt umschließend, kürzer als der Kelch. Steinfrucht schwarz.

1890 Rhamnus saxatilis Jacq.
Felsen-Kreuzdorn

I; N, s, ⑤; A, AV, M_1; RL reg
T1.1.8.4, T1.4.1.3, T2.1.2.1.1, T6.2.2.2

M 20–150 cm. Pfl sparrig verzweigt, mit Sprossdornen. Blätter 1–3 cm lg, lanzettl., am Rand drüsig gesägt, 2–4 mm (etwa so lg wie die Nebenblätter) gestielt, (fast) gegenstdg. Blüten u. Früchte wie 1889.

B Im Gebiet nur ssp *saxatilis*.

1891 Rhamnus pumila Turra
Zwerg-Kreuzdorn

I; C, s, ⊙; A, AV; RL –
T5.2.2.2

M 5–15 cm. Pfl mit knorrigem, dem Fels angeschmiegtem Stamm (Habitus wie Spalierweiden!), dornenlos. Blätter 2–4 cm lg, verkehrt eifg bis elliptisch, unterseits flaumhaarig, fein gesägt, wechselstdg. Blattstiele 2–5 mm lg. Blüten u. Früchte wie 1889.

◄1892 **Frangula alnus** Mill.
Faulbaum ⟨Gttg 50 sp⟩

I; N, s, ⑥; A, AV, M_1, M_2, F, K; RL –; ☠, ✠, ☺, ☼, F
L5.2.3, T1.1.2.5, T1.4.1.3, T1.4.3.1, T2.1.2, T4.5
M 2–4(–7) m. Äste ohne Dornen. Blätter 5–7 cm lg, elliptisch, mit 7–9 Seitennervenpaaren, ganzrandig, wechselstdg. Blüten zu 1–4 je Blattachsel, 5-zählig, unscheinbar, ihre Stiele bis 12 mm lg. Kronblätter weiß, je ein Staubblatt löffelartig umfassend. Steinfrucht zuerst grün, dann rot, reif schwarz.
B Variabel, u. a.: der Ovalblättrige F. (1893) var *elliptica* Meinh. mit mehr südl. Verbreitung, auch auf Kalk: 1,2–1,8 m, Blüten zu 5–6(–15), auf 4–7 mm lgn Stielen.

1894 **Vitis vinifera** L. ssp **vinifera** ►
Kultur-Weinrebe (Gttg ca 65 sp)

E, K; N li, s, ⊙; M_1, M_2; RL –; ✠, ☺, ✂, Ob
T9.3.2.1, T9.3.2.1.2
M Unterscheidet sich von ssp *sylvestris* in folgenden Merkmalen: Blätter (je nach Sorte) schwach gelappt bis tief gespalten, mit enger Stielbucht. Fruchtstand dicht (Rispenäste kaum sichtbar). Beeren über 1 cm br, grün, gelb, purpurn od. blauviolett, süß schmeckend, sich berührend. Samen
◄2(–3), 5,3–7,5 mm lg, birnen- bis flaschenfg.
B Von heimischen u. südeuropäischen Wildformen abstammend.

1895 ssp **sylvestris** (C. C. Gmel.) Hegi ►
Wilde Weinrebe

A?; P, N li, s, ⑦, ♀♂; M_1 (Rhein); RL 1, §; ✠, ☺, ✂, ☼, F
L5.2.3, T2.1.2.1.1
M 5–40 m. Pfl verzweigt. Borke älterer Zweige längsfaserig. Haftscheiben fehlend. Laubblätter handfg gelappt, 3–5-zählig, im Umriss rundl., mit weiter Stielbucht. Fruchtstand lockerrispig. Beeren ca 5–7(–10) mm br, meist blauschwarz, sich nicht berührend. Samen 4,9–5,7 mm lg, meist zu 3, rundl. herzfg.
B Sehr variabel (Blattform, -behaarung, Farbe u. Geschmack der Früchte). Wildform der Kulturreben. Welcher ssp nebenstehende Abb. zuzuordnen ist, konnte nicht eindeutig geklärt werden.

1896 **Parthenocissus inserta** (Kern.) Fritsch ►
Fünfblättriger Wilder Wein (Gttg 10 sp)

E; ⟨N li, s⟩, ⊙; AV, M_1, M_2, F; RL –; (☠), Z
L5.2.3, T10.2..2, T10.2.8.3
M 10(–30) m. Pfl schlingend, niedrig wachsend. Borke nicht längsfaserig. Blätter 5–7-zählig gefingert, grob gesägt, glänzend, oberseits dklgrün, unterseits hellgrün. Haftscheiben fehlend. Blüten zwittrig. Beeren dklblau.
B Verwechslungsgefahr mit dem Gewöhnlichen
◄Wilden Wein, (1896 a) *P. quinquefolia* (L.) Planchon (Ranken mit Haftscheiben, Blätter unterseits bläul. grün) u. dem Kletterwein, (1896 b) ohne Abb. *P. tricuspidata* (Sieb. & Zucc.) Planch. (Blätter 3-lappig od. ungeteilt, nie gefingert). Beide Arten kultiviert, aber nicht eingebürgert.

1897 **Linum catharticum** L. ssp **catharticum**
Gewöhnlicher Purgier-Lein (Gttg ca 180 sp)

I; T, s, ⑥, ⊛; A, AV, M_1, M_2, F, K; RL reg; ✠
S2.2.2, T3.4.2.1, T6.2.2.2.3, T7.1.2
M 5–30 cm. Stg einfach, locker beblättert, ohne sterile Triebe, oben gabelästig. Blätter lanzettl. bis verkehrt eifg, überwiegend gegenstdg. Blütenstand locker, mit nickenden Knospen. Kelchblätter elliptisch, zugespitzt. Kronblätter 4–5 mm lg, weiß, am Grund gelb.
B Zweifelhaften taxonomischen Wert hat der Mehrjährige P., (1898) ssp *suecicum* (Murb. ex Hayek) Hayek, RL?; T3.4.2.1, T6.2.2.2.3: **M** 2–3-jährig, mit ästigem, am Grund dicht beblättertem Stg u. sparrig dichtem Blütenstand.

1899 **Linum flavum** L.
Gelber Lein

I; H, s, ⑧; AV, M_1; RL 2!, §; Z
T6.2.2.2.3, T6.2..3.1, T8.1.1
M 20–50 cm. Stg kahl, wenigstens oberwärts scharfkantig. Blätter vorwiegend wechselstdg, blaugrün, am Grund jederseits mit 1 Drüse. Kelchblätter 6–9 mm lg, eifg, zugespitzt, am Rand drüsig bewimpert. Kronblätter 15–20 mm lg, gelb. Narbe keulig.

1900 **Linum viscosum** L.
Klebriger Lein

I; H, s, ⊙; AV; RL 3, §; Z
T1.4.1.3, T6.2.2.2.3, T7.3.2, T8.1.1
M 30–60 cm. Stg aufrecht od. bogig aufsteigend, abstehend zottig behaart, rund. Mittlere Stgblätter 5–9 mm br, eilanzettl., 3–5-nervig, wie die Kelchblätter drüsig bewimpert, am Grund ohne Drüsen. Kronblätter 18–25 mm lg, rosarot, dklr geadert.

1901 **Linum tenuifolium** L.
Schmalblättriger Lein

I; H, C, w, ⑥; (AV), M_1, M_2; RL 3+, §; Z
T6.2.2.2.1, T6.2.2.2.3 (tro)
M 15–40 cm. Pfl verzweigt, aufrecht bis bogig aufsteigend, mit sterilen u. fertilen Trieben, kahl od. im unteren Teil kurzhaarig. Blätter wechselstdg, die mittleren 1–1,5 mm br, schmal lineal, 1-nervig, nicht drüsig bewimpert, am Rand rau, am Grund ohne Drüsen. Kelchblätter lanzettl., lg zugespitzt, am Rand drüsig. Kronblätter 10–15 mm lg, blassrosa od. blasslila.

1902 **Linum perenne** L.
Ausdauernder Lein

I; H, s, ⑥; AV, M_1, M_2; RL 1!, §; Z
T6.2..3.1
M 30–80 cm. Pfl aufrecht (slt aufsteigend), verzweigt, meist mit mehr als 10 Blüten. Innere Kelchblätter meist 0,3–1,0 mm länger als die äußeren. Kronblätter hellblau, 15–20 mm lg u. meist 9–12 mm br, ihre Ränder überlappen sich bei voll geöffneten Blüten mind. bis über die Mitte (bis vollstdg). Staubgefäße u. Stempel unterschiedl. lg (Blüten heterostyl). Fruchtstiele aufrecht. Kapsel 6–7 mm lg.
B In dieser Fassung ist ssp *perenne* gemeint.

1903 **Linum alpinum** Jacq.
Alpen-Lein

I; H, s, ⊙; A; RL 2, §; Z
T3.4.2

M Ähnl. 1902, aber 10–30 cm hohe Alpenpfl, aus bogigem Grund aufrecht, 1–8-blütig. Kelchblätter etwa gleich lg. Kronblätter sich höchstens bis zur Mitte überlappend. Pollenkörner mit 3 Furchen.

1904 **Linum ockendonii** Greuter & Burdet
Berg-Lein ohne Abb.

I; ⟨H, s⟩, ⊙; A; RL?, §
T3.4.2

M Ähnl. wie 1903, aber Pollenkörner mit 6 Poren.

1905 **Linum austriacum** L.
Österreichischer Lein

E?; H, s, ⑤; M_1, M_2, F; RL reg, §; Z
T6.2..3.1, T8.2.2.2

M 20–60 cm. Pfl am Grund bogig aufsteigend, schief od. aufrecht, vielblütig. Kelchblätter fast gleich lg. Kronblätter intensiver u. dklr blau als bei 1902, 10–15(–17) mm lg, sich an den Rändern meist auf der ganzen Länge überlappend. Fruchtstiele waagerecht abstehend bis abwärts gekrümmt. Kapsel 4–6 mm lg. Blüten heterostyl. Samen 2,5–3,5 mm lg.

B Heimat SO-Europa. Im Gebiet nur ssp *austriacum*.

1906 **Linum leonii** F. W. Schultz
Lothringer Lein

(☆) **I**; H, s, ⑤; M_1, M_2; RL 2! §
T6.2.2.2 (lückig)

M Ähnl. 1905, aber Stg 5–15 cm, aufsteigend bis niederliegend, 1–6-blütig. Kronblätter kräftig blau, 8–14 mm lg u. 4–6 mm br, sich nur am Grund überlappend. Kapsel 6–7 mm lg. Blüten homostyl. Fruchtstiele aufrecht bis wenig abwärts gebogen. Samen 4,5 mm lg.

1907 **Radiola linoides** Roth
Zwerg-Lein (Gttg 1 sp)
I; T, s, ⑦; M, F, K; RL 2
L3..7.3

M 1–10 cm. Stg dünn, gabelästig, kahl. Blätter 3–5 mm lg, eifg bis lanzettl., sitzend, gegenstdg. Blüten in Knäueln am Ende der Äste. Blüten 4-zählig. Kelchblätter 2–3-zähnig. Kronblätter 1–1,5 mm lg, weiß. Frucht 1 mm lg.

1908 **Polygala chamaebuxus** L.
Buchsblättriges Kreuzblümchen (Gttg ca 500 sp)

I; C, i, ⑤; A, AV, M_1; RL reg; (☺), Z
T1.4.1.3, T3.4.2.1

M 10–20 cm. Blätter ledrig. Blüten gelb u. weiß, oft rot überlaufen, zu 1–3 blattachselstdg, mit 2 kronblattartig vergrößerten Kelchblättern (Flügel) sowie 3 kleinen Kelchblättern. Kronblätter 3: das untere größer, schiffchenfg, vorn mit 4-lappigem Anhängsel (Krista), die 2 oberen kleiner.

1909 **Polygala serpyllifolia** Host
Thymianblättriges Kreuzblümchen

I; H, C, w, ⑤; AV, M_1, M_2, F, K; RL 3
T6.2.1.5.1, T6.2.1.5.2

M 8–20(–25) cm. Pfl niederliegend bis aufsteigend, verzweigt. Untere Blätter keine Rosette bildend, eifg, gegenstdg. Blätter nach oben hin an Größe zunehmend. Seitl. Blühtriebe den Hauptstg überragend, 3–8(–10)-blütig. Blütenstiel meist länger als sein Tragblatt. Blütenhülle meist hellblau, Krista mit fransenfgn Anhängseln. Flügel 5–6 mm lg, schmaler u. länger als die Kapsel.

◂◂1910 **Polygala calcarea** F. W. Schultz
Kalk-Kreuzblümchen

I; C, H, w, ⑥; M_1, M_2 (westl.); RL 3
T6.2.2.2.3

M 5–20 cm. Stg am Grund verzweigt, ausläuferartig liegend, ihre Enden aufsteigend, mit großblättriger (Blätter 15 mm lg u. 7 mm br) Rosette abschließend. Aus den Blattachseln mehrere aufrechte, blütentragende u. vegetative Sprosse, mit kleineren Blättern. Blütentraube 6–20-blütig. Blüten meist dklblau. Flügel 5–7 mm lg, deutl. netzadrig.

◂1911 **Polygala alpestris** Rchb.
Voralpen-Kreuzblümchen

I; H, s, ⊙; A, AV; RL –
T3.4.2.1, T6.2.1.5.4

M 5–15 cm. Stg niederliegend od. aufsteigend. Grundblätter keine Rosette bildend (aber hfg einander genähert), wechselstdg, viel kleiner als die Stgblätter. Tragblätter der Blüten eifg, etwa so lg wie der Blütenstiel, die Knospen nicht überragend. Blütentraube 5–20-blütig. Blütenhülle meist blau. Flügel 4,5–7 mm lg u. 2–3,5 mm br, mit undeutl. verzweigten Seitennerven, meist ohne (slt 1–4) Netzmaschen.

B Im Gebiet nur ssp *alpestris*.

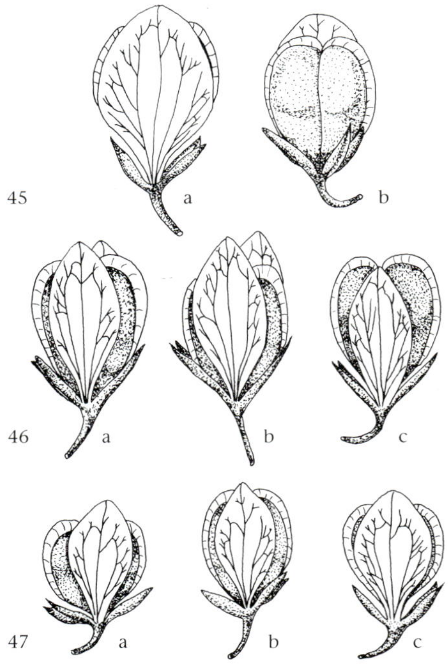

Figur 45–47: Fruchtflügel bei *Polygala*
45: *Polygala vulgaris* ssp *vulgaris*
46: *Polygala vulgaris* ssp *oxyptera*
47: *Polygala vulgaris* ssp *collina*
a–c zeigt jeweils die Variationsbreite

◂1912 **Polygala amara** L. ssp **brachyptera** (Chodat) Hayek
Bitteres Kreuzblümchen

I; H, C, w, ⊙; A, AV, M_1, M_2; RL reg; (☺), ✠
T3.4.2.1, T6.2.2.2.3

M 5–20 cm. Pfl aufsteigend bis aufrecht, am Grund verzweigt, vielstängelig. Laubblätter bitter schmeckend (Name!). Grundblätter eine deutl. Rosette bildend, (viel) größer als die ± spitzen Stgblätter, deren größte Breite etwa in der Mitte liegt. Tragblätter etwa so lg wie die Blütenstiele. Flügel längl. eifg, 4,8–6,5 mm lg u. 2–4,4 mm br, höchstens um ⅓ länger als die Kapsel u. schmaler als diese, länger als die 3,5–5,5 mm lge, meist kräftig blaue Blütenhülle. Krista mit 12–35 Fransen. Samen 2,1–2,8 mm lg, mit längeren u. kürzeren Borsten.

B (1912a) ssp *amara* für D?; H, C, w, ⊙; RL?; T3.4.2.1; mit br elliptischen (6–8,5 mm lgn u. 3,5–5,5 mm brn) Flügeln, fast 2mal so lg wie die Kapsel u. etwa gleich br wie diese, etwa so lg wie die (5–7 mm lge) Blütenhülle. Zwischenformen zu 1911 u. 1913 erschweren die Ansprache.

◂1913 **Polygala amarella** Crantz
Sumpf-Kreuzblümchen

I; H, C, s, ⑤; A, AV, M_1, M_2; RL reg; ✠, (☺)
S2.2.2, T6.2.2.2.3, T7.3

M Ähnl. 1912 (Blattrosette, bitterer Geschmack, Tragblätter), aber Stg nur bis 10 cm (bei 1913a, var *orbicularis* bis 20 cm) hoch, Stgblätter stumpfl., oberhalb der Mitte am breitesten. Flügel längl. eifg, 3–5,1 mm lg u. 1,2–2,2 mm br, höchstens so lg u. stets deutl. schmaler als die Kapsel. Blütenhülle meist kräftig blau od. violett. Krista mit 6–14 Fransen. Samen 1,5–2,1 mm lg, nur mit kurzen Borsten.

B Formenreich. Gelegentl. werden folgende Sippen abgetrennt, deren taxonomische Bedeutung zur Zeit noch diskutiert wird.

(1913a) *P. amarella* var *orbicularis* Chodat, eine Feuchtwiesen-Sippe, unterscheidet sich durch kreisrunde Kapseln (abgesehen von der Saumausrandung am Vorderrand der Kapseln).

(1913b) *Polygala austriaca* Crantz; S2.2.2, T7.3.2; Pflanze bis 30 cm, zierl., schlank. Rosettenblätter verkehrt längl. eifg, ihre Blattstiele zieml. plötzl. in den Blattgrund verschmälert (bei 1913 verkehrt rundl. eifge Rosettenblätter, Blattstiele allmähl. in den Blattgrund verschmälert). Blätter nicht bitter schmeckend (immer?). Kapseln verkehrt eifg (bei 1913 verkehrt herzfg). Blüten (immer?) weiß bis hellblau.

1914 **Polygala comosa** Schkuhr
Schopfiges Kreuzblümchen

I; H, s, ⑤; AV, M_1, M_2, F; RL reg; (☺)
T6.2.2.2.3
M 5–30 cm. Pfl aufrecht od. aufsteigend, am Grund verzweigt, mehrstglig. Grundblätter keine Rosette bildend, wechselstdg, kleiner als die nach oben hin nur wenig größer werdenden Stgblätter. Tragblätter meist bewimpert, 2–3-mal so lg wie die Blütenstiele, die Knospen überragend (Blütenstandsspitze schopfig). Blütenstand 15–50-blütig. Blütenhülle meist lila, slt blau od. weißl. Flügel (3,5–) 4–7,5 mm lg u. (2–)2,2–4,5 mm br, mit undeutl. Nervennetz, mit 0–6 Netzmaschen.
B Formenreich.

1915 **Polygala vulgaris** L. ssp **vulgaris**
Gewöhnliches Kreuzblümchen

I; H, C, w, ⑤, ❀; A, AV, M_1, M_2, F, K; RL reg; (☺)
T6.2.2.2.3, T7.1.2, T7.3
M 5–25 cm. Pfl meist aufrecht, mehrstglig, kräftig. Untere Blätter bisweilen gehäuft, aber keine Grundblattrosette bildend, den Stgblättern ähnl., wechselstdg. Obere Stgblätter größer als die unteren. Tragblätter kahl, so lg wie die Blütenstiele, die Blütenknospen an der Blütenstandsspitze nicht überragend (nicht schopfig). Blütenhülle blau bis violett, slt purpurn, in dichter Traube, meist mehr als 10-blütig. Flügel 6–9 mm lg u. 3,5–5 mm br, die Kapsel wenig überragend, vorn abgerundet, etwa so br od. breiter als die Kapsel, mit 6–20 Netzmaschen (Fig. 45). Griffel so lg wie der Fruchtknoten.

B Das ähnl. Spitzflügelige K., (1916) ssp *oxyptera* (Rchb.) Schübl. & Mart., RL reg, T6.2.1.5.1, hat folgende Merkmale: 15–25 cm, aufrecht od. aufsteigend, zierl., Blütenhülle meist grünl. weiß; obere Stgblätter nicht viel größer als die unteren; Blüten lockertraubig. Flügel 6–7,5 mm lg u. 2,5–4 mm br, mit 4–8 Netzmaschen, schmäler als die 5–6 mm lge u. 4–5 mm bre, längl. Kapsel u. diese ca um ⅓ überragend, zugespitzt. Griffel länger als der Fruchtknoten. Kapsel mit brm Hautrand (Fig. 46). Slt Übergänge zu 1915.

Die Hügel-Kreuzblume, (1917) ssp *collina* (Rchb.) Borbas, M_2, RL?; wo?, ist der ssp *oxyptera* sehr ähnl., Unterscheidungsmerkmale: Nur 5–15 cm hoch, niederliegend bis aufsteigend. Blütenstand dicht, wenigblütig. Tragblätter kürzer als der Blütenstiel. Flügel 4–6 mm lg u. 2–3,5 mm br, wenig schmaler u. etwa so lg wie die rundl. Kapsel. Diese 4–5 mm lg u. 3–4 mm br, mit schmalem Hautrand (Fig. 47).

1918 **Staphylea pinnata** L.
Gewöhnliche Pimpernuss (Gttg 11 sp)

I; N, s, ⑤; AV, M_1; RL 3; (Z)
T1.1.1.4, T1.1.2.1, T1.1.2.4, T2.1.2.1.1
M 1–3(–5) m. Blätter unpaarig gefiedert, mit 5–7 elliptischen bis br lanzettl. Fiederblättchen. Blüten zwittrig, 5-zählig, in hängenden Rispen, gelbl. weiß. Kronblätter glockenfg zusammenneigend. Frucht eine grünl., häutige, aufgeblasene Kapsel.
B Als Ziergehölz werden Hybriden mit der Kolchischen Pimpernuss. *S. colchica* Stev. bzw. diese selbst gepflanzt.

1919 **Aesculus hippocastanum** L.
Gewöhnliche Rosskastanie (Gttg 13 sp)

E; P, s, ④; AV, M_1, M_2, F; ⟨RL –⟩; (☠), ✠, ✿, F, Z
T1.3
M Bis 25 m. Blätter 5–7-teilig, gefingert. Blättchen verkehrt eifg, 10–25 cm lg, gekerbt gesägt, mit aufgesetzter Spitze. Blüten groß, in aufrechter Rispe. Kronblätter etwas ungleich, weißl., mit rötl. od. gelbem Fleck. Frucht kugelig, stachelig. Same (»Kastanie«) 2–4 cm br, braun, glänzend.
B Wild in Schluchtwäldern des Balkans. Mehrere weitere Arten als Ziergehölze.

1920 **Acer negundo** L.
Eschen-Ahorn (Gttg 111 sp)

E; P, s, ⊙, ♀♂; AV, M_1, M_2, F; RL –; F, Z
L5.2.3, T1.3, T10.1.1, T10.3.1
M Bis 20 m. Blätter 3–7-zählig gefiedert, Fiederblättchen mitunter 2–3-lappig. Blüten vor den Blättern erscheinend, in hängenden Blütenständen (die weibl in Trauben, die männl in kurzen büscheligen Rispen). Kronblätter fehlend. Staubblätter 4–6 (übrige Ahorn-Arten im Gebiet mit 8 Staubblättern). Fruchtflügel spitzwinklig.
B Heimat: Nordamerika.

1921 **Acer pseudoplatanus** L.
Berg-Ahorn

I; P, s, ④; A, AV, M_1, M_2, (F, K nur syn.); RL –; ☼ F, Z
L5.2.3, T1.1.1, T1.1.2.1, T10.1
M 8–30 m. Stamm mit schuppig abblätternder Borke. Knospen olivgrün, mit randl. bewimperten Schuppen. Blätter 5-lappig, unregelmäßig gekerbt gesägt, meist (8–)10–15(–20) cm br. Stiele ohne Milchsaft. Blüten gelbgrün, in vielblütigen, hängenden, traubenfgn Rispen. Blütenstiele kahl. Fruchtflügel fast rechtwinklig.
B Häufig als Straßenbaum gepflanzt.

1922 **Acer opalus** L.
Schneeballblättriger Ahorn

I; P, s, ⊙; M_1; RL R; F, (Z)
T1.1.2.1+3, T1.1.2.4.1
M Bis 20 m. Stamm mit glatter, abschuppender od. rissig gefelderter Borke. Knospenschuppen auf der Fläche behaart. Blätter stumpf 3(–5)-lappig, unregelmäßig gekerbt gesägt, derb, 5–10(–12) cm br. Milchsaft fehlend. Blüten gelbgrün, zu 10–50 in nickenden Doldenrispen. Fruchtflügel spitzwinklig.

1923 **Acer monspessulanum** L.
Französischer Ahorn, Felsen-Ahorn

I; P, s, ③; M_1, M_2 (westl.); RL reg; F (Z)
T1.1.2.4.1, T2.1.2.1.1
M Bis 6(–10) m. Stamm mit rissiger, relativ dünner Borke. Blätter 4–9 cm br, mit 3 etwa gleich großen, ledrigen, oberseits glänzenden, meist ganzrandigen Blattlappen. Blattnarben eines Blattpaares voneinander entfernt. Milchsaft fehlend. Blüten in wenigblütigen, nickenden Doldenrispen. Fruchtflügel parallel bis rechtwinklig.

1924 **Acer platanoides** L.
Spitz-Ahorn

I; P, s, ②; A, AV, M_1, M_2, (F + K syn.); RL –; ☺, ☼, F, Z
T1.1.1, T1.1.2.1, T10.1
M Bis 25 m. Stamm mit glatter, fein längsrissiger Borke. Knospen meist glänzend rotbraun, kahl. Blätter 10–18 cm br, bis etwa zur Hälfte 5-lappig, mit lg zugespitzten Blattlappen. Blattstiele Milchsaft führend. Blüten gelbgrün, in aufrechten Doldenrispen. Blütenstiele kahl. Fruchtflügel stumpfwinklig.
B Wie 1921.

1925 **Acer campestre** L. ssp **campestre**
Gewöhnlicher Feld-Ahorn, Maßholder

I; P, s, ④; A, AV, M_1, M_2, F, K; RL reg; F, Z
L5.2.3, T1.1.1.4, T1.1.2.1+3, T1.1.2.4 1, T2.1.2.1.1

M Bis 25 m. Borke mit netzartigen Leisten, dick. Zweige zuw. mit Korkleisten. Knospenschuppen braun, an der Spitze fein behaart. Blätter 4–10 cm br, bis über die Mitte in (3–)5 stumpfe Lappen geteilt, im Herbst rot. Blattstiele mit Milchsaft. Blattnarben an den Enden meist zusammenstoßend. Blüten gelbgrün, in aufrechten Doldenrispen, wenigblütig, ihre Stiele flaumig behaart. Fruchtflügel waagerecht abspreizend.
B Abgrenzung u. Taxonomie der infraspezif. Sippen bedürfen weiterer Studien.

1926 ssp **leiocarpum** Pax
Kahlfrüchtiger Feld-Ahorn ohne Abb.

I; P, s, ⊙; wo?; RL ?
wo?
M Mit verkahlenden Teilfrüchten. Blätter im Herbst gelb.

1928 **Rhus coriaria** L.
Gerber-Sumach (Gttg ca 200 sp)

E lok; N, s, ⊙, ♀♂; M_1; ⟨RL –⟩; (☠), Z
wo?
M 1–3 m. Strauch milchsaftführend. Zweige dicht behaart. Blätter bis 18 cm lg, mit 4–8 Fiederpaaren, beiderseits zerstreut kurzhaarig. Blattspindel im oberen Teil schmal geflügelt. Blättchen bis 5 cm lg, längl. eifg, gesägt, graugrün. Blütenstand längl. rispig, bis 25 cm lg, stark behaart. Krone grünl., Nussfrucht rot, mit kurzen Drüsenhaaren.
B Heimat: Nordamerika.

1929 **Rhus hirta** (L.) Sudw.
Kolben-Sumach, Essigbaum

U–E; N, s, ⊙; wo?; ⟨RL –⟩; Z; wo?
M Ähnl. wie 1928, aber Blätter bis 50 cm lg, Blättchen 5–12 cm lg, verkehrt eifg bis lanzettl., Blattspindel ungeflügelt. Blütenstände in pyramidenfgn Rispen. Männl. Blüten gelbl. grün, weibl. Blüten rot. Nussfrucht lg rothaarig. Heimat: Nordamerika.

1927 **Cotinus coggygria** Scop.
Europäischer Perückenstrauch (Gttg 3 sp)

E; N, s, ⑥; M_1, M_2; RL –; (☠), F, Z
T1.1.2.4, T2.1.2.1.1
M 1–2(–3) m. Blätter einfach, ungeteilt, lggestielt. Spreite verkehrt eifg bis rundl., kahl. Blütenstand eine weit ausladende, lockere Rispe. Blüten radiär, 5-zählig. Krone weißl., Fruchtstiele verlängert, mit lg abstehenden, violetten Haaren (Fruchtstand daher perückenartig).
B Heimat: SO-Europa bis M-Asien.

1930 **Ailanthus altissima** (Mill.) Swingle
Chinesischer Götterbaum (Gttg 5 sp)

E; P, s, ⊙, ⚥, (♀♂); (AV), M_1, M_2, F; RL –; ☠, ✠, (☺), Z
T1.2.2.2+4, T10.3.1, T10.3.3.4, T10.4.3, T10.7
M 10–30 m. Stamm mit längsgestreifter, hellgrauer Borke. Blätter 40–100 cm lg, einfach gefiedert, mit 6–12 Fiederpaaren. Blättchen am Grund gezähnt, Zähne mit 1 Drüse. Blüten zwittrig od. eingeschlechtl., grünl. gelb in großen Rispen, stark riechend. Kelch-, Kron- u. Staubblätter 5-zählig. Fruchtblätter 5–6-zählig, frei. Frucht aus 5–6 freien geflügelten Nüsschen.
B Heimat: N-China.

1931 **Dictamnus albus** L.
Diptam (Gttg 1 sp)

I; H, w, ⑥; M_1, M_2; RL 3, §; , ☺, Z
T1.1.2.4, T8.1.1
M 60–120 cm. Stg einfach, aufrecht. Blätter einfach gefiedert, mit 3–5 Fiederpaaren, zitronenartig duftend. Blättchen bis 8 cm lg, längl. eifg. Blüten in Trauben, 5-zählig, 4–6 cm br. Kronblätter rosa, slt weißl., dkl geadert, etwas ungleich (das kleinere Kronblatt nach unten, die 4 größeren nach oben gerichtet). Staubblätter 10, nach oben gebogen. Frucht eine Kapsel.

1932 **Ruta graveolens** L.
Wein-Raute (Gttg 7 sp)

A; H, w; M_1, M_2; RL reg; ☠, ✠, ☺, Z
T10.2..2, T10.4.4, T10.7
M 15–90 cm. Stg verzweigt, kahl. Blätter 1–2fach gefiedert, mit fiederteiligen Abschnitten, blaugrün, stark aromatisch (Öldrüsen). Blütenstand scheindoldig, wenigblütig. Blüten 4-zählig (Endblüten aber 5-zählig!). Kronblätter gelb, gezähnelt, etwas gewellt, mit kapuzenfgr Spitze. Frucht eine Kapsel.

1933 **Oxalis acetosella** L.
Wald-Sauerklee (Gttg 700 sp)

I; K, H, w, ⑧; A, AV, M_1, M_2, F, K; RL –; ☠, (B), ✠, ☺, Z
T1.1.1, T1.4.2, T1.4.5, T3.1.1
M 5–15 cm. Wurzelstock kriechend, mit dicken Schuppen (Speicherorgane) besetzt. Stg gestaucht. Blätter wie Blütenstandsstiele grundstdg. Blätter 3-zählig, Teilblätter verkehrt herzfg (kleeblattartig). Blüten weiß bis schwach rosa, purpurrot geadert.

1934 **Oxalis stricta** L.
Aufrechter Sauerklee Abb. u. li.

E; K, T, s, ⑥; AV, M_1, M_2, F, K; RL –
T9.1.1.1, T9.1.1.3, T9.2
M 10–40 cm. Stg aufrecht, slt liegend aufsteigend, aber nie wurzelnd, kräftig grün. Blätter kleeblattartig, grün. Blütenstände cymös, stgstdg, ihre Stiele am Grund mit verdicktem Gelenk. Nebenblätter fehlend. Blüten gelb. Fruchtstiele aufrecht bis waagerecht abstehend. Kapsel 8–12(–15) mm lg, locker abstehend behaart od. kahl, nie mit kurzen, abwärts gerichteten od. anliegenden Haaren. Querrippen der Samen mit undeutl. weißen Linien.
B Heimat: vermutl. Nordamerika.

1935 **Oxalis corniculata** L.
Hornfrüchtiger Sauerklee

E; T, s, ⊙, ❀; AV, M_1, M_2, F; RL –; Z
T7.4, T9.1.1.3, T9.2, T10.3.3.1, T10.3.3.2
M 10–40 cm. Stg kriechend (Blühtriebe aufsteigend), oft an den Knoten wurzelnd. Neben einzelligen mit einzelnen mehrzelligen Haaren, meist aufwärts gerichtet, v. a. an der Basis, aber auch in allen Richtungen Blätter kleeblattartig, fast immer wechselstdg, meist rotbraun überlaufen. Blütenstände doldig, stgstdg, ihre Stiele am Grund ohne knotiges Gelenk. Nebenblätter vorhanden. Blüten gelb. Fruchtstiele zurückgeschlagen. Kapsel (10–) 12–15(–25) mm lg, zieml. dicht mit kurzen, anliegenden od. abwärts gerichteten Haaren besetzt, dazu einzelne abstehende lge Haare. Querrippen der braunen Samen meist ohne deutl. weiße Linien.
B Heimat: Mittelmeergebiet, heute weltweit. Vielfach handelt es sich um die als (1935a) *O. corniculata* var *repens* (Thunb.) Fucc. od. *O. repens* Thunb. unterschiedene Sippe mit 1–2 Blüten pro Blütenstand, 10–16 mm lgn Kapseln u. 6–12 mm lgn Fiederblättern. Var *corniculata*: 2–7 Blüten, Kapseln 15–25 mm, Blättchen 10–23 mm.

◀◀ 1936 **Oxalis dillenii** Jacq.
Dillenius' Hornklee

E; T, s, ⊙; M_1, M_2, F, K; RL –
T7.2.1, T9.1.1.3, T9.5.1
M Ähnl. 1935, aber aufrecht, ohne Wurzeln an den Knoten. Stg, Blatt- u. Blütenstiele durch die Vielzahl einzelliger, ausschließl. aufwärts anliegender Haare mit graugrünem Aussehen (Unterschied zu 1934). Obere Blätter gegen- od. quirlstdg, meist grün slt rötl. Kapsel (10–)15–20(–30) mm lg. Querrippen der braunen Samen mit deutl. weißen Linien.
B Heimat: Nordamerika. Im Gebiet nur ssp *dillenii*.

◀ 1937 **Oxalis decaphylla** Kunth
Zehnblättriger Sauerklee

E lok; K, s, ⊙; M; ⟨RL –⟩; Z
T9.1.2.1.1, T9.2
M 16–20 cm. Sich mit Brutknöllchen an 3–20 cm lgn Ausläufern vermehrend. Blätter mit (3–)5–6 (–7) Teilblättchen, silbrig grün. Blüten laut Literatur blau, im Gebiet rosa, dadurch Sippenzugehörigkeit nach wie vor unsicher.
B Formenreiche Sippe. Heimat: Mexiko.

◀ 1938 **Geranium macrorrhizum** L.
Felsen-Storchschnabel (Gttg 300 sp)

E; H, w, ⊙; M_1, M_2; RL –; Z
T8.2.1.2, T10.2..2 (schattig), T10.4.4
M 20–50 cm. Stg behaart, kurzdrüsig, mit 0–1 Blattpaar. Grundblattspreite bis über die Mitte in 5–7 verkehrt eifge Abschnitte geteilt. Teilblütenstände mit 4–9 nickenden Blüten. Blütenstiele drüsig. Kelch fast kugelig. Kronblätter 15 mm lg, meist purpurrot, lg genagelt. Staubfäden bis 20 mm lg, Kelch u. Krone weit überragend.
B Heimat: opralp.

1939 **Geranium sanguineum** L. ▶
Blutroter Storchschnabel

I; H, s, ©, ⊛; (A), AV, M_1, M_2, F, K (Ostsee); RL reg; ✠, Z
T1.2.2.4, T1.4.1.3, T2.1.2.1.1, T8.1.1
M 20–50 cm. Stg meist verzweigt, abstehend behaart. Blattspreiten bis fast zum Grund 5–7-teilig, mit längl., (2–)3-zipfeligen Abschnitten, im Herbst rot verfärbt. Teilblütenstände 1-blütig. Kronblätter 15–20 mm lg, etwa 2mal so lg wie der Kelch, leuchtend rot, meist ausgerandet.

◀◀ 1940 **Geranium sibiricum** L.
Sibirischer Storchschnabel

E; H, s?, ☾; M_1, F (östl.); RL –
T8.2.1.1+2, T10.3.4.2
M 30–60(–80) cm. Stg mit längeren, abwärts gerichteten u. kürzeren, anliegenden Haaren. Blattspreite bis fast zum Grund in 5–7 br lanzettliche bis rhombische, grob eingeschnitten gesägte, spitze Abschnitte geteilt. Teilblütenstände 1–2-blütig. Kronblätter 5–7 mm lg, etwa so lg wie der Kelch, blassrosa, dklr geadert, ausgerandet.
B Heimat: O-Europa.

◀ 1941 **Geranium pyrenaicum** Burm. f.
Pyrenäen-Storchschnabel Fig. 48e

E; H, w, ⑤; AV, M_1, M_2, F, K; RL –
L5.2.3, T1.3, T7.1.2, T8.1.2.2
M 20–60 cm. Stg abstehend lghaarig (Fig. 48e), oberwärts auch kurzdrüsig. Blattspreite im Umriss rundl., 5–9-spaltig, bis etwa zur Mitte eingeschnitten. Teilblütenstände ihre Tragblätter weit überragend, 2-blütig; ihre Stiele (wie Blattstiele) dicht kurzdrüsig sowie mit längeren Haaren. Kronblätter 6–10 mm lg, violett, 2-spaltig.
B Heimat: SW-Europa. Im Gebiet ssp *pyrenaicum*.

◄1942 **Geranium phaeum** L. ssp **phaeum**
Gewöhnlicher Brauner Storchschnabel

I; H, s, ⑤; A, AV, M_1, M_2, F; RL reg; ☺, Z
L5.2.3, T1.3, T7.1.2, T8.1.2.2

M 25–50 cm. Stg behaart, oberwärts auch mit sehr kurzen Drüsen. Blätter wechselstdg. Blattspreiten handfg gelappt bis geteilt, hfg braunrot gefleckt. Lappen zu 7, eingeschnitten, stumpfzähnig. Blüten zu 2, ihre Stiele neben dichtstehenden, kurzen Drüsen, mit kurzen, drüsenlosen Haaren u. lgn Seidenhaaren. Kelchblätter mit aufgesetzter Spitze. Kronblätter 10–15 mm lg, purpurbraun bis schwarzviolett, flach ausgebreitet bis etwas zurückgeschlagen.

B (1943) Der Blassviolette Storchschnabel, *G. phaeum.* ssp *lividum* (L'Hér.) Hayek, **E**; H, s, ⊙; AV (Lechauen); RL reg; wo?; besitzt schmutzig lila od. blassviolette Kronblätter; Laubblätter niemals gefleckt. Heimat: ostpräalpin. ►

1944 **Geranium reflexum** L. ►
Zurückgebogener Storchschnabel

E (lok); H, s, ⊙; AV; RL?
T2, T7

M Ähnl. 1942, aber Kelchblätter ohne Spitze. Kronblätter schmutziglila od. purpurn, 7–9 mm lg, zur Blütezeit wie die Fruchtstiele (während der Fruchtreife) stark zurückgebogen.

B Heimat: Südeuropäische Gebirge.

1945 **Geranium palustre** L. ►►
Sumpf-Storchschnabel Fig. 48f

I; H, s, ⑤; A, AV, M_1, M_2, F; RL reg
L4.4, L5.2.5.4, T8.2.1.1

M 30–80 cm. Stg wie Blatt- u. Blütenstiele mit abwärts gerichteten Haaren, ohne Drüsenhaare (Fig. 48f). Blattspreiten handfg, bis weit über die Mitte geteilt, mit 5–7 stumpfzipfeligen Abschnitten. Blüten zu 2. Kronblätter 14–18 mm lg, leuchtend purpurrot. Fruchtstiele herabgeschlagen. Fruchtklappen behaart, hfg mit einzelnen, sitzenden Drüsen.

◄◄1946 **Geranium pratense** L.
Wiesen-Storchschnabel Fig. 48b

I; H, s, ⑦, ❀; A, AV, M_1, M_2, F, (K); RL reg; Z
L4.4, T7.1.2, T8.2.1.1

M 20–80 cm. Stg wie Blattstiele mit abwärts gerichteten Haaren, besonders im oberen Teil wie auch die Blütenstiele drüsig behaart. Blattspreiten tief handfg geteilt, ihre 7 Abschnitte wiederum fiederspaltig, tief gesägt. Blüten zu 2. Kronblätter 15–22 mm lg, meist lilablau. Staubblätter am Grund 3-eckig verbreitert. Blütenstiele nach dem Blühen abwärts gebogen, zuletzt aufgerichtet. Fruchtklappen dicht drüsenhaarig.

◄1947 **Geranium sylvaticum** L.
Wald-Storchschnabel

I; H, s, ⑤; A, AV, M_1, M_2, (F östl.); RL reg; Z
L5.2.3, T3.1.1, T7.1.3, T8.1.2.2, T8.2.1.1

M Ähnl. 1946, aber Blattspreiten 5–7-spaltig, mit breiteren, im unteren Teil tief eingeschnittenen, im oberen grob gezähnten Abschnitten. Kronblätter meist rotviolett, am Grund weißl. Staubblätter lanzettl., Blütenstiele nach dem Blühen bis zuletzt aufrecht.

1948 **Geranium nodosum** L.
Knotiger Storchschnabel

E; H, s?, ⊙; AV, M_2; RL?; Z
T7.1.1
M 20–50 cm. Stg wie Blütenstiele mit kurzen, abwärts gerichteten Haaren (Stg zuw. kahl), an den Verzweigungen ± knotig verdickt. Blattspreiten 3–5-teilig, mit eifgn bis elliptischen, unregelmäßig gezähnten, zugespitzten Abschnitten. Blüten meist zu 2. Kronblätter 12–18 mm lg, blassviolett, dklr geadert, ausgerandet. Fruchtklappen behaart.
B Heimat: submediterran.

1949 **Geranium robertianum** L. ssp **robertianum**
Gewöhnlicher Stink-Storchschnabel, Ruprechtskraut Fig. 48a

I; T, w, ⑤, ❀; A, AV, M_1, M_2, F, K; RL –; ✠, ☺
L5.2.3, T1.1.2.1, T8.2.1.2
M 20–40 cm. Pfl aufsteigend bis aufrecht, sparrig verzweigt, stark riechend, an sonnig heißen Standorten rot überlaufen, behaart u. mit Drüsen (Fig. 48d). Blattspreite 3–5-teilig gefiedert, mit 1–2fach fiederspaltigen Fiedern. Blattstiele mit 2–3 mm lgn Drüsen. Blütenstiele drüsenhaarig, nicht deutl. verdickt. Kelchgrannen meist 1,5–2,5 mm lg. Kronblätter (9,5–)10–13 mm lg Platte (3,5–)4–6 mm lg u. (1,7–)2–3,5 mm br, mit 3 helleren Streifen. Staubbeutel orange- bis purpurrot. Teilfrüchte behaart.
B Der Küsten-Stink-Storchschnabel (1950) *G. robertianum* ssp *maritimum* (Bab.) H. G. Baker, **I**; T, w, ⊙; K; RL reg; H1.4.3; ist fast kahl (so auch die Teilfrüchte!) u. hat niederliegende, kriechende Stg.
ohne Abb.

1951 **Geranium purpureum** Vill.
Purpurner Stink-Storchschnabel

E; T, w, ⊙; AV, M_1, M_2, F; RL –
T8.2.1.2, T10.3.1
M Ähnl. 1949, aber Staubbeutel gelbl. Blütenstiele meist deutl. verdickt. Kronblätter (4–)5–9(–9,5) mm lg u. 1–1,5(–2) mm br. Platte 1,5–3,0 mm lg u. 1–1,5(–2) mm br. Kelchgrannen meist 0,5–1,2 mm lg. Pfl meist nicht od. nur wenig riechend.
B Heimat: Mittelmeergebiet.

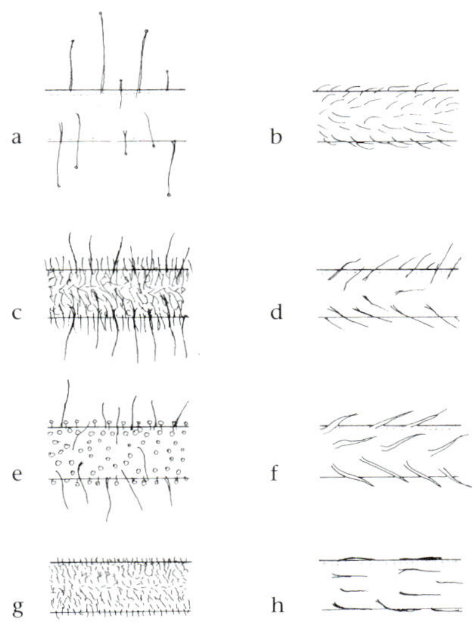

Fig. 48: Stängelbehaarung bei *Geranium* aus Weber (1995b)
a: *Geranium robertianum*, b: *Geranium pratense*,
c: *Geranium molle*, d: *Geranium dissectum*,
e: *Geranium pyrenaicum*, f: *Geranium palustre*,
g: *Geranium pusillum*, h: *Geranium columbinum*

1952 **Geranium lucidum** L.
Glänzender Storchschnabel

I; T, H, w, ④; (M_1), M_2; RL reg
T5.2.3, T5.1.3, T8.2.1.2, T10.3.3.1 (Wald)
M 10–40 cm. Stg meist rot, zerbrechl., fast kahl, drüsenlos, glänzend. Blattspreite im Umriss rundl., bis über die Mitte 5–7-teilig, glänzend. Kelchblätter aufrecht, querrunzelig, deutl. gekielt, zur Blütezeit zusammenneigend. Kronblätter 8–10 mm lg, hellrot, abgerundet, lg genagelt. Fruchtklappen unten netznervig runzelig, fast kahl.

1953 **Geranium rotundifolium** L.
Rundblättriger Storchschnabel

A; T, w, ⑥, ❀; M_1, M_2; RL reg
T8.3.1, T9.1.2.1, T9.3.2.1
M 10–30 cm. Stg wie Blatt- u. Blütenstiele abstehend behaart, mit zahlreichen Drüsenhaaren. Blattspreiten im Umriss rundl., bis etwa zur Mitte 5–9-spaltig. Kelchblätter zur Blütezeit ausgebreitet, nicht gekielt, glatt. Kronblätter 5–6,5 mm lg, rosa, nicht deutl. ausgerandet. Fruchtklappen behaart, glatt.

1954 **Geranium bohemicum** L. ▸
Böhmischer Storchschnabel

I; T, w, ⊙?; F (östl.); RL 2!
T10.7
M 25–100 cm. Pfl behaart. Blätter alle deutl. gestielt, ihre Spreiten im Umriss mehreckig, bis über die Mitte in 5–7 verkehrt eifge bis rhombische Abschnitte geteilt. Kelchblätter 1–3 mm lg begrannt, wie die glatten Fruchtklappen dicht drüsenhaarig. Kronblätter 8–9 mm lg, blauviolett, dklr geadert, ausgerandet. Staubfäden behaart.

1955 **Geranium divaricatum** Ehrh. ▸▸
Spreizender Storchschnabel

A; T, w?, ⑥; M_1, M_2, F (östl.); RL reg
T2.1.2.1.1, T8.2.1.2
M 25–60 cm. Stg neben lgn drüsenlosen Haaren auch kurze Drüsenhaare. Blätter gegenstdg; Blattpaare oft ungleich lg gestielt. Spreiten im Umriss eckig, bis über die Mitte in (3–)5 ± tief eingeschnittene Abschnitte geteilt. Kelchblätter 0,3–1 mm lg begrannt, drüsenlos. Kronblätter 5–7 mm lg, hellrosa, ausgerandet. Staubfäden kahl. Fruchtklappen kurzhaarig, (leicht) querrunzelig.

◂1956 **Geranium pusillum** Burm. f.
Kleiner Storchschnabel Fig. 48g

A; T, ⟨B⟩, w, ⑥; (A), AV, M_1, M_2, F, K; RL –
T8.3, T9.1, T10.3.3.1, T10.3.3.4.2
M 10–30(–60) cm. Stg wie Blattstiele dicht kurzhaarig (0,3–0,5 mm lg) (Fig. 48g). Untere Stgblätter gegenstdg, ihre Spreiten im Umriss rundl., bis über die Mitte 5–7-teilig, mit brn, meist 3-zipfeligen Abschnitten. Blütenstiele kurz drüsenhaarig. Kelch spitz. Kronblätter 2,5–4 mm lg, so lg wie der Kelch, lila, ausgerandet. Fruchtklappen behaart, drüsenlos, glatt.

1957 **Geranium molle** L. ▸
Weicher Storchschnabel Fig. 48c

A; T, ⟨B⟩, w, ⑥; AV, M_1, M_2, F, K; RL –
T7.2.1, T8.2.1.2, T8.3, T9.1, T10.3.3.1, T10.3.3.4.
M Ähnl. wie 1956, aber Stg wie Blattstiele länger behaart (1–2 mm), wenig drüsig bis drüsenlos (Fig. 48c). Stgblätter meist wechselstdg, ihre Spreiten 5–9-teilig. Kelchblätter kurz bespitzt. Kronblätter 4–7 mm lg, purpurrot, tief ausgerandet, länger als der Kelch. Fruchtklappen (fast) kahl, zart querrunzelig.

◂◂1958 **Geranium columbinum** L.
Tauben-Storchschnabel, Stein-Storchschnabel

A; T, s, ⑥; A, AV, M_1, M_2, F, K; RL reg Fig. 48h
T8.3, T9.1, T10.3.3.1, T10.3.4.2
M 10–50 cm. Stg wie Blatt- u. Blütenstiele kurz angedrückt behaart (Fig. 48h). Blattspreiten im Umriss rundl., bis zum Grund 5–7-teilig, ihre Abschnitte mit linealen Zipfeln. Teilblütenstand sein Tragblatt weit überragend. Blütenstiele 2–6 cm lg, drüsenlos. Kelchblätter mit Granne 8–10 mm lg. Kronblätter 8–10 mm lg, purpurn, ausgerandet. Fruchtklappen (fast) kahl, glatt, drüsenlos.

◂1959 **Geranium dissectum** L.
Schlitzblättriger Storchschnabel Fig. 48d

A; T, w, ⑥; AV, M_1, M_2, F, F; RL reg
T9.1.2.1, T9.2, T10.3.3.1, T10.7
M 10–60 cm. Stg wie Blatt- u. Blütenstiele abstehend behaart (Fig. 48d). Blätter bis zum Grund 5–7-teilig, ihre Abschnitte 1–2fach in lineale bis lanzettl. Zipfel tief geteilt. Teilblütenstand sein Tragblatt nicht überragend. Blütenstiele 0,5–1,5 cm lg, drüsenhaarig. Kelchblätter mit Granne 5–6 mm lg. Kronblätter 4–6 mm lg, purpurrot, ausgerandet. Fruchtklappen drüsenhaarig, glatt.

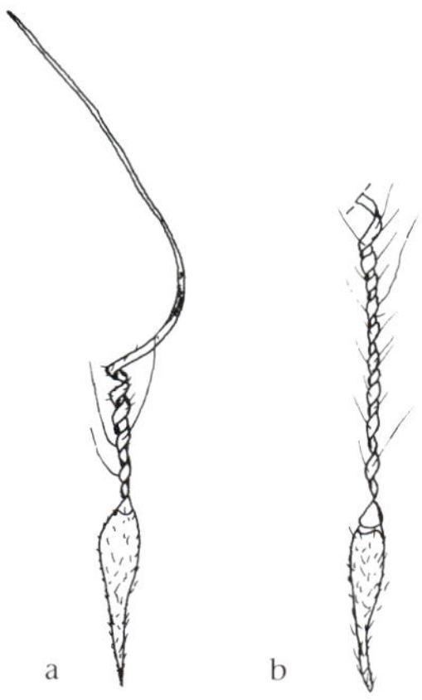

Abb. 49: Früchte von
a: *Erodium lebelii* Jord. und b: *Erodium cicutarium* (L.) L'Hér.
Nach Guittonneau 1972.

◂ 1960 **Erodium cicutarium** (L.) L'Hér.
Gewöhnlicher Reiherschnabel (Gttg ca 60 sp)

I; T, ⟨B⟩, w, ③; A, AV, M_1, M_2, F, K; RL –; (⊕), ☺
H1.2.2.5–7, T6.2.1.4, T9.1.1.3, T9.3.2.1, T10.3.3.1

M 5–40(–60) cm. Pfl niederliegend bis fast aufrecht. Stg behaart, kaum drüsig. Blätter gefiedert. Blättchen tief fiederspaltig bis fast zum Mittelnerv geteilt. Blütenstände doldig, 3–7(–10)-blütig. Blütenstiele u. Kelchblätter ± drüsig u./od. drüsenlos behaart. Kronblätter etwas ungleich, violett, rosa od. weiß, die 2 oberen hfg mit schwarzem Fleck. Fruchtschnabel 25–40 mm lg. Teilfrucht 5–7 mm lg, an der Spitze mit einer von einer deutl. Furche umgebenen Grube (Fig. 49b).

B Sehr formenreicher u. schwieriger Komplex. Hfg werden folgende Sippen abgetrennt (taxonomischer Rang ungewiss):

1961 Dünen-R. *Erodium ballii* Jord; K; RL –; ▸ H1.2.2.4, T9.1.1.2; Merkmale: Stg dichtdrüsig, Blütenstand 3–4-blütig, Fruchtschnabel 22–28 mm lg. Teilfrüchte 5–6 mm lg, Furche schwächer (weniger als die Hälfte der Grube) ausgebildet. ohne Abb.

1962 Ebenfalls mit dichtdrüsigem Stg: Dänischer R., *Erodium danicum* K. Larsen; K; RL reg; H1.2.2.5–7. Unterscheidet sich von 1961 in folgenden Merkmalen: Blütenstand 5–6-blütig. Fruchtschnabel 25–35 mm lg. Teilfrucht 4–6 mm lg. ohne Abb.

1963 **Erodium lebelii** Jordan
Drüsiger Reiherschnabel ohne Abb., Fig. 49a

I; T, ⟨B⟩, w, ⊙; K; RL –
H1.2.2.5–7

M Ähnl. 1960, aber Stg nur bis 15(–25) cm hoch, wie Blätter dicht drüsig. Blütenstand 2–4(–5)-blütig. Kelchblätter u. Blütenstiele immer dicht mit abstehenden Drüsenhaaren besetzt. Krone lila, rosa od. weiß, meist kleiner als 10 mm. Fruchtschnabel 18–24 mm lg. Teilfrucht 5 mm lg, an der Spitze ohne Furche!

1964 **Impatiens glandulifera** Royle ▸
Drüsiges Springkraut, Indisches S. (Gttg 850 sp)

E; T, s, ⑧, ❀; A, AV, M_1, M_2, F, (K?); RL –; Z
L4.2–3 (Ufer), L5.2, L5.2.5 T8.2.1.4

M 50–200 cm. Stg oben verzweigt. Blätter bis 25 cm lg, eilanzettl., scharf gezähnt, gegenstdg, oben quirlstdg. Blattstiel u. -grund stieldrüsig. Blüten (inkl. Sporn) 25–40 mm lg, purpurrot, rosa od. weiß, duftend, in aufrechten Trauben. Kelchblätter 3, das untere kronblattartig u. gespornt. Kronblätter 5, das obere größer, die übrigen kleiner, paarweise verwachsen. Kapsel 3–5 cm lg, wie bei ▸ allen *Impatiens*-Arten bei Berührung aufspringend.

B Heimat: Himalaya.

◂ 1965 **Impatiens noli-tangere** L.
Großblütiges Springkraut; Rühr-mich-nicht-an

I; T, s, ⑦; A, AV, M_1, M_2, F, K; RL –; ☺
T5.2.3, T1.1.1, T1.1.2.1, T3.2.1.2

M 30–100 cm. Stg aufrecht, oben verzweigt, kahl. Blätter wechselstdg, br lanzettl., mit stumpfen Zähnen. Blüten (Bau wie 1964) hängend, (inkl. Sporn) 25–30 mm lg, gelb, rot gepunktet. Sporn hakig gekrümmt, um ca 90° gedreht. Kapsel 2–3 cm lg.

1966 **Impatiens capensis** Meerb.
Orangeblütiges Springkraut ohne Abb.

E; T, s, ⊙; M_1, M_2, F; RL –; Z;
L3.1 (Ufer), L4.2–4 (Ufer)

M Pfl mit orangenen, rotbraun gefleckten Blüten. Sporn (frisch) parallel zum Rest des Kelchblattes angeordnet.

B Heimat: Nordamerika. Neuankömmling an See- u. Flussufern.

◄ 1967 **Impatiens parviflora** DC.
Kleinblütiges Springkraut

E; T, s, ⑥; A, AV, M_1, M_2, F, K; RL –
T1.1.1, T8.2.1.2
M 30–60(–90) cm. Stg aufrecht, oben verzweigt, kahl. Blätter wechselstdg, br lanzettl., mit spitzen Zähnen. Blüten (Bau wie 1964) hellgelb, in aufrechten Trauben, (inkl. Sporn) 8–18 mm lg; Sporn gerade. Kapsel 1,5–2 cm lg.
B Heimat: NO-Asien.

1968 **Hedera helix** L. ►
Gewöhnlicher Efeu (Gttg 4–11 sp)

I; C, Pli, i, ⑨; A, AV, M_1, M_2, F, K; RL –; ☠, ✠, ☺, Z
T1.1.1, T1.1.2.1+3, T5.2, T10.2..2
M Stamm 0,5–20 m, dicht mit Haftwurzeln besetzt. Blätter wechselstdg, 2-gestaltig, 3–5-eckig od. eifg lanzettl., oberseits dklgrün, glänzend, unterseits hellgrün. Blüten 5-zählig, unscheinbar, in halbkugeligen Dolden. Kronblätter grünl., Beeren schwarzblau.
B Tertiärrelikt (späte Blütezeit!).

◄◄ 1969 **Hydrocotyle vulgaris** L.
Gewöhnlicher Wassernabel (Gttg ca 130 sp)

I; H, w, ⑦; AV, M_1, M_2, F, K; RL reg
L3..6.2, L4.4, S1.1, S2.1, T6.2.1.5.2, T7.3
M 10–100 cm. Stg kriechend. Blätter bis 4 cm ∅, rundl. schildfg, am Rand gekerbt, unterseits mit lgn Haaren, lggestielt. Blüten in armblütigen Dolden od. Wirteln. Doldenstiel etwa halb so lg wie die Blätter. Kronblätter weiß od. rötl., Frucht 1,7–2,5 mm lg.

◄ 1970 **Sanicula europaea** L.
Wald-Sanikel (Gttg 37 sp)

I; H, w, ⑥; A, AV, M_1, M_2, F, K; RL –; ✠, Z
T1.1
M 20–60 cm. Grundstdge Blätter lggestielt, bis fast zum Grund handfg 5-teilig, unterseits glänzend. Abschnitte gelappt u. gezähnt. Zähne grannenartig bespitzt. Hüll- u. Hüllchenblätter vorhanden. Döldchen ± halbkugelig. Krone weiß, slt rosa. Früchte 4–5 mm lg, mit gekrümmten Stacheln dicht besetzt.

◄ 1971 **Astrantia major** L. ssp **major**
Große Sterndolde i. e. S. (Gttg 8–9 sp)

I; H, s, ⑥; A, AV, M_1; RL reg
L5.2.3 (mo), T1.1.2.1, T1.4, T3.4.2.2, T7.1.3
M 30–100 cm. Grundstdge Blätter (3–)5(–7)-teilig. Hüllblätter 10–30 mm lg, so lg od. wenig länger als die Dolde. Endstdge Dolde samt Hülle 2–3(–4) cm ∅. Hülle derb, meist weißl. (grünl.). Kelchblätter deutl. stachelspitzig bis kurzgrannig, eifg lanzettl., (1–)1,5–2 mm lg, nicht od. nur wenig länger als die Kronblätter. Frucht 5–7 mm lg.

1972 ssp **carinthiaca** (Hoppe) Arcang. ►
Kärntner Sterndolde

I; H, s, ⊙; A; RL –
T3.1.1, T3.4.2.2, T7.1.3
M Ähnl. 1971, aber Hülle fast 2mal so lg wie die Dolde. Endstdge Dolde samt Hülle (3–)4–5 cm ∅. Hülle oft purpurrosa. Kelchblätter lanzettl., 2–2,5 mm lg, deutl. länger als die Kronblätter.

◂1973 **Astrantia bavarica** F. W. Schultz
Bayerische Sterndolde

I; H, s, ⊙; A; RL reg
T3.1.1, T3.4.2, T6.2.1.5.4
M 20–50 cm. Grundstdge Blätter 5(–7)-teilig. Hüllblätter 8–15 mm lg, deutl. länger als die Dolde. Endstdge Dolde samt Hülle 1–1,5(–2,5) cm ∅. Hülle dünn, häutig, weiß. Kelchblätter stumpfl. od. kaum stachelspitzig, eifg lanzettl. 0,7–1 mm lg, nicht od. nur wenig länger als die Kronblätter. Frucht ca 4 mm lg.

1974 **Eryngium maritimum** L. ▸
Strand-Mannstreu,
Stranddistel (Gttg 230–250 sp)

I; ⟨B⟩, w, ⑧; K; RL 2, §; ☠, ✠, Z
H1.2.2.4, T6.2.4.2
M 20–60 cm. Stg oben verzweigt, weißl. bereift, meist bläul. überlaufen. Blätter 3–5-lappig, ledrig derb, dornig. Blütenstand mit zahlreichen halbkugeligen Dolden. Hüllblätter eifg, seicht 3-lappig, sich mit den Rändern deckend.

1975 **Eryngium campestre** L. ▸
Feld-Mannstreu

I; H, w, ⑧; M_1, M_2, F, K; RL reg; ✠, ☺
T6.2.2.2, T6.2..3, T7.5.2, T10.3.3.1 (Raine), T10.3.2.3
M 20–80(–100) cm. Pfl sparrig verzweigt, graugrün od. weißl. Blätter derb, 3-zählig, mit doppelt fiederspaltigen, dornig gezähnten Abschnitten. Blütenstand mit zahlreichen, fast kugeligen Dolden. Hüllblätter lineal-lanzettl., weit voneinander abstehend. Krone weiß od. graugrün.

1976 **Eryngium planum** L. ▸▸
Flachblättriges Mannstreu

I; H, w, ⊙; F (östl.); RL reg., ?; Z
T6.2.1.4.4
M 30–100 cm. Stg im oberen Teil verzweigt, blau überlaufen. Blätter derb, die unteren ungeteilt, herzfg, die oberen 3–5-spaltig, mit dornig gezähnten Abschnitten. Blütenstand mit zahlreichen, eifgn Dolden. Hüllblätter lineal-lanzettl., weit voneinander abstehend. Krone blau.

◂◂1977 **Chaerophyllum hirsutum** L.
ssp **hirsutum**
Rauhaariger Kälberkropf (Gttg ca 35 sp)

I, N; H, s, ⑤; A, AV, M_1, M_2, (F); RL reg; ☺, Z
L5.2.3, L5.2.5.4, T8.2.1.1 (alles mo)
M 50–120 cm hoch. Stg unter den Knoten nicht verdickt, rund, glatt od. etwas gerillt, abstehend behaart bis fast kahl. Blätter ± 3-zählig, jeder der beiden Abschnitte des untersten Fiederpaars 1. Ordnung etwa so gr wie der Rest der Spreite. Hülle 0 od. 1–2-blättrig, hinfällig. Hüllchen 5–10, wie Kronblätter weiß od. rosa, bewimpert. Griffeläste fast parallel. Frucht 6–13 mm lg. Fruchthalter an reifer Frucht nur im oberen ⅓ gespalten.

◂1978 ssp **villarsii** (W. D. J. Koch) Briq.
Alpen-Kälberkropf

I; H, s, ⑤; A, AV; RL –
T3.1.1
M Ähnl. 1977, aber Stg borstig behaart. Blätter mehrzählig gefiedert, Abschnitte des untersten Fiederpaars 1. Ordnung viel kleiner als der Rest der Spreite. Krone meist weiß. Frucht 8–20 mm lg. Fruchthalter an reifer Frucht ½ bis fast zum Grund gespalten.

◄ 1979 **Chaerophyllum aromaticum** L.
⟨Gewürz⟩-Kälberkropf

I; H, s, ⑦; M_1, M_2, (F östl.); RL reg
T8.2.1.1, T10.3.3.1 (Wald)
M 60–150 cm. Stg wenigstens am Grund rotfleckig u. behaart, unter den Knoten verdickt. Blätter 2–3fach 3-zählig. Blättchen eifg elliptisch, ungeteilt, doppelt gesägt. Hülle fehlend od. 1–2-blättrig, hinfällig. Hüllchenblätter bewimpert. Kronblätter kahl. Griffeläste spreizend. Frucht 8–15 mm lg.
B Verwechslungsgefahr mit (2025) *Aegopodium podagraria*.

1980 **Chaerophyllum bulbosum** L. ►
⟨Knolliger⟩ Kälberkropf

I; T, ⟨B⟩, K, s, ⑦; AV, M_1, M_2, F, K; RL reg; ✠
L4.4, T8.2.1.1
M 80–200 cm. Stg rund, glatt, am Grund rotfleckig, borstig behaart, oben bereift u. rot überlaufen, kahl, unter den Knoten verdickt. Wurzel knollig verdickt. Blätter 3–4fach gefiedert, die oberen mit linealen bis fädigen Endabschnitten. Hülle fehlend od. 1–2-blättrig. Hüllchenblätter 5–6, wie Kronblätter kahl. Griffeläste spreizend. Frucht 4–6 mm lg.

◄ 1981 **Chaerophyllum temulum** L.
Taumel-Kälberkropf, ⟨Hecken-Kälberkropf⟩

I; T, ⟨B⟩, H, s, ⑥, ⊛; AV, M_1, M_2, F, K; RL –; ☠, ✠
T1.3, T2.1, T8.2.1.2, T9.2
M 30–100 cm. Stg rund, borstig behaart, meist violett gefärbt, unten rotfleckig, unter den Knoten verdickt. Wurzel spindelfg. Blätter 2–3fach gefiedert, mit eifgn, stumpfen Endabschnitten. Hülle fehlend od. 1–2-blättrig. Hüllchenblätter 5–8, bewimpert. Kronblätter kahl. Griffeläste spreizend, so lg wie das Griffelpolster. Frucht 5–7 mm lg.

1982 **Chaerophyllum aureum** L. ►
Gold-Kälberkropf

I; H, s, ⑦, ⊛; A, AV, M_1, M_2, F (östl.); RL reg
L4.4, T7.1.2, T8.2.1.1, T10.1.6, T10.7 (alles mo)
M 80–120 cm. Stg unten kantig gefurcht, flaumig bis zottig behaart, rotfleckig, unter den Knoten verdickt. Blätter 3–4fach gefiedert, mit lg zugespitzten Endabschnitten. Hülle fehlt (1–2-blättrig). Hüllchenblätter 5–10, bewimpert. Kronblätter kahl. Griffeläste spreizend, 2mal so lg wie das Griffelpolster. Frucht 8–12 mm lg.

1983 **Anthriscus caucalis** M. Bieb.
◄ Hunds-Kerbel (Gttg ca 10–12 sp)

A; T, s, ⑧; M_1, M_2, F, K; RL reg
T2.1, T8.2.1.2, T8.3.1, T10.3.3.1, T10.7
M 15–80 cm. Stg am Grund oft purpurn, rund. Blätter 3–4fach fiederschnittig, dklgrün. Dolden scheinbar gegenstdg, 3–5-strahlig. Strahlen (fast) kahl. Hülle fehlt. Hüllchen 1–5-blättrig. Früchte 4–5 mm lg, eifg, dicht hakig borstig, mit 1–2 mm lgm Schnabel. Griffel fast fehlend.

1984 **Anthriscus cerefolium** (L.) Hoffm. ►
var **trichocarpa** Neilr.
Wilder Garten-Kerbel

I; T, s, ⊙; AV, M_1, M_2, F, K; RL –; ✠, ☞, Z
T2.1, T8.2.1.2
M 20–70 cm. Stg rund, ungefleckt. Blätter 2–4fach fiederschnittig, hellgrün. Dolden scheinbar gegenstdg, sitzend od. kurz gestielt, 2–5-strahlig. Strahlen dicht weichflaumig. Hülle fehlt. Hüllchen 1–4-blättrig. Früchte 7–11 mm lg, schmal walzl., dicht hakig borstig, mit 3–4 mm lgm Schnabel. Griffel länger als Griffelpolster.
B Der Echte Garten-Kerbel, (1985) *A. cerefolium* var *cerefolium*. **A**; ⊙; AV, F, wo noch?; RL –, hat kahle glänzende Früchte.

1986 **Anthriscus sylvestris** (L.) Hoffm.
ssp **sylvestris**
Gewöhnlicher Wiesen-Kerbel

I; H, s, ⑤; A, AV, M_1, M_2, F, K; RL –; ✎, F
T7.1.2+3, T8.2.1.4, T8.2.2.6, T10.3.3.1
M 60–150 cm. Stg scharfkantig gefurcht, ungefleckt, unten dicht kurz steifhaarig, unter den Blättern nicht verdickt. Blätter 2–3-fach gefiedert, unterseits wenig glänzend. Jede der beiden untersten Fiedern viel kleiner als der Rest der Spreite. Blattabschnitte über 2 mm br. Endabschnitte mit spitzen od. abgerundeten Buchten zw den Fiedern. Dolden gestielt, 8–15-strahlig. Hülle 0. Hüllchen 4–8-blättrig. Randblüten wenig strahlend. Kronblätter nicht bewimpert. Am Grund der Blüten u. der Frucht ein Kranz von 0,1 mm lgn Borstenhaaren. Früchte 7–10 mm lg, kahl, mind. so lg wie ihr Stiel. Schnabel 1–2 mm lg.
B Bei dem Alpen-Wiesen-Kerbel, (1987) ssp *alpina* (Vill.) Gremli ⊙; RL –; T3.1.1, T8.2.1.1 (mo); handelt es sich wahrscheinl. nur um eine Hochlagenmodifikation. ohne Abb.

1988 ssp **stenophylla** (Rouy & Camus) Briq.
Schmalblättriger Wiesen-Kerbel

(☆) I; H, s, ⊙; M_1, wo noch?; RL –;
T5.1
M Wie 1986, aber Blattabschnitte sehr fein geteilt, bis 2 mm br Endabschnitte, entfernt fiederteilig mit längl. Buchten. Fiederchen an der Rachis herablaufend.

1989 **Anthriscus nitida** (Wahlenb.) Hazsl.
Glanz-Kerbel

I; H, s, ⑤; A, AV, M_1, M_2; RL reg
T1.1.1.6, T1.1.2.1, T8.2.1.1
M Ähnl. 1986, aber Stg sehr kurz behaart bis fast kahl. Blätter doppelt gefiedert, unterseits stark glänzend. Jede der beiden untersten Fiedern fast so gr wie der Rest der Spreite. Randblüten strahlend. Kronblätter nicht bewimpert. Am Grund der Blüten/Frucht kein Kranz von Borstenhaaren. Früchte nur 5–7 mm lg, kürzer als ihr Stiel.

1990 **Scandix pecten-veneris** L.
Gewöhnlicher Venuskamm,
Nadelkerbel (Gttg 15–20 sp)

A; T, w, ⑥; (AV), M_1, M_2, F, K; RL 2
T9.1.2.2
M 10–40 cm. Pfl zerstreut borstig behaart. Blätter 2–3fach gefiedert. Dolden 1–3-strahlig, ohne Hülle, scheinbar blattgegenstdg. Hüllchen 5-blättrig. Döldchen 2–10-blütig. Randstdge Kronblätter stark vergrößert. Frucht mit lgm Schnabel, 3–6 cm lg.

1991 **Myrrhis odorata** (L.) Scop.
Süßdolde (Gttg 1 sp)

E?; H, s, ④; A, (M_1), M_2, F, K; RL reg ✎, Z
T3.1.2, T8.2.1.1+2
M 60–120 cm. Pfl behaart, zerrieben anisartig duftend. Blätter sehr groß, im Umriss br 3-eckig, 2–4fach gefiedert. Hülle meist fehlend. Hüllchen fast vollständig weißhäutig, bewimpert. Frucht längl., 20–25 mm lg, mit 5 scharfen, borstig raubehaarten Kanten, glänzend, reif schwarzbraun.
B Heimat: Westpräalpin.

1992 **Torilis nodosa** (L.) P. Gaertn. ▸
Knotiger Klettenkerbel (Gttg 15 sp)

E; T, s, ⊙; (F), K (Nordsee); RL reg
T8.3.1, T10.3.1+2
M 15–50 cm. Stg niederliegend bis aufsteigend. Blätter 1–2fach gefiedert. Hülle fehlend. Blüten in kurzgestielten, geknäuelten Dolden, scheinbar blattgegenstdg. Frucht 2,5–3,5 mm lg, äußere Teilfrucht mit geraden, an der Spitze widerhakigen, kräftigen Stacheln, innere warzig.
B Heimat: Mittelmeergebiet.

1993 **Torilis japonica** (Houtt.) DC. ▸▸
Gewöhnlicher Klettenkerbel

I; T, ⟨B⟩, s, ⑧; (A), AV, M_1, M_2, F, K; RL –
T2.2.2, T8.2.1.2, T10.3.3.1 (Wald)
M 30–120 cm. Stg anliegend borstenhaarig. Blätter 2–3fach gefiedert, mit verlängerter Endfieder. Dolden lg gestielt, endstdg. Hülle 4–6(–12)-blättrig. Frucht 2–3 mm lg, eifg; beide Teilfrüchte dicht mit gebogenen Stacheln besetzt, diese an der Spitze ohne Widerhäkchen.

◂◂ 1994 **Torilis arvensis** (Huds.) Link
Acker-Klettenkerbel

A; T, s, ⊙; M_1, M_2, (F); RL reg
T9.1.2.2, T9.3.2.1, T10.3.1
M 30–100 cm. Ähnl. 1993, aber durch stärkere Behaarung matt graugrün. Hülle 0–1-blättrig. Frucht 3–5 mm lg. Fruchtstacheln an der Spitze mit Widerhäkchen (gute Lupe!).

◂ 1995 **Turgenia latifolia** (L.) Hoffm.
Breitblättrige Haftdolde (Gttg 2 sp)

A; T, s, ⑦; AV, M_1, M_2, F (östl.); RL 1
T6.2.2 (lückig), T9.1.2.2
M 15–50 cm. Stg steifborstig u. kurzhaarig, graugrün. Blätter einfach gefiedert, mit tief eingeschnittenen Abschnitten. Dolden 2–5-strahlig. Hüllblätter 2–5, Hüllchenblätter 5–7, alle sehr br hautrandig, kraus behaart. Krone weiß od. rötl. Frucht 6–10 mm lg, eifg, mit geraden Stacheln.

1996 **Caucalis platycarpos** L. ssp **platycarpos**
Gewöhnliche Acker-Haftdolde (Gttg 4 sp)

A; T, s, ⑥; AV, M_1, M_2, F, K; RL 3+
T9.1.2.2
◂◂ **M** 10–40 cm. Pfl zerstreut behaart od. kahl, ± graugrün. Blätter 2–3fach gefiedert, mit schmalen Abschnitten. Dolden 2–5-strahlig. Hüllblätter 0–2, Hüllchenblätter 3–5, kaum hautrandig. Krone weiß. Frucht 6–12 mm lg, längl., mit an der Spitze hakig gekrümmten Stacheln.
B Die Kurzstachelige Acker-Haftdolde, (1997) ssp *muricata* (Bischoff) Heywood, **A**?; T, s, ⊙; AV, M_1, M_2; RL?; ⟨T9.1.2.2⟩, besitzt kurze, kaum 1 mm lge, borstige Fruchtstacheln. ohne Abb.

◂ 1998 **Orlaya grandiflora** (L.) Hoffm.
Strahlen-Breitsame (Gttg 3 sp)

A; T, s, ⑥; (AV), M_1, M_2; RL 1
T6.1.2.2, T9.1.2.2
M 20–60 cm. Pfl (fast) kahl. Blätter 2–3fach gefiedert, mit linealen, entfernt stehenden Zipfeln. Dolden 4–8(–12)-strahlig. Hüllblätter u. Hüllchenblätter meist 5, br hautrandig. Krone weiß. Randblüten der Döldchen stark vergrößert. Frucht 6–8 mm lg, längl., dicht mit lgn, an der Spitze hakig gekrümmten Stacheln besetzt.

◄ 1999 **Bifora radians** M. Bieb.
Strahlen-Hohlsame (Gttg 3 sp)

E; T, s, ⑧; (AV), M_1, M_2, (F); RL reg
T8.3.1, T9.1.2.2, T10.7
M 15–50 cm. Pfl kahl, aromatisch. Blätter 2–3fach gefiedert, die unteren mit linealen Zipfeln (ca 1 mm br), die oberen mit fadenfgn Zipfeln. Dolden 4–8-strahlig. Hüllblätter 0–1 Hüllchenblätter 2–3. Kronblätter der Randblüten vergrößert. Frucht 6–7 mm br, mit feinwarziger Oberfläche, aus 2 kugeligen Teilfrüchten bestehend.
B Heimat: östl. Mittelmeergebiet.

2000 **Smyrnium perfoliatum** L. ►
Stängelumfassende Gelbdolde (Gttg 7 sp)

E; H, s, ⊙; M_1; RL reg
T8.2.1.2
M 50–120 cm. Stg oberwärts mit 2–4 sternhaarigen Längsflügeln. Wurzeln knollig. Grundblätter 1- bis mehrfach 3-zählig gefiedert. Stgblätter br eifg, mit tief herzfgm Grund stgumfassend, gelbgrün, am Rand gekerbt. Krone gelb. Frucht 3 mm lg, reif schwarzbraun, undeutl. gerippt.
B Heimat: östl. Mittelmeergebiet.

◄◄ 2001 **Conium maculatum** L.
Gefleckter Schierling (Gttg 6 sp)

A; ⟨B⟩, T, s, ⑥, ⊛; (AV), M_1, M_2, F, K; RL reg; ☠, ✠, ☺
L4.4, T8.2.2.6, T10.3.4.3, T10.7
M 80–200 cm. Stg rund, bereift, unten rot od. violettbraun gefleckt, kahl. Pfl mit intensivem Mäusegeruch. Blätter 2–4fach gefiedert bzw. fiedrig eingeschnitten, im Umriss br 3-eckig, kahl. Dolden 8–15-strahlig, mit 5–6 hautrandigen Hüllblättern. Doldenstrahlen auf der Innenseite behaart. Früchte 2,5–3,5 mm lg, eifg, gerippt.

◄ 2002 **Pleurospermum austriacum** (L.) Hoffm.
Österreichischer Rippensame (Gttg 3–45? sp)

I; H, s, ⊙; A, AV, M_1; RL reg
L5.2.3, T1.1.2.3, T1.4.1.3, T3.1.1
M 60–150 cm. Stg kräftig, kantig gefurcht, röhrig. Blätter sehr gr, dklgrün glänzend, 2(–3)-fach fiederschnittig, mit lg ausgezogenen, am Rand papillösen Abschnitten. Dolden gr, flach, 15–25(–40)-strahlig. Hüllblätter z. T. fiederspaltig, wie Hüllchenblätter zahlreich. Frucht eifg, 6–10 mm lg, gerippt, ungeflügelt.

2003 **Bupleurum tenuissimum** L. ►
Salz-Hasenohr (Gttg ca 180–190 sp)

I; T, s, ⊙; (M_1), M_2, F, K; RL 2+
H1.1.3.4, T7.4.1
M 10–50 cm. Pfl aufrecht bis aufsteigend, verzweigt, sehr zierl., bläul. grün. Blätter linealisch bis sehr schmal lanzettl. Doldenstrahlen 1–3, ungleich lg. Hüllblätter 3–5, länger als die kürzesten Doldenstrahlen. Krone meist gelbl. Frucht 1,5–2,5 mm lg, körnig rau.

2004 **Bupleurum ranunculoides** L. ►►
Hahnenfuß-Hasenohr

I; H, s, ⊙; A; RL R; Z
T3.4.2.1, T5.1
M 10–50 cm. Pfl kahl, blaugrün, am Grund mit Resten abgestorbener Blätter. Blätter lineal bis schmal lanzettl., die oberen am Grund stark verbreitert, ± stgumfassend. Dolde meist 5–7-strahlig. Hüllblätter 2–4, den obersten Stgblättern ähnl. Hüllchenblätter eifg, größer als die Blüten. Krone gelb. Frucht 2,5–3,5 mm lg.
B Im Gebiet nur ssp *ranunculoides*.

2005 **Bupleurum falcatum** L.
Sichelblättriges Hasenohr

I; H, s, ⑧; M_1, M_2, F (östl.); RL reg
T8.1.1, T10.3.4.2, T1.4.1.3, T7.5.2.1
M 20–100 cm. Pfl ästig, kahl, am Grund (fast) ohne abgestorbene Blattreste. Blätter 5–7-nervig, mit Zwischennerven, die oberen lanzettl., am Grund verschmälert, sitzend, die unteren längl. elliptisch. Dolde 3–12-strahlig. Hüllblätter 2–3(–5). Hüllchenblätter lanzettl. bis pfrieml., < als die Blüten. Krone gelb. Frucht 3–4(–5) mm lg, braun.
B Im Gebiet nur ssp *falcatum*.

2006 **Bupleurum gerardii** All.
Jacquins Hasenohr

E?; T, s, ⊙; M_2 (Harzvorland); RL 1
T8.1.2
M 20–60 cm. Stg aufrecht, zierl., zur Blütezeit ohne Grundblätter. Blätter lineal-lanzettl., 3–5-nervig, ohne dünne Zwischennerven, die oberen am Grund halbstgumfassend. Dolde 2–5(–7)-strahlig. Hüllblätter 3–5, wie Hüllchenblätter lanzettl. pfrieml., letztere meist größer als die Blüten. Krone gelb. Frucht 2–3 mm lg.
B Heimat: Mittelmeergebiet.

2007 **Bupleurum longifolium** L.
Langblättriges Hasenohr

I; H, s, ⑥; A, AV, M_1, M_2; RL reg
T1.1.1 (licht), T3.1.1, T3.1.6, T8.1.1
M 30–100 cm. Pfl bläul. bereift, wenig verzweigt. Obere Stgblätter längl. eifg, herzfg stgumfassend, die unteren längl., lggestielt. Dolde 5–10-strahlig. Hülle 2–4-blättrig. Hüllchenblätter 4–8, eifg, am Grund oft zusammengewachsen, kleiner als Früchte inkl. Stiele. Krone gelbrötl. od. rötl. braun. Frucht 3–5 mm lg.

2008 **Bupleurum rotundifolium** L.
Rundblättriges Hasenohr

A; T, s, ⑥; AV, M_1, M_2, F, K; RL 1
T9.1.2.2
M 15–60(–75) cm. Pfl im oberen Teil (sparrig) verzweigt, blaugrün. Obere Stgblätter eifg rundl., durchwachsen, die unteren herzfg stgumfassend. Dolde 5–8-strahlig. Hülle fehlt. Hüllchenblätter 5–6, br eifg, die Blüten bzw. Früchte deutl. überragend. Krone gelbl. Frucht 3–4 mm lg.

2009 **Trinia glauca** (L.) Dumort.
Blaugrüner Faserschirm (Gttg ca 10 sp)

I; ⟨B⟩, s, ⑥, ♀♂; M_1; RL 2!
T6.2.2.2.1, T6.2..3.2
M 20–50 cm. Pfl im Umriss halbkugelig, vom Grund an sparrig verzweigt, bläul. grün, kahl. Blätter 2–3fach gefiedert, ihre Abschnitte schmal lineal, ca 1 mm br. Dolden 4–8-strahlig, ohne Hülle. Hüllchenblätter 0–3(–?), hinfällig. Frucht eifg, ca 3 mm lg, mit deutl. Rippen, kahl.

2010 **Apium graveolens** L.
Echter Sellerie (Gttg 25 sp)

I; H, ⟨B⟩, s, ⑧; (M_1), M_2, F, K; RL 2; ✠, ⚘, ☺
H2, T4.4 (salzig), T7.4.1 (salzig)
M 30–100 cm. Pfl meist aufrecht, mit Sellerie-Geruch, kahl. Blätter 1(–2)fach gefiedert, dklgrün, glänzend. Abschnitte tief gezähnt, am Grund keilfg. Dolden 5–10-strahlig, die unteren fast sitzend. Hülle u. Hüllchen fehlend. Kronblätter grünl. od. gelbl. weiß. Frucht 1,2–1,6 mm lg, rundl.
B Im Gebiet wild nur ssp *graveolens*. Nicht identisch mit den Kultursippen.

2011 **Apium inundatum** (L.) Rchb. f.
Flutender Sellerie

I; H, W, s, ⑧; (M_1, M_2), F, K; RL 2, §
L3.3 (Ufer), L3..6.2, L4.4
M 15–60 cm. Pfl niederliegend, oft flutend, kahl, ohne Sellerie-Geruch. Untergetauchte Blätter 2(–3)fach gefiedert, mit haarfgn Zipfeln, die oberen 1fach gefiedert, mit keilfgn, oft 3-lappigen Abschnitten. Dolden 2–4-strahlig, blattgegenstdg. Hülle fehlend. Hüllchen 3–5-blättrig. Kronblätter weißl. Frucht 2,5–3 mm lg, eifg.

2012 **Apium repens** (Jacq.) Lag.
Kriechender Sellerie

I; H, s, ⊙; AV, M_1, M_2, F; RL 1, §, B, F
L4.4, T7.4.1
M 10–30 cm. Pfl niederliegend od. kriechend, an fast allen Knoten wurzelnd, kahl, ohne Sellerie-Geruch. Blätter einfach gefiedert, mit rundl. eifgn, eingeschnittenen Abschnitten. Dolden 3–6-strahlig, 5–10 cm lg gestielt. Hülle 3–6-blättrig. Hüllchen 5–7-blättrig, ohne weißen Hautrand. Frucht 0,7–1 mm lg, breiter als lg.

2013 **Apium nodiflorum** (L.) Lag.
Knotenblütiger Sellerie

I; H, s, ⑧; M_1, M_2 (westl.), F; RL 3
L4.1
M 10–100 cm. Pfl niederliegend od. bogig aufsteigend, nur am Grund wurzelnd, kahl, beim Zerreiben aromatisch riechend. Blätter einfach gefiedert, mit eifg lanzettl., gleichmäßig gekerbten Abschnitten. Dolden 3–15-strahlig, blattgegenstdg, sitzend od. kurz gestielt. Hülle 0–2-blättrig. Hüllchen 4–6-blättrig, mit weißem Hautrand. Frucht 1,5–2,5 mm lg, länger als br.
B Verwechslungsgefahr mit 2026 (*Berula erecta*).

2014 **Cicuta virosa** L.
Giftiger Wasserschierling (Gttg 8 sp)

I; H, s, ⑧; AV, M_1, M_2, F, K; RL 3; ☠!, ⊕, ☺
L3.5, S3.2.5
M 50–150 cm. Pfl kahl, mit knollenartig verdickter Stgbasis, innen hohl, gekammert. Blätter 2–3fach gefiedert. Fiederabschnitte lineal-lanzettl., scharf gesägt. Dolden 10–20-strahlig. Hülle fehlt. Döldchen reichblütig. Hüllchenblätter zahlreich. Frucht ca 2 mm br, fast kugelig, gerippt.

2015 **Falcaria vulgaris** Bernh.
Sichelmöhre (Gttg 1 sp)

I; H, s, ⑧; (AV), M_1, M_2, F (v. a. östl.) K; RL reg
T6.2.2 (gestört), T7.5.2.1, T9.1.2.1+2
M 20–80 cm. Pfl von Grund an sparrig verzweigt (Steppenroller), blaugrün, kahl. Blätter 1–2fach fiederteilig bzw. doppelt 3-zählig gefiedert. Abschnitte bandfg, starr, am Rand scharf u. gleichmäßig gesägt. Dolden 12–18-strahlig. Hülle u. Hüllchen vorhanden, pfrieml., Blüten auffällig klein. Frucht 3–4 mm lg, längl., gerippt.

2016 **Carum carvi** L.
Wiesen-Kümmel (Gttg ca 30 sp)

I; H, ⟨B⟩, s, ⑤, ❀; A; AV, M_1, M_2, F, K; RL reg; ⊕, ☺, ✂
T7.1.2
M 30–80 cm. Pfl sparrig verzweigt, Stg kahl, am Grund ohne Faserschopf. Blätter 2–3fach gefiedert, mit linealen Abschnitten, < 1 mm br. Unterste Fiederpaare 2. Ordnung deutl. abgerückt, kreuzweise gestellt. Dolden 8–15-strahlig. Hülle u. Hüllchen 0–2-blättrig. Frucht 2,8–3,5 mm, deutl. gerippt, aromatisch.

2017 **Carum verticillatum** (L.) Koch
Quirlblättriger Kümmel

I; H, s, ⊙; M_2; RL 0
T7.3.2
M 30–60 cm. Stg kaum verzweigt, kahl, am Grund mit Faserschopf. Grundblätter einfach gefiedert, im Umriss zylindrisch, mit 25–30 Paar quirlig gestellten, sehr fein zerteilten Fiedern. Dolden bis 12-strahlig. Hülle u. Hüllchen vielblättrig. Frucht 2,5–4 mm, deutl. gerippt.

2018 **Bunium bulbocastanum** L.
Gewöhnlicher Knollenkümmel,
Gewöhnliche Erdkastanie (Gttg 48 sp)

A?; K, s, ⑥; M_1, M_2, (F); RL reg
T9.1.2.1+2
M 30–60 cm. Stg markig, kahl, am Grund mit 3–4 cm breiter, kugeliger Knolle (tief im Boden, reißt leicht ab!). Blätter 2–3fach gefiedert, im Umriss 3-eckig. Abschnitte lineal bis lanzettl. Dolde 10–20-strahlig. Hülle u. Hüllchen 3–12-blättrig. Frucht 3–4,5 mm lg, längl. Nährgewebe der Frucht im Querschnitt brotlaibfg.

2019 **Conopodium majus** (Gouan) Loret
Französischer Knollenkümmel,
Französische Erdkastanie (Gttg 20 sp)

E; K, s, ⑥; M_2, F; RL –
T6.2.1, T7.1.3
M 20–60 cm. Stg hohl, kahl, am Grund mit rundl., unterirdischer Knolle (reißt leicht ab!). Stgblätter 2–3fach gefiedert, im Umriss 3-eckig. Abschnitte lineal bis haarfg. Dolde 6–12-strahlig. Hülle 0–2-blättrig. Hüllchen 3–5-blättrig. Frucht 3–4,5 mm lg, längl. eifg. Nährgewebe der Frucht im Querschnitt nierenfg.

2020 **Pimpinella peregrina** L.
Fremde Bibernelle (Gttg 150 sp)

U–E; H, s?, ⊙; M_1, M_2, wo noch?; ⟨RL?⟩
T6.2, T10.3.4.2
M 50–100 cm. Stg meist fein behaart. Grundblätter ungeteilt, herzfg, gesägt. Folgeblätter einfach gefiedert, mit rundl., am Grund ± herzfgn Abschnitten. Obere Blätter 2fach gefiedert, mit linealen Zipfeln. Dolden 8–50-strahlig. Hülle u. Hüllchen fehlend. Frucht eifg, etwa 2 mm lg, abstehend behaart.

2021 **Pimpinella major** (L.) Huds. ssp **major**
Große Bibernelle i. e. S.

I; H, s, ⑥, ❀; A, AV, M_1, M_2, F, K; RL reg; ✠, ☺, Z
T7.1.2, T8.2.1.4
M 40–90 cm. Stg scharfkantig gefurcht, röhrig hohl, bis oben beblättert. Blätter einfach gefiedert, die oberen von den unteren nur wenig verschieden, oberseits ± glänzend. Teilblätter eifg, am Rand grob gesägt. Dolden 10–15-strahlig. Hülle u. Hüllchen fehlend. Krone weiß od. blassrosa. Frucht 2,5–3,5 mm lg, mit deutl. Rippen, kahl, nach dem Verblühen kürzer als der Griffel.

2022 ssp **rubra** (Hoppe) O. Schwarz
Rotblütige Bibernelle ohne Abb.

I; H, s, ⊙; A, AV, M_1; RL?
T3.1.2, T3.4.2.2, T7.1.3
M Wie 2021, aber nur 10–40 cm hoch. Krone kräftig rosa.

2023 **Pimpinella saxifraga** L.
Kleine Bibernelle

I; H, s, ⑧, ⊛; A, AV, M_1, M_2, F, K; RL –; ✠, Z
T1.4.1.3, T6.2, T6.2.1.5.1
M 10–60 cm. Stg rund, gerillt, fast voll, kahl od. kurz anliegend behaart, oben nur mit spreitenlosen Blattscheiden. Wurzel sich beim Schnitt nicht verfärbend. Grundblätter einfach gefiedert, ihre Teilblätter rundl. eifg, am Rand grob gesägt, oberseits kahl, unterseits locker behaart. Obere Blätter mit linealen, ganzrandigen Abschnitten. Dolden 8–15-strahlig. Hülle u. Hüllchen fehlend. Frucht 2–2,5 mm lg, mit undeutl. Rippen, kahl, nach dem Verblühen länger als der Griffel.
B Form der Grundblätter sehr variabel: Fiederblättchen ungeteilt (s. Abb.) oder bis 1–2fach fiederteilig, mit linealischen Abschnitten.

2024 **Pimpinella nigra** Mill.
Schwarze Bibernelle

I; H, s, ⊙; F (östl.), RL reg
T6.2..3
M Wie 2023, aber Stg 40–70 cm, bis zur ersten Verzweigung dicht zottig u. abstehend behaart. Teilblättchen beiderseits dichthaarig. Wurzel färbt sich auf der Schnittfläche ± stark blau. Durch sehr späte Aufblühzeit (Juli!) leicht von den verschiedenen Blühsippen von 2023 zu trennen.

2025 **Aegopodium podagraria** L.
Gewöhnlicher Giersch (Gttg 7 sp)

I; K, H, s, ⑦, ⊛; A, AV, M_1, M_2, F, K; RL –; ✠, ☺, ✎
L5.2.3, L5.2.5, T1.1.1 (licht), T8.2.1.1
M 50–100 cm. Pfl mit unterirdischen Ausläufern, kantig gefurcht, kahl. Blätter doppelt 3-zählig od. 2fach gefiedert, mit eifg längl., am Rand gesägten Abschnitten. Fiedern 1. Ordnung oft nur 2-spaltig. Dolden 15–25-strahlig, ohne Hülle u. Hüllchen. Frucht 3–4 mm lg, eifg.

2026 **Berula erecta** (Huds.) Coville
Berle, Schmalblättriger Merk (Gttg 1 sp)

I; H, W, w, ⑧; AV, M_1, M_2, F, K; RL –
L4.1, L4..2.3, L4.4
M 30–80 cm. Pfl niederliegend bis aufrecht, mit Ausläufern, im Wasser hfg sterile Herden bildend. Stg stielrund, gestreift, kahl. Blätter einfach gefiedert, untere mit eifgn, obere mit lanzettl. Abschnitten, grob gesägt bis eingeschnitten. Dolden blattgegenstdg, 10–20-strahlig, mit zahlreichen Hüll- u. Hüllchenblättern. Frucht 1,5–2 mm lg, eifg.
B Verwechslungsgefahr mit 2013 (*Apium nodiflorum*).

◂ 2027 **Sium latifolium** L.
Breitblättriger Merk (Gttg 14 sp)

I; W, H, s, ⑧; M_1, M_2, F, K; RL reg; ☠, Aq
L3..5
M 60–150 cm. Pfl aufrecht, ohne Ausläufer. Stg tief gefurcht, kahl. Blätter einfach gefiedert (Unterwasserblätter 2–3fach gefiedert), mit längl. Abschnitten, am Rand fein gekerbt bis gesägt. Dolden endstdg, 15–30-strahlig. Hüll- u. Hüllchenblätter vorhanden. Frucht 3–4 mm lg, eifg elliptisch.

2028 **Seseli hippomarathrum** Jacq. ▸
Pferde-Sesel (Gttg 100–120 sp)

I; H, s, ⑧; M_1; RL 2!
T6.1.2.3, T6.2.2.2.1, T6.2..3.2
M 15–60 cm. Stg kahl. Grundblätter 2–3fach gefiedert, mit linealen Abschnitten, auffallend blaugrün. Stgblätter unscheinbar. Dolden 5–12-strahlig, klein. Hüllchenblätter fast bis zur Spitze becherfg verwachsen. Frucht 3–6 mm lg, eifg.

2029 **Seseli montanum** L. ▸▸
Berg-Sesel ▸

I?; H, s, ⑧; M_2; RL 1
T6.2.2.2, T8.1.1
M 30–60 cm. Stg (fast) kahl, blaugrün. Blätter 2–3fach gefiedert, mit linealen, zusammenneigenden Abschnitten. Dolden 5–12(–15)-strahlig. Hülle 0–3-blättrig. Hüllchenblätter zahlreich, sehr schmal hautrandig, nicht verwachsen. Frucht 3–4 mm lg, eifg.

2030 **Seseli annuum** L.
Steppen-Sesel, Steppenfenchel

I; ⟨B⟩, s, ⑦; AV, M_1, M_2; RL 3
T6.2, T6.2.2.2.3, T6.2..3.1, T8.1.1
M 20–90 cm. Stg im oberen Teil meist kurzhaarig, sonst kahl, blaugrün, oft violett überlaufen, stielrund. Blätter 2–3fach gefiedert, mit linealen Abschnitten. Dolden 12–40-strahlig. Hülle fehlt. Hüllchenblätter zahlreich, br hautrandig, nicht verwachsen. Frucht 1,5–2,5 mm lg, längl. eifg, reif kahl, gerippt.
▾

2031 **Seseli libanotis** (L.) Koch ▸
Heilwurz

I; H, s, ⑦, ⊛; A, AV, M_1, M_2, F (östl.), K (Ostsee); RL reg
T1.4.1.2+3, T8.1.1
M 20–120 cm. Stg scharfkantig gefurcht, fast kahl. Blätter graugrün, 2–3fach gefiedert, mit eifg lanzettl., stachelspitzigen Abschnitten. Unterstes Fiederpaar sich nahe der Blattspindel kreuzend. Dolden gewölbt, 20–40-strahlig. Hülle u. Hüllchen vielblättrig, nicht verwachsen. Frucht 3–4 mm lg, eifg, reif kurzhaarig, gerippt.

2032 Oenanthe aquatica (L.) Poir.
Großer Wasserfenchel, Pferdesaat (Gttg 40 sp)

I; W, ⟨B, T⟩, s, ®; AV, M_1, M_2, F, K; RL reg; ☠, ✣
L3..5, L5.2

M 30–120 cm. Stg innen hohl, am Grund bis 8 cm verdickt, ohne knollig verdickte Wurzel. Überwasserblätter 2–3fach gefiedert. Abschnitte eifg, 2–6 mm lg, in längl., 0–3-spaltige Zipfel zerschnitten. Unterwasserblätter haarfg zerteilt od. fehlend. Dolden 8–15-strahlig, bis 3 cm lg gestielt, wenigstens z. T. blattgegenstdg. Hülle meist fehlend. Frucht ca 4 mm lg, auf 1–3 mm lgn Stielen. Griffel 1 mm lg.

2033 Oenanthe fluviatilis (Bab.) Coleman
Flutender Wasserfenchel

I; W, s, ⊙; M_1 (Oberrhein); RL 0; ☠
L3..5, L4..2.3

M 1–2 m. Pfl meist flutend (od. im Schlamm wurzelnd), ohne Wurzelknollen, hohl, slt blühend. Überwasserblätter einfach gefiedert. Abschnitte rautenfg, 15–25 mm lg, in breitere, gekerbte Zipfel geteilt. Unterwasserblätter fein zerteilt, Zipfel lineal, 1–2 mm br, am Grund keilfg. Doldenbau ähnl. 2032. Frucht 5–6 mm lg. Griffel 1–1,5 mm lg.

2034 Oenanthe conioides Lange
Tide-Wasserfenchel, Schierling-Wasserfenchel

☆ I; W, H, s, ⊙; K (Elbe-Ästuar); RL 1!!
H3

M Ähnl. 2033, aber Pfl ausladend verzweigt. Stg aufrecht, robust, ohne Unterwasserblätter.

2035 Oenanthe fistulosa L.
Röhriger Wasserfenchel

I; H, W, s, ®; M_1, M_2, F, K; RL 3; ☠
S2.1, T7.3.3, T7.4.1

M 30–60 cm. Stg hohl, rund, mit Ausläufern. Wurzeln knollig verdickt. Stgblätter 1–2(–3)fach gefiedert mit linealen Abschnitten. Blattstiel röhrig, länger als die Spreite. Dolden endstdg, > 3 cm lg gestielt, die unteren meist 2–4-strahlig (oberste 6–10-strahlig). Hülle 0–2-blättrig. Früchte in dichten Knäueln, sitzend, so lg wie der 3–4 mm lge Griffel.

2036 Oenanthe lachenalii C. C. Gmel.
Wiesen-Wasserfenchel

I; H, s, ⊙; K, M_1 (Rhein), F (küstennah); RL 2
H1.3.2.1, H2...4+5, L5.2.5 5, T7.3.3, T7.4 1

M 30–80 cm. Stg meist markig, ohne Ausläufer, mit Wurzelknollen. Untere Blätter 2fach gefiedert, mit eifgn od. keilfgn Abschnitten, mittlere u. obere einf. gefiedert, mit lineal-lanzettl. Abschnitten. Blattstiel nicht hohl, kürzer als die Spreite. Dolden endstdg, > 3 cm lg gestielt, 5–12-strahlig. Hülle meist 4–6-blättrig. Äußere Kronblätter der Randblüten 1,5 mm lg. Früchte eifg, dicht geknäuelt, z. T. sitzend, 2–3 mm lg, größte Breite im oberen Drittel. Griffel 1 mm lg.

2037 Oenanthe peucedanifolia Pollich
Haarstrangblättriger Wasserfenchel

I; H, s, ⊙; M_1, M_2 (westl.); RL 2
T7.3.2

M Ähnl. 2036, aber Stg meist hohl, mittlere Blätter meist 2fach gefiedert. Alle Blätter mit lineal-lanzettl. Abschnitten. Doldenstrahlen u. Fruchtstiele dünn, Hülle 0–1-blättrig. Äußere Kronblätter der Randblüten 2–3 mm lg. Frucht längl. eifg, 2,5–3,5 mm lg, größte Breite in der Mitte. Griffel > 1(–2) mm lg.

◂ 2038 **Oenanthe silaifolia** M. Bieb.
⟨Silgen-⟩Blättriger Wasserfenchel

I?; H, s, ⊙; M_1 (Rhein); RL 0
T7.3.3
M Ähnl. 2037, aber Blätter 3fach gefiedert, mit breiteren Abschnitten. Doldenstrahlen u. Fruchtstiele verdickt (bei 2037 dünn). Fruchtdöldchen halbkugelig od. schwach gewölbt (bei 2037 fast kugelig). Frucht 2,5–4 mm lg, mit fast ebenso lgm Griffel.

2039 **Aethusa cynapium** L. ssp **cynapium** ▸
Acker-Hundspetersilie (Gttg 1 sp)

A?; T, s, ⑦, ⑧; A, AV, M_1, M_2, F, K; RL –; ☠, ✠
T9.1.2.1+2, T9.2, T9.3.2.1, T10.7
M 30–80 cm. Stg aufrecht, schlank, gefurcht, grün. Blätter im Umriss 3-eckig, 2–3fach gefiedert, mit eifgn Blattzipfeln, unterseits glänzend. Dolden 5–15-strahlig. Hülle 0–2-blättrig. Hüllchenblätter meist 3, zurückgeschlagen od. abwärts gerichtet, nur auf der Außenseite, länger als die Döldchen. Frucht br eifg, 2–4 mm lg kantig gerippt.
B Sehr variabel, eine ssp *agrestis* wird hier nicht mehr abgetrennt.

◂ 2040 ssp **elata** (Friedl. ex Fisch.) Schübl. & Mart.
Wald-Hundspetersilie

I; T, s, ⊙; M_1, M_2, F; ⟨RL –⟩; ☠!
T8.2.1.2
M Ähnl. 2039, aber 1–2 m hoch. Stg rund, fein gefurcht, bereift. Blattzipfel zugespitzt. Hüllchenblätter höchstens so lg wie die Döldchen. Frucht schmaler.

2041 **Athamantha cretensis** L. ▸
Zottige Augenwurz (Gttg 5–6 sp)

I; H, w, ⊙; A, M_1; RL reg; Z
T5.1.2.2.2, T5.2.2.2.1
M 10–40 cm. Stg meist zu mehreren, graugrün, behaart. Blätter 3fach gefiedert, mit linealen Fiederabschnitten. Dolden 6–12-strahlig. Hüllblätter 1–4, mit grünem Mittelstreifen. Hüllchen vielblättrig. Frucht 6–8 mm lg, längl., dicht grauhaarig.
B Formenreich.

2042 **Silaum silaus** (L.) Schinz & Thell. ▸
Wiesensilge (Gttg 1 sp)

I; H, s, ⑦, ⑧; AV, M_1, M_2, F; RL reg
T1.1.2.3, T6.2.2.2.3, T7.1.2, T7.3.2+5
M 30–100 cm. Stg kahl, kaum gerieft. Grundblätter 2–4fach gefiedert. Blattzipfel lineal-lanzettl., bespitzt. Dolden 5–10-strahlig. Strahlen verschieden lg. Hülle 0–3-blättrig. Hüllchenblätter zahlreich, weißhäutig berandet. Krone gelbgrün. Frucht 4–5 mm lg, scharf gerippt.

2043 **Meum athamanticum** Jacq. ▸▸
Gewöhnliche Bärwurz (Gttg 3 sp)

I; H, s, ⑤; (AV), M_1, M_2, F (östl.); RL reg; ✠, ✎, Z
T1.3 (mager), T6.2.1.5.3
M 20–60 cm. Stg am Grund mit Faserschopf, kahl, dklgrün, aromatisch. Blattspreite 2–4fach gefiedert, mit haarfeinen, 2–6 mm lgn Zipfeln. Spreite im Umriss längl. 3-eckig. Dolden 3–15-strahlig. Hülle 0–6-blättrig. Hüllchen vielblättrig. Frucht längl. eifg, 6–8 mm lg, kahl. Rippen deutl. hervortretend.

2044 **Cnidium dubium** (Schkuhr) Thell.
Sumpf-Brenndolde (Gttg 20 sp)

A?; ⟨B⟩, s, ⑧; M_1, M_2, F, (K [Ostsee]); RL 2–
T7.3.3
M 30–90 cm. Stg kahl. Blätter 2–3fach fiederteilig, im Umriss längl. Blattzipfel (fast) sitzend, 1–2 mm br, lineal-lanzettl., am Rand etwas umgeschlagen, mit weißem Stachelspitzchen. Dolden 20–30-strahlig. Hülle 0 bis wenigblättrig. Hüllchenblätter zahlreich, pfrieml., Frucht fast kugelig, 2–3 mm lg.

2045 **Cnidium silaifolium** (Jacq.) Simonk.
Silgenblättrige Brenndolde

E lok; H, s, ⊙; M_1; RL?
T8.1.1
M 60–120 cm. Stg kahl. Blätter 2–4fach gefiedert, im Umriss 3-eckig. Blattzipfel gestielt, 1–2 mm br, lineal-lanzettl. bis eilängl., am Rand rau, vorn abgerundet bis stachelspitzig. Dolden 20–40-strahlig. Hülle 0–8-blättrig. Hüllchenblätter zahlreich, pfrieml., Frucht eifg, 3–4 mm lg.
B Heimat: Mittelmeergebiet.

2046 **Selinum carvifolia** (L.) L.
Kümmel-Silge (Gttg 2 sp)

I; H, s, ⑦, ⑧; A, AV, M_1, M_2, F, K; RL reg; Z
T1.1.2.3+5, T7.3
M 30–100 cm. Stg kahl, kantig gefurcht bis geflügelt. Blätter 2–3fach gefiedert. Blattzipfel lineal-lanzettl., mit weißer Stachelspitze. Dolden 15–20-strahlig. Strahlen innen flaumig behaart. Hülle 0–3-blättrig, hinfällig. Hüllchenblätter zahlreich. Krone weiß bis rosa. Frucht 3–4 mm lg, längl. eifg, abgeflacht. Randrippen flügelartig verbreitert.

2047 **Ligusticum mutellina** (L.) Crantz
Alpen-Mutterwurz (Gttg 40–50 sp)

I; H, w, ⑥; A, M_1; RL reg;
S2.2.2, T3.1.1, T3.4.2.2, T6.2.1.5 (feucht)
M 10–50 cm. Stg am Grund mit dichtem Faserschopf. Grundblätter 2–3fach gefiedert, mit linealen Zipfeln, im Umriss 3-eckig. Stgblätter 1–2, klein. Dolden 10–15-strahlig, zu (1–)2–3. Hüllblätter 0–2, ganzrandig, hinfällig. Hüllchenblätter zahlreich. Krone rötl., slt weiß. Frucht 5–6 mm lg.

2048 **Ligusticum mutellinoides** Vill.
Kleine Mutterwurz

I; H, w, ⊙; A; RL –
T3.2.3, T3.4.1
M 5–15(–20) cm. Stg am Grund mit braunen Blattresten, ohne Faserschopf. Grundblätter 2–3fach gefiedert, mit linealen Zipfeln, im Umriss längl. eifg. Stgblätter 0(–1). Dolden 8–20-strahlig, einzeln. Hüllblätter 5–10, fiederteilig bis 3-teilig, bleibend. Hüllchenblätter zahlreich. Krone rosa od. weiß. Frucht 3–5 mm lg.

2049 **Angelica palustris** (Besser) Hoffm.
Sumpf-Engelwurz (Gttg ca 110 sp)

I; H, s, ⊙; M_2, F (östl.); RL 2!
L5.2.3, T7.3.5
M 50–120 cm. Stg scharfkantig gefurcht, mit geflügelten Kanten. Blätter 2–3fach gefiedert. Abschnitte meist herz-eifg, ungleich kerbig gesägt, unterseits borstig rau. Blattstiel unterseits gekielt. Doldenstrahlen fast kahl, zu 20–40. Hülle 0–3-blättrig, Hüllchen mehrblättrig, weiß berandet. Krone weiß. Kelchzähne deutl., Frucht 5–6 mm lg, abgeflacht.

2050 **Angelica sylvestris** L. ssp **sylvestris**
Gewöhnliche Wald-Engelwurz

I; ⟨B⟩, s, ⑧, ⊛; A, AV, M_1, M_2, F, K; RL reg; ✠, ✂, F
L5.2.3, L5.2.5.4, T7.3, T7.5.5, T8.2.1.1
M 50–200 cm. Stg zumindest unten rund od. fein gefurcht, ± bereift. Blätter 2–3fach gefiedert. Abschnitte eifg bis längl., gesägt, nicht od. nur sehr kurz am Stiel herablaufend, unterseits behaart. Blattstiel rinnenfg. Doldenstrahlen auf der ganzen Länge flaumzottig, zu 20–40. Hülle 0–3-blättrig, Hüllchen mehrblättrig. Krone weiß od. rötl. Kelchzähne undeutl. Frucht 4–5,5 mm lg u. 3–4(–5) mm br, stark abgeflacht.

2051 ssp **montana** (Brot.) Arcang.
Berg-Wald-Engelwurz ohne Abb.

I; H, s, ⊙; A, AV, M_1, M_2; RL?
T3.1.1
M Wie 2050, aber Blattabschnitte längl. lanzettl. bis lanzettl., die oberen herablaufend, die seitl. paarweise verschmelzend. Frucht 6–8 mm lg u. (4,5–)5–6 mm br.

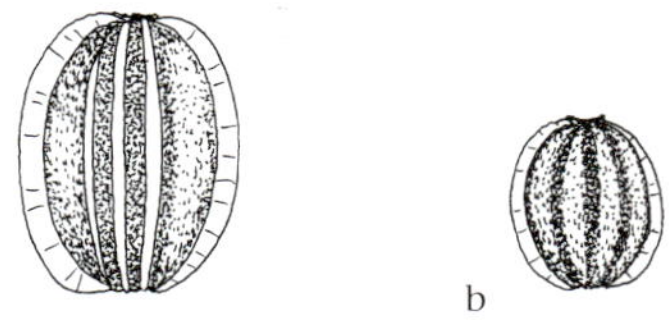

a b

Fig. 50: Früchte von *Angelica archangelica*
a: *Angelica archangelica* ssp *archangelica*
b: *Angelica archangelica* ssp *litoralis*
Nach Jehlík & Rostański (1975)

2052 **Angelica archangelica** L. ssp **archangelica**
Gewöhnliche Arznei-Engelwurz Fig. 50a

E; ⟨B⟩, s, ⑥; M_1, M_2, F, K; RL –; ✠, ✂, ☺
L5.2.5.5
M Stg 120–250 cm. Stg weich, saftig, würzig schmeckend/riechend. Blätter bis 90 cm lg, 2–3fach gefiedert. Abschnitte eifg, grob u. unregelmäßig gezähnt. Endfieder 3-spaltig. Blattstiel rund. Blattscheiden fast ganz krautig. Doldenstrahlen nur an der Spitze flaumzottig. Hüllchenblätter etwa so lg wie das Döldchen. Krone grünl., grünl. gelb od. gelbl. Frucht 6–8(–9) mm lg u. 4–5(–6) mm br, stark abgeflacht, mit 3 stark vorspringenden, scharfen Rückenrippen.
B Heimat: N-Europa, W-Asien.

2053 ssp **litoralis** (Fr.) Thell.
Küsten-Arznei-Engelwurz Fig. 50b

I (Küste), sonst meist **E**; ⟨B⟩, s, ⊙; M_2, F, K; RL?
H1.3, L5.2.5.5
M Wie 2052, aber Stg meist hart, scharf u. stechend schmeckend/riechend. Blattscheiden ± häutig. Hüllchenblätter ca halb so lg wie das Döldchen. Krone grünl. weiß. Frucht (4,5–)5–6 mm lg u. (3–)3,5–4,5 mm br, mit wenig vorspringenden, stumpfen Rückenrippen.

2054 **Peucedanum ostruthium** (L.) Koch
Meisterwurz (Gttg 100–120 sp), Fig. 51c

I; H, s, ⑥; A, M_1, M_2; RL reg
T3.1.1+2, T8.2.1.1 (syn.)
M 30–100 cm. Stg rund, gerillt, hohl. Blätter 3-zählig. Teilblätter gestielt, ± tief 3-teilig, br eifg (> 1 cm br), am Rand grob u. unregelmäßig gezähnt. Dolden meist 30–60-strahlig. Hülle 0–1-blättrig. Krone weiß od. rosa. Frucht 4–5 mm, rund, u. (wie bei allen *Peucedanum*-Arten) abgeflacht, mit deutl. Rückenrippen u. ± br geflügelten Randrippen.

2055 **Peucedanum officinale** L.
Arznei-Haarstrang Fig. 51g

I; H, s, ⑧; M_1, M_2, F (östl.); RL 3; ☺
T1.1.2.4.2, T6.2.2.2.3, T8.1.1
M 60–200 cm. Stg rund, markig, im oberen Teil verzweigt. Blätter 3–6fach 3-zählig, mit 4–10 cm lgn u. 1–3 mm brn, linealischen Zipfeln. Dolden 10–40-strahlig. Hülle 0–3-blättrig, hinfällig. Hüllchenblätter zahlreich. Krone gelb. Frucht 5–8 (–10) mm lg u. 3(–5) mm br.

2056 **Peucedanum carvifolia** Vill.
Kümmelblättriger Haarstrang Fig. 51d

I; H, s, ⑧; AV, M_1, M_2, F (westl.); RL 3
T7.1.2, T8.1.1
M 30–100 cm. Stg zumindest im oberen Teil kantig gefurcht, verzweigt. Blätter einf. gefiedert, beiderseits glänzend. Abschnitte fiederteilig, mit lineal-lanzettl. Zipfeln. Doldenstrahlen sehr ungleich lg, auf der Innenseite (wie Blattränder) rau papillös. Hülle u. Hüllchen 0 bis wenigblättrig. Krone gelbl. od. grünl. weiß. Frucht 4–5 mm lg u. ca 3 mm br.

2057 **Peucedanum alsaticum** L.
Elsässer Haarstrang Fig. 51a

I; H, s, ⑧; M_1, (M_2); RL 2
T1.1.2.4.2, T7.5.2.1, T8.1.1
M 50–180 cm. Stg violett überlaufen, mit zahlreichen kurzen Verzweigungen, kantig gefurcht, am Grund mit Faserschopf. Blätter 2–3fach gefiedert, mit 3–5-teiligen Endfiedern, am Rand papillös. Dolden 6–25-strahlig. Hülle 4–8-blättrig aufrecht abstehend. Krone weißl. gelb. Frucht 3,5–5 mm lg u. 2–3,5 mm br.

2058 **Peucedanum oreoselinum** (L.) Moench
Berg-Haarstrang Fig. 51f

I; H, s, ⑧; A, AV, M_1, M_2, F u. K (östl.); RL reg
T1.1.2.4.2, T1.1.2.5, T1.4.1.2+3, T8.1.1
M 30–100 cm. Stg markig, am Grund mit Faserschopf. Untere Blätter 2–3fach gefiedert. Blattspindel an den Knoten abwärts gebogen. Fiedern 1. u. 2. Ordnung recht- bis stumpfwinklig abstehend. Teilabschnitte eifg bis keilfg, 3–5-zipfelig. Doldenstrahlen 15–30, flaumhaarig. Hülle u. Hüllchen vielblättrig, zurückgebogen. Krone weiß (od. rosa). Frucht 4,5–6 mm lg u. ca 4 mm br.

2059 **Peucedanum palustre** (L.) Moench
Sumpf-Haarstrang Fig. 51e

I; H, s, ⑧; A, AV, M_1, (M_2), F, K; RL reg
S2.1, S3.2.5
M 50–160 cm. Stg stark gerieft, am Grund ohne Faserschopf, hohl. Blätter 3fach gefiedert. Endabschnitte lineal-lanzettl., weißspitzig (aber ohne aufgesetzte Stachelspitze), unterseits mit deutl. Adernetz. Doldenstrahlen 20–40, flaumhaarig. Hülle u. Hüllchen vielblättrig, zurückgebogen. Krone weiß. Frucht 4–5 mm lg.

2060 **Peucedanum cervaria** (L.) Lapeyr.
Hirschwurz Fig. 51b

I; H, s, ⑧, ⊛?; A, AV, M_1, M_2, F (östl.); RL reg; Z
T1.1.2.4, T6.2.2.2.3, T8.1.1
M 50–150 cm. Stg markig, gerillt, am Grund mit Faserschopf. Untere Blätter 2–3fach gefiedert. Blattspindel nicht abwärts gebogen. Fiedern 1. u. 2. Ordnung spitzwinklig abstehend, in einer Ebene liegend. Teilabschnitte eifg, scharf gesägt, mit Grannenspitzen. Doldenstrahlen 15–30, flaumhaarig. Hülle u. Hüllchen vielblättrig, zurückgebogen. Krone weiß, Frucht 4–6 mm lg u. 3–4 mm br.

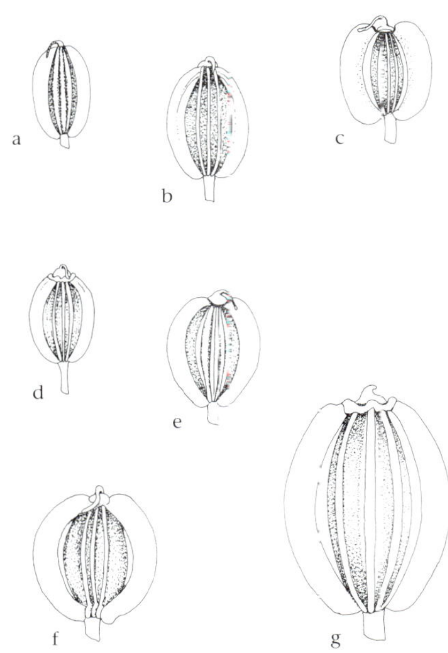

Fig. 51: Früchte von *Peucedanum*
a: *Peucedanum alsaticum*, b: *Peucedanum cervaria*,
c: *Peucedanum ostruthium*, d: *Peucedanum carvifolia*,
e: *Peucedanum palustre*, f: *Peucedanum oreoselinum*,
g: *Peucedanum officinale*
Nach Rothmaler (1994)

◄ 2061 **Pastinaca sativa** L. ssp **sativa** var **pratensis** Pers. ►
Wiesen-Pastinak (Gttg 14 sp)

I, ⟨B⟩, s, ⑧, ⊛; A, AV, M_1, M_2, F, K; RL –; ✠, ✋
T7.1.2, T8.2.2.2+5, T9.1.2.2
M 30–120 cm. Pfl grün. Stg kantig gefurcht, wie Blattoberseite u. Doldenstrahlen spärl. kurz abstehend behaart. Blätter einf. gefiedert, mit 2–7 Fiederpaaren. Abschnitte schmal eifg, zugespitzt, an der Basis oft keilfg u. im unteren Teil fiederschnittig, grundstdge Blätter oft 2fach gefiedert. Dolden 7–20-strahlig. Hülle u. Hüllchen wenigblättrig. Krone gelb. Frucht flach, br eifg.
B (2062) var *sativa*, Gemüse-Pastinak mit dicker, fleischiger Wurzel, slt mit **E**-Tendenz **(lok)**. o. Abb.

2063 ssp **sylvestris** (Mill.) Rouy & Camus
Zottiger Pastinak ohne Abb.

I; ⟨B⟩, s, ⊙; AV, M_1; RL –;
wie 2061 in Rasengesellschaften
M Ähnl. 2061/2062, aber Pfl ± stark grauhaarig. Stg meist weich zottig (Haare lg u. gebogen). Abschnitte br, stumpf, an der Basis etwas herzfg, im unteren Teil gezähnt gekerbt od. seicht gelappt. Dolden 9–20-strahlig.

2064 ssp **urens** (Req ex Godr.) Čelak. ►
Glanzloser Pastinak

I; ⟨B⟩, s, ⊙; AV, M_1, M_2, F, K; RL reg
T8.2.2, T8.3, T9.1
M Ähnl 2061, aber Pfl oft dicht grauhaarig, im Vergleich mit 2061/2063 aber kürzer behaart, z. T. verkahlend. Stg rundl. od. gerieft. Dolden nur 5–7-strahlig.

◄ 2065 **Heracleum sphondylium** L. ssp **sphondylium**
Gewöhnlicher Wiesen-Bärenklau (Gttg 65 sp)

I; ⟨B⟩, s, ⑥, ⊛; A, AV, M_1, M_2, F, K; RL –; (☠), (✠), ✋, ☺
L5.2.3, T2.2.2, T8.2.1.4
M 80–150 cm. Stg gefurcht, am Grund > 4 mm ∅, wie Blätter borstl. behaart. Blätter variabel, meist 3-zählig, fiedrig eingeschnitten od. einf. gefiedert. Abschnitte gr, eifg bis lanzettl., meist tief gelappt, am Rand unregelmäßig gesägt. Dolden 12–45-strahlig, 10–20 cm ∅. Dolden- u. Döldchenstrahlen weichhaarig. Krone weißl. od. rötl. Äußere Kronblätter der Randblüten stark vergrößert, bis zur Hälfte eingeschnitten. Fruchtknoten weichhaarig bis zottig. Frucht flach, br eifg, 6–10 mm lg.
B Vielgestaltiger Sippenkomplex.

◄ 2066 ssp **elegans** (Crantz) Schübl. & Martens
Bergwiesen-Bärenklau

I; ⟨H, s⟩ ⊙; A, AV, M_1
T1.1.1.6, T3.1.1
M Ähnl. 2065, aber Blätter oberseits rau, unterseits rau flaumig. Grundblätter handfg 3-lappig bis 3(–5)-teilig, größere Stgblätter meist 3-zählig.

2067 ssp **sibiricum** (L.) Simonk. ►
Grünblühender Wiesen-Bärenklau

I, H, s, ⊙; M_1, M_2, F (alle östl.); RL –
T2.2, T7.1.2, T7.3.5, T8.1
M Ähnl. 2065, aber Dolden- u. Döldchenstrahlen zerstreut behaart. Dolden 12–25-strahlig. Krone gelbl. od. grünl. Äußere Kronblätter der Randblüten wenig vergrößert, nur bis zu ⅕ eingeschnitten. Fruchtknoten mit aufwärts gerichteten Borsten. Frucht flach, br eifg, 6–10 mm lg. Blattabschnitte variabel.
B Die Zugehörigkeit der deutschen Populationen zu ssp *sibiricum* bedarf weiterer Studien. Sie werden vielfach als eigenstdge ssp *flavescens* von *sibiricum* getrennt betrachtet.

◂ 2068 **Heracleum austriacum** L.
Österreichischer Bärenklau

I; H, s, ⊙; A; RL –
T3.4.2.2

M 10–60 cm. Stg nicht gefurcht, am Grund < 4 mm ∅, im oberen Teil weichhaarig. Blätter einf. gefiedert, mit 2–3 Fiederpaaren. Abschnitte eifg bis lanzettl. Dolden mit (5–)6–13(–15) flaumig behaarten Strahlen, nicht über 9 cm ∅. Randblüten vergrößert. Frucht flach, br eifg, 7–11 mm lg.

2069 **Heracleum mantegazzianum** Sommer & Levier ▸
Riesen-Bärenklau, Herkulesstaude

E; H, s, ⑦; (A), AV, M_1, M_2, F, K; RL –; ☠, Z
L4.4, T10.3.1

M 2–3,5 m. Stg am Grund bis 10 cm dick. Blätter bis 1(–3) m lg, 3–5-teilig, mit fiederteiligen Abschnitten. Doldenstrahlen 30–150. Dolde 30–50 cm ∅. Frucht flach, v. a. am Rand mit aufwärtsgebogenen Borsten.

B Heimat: Kaukasus. Berührungen führen v. a. bei intensiver Sonneneinstrahlung durch phototoxische Inhaltsstoffe (Furocumarine) zu Hautrötungen, Schwellungen bis hin zu schweren Verbrennungen.

◂ 2070 **Tordylium maximum** L.
Großer Zirmet (Gttg 18 sp)

A; H, T, s, ⑧; M_2 (westl.); RL reg
T6.2 (lückig), T8.1.2, T8.3.1, T10.3.3.1

M 60–120 cm. Stg kantig gefurcht, mit rückwärts gerichteten Borsten. Blätter einf. gefiedert, mit 2–4 Fiederpaaren. Fiederblättchen eifg, stumpf gekerbt. Dolden 5–15-strahlig. Hüll- u. Hüllchenblätter zahlreich. Äußere Kronblätter vergrößert, tief 2-teilig. Frucht 5–8 mm lg, elliptisch, borstig behaart, am Rand verdickt.

2071 **Laser trilobum** (L.) Borkh. ▸
Rosskümmel (Gttg 1 sp)

I; H, s, ⑥; M_2; RL reg, §
T8.1.1.1

M 30–120 cm. Stg fein gerillt, bläul. bereift, kahl. Pfl mit starkem Kümmel-Geruch. Blätter 2–3fach 3-zählig. Abschnitte ca 5 cm lg, eifg bis rundl., am Grund herzfg, stumpf gekerbt, unterseits bläul. Dolden 11–20-strahlig. Hüll- u. Hüllchenblätter 0 bis wenige, hinfällig. Kelch deutl. 5-zähnig. Frucht 5–10 mm lg, deutl. gerippt.

◂ 2072 **Laserpitium prutenicum** L.
Preußisches Laserkraut (Gttg 35 sp)

I; ⟨B⟩, s, ⑦; AV, M_1, M_2, F, letzte 3 östl., (K); RL 2
T1.1.2.4.2, T7.3.2

M 30–100 cm. Stg meist steifhaarig, kantig gefurcht. Blätter 1–2fach gefiedert, mit z. T. tief fiederteiligen, zugespitzten, am Rand bewimperten Abschnitten. Dolden 10–20-strahlig. Hüll- u. Hüllchenblätter hautrandig, bewimpert. Kronblätter außen fein borstig behaart. Frucht 3,5–5 mm lg, behaart, mit br geflügelten Rippen.

2073 **Laserpitium latifolium** L. ▸
Breitblättriges Laserkraut

I; H, s, ⑦; A, AV, M_1, M_2, F (östl.); RL reg
wo?

M 50–200 cm. Stg gerillt, kahl od. schwach borstig, am Grund mit Faserschopf. Blätter im Umriss 3-eckig, bis 1 m lg, 1–2fach gefiedert, mit br eifgn, grob gesägten Abschnitten. Dolden 20–50-strahlig. Hüll- u. Hüllchenblätter kahl. Frucht 5–10 mm lg, mit br geflügelten Rippen.

2074 **Laserpitium siler** L. ▸
Berg-Laserkraut

I; H, s, ⑥; A, AV, M_1; RL reg; ☺, Z
T1.4.1.3, T3.4.2.2, T8.1.1
M 30–150 cm. Stg gerillt, meist kahl, am Grund mit Faserschopf. Blätter im Umriss 3-eckig, bis 1 m lg, 3–4fach gefiedert, bläul. grün, derb. Abschnitte lanzettl., ganzrandig, mit weißem Knorpelrand. Dolden 20–50-strahlig. Hüll- u. Hüllchenblätter kahl. Frucht 6–12 mm lg, kahl, mit br geflügelten Rippen.

2075 **Daucus carota** L. ▸▸
Wilde Möhre (Gttg ca 22 sp)

I; ⟨B⟩, s, ⑧, ❀; A, AV, M_1, M_2, F, K; RL –; ✠, ☺
T5.1, T6.2.2.2.3, T7.1.2, T8.1.2, T8.2.2.2, T10.3.3.1, T10.5.4
M 20–100 cm. Stg borstig behaart. Blätter 2–3fach gefiedert. Hüllblätter lg, 3-teilig od. gefiedert. Dolde vielstrahlig, zur Blütezeit flach gewölbt, im Zentrum meist mit großer schwarzpurpurner steriler Blüte. Strahlen zur Fruchtzeit zusammenneigend. Frucht längl., mit 4 Stachelreihen pro Teilfrucht.

◂ 2076 **Cicendia filiformis** (L.) Delarbre
Europäischer Fadenenzian (Gttg 1 sp)

I; T, s, ⊙; M_1, M_2, F, K; RL 1
L3..7.3
M 3–10 cm. Stg sehr zierl., einf. od. im oberen Teil verzweigt. Blätter 2–6 mm lg, lanzettl. Blüten 3–5 mm br, 4-teilig, einzeln, gelb. Griffel fadenfg, vom Fruchtknoten deutl. abgesetzt. Kapsel 4–5 mm lg, eifg.

2077 **Blackstonia perfoliata** (L.) Huds. ▸
Durchwachsener Bitterling (Gttg 5–6 sp)

I; T, s, ⊙; M_1 (Rhein); RL 2
L3..7.3, T6.2.2.2.3 (lückig), T10.3.3.1
M 20–40 cm. Stg einf. od. verzweigt, bläul. bereift, mit gut entwickelter Blattrosette. Stgblätter 3-eckig eifg, 14–18 mm br, am Grund mit der ganzen Breite verwachsen. Blütenstand schirmfg. Blüten 6–8-zählig, goldgelb. Kelch bis zum Grund geteilt, mit linealischen Zipfeln, diese kürzer als die Krone, im fruchtenden Zustand von der Kapsel bogig abstehend.

◂◂ 2078 **Blackstonia acuminata** W. D. J. (Koch & Ziz) Domin
Später Bitterling

I; T; s, ⊙, M_1 (Rhein); RL 3
L3..7.3, L4.4, T7.5.2 (lückig), T10.3.3.1, T10.5.3
M Ähnl. 2077, aber meist zierl., Grundblattrosette oft fehlend. Stgblätter schmaler, nur am Grund miteinander verwachsen, die breiteste Stelle der Blätter frei. Blütenstand längl. Kelch nur bis zu ¾ geteilt. Kelchzipfel lineal-lanzettl., etwa so lg wie die Krone, zur Fruchtzeit der Kapsel angedrückt.

◂ 2079 **Centaurium pulchellum** (Sw.) Druce ssp **pulchellum** (Gttg 20 sp)
Gewöhnliches Kleines Tausendgüldenkraut

I; T, s, ⑧; AV, M_1, M_2, F, K; RL reg, §
L3..7.3
M 2–15 cm. Pfl gedrungen, oft ohne Rosette u. vom Grund an verzweigt. Stgblätter rundl. bis eifg, stumpf. Blütenstand locker. (Mittlere) Blüten gestielt (2–10 mm). Kronzipfel 2–4 mm lg, rot.
B Ähnl. ist (2080), ssp *meyeri* (Bunge) Tzvelev, Meyers Kleines Tausendgüldenkraut, nur K, schlanker. Stg erst oben verzweigt. Krone meist weiß. ohne Abb.

2081 **Centaurium littorale** (Turner) Gilm. ssp **littorale**
Gewöhnliches Strand-Tausendgüldenkraut

I; T, s, ⊙; K; RL reg, §
T1.1.3.4
M 5–25 cm. Pfl mit grundstdgr Blattrosette, nur im oberen Teil verzweigt. Stg, Blattränder u. Kelchkanten kahl. Grundblätter ± lineal-spatelig, < 5 mm br. Stgblätter linealisch bis längl. lineal, meist 3-nervig, an der Spitze abgerundet od. stumpf. Blütenstand gabelästig. Kelch beim Aufblühen fast so lg wie die Kronröhre. Kronzipfel 5–6,5 mm lg, rosa.

2082 ssp **uliginosum** (Waldst. & Kit.) Melderis
Behaartes Strand-Tausendgüldenkraut

I; T, s, ⊙; F (östl.); RL?, §
M Wie 2081, aber Stg, Blattränder u. Kelchkanten kurzhaarig rau.

2083 **Centaurium erythraea** Rafn
Echtes Tausendgüldenkraut

I; T, H, s, ⑧; A, AV, M_1, M_2, F, K; RL reg, §; ✠, ☺, Z
T2.2.2, T6.2.1.5, T6.2.2.2.3, T6.2.4.2, T8.1.2
M 5–50 cm. Stg mit grundstdgr Blattrosette, nur nach oben hin verzweigt. Grundblätter eifg bis verkehrt eifg, > 5 mm br. Stgblätter längl. eifg bis lanzettl., meist 5-nervig, vorne ± spitz. Blütenstand locker trugdoldig, flach ausgebreitet. Kelch beim Aufblühen etwa ½ so lg wie die Kronröhre. Kronzipfel 5–8 mm lg, rosa.
B Im Gebiet nur ssp *erythraea*. Das von einigen Autoren unterschiedene *C. capitatum* (Willd.) Borb. (T6.2.4.2) wird hier nicht abgetrennt.

2084 **Swertia perennis** L. ssp **alpestris** (Fuss) Domin & Podp.
Montaner Blauer Sumpfstern (Gttg 50 sp)

I; H, w, ⑧; A, AV, M_1, M_2; RL 2, §; Z
S2.2.1, S2.2.2
M 15–60 cm. Stg mit aufgelockerter Rosette. Grundblätter br lanzettl. bis eifg, gestielt. Stgblätter sitzend, obere gegenstdg, untere meist wechselstdg. Blütenstand spärl. verzweigt. Kronzipfel sternfg ausgebreitet, hellviolett bis stahlblau, dkl punktiert u. geadert.
B Der Gewöhnliche Blaue Sumpfstern, (2085) ssp *perennis*, F (östl.); ⟨RL 0?⟩, §; S2.2.1, S2.2.2, hat eine deutl. Blattrosette u. stets gegenstdge Stgblätter. Blütenstand reich verzweigt.

2086 **Lomatogonium carinthiacum** (Wulfen) Rchb.
Kärntner Tauernblümchen (Gttg 18 sp)

I; T, s, ⊙; A; RL R, §
S2.2.3, T3.2.3, T3.3.1
M 1–15 cm. Stg meist vom Grund an verzweigt. Grundblätter eifg bis lanzettl., stumpf, nicht rosettig. Blüten einzeln an lgn, unbeblätterten Stielen. Kelch tief 5-teilig. Krone radfg, fast bis zum Grund 5-teilig, hellblau od. weiß. Narben am Fruchtknoten leistenfg herablaufend.

◄2087 **Gentiana lutea** L.
Gelber Enzian (Gttg 361 sp)

I; H, s, ⑦; A, AV, M_1, (M_2 syn.); RL 3, §; ✠, ☺, ☼, Z
T1.4.1.3, T3.1.6, T3.4.2, T6.2.1.5.4, T6.2.2.2.3, T8.1.1
M 50–140 cm. Stg unverzweigt, hohl. Blätter br elliptisch, blaugrün, mit 5–7 parallelen Nerven. Blüten gelb, gestielt, fast bis zum Grund 5–6(–9)-teilig, in blattachselstdgn Trugdolden. Kronzipfel schmal lanzettl. Kelch 5-teilig, einseitig aufgeschlitzt.
B Im Gebiet nur ssp *lutea*.

2088 **Gentiana cruciata** L. ►
Kreuz-Enzian

I; H, w, ⑧; A, AV, M_1, M_2, F (östl.); RL 3+, §; ☺, Z
T1.4.1.2+3, T6.2.2.2.3, T6.2..3.1, T8.1.1
M 10–40 cm. Stg mit grundstdgr Rosette, meist zu mehreren. Blätter dicht kreuzweise gegenstdg angeordnet, eilanzettl., etwas ledrig, untere an der Basis paarweise miteinander verwachsen. Kelchzähne viel kürzer als die Kelchröhre. Krone 4-zählig, 2–2,5 cm lg, außen schmutzigblau bis grünl., innen blau, ungefleckt.

2089 **Gentiana purpurea** L. ►
Purpur-Enzian

I; H, s, ⊙; A; RL R, §; ✠, Z
T3.1.1, T3.4.2.2, T6.2.1.5.4
M 25–60 cm. Blätter eilanzettl., glänzend grün, die oberen sitzend, die unteren gestielt. Blüten zu mehreren in den oberen Blattachseln, die obersten kopfig gehäuft. Kelch 2-teilig, auf einer Seite bis fast zum Grund aufgeschlitzt. Kelchzipfel nicht nach außen gekrümmt. Krone 5-zählig, 2,5–4 cm lg, außen purpurrot, innen gelbl.

2090 **Gentiana pannonica** Scop. ►►
Ungarischer Enzian

I; H, s, ⊙; A, M_1; RL 3, §; ✠, Z
T1.4.4, T6.2.1.5.4
M 25–60 cm. Untere Blätter elliptisch, gestielt, die oberen lanzettl., sitzend. Blüten zu mehreren in den oberen Blattachseln, die obersten kopfig gehäuft. Kelch 5–8-zipfelig, ohne Schlitz. Kelchzipfel nach außen gekrümmt. Krone 5-zählig, 2,5–5 cm lg, außen trüb weinrot bis schmutziglila, schwarzrot punktiert.

◄2091 **Gentiana punctata** L.
Tüpfel-Enzian

I; H, w, ⊙; A; RL 3, §; ✠, Z
T3.3.1, T3.4.1, T6.2.1.5.4
M 20–60 cm. Blätter eifg bis lanzettl., glänzend grün, die oberen sitzend, die unteren gestielt. Blüten zu 1–3 in den oberen Blattachseln, die obersten kopfig gehäuft. Kelch 5–8-teilig, ohne Schlitz. Kelchzipfel aufrecht. Krone 5-zählig, 2,5–3,5 cm lg, blassgelb, dkl punktiert.

◄◄2092 **Gentiana clusii** Perr.& Song.
Stängelloser Kalk-Enzian

I; H, w, ⊙; A, AV; RL 3, §; Z
S2.2.2, T3.4.2.1, T6.2.2.2.3, T7.3.2
M 5–15 cm. Grundstdge Rosettenblätter lanzettl. bis eilanzettl., zugespitzt bis spitz, etwas ledrig, am Rand papillös. 1-blütig. Krone 3–6 cm lg, keulig glockenfg, mit dklblauen Zipfeln. Kronröhre innen mit blauen Punktereihen auf weißl. Längsstreifen, nicht od. nur undeutl. olivgrün gefleckt. Kelchzipfel mind. so lg wie die halbe Kelchröhre, der Krone anliegend, scharf zugespitzt, am Grund nie eingeschnürt. Kelchbuchten spitz.

2093 **Gentiana acaulis** L.
Stengelloser Silikat-Enzian

I; H, w, ⑤; A; RL 3, §; Z
T3.3.1, T3.4.1, T6.2.1.5.4
M Ähnl. 2092, aber Grundblätter verkehrt eifg bis elliptisch, stumpf od. mit kurzer Spitze, weich, am Rand glatt. Kronröhre innen olivgrün gefleckt. Kelchzipfel meist kürzer als die halbe Kelchröhre, am Grund etwas eingeschnürt, etwas abstehend, scharf zugespitzt. Kelchbuchten br, mit weißer Verbindungshaut.

2094 **Gentiana asclepiadea** L.
Schwalbenwurz-Enzian

I; H, s, ⑧; A, AV, M_1; RL 3, §; ✠, Z
T1.1.1 (wechselfri), T1.4.1.3, T3.1.1, T8.1.2
M 15–60(–100) cm. Pfl meist mehrstglig, dicht beblättert. Blätter > 1 cm br, eilanzettl., (3–)5-nervig, deutl. netzadrig, lg zugespitzt. Blüten zu 1–3 in den oberen Blattachseln. Krone 3–5 cm lg, glockenfg, innen rotviolett punktiert mit hellblauen Längsstreifen. Kelchzipfel sehr kurz.

2095 **Gentiana pneumonanthe** L.
Lungen-Enzian

I; H, w, ⑧, ❀; A, AV, M_1, (M_2), F, K; RL 3+, §; ☺, Z
T7.3.2, T6.2.1.5.2
M 15–60 cm. Stg ohne grundstdge Rosette. Blätter < 1 cm br, eilanzettl. bis schmal lineal, meist 1-nervig, am Rand nach unten gerollt. Blüten zu 1–3 am Stgende u. einzeln blattachselstdg. Krone 3–5 cm lg, glockenfg, mit 5 grünl. Längsstreifen. Kelchzipfel etwa so lg wie die Kelchröhre.

2096 **Gentiana utriculosa** L.
Schlauch-Enzian

I; T, s, ⊙; A, AV, M_1; RL 2!, §
S2.2.2, T3.4.2.1 (Hochlagen), T7.3.2
M 8–25 cm. Pfl ohne blütenlose Triebe, einf. od. verzweigt, meist mehrblütig. Grundstdge Rosette zur Blütezeit meist schon verwelkend. Kelch aufgeblasen, fast so lg wie die Kronröhre, an den Kanten 2–3 mm br geflügelt. Krone stieltellerfg, tief blau, außen oft grünl.

2097 **Gentiana nivalis** L.
Schnee-Enzian

I; T, s, ⊙; A; RL –, §
T3.2.3, T3.4.2, T6.2.1.5.4
M 3–15 cm. Pfl ohne nicht blühende Triebe, vom Grund an ästig verzweigt, mehrblütig. Grundblätter rosettig, eifg, Stgblätter lanzettl. Kelch nicht aufgeblasen, der Kronröhre anliegend, an den Kanten höchstens 0,5 mm br geflügelt. Krone stieltellerfg, hell- bis dklblau.

2098 **Gentiana bavarica** L. var **bavarica**
Bayerischer Enzian

I; H, C, w, ⊙; A; RL –, §; Z
L2..1.1, S2.2.2 (Eisseggen-Ges.), T3.3.2, T3.4.3, T7.2.2
M 4–20 cm. Pfl kleine Rasen bildend, mit rosettenartigen blütenlosen Trieben. Blätter verkehrt eifg bis zungenfg, abgerundet, stumpf, die unteren höchstens so lg wie die oberen, einander dicht genähert.
B Die (2098a) var *subacaulis* Custer ist kleinwüchsiger, hat fast kreisrunde, dicht dachziegelig gedrängte, nach unten kleiner werdende Blätter; breiteste Stelle der Blätter deutl. in der vorderen Hälfte, wohl ohne taxonomischen Wert. Kelch sehr schmal geflügelt. Blüten stieltellerfg.

2099 **Gentiana verna** L.
Frühlings-Enzian

I; C, H, w, ⊙; A, AV, M_1, (M_2); RL 3+, §
T3.2.3, T6.2.2.2.3, (T7.3.2)
M 1–12 cm. Pfl mit blütenlosen Trieben. Rosettenblätter elliptisch lanzettl., meist spitz, mit deutl. Mittelnerv, viel größer als die Stgblätter. Kelch an den Kanten (0,5–)1–2 mm br geflügelt. Blüten stieltellerfg. Krone tiefblau, zw den Zipfeln mit je einem 2-spitzigen Anhängsel.

2100 **Gentiana orbicularis** Schur
Rundblättriger Enzian

I; H, C, w, ⊙; A; RL –, §
T3.2.3, T3.4.2.1, T5.1.5
M 3–6 cm. Pfl mit blütenlosen Trieben. Blätter rosettig, die untersten etwas größer u. dicht dachziegelig, verkehrt eifg bis rundl., im mittleren Drittel am breitesten, an der Spitze meist abgerundet, ledrig u. dklgrün. Kelch an den Kanten oft deutl. geflügelt. Blüten stieltellerfg. Krone tiefblau, mit fast runden Zipfeln.

▸ 

▸▸ 

◂◂ 2101 **Gentianella ciliata** (L.) Borkh.
Gewöhnlicher Fransen-Enzian (Gttg 125 sp)

I; ⟨B⟩, H, s, ⑨; A, AV, M_1, M_2, F; RL 3, §
T3.4.2.1, T6.2.2.2.3
M 5–30 cm. Stg einf. od. verzweigt, kahl, ohne Grundblattrosette. Blätter lanzettl. Kelch 4-zipfelig. Krone blau, mit 4 am Rand gefransten Kronzipfeln, im Schlund nicht bärtig. Fruchtknoten gestielt, keulenfg. Narbe sitzend, kreisfg.

◂ 2102 **Gentianella tenella** (Rottb.) Börner
Zarter Fransenenzian

I; T, s, ⊙; A; RL 3, §
T3.2.3, T3.3
M 4–10 cm. Stg am Grund verzweigt, mit lgn, meist 1-blütigen Ästen, zart. Blätter längl. elliptisch, die unteren spatelig, etwas rosettig, obere spitz. Kelch tief 4-teilig, mit gleich breiten Zipfeln. Krone 4-zählig, schmutzigviolett, innen von Schlundschuppen bärtig. Kronzipfel eifg, spitz.

◂◂ 2103 **Gentianella campestris** (L.) Börner ssp **campestris**
Feld-Fransenenzian

I; ⟨B⟩, w, ⑨; A, AV, M_1, M_2; RL 3, §
T6.2.1.5.1+4
M 5–20(–35) cm. Stg unterhalb der Mitte bzw. vom Grund an ästig, zur Blütezeit am Grund ohne Keimblätter, aber mit vertrockneten Blattresten. Grundblätter verkehrt eifg spatelig, im vorderen Drittel am breitesten. Kelch fast bis zum Grund geteilt, mit 4 sehr ungleich breiten Zipfeln (Fig. 52a). Krone lila, 4(–5)-zählig, im Schlund bärtig.
B Im Gebiet mehrere ± deutl. verschiedene ökologische u./od. phänologische Sippen mit unterschiedl. Wuchsform.

◂ 2104 ssp **baltica** (Murb.) Å. Löve & D. Löve
Baltischer Fransenenzian

I; T, s, ⊙; M_1, M_2 (östl.), F, K; RL 2, §
T7.3.2
M Ähnl. 2103, aber Stg 10–20 cm, nur in der oberen Hälfte ästig, zur Blütezeit noch mit Keimblättern. Alle Blätter frigrün. Grundblätter eilanzettl., gegen den Grund zu am breitesten. (Fig. 52b)

◂2105 **Gentianella amarella** (L.) Börner
Bitterer Fransenenzian

I; ⟨B⟩, s, ⊙; M_2, F, (beides östl.); RL 2, §
T7.3 (moorig), wechselfeuchte Mergelböden
M 5–50 cm. Pfl fast immer verzweigt, zur Blütezeit ohne Keimblätter. Grundblätter spatelig, stumpf. Blüten 5-zählig. Kelch deutl. kürzer als die Kronröhre. Kelchzipfel meist etwas ungleich (Fig. 52c). Krone 14–20 mm lg, meist rötl. lila, im Schlund bärtig. Fruchtknoten u. Kapsel sitzend.
B Im Gebiet nur ssp *axillaris* (F. W. Schm.) Börner.

2106 **Gentianella uliginosa** (Willd.) Börner ▸
Sumpf-Fransenenzian

I; ⟨T⟩, s, ⊙; F (östl.); RL 2!, §
T7.3 (moorig)
M 2–20 cm. Pfl meist unverzweigt, zur Blütezeit noch mit den sehr kleinen, eirundl. Keimblättern. Alle Blätter frigrün. Grundblätter spitz. Blüten 5-zählig. Kelch so lg wie die zylindrische Kronröhre. Kelchzipfel meist etwas ungleich (Fig. 52d). Krone 10–20 mm lg, meist rötl. lila, im Schlund bärtig. Fruchtknoten u. Kapsel sitzend.

◂◂2107 **Gentianella aspera** (Hegetschw.) Skalicky, Chrtek & Gill
Rauer Fransenenzian

I; ⟨B⟩, s, ⊙; A, AV, M_1; RL 3, §
T3.4.2.1
M 5–40 cm. Stg einf. od. verzweigt. Mittlere Stgblätter 3-eckig eifg, 2–3mal so lg wie br, am breitesten im unteren Viertel (Drittel), spitz. Blüten 5-zählig. Kelchröhre schmal geflügelt, papillös gewimpert, noch am Blütenstiel herablaufend. Kelchzipfel am Rand u. auf dem Mittelnerv rau gewimpert, oft auch auf der Fläche behaart, schwach zurückgerollt, meist grün. Kelchbuchten spitz (Fig. 52e). Krone 15–40 mm lg, nach oben hin erweitert, violett, lila, slt weiß, im Schlund bärtig. Fruchtknoten u. Kapsel (4–)6(–8) mm lg gestielt.
B Wie zu 2103.

◂2108 **Gentianella germanica** (Willd.) Börner ssp **germanica**
Gewöhnlicher Deutscher Fransenenzian

I; ⟨B⟩, s, ⊙; A, AV, M_1, M_2, F; RL 3, §
T3.4.2.1, T6.2.2.2.3
M 5–40 cm. Stg einf. od. verzweigt. Mittlere Stgblätter eifg lanzettl., spitz bis stumpf, am breitesten im untersten Drittel (Hälfte). Blüten 5-zählig. Kelchröhre schmal geflügelt. Kelchzipfel meist stark zurückgerollt, am Rand papillös, nicht rau, bis fast glatt, oft karminrot angelaufen. Kelchbuchten spitz (Fig. 52f). Krone wie bei 2107. Fruchtknoten u. Kapsel (2–)3(–5) mm lg gestielt.
B Wie zu 2103.

2109 ssp **saxonica** W. Hempel
Sächsischer Fransenenzian ohne Abb.

☆ **I**; ⟨B⟩, s, ⊙; F?; RL?, §
T6.2.1.5 (m)
M 5–25 cm. Stg einf. Mittlere Stgblätter 3-eckig eifg, immer spitz, am breitesten im unteren Viertel (Drittel). Kelch grün, Kelchzipfelrand schwach zurückgerollt, rau (auch Hauptnerv) bis schwach gewimpert (Fig. 52g). Fruchtknoten u. Kapsel (4–)6 (–7,5) mm lg gestielt.
B Vgl. Hempel (1981), vermittelt zu 2107.

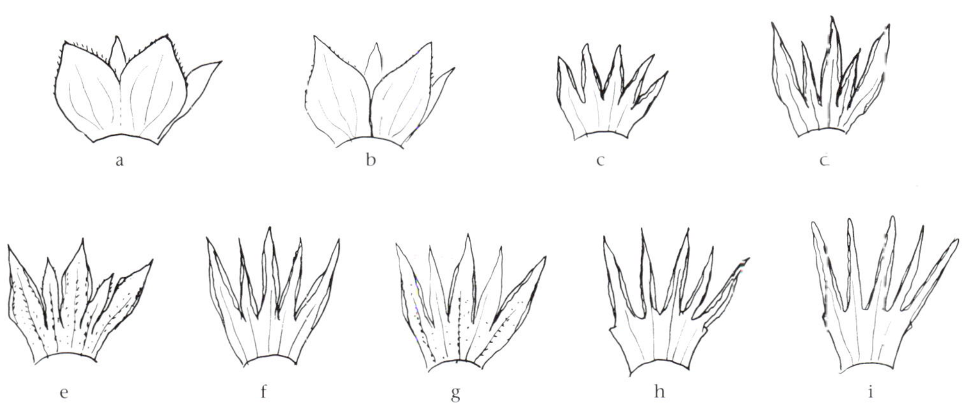

Fig. 52: Kelche und Kelchbuchten bei *Gentianella*
a-g, i: kombiniert nach Pignatti (1982) und Rothmaler (1994), korrigiert nach Lauber & Wagner (1995)
h: nach Hempel (1981)

2110 **Gentianella bohemica** Skalicky
Österreichischer Fransenenzian

☆ **I**; ⟨B⟩, s, ⊙; M_1, F (beides östl.); RL 1!!, §
T6.2.1.5.1

M 5–30 cm. Stg verzweigt. Untere Äste lg, Blütenstand daher fast doldig traubig. Blüten 20–45 mm lg, 5-zählig. Kelchzipfel fast gleich, am Rand glatt, deutl. > als die ungeflügelte Kelchröhre. Kelchbuchten gerundet (Fig. 52 h). Krone 15–40 mm lg, nach oben hin erweitert, meist lila, im Schlund bärtig. Fruchtknoten u. Kapsel 2–6 mm lg gestielt.

2111 **Gentianella lutescens** (Velen.) Holub
Karpaten-Fransenenzian

I; ⟨B⟩, s, ⊙; M_2 (östl.); RL 1, §
T6

M Wie 2110, aber Stg mit zieml. kurzen unteren Ästen, Blütenstand daher rispig. Blüten 15–25 mm lg. Kelchzipfel kaum länger als die ungeflügelte Kelchröhre (Fig. 52 i).

2112 **Vinca minor** L.
Kleines Immergrün (Gttg 7 sp)

A; C, i, ③; A, AV, M_1, M_2, F, K; RL –; ☠, ✠, ☺, Z
T1.1.1, T1.1.2.3+4, T2.1.2, T10.2.1...2

M 15–20 cm. Stg nur am Grund verholzend, 60–100 cm kriechend, an den Knoten wurzelnd. Blätter längl. lanzettl., etwas zugespitzt, lederartig, kahl, bis 6 cm lg. Blüten einzeln, lggestielt, hellblau (auch z. T. in anderen Farben von weiß bis rosarot). 5-zipflige, kahle Stieltellerblume mit ca 1 cm lgr Röhre. Balgfrüchte bis 22 mm lg.

2113 **Asclepias syriaca** L.
Gewöhnliche Seidenpflanze (Gttg 100 sp)

E; ⟨H, s⟩, ⊙; AV, M_1, (M_2 + F syn.); RL –; ☼, Z
T8.2.2.5

M Bis 2,5 m. Stg mit Milchsaft. Blätter gegenstdg, eifg, 15–20 cm lg, unterseits filzig, von dekorativer Wirkung. Blüten trübrosa, in vielblütigen Dolden. Frucht ein Balg mit vielen seidig behaarten Samen.
B Heimat: östl. Nordamerika.

2114 **Vincetoxicum hirundinaria** Medik.
Weiße Schwalbenwurz (Gttg 15 sp)

I; H, s, ⑥, ❀; A, AV, M_1, M_2, F (östl.), K (östl.);
RL reg; ☠, ✠
T1.1.1.4, T1.1.2.3+4, T1.4.1.3, T5.1.2.1, T8.1.1

M 30–120(–200) cm. Stg rund, meist zu mehreren. Blätter gegenstdg, eilängl., gestielt, am Grund herzfg, lg zugespitzt, verkahlend. Blüten in blattachselstdgn, wenigblütigen Cymen, (3–)5–8(–15) mm ∅, mit weißl. grünen in der Knospe nach rechts gedrehten Zipfeln, Pollen zu Pollinien verklebt, je 2 benachbarte Staubbeutel unterschiedl. Staubblätter durch Klemmkörper verbunden (Klemmfallenblume). Nebenkrone mit 5 Nektarien, Frucht 2 lge Bälge, Samen mit weißem Haarschopf.
B Im Gebiet nur ssp *hirundinaria*.

2115 **Nicandra physalodes** (L.) P. Gaertn.
Giftbeere (Gttg 1 sp)

U; T, s, ⊙; AV, M_1, M_2, F, (K); ⟨RL –⟩; ☠
T8.3.1, T10.7

M 30–130 cm. Stg etwas kantig, stark ästig. Blätter br eifg elliptisch, buchtig gelappt bis gezähnt (auch laciniate Formen bekannt). Blüten einzeln, hängend, Kelch aufgeblasen, 5-kantig, zur Fruchtzeit ähnl. wie bei 2119 die reife (braunrote) Beere ganz einhüllend. Krone verwachsen, 5-lappig, weiß mit hellblauem Rand.
B Heimat: Peru.

2116 **Lycium barbarum** L.
Gewöhnlicher Bocksdorn (Gttg 100 sp)

E; N, s, ⊙, ⊛; AV, M_1, M_2, F, K; RL –; ☠!, ✠, ☺, Z
T2.1.2, T10.3.1.3, T10.3.3.1

M 1–3 m. Zweige rutenfg, bogig herabhängend, meist dornig. Blätter längl. lanzettl., vielgestaltig, in der Mitte am breitesten, meist 3–10 cm lg, graugrün, verkahlend. Blüten zu 1–3, lggestielt, lilapurpurn. Kelch 2-lippig, Krone radiär. Frucht eine leuchtendrote (slt gelbe) Beere.
B Heimat: China. In Kultur hin u. wieder auch (2116a) *L. chinense* Mill., der Chinesische Bocksdorn (aus N-China). In allen Teilen größer, Blätter unter der Mitte am breitesten.

2117 **Atropa bella-donna** L.
Echte Tollkirsche (Gttg 4 sp)

I; H, s, ⑦; A, AV, M_1, M_2; RL –; ☠!, ✠, ☺
T1.1.1, T2.2.2, T10.3.3.1 (Wald)

M 50–150(–200) cm. Stg stumpfkantig, oben verästelt u. fein behaart. Blätter eifg, elliptisch zugespitzt, bis 15 cm lg, 8 cm br, flaumig behaart, im Blütenstandsbereich immer ein größeres mit einem kleineren gepaart. Blüten einzeln, hängend, Krone glockig, 2,5–3,5 cm lg, braunviolett, innen gelbl. u. purpurrot geadert. Frucht eine glänzende, schwarze Beere, kirschgroß.

2118 **Hyoscyamus niger** L.
Schwarzes Bilsenkraut (Gttg 15 sp)

A; T, ⟨B⟩, s, ⑥; AV, M_1, M_2, F, K; RL reg; ☠!, ✠, ☺, D
T8.2.2.5, T10.2..2, T10.3.3.1, T10.7, T10.8.1

M 20–80(–100) cm. Stg stumpfkantig, verästelt, klebrig zottig. Pfl unangenehm riechend. Blätter längl. eifg, buchtig gezähnt, untere gestielt, obere halbstgumfassend, mattgrün, ± behaart. Blüten in wickelartigen Blütenständen. Kelch drüsig mit bei Fruchtreife 5 ausdauernden, stechenden Zähnen. Krone schwach zygomorph, 2–3 cm ∅, schmutzig gelb, mit violettem Adernetz, Schlund rotviolett. Frucht eine Deckelkapsel.

2119 **Physalis alkekengi** L.
Wilde Blasenkirsche (Gttg 80 sp)

I; H, s, ⊙; AV (syn.), M_1, M_2, F (syn.); RL reg; ☠, (✎), ✠, ☺, Z
L5.2.3.1, T2.1.2, T8.2.1.1, T9.2, T9.3.2.1.2

M 25–60(–100) cm. Stg aus weit kriechendem Rhizom, stumpfkantig, einf. bis wenigästig. Blätter gestielt, eifg, Rand oft geschweift. Blüten einzeln, nach unten zeigend, weiß, leicht glockig. Kelch bei Reife aufgeblasen, orangerot. Beere ebenfalls orange, kirschgroß, unangenehm bitter, nicht giftig.
B Hin u. wieder verwilderte Gartenformen gehören zur in allen Teilen größeren Judenkirsche (2119a) *P. franchetii* Mast., mit schmal 3-eckigen Kelchzipfeln, die so lg wie die Kelchröhre sind.

◄2119b **Physalis peruvianum** L.
Kap.-Stachelbeere, Peruanische Judenkirsche

U–E?; H, s, ⊙; M_1, M_2, F, wo noch?; ⟨RL –⟩; ✋, Ob L4.1–4 (Ufer), T10.3.1.2, T10.7
M 30–100 cm. Blätter herzfg, ± filzig. Blüten gelb mit dklm Punkt, Fruchtkelch grünl.-gelb bleibend, Frucht gelborange.
B Heimat: Peru. Sich neuerdings an Vorflutern ähnl. wie die Tomate ausbreitend.

2120 **Solanum dulcamara** L. ►
Bittersüßer Nachtschatten (Gttg 1700 sp)

I; N li, s, ⑥; A, AV, M_1, M_2, F, K; RL –; ☠!/☠, ✠, ☺ H3.1–2.3 (gestört), L3..5 (gestört), L5.2.4–5, S3.2.5, T2.2, T8.2.1.4
M Bis 2(–3) m. Stg niederliegend bis kletternd, im oberen Teil krautig, meist kahl. Blätter vielgestaltig, eifg lanzettl., zugespitzt, oft herzfg am Grund, obere z. T. spießfg bzw. geöhrt. Blüten violett, am Grund grünl. gefleckt, (slt weiß, rosa) in 10–25-blütigen Blütenständen, Zipfel der Krone später zurückgeschlagen, Staubbeutel goldgelb, zu einer kegelfgn Röhre verwachsen. Frucht eine eifge, leuchtend rote Beere, bis 1 cm lg.

◄◄2121 **Solanum sarachoides** Sendtner
Saracha-Nachtschatten

E; T, s, ⊙; M_1, M_2, F; RL –; D
T8.3.1
M 20–60 cm. Stg rund, reich verzweigt, dichtdrüsig, klebrig, stark tomatenartig riechend. Blüten weiß, Kelch mit lgn, schmalen Zähnen, Buchten spitz, häutig verbunden, bis ¾ der Frucht bedeckend. Beere glasig hellgrün, mit 59–69(–75) Samen, 1,3–1,5 mm lg.
B Heimat: Südamerika.

◄2122 **Solanum physalifolium** Rusby
Argentinischer Nachtschatten

E; T, s, ⊙; M_1, M_2, F, K; RL reg
T8.3.1, T9.1.1.3
M 10–40 cm. Stg rund, dicht abstehend drüsig, ohne auffallenden Geruch. Blüten weiß. Kelch mit kurzen, brn, stumpfen Kelchbuchten, etwa halb so lg wie die Beere. Beere hellgrün, z. T. violett, glänzend, mit 15–25 Samen, 18–24 mm lg.
B Heimat: Chile. Im Gebiet nur die var *nitidibaccatum* (Bitter) Edmonds eingebürgert.

2123 **Solanum nigrum** L. ssp **nigrum** ►
Gewöhnlicher Schwarzer Nachtschatten

A; T, s, ⑧; (A), AV, M_1, M_2, F, K; RL –; ☠!, (✠), ☺
T8.3, T9.1, T9.2, T10.3.3.1, T10.7
M 10–50 cm. Stg kantig, stark verästelt. Pfl dklgrün, z. T. violett schwarz überlaufen, zerstreut mit einwärts gekrümmten od. etwas abstehenden Haaren, ohne Drüsenhaare bzw. verkahlend. Blätter eifg 3-eckig, randl. allenfalls seicht buchtig bis ganzrandig, (slt stark gezähnt) beim Trocknen schwärzend. Blüten weiß, zu 5–10. Reife Beere schwarz (slt grün, weiß od. gelb).
B Formenreich, viele der oben genannten Abweichungen sind als var beschrieben, haben aber kaum taxonomischen Wert.

2124 ssp **schultesii** (Opiz) Wessely ►►
Behaarter Schwarzer Nachtschatten

A; ⟨T, s⟩, ⊙; AV, M_1, M_2, F; RL –; ⟨☠!⟩
T8.3.1, T10.7
M Ähnl. 2123, aber ganze Pfl abstehend behaart u. mit einzelnen Drüsen, Blätter deutl. buchtig gelappt. Gilt insg als wärmeliebender als ssp *nigrum*.

2125 **Solanum villosum** Mill. ssp **villosum**
Gelbfrüchtiger Nachtschatten

E; T, s, ⊙; AV, M_1, M_2, F; RL reg; ☺
T8.3.1, T10.3.3.1, T10.7
M 10–50 cm. Pfl dicht abstehend drüsig, mit moschusartigem Geruch. Stg stielrund od. stumpfkantig, Kanten glatt. Blätter dünn, heller grün als bei 2123, beim Trocknen gelbgrün werdend. Blüten weiß. Beere bis 1 cm, meist länger als br, gelb bis bräunl.

2126 ssp **alatum** (Moench) Edmonds.
Rotfrüchtiger Nachtschatten

E; ⟨T, s⟩, ⊙; M_1, M_2, F; RL reg
T8.3.1
M 10–50 cm. Pfl anliegend behaart, ohne Drüsen. Stgkanten körnig rau. Blüten weiß. Beere bis 1 cm, mennigerot.

2127 **Solanum triflorum** Nutt.
Dreiblütiger Nachtschatten

E lok; ⟨T, s⟩, ⊙; M_1 (Rheintal bei Mannheim), F (Ruhrgebiet, Niederrhein); ⟨RL –⟩
T8.3.2.?, T10.4.5
M Bis 1 m. Pfl sparrig verzweigt mit bis 50 cm lgn niederliegenden Seitensprossen. Einf. bis borstig, meist anliegend behaart, geruchlos. Blätter stark eingeschnitten. Blüten weiß, zu (1–)3(–6). Beere reif glänzend grün.
B Heimat: Nordamerika.

2128 **Lycopersicon esculentum** Mill.
Kultur-Tomate (Gttg 7 sp)

U, K; ⟨T, s⟩, ⊙; AV, M_1, M_2, F, K; ⟨RL –⟩; ✂, ☺, D, (Z)
L5.2.4.2, T10.7
M 40–120(–150) cm, Kultursorten auch höher. Pfl drüsig, kurzhaarig, mit starkem, arteigenem Geruch. Blätter gefiedert. Blüten gelb, in seitenstdgn Wickeln. Saftige Beere gr, rot (slt gelb od. weiß), jung zuw. flaumig, verkahlend, je nach Kultursorte rundl. bis längl.
B Dauergast an unseren Vorflutern, solange die Bürger Tomaten essen. Heimat: nördl. Südamerika, Karibik.

2129 **Datura stramonium** L.
⟨Gewöhnlicher⟩ Stechapfel (Gttg 9 sp)

E; T, s, ⊙; (A), AV, M_1, M_2, F, K; RL reg; ☠!, ✠, ☺
T8.3, T9.2..2, T10.3.3.1, T10.8.1
M 30–120(–180) cm. Stg einf. bis gabelästig, kahl. Pfl mit unangenehmem Geruch. Blätter eifg, lggestielt, am Grund keilfg, grob buchtig gezähnt, bis 20 cm lg, 15 cm br. Blüten einzeln, trompetenartig, weiß, (3–)5–7,5 cm lg, nachts duftend. Frucht eine bis 4–5(–6) cm lge, eifge Kapsel mit derben Stacheln.
B Heimat: Mexiko, heute weltweit. Weitere *Datura*-Sippen erscheinen unbestdg auf Schutt, meist Deponien, v. a. (2129a) var *tatula* L. mit blaulila Krone, ganze Pfl stark violett überlaufen.

2130 **Calystegia soldanella** L.
Roem. & Schultes
Strand-Zaunwinde (Gttg ca 25 sp)

I; H, s, ⊙; K (Nordsee); RL 1, §; Z
H1.2.2.4
M 10–50 cm. Pfl bis 1,5 m tief wurzelnd. Stg verästelt, niederliegend, nicht windend. Blätter lg gestielt, nierenfg, dickl., 2,5 cm lg, 4 cm br, bläul. grün bis graugrün. Blütenkrone (3–)5 cm lg, rosa, mit 5 weißen Streifen. Frucht eine Kapsel.

2131 **Calystegia sepium** (L.) R. Br. ssp **sepium**
Gewöhnliche Zaunwinde

I; K, H li, s, ⑧, ⊛; A, AV, M_1, M_2, F, K; RL –; (☠), ✠, ☺, (Z)
L5.2.4–5/T8.2.1.4, T8.2.2.6, T9.2, T10.2.8.3, T10.3.3.1

M 1–3 m windend. Weißl., fleischige, lg kriechende Rhizome. Stg kahl, rundl. stumpfkantig, am Grund Ausläufer treibend. Blätter ca 5 cm lg gestielt, am Grund pfeilfg 3-eckig. Blattspitze ausgezogen. Blüten an lgn Stielen. Trichterfge Krone (3,5–)6 cm lg, weiß, slt rosa gestreift. Vorblätter zugespitzt, geigenartig verengt, den Kelch nicht vollstdg einhüllend. Staubblätter bis über die Mitte mit kurzen Drüsen (15–)17–23(–25) mm lg. Frucht eine rundl. Kapsel.

2132 ssp **baltica** Rothm.
Rosablütige Zaunwinde

I; ⟨K, H li, s⟩, ⊙; F, K (v. a. Ostseeraum); ⟨RL?⟩
L3..5/H3.1–2.3

M Ähnl. 2131, aber Blüten rosa überlaufen mit weißen Streifen, Staubblätter unter der Mitte mit lgn, mehrzelligen Drüsenhaaren. Kelchzipfel schmal lanzettl., am Rand fein gewimpert.
B Nicht verwechseln mit 2134!

2133 **Calystegia silvatica** (Kit.) Griseb.
Wald-Zaunwinde

E lok; ⟨K, H li?, s⟩, ⊙; M_2, F (östl.), K (meist nur syn.); ⟨RL?⟩; Z
T8.2.2–8.3 (fri)

M 1–3 m windend. Ganze Pfl kahl. Ähnl. 2131, aber Staubblätter (25–)28–36(–39) mm lg. Krone reinweiß, 6–7 cm. Saum oft umgestülpt. Die Vorblätter am Grund blasig aufgetrieben, sich mit den Rändern deckend, den Kelch völlig einhüllend, an der Spitze abgerundet, postfloral noch anschwellend zu einer vollständig abgerundeten Hülle.
B Heimat: submediterran.

2134 **Calystegia pulchra** Brummitt & Heywood
Schöne Zaunwinde

E; K li, s, ⊙; AV, M_1, M_2, F; RL reg; Z
L5.2.4–5/T8.2.1.4, T8.2.2–8.3 (fri)

M Ähnl. 2133, aber Krone rosa mit 5 weißen Streifen, 4,5–6 cm lg u. br. Zumindest Blatt- u. Blütenstiel, z. T. auch Stg behaart.
B Heimat: NO-Asien.

2135 **Convolvulus arvensis** L.
Acker-Winde (Gttg ca 100 sp)

I; K, H li, s, ⑦, ⊛; A, AV, M_1, M_2, F, K; RL –; ✠, ☺
T7.5.2.1, T8.2.2–8.3, T9.1, T9.2, T9.3.2.1, T10.3.3.1, T10.7

M (8–)20–100(–125) cm lg kriechend od. windend. Blätter graugrün, längl. eifg, am Grund gestutzt bis pfeilfg, vorn abgerundet mit kurzen Stachelspitzchen, 3–6mal so lg wie br. Blüten zu 1(–3) auf lgn Stielen. Krone br trichterfg, 1,5–2,5 cm lg, weiß mit rosa Streifen od. ganz rosa.

2136 **Cuscuta lupuliformis** Krock.
Pappel-Seide (Gttg ca 145 sp)

I; T vp, s, ⊙; (M_1), M_2, F (östl.) Stromtäler; RL reg
L5.2.1, L5.2.5.5

M (50–)100–200 cm. Stg bindfadenstark, verzweigt, gelbl.-rötl. mit erhabenen purpurnen Punkten u. Strichen. Blüten zu 1–4(–6), lockerrispig, 4-zählig, weißl.-rötl., 4–5 mm lg, Griffel 1. Schlundschuppen siehe Fig. 53a. Früchte: erbsengroße beerenartige Kapseln.
B Auf *Salix* u. *Populus* schmarotzend.

2137 **Cuscuta epithymum** (L.) L. ssp **epithymum**
Gewöhnliche Thymian-Seide

I; T vp, s, ⑧; A, AV, M_1, M_2, F, K; RL reg; ☺ T4, T6.2.2.2.3, T9.1.2.1, T9.3.2.1
M 10–30 cm. Pfl zart, Blüten blassrosa (slt weiß), ± sitzend, in 8–10-blütigen Knäueln (5–8 mm ∅), immer 5-zipflig, Narbe fadenfg, Kelch in der Regel wenig länger als Hälfte der Krone. 2 Griffel, meist deutl. über Staubbeutel hervorragend. Kronblattschuppen verschließen die Röhre (Fig. 53b).
B Auf *Thymus, Calluna* u. vielen anderen Trockenrasenkräutern schmarotzend. Die bisher nur in Thüringen gefundene Form mit 10 Kronlappen wurde als *C. stenoloba* Bornm. & O. Schwarz beschrieben. Lok Mutante.

2138 ssp **trifolii** (Bab. & Gibson) Berher
Klee-Seide

E; ⟨T vp, s⟩, ⊙; AV, M_1, M_2, F; ⟨RL?⟩ T9.1.6
M 10–30 cm. Pfl kräftiger als 2137. Blüten 4–5 mm lg, kurzgestielt, in 12–18-blütigen Knäueln von 8–12 mm ∅. Kelch halb so lg wie Krone, Griffel 2(–4), die Staubbeutel nicht od. wenig überragend.
B Heimat: Mittelmeerländer. Fast ausschließl. in Klee-Kulturen.

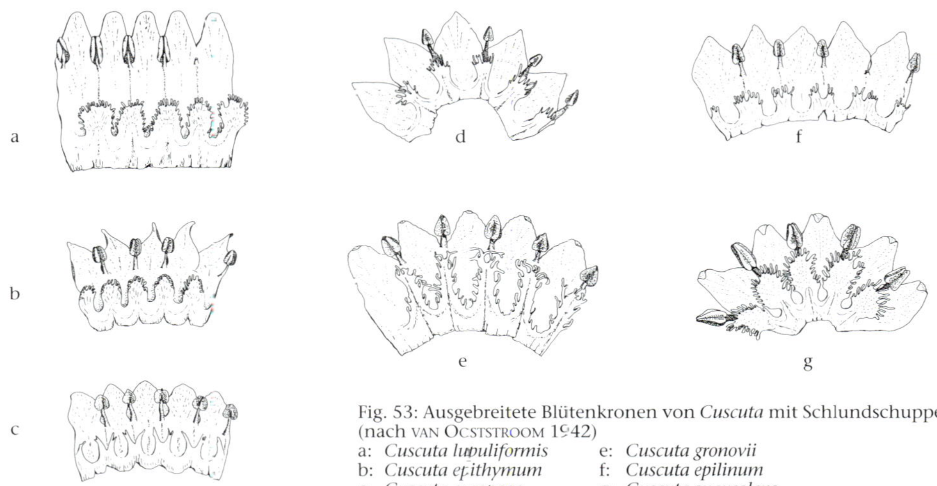

Fig. 53: Ausgebreitete Blütenkronen von *Cuscuta* mit Schlundschuppen. (nach VAN OOSTSTROOM 1942)
a: *Cuscuta lupuliformis*
b: *Cuscuta epithymum*
c: *Cuscuta europaea*
d: *Cuscuta campestris*
e: *Cuscuta gronovii*
f: *Cuscuta epilinum*
g: *Cuscuta suaveolens*

2139 **Cuscuta europaea** L. ssp **europaea**
Gewöhnliche Nessel-Seide

I; T vp, s, ⑧; (A), AV, M_1, M_2, F, K; RL reg; ☺ L5.2.5.6
M 20(–30)–100(–150) cm. Stg fadenfg, grünl. rötl. gelb, später rot überlaufen. Blüten sitzend, in 10–15 mm brn Knäueln, (3–)4(–5)-zählig, rötl. bis weißl. gelb od. reinweiß. Griffel 2(–4), Narbe fadenfg. Kronblattschuppen klein, zart bis fehlend, Röhre daher offen (Fig. 53c). Kapsel doppelt so lg wie Kelch, längl. eifg, leicht zugespitzt bis abgeplattet, ca 3 mm lg.
B Auf *Urtica, Humulus, Salix, Alnus* u. a. schmarotzend.

2140 ssp **viciae** (Engelm.) Ganesin
Wicken-Seide ohne Abb.

E; ⟨T vp, s⟩, ⊙; M_1, M_2; ⟨RL?⟩ T9.1.6
M Ähnl. 2139, aber Pfl kräftiger, mehr gelbl., Blüten wachsgelb. Kronblattschuppen 2-spaltig, je mit 2–4 Fransen. Kapseln eifg abgeplattet, 3,5–4 mm lg, 2,8–3 mm br.
B In Wicken- u. Linsenfeldern u. a. Leguminosenansaaten, Heimat: S-Europa?

2141 ssp **nefrens** (Fr.) O. Schwarz
Hecken-Seide

I; ⟨T vp, s⟩, ⊙; M_1, F (im Norden), wo noch?; ⟨RL?⟩ wo?
M Ähnl. 2139, aber Schuppen an Kronblattröhre noch kleiner, Kapsel br eifg, niedergedrückt, stumpf.
B Auf *Prunus, Lycium, Urtica* u. a. schmarotzend.

2142 **Cuscuta epilinum** Weihe
Flachs-Seide

A; T vp, s, ⑧; AV, M_1, M_2, F; RL 0
T9.1.3
M 30–50 cm. Stg oft einf., höchstens 1–2mal verzweigt, grünl. gelb. Blüten sitzend, zu 6–13 in 10–11 mm breiten Knäueln, gelbl. weiß. Kronblattschuppen klein, gefranst, nach innen geneigt (Fig. 53f). Griffel 2. Narbe fadenfg.
B Ausschließl. in Leinfeldern.

2143 **Cuscuta suaveolens** Ser.
Chilenische Seide

E; T vp, s, ⊙; M_1, M_2, F; ⟨RL –⟩; D
T9.1.3
M 20–50 cm. Stg ästig, orangerot, Blüten gestielt, in lockeren, traubigen Rispen, 3–4 mm lg, duftend. Kronblattzipfel abstehend, Kronblattschuppen gr, zusammenneigend, Röhre geschlossen (Fig. 53g). Griffel 2. Narbe kopfig.
B In Luzernefeldern, Heimat: Chile.

2144 **Cuscuta scandens** Brot.
Knöterich-Seide

E; T vp, s, ⊙; M_2; RL –; D
T8.3
M 20–50 cm. Stg ästig, gelb bis orange. Blüten gestielt, zu 5–8 in locker kugeligen Blütenständen, duftend. Kronblattzipfel zurückgebogen, Krone 4–5-spaltig, Röhre offen, Schuppen klein. Griffel 2, Narbe kopfig.
B Heimat: östl. Mittelmeergebiet. Im Gebiet nur ssp *cesatiana* (Bertol.) Greuter & Burdet. In Klee- u. Luzernefeldern. Im Bild auf *Echinophora* spec.

2145 **Cuscuta campestris** Yunck.
Nordamerikanische Seide

E; T vp, s, ⊙; M_1, M_2, F (K östl.); RL –
T8.3, T9.1.6
M 20–50 cm. Stg dick, glatt, orangerot. Blüten (4–)5-zählig, kurzgestielt, zu vielen in 10–12 mm dicken Knäueln, grünl. weiß, duftlos. Kronblattschuppen gr, tief gefranst, länger od. so lg wie Kronröhre (Fig. 53d). Griffel 2, Narbe kopfig.
B V. a. in Klee- u. Luzernefeldern, Heimat: südöstl. Nordamerika (hier auf *Xanthium*).

2146 **Cuscuta gronovii** Willd. ex Roem. & Schult.
Warzige Seide

E; T vp, s, ⊙; M_1, M_2, F, K; RL –
L4.2 (Ufer), L5.2.5.5
M 50–200 cm. Stg dickl., etwas rau, lebhaft orangegelb, verzweigt. Blüten gr, 3–4 mm lg, gestielt, in lockeren Rispen, zum Ende der Blütezeit geknäuelt, Kronblattschuppen gr, eifg, zerschlitzt, kürzer als Röhre (Fig. 53e). Narbe kopfig. Frucht gr, beerenartige Kapsel.
B Heimat: atlantisches Nordamerika. An Flussufern, auf *Salix* u. div. Uferstauden.

2147 **Menyanthes trifoliata** L.
Fieberklee (Gttg 1 sp)

I; W, K, w, ④; A, AV, M_1, M_2, F, K; RL 3, §; (☠), ✠, ☺, Z
S1.1, S2.1
M 15–30 cm (an Land bzw. über Wasser). Stg aus kriechendem Wurzelstock aufsteigend, rundl. kahl, mit schuppenfgn Niederblättern. Blätter kleeartig 3-teilig, Einzelblatt 4–10 cm lg, mit lgm, am Grund scheidenartig verbreitertem Stiel. Blüten heterostyl, zu 10–12 in endstdgr. dichter Traube, ca 15 mm ∅, 5 Kelchzipfel, Kronröhre in 5 zarte, etwas fleischige Zipfel auslaufend, weiß mit rosa Anflug, von lgn, saftreichen Haaren dicht bärtig. Staubbeutel violett, Frucht eine 2-klappige Kapsel.

2148 **Nymphoides peltata** (S. G. Gmel.) Kuntze
⟨Gewöhnliche⟩ Seekanne (Gttg 20 sp)

I; W, s, ⑧; M_1, M_2, F (v. a. Stromtäler); RL 3, §; Z
L3.2, L3..4.2/L4..2.2
M In 1–2(–3) m Wassertiefe wurzelnd. Stg lg peitschenfg, stielrund. Blätter wechselstdg, an der Wasseroberfläche treibend, kahl, ledrig, fast kreisrund, ganzrandig bis schwach ausgeschweift, mit tiefem, schmalem Ausschnitt, unterseits graugrün bis violett, drüsig punktiert. Blüten an lgn Stielen in Doldenrispen, 3 cm ∅, goldgelb, heterostyl, am Rand wimprig gezähnt, sowie knittrig gewellt, im Schlunde bärtig. Kapsel 2,5 cm lg, von den Kelchzipfeln umgeben, sich oft nicht öffnend.

2149 **Polemonium caeruleum** L.
Blaue Himmelsleiter (Gttg 25 sp)

I; H, s, ⑥; A, AV, M_1, M_2, F; RL 3, §; ☺, Z
L5.1.2.2.1, L5.2.5.4, L5.2.3
M (20–)30–80(–120) cm. Stg einf., bis oben wenigästig, kantig, hohl, kahl bis zerstreut drüsig flaumig. Blätter unpaarig gefiedert (8–15 Teilblättchen), wechselstdg, 7–12 cm lg. Blüten in reichblütiger, 13–17 cm lgr, drüsig behaarter Ripse. Krone kurz trichterfg, radiär, blau, am Grund weißl., slt weiß, 15–20 mm ∅, Staubbeutel orangegelb. Frucht runde, 3-fächrige Kapsel.

2150 **Collomia grandiflora** Lindl.
⟨Großblumige⟩ Leimsaat (Gttg 15 sp)

E; T, s, ☉; M_1, M_2, (F); RL reg
T8.2.1.1, T8.3.1, T9.1.2.1
M (5–)30–70 cm. Stg einf. od. ästig, dicht beblättert, oben behaart. Blätter ungeteilt, wechselstdg, lineal-lanzettl. bis eilanzettl., sitzend, 4–5 cm lg, 5–10 mm br, ganzrandig bis entfernt gezähnt. Blüten in endstdgn, fast kugeligen Köpfen, diese von ovalen, dichtdrüsigen Hüllblättern umgeben. Krone gelb, später rötl. angehaucht, stieltellerfg, lgröhrig, Staubbeutel aus Kronröhre hervorragend. Frucht eine mehrfächrige Kapsel.
B Heimat: westl. Nordamerika.

2150a **Phacelia tanacetifolia** Bentham
Rainfarnblättriges Büschelschön,
Borstiger Bienenfreund (Gttg 150 sp)

U–K; T, s, ☉; AV, M_1, M_2, F, K; RL –
T9.1, T10.3.1, T10.3.3.1, T10.7
M 20–70 cm. Stg ästig, unten kahl, oben steifhaarig, röhrig. Blätter doppelt fiederschnittig. Blüten in dichten Wickeln. Krone glockig radfg, blauviolett (slt weiß), 7–8 mm lg. Purpurrote Staubbeutel weit aus Blüte ragend. Frucht eine Kapsel.
B Heimat: Nordamerika. Sehr hfg als Zwischenfrucht gebaut, hfg kurzfristig verwildernd.

◄ 2151 **Heliotropium europaeum** L.
Europäische Sonnenwende (Gttg ca 250 sp)

A; T, s, ⊙; (AV), M_1, M_2; RL 2; ☺
T7.4.4, T9.1.2.1.1 (Kartoffeln), T9.3.2.1
M (5–)20–30(–35) cm. Pfl geruchlos. Stg hellgrün, dicht mit kurzen angedrückten Haaren, stielrund, an den Knoten verzweigte Äste tragend. Blätter wechselstdg, 0,5–2,5 cm lg gestielt, Spreite elliptisch spatelig, beiderseits weich behaart. Blüten weiß (bis bläul. weiß), 3–4 mm lg, 2–4(–5) mm ∅, in einf. od. gegabelten Wickeln. Frucht: Klause mit eibirnfgn Nüssen 2,25 mm lg, grob warzig, sich erst bei Reife teilend.

2152 **Onosma arenaria** Waldst. & Kit. ►
Sand-Lotwurz (Gttg 150 sp)

I; ⟨B⟩, s, ⑦; M_1 (Mainzer Sand); RL 1!!, §
T1.4.1.2, T6.2.1.4.7
M (15–)30–50(–70) cm. Stg von unten reich verzweigt, reich beblättert, mit anliegenden bis schief abstehenden Borstenhaaren, ohne Sternhaare. Blätter lineal-lanzettl., anliegend od. etwas abstehend borstenhaarig. Krone 12–15(–18) cm lg, hellgelb, in reichblütigen, pyramidenfgn Blütenständen. Staubbeutel 5–7 mm lg, gegen 2-hörnige Spitze sehr deutl. gezähnt. Klausenfrüchte graubraun, fleckig, glatt, glänzend, 3–4 mm lg, zugespitzt.

◄ 2153 **Cerinthe minor** L.
Kleine Wachsblume (Gttg 10 sp)

A; ⟨T, B⟩, H, s, ⊙; AV, M_1, (M_2); RL reg
T6.2.2.2.3, T8.1.1, T10.3.3.1, T10.3.4.2
M 15–60 cm. Stg ästig, abgerundet kantig, oben zuw. geflügelt, bläul. bereift, z. T. rötl. überlaufen, kahl. Grundblätter bis 15 cm lg, zur Blütezeit verdorrt. Stgblätter spatelfg, am Grund pfeilfg geöhrt, sitzend, mit deutl. hervortretenden Höckern, mittlere oft mit weißl. Flecken. Blüten blass schwefelgelb, in dichten Wickeln, tief 5-spaltig, 10–14 mm lg. Teilfrüchte 3–3,5 mm lg, dklbraun, matt.
B Im Gebiet nur ssp *minor*.

2154 **Cerinthe glabra** Mill. ►
Alpen-Wachsblume

I; H, s, ⑦; A, AV; RL reg; Z
T3.1.1, T3.1.2, T8.2.1.1 (a)
M 30–60 cm. Stg kahl, dicht beblättert, oben gabelästig. Grundblätter schmal verkehrt eifg, bis 30 cm lg. Stgblätter bis 10 cm lg, mit herz- od. pfeilfgm Grund, halbstgumfassend, bläul. bereift, mit nicht hervortretenden Höckern, im frühen Zustand kaum sichtbar, nie gefleckt. Blüten blassgelb, Saum goldgelb, mit purpurnen Flecken, kurz 5-zähnig, in Wickeln, 9–12 mm lg. Teilfrüchte ca 4 mm lg, dklbraun, glänzend.
B Im Gebiet nur ssp *glabra*.

◄ 2155 **Echium vulgare** L. ►
Gewöhnlicher Natternkopf (Gttg 60 sp)

A?; ⟨B⟩, T, w, ⑥, ❀; A, AV, M_1, M_2, F, K; RL –; ☝, Z
T6.2 (lückig), T6.2.1.4, T8.2.2.2, T10.3.1+2, T10.4.5, T10.5.4
M 25–100(–150) cm. Stg steif, ± stielrund, kurzhaarig, mit einzeln auf schwarzen od. weißen Knötchen stehenden stechenden Haaren. Blätter lineal-lanzettl., bis 10 cm lg. Blüten in zahlreichen abstehenden Wickeln, eine kegelfge, bis 50 cm lge Synfloreszenz bildend, 12–22 mm lg, tief trichterfg, fast 2-lippig, anfangs rosa, später blau (slt weiß). Nüsschen 3-kantig, 2–3 mm lg, an den Kanten gezähnelt, an den Seiten rau.

2156 **Lithospermum purpurocaeruleum** L.
Blauroter Steinsame (Gttg ca 45 sp)

I; C, H, w, ⓢ; M_1, M_2 (F); RL reg; Z
T1.1.1 (wärmeliebend), T1.1.2.4, T2.1.2.1.1
M 10–30 cm. Blühende Stg aufrecht, ausläuferartige sterile Sprosse bis 50 cm, niederliegend, wurzelnd. Blätter lanzettl., 4–8 cm lg, ca 1 cm br. Blüten in gedrängten Wickeln, 13–20 mm lg, anfangs purpurrosa, dann azurblau. Teilfrüchtchen 4–5 mm lg, weiß, glatt, glänzend.

2157 **Lithospermum arvense** L. ssp **arvense**
Gewöhnlicher Acker-Steinsame

A; T, w, ⓢ; (A), AV, M_1, M_2, F, (K); RL reg
T8.2.2-8.3, T9.1
M (5–)10–30(–80) cm. Stg rundl., meist erst oben verzweigt, rau. Blätter verkehrt eifg, bis 4 cm lg. Blüten in später verlängerten Wickeln, 6–8 mm lg, weiß (slt etwas bläul.). Teilfrüchtchen eifg 3-kantig, spitz, 3–3,5 mm lg, gelbl. braun, warzig bis grubig.

2158 ssp **sibthorpianum** (Griseb.) Stoj. & Stef.
Bläulicher Acker-Steinsame

A; ⟨T, w⟩, ⊙; M_2, F, K (alles östl.); RL reg
T1.4.1 (tro), T6.2
M Ähnl. 2157, aber Blüten bläul. od. rötl. (slt weiß). Teilfrüchtchen nur 2–3 mm lg, Keimblätter rundl. elliptisch, erstes Blattpaar abgerundet (bei 2157 Keimblätter elliptisch, erstes Blattpaar zugespitzt).

2159 **Lithospermum officinale** L.
Echter Steinsame

I; H, w, ⓢ; A, AV, M_1, M_2, F, K; RL reg
L5.2.3, T2.1.2.1.1, T8.1.2, T10.3.3.1 (Wald)
M 30–100 cm. Stg zu mehreren, steif, reichästig, rund, rau. Blätter lanzettl., sitzend, am Grund zur Blütezeit hinfällig, 5–10 cm lg, 1–2 cm br, ganzrandig, derb. Blüten in Doppelwickeln, grünl. gelbl. weiß, 4–5 mm lg, 3–5 mm br. Teilfrüchtchen 3–4 mm lg, glatt, glänzend, weiß, mit wenigen Grübchen.

2160 **Myosotis scorpioides** L.
ssp **scorpioides**
Gewöhnliches
Sumpf-Vergissmeinnicht (Gttg ca 200 sp)

I; H, w, ⓢ; A, AV, M_1, M_2, F, K; RL –; Z
L3..5/H3.1–2.3, L4.1–4 (Ufer), L4.4, S3.2.5, T7.3.5
M (5–)15–80(–100) cm. Stg abgerundet bis schwach kantig. Pfl straff od. schlaff aufrecht, Verzweigungen meist spitzwinklig. Pfl mit reicher vegetativer Entwicklung u. dicht stehenden Blättern, mit nicht blühenden Rosetten. Große Polykormone bildend. Ausläufer über 10 cm lg. Blütenstände nur 2-ästig. Behaarung aufrecht anliegend, unten am Stg hfg abstehend (slt auch rückwärts). Blüten himmelblau, 4–12 mm ∅. Antheren 0,8–1,2 mm lg, z. T. verkümmert. Pollenkörner (8,1–)8,7–9,5(–10,1) µm lg. Kelch zu ca ⅓ eingeschnitten, angedrückt behaart. Klausen 1,2–1,8 mm lg.
B Siehe Bemerkung 27, Seite 719.

2161 ssp **praecox** (Hülph.) Dickoré
Großblütiges Sumpf-Vergissmeinnicht

☆ **I**; ⟨H, w⟩, ⊙; K (Ostsee) RL –!!
H1.1.3
M 20–45 cm. Stg abgerundet bis schwach kantig, Pfl starr aufrecht, verzweigt, nicht spitzwinklig. Blätter entfernt stehend. Blütenstand 2- bis mehrästig, blühende Pfl meist ohne vegetative Seitenäste. Behaarung meist aufrecht anliegend (od. verkahlend), gelegentl. am Stg, auch aufrecht abstehend. Blüte himmelblau 10–12 mm ∅. Klausen 1,9–2,7 mm lg.

2162 **Myosotis laxa** Lehm. ▸
Rasen-Vergissmeinnicht

I; ⟨B⟩, w, ⊙; AV, M_1, M_2, F, K; RL reg
L3..5/H3.1–2.3, L4.1–4 (Ufer), S2.1, T7.3.2 (p, c)
M 20–50 cm. Stg stielrund, aufrecht anliegend behaart. Pfl ± schlaff wirkend. Nie mit Ausläufern. Verzweigungen oft fast rechtwinklig. Endäste des Blütenstandes mit 1–2 (slt mehr) Blättern. Blüten himmelblau, 3–6 mm ∅, Pollenkörner (10,5–) 11,5–12,5(–13,4) µm lg, Antheren 0,6–0,9 mm lg, immer fertil. Fruchtkelch auf ca ⅔ geteilt, angedrückt behaart.

2163 **Myosotis rehsteineri** Wartm. ▸▸
Bodensee-Vergissmeinnicht

(☆) **I**; H, W, w, ⊙; AV (Bodensee); RL 1!!, §; B, F, Z
L3..6.5
M 1–10(–25) cm. Pfl dicht beblättert, niedrige Rasen von bis zu 30 cm ∅ bildend. Stg kahl od. aufrecht gerichtet behaart. Blütenstände kurz, 1–2-ästig, wenigblütig (5–10). Blüten himmelblau, 4–12 mm ∅. Pollenkörner 7,5–8,6 µm lg. Fruchtkelch auf ca ⅓ eingeschnitten, angedrückt behaart.

◂◂ 2164 **Myosotis nemorosa** Besser
Scharfkantiges Sumpf-Vergissmeinnicht

I; H, w, ⊙; A, AV, M_1, M_2, F, K; RL –
L4.4, T7.3.5
M (5–)15–80 cm. Ähnl. 2160, aber Stg scharfkantig, v. a. im unteren Drittel. Pfl relativ zart wirkend, nur kurze Ausläufer (bis 10 cm), mit wenigen, entfernt stehenden Blättern, aber reichästigem Blütenstand. Behaarung im unteren Stgbereich bzw. auf der Unterseite der unteren Blätter, hfg rückwärts gerichtet (abstehend bzw. hfg auch anliegend), slt auch aufwärts anliegend bis verkahlend. Blüten himmelblau, 3–9(–12) mm ∅. Pollenkörner (6,6–)6,9–7,5(–8,2) µm lg. Kelch zu ca ⅓ eingeschnitten, angedrückt behaart.

◂ 2165 **Myosotis sylvatica** Ehrh. ex Hoffm.
Wald-Vergissmeinnicht

I; ⟨B⟩, H, w, ③; A, AV, M_1, M_2, F, K; RL –
T2.2.1+2, T3.1.1+2, T7.1.2, T10.3.3.1 (Wald)
M 15–45 cm. Rosettenblätter allmähl. in den kurzen Stiel übergehend, Stgblätter br lanzettl. Blüten hellblau, Kelchgrund abgerundet, bei Reife vom Fruchtstiel abbrechend. Kelch mit linealischen Zipfeln u. locker stehenden, durchweg abstehenden, hakig gekrümmten Haaren. Klausen unter 1,7 mm lg. Fig. 54b.

◂ 2166 **Myosotis decumbens** Host
Niederliegendes Vergissmeinnicht

I; ⟨B⟩, w, ⊙; A; RL –
T3.1.1, T3.1.2
M 20–40 cm. Pfl mit kurzen Ausläufern. Rosettenblätter lg gestielt, Stgblätter eifg. Blüten hellblau. Kelchgrund abgerundet, bei Reife vom Fruchtstiel abbrechend. Kelch mit 3-eckigen Zipfeln mit abstehenden, hakig gekrümmten Haaren. Klausen mind. 2 mm lg. Fig. 54c.
B In den außerdeutschen Alpen vielgestaltig u. formenreich.

◂ 2167 **Myosotis alpestris** F. W. Schmidt
Alpen-Vergissmeinnicht

I; H, w, ⑥; A, AV; RL –; Z
T3.1.1+2, T3.3, T3.4.2, T5.1
M 5–15 cm. Rosettenblätter deutl. lggestielt, Stgblätter eifg bis (ei-)lanzettl., nicht spitz. Blütenstand gedrungen, Blüten tief azurblau. Kelchgrund in den Stiel verschmälert, nicht abbrechend. Kelch mit zahlreichen anliegenden u. weniger abstehenden, überwiegend geraden Haaren. Fig. 54a.
B Aus dieser Sippe sind zahlreiche Gartenformen entstanden, die sehr leicht verwildern ⟨B⟩.

◂2168 **Myosotis sparsiflora** J. C. Mikan ex Pohl
Zerstreutblütiges Vergissmeinnicht

I; T, w, ⊙; (AV östl.), M_2, F, beides östl.; RL reg
L5.2.3, T8.2.1.2
M 10–30(–40) cm. Stg schlaff, niederliegend, aufsteigend, frigrün, spärl. abstehend behaart, kantig, zerbrechl. Blätter spatelig, 2–6 cm lg, 0,5–1,5 cm br. Blüten in sehr lockeren, (3–)7(–13)-blütigen Doppelwickeln, jeder Wickelast mit 2–3 laubblattartigen Tragblättern. Blütenstiele sich postfloral von 1–3 auf 6–8 mm Länge streckend, dabei zurückgebogen. Kronröhre kurz, weiß, Rand erst rosa, später himmelblau. Kelch offen bleibend.

2169 **Myosotis arvensis** (L.) Hill ssp **arvensis** ▸
Gewöhnliches Acker-Vergissmeinnicht

A?; ⟨B⟩, T, w, ⑤; A, AV, M_1, M_2, F, K; RL –; ✠
T2.2.2, T9.1, T9.1.1.3, T9.2, T10.7
M 10–40(–60) cm. Stg stark abstehend borstig behaart, vom Grund an verzweigt. Rosettenblätter kurzgestielt, hinfällig. Blätter spatelig, untere rosettig gehäuft, lggestielt, obere sitzend, 1–4(–7) cm lg, kurz zugespitzt, beiderseits rauhaarig. Blütenstand kurz, dichtblütig, blattlos. Krone mit gelbl. Röhre, Saum hellblau bis rosa, 2–3 mm ∅. Kelch zuletzt geschlossen, bis 5 mm lg, abfallend. Mit schwarzbraunen Teilfrüchtchen, diese bis 2 mm lang.

2170 ssp **umbrata** (Rouy) O. Schwarz
Schattenliebendes
Acker-Vergissmeinnicht ohne Abb.

A?; ⟨T, H, w⟩, ⊙, ⊛; M_1, M_2, wo noch?; ⟨RL ?⟩ wo?
M Ähnl. 2169, aber in allen Teilen größer, 10–60 cm. Rosettenblätter lggestielt, zur Blütezeit noch fri, insg an 2165 erinnernd. Blüten 4–5 mm ∅. Kelch zur Fruchtzeit länger als 7 mm, dicht behaart. Klausen länger als 2,5 mm.

◂2171 **Myosotis ramosissima** Rochel ex Schult.
Hügel-Vergissmeinnicht

A?; T, w, ②; AV, M_1, M_2, F, K; RL reg
T5.2.3, T6.2 (lückig), T6.2.1.4, T10.3.4.2, T10.6
M (2–)5–15(–25) cm. Stg einf. od. sparrig verzweigt, dünn, stumpfkantig, abstehend, grauhaarig, ebenso die wenig zahlreichen Stgblätter. Rosettenblätter hinfällig, größer als Stgblätter. Wickel einf., unbeblättert, steif aufrecht. Kelch 3–3,5 mm lg, zu ⅔ bis ¾ in lineare, gerade, vorgestreckte Zipfel geteilt. Blüten deutl. gestielt, 1–2 mm ∅, hellblau, trichterfg, mit weißer bis gelbl. Röhre. Kelch offen bleibend. Teilfrüchtchen hellbraun bis gelbl.

◂2173 **Myosotis discolor** Pers.
Buntes Vergissmeinnicht

I; T, w ⟨?⟩, ⊙; AV, M_1, M_2, F, K; RL 3
T6.2.1.4.5, T9.1.1.1.1, T10.3.3.1 (sandig)
M 10–30 cm. Stg schlaff, kantig, locker abstehend behaart, zu mehreren aufrecht, einf. bis ästig. Blätter elliptisch bis spatelig. Blattunterseite nur mit geraden Haaren. Blütenstand unbeblättert, höchstens ½ so lg wie Pfl. Blüten 2–3 mm ∅, mit gelbl. Röhre u. zuerst gelbem, später rötl. bis blau verfärbtem Saum. Wickel zur Fruchtzeit verlängert, Kelche offen bleibend od. sich schließend. Teilfrüchtchen glänzend schwarzbraun.

▴
2172 **Myosotis stricta** Link ex Roem. & Schult.
Sand-Vergissmeinnicht

A?; T, w ⟨?⟩, ②; AV, M_1, M_2, F, K; RL reg
T5.2.3, T6.2 (lückig), T6.2.1.4, T6.2.1.4.1, T9.1.1.1
M (1–)5–15(–20) cm. Stg abstehend grau behaart, dünn, aber zäh. Blätter elliptisch, Rosettenblätter schnell vertrocknend. Blattunterseite mit Hakenhaaren. Blütenstand traubig, unten beblättert, ca ¾ der Gesamthöhe der Pfl einnehmend. Blüten fast sitzend, 1–2 mm ∅, hellblau mit gelbl. Röhre. Kelch zusammenneigend. Teilfrüchtchen glänzend, schwarzbraun.

◂2174 **Asperugo procumbens** L.
Schlangenäugelein, Scharfkraut (Gttg 1 sp)

A; T, s, ⑥; (A), AV, M_1, M_2, F; RL 3; ☺
T5.3.1, T8.2.2.5, T8.3.1, T10.2..2, T10.3.3.1
M 20–40(–100) cm. Stg niederliegend, ästig, brüchig, locker rau behaart, kantig. Blätter elliptisch spatelfg, wechsel- bis gegenstdg, oft zu 2 beieinander stehend, in einen ± deutl. Stiel verschmälert. Blüten zu 1(–2) in den Blattachseln, 2,5 mm lg, violett od. lebhaft blau (slt weiß). Schlundschuppen weiß. Postfloral Blütenstiel herabgekrümmt. Kelch stark vergrößert, netznervig mit lgn u. kurzen Zähnen.

2175 **Lappula squarrosa** (Retz.) Dumort. ▸
Kletten-Igelsame (Gttg 40 sp)

A; ⟨T⟩, w, ⑦; AV, M_1, M_2, F, K; RL reg
T5.7, T8.2.2.5, T8.3.1, T10..2, T10.3.3.1, T10.3.4.2
M 10–40(–80) cm. Pfl mäuseartig riechend. Stg steif aufrecht, mit starren Haaren, graugrün, sparrig verzweigt. Blätter spiralig angeordnet, spatelig, obere fast lineal, rau behaart. Blüten hellblau, 2–4 mm ∅, Schlundschuppen gelb, an kurzen, postfloral verdickten Stielen, in der Achsel von Hochblättern. Doppelwickel sparrig abstehend. Klausen widerhakig, dazwischen matt hellbraun, mit stumpfen Warzen.

◂2176 **Lappula deflexa** (Wahlenb.) Garcke
Herabgebogener Igelsame, (Wald-Igelsame)

I; ⟨B⟩, T, H, w, ⑥; M_1, M_2, F; RL R
T2.3 (o), T3.1.2, T8.3.1
M 20–60(–100) cm. Stg aufsteigend, schlaff, vom Grund an stark verzweigt. Äste fast rutenfg, locker beblättert. Blätter lineal-lanzettl. Blüten hellblau (weißl.), an 2–5 mm lgn, später herabgeschlagenen u. verdickten Stielen. 3(–6) mm ∅. Schlundschuppen gelb. Frucht hängend, pyramidal, mit lgn Hakenborsten an den Kanten. Klausen sonst glatt, olivgrün.

2177 **Omphalodes scorpioides** (Haenke) Schrank ▸
Wald-Nabelnüsschen (Gttg 30 sp), Fig. 54e

I; ⟨B⟩, T, s, ⑤; M_1, M_2; RL reg
L5.2.3, T1.1.2.3 (gern auwaldartig)
M 10–30 cm. Stg schlaff, niederliegend, angedrückt rau. Blätter unten gegen-, sonst wechselstdg, spatelig, ungestielt, ± abgerundet, ohne od. mit nur wenig deutl. Seitennerven. Blüten blassblau, (scheinbar) einzeln in den Achseln von Tragblättern, 4 mm ∅, Schlundschuppen gelb. Nüsschen 2,5–3 mm br, kurz behaart, braun, mit kurzem einwärts gekrümmten, ungezähnten Rand (genabelt).

◂2178 **Omphalodes verna** Moench
Frühlings-Nabelnüsschen Fig. 54d

E; H, s, ②; AV, M_1, M_2, F (v. a. östl.); ⟨RL –⟩; Z
L5.2.3, T1.3
M 5–20 cm, Stg kriechend, aufsteigend (bis 40 cm), spärl. kurz anliegend, weichhaarig. Blätter grundstdg, gestielt, herz-eifg, mit 3–8 cm lgr Spreite zugespitzt, mit deutl. Seitennerven. Blüten dkl himmelblau, 8–12(–16) mm ∅, Schlundschuppen weiß, in 2–4-blütigen Wickeln, ohne Tragblätter. Nüsschen 3–4 mm br, fein behaart, mit wulstigem, ungezähntem Rand (genabelt).
B Heimat: Ostpräalpin bis submediterran.

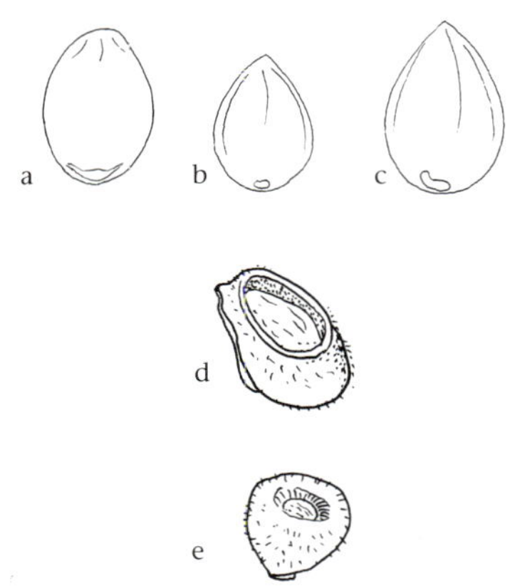

Fig. 54: Früchte von Boraginaceen
a: *Myosotis alpestris*
b: *Myosotis sylvatica*
c: *Myosotis decumbens* ssp *decumbens*
d: *Omphalodes verna*
e: *Omphalodes scorpioides*
a-c: nach Grau (1964)
d-e: kombiniert nach Hegi V/3 (o. J.) und van Ooostroom & Reichgelt (1961) Flora Neerlandica IV/1

2179 **Brunnera macrophylla** (Adams) I. M. Johnst.
Großblättriges Kaukasus-Vergissmeinnicht (Gttg 3 sp)

U–E; ⟨H, s⟩, ⊙; wo?; ⟨RL –⟩; Z
T1.3
M 20–50 cm. Stg borstig behaart, Blätter sehr gr, herzfg, lggestielt, (5–)10–15 cm lg u. ebenso br. Blüten 3,5–7 mm ∅, leuchtend himmelblau mit weißen, zerschlitzten Schlundschuppen. Teilfrüchte runzelig, nicht genabelt.
B Heimat: Kaukasus, NO-Türkei.

2180 **Cynoglossum officinale** L.
Gewöhnliche Hundszunge (Gttg ca 75 sp)

I; ⟨B⟩, s, ⑥; AV, M_1, M_2, F, K; RL reg; ✠, ☺
T5.7, T8.2.2.5, T10.3.3.1, T10.7
M 30–80 cm. Stg kräftig, bis 1 cm dick, kantig, locker zottig behaart., dicht beblättert. Pfl mit Mäusegeruch. Grundblätter rosettig gehäuft, Stgblätter sitzend, stgumfassend, beiderseits angedrückt behaart, graugrün, derb. Blüten trübpurpurn, Schlundschuppen hellrot, in zuerst kopfigen, später sparrig sich verlängernden Wickeln. Nüsschen abgeflacht, eifg, dicht mit Widerhaken besetzt.

2181 **Cynoglossum germanicum** Jacq.
Deutsche Hundszunge

I; ⟨B⟩, s, ⊙; M_1, M_2; RL reg
T1.1.1 (licht), T5.3.1, T8.2.1.2
M 30–100 cm. Stg nur oben verzweigt, locker wollig behaart, dicht beblättert. Pfl fast geruchlos. Blätter spatelig, am Grund verschmälert, 5–15 cm lg, dünn, oberseits kahl, etwas glänzend, unterseits weichhaarig, gelbl. grün. Blüten hängend, in lgn, sparrig abstehenden Wickeln. Kronröhre violett, braunrot gesäumt, lg gewimperte Schlundschuppen. Nüsschen hellbraun, voller widerhakiger Stacheln, ellipsoid.
B Siehe Bemerkung 28, Seite 719.

2182 **Pulmonaria officinalis** L.
Geflecktes Lungenkraut (Gttg 18 sp)

I; H, w, ②; A, AV, M_1, M_2, wo noch?; RL reg; ✎, ✠, ☺, Z
L5.2.3, T1.1.1
M 10–20(–40) cm. Herz-eifge Grundblätter neben Borsten u. Drüsen mit Spitzhöckern, meist derb, frigrün, meist mit scharf berandeten weißen Flecken, oft überwinternd. Krone zuerst rosa, später blauviolett.
B Siehe Bemerkung 29, Seite 719.

2183 **Pulmonaria obscura** Dumort.
Dunkles Lungenkraut

I; H, w, ②; A, AV, M_1, M_2, F, K (Ostsee); RL –; ✠
L5.2.3, T1.1.1
M 10–20(–40) cm. Herz-eifge Grundblätter neben Borsten u. Drüsen mit Spitzhöckern, meist dünn, dklgrün, ungefleckt (od. mit verwaschenen grünen Flecken), nicht überwinternd. Krone zuerst rosa, später blauviolett.

2184 **Pulmonaria mollis** Wulfen ex Hornem. ssp **mollis**
Weiches Lungenkraut

I; H, w, ②: A, AV, M_1, (M_2); RL reg, §; ✎
T1.1.1, T1.1.2.4, T2.1.2, T3.1.1, T8.1.2
M 15–35(–50) cm. Grundblätter eifg lanzettl., rasch in den Stiel verschmälert, ohne Spitzhöcker, stets ungefleckt, mit Grauschimmer, Haarkleid weich, neben Borsten auch Stieldrüsen. Stgblätter mit herzfgm Grund, stgumfassend. Blütenstand klebrig. Blütenkrone immer unter dem Haarring dicht behaart, lila (slt rötl.). Kelch 5-nervig, drüsig klebrig.

2185 ssp **alpigena** W. Sauer
Alpen-Lungenkraut

I; H, w, ⊙; A; RL reg, §
T1.4, T3.1.3
M 15–30 cm. Ähnl. 2184, aber Pfl lockerer u. steifer behaart, mit vielen Borsten (rau). Krone zuletzt leuchtend blauviolett bis blau.

2186 **Pulmonaria angustifolia** L.
Schmalblättriges Lungenkraut

I; H, w, ⊙; M_1, M_2 (östl.), (F östl.); RL 2, §; , Z
T1.1.2.3, T1.1.2.4.2, T1.4.1, T8.1.1
M 15–30 cm. Grundblätter schmal lanzettl., ohne Spitzhöcker, ungefleckt, sattgrün. Haarkleid steif durch zahlreiche Borsten, wenig bis keine weichen Haare vorhanden. Kelch 10-nervig. Blüte intensiv blauviolett, unter dem Haarkranz kahl.

2187 **Pulmonaria montana** Lej.
Knolliges Lungenkraut

I; H, w, ⊙; M_1, (M_2); RL reg, §
T1.1.2.3, T2.1.2, T8.1.2.2
M 10–35(–50) cm. Stg spärl. drüsig, nicht klebrig. Grundblätter längl. eifg, ohne Spitzhöcker, ungefleckt od. slt mit unscharfen grünen Flecken, sattgrün. Haarkleid steif (wie 2186). Stgblätter 1–2 cm br, obere kurz zugespitzt, mit brm Grund stgumfassend. Krone zuerst rötl., später blau bis dklviolett, innen unter dem Haarkranz behaart bis kahl. Kelch 10-nervig.
B Im Gebiet nur ssp *montana*.

2188 **Pulmonaria collina** W. Sauer
Hügel-Lungenkraut

I; H, w, ⊙; AV, M_1; RL 1, §
T1.1.1.4, T1.1.2.3, T2.1.2.1.1
M 10–30 cm. Stg reichl. drüsig, etwas klebrig. Grundblätter schmal lanzettl., ohne Spitzhöcker, ungefleckt, slt mit unscharfen grünen Flecken, sattgrün. Obere Stgblätter lg zugespitzt, am Grund gerundet. Haarkleid steif (wie 2186). Krone in der Knospe purpurn, später kräftig blauviolett, unter dem Haarkranz behaart. Kelch 10-nervig.
B In den Merkmalen zw 2184 u. 2187.

2189 **Pulmonaria rubra** Schott
Ziegelrotes Lungenkraut

E lok; ⟨H, w⟩, ⊙; M_1; ⟨RL –⟩
wo?
M Bis 30 cm. Blätter hellgrün, ungefleckt, plötzl. in den Stiel verschmälert, weich behaart, mit Borsten- u. Drüsenhaaren. Krone ziegelrot, immer unter dem Haarkranz behaart.
B Heimat: Karpaten, Balkan.

2190 **Nonea pulla** (L.) DC.
Braunes Mönchskraut (Gttg 35 sp)

I; H, s, ⑤; (M_1, M_2), F (östl.); RL reg
T6.2.2.2.3, T8.1.1, T9.1.2.2
M (20–)30–40(–60) cm. Stg weich, stielrund, von kurzen Drüsenhaaren u. Borsten grau, nicht klebrig, aufrecht, oben stark ästig. Blätter spiralig, lanzettl., bis 10 cm lg, 1–2 cm br. Blüten in reichblütigen Wickeln, 10–14 mm lg, braunviolett bis schwarzpurpurn (slt bis gelbl. weiß). Teilfrüchte gerippt.

2191 **Nonea rosea** (M. Bieb.) Link
Rosenrotes Mönchskraut

E; ⟨T, s⟩, ⊙; M_1; RL –
T8.3.1, T9.1.2.1, T9.1.2.2
M 20–30(–50) cm. Stg locker borstig, oben auch drüsig, klebrig. Blätter lanzettl., geschweift bis gezähnt. Krone rosaviolett bis bräunl., später bläul., innen gelb gestreift, 15–18 mm lg. Teilfrüchte leicht gerippt.
B Heimat: Kaukasus.

2192 **Pentaglottis sempervirens** (L.) L. H. Bailey
Spanische Ochsenzunge (Gttg 1 sp)

E lok; ⟨H, i⟩, ⊙; wo?; ⟨RL –⟩; Z
wo?
M (10–)40–100 cm. Stg aufrecht, verzweigt, behaart. Grundblätter in Rosette, eifg bis längl., lg-gestielt. Blüten tief blau, 8–10 mm ∅, in 5–15-blütigen Trugdolden mit je einem großen Hochblatt. Durch Selbstaussaat lästig, abbrechende Wurzeln leicht wieder austreibend.
B Heimat: SW-Europa.

2193a **Trachystemon orientalis** (L.) G. Don f.
Abraham-Isaac-Jacob (Gttg 2 sp), ohne Abb.

U–E lok; ⟨K, s⟩, ⊙; M_1 (nur syn.), F (Ruhrgebiet); ⟨RL –⟩, (Z)
T10.4.5
M (20–)40–60(–120) cm. Pfl rau behaart. Grundblätter gr, bis 20–80 cm, oval herzfg, am Grund herzfg. Blüten ähnl. *Borago officinalis* (Borretsch), mit längerer Röhre u. linealen, zurückgewölbten Zipfeln, himmelblau bis purpurviolett, 4–7 mm lg, 9–12 mm ∅. Schlundschuppen behaart. Blütenstg vor den Blättern treibend, früh blühend.
B Heimat: Griechenland, Türkei, Kaukasus. An schattigen Stellen auch in England eingebürgert.

2194 **Anchusa arvensis** (L.) M. Bieb. ssp **arvensis**
Gewöhnlicher Acker-Krummhals (Gttg ca 35 sp)

A; T, s, ☾; AV, M_1, M_2, F, K; RL –
T8.3.1, T9.1.1.3
M (10–)20–40(–60) cm. Stg aufsteigend, borstig, frigrün, sparrig verzweigt. Blätter wechselstdg, lanzettl., wellig runzelig, buchtig gezähnt, mit auf Sockeln stehenden Borsten. Blüten kurzgestielt in beblätterten Doppelwickeln, 4–5 cm ∅, hell himmelblau, Schlundschuppen weiß bis bläul. violett. Kronröhre 5–8 cm lg, in der Mitte mit doppelter Krümmung. Teilfrüchtchen spärl. warzig.

2195 ssp **orientalis** (L.) Nordh.
Orientalischer Acker-Krummhals ohne Abb.

E; ⟨T, s⟩, ⊙; wo?; ⟨RL –⟩
wo?
M Ähnl. 2194, aber Blätter kaum wellig, ± ganzrandig, Kronröhre nur 4–5 mm lg, unterhalb der Mitte mit doppelter Krümmung. Teilfrüchte dicht warzig.
B Heimat: SO-Europa bis SW-Asien.

2196 **Anchusa officinalis** L.
Gewöhnliche Ochsenzunge

A; ⟨B⟩–H ⟨?⟩, s, ⑦; AV, M_1, M_2, F, K; RL reg; ✎, ✠
T8.2.2.5, T10.3.3.1, T10.3.4.2, T10.7
M (20–)30–70(–100) cm. Stg fri- bis blässl. grün, etwas rau, stumpfkantig, reich beblättert. Blätter spiralig angeordnet, untere gestielt (früh vertrocknend), obere sitzend bis stgumfassend, lanzettl. bis lineal, ± ganzrandig od. entfernt gesägt. Blüten sitzend, in dichten, reichblütigen Doppelwickeln, 5–9 cm ∅, von karminrot zu dkl blauviolett umschlagend. Schlundschuppen weiß. Kelch auf ca ⅕ der Länge geteilt.
B Formenreich.

2197 **Anchusa azurea** Mill.
Italienische Ochsenzunge

E; ⟨B–H, s⟩, ⊙; M_1, (M_2); ⟨RL –⟩; Z
T10.3.1, T10.7
M 30–80(–100) cm. Stg mit starren abstehenden Haaren, grau, steif aufrecht, oben stark ästig, stielrund. Blätter ähnl. 2196, glattrandig. Blüten gestielt in großen Doppelwickeln, 1,5 cm ∅, lebhaft himmelblau. Kelch bis fast zum Grund geteilt.
B: Heimat: Mittelmeergebiet.

2198–2200 **Symphytum officinale** L.
Gewöhnlicher Beinwell,
Arznei-Beinwell (Gttg 35 sp)

I; H, K, s, ⑤; ❀; A, AV, M_1, M_2, F, K; RL –; (☠), ✠, ✂, ☺, Z
L5.2.3, L5.2.5.5, T7.1.2 (feucht), T7.3.2, T8.2.1.1
M 30–60(–100) cm. Stg mit lgn, zieml. gerade abstehenden weißen Borsten. Blätter vollstdg herablaufend, mit 2–3 mm breiten Flügeln. Blüten an 2–6 mm lgn Stielen, nickend, in beblätterten reichblütigen Doppelwickeln. Kelch bis 7 mm lg, bis zu ¾ gespalten, Zipfel lanzettl., ½ so lg wie Krone, diese 1–2 cm lg, schmutzig rotviolett bis gelbl. weiß. Teilfrüchtchen glatt, glänzend.

◂ 2198 ssp **officinale**
Gewöhnlicher Beinwell i. e. S.

M Wie oben beschrieben, aber Blüten immer schmutzigrotviolett od. fast zinnoberrot, slt weiß (aber nicht gelbl.).

2199 ssp **uliginosum** (Kern.) Nyman
Sumpf-Beinwell ohne Abb.

M Ähnl. 2198, aber Stg u. Blätter fast kahl, nur abwärts mit herabgebogenen Stachelhaaren. Blätter nur halb herablaufend.

2200 ssp **bohemicum** (F. W. Schmidt) Čelak.
Weißgelber Beinwell Abb. o. re.

L5.2.3, L5.2.5, S3.2.5
M Ähnl. 2198, aber Laubblätter schmaler, obere fast lineal, Krone gelbl. weiß, etwas kleiner.

2201 **Symphytum asperum** Lepech. ▸
Rauer Beinwell

E; H, s, ⑥; F, K; ⟨RL –⟩; ✿, Z
T8.2.2.6
M 100–180 cm. Kräftige Stg mit abwärts gebogenen, seitl. abgeflachten, auf auffallenden Höckern sitzenden Stachelhaaren. Blätter am Stg nicht herablaufend, oben deutl. gestielt. Kelch 3–6 mm lg, zu ½ bis ¾ gespalten, Zipfel lanzettl., stumpf. Krone 11–20 mm lg, ± 3–5mal so lg wie Kelch, anfangs karminrot, dann lebhaft himmelblau. Teilfrüchtchen rau u. netzig grubig.
B Heimat: Kaukasus bis N-Persien. Früher als Viehfutter oft gepflanzt. Inzwischen durch Bastardierung mit 2198 im Gebiet kaum mehr rein vorhanden.

▴
2202 **Symphytum × uplandicum** Nymann (2198 × 2201)
Futter-Beinwell, Comfrey

E; ⟨H, s⟩, ⊙; (A), AV, M_1, M_2, F, K; RL –; Z
T8.2.2.6
M 100–200 cm. In allen Merkmalen zw den Eltern stehend. Blätter nur maximal halb herablaufend. Kelch ¼ bis ½ der Kronenlänge. Blüten in allen Purpur-Tönen bis Blau. Teilfrüchtchen rau u. netzig grubig.
B Umfasst eine formenreiche Hybridserie mit Rückkreuzungen der ursprüngl. Primärhybriden (s. Basler 1973). Die Sippengrenzen erscheinen daher fließend.

◂ 2203 **Symphytum tuberosum** L.
⟨Schmalblättriger Knoten-⟩ Beinwell

I; ⟨K, s⟩, ⑤; A, AV, M_1, F (östl.); RL reg
L5.2.2-3, T1.1.1, T3.1.1
M (15–)20–30(–50) cm. Rhizom unregelmäßig knollig fleischig. Stg weich, gelbl. grün, locker mit weichen Borstenhaaren besetzt, jg drüsig, schwach kantig, ungeflügelt. Im Blütenstand regelmäßig gegabelt, sonst wenig verzweigt. Mit 5–7 eifg elliptischen Laubblättern. Blüten gestielt, nickend, in (2–)6–10(–20)-blütigen, beblätterten Doppelwickeln, blassgelb, 1,5–2 cm lg. Schlundschuppen nicht aus der Kronröhre hervorragend. Staubbeutel doppelt so lg wie Staubfäden.
B Im Gebiet nur ssp *angustifolium* (Kern.) Nyman.

◂ 2204 **Symphytum bulbosum** Schimp.
Knollen-Beinwell

E; K, s, ⊙; M_1; RL reg
T1.3, T8.2.1.1, T9.3.2.1 (Ränder)
M 25–50 cm. Ähnl. 2203, aber kurze Ausläufer treibend. Rhizom dünn, mit einzelnen, haselnussgroßen Knollen. Krone nur 7–11(–14) mm lg, mehr trichterfg als glockig, blassgelb bis weiß. Schlundschuppen 5–9 mm lg, die Kronzipfel später bis 4 mm überragend. Staubbeutel so lg wie Staubfäden.
B Heimat: Balkan.

2205 **Verbena officinalis** L. ▸
Gewöhnliches Eisenkraut (Gttg 200 sp)

A; H, (T, ⟨B⟩), s, ⑧; A, AV, M_1, M_2, F, K; RL reg; ✠, ☺
T7.4.1, T7.4.2, T8.2.2.6
M (20–)30–75(–100) cm. Stg 4-kantig, oben ästig, hier an den Kanten zackig rau, rinnig vertieft, sonst kahl, unten verholzend. Blätter gegenstdg, vielgestaltig: von einf., längl. gekerbten im Unterbereich bis zu tiefer fiedrig geteilten im Mittelbereich, von starren Haaren rau, trübgrün. Blüten in endstdgn, drüsigen Ähren. Kelch 4–5-zähnig, Krone 5-spaltig, 2–5 mm lg, blasslila (weiß).

2206 **Ajuga chamaepitys** (L.) Schreb. ▸
Gelber Günsel (Gttg 50 sp)

I; T, ⟨B⟩, w, ⑥; AV, M_1, M_2, (F); RL 3; D
T6.2..4.6, T9.1.2.1+2, T9.3.2.1 (Mauern)
M 10–15(–25) cm. Stg niederliegend bis aufsteigend, stumpf 4-kantig, ringsum od. auf 2 Streifen behaart, ästig, unten oft trübrot, oben drüsig, mit weißen Glieder- u. kurzen Flaumhaaren, hanfartig riechend. Blätter schmal lanzettl., in 3 lineare Fiedern gespalten, untere oft mit 5 Fiedern. Kelch röhrig bis glockig, zottig, drüsig. Blüten zitronengelb, zu 1–2 in den Blattachseln.

2207 **Ajuga reptans** L. ▸▸
Kriechender Günsel

I; H, w, ④; A, AV, M_1, M_2, F, K; RL reg; ✠, Z
T1.1.1, T7.1.2
M 10–20(–50) cm. Stg glatt, unten rotviolett überlaufen, aus Rosettenblättern entspringend, mit 10–30 cm lgn, kahlen Ausläufern (nur am Ende wurzelnd). Oberer Stg ringsum flaumig od. nur 2-zeilig. Blätter eifg, spatelig, oberseits glänzend, gestielt. Blüten in Thyrsen (3–6-blütige Cymen in Scheinquirlen), 1–1,5 cm lg, blau (slt rosa od. weiß). Tragblätter der Blüten ungeteilt.

◂ 2208 **Ajuga genevensis** L.
Genfer Günsel

I; H, s, Ⓢ; AV, M_1, M_2, F; RL reg; Z
T6.2, T6.2.2.2.3, T7.5.2.1, T8.1.1
M 10–30(–60) cm. Stg 4-kantig, meist ringsum mit weißen Gliederhaaren, aus Rosette entspringend (oft bei Blüte vertrocknet), ohne Ausläufer (aber Wurzelbrut). Rosetten- u. Stgblätter mit 3–8 groben Kerbzähnen. Blüten 12–18 mm lg, in (2–)3–4 (–6)-blütigen Wickeln, zu 5–12 Scheinquirlen übereinander angeordnet. Blüten dklblau, slt rosa od. weiß. Tragblätter der Blüten gezähnt bis schwach 3-teilig, oft dklblau überlaufen.

◂◂ 2209 **Ajuga pyramidalis** L.
Pyramiden-Günsel

I; H, s, Ⓒ, ⊛; A, M_1, M_2, F (v. a. östl.); RL 3; Z
T6.2.1.5. wo noch?
M 5–20(–35) cm. Stg steif aufrecht, 4-kantig, kurzhaarig, mit dichter Rosette, deren Blätter deutl. größer als Stgblätter, ganzrandig, mit schwach welligem Rand. Meist alle Stgblätter Blüten tragend, nach oben streng 4-kantig pyramidenfg, langsam kleiner werdend, ganzrandig od. schwach gekerbt, oft violett überlaufen. Blüten 10–18 cm lg, hell violettblau.

◄ 2210 **Teucrium botrys** L.
Trauben-Gamander (Gttg 100 sp)

A; T, ⟨B⟩, s, ⑧, ⊛; AV, M_1, M_2; RL reg; D
T6.1.2.2, T6.2.1.4
M (5–)10–30(–40) cm. Stg drüsig flaumig, bogig aufsteigend, verzweigt, stumpf 4-kantig, oft rötl. überlaufen. Pfl. mit unangenehmem Geruch. Blätter eifg, gestielt, tief (3–)5–7-spaltig mit linealischen Lappen. Unterwärts drüsig klebrig, graugrün. Blüten (10–)12–15 mm lg, in (1–)2–4(–6)-blütigen Cymen. Kelch unten mit großer Aussackung. Krone hell karminrot, Unterlippe mit weißem Mal.

2211 **Teucrium scorodonia** L. ►
Salbei-Gamander

I; H, w, ⑧; (A), AV, M_1, M_2, F, (K); RL reg; ✠, Z
T1.1.2.5, T2.1.2.2.2, T4.2, T8.1.2.2
M 30–50(–80) cm. Pfl mit unterirdischen Ausläufern. Stg oft erst im Blütenstandsbereich verzweigt, 4-kantig, unten weich wollig abstehend behaart, bei uns ± geruchlos. Blätter eifg, salbeiähnl., am Grund herzfg, netznervig runzelig. Blüten 8–12 mm lg, gestielt, nickend, zu 2, in dichten, einseitswendigen, 5–15 cm lgn Scheintrauben. Kelch am Grund tief ausgesackt. Krone blassgrünl. gelb bis gelbl. weiß.
B Im Gebiet nur ssp *scorodonia*.

◄ 2212 **Teucrium montanum** L.
Berg-Gamander

I; C, i, ⑦, ⊛; A, AV, M_1, M_2; RL reg
T1.4.1.3, T3.4.2.1, T5.1.2.1, T6.2.2.2.1, T6.2.2.2.3 (tro)
M 5–20 cm. Mit niederliegenden, dünnen, stielrunden, graubraunen, stark verzweigten Ästen. Junge Stg u. Blätter angedrückt weißfilzig (Flaumhaare). Blätter lanzettl. bis lineal, ganzrandig, immergrün, am Rand umgebogen, oberseits graugrün, kahl u. glatt, unterseits weißfilzig. Kelch kaum ausgesackt. Blüten 12–15 mm lg, kurzgestielt in 1–3-blütigen Cymen, in den Achseln stark verkleinerter Laubblätter, gelbl. weiß.
B Im Gebiet nur ssp *montanum*.

2213 **Teucrium chamaedrys** L.
◄ ssp **chamaedrys**
Breitblättriger Edel-Gamander

I; C, ⟨s⟩, ⑧, ⊛; A, AV, M_1, M_2; RL –; ✠, Z, D
T1.1.2.4, T1.4.1.3, T6.2.2.2, T8.1.1
M 15–25(–35) cm. Mit Bodenausläufern u. niederliegenden bis aufsteigenden Ästen, diese stielrund, abstehend weich wollhaarig, slt mit Drüsen, oft rotviolett überlaufen. Pfl aromatisch riechend. Blütenknospen abgerundet, mit aufgesetztem Spitzchen. Blätter dünn, sommergrün, eifg, jederseits mit 4–8 stumpfen Zähnen, weich behaart, sitzend bis undeutl. gestielt. Kelch wenig ausgesackt. Blüten 10–12 mm lg, in 1–6-blütigen Cymen, karminrot (slt weiß).

2214 ssp **germanicum** (F. Herm.) Rech. F.
Schmalblättriger Edel-Gamander ohne Abb.

I; ⟨C, w⟩, ⊙; wo?; RL reg
wo?
M Ähnl. 2213, aber mit lg u. fein zugespitzten Blütenknospen. Blätter fleischig, wintergrün, schmal lanzettl., am Rand verdickt, schmal u. tief gekerbt, eingerollt, Nerven auf der Blattunterseite stark hervortretend, deutl. gestielt.
B Unterscheidung nicht immer eindeutig.

▲
2215 **Teucrium scordium** L.
Lauch-Gamander

I; H, w, ⊙; AV, M_1, M_2, F; RL 2; D
L4.1–4 (Ufer), L4.4, S2.1, T7.4.1
M (5–)10–25(–40) cm. Pfl mit wurzelnden u. normal beblätterten Ausläufern, nach Knoblauch od. Minze riechend. Stg einf. bis ästig, stielrund, zottig weich behaart, violett überlaufen. Blätter längl. elliptisch, an der Basis verschmälert, mit jederseits 4–6 groben Kerbzähnen, dünn, angedrückt behaart. Blüten 8–10 mm lg, in 1–4-blütigen Cymen. Kelch tief ausgesackt. Krone hell karminrot (slt weiß).
B Im Gebiet nur ssp *scordium*.

2216 **Scutellaria altissima** L.
Hohes Helmkraut (Gttg ca 350 sp)

E; ⟨H, s⟩, ⊙; M_1, M_2, F; RL reg; Z
T1.1.1.4, T1.1.2.3, T1.1.2.4
M 40–100 cm. Stg 4-kantig, ringsum flaumig, oben auch drüsig. Blätter eifg, am Grund herzfg, gestielt, grob kerbzähnig, dklgrün, fast kahl, unterseits heller u. dichter behaart. Blüten in 2-blütigen Cymen, in bis 30 cm lgn, einseitswendigen Scheinähren. Blüten 5–18 mm lg, blauviolett, Unterlippe heller, flaumig drüsig behaart.
B Heimat: SO-Europa bis Kaukasus.

2217 **Scutellaria minor** Huds.
Kleines Helmkraut

I; H, s, ⊙; M_1, M_2, F; RL 3+
S3.2.5/L3..7.3, T7.3.2
M (5–)10–20(–30) cm. Pfl unterirdisch kriechend. Stg einf. od. wenigästig, kahl, scharf 4-kantig, glatt od. an den Kanten rau. Blätter eifg lanzettl., am Grund gestutzt bis abgerundet, untere jederseits mit 1(–2) schwachen Zähnen, rau. Blüten 6–7 mm lg, nickend, in lockeren Scheintrauben, kurz abstehend flaumhaarig, schmutzigviolett bis rosa, Unterlippe weißl., purpurn gefleckt.

2218 **Scutellaria galericulata** L.
Sumpf-Helmkraut

I; H, s, ♃; A, AV, M_1, M_2, F, K; RL –
L4.1–4 (Ufer), L4.4, S2.1, S3.2.5
M 10–40(–70) cm. Stg aufsteigend bis aufrecht, einf. bis stärker verzweigt, Kanten rau behaart. Blätter eifg bis lanzettl., aus herzfgm od. gestutztem Grund allmähl. stumpf zugespitzt, jederseits mit 4–8 flachen Kerbzähnen. Blüten zu 1–4 in einseitswendigen Paaren in den Achseln normaler Blätter, 12–18 mm lg, blau (od. weiß), Unterlippe mit weißem Fleck u. violetten Strichen. Kelch u. Krone kurz flaumig, nicht drüsig.

2219 **Scutellaria hastifolia** L.
Spießblättriges Helmkraut

I; H, s, ♃; M_1, M_2, F (v. a. Stromtäler); RL 2!
L5.2.5.4, T7.3.3
M 10–40 cm. Stg aufsteigend, einf. bis ästig, kahl. Blätter eifg bis lanzettl., ganzrandig, am Grund abgerundet od. gestutzt, mittlere deutl. spießfg, über den Spießecken zuw. noch ein stumpfer Kerbzahn. Blüten 20–22 mm lg, lgr als Tragblätter, am Stgende zu einseitswendigen Scheinähren gehäuft. Hochblätter, Kelch u. Krone kurzdrüsig.

2220 **Marrubium vulgare** L.
Gewöhnlicher Andorn (Gttg 30 sp)

A; C, H, w, ♃; AV, M_1, M_2, F, K; RL 2; (☠), ✠, ☺, D
T8.2.2.5, T8.2.2.6
M 20–60 cm. Mit aromatischem Geruch, Stg aufsteigend ästig, stumpf 4-kantig, lockerflaumig, jung spinnwebartig weiß behaart. Blätter unscharf gestielt, br eifg bis fast rund, 2–4 cm lg, grob kerbzähnig, unterseits durch hervortretende Nerven runzelig, beiderseits weißwollig, oben verkahlend. Blüten 5–7 mm lg, in fast kugeligen Scheinquirlen (6–8 pro Stg), weiß. Kelch weißfilzig, mit 10 Zähnen, hakig zurückgebogen. Vorblätter lineal, herabgebogen.

2222 **Marrubium peregrinum** L.
Ungarischer Andorn

A; ⟨**I**, H, w⟩, ⊙; M_1, M_2, F (östl.); RL 1
T8.2.2.5
M Ähnl. 2220, aber ± geruchlos. Stg u. Blätter von dichterem, kürzerem Filz weiß od. gelbl., kurzgestielt, lanzettl. bis eifg, 3–4 cm lg, untere gesägt, obere ganzrandig, unterseits mit stark hervortretenden Nerven. Kelch graufilzig, mit 5 aufrechten Zähnen. Vorblätter linealisch, aufgerichtet.

2222 **Nepeta cataria** L.
Gewöhnliche Katzenminze (Gttg ca 250 sp)

A; H, C, w, ⑧; (A), AV, M_1, M_2, F, K; RL 3; ✠, ☺, D
T8.2.2.5, T8.2.2.6
M 50–120 cm. Stg 4-kantig, wie Blätter u. Blütenstand von kurzen Flaumhaaren dichtfilzig, graugrün. Pfl herb aromatisch riechend (z. T. mit Zitronenkomponente). Blätter herz-eifg, gestielt, grobzähnig gekerbt, netznervig, beiderseits behaart, oberseits verkahlend. Krone 7–9 mm lg, schmutzigweiß bis rosa. Oberlippe 3-lappig, 1,5 mm lg. Unterlippe 5 mm lg, mit kleinen Seitenlappen u. großem, purpurn geflecktem Mittellappen. Kelch (5–)6–8 mm lg, schwach zurückgekrümmt, röhrig, dicht grauhaarig.

2223 **Nepeta nuda** L.
Pannonische Katzenminze

E?; H, C, w, ⊙; M_1, M_2 (östl.); RL reg
T6.2..3.2, T8.2.2.5
M 50–100 cm. Stg sehr ästig, scharf 4-kantig, kahl (allenfalls oben schwach flaumig). Blätter sitzend, ringsum fein kerbig gezähnt, netznervig, früh völlig verkahlend. Blüten in lockeren Scheintrauben, Krone hellviolett, slt weiß. Verhältnis Ober- zu Unterlippe wie bei 2222. Kelch röhrig glockig, kurz abstehend behaart, 3–5(–6) mm lg, gerade.
B Heimat: SO-Europa.

2224 **Glechoma hederacea** L.
Gewöhnlicher Gundermann (Gttg ca 10 sp)

I; K, H, w, ③; A, AV, M_1, M_2, F, K; RL –; ✂, ✠, ☺, Z, D
L5.2.3, T7, T9.2, T8.2.1.4
M (5–)10–40(–60) cm. Stg niederliegend, aufsteigend, kahl bis dicht zottig, nach der Blüte lge Ausläufer treibend (bis 1,3 m). Blätter gestielt, nierenfg bis herz-eifg, grob bekerbt. Pfl mit strengem Geruch. Blüten 1–2(–3) cm lg, in (1–)2–3(–6)-blütigen Cymen in den Achseln normaler Laubblätter, blauviolett, rotlila od. weiß. Kelchzähne 3-eckig, < 2 mm, ca ⅓ so lg wie Kelchröhre.
B Im Gebiet wohl nur ssp *hederacea*. Hinweise auf (2224a) ssp *hirsuta* (W. & K.) Herrh. (dicht rau behaart u. mit 2 mm lgn begrannten Kelchzähnen) haben sich bisher nicht bestätigt.

2225 **Dracocephalum ruyschiana** L.
Nordischer Drachenkopf (Gttg ca 45 sp)

I; C, s, ⑥; AV, M_1; RL 0; Z
T1.4.1.2, T1.4.1.3, T8.1.1
M 10–30 cm. Stg einf., mit kurzen sterilen Seitentrieben, dünn, krautig, kahl. Blätter lineal-lanzettl., sitzend, stumpf, ganzrandig, etwas eingebogen, ledrig derb, mattgrün, kahl. Blüten 2,5–3,0 cm lg, blau, Kronröhre den Kelch um 1–2 cm überragend, Kelch zur Fruchtzeit offen bleibend.

2226 **Prunella laciniata** (L.) L.
Weiße Braunelle (Gttg 4 sp)

I; H, w, ⑧; M_1, M_2, F (v. a. östl.); RL 3+
T6.2.2.2.3, T6.2..3.1, T8.1.1
M 5–30(–40) cm. Stg aufsteigend, ästig, mind. auf den Kanten dicht mit weißen, krausen Gliederhaaren. Untere Blätter rosettig, Stgblätter bis 7 cm lg, ganzrandig, hfg fiederspaltig mit 2–3 stumpfen Lappen. Oberstes Blattpaar dem Blütenstand genähert. Krone 15–20 mm lg, gelbl. weiß (slt blassviolett), längere Staubblätter mit dornfgm Zahn. Kelch zur Fruchtzeit geschlossen.
B Hybridisiert mit 2227 u. 2228. Hybriden überleben, wenn reine 2226 nicht mehr vorhanden.

2227 **Prunella vulgaris** L.
Klein⟨blütige⟩ Braunelle

I; H, ⟨B, T⟩, w, ⑧, ⊛; A, AV, M_1, M_2, F, K; RL –; ✂, ✠, Z
T7, T7.2.1, T7.4.1, T7.4.2 (feucht)
M 5–30(–40) cm. Stg niederliegend, aufsteigend, Ausläufer wurzelnd, spärl. behaart, grün od. rötl. bräunl. überlaufen. Blätter gestielt, untere ± rosettig genähert, am Stg eifg bis elliptisch, abgerundet, ganzrandig od. unregelmäßig schwach gekerbt. Oberstes Blattpaar dem Blütenstand genähert. Blüten (7–)10–13(–18) mm lg, blauviolett, slt reinweiß, lge Staubblätter mit dornfgm Zahn

2228 **Prunella grandiflora** (L.) Scholler
Großblütige Braunelle

I; H, w, ⑧, ⊛; A, AV, M_1, M_2, F (östl.); RL reg; ✠, Z
T1.4.1.3, T6.2, T6.2.2.2.3, T6.2..3.1, T8.1.1
M (5–)10–30(–70) cm. Stg meist einf., aufsteigend, mit weißen Gliederhaaren besetzt, violett überlaufen. Blätter nur an nicht blühenden Trieben rosettig, pro Stg 2–6 Paare, eifg bis lanzettl., ganzrandig od. seicht gekerbt. Blütenstand vom obersten Blattpaar abgesetzt, mit kleinen Hochblättern. Blüten 20–25 mm lg, dklviolett, zuw. rotviolett, rosa od. weiß, lge Staubblätter zahnlos.

2229 **Melittis melissophyllum** L.
Immenblatt, Bienensaug (Gttg 1 sp)

I; H, s, ⑥; AV, M_1, M_2, (F östl.); RL reg; Z, D
T1.1.1 (wärmeliebend), T1.1.2.4, T1.1.2.5.4
M 20–50(–80) cm. Stg einf. od. ästig, stumpf 4-kantig, locker bis dicht mit weichen, abstehenden Gliederhaaren besetzt. Blätter eifg, lggestielt, regelmäßig grob kerbzähnig, dünn, kurz abstehend behaart. Blüten 3–4,5 cm lg zu 1–3(–6) in den Achseln der 2–5 oberen Stgblattpaare, oft einseitswendig, verschiedengestaltig in Lippenlappung u. Färbung, rosa, weiß bis pfirsichblütenrot, nach Honig duftend.

2230a **Phlomis tuberosa** L.
Knollen-Brandkraut (Gttg ca 100 sp)

I; ⟨H, s⟩, ⊙; M_2 (östl.), ⟨RL?⟩; D
T1.1.2.4, T6.2..3, T8.1.1
M 60–150 cm. Pfl von widerl. süßl. Geruch. Rosettenblätter tief herzfg, randl. grob kerbzähnig, sehr lg gestielt. Stg mit 1–3 Blattpaaren, stumpfkantig, oft hohl. Blüten 17–20 mm lg, in voneinander entfernten Scheinquirlen, mit mehreren bewimperten Vorblättern. Krone purpurn, Oberlippe dicht lghaarig, weiß sternfilzig.

2231 **Galeopsis segetum** Neck.
Gelber Hohlzahn (Gttg 10 sp)

I; T, s, ⑧; M_1, M_2, F, (K); RL reg; ✠
T5.1.1.2, T9.1.1.1.1
M 10–30(–50) cm. Stg an den Knoten nicht verdickt, derb, kurzflaumig, oben drüsig (auch Blätter u. Kelche). Blätter eifg bis lanzettl., mit 3–9 kräftigen Zähnen, beiderseits seidig anliegend behaart. Blüten zu 4–9 in 1–4 Scheinquirlen. Kelch seiden- u. drüsenhaarig. Krone 2,5–3,5 cm lg, gelb, weich behaart, Unterlippe mit gelbem Schlundfleck, oft mit fein rotvioletter Zeichnung.

2232 **Galeopsis ladanum** L.
Breitblättriger Hohlzahn

I; T, s, ⑧: M_1, M_2, F, (K); RL reg
T5.1, T8.3.1, T9.1.2.2, T10.3.1, T10.5.4
M 10–40(–80) cm. Stg mit aufgerichteten Ästen, rückwärts anliegend flaumig, oben auch schwarzköpfig drüsig. Blätter 6–16 mm br, mit 3–7 groben Zähnen, gestielt. Krone doppelt so lg wie Kelch, karminrot, 2 cm lg. Kronröhre wenig aus Kelch hervorragend. Kelchröhre deutl. genervt, locker abstehend u. drüsig behaart. Kelchhaare glatt od. fein punktiert.

◂2233 **Galeopsis angustifolia** Hoffm.
Schmalblättriger Hohlzahn

A?; T, s, ⑧, ⊛; A, AV, M_1, M_2, F, (K); RL reg
T5.1.2.1, T9.1.2.2, T 10.5.4
M 10–20(–70) cm. Stg ästig, stumpf 4-kantig, flaumig od. rückwärts angedrückt seidig od. schwach drüsig behaart, oft rot. Blätter kurz gestielt, lineal bis schmal eifg lanzettl., meist 2–5 mm br (Mastformen bis 15 mm br), seicht gekerbt bis ganzrandig. Krone 2–2,5 cm lg, 3mal so lg wie Kelch, lebhaft hell karminrot, Unterlippe mit gelbem Gaumenfleck. Kelchröhre undeutl. nervig, anliegend flaumig, slt drüsig. Kelchhaare papillös (Lupe!).
B Formenreich, auf Kalk großblütige, auf Silikat kleinblütige Sippe, verschiedene Aufblühzeiten.

2234 **Galeopsis speciosa** Mill. ▸
Bunter Hohlzahn

I; T, s, ⑧, ⊛; A, AV, M_1, (M_2), F, K; RL reg
L4.1–4 (Ufer), T2.2, T8.2.2-8.3, T9.1.1.3, T10.3.3.1
M Bis 1 m. Stg steifhaarig, mit od. ohne Stieldrüsen. Blätter eifg bis lanzettl. (ähnl. 2237), mit Drüsen. Kronröhre weißl., doppelt so lg wie Kelch, Krone gr, 20–25 mm lg, schwefelgelb, Mittellappen dklviolett mit veränderl. Zeichnung.

◂◂2235 **Galeopsis pubescens** Besser
ssp **pubescens**
Weichhaariger Hohlzahn i. e. S.

I; T, s, ⑧; (A), AV, M_1, M_2, F (v. a. östl.); RL reg
L 5.2.4.1, T2.2.2, T8.2.1.4, T8.2.2.6, T9.1
M 20–50(–100) cm. Stg dünn, an den Knoten wenig verdickt u. außer Borstenhaaren auch weiche, z. T. anliegende Haare u. schwarzköpfige Drüsen. Die Internodien meist nur weich flaumhaarig. Blätter zart, eifg bis lanzettl., mit 10–20 regelmäßig 3-eckigen Sägezähnen. Scheinquirle reichblütig, zu 2–8 übereinander, Blüten bis 2,8 cm lg, purpurn. Kronröhre weit aus Kelch ragend, Kelchzipfel stechend.
B Hfg verkannt, mit 2237 verwechselt.

◂2236 ssp **murriana** (Borbas & Wettst.) Murr
Schwefelgelber Hohlzahn

I; ⟨T, s⟩, ⊙; wo?; RL?
wie 2235?
M Ähnl. 2235, aber Krone regelmäßig hell schwefelgelb (od. mit violetter Zeichnung auf Mittellappen).

2237 **Galeopsis tetrahit** L. ▸
Gewöhnlicher Hohlzahn

I; T, s, ⑧, ⊛; A, AV, M_1, M_2, F, K; RL –
T3.1.2, T5.1, T8.2.2, T8.3, T9.1, T10.2.8.3, T10.7
M (5–)10–30(–50) cm. Stg kräftig, an den Knoten stark verdickt, fast nur mit abwärts weisenden Borstenhaaren, vereinzelt hellköpfig drüsig, aber nie flaumig, die Internodien z. T. kahl, glänzend. Blätter eifg lanzettl., jederseits mit mind. 10 großen abgerundeten Zähnen. Krone von wechselnder Größe u. Färbung, 15–22(–28) mm lg, meist schmutzigkarminrot mit weißl. od. ganz weißer Kronröhre, nicht weit aus Kelch herausragend. Mittellappen der Unterlippe ungeteilt, allenfalls schwach ausgerandet.

2238 **Galeopsis bifida** Boenn. ▸▸
⟨Zweilappiger⟩ Hohlzahn

I; T, s, ⑧; A, AV, M_1, M_2, F, K; RL –
T8.2.1.1, T8.2.1.2, T8.2.2.6, T9.1.1.3, T10.7
M Ohne Blüten fast völlig identisch mit 2237 u. nicht zu unterscheiden. Blattränder sollen höchstens 10 Paar Zähne haben. Krone 10–15 mm lg, mit roter (slt gelbl. od. weißer) Grundfarbe, Unterlippe deutl. eingebuchtet, meist deutl. hell gesäumt.

2242–2244 **Lamium purpureum** L. s. l.
Purpurrote Taubnessel

I; T, ⟨B⟩, w, ①; A, AV, M_1, M_2, F, K; RL –; 👌, D
T8.3.1, T9.1.1.3, T9.2, T9.3.2.1, T10.3.3.1, T10.7
M (5–)10–25 cm. Stg weich, kahl, oft rotviolett überlaufen, obere Internodien kurz. Pfl mit unangenehmem Geruch. Blätter 3-eckig eifg, am Grund herzfg, vorn abgerundet, stumpfkerbig. Blüten 1 cm lg, zu 6–10 in 3–7 Scheinquirlen, karminrosa (slt weiß). Kelch röhrig glockig, kahl bis schwach behaart, mit lanzettl., spreizenden Zähnen. Kronröhre innen mit Haarring.

2242 var **incisum** (Willd.) Pers. ▸
Eingeschnittene Taubnessel

A; T, w, ⊙, M_1, M_2, F, K; RL reg; D
T9.1, T9.1.2.1, T9.2, T9.3.2.1
M Wie oben beschrieben, aber Stg dünn, stark verzweigt, Geruch wie 2243. Blattspreite meist keilfg verschmälert, unregelmäßig eingeschnitten, grob gezähnt. Kelch stärker behaart als bei 2243, mit stärker abstehenden Zähnen. Krone zw 2245 u. 2243 schwankend, mal mit, mal ohne Haarkranz. Hochblätter gestutzt, mit verbreitertem Blattstiel, tief u. ungleich eingeschnitten.

2243 var **purpureum** ▸
Purpurrote Taubnessel i. e. S.

A; T, ⟨B⟩, w, ①; A, AV, M_1, M_2, F, K; RL –
wie 2242-44
M Wie oben beschrieben. Unterlippe der Blüte 1,5–2,5 mm lg.

2244 var **moluccellifolium** Schumach.
Entferntblütige Taubnessel ohne Abb.

A; ⟨T, w⟩, ⊙; M_2, F (östl.), wo noch?; RL reg wo?
M Wie oben beschrieben, aber Kelch 8–12 mm lg, seine Röhre kürzer als die Zähne, Unterlippe der Krone 4 mm lg. Kronröhre mit undeutl. Haarring. Hochblätter deutl. gestielt.
B Die Abtrennung dieser Sippe von 2243 ist umstritten. Allerdings ist 2244 von 2243/2245 ohne Übergänge zu trennen, so dass diese besser als Art zu bewerten ist.

◂◂ 2239 **Lamium album** L.
Weiße Taubnessel (Gttg ca 40 sp)

A; H, s, ◷; A, AV, M_1, M_2, F, K; RL –; 👌, ✠, ☺, Z
L4.4, L5.2.4–5/T8.2.1.4, T3.1.2, T8.2.2.6, T10.2.8.3, T10.3.3.1
M 20–40(–50) cm. Sprossaufbau wie 2240, aber Stg kräftiger, Behaarung u. Färbung wie 2240, auch Gestalt der Spreite, jedoch schärfer gesägt (brennnesselartig) u. rein frigrün. Blüten in Scheinquirlen, schmutzig- bis gelbl. weiß. Kelch am Grund mit violettem Fleck. Staubbeutel schwarz, mit hellgelbem Pollen. Oberlippe mit ± abstehenden Haaren.
B Im Gebiet nur ssp *album*.

◂ 2240 **Lamium maculatum** L.
Gefleckte Taubnessel

I; H, s, ③; A, AV, M_1, M_2, F, K; RL –, 👌, Z, D
L5.2.4–5/T8.2.1.4, T2.1, T8.2.1.1, T10.2.8.3, T10.3.3.1, T10.7
M 15–60(–100) cm. Kurze unterirdische u. oberirdische Ausläufer. Pfl streng riechend. Stg einf., 4-kantig, abstehend behaart, unten oft kahl u. rotviolett überlaufen. Blätter lggestielt, eifg 3-eckig bis herzfg, Spreite grob doppelt gesägt, weich behaart, dklgrün, oft (v. a. im Winter) mit weißl. Mittelstreifen. Blüten in Scheinquirlen, karminrot (slt schneeweiß), Oberlippe mit ± anliegenden Haaren. Staubbeutel violettbraun mit orangefarbenem Pollen. Kelch am Grund ungefleckt.

2241 **Lamium confertum** Fr.
Mittlere Taubnessel

A; ⟨T, w⟩, ⊙; F, wo noch?; RL reg wo?
M Ähnl. 2242, aber größer u. kräftiger, Stg dick, 10–40 cm, habituell zw 2245 u. 2243 stehend, Blätter ähnl. (2224) *Glechoma*, fri hellgrün, untere mit br halbkreisfgn Zähnen. Pfl fast geruchlos. Hochblätter kurzgestielt, gleichmäßig kerbzähnig. Blüten > 1 cm lg, Haarring meist fehlend. Kelchröhre so lg wie Zähne.
▾

2245 **Lamium amplexicaule** L.
Stängelumfassende Taubnessel

A; T, w, ③; AV, M_1, M_2, F, K; RL –; 👌
T6.2..4.6, T8.3.1, T9.1.1.3, T9.2, T9.5.2.1, T10.3.3.1, T10.7
M (2–)10–20(–30) cm. Stg schlaff, aufsteigend, an der Basis kahl, Internodien lgr als Blätter, diese kreisrund bis nierenfg, mit abgerundeten Zähnen. Hochblätter unregelmäßig tief eingeschnitten. Blüten in dichten, kopffgn Scheinquirlen. Krone fleischrosa bis karminrot (od. weiß), mit gerader, weit hervorragender, 8–11 mm lgr Röhre ohne Haarring u. 2–3 mm lgr Oberlippe. Oft kleistogam. Kelch röhrig, dicht wollig.

2246 **Lamium argentatum** (Smejkal) Henker ex G. H. Loos
Silberblättrige Taubnessel

E; ⟨C, i⟩, ⊙; AV, M_1, M_2, F; RL –; Z
T1.3, T1.1.2.5 (siedlungsnah)
M Ähnl. 2247, aber alle Blätter das ganze Jahr über mit großen silbrigen Flecken. Kelch zur Fruchtzeit mind. (11,5–)12 mm lg. Oberlippe der Krone über (7,5–)8–11 mm br, Wimpern 1,2–2 mm lg.
B Umstrittene Sippe unbekannter Herkunft. Sie ist jedoch nicht identisch mit panaschierten Typen von 2247 u. 2249.

2247 **Lamium galeobdolon** (L.) L.
Gewöhnliche Goldnessel

I; C, ⟨w⟩, ④; A, AV, M_1, M_2, F, K; RL –; 👌, Z
T1.1.1, T3.1.1
M 15–45 cm. Blühende Stg einjährig, an der Basis hauptsächl. auf den Kanten behaart, die bis 100 cm weit kriechenden Ausläufer ausdauernd. Laubblätter schwach herzfg bis abgerundet, grob unregelmäßig gesägt, im Winter z. T. schwach weißl. gefleckt. Blüten meist zu (1–)3(–5) im Halbquirl in (2–)3–5(–6) Scheinquirlen. Kelch glockig röhrig, zur Fruchtzeit höchstens 12(–12,5) mm lg. Krone goldgelb. Oberlippe nur 5,5–8,5 mm br, Wimpern 0,7–1,3 mm lg. Obere Tragblätter rundl. bis grob eifg, stumpf gezähnt.

2248 **Lamium endtmanii** G. H. Loos
Endtmanns Goldnessel

I; ⟨C, (w)⟩, ⊙; M_2, F, wo noch?; ⟨RL –⟩; ⟨👌, Z⟩
T1.1.1, wo noch?
M 25–50(–70) cm. Ähnl. 2249, Stg ringsum behaart, oben aber an den Kanten dichter. Blattmerkmale zw 2247 u. 2249. Sterile Ausläufer wie 2249, absterbend. Blüten zu (6–)8–14(–16) in den Halbquirlen.
B In den Merkmalen zw 2247 u. 2249 stehend, bislang übersehen, von Loos (1996) beschrieben.

2249 **Lamium montanum** (Pers.) Hoffm. ex Kabath
Berg-Goldnessel

I; C, ⟨ (w)⟩, ④; A, AV, M_1, M_2; RL –; ⟨👌, Z⟩
T1.1.1, T1.1.2.3, T2.1.2, T3.1.1
M 20–60 cm. Ähnl. 2247, aber sterile Ausläufer im Winter meist absterbend. Obere Tragblätter br bis schmal lanzettl., spitz gezähnt. Stg basal ringsum behaart, oben verkahlend. (3–)5–8(–11) Blüten im Halbquirl. 14 Tage später blühend als 2247.

2250 **Lamium flavidum** F. Herm.
Blassgelbe Goldnessel

I; ⟨H⟩, ⟨w⟩, ⑤; A, AV; RL –; ⟨👌, Z⟩
L5.2.3, T1.1.1, T3.1.1, T5.1.2.2.2
M 25–70 cm. Ähnl. 2247, aber Pfl immer ohne Ausläufer, Stg verzweigt, z. T. mit bleibenden Seitenästen. Blätter können weiß gefleckt sein. Blüten blassgelb, 14–18 mm lg, zu (3–)5–8(–11) im Halbquirl.

2251 **Ballota nigra** L. ssp **nigra**
Langzähnige Schwarznessel (Gttg 35 sp)

A; C, H, w, ⑧; AV, M_1, M_2, F, K; RL reg
T8.2.2.6, T10.1.6, T10.2.8.3, T10.7
M 30–80(–130) cm. Stg aufrecht, kräftig, meist ästig, spärl. behaart (bzw. kahl, slt zottig), oft braunviolett überlaufen. Blätter gestielt, eifg, bis doppelt so lg wie br, 3–7 cm lg, ringsum grob unregelmäßig gekerbt, beiderseits behaart, oberseits verkahlend, unterseits nervig runzelig. Blüten 1–1,5 cm lg zu 4–10 in Scheinquirlen, rötl. lila (slt weiß). Kelch mit 5–7 mm lgr Röhre u. 2,5–5,5 mm lgn, lanzettl., 1–3 mm lg begrannten Zähnen.

2252 ssp **meridionalis** (Bég.) Bég
Kurzzähnige Schwarznessel

A; ⟨C, H, w⟩, ⊙; AV, M_1, M_2, F, K; RL –
T8.2.2.6
M 30–80(–130) cm. Ähnl. 2251, aber Stg locker weichhaarig, Blätter so lg wie br, zuw. kreisrund, 2(–4,5) cm lg, gekerbt, slt scharf gesägt. Blüten wie 2251, aber Kelch mit 7–10 mm lgr Röhre u. kurz 3-eckig eifgn, 1–2,5 mm lgn Zähnen u. kurzer bis fehlender aufgesetzter Spitze (0,2–0,6 mm).
B Mit 2251 durch Übergänge verbunden.

2253 **Leonurus cardiaca** L. ssp **cardiaca**
Gewöhnliches Echtes Herzgespann (Gttg 3 sp)

A; H, w, ⑧; AV, M_1, M_2, F, K; RL 3; ✠, ☺
T8.2.2.6, T10.1.6, T10.2.2, T10.2.8.3, T10.3.3.1
M 50–150 cm. Stg am Grund bis 1 cm ∅, 4-kantig, gerillt, hohl, meist ästig, oft rotviolett überlaufen, schwach behaart, slt kahl, an den Kanten mit rückwärts gerichteten Haaren. Blätter gestielt, handfg, mit 3 grob gesägten Lappen, beidseits weich behaart. Hochblätter allmähl. kleiner werdend. Scheinquirle dicht u. reichblütig. Einzelblüte kaum länger als Kelch, 9–10,5 mm lg, fleischrosa, zottig behaart. Kelchröhre fast kahl, randl. bewimpert, Kelch deutl. 5-nervig.

2254 ssp **villosus** (D'Urv.) Hyl.
Zottiges Echtes Herzgespann

E; ⟨H, w⟩, ⊙; wo?; RL reg
wo?
M Ähnl. 2253, aber ganze Pfl weich zottig bzw. dicht abstehend behaart. Blätter unterseits dicht grauhaarig, untere 5-lappig. Krone 10,5–12 mm lg. Kelch dicht zottig.
B z. T. stabilisierte Übergänge zw 2253 u. 2254, als (2254a) *L. intermedius* Holub unterschieden.

2255 **Leonurus marrubiastrum** L.
Filziges Herzgespann, Katzenschwanz

I; ⟨B⟩, T, s, ⊙; M_1, F; RL reg
L5.2.5.5, T8.2.2, T10.7 (Stromtalpfl)
M 50–100(–200) cm. Stg einf., derb, schwach flaumig bis kahl. Blätter eifg lanzettl., beiderseits mit wenigen groben Zähnen. Blüten bis zu 10 in fast kugeligen, dichtblütigen, übereinander stehenden Scheinquirlen, mit dornig herabgebogenen Deckblättern. Blüten bleichrosa, zottig behaart, kaum aus dem drüsig flaumigen Kelch herausragend, letzterer undeutl. 10-nervig.

2256 **Betonica officinalis** L.
Heil-Ziest ⟨Gttg 15 sp⟩

I; H, s, ⑧, ⊛; A, AV, M_1, M_2, F+K (östl.); RL reg; ✠, ☺, Z
T1.1.2.4+5, T3.1.6, T4, T6.2.2.3, T7.1.3 (mager), T7.3.2, T8.1
M 20–60 cm. Stg einf. (allenfalls im Blütenstandsbereich verzweigt), unterschiedl. behaart od. kahl. Blätter ± in Rosette, sowie 2–3 Paar Stgblätter, alle lggestielt, Spreite mehrmals länger als br. Krone rötl., 12–14 mm lg, ohne Haarring.

◄ 2257 **Betonica alopecuros** L.
Fuchsschwanz-Ziest

I; H, s, ⊙; A; RL –
T3.4.2, T5.1, T6.2.2.2.3 (a)
M 20–40(–50) cm. Stg u. Blätter wie 2256, nur Laubblätter höchstens doppelt so lg wie br. Krone blassgelb, mit Haarring. Pfl mäßig behaart.

2258 **Stachys arvensis** (L.) L. ►
Acker-Ziest ⟨Gttg 285 sp⟩

A; T, s, ⑦; (AV), M_1, M_2, F, K; RL 3
T9.1.1.3, T9.2
M 10–30(–50) cm. Pfl sparrig verzweigt, ohne Ausläufer, zerstreut bis dicht abstehend behaart, oft violett überlaufen. Blätter herz-eifg br elliptisch, stumpf gekerbt, frigrün. Blüten 6–9 mm lg, zu 2–6 in 5–9 Scheinquirlen, bleichrosa (weißl.), kürzer od. bis 3 mm über den 6–8 mm lgn Kelch hinausragend.

2259 **Stachys palustris** L. ►
Sumpf-Ziest

I; K, s, ⑧, ⊛; (A), AV, M_1, M_2, F, K; RL –; ☺
L4.1–4 (Ufer), L4.4, L5.2.5.4, T7.3.2, T9.1.1.3, T10.3.3.1 (nass)
M 30–100(–120) cm. Unterirdische Ausläufer mit weißl. Knoten. Stg locker anliegend bis (v. a. an den Kanten) abstehend seidenhaarig. Pfl fast geruchlos. Mittlere u. obere Blätter sitzend, ± stgumfassend, mattgrün, beiderseits filzig bis fast kahl. Blüten 1,5 cm lg, zu 6(–20) in (6–)10–20(–24) Scheinquirlen, trüb rotviolett, mit hellerer Schlängelzeichnung.

2260 **Stachys × ambigua** Sm. (2259 × 2261)
Bastard-Ziest ohne Abb.

I; ⟨H, s⟩, ⊙; M_1, M_2, F, wo noch?; ⟨RL –⟩ wo?
M 30–100 cm. In den Merkmalen zw den Eltern, oft habituell 2259 genähert u. z. T. nicht sicher von ihr zu trennen. Bodenausläufer nicht od. nur wenig verdickt. Sich mit Rhizomstücken ausbreitend. Untere u. mittlere Blätter 5–15 mm lg gestielt, mit ± herzfgm Grund. Blüten dklpurpurn, (fast) steril, nur einzelne Früchte reifend.

2261 **Stachys sylvatica** L. ►
Wald-Ziest

I; H, s, ⑦; A, AV, M_1, M_2, F, K; RL –; D
L2..3, L5.2.3, T1.1.1 (fri), T2.2.2, T8.2.1.1+2, T10.3.3.1 (Wald)
M 30–100 cm. Lge, unterirdische Ausläufer ohne Verdickungen. Stg 4-kantig, abstehend weich behaart, dklgrün. Ganze Pfl sehr unangenehm riechend. Alle Blätter (bis zum Blütenstand) lggestielt, herz-eifg, zugespitzt, brennnesselähnl. Blüten 12–15 cm lg, zu 6 in 10–15 Scheinquirlen, dkl braunrot (slt ockergelbweiß).

▲
2262 **Stachys germanica** L.
Deutscher Ziest

I; ⟨B, T, (H)⟩, ⑧; AV, M_1, M_2, F (östl.); RL reg; (✠), (Z)
T5.1, T6.2.2.2.3, T8.2.2.5, T10.7
M 30–100(–150) cm. Im ersten Jahr nur Laubblattrosette, später einf. bis wenig verzweigte Blühtriebe u. neue Rosetten bildend. Stg locker wollig filzig behaart, graugrün, jg silberweiß. Pfl schwach aromatisch. Blätter derb lanzettl. bis längl. eifg, gestielt, am Grund herzfg, ringsum fein regelmäßig gekerbt. Blüten 12–18 mm lg, zu 16–20 in 5–10 Scheinquirlen, hell karminrot.
B Wild im Gebiet nur ssp *germanica*. Nicht zu verwechseln mit dem als Zierpfl hfg kultivierten Woll-Ziest (2261a) *S. byzantina* K. Koch (= *S. lanata* Jacq. non Crantz) aus SO-Europa bis Kaukasus. Dieser ist viel dichter weißwollig, Blätter feiner gezähnt bis ganzrandig, am Grund keilfg. Kelch u. Vorblätter im dichten Filz verborgen, durch den Filz kein Grün zu sehen. Lokal **E**.

2263 **Stachys alpina** L.
Alpen-Ziest

I; H, s, ⑦; A, AV, M_1, M_2; RL reg
T1.1.1, T2.2.2, T3.1.2
M 40–100 cm. Stg kräftig, trübgrün, oberseits mit Stieldrüsen u. oft violett überlaufen. Blätter längl. eifg, gestielt, am Grund abgerundet, fein bis grob gesägt, zieml. dünn, oberseits dklgrün, angedrückt behaart. Blüten 15–18 mm lg, zu 6–18 in 12–20 voneinander etwas entfernten Scheinquirlen, diese alle von Hochblättern überragt, trüb braunviolett.

2264 **Stachys annua** (L.) L.
Einjähriger Ziest

A; T, s, ⑧; (AV), M_1, M_2, (F); RL 3; ☺
(T8.3.1), T9.1.2.1+2, T9.3.2.1
M (5–)10–30(–40) cm. Stg stark verzweigt, dünn, kahl bis spärl. behaart. Blätter längl. elliptisch bis spatelig, nur die unteren gestielt, abgerundet, seicht gekerbt bis fein gesägt, dünn, gelbgrün. Blattstiel fast so lg wie Spreite. Blüten 1,5 cm lg, zu (2–)4–6 in 3–7(–10) Scheinquirlen, blass schwefelgelb. Kelch 5–10 mm lg, bis zur kaum stechenden Grannenspitze kurz behaart.

2265 **Stachys recta** L.
Aufrechter Ziest

I; H, ⟨C⟩, s, ⑦; AV, M_1, M_2, F (v. a. östl.); RL reg; ☺
T1.1.2.4, T1.4.1.3, T2.1.2.1.1, T6.2, T8.1.1
M 20–40(–75) cm. Stg zahlreich, kräftig, spärl. bis dicht behaart, zuw. drüsig. Blätter eifg spatelig bis lanzettl. Blattstiel höchstens halb so lg wie Spreite, diese abgerundet, entfernt gekerbt, gesägt bis fast ganzrandig. Blüten 1–2 cm lg, zu 6–10 in 2–5(–8) Scheinquirlen, blassgelb bis gelbl. weiß. Kelch 5–10 cm lg, mit kahlen, stechenden Grannenspitzen.
B Im Gebiet nur ssp *recta*.

2266 **Salvia officinalis** L.
Echter Salbei (Gttg 900 sp)

A; ⟨C, w⟩, ⊙; M_1; RL reg; ⊕, ✋, ☺, Z, D
TT5.2.3/T6.2
M 20–80 cm. Verholzte Teile mit abschuppender graubrauner Borke, krautige Stg aufsteigend, fast stielrund, mattgrün, dicht spinnwebig filzig, balsamisch duftend. Blätter derb, längl. eifg bis schmal elliptisch, abgerundet, schwach herzfg, oft mit 2 Fiedern an der Basis, netznervig runzelig, graufilzig, verkahlend, beim Zerreiben bitter würzig. Blüten 2–3 cm lg zu 4–8 in Scheinquirlen, lebhaft hellviolett (rosa od. weiß), Oberlippe sichelfg.
B Formenreich, div. Kultursorten, im Gebiet wohl nur ssp *officinalis*.

2267 **Salvia verticillata** L.
Quirlblütiger Salbei

E; H, s, ⟨w⟩, ⑦; A, AV, M_1, M_2, F; RL reg; Z
T6.2..3.1, T7.1.2 (wärmeliebend), T8.2.2.5, T10.3.1.2, T10.3.3.1, T10.3.4.2
M 30–60(–80) cm. Stg kräftig, meist vom Grund an ästig, dicht abstehend borstenhaarig, drüsenlos, trübgrün. Pfl fast geruchlos. Blätter am Grund können grün überwintern, z. T. ganz gefiedert, vor Blüte vertrocknend, herz-eifg spießfg, mit 2 Öhrchen am 2–8 cm lgn Stiel, netznervig, aber wenig runzelig. Blüten 1–1,5 cm lg, zu 16–24 in 4–10 locker angeordneten Scheinquirlen, lebhaft violett (slt weiß), Oberlippe verschmälert, fast gerade.
B Heimat: SO-Europa.

2268 Salvia glutinosa L.
Klebriger Salbei

I; H, s, ⑧; A, AV, M_1 (sonst syn); RL reg; Z
L5.2.3, T1.1.1, T1.1.2.1, T3.1.1
M 40–80(–120) cm. Stg aufrecht, einf., kräftig, stumpf 4-kantig, unten ± kahl, oben dicht klebrig drüsig. Blätter spieß-eifg, obere keilfg od. sitzend, sonst gestielt, grob unregelmäßig gesägt, mit großen spitzen Öhrchen. Blüte 3–4,5 cm lg, an drüsigen Stielen, zu (2–)4–6(–8) in 6–16 Scheinquirlen, lebhaft hellgelb mit brauner Streifenzeichnung, drüsig flaumig, Oberlippe sichelfg.

2269 Salvia nemorosa L.
Steppen-Salbei

I; H, s, ⑦; (AV), M_1, M_2, F (syn); RL reg; Z, D
T6.2, T6.2.1.4, T8.2.2.5, T10.3.3.1, T10.3.4.2, T10.7
M 20–50 cm. Stg aufsteigend, v. a. oben stärker verzweigt, angedrückt grau flaumig, unten verkahlend, oft rotviolett überlaufen, keine Drüsenhaare. Pfl mit Geruch ähnl. Schwarzer Johannisbeere. Blätter gestielt bis sitzend, eifg lanzettl., netzig runzelig, verkahlend, trübgrün. Blüten 8–13 mm lg, zu 2–4 in 12–24 Scheinquirlen an steifer Achse, Krone blaulila (rosa od. weiß). Oberlippe sichelfg.
B Aus Gartenkultur kurzfristig verwildernd. Viele Gartensorten.

2270 Salvia pratensis L.
Wiesen-Salbei

I; H, s, ⑥; A, AV, M_1, M_2, F; RL reg; ✋, Z
T6.2..3.1, T6.2.2.2.1+3, T7.1.2 (wärmeliebend), T10.3.3.1, T10.3.4.2
M (20–)30–50(–60) cm. Stg allenfalls im Blütenstand ästig, kräftig, 4-kantig, gerillt, locker abstehend behaart, unten verkahlend. Grundstdge Blätter rosettig, 1–3 Paar Stgblätter, eifg br lanzettl. Pfl wenig riechend. Blüten 2–2,5 cm lg, zu 4–8 in 6–12 Scheinquirlen, violett (rosa od. weiß), Oberlippe sichelfg, zuw. mit Drüsenhaaren.

2271 Salvia aethiopis L.
Mohren-Salbei

E lok; ⟨B, s⟩, ⊙; M_1, M_2; ⟨RL –⟩; D
T8.3.1
M 20–100 cm. Stg kräftig, im Blütenstandsbereich stark rispig verzweigt. Pfl von Sternhaaren locker weißwollig bis spinnwebig behaart, nicht klebrig, aromatisch riechend. Grundstdge Blätter eifg bis elliptisch rhombisch, lggestielt, ringsum grob ausgefressen gezähnt, netzig runzelig, grauwollig. Stgblätter ähnl., aber kleiner. Blüten 1,4–2 cm lg, zu 6–10 in dichten Scheinquirlen, weißl.
B Heimat: SO-Europa.

2272 Horminum pyrenaicum L.
Drachenmaul (Gttg 1 sp)

I; H, s, ⊙; A; RL reg, §; Z
T3.4.2.1, T6.2.2.2.3
M 10–25(–45) cm. Stg 4-kantig, fast kahl, aber von kleinen Haaren mit sitzenden Drüsen etwas rau, matt dklgrün. Grundstdge Rosettenblätter an *Ajuga reptans* (2207) erinnernd, br elliptisch, abgerundet, gleichmäßig gekerbt, derb, runzelig, ± kahl. 1–2 Paare Stgblätter, kleiner. Blüten 17 mm lg, nickend zu 2–6 in 5–10(–13) Scheinquirlen, die ½ bis ¾ des Stg einnehmen, violett (slt weiß).

2273 **Melissa officinalis** L.
Zitronen-Melisse (Gttg 3 sp)

A; ⟨K, s⟩, ⊙; wo?; ⟨RL –⟩; ✄, D
T8.2.2, T9.2.1
M 20–80(–100) cm. Kurze Bodenausläufer. Stg dünn, 4-kantig, zäh, spärl. behaart, stark verzweigt. Pfl mit Zahn-, Glieder- u. Drüsenhaaren, beim Zerreiben mit starkem Zitronengeruch. Blätter eifg bis rhombisch, grob regelmäßig gezähnt, wenig behaart bis kahl. Blüten 1–1,5 mm lg, zu (3–)4–6(–12) in Scheinquirlen in den Blattachseln, cremeweiß.
B Im Gebiet nur ssp *officinalis* in Kultur u. verwildernd.

2274 **Calamintha menthifolia** Host
Wald-Bergminze ⟨Gttg 6–7 sp⟩

I; ⟨H–C, s⟩, ⊙; AV, M_1; RL reg; D
T1.1.1 (licht), T1.1.2.4.1, T8.1.1
M 40–80 cm. Stg wenig verzweigt, mäßig bis stark behaart. Blätter eifg, gesägt, lggestielt. Blüten 14–19 mm lg, zu (1–)3–7(–9) in Scheinquirlen, lebhaft violett. Kelch 7–9(–10) mm lg, untere Kelchzähne deutl. länger als obere. Stiel der mittleren Blüten 0,7–2 cm lg. Pfl mit aromatischem Geruch.

2275 **Calamintha nepeta** (L.) Savi
Kleinblütige Bergminze

I; H⟨–C⟩, s, ⊙; A, AV, M_1, M_2; RL reg
T5.1.2.1, T5.2.2, T10.2..2
M 30–50(–80) cm. Stg aufsteigend, ästig, stumpfkantig bis fast rund, am Grund zuw. etwas verholzend. Blätter schwach gekerbt bis gezähnt, bis 35 mm lg. Blüten (8–)10–12(–15) mm lg, zu (7–)12–15(–20) in Scheinquirlen, blassviolett. Stiel der mittleren Blüten 3–5 cm lg. Kelch 5–7 mm lg, untere Kelchzähne nicht od. nur unwesentl. länger als obere.
B Formenreich.

2276 **Calamintha einseleana** F. W. Schultz
Einseles Bergminze

I; ⟨H, C, s⟩, ⊙; A; RL R
wo?
M 30–50(–80) cm. Stg locker weich behaart, an der Basis verholzend. Blätter rhombisch eifg, mit 1–4 unregelmäßigen Kerbzähnen an jeder Randseite, kurzgestielt bis sitzend. Cymen (5–)10–20-blütig, Stiel der mittleren Blüten 2–3 cm lg. Kelch 3–5 mm lg. Krone 8–12 mm lg, lila (weiß).
B Sippe für D fragl.

2277 **Clinopodium vulgare** L.
Gewöhnlicher Wirbeldost ⟨Gttg 10 sp⟩

I; H, s, ⑧, ⊛; A, AV, M_1, M_2, F, K; RL –; ✄
T1.4.1.3, T2.1.2, T8.1.2, T10.3.3.1
M (20–)30–60 cm. Stg trübgrün, dicht abstehend zottig, ohne Drüsenschuppen, aufsteigend, ästig, mit dünnen Ausläufern. Pfl mit schwachem Geruch. Blätter eifg, abgerundet, kurzgestielt, mit je 4–7 flachen Kerbzähnen. Blüten 10–15 mm lg, zu 10–20 in 1–4 dichten halbkugeligen Scheinquirlen. Vorblätter 5–7 mm lg, fedrig gewimpert. Krone hellpurpurn (weiß).

2278 **Acinos arvensis** (Lam.) Dandy
Feld-Steinquendel (Gttg 10 sp)

I; ⟨T, B⟩, w, ⑥, ⊛; A, AV, M_1, M_2, F, K; RL reg; D
T5.2.3, T6.2 (lückig), T6.2.1.4.1, T10.2..2, T10.6
M (5–)10–30(–40) cm. Stg wenig verholzend, aufsteigend, ringsum od. auf 2 Streifen behaart, ästig. Pfl mit Minzegeruch. Blätter rhombisch eifg, kurzgestielt, derb, ganzrandig od. mit 1–3 Zähnen, randl. meist eingerollt, Unterseite bleichgrün, Nerven hervortretend. Blüten zu (1–)3(–5) in 6–12(–20) Scheinquirlen, 0,7–1 cm lg, blauviolett bis hell rosaviolett, Kelch zuletzt geschlossen.

◄ 2279 **Acinos alpinus** (L.) Moench
Alpen-Steinquendel

I; ⟨B⟩, C, s, ⊙; A, AV; RL –; Z
L5.1.1, T1.4.1.3, T3.4.2, T6.2.2.2.3 (a)

M 10–25 cm. Erdspross verholzend, Stg aufsteigend, mehr niederliegend als bei 2278, dünn, meist kahl. Blätter ähnl. 2278, aber kürzer gestielt, breiter u. frigrün, Blattnerven unterseits hervortretend. Blütenstand ähnl. 2278, aber nur 3–6 Scheinquirle. Blüten 1,5–2 cm lg, lebhaft violett, slt rosa od. weiß. Kelch zuletzt offen.

2280 **Hyssopus officinalis** L. ►
Gewöhnlicher Ysop (Gttg 5 sp)

E; C, w, ⊙; M_1, M_2, F (östl.); RL reg; ✠, ☺, D
T5.2.3, T6.2.2.2.1, T10.2..2

M 20–60 cm. Stg zahlreich, Basis verholzt, niederliegend aufsteigend, kurzflaumig bis fast samtig, verkahlend, bleichgrün, mit eingesenkten Drüsenschuppen. Pfl aromatisch riechend. An den Knoten rosettenartige Kurztriebe, Blätter daher scheinbar quirlstdg. Blätter lanzettl. bis lineal-lanzettl., derb, oft eingerollt. Blüten 8–12 mm lg, zu 3–7 in 2–7 cm lgn Scheinähren, lebhaft violettblau (rosa, weiß).

◄ 2281 **Origanum vulgare** L.
Gewöhnlicher Dost (Gttg 36 sp)

I; H, C, w, ⑧; A, AV, M_1, M_2, F, K; RL reg; ✂, ✠, ☺, F, Z, D
T1.1.2.4, T1.4.1.3, T2.1.2, T6.2.2.2.3, T8.1.2, T10.3.3.1, T10.3.4.2

M 20–50(–90) cm. Mit wurzelnden Bodenausläufern, Stg aufsteigend, derb, mit zahlreichen Öldrüsen, trübgrün, oft purpurviolett überlaufen. Pfl herb aromatisch. Blätter eifg, ganzrandig od. undeutl. gekerbt, drüsig punktiert. Blüten 4–7 mm lg zu 1–3 in Cymen, dichte kopfartige Scheinähren bildend, Gesamtblütenstand rispig. Krone hell karminrot bis fleischfarben (od. weiß), Hochblätter purpurn.

B Im Gebiet nur ssp *vulgare*. Als Pizzagewürz werden die mediterrane ssp *viridium* (Martin-Donos) Nyman mit grünen Hochblättern u. andere *Origanum*-Arten genutzt. (2282a) ssp *prismaticum* Gaudin mit prismatisch verlängerten Scheinähren ist früher aus Baden-Württemberg gemeldet worden, aktuell in Westfalen. ohne Abb.

2283 **Thymus pulegioides** L. ssp **pulegioides** var **pulegioides** ►
Gewöhnlicher Arznei-Thymian (Gttg ca 350 sp)

I; C, i, ⑥, ❀; A, AV, M_1, M_2, F, K; RL reg; ✂, ✠, ☺, Z, D
T1.4.1.3, T6.2, T6.2.1.4, T6.2.1.5, T7

M 5–25 cm. Spross sympodial verzweigt, schwach holzig, nur kurz kriechend. Zur Blütezeit keine vegetativen Seitentriebe. Stg scharf 4-kantig, an 2 Seiten eingesenkt, daher gefurcht erscheinend, ausschließl. an den 4 Kanten behaart. Blätter dünn. Blütenstand verlängert od. kopfig. Kelchzähne schmal 3-eckig, außen behaart, obere meist mit lgn Wimpern, Blattflächen kahl, Nerven unterseits kaum hervortretend.

2284 var **parviflorus** ohne Abb.
T6.2.2.2.1

M Wie 2283, aber Blätter derb, 4–10 mm lg, Blütenstand armblütig, später blühend, v. a. in Festuco-Brometea-Gesellschaften.

2285 var **praeflorens** ohne Abb.
T7 (mager)

M Wie 2283, aber Blätter etwas von unten nach oben an Größe zunehmend (2293 ähnl.), schon im Juni blühend, v. a. silikatische Mittelgebirge.

2286 ssp **carniolicus** (Borbás) P. A. Schmidt
Behaarter Arznei-Thymian,
Krainer Thymian Abb. M. re.

I; C, i, ⊙; M_1, M_2; RL reg
T6.2.2.2.1, (T5.2.2.2.3)

M Ähnl. 2283, aber slt neben den Kanten auch auf den 2 schmalen Seitenflächen behaart, Haare so lg od. länger als Stg ∅, Blattrand bis über die Mitte bewimpert, Blattflächen meist dicht behaart.

2287 ssp **montanus** (Benth.) Ronninger
Kahler Arznei-Thymian,
Istrischer Thymian ohne Abb.

E lok; ⟨C, i⟩, ⊙; F (Elbe bei Aken); ⟨RL –⟩ wo?

M Ähnl. 2283, aber Kelch außen ± kahl, obere Kelchzähne ohne lge Wimpern. Blatt derb, 12–18 mm lg, am Grund spärl. bewimpert od. wimperlos, Nerven unterseits stark hervortretend.

▲ 2294 **Thymus vulgaris** L.
Gewürz-Thymian

A, K; ⟨C, T, i⟩, ⊙; wo?; RL –; ✂, ✠, ☺, Z, D
wo?
M (10–)20–30(–40) cm. Stark ästig, verholzt, in ungünstigen Lagen bis zum Grund abfrierend. Stg schwach 4-kantig, oben ringsum gleichmäßig kurzhaarig. Blätter kurzgestielt, lineal bis elliptisch, oben kahler, unten filziger, unterseits weißfilzig, unbewimpert, am Rand eingerollt, an den Seitenzweigen oft rosettig gehäuft. Blüten zu 3–6 in Scheinquirlen, insgesamt eine Scheinähre bildend. Krone 4–6 mm lg, lila bis rosa.

◄ 2288 **Thymus serpyllum** L. ssp **serpyllum** var **serpyllum**
Sand-Thymian

I; C, i, ⑦; (AV), M_1, M_2, F, K; RL reg; ✂, ✠, ☺, Z, D
H1.2.2.5–7, T1.4.1.2, T6.2.1.4.1, T6.2.1.4.4
M 2–7(–10) cm. Sprosssystem monopodial verzweigt, schwach verholzt, lg kriechend, meist mit sterilem Ende schließend, Blütenstg aufrecht, Stg schwach 4-kantig, ringsum behaart, Stghaare meist kürzer als Stg ∅. Blätter derb, schmal, (3–)5–8(–10) mm lg, (1–)2–3(–4) mm br. Nerven unterseits hervortretend, Rand nur im unteren Drittel bewimpert. Blüten kopfig gehäuft. Kelchzähne gleichseitig 3-eckig.

2289 var **porphyrogenitus** (Lyka) P. A. Schmidt
Felsen-Thymian ohne Abb.

wo?
M Auf Porphyr u. Sandstein mit mehr elliptischen Blättern, Mittelnerv stark hervortretend, oft mit kurzem Randnerv (v. a. Brakteen), untere Brakteen breiter als obere Stgblätter (nur M_2).

▲ 2290 **Thymus pannonicus** All.
Steppen-Thymian

E lok; ⟨C, i⟩, ⊙; F (östl.); ⟨RL –⟩; ✂, ✠, ☺, Z, D
T6.2..3
M 5–30(–40) cm. Sprosssystem zur Blütezeit ohne vegetative Seitentriebe, sympodial verzweigt, schwach verholzt. Pfl von buschigem Wuchs, Stg stumpf 4-kantig bis scheinbar dünn, Nerven unterseits schwach hervortretend. Blütenstand kopfig od. verlängert unterbrochen. Kelchzähne schmal 3-eckig.

◄ 2291 **Thymus praecox** Opiz ssp **praecox** var **praecox**
Gewöhnlicher
Frühblühender Thymian ohne Abb.

I; C, i, ©, ✿; A, AV, M_1, M_2; RL reg; ✂, ✠, ☺, Z, D
T1.4.1.3, T6.1.2.3, T6.2
M 2–10(–15) cm. Sprosssystem meist monopodial verzweigt, lg kriechend, mit vegetativen Seiten- (od. End-)trieben. Stg stumpf, 4-kantig bis fast rundl., ringsum behaart (an 2 Seiten weniger). Blätter derb, bis 12 mm lg, Nerven unterseits stark hervortretend. Blütenstand kopfig, Kelchzähne schmal 3-eckig.
B Es kann noch eine var *clivorum* (Lyka) Ronniger (2292) unterschieden werden. Andere Autoren unterscheiden noch *T. caespitosus* = ssp *hesperites* (2292a) u. a. mit späterer Aufblühzeit.

◄ 2293 ssp **polytrichus** (A. Kern ex Borbás) Ronniger
Alpen-Thymian

I; C, i, ⊙; A, AV; RL –; ✂, ✠, ☺, Z, D
T1.4.1.3, T3.4.2.1, T6.2.2.2.3 (a)
M Ähnl. 2291, aber Stg meist nur auf 2 gegenüber liegenden Seiten behaart, Blätter von unten nach oben an Größe zunehmend.
B Übergangsformen zw 2291 u. 2293.

2295 **Lycopus europaeus** L. ssp **europaeus**
Gewöhnlicher Ufer-Wolfstrapp (Gttg 4 sp)

I; H, w, ⑧; A, AV, M_1, M_2, F, K; RL –; ✠
L3..5/H3.1–2.3, L4.1–4 (Ufer), L4.4, S3.2.5
M 20–100(–200) cm. Pfl mit lgn Ausläufern. Stg einf. bis sparrigästig, kahl bis kurz behaart, trübgrün, Pfl fast geruchlos. Blätter lanzettl., grob u. tief gesägt, am oberen Stg oft nur gesägt, scharf zugespitzt, kahl od. spärl. kurzhaarig, ca 3,5mal so lg wie br. Blüten 4–5 mm lg, zu 10–20 in dichtblütigen Scheinquirlen, weiß (z. T. mit roten Punkten auf Unterlippe). Kelchzähne stechend, länger als Kelchröhre, Nüsschen höchstens so lg wie Kelchmitte.

2296 ssp **mollis** (Kern.) Skalicky
Weicher Ufer-Wolfstrapp

I; ⟨H, w⟩, ⊙; A, M_1; ⟨RL ?⟩
wo?
M Ähnl. 2295, aber Blätter eifg, etwa 2,5mal so lg wie br, Stg dicht kraushaarig wollig, Blätter unterseits lg weichhaarig.

2297 **Lycopus exaltatus** Ehrh.
Hoher Wolfstrapp

I; H, w, ⊙; F (östl., Stromtal der Elbe); RL 0
L4.2 (Ufer), L5.2, S2.1
M 90–160 cm. Ähnl. 2295, aber Stg kahl bis flaumig behaart. Alle Blätter tief fiederspaltig beiderseits rau. Scheinquirle kleiner u. wenigblütiger. Blüten 3–4 mm lg, weiß. Kelchzähne nicht stechend, nur so lg wie Kelchröhre, Nüsschen fast so lg wie Kelch.

2298 **Mentha pulegium** L.
Polei-Minze (Gttg 25 sp)

I; H, s, ⑧; (AV Donau), M_1, M_2, F; RL 2; ☠, ✂, ✠, ☺, ☼ F, D
L3..7, L4.2..10, T7.2.1, T7.4.1, T10.1.6.4 (Stromtalpfl)
M 10–50 cm. Stg niederliegend, aufsteigend, mit unter- u. v. a. oberirdischen Ausläufern, kahl bis kurz zerstreut behaart. Blätter kurzgestielt, oval, grob gezähnt, mit 2–3 Paar Fiedernerven, hellgrün. Pfl scharf aromatisch riechend. Blüten in vielblütigen, entfernt stehenden Scheinquirlen in den Achseln kleiner Laubblätter, 5–7 mm lg, rosa (weiß). Kelch schwach 2-lippig, (bei allen anderen *Mentha*-Sippen ± gleichmäßig 5-zähnig), durch Haare dicht verschlossen (sonst im Kelch kahl od. kurzhaarig).
B Siehe Bemerkung 30, Seite 719.

2299 **Mentha aquatica** L.
Wasser-Minze

I; H, W, s, ⑧, ⊛; A, AV, M_1, M_2, F, K; RL –; ✂, ✠, ☺, D
L3..5, L4.3.1–2.3, L4.1–4 (Ufer), L4.4, L5.2.4, S3.2.1, S3.2.5
M (10–)20–50(–100) cm. Im Wasser auch oberirdische Ausläufer, sonst unterirdisch. Stg aufrecht, meist ästig. Blätter mit lgm Stiel, eifg elliptisch, etwas derb, oft glänzend, mit 4–6 Paar bogigen Fiedernerven, beim Zerreiben nach Pfefferminz riechend. Scheinquirle kopfig gehäuft. Krone hellviolett, fleischrosa bis weiß. Kelch röhrig, 13-nervig, mit lanzettl. Zähnen.

2300 **Mentha × verticillata** L. (2299 × 2305)
Quirl-Minze

I; H?, s, ⊙; A, AV, M_1, M_2, F, (K); RL –; ✂, D
wo?
M 20–90 cm. Ähnl. 2305, aber robuster, stärker behaart. Blätter mit scharfen, abstehenden Zähnen. Blüten blattachselstdg, Blütenstiele behaart, Krone im Schlund meist mit Haarkranz. Kelch 2,5–4 mm lg (inkl. Zähnen von 1 mm), bis zum Grund behaart, Zähne 3-eckig lanzettl. Pfl steril, mit Bergamott- od. Pfefferminz-Geruch.

2301 **Mentha × dalmatica** Tausch
(2305 × 2310)
Dalmatiner Minze ohne Abb.

I; ⟨H?, s⟩, ⊙; wo?; ⟨RL –⟩; ✂, D
wo?

M 20–80 cm. Ähnl. 2305, aber nur mit einf., glatten Haaren. Blätter beiderseits behaart, verkahlend, Nervennetz unterseits wenig hervortretend, Blätter abgerundet. Blüten blattachselstg. Krone innen kahl od. einzelne Haare, Blütenstiel meist behaart, verkahlend. Kelch glockig, bis zum Grund behaart, Zähne lanzettl. bis pfrieml. Geruch variabel je nach Eltern.
B Oft gepflanzt.

2302 **Mentha × carinthiaca** Host
(2305 × 2311)
Kärntner Minze ohne Abb.

I; ⟨H?, s⟩, ⊙; wo?; ⟨RL –⟩; ✂, D
wo?

M 20–80 cm. Ähnl. 2305, aber mit einf., krausen u. Gabelhaaren. Pfl größer als 2305, Blätter tiefer u. schärfer gezähnt mit unterseits stark hervortretenden Nerven, abgerundet. Blüten blattachselstdg, Krone innen kahl od. einzelne Haare. Blütenstiel kahl (slt stark behaart), Kelch bis zum Grund behaart, Zähne lanzettl., Pfl steril, Geruch schwach spearmint-artig.

2303 **Mentha × gracilis** Sole (2305 × 2309)
Edel-Minze

I; ⟨H?, s⟩, ⊙; AV, M_1, M_2, F; ⟨RL –⟩; ✂, D

M 20–90 cm. Sehr ähnl. 2305, aber Pfl kahl bis behaart. Blätter dicht behaart bis verkahlend, mit keilfgr Basis bzw. kurzgestielt. Blüten blattachselstdg, Krone innen kahl, Blütenstiel (fast) kahl. Kelch glockig, unten kahl, drüsig, Kelchzähne längl., sehr spitz (0,5–1 mm lg). Pfl mit Spearmint-Geruch.
B Oft gepflanzt. Schwer von 2304 zu trennen.

2304 **Mentha × smithiana** R. A. Graham
(2299 × 2305 × 2308)
Rote Minze ohne Abb.

E; ⟨H?, s⟩, ⊙; wo?; ⟨RL –⟩; ✂, D
wo?

M 20–150 cm. Stg aufsteigend, aufrecht, fast kahl, oft rötl. überlaufen. Blätter eifg, gestielt, mit scharfen, vorwärts gerichteten Zähnen, am Grund abgerundet od. br keilfg. Blüten blattachselstdg, lila, Blütenstiel (fast) kahl. Kelch glockig bis röhrenfg, zumindest unten kahl, Kelchzähne fast 3-eckig. Pfl steril, mit Spearmint-Geruch.
B Oft gepflanzt. Schwer von 2303 zu unterscheiden, wohl heimatlos.

2305 **Mentha arvensis** L.
Acker-Minze

I; K, H, s, ⑧, ❀; A, AV, M_1, M_2, F, K; RL –; ✂, ✠, D
T7.3.2 (v. a. gestört), T7.3.5, T9.1 (feucht)

M 5–30(–60) cm. Stg niederliegend, aufsteigend od. aufrecht, verzweigt, oft etwas dünn. Blätter kurzgestielt, oval bis lanzettl., mit wenigen groben, nach vorn gerichteten Zähnen. Blüten blattachselstdg, Scheinquirle etwas entfernt. Krone 4–6 mm, rosa, violett, innen behaart. Kelch glockenfg, 1,5–2,5 mm lg, mit 0,5 cm lgn Zähnen, dicht abstehend behaart. Pfl mit Bergamott-Geruch (für Tee nicht geeignet).
B Sehr variabel. Die herkömml. 3 ssp decken nur einen Teil der Variabilität ab!
Linkes Foto: (2305a) ssp *agrestis* (Sole) Briq.
Rechtes Foto: (2305b) ssp *parietariifolia* (Becker) Briq.

2306 **Mentha × piperita** L. (2299 × 2308)
Pfeffer-Minze

E; H, s, ⊙; AV, M_1, M_2, F, (K); ⟨RL –⟩; ✂, ✠, ☺, D
wo?

M 50–90 cm. Stg aufrecht, kahl (bis wenig behaart), oft rötl. überlaufen. Blätter lg, gestielt, eifg bis br lanzettl., entfernt scharf gezähnt, mit keilfgm Grund, Nerven der Blattunterseite oft flaumig behaart (Gabelhaare). Blütenstand dick walzl. (fast kopfig). Blüten rosalila. Kelch röhrig glockig, 2,5–4,5 cm lg, am Grund kahl, mit pfrieml. Zähnen, gefurcht, 13-nervig. Pfl steril, Geruch variabel von Pfefferminz zu Spearmint.
B Oft gepflanzt, wohl heimatlos.

2307 **Mentha × dumetorum** Schult.
(2299 × 2310)
Gebüsch-Minze ohne Abb.

I; ⟨H, s⟩, ⊙; wo? ⟨RL –⟩; ✂, D
wo?

M Sehr ähnl. 2306, mit wechselnder Behaarung (kahl bis flaumig wollig), aber keine Gabelhaare. Blätter längl. bis eifg elliptisch, vorne spitz, Grund fast herzfg bis verschmälert, auch oberseits behaart (oft zottig). Blütenstand kopfig. Blüten rosalila. Pfl mit Kölnisch-Wasser-Geruch.
B Oft gepflanzt.

2307a **Mentha × maximilianea** F. Schultz
(2299 × 2311)
Liebliche Minze ohne Abb.

I; ⟨H, s⟩, ⊙; ⟨RL –⟩; ✂, D

M 50–80 cm. Ähnl. 2299, aber Blätter br eifg runzelig, am Grund herzfg, stumpf, unterseits flaumig filzig mit einf. u. Gabelhaaren. Blütenstand kopfig verlängert. Pfl mit Pfefferminz-Geruch.

2308 **Mentha spicata** L. ssp **spicata**
Gewöhnliche Grüne Minze, Ährige Minze

E; ⟨H, s⟩, ⊙; M_1, M_2, F, K, wo noch?; RL –; ⚘, ✠, ☺, ☼, F, D
T8.2.2.5, T8.2.2.6
M 30–100 cm. Stg aufrecht, stark verzweigt, grau behaart, dklgrün gräul. Blätter ± sitzend, längl. eifg bis lanzettl., unterhalb der Mitte am breitesten, scharf nach vorn gerichtet gezähnt, nicht od. nur leicht runzelig, unterseits kahl od. mit einf., wellig krausen u. Gabelhaaren. Blütenstand schmal ährenfg, wenig verzweigt. Krone weiß, rosalila. Kelch glockig, mit schmal 3-eckigen bis pfrieml. Zähnen. Teilfrüchte kahl od. zerstreut behaart. Fertil, Duft ähnl. 2312, strenger als 2309.
B Mit 2310 zu verwechseln. Die Abgrenzung beider Sippen ist auch noch nicht sicher geklärt. Von ihren Hybriden oft kaum zu unterscheiden (diese immer steril). Wohl heimatlos.

2309 ssp **glabrata** (Lej. & Courtois) Lebeau
Kahle Grüne Minze

E; ⟨H, s⟩, ⊙; AV, M_1, M_2, F, K; ⟨RL –⟩; ⚘, ✠, ☺, D
M Sehr ähnl. 2308, aber Pfl fast kahl, dadurch hellgrün erscheinend. Mit Spearmint-Geruch.

2310 **Mentha longifolia** (L.) Huds.
Ross-Minze

I; H, s, ⑧, ❀; A, AV, M_1, M_2, F; RL –; ⚘, D
L4.2..10, L4.4, T7.3.2 (gestört), T7.4.1, T10.3.3.1
M 40–120 cm. Stg aufrecht, stark verzweigt, grau- od. weißfilzig behaart, nur einf. Haare. Blätter sitzend, längl. elliptisch bis längl. lanzettl., oben spärl. wollig, unterseits kurz anliegend behaart. Keine Gabelhaare. Blütenstand ährig, Blüte 3–4 mm lg, helllila, weiß, innen kahl, außen zerstreut behaart. Kelch 1–3 cm lg, außen behaart. Geruch nach Pferdeurin.
B Sehr ähnl. 2308.

2311 **Mentha suaveolens** Ehrh.
Rundblättrige Minze

A; H, s, ⊙; M_1, M_2, F; RL 2; ⚘, D
L4.2..10, L4.4, T7.4.1, T10.3.3.1 (nass)
M 30–60(–100) cm. Stg aufrecht, oben verzweigt, wollig behaart, z. T. mit Gabelhaaren, Blätter sitzend, rundl. eifg, seicht u. stumpf gezähnt, stark nervig runzelig, unterseits wollig behaart. Blütenstände sehr schmale, öfter verzweigte Scheinähren. Blüten weißl., immer kahl. Kelch glockig, 1–2 mm, weiß behaart. Teilfrüchte 0,5–0,6(–0,7) mm lg, Oberfläche wabenartig strukturiert. Pfl mit unangenehmem, süßl. Geruch.
B V. a. nomenklatorische Verwechslung mit 2310 u. 2312.

2312 **Mentha × villosa** Huds. (2308 × 2311)
Hainminze

E; ⟨H, s⟩, ⊙; AV, M_1, M_2, F, K; RL –; D
wo?
M 30–90 cm. Kräftige Pfl (im Habitus 2311 ähnelnd), mit Gabelhaaren, Blätter behaart bis kahl, lanzettl. bis fast rund, Rand kräftig, z. T. abstehend gezähnt. Blütenstände in Scheinähren, Blüten rosa, Pfl steril mit sehr variablem, überwiegend an Spearmint erinnerndem Geruch.
B Variable Sippe. Aus Gärten meist verwildert in der rundblättrigen f *alopecuroides* (Briq.) G. H. Loos. Diese u. die beiden folgenden Hybriden sind extrem schwer zu trennen u. werden oft mit 2311 verwechselt. Bei Pflanzenerfassungs-Programmen könnten sie sinnvollerweise zu einem *M. × rotundifolia*-Agg zusammengefasst werden. Wohl heimatlos.

2313 **Mentha × rotundifolia** (L.) Huds.
(2310 × 2311)
Bastard-Rossminze ohne Abb.

A; ⟨H, s⟩, ⊙; AV, M_1, M_2, F, wo noch?; ⟨RL –⟩; D
wo?
M 30–90 cm. Ähnl. 2311 bzw. 2312. Pfl immer behaart, Blätter fast nie runzelig, br abgerundet an der Basis, meist abstehend gezähnt. Blütenstände in Scheinähren, Blüten rosa, mit fast parallelen Blatträndern, fertil. Geruch ähnl. 2312.

2314 **Mentha × villosonervata** Opiz
(2310 × 2308)
Bastard-Grünminze ohne Abb.

E; ⟨H, s⟩, ⊙; wo?; ⟨RL –⟩; D
wo?
M 30–90 cm. Ähnl. 2312 bzw. 2308, aber Blätter weich behaart, lanzettl., spitz, mit abstehenden Zähnen. Blütenstände in Scheinähren. Blüten rosa, steril. Geruch ?
B Wohl heimatlos.

2315 **Elsholtzia ciliata** (Thunb.) Hyl.
Echte Kammminze (Gttg ca 35 sp)

U–E; ⟨T, s⟩, ⊙; M_1 (syn), F (östl.); ⟨RL –⟩; (✠), ⚘, Z, D
T8.3.1, T10.3.1.2, T10.7
M 30–70 cm. Stg stark verzweigt, fast kahl. Pfl aromatisch minzeartig riechend. Blätter gestielt, eifg, scharf zugespitzt, regelmäßig gekerbt bis gesägt. Tragblätter der Blüten dachziegelig übereinander. Blütenstände einseitswendig, endstdg. Blüte 3–4 mm lg, zu 3–5 in den Cymen, purpurlila od. rosa.
B Heimat: O-Asien.

2316 **Hippuris vulgaris** L.
Tannenwedel (Gttg 1 sp)

I; W, s, ⑥; A, AV, M_1, M_2, F, K; RL 3; Z, Aq
L3..4.1/L4..2.1, L3..5/H3.1–2.3
M 10–40(–50) cm, im Wasser bis 2 m. Im Schlamm kriechend. Stg unverzweigt, rund, 4–9 mm dick, oft rötl. überlaufen. Blätter zu (4–)6–12(–16), quirlstdg, lineal, ganzrandig, 0,8–2 cm lg, bis 6 mm br, die untergetauchten schlaff, dünn, bis 10 cm lg. Blüten klein, zwittrig, durch Verkümmern auch eingeschlechtl., einzeln in den Achseln der Blätter, Krone fehlend, 1 Staubblatt.

2317 **Callitriche hermaphroditica** L.
Herbst-Wasserstern (Gttg 17 sp)

I; W, H, w, ⊙; F, (K); RL G
L3..4.1/L4..2.1
M Nur Unterwasserblätter, keine Schwimmblattrosetten, Blätter durchsichtiggrün, lineal, ohne Spaltöffnungen u. ohne Schildhaare. Blüten ohne Vorblätter (eigene Sektion!).
B Kann leicht mit 2324 verwechselt werden.

2318 **Callitriche palustris** L.
Sumpf-Wasserstern Fig. 55a

I; ⟨W, T⟩, w, ⊙; A, AV, M_1, M_2, F; RL reg
L3..4.2/L4..2.2, L3..6, L3..7.3
M Schwimmblattrosetten mit Blüten (dann am Stg verblüht). Schildhaare 12–16-zellig. Ganze Pfl zart u. gebrechl. Vorblätter klein, früh abfallend. Früchte verkehrt eifg, bis 1 mm lg, nur an der Spitze geflügelt, reif schwarzbraun. Pollen gelb. Am häufigsten als amphibische Landform.

2319 **Callitriche obtusangula** Le Gall
Nussfrüchtiger Wasserstern Fig. 55b

I; W, H, w, ⊙; M_1, M_2, F; RL reg
L4.1, L4..2.3
M Schwimmblattrosetten mit Blüten (dann am Stg verblüht), gr, vielblättrig (12–20) erscheinend. Schildhaare 8–10-zellig. Blätter br rhombisch, fleischig, 3-rippig, daher oft wellig, mit fast farblosem Stiel. Früchte länger als br, ca 1,5 × 1,2 mm. Rücken der Teilfrüchte abgerundet, reife Frucht braun. Staubbeutel cremefarben, ca 1 mm br, Pollen gelb, längl. elliptisch, bohnenfg, meist doppelt so lg wie br. Vorblätter auffällig, 5 mm lg, bleibend.

2320 **Callitriche cophocarpa** Sendtner
Stumpfkantiger Wasserstern Fig. 55c

I; W, T, w, ⊙; A, AV, M_1, M_2, F; RL reg
L3..4.1/L4..2.1, L3..6, L4..2.3
M Schwimmblattrosette mit Blüten (dann am Stg verblüht), gr, 6–10(–16)-blättrig, mit schmal rhombischen Blättern od. kl mit elliptischen Blättern, Schildhaare 8–15-zellig, Unterwasserblätter lineal, abgeschnitten bis ausgerandet. Früchte rundl., 1–1,1 mm lg, Rücken der Teilfrüchte stumpfkantig (slt abgerundet) od. schwach gekielt. Staubbeutel 1 mm br, Pollen gelb, rundl., elliptisch od. abgerundet 3-eckig, ganz vereinzelt wie 2319.

2321 **Callitriche platycarpa** Kütz.
Flachfrüchtiger Wasserstern Fig. 55d

I; W, T, w, ⊙; M_1, M_2, F; RL reg
L3..4.2/L4..2.2, L4..2.3
M Schwimmblattrosetten mit Blüten. Rosettenblätter elliptisch, Unterwasserblätter lineal, dklgrün. Schildhaare 8–10-zellig. Staubfaden > 3 mm lg, Staubbeutel ca 1 mm br, kräftig gelb, Narben bis 5 mm lg, meist aufrecht. Früchte rundl. 1,1–1,3 mm ∅, ringsum schmal geflügelt, > 1 mm lg, reif hell- od. dklbraun. Pollen gelb, kurz elliptisch, abgerundet 3-eckig, unregelmäßig 4-eckig.
B Die sterile Hybride 2320 × 2321 mit 2n = 15 Chromosomen (2320: 2n = 10; 2321: 2n = 20) tritt oftmals hfgr auf als 2320 (Verdriftung von Sprossstücken)

2322 **Callitriche stagnalis** Scop.
Teich-Wasserstern Fig. 55e

I; W, T, w, ⊙; AV, M_1, M_2, F; RL reg
L3..4.1/L4..2.1, L3..6, L3..7.3, L4..2.3
M Schwimmblattrosetten mit Blüten, 6–8 Rosettenblätter, rundl. bis br elliptisch, kurzgestielt, Unterwasserblätter (wenn vorhanden) längl. elliptisch, hellgrün, nie linealisch Schildhaare 8–10(–15)-zellig. Vorblätter früh abfallend. Narben ca 2 mm lg, meist aufrecht, slt herabgebogen. Staubfäden < 3 mm, Staubbeutel ca 0,5 mm br, blassgelb, Pollen gelb, rundl. Früchte rund 1,2–1,5 mm ∅, ringsum br geflügelt, > 1 mm lg, reif hell- od. dklbraun.

2323 **Callitriche brutia** Petagna
Stielfrüchtiger Wasserstern Fig. 55f

I; W, H, w, ⊙; F, K; RL R
L3.3 (flach)
M Zarte Pfl., Schwimmblattrosette mit elliptischen Blättern, Unterwasserblätter an der Spitze nicht 2-spaltig. Schildhaare 8–16-zellig. Frucht 1,4 mm br, rundl., sehr br geflügelt, bei der Wasserform sehr kurz, bei der Landform bis 13 mm lg gestielt.

2324 **Callitriche hamulata**
Kütz. ex W. D. J. Koch
Haken-Wasserstern

I; W, T, w, ⊙; M_1, M_2, F; RL reg
L3..6, L3..7.3, L4..2.3 Fig. 55 g
M Schwimmblattrosetten (falls vorhanden) blütenlos, Stiele der Rosettenblätter etwa so lg wie Spreite. Blüten nur in den Achseln von Unterwasserblättern, deren Spitzen schmal schraubenschlüsselfg ausgerandet. Narben herabgekrümmt, am Fruchtknoten seitl. anliegend. Schildhaare (10–)12–18-zellig. Pollen farblos.
B Die Sippen der Gattung *Callitriche* sind sehr merkmalsarm u. zudem, je nach Lebensbedingungen, sehr variabel u. sich daher alle sehr ähnl. Die Gattung ist extrem kartierungskritisch, zur sicheren Ansprache sind auf jeden Fall fri Pfl mit Blüten u. reifen Früchten erforderl. Hauptmerkmale sind Größe der Teilfrüchte, Breite des Flügels, Pollen-∅ u. z. T. Form der Schildhaare. Leider blühen die Pfl nicht an allen Standorten (z. B. in schnell fließenden Bächen). Ggf. müssen zu junge Pfl im Aquarium zur Fruchtreife gebracht werden (die Sippen sind meist selbstbestäubend). Hybridisierung ist slt in der Gruppe. Vieles (z. B. Verbreitung) ist daher derzeit noch unzureichend bekannt.

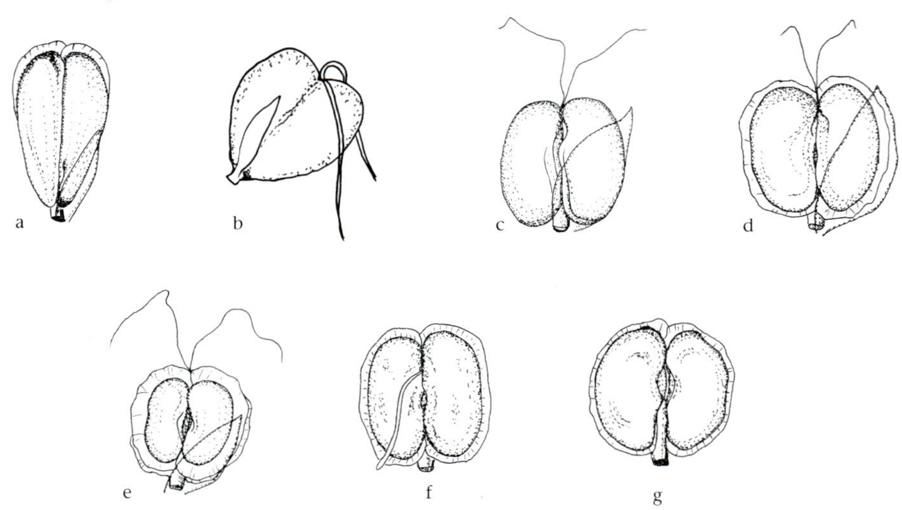

Fig. 55: Früchte von *Callitriche*
a: *Callitriche palustris*, b: *Callitriche obtusangula* c: *Callitriche cophocarpa*, d: *Callitriche platycarpa*, e: *Callitriche stagnalis*, f: *Callitriche brutia*, g: *Callitriche hamulata*.
a, c–e, g: Nach Breitfeld (1993), b: Nach Jones (1955), f: Nach Zijlstra (1992)

◂ 2325 **Psyllium arenarium** (Waldst. & Kit.) Mirb.
Sand-Flohsame, Sand-Wegerich ⟨Gttg ca 16 sp⟩

E; T, s, ⊙; (AV), M_1, M_2, F, K; RL reg; ✠, ☺
H1.2.2.5, T6.2.1.4.1, T8.3.1, T8.3.2, T10.3.1
M (5–)10–40(–60) cm. Pfl abstehend bis aufrecht verzweigt, buschig. Stg locker borstig, zerstreut drüsig. Blätter lineal bis lineal-lanzettl., gegenstdg, flach, dünn, 6–8 cm lg, 3–4 mm br, am Grund scheidenartig, ganzrandig bis stumpf gezähnelt. Blüten in viel- u. dichtblütigen, eifgn, lggestielten Ähren in den Achseln der oberen Blätter. Krone 4 mm lg, kahl, querrunzelig, Kronröhre bräunl. weiß. Kelch steifhaarig. 2 dklbraune, glänzende, kahnfge Samen, Nabelseite am Rand dickl.
B Heimat: O-Europa.

2326 **Plantago coronopus** L. ▸
Krähenfuß-Wegerich ⟨Gttg ca 210–270 sp⟩

I; ⟨T, B⟩, s, ⑥; F, K; RL reg
H1.1.3.2, H2, T7.4.2
M 5–25(–40) cm. Blütenstg blattlos. Bis zu 50 Blätter in grundstdgr Rosette, fiederteilig bis fiederspaltig, abstehend kurzhaarig, steif zottig od. verkahlend, dünn, 4–8 cm lg. Blüten weißl. in Ähren, diese oft sehr zahlreich, etwa so lg wie der übrige Stg. Blüte zur Fruchtzeit stark abgeflacht, 1–5-samige Kapsel im Kelch eingeschlossen.
B Sehr formenreich, v. a. im Mediterranraum.

◂ 2327 **Plantago media** L.
Mittlerer Wegerich

I; H, w, ⑥, ❀; A, AV, M_1, M_2, (F, K); RL reg; ✎
T6.2.1.5.1, T6.2.2.2.3, T6.2..3.1, T7.1.2, T7.2.1
M 20–50 cm. Die wenigen Blütenstg blattlos. Rosettenblätter elliptisch bis br elliptisch, zur Spitze 3-eckig abgerundet od. keilig verschmälert, 9–17 cm lg (Stiel 1–4 cm lg), ganzrandig unregelmäßig buchtig gezähnelt, kurz weißl. behaart. Ähre 2–6 cm lg, sich bei Reife aufs doppelte streckend, Krone 4 mm lg, weißl., Staubfaden lila, 4–5mal so lg wie Krone, Antheren blasslila, weiß.

2328 **Plantago major** L. ssp **major** ▸
Gewöhnlicher Breit-Wegerich

I; H, ⟨(T)⟩, s, ⑦; A, AV, M_1, M_2, F, K; RL –; ✎, ✠, ☺, Z
L4.1–4 (Ufer), T7.2.1, T7.4, T8.3, T10.3.3.1+2
M (5–)10–40(–60) cm. Blütenstg blattlos. Rosettenblätter eifg bis br eifg, stumpf, deutl. vom 3–12 cm lgn Stiel getrennte Spreite, 8–12 cm lg, 5–9 cm br, meist ganzrandig, z. T. etwas gewellt od. unregelmäßig buchtig gezähnt, etwas derb, spärl. behaart bis kahl, mit (5–)7–9 bogigen Nerven. Ähre kräftig, unten oft locker, 8–20 cm lg, grün. Kapsel mit (4–)6–10(–15) hellbraunen Samen.
B 2328–2330 sind autogame Komplexe, die sich in den Merkmalen mitunter vermischen.

◂ 2329 ssp **intermedia** (Gilib.) Lange
Vielsamiger Breit-Wegerich

I; H, T, s, ⊙; A, AV, M_1, M_2, F, K; RL –
L3..7.3, L5.2.1.1, T7.4.1
M 5–15(–20) cm. Blattspreite in den Stiel verschmälert, 3–5(–7)-nervig, am Grund weitbuchtig gezähnt, etwas gelbl. grün, dünn. Fruchtähre aufgelockert, bei kleinen Pfl sehr kurz u. wenigblütig. Kapsel mit (14–)16–20(–40) dklbraunen Samen.

2330 ssp **winteri** (Wirtg. ex Geisenh.) W. Ludw. ▸
Salzwiesen-Breit-Wegerich

I; ⟨H, s⟩, ⊙; M_2, F, K; RL 2-;
H1.1.3, H2
M 5–10 cm. Blattspreite mit 3(–5) Nerven, dickl., gelbl. grün, in den Stiel verschmälert, 4–7 cm lg, 2–4,5 cm br. Ähre lockerblütig, oft violett überlaufen, 2–11 cm lg. Kapsel mit (6–)8–12 Samen.

◂2331 **Plantago maritima** L. ssp **maritima**
Strand-Wegerich i. e. S.

I; H, w, ⑧; M_2, F, K; RL 2-
H1.1.3, H2
M 15–40(–50) cm. Kurzer, gestauchter Wurzelstock mit schuppenfgn Resten der wollhaarigen Blattscheiden. Rosettenblätter fleischig, graugrün, lineal bis lanzettl., kahl, meist ganzrandig bis entfernt gesägt, scharf gekielt, > 10 cm lg, 2–6 mm br, anfangs oberseits rinnig, unten gekielt, später flach, 3–5-nervig. Wenige dichte Ähren, 3–11 cm lg, viel kürzer als Ährenstiel. Kronlappen bräunl. Vordere Kelchblätter eifg, stumpf abgerundet, 2–2,3 mm lg. Deck- u. Kelchblätter kahl bis sehr kurz gewimpert.

2332 ssp **serpentina** (All.) Arcang. ▸
Schlangen-Wegerich

I; H, s, ⊙; A; RL R
T1.4.1.3, T5.1.1.4
M 8–35(–50) cm. Wurzelstock schuppig, mit wenigwolligen Blattresten. Blätter in vielblättriger Rosette, flach, ledrig, schmal lineal bis lineal, schwach 3-nervig, Seitennerven auf der Mitte zw Rand u. Mittelnerv, 20 cm lg, 1,5–3(–5) mm br, meist ganzrandig, z. T. mit bis zu 1 cm lgn Zähnen, randl. bewimpert. Ährchenteil dicht angedrückt, weißl., behaart, Ähre dicht, 2–8(–10) cm lg, breiter u. lockerer als 2331. Kronlappen weißl. Vordere Kelchblätter scharf gekielt, eilängl., 2,5–5 mm lg, Deck- u. Kelchblätter zieml. lg gewimpert.

◂2333 **Plantago alpina** L.
Alpen-Wegerich

I; H, w, ⑤; A; RL –
T3.3.1, T3.4.3/T7.2.2, T6.2.1.5.4
M (4–)5–12(–20) cm. Wurzelstock mit trohäutigen Blattresten. Rosettenblätter dünn, wenig biegsam, slt dicker, unterste fast 3-eckig, kürzer als die folgenden, lineal-lanzettl. bis schmal lanzettl., mit stumpfer Knorpelspitze, 2–10 cm lg, (1,5–)2–5 mm br, ganzrandig od. stumpfl. gezähnt, 3-nervig, Seitennerven dem Rand genähert. Ährenstiel unter den Blüten zottig, vor dem Aufblühen nickend, nur 1–3(–5) cm lg od. reduziert. Kronlappen weißl. Vordere Kelchblätter elliptisch, dünn gestielt, konvex gefaltet, am Rand spärl. u. lg gewimpert.

◂2334 **Plantago lanceolata** L.
Spitz-Wegerich

A; H, w, ⑥, ❀; A, AV, M_1, M_2, F, K; RL –; ✂, ✠, Al, ☺
T6.2.1.4, T6.2.2.2.3, T7, T7.4.1
M 30–50(–60) cm. Blätter in grundstdgr Rosette, bis 30 cm lg, (5–)7–30(–45) mm br, steif aufrecht, lanzettl., 3–7-nervig, zur Blütezeit noch behaart, dann verkahlend. Ährenstiel bis 50 cm lg, kantig, angedrückt behaart. Ähre selbst kurz rundl. bis lg eifg, bis 9 mm br. Kronzipfel bräunl., Staubblätter weißl., Krone kahl.
B Die obige Beschreibung entspricht einer ssp *lanceolata*, aber (2334a) die ssp *sphaerostachya* (Wimm ex Grab.) Hayek (Kugelköpfiger Spitz-Wegerich) mit kugeligen Antheren u. zottiger Behaarung ist offenbar nur eine Standortsmodifikation tro Standorte ohne taxonomischen Wert u. wird hier nicht unterschieden, ist allerdings als Blühsippe von Magerrasen aufrecht zu erhalten.

▴
2335 **Plantago atrata** Hoppe
Berg-Wegerich

I; H, s, ⊙; A; RL –; ☺
T3.3/T3.3.2
M (2–)5–15(–20) cm. Blätter lineal-lanzettl. bis lanzettl., 3–5-nervig, Blattstiel fast scheidig. Ährenstiel stielrund, nicht gefurcht, unter den Blüten zottig, zur Fruchtzeit niederliegend. Ähre kugelig bis eifg, 5–15(–20) cm lg, Blütentragblätter an der Spitze bärtig.
B Im Gebiet nur ssp *atrata*.

2336 **Littorella uniflora** (L.) Asch.
Europäischer Strandling (Gttg 3 sp)

I; W, H, w, ⑧, (♀♂); AV, M_1, M_2, F, K; RL 2
L3..6.1
M (2–)4–12(–15) cm. Ausläufer bis 15 cm lg, dichte Rasen bildend. Blätter bis zu 30 in Rosetten, je nach Wasser- od. Landform verändert. Blätter kahl bis schwach behaart, ∅ rundl. bis oval, am Grund scheidig. Blüten unscheinbar, röhrenfg, 4–6 mm lg, hellbräunl., in 1–5(–8) Blütenständen mit je 1 gestielten ♂ Blüte u. 2–3 am Grund in den Achseln stehenden ♀ Blüten. In Klarseen bis in 3 m Wassertiefe.

2337 **Buddleja davidii** Franch.
⟨Chinesischer⟩ Sommerflieder, Schmetterlingsstrauch (Gttg ca 100 sp)

E; N, s, ⊙; AV, M_1, M_2, F; RL –; (☠), Z, D
T10.3.1, T10.4.3, T10.4.5
M (1–)3(–5) m. Zweige rund, steif u. straff aufrecht, junge Stg filzig. Blätter gegenstdg, lanzettl., am Rand gesägt, oberseits dklgrün, unterseits graufilzig, mit kleinen Nebenblättern, bis 10 cm lg. Blüten in endstdgn Rispen, 10–25(–30) cm lg, Stieltellerblumen mit lgr Kronröhre, lila (od. weiß) mit gelbem Schlund, bevorzugt von Schmetterlingen aufgesucht.
B Heimat: China.

2338 **Fraxinus ornus** L.
Blumen-Esche, Manna-Esche (Gttg 65 sp)

E; P, ⟨N⟩, s, ⊙; M_1; RL reg; ✠, Z
T1.1.2.4
M (4–)8–15 m. Rinde grau, warzig. Junge Zweige oliv- bis graugrün, rundl. bis zusammengedrückt 4-kantig, mit zahlreichen hellbraunen Lentizellen, kahl. Knospen silbergrau bis braungrau, feinfilzig. Blätter kreuzgegenstdg, (5–)7–9-zählig gefiedert, Fiederblätter eilanzettl. bis eifg, wenigstens untere gestielt. Blüten in endstdgn od. achselstdgn, zuerst aufrechten, später überhängenden Rispen, mit weißen, 7–15 mm lgn Kronblättern, auffällig. Frucht glänzend dklbraun.
B Heimat: S-Europa bis Kleinasien.

2339 **Fraxinus pennsylvanica** Marshall
Pennsylvanische Esche

E; ⟨P, s⟩, ⊙, ♀♂; F (östl.); RL –; (Z)
L5.2.3
M 16–48 m. Borke stark rissig. Fiederblättchen ganzrandig bis kaum gezähnt, wenigstens untere gestielt. Junge Zweige meist behaart. Knospen bräunl. Blütenstände alle achselstdg, unauffällig, Kronblätter fehlend. Frucht matt, hell- bis dklbraun.
B Heimat: Rocky Mountains, östl. Nordamerika.

2340 **Fraxinus excelsior** L.
Gewöhnliche Esche

I; P, s, ②; A, AV, M_1, M_2, F, K; RL –; (☠), ✠, ☺, ✿, Z
L5.2.3, T1.1.1, T1.1.2.4
M Bis 40 m. Borke längs- u. feiner querrinnig. Einjährige Zweige olivgrün, rundl., spärl. mit Lentizellen besetzt, kahl. Blätter (7–)9–15-zählig gefiedert, Fiedern schmal eifg bis br lanzettl, zugespitzt, ungestielt, gezähnt. Knospen schwarz (auch schon an Jungpfl!) Blütenstand blattachselstdg, ohne Kronblätter, unscheinbar. Früchte glänzend braun.

◄ 2341 **Ligustrum vulgare** L.
Gewöhnlicher Liguster (Gttg ca 40 sp)

I; N, s, ⟨(w)⟩, ⑦; A, AV, M_1, M_2, F, K (syn); RL –; ☠, (✠), ☺, D, Z
T1.1.2.4, T1.4.1.3, T2.1.2.1.1, T2.1.2.2.2
M 1–5 m. Ausläufer treibend, Stg reich verzweigt. Junge Zweige kahl od. zur Spitze fein kurz behaart, olivgrünbräunl., mit hellen Lentizellen, Kurztriebe hfg quirlig. Knospen braunschwarz, feinhaarig. Blätter 3–6 cm lg, kahl, kurzgestielt, lanzettl. bis verkehrt eilängl., spitz, dklgrün, zum Herbst oft violett. In milden Gegenden wintergrün. Blüten in endstdgn, 6–8 cm lgn Rispen, weiß, etwas duftend. Beeren schwarz, glänzend.

2342 **Syringa vulgaris** L. ►
Gewöhnlicher Flieder (Gttg 23 sp)

E, ⟨N, s⟩, ⊙; AV, M_1, M_2, F; RL –; ☺, Z, D
T2.1.2.1.1
M 0,2–7(–10) m. Ausläufer treibend. Junge Zweige rundl., glatt, kahl, grau bis olivgrün. Knospen eifg. Blätter herzfg, kahl, dickl. Blüten in großen endstdgn Rispen, diese 10–20 cm lg. Kronröhre 1–1,5 cm lg, blasslila (»fliederfarben«), stark duftend.
B Heimat: SO-Europa. In vielen Kulturrassen (meist Hybriden) gepflanzt u. verwildert, Blütenfarben von dklviolett über alle Zwischenstufen zu weiß u. hellgelb.

◄ 2343 **Verbascum thapsus** L.
Kleinblütige Königskerze (Gttg ca 360 sp)

I; ⟨B⟩, H, s, ⑧; A, AV, M_1, M_2, F, K; RL reg;
L4.1–4 (Ufer), T2.2.2, T8.2.2.5, T10.3.1.3, T10.3.3.1, T10.3.3.3.4.2, T10.7
M (30–)60–180(–200) cm. Stg durch herablaufende Blattränder geflügelt, dicht wollig filzig. Blätter gr, längl. elliptisch, randl. flach gekerbt, beiderseits von gelbl. bis roströtl. od. weißgrauem Filz bedeckt. Blüten sehr kurz gestielt in lgn walzl. Thyrsen mit basal 4–7-, apikal 1–4-blütigen, knäueligen Cymen. Blüten 15–20(–30) mm ∅, etwas trichterfg, schwach dorsiventral, ± durchscheinend punktiert, hellgelb. Narbe kopfig.
B Im Gebiet nur ssp *thapsus*. Alle *Verbascum*-Arten neigen zur Hybridisierung, Hybriden erscheinen hin u. wieder zw den Eltern, z. T. kleine Populationen aufbauend.

2344 **Verbascum densiflorum** Bertol. ►
Großblütige Königskerze

I; ⟨B⟩, H, w, ⑧; A, AV, M_1, M_2, F, K; RL reg; ✠, ☺, F?
L4.1–4 (Ufer), T2.2.2, T8.2.2.5, T8.3.1, T10.3.1.3, T10.3.3.1, T10.3.3.4.2
M 50–120(–300) cm. Stg durch herablaufende Blattränder geflügelt, wollig filzig. Blätter gr, längl. elliptisch, randl. grob gekerbt gezähnt bis gesägt, beiderseits gelbl. bis graugrün dichtfilzig. Blüten sehr kurz gestielt in lgn walzl. Thyrsen mit (2–)4(–9)-blütigen Cymen. Blüten 35–50 mm ∅, dorsiventral, nicht (od. schwach) durchscheinend punktiert, hell goldgelb. Narbe keulenfg.

◄ 2345 **Verbascum phlomoides** L. ►
Windblumen-Königskerze

I; ⟨B⟩, H, s, ⊙; AV, M_1, M_2, F, (K); RL reg; ✠, (Z)
T2.2.2, T8.2.2.5, T10.3.3.1, T10.7
M 50–120(–200) cm. Stg rund, nicht (od. nur schwach) herablaufende Blattränder. Blätter gr, am Rand grob gekerbt, beiderseits graugrün- (bis gelbl. weiß)filzig, meist mit herzfgr Basis (oben z. T. etwas herablaufend, unten gestielt). Blüten kurzgestielt in lgn, walzl., etwas aufgelockerten Thyrsen, mit (2–)4(–9)-blütigen, knäueligen Cymen. Blüten 35–55(–60) mm ∅, dorsiventral, kaum bis mäßig schwach punktiert, hell goldgelb. Narbe umgekehrt »u«-fg.

2346 **Verbascum nigrum** L.
Schwarze Königskerze

I; ⟨B⟩, s, ⑦, ❀; A, AV, M_1, M_2, F, K; RL –; Z
L4.1–4 (Ufer), T2.2.2, T8.1.2, T8.2.2.6, T10.3.3.1, T10.7
M 50–100(–120) cm. Stg rippig, flockig sternhaarig, meist dklrot überlaufen. Blätter längl., herzeifg, randl. grob gekerbt, dklgrün, zumindest oberseits kaum behaart. 2–5 Blüten in knäueligen Cymen, 1,5–2,5 cm ∅, dklgelb, am Grund oft rot gefleckt, schwach dorsiventral durchscheinend punktiert, hellgelb. Theken orangerot, Filamente purpurviolett wollhaarig.

2347 **Verbascum lychnitis** L.
Mehlige Königskerze

I; ⟨B⟩, s, ⑦, ❀; (A), AV, M_1, M_2, F, K; RL reg
T2.2.2, T6.2.2.2.3, T8.1, T8.2.2.5
M 50–120(–150) cm. Stg oben rippig kantig, fein angedrückt grauhaarig, drüsenlos. Blätter längl. verkehrt eifg, unterseits graugrün behaart, mehlig flockig, kaum abwischbar, randl. seicht gekerbt bis ganzrandig. Blüten (10–)12–18(–20) mm ∅, schwach dorsiventral, in Knäueln, hellgelb, reg auch überwiegend weiß. Filamente weißzottig.

2348 **Verbascum pulverulentum** Vill.
Flockige Königskerze

I; ⟨B⟩, H, s, ⊙; M_1, M_2; RL 2
T6.2.2.2, T8.2.2.5
M 50–100(–130) cm. Pfl ausladend kandelaberartig verzweigt. Stg stielrund, weiß pulvrig filzig, noch während Blütezeit sich flockig lösend. Blätter längl. verkehrt eifg, dicht wollig filzig, kurzgestielt bzw. herzfg sitzend im oberen Bereich. Blüte 18–25 mm ∅, hellgelb mit braunen Streifen im Schlund. Filamente orangerot mit weißen Wollhaaren.

2349 **Verbascum blattaria** L.
Schaben-Königskerze

I; ⟨B⟩, s, ⊙; AV, M_1, M_2, F; RL 3+
T8.2.2.5, T10.3.3.1, T10.3.4.2, T10.7
M 30–120(–150) cm. Stg im mittleren u. oberen Teil schwach rippig, drüsenhaarig, sonst kahl. Blätter längl. elliptisch, randl. gekerbt, an der Basis oft fiederschnittig, nicht od. kaum am Stg herablaufend. Blüten einzeln, gestielt, 25–30 mm ∅, hellgelb mit violetten Zotteln an der Basis der hinteren Kronzipfel. Außenseite oft rostrot überlaufen. Filamente unterschiedl., zumindest an der Basis violett zottig.

2350 **Verbascum phoeniceum** L.
Violette Königskerze

I; ⟨B⟩, s, ⑥; AV, M_1, M_2, F (östl.), sonst syn; RL 3+!; Z
T6.2..3, T8.1.1
M 30–70(–100) cm. Stg dünn, oben rippig kantig, drüsenhaarig (Drüsenköpfchen fast schwarz), unten stielrund, fein flaumig. Grundblattrosette dem Boden eng anliegend. Stgblätter längl. elliptisch bis eifg, randl. grob gekerbt bis gebuchtet, oberseits spärl., unterseits flaumig behaart, keine gegabelten Haare. Blüten 25–30 mm ∅, locker in einf. Trauben, violett (slt rot), am Grund gelbl., Filamente violett, an der Spitze weißwollig.
B Im Gebiet nur ssp *phoeniceum*.

2351 **Verbascum sinuatum** L.
Gebuchtete Königskerze

U–E; ⟨B, s⟩, ⊙; M_1, wo noch?; ⟨RL –⟩
T8.3.1?
M Blätter v. a. unterseits dicht grau bis gelbl. behaart. Rosettenblätter stark wellig gebuchtet. Blüten zu 2–7 in Knäueln, gelb. Filamente violett zottig.
B Heimat: Mittelmeergebiet.

2352 **Kickxia elatine** (L.) Dumort.
Spießblättriges Tännelkraut (Gttg 47 sp)

A; T, s, ⑧; (AV), M_1, M_2, F, K; RL reg
T9.1.2.2, (T10.4.5)
M 15–60 cm. Stg etwas kantig, drüsig abstehend behaart. Blätter kurzgestielt, spießfg. Blüten 8–10 mm lg, auf dünnem, meist kahlem Stiel, Oberlippe violett, sonst gelb mit weißer Basis, mit geradem Sporn (Maskenblume). Frucht kugelige Kapsel.

2353 **Kickxia spuria** (L.) Dumort.
Eiblättriges Tännelkraut

A; T, s, ⑧; AV, M_1, M_2, F, K; RL reg
T9.1.2.2
M (7–)30–50 cm. Stg rund, mit zottigen weißen u. klebrigen drüsigen Haaren. Blätter 2–3 cm lg (untere bis 6 cm lg) gestielt, behaart wie Stg, br elliptisch eifg, nicht mit Spießecken. Blüten 10–12 cm lg, auf zottigen Stielen. Oberlippe dklpurpurn (bis schwarz), Unterlippe zitronengelb, Rest weißgelb, mit lgm gebogenem Sporn. Frucht br kugelige Kapsel.

2354 **Cymbalaria muralis** P. Gaertn., B. Mey. & Scherb.
Mauer-Zymbelkraut (Gttg 9 sp)

E; H, ⟨ (T)⟩, i, ③; A, AV, M_1, M_2, F, K; RL reg; Z
T10.2..2.1, T10.2..2.3
M 15–60 cm lg kriechend. Stg schlaff, kahl, Blätter herznierenfg, dklgrün, unterseits (wie Stg) oft purpurn überlaufen. Blüten 9–13 mm lg, gestielt, weißl. violett. Weiße Unterlippenwülste gelb gefleckt. Frucht kugelige Kapsel, bei Reife negativ phototrop in Spalten versteckt (Selbstaussäer).
B Im Gebiet nur ssp *cymbalaria*.

2355 **Chaenorhinum minus** (L.) Lange
Kleiner Orant, Kleines Leinkraut (Gttg 21 sp)

A; T, s, ⑥; A, AV, M_1, M_2, F, K; RL reg;
T5.1.2.1, T8.3.1, T9.1.2.1+2, T10.3.1.3, T10.3.3.1, T10.7
M (5–)10–25(–40) cm. Stg rund, meist drüsig behaart, von unten an verzweigt, aufrecht. Blätter lineal-lanzettl., 1,5–3 cm lg, 4 mm br, etwas fleischig, kurzgestielt bis sitzend. Blüten einzeln in den Achseln von Tragblättern, 6–12 mm lg, hellviolett, Unterlippenwulst hellgelb, Sporn kurz konisch, gestutzt. Kapsel ungleich eifg mit seichter Querrille.

2356 **Linaria genistifolia** (L.) Mill.
⟨Ginsterblättriges⟩ Leinkraut (Gttg 150 sp)

E; ⟨K, s⟩, ⊙; M_2, F (beide östl.); RL –; Z
T6.2 (ruderal), T7.5.2.1, T8.2.2.2
M 30–75(–120) cm. Stg aufsteigend bis aufrecht, im oberen Teil verzweigt, stielrund, kahl, bläul. bereift. Blätter sitzend, eifg bis lanzettl., glänzend, 2–3(–6) cm lg, (3–)5–15 mm br, zugespitzt, Basis gerundet, 3–5-nervig, ledrig bis fleischig, gelbgrün bereift. Blüten in lockeren Trauben (5–20-blütig), 13–20 mm lg, Maskenblumen zitronengelb, Unterlippenwulst dklr, Sporn bis 10 mm lg. Samen 3-kantig.
B Heimat: O-submediterran. Variable Sippe.

2357 **Linaria dalmatica** (L.) Mill.
Dalmatiner Leinkraut

U–E; ⟨H, s⟩, ⊙; wo?; RL –;
T10.7
M 30–120 cm. Ähnl. 2356, aber grblütiger, ebenso kahl u. bereift. Blätter oval lanzettl., aber breiter (bis 4 cm), mehr stgumfassend. Blüten goldgelb, bis 50 mm lg (davon Sporn 4–25 mm)
B z. T. nur als ssp zu 2356 gestellt. Heimat: Balkan, Türkei, Mittelmeergebiet.

2358 **Linaria vulgaris** Mill. ▸
Gewöhnliches Leinkraut, Frauenflachs

I; K, H, s, ⑧; A, AV, M_1, M_2, F, K; RL –; ✠, ☺
T2.2, T5.1, T6.2.1.4, T7.5.2, T9.1.2.2, T10.3.1, T10.3.3.1, T10.5.4, T10.7
M 20–40(–80) cm. Stg rund, oben oft schwach drüsig, unten kahl. Blätter lineal-lanzettl., 2–5 cm lg, dünn, ungestielt, kahl, 3-nervig. Blüte hell schwefelgelb, mit kräftig gelbem Unterlippenwulst, 16–30 mm lg, Sporn gerade bis schwach gebogen. Blütenstiele so lg wie Kelch. Kapsel eifg längl. Samen br geflügelt.
B Im Gebiet nur ssp *vulgaris*.

2359 **Linaria spartea** (L.) Chaz. ▸▸
Ruten-Leinkraut

E; ⟨T, s?⟩, ⊙; F (östl.); ⟨RL –⟩; Z?
T9.1.1.1, T9.1.6
M 20–60 cm. Stg kahl, aufrecht. Blätter pfrieml., sitzend, kahl, ca 1 cm lg, 1 mm br, fleischig, bläul. grün, schwach bereift. Blüte 1,5–2,5 cm lg, hellgelb, Unterlippenwulst dottergelb, Sporn gerade bis schwach gebogen. Blütenstiele länger als Kelch, drüsig. Kapsel fast kugelig. Samen ungeflügelt.
B Heimat: SW-Europa.

◂2360 **Linaria alpina** (L.) Mill.
Alpen-Leinkraut

I; K, H, ⟨T⟩, w, ⊙; A, AV; RL reg; Z
T5.1
M 5–10 cm. Stg niederliegend, stielrund, kahl. Blätter 1 cm, schmal lanzettl., etwas fleischig, Nervatur nicht sichtbar, bläul. grün, bereift. Blätter zu 3–4 quirlstdg. Blüten zu wenigen, 12–20 mm lg, lebhaft violett (slt weiß od. gelb). Oberlippe tief 2-spaltig, Unterlippenwülste safrangelb. Sporn kegelig, etwas gebogen. Kapsel eifg.
B Im Gebiet nur ssp *alpina*.

2361 **Linaria arvensis** (L.) Desf. ▸
Acker-Leinkraut

A; T, s, ⊙; M_1, M_2, F; RL 1
T9.1, v. a. T9.1.1.3
M 10–30 cm. Stg unten kahl, oben drüsig, schwach bereift, Blätter linealisch bis lanzettl., scheinbar 1-nervig, schwach bereift. Blüten zu 3–15, 4–8 mm lg, hellblau, lichtviolett od. gelbl., dklblau längs gestreift. Oberlippe tief gespalten, aufgerichtet, Unterlippenwülste weißl. blau geadert. Blütenstiel drüsig, länger als Kelch. Sporn schlank, meist stark gebogen. Kapsel kugelig.

◂◂2362 **Linaria repens** (L.) Mill.
Gestreiftes Leinkraut

E; H, K, s, ⊙; M_1, M_2, F; RL reg
T2.2.1, T5.1.1.2, T8.1.2.2, T8.2.2.2
M 30–75(–100) cm. Stg stielrund, blaugrün bereift. Blätter kahl, schmal lanzettl. bis lineal, 3-nervig, etwas fleischig, bereift. Blüten 9–13 mm lg, gelbl. bis lilaweiß, längs gestreift. Oberlippe gespalten, etwas zurückgebogen, Unterlippenwülste zitronengelb (slt weiß). Blütenstiel kahl, etwa so lg wie Kelch. Sporn gestutzt, gerade. Kapsel fast kugelig.
B Heimat: W-Europa.

◂2363 **Misopates orontium** (L.) Raf.
Gewöhnliches Ackerlöwenmaul,
Katzenmaul (Gttg 8 sp)

A; T, v, ⑦; (AV), M_1, M_2, F, K; RL 3; ☺
T9.1.1.3, T9.3.2.1
M (10–)15–50 cm. Stg kantig, graugrün, unten weißdrüsig, rotbraun überlaufen. Blätter elliptisch bis lanzettl., Rand umgebogen, untere gegen-, obere wechselstdg. Blüten 17 mm lg, blasspurpurn bis rosa (slt weiß), mit feiner Längsstreifung, Unterlippenwulst schwach gelb. Kronröhre schwach drüsig. Kapsel eifg, behaart, kürzer als Kelch.

◂2364 **Asarina procumbens** Mill.
Nierenblättriges Löwenmaul (Gttg 1 sp)

E lok; ⟨H, s?⟩, ⊙; M_2, F; RL reg; (Z)
T10.2..2
M Bis 60 cm. Stg kriechend, drüsig behaart. Blätter nierenfg, gekerbt bis schwach gelappt. Blüten 3–3,5 cm, blassgelb mit purpurrosa Adern, Unterlippenwülste tief gelb.
B Heimat: Zentral-Frankreich bis Pyrenäen.

2365 **Antirrhinum majus** L. ▸
Großes Löwenmaul (Gttg 20 sp)

E; T, ⟨H, C⟩, w, ⊙; AV, M_1, M_2; RL –; ☺
T5.2.2, T9.2..2, T10.2..2.3
M 10–120 cm. Stg stielrund, z. T. bis zur Mitte verholzend, oben drüsig. Blätter elliptisch bis eifg, zuw. linealisch, allmähl. in den Stiel verschmälert, meist kahl. Blüten zu 8–30, an drüsig behaarter Achse, 3–4,5(–7) cm lg, kurzgestielt, verschiedenfarbig (weiße, gelbe, rote Töne), Unterlippenwulst saftmalartig gelb, gr. Kapsel drüsig, den Kelch bei Reife weit überragend.
B Im Gebiet nur ssp *majus*. Heimat: westl. Mittelmeergebiet.

2366 **Anarrhinum bellidifolium** (L.) Willd. ▸
⟨Gänseblümchenblättriger⟩
Lochschlund (Gttg 8 sp)

I; H, s, ⊙; M_1 (Mosel); RL 1
T5.1.1.2
M 30–70 cm. Stg etwas kantig, kahl. Rosettenblätter verkehrt eifg, ungleich grob gesägt. Stgblätter 3–7-teilig mit linealischen Zipfeln. Blüten 5 mm lg, hellviolett, Unterlippe nur mit schwachen Andeutungen eines Wulstes. Sporn kurz nach vorn gerichtet. Frucht eine herzfge Kapsel.

2367 **Scrophularia vernalis** L. ▸▸
Frühlings-Braunwurz (Gttg 200 sp)

E; H, s, ③; M_2, F, K; Rl reg
T1.3, T8.2.1.2
M 20–60(–80) cm. Stg 4-kantig, wollig bis zottig u. drüsig behaart, mit großer Markhöhle Blätter gegenstdg, gestielt, herzfg, doppelt gesägt. Blüten 6–8 mm lg, fast radiär, mit kurzen, runden, vorgestreckten Zipfeln, krugfg bauchiger Röhre, grünl. gelb, kahl. Frucht eine konische Kapsel, ca 6 mm lg.
B Heimat: ostpräalpin bis submediterran.

◂◂2368 **Scrophularia canina** L.
Hunds-Braunwurz

I; H, s, ⊙; M_1, M_2 (Rheintal); RL –; D
L5.1.1, T5.1.2.1, T10.3.3.1, T10.5.3, T10.6
M 20–70 cm. Pfl unangenehm riechend. Stg basal verholzt, mit 4 Leisten, unten braunrot. Blätter gegenstdg, 5–7fach fiederteilig, mit längl. lanzettl., ungleich grob gezähnten Fiedern. Blüten 5 mm lg, mit krugfg bauchiger, purpurbrauner Röhre, runde Zipfel der Oberlippe kürzer als halbe Kronröhre, dklr, zuw. weiß berandet, im Blütenstandsbereich auch mit fast sitzenden Drüsen. Kapsel: kahl, rundl. bespitzt, 5 mm lg.
B Im Gebiet nur ssp *canina*.

◂2369 **Scrophularia nodosa** L.
Knotige Braunwurz

I; H, s, ⑦; A, AV, M_1, M_2, F, K; RL –; ✠, ☺,
T1.1.1, T2.2, T8.2.1.1, T8.2.1.2
M (40–)50–100(–120) cm. Rhizom knollig verdickt. Pfl unangenehm riechend. Stg scharfkantig, ungeflügelt, kahl, im Blütenstandsbereich drüsig. Blätter, kahl, dklgrün, oberseits glänzend, scharf doppelt gesägt. Blüten 7 mm lg, braunrot, am Grund grünl., Kapsel kugelig eifg, kahl.

2370 **Scrophularia umbrosa** Dumort. ssp **umbrosa**
Geflügelte Braunwurz i. e. S.

I; H, W, w, ⑧; AV, M_1, M_2, F, (K); RL reg
L4.4, L5.2.5/L4.1

M 40–120(–180) cm. Stg 4-kantig, durch herablaufende Blattränder häutig br geflügelt, kahl, nur im Blütenstand drüsig, Stg oben ohne Markhöhle. Blätter gegenstdg, längl. eifg spitz, am Grund abgerundet, gelbgrün, scharf u. einf. gesägt. Blüten 7 mm lg, dorsiventral, mit runden Zipfeln, vordere zurückgebogen. Röhre krugfg bauchig, grünl. bräunl., Rücken purpurbraun. Kapsel 5 mm lg, fast kugelig, bespitzt.

2371 ssp **neesii** (Wirtg.) E. Mayer
Gekerbte Braunwurz Abb. M. li.

I; ⟨H, W, w⟩, ⊙; AV, M_1, M_2; RL –
wie 2370

M Ähnl. 2370, aber untere Blätter gekerbt. Blüten lebhaft rotbraun, nur am Grund grünl. mit breitem Staminodium (oberer Teil mind. 3mal so br wie lg) mit plötzl. abgesetztem, stielartigem Basalteil.

2372 **Scrophularia auriculata** L.
Wasser-Braunwurz

I; H, W, s, ⊙; M_1, M_2 (westl.); RL 3
L4.4, L5.2.5/L4.1

M 30–70(–125) cm. Ähnl. 2370, aber wenigästig u. dklr grün. Stg 4-kantig, durch herablaufende Blattränder br geflügelt. Blätter gegenstdg, kahl bis etwas behaart, längl. eifg, am Grund herzfg, stumpf gekerbt, basal beiderseits zuw. mit Öhrchen. Blattstiele gegen die Spitze immer kürzer werdend. Blüten 9 mm lg dorsiventral, runde Zipfel (vordere zurückgebogen), krugfg bauchige Röhre, dkl purpurbraun, am Grund u. unterseits grün. Kapsel kugelig, bespitzt.

2373 **Scrophularia scopolii** Hoppe
Drüsige Braunwurz

I; ⟨H, s?⟩, ⊙; A, (syn. F, **U–E**); RL?
T8.2.1.1, T8.3.1

M 40–70(–100) cm. Stg stumpf 4-kantig, flaumig bis zottig, im Blütenstandsbereich auch drüsig. Blätter gegenstdg, eifg, am Grund abgerundet bis schwach herzfg, beiderseits flaumhaarig, einf. bis doppelt kerbzähnig, Sägezähne stachelspitzig, ungeflügelt. Blüten 8 mm lg, runde Zipfel, vorderer zurückgebogen, Röhre fast kugelig, purpurbraun, am Grund grünl. Kapsel 6 mm lg, konisch, bespitzt.
B Heimat: O-Europa

2374 **Gratiola officinalis** L.
Gottes-Gnadenkraut (Gttg ca 20 sp)

I; H, w, ⑦; AV, M_1, M_2, F; RL 2, §; ☠!, ✠, ☺, Z
T7.3.3, T7.4.1

M (15–)20–40(–60) cm. Stg unten rund, oben fast 4-kantig, ± kahl. Blätter kreuzgegenstdg, eifg lanzettl., spitz, ganzrandig bis entfernt gesägt, mit halbstgumfassendem Grund, scheinbar kahl, durch eingesenkte, winzige Drüsenhaare punktiert. Blüten 10–18 mm lg, einzeln in lockerblütiger Traube, weiß bis rötl (geadert), Oberlippe gestutzt, behaart, Kronröhre gelb. Kapsel tropfenfg, 5 mm lg, braun.

◄2375 **Mimulus guttatus** DC.
Gefleckte Gauklerblume (Gttg 150 sp)

E; H, W, w, ©; M_1, M_2, F; RL reg; Z
L2..1.1, L4.1, L4.4, T7.4.1
M (5–)20–50(–90) cm. Stg unten kahl, oben ± drüsig, mit Markhöhle. Blätter eifg mit abgestutztem, zuw. herzfgm Grund, oben sitzend bis halbstgumfassend, Rand unregelmäßig gezähnt (»ausgebissen«). Blüten (1–)2,5–4,5 cm lg, 2-lippig, hell- bis dottergelb. Unterlippe spärl. rot gepunktet. Schlund durch Unterlippenwülste fast verschlossen.
B Heimat: westl. Nordamerika. Die Zugehörigkeit der vorkommenden Populationen ist nicht geklärt Vielleicht (z. T. ?) Hybriden. Ebenfalls bei 2376.

2376 **Mimulus moschatus** Douglas ex Lindl. ►
Moschus-Gauklerblume

E; ⟨H, W, w⟩, ©; M_1, M_2, F (östl.); RL –; Z, D
T7.3.2, T7.3.8
M (5–)15–25(–30) cm. Pfl oft nach Moschus duftend. Stg klebrig zottig behaart. Blätter eifg, mit gestutztem, zuw. herzfgm Grund, alle kurzgestielt, ebenfalls klebrig zottig. Rand glatt od. weit gezähnt. Blüten 1–2 cm lg, oft fast radiär, gelb, außen behaart. Schlund weit offen, rot punktiert.
B Heimat: westl. Nordamerika.

◄2377 **Limosella aquatica** L.
Gewöhnlicher Schlammling (Gttg 11 sp)

I; T, w, ⊙; A, AV, M_1, M_2, F, K; RL reg
L3.2, L3.6, L3..7.3
M 2–10(–20) cm. Stg stielrund, durch lge Ausläufer kleine Rasen bildend. Blätter (2–)4–11(–18) cm lg, pfrieml. bis spatelig, fleischig, gestielt, kahl (mit winzigen, sitzenden Drüsen). Blattstiel mit nebenblattähnl. kantigen Scheidenlappen. Blüten klein, 3–10 mm ∅, fast radiär, weißl. bis rötl., kurze Kronröhre oft gelbl., Schlund offen. Kapsel rundl., 2,5–4 mm lg, 1,5–3 mm br.

2378 **Lindernia procumbens** (Krock.) Borbas ►
Liegendes Büchsenkraut (Gttg 80 sp)

I; T, s, ⊙; M_1, M_2, F (Elbe); RL 2!
L3.6, L3..7.3
M (2–)8–15(–25) cm. Stg niederliegend, 4-kantig, meist violett überlaufen, scheinbar kahl (aber mit winzigen Drüsen), bläul. grün. Blätter elliptisch, 2 cm lg, 0,8 cm br, 3-nervig, ganzrandig. Blüten 2–6 (–9) mm lg, bei uns oft kleistogam, Oberlippe 2-zähnig, lilarötl., Unterlippe mit runden Zipfeln, gelbl. Alle 4 Staubblätter mit Staubbeutel. Blütenstiele länger als Tragblätter. Längl. eifge Kapsel.

◄2379 **Lindernia dubia** (L.) Pennell
Großes Büchsenkraut

E; T, s, ⊙; F (Elbe); RL reg
L3..7.3
M Ähnl. 2378, aber Blätter entfernt gesägt. Blüten hellviolett, Blütenstiele kürzer als Tragblatt. Nur 2 (von 4) Staubblätter mit Staubbeutel.
B Heimat: Nordamerika

2380 **Veronica aphylla** L. ►
Blattloser Ehrenpreis,
Nacktstieliger Ehrenpreis (Gttg ca 180 sp)

I; H, w, ⊙; A, AV; RL –; Z
T3.2.3, T3.3.1, T3.4.2
M (1–)3–6(–8) cm. Ausläufer bodennah, unterirdisch, dünn. Stg gestaucht. Blätter rosettig, kurzgestielt bis sitzend, eifg elliptisch bis rundl., dicht- u. lghaarig, randl. deutl. gekerbt. Blüten zu 2–5 in Trauben (diese drüsig behaart), klein, 6–8 mm ∅, blaulila od. satt blau, dkle, radiale Streifen. Frucht 7–8 mm lg, 5–6,5 mm br, br elliptisch, spitz ausgerandet, drüsig, den Kelch ums Doppelte überragend.

◂2381 **Veronica acinifolia** L.
Steinquendel-Ehrenpreis

I; T, w, ⊙; M_1, M_2; RL 1
L3..7.3
M 5–25 cm. Stg aufrecht, v. a. unten fast kahl, sonst spärl. flaumig drüsig. Blätter eifg bis rundl. mit abgerundetem bis schwach keiligem Grund, kurzgestielt, untere fast kahl, obere spärl. flaumig drüsig, undeutl. gesägt bis ganzrandig. Blüten klein, blassblau, dkl gestreift, Schlund gelbl. Frucht stark abgeflacht, den Kelch etwas überragend, tief (⅓–½) spitzwinklig ausgerandet, Median drüsig gewimpert. Fruchtstiel 2–3mal so lg wie Kelch.

2382 **Veronica serpyllifolia** L. var **serpyllifolia** ▸
Thymian(blättriger) Ehrenpreis

I; H, w, ④, ❀; A, AV, M_1, M_2, F, K; RL –
T7.2.1, T7.4.1, T7.4.2 (fri)
M (5–)10–25(–40) cm. Pfl mit oberirdischen, stielrunden Ausläufern. Stg aufsteigend, stielrund, zart, kahl bis zerstreut flaumig, oben z. T. drüsig. Blätter eifg bis br eifg, spitzl. od. stumpf, kahl od. etwas gewimpert, glänzend. Blüten klein, 5–6 mm ∅, weißl. od. slt blauviolett, dklr gestreift. Frucht br herzfg, stark abgeflacht, den Kelch nicht überragend.
◂**B** Die (2383) var *humifusa* (Dicks.) Vahl
I; H, w, ⊙; RL –; T 3.1.2, T3.4.3/T7.2.2
ist eine Hochgebirgsform, die durch Übergänge mit 2382 verbunden ist.

2384 **Veronica praecox** All. ▸
Früher Ehrenpreis

I; T, w, ②; A, AV, M_1, M_2, F (v.a. östl.); RL reg
T6.1.2.2, T6.2, T6.2..4.6, T9.1.4
M 5–15(–30) cm. Stg aufrecht, fast kahl bis fein kraus flaumig, oben mit Drüsen untermischt, oft rot überlaufen. Blätter br oval bis fast 3-eckig, mit abgestutztem od. fast herzfgm Grund, oben grün, glänzend, unterseits meist braunrötl., grob kerbig gesägt. Blüten klein, 5–7 mm br, kräftig azurblau, mit dkln Streifen. Frucht eifg, mäßig abgeflacht, etwas gedunsen, kaum länger als Kelch. Fruchtstiel so lg wie Kelch.

2385 **Veronica bellidioides** L.
◂Gänseblümchen-Ehrenpreis

I; K, H, w, ⊙; A; RL –
T3.4.1, T6.2.1.5.4 (o)
M (5–)10–20(–25) cm. Stg aufsteigend, stielrund, unten spärl. flaumig, oben drüsig zottig. Blätter 1–4 cm lg, Grundblätter rosettig, größer, etwas fleischig, ganzrandig bis gekerbt, angedrückt dichthaarig. Blütenstand drüsig. Blüten 5–10, anfangs gedrungen, später gestreckt, 6–9 mm ∅, trübblau bis rötl. violett. Frucht oval, den Kelch ums Doppelte überragend, drüsig.
B Im Gebiet nur var *bellidioides*.

2386 **Veronica alpina** L. ▸
Alpen-Ehrenpreis

I; K, H, w, ⊙; A; RL –
T3.3, T3.4.3/T7.2.2, T6.2.1.5.4 (feucht)
M (2–)5–15(–25) cm. Mit dünnen Ausläufern, 1 bis wenige blühende Triebe, Stg stielrund, behaart, krautig. Blätter elliptisch bis verkehrt eifg, untere etwas kleiner als obere, keine Rosettenbildung. Blütenstand drüsenlos. Blüten zu (5–)8–12(–20) dicht beieinander, (4–)5–7 mm ∅, blaulila. Frucht eifg, den Kelch überragend.
B Im Gebiet nur ssp *pumila* (All.) Dostál.

2387 **Veronica fruticulosa** L.
Halbstrauch-Ehrenpreis

I; C, ⟨H⟩, w, ⊙; A; RL R; Z
T5.1.2.2.1, T5.2.2.2.1
M (5–)10–25(–30) cm. Pfl lockerrasig, Ausläufer verholzend, Stg aufsteigend, annähernd rund, behaart. Blätter oval bis lanzettl., kurzgestielt, etwas dickl., glänzend, fast kahl. Blüten mittelgr, zu (5–)8–20 in dichter Traube, 10–13 mm ∅, rosa, dklr gestreift, Schlund grünl. weiß, Blütenstiel drüsig, flaumig. Frucht elliptisch, seicht ausgerandet, samtig drüsig, den Kelch kaum überragend.

2388 **Veronica fruticans** Jacq.
Felsen-Ehrenpreis

I; C, ⟨H⟩, w, ⊙; A, M_1; RL reg; Z
T3.4.1, T5.2.2.2.1.1, T6.2.1.5.4 (steinig)
M 5–10(–20) cm. Pfl lockerrasig, Ausläufer verholzend, Stg aufsteigend, rund, dicht bis locker, drüsenlos behaart. Blätter dickl., glänzend, glatt od. schwach kerbzähnig. Blüten zu (1–) 3–7(–9), lockertraubig, mittelgr, 10–12(–14) mm ∅, kräftig azurblau (slt rötl.), Schlund weiß mit purpurnem Ring. Blütenstiel drüsenlos, flaumig. Frucht eilängl., kaum ausgerandet, den Kelch überragend.

2389 **Veronica peregrina** L.
Fremder Ehrenpreis

E; T, w, ⊙; AV, M_1, M_2, F; RL –
L3..7.3, L4.1–4 (Ufer), L5.2.5, T7.4.1, T9.2, T10.3.3.1
M (5–)8–15(–30) cm. Stg aufrecht, stark verzweigt, kahl bis zerstreut kurzhaarig. Blätter längl., mit keilfgm Grund, schwach bläul. grün, kahl, stumpf kerbzähnig bis glattrandig. Blüten klein, 3–5 cm ∅, bläul. od. weiß, meist ohne Streifen. Frucht verkehrt eifg, etwas gedunsen, abgeflacht, stumpfwinklig ausgerandet, vom Kelch überragt.
B Siehe Bemerkung 31, Seite 719.

2390 **Veronica arvensis** L.
Feld-Ehrenpreis

A; T, w, ③; A, AV, M_1, M_2, F, K; RL –
T6.2.1.4, T7.1.2, T9.1, T10.2..2.6, T10.3.3.1, T10.7
M 5–25(–30) cm. Stg unten 2-zeilig, oben ringsum behaart, aufwärts umgebogene drüsenlose u. abstehend drüsige Haare. Blätter eifg mit abgerundeter Basis, grob gekerbt bis gesägt. Blüten in dichten, später verlängerten Trauben, 3 mm ∅, hellblau, Schlund weiß. Frucht so lg wie br, abgeflacht, spitz- bis stumpfwinklig ausgerandet, drüsig.

2391 **Veronica triphyllos** L.
Dreiteiliger Ehrenpreis

A; T, v, ③; AV, M_1, M_2, F, K; RL reg
T6.2.1.4, T9.1.1.1, T9.1.2.2
M (2–)5–10(–20) cm. Stg aufrecht, etwas verzweigt, mit lggestielten Drüsen u. kurzen, einf. Haaren, oben klebrig. Blätter oval, gekerbt gebuchtet, obere tief handfg gelappt, zerstreut drüsig, etwas fleischig. Blüten 6–9 mm ∅, kornblumenblau, dkl gestreift. Blütenstiel länger als Kelch. Frucht abgeflacht, so lg wie br, tief recht- bis spitzwinklig ausgerandet, drüsig, oft rot überlaufen.

2392 **Veronica verna** L.
Frühlings-Ehrenpreis

I; T, v, ②; AV, M_1, M_2, F; RL reg
T6.2, T6.2.1.4, (T9.1.1.1)
M (3–)5–15(–20) cm. Stg aufrecht, meist unverzweigt, oft rot überlaufen. Blätter dünn, fast kahl, kerbig gezähnt, obere fiederspaltig mit 5–7 linealen Abschnitten, randl. borstig od. drüsig bewimpert. Blütenstand spärl. drüsig od. kahl, Blütenstiele kürzer als Kelch. Blüten 2–3(–4) mm ∅, himmelblau. Frucht flach, nierenfg od. rundl., so lg wie Kelch, stumpfwinklig ausgerandet.

◄ 2393 **Veronica dillenii** Crantz
Dillenius' Ehrenpreis

I; T, w, ④; AV, M_1, M_2, F (östl.); RL 3
T6.2.1.4
M 8–10(–40) cm. Stg aufrecht, oft von Grund an stark verzweigt, stielrund, oft rot überlaufen. Blätter dickl., fast kahl, randl. borstig, drüsig gewimpert, dklgrün, untere eifg lanzettl., grob kerbzähnig, obere fiederspaltig mit 5–7(–9) linealen bis stumpfl. Abschnitten. Blütenstand oben dicht drüsig, Blütenstiele kürzer als Kelch. Blüten klein, 4–7 mm ∅, dklblau, Narbe violett. Frucht flach nierenfg, so br wie lg, stumpfwinklig ausgerandet, drüsig, Griffel lg, die Ausrandung weit überragend.

2394 **Veronica hederifolia** L. ssp **hederifolia** ►
Gewöhnlicher Efeu⟨blättriger⟩ Ehrenpreis

I; T, v, ②, ⊛; AV, M_1, M_2, F, K; RL –
T2.1, T9.1.1.1, T9.1.1.3, T9.2, T9.3.2.1, T10.3.3.1
M 2–10 cm hoch, 5–40(–50) cm lg. Stg niederliegend, aufsteigend, stielrund. Tragblätter (3–)5-lappig, dklgrün, schwach dickl., so br wie lg, Blüte hellblau, weißes Zentrum sich deutl. abhebend, 5–7 mm ∅, mit 20–22 dkln Längsadern. Fruchtstiele meist 2–3mal so lg wie Kelch. Wimperhaare der Kelchblätter dick, 0,7–1 mm lg, locker, beiderseits je 30–40. Griffel 0,7–1,1 mm lg. Samen blassgelb, rundum schwach gerippt.

◄ 2395 ssp **triloba** (Opiz) Čelak.
Dreilappiger Efeu⟨blättriger⟩ Ehrenpreis

I; ⟨T, v⟩, ⊙; M_1, wo noch?; RL –
T6.2.1.4, T9.1, T9.1.2.1
M 2–5 cm hoch, 5–20(–30) cm lg. Stg niederliegend, aufsteigend, Tragblätter tief 3(–5)-lappig, dklgrün, steif, dickl., fleischig. Blüte dklblau, weißes Zentrum. Wimperhaare der Kelchblätter 0,5–0,8 mm lg, beiderseits je 40–50. Griffel 0,7–1,1 mm lg. Fruchtstiele (2–)4–8(–10) mm lg, meist 1–2mal so lg wie Kelch. Samen gelbl. braun, längl., kräftig gerippt.

2396 ssp **lucorum** (Klett & Richt.) Hartl ►
⟨Schwach gelappter⟩ Efeu⟨blättriger⟩ Ehrenpreis, ⟨Hain-Ehrenpreis⟩

I; ⟨T, v⟩, ②; AV, M_1, M_2, F, K; RL –
T2.1, T8.2.1.4, (T9.1), T9.2
M 5–15 cm hoch, 5–40(–50) cm lg. Stg niederliegend, aufsteigend. Tragblätter schwach (3–)5(–7)-lappig, hellgrün, dünn, so br wie lg. Blüte blass purpurlila, weißes Zentrum nur undeutl. abgehoben, 4–5 mm ∅, mit 16–19 dkln Längsadern. ◄ Wimperhaare der Kelchblätter dünn, 0,5–0,8 mm lg, locker, beiderseits je 25–35. Griffel 0,3–0,7 mm lg. Fruchtstiele (7–)10–18(–24) mm lg, meist 3–4mal so lg wie Kelch. Samen rötl. braun, rundl., schwach gerippt.

2397 **Veronica persica** Poir. ►
Persischer Ehrenpreis Fig. 56a

E; T, w, ①; A, AV, M_1, M_2, F, K; RL –
T8.3.1, T9.1, T9.1.1.3, T9.1.2.1, T9.2, T9.3.2.1, T10.3.3.1
M 10–30(–50) cm. Stg niederliegend, kräftig, nicht wurzelnd. Blatt eifg, deutl. länger als br, scharf kerbig gezähnt, gestielt, behaart bis kahl. Blüten in lockerer, frondoser Traube, 8–15 mm ∅, hell himmelblau, mit dkln Streifen, Schlund weißl., herzfg. Fruchtstiel viel länger als Blatt, Kapsel 8–10 mm br, scharf gekielt, eingeschnitten, stumpfwinklig abgerundet, Rand gewimpert, sonst mit drüsigen u. drüsenlosen Haaren.
B Heimat: SW-Asien.

◂2398 **Veronica filiformis** Sm.
Faden-Ehrenpreis

E; C, H, v, ②; A, AV, M_1, M_2, F, K; RL –; Z
T7.2.1, T9.1.1.3, T9.2, T9.5.1, T9.5.3
M 5–20(–30) cm. Stg niederliegend, fädig, wurzelnd. Blätter rundl., ± so lg wie br, schwach gekerbt, gestielt, zerstreut mit rauen, auf Sockeln stehenden Haaren. Blüten in frondoser Traube, 9–14 mm ∅, himmelblau, mit dkln Streifen, Schlund gelb umrandet. Fruchtstiel viel länger als Blatt, Kapsel meist steril, 4–5 mm br, abgeflacht, schwach gekielt, drüsig.
B Heimat: Kaukasus, Kleinasien.

2399 **Veronica agrestis** L. ▸
Acker-Ehrenpreis

A; T, w, ⊙; A, AV, M_1, M_2, F, K; RL reg
T9.1.1.3, T9.1.2.1, T9.2 Fig. 56d
M 5–25 cm. Stg niederliegend, kräftig, nicht wurzelnd. Blätter eifg elliptisch, stumpf gekerbt bis gesägt, etwas glänzend, gestielt, etwas dickl., Blüten in frondosen Trauben, 5–8 mm ∅, weiß, rosa od. blassblau, dkl gestreift. Fruchtstiel kürzer als Blatt, Kapsel etwas abgeflacht, an den Kanten wenig eingekerbt, nur mit Drüsenhaaren. Kelchzipfel lanzettl., sich nicht deckend.

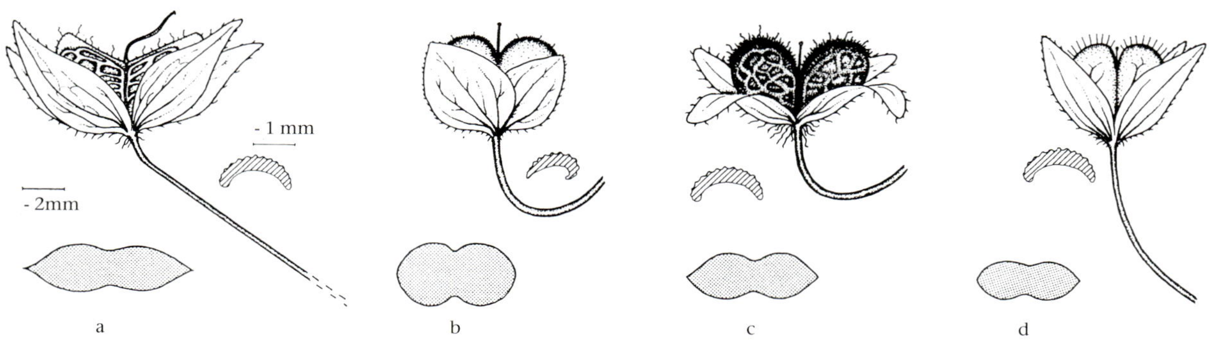

Fig. 56: Die Arten der *Veronica agrestris*-Gruppe – a: *Veronica persica*, b: *Veronica polita*, c: *Veronica opaca*, d: *Veronica agrestis*
Dargestellt sind jeweils Frucht und Kelch in Seitenansicht, der Same in schematischem vertikalem Längsschnitt und die Frucht in schematischem Querschnitt (punktiert). Nicht dargestellt (bzw. nur angedeutet) ist die Behaarung auf der Fläche von Frucht und Kelch.

◂◂2400 **Veronica polita** Fr.
Glänzender Ehrenpreis Fig. 56b

I; T, w, ③; AV, M_1, M_2, F, K; RL reg
T8.2.2–8.3, T9.1.2.1, T9.1.2.2
M 5–15(–20) cm. Stg niederliegend, kräftig, nicht wurzelnd. Blätter rundl. eifg, rund gekerbt, fast kahl, glänzend dklgrün, dickl., kurzgestielt. Blüten in frondosen Trauben, dkl himmelblau (slt heller), 5–8 mm ∅. Fruchtstiel nicht länger als Blatt, Kapsel völlig abgerundet, ungekielt, mit kurzen u. lgn Drüsen u. Kraushaaren. Kelchzipfel br eifg, am Grund übereinander greifend, kaum behaart.

◂2401 **Veronica opaca** Fr.
Glanzloser Ehrenpreis Fig. 56c

A; T, w, ⊙; A, AV, M_1, M_2, F, K; RL 2
T9.1.1.3, T9.2
M 10–20(–25) cm. Stg niederliegend, kräftig, nicht wurzelnd. Blätter rundl. eifg, gekerbt, ± behaart, matt, dklgrün, nicht gezähnt, gestielt. Blüten dklblau, 3–6 mm ∅, einfarbig. Fruchtstiel nicht länger als Blatt. Kapsel abgeflacht, gekielt, adrig, mit Drüsen u. kurzen Haaren. Kelchzipfel lanzettl., nicht übereinandergreifend, zottig behaart.

2402 **Veronica austriaca** L. ssp **austriaca**
Österreichischer Ehrenpreis

I; C, w, ⑤; AV, M_1; RL 3; Z
T6.2, T8.1.1
M 10–25(–50) cm. Stg aufrecht (bis kurz aufsteigend), stielrund, ringsum behaart. Pfl drüsenlos u. ohne Ausläufer. Blätter lanzettl. bis längl, 3–10mal so lg wie br, schmal, entfernt gezähnt, keilig sitzend bis kurzgestielt, Blätter des sterilen Triebgipfels ± ganzrandig, Beblätterung sehr variabel. Blüten (8–)10–15(–18) mm ∅, dkl azurblau, dkl gestreift. Schlund weiß, in lggestielten brakteosen Trauben. Kelch u. Fruchtkapsel behaart, spitzwinklig ausgerandet, wenig abgeflacht.
B Extrem vielgestaltig. Wohl aus 2406 u. 2404 entstanden. Grenzen zu 2403 u. 2404 u. 2406 z. T. verschwimmend. Beachtenswert die w-europ. (2402a) ssp *vahlii* (Gaudin) D. A. Webb (Westl. Großer Ehrenpreis), anliegend aufrecht behaart, niedrig wachsend, Blätter < 3 cm lg. In D noch nicht mit Sicherheit nachgewiesen.

2403 ssp **jacquinii** (Baumg.) Eb. Fischer
Jacquins Ehrenpreis

I; ⟨C, w⟩, ⊙; F (östl); RL 2
T6.2..3.1
M (10–)20–50 cm. Stg aufrecht (bis kurz aufsteigend), stielrund, ringsum behaart. Blätter tief einf. bis doppelt fiederspaltig, die der sterilen Triebspitze ebenso bzw. fast ungeteilt. Blüten u. Frucht wie 2402.

2404 **Veronica prostrata** L. ssp **prostrata**
Gewöhnlicher Niederliegender Ehrenpreis

I; C, w, Ⓢ; AV, M_1, M_2, F (östl.); RL 3; Z
M 10–20(–30) cm. Stg niederliegend, aufsteigend, stielrund, reich verzweigt, kurzhaarig, oft rot überlaufen, ringsum behaart. Blätter elliptisch bis lineallanzettl., kaum gekerbt bis glatt, oft umgerollt. Blüten (4–)7(–11) mm ∅, blassblau (bis weiß, rosa), in kurzen pyramidalen, armblütigen, brakteosen, (4–)25(–60)-blütigen Trauben. Kelch u. Fruchtkapsel kahl, schwach ausgerandet.

2405 ssp **scheereri** J.-P. Brandt
Scheerers Ehrenpreis

I; ⟨C, w⟩, ⊙; M_1; RL 3+
T6.2..3.2
M Ähnl. wie 2404, aber Pfl wenigtriebig, Blätter fast kahl, mehr linealisch. Trauben (4–)16(–25)-blütig, anfangs fast eifg. Blüte (7–)10(–14) mm ∅, dklblau, Same 1,3 mm lg.

2406 **Veronica teucrium** L.
Großer Ehrenpreis

I; C, w, ⑥, ❀; AV, M_1, M_2, (F); RL reg; Z
T1.1.2.4, T1.4.1.3, T2.1.2.1.1, T6.2.2.2.3, T8.1.1
M 30–100 cm. Stg aufrecht (bis kurz aufsteigend), stielrund, angedeutet 2-reihig, behaart. Blätter eifg lanzettl., stark gesägt-gezähnt, höchstens 3(–4)mal so lg wie br, mit breitem Grund, sitzend. Blüte 10–13(–18) mm ∅, himmelblau, in gestielten brakteosen Trauben.

◂ 2407 **Veronica chamaedrys** L.
ssp **chamaedrys**
Gewöhnlicher Gamander-Ehrenpreis

I; C, w, ④, ⊛; A, AV, M_1, M_2, F, K; RL –; ☺
T7.1.2, T8.1.2.2, T8.2.1.4
M 10–30 cm. Stg niederliegend, aufsteigend, stielrund, deutl. 2-reihig abstehend behaart. Pfl mit kurzen, unterirdischen Ausläufern, mit Drüsenhaaren. Blätter ei-herzfg, meist 1–4 mm lg gestielt, gekerbt. Blätter oberhalb des Blütenstandes höchstens 2 mm lg gestielt, br eifg, meist mit weniger als 11 Zähnen. Blüten ca 10 mm ∅, himmelblau, in gestielten, kurzen, brakteosen Trauben. Fruchtkapsel ± 3-eckig, stark abgeflacht. Kelchblätter locker behaart, mit Drüsen (max. 120) 0,3–0,8 mm lg, an den Haaren 0,7–1,2 mm lg.

2408 ssp **vindobonensis** M. A. Fisch. ▸
Drüsiger Gamander-Ehrenpreis

I; ⟨C, w⟩, ⊙; M_1; RL –
T1.1.2.4, T6.2.2.2.3, T8.1.1
M Ähnl. wie 2407, aber Kelchblätter dicht behaart (insg 120–300), Drüsen 0,2–0,4 mm lg. Stg zw den Haarleisten stets völlig kahl. Blätter sitzend.

2409 ssp **micans** M. A. Fisch.
Hochgebirgs-Gamander-Ehrenpreis ohne Abb.

I; C, w, ⊙; A; RL –
T3.1.1, T3.4.2.2
M Ähnl. wie 2407, aber Blätter oft etwas glänzend, Blätter oberhalb der Blütenstände 2–4 mm lg gestielt, eilängl., jederseits mit 11–14 Zähnen, Kelchblatt stets drüsenlos, 0,3–0,7 mm lg.

◂ 2410 **Veronica argute-serrata** ▸
Regel & Schmalh.
Spitzzähniger Ehrenpreis

U–E; ⟨T?, w?⟩, ⊙; M_1 (nur Heilbronn, Stuttgart); ⟨RL –⟩
T9.3.2.1, T10.3.4.2
M 7–30 cm. Stg aufrecht, meist einf. bis wenig verzweigt. Blätter längl. elliptisch, bis 3 cm lg, kurzgestielt, obere sitzend, regelmäßig scharf gesägt. Blüte unscheinbar, 5 mm ∅, intensiv blau, zu 10–25(–35) jew. in den Achseln auffallend großer gezähnter Hochblätter, in 2 lockeren Trauben pro Stg. Eifge Kelchzipfel lg drüsig.
B Heimat: Kleinasien bis Zentralasien.

◂◂ 2411 **Veronica montana** L.
Berg-Ehrenpreis

I; C, w, ⑤; A, AV, M_1, M_2, F, K; RL reg
L2..3, L5.2.3
M (15–)20–30(–40) cm. Stg niederliegend aufsteigend. Blätter eifg, mind. 7 mm lg gestielt, grob gesägt. Blüte bis 10 mm ∅, blassblau, dkl geadert, in armblütigen Trauben. Dünne Blütenstiele viel länger als brillenfge, stark abgeflachte Kapsel.

◂ 2412 **Veronica officinalis** L.
Wald-Ehrenpreis

I; C, w, ⑥, ⊛; A, AV, M_1, M_2, F, K; RL –; ✠, ☺
T1.1.1.1, T1.1.2.5, T2.2.1, T4
M 10–20 cm. Stg niederliegend aufsteigend, wurzelnd, graugrün, weich behaart, oben drüsig. Vegetativ kleine Teppiche bildend. Blätter kurz gestielt (2–6 mm), br lanzettl. bis eifg, randl. fein gesägt. Blüten 6–7 mm ∅, hellblau, blasslila, weißl. in dichtblütigen gestielten Trauben. Blütenstiele kürzer als 3-eckige, abgeflachte Kapsel.

2413 **Veronica urticifolia** Jacq.
Nesselblättriger Ehrenpreis

I; C, H, w, ⑥; A, AV, RL –; Z
T1.1.1(m), T1.1.1.1, T1.1.1.5, T1.1.2.1, T1.4.2, T3.1.1
M (10–)20–50(–70) cm. Stg aufrecht, kurzflaumig bis kahl. Obere Blätter sitzend, untere sehr kurz gestielt, br eifg zugespitzt, scharf gesägt, 6–9 cm lg u. 5 cm br. Blüten 6–8 mm ∅, lilablau, blassrosa bis weißl., dkl geadert. Blütenstiele etwas länger als apfelfge, wenig abgeflachte Kapsel.

2414 **Veronica scutellata** L.
Schild-Ehrenpreis

I; H, w, ⑦; AV, M_1, M_2, F, K; RL reg
L3..6, S1.2, S2.1, S2.2.1
M (8–)10–30(–60) cm. Stg aufsteigend, schlaff, kahl, zuw. braun überlaufen. Blätter sitzend, schmal lanzettl., ganzrandig bis undeutl. gesägt, bis 6 cm lg, 3–10 mm br. Blüten 5–6 mm ∅, hellllila bis weißl., zu 8–15 in lockeren, wechselstdgn Trauben. Kapsel herzfg, tief ausgerandet u. abgeflacht.
B Pfl mit zerstreut abstehenden Drüsenhaaren an Stg, Kelch u. Frucht, werden als (2414a) var *pilosa* Vahl bezeichnet.

2415 **Veronica beccabunga** L.
Bachbungen-Ehrenpreis

I; W, H, w, ⑤; A, AV, M_1, M_2, F, K; RL –; Z
L2, L2..1.1, L4..2.3, L4.4, L5.2.4.2
M Bis 50 cm. Stg niederliegend aufsteigend, wurzelnd, rund. Pfl kahl, etwas fleischig. Blätter kurz gestielt, elliptisch rundl., stumpf. Blüten 4–7 mm ∅, himmelblau mit weißem Schlund. Fruchtkapsel kugelig, kaum abgeflacht, 2,5–4 mm ∅.

2416 **Veronica anagallis-aquatica** L.
Blauer Wasser-Ehrenpreis Fig. 57b

I; H, ⟨T, W⟩, w, ⑦; A, AV, M_1, M_2, F, K; RL –
L3..5, L4.1, L4..2.3, L5.2.4.1
M 15–50(–70) cm. Stg aufrecht, oben undeutl. 4-kantig, meist hohl, nicht lila überlaufen. Blätter sitzend, halbstgumfassend, spitz, bis 12 cm lg, 4 cm br, in od. über der Mitte am breitesten. Blüten 4–7 mm ∅, hellblau bis blassviolett. Blütenstand vielblütige Traube, kahl (slt drüsig). Kelchblätter lgr als Frucht, Griffel > 1,7 mm. Fruchtkapsel so lg wie br, eirundl. bis kugelig. Fruchtstiele spitzwinklig abstehend.
B Im Gebiet nur ssp *anagallis-aquatica*.

2417 **Veronica anagalloides** Guss.
Schlamm-Ehrenpreis Fig. 57c

I; T, w, ☉; F (östl.); RL reg
L3..7, L5.2.4.1
M (5–)10–30(–40) cm. Stg aufrecht, oben 4-kantig, meist markig, reich verzweigt. Blätter zieml. klein, spitz, oft 3–4-quirlig, schmaler als 6 mm. Blüten 3–4 mm ∅, weißl, blau gescheckt bis lila purpurn. Traube (10–)25–50-blütig, ± dicht drüsig. Griffel (0,6–)0,8–1,1(–1,5) mm. Fruchtkapsel ca (2–)3 (–3,2) mm lg, (1,6–)2(–2,3) mm br, Fruchtstiele meist spitzwinklig.

2418 **Veronica catenata** Pennell
Rötlicher Wasser-Ehrenpreis Fig. 57a

I; T, ⟨H⟩, w, ☉; AV, M_1, M_2, F, K; RL reg
L3..5, L3..7.3, L4.4, L5.2.4.1, T7.4.1
M 20–50(–60) cm. Stg aufrecht, oben 4-kantig, meist markig, oft lila-braun überlaufen. Blätter sitzend, halbstgumfassend, spitz, bis 9 cm lg, unter der Mitte am breitesten. Blüten 2–5 mm ∅, blassrosa bis weißl., violett geadert, in vielblütigen Trauben. Kelch u. Blütenstiele drüsig. Kelchblätter meist kürzer als Frucht. Griffel (1,3–)1,5–2 mm. Fruchtkapsel ca so lg wie br, eirundl., Fruchtstiele ± waagerecht abstehend.
B Variabel, v. a. in der Behaarung mit Drüsen.

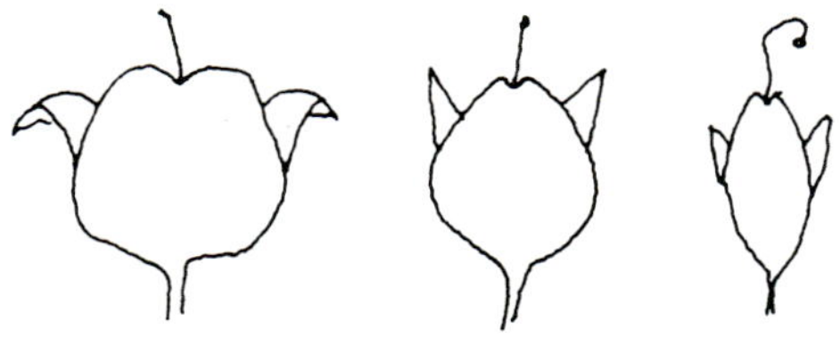

Fig. 57: Früchte der Wasser-Ehrenpreise
a: *Veronica catenata*, b: *Veronica anagallis-aquatica*,
c: *Veronica anagalloides*
aus Foerster (1967)

2419 **Pseudolysimachion spurium** (L.) Opiz ▸
Rispiger Blauweiderich (Gttg 19 sp)

I; H, w, ⊙; M_2 (östl.); RL 0
T8.1.1
M 60–125 cm. Stg aufrecht, oben lgdrüsig mit abwärts gerichteten Haaren. Blätter lanzettl., gesägt. Blüten trichterfg, Blütenröhre länger als br, tief blau, in fast lockeren, vielblütigen ährenartigen Trauben, neben der Endtraube (2–)5–10(–12) zusätzl. seitl., gleich lge Trauben. Blütenstiele mind. so lg wie Tragblätter, Drüsenhaare höchstens 0,1 mm lg. Kelchblätter auf der Fläche meist kahl.

2421 **Pseudolysimachion longifolium** (L.) Opiz ssp **longifolium** ▸
Gewöhnlicher Langblättriger Blauweiderich

I; H, w, ⑧; (AV), M_1, M_2, F; RL 3, §; Z
L5.2.5, Stromtalpfl
M 60–100(–120) cm. Stg aufrecht, oben mit abwärts gerichteten Haaren, drüsenlos. Blätter meist gegenstdg, br lanzettl., 3–16 cm lg, bis 4 cm br, Blattgrund gestutzt bis herzfg, spitz, regelmäßig scharf gesägt, gestielt. Blüten trichterfg, Blütenröhre länger als br, tief blau (slt blaulila), in meist nur 1 dichten, vielblütigen, ährenartigen Traube, (zuw. 2–3(–6) seitl. kurze Trauben). Blütenstiele kürzer als Tragblätter, abstehend bis abwärts gerichtet behaart, Drüsenhaare fehlen. Fruchtkapsel ausgerandet, Kelchblätter auf der Fläche meist kahl.

▴
2420 **Pseudolysimachion spicatum** (L.) Opiz
Ähriger Blauweiderich

I; H, C, w, ⑧; AV, M_1, M_2, F (v. a. östl.); RL 3+, §; Z
T6.2, T6.2.1.4.1, T6.2..2.2, T6.2..3
M 15–30(–45) cm. Stg aufrecht, drüsig behaart, oben mit waagerechten, abstehenden od. aufwärts gekrümmten Haaren od. kahl. Blätter lanzettl., bis 9 cm lg, 3 cm br, sitzend, gegenstg, ± stumpfl., gekerbt gesägt, oben ganzrandig. Blüten trichterfg, Blütenröhre länger als br, tief blau, in dichten, vielblüten, ährenartigen Trauben, Blütenstiele kürzer als Tragblätter, mit Drüsenhaaren. Fruchtkapsel stumpf, Kelchblätter auf der Fläche drüsig.
B Im Gebiet nur ssp *spicatum*.

◂ 2422 ssp **maritimum** (L.) Hartl
Quirlblättriger Langblättriger Blauweiderich

I; ⟨H, w⟩, ⊙; M_1, M_2, F (alle östl.), wo noch?; ⟨RL ?, §?;⟩
L5.2.5, Stromtalpfl
M Ähnl. wie 2421, aber Blätter 3–4-wirtelig, schmal lanzettl. mit lg ausgezogener Spitze, Blattgrund keilig, Blattzähne unregelmäßig, sehr lg u. scharf.
B Inwieweit diese Untergliederung in ssp gerechtfertigt ist, bleibt derzeit noch offen.

2423 **Digitalis purpurea** L. ▸
Roter Fingerhut (Gttg ca 19 sp)

I; H, ⟨B⟩, s, ⑦; AV, M_1, M_2, F, K; RL –; ☠!, ✠, ☺ F, Z
T2.1.1.1, T2.2.1, T10.3.3.1 (Wald)
M 50–120 cm. Stg einzeln, aufrecht, mit Grundblattrosette. Blätter wechselstdg, unterseits graufilzig, oberseits mit gebuckelten Feldern. Blüten purpurrosa od. weiß, bis 6 cm lg, glockig, mit auffällig gefleckter Unterlippe.

◀ 2424 **Digitalis grandiflora** Mill.
Großblütiger Fingerhut, Großer Gelber Fingerhut

I; H, ⟨K⟩, s, ⑦; A, AV, M_1, M_2, F (östl.); RL reg; ☠!, ✠, Z
T1.1.1(licht), T2.2.1, T3.1.6, T8.1.1
M 40–120 cm. Stg aufrecht, zu mehreren, unverzweigt, unten kahl, oben drüsig rauhaarig. Zur Blütezeit eine auffallende Grundblattrosette. Blätter wechselstdg, unterseits nicht filzig, aber behaart, ohne gebuckelte Felder auf Oberseite, Rand unregelmäßig gesägt. Blüten gelb, glockig, 3–4 cm lg, innen braunnetzig.

2425 **Digitalis lutea** L. ▶
Gelber Fingerhut, Kleiner Gelber Fingerhut

I; H, s, ⑦; M_1, M_2; RL reg; ☠!, ✠, Z
T2.2.2, T5.1, T8.1.2, T10.3.3.1(Wald)
M 40–80 cm. Stg aufrecht, zu mehreren, unverzweigt, schwach rinnig, kahl, zur Blütezeit keine auffallende Grundblattrosette. Blätter schmal bis eilanzettl., kahl, schmal u. scharf gesägt. Blüten schwefelgelb, engröhrig, 2–2,5 cm lg, ohne Zeichnung.

2426 **Digitalis lanata** Ehrh.
Wolliger Fingerhut

◀ **E lok**; ⟨B, H, s⟩, ⊙; M_1; ⟨RL –⟩; ⟨☠!?⟩, ✠, Z
wo?
M 40–100 cm. Stg aufrecht, zu mehreren, unverzweigt, zur Blütezeit ohne auffallende Grundblattrosette. Blätter sitzend, schmal lanzettl., kahl, Blattrand glatt. Blüten 1,8–2,5 cm lg, gelbbraun mit weiß, mit violetten Adern, mit kurzer, kugelig ausgebuchteter Kronröhre, Mittelzipfel der Unterlippe fast so lg wie Kronröhre, Oberlippe 4-zipfelig.
B Heimat: SO-Europa. Bei uns als Arzneipfl angebaut u. verwildernd.

2427 **Melampyrum cristatum** L. ▶
Kamm-Wachtelweizen (Gttg 35 sp)

I; T hp, s, ⑦, ❀; AV, M_1, M_2, F; RL 3; (☠)
L5.2.3, T1.1.2.4(licht), T2.1.2.1.1, T8.1.1
M 15–30 cm. Stg verzweigt, kurz rückwärts gerichtet behaart. Untere Blätter ganzrandig, obere fein kammartig gezähnt. Blüten in allseitswendigen, dichten Ähren, diese deutl. 4-kantig, gelbl. weiß, purpurviolett überlaufen, Gaumen dklr. Hochblätter dicht dachziegelig, gefaltet, kammartig gezähnt, weißl.
B Im Gebiet nur ssp *cristatum*.

◀ 2428 **Melampyrum arvense** L.
Acker-Wachtelweizen

I; T hp, w, ⑦; AV, M_1, M_2, F, (K), (beide östl.); RL reg; (☠)
M 10–25(–40) cm. Stg stark verzweigt, rückwärts gerichtet behaart. Untere Blätter ganzrandig, obere am Grund mit grannenartigen Zähnen. Blüten in allseitswendigen, dichten Ähren, walzl., locker, nicht 4-kantig, purpurviolett mit gelbem Schlund. Hochblätter lanzettl., flach, fiederspaltig, purpurn überlaufen.
B Im Gebiet nur ssp *arvense*.

2429 **Melampyrum nemorosum** L. ▶
Hain-Wachtelweizen

I; T hp, s, ⑦; AV, M_1, M_2, F, K (alles östl.); RL reg; (☠), ☺
T1.1.1, T1.1.2.3, T2.1.2, T8.1.2
M 10–30(–60) cm. Stg stark verzweigt, mit blattachselstdgn Blütentrauben. Blätter deutl. gestielt. Blüten einseitswendig, goldgelb, in lockeren Trauben. Hochblätter br herzfg, blauviolett überlaufen, kurzhaarig. Kelch wollig behaart. Kelchzähne 3-eckig lanzettl.
B Im Gebiet nur ssp *nemorosum*.

2430 **Melampyrum polonicum** (Beauverd) Soó
Polnischer Wachtelweizen ohne Abb.

?; ⟨T hp, s⟩, ⊙; M_2, F (östl.); ⟨RL ?⟩; (☠)
wo?
M Ähnl. wie 2429, aber Kelch zw den Nerven nur mit kurzen, einzelligen Haaren, am Rand auch längere, mehrzellige Haare, Kelchzähne lg u. schmal.

2431 **Melampyrum sylvaticum** L. ▸
Wald-Wachtelweizen

I; T hp, s, ⑦; A, AV, M_1, M_2; RL reg; (☠)
T1.1.1.4, T1.4.2, T1.4.3, T1.4.5
M 10–20 cm. Stg verzweigt mit blattachselstdgn Blütentrauben, mit schütteren Haarleisten. Blätter schmal lanzettl., bleichgrün, ungeteilt. Blüten einseitswendig, lockertraubig, 6–10 mm lg, gelb bis dklgelb, kurzröhrig gekrümmt, Schlund offen, innen ohne Haarring. Hochblätter lanzettl., ganzrandig, ohne Zahn, kahl. Kelch kahl, ½ bis ¾ so lg wie Krone.
B Im Gebiet nur ssp *sylvaticum*.

◂ 2432 **Melampyrum pratense** L. ssp **pratense**
Gewöhnlicher Wiesen-Wachtelweizen

I; T hp, s, ⑦, ❀; A, AV, M_1, M_2, F, K; RL –; (☠)
T1.1.1(licht), T1.1.2.5, T1.1.2.5.4, T1.4.3, T4
M 10–30(–60) cm. Stg stark verzweigt, wenige verlängerte Glieder, mit blattachselstdgn Blütentrauben auf 2 gegenüberliegenden Seiten, behaart, keine Interkalarblätter. Blätter br lanzettl., grün, ganzrandig, nach oben zu, am Grund mit einzelnen Zähnen. Blüten einseitswendig, lockertraubig, ab dem 3. bis 4. Knoten, 10–20 mm lg, goldgelb, lgröhrig, gerade, Schlund geschlossen, innen am Grund mit Haarring. Hochblätter lanzettl., ganzrandig od. gezähnt, kahl. Kelch kahl, ¼ bis ⅓ so lg wie Krone.
B Die ssp *paludosum* (Gaudin) Soó wird hier in ssp *pratense* eingeschlossen. Die Sippen bedürfen noch intensiver Untersuchung.

▴ 2433 ssp **commutatum** (Tausch ex A. Kern.) C. E. Britton
Hellgelber Wiesen-Wachtelweizen

I; T hp, s, ⊙, ❀; wo?; ⟨RL –⟩; (☠)
T1.1.1(licht), T1.1.2.5
M Ähnl. wie 2432, aber Blüten weiß mit gelben Lippen, auch rötl. überlaufen. Ab dem 4. bis 8. Knoten viele kurze od. verlängerte Stgglieder, mit 1–2 Paar Interkalarblättern.
B Formenreich. Wie fast alle halbparasitären *Rhinanthoideae* zum Saison-Dimorphismus neigend: Frühsommerform wenigästig, Herbstform reicher verzweigt. Auch mit zunehmender Höhe über NN weniger verzweigt.

◂ 2434 **Tozzia alpina** L.
Alpenrachen (Gttg 1 sp)

I; ⟨B, H hp⟩, s, ⊙; A; RL –
T3.1.1
M (5–)10–40(–90) cm. Stg saftig, zerbrechl., unten kahl, mittig bis oben an den Kanten behaart. Blätter saftig fleischig, hellgrün, glänzend, kahl, Rand schwach gewimpert, br eifg, spitz, mit abgerundetem bis schwach herzfgm Grund, mit 1–3 groben Sägezähnen. Blüten (4–)6–8(–10) mm lg, sich streckend, sattgelb, rot punktiert.
B Im Gebiet nur ssp *alpina*.

2435 **Bartsia alpina** L. ▸
Europäischer Alpenhelm (Gttg 49 sp)

I; K, H hp, ?, ⊙; A, AV, M_1; RL reg
S2.2.1(salp), T3.4.2, T3.4.3, T7.2.2
M (5–)10–25 cm. Stg unverzweigt, unten zerstreut, oben drüsig zottig behaart, dklgrün, oben dklviolett überlaufen. Blätter eifg, zugespitzt, regelmäßig kerbzähnig, nicht über 2 cm, ungestielt, etwas runzelig. Blüte 1,5–2,2 cm lg, dklviolett, 2-lippig, Oberlippe helmfg, länger als Unterlippe, diese 3-zipfelig.

2436 **Parentucellia viscosa** (L.) Caruel
Gelbe Bartsie (Gttg 2 sp)

U–E; ⟨T hp, s⟩, ⊙; AV, M_2, F wo noch?; ⟨RL –⟩
L3..7, L4.4, T 7.4.1
M 10–40 cm. Stg meist unverzweigt. Pfl stark drüsig klebrig. Blätter eifg lanzettl., grob gezähnt, sitzend. Blüten 16–24 mm lg, in kurzer Traube, gelb.
B Wird hin u. wieder mit Grassaaten eingeschleppt. Hält sich eine Weile, ob irgendwo fest eingebürgert?

2437 **Odontites vernus** (Bellard) Dumort.
Acker-Zahntrost (Gttg 30 sp)

I; T hp, w, ⑧; AV, M_1, M_2, F; RL reg
T9.1.1.1, T9.1.2.2
M 10–20(–30) cm. Ähnl. 2439, aber Hochblätter länger als Blüte. Stg nur in oberer Hälfte mit kurzen aufrechten Ästen, meist ohne Interkalarblätter.
B Allein durch seinen Standort auf Äckern auffallend.

2438 **Odontites litoralis** (Fr.) Fr.
Salz-Zahntrost

I; T hp, s, ⊙; K; RL reg
H2...4
M 8–20 cm. Stg wenigästig, 4–20-blütig. Blätter fleischig, längl. eifg bis schmal lanzettl., entfernt gekerbt. Blüten fleischrosa, filzig behaart, Staubblätter so lg wie Blüte, an der Spitze zottig. Kelchzähne kurz 3-eckig.

2439 **Odontites vulgaris** Moench
Roter Zahntrost

I; T hp, w, ⑧; A, AV, M_1, M_2, F, K; RL reg
T2.1, T7.4.1
M 15–40(–50) cm. Stg vom Grund an reichästig, fast waagerecht abstehend, 15–50-blütig. Blätter dünn, schmal lanzettl., entfernt gekerbt. Blüten fleischrosa, 9–12 mm lg, filzig behaart, Staubblätter so lg wie Blüte, an der Spitze zottig. Kelchzähne lanzettl. Hochblätter ± kürzer als Blüte. Meist mit Interkalarblättern.
B Formenreich. Untergliederung derzeit noch nicht befriedigend gelöst. In der Literatur werden viele ssp genannt.

2440 **Odontites luteus** (L.) Clairv.
Gelber Zahntrost

I; T hp, s, ⑧; M_1, M_2, F (östl.); RL 3
T6.2, T6.2.1.4
M 15–30(–40) cm. Stg stark verzweigt, im Winkel von ca 45° aufrecht abstehend. Blätter linealisch, entfernt gesägt bis fast ganzrandig, Rand etwas umgerollt, zur Blütezeit z. T. schon abfallend. Blüten goldgelb, 7–8 mm lg, bärtig bewimpert, Staubblätter länger als Blüte, kahl.

2441 **Euphrasia salisburgensis** Funck ex Hoppe
Salzburger Augentrost (Gttg ca 170 sp)

I; T hp, s, ⊙; A, AV, M_1; RL reg
L5.1.1, T6.2.2.2.3
M 5–20 cm. Pfl fast kahl, nie drüsig. Blätter nur bei dieser Art 2–5mal so lg wie br. lanzettl., mit keilfgm Grund, jederseits 2–3(–4) Zähne, oben am Stg oft ohne. Blüte weiß, violett geadert, 6–8 mm lg, Hochblattzähne nicht unmittelbar aufeinanderfolgend, dazwischen gerader Rand. Frucht kahl od. randl. mit spärl., krummen Haaren.
B Siehe Bemerkung 30, Seite 719.

◂2442 **Euphrasia tricuspidata** L.
Dreispitziger Augentrost

I; T hp, s, ⊙; A; RL –
T5.1.2, T5.2..2
M 5–20 cm. Blätter lanzettl. mit keilfgm Grund, jederseits 1–2 Zähne. Blüte weiß, violett geadert, 8–15 mm lg. Hochblattzähne nicht unmittelbar aufeinander folgend, dazwischen gerader Rand.
B Im Gebiet nur ssp *cuspidata* (Host) Hartl.

2443 **Euphrasia officinalis** L. ssp **rostkoviana** (Hayne) Towns. ▸
Großer Augentrost i. e. S.

I; T hp, s, ⑥; A, AV, M_1, M_2, F, (K); RL reg; ✠, ☺
T6.2.1.5.1, T6.2.2.2.3, T7.1.2(m)
M 5–25 cm. Blütenstand, Hochblätter u. Kelch drüsig. Blätter eifg, mit breitem Grund, sitzend, jederseits 4–6 Zähne, an den Hochblättern dicht aufeinander folgend. Blüte weißlila, 10–15 mm lg, aus dem Kelch ragend, mit ± violetter Oberlippe u. gelbem Unterlippenfleck. Frucht behaart od. borstig.

2444 ssp **kerneri** (Wettst.) Eb. Fischer ▸
Kerners Augentrost

I; T hp, s, ⊙; A, AV; RL reg
T7.3.2
M 10–30 cm. Ähnl. wie 2443, aber Blütenstand, Hochblätter u. Kelch nicht drüsig (od. nur ausnahmsweise), Blüten 9–15 mm lg, aus dem Kelch ragend, obere Blätter spitz, jederseits mit 3–5(–9) spitzen Zähnen, Stg einf. od. wenig bis büschelig verzweigt. Habitus wie 2443.

2445 ssp **picta** (Wimm.) Oborn? ▸▸
Bunter Augentrost

I; T hp, s, ⊙; A, AV; RL –
T3.4.2.2, T3.4.3/T7.2.2, T6.2.1.5.4
M 3–5 cm. Ähnl. wie 2443, aber Blütenstand, Hochblätter u. Kelch nicht drüsig (od. nur ausnahmsweise), Blüten (6,5–)7,5–10(–11) mm lg, aus dem Kelch ragend, obere Blätter stumpf mit 2–4(–5) stumpfl. Zähnen, Stg meist einf.

◂◂2446 **Euphrasia stricta** D. Wolff ex J. F. Lehmann
Steifer Augentrost

I; T hp, s, ⑧, ⊛; (A), AV, M_1, M_2, F, K; RL reg; ✠
T6.2.1.5, T6.2.2.2, T6.2.2.2.3, T7.3.1–2 (tro)
M 5–25(–50) cm. Stg einf. bis wenigästig (*pectinata*) od. vom Grund an reichästig (*stricta*). Blütenstand, Hochblätter u. Kelch nicht drüsig. Blätter eifg, mit breitem Grund sitzend, jederseits 4–6 deutl. grannige Zähne. Blüten blassviolett, (5–) 6–10 mm lg. Kelch borstl. behaart od. kahl. Hochblätter dicht dachziegelig, mit keilfgm Grund (*pectinata*) od. kahl (*stricta*). Frucht behaart od. borstig.
B Kleinfrüchtige Typen mit 2448 zu verwechseln.

◂2447 **Euphrasia hirtella** Jord. ex Reut.
Zottiger Augentrost

I; T hp, s, ⊙; A; RL R
T3.4.2, T6.2.1.5
M 5–20 cm. Blütenstand, Hochblätter u. Kelch reichl. drüsig (bis 1 mm lg). Blätter eifg, mit breitem Grund sitzend, jederseits 4–6 Zähne. Blüten weißl. violett, geadert, 4–7(–8) mm lg. Hochblätter rundl., stumpf, gezähnt, (3–)4 Zähne, dachziegelig. Frucht behaart od. borstig.

◄2448 **Euphrasia nemorosa** (Pers.) Wallr. ssp **nemorosa**
⟨Gewöhnlicher⟩ Hain-Augentrost

I; T hp, s, ⊙; AV, M_1, M_2, F, K; RL reg; ✠
T6.2.15.1, T7.2.1, T7.4.2
M 5–30 cm. Stg kräftig, ästig, flaumig behaart. Blütenstand, Hochblätter od. Kelch nicht drüsig. Blätter eifg, mit fast herzfgm Grund sitzend, kahl od. wenig kurzborstig, matt, jederseits 4–6 Zähne. Blüten weißl. bis blassviolett, (2–)4–7(–8) mm lg, nicht aus dem Kelch ragend, Hochblätter mit 7–15 schmalen, lgn, unbegrannten (od. nur kurz u. hell begrannten) Zähnen, ± abstehend. Frucht behaart od. borstig.
B Sehr ähnl., aber früh blühend u. kaum verzweigt (2448a) ssp *preussiana* (W. Becker) Abromeit, z. T. für 2449 gehalten.

2449 ssp **coerulea** (Hoppe & Führnr.) Wettst.
Blauer Hain-Augentrost ohne Abb.

I; ⟨T hp, s⟩, ⊙; M_2; ⟨RL ?⟩
wo?
M 3–15 cm. Ähnl. wie 2448, aber Blüte helllila od. bläul., slt weiß, 6–8 mm lg. Blätter mit 5–9 Zähnen, schwach bis stärker kurzborstig, Hochblätter mit 5–11 Zähnen
B Sippe unklar. Sicher bisher nur Erzgebirge.

2450 **Euphrasia micrantha** Rchb.
⟨Zierlicher⟩ Augentrost ohne Abb.

I; T hp, s, ⊙; M_2, F, wo noch?; RL 3+
T4.2
M 5–25 cm. Stg wenigästig, wenig behaart. Blütenstand, Hochblätter u. Kelch nicht drüsig. Blätter eifg, 3–6 mm lg, mit breitem Grund sitzend, jederseits 4–6 Zähne, kahl bis wenig kurzborstig. Blüten weißl. od. lila, (2–)4–7(–8) mm lg, nicht aus dem Kelch ragend. Früchte behaart od. borstig. Hochblätter mit 5–9(–11) kurzen, unbegrannten (od. nur kurz u. hell begrannten) Zähnen.

◄2452 **Euphrasia frigida** Pugsley
Nordischer Augentrost

I; T hp, s, ⊙; M_2; RL 2!
T6.2.1.5
M 5–15 cm. Stg wenigästig, wenig behaart. Blütenstand, Hochblätter u. Kelch nicht drüsig. Blätter eifg, 5–7 mm lg, mit breitem Grund sitzend, jederseits mit 4–6 Zähnen, kahl bis wenig kurzborstig. Blüten weiß od. lila, 4–8 mm lg, nicht aus dem Kelch ragend. Frucht behaart od. borstig.

▲
2451 **Euphrasia minima** Jacq. ex DC.
Zwerg-Augentrost

I; T hp, s, ⊙; A, M_2; RL –; ✠
T6.2.1.5.4 (o bis salp)
M 2–12 cm. Stg meist unverzweigt. Blütenstand, Hochblätter u. Kelch drüsig od. drüsenlos. Blätter eifg, mit breitem Grund sitzend, am Rand od. unterseits borstig behaart, jederseits mit 3–7 nicht begrannten Zähnen. Blüten blauviolett mit gelb, 4–7(–8) mm lg, nicht aus dem Kelch ragend, Hochblätter mit (2–)3(–4) Zähnen pro Seite. Frucht behaart od. borstig.

2453 **Rhinanthus minor** L. ►
Kleiner Klappertopf (Gttg 45 sp)

I; T hp, s, ⑥, ⑧; A, AV, M_1, M_2, F, K; RL reg; (☠)
T6.2.1.5, T7.1, T7.1.3 (fri), T7.3
M 10–30(–50) cm. Stg, Hochblätter u. Kelch kahl. Hochblätter ohne grannenartige Zähne. Blütenröhre gerade, Oberlippenzahn 0,2–0,7 mm lg, weißl. od. blassblau.
B Umfasst mehrere, morphologisch u. aufblühphänologisch trennbare Sippen.

2454 **Rhinanthus glacialis** Personnat ►►
Grannen-Klappertopf

I; T hp, s, ⑥; A, AV, M_1, M_2; RL 3; (☠)
T3.4.2, T6.2.1.5, T6.2.2.2.3, T7.1.3
M 20–50 cm. Stg, Hochblätter u. Kelch kahl, höchstens Kelch am Rand borstig bewimpert. Stgblätter lanzettl., gekerbt bis gesägt. Hochblätter mit grannenartigen, zugespitzten Zähnen, am Grund 4–8 mm lg mit 1–5 mm lgr Granne. Blütenröhre stark aufwärts gebogen, Oberlippenzahn 1–2 mm lg, blau, Schlund offen. Blüte 15–25 mm lg.

2455 **Rhinanthus alpinus** Baumg.
Alpen-Klappertopf

I; ⟨T hp, s⟩, ⊙; M_2 (Erzgebirge); RL 1; (☠)
T7.1.3

M 15–20 cm. Stg, Hochblätter u. Kelch kahl, höchstens Kelch am Rand borstig gewimpert, Stgblätter längl. eifg, gekerbt bis gesägt. Hochblätter mit spitzen, aber grannenlosen Zähnen. Blütenröhre stark aufwärts gebogen, Oberlippenzahn 1–2 mm lg, blau, Schlund offen. Blüte ca 15 mm lg.

2456 **Rhinanthus angustifolius** C. C. Gmel. ssp **angustifolius**
Gewöhnlicher Großer Klappertopf — ohne Abb.

I; T hp, s, ⑥, ❀; A, AV, M_1, M_2, F, K; RL 3; (☠)
S1.1, T6.2.2.2.3, T7 (feucht), T7.3.2, T7.4.1

M 15–50 cm. Stg, Hochblätter u. Kelch kahl, höchstens Stg schwach 2-zeilig behaart u. Kelch am Rand borstig gewimpert. Stgblätter lanzettl., gekerbt bis gesägt. Hochblätter am Grund mit 3–5 mm lgn Zähnen mit 1 mm lgr Granne. Blütenröhre schwach aufwärts gebogen, Oberlippenzahn 1–2 mm lg, blau, Schlund ± geschlossen. Blüte 15–25 mm lg.

2457 ssp **halophilus** (U. Schneid.) Hartl
Salzwiesen-Klappertopf — ohne Abb.

✫ **I**; ⟨T hp, s⟩, ⊙, K (Ostsee); RL ?
H1.2.2.5–7/T6.2.1.4.1, T1.4.1.1–2

M Ähnl. wie 2456, aber 10–25 cm u. Stg nur oben verzweigt, wenige verlängerte Internodien. Blüten ab 3.–6. Knoten, Blätter fleischig, 9–12 mm br, Keimblätter zur Blütezeit meist noch vorhanden. Blüten dklgelb, 20–24 mm lg.

B Die hier gewählte Gliederung nach Wisskirchen & Haeupler (1998) ist wohl unzureichend. Allein ssp *angustifolius* in diesem Sinn enthält zahlreiche weitere Sippen (vgl. z. B. Rothmaler Bd IV).

2458 ssp **apterus** (Fr.) Hyl.
Flügelloser Klappertopf — ohne Abb.

I; ⟨T hp, s⟩, ⊙; F; ⟨RL ?⟩; (☠)
T9.1

M Ähnl. wie 2456, aber nur auf Getreidefeldern. Stg mit 2–5 aufrechten Ästen (slt einzeln), viele kurze Internodien, Blüten ab 6.–10. Knoten, Blätter dünn, 15 mm br, keine Interkalarblätter. Samen ungeflügelt.

▶ 

▲ 2459 ssp **grandiflorus** (Wallr.) D. A. Webb
Großblütiger Klappertopf

I; ⟨T hp, s⟩, ⊙; wo?; ⟨RL –⟩; (☠)
T3.4, T7 (Gebirge)

M Ähnl. wie 2456, aber 20–60 cm, früh blühend, mit 2–4 aufrechten od. bogig aufsteigenden Ästen, viele kurze Internodien, Blüten ab 6.–10. Knoten, 0–1 Interkalarblatt.

◀ 2460 **Rhinanthus alectorolophus** (Scop.) Pollich ssp **alectorolophus**
Gewöhnlicher Zottiger Klappertopf

I; T hp, s, ⑥, ❀; A, AV, M_1, M_2; RL reg; (☠), ☺
T3.4.2.2, T6.2.2.2.3, T7.1.3

M 10–50 cm. Stg, Kelch u. Hochblätter zottig behaart, Zähne der Hochblätter alle gleich lg, unbegrannt. Stgblätter eilanzettl., scharf gesägt. Blütenröhre schwach aufwärts gebogen, Oberlippenzahn 1–2 mm lg, blau, Blüte 20 mm lg.

B Formenreich. Viele der Formen scheinen standörtl. bedingte Ausbildungen zu sein, denen oft keine systematische Bedeutung zukommt. Daher werden hier weniger infraspezifische Sippen aufgezählt als in anderen Floren (vgl Kommentar von E. Fischer in Wisskirchen & Haeupler, 1998). Hierzu gibt es sehr unterschiedliche Auffassungen.

2461 ssp **buccalis** (Wallr.) Schinz & Thell.
Acker-Klappertopf — ohne Abb.

I; ⟨T hp, s⟩, ⊙; wo?; ⟨RL ?⟩; (☠)
T9.1

M Ähnl. wie 2460, aber Pfl. der Äcker mit zahlreichen verlängerten Internodien, Blüten ab (6.–)7.–10. Knoten, 0–1(–2) Paar(e) Interkalarblätter, Samen ungeflügelt (var *buccalis*) od. geflügelt (var *arvensis* (Semler) U. Schneider).

◀◀ 2462 ssp **aschersonianus** (M. Schulze) Hartl
◀ Drüsiger Klappertopf

I; ⟨T hp, s⟩, ⊙; M_2 (östl.); RL 1; (☠)
wie 2460

M Ähnl. wie 2460, aber 15–60 cm, Stg schwarz gestreift. Kelch u. Hochblätter kurzdrüsig behaart. Blüten 20 mm lg.

2463 **Pedicularis sceptrum-carolinum** L.
Karlszepter, Moorkönig (Gttg mind. 350 sp)

I; H hp, s, ⊙; AV, (M_1); RL 2!, §; ☠
S1.1, T7.3.2
M 30–80(–150) cm. Pfl oft rot überlaufen. Grundblätter 20(–30) cm lg, Stg wenigblättrig. Blätter längl. eifg, mit stumpfl. eifgn, fein gesägten Fiedern. Blüten schwefelgelb, 28–32 cm lg, bis zu 18 in lockeren Ähren, Oberlippe gr, sichelfg, Unterlippe rot gesäumt, der Oberlippe anliegend, dadurch Schlund geschlossen, aufrecht abstehend. Kelch 5-zähnig, kahl.

2464 **Pedicularis foliosa** L.
Durchblättertes Läusekraut

I; H hp, s, ⊙; A, M_1; RL reg, §; ☠
S2.2.2, T1.4.1.3, T3.1.6, T3.4.2.2
M 20–50 cm. Stg unverzweigt, wenigblättrig, Blätter fein doppelt fiederteilig, bis 25 cm lg. Hochblätter ähnl. den Stgblättern. Blütenstand frondos, Blüten zu vielen in dichter Ähre, rein gelb, 20–28 cm lg, Oberlippe fast ungeschnäbelt (Schnabel höchstens 1 mm lg, rauhhaarig), ungefleckt, Schlund offen.

2465 **Pedicularis oederi** Vahl
Buntes Läusekraut

I; H hp, s, ⊙; A; RL R, §; ☠
T3.4.2, T3.4.2.1
M 5–10(–20) cm. Stg aufrecht, dick, etwas kantig, behaart bis kahl. Blätter kahl, bläul. grün, lanzettl., einf. fiederteilig. Hochblätter nur wenig länger als Kelch. Blüten gelb, 20–25 cm lg, Oberlippe ungeschnäbelt, kahl, rot gefleckt, Schlund offen.

2466 **Pedicularis sylvatica** L.
Wald-Läusekraut

I; ⟨B⟩, H hp, s, ⑤; (A), AV, M_1, M_2, F, K; RL 3, §; ☠
S2.2.1, S2.3/T4.5, T6.2.1.5.2
M 5–15 cm. Stg zu mehreren, niederliegend aufsteigend, vom Grund an nur mit wenigen Blüten. Blüten purpurrosa, 15–25 mm lg, Oberlippe kurzgeschnäbelt, Unterlippe viel kürzer, kahl. Kelch 5-zähnig u. 5-kantig. Samen hellbraun, rundl.
B Im Gebiet nur ssp *sylvatica*.

2467 **Pedicularis palustris** L. ssp **palustris**
Gewöhnliches Sumpf-Läusekraut

I; ⟨B⟩ hp, s, ⑤; A, AV, M_1, M_2, F, K; RL 2-, §; ☠
S1.1, S1.2
M 20–30(–70) cm. Stg einzeln, unten ästig, diese Seitenäste länger als die oberen, aber nur oben mit zahlreichen Blüten. Blätter fiederspaltig, Blattspindel flach, ca 2 mm br. Blüten purpurrosa, 13–22 mm lg, Oberlippe kurzgeschnäbelt, Unterlippe so lg wie Oberlippe, bewimpert. Kelch tief 2-spaltig. Samen schwarzbraun.

2468 ssp **opsiantha** (Ekman) Almquist
Schmalblättriges Sumpf-Läusekraut ohne Abb.

I; ⟨H hp, s⟩, ⊙; K (Ostsee), ⟨RL ?, §⟩; ☠
wo?
M Ähnl. wie 2467, aber Blüten nur ca 15 mm lg, alle Seitenäste gleich lg, Blattspindel etwas rinnig, ca 0,8 mm br.

2469 **Pedicularis verticillata** L.
Quirlblättriges Läusekraut

I; ⟨H⟩ hp, s, ⊙; A; RL –, §; ☠
S2.2.2, T3.4.2
M 5–15(–30) cm. Stgblätter zu 3–4 quirlstdg. Blüten rot, 17–18 mm lg, Oberlippe ungeschnäbelt. Kelch rauhaarig, mit kurzen Zähnen.

2470 **Pedicularis rostratospicata** Crantz
Fleischrotes Läusekraut

I; H hp, s, ⊙; A; RL –, §; ☠
T3.4.2.2

M (10–)20–40 cm. Stg aufrecht bis bogig aufsteigend, oben flaumig bis wollig zottig, oft braunrot überlaufen. Blätter lanzettl., kahl erscheinend, einf. gefiedert mit gesägten Fiedern. Blüten fleischrosa, purpurn, slt weiß, Oberlippe lggeschnäbelt, in ährig verlängerten Blütenständen, 8–14-blütig. Kelch wollig behaart, Zipfel ganzrandig.
B Im Gebiet nur ssp *rostratospicata*.

2471 **Pedicularis rostratocapitata** Crantz
Geschnäbeltes Läusekraut

I; H hp, s, ⊙; A; RL –, §; ☠
T3.4.2.1

M 5–20 cm. Stg armblättrig, gedrungen. Blätter längl. lanzettl., einf. gefiedert, Fiedern gesägt. Blüten fleischfarben, purpurn, slt weiß, bis 25 mm lg, Oberlippe lggeschnäbelt, Unterlippe randl. bewimpert, in kopfigen Blütenständen (1–)3–12 (–15)-blütig. Kelch kahl od. nur auf den Nerven ± flaumig.
B Im Gebiet nur ssp *rostratocapitata*.

2472 **Pedicularis recutita** L.
Gestutztes Läusekraut

I; H hp, s, ⊙; A; RL –, §; ☠
L2..1.1, T3.4.2.2

M 20–40(–50) cm. Stgblätter wechselstdg. Blüten braunrot bis grünl., 14–15 mm lg, Oberlippe ungeschnäbelt. Kelch kahl, tief 5-spaltig.

2473 **Paulownia tomentosa** (Thunb.) Steud.
Chinesischer Blauglockenbaum (Gttg 6 sp)

E; ⟨P, s⟩, ⊙; M_1, wo noch?; ⟨RL –⟩; D, Z
T10.3.1

M 10–15 m. Jungpfl mit dicken, steifen u. hohlen Zweigen. Blätter gegenstdg, gr, br herzfg, ganzrandig bis schwach 3–5-lappig. Blüten in endstdgn bis 40 cm lgn rispenartigen Blütenständen, Krone violettblau, trichterfg, 2-lippig, 5–6 cm lg, duftend, überwintern als Knospen (daher spätfrostgefährdet).
B Wurde zuw. auch als eigene Fam Paulowniaceae abgetrennt, von einigen Autoren auch zu den Bignoniaceae gestellt. Heimat: China.

2474 **Lathraea squamaria** L. ssp **squamaria**
Laubholz-Schuppenwurz

I; K vp, s, ⑦; A, AV, M_1, M_2, F, K; RL reg; ☺
L5.2.3, T1.1.1 (feucht), T2.1.2.1.1

M 10–25 cm. Pfl ohne grüne Blätter, Stg bleichviolett, kahl, mit ebensolchen Schuppenblättern. Blüten ähnl. gefärbt, in dichten einseitswendigen, nickenden Trauben, slt auch ganze Pfl cremeweiß. Griffel kahl, Oberlippe 5–5,5 mm br, Unterlippe 4 mm br. Kelch glockenfg, 4-spaltig. Parasitiert auf Laubbäumen

2475 ssp **tatrica** Hadač
Nadelholz-Schuppenwurz ohne Abb.

I; ⟨K vp, s⟩, ⊙; M_1; RL –
T1.4

M Ähnl. wie 2474, aber nur auf Fichte parasitierend. Stg spärl. behaart, Griffel in der Mitte behaart, Lippen breiter, Oberlippe 8 mm, Unterlippe 6 mm br.

◄ 2476 **Lathraea clandestina** L.
Niedrige Schuppenwurz

E lok; ⟨K vp, s⟩ ⊙; M_1; ⟨RL –⟩
T1.3?

M 10 cm. Ebenfalls ohne Blattgrün, Stg bis 5 cm lg, unterirdisch, farblos. Blüten direkt aus der Erde ragend, hellviolett. Blüten mit lgr Röhre, 4–5 cm lg. Parasitiert auf verschiedenen Laubbäumen, z.B. Hasel, Weiden, Apfel, Pappeln, u.a. Erle, Ahorn. Frucht eine Explosionskapsel.

B Durch den anderen Bau des Fruchtknotens auch als eigene Gttg abgetrennt: *Clandestina* (Hill) Endlicher. Heimat: W-Europa

Die folgenden Arten 2477–2501 werden auch als eigene Fam *Orobanchaceae* abgetrennt.

2477 **Orobanche ramosa** L. ►
Ästige Sommerwurz (Gttg 150 sp)

A?; ⟨T⟩ vp, s, ⊙; AV, M_1, M_3, F; RL 2
T9.1.1.3, T9.1.8, T9.1.10

M 15–40 cm. Stg meist verzweigt, ganze Pfl drüsig behaart. Kelch röhrig glockig, 4-zähnig. Blüten je mit einem Deckblatt u. 2 dem Kelch angewachsenen, seitl. abstehenden Vorblättern. Krone 10–13 mm, bläul. blassviolett od. weißl. Staubfäden wie Staubbeutel kahl, slt an der Basis etwas behaart. Narbe weiß, cremefarben od. blau. Wirte: Kulturpfl wie z.B. Tabak, Hanf, Tomate u.a. Solanaceae.

B Im Gebiet nur ssp *minor*. Die Sommerwurzarten sind z. T. nicht leicht zu bestimmen. Bei Pusch (1996) gibt es einen guten Bestimmungsschlüssel.

◄ 2478 **Orobanche arenaria** Borkh.
Sand-Sommerwurz

I; K vp, s, ⑥; M_1, M_2, F (östl.); RL 2
T6.2.1.4, T6.2.2

M 15–45 cm. Stg meist einf., meist stärker beschuppt als 2479, drüsig. Blüten hell violettblau, 20–30 mm lg, in dichten 15–30-blütigen Trauben. Staubbeutel wollig u. lg behaart, Narbe weißl. Kelch glockig, 4-zähnig + 3 Hochblätter (1 Deck-, 2 Vorblätter). Wirt: *Artemisia campestris*.

2479 **Orobanche purpurea** Jacq. ►
var **purpurea**
Gewöhnliche Violette Sommerwurz

I; K vp, s, ⊙; AV, M_1, M_2, F; RL 3
T6.2.2.2.3, T7.1.2, T7.5.2.1

M 15–30 cm. Stg einf., mit wenigen Schuppen, mehlig bestäubt, drüsig. Blüten blauviolett, dkl geadert, 20–30 mm lg, in 10–20-blütigen, lockeren Trauben. Staubbeutel kahl od. oben spärl. kurz behaart, Narbe weißl., slt violett überlaufen. Kelch glockig, 4–5-zähnig + 3 Hochblätter (1 Deck-, 2 Vorblätter). Wirte: meist *Achillea*-Arten.

2480 var **bohemica** (Čelak.) Beck
Böhmische ⟨Violette⟩ Sommerwurz ohne Abb.

I; ⟨K vp, s⟩, ⊙; wo?; ⟨RL ?⟩
wo?

M Ähnl. 2479, aber größer (bis 70 cm), mit dichten, kompakten Blütenständen (20–60 Blüten), Blüten meist kräftig blauviolett, Kelch mit meist ausgeprägtem 5. Zahn. Narbe gelbl. weiß. Wirt: nur *Artemisia campestris*.

◄ 2481 **Orobanche coerulescens** Stephan ►
Bläuliche Sommerwurz

I; K vp, s, ⑦; AV, M_1; RL 2!!
T6.2..3

M 10–40 cm. Stg kräftig, unverzweigt, weißwollig, gelbl., Blüten ohne Vorblätter, blauviolett bis hellblau mit gelbl. Grund, 15–20 mm lg, weißl. Narbe, 2-lappig. Kelch wie alle folgenden Arten aus 2 ± 2-lappigen seitl. Blättern, nur 1 Hochblatt (Deckblatt). Wirte: *Artemisia campestris*.

◄ 2482 **Orobanche alba** Stephan ex Willd.
Thymian-Sommerwurz

I; K vp, s, ⊙; A, AV, M_1, M_2; RL 3+
T3.4.2, T6.2.1.4, T6.2.2

M 10–30(–70) cm. Stg einf., schlank, rotbraun, spärl. schuppig, drüsig. Blüten in lockeren, wenigblütigen Ähren, gelbl. weiß, violett geadert, 15–22(–30) mm lg, Oberlippe mit dkln Drüsen. Staubfäden am od. kaum 1 mm über dem Blütengrund sitzend. Narbe rötl. braun od. slt gelbl., 2-lappig. Kelchhälften lg zugespitzt, 1-zähnig. Wirte: *Thymus praecox, T. pulegioides, Origanum.*

2483 **Orobanche reticulata** Wallr. ►
ssp **reticulata**
Netzige Distel-Sommerwurz

I; K vp, s, ⊙; A, AV, M_1; RL 3
T3.4.2, T6.2.2.2.3+4

M 30–80 cm. Stg unverzweigt, gelbl. braun, rot überlaufen, stieldrüsig, an der Basis verdichtet, wenig schuppig. Blüten rötl. od. purpurn überlaufen, Oberlippe mit dkln Drüsen, (14–)20–25 mm lg, stark drüsig. Narbe dkl rotpurpurn. Staubfäden behaart, oben reichl. drüsig, Kelchhälften 1-zähnig. Wirte: *Cirsium* u. *Carduus*, slt andere Asteraceen.

2484 ssp **pallidiflora** (Wimm. & Grab.) Hayek ►
Blassblütige Distel-Sommerwurz

I; ⟨K vp, s⟩, ⊙; (A), AV, M_1, M_2, F (östl.); ⟨RL 3?⟩
T8.2.2

M Sehr ähnl. wie 2483, evtl. gar nicht abtrennbare Tieflandsippe.

2485 **Orobanche artemisiae-campestris** ►►
Vaucher ex Gaudin
Panzer-Sommerwurz

I; ⟨K vp, s⟩, ⊙; M_2 (östl.); RL 2!
T6.2..3

M 15–40 cm. Stg schlank, wenig schuppig, gelbl., Blüten gelbl. weiß, violett geadert, (12–)16–22 mm lg. Staubfäden oben ± drüsig. Oberlippe mit hellen Drüsen. Narbe rotbraun, slt hellviolett bis weißl., Kelchzipfel fast so lg wie Blüten, bis zum Grund gespalten. Deckblatt oft länger als Blüte. Wirt: *Artemisia campestris.*

◄◄ 2486 **Orobanche picridis** F. W. Schultz
Bitterkraut-Sommerwurz

I; K vp, s, ⊙; M_1, M_2; RL 1
T7.1.2, T8.2.2.2

M 10–40 cm. Stg einf., schlank, wenig beschuppt, drüsig, gelbl. weiß bis rosaviolett. Blüten weißl., zur Spitze violett überhaucht, 14–18(–23) mm lg, Oberlippe mit hellen Drüsen, in dichten Ähren. Narbe dkl purpurn (slt gelbl. orange), 2-lappig. Wirte: *Picris hieracioides, Crepis capillaris* u. a. Asteraceen, angebl. auch *Daucus carota* (?).

◄ 2487 **Orobanche lutea** Baumg.
Gelbe Sommerwurz

I; K vp, s, ⑥; A, AV, M_1, M_2, F (östl.); RL 3
T8.1.2

M 30–50 cm. Stg einf., intensiv braunviolett, deutl. dklr als Blüten (slt gelbl.), unten dicht, oben spärl. beschuppt. Blüten (22–)24–30 mm lg, hell braungelbl., am Grund gelbl., Oberlippe deutl. ausgerandet, mit hellen Drüsen, Blütenrücken gerade, erst mit Oberlippe abgebogen. Narbe meist wachs- bis dottergelb, slt weißl., 2-lappig. Wirte: *Medicago falcata, M.* × *varia.*

B Verwechslungsgefahr mit 2495.

2488 **Orobanche caryophyllaceae** Sm.
Nelken-Sommerwurz

I; K vp, s, ⑥; A, AV, M_1, M_2, F (östl.); RL 3; D
T6.2.2.2.3, T8.1.1
M 20–60 cm. Stg einf., wenig schuppig, bleich bzw gelbl., meist wie Blütenfarbe, aber nie dkl. Blüten gelbl., hellbraun bis violett überhaucht, 20–35 mm lg, auffällig weitröhrig, nach Gewürznelken duftend. Oberlippe mit hellen Drüsen. Narbe dklpurpurn, slt bis gelbl. Wirte: *Galium*-Arten.

2489 **Orobanche teucrii** Holandre
Gamander-Sommerwurz

I; K vp, s, ⑦; A, AV, M , M_2 (westl.); RL 3+
T5.1.2.1, T6.2.2.2.1
M 10–40 cm. Stg einf., wenig schuppig. Blüten hellbraun bis violett, (18–)20–27(–30) mm lg, Oberlippe mit hellen Stieldrüsen, in wenigblütigen Ähren (5–20). Narbe purpurbraun. Kelchzähne 2-zähnig, Zähne 3-eckig. Wirte: *Teucrium chamaedrys*, *T. montanum*.
B Leicht mit 2482 zu verwechseln.

2490 **Orobanche gracilis** Sm.
Blutrote Sommerwurz

I; K vp, s, ⊙; A, AV, M_1, (M_2); RL 3
T1.4.1.3, T3.4.2, T6.2.2.2.3
M 15–30(–60) cm. Stg einf., bräunl. gelb od. rötl. Blüten innen glänzend blutrot (slt gelb), außen wachsgelb, zum Rand rötl., helldrüsig, in dichten Trauben. Narbe gelb, rot gerandet. Wirte: Fabaceen.

2491 **Orobanche minor** Sm.
Kleine Sommerwurz, Kleewürger

A; T, K vp, s, ⊙; A, AV, M_1, M_2, F, (K); RL 3; ☺
T 7.1.2, T8.1.2.2, T9.1.6
M 10–50 cm. Stg einf., schlank, rötl. gelb bis violettpurpurn, wenig schuppig, drüsig. Blüten nicht über 12(–16) mm lg, engröhrig, gelbl. weiß, Nerven violettl., Oberlippe meist nicht zurückgeschlagen, vorgestreckt, mit hellen Drüsen, in lgr Ähre, diese meist länger als restlicher Stg. Staubblätter 2–3 mm oberhalb des Blütengrundes. Wirte: auf *Trifolium*-Arten, Fabazeen, slt *Geranium dissectum*, *Cirsium arvense*.

2492 **Orobanche amethystea** Thuill.
Amethyst-Sommerwurz

I; K vp, s, ⊙; M_1; RL 1!
T6.2.2.2.1
M 20–45 cm. Stg einf., dklviolett überlaufen, drüsig. Blüten 15–20 mm lg, hellgelb, amethystfarben geadert bzw. überlaufen, Oberlippe mit hellen Drüsen. Hochblätter violettl., meist länger als Blüte, dadurch Spitze des dichten Blütenstandes schopfig. Oberste Staubfäden 3–4,5 mm über Blütengrund. Narbe violett bis rotbraun. Wirt: in D: *Eryngium campestre*.

2493 **Orobanche rapium-genistae** Thuill.
Ginster-Sommerwurz

I; K vp, s, ⊙; M_1, M_2, F (alle westl.); RL 3; ☺, D
T2.1.1.1
M 30–85 cm. Stg einf., mit großen lanzettl. Schuppen. Pfl mit unangenehmem Geruch. Blüten hellrötl. braun, 20–25 mm lg, gegen den Saum drüsig, Oberlippe mit hellen Drüsen. Staubfäden unten kahl u. verbreitert, oben drüsig, meist weniger als 1–2 mm über dem Blütengrund ansetzend. Staubbeutel beim Trocknen weiß, Narbe gelb. Wirte: meist *Cytisus scoparius*, slt *Genista*, *Ulex*.

◄ 2494 **Orobanche hederae** Vaucher ex Duby
Efeu-Sommerwurz

I; K vp, s, ⊙; M_1, M_2 (beide westl.), F (syn); RL 3
T1.1.2.4.1, T1.3, T2.1.2
M 20–30(–60) cm. Stg einf., schlank, wenigblütig, mäßig beschuppt, drüsig, bleich od. rötl. braun. Einzige Art bei uns mit unter dem Schlund deutl. eingeschnürter Blüte, Oberlippe mit hellen Drüsen, Narbe gelb bis orange, oft violett umrandet, nachdunkelnd, 2-lappig. Blüte 10–20(–23) mm lg, weißl. gelbl., rötl. überlaufen, mit lilafarbigen Nerven, kahl bis wenig drüsig. Wirt: meist *Hedera helix*.
B Heimisch nur in SW-D, sonst syn.

2495 **Orobanche elatior** Sutton ►
Große Sommerwurz

I; K vp, s, ⊙; M_1, M_2, (K östl.); RL 3
T6.2.2.2, T8.1.2
M (12–)30–70 cm. Stg einf., kräftig, drüsig, hellgelbl. braun, bis zur Blütenähre dicht beschuppt. Blüten 15–27 mm lg, rötl. bis rötl. gelb, Oberlippe undeutl. ausgerandet, mit hellen Drüsen. Blütenrücken gleichmäßig gerundet. Narbe wachsgelb, 2-lappig. Wirt: *Centaurea scabiosa*.
B Verwechslungsgefahr mit 2487 u. 2496–2498.

2496 **Orobanche alsatica** Kirschl. ►
ssp **alsatica**
Elsässer Sommerwurz

(☆) **I**; K vp, s, ⊙; M_1; RL 2
T8.1.1
M 20–50 cm. Stg einf., gelbl. Blüten 19–22 mm lg, gelbl. rosa mit rotbraunen Adern, Oberlippe mit hellen Stieldrüsen, Griffel dicht drüsig, Staubfäden 3–5(–7) mm über Blütengrund, Rücken der Kronröhre gleichmäßig gekrümmt ohne abgeflachte Stelle. Narbe gelb, 2-lappig. Wirte: *Peucedanum cervaria, P. alsatica*.
B Siehe Bemerkung 33, Seite 719

2497 ssp **libanotidis** (Rupr.) Tzvelev ►►
Bartlings Sommerwurz

I; K vp, s, ⊙; M_1, M_2; RL 3
T8.1.1
M 20–50 cm. Stg einf., fahl bräunl. (wie 3844, *Neottia*). Blüten 12–17 mm lg, gelbl. rosa, Oberlippe mit hellen Drüsen, Griffel oft kahl bis schwach drüsig, Staubfäden höchstens 2,5(–3) mm über Blütengrund ansetzend, Kronröhrenkrümmung durch abgeflachte Stelle unterbrochen. Wirt: *Seseli libanotis*.

◄◄ 2498 ssp **mayeri** (Suess. & Ronniger) Kreutz
Mayers Sommerwurz

(☆) **I**; K vp, s, ⊙; M_1; RL R!!
T8.1.2
M 20–60 cm. Stg einf., gelbl. od. gelbl. braun, dicht schuppig. Blüten (12–)15–20(–22) mm lg, Oberlippe mit hellen Drüsen, Griffel unten spärl. drüsig, oben kahl, Staubfäden 3–5 mm über Blütengrund. Kronröhre gleichmäßig gekrümmt. Wirt: *Laserpitium latifolium*.

◄ 2499 **Orobanche lucorum** F. W. Schultz
Berberitzen-Sommerwurz

I; K vp, s, ⊙; A, AV, F (östl., syn); RL 2
T2.1.2.1.1
M 10–30 cm. Stg einf., gelbl., Blüten rötl. gelb bis gelbl. braun, 12–20 mm lg, Oberlippensaum gerade vorgestreckt, ausgerandet, gekräuselt u. helldrüsig, Griffel kahl bis spärl. drüsig, Staubfäden 2–3 mm über Blütengrund ansitzend. Narbe gelb bis ocker, nachdunkelnd, 2-lappig. Wirte: meist *Berberis vulgaris*, slt andere *Berberis*-Arten, *Rubus* (?), *Crataegus* (?).

2500 **Orobanche flava** Mart. ex F. W. Schultz
Hellgelbe Sommerwurz

I; K vp, s, ⊙; A, AV; RL 3
L5.1.1.1, T5.1, T6.2.2.2.3
M 15–40 cm. Stg einf., wachsgelb. Blüten gelbl., rötl. gesäumt, Oberlippensaum etwas zurückgeschlagen, tief ausgerandet, fast kahl, Staubfäden in der Mitte der Kronröhre ansetzend, mit hellen Drüsen, Griffel drüsig. Wirte: *Petasites paradoxus* (slt andere Arten der Gttg), *Tussilago farfara*.

2501 **Orobanche salviae** F. W. Schultz
Salbei-Sommerwurz

I; K vp, s, ⊙; A; RL 2
T1.1.1(m)
M (12–)20–30(–55) cm. Stg einf., bräunl. gelb. Blüten gelbl. braun, 12–23 mm lg, Saum drüsig, ausgerandet, Staubfäden unter der Mitte der Kronröhre ansetzend. Oberlippensaum vorgestreckt, schwach ausgerandet, mit hellen Drüsen, Griffel kahl bis wenig drüsig. Narbe gelb, schnell orange bis bräunl. werdend, Wirt: *Salvia glutinosa*.

2502 **Globularia cordifolia** L.
Herzblättrige Kugelblume (Gttg 22 sp)

I; C, w, ⊙; A, AV; RL –, §; Z
L5.1.1, T1.4.1.3, T3.4.2, T5.2.2.2.1, T6.2.2.2.3
M 3–10 cm. Stg blattlos, nur mit 1–2 Schuppen, Grundachse kriechend, verästelt, verholzend. Blätter längl., keilfg bis verkehrt herzfg, vorn ausgerandet (bis abgerundet, dann mit Mittelzahn). Ganze Teppiche bildend. Blütenköpfe hellblau, 10–12(–20) mm br.

2503 **Globularia punctata** Lapeyr.
Gewöhnliche Kugelblume

I; H, w, ④; A, AV, M_1, M_2; RL 3+, §; ☠ – ☠?
T6.2.2.2.1
M 5–25(–40) cm. Nach der Blüte verlängert, bis 60 cm. Stg beblättert, Stgblätter sitzend, lanzettl., zugespitzt, Grundblätter spatelig, ledrig, vorn oft ausgerandet od. kurz 3-zähnig, aber auch abgerundet. Blütenköpfe blauviolett, 10–15(–20) mm br.

2504 **Globularia nudicaulis** L.
Nacktstängelige Kugelblume

I; H, w, ⊙; A; RL –, §; Z
T1.4.1.3, T3.4.2, T6.2.2.2.3(salp-a)
M 5–25(–30) cm. Stg blattlos, nur mit 1–2 Schuppen, nicht verholzend, Einzelrosetten, Blätter längl., keilfg, vorn abgerundet (bis seicht ausgerandet). Blütenköpfe blauviolett, (15–)18–25(–30) mm br.

Lentibulariaceae

Bearbeitet von P. Wolff

2505 **Utricularia vulgaris** L.
Gewöhnlicher Wasserschlauch (Gttg 180 sp), Fig. 58a

I; W, s, ⑧; (A), AV, M_1, M_2, F, K; RL 3
L3..3.2, L3..4/L4..2
M Nur grüne Tauchsprosse, kräftig, frei schwimmend. Blätter mit 20–200, bis 4 mm lgn, oft rötl. Fangblasen an haarfeinen, wimprig gezähnelten Blattzipfeln. 15–30(–50) cm aufrechte Blütentrauben, 4–25-blütig. Blüten dottergelb, Unterlippe sattelfg umgeschlagen, Gaumen einen Winkel von 30° bildend, etwa so lg wie Oberlippe, Sporn 6–10 mm lg, Spitze innen nur abaxial mit Drüsen. Blütenstiel ca 2–3mal so lg wie Deckblatt (Fruchtstiel sich bogenlampenfg abwärts krümmend). Quadrifids ca 90–130°.

Ein bemerkenswertes mikroskopisches Merkmal bieten die Quadrifids, 4-armige Schildhaare auf der Innenseite der Fangblasen, deren beide kürzeren Arme in einen für jede Sippe kennzeichnenden Winkel zueinander stehen (Mikroskop!). Der Kürze halber erfolgt die Angabe wie folgt: Quadrifids ca 90–120° (für *U. vulgaris*).

2506 **Utricularia australis** R. Br.
Verkannter Wasserschlauch Fig. 58b

I; W, s, ⓢ; AV, M_1, M_2, F; RL 3
L3..3.2, L3..4/L4..2

M Nur grüne Tauchsprosse, frei schwimmend, zarter als 2505. Blätter mit 8–75 (bis 3 mm lgn) Fangblasen an haarfeinen, wimprig gezähnelten Blattzipfeln. 10–20 cm hohe, oft S-fg gebogene Blütentrauben, 3–12-blütig. Blüten dottergelb, Unterlippe ausgebreitet, Gaumen einen Winkel von 50–90° bildend, kürzer als Oberlippe, Sporn 5–6 mm lg, Spitze innen ringsum mit Drüsen. Blütenstiel ca 3–5mal so lg wie Deckblatt, sich nach Blüte streckend, schräg abstehend. Quadrifids ca 100–160°.

B Steril nicht sicher von 2505 zu trennen.

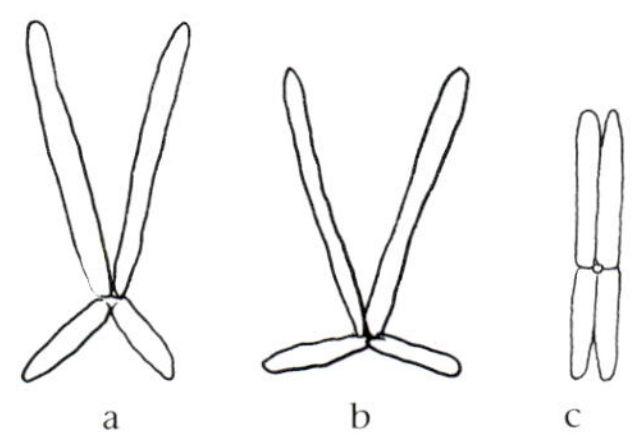

Fig. 58: Quadrifids bei *Utricularia*
a: *Ultricularia vulgaris* (2505)
b: *Ultricularia australis* (2506)
c: *Ultricularia intermedia* (2507)
a–b: Nach Stace (1991), c: Nach Thor (1988)

2507 **Utricularia intermedia** Hayne
Mittlerer Wasserschlauch Fig. 58c

I; W, s, ⊙; AV, M_1, F; RL 2
S1.1./S1.4.1

M Neben grünen Tauchsprossen meist auch mit bleichen Schlammsprossen verankert, deren Blätter auf 1–5 fädig gestielte Fangblasen reduziert (an den grünen Blättern nie), Blattzipfel stumpfl. mit aufgesetzter Stachelspitze u. beiderseits (2–)4–15 Borsten. 6–36 cm hohe, 1–5-blütige Trauben, Blüten gelb, rötl. gestreift, mit walzl. Sporn, etwa so lg wie Unterlippe. Quadrifids ± 0°.

2508 **Utricularia ochroleuca** R. W. Hartm.
Blassgelber Wasserschlauch Fig. 59a

I; W, s, ⊙; AV, M_1, F; RL 2, §
S1.1/S1.4.1

M Neben grünen Tauchsprossen meist auch mit bleichen Schlammsprossen verankert. 1–5 Fangblasen, auch an Tauchsprossen. Blattzipfel allmähl. zugespitzt, beiderseits mit 0–3(–5) auf Sockeln sitzenden Borsten. 8–19 cm hohe, 2–3-blütige Trauben, Blüten hellgelb mit kurz kegelfgm, ca 5 mm lgm Sporn. Unterlippe 8 × 9 mm, Quadrifids ca 150–200°.

B In D wesentl. sltner als 2509. Wegen dem intermediären Habitus zw 2509 u. 2510 hybridogener Ursprung denkbar.

◄ 2509 **Utricularia stygia** G. Thor ►
Dunkelgelber Wasserschlauch Fig. 59b

I; ⟨W, s⟩, ⊙; AV, M_1; RL 2
wo?

M Neben grünen, verflachten Tauchsprossen meist auch mit bleichen Schlammsprossen verankert, meist nur an diesen 1–5 Fangblasen. Insg. grober als 2508. Blattzipfel allmähl. zugespitzt, mit beiderseits (2–)4–8(–15) auf Sockeln sitzenden Borsten. 8–19 cm hohe, 2–3-blütige Trauben, Blüten dottergelb, rötl. überlaufen. Sporn kegelig, deutl. kürzer als Unterlippe. Diese 9–11 × 12–15 mm. Quadrifids ca 50–100°.

B Die Sippe wurde erst 1988 von 2508 abgetrennt, daher ist noch wenig über die Verbreitung beider Arten bekannt.

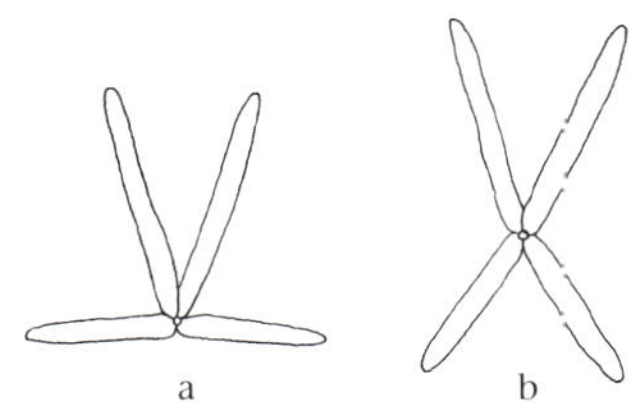

Fig. 59: Quadrifids bei *Utricularia*
a: *Ultricularia ochroleuca* (2508)
b: *Ultricularia stygia* (2509)
a–b: Nach THOR (1988)

◄ 2510 **Utricularia minor** L. ►
Kleiner Wasserschlauch Fig. 60a

I; W, s, ⑧; A, AV, M_1, M_2, F, K; RL 2; ☺ (diese Sippe ?)
S1.1./S1.4.1

M Neben grünen Tauchsprossen meist auch mit sehr zarten, bleichen Schlammsprossen verankert. Blätter mit 2–10 Fangblasen an ganzrandigen od. 1-zähnigen Blattzipfeln, diese zu (2–)7–22 (–37) an den bis zu 2 cm breiten Blättern, Endzipfel ohne Borsten. (2,5–)5–15(–17) cm lge Blütentrauben, 2–5-blütig. Unterlippe kreisrund, nach unten gebogen, von oben daher länger als br, da Seitenlappen herabgeschlagen. Blüte 6 mm br, Blüten blassgelb. Quadrifids ca 240–320°.

◄ 2511 **Utricularia bremii** Heer ex Kölliker ►
Bremis Wasserschlauch Fig. 60b

I; W, s, ⊙; AV, M_1; RL 1, §
S1.1/S1.4.1

M Ähnl. 2510, aber kräftiger. Blätter mit 2–10 Fangblasen an ganzrandigen od. 1-zähnigen Blattzipfeln, diese zu (4–)9–50 an den bis über 3 cm breiten Blättern. 8–20 cm lge Blütentrauben, 2–14-blütig. Unterlippe flach ausgebreitet, 8–10 mm br, kreisrund, Blüten von oben daher so lg wie br. Blüten blassgelb z. T. rötl. gestreift. Quadrifids ca 180–260°.

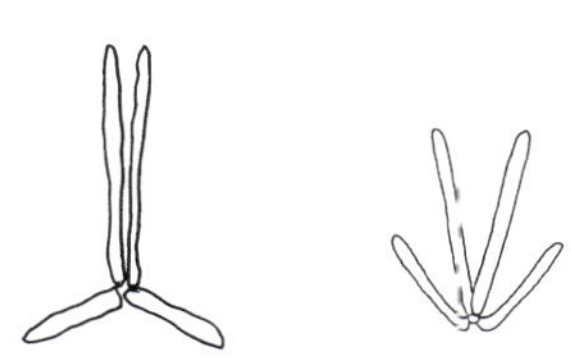

Fig. 60: Quadrifids bei *Utricularia*
a: *Ultricularia minor* (2510)
b: *Ultricularia bremii* (2511)
a: nach THOR (1988) b: nach TAYLOR (1989)

◄ 2512 **Pinguicula alpina** L.
Alpen-Fettkraut (Gttg 46 sp)

I; H, s, ⊙; A, AV, M_1; RL 3, §; Z
L2..2, S2.2.2, T3.4.2.1
M 5–15 cm. Wurzeln fleischig, weißgelb, ausdauernd. 5–8 dickl., ganzrandige, drüsig klebrige Blätter in grundstdgr Rosette, auf Hauptader nur haarfeine Drüsen. Blüten mit Sporn 10–14 mm lg, weiß, mit 1–3 gelben Schlundflecken, einzeln, Sporn kegelfg, 2–3 mm lg. Kapsel eilängl., doppelt so lg wie Kelch.

2513 **Pinguicula vulgaris** L. ►
Gewöhnliches Fettkraut

I; H, s, ⑤; A, AV, M_1, M_2, F, K; RL 3+, §; (✠), Z
L2..1.1, S2.2.2
M 5–20 cm. Wurzeln weiß, fein, im Herbst absterbend. 5–8 dickl., ganzrandige, drüsig klebrige Blätter in grundstdgr Rosette, auf der Hauptader mit kopfigen Drüsen. Blüten mit Sporn (10–)15–22 mm lg, einzeln, blauviolett mit weißem Schlundfleck (slt reinweiß), Sporn walzl. pfrieml., 3–6 mm lg. Zipfel der Unterlippe länger als br.

2514 **Jasione montana** L. ►
Berg-Sandglöckchen (Gttg ca 20 sp)

I; ⟨B⟩, W, ⑦, ❀; AV, M_1, M_2, F, K; RL –
H1.2.2.5, T5.2.3, T6.2.1.4.1, T6.2.4.2, T10.3.3.1 (sandig), T10.3.4.2
M 20–60(–80) cm. Stg niederliegend bis aufrecht, reichästig, ohne Ausläufer. Sterile Blattrosetten fehlen. Blätter nur im unteren Stgteil, längl. bis lanzettl., mit wellig krausem Rand. Blüten zahlreich, in kugeligen Köpfen. Blütenstand 1,5–2,5 cm br, am Grund von einer Hochblatthülle umgeben. Krone blau (slt weiß), in 5 lineale, am Grund röhrig verwachsene Zipfel geteilt, vor dem Aufblühen gerade.
B Formenreich, beachtenswert u. a. (2514a) var *litoralis* Fries.: Stg zahlreich, niederliegend, 15 cm lg, viele sterile Rosetten.

2515 **Jasione laevis** Lam. ►►
Ausdauerndes Sandglöckchen

I; C, w, ⊙; (AV), M_1, (M_2); RL 3; Z
T6.2.1.5.1, T10.3.4.2
M 25–40(–60) cm. Pfl mit Ausläufern u. zahlreichen sterilen Blattrosetten, Stg wenigästig. Blätter flach, ganzrandig od. schwach gezähnt. Blütenköpfe 25–30 mm ∅, blaulila, Kelchzähne kahl.

2516 **Phyteuma betonicifolium** Vill. ►
Ziestblättrige Teufelskralle (Gttg 40 sp)

I; H, s, ⑥; A; RL –; ☺
T6.2.1.5.4 (a)
M 15–70 cm. Spreite der Grundblätter eilanzettl., (2–)3–6mal so lg wie br. Blütenstand eifg bis walzl., Hüllblätter fädig, unscheinbar. Blüten vor dem Aufblühen gerade bis leicht gekrümmt. Krone blauviolett (slt weiß). Narben 3, slt einzelne Blüten 2-narbig.

2517 **Phyteuma spicatum** L. ssp **spicatum** ►►
Ährige Teufelskralle i. e. S.

I; H, s, ⑥; A, AV, M_1, M_2, F, (K); RL –; ✂, ☺, Z
T1.1.1, T3.1.1, T7.1.3
M 30–80 cm. Spreite der Grundblätter eifg, 1–2 mal so lg wie br, mit tief herzfgm Grund, oft dkl gefleckt, doppelt gezähnt. Blütenstand eifg bis walzl., sich postfloral bis auf 14 cm verlängernd. Hüllblätter deutl., schmal lanzettl. Blüten vor dem Aufblühen gekrümmt. Krone gelbl. weiß, an der Spitze grünl. Narben 2, gelb bis gelbl. braun.

◄2518 ssp **occidentale** R. Schulz
Himmelblaue Teufelskralle

I; ⟨H, s⟩, ⊙; M_1, M_2, wo noch?; RL –; ⟨☺⟩, Z
T1.1.1

M Ähnl. wie 2517, aber Blüten blass himmelblau bis blaugrün überlaufen. Narben gelbbraun bis blau.

B Wie 2518 von (2518a) *P.* × *adulterinum* (2517 × 2520) zu trennen ist, weiß niemand. Vermutl. ein Komplex von Spontan- u. stabilisierten Hybriden, die allesamt unter dem Namen *P.* (×) *adulterinum* zusammenzufassen sind (inkl. 2518).

2519 **Phyteuma ovatum** Honck. ►
Eirunde Teufelskralle

I; H, s, ⊙; A; RL –; ☺
T3.1.1, T7.1.2

M 30–100 cm. Spreite der Grundblätter etwa so lg wie br, wie die unteren Stgblätter mit herzfgm Grund, die mittleren u. oberen mit ausgebildeter Spreite. Blütenstand eifg bis walzl., Hüllblätter schmal lanzettl. Blüten vor dem Aufblühen deutl. gekrümmt. Krone schwarzviolett od. schwarzblau (sehr slt weiß). Narben 2.

2520 **Phyteuma nigrum** F. W. Schmidt ►
Schwarze Teufelskralle

(✫) **I**; H, s, ⑥, ⊛; AV, M_1, M_2, F; RL reg; ☺, Z
T1.1.2.3, T7.1.2 (m), T7.1.3

M 20–60 cm. Spreite der Grundblätter etwa 2mal so lg wie br, mit meist nur seicht herzfgm Grund. Untere Stgblätter am Grund verschmälert, die mittleren u. oberen mit reduzierter Spreite. Blütenstand eifg bis walzl., Hüllblätter lineal-lanzettl. Blüten vor dem Aufblühen deutl. gekrümmt. Krone schwarzviolett od. schwarzblau (sehr slt weiß). Narben 2.

2521 **Phyteuma hemisphaericum** L. ►►
Halbkugelige Teufelskralle

I; H, s, ⊙; A; RL reg; ☺, Z
T3.2.3, T3.4.1, T6.2.1.5.4 (a)

M 5–15(–30) cm. Grundblätter schmal linealisch, grasartig, 0,5–2(–3) mm br. Blütenstand kugelig. Hüllblätter eifg zugespitzt, meist kürzer als der Blütenkopf. Krone blauviolett.

◄◄2522 **Phyteuma orbiculare** L. ssp **orbiculare**
Kugelige Teufelskralle i. e. S.

I; H, s, ⑥; A, AV, M_1, M_2, (F östl.); RL 3; ☺, Z
T6.2.2.2.3, T7.3.2

M 10–50 cm. Stg spärl. beblättert, Spreite der Grundblätter eifg bis schmal lanzettl., meist > 5 mm br, am Grund herzfg bis keilig. Blütenstand kugelig. Hüllblätter eilanzettl., zugespitzt, mind. so lg wie der Blütenkopf. Krone blauviolett (slt weiß). Narben meist 3.

B Variabel, viele ökologische Rassen ohne taxonomischen Wert, durch viele Übergänge verbunden.

◄2523 ssp **tenerum** (R. Schulz) Korneck
Zarte Teufelskralle

I; H, s, ⑥; M_1 (westl.); RL 2; ⟨☺⟩
T6.2.2.2.3

M Ähnl. wie 2522, aber Stg reich beblättert, höher (bis 50 cm). Hüllblätter 3-eckig lanzettl., spitz, kürzer als Blütenkopf, Narben 3, hfg nur 2.

B Sehr kritische Sippe, s. Anm. zu 2522.

◂ 2524 **Wahlenbergia hederaceae** (L.) Rchb.
Efeu-Moorglöckchen (Gttg ca 200 sp)

I; H, C, w, ⊙; M_1, (M_2), F (westl.); RL 2, §; Z
T2.2.1, T7.3.2
M 5–25 cm lg, 2–5 cm hoch. Stg kriechend, fädig, wurzelnd. Blätter rundl. 5-lappig (efeuartig), lggestielt. Pfl kahl. Blüten glockig, einzeln, 1 cm lg, blassblau, mit dkln Adern, nickend, Staubfaden behaart, frei, unten nicht verbreitert (gegenüber *Campanula* u. *Adenophora*), Griffel mit 3–5 kurzen Narben. Kapsel kugelig, sich mit (3–)5 Längsspalten öffnend (*Campanula*: mit 3 seitl. Poren).

2525 **Legousia speculum-veneris** (L.) Chaix ▸
Groß⟨blütig⟩er Frauenspiegel (Gttg 15 sp)

A; T, s, ©; AV, M_1, M_2, (F); RL 3
T9.1.2.2
M 10–20(–30) cm. Stg spreizend ästig, kahl od. behaart. Blätter lanzettl. bis eifg, leicht wellig, mit verschmälertem Grund sitzend, entfernt gebuchtet. Blüten (10–)15–20(–25) mm br, radfg ausgebreitet, violett. Blütenstand locker rispig. Kelchzipfel lineal, ± so lg wie Fruchtknoten, kaum länger als Kronblätter, Kelchzipfel zur Fruchtzeit abstehend, Fruchtknoten ca so lg wie Kelchblätter.

2526 **Legousia hybrida** (L.) Delarbre ▸
Klein⟨blütig⟩er Frauenspiegel

A; T, s, ©; (AV), M_1, M_2, (F); RL 2
T9.1–T9.1.2.2
M 10–25(–35) cm. Stg nur oben ästig od. einf., nur am Grund abstehend behaart. Blätter verkehrt eifg, mit abgerundetem Grund sitzend, Blattrand stark gewellt. Blüten 6–15 mm br, purpurrot, radfg bis weitglockig, oben ährig genähert. Kelchzipfel lanzettl., halb so lg wie Fruchtknoten, aber länger als Kronblätter. Kelchzipfel zur Fruchtzeit ± aufrecht. Fruchtknoten mind. 2mal so lg wie Kelchblätter.

2527 **Campanula alliariifolia** Willd. ▸▸
Knoblauchraukenblättrige Glockenblume

E ⟨**lok**⟩, ⟨H, s⟩, ⊙; F (Lüneburg); RL –; Z
T10.5.4 (Gttg 300 sp)
M 60–90 cm. Stg einf., zu mehreren aus Blattrosette, dicht behaart, Haare 0,2–1 mm lg, Blätter bürstig filzig, 8-eckig, herzfg, lggestielt. Grundblätter 10 × 15 cm, Stiel 7–14 cm lg. Blüten glockig, bis 5 cm, weiß bis hellgelb, in Trauben. Kelch mit großen Anhängseln.
B Heimat: Kleinasien, Kaukasus. Angesalbt?

◂◂ 2528 **Campanula medium** L.
Marien-Glockenblume

E; ⟨B, s⟩, ⊙; wo?; ⟨RL –⟩; Z
T10.7
M 60–80 cm. Grundblätter lanzettl. elliptisch, gezähnt, 12–15 cm lg. Blüten 2,5–4 cm, glockig, Zipfel charakteristisch umgebogen, kurzgestielt, hellblau, rosa od. weiß, in lockeren Trauben. Griffel 5-spaltig. Kelchbucht mit zurückgeschlagenen Anhängseln. Narben 5.
B Heimat: westmediterran.

◂ 2529 **Campanula alpina** Jacq.
Alpen-Glockenblume

I; ⟨B⟩, H, s, ⊙; A; RL reg; Z
T6.2.1.5.4 (a)
M 5–15 cm. Stg wollig zottig behaart. Blätter längl. lanzettl. Blütenstand traubig, oft bis zur Stgbasis reichend. Krone 10–20 mm lg, hellblau, am Rand wollig zottig. Kelchzipfel linealisch, deutl. länger als die halbe Krone. Kelchbuchten mit zurückgeschlagenen, sehr kurzen (0,5–1 mm lgn) Anhängseln.

2530 **Campanula barbata** L.
Bärtige Glockenblume

I; H, s, ⑥; A; RL reg; Z
T6.2.1.5.4 (salp-a)
M 10–40 cm. Stg unverzweigt, zottig behaart. Blätter längl. eifg od. lanzettl. Blüten in einseitswendiger Traube, nickend. Krone glockig, 20–30 mm lg, hellblau, violettblau, innen am Rand locker kraushaarig. Kelchzipfel br lanzettl., kürzer als die halbe Krone. Kelchbuchten mit zurückgeschlagenen, 1,5–3 mm lgn, eifgn, dem Fruchtknoten eng anliegenden Anhängseln.
B Im Gebiet nur ssp *barbata*.

2531 **Campanula sibirica** L.
Sibirische Glockenblume

I; ⟨H, s⟩, ⊙; F (östl.); RL 3
T6.2..3
M 15–40(–60) cm. Stg verzweigt, kurzhaarig. Blätter längl. linealisch, am Rand wellig. Blüten aufrecht (verblüht auch nickend), in allseitswendiger Rispe. Krone trichterig glockig, 15–20 mm lg, dkl blaulila, innen am Rand (fast) kahl. Kelchanhängsel 1,5–3 mm lg, schmal 3-eckig bis längl., vom Fruchtknoten abstehend.

2532 **Campanula thyrsoides** L.
Strauß-Glockenblume

I; ⟨B⟩, H, w, ⊙; A; RL –, §; Z
T 3.4.2.2
M 10–40 cm. Stg unverzweigt, wie die schmal lanzettl. Blätter steifhaarig. Blüten in sehr dichter, kolbenfgr Ähre. Krone 17–22 mm lg, außen behaart, blassgelb. Kelchblattanhängsel fehlen.
B Im Gebiet nur ssp *thyrsoides*.

2533 **Campanula glomerata** L.
Knäuel-Glockenblume

I; H, s, ⑦, ❀; A, AV, M_1, M_2, (F, K v. a. östl.); RL reg; Z
T 6.2, T6.2..3.1, T 6.2.2.2 3, T7.1.2, T 8.1.2
M 20–60(–90) cm. Pfl kahl bis dicht kurzhaarig (nicht stechend steifhaarig). Spreite der Grundblätter am Grund herzfg od. abgerundet. Blüten an der Stgspitze in köpfchenfgn Büscheln, darunter meist zusätzl. 1- bis mehrblütige, blattachselstdge Knäuel. Kelchzipfel spitz. Krone meist kräftig bläul. lila. Griffel meist nicht aus der Krone herausragend.
B Im Gebiet nur ssp *glomerata*.

2534 **Campanula cervicaria** L.
Borstige Glockenblume

I; ⟨B⟩, H, s, ⊙, ❀; (A), AV, M_1, M_2, F (östl.); RL reg; Z
T1.1.2.3, T1.1.2.4, T7.3.2, T8.1.1
M 30–90 cm. Pfl stechend steifhaarig, untere Blätter in den Stiel veschmälert, längl. bis lanzettl., obere Stgblätter eilanzettl., halbstgumfassend. Blüten 13–25 mm lg, sitzend, hellblau bis lila, köpfchenfg gebüschelt, end- u. achselstdg, Griffel länger als Blüte; Kelchzipfel stumpf.

2535 **Campanula persicifolia** L.
Pfirsichblättrige Glockenblume

I; H, ⟨w⟩, ⑦; A, AV, M_1, M_2, F; RL reg; Z
T1.1.1, T1.1.2.4, T1.4.1.3, T2.1.2.1.1, T6.2.2.2.3, T8.1.1
M 30–80 cm. Grundblätter schmal lanzettl. bis verkehrt eilanzettl., in den Blattstiel verschmälert, obere Stgblätter lineal-lanzettl., sitzend. Blütenstand traubig, 3–8-blütig. Kelchzipfel schmal lanzettl. Krone (2,5–)3–4(–5) cm lg, weitglockig, hellblau.

2536 **Campanula cochleariifolia** Lam.
Zwerg-Glockenblume

I; H, w, ⊙; A, AV, M_1; RL –; Z
L5.1.1, T3.4.2.1, T5.1, T5.2.2.2.1
M 5–15(–30) cm. Pfl dichtrasig, mit sterilen Blattrosetten. Stg an der Basis flaumig behaart. Grundblätter höchstens schwach herzfg, rasch in den Stiel verschmälert, zur Blütezeit meist nicht verwelkt. Untere Stgblätter lanzettl., die oberen lineal, ± deutl. kurzborstig. Blüten in 2–6-blütiger Traube od. einzeln, in Knospe, meist auch zur Blütezeit nickend. Krone 10–15(–18) mm lg, hellblau. Fruchtknoten glatt.

2537 **Campanula rotundifolia** L.
Rundblättrige Glockenblume

I; H, s, ⑥, ❀; A, AV, M_1, M_2, F, K; RL –; Z
T1.1.2.5, T1.4.1.3, T4, T5.1, T5.2.3, T6.2.1, T7.1.2, T8.1.2, T10.2..2
M 10–30(–60) cm. Pfl lockerrasig, mit od. ohne sterile Blattrosetten. Stg zumindest im unteren Teil ringsum dicht kurzflaumig. Grundblätter lggestielt, nierenfg od. rundl. gezähnt, zur Blütezeit oft verwelkt. Untere u. mittlere Stgblätter schmal lanzettl. bis linealisch, am Grund kahl. Blüten in meist vielblütiger Rispe. Blütenknospen aufrecht. Krone 10–20 mm lg, blau. Fruchtknoten (oft nur schwach) papillös.
B Formenreich. Infraspezifische Gliederung noch nicht geklärt.

2538 **Campanula baumgartenii** Becker
Lanzettblättrige Glockenblume

(✰) **I**; H, s, ⊙; M_1, M_2 (jew. westl.); RL 3!!
T8.1.2, T10.3.4.2 (schattig)
M 20–50 cm. Pfl lockerrasig. Stg kantig, aufsteigend, aufrecht, unten zottig behaart. Grundblätter rundl. nierenfg, lggestielt. Stgblätter lanzettl., 4–12 mm br, unterseits behaart, bis in den Blütenstand gleichmäßig verteilt. Blüten bis 2 cm lg, trichterfg, lggestielt, blau, Knospen nickend.

2539 **Campanula scheuchzeri** Vill.
Scheuchzers Glockenblume

I; H, w, ⑥; A, AV, (M_1); RL –; Z
T3.4.2.1, T6.2.1.5, T713 (o)
M (5–)10–30 cm. Pfl lockerrasig, meist ohne sterile Blattrosetten. Stg kahl od. im unteren Teil auf den Kanten kurzborstig. Grundblätter lggestielt, herzfg od. rundl., zur Blütezeit meist verwelkt. Untere u. mittlere Stgblätter lanzettl. bis lineal-lanzettl., am Grund deutl. bewimpert. Blüten in 2–6-blütiger Traube od. einzeln, in Vollblüte ± aufrecht, in Knospe, zu Beginn u. gegen Ende der Blütezeit nickend, blauviolett. Krone 16–25(–30) mm lg. Fruchtknoten glatt.
B Im Überlappungsbereich zu 2536 Hybriden, die kaum zuzuordnen sind.

2540 **Campanula rapunculus** L.
Rapunzel-Glockenblume

I; ⟨B⟩, s, ⑦, ❀; (AV), M_1, M_2, F, (K); RL reg; ✂
T6.2.2.2.3, T7.1.2, T8.1.2
M 30–80(–100) cm. Stg kantig, kahl od. zerstreut behaart. Grund- u. Stgblätter ausdauernd, verkehrt eifg, schwach gezähnt, stumpfkerbig. Blüten 15–25 mm lg, gestielt, blau, mit je 2 Vorblättern, Blütenzipfel nur bis ca ⅓ eingeschnitten, in reichblütigen, schmalen, fast traubenartigen Rispen, mit aufgerichteten Ästen, Blütenstiele nur am Grund mit Hochblättern.

◂ 2541 **Campanula patula** L.
Wiesen-Glockenblume

I; ⟨B⟩, s, ⑥, ❀; A, AV, M_1, M_2, F; RL reg
T7.1.2, T7.1.3
M 20–50(–70) cm. Stg kantig, kahl. Grund- u. Stgblätter ausdauernd, verkehrt eifg, stumpfkerbig. Blüten 15–25 mm lg, trichterfg, gestielt, oft etwas nickend, rötl. lila, in armblütigen, lgästigen rispigen Dolden, Blütenzipfel bis zur Hälfte der Krone eingeschnitten. Seitl. Blütenstiele über der Mitte mit 2 Hochblättern.

2542 **Campanula bononiensis** L. ▸
Bologneser Glockenblume

I; H, s, ⑦; M_2, F (östl); RL 2
T6.2..3.1, T8.1.1.
M 30–100(–120) cm. Stg rund, kurz weichhaarig. Pfl ohne Ausläufer. Blätter unterseits graufilzig, eifg bis lanzettl., kurzgestielt bis halbstgumfassend. Blüten 1–2 cm lg, kurzgestielt, hellviolett, zu 1–3 in den Achseln schnell kleiner werdender Hochblätter, in ± einseitswendigen Trauben.

◂ 2543 **Campanula rapunculoides** L.
Acker-Glockenblume

I; H, s, ⑧; A, AV, M_1, M_2, F, K; RL –; Z
T1.1.2.4, T1.4.1.3, T2.1.2.1.1, T8.1.1, T9.1.2.2
M 30–80 cm. Stg stumpfkantig, kahl od. wie die Blattunterseite kurz rauhaarig. Untere Stgblätter eifg, schwach gezähnt, gestielt, am Grund schwach herzfg, die folgenden kurzgestielt bis sitzend. Blüten nickend, in meist lgr einseitswendiger Traube (slt Rispe). Kelchzipfel lineal-lanzettl., abstehend bis zurückgekrümmt, behaart. Krone 2–3,5 cm lg, am Rand meist gewimpert.

2544 **Campanula rhomboidalis** L. ▸
Rautenblättrige Glockenblume

E; H, s, ⑦; M_1, M_2; RL reg
T7.1.2, T7.1.3
M 20–50(–90) cm. Stg kantig, ± kahl. Grundblätter zur Blütezeit vertrocknet. Stgblätter eirautenfg bis eilanzettl., grob gezähnt, sitzend, abstehend rauhaarig. Blüten 12–20 mm lg, kurz glockig, lggestielt, blau, zu 4–15 in einseitswendigen Trauben. Kelchblätter pfrieml.
B Heimat: westpräalpin

2545 **Campanula trachelium** L. ▸
Nesselblättrige Glockenblume

I; H, s, ⑧, ❀; A, AV, M_1, M_2, F, K; RL –; Z
T1.1.1, T1.1.2.3, T2.1.2, T8.2.1.4
M 30–80(–110) cm. Stg scharf 4-kantig, steifhaarig. Stgblätter kurz rauhaarig, die unteren herzeifg, 2mal gesägt, lggestielt, am Grund herzfg, die folgenden kurzgestielt bis sitzend. Blüten aufrecht, in allseitswendiger Traube (slt Rispe). Kelchzipfel br lanzettl., der Krone anliegend, behaart. Krone 3–4(–5) cm lg, am Rand gewimpert.

2546 **Campanula latifolia** L. ▸▸
Breitblättrige Glockenblume

I; H, s, ⑧; A, AV, M_1, M_2, F, K; RL reg, §;(✂), Z
T1.1.2.1, T8.2.1.1
M 60–150 cm. Stg stumpfkantig, unten kahl, oben ± flaumhaarig. Stgblätter kurz weichhaarig od. kahl, stumpf gesägt, die unteren eifg bis lanzettl., mit kurzem geflügelten Stiel, die oberen sitzend. Blütenstand meist traubig. Kelchzipfel eilanzettl., anliegend bis abstehend, kahl. Krone 4–6 cm lg, violettblau od. weiß, am Rand gewimpert, Zipfel spreizend, zu 1–3 in den Achseln nur langsam kleiner werdender (frondoser) Hochblätter.

◄ 2547 **Adenophora liliifolia** (L.) DC.
Lilienblättrige Becherglocke (Gttg 40 sp)

I; H, s, ⊙; AV; RL 1!, §; D, Z
L5.2.3, T1.1.2.4, T7.3.2
M 30–100 cm. Stg einf., aufrecht, kahl. Grundblätter rundl. herzfg, zur Blütezeit fehlend. Stgblätter br bis lineal-lanzettl., spitz, vorn scharf gesägt, obere sitzend. Blüten 12–20 mm lg, nickend, blassblau bis lila, in Rispen. Griffel länger als Blüte (bei *Campanula* ± so lg wie), weit aus Blüte herausragend, am Grund mit Drüsenring. Kelchblätter gesägt.

2548 **Lobelia dortmanna** L. ►
Wasser-Lobelie (Gttg ca 300 sp)

I; W, w, ⑥; F; RL 1, §
L3..6.1
M 20–50(–70) cm. Stg hohl, fast blattlos. Blätter linealisch, stumpf, dickl., in grundstdgr, meist untergetauchter Rosette. Blütenstand traubig, 2–8(–12)-blütig. Krone 2-lippig, Oberlippe 2-, Unterlippe 3-teilig, im unteren Teil röhrig, blassblau od. weiß. Staubblätter verwachsen.
B Auch als eigene Fam Lobeliaceae abgetrennt.
▼

2549 **Sherardia arvensis** L. ►►
Ackerröte (Gttg 1 sp)

A; T, w, ⑤; AV, M_1, M_2, F, K; RL reg
T7.2.1, T9.1.1.1., T9.1.2.1, T9.1.2.2.
M 5–15(–25) cm. Stg 4-kantig, niederliegend, ästig, rau behaart. Stgblätter 4–6-quirlig, längl. lanzettl., feinstachelig rau. 8 bis 10 unbewimperte Hochblätter bilden eine Tragblatthülle um die Trugdolde. Blüten 4–5 mm, trichterfg, rosalila, slt weiß. Kelch deutl. 6-zähnig, an der Frucht bleibend.

2550 **Asperula arvensis** L.
Acker-Meier (Gttg ca 90 sp)

A; T, s, ⑦; (AV), M_1, M_2, (F): RL 0
T9.1.2.2–2.5
M 10–25(–50) cm. Stg aufrecht, ästig, kahl, am Grund oft noch mit Keimblättern. Blätter unten in 4-, oben in 6–8-zähligen Wirteln, lineal-lanzettl., kahl, oberseits aber rau. Blüten 5–6 mm lg, 4-zählig, ungestielt, hellblau (slt weiß), Kronröhre länger als Kronzipfel, in endstdgn Büscheln, von bewimperten Hochblättern umgeben.
▼

2551 **Asperula cynanchica** L. ►
Hügel-Meier

I; H, s, ⑤, ❀; A, AV, M_1, M_2, F (östl.); RL reg; Z
T1.4.1.3, T6.2, T7.3.2 (tro), var *arenicola* Reut.:
T6.2.2.2.1
M 10–25(–50) cm. Stg niederliegend, ästig, kahl. Blätter lineal, 1-nervig, grün, am Rand meist zurückgerollt, unten in 4-, oben in 4–6-zähligen Wirteln, untere zur Blütezeit vertrocknend. Deckblätter stachelspitzig. Blüten 3–7 mm lg, meist 4-zählig, ungestielt, hellrosa bis weiß, Kronröhre länger als Kronzipfel. Frucht warzig.
B Formenreich. Systematik u. Taxonomie noch nicht endgültig bearbeitet.

◄◄ 2552 **Asperula tinctoria** L.
Färber-Meier

I; H, s, ⑥; A, AV, M_1, M_2, F (östl.); RL 3+; Z, ☼F
T1.4.1.2, T1.4.1.3, T8.1.1
M 30–50 cm. Stg aufrecht, ästig, kahl. Blätter schmal lineal, 1-nervig, in 4–6-zähligen Wirteln, blaugrün. Deckblätter stumpf od. zugespitzt, nicht stachelspitzig. Blüten 3–4 mm lg, 3-zählig, ungestielt, weiß, Kronröhre länger als Kronzipfel. Frucht glatt, glänzend.

◄ 2553 **Asperula neilreichii** Beck
Ostalpen-Meier

I; ⟨H, s⟩, ⊙; A; RL –
T5.1.2
M 5–15 cm. Dichtrasig, Stg starr. Untere Stgblätter auch zur Blütezeit fri, verkehrt eifg, zurückgekrümmt. Blüten 3–4-zählig, ungestielt, rosa, Kronröhre länger als Kronzipfel. Frucht undeutl. warzig.

2554 **Cruciata laevipes** Opiz ►
Gewöhliches Kreuzlabkraut (Gttg 10 sp)

I; H, s, ③; A, AV, M_1, M_2, F (östl.), (K); RL reg
L4.4, T1.1.1, T2.1.2, T8.2.1.1, T10.2.8.3
M 10–30(–50) cm. Stg steifhaarig, 4-kantig. Blätter in 4-zähligen Wirteln, oval bis elliptisch, 3-nervig. Blüten 4-spaltig, gelb, in blattachselstdgn Quirlen. Blütenstiele behaart. Teilblütenstände 3–9-blütig, mit Hochblättern.

2555 **Cruciata glabra** (L.) Ehrend. ►►
Kahles Kreuzlabkraut

I; H, s, ④; AV, M_2 (östl); RL reg
T1.1.2.3, T.1.2
M 10–20(–30) cm. Stg u. Blätter kahl od. schwach behaart. Blätter in 4-zähligen Wirteln, oval bis elliptisch, 3-nervig. Blüten 4-spaltig, gelbgrün, in blattachselstdgn Quirlen. Blütenstiele kahl. Teilblütenstände 3–9-blütig, ohne Hochblätter.

◄ 2556 **Galium odoratum** (L.) Scop.
Waldmeister (Gttg ca 300 sp)

I; H, w, ⑤; A, AV, M_1, M_2, F, K; RL –; (☠), ✂, ✠, ☺, Z
T1.1.1, T1.1.2.3
M 5–25 cm. Stg aufrecht, unverzweigt, in Vielzahl an unterirdischen Rhizomen, 4-kantig. Blätter zu 6–8 im Wirtel, grün, am Rand rau, lanzettl. elliptisch. Blüten trichterfg glockig, weiß. Frucht borstig (Klettfrucht).

2557 **Galium glaucum** L. ►
Blaugrünes Labkraut

I; H, w, ⑥; M_1, M_2, F (östl); RL reg
T6.2, T8.1.1
M 30–60(–80) cm. Stg einzeln, wenig verzweigt, aufrecht, rund bis schwach 4-kantig. Blätter zu 8–10 im Wirtel, blaugrün, glatt od. rau, lineal, randl. z. T. umgerollt. Blüten trichterfg glockig, weiß bis rötl. Frucht kahl.

◂2558 **Galium rotundifolium** L.
Rundblättriges Labkraut

I; C, w, ⑦; A, AV, M_1, M_2 (östl.), (F); RL reg
T1.1.1.5, T1.4.5.1 + 3 (verschleppt)
M 10–20 cm. Stg niederliegend aufsteigend, 4-kantig, etwas rau, kahl. Blätter elliptisch, kurz stachelspitzig, zu 4 im Wirtel, 3-nervig. Blüten weiß in lockeren Blütenständen. Frucht borstig behaart.

2559 **Galium boreale** L. ▸
Nordisches Labkraut

I; H, w, ⑦; A, AV, M_1, M_2, F, K; RL reg; ✿F
T1.1.2.4.2, T6.2.2.2.3, T7.3.2
M 15–50 cm. Stg straff aufrecht, 4-kantig, kahl od. kurzhaarig. Blätter lineal-lanzettl., stumpfl., derb, 2–8 mm br, 3-nervig, zu 4 im Wirtel. Blüten weiß in dichten Blütenständen. Frucht meist mit gekrümmten Haaren.

2560 **Galium parisiense** L. ▸
Pariser Labkraut

A; T, w, ⊙; M_1, M_2, F; RL 0 ⟨besser: RL 1⟩
T6.2.1.4.5, 79.1, T10.3.1
M 10–20 cm. Stg rau, 4-kantig, nicht durch Kletthaare haftend. Blätter 1–2 mm br, am Rand durch vorwärts gerichtete Stacheln rau. Blüte sehr klein, schmaler als Frucht, grünl. gelb, zu 1–7 sowohl achselstdg als auch gehäuft in endstdgr Rispe. Fruchtstiele aufrecht abstehend, Frucht 1–2 mm, kahl od. behaart.

2561 **Galium tricornutum** Dandy ▸▸
Dreikörniges Labkraut

A; T li, s, ⑥; AV, M_1, M_2, F; RL 3
T9.1.1.1, T9.1.2.2, T10.7
M 15–45 cm. Stg rau, 4-kantig. Blätter hellgrün, in der unteren Hälfte mit rückwärts gerichteten Stacheln. Blüte schmaler als Frucht, weiß, meist zu 3, Blütenstand kürzer als Blätter. Frucht 3–4 mm br, mit spitzen Papillen, meist zu dritt, Fruchtstiele herabgekrümmt.

◂◂2562 **Galium aparine** L.
Gewöhnliches Kletten-Labkraut

I; T li, v, ⑥, ❀; A, AV, M_1, M_2, F, K; RL –; ✂, ✠, ☺
L4.1–4 (Ufer), L5.2.4–5, T8.2.1.4, T8.2.2, T9.1 (feucht), T10.7
M 50–150(–200) cm. Stg rau, 4-kantig, durch Hakenborsten haftend. Blätter 3–8 mm br, borstig rau. Blüte schmaler als Frucht, 2 mm br, weiß, zu 1–7 in kleinen Blütenständen, diese länger als Blätter. Frucht 4–7 mm lg, hakenborstig, Borsten auf kleinen Höckern, Fruchtstiele aufrecht abstehend.

◂2563 **Galium spurium** L. ssp **spurium**
Grünblütiges Labkraut (i. e. S.)

A?; T li, w, ⑥; (A), AV, M_1, M_2, F; RL D
T9.1, T9.1.3, T10.7
M 30–100 cm. Stg kahl, aber rau durch kleine Stacheln, 4-kantig, durch Hakenborsten haftend. Blätter 2–3 mm br, randl. rückwärts rauborstig. Blüten schmaler als Frucht, 1 mm br, grünl. weiß, zu 3–9. Früchte 1,5–3 mm lg, feinkörnig glatt, glänzend, Fruchtstiele aufrecht abstehend.

◂ 2564 ssp **vaillantii** (DC.) Gaudin
Hakenfrüchtiges Grünblühendes Labkraut

A?; ⟨T li, ?⟩, ⊙; wo?; RL reg
T9.1.1.1, T9.1.2.2
M Ähnl. wie 2563, aber Früchte hakig borstig, die Borsten aber nicht auf Höckern.

2565 **Galium palustre** L. ssp **palustre** ▸
Sumpf-Labkraut (i. e. S.)

I; H, w, ⑥, ❀; A, AV, M_1, M_2, F, K; RL –
L3..6, L4.4, S2.1, S3.2.5, T7.3.2
M 15–40(–60) cm. Stg niederliegend bis aufsteigend, schlaff, nur spärl. raustachelig, kahl. Blätter meist zu 4, stumpf, vorn verbreitert, mittlere Stgblätter bis 15 mm lg, ohne Stachelspitze, am Rand glatt. Blüten 3,5 mm ∅, breiter als Frucht, weiß, Staubblätter rot. Frucht 2–3 mm br, feinkörnig rau.

2566 ssp **elongatum** (C. Presl) Lange ▸
Hohes (Sumpf-) Labkraut

I; H, w, ⑥; AV, M_1, M_2, F, K; RL reg
S2.1, S3.2.5
M Ähnl. wie 2565, aber höher (bis 100 cm), Stg rund bis 4-kantig mit deutl. hellen bis weißen flügelartigen Streifen. Mittlere Stgblätter 15–20 mm lg. Blüten 3–4(–4,5) mm ∅. Früchte kahl.

2567 **Galium uliginosum** L. ▸▸
Moor-Labkraut

I; H, s, ⑦, ❀; A, AV, M_1, M_2, F, K; RL reg
S2.2.1, T7.3.2
M 10–30(–60) cm. Stg rau, aber kahl, 4-kantig, liegend bis aufsteigend. Blätter meist zu (5–)6–8, lineal-lanzettl., hell bespitzt, am Rand rückwärts rau. Blüten breiter als Frucht, 2,5–3 mm ∅, weiß, Staubblätter gelb. Frucht 1 mm br, papillös.

◂ 2567a **Galium verrucosum** Huds.
Anis-Labkraut

U; T, s, ⊙; M_1, M_2, F (östl.); RL –
T9.1
M 5–20 cm. Stg rau. Blätter am Rand mit rückwärts gerichteten Stacheln. Blütenstand 1-blütig, Blüten grünl. weiß bis weiß. Frucht 5–6 mm br, mit weißen, blasigen Warzen. Fruchtstiele herabgekrümmt.
B Heimat: S-Europa.

2568 **Galium verum** L. ▸
Echtes Labkraut

I; H, w, ⑧, ❀; A, AV, M_1, M_2, F, K; RL –; (❀), ✠,☺, D, ✿F
T1.4.1.3, T6.2.2.2.3, T7.3.2, T8.1.2, T10.3.4.2
M 20–70 cm. Stg oben mit 4 erhabenen Leisten, niederliegend bis aufsteigend. Blätter linealisch, randl. umgerollt, unterseits weichhaarig, 1 mm br, glänzend, zu 6–12 im Wirtel, ca so lg wie die Internodien. Blüten goldgelb, mit Honigduft, Zipfel kurz bespitzt, blüht später als 2569 (Juni–September). Rispen dicht, ohne Unterbrechung. Frucht glatt.

◄ 2569 **Galium wirtgenii** F. W. Schultz
Wirtgens Labkraut, (Frühes Echtes Labkraut)

I; ⟨H, w⟩, ⊙; M_1, M_2, F, wo noch?
T6.2.2.2.3, T7.3.2, T8.1.1
M Ähnl. wie 2568, früher blühend (Mai–Juni), Stg straff aufrecht. Blätter bis 2 mm br, kürzer als Internodien, matt. Blüten zitronengelb, ohne Geruch. Blütenzipfel nicht bespitzt. Blüten in unterbrochenen Rispen, in mehreren Etagen.

2570 **Galium × pomeranicum** Retz. ►
(2568 × 2571)
Weißgelbes (Bastard-)Labkraut

I; ⟨H, s⟩, ⊙; F, wo noch?; ⟨RL –⟩
wie 2571
M 20–80 cm. Pfl ± behaart. Blätter ca 2–4 mm br, lineal-lanzettl., Rand etwas zurückgerollt. Blütenstand locker spreizend, Blüten gelbl. weiß.
B Im Habitus v. a. 2568 näher, recht hfg, offenbar immer wieder neu entstehend, zieml. instabil. Es gibt aber auch stabile Populationen.

2571 **Galium album** Mill. ssp **album**
Großblütiges Wiesen-Labkraut

I; H, s, ⑦, ❀; A, AV, M_1, M_2, F, K; RL –; ☼F
L5.2.3 (lückig), T5.1, T6.2.2.2.3, T7.1.2, T8.1.2.2
◄ **M** 25–80(–150) cm. Pfl meist kahl, aber auch behaart, Stg aufsteigend aufrecht. Blätter 2–5(–7) mm br, 2–7mal so lg wie br, beiderseits grün, lanzettl., allmähl. in die Spitze verschmälert, derb, zu 6–8 im Wirtel. Blüten 3–5 mm ∅, weiß. Fruchtstände dicht, Frucht etwas runzelig.
B Häufigste Sippe des Aggregats, die ihrerseits einen Sippenkomplex mehrerer Sippen darstellt. Vorläufig wird hier die folgende Sippe ausgegliedert:

2572 ssp **pycnotrichum**
(Heinr. Braun) Krendl — ohne Abb.
Dichthaariges Wiesen-Labkraut

I; ⟨H, s⟩, ⊙; A, AV, M_1, M_2, F, K; RL ?
T1.1.2.4
M Ähnl. wie 2571, aber ganze Pfl dicht lghaarig. Blätter 3–7mal so lg wie br, längl. lanzettl., rasch in die Spitze verschmälert. Blüten 3–4 mm br, weiß.

2573 **Galium mollugo** L. ►
Kleinblütiges Wiesen-Labkraut

E?; H, s, ⊙; AV, M_1; RL reg
L5.2.3, T1.1.2.4, (T7.1)
M Ähnl. wie 2571, aber nur 30–100 cm. Stg 4-kantig, kahl, reich verzweigt. Blätter verkehrt eifg, 2–3 mm br, 2–7mal so lg wie br, beiderseits grün, plötzl. zugespitzt, meist kahl (auch behaart), dünn, Blüten < 2 mm ∅, weiß, Blütenstiele 3–4 mm lg. Fruchtstand locker, Fruchtstiele sparrig spreizend, Frucht etwas runzelig.

◄ 2574 **Galium lucidum** All.
Glänzendes Labkraut

I; H, s, ⑦; M_1; RL reg
T1.1.2.5.4, T1.4.1.3, T3.1.6
M 20–70 cm. Stg 4-kantig, derb, mit deutl. hellen Leisten, glatt u. kahl. Blätter 1–2 mm br, 8–15mal so lg wie br, lineal bis lanzettl., oberseits dklgrün, ± glänzend, unterseits heller, am Rand zurückgerollt. Blüten 3–4 mm br, weiß od. gelbl. Frucht glatt.

2575 **Galium truniacum** (Ronniger) Ronniger ►
Traunsee-Labkraut

(☆) **I**; H, s, ⊙; A; RL R!!
T5.1.2.2.1
M 20–60 cm. Stg 4-kantig, derb, unten rot. Pfl ohne Ausläufer. Blätter dünn, 1–2 mm br, 8–15mal so lg wie br, oberseits glänzend. Blüten blassgelb, gelbl. grünl., Kronblätter abgerundet, mit aufgesetzter Grannenspitze. Blütenstiele 2,5–7 mm lg, stark spreizend.

2576 **Galium saxatile** L.
Harzer Labkraut

I; C, H, w, ⑦; (A), AV (syn.); M_1, M_2, F, K; RL –
T1.1.1.1, T1.1.2.5, T1.4.3, T6.2.1.5
M 5–20(–30) cm. Stg 4-kantig, kahl, niederliegend, zahlreich, nur blühende Stg aufsteigend. Blätter zu 6 im Wirtel, lanzettl., verkehrt eifg, über der Mitte am breitesten, 1-nervig, am Rand mit nach vorn gerichteten Zähnen. Blüten weiß, in pyramidal verlängerten Trugdolden. Frucht körnig rau, Fruchtstiele gerade.

2577 **Galium sylvaticum** L.
Wald-Labkraut

I; K, s, ⑧, ❀; AV, M_1, M_2, F; RL reg
T1.1.1.4, T1.1.2.2 + 3, T1.1.2.4.2, T2.1.2, T8.1.2
M 30–100(–140) cm. Stg aufrecht, rund, glatt, lockerästig, ohne Ausläufer. Blätter 20–40 mm lg, 3–10 mm br, lanzettl., blaugrün, meist zu 8 im Wirtel. Blütenblätter 2–2,5 mm ∅, spitz, weiß. Blütenrispe ausgebreitet, Blütenknospen oft nickend. Frucht kahl.

2578 **Galium aristatum** L.
Grannen-Labkraut

I; H, s, ⑧; A, AV; RL –
T1.1.1.4, T1.1.2.3, T8.1.2
M 20–60(–80) cm. Stg durchweg 4-kantig, derb, nicht bläul. bereift, grasgrün, einzeln, aufrecht, ohne Ausläufer. Blätter 40–65 mm lg, 3–5 mm br, lanzettl., allmähl. zugespitzt, unterseits blaugrün, am Rand rau. Kronblätter abgerundet, mit aufgesetzter Grannenspitze. Frucht glatt, kahl.

2579 **Galium schultesii** Vest
Glattes Labkraut

I; K, s, ⑦; M_1, M_2; RL reg
M 30–120 cm. Stg nur oben 4-kantig, derb, bläul. bereift, einzeln, aufrecht mit Ausläufern. Blätter 25–60 mm lg, 3–8(–12) mm br, lanzettl., abrupt zugespitzt, unterseits blaugrün. Kronblätter (3–)4–5 mm ∅, weiß, abgerundet mit aufgesetzter Grannenspitze. Frucht glatt, bereift.

2580 **Galium megalospermum** All.
Schweizer Labkraut

I; C, H, w, ⊙; A, AV; RL –
L5.1.1, T5.1.2.2.1
M 2–10 cm. Pfl dichtrasig, mit zahlreichen nicht blühenden, niederliegenden Trieben. Blätter dickl., mit undeutl. Mittelnerv, zu 6 im Wirtel, knorpelig bespitzt, hellgrün. Blüten gelbl. weiß. Fruchtstiel etwas abwärts gekrümmt, Frucht fast glatt.

2581 **Galium noricum** Ehrend.
Norisches Labkraut

I; C, w, ⊙; A; RL R!
T3.3.2
M 2–20 cm. Pfl dichtrasig, mit zahlreichen nicht blühenden, niederliegenden Trieben. Blätter mit deutl. Mittelnerv, lineal, dickl., ölig glänzend, kahl, knorpelig bespitzt, meist zu 8 im Wirtel. Blüten gelbl. weiß. Fruchtstiel gerade, Frucht glatt.

◄2582 **Galium anisophyllum** Vill.
Ungleichblättriges Labkraut

I; C, H, s, ⊙, ❀; A, AV, (M_1); RL –
L5.1.1, T1.4.1.3, T3.4.2.1, T5.1.2.2.1, T6.2.2.2.1
M 5–15(–20) cm. Pfl dichtrasig, mit zahlreichen nicht blühenden, niederliegenden Trieben. Stg 4-kantig, kahl od. behaart. Blätter mit deutl. Mittelnerv, flach, obere keilfg verbreitert, plötzl. zugespitzt, länger als die Hälfte der Internodien, zu 5–8 im Wirtel. Blüten gelbl. weiß bis weiß, in armblütigen, doldig abgeflachten Blütenständen. Fruchtstiel gerade, Frucht glatt.

2583 **Galium pumilum** Murray ►
Triften-Labkraut

I; H, s, ⑥, ❀; A, AV, M_1, M_2, (F, K); RL reg
T6.2.1.5.1, T6.8.2.2.3, T7.3.2 (tro)
M (10–)15–30(–70) cm. Pfl lockerrasig, ohne zahlreiche, nicht blühende Triebe. Stg glatt, aufrecht, wenig rau, am Grund nie rot, mit lgn Internodien, erst oben ästig. Blätter schmal lanzettl., zu 7–8 im Wirtel, sichelfg, matt. Blüten 2,5–4 mm ∅, weiß, in schmal pyramidalen Blütenständen, Blütenstiele 1–1,5 mm lg. Frucht rund, glatt bis papillös.

◄2584 **Galium sterneri** Ehrend.
Sterners Labkraut

I; H, s, ⊙; K; RL reg
T10.6.1 + 3
M Ähnl. wie 2583, aber Stg schon unter der Mitte verzweigt, Blütenstand br pyramidal. Pfl rasig, mit zahlreichen nicht blühenden Trieben. Frucht spitz papillös.

2585 **Galium suecicum** (Sterner) Ehrend.
Schwedisches Labkraut ohne Abb.

(✩) ?**I**; ⟨H, s⟩, ⊙; F (östl.); RL –
T1.4.1 (licht), T10.6.1
M Ähnl. wie 2583, aber Stg schon unter der Mitte verzweigt, Blütenstand br pyramidal. Pfl zur Blütezeit fast ohne sterile Triebe, kaum rasig. Blätter schmal lanzettl. Blüten auffällig geknäuelt, Frucht spitz papillös.

2586 **Galium valdepilosum** Heinr. Braun ►
Mährisches Labkraut

I; H, s, ⊙; M_1; RL reg
T6.2.1.4, T8.1.2.2
M (9–)15–30(–40) cm. Ähnl. wie 2583, aber Stg niederliegend aufsteigend, oft abstehend behaart od. kahl, von unten lgästig, unten meist rötl. Blät◄ter gerade, glänzend. Blüten 2–3,5 mm ∅, weiß, in eifg längl. bis br pyramidalen Blütenständen, Blütenstiele 0,8–1,1 mm lg. Früchte spitz papillös.

2587 **Sambucus ebulus** L. ►
Zwerg-Holunder, (Gttg 9 sp), s. auch Abb. 84
Attich

I; H, s, ⑧; A, AV, M_1, M_2, F; RL –; ☠, ✠, ☺, D, Z
T2.2.2, T8.2.1.1, T10.3.3.1(Wald), T10.3.3.5, T10.7
M 50–150 cm. Pfl krautig, nicht verzweigt, Stg gefurcht. Blatt gefiedert, am Grund mit nebenblattartig herabgerichteten Fiedern. Pfl widerl. riechend. Blüten weiß, in Dolden, Staubbeutel rot. Frucht schwarz.

2588 **Sambucus nigra** L.
Schwarzer Holunder s. auch Abb. 85

I; N, s, ⑥; A, AV, M_1, M_2, F, K; RL –; (☠), 👌, ✠, ☺, ?F, Z
T1.1.1, T1.2.2, T2.1.2, T2.3, T10.1, T10.7
M 2–7 m. Stark verzweigter Strauch, Stgmark weiß. Blätter gefiedert, am Grund mit Zipfeln od. Drüsen. Blüten weiß, Staubbeutel gelb. Blütenstand doldig schirmfg. Frucht schwarz.

2589 **Sambucus racemosa** L.
Trauben-Holunder, Roter Holunder s. auch Abb. 86

I; N, s, ③; A, AV, M_1, M_2, F, (K); RL –; ☠, (👌), ✠, Z
T2.1.2(m), T2.3.1, T5.1
M 1–3 m. Stark verzweigter Strauch. Stgmark gelbbraun. Blätter gefiedert, am Grund mit Zipfeln od. Drüsen. Blüten gelbl., Staubbeutel gelb. Blütenstand eifg rispig. Frucht rot.

2590 **Viburnum opulus** L.
Gewöhnlicher Schneeball (Gttg 150 sp), s. auch Abb. 87

I; N, s, ⑥; A, AV, M_1, M_2, F, K; RL –; ☠, ✠, (👌), ☺, Z
L5.2.3, S3.2.1, T2.1.2
M 1–4 m. Zweige kahl, stumpfkantig, graubraun. Blätter grün, oberseits kahl, glatt, buchtig gezähnt, 3–5-lappig. Knospen schuppig. Blüten schneeweiß, in Trugdolden, randl. Blüten größer, strahlend, unfruchtbar. Frucht eine kugelige, leuchtend rote Beere.

2591 **Viburnum lantana** L.
Wolliger Schneeball s. auch Abb. 88

I; N, w, ④; A, AV, M_1, M_2 (östl.), F (syn.); RL –; ☠, D, Z
T1.1.1 (licht), T1.1.2.4, T1.4.1.3, T1.4.2, T2.1.2.1.1
M 2–4 m. Zweige durch graubraune Sternhaare dichtfilzig. Blätter graufilzig, eifg, netzrunzelig, gezähnt. Knospen schuppenlos. Blüten weißl., alle gleich gr, in filzig behaarten Trugdolden, unangenehm riechend. Frucht eifg, zuerst rot dann glänzend schwarz.

2592 **Symphoricarpos albus** (L.) S. F. Blake
Gewöhnliche Schneebeere (Gttg 17 sp), s. auch Abb. 89

E; ⟨N, s⟩, ⊙; A, AV, M_1, M_2, F, K; RL –; ☠, (✠), Z
T1.3
M 1–1,5 m. Ausläufer bildend, mit dünnen, kahlen Zweigen. Blätter rundl. bis elliptisch eifg, 4–6 cm lg, stumpf, buchtig gelappt. Blüten glockig, 5-zähnig, rötl., innen behaart, in kurzen, bis 4 cm breiten Ähren. Frucht Beere, 1–1,5 cm ∅.
B Heimat: östl. Nordamerika. Hfg gepflanzt: (2592a) die Korallenbeere, *S.* × *chenaultii* Rehd., niedrig, mit rötl., weiß punktierten Beeren u. kl. eifgn Blättern. Elternarten aus Nordamerika.

2593 **Lonicera caprifolium** L.
Wohlriechendes Geißblatt, Jelängerjelieber s. auch Abb. 90

I; N li, s, ⊙; AV, M_1, M_2 (v. a. östl.); RL –; ☠, ☺, D, Z
T1.1.2.4, T2.1.2.1.1, T9.2
M 2–5 m. Stg windend, abstehend behaart, verkahlend, weißl. bereift. Blätter gegenstdg, elliptisch, obere Blattpaare verwachsen. Blüten gelbl. weiß, außen rötl., sehr wohlriechend. Früchte korallenrot.

2594 **Lonicera periclymenum** L.
Wald-Geißblatt s. auch Abb. 91

I; N li, s, ⑦; (AV), M_1, M_2, F, K; RL –; ☠, ☺, D, Z
T1.1.1, T1.1.2.5, T2.1.2.2.2
M 1–6 m. Stg windend, Zweige hohl, behaart, verkahlend. Blätter eifg bis schmal elliptisch, dklgrün, kahl, unterseits blaugrün. Blüten gelbl. weiß mit purpurn, v. a. abends wohlriechend, kopfig gehäuft. Hochblätter nicht verwachsen. Frucht rot.

2595 **Lonicera xylosteum** L.
Rote Heckenkirsche s. auch Abb. 92

I; N, s, ④; A, AV, M_1, M_2, F, K; RL –; ☠, (✠), ☺, Z
T1.1.1, T1.1.2.4, T2.1.2.1.1
M 1–2 m. Stg aufrecht, verzweigt, junge Zweige hohl, zottig behaart. Blätter kurzgestielt, br elliptisch, weichhaarig. Blüten blassgelb, zu 2, Blütenstiele so lg wie Blüte. Frucht rot.

2595a **Lonicera tatarica** L.
Tatarische Heckenkirsche

K, U–E; N, s, ⊙; wo?; (RL –); ☠, Z
T1.3
M 1–3 m. Stg aufrecht, verzweigt, Zweige hohl, kahl. Blätter herzfg, stumpf, kahl, hellbläul. grün, kurzgestielt, 3–6 cm lg. Blüten rosa (auch weiß), zu 2, Blütenstiele so lg wie Blüte. Frucht hellrot (bis gelbl.).

2596 **Lonicera nigra** L.
Schwarze Heckenkirsche

I; N, s, ③; A, AV, M_1, M_2; RL –; ☠, ☺, Z
T1.1.1 (o), T1.4.2, T1.4.3, T2.1.2 s. auch Abb. 93
M 0,5–1 m. Stg aufrecht, verzweigt, Äste hellbraun, markig. Blätter längl., kahl, glatt, ± sitzend, oben glänzend grün, unten bläul. Blüten trübrosa bis weißl., zu 2, Blütenstiele 3–4mal so lg wie Blüte. Frucht blauschwarz.

2597 **Lonicera caerulea** L.
Blaue Heckenkirsche s. auch Abb. 94

I; N, s, ③; A, AV; RL reg; ☠, (👌), Z
S3.2.1, S3.2.3, T1.4.3, T2.1.2
M 0,6–1,2 m. Stg aufrecht, verzweigt, Äste rötl. braun, markig. Blätter 2–8 cm lg, rundl. eifg, stumpf, verkahlend, unterseits blaugrün. Blüten gelbl. bis grünl., zu 2, länger als kurze Blütenstiele. Frucht blauschwarz, bereift.

2598 **Lonicera alpigena** L.
Alpen-Heckenkirsche s. auch Abb. 95

I; N, s, ④; A, AV, M_1; RL –; ☠, ☺, Z
T1.1.1.5, T2.1.2.1.1, T3.1.1
M 0,5–2 m. Stg aufrecht, verzweigt, junge Zweige kantig, ältere markig, graubraun. Blätter 7–10 cm lg, elliptisch, zugespitzt, verkahlend, dklgrün, unterseits glänzend. Blüten grünl. gelb bis trübrot, zu 2, kürzer als 3–4 cm lge Blütenstiele. Frucht rot.

Abb. 84 Sambucus ebulus (2587)

Abb. 85 Sambucus nigra (2588)

Abb. 86 Sambucus racemosa (2589)

Abb. 87 Viburnum opulus (2590)

Abb. 88 Viburnum lantana (2591)

Abb. 89 Symphoricarpos albus (2592)

Abb. 90 Lonicera caprifolium (2593)

Abb. 91 Lonicera periclymenum (2594)

Abb. 92 Lonicera xylosteum (2595)

Abb. 93 Lonicera nigra (2596)

Abb. 94 Lonicera caerulea (2597)

Abb. 95 Lonicera alpigena (2598)

◂ 2599 **Linnaea borealis** L.
Moosglöckchen

I; C, ⟨w⟩, ⑧; (M_2), F, K; RL 3, §; D, Z
T1.4.1.1, T1.4.3
M (5–)15–20 cm, bis mehrere m kriechend. Stg fädig, kriechend, mit aufrechten, 1–3-blütigen, drüsigen Blütenständen. Blätter rundl., gekerbt. Blüten glockig, nickend, 10 mm lg, zartrosa, nach Vanille duftend, mit 4 Staubblättern.

2600 **Adoxa moschatellina** L. ▸
⟨Europäisches⟩ Moschuskraut (Gttg 4 sp)

I; K, v, ②; A, AV, M_1, M_2, F, K; RL –; D
T1.1.1(feucht), T1.3, T2.1
M 7–20 cm. Rhizom waagerecht kriechend. Stg zu 1–3. Blätter doppelt 3-zählig, fast wirtelfg, mattgrün, unterseits glänzend. Blüten in endstdgn, 5–7-blütigen, fast würfelfgn Köpfchen, grünl. gelb, nach Moschus riechend. Seitenblüten 5-, Gipfelblüte 4-zählig. Frucht eine glasige, mehrsamige, beerenartige Scheinfrucht.
B Die systematische Stellung der Fam ist umstritten.

2601 **Centranthus ruber** (L.) DC. ▸
Rote Spornblume (Gttg 9 sp)

E; H, s, ⊙; M_1, M_2; ⟨RL –⟩; ✂, ✠, Z
T9.3.2.1, T10.2..2.3
M 30–80 cm. Grundachse verholzend. Stg rund, kahl, grün, bereift. Blätter blaugrün, br lanzettl. bis eifg, ganzrandig, obere zuw. gezähnt, mit herzfgm Grund, halbstgumfassend. Blüten lgröhrig, 5–10 mm lg, gespornt, rot, rosa od. weiß, 1 Staubblatt, in dichten Rispen.

2602 **Valerianella locusta** (L.) Laterr. ▸▸
Gewöhnlicher Feldsalat, (Gttg 50 sp)
Rapunzel s. auch Abb. 96

A?; T, w, ③; (A), AV, M_1, M_2, F, K; RL reg; ✂
T6.2.1.4, T9.1, T9.1.1.3
M (5–)10–20(–40) cm. Stg 4-kantig, gefurcht, abwärts gebogen behaart. Blätter kahl bis bewimpert, spatelig, abgerundet, ± 3-nervig. Blütenstand aus 2 mehrfach gabelig verzweigten Ästen. Blüte blassblau, 1,5–2 mm lg, übergipfelt von Hochblättern. Frucht 2–4 mm lg, abgeflacht, abgerundet, kahl, Fruchtkelch nur als undeutl. zugespitzter Höcker.

◂ 2603 **Valerianella dentata** (L.) Pollich
Gezähnter Feldsalat s. auch Abb. 97

I; T, w, ⑦; AV, M_1, M_2, F, K; RL reg
T6.2.1.4, T6.2.2 (offen), T9.1.2.1+2, T10.2..2
M (10–)15–35(–50) cm. Stg 4–6-kantig, v. a. unten mit abwärts gerichteten Haaren. Blätter unten rosettig gehäuft, ± kahl, spatelig, abgerundet, ganzrandig, obere sitzend, lanzettl. linealisch, zuw. mit ± deutl. Zähnen. Blütenstand mehrfach gabelig verzweigt, in den Achseln oft einzelne Blüten. Blüten 1,5 mm lg, bläul. weiß. Frucht kahl bis hakig behaart, eifg, seitl. abgeflacht, mit 1 lgn spitzen Zahn u. 2 oben angedeuteten.

2603a **Valerianella coronata** (L.) DC.
Bekrönter Feldsalat Abb. 98

U; ⟨T, s⟩, ⊙; wo?; ⟨RL –⟩
T9.1, T10.3.1.2
M 10–30(–45) cm. Stg schmal geflügelt, weich behaart. Blätter kahl, fiederig gezähnt. Blüten in fast kugeligen Köpfchen. Frucht 2 mm, eifg, netznervig mit 6-zähniger Krone, Zipfel mit Widerhaken behaart.

Abb. 96 Valerianella locusta (2602)

Abb. 97 Valerianella dentata (2603)

Abb. 98 Valerianella coronata (2603a)

Abb. 99 Valerianella carinata (2604)

Abb. 100 Valerianella eriocarpa (2605)

Abb. 101 Valerianella rimosa (2606)

Abb. 102 Valeriana officinalis (2607)

Abb. 103 Valeriana pratensis (2608)

Abb. 104 Valeriana wallrothii (2609)

Abb. 105 Valeriana procurrens (2610)

Abb. 106 Valeriana sambucifolia (2611)

Abb. 107 Valeriana versifolia (2612)

2604 **Valerianella carinata** Loisel.
Gekielter Feldsalat Abb. 99

E; T, w, ②; (AV), M_1, M_2, (F); RL reg
T6.2.1.4, T9.1.2.1, T9.3.2.1
M 5–20(–40) cm. Stg 6-kantig, dicht abwärts gekrümmt behaart. Blätter fast kahl, schmal spatelfg, obere längl. linealisch, stumpf. Blütenstand mehrfach gabelig verzweigt, Hochblätter etwa so lg wie Blüten. Blüten blassblau. Frucht 2,5 mm lg, kahl bis kurzhaarig, längl., fast 4-kantig mit 1 tiefen Furche, ohne deutl. Kelchsaum.
B Heimat: Mittelmeergebiet.

2605 **Valerianella eriocarpa** Desv.
Wollfrüchtiger Feldsalat Abb. 100

I; T, s, ⊙; (AV), M_1, M_2 (westl.); RL 0
T9.1.2.2, T10.3.1.2
M 10–20 cm. Pfl gespreizt verzweigt, Blütenstand mehrfach gabelig, in den Achseln oft einzelne Blüten. Insg sehr ähnl. 2606. Frucht borstig behaart, mit netznervigem Kelchkranz (mit 1 großen Zahn u. 4 kleinen), dieser so br wie Frucht.

2608 **Valeriana pratensis** Dierb.
Wiesen-Arznei-Baldrian Abb. 103

(✫) **I**; H, s, ⑦; M_1, (M_2); RL –!!; (☠)
L5.2.3, T6.2.2.2.3, T7.3, T8.1.2
M 50–100 cm. Pfl ohne od. nur mit unterirdischen Ausläufern. Stg unten meist kahl. Alle Blätter fiederteilig, mittlere mit 13–17 Fiedern, Endfieder so br od. schmaler als die fast ganzrandigen Seitenfiedern, Blätter unterseits kahl. Blüten 2–5 mm lg, rosa, früh blühend. Frucht 2–4,2 mm lg.

2609 **Valeriana wallrothii** Kreyer
Schmalblättriger Abb. 104
Arznei-Baldrian

I; H, s, ⑥; A, AV, M_1, M_2; RL reg; (☠)
T1.1.2.4 (licht), T6.2.2, T8.1.2, T8.2.1.4
M 40–100 cm. Pfl ohne od. nur mit deutl. unterirdischen Ausläufern. Stg meist behaart. Alle Blätter fiederteilig, mittlere mit (5–)6–14(–15) lanzettl. linealen, wenig gezähnten (0–5) Fiederpaaren, Endfieder so br od. schmaler als Seitenfiedern. Blüten 2–5 mm lg, rosa, früh blühend. Frucht 2–3,6 mm lg.

◂ 2612 **Valeriana versifolia** Brügger
Verschiedenblättriger s. auch Abb. 107
Arznei-Baldrian

I; ⟨H, s⟩, ⊙; A; RL –; (☠)
T3.1.1
M 40–80(–130) cm. Pfl mit ober- u. unterirdischen Ausläufern (manchmal nur unterirdisch). Stg höchstens 5-knotig. Alle Blätter fiederteilig, mittlere mit (4–)5–8 Fiederpaaren, lanzettl. eifg, schwach gezähnt, Endfieder meist breiter als Seitenfiedern. Blüten 4–8 mm lg, rosa. Frucht 3–4,2 mm lg, kahl.

2613 **Valeriana dioica** L. ▸
Kleiner Baldrian

I; H, s, ⑤, ♀, ♂; A, AV, M_1, M_2, F, K; RL reg; Z
S1.1, S3.2.5, T7.3.2, T7.3.5
M 10–20(–30) cm. Grundblätter ungeteilt, eifg, allmähl. in den Stiel verschmälert. Pfl mit Ausläufern. Stgblätter fiederteilig. Männl. Blüten rosa, 3–3,5 mm lg, weibl. weiß, 1–1,5 mm lg.

2606 **Valerianella rimosa** Bastard
Gefurchter Feldsalat Abb. 101

I; T, w, ⑥; AV, M_1, M_2, F, K; RL 3+
T9.1, T9.1.1.1, T9.1.2.2
M 15–40(–50) cm. Pfl meist stark u. sparrig verzweigt. Obere Stgblätter am Grund fiederschnittig gezähnt. Blütenst. mehrfach gabelig, in Achseln oft einzelne Blüten. Frucht aufgeblasen, fast kugelig, 2,5 mm lg, daher Kelchkranz kl erscheinend.

◂ 2607 **Valeriana officinalis** L.
Echter (Gttg ca 200 sp), s. auch Abb. 102
Arznei-Baldrian

I; H, s, ⑦; A, AV, M_1, M_2, F; RL –; (☠), ✠, ☺, Z
M 70–150 cm. Pfl meist ohne od. nur mit bis 3 cm lgn unterirdischen Ausläufern. Stg vielstängelig, unten kahl, oft rötl. Alle Blätter fiederteilig, mittlere mit 5–14 Fiederpaaren, Endfieder so br od. schmaler als Seitenfiedern, diese mit (3–)5–11 Zähnen. Blüten 2–5 mm lg, rosa bis weiß, spät blühend. Frucht 2–4,2 mm lg.
B Die Gliederung der Sippen 2607–2612 ist noch nicht zufriedenstellend. Hier werden nur die gewöhnl. unterschiedenen Arten genannt.

2610 **Valeriana procurrens** Wallr.
◂ ⟨Ausläufertreibender⟩ Abb. 105
Arznei-Baldrian

I; H, s, ⑦, ⊛; A, AV, M_1, M_2, F, K; RL –; (☠), ✠
L4.4, L5.2.3, L5.2.5.4, L5.2.4–5/T8.2.1.4.
M (50–)80–150(–210) cm. Pfl mit ober- u. unterirdischen Ausläufern (manchmal nur unterirdisch), meist über 10 cm lg. Alle Blätter fiederteilig, mittlere mit (3–)4–9 (–17) Fiedern, lanzettl. bis eifg, stark gezähnt, Endfieder meist breiter als Seitenfiedern, unterseits wie Stg innen (meist dicht) lg behaart. Blüten 5–8 mm lg, rosa, spät blühend. Frucht 2,8–5,5 mm lg, kahl.

2611 **Valeriana sambucifolia**
J. C. Mikan ex Pohl
Holunderblättriger Arznei-Baldrian Abb. 106

I; H, s, ⊙; A, AV, M_2, F (v. a. östl.); RL reg; (☠), ⟨✠?⟩
L5.2.3, L5.2.5.4
M 40–80(–130) cm. Pfl mit ober- u. unterirdischen Ausläufern, meist nicht über 4 cm lg. Alle Blätter fiederteilig, mittlere mit 2–4(–5) Fiederpaaren, lanzettl. eifg, stark gezähnt, Endfieder meist breiter als Seitenfiedern, unterseits wie Stg kahl od. nur kurzborstig. Blüten 5–8 mm lg, rosa, früh blühend. Frucht 2,8–5,5 mm lg, kahl.

2618 **Valeriana saxatilis** L.
Felsen-Baldrian

I; H, s, ⊙, ⚥; A; RL –
S2.2.2, T5.2.2.2
M 10–30 cm. Stg meist mit 1 Paar linealischer, randl. bewimperter Blätter. Alle Blätter ungeteilt, Grundblätter spatelfg. Blüten 1–2 mm lg, weiß, ± locker stehend in traubigen Rispen, ohne Hochblätter.

2619 **Valeriana montana** L.
Berg-Baldrian

I; H, s, ⑤,(⚥ ♀ ♂); A, AV, RL reg; Z
L5.1.1, (T3.4.2.1), T5.1.2.2.2
M 10–40(–60) cm. Grundachse verholzend, bis 15 cm lg, 1 bis mehrere Blütentriebe neben sterilen Rosetten, Stg u. Blätter behaart (z. T. flaumig) od. fast kahl, Stg mehrkantig, hohl, mit 3–8 eifg lanzettl. Blattpaaren. Alle Blätter ungeteilt (slt auch 3-zählig), Grundblätter keilig gestutzt (slt herzfg). Blüten rosa, slt weiß, Blütenstand trugdoldig, reichblütig.
B Im Gebiet nur ssp *montana*.

2620 **Dipsacus fullonum** L.
Wilde Karde

A; ⟨B⟩, s, ⑧; AV, M_1, M_2, F, ⚔; RL –; ✠, ☺
L4.1–4 (Ufer), T8.2.2, T10.3.1.3, T10.3.3.1, T10.3.3.4.2
M 80–150 cm. Stg dichtstachelig. Stgblätter am Grund tütenfg verwachsen, ungeteilt, gekerbt gesägt, am Rand kahl, aber zerstreutstachelig. Blütenköpfe kegelfg, Hüllblätter verlängert, bogig aufgerichtet, Blüten lila.
B Nicht zu verwechseln mit der früher kult., heute verschollenen bzw. nicht mehr im Anbau befindlichen Weber-Karde (2620a) *D. sativus* (L.) Scholl mit zurückgekrümmten Hüllblättern.

2614 **Valeriana supina** Ard.
Zwerg-Baldrian

I; H, s, ⊙, (♀ ♂) od. ⚥; A; RL –; Z
T3.3.2, T5.1.2.2.1, Schuttkriecher
M 3–10 cm. Stg mit 0–2 Paar Blättern, angedrückt kurzhaarig, ausläuferartiges Rhizom. Alle Blätter ungeteilt, spatelig, auch Rosettenblätter verkehrt eifg, ohne Zähne. Blüten blassrosa, kopfig gehäuft, dicht, von kleinen Hochblättern umgeben.

2615 **Valeriana tripteris** L. ssp **tripteris**
Gewöhnlicher Dreiblättriger Baldrian

I; H, s, ⑤, (♀ ♂)/⚥; A, AV, M_1; RL –; Z
T5.2.2 Kalk meidend
M 15–40(–50) cm. Stg kahl, kriechend, verholzte Grundachse mit sterilen Rosetten u. Blütentrieben. Grundblätter ungeteilt, herz-eifg, grob gekerbt, gezähnt, abgesetzt gestielt, diese Stiele behaart (bis 0,5 mm lg), matt, ± bläul. grün. Stgblätter in 3–8 Paaren, 3(–5)-fach, fiederteilig od. ungeteilt, kahl, Blüten weißl. rosa, in ebensträußigen Blütenständen.

2616 ssp **tomentella** E. Walther
Behaarter Dreiblättriger Baldrian ohne Abb.

I; ⟨H, s⟩, ⊙; wo?; ⟨RL ?⟩
T5.2.2
M Ähnl. wie 2615, aber Blätter beiderseits behaart, Grundblätter fast graufilzig.

2617 ssp **austriaca** E. Walther
Österreichischer Dreiblättriger Baldrian

I; ⟨H, s⟩, ⊙; wo?; ⟨RL ?⟩ ohne Abb.
T5.2.2
M Ähnl. wie 2615, aber Stiele der Grundblätter meist locker mit lgn Haaren besetzt. Haare an den Blatträndern höchstens 0,2 mm lg.

2621 **Dipsacus laciniatus** L. ▸
Schlitzblättrige Karde

E; ⟨B⟩, s, ⊙; (AV), M_1, M_2, (F); RL reg
T8.2.2.2, T10.3.1.3, T10.3.3.4.2
M 50–120(–200) cm. Stg dichtstachelig. Stgblätter am Grund tütenfg verwachsen, fiederspaltig, am Rand borstig bewimpert. Blütenköpfe kegelfg, Hüllblätter verlängert, abstehend. Blüten weiß.
B Heimat: östl. Mittelmeergebiet, Kleinasien, Kaukasus.

2622 **Dipsacus strigosus** ▸▸
Willd. ex Roem. & Schult.
Schlanke Karde

E; ⟨B⟩, s, ⊙; AV, M_1, M_2; RL –
T8.3.1, T10.3.3.1, T10.3.4.2, T10.7
M 80–200(–250) cm. Stg zerstreut kurzstachelig. Stgblätter gestielt, nicht verwachsen, ungeteilt od. am Grund mit 2 Fiederblättchen. Blütenköpfe kugelig, Hüllblätter kurz. Blüten blassgelb, Staubbeutel meist blassgelb. Spreublätter 15–20 mm lg, die Blüten überragend, nur auf dem Rücken, nicht an der Spitze bewimpert.
B Heimat: O-Europa, Asien.

◂2623 **Dipsacus pilosus** L.
Behaarte Karde

I; ⟨B⟩, s, ⑧; (A), AV, M_1, M_2, F; RL reg
T8.2.1.2/L5.2.3, T10.3.3.1 (Aue)
M 60–120(–200) cm. Stg zerstreut kurzstachelig. Stgblätter gestielt, nicht vewachsen, ungeteilt od. am Grund mit 2 Fiederblättchen. Blütenköpfe kugelig, Hüllblätter kurz. Blüten weißl.

2624 **Knautia arvensis** (L.) Coult. ▸
Wiesen-Witwenblume (Gttg 60 sp)

I; H, s, ⑦,⊛; A, AV, M_1, M_2, F, K; RL –;
T6.2.2.2.3, T7.1.2, T9.1.22, T10.3.3.1
M 30–80 cm. Stg kurzhaarig, rückwärts borstig zottig. Stgblätter wenigstens teilweise fiederspaltig, längl. lanzettl., graugrün, matt. Blüten 4-spaltig, blauviolett, Randblüten strahlig vergrößert. Köpfchenboden abgeflacht, ohne Spreublätter, aber rauhaarig.

◂◂2625 **Knautia kitaibelii** (Schult.) Borbas
Gelbe Witwenblume

I; ⟨H, s⟩, ⊙; M_2 (östl.); RL –
T7.3, T10.3.3.1
M Ähnl. wie 2624, aber Blüten gelbl. weiß, Stgblätter meist ungeteilt.

◂2626 **Knautia drymeia** Heuff.
Ungarische Witwenblume

I; ⟨H, s⟩, ⑥; M_1 (Saar, nur **E**), M_2 (östl.); RL –
T1.1.2.3
M 20–70 cm. Aus Grundrosette mehrere aufsteigende Stg mit Blüten, flaumig weich behaart. Stgblätter ungeteilt, br eifg, ganzrandig od. gekerbt, grün. Blüten 4-spaltig, purpurn, Randblüten wenig vergrößert. Köpfchenboden abgeflacht, ohne Spreublätter, aber rauhaarig.
B Im Gebiet nur ssp *drymeia*.

2627 **Knautia dipsacifolia** Kreutzer ssp **dipsacifolia**
Gewöhnliche Wald-Witwenblume

I; H, s, ⑧; A, AV, M_1, M_2; RL reg
S3.2.5, T1.1.2.5 (feucht), T3.4.2.2, T8.1.2.2, T8.2.1.2/L5.2.3 u. T1.1.2.1
M 30–100 cm. Aus Grundrosette nur 1 Blütenstg. Mitte des Stg borstig behaart. Stgblätter ungeteilt, elliptisch lanzettl., obere am Grund geöhrt, ± gezähnt u. borstig behaart, grün, glänzend. Blüten 4-spaltig, purpurviolett, rotlila, slt weiß, Randblüten wenig vergrößert, Köpfchenboden abgeflacht, ohne Spreublätter, aber rauhaarig. Köpfchenstiele meist stieldrüsig.
B Formenreich. Bildet stabilisierte Hybriden mit 2624.

2628 ssp **gracilis** (Szabo) Ehrend.
Zierliche Wald-Witwenblume

I; ⟨H, s⟩, ⊙; AV, M_1, wo noch?; RL reg
T3.1.6, T3.4.2.2
M Ähnl. wie 2627, aber schlanker, Blätter lanzettl., obere ganzrandig, an der Basis verschmälert, schwach behaart, mittlere Stgblätter kahl, Köpfchenstiele wenig drüsig.

2629 **Succisa pratensis** Moench
Gewöhnlicher Teufelsabbiss
(Gttg 3 sp)

I; H, s, ⑧, ❀; A, AV, M_1, M_2, F, K; RL reg; ✠, ☺, Z
S1.1, T1.1.2.4.1, T6.2.1.5, T7.1.2, T7.3
M 15–30(–80) cm. Wurzel aufrecht, wie abgebissen, unten absterbend (Name!), Stg glatt, ohne Ausläufer. Blätter längl. lanzettl. Blütenköpfe flach, Blüten 4-spaltig, dklblau, Köpfchenboden halbkugelig, mit Spreublättern. Innenkelch der Blüte 5-borstig, Außenkelch 4-kantig, rau behaart, stachelspitzig.

2630 **Succisella inflexa** (Kluk) Beck
Östlicher Teufelsabbiss

E; H, s, ⊙; AV, M_1; RL reg
S.2.1, T7.3.2, T7.3.3
M 30–80(–100) cm. Stg glatt, Wurzelstock kurz kriechend, ästig. Blätter elliptisch lanzettl. Blütenköpfe flach. Blüten 4-spaltig, hellila, blassblau bis weißl., Köpfchenboden halbkugelig, mit Spreublättern. Innenkelch ohne Borsten, Außenkelch 8-rippig, rundl., kahl.
B Heimat: SO-Europa.

2631 **Scabiosa canescens** Waldst. & Kit.
Graue Skabiose (Gttg 80 sp)

I; H, s, ⑧; AV, M_1, M_2, F (v. a. östl.); RL 3!; D
T1.4.1.2, T1.4.1.3, T6.2..3, T8.1.1
M 20–50 cm. Pfl mit verzweigtem Wurzelstock. Grundblätter ungeteilt, grauhaarig. Blüten 5-spaltig, randl. strahlig vergrößert, hellblau, wohlriechend. Köpfchenboden flach, mit Spreublättern. Kelchborsten hellgelbl., kurz.

2632 **Scabiosa ochroleuca** L.
Gelbe Skabiose

I; H, s, ⑧; M_2, F (beide östl.) L; RL reg; Z
T6.2..3.1, T6.2..3.2, T7.5.2
M 20–60(–80) cm. Stg verzweigt. Grundblätter fiederspaltig, Stgblätter fein kraus behaart. Blüten 5-spaltig, randl. strahlig vergrößert, blassgelb. Köpfchenboden flach, mit Spreublättern. Kelchborsten fuchsrot, 2–3mal so lg wie Saum des Außenkelchs.

2633 **Scabiosa lucida** Vill.
Glänzende Skabiose

I; H, s, ⊙; A; RL –; Z
T1.4.1.3, T3.4.2.1
M 10–30(–50) cm. Stg einf., 1-köpfig. Grundblätter fiederspaltig, Stgblätter nur randl. od. unterseits auf den Nerven behaart, sonst kahl, etwas glänzend. Blüten 5-spaltig, randl. strahlig vergrößert, rotlila. Köpfchenboden flach, mit Spreublättern. 5 schwarze Kelchborsten, gekielt, 4–5mal so lg wie Saum des Außenkelchs. Köpfchen 2–4 cm ∅.

2634 **Scabiosa columbaria** L. ssp **columbaria**
Gewöhnliche Tauben-Skabiose

I; H, s, ⑧; A, AV, M_1, M_2, F, K; RL reg
T6.2.2.2.1, T6.2.2.2.3, T7.1.2 (tro), T7.3.2
M 20–50(–80) cm. Stg ästig, mehrköpfig. Grundblätter fiederspaltig, Stgblätter fein kraus behaart, matt, in 2–3 Paaren am Stg, mit 9–13 Fiedern. Blüten 5-spaltig, randl. strahlig vergrößert, blauviolett, lila, slt weiß. Köpfchenboden flach, mit Spreublättern. 5 schwarze Kelchborsten, am Grund nicht verdickt, ungekielt, 3–4mal so lg wie Außenkelch. Köpfchen 1,5–3 cm ∅, spät blühend.
B Formenreich. Infraspezifische Gliederung vorerst problematisch.

2635 ssp **pratensis** (Jord.) Braun-Blanq.
Wiesen-Tauben-Skabiose

I; ⟨H, s⟩, ⊙; M_1, M_2, (syn: F); RL ?
T7.2–3/L5.2 (Kalk)
M Ähnl. wie 2634, aber 3–5 Paar Stgblätter mit 13–19 linealischen Fiedern, Kelchborsten an der Basis verbreitert. Früh blühend.

2636 **Eupatorium cannabinum** L.
Gewöhnlicher Wasserdost (Gttg ca 1200 sp)

I; H, s, ⑧; A, AV, M_1, M_2, F, K; RL –; A, ✠, ☺, Z
L3.1 (Ufer), L4.1–4 (Ufer), L5.2.3 (licht), L5.2.5, T2.2.2, T10.3.4.2
M 50–175 cm. Stg aufrecht, erst im oberen Teil verzweigt. Blätter gegenstdg, handfg geteilt, mit 3–5(–7) Fiedern, slt ungeteilt. Köpfchen zahlreich, in dichten, leicht gewölbten Doldenrispen. Köpfchen 4–6-blütig. Röhrenblüten rosa, slt weiß. Narben weit aus der Blütenkrone ragend.
B Die zahlreichen tropischen Arten werden heute z. T. in verschiedene Gttgn aufgeteilt.

2637 **Adenostyles alliariae** (Gouan) Kern.
Grauer Alpendost (Gttg 4 sp)

I; H, s, ⑦; A, AV, M_1; RL –; Z
T1.1.1.6, T1.4.3.2 (sa-a), T3.1.1
M 60–150(–200) cm. Blätter wechselstdg, unterseits locker spinnwebig behaart, untere bis 50 cm br, herz-nierenfg, obere sitzend od. gestielt, mit halbstgumfassenden Öhrchen, am Rand mit unterschiedl. großen Zähnen, Adernetz weitmaschig. Köpfchen 3–6(–10)-blütig, zahlreich, in dichten Doldenrispen. Krone purpurn, slt weiß.
B Im Gebiet nur ssp *alliariae*.

2638 **Adenostyles glabra** (Mill.) DC.
Grüner Alpendost

I; H, s, ⑦; A, AV; RL –; Z
T1.1.1 (o), T1.4.3.2 (o)
M 30–60(–80) cm. Blätter wechselstdg, unterseits nur auf den Nerven behaart, Grundblätter bis 20 cm br, herz-nierenfg. Obere Stgblätter gestielt, nicht geöhrt, am Rand fast gleichmäßig gezähnt, Adernetz engmaschig, deutl. hervortretend. Köpfchen 2–3(–5)-blütig, zahlreich, in dichten Doldenrispen. Krone purpurn, slt weiß.
B Im Gebiet nur ssp *glabra*.

2639 **Tussilago farfara** L.
Huflattich (Gttg 1 sp)

I; K, s, ①; A, AV, M_1, M_2, F, K; RL –; (☠), A, ☺, ✠, 👌
L3.1 (Ufer), L4.1–4 (Ufer), L5.1.2.2.2, T7.5.2.1, T8.2.1.1, T8.3.1, T10.3.3.1, T10.5.3, T10.6, T10.7
M 5–15 cm (fruchtend bis 40 cm). Pfl mit unterirdischen Ausläufern. Stg mit Schuppenblättern. Blätter derb, rundl. herzfg, 10–20 cm ∅, unterseits (auch auf den Nerven) weißfilzig, Adernetz nicht deutl. sichtbar, erst nach der Blüte erscheinend. Blattzähne kurz, an der Spitze schwärzl.; Köpfchen einzeln, gelb.
B Ohne Blüten Verwechslungsgefahr mit Laubblättern von *Petasites*, im Bergland v. a. mit (2641) *P. albus*, hier Adernetz deutl. sichtbar.

2640 **Petasites spurius** (Retz.) Rchb.
Filzige Pestwurz (Gttg 19 sp)

I; K, s, ⊙; F, K; RL reg; Z
H1.2.2.4, L4.1 (Ufer), T7.5.2.1 (Stromtäler)
M 10–30 cm. Blätter im Umriss 3-eckig herzfg, unterseits dicht schneeweißfilzig. Blattspreite breiter als lg, mit grob bis geschweift gesägtem Blattrand, mit großer freier Blattbucht. Krone hellgelb.

2641 **Petasites albus** (L.) P. Gaertn.
Weiße Pestwurz

I; K, s, ②; A, AV, M_1, M_2, F, K; RL reg; Z
T1.1.1, T1.1.1.6, T10.6 (sickerfeucht, o-sa)
M 10–40 cm (fruchtend bis 80 cm). Stg mit bleichen Schuppen. Blätter dünn u. schlaff, rundl. herzfg, bis 40 cm br, unterseits grau bis weißfilzig, auf den Nerven fast kahl, am Rand doppelt gezähnt. Blattzähne lg, ohne schwarze Spitzen. Krone weißl.

2642 **Petasites paradoxus** (Retz.) Baumg.
Alpen-Pestwurz

I; K, H, s, ②; A, AV; RL reg; Z
L5.1.1, L5.1.2.2.2
M 8–30 cm (fruchtend bis 60 cm). Stg mit rötl. Schuppen. Blätter 3-eckig herzfg, bis 30 cm br, unterseits dicht schneeweißfilzig. Blattstiel seitl. zusammengedrückt, nicht gerippt, oberseits abgeflacht. Krone rötl.

2643 **Petasites hybridus** (L.) P. Gaertn., B. Mey & Scherb.
Gewöhnliche Pestwurz

I; K, H; s, ②; A, AV, M_1, M_2, F, K; RL –; ✠, ☺, Z
L3.1 (Ufer), L5.2.3, T8.2.1.1
M 10–40 cm (fruchtend bis 120 cm). Stg mit rötl. Schuppen. Blätter rundl. herzfg, bis 90 cm br, unterseits graugrün u. nur schwach graufilzig, später verkahlend. Blattstiel rund, deutl. gerippt, oberseits tief u. scharfkantig gefurcht. Krone rötl.

2644 **Homogyne discolor** (Jacq.) Cass.
Filziger Alpenlattich (Gttg 3 sp)

I; H, i, ⊙; A; RL R; Z
T3.3.2, T3.4.3, T7.2.2
M 10–25 cm. Pfl ohne Ausläufer. Stg blattlos od. mit 1–3 schuppenfgn Blättern. Grundstdge Blätter rundl. nierenfg, ledrig, oberseits glänzend, unterseits weißfilzig. Köpfchen einzeln, nur mit Röhrenblüten. Krone purpurn od. lila. Pappus schmutzigweiß.

2645 **Homogyne alpina** (L.) Cass.
Grüner Alpenlattich

I; H, i, ⑤; A, AV, M_1, M_2; RL reg; Z
T1.4.3.2, T3.4.2.1, T6.2.1.5.4 (sa-a)
M 10–40 cm. Pfl mit beblätterten Ausläufern. Stg blattlos od. mit 1–3 schuppenfgn Blättern. Grundstdge Blätter rundl. nierenfg, ledrig, oberseits glänzend, unterseits fast kahl. Köpfchen einzeln, nur mit Röhrenblüten. Krone purpurn od. lila. Pappus schneeweiß.

2646 **Arnica montana** L.
Echte Arnika, Berg-Wohlverleih (Gttg 32 sp)

I; H, s, ⑥; A, AV, M_1, M_2, F, K; RL 3, §; (☠), A, ✠, ☺, Z
T6.2.1.5, T7.3.2 (tro)
M 20–60 cm. Stg einf. od. wenigästig, mit 1–2(–3) gegenstdgn Blattpaaren. Grundblätter meist rosettig, elliptisch, ganzrandig. Köpfchen 6–8 cm ∅, dkl dottergelb. Blütenboden behaart.

2647 **Doronicum austriacum** Jacq.
Österreichische Gemswurz (Gttg ca 40 sp)

I; H, w, ⑥; A, M_1; RL –; Z
T3.1.1, T3.1.2
M 30–150 cm. Pfl ohne Ausläufer. Stg unten kahl, oben ± weichhaarig, drüsig, zur Blütezeit ohne Grundblätter. Mittlere Stgblätter mit abrupt verschmälertem Grund herzfg stgumfassend sitzend, gezähnt, obere längl.; 5–12(–17) Köpfchen, 5–6 cm ∅.
B Im Gebiet nur ssp *austriacum*.

2648 **Doronicum pardalianches** L.
Kriechende Gemswurz

I; K, H, w, ⊙; AV, M_1, M_2, (syn.: F, K); RL reg; Z
T1.3, T1.1.2.3, Heimat: T1.1.1
M 30–100(–150) cm. Pfl mit lgn unterirdischen Ausläufern, am Ende Laubblattrosetten treibend. Stg zottig behaart, zur Blütezeit mit br herzfgn, am Grund br geöhrten Grundblättern. Stgblätter fast ganzrandig, beidseits behaart. Blattstiele dicht behaart, etwas geflügelt. (1–)2–6(–8) Köpfchen, 4–6(–8) cm ∅.

2649 **Doronicum columnae** Ten.
Herzblättrige Gemswurz

I; H, w, ⊙; A; RL reg; Z
T3.1.1, T3.4.2.2
M 20–60 cm. Pfl ohne unterirdische Ausläufer. Stg unten kahl, oben drüsig weichhaarig, zur Blütezeit mit nierenfgn bis herzfgn, gezähnten Grundblättern. Stgblätter gezähnt, auf den Flächen kahl. Blattstiele ± kahl. 1–3 Köpfchen, 3–6 cm ∅.

2650 **Doronicum grandiflorum** Lam.
Großblütige Gemswurz

I; H, w, ⊙; A; RL –
T5.1
M 15–50(–60) cm. Grundblätter br eifg, am Grund gerundet bis herzfg, mit deutl. Blattstiel, dieser (1–)2mal so lg wie die Spreite. Stgblätter buchtig gezähnt, obere deutl. stgumfassend. Blattrand mit mehrzellreihigen Zotten-, einzellreihigen Glieder- u. kurzen Drüsenhaaren. Oft mehrere Köpfchen, 4–6 cm ∅.

2651 Doronicum glaciale (Wulfen) Nyman
Gletscher-Gemswurz

I; H, w, ⊙; A; RL R
T3.3, T5.1.5
M 5–25 cm. Grundblätter längl. bis längl. spatelig, in den Blattstiel verschmälert. Obere Stgblätter am Grund nur seicht herzfg u. wenig stgumfassend. Blattrand mit mehrzellreihigen Zotten- u. kurzen Drüsenhaaren, aber ohne Kraushaare. Köpfchen einzeln, 3–5 cm ∅.

2652 Tephroseris palustris (L.) Fourr.
Moor-Greiskraut Aschkraut (Gttg 50 sp)

I; ⟨B⟩, s, ⊙; M_1, M_2, F, K; RL reg
L3.2, L4.1–4, L4.4, L5.2.4.1
M 15–120 cm. Stg hohl, kantig, dicht weichhaarig drüsig, gelbgrün, im oberen Teil ästig. Stgblätter halbstgumfassend, etwas fleischig, ungeteilt. Köpfchen sehr zahlreich u. dicht stehend. Blütenhülle ohne Außenhüllblätter. Hüllblätter u. Zungenblüten 21. Krone goldgelb. Früchte kahl.

2653 Tephroseris helenitis (L.) B. Nord.
ssp **helenitis**
Gewöhnliches Spatelblättriges Greiskraut

I; H, s; A, AV, M_1, M_2; RL 3
T1.1.1 (wechseltro), T7.3 (moorig), T7.3.2,
M 20–70(–100) cm. Stg = spinnwebig behaart. Grundblätter dem Boden angedrückt, zur Blütezeit meist noch vorhanden, am Rand fast ganzrandig, ihr Stiel schmal geflügelt. Untere Stgblätter vom Stiel abgesetzt, deutl. gekerbt gezähnt. Ober- u. Unterseite der Laubblätter verschieden behaart (unterseits wollig filzig, später verkahlend, oberseits grün, schwach behaart). Hüllblätter 21. Zungenblüten ca 13, slt fehlend. Fruchtknoten behaart.

2654 ssp **salisburgensis** (Cufod.) B. Nord.
Salzburger Greiskraut

(✫) I; H, s, ⊙; AV; RL 3!
T7.3 (moorig)
M Ähnl. 2653, aber die unteren Stgblätter allmähl. in den Stiel verschmälert, entfernt gezähnt bis ganzrandig. Zungenblüten oft fehlend. Fruchtknoten kahl.

2655 **Tephroseris integrifolia** (L.) Holub ssp **integrifolia** ▸
Gewöhnliches Steppen-Greiskraut

I; H, s, ⑤; AV, M_1, M_2; RL 2!; Z
T6.2..3.1, T7.3.2 (tro), T8.1.1
M Ähnl. 2653, aber Grundblätter am Rand fast ganzrandig bis seicht gezähnelt, allmähl. in den br geflügelten Stiel verschmälert. Ober- u. Unterseite der Laubblätter kaum verschieden behaart (beidseits grün, ± spinnwebig behaart). Zungenblüten 13.

2656 ssp **vindelicorum** B. Krach ▸▸
Augsburger Steppen-Greiskraut

✰ **I**; ⟨H, s⟩, ⊙; AV; RL 1 !!
wo?
M Unterscheidet sich von 2655 durch die mit (15–)16–30(–37,5) cm geringere Größe, kleinere Blätter, kürzere Blatt- u. Köpfchenstiele, lgre Röhrenblüten u. Staubgefäße u. spätere Blütezeit (ca 2 Wochen). Zungenblüten bei den Exemplaren der Restpopulation fehlend.

◂2657 **Tephroseris crispa** (Jacq.) Rchb.
Krauses Greiskraut, Bach-Greiskraut

I; H, s, ⊙; M_1; RL reg
L2 (Wald), L5.2.3, L5.2.5.4, T3.1.1
M 30–100 cm. Stg spinnwebig wollig bis fast kahl. Stgblätter ungeteilt. Spreite der Grund- bzw. unteren Stgblätter am Grund herzfg, mit br geflügeltem Stiel, am Rand wellig kraus od. grob gezähnt. Obere Stgblätter sitzend. Außenhülle fehlend.

2658 **Tephroseris tenuifolia** (Gaudin) Holub ▸
Läger-Greiskraut

I; H, s, ⊙; A; RL R
T3.1.2, T7.1.3
M 30–80 cm. Stg spinnwebig wollig, später verkahlend, kaum drüsenhaarig. Grundblätter meist nicht dem Boden angedrückt, zur Blütezeit oft schon verwelkt, ihre Spreiten so lg od. kürzer als ihr Stiel, am Rand grob gezähnt. Untere Stgblätter ± vom Stiel abgesetzt, mittlere gegen den Grund zu stielartig verschmälert. Ober- u. Unterseite der Laubblätter wenig verschieden (± spinnwebig) behaart. Hüllblätter 13.

◂◂2659 **Senecio subalpinus** Koch
Berg-Greiskraut (Gttg ca 1250 sp)

I; H, s, ⑥, M_1; RL reg
L5.2.3, T3.1.2, T7.3.5
M 30–70 cm. Stg oben verzweigt, kantig. Blätter herzfg 3-eckig, etwa so lg wie br, beidseits grasgrün, unterseits höchstens auf den Nerven behaart. Blattrand grob gesägt. Stiele der oberen Blätter geflügelt u. gelappt, am Grund mit stgumfassenden Öhrchen. Köpfchen 3–4 cm ∅. Zungenblüten 21, Krone dottergelb.

◂2660 **Senecio alpinus** (L.) Scop.
Alpen-Greiskraut

I; H, s, ⑦; A, AV; RL reg; Z
L5.2.3, T3.1.1, T3.1.2, T7.4.1
M 30–100 cm. Stg oben verzweigt. Blätter herzfg 3-eckig, etwa 1,5mal so lg wie br, unregelmäßig gesägt, unterseits spinnwebig wollig (zuw. verkahlend), graugrün, oberseits dklgrün. Stiele der oberen Blätter ohne Flügel, höchstens am Grund mit kleinen Öhrchen. Köpfchen 3–4 cm ∅. Zungenblüten 13–16, Krone goldgelb.

2661 **Senecio paludosus** L.
Sumpf-Greiskraut

I; H, s, ⑧; AV, M_1, M_2, F; RL 3–
L5.2.5, S2.1, S3.2.5
M 50–200 cm. Pfl mit kriechendem Wurzelstock, hohl. Stgblätter ungeteilt, sitzend bis halbstgumfassend geöhrt, lineal-lanzettl., ca 7–15mal so lg wie br, am Rand gesägt, mit zur Blattspitze weisenden Zähnen. Gesamtblütenstand vielköpfig. Außenhülle 7–12-blättrig. Krone hellgelb, Zungenblüten 9–18(–20).

2662 **Senecio doronicum** (L.) L.
Gemswurz-Greiskraut

I; H, s, ⊙; A; RL –; Z
T3.4.2.1, T6.2..3.2
M 20–40(–60) cm. Pfl zerstreut bis dicht spinnwebig behaart. Blätter ledrig derb, br lanzettl., spitz gesägt mit abstehenden Zähnen. Köpfchen 4–6 cm ∅, zu 1–5. Zungenblüten 10–20, gold-orangegelb. Außenhülle vielblättrig.

2663 **Senecio sarracenicus** L.
Fluss-Greiskraut

I; H, s, ⑨; AV, M_1, M_2, F; RL 3
L5.2.5.5
M 60–200 cm. Pfl mit fleischigem, weit kriechendem Rhizom u. Ausläufern. Stg markig, im oberen Teil drüsenhaarig. Blätter ungeteilt, halbstgumfassend, etwas herablaufend, lanzettl., ca 5–6mal so lg wie br, scharf gesägt, mit zur Blattspitze weisenden Zähnen, kahl. Gesamtblütenstand vielköpfig. Hülle glockig walzl., Außenhülle 5-blättrig. Zungenblüten meist 7–8.

2664–2668 Senecio nemorensis agg

M 50–180 cm. Ausläufer fehlend od. kurz, bis 15(–25) cm lg. Blätter ungeteilt, eifg bis lanzettl. od. längl., gestielt bis halbstgumfassend, nicht od. nur kurz herablaufend, am Rand gesägt bis gezähnt, mit gerade abstehenden Zähnen. Köpfchen in schirmfgn Rispen, mit < 20 Röhrenblüten u. (1–)3–5 Zungenblüten.
B Es handelt sich hier um eine Gruppe nah verwandter Sippen, die stark zu Hybridisierungen neigen. Durch Vermischung der Merkmale der Ausgangssippen wird eine Bestimmung erschwert. So sind nach Oberprieler (1994) in vielen Mischpopulationen Pfln mit reiner Merkmalsausprägung in der Minderzahl.

2664 **Senecio ovatus** (P. Gaertn., B. Mey. & Scherb.) Willd. ssp **ovatus**
Gewöhnliches Fuchs' Greiskraut Abb. u. li.

I; H, s, ⑧, ❀; A, AV, M_1, M_2, F; RL –; A, ☠, ✠
T1.1.1, T2.1.2, T2.3.1
M 80–140 cm. Ausläufer 5–15 cm lg. Stg grün od. rötl., kahl bis zerstreut behaart, ohne Flaumhaare. Obere Stgblätter gestielt, slt verschmälert sitzend, an der Blattbasis weder verbreitert noch halbstgumfassend. Köpfchenstiele (10–25 mm lg), Hüll- u. Außenhüllblätter kahl od. zersteut behaart, aber nicht abstehend drüsig. Außenhüllblätter (3–4) fadenfg bis pfrieml., meist kürzer als die Hülle (8–9). Röhrenblüten 8–14. Zungenblüten meist 5 (4–8). Blütezeit Ende Juli bis September.

2665 ssp **alpestris** (Gaudin) Herborg
Alpen-Fuchs' Greiskraut ohne Abb.

I; ⟨H, s⟩, ⊙; A, wo noch?; RL –; ⟨☠⟩
wo?
M Im Unterschied zu 2664 Ausläufer 3–10 cm lg. Stg im mittleren u. unteren Bereich zumind. unterhalb des Blattansatzes flaumhaarig. Köpfchenstiele dünner, 5–15 mm lg. Hüllblätter 7–8. Röhrenblüten 3–8. Zungenblüten meist nur 3 (2–4). Blütezeit Anfang Juli bis August, früher als 2664.
B Bildet mit 2666 leicht Hybridschwärme.

2666 **Senecio hercynicus** Herborg
Gewöhnliches Hain-Greiskraut

I; H, s, ⑦: A, AV, M_1, M_2; RL reg; ✠, ☠
T1.1.2.1 (m), T3.4
M 50–180 cm. Stg grün, slt rötl., meist behaart. Obere Stgblätter abgerundet od. verschmälert gerundet sitzend, meist zur Blattbasis etwas verbreitert u. geöhrt, halbstgumfassend (zuw. etwas herablaufend). Köpfchenstiele, Hüll- u. Außenhüllblätter (3–5) abstehend drüsig behaart, letztere fadenfg bis pfrieml., mind. so lg wie die Hülle (9–12). Zungenblüten meist 5. Blütezeit Mitte Juni bis Ende August, 1 Monat vor 2664!
B Im Gebiet nur ssp *hercynicus*.

2666a **Senecio × decipiens** Herborg
(2666 × 2664)
⟨Bastard-Hain-Greiskraut⟩

I; ⟨H, s⟩, ⊙; A, AV, M_1, M_2; ⟨RL –⟩; ⟨☠⟩
wo?
M Zw den Eltern stehend: Drüsenhaare vorhanden od. fehlend. Blätter des oberen Stgdrittels gestielt, verschmälert od. geöhrt sitzend. Zahl der Hüllblätter u. Blüten intermediär. Blütezeit Juni bis August.

2667 **Senecio germanicus** Wallr.
ssp **germanicus**
Flaumiges Jacquins Hain-Greiskraut

I; ⟨H, s⟩, ⊙, AV, M_1, M_2; RL –; ⟨☠⟩
T1.1.1, T2.1.2, T2.3.1
M Ähnl. 2664. Ohne Ausläufer, gelegentl. dicht buschig wachsend. Stg (50–)70–120 cm, meist grün, unten mit lgn gekräuselten Flaumhaaren. Obere Stgblätter höchstens 4mal so lg wie br (bei 2664 mind. 4mal so lg wie br), mit plötzl. verschmälertem Grund sitzend od. kurzgestielt. Außenhüllblätter 3–5, meist auffällig bewimpert, etwa so lg wie od. lgr als die Hülle (10–12). Blütezeit Anfang August bis September.

2668 ssp **glabratus** Herborg
Kahles Jacquins Hain-Greiskraut ohne Abb.

I; ⟨H, s⟩, ⊙; wo?; RL –; ⟨☠⟩
wo?
M Wie 2667, aber mit kurzen Ausläufern, nicht buschig wachsend. Stg kahl bis zerstreut anliegend kurzhaarig.

2669 **Senecio incanus** L.
Krainer Greiskraut

I; H, w, ⊙; A; RL 2; §; Z
T3.4.1, T6.2.1.5.4 (a)
M 5–15 cm. Pfl angedrückt weißgraufilzig, später ± verkahlend. Blätter keilig verkehrt eifg, kerbig eingeschnitten bis fiederspaltig. Köpfchen 3–15, ca 13 mm ∅. Hüllblätter (6–)8(–10). Zungenblüten 3–5, wie Röhrenblüten lebhaft dottergelb.
B Im Gebiet nur ssp *carniolicus* (Willd.) Braun-Blanq.

2670 **Senecio vernalis** Waldst. & Kit.
Frühlings-Greiskraut

E; T, H, w, ④; AV, M_1, M_2, F, K; RL –
T8.3, T9.1.1.1, T10.3.3.1, T10.7
M 10–50(–80) cm. Blätter beidseits dicht spinnwebig wollig behaart, verkahlend. Spreite fiederspaltig, die Abschnitte eifg, grob gezähnt, Spindel gezähnt. Köpfchen 2–3 cm ∅. Hülle glockig, innere Hüllblätter 21, äußere 6–12, bis fast zur Hälfte schwarz, an der Spitze kahl. Blüten hell goldgelb. Zungenblüten meist 13, flach. Pappus bleibend. Früchte behaart.
B Heimat: O-Europa, Vorderasien.

2671 **Senecio squalidus** L.
Felsen-Greiskraut

I; T, ⟨B⟩, H, s, ⊙; A, M_2 (Apoph.); RL –
T2.2.1, T3.1.2, T8.3.1 (m), T10.3.3.1 (sa), T10.5.4 (Apoph.)
M 20–60 cm. Blätter kahl od. unterseits etwas wollig behaart. Spreite fiederspaltig, mit gezähnter Spindel, Abschnitte längl., grob gezähnt. Köpfchen 2–3 cm ∅. Hülle glockig, innere Hüllblätter 21, äußere 6–12, letztere mit schwarzer, pinselfg behaarter Spitze. Blüten hell goldgelb. Zungenblüten meist 13, flach. Pappus abfallend. Früchte behaart.

◂ 2672 **Senecio abrotanifolius** L.
Eberrauten-Greiskraut

I; C, w, ⑦; A; RL –; Z
T1.4.4
M 15–40 cm. Stg am Grund verholzend. Stgblätter 1–2fach fiederteilig, mit schmal linealen Abschnitten, am Grund nicht geöhrt, glänzend dklgrün. Köpfchen 2,5–4 cm ∅. Hüllblätter 21. Zungenblüten 10–13, leuchtend orangegelb. Früchte kahl.
B Im Gebiet nur ssp *abrotanifolius*.

2673 **Senecio erucifolius** L. ssp **erucifolius** ▸
Gewöhnliches Raukenblättriges Greiskraut

I; H, s, ⑧, ❀; A, AV, M_1, M_2, F, K; RL reg
T6.2.2.2.3, T7.5.2.1, T8.2.2.2, T10.3.3.1, T10.5.4, T10.6
M 30–120 cm. Pfl mit Ausläufern. Mittlere Stgblätter graugrün, fiederteilig, mit lanzettl. zugespitzten, meist schmalen Zipfeln, am Grund ohne Anhäufung schmaler Blattzipfel (Öhrchen). Köpfchen zahlreich, mit 13 Hüllblättern u. 3–8 aufrecht abstehenden, ca ⅓mal so lgn Außenhüllblättern. Zungenblüten 13, hell goldgelb. Pappus bleibend. Alle Früchte kurzhaarig. Blütezeit ab Mitte Juli im Flachland.

frühblühend

2674 ssp **tenuifolius** Schübl. & G. Martens
Schmalblättriges Raukenblättriges Greiskraut

I; ⟨H, s⟩, ⊙; M_1, M_2, F; ⟨RL –⟩ ohne Abb.
T6.2.2.2.3
M Wie 2673, aber Blätter auch unterseits meist grün, mit schmal linealischen Abschnitten, ca 2 mm br, am Rand zurückgerollt.
B Sehr kritische Sippe. Insgesamt ein Komplex aus mehreren, auch morphologisch zu differenzierenden Sippen.

◂ 2675 **Senecio jacobaea** L. ssp **jacobaea** ▸
Gewöhnliches Jakobs-Greiskraut

I; ⟨B⟩, H, s, ⑦, ❀; A, AV, M_1, M_2, F, K?; RL –; ✠, ☺
T6.2.2.2, T6.2.2.2.3, T7.1.2, T8.2.2.2
M 30–100 cm. Pfl ohne Ausläufer. Mittlere Stgblätter fiederteilig, mit zum Ende verbreiterten, unregelmäßig u. stumpf gezähnten Abschnitten, an der Basis mit Öhrchen. Köpfchen zahlreich, mit 13 Hüllblättern u. anliegenden (od. nur 1–2 abstehenden), ca ⅓mal so lgn Außenhüllblättern. Zungenblüten 12–15, goldgelb. Pappus leicht abfallend. Früchte der Röhrenblüten dicht kurzhaarig, die der Zungenblüten kahl. Blütezeit ab Anfang Juni.

spätblühend

◂ 2676 ssp **dunensis** (Dumort.) Kadereit & P. D. Sell
Dünen-Jacobs-Greiskraut

I; ⟨H, s⟩, ⊙; K; RL –
H1.2.2.5–7
M Wie 2675, aber niederwüchsiger, mit starker spinnwebig wolliger Behaarung u. fehlenden Zungenblüten.
B Diese Sippe wird z. T. nur als Var eingestuft.

2677 **Senecio aquaticus** Hill ▸
Wasser-Greiskraut

I; ⟨B⟩, s, ⑥, ❀; A, AV, M_1, M_2, F, K; RL reg
L4.4, T7.3 (moorig), T7.3.5
M 15–80 cm. Pfl oft mit nur an der Spitze aufwärts gerichteten Seitenästen. Grundblätter zur Blütezeit oft vorhanden, mit ± großem Endabschnitt. Mittl. Stgblätter leierfg bis fiederteilig, mit 3–4 Fiederpaaren u. längl. Endlappen, Seitenlappen im spitzen Winkel nach oben gerichtet. Köpfchen 2–3 cm ∅. Hüllblätter 13. Zungenblüten ca 13, gelb. Früchte alle kahl od. die der Röhrenblüten spärl. kurzhaarig.
B Die typische Sippe ist frühblühend (im Tiefland Anfang Juni). Eine ähnliche, zu 2678 vermittelnde Sippe ist in M_2 stellenweise verbreitet, blüht später.

2678 **Senecio erraticus** Bertol. ssp **erraticus**
Gewöhnliches Spreizendes Greiskraut

I; ⟨B⟩, s, ⊙; wo?; RL reg
L5.2.5.4, T7.3.5
M 30–100(–120) cm. Stg bereits unterhalb der Mitte mit sparrig abstehenden Seitenästen. Äste unregelmäßig angeordnet, untere stark verlängert u. z. T. obere übergipfelnd. Grundblätter (zur Blütezeit meist schon verwelkt) mit großem Endabschnitt. Mittlere Stgblätter leierfg fiederteilig, meist nur mit 1–2 Fiederpaaren u. eifgm großem Endlappen, Seitenlappen fast rechtwinklig abstehend. Köpfchen 1,5–2,0 cm ∅. Hüllblätter 13. Zungenblüten 13, ca 6 mm lg, gelb. Früchte stark gerippt, variabel behaart.

2679 ssp **barbareifolius** (Wimm. & Grab.) Beger
Barbarakrautblättriges Spreizendes Greiskraut

I; ⟨B, s⟩, ⊙; F, K?; ⟨RL ?⟩
wo? u. a. T10.3.3.1 (Wald)
M Wie 2678, aber Stg meist von der Mitte an verästelt. Äste regelmäßiger angeordnet, die unteren weniger stark verlängert. Köpfchen (1,5–)2,0–2,5 cm ∅. Zungenblüten ca 10 mm lg. Früchte undeutl. längsgerippt.
B Komplex aus mehreren Sippen, deren Grenzen noch unklar sind. Die Fassung hier als ssp ist keineswegs sicher.

2680 **Senecio vulgaris** L.
Gewöhnliches Greiskraut

I; T, H, w, ①; A, AV, M_1, M_2, F, K; RL –; ✠, ☺, ? F
T9.1, T9.1.1.3, T9.2, T10.3.3.1, T10.7
M 10–30(–50) cm. Stgblätter buchtig gelappt, fiederspaltig bis -teilig, gezähnt, die oberen mit breiten, gezähnten Zipfeln. Hülle zur Blütezeit zylindrisch. Hüllblätter 21. Außenhülle 8–10-blättrig, die Spitzen schwarz. Zungenblüten fast immer fehlend, zuw. aber deutl. Zungenblüten ausgebildet (v. a. im Siedlungsbereich).

2681 **Senecio viscosus** L.
Klebriges Greiskraut

I; T, s, ⑧, ⊛; AV, M_1, M_2, F, K; RL –
T2.2.1, T5.1.1.2, T8.3.1, T10.3.1, T10.4.3
M 15–60 cm. Stg drüsenhaarig klebrig, verzweigt. Stgblätter tief fiederspaltig. Hülle walzl. glockig. Hüllblätter 21, Außenhülle ½ so lg wie die Hülle, an der Spitze schwärzl., Zungenblüten meist 13, kurz, meist zurückgerollt, gelb.

2682 **Senecio sylvaticus** L.
Wald-Greiskraut

I; T, s, ⑧, ⊛; AV, M_1, M_2, F, K; RL –
T2.2.1+2, T10.3.3.1 (Wald)
M 15–80 cm. Stg spinnwebig weichhaarig, verzweigt. Stgblätter leierfg bis tief fiederspaltig, obere sitzend, am Grund mit spitzen schmalen Zipfeln. Hülle schmal walzl., Hüllblätter 13. Außenhülle ⅓ so lg wie Hülle, an der Spitze meist nicht schwärzl.; Zungenblüten 13, kurz, meist zurückgerollt, hellgelb.

2683 **Senecio inaequidens** DC.
Schmalblättriges Greiskraut

E; C, H, w, ⑧; AV, M_1, M_2, F, K?; RL –
L5.2.5, T5.1.2, T7.5.2, T8.2.2.2
M 20–60 cm. Stg unten oft verholzt, von Grund an stark verzweigt. Blätter 1–3(–7) mm br u. 6–7 cm lg, lineal, ganzrandig od. fein gezähnt, am Rand oft umgerollt. Köpfchen 20–25 mm ∅. Außenhüllblätter 10–20, häutig. Zungenblüten 10–15, gelb.
B Heimat: Südafrika.

2684 **Rudbeckia hirta** L.
Rauer Sonnenhut (Gttg 15 sp)

E; H, T, s, ⊙; AV, M_1, M_2, F; RL –; Z
L3.1 (Ufer), L5.2.4–5, T8.2.1.4, T8.2.2.5+6, T10.3.3.1, T10.7

M 30–60(–100) cm. Pfl ohne Ausläufer. Stg meist einf., rauhaarig. Blätter eifg bis lanzettl., ungeteilt, behaart. Scheibenblüten rotbraun, Zungenblüten gelb, 20–30 mm lg. Spreublätter spitz, ihre Spitzen dicht behaart. Früchte 4-kantig. Pappus fehlend.

B Ähnl. der hfg kult. (2684a) *R. fulgida* Aiton: ausdauernd, mit Ausläufern, Spreublätter an Spitze nur bewimpert. Heimat: beide östl. Nordamerika.

2685 **Rudbeckia laciniata** L.
Schlitzblättriger Sonnenhut

E; H, s, ⑧; AV, M_1, M_2, F; RL –; Z
L4.1 (Ufer), L5.2.5

M 1–2(–3) m. Pfl mit Wurzelstock. Stg meist ästig, zerstreut behaart od. kahl. Obere Blätter 3–5-teilig, untere fiederteilig. Scheibenblüten olivgrün; Zungenblüten gelb, 40–50 mm lg. Spreublätter stumpf. Früchte 4-kantig. Pappus ein 4-zähniges Krönchen.

B Heimat: östl. Nordamerika.

2686 **Helianthus annuus** L.
Gewöhnliche Sonnenblume (Gttg 50 sp)

U; ⟨T, s⟩, ⊙; AV, M_1, M_2, F, E?; ⟨RL –⟩; ✠, A, ✎, Z
T10.7

M 1–2(–2,5) m. Pfl ohne Knollen. Stg rauhaarig. Laubblätter fast alle wechselstdg, br herzfg, bis 40 cm lg u. 35 cm br, am Rand gesägt. Köpfchen nickend, 10–40 cm ∅. Zungenblüten 6–10 cm lg, meist gelb, Röhrenblüten braun.

B Heimat: wärmeres westl. Nordamerika. Im Gebiet verschiedene Zuchtsorten im Anbau.

2687 **Helianthus tuberosus** L.
Topinambur, Erdbirne

E; K, s, ⑧, ❀; F; RL –; ✎, Z
L4.1 (Ufer), L5.2.5, T8.3.2

M 1–3 m. Pfl mit unterirdischen Rhizomknollen. Stg rauhaarig. Laubblätter gegenstdg, nur obere wechselstdg, br lanzettl., bis 25 cm lg u. 10 cm br, am Rand gesägt. Köpfchen aufrecht, 4–10(–14) cm ∅. Zungenblüten 2–4 cm lg, gelb, Röhrenblüten gelb.

B Heimat: zentrales u. östl. Nordamerika. Knollen diätetisch als Kartoffelersatz für Diabetiker geeignet. Variabel, in Kultur verschiedene Sorten. Insgesamt ein Komplex aus mehreren Sippen, die schwer zu unterscheiden sind.

2688 **Eriophyllum lanatum** (Pursh) Forbes
Großköpfiges Wollblatt (Gttg 11 sp)

E (lok); T?, ?, ⊙; M_2 (Vogelsberg); RL –; Z
wo?

M (20–)30–60 cm. Pfl verzweigt. Stg aufrecht bis niederliegend, weißwollig behaart, verkahlend. Stgblätter mit Ausnahme der obersten 1–2fach fiederschnittig, mit lineal-anzettl. Abschnitten, besonders unterseits silbrig graufilzig. Köpfchen (2–)3–6 cm ∅. Hüllblätter graufilzig. Zungen- u. Röhrenblüten gelb.

B Heimat: westl. Nordamerika. Variabel.

2689–2693 **Bidens**
Bearbeitet von P. Keil

◀2689 **Bidens tripartita** L.
Dreiteiliger Zweizahn (Gttg ca 240 sp)

I; T, s, ⑧, ⊛; A, AV, M_1, M_2, F, K; RL –; ☺
L4.1–4 (Ufer), L4.4, L5.2.4.1, T10.7
M (3–)15–150(–200) cm. Stg undeutl. 4-kantig. Laubbätter gegenstdg, unpaarig gefiedert, 1–3 Fiederpaare, an schwachwüchsigen Pfl zuw. ungeteilt. Blüten bräunl. gelb, slt mit randl. Scheibenblüten, autogam. Achäne abgeflacht, keilig verschmälert, mit deutl. Mittelrippe, 5–8 mm lg, mit 2 Grannen (2–3 mm lg), hfg in der Mitte eine kürzere dritte. Borsten an Granne u. Seitenkanten herabgerichtet, Flächen graubraun, glatt, kahl od. spärl. behaart.
B Im Gebiet nur ssp *tripartita*.

◀2690 **Bidens frondosa** L.
Schwarzfrüchtiger Zweizahn

E; T, s, ⑧, AV, M_1, M_2, F, K; RL –
L4.1 (Ufer), L5.2.4, T10.4.5
M (10–)20–200(–250) cm. Stg undeutl. 4-kantig. Laubblätter gegenstdg, dklgrün, 1–3 unpaarige Fiederpaare. Blüten gelb, slt randl. Scheibenblüten, autogam. Achäne abgeflacht, 6–10 mm lg, mit 2 Grannen (Innenfrüchte bis 14 mm u. slt mit 3–4 Grannen), Borsten an den Grannen herabgerichtet (Ausnahme 2690a, var *anomala* Porter ex Fernald), Rippen u. Seitenkanten mit aufrecht gerichteten Borsten. Flächen schwarzbraun, höckerig, mit kurzen, aufwärts gerichteten Haaren.
B Gebietsweise ist die var *anomala* hfgr als die Nominatform (Keil 1999).

2691 **Bidens radiata** Thuill.
Strahliger Zweizahn

I; T, s, ⑧; AV, M_1, M_2, F, K; RL reg
◀L3.5, L3.6, L3..7.3, L5.2.4.1
M (3–)15–100(–150) cm. Stg rundl., fein gerillt. Laubblätter gegenstdg, gelbl. grün, fiederschnittig (nur an Zwergformen auch ungeteilt). Blüten alle röhrenfg, bräunl. gelb. Achänen abgeflacht, zum Grund hin keilig verschmälert, 4–5 mm lg, oben an den Seiten 2–3 mm lge Granne, gelegentl. in der Mitte noch eine kürzere. Borsten an Grannen u. Seitenkanten der Achäne kurz, rückwärts gerichtet, Flächen grau, glatt, kahl.

2693 **Bidens cernua** L. ▶
Nickender Zweizahn

I; T, s, ⑧; A, AV, M_1, M_2, F, K; RL reg
L3.6, L5.2.4.1
M (5–)10–100(–150) cm. Stg rundl., Laubblätter gegenstdg, hellgrün, lanzettl., halbstgumfassend, sitzend. Zungenfge, weibl. Randblüten hfg vorhanden, gelbl. Achänen vom Rücken her abgeflacht, 4-kantig (randl. 3-kantig) keilfg verschmälert, oben gestutzt, 5–6 mm lg, Grannen 2–3 mm lg, meist 4, wie die Kanten der Achänen mit kurzen, rückwärts gerichteten Borsten. Flächen graubraun, etwas runzelig.
B Im Gebiet auch Pfl ohne zungenfge Randblüten.

▲
2692 **Bidens connata** H. L. Mühl. ex Willd.
Verwachsenblättriger Zweizahn

E; T, s, ⑧; M_1, M_2, F, K; RL reg
L3.1, L4.1–4 (beides Ufer), L4.4, L5.2.4.1
M 15–100(–150) cm. Laubblätter gegenstdg, oberseits dklgrün, unterseits schwach bläul. grün, ungeteilt, in einen geflügelten Stiel verschmälert. Blüten meist alle röhrenfg, bräunl. gelb. Achänen abgeflacht, 4-kantig, randl. gelegentl. 3-kantig, keilig verschmälert, ca 7 mm lg, meist 4 Grannen mit kurzen, rückwärts gerichteten Borsten (Ausnahme 2692a, var *anomala* Farw.), an den Kanten oben abwärts, unten aufwärts gerichtet; auf den dkln Flächen Höcker mit vorwärts gerichteten Borsten.
B Nach Wagenitz (1979) ist überwiegend var *fallax* (Cronquist) Sherf eingebürgert. Gelegentl. tritt auch (2692a) var *anomala* auf, die in den Niederlanden bereits weit verbreitet ist (Ballintijn 1997).

2694 **Sigesbeckia serrata** DC.
Herzblättrige Siegesbeckie (Gttg ca 3 sp)

E; T, s, ⊙; F, K; RL –
L5.2.4.1, T8.2.2.6
M 50–150 cm. Pfl verzweigt, drüsig behaart. Laubblätter gegenstdg, eifg; Blattstiele der unteren Blätter bis zur Basis geflügelt. Hüllblätter mit zahlreichen Stieldrüsen in 2 ungleichen Reihen, äußere ausgebreitet, viel lgr als innere. Zungenblüten zahlreich, gelb. Spreublätter vorhanden. Pappus fehlend.
B Heimat: S-Chile.

2695 **Galinsoga ciliata** (Raf.) S. F. Blake
Behaartes Knopfkraut (Gttg 13 sp)

E; T, s, ⑦; A, AV, M_1, M_2, F, K; RL –
L5.2.4.2, T9.1.1.3, T9.2, T9.3.2.1, T10.3.3.1
M 10–80 cm. Pfl vom Grund an verzweigt. Stg ± dicht abstehend borstig behaart. Laubblätter eifg, grob entfernt gezähnt. Köpfchenstiele mäßig dicht anliegend behaart, mit vielen lgn Drüsenhaaren. Spreublätter lineal-lanzettl., ungeteilt. Pappus der Zungenblüten gut entwickelt, einseitig.
B Heimat: andines Mittel- bis Südamerika.

2696 **Galinsoga parviflora** Cav.
Kleinblütiges Knopfkraut

E; T, s, ⑦; AV, M_1, M_2, F, K; RL –; (A). ☺, ✂
T8.3.1, T9.1.1.2+3, T9.2, T9.3.2.1, T10.7
M 10–60 cm. Pfl vom Grund an verzweigt. Stg kahl od. sehr zerstreut behaart. Laubblätter eifg, fein gezähnelt. Köpfchenstiele dicht anliegend behaart, mit wenigen kurzen Drüsenhaaren. Spreublätter nach vorn verbreitert, meist 3-lappig. Pappus der Zungenblüten aus wenigen kurzen Borsten.
B Heimat: Peru.

2697 **Iva xanthiifolia** Nutt.
Spitzklettenblättriges Schlagkraut (Gttg 15 sp)

E; T, s, ⑧; M?, F; RL –; Al
L5.2.4.2, T8.3.1, T10.3.1+2
M 50–200 cm. Stg aufrecht, meist stark verzweigt, unten kahl, Gesamtblütenstand zottig behaart. Laubblätter überwiegend gegenstdg, eifg bis herzfg, grob gesägt, lggestielt, graugrün. Köpfchen in end- od. achselstdgn, oft rispig gehäuften Trauben. Blütenhülle 4–5 mm br. Blüten unscheinbar. Pappus fehlend.
B Heimat: Nordamerika.

2698 **Xanthium strumarium** L.
Gewöhnliche Spitzklette ⟨Gttg ca 5 sp⟩, Fig. 61d

A?; T, s, ⊙; AV, M_1, M_2, F, K; (♀, ♂); RL reg; A
T8.2, T10.3.3.1, T10.7
M 15–100 cm. Pfl (fast) ohne aromatischen Geruch. Blätter wechselstdg, br eifg bis herzfg, etwa so lg wie br, schwach 3–5-lappig, weich bis fein rauhaarig. Köpfchen unscheinbar, männl. vielblütig, am Gipfel der Sprosse, fast rund, zur Blütezeit noch vorhanden, Spreublätter so lg wie die Blüten, oben stumpf. Weibl. Köpfchen darunter, nur 2-blütig, (wie die Früchte) mit kurzen, 2–4 mm lgn zungenfgn Hüllblättern. Reife Fruchtköpfchen olivgraugelb, fein kraus behaart, am Ende mit spitzen, hakenlosen Schnäbeln (inkl. Schnabel (8–)12–17(–20) mm lg). Austrittsstellen der Griffel an den Innenseiten der Schnäbel od. nur mit angedeutetem Einschnitt.
B Zur Problematik der Gttg *Xanthium* vgl. Wisskirchen in Wisskirchen & Haeupler (1998). Diese Sippe ist möglicherweise sogar indigen.

2699-2701 **Xanthium orientale** agg

Artengruppe Großfrüchtige Spitzklette

M Ähnl. 2698, aber Pfl deutl. aromatisch, zieml. rau behaart. Männl. Köpfchen basal ± abgeflacht, daher halbkugelig bis fast rund, früh abfallend. Spreublätter (zumindest zentrale) lgr als die Blüten, oben ± spitz. Weibl. Blüten (bzw. Früchte) mit 4–7 mm lgn bandfgn Hüllblättern. Fruchtköpfchen meist gr (inkl. Schnäbel 16–35 mm lg), reif kräftig braun, steifhaarig. Fruchtschnäbel hakig gebogen. Griffelaustrittsstelle an der Schnabelinnenseite ± tief eingeschnitten, die innen stehenden Klappen mitunter verdornt.

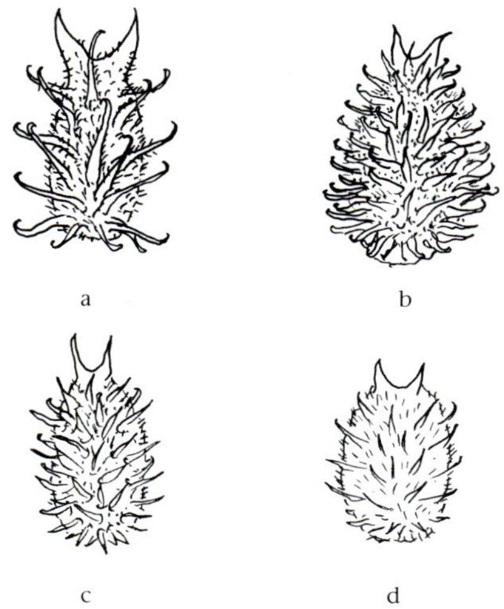

Fig. 61: Fruchtköpfchen von *Xanthium* (Spitzklette)
a: *Xanthium orientale*
b: *Xanthium albinum* ssp *albinum*
c: *Xanthium albinum* ssp *riparium*
d: *Xanthium strumarium*
Nach Hegi VI/3.

▲

2699 **Xanthium albinum** (Widder) H. Scholz ssp **albinum** Fig. 61b

Elbe-Spitzklette

(☆) **E**; T, s, ⊙; F; RL –
L4.1 (Ufer), L5.2.4.2

M Ähnl. 2700a, aber Hülldornen bis zur Spitze gerade od. schwachbogig, meist dicht stehend (Abstände zw ihnen meist nur 1(–3) mm). 50–80 % der Hülldornen mit ganz gerader, nähnadelartiger od. höchstens offen-hakiger Spitze, etwa 40–50 % der Hülldornen mit deutl. nach oben eingeschlagener, hakiger (häkelnadelartiger) Spitze. Fruchtköpfchen dick, eifg, ca 2,5mal so lg wie br, ihre Hülldornen etwa 0,5–0,6mal so lg wie ihr ∅ (ohne Hülldornen aber mit Schnäbeln gemessen). Schnäbel nur an der Spitze hakig. Sprosse mit deutl. dkln Strichen.

B Heimat: In Europa neu entstanden, nächste Verwandte in Nordamerika.

◀ 2700 ssp **riparium** (Čelak.) Widder & Wagenitz Fig. 61c

Östliche Ufer-Spitzklette

E; ⟨T, s⟩, ⊙; F; ⟨RL –⟩
L4.1 (Ufer), L5.2.4.2

M Wie 2699, aber Fruchtköpfchen schlank, ellipsoidisch, etwa 3,5mal so lg wie br, ca 20–30 (–40) % der Hülldornen mit hakiger Spitze. Spreitengrund der Laubblätter deutl. keilfg (bei 2699 meist gestutzt bis fast herzfg, slt z. T. keilfg.)

B Heimat: SO-Europa, hier neu entstanden aus nordamerik. Sippe.

2700a **Xanthium orientale** L. Fig. 61a

Großfrüchtige Spitzklette

◀ **U**; ⟨T, s⟩, ⊙; wo?; ⟨RL –⟩
L4.1 (Ufer), L5.2.4.2, T8.3.1, T10.7

M Hülldornen locker stehend (Abstände zw ihnen oft 2–3 mm), wie Schnabel von der Mitte an starkbogig gekrümmt. Fruchtköpfchen schwach behaart u. meist stark drüsig. Sprosse ungezeichnet od. mit feinen, undeutl. Punkten.

B In D nur **U**, aber im benachbarten Elsass an der Ill fest eingebürgert. Heimat: W-Indien?

2701 **Xanthium saccharatum** Wallr. ▶

Zucker-Spitzklette

E; ⟨T, s⟩, ⊙, AV, F; RL –
L5.2.4.2, T8.3.1

M Ähnl. 2699, aber nur 0–20(–30) % der Hülldornen mit ganz gerader, nähnadelartiger od. höchstens offen-hakiger Spitze, etwa (70–)80–90 % der Hülldornen mit deutl. nach oben eingeschlagener, hakiger (häkelnadelartiger) Spitze. Fruchtköpfchen ca 3,2mal so lg wie br, ihre Hülldornen etwa 0,6–0,8mal so lg wie ihr ∅ (ohne Hülldornen aber mit Schnäbeln gemessen), dichtdrüsig. Sprosse einfarbig grün, ohne od. mit sehr undeutl. Strichzeichnung.

B Heimat: Nordamerika.

2702 **Ambrosia trifida** L.
Dreilappiges Traubenkraut (Gttg ca 43 sp)

E; ⟨T, s⟩, ⊙; AV, M_1, M_2, F, K?; ⟨RL –⟩; Al
L4.1 (Ufer), L5.2.5.5, T8.2.1, T10.3.3.1, T10.7
M 80–150(–200) cm. Pfl aufrecht, verzweigt. Laubblätter gegenstdg, 3–5-spaltig, obere (slt alle) ungeteilt. Abschnitte br lanzettl., über 10 mm br. Weibl. Köpfchen zu 4–8 in sitzenden od. kurzgestielten Büscheln in den Achseln der obersten Blätter, unter den männl. Köpfchen.
B Heimat: Nordamerika.

2703 **Ambrosia artemisiifolia** L.
Beifußblättriges Traubenkraut

E; T, s, ⊙, AV, M_1, M_2, F; ⟨RL –⟩; Al
T8.3.1, T10.3.1.2, T10.3.2, T10.7
M 50–100(–150) cm. Pfl mit Faserwurzeln, reich verzweigt, oben abstehend zottig behaart. Blätter 2fach fiederteilig, auch die oberen gestielt, unauffällig behaart, grün. Weibl. Köpfchen zu 1–3 an kurzen Seitenästen in den Achseln der oberen Laubblätter. Fruchthülle mit 5–7 kurzen Stacheln, unter den männl. Köpfchen.
B Heimat: Nordamerika.

2704 **Ambrosia coronopifolia** Torr. & A. Gray
Ausdauerndes Traubenkraut

E; H, s, ⊙; M?, F; RL –; Al
wo?
M Ähnl. 2703, aber nur 30–80 cm hoch, mit kriechenden Wurzeln, weniger stark verzweigt, dicht anliegend behaart. Laubblätter einf. fiederteilig mit jederseits 3–5 schmalen Abschnitten, obere sitzend, dicht grauhaarig. Fruchthülle mit wenigen stumpfen Höckern.
B Heimat: Nordamerika.

2705 **Solidago virgaurea** L. ssp **virgaurea**
Gewöhnliche Goldrute (Gttg ca 80 sp)

I; H, w, ⑨, ⑧; A, AV; M_1, M_2, F, K; RL –; ✠, A, ? F
T1.1, T2.2, T4, T8.1
M (20–)30–100 cm. Stg aufrecht, im oberen Teil verzweigt. Blätter wechselstdg, ca 3–4mal so lg wie br, untere eifg, gestielt, obere schmal lanzettl., sitzend, gesägt. Gesamtblütenstand rispig od. zusammengesetzt traubig, mit meist (30–)50–100 Köpfchen, 10–15 mm ∅. Zungenblüten 6–12, die Röhrenblüten weit überragend u. deutl. lgr als die 5–7 mm lge Hülle.

2706 ssp **minuta** (L.) Arcang.
Alpen-Goldrute

I; H, w, ⑦; A, M_1, M_2; RL reg; Z
T1.4.4, T3.1.6, T6.2.1.5.4
M Ähnl. 2705, aber nur 10–30 cm hoch, mit einf. od. nur wenig verzweigtem Gesamtblütenstand. Laubblätter 4–6mal so lg wie br. Köpfchen meist nur 10–20(–30), 15–20 mm ∅. Hüllblätter 7–9 mm lg.
B Kritische Sippe, mit Übergangsformen zu 2705.

2707 **Solidago graminifolia** (L.) Salisb.
Grasblättrige Goldrute

E; H, K, w, ⑨; AV, (M_1, F); RL –; Z
L5.2.5, T8.2.1.1
M 50–80(–120) cm. Pfl kahl, nur im obersten Teil verzweigt. Blätter lineal-lanzettl., ganzrandig. Gesamtblütenstand doldig rispig, mit zahlreichen, (fast) sitzenden Köpfchen (4–8 mm ∅), zu 2–5 knäuelig gehäuft. Köpfchenboden bewimpert. Hülle 4–5 mm lg.
B Heimat: Nordamerika.

2708 **Solidago gigantea** Ait.
Späte Goldrute Abb. 108 re.

E; H, K, w, ⑨; A, AV, M_1, M_2, F, K; RL –; ✠, Z
L4.1 (Ufer), L5.2.5.5, T7.1.2, T8.2.1.1, T8.2.2, T8.2.2.5, T10.7

M 50–200(–250) cm. Stg kahl (nur im obersten Teil etwas behaart), rot, oft bläul. bereift. Blätter sitzend, schmal lanzettl., meist gesägt, slt ganzrandig. Gesamtblütenstand pyramidenartig rispig, mit zahlreichen gestielten, nach oben gerichteten Köpfchen (4–8 mm ∅). Köpfchenboden kahl. Zungenblüten etwas lgr als 3–4 mm lge Hülle.

B Heimat: nördl. u. westl. Nordamerika. Im Gebiet wohl nur ssp *serotina* (McNeill) Cronq.

2709 **Solidago canadensis** L.
Kanadische Goldrute Abb. 108 li.

E; H, K, w, ⑨; A, AV, M_1, M_2, F, K; RL –; ✠, Z, ? F
L4.1 (Ufer), T8.2.1.1+2, T8.2.2.5, T10.7

M 50–200(–250) cm. Stg dicht kurzhaarig, im unteren Teil ± kahl, grün, nicht bereift. Blätter sitzend, schmal lanzettl., meist gesägt. Gesamtblütenstand pyramidenartig rispig, mit zahlreichen gestielten, einseitswendig nach oben gerichteten Köpfchen (3–5 mm ∅). Köpfchenboden kahl. Zungenblüten die Hülle nicht überragend. Hülle 2–3 mm lg.

B Heimat: Nordamerika. Bei den so bezeichneten Sippen in Europa handelt es sich nicht wirklich um die echte nordamerikanische Art, sondern um durch züchterische Bearbeitung abweichende Typen, die man am besten als *S. anthropogena* H. Scholz ined. bezeichnet.

2710 **Bellis perennis** L.
⟨Gewöhnliches⟩ Gänseblümchen (Gttg 8 sp)

A; H, w, ①; A, AV, M_1, M_2, F, K; RL –; ✠, A, ☺, ✎, Z
T1.3 (Rasen), T3.4.3/T7.2.2, T7.1.2, T7.2.1

M 5–15 cm. Stg behaart, blattlos. Blätter in einer grundstdgn Rosette, spatelfg bis verkehrt eifg, am Rand gesägt, vorne stumpf, in den Stiel verschmälert. Köpfchen einzeln, 10–30 mm ∅. Hüllblätter meist 13, 4–6 mm lg, meist stumpf, 1-reihig. Zungenblüten weiß, unterseits oft rötl., Röhrenblüten gelb. Pappus fehlend.

Abb. 108 Unterschiede zwischen 2708 Solidago gigantea (rechts) und 2709 Solidago canadensis (links)

2711-2718 **Aster** L. p.p.
Bearbeitet von G. H. Loos

B Die Abgrenzung der einzelnen Sippen in dieser Gruppe ist umstritten. Durch züchterische Bearbeitung sind 2711 u. 2712 in der hier gewählten Umgrenzung zudem äußerst vielgestaltig; 2714 u. 2715 lassen sich zuw. nicht eindeutig trennen, da ein breites Band an Übergangstypen existiert. Zahlreiche weitere Arten (auch anderer Sektionen) in Gartenkultur sind mitunter vorübergehend verwildert. Für die Bestimmung einiger Arten kann das sog. Lobus-Limbus-Verhältnis bedeutend sein, d. h. die Länge der Kronzipfel einer Röhrenblüte (Lobus) wird in Prozent zu der Länge des gesamten bauchigen Teils (aber ohne den zur Frucht führenden schmal röhrigen Teil) der Krone einer Röhrenblüte (Limbus inkl. Lobus) angegeben (vgl. Hoffmann 1996: 166).

2711 **Aster novi-belgii** L.
Gewöhnliche Glattblatt-Aster (Gttg ca 250 sp)

E; H, s ⑨, ⊛; AV, M_1, M_2, F; RL –; Z
L5.2, T9.2.2, T10.3.1–2.1–2, T10.4, T10.5.2.4, T10.7

M Bis 1,6(–2) m. Stg. aufrecht, unbehaart od. v. a. oberwärts u. an den Ästen meist (2–)4-reihig flaumig, nach unten hin verkahlend. Äußere Hüllblätter oft fast so lg wie die inneren, mind. aber halb so lg, am breitesten in od. oberhalb der Mitte, ca 1 mm br, fast ganz krautig, deutl. abstehend od. nur schwach den inneren anliegend. Blütenköpfe zieml. gr, 2,5–3 cm ∅. Blätter lanzettl. bis br (ei)-lanzettl. Astblätter im Vergleich zu den Stgblättern nach oben hin sich allmähl. verkleinernd, meist nicht sehr zahlreich. Zungenblüten meist violett, slt auch weiß, purpurn od. lila.

B Heimat: Nordamerika.

◄ 2712 **Aster × versicolor** Willd.
Bunte Glattblatt-Aster

E; ⟨H, s⟩, ⑨, ⊛; M_2, F; RL –; Z
L5.2, T9.2.2, T10.3.1–2.1–2, T10.4, T10.5.2.4, T10.7

M Meist sehr ähnl. 2711, jedoch Stg auch oberwärts oft unbehaart od. zumindest spärl. behaart, äußere Hüllblätter oft nur in der oberen Hälfte od. bis zu ¾ krautig, ± angedeutet dachziegelig angeordnet, Stgblätter variabel (je nach Typ lanzettl. bis zu br eifg od. eifg rundl.), Astblätter (mit nur wenigen Übergangsblättern) erhebl. kleiner als die Stgblätter, sehr zahlreich.
B Siehe Bemerkung 34, Seite 719.

2713 **Aster laevis** L. ►
Kahle Aster

E; H, s ⑨; F, M_1 ?, F; RL –; (Z)
L5.2, T9.2.2, T10.3.2.1, T10.4.2, T10.5, T10.7

M Bis 1,2 m. Pfl (v. a. die Blätter oberseits) blau bereift. Stg (fast) unbehaart. Äußere Hüllblätter deutl. dachziegelartig angeordnet, äußere höchstens ⅓ so lg wie innere, im oberen Teil mit abgesetzem grünem, rhombischem Mittelfeld, sonst weißl., Hülle daher wie gescheckt wirkend. Köpfe meist kleiner als die Stgblätter, sehr zahlreich, zu den Spitzen hin allmähl. in Hüllblätter übergehend. Zungenblüten meist violett.
B Heute nur noch sehr slt u. meist unbestdg. Heimat: Nordamerika

◄ 2714 **Aster × salignus** Willd.
Weidenblättrige Aster (2711 × 2715)

E; H, s ⑨; AV, M_1, M_2, F, K; RL –; Z
L5.2.7, T9.2.2, T10.3.1–2.1–2, T10.4, T10.5.2.4, T10.7

M In den Merkmalen zw 2711 u. 2715 vermittelnd. In den Extremtypen von 2711 nur durch die den inneren Hüllblättern angedrückten, unterhalb der Mitte am breitesten beschaffenen äußeren Hüllblätter u. von 2715 durch fast gleich lge äußere u. innere Hüllblätter sowie zuw. mehr stgumfassende Blätter verschieden. Jedoch ist die Grenzlinie zu 2715 oft schwieriger zu ziehen.
B Sehr variabler Hybridkomplex, welcher hinsichtl. der Merkmale das gesamte Übergangsspektrum zw den Elternarten abdeckt. Oft ist jedoch gerade die Abgrenzung zu 2715 nicht eindeutig, so dass die Zusammenfassung mit 2711 zu einem engeren *A. novi-belgii* agg (wie in Wisskirchen & Haeupler 1998) nicht sinnvoll erscheint.
Heimat: Nordamerika.

2715 **Aster lanceolatus** Willd.
Lanzettblättrige Aster Abb. M. re.

E; H, s ⑨; M_1, M_2, F, K; RL –; Z
L5.2.7, T9.2.2, T10.3.1,2.1.2, T10.4, T10.5.2.3–4, T10.7

M Bis 1,5(–2) m. Blätter lanzettl., am Grund schwach geöhrt. Zungenblüten meist weiß, mitunter auch (hell-)violett (ob dann stets schon zu 2714 tendierend?). Köpfe 1–2(–2,5) cm ∅. Lobus-Limbus-Verhältnis 20–40(–50) %. Aufblühzeit sehr spät (im Tiefland erst Ende Juli).
B Heimat: Nordamerika.

◄ 2716 **Aster parviflorus** Nees ►
Kleinblütige Aster

E; ⟨H, s⟩, ⑨; M_1, M_2, F; RL –; Z
L5.2.7, T10.4, T10.7

M Sehr ähnl. 2715, jedoch Lobus-Limbus-Verhältnis (45–)50(–60) %. Blüht erhebl. früher auf als 2715 (im Tiefland Ende Juli bereits fruchtend).
B Siehe Bemerkung 35, Seite 719.

◀2717 **Aster novae-angliae** L.
Raublatt-Aster

E; H, s, ⑨; AV, M_1, M_2, F; ⟨RL –⟩; Z
L5.2, T9.2.2, T10.4
M Bis 2 m. Stg mit lgn, abstehenden, rauen Haaren. Stgblätter beiderseits behaart, stgumfassend. Hüllblätter alle grün od. purpurn bis violett überlaufen, sehr drüsig, ± gleichlg. Zungenblüten meist dklrosa bis purpurn, auch violett od. weißl.
B Heimat: Nordamerika.

2718 **Aster macrophyllus** L. ▶
Herzblättrige Aster

E (lok); ⟨H, s⟩, ⊙; M_1; RL –; Z
M 20–120 cm. Untere Blätter gestielt, die Spreite herzfg vom Blattstiel abgesetzt. Blütenstand doldenrispig, zumind. unter den Köpfen drüsig. Zungenblüten violett bis purpurn.
B Heimat: Nordamerika. Sehr ähnl. der gelegentl. vorübergehend verwilderten *Aster schreberi* Nees, jedoch ohne Drüsen u. Zungenblüten, meist weiß.

2719 **Aster tripolium** L. ▶
Strand-Aster

I; H, T, w, ⑧; M_1, M_2, F, K; RL reg
H1.1.3, H2
M 15–60 cm. Pfl (fast) kahl. Stgblätter lineal-lanzettl., zieml. fleischig, kahl od. am Rand fein gewimpert, ganzrandig. Köpfchen 2–2,5 cm ∅, wenige bis sehr viele (> 100) in einer Doldentraube od. -rispe. Hüllblätter angedrückt, zungenfg, stumpf, 2–3 mm br. Zungenblüten hell blauviolett (zuw. fehlend) bis helllila. Röhrenblüten gelb. Früchte mit Pappus.
B Im Gebiet nur ssp *tripolium*.

2720 **Aster amellus** L. ▶▶
Kalk-Aster

I; H, s, ⑧; AV, M_1, M_2, F; RL reg, §; Z
T1.4.1.2+3, T6.2, T8.1.1
M 10–70 cm. Stg kurzhaarig, oberseits verzweigt. Stgblätter br lanzettl., meist ganzrandig, rauhaarig. Köpfchen 2–4(–5) cm ∅, zu mehreren in einer Doldentraube od. -rispe. Hüllblätter 2–3-reihig, spatelfg, stumpf, 1,5–2,5 mm br, äußere etwas abstehend. Zungenblüten blaulila. Röhrenblüten gelb. Mit Pappus.

◀◀2721 **Aster alpinus** L.
Alpen-Aster

I; H, w, ⑥; A, M_1, M_2; RL reg, §; Z
T3.2.3, T3.4.2.1, T6.1.2.3
M 5–15 cm. Stg behaart, mit sitzenden, schmal lanzettl. Blättern. Grundstdge Blätter spatelfg bis lanzettl., ganzrandig, weichhaarig. Köpfchen einzeln (slt mehr), 3–5 cm ∅. Zungenblüten blauviolett. Röhrenblüten gelb. Früchte mit gelbl. Pappus.

◀2722 **Aster linosyris** (L.) Bernh.
Gold-Aster Galatella L.

I; H, s, ⑧, ⊛; AV, M_1, M_2, F; RL reg; Z
T1.4.1.2+3, T6.2.2.2.1, T6.2..3.2, T8.1.1
M 10–50 cm. Stg dicht beblättert, im Gesamtblütenstand verzweigt. Laubblätter 1–3 mm br, lineal-lanzettl. bis pfrieml., 1-nervig, spitz. Gesamtblütenstand doldentraubig. Hüllblätter 6–8 mm lg, mehrreihig. Köpfchen ca 10 mm ∅, ausschließl. Röhrenblüten. Früchte ca 3 mm lg, behaart, Pappus gelbl., borstig.

2723 **Aster bellidiastrum** (L.) Scop.
Alpenmaßliebchen

I; H, w, ⊙; A, AV, M_1; RL –
L2.2, S2.2.2, T1.1.2.1, T3.4.2

M 5–30 cm. Stg behaart, blattlos. Laubblätter in einer grundstdgn Rosette, spatelfg od. elliptisch, ganzrandig od. stumpf gezähnt, lggestielt, kraushaarig. Köpfchen einzeln, 2–4 cm ∅. Hüllblätter lg zugespitzt, 2-reihig. Zungenblüten weiß, unterseits oft rötl., Röhrenblüten gelb. Früchte behaart, mit Pappus (Unterschied zu *Bellis*).

2724 **Erigeron acris** L. ssp **acris**
Gewöhnliches (Gttg ca 150 sp)
Scharfes Berufkraut

I; T, ⟨B⟩, H; w, ⑧, ✿; A, AV, M_1, M_2, F, K; RL –; ☺
L5.1.1, T6.2.1.4, T6.2.2.3

M 10–40(–70) cm. Stg aufrecht, rund, dicht behaart, verzweigt. Laubblätter lanzettl., ganzrandig, oft etwas wellig, beidseits dicht behaart. Köpfchen ca 20–40, in Trauben, 5–12 mm ∅. Hülle u. Köpfchenstiele dicht kraushaarig. Zungenblüten, kurz, aufrecht, so lg od. wenig lgr als die Röhrenblüten. Mit Pappus.

2725 ssp **angulosus** (Gaudin) Vacca
Schotter-Berufkraut

I; T, H, w, ⊙; A, AV; RL reg
L5.1.1

M Ähnl. 2724, aber Stg aufrecht od. bogig aufsteigend, etwas kantig od. gerillt, kahl od. spärl. behaart, stärker verzweigt. Blätter flach, auf den Flächen (fast) kahl, randl. bewimpert. Hülle 6–8 mm br, locker bis mäßig dicht lghaarig. Hüllblätter randl. bewimpert.

B (2726) ssp *droebachiensis* (O. F. Müller) Arcang., Nordisches Scharfes Berufkraut, **I**; T, H, w, ⊙; F; RL - wo?; m wie ssp *angulosus*, aber Hülle kahl od. mit wenigen Wimperhaaren, 4–6 mm br. Kritische Sippe. ohne Abb.

2727 **Erigeron annuus** (L.) Pers. ssp **annuus**
Gewöhnlicher Einjähriger Feinstrahl

E; ⟨B⟩, s, ⑦, ✿; A, AV, M_1, M_2, F, K; RL –
T8.2.2

M 40–100(–150) cm. Stg aufrecht, zerstreut bis zieml. dicht abstehend lghaarig (> 1 mm). Obere Stgblätter lineal bis lanzettl., auch die obersten entfernt grob gezähnt, die unteren lanzettl. bis br eifg. Köpfchen 15–25 mm ∅, zahlreich in einer doldenfgn Rispe angeordnet, ihre Stiele drüsenlos. Zunge der Randblüten abstehend, mind. so lg wie der ∅ der Scheibe, weiß, bläul. od. rötl. lila.

B Heimat: Nordamerika. Ob die Anwendung der nordamerikanischen Namen von 2727, 2728 u. 2729 korrekt erfolgt, ist weiter zu überprüfen, da es sich in Nordamerika um einen agamosporen Komplex handelt. Auch in D sind mehr als nur 3 Sippen zu unterscheiden. So umfasst 2727 mind. 4 Sippen, die sich nach Aufblühzeit, Länge der Randblüten und tendenziell ihrer Farbe unterscheiden.

2728 ssp **septentrionalis**
(Fernald & Wiegand) Wagenitz
Nordischer Einjähriger Feinstrahl ohne Abb.

E; ⟨B, s⟩, ⑦; wo?; RL –
T8.2.2

M Ähnl. 2727, aber alle Stgblätter, zumindest aber die oberen u. mittleren, ganzrandig. Stg sehr zerstreut abstehend (nur unmittelbar unter dem Gesamtblütenstand anliegend) behaart bis fast kahl. Zunge der Randblüten meist deutl. kürzer als ∅ der Scheibe, meist weiß.

B Heimat: Nordamerika.

2729 ssp **strigosus** (Willd.) Wagenitz
Striegelhaariger Einjähriger Feinstrahl

E; ⟨B, s⟩, ⑦; wo?; ⟨RL –⟩
T8.2.2

M Wie 2728, aber Stg zieml. dicht kurz u. anliegend behaart. Im Rosettenstadium kurzfilzig behaart u. dadurch von den beiden anderen ssp zu trennen.

B Heimat: Nordamerika.

2730 **Erigeron gaudinii** Brügger
Felsen-Berufkraut

I; H, s, ⊙; M_1; RL R
T5.2.2.1.1, (T5.2.2.2.1)
M 10–30 cm. Pfl aufsteigend, mit dünnen, besonders im oberen Bereich dichtdrüsigen, rundl. Stgn, unterhalb der Mitte verzweigt, mit wenigen (2–8) 1-köpfigen Ästen. Blätter längl. elliptisch bis lanzettl. linealisch, ganzrandig, drüsig behaart. Köpfchen 10–25 mm ∅. Zunge der Randblüten blasslila, die Hülle um 3–5 mm überragend.

2731 **Erigeron atticus** Vill.
Drüsiges Berufkraut

I; H, s, ⊙; A; RL R
T3.4.2.2
M 20–60 cm. Pfl aufrecht, drüsig behaart, mit kräftigen, kantigen Stgln, diese oberhalb der Mitte verzweigt, mit zahlreichen, 1 bis mehrköpfigen Ästen. Blätter br lanzettl. od. längl. eifg, ganzrandig, drüsig behaart. Köpfchen 20–35 mm ∅. Zunge der Randblüten intensiv purpurn, die Hülle um 5–8 mm überragend.

2732 **Erigeron alpinus** L.
Alpen-Berufkraut

I; H, s, ⊙, A; RL –; ☺, Z
T3.4.2.2, T6.2.1.5.4
M 5–20(–40) cm. Stg ohne Drüsenhaare, 1–15-köpfig, am Grund oft gebogen, meist grün, unten meist dicht zottig behaart. Untere Blätter lanzettl., beidseits behaart, nicht dickl.; Köpfchen 2–3 cm ∅. Hüllblätter meist im unteren Drittel am breitesten, meist grün, lghaarig bis verkahlend, mit einzelnen kurzen Drüsenhaaren. Zungenblüten purpurn od. lila (slt weiß). Zw Zungen- u. Röhrenblüten weibl. Blüten mit verkümmerter, fadenfgr Krone ohne deutl. Zipfel (Fadenblüten).
B Im Gebiet nur ssp *alpinus*.

2733 **Erigeron neglectus** Kern.
Verkanntes Berufkraut

I; H, w, ⊙; A; RL reg; Z
T3.4.2.1
M Ähnl. 2734, aber 10–20(–30) cm hoch. Stg steif aufrecht. Köpfchen 2,2–2,8 cm ∅. Zungenblüten pfirsich- bis weinrot. Röhrenblüten gelb, an der Spitze meist purpurn. Fadenblüten vorhanden.

2734 **Erigeron uniflorus** L.
Einköpfiges Berufkraut

I; H, w, ⊙; A; RL –
T3.2.3, T3.4.1, (T3.4.2.1)
M 2–10(–15) cm. Stg ohne Drüsenhaare, etwas bogig aufsteigend, immer 1-köpfig, meist rötl., oben locker lghaarig, unten ± kahl. Grundblätter schmal verkehrt eifg, nur randl. behaart, etwas dickl.; Köpfchen 1–1,5(–2,5) cm ∅. Hüllblätter etwa in der Mitte am breitesten, grün od. rot, dicht weißwollig behaart. Zungenblüten weiß, blasslila od. rosa. Fadenblüten fehlend.

2735 **Erigeron glabratus** Bluff & Fingerh.
Kahles Berufkraut

I; H, w, ⊙; A; RL –
T3.4.2, T5.2.2.2.1
M Ähnl. 2732, aber Stg 1–3(–6)-köpfig, am Grund kahl od. wie oben zerstreut behaart. Untere Blätter nur am Rand behaart. Köpfchen 1,5–3 cm ∅. Hülle kahl od. angedrückt kurzhaarig. Fadenblüten fehlend.

2736 Conyza canadensis (L.) Cronquist
Kanadisches Berufkraut (Gttg ca 60 sp)

E; T, H, s, ⑧; A, AV, M_1, M_2, F, K; RL –; ✠, (A), ☺
T2.2.1, T8.3.1, T9.1, T10.3.1.9, T10.3.3.1, T10.3.3.4.2, T10.7
M 20–150 cm. Pfl aufrecht reichästig, abstehend behaart. Blätter schmal lanzettl., frigrün, behaart (Haare am Rand abstehend, oft > 0,5 mm lg). > 100 Köpfchen, im Umriss ± zylindrisch, in einer dichten Rispe. Hülle zylindrisch, 3–4 mm lg, gelbl. grün, kahl bis wenig behaart. Zungenblüten vorhanden, kaum lgr als die 4-zipfeligen Röhrenblüten. Pappus ca 2,5 mm lg.
B Heimat: Nordamerika.

2737 Conyza bonariensis (L.) Cronquist
Südamerikanisches Berufkraut

U–E; ⟨T, H⟩, s, ⊙; F, wo noch?; RL –
T8.3.1, T10.3.1.2, T10.7
M Bis 60 cm. Stg zieml. dicht behaart. Hauptstg oft durch obere Seitenäste übergipfelt. Blätter graugrün, anliegend kurzhaarig, am Rand < als 0,5 mm lg. Aufrecht abstehende Äste überragen sämtl. Köpfchen. Hülle 6–10 mm br, behaart. Hüllblätter an der Spitze meistens deutl. rot gefleckt. Röhrenblüten 5-zipfelig. Zungenblüten meist fehlend. Pappus 3–3.5 mm lg
B Heimat: Tropisches bis Subtropisches Südamerika. Kann mit 2736 bastardisieren, auch in D?

2738 Conyza albida Willd. ex Spreng.
Weißes Berufkraut

U–E; ⟨T, s⟩, ⊙; F, wo noch?; RL – wo?
M 150 cm. Stg grau, zieml. dicht behaart. Hauptstg nicht durch obere Seitenäste übergipfelt. Blätter graugrün, behaart. Haare am Blattrand gekrümmt, < 0,5 mm lg. Anordnung der Köpfchen pyramidenfg. Hülle 5–7 mm br, behaart. Hüllblätter nicht od. wenig gefleckt. Röhrenblüten 5-zipfelig. Zungenblüten höchstens 0,5 mm lg.
B Heimat: unbekannt.

2739 Anthemis tinctoria L.
Färber-Hundskamille (Gttg ca 210 sp), Fig. 62a

A?; H, s, ②; A, AV, M_1, M_2, F, K; RL reg; Z, ? F
T6 1.2.3, T7.5.2.1, T8.2.2.2, T10.3.1.3, T10.3.4.2
M 20–60(–90) cm. Pfl im oberen Teil meist verzweigt. Blätter fiederteilig, mit kammfg fiederspaltigen Zipfeln, unterseits anliegend kurzhaarig. Köpfchenboden halbkugelig, auf der Fläche mit lanzettl., stachelspitzigen Spreublättern. Zungenwie Röhrenblüten gelb. Früchte abgeflacht.

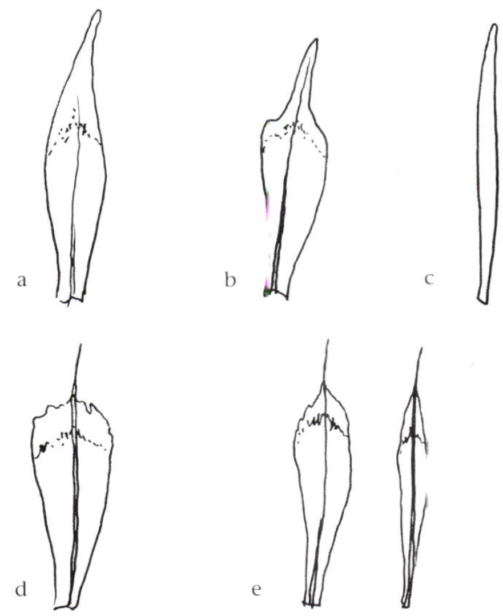

Fig. 62: Spreublätter von *Anthemis*
a: *Anthemis tinctoria*, b: *Anthemis austriaca*,
c: *Anthemis cotula*, d: *Anthemis ruthenica*,
e: *Anthemis arvensis*
nach Dostál (1989)

2740 Anthemis austriaca Jacq.
Österreichische Hundskamille Fig. 62b

A; T, w, ⊙; M_1, M_2, F; RL reg
T8.2.2.5, T8.3.1, T9.1, T10.3.3.1
M 20–60 cm. Pfl reichästig. Blätter 2fach fiederschnittig, mit ± regelmäßig kammfg angeordneten Zipfeln, wollig behaart. Köpfchenboden halbkugelig. Spreublätter lanzettl., mit starrer, kurzer Spitze. Zungenblüten weiß. Früchte glatt, deutl. zusammengedrückt, abgeflacht, 4-kantig.

2741 **Anthemis cotula** L.
Stinkende Hundskamille Fig. 62c

A; T, w, ⑧; AV, M_1, M_2, F, K; RL reg; Al
T8.3.1, T9.1, T10.1.6, T10.3.3.1a)
M 20–50 cm. Pfl unangenehm riechend, reichästig, kahl od. zerstreut behaart. Blätter 2fach fiederspaltig. Köpfchenboden kegelfg, nur an der Spitze mit lineal-borstl., spitzen Spreublättern. Innere Hüllblätter nach oben verschmälert, schmal hautrandig. Zungenblüten weiß, steril. Früchte fast rund, mit warzig knotigen Rippen, oft drüsig.

2742 **Anthemis ruthenica** m. Bieb.
Ruthenische Hundskamille Fig. 62d

A; T, s, ⊙; M_1, M_2, F; RL –
T8.2.2.5, T8.3.1, T9.1.1.1, T10.3.1.2, T10.3.2, T10.7
M 20–50 cm. Pfl aromatisch, reichästig, grau- od. weißzottig behaart. Blätter unregelmäßig 1–2fach fiederspaltig. Köpfchenboden kegelfg, auf der ganzen Fläche mit längl.-keilfgn, an der Spitze gezähnelten u. starr stachelspitzigen Spreublättern. Innere Hüllblätter nach oben nicht verschmälert, br hautrandig, oben mit fransig zerschlitztem Rand. Zungenblüten weiß. Früchte stumpf 4-kantig, mit glatten Rippen.

2743 **Anthemis arvensis** L.
Acker-Hundskamille Fig. 62e

A; T, w, ⑧; A, AV, M_1, M_2, F, K; RL reg; (A)
T9.1, T9.1.1.1+2, T10.3.3.1
M 20–50 cm. Pfl fast geruchlos, reichästig, kahl od. spärl. weichhaarig. Blätter unregelmäßig 2fach fiederspaltig. Köpfchenboden kegelfg. Spreublätter lanzettl., allmähl. in die Stachelspitze verschmälert, ganzrandig. Innere Hüllblätter nach oben nicht verschmälert, br hautrandig, oben (fast) ganzrandig. Zungenblüten weiß, Früchte stumpf 4-kantig, mit glatten Rippen.

2744 **Chamaemelum nobile** (L.) All.
Echte Römische Kamille (Gttg 6 sp)

U–E; ⟨H, w⟩, ⊙; wo?; ⟨RL –⟩; A, ☺
T9.2.1, T10.7
M 20–50 cm. Pfl intensiv aromatisch riechend, zerstreut behaart. Bätter 2–3fach fiederschnittig. Hüllblätter br hautrandig. Köpfchenboden kegelfg. Spreublätter br spatelig, ohne Spitze. Zungenblüten weiß, weibl. Röhrenblüten mit einer ringfgn Aussackung. Früchte rundl., glatt.
B Heimat: westl. Mittelmeergebiet.

2745 **Achillea ptarmica** L.
Sumpf-⟨Garbe⟩ (Gttg 115 sp)

I; H, s, ⑧; AV, M_1, M_2, F, K; RL reg; ☺, Z
L4.1.4, L4.4, T7.3
M 30–150 cm. Pfl oben verzweigt. Blätter ungeteilt, lineal-lanzettl., gesägt, kahl od. zerstreut lghaarig, glänzend, graugrün, nicht drüsig punktiert. Köpfchen zahlreich, doldenrispig. Äußere Hüllblätter ca ⅔–¾ so lg wie die inneren. Spreublätter lanzettl.; 8–13 Zungenblütten, weiß, Zunge 4–6 mm lg. Röhrenblüten weißl. Früchte abgeflacht.

2746 **Achillea salicifolia** Besser
Weidenblättrige ⟨Garbe⟩

I; H, s, ⊙, F; RL reg
L5.2.5.4
M Ähnl. 2745, aber oft höher u. kräftiger. Blätter locker angedrückt behaart, matt, graugrün, drüsig punktiert (vor allem obere Stgblätter). Blattzähne deutl. knorpelig berandet, oft etwas nach innen gebogen. Äußere Hüllblätter nur ca halb so lg wie die inneren. 7–8 Zungenblüten, Zunge 3–4,5 mm lg.

2747 **Achillea clavenae** L.
Bittere ⟨Garbe⟩; Weißer Speik

I; H, w, ⊙; A; RL –, §; Z
T3.4.2.1, T5.1.2.2.1, T5.2.2.2.1
M 5–30 cm. Pfl weißgraufilzig behaart. Blätter unregelmäßig fiederspaltig od. -teilig, mit ganzrandigen od. grob gezähnten od. gelappten Abschnitten. Gesamtblütenstand doldenrispig, mit 3–20 Köpfchen. Hüllblätter schwarzbraun berandet. Zungenblüten 5–9, Zunge 3–5 mm lg. Röhrenblüten weißl.

2748 **Achillea macrophylla** L.
Großblättrige ⟨Garbe⟩

I; H, w, ⊙, ❀; A; RL –
T3.1.4
M (30–)50–100 cm. Stg besonders unten kurz behaart, reichblättrig. Blätter zerstreut kurzhaarig, im Umriss eifg, fiederschnittig, mit lanzettl., am Rand scharf gesägten, spitzen Abschnitten. Gesamtblütenstand locker doldenrispig, mit 10–35 Köpfchen. Hüllblätter braun berandet. Zungenblüten meist 5(–8), Zunge 4–7 mm lg. Röhrenblüten weißl.

2749 **Achillea atrata** L.
Schwarzrandige ⟨Garbe⟩

I; H, w, ⊙; A; RL –, §; ✠, Z
T5.1
M 8–30 cm. Pfl zerstreut behaart, kaum aromatisch. Blätter im Umriss lanzettl., einf. fiederschnittig, Zipfel ca 1 mm br. Vordere Abschnitte 3–4(–5)-teilig, nicht drüsig punktiert. Köpfchen zu 3–10, doldenrispig. Zungenblüten 7–12, Zunge 5–7 mm lg. Hüllblätter mit schwarzem Rand. Röhrenblüten gelbl.

2750 **Achillea nobilis** L.
Edle ⟨Garbe⟩

I; H, s, ⊙; M_1, M_2, F; RL reg
T6.1.2.3, T7.5.2.1
M 20–60 cm. Pfl ohne Ausläufer, aromatisch, wollig bis filzig behaart. Stgblätter im Umriss br elliptisch bis eifg (höchstens 2–3mal so lg wie br). Blattspindel gezähnelt u. mit kleineren Zwischenlappen. Fiedern der oberen Stgblätter (1–)2–3 (–4)fach fiederschnittig, mit 2–25 Zähnen pro Seite. Gesamtblütenstand doldenrispig, mit zahlreichen Köpfchen. Hüllblätter behaart, matt. Zungenblüten 4–6, Zunge deutl. kürzer als die Hülle.

2751–2757 **Achillea millefolium** agg.
Bearbeitet von G. H. Loos

B Die Erforschung dieser Gruppe ist bei weitem noch nicht abgeschlossen, so dass die vorliegende Bearbeitung nur als vorläufig gelten kann. Außer den in näherer Untersuchung befindlichen muss mit weiteren, derzeit noch völlig unbekannten Sippen gerechnet werden. Zur Vorgehensweise bei der Bestimmung der Sippen sei hier auf die Anmerkungen bei Saukel in Adler et al. (1994: 814 ff.) verwiesen, wo sich auch ein ausführlicher Bestimmungsschlüssel mit genauen Maßangaben findet. Als Hauptschirm wird hier der gesamte Köpfchenstand bezeichnet, der Endschirm stellt die mittlere Untereinheit des Köpfchenstandes dar (Messwerte beziehen sich auf Herbarpfl, für lebende Pfl sind diese Werte um etwa 20 % zu hoch).

2751 **Achillea millefolium** L. ssp **millefolium**
Wiesen-Schaf-Garbe

I; H, C, w, ⑦, ❀; A, AV, M_1, M_2, F, K; RL –; ✠, Al, ✂, ☺, ? F, D, Z
T6.2.1.4, T6.2.2.2.3, T7.1.2, T7.1.3, T8.2.2–8.3, T7.2+3, T8.3, T9.2, T9.5, T10.4
M Sehr ähnl. 2752, aber (20–)40–70(–100) cm hoch, Hüllblätter meist grünl. bis hellbraun (nur sehr slt dklbraun), Zungenlänge × Zungenbreite oft weniger als 7 mm, Stg kräftig bis zart.
B Vielgestaltiger Komplex aus mehreren, z. T. noch weitgehend unbekannten Sippen. Weiter verbreitet sind anscheinend eine relativ früh blühende Sippe (deutl. vor *Arrhenatherum elatius*) mit relativ groben Blättern, welche v. a. in S–D (nördl. bis nach M-Hessen, weiter nördl. anscheinend meist nur verschleppt) weit verbreitet zu sein scheint, des Weiteren eine mittlere Sippe (Blühbeginn kurz nach *Bromus inermis*), die anscheinend generell die häufigste Art aus diesem Komplex in D darstellt, schließl. eine relativ kleinköpfige u. zartblättrige Sippe, welche nach *Origanum vulgare* mit der Blüte beginnt u. v. a. in Ostdeutschland weitflächig vorkommt.

◄ 2752 **Achillea sudetica** Opitz
Sudeten-(Wiesen-) Schaf-Garbe

I; ⟨H, C, w⟩, ⊙; A, M_1; RL –; Al, D
T3.4.3/T7.2.2, T7.1.3
M 8–40(–60) cm. Pfl meist einzeln stehend, oft nur mit unterirdischen Ausläufern. Stg 3–8 mm ∅, oft kantig, stets zieml. dick. Hauptschirm (5–)10(–15) cm ∅. Endschirm meist länger als 1,5 cm. Hüllenlänge × -breite im Mittel 15(–20) mm^2. Hüllblätter meist dklbraun berandet. Zungenlänge × Zungenbreite meist mehr als 7 mm^2.
B Umfasst mehrere Sippen, die bisher noch nicht hinreichend geklärt sind.

2753 **Achillea setacea** Waldst. & Kit. ►
Feinblättrige Schaf-Garbe

I; H, ⟨w⟩, ⑥; M_2, F?; RL 3!; Al
T6.2.2.2, T6.2.2.3
M 10–30(–60) cm. Stg, Blätter u. Hüllen meist dicht lghaarig. Stgblattlänge × Stgblattbreite 0,5–3(–4) cm^2. Grundblätter mit haarfg linealischen, weniger als 0,3 mm breiten Fiederzipfeln, diese fri deutl. 3-dimensional angeordnet, Grundblätter wirken daher lampenputzerartig. Endschirm 1–1,5 cm lg.
B Siehe Bemerkung 36, Seite 720.

◄ 2754 **Achillea pannonica** Scheele
Ungarische Schaf-Garbe

I; H, ⟨w⟩, ⑦, M_1, M_2, F?; RL reg; Al, D
T6.1.2.3, T6.2.2, T8.1.1
M Ähnl. 2753, aber 30–70(–90) cm hoch, Grundblätter mit ± flächig ausgebreiteten Fiedern (nie 3-dimensional angeordnet), Zipfel nicht linealisch, oft zwiebelfg (so lg wie br), nur ausnahmsweise schmaler als 0,3 mm; Grundblätter oft halb so lg od. so lg wie ganze Pfl. Endschirm meist länger als 2 cm. Hauptschirm 4–8 cm ∅. Hüllenlänge × Hüllenbreite im Mittel 14 mm^2.
B Stabilisierte Übergangssippen zu 2751 treten in Ostdeutschland zum Gebietsrand hin öfter auf.

2755 **Achillea collina** Becker ex Rchb. ►
Hügel-Schaf-Garbe

I; H, ⟨w⟩, ⑥; AV, M_1, M_2, F; RL reg; Al, D
T6.2.2.2.3, T8.1.1
M Sehr ähnl. 2754, aber Hauptschirm nur 2–3(–4) cm ∅, Hüllenlänge × Hüllenbreite im Mittel 10 mm^2, außerdem Grundblätter meist kaum halb so lg wie die ganze Pfl.
B Siehe Bemerkung 37, Seite 720.

◄ 2756 **Achillea roseoalba** Ehrend.
Blassrote Schaf-Garbe

E; H, C, w, ⊙; M_1; RL –; Al, D
T7.1.2, T7.3
M (25–)35–55(–75) cm. Zungenblüten hell- bis dklrosa, slt weiß. Endzipfel der Blattfiedern deutl. länger als br. Hüllen unbehaart.

2757 **Achillea pratensis** Saukel & Länger ►
Rasige Schaf-Garbe

I; ⟨H, w⟩, ⊙; M_1; ⟨RL ?⟩; Al, D
T6.2, T7.1.2, T7.2+3, T7.5
M (20–)30–50(–90) cm. Pfl auffällig rasig wachsend (10–50 gleichhohe Individuen fleckweise auftretend). Stg 1–2(–3) mm ∅, oft völlig stielrund. Hauptschirm 1–3(–4) cm ∅. Endschirm meist kürzer als 1,5 cm. Hüllenlänge × Hüllenbreite im Mittel 12(–14) mm^2.
B Erst in jüngster Zeit beschriebene u. bekannt gewordene Sippe, welche gewiss noch übersehen wurde u. vielleicht in größeren Teilen von D vorkommt.

◄ 2758 **Achillea crithmifolia** Waldst. & Kit.
Meerfenchelblättrige Garbe

E (lok); ⟨H, s?⟩, ⊙; AV, F; ⟨RL –⟩
T8.2.2.6, T10.3.1.2, T10.7
M Ähnl. 2750, aber Blattspindel ganzrandig. Obere Stgblätter eifg bis längl., ihre Fiedern 1–2(–3)fach fiederschnittig, mit (2–)4(–10) Zähnen pro Seite. Hüllblätter kahl, glänzend. Zungenblüten weiß bis gelbl.
B Heimat: SO-Europa.

2759 **Matricaria recutita** L. ►
Echte Kamille (Gttg 7 sp)

A; T, w, ⊚; A, AV, M_1, M_2, F, K; RL –; (☠), A, ✠, ☺, ✂, F?
T7.4, T8.3, T9.1, T9.1.1.1, T10.3.3.1, T10.7
M 10–60 cm. Pfl verzweigt, kahl, stark aromatisch. Blätter 2–3mal fiederschnittig, Zipfel schmal linealisch, stachelspitzig. Köpfchen mehr als 2 cm lg gestielt, 15–25 mm ∅, Köpfchenboden kegelfg, hohl. Spreublätter fehlend. Zungenblüten weiß, bald zurückgeschlagen. Röhrenblüten gelb, 5-zähnig. Früchte 1–1,5 mm lg, gerippt, meist ohne Pappus.
B Im Gebiet nur ssp *recutita*.

◄◄ 2760 **Matricaria discoidea** DC.
Strahlenlose Kamille

E; T, w, ⊚: A, AV, M_1, M_2, F, K; RL –; ✠
T7.4.2
M 5–40 cm. Pfl oben verzweigt, kahl, aromatisch. Blätter 2–3fach fiederteilig, mit linealischen, stachelspitzigen Zipfeln. Köpfchen kurz (weniger als 2 cm lg) gestielt, 5–8 mm ∅. Köpfchenboden kugelfg, hohl. Spreublätter fehlend. Zungenblüten fehlend. Röhrenblüten grünl., 4-zähnig. Früchte 1,5 mm lg, gerippt, meist ohne Pappus.
B Heimat: NO-Asien (u. NW-Amerika).

◄ 2761 **Tripleurospermum maritimum** (L.) W. D. J. Koch
Küsten-Kamille (Gttg 38 sp)

I; T, w, ⊙, K; RL reg; Z
H1.2.2.2, H2
M Ähnl. 2762, aber meist nur 10–30 cm hoch, niederliegend od. aufsteigend, vom Grund an verzweigt. Blätter etwas fleischig. Blattzipfel > 1 mm lg, stumpfl. Hüllblätter mit schmalem, braunem Hautrand.

2762 **Tripleurospermum perforatum** (Merat) Lainz ►
Geruchlose Kamille

A; T, w, ⊙; A, AV, M_1, M_2, F, K; RL –; (A)
T8.3.1, T9.1
M 30–80 cm. Pfl aufrecht, kahl, kaum aromatisch. Blätter dünn, 2–3fach fiederteilig, Zipfel schmal linealisch, fast fadenfg, 0,3–0,5 mm br, stachelspitzig. Köpfchen lggestielt, (1,5–)3–4 cm ∅. Köpfchenboden halbkugelig, nicht hohl. Hüllblätter an der Spitze mit breitem, bleichem Hautrand. Spreublätter fehlend. Zungenblüten weiß, ausgebreitet. Röhrenblüten gelb. Früchte gerippt. Pappus ein schmales, häutiges Krönchen.

2763 **Chrysanthemum segetum** L. ►►
Saat-Wucherblume (Gttg 3 sp)

A; T, s, ⊙; AV, M_1, M_2, F, K; RL reg; ☺, Z
T9.1, T10.7
M 20–80 cm. Pfl blaugrün, kahl. Blätter unregelmäßig fiederspaltig bis grob gesägt, obere halbstgumfassend, untere gestielt. Köpfchen 4–5 cm ∅. Spreublätter fehlend. Zungenblüten u. Röhrenblüten gelb. Früchte 2–2,5 mm lg, gerippt, ohne Pappus. Früchte der Zungenblüten geflügelt.

2764 Leucanthemum vulgare Lam.
Magerwiesen-Margerite (Gttg 33 sp)

I; H, w, ⊙, ❀; A?, AV, M_1, M_2, F, K?; RL reg; A, ☺, Z
T6.2.2.2.3 (auch halbruderal)

M 10–100 cm. Stg oft verzweigt, mehrköpfig, auf ⅘ seiner Länge ± gleichmäßig beblättert. Mittlere Stgblätter im vorderen Drittel am breitesten, unregelmäßig fiederlappig bis -spaltig, zum Grund hin deutl. verschmälert, im unteren Drittel ± fiederteilig mit Zähnen, diese lgr als die Breite des ungeteilten Mittelabschnitts, unterste Blattzähne dichter stehend, öhrchenartig den Stg umfassend; Zähne der vorderen Hälfte der unteren Stgblätter meist lgr als br. Köpfchen meist 3,5–5,5 cm ∅. Äußere Hüllblätter schmal hellbraun berandet. Früchte der Röhrenblüten ohne, die der Zungenblüten z. T. mit kurzem Krönchen.

B Die Abgrenzung der Sippen 2764, 2765 u. z. T. auch 2766 nach den angegebenen Merkmalen bereitet mitunter große Probleme, da es sich um Komplexe mehrerer Sippen handelt, teilweise auch um zw. 2764 u. 2765 vermittelnde Sippen. Nähere Untersuchungen hierzu sind noch erforderlich.

2765 Leucanthemum ircutianum DC.
Fettwiesen-Margerite

I; ⟨H, w⟩, ⑥, ❀; A, AV, M_1, M_2, F, K?; RL reg
T3.1.6, T6.2.2.2.3, T7.1.2

M Wie 2764, aber Spreite der mittleren Stgblätter zum Grund hin wenig verschmälert, im unteren Drittel mit Zähnen, diese kürzer als die Breite des ungeteilten Mittelabschnitts, unterste Blattzähne kaum öhrchenartig. Zähne der vorderen Hälfte der unteren Stgblätter meist breiter als lg. Äußere Hüllblätter schmal hell- bis dklbraun berandet.

2766 Leucanthemum adustum (W. D. J. Koch) Gremli
Berg-Margerite

I; H, w, ⑥; A, M; RL –
T3.4.2, T6.1.2.3

M 20–60 cm. Stg 1-köpfig, nicht verzweigt. Stgblätter dickl., starr, im unteren Teil gehäuft, die mittleren in der unteren Hälfte od. nahe der Mitte am breitesten, parallelrandig, zieml. fein u. gleichmäßig gezähnt; Zähne am Grund nicht gehäuft u. öhrchenartig angeordnet. Hüllblätter br dklbraun berandet. Früchte der Röhrenblüten ohne, die der Zungenblüten mit kurzem Krönchen.

B Im Gebiet nur ssp *adustum*.

2767 Leucanthemum halleri (Suter) Ducommun
Hallers Margerite

I; H, w, ⊙; A; RL –
T5.1.2.2.1

M 10–20 cm. Stg 1-köpfig. Stgblätter dickl., dklgrün, kahl, die oberen nur wenig kleiner als die unteren. Mittlere Stgblätter in der Mitte am breitesten, mit 3–7 z. T. längl., abstehenden Zähnen. Hüllblätter schwarz berandet. Alle Früchte mit deutl. Krönchen.

2768 Leucanthemella serotina (L.) Tzvelev
Spätblühende Margerite (Gttg 2 sp)

E; ⟨H, i⟩, ⊙; AV, RL –; Z
L3..5

M 30–150 cm. Stg dicht beblättert, meist behaart. Stgblätter lanzettl. bis eilanzettl., grob gesägt, am Grund 2–4-lappig, drüsig punktiert. Köpfchen 1–8. Zungenblüten meist weiß (slt rötl.), Röhrenblüten gelb. Früchte 2–3 mm lg, mit dicken, weißen, stumpfen Rippen.

B Heimat: Ungarn, Siebenbürgen, Serbien.

◂◂ 2769 **Leucanthemopsis alpina** (L.) Heywood
Alpen-Margerite (Gttg 9 sp)

I; H, w, ⊙; A; RL –
T3.4.1, T5.2.2.1.1, T6.2.1.5.4 (sa, feucht)
M 5–10(–15) cm. Stgblätter ungeteilt, linealisch, ganzrandig. Grundblätter rundl. eifg, kammfg-fiederteilig. Köpfchen lggestielt, einzeln, 2–4 cm ∅. Hüllblätter schwarzbraun berandet. Zungenblüten weiß, Röhrenblüten gelb. Früchte ca 3 mm lg, mit Krönchen.
B Im Gebiet nur ssp *alpina*.

◂ 2770 **Tanacetum vulgare** L.
Rainfarn (Gttg 150 sp)

A?; H, s, ⑧, ❀; A, AV, M_1, M_2, F, K; RL –; ☠, ✠, A, (✋), ☺, ? F, Z
L5.2.4.2, T8.2.2.2+6, T10.3.3.1
M 30–160 cm. Pfl aromatisch riechend. Stg oben verzweigt. Blätter im Umriss eilanzettl., fiederteilig, mit spitzen, eingeschnitten gesägten Abschnitten. Köpfchen zahlreich, in dichten Doldenrispen, 8–11 mm ∅. Zungenblüten fehlend (slt sehr kleine vorhanden). Röhrenblüten gelb. Früchte gerippt, mit Krönchen.

2771 **Tanacetum macrophyllum** (Waldst. & Kit.) Sch. Bip. ▸
Großblättrige Wucherblume

E; H, s, ⊙; AV, M?, F; RL –; Z
T1.3, T8.2.2, im SO: T2.2.2
M 40–150 cm. Stg höchstens oben verzweigt. Blätter gefiedert od. fiederteilig, mit spitzen, grob gesägten Abschnitten. Köpfchen zahlreich, in dichten Doldenrispen od. -trauben, 6–8 mm ∅. Hülle 4–7 mm ∅. Zungenblüten 5–6, weiß, < als die Hülle. Röhrenblüten bräunl. weiß. Früchte gerippt, mit Krönchen.
B Heimat: SO-Europa.

2772 **Tanacetum corymbosum** (L.) Sch. Bip. ▸▸
Straußblütige Wucherblume

I; H, s, ⊙; AV, M_1, M_2, F?; RL reg; Z
T1.1.1, T1.1.2.4, T8.4
M 40–150 cm. Pfl kaum aromatisch. Stg oben verzweigt. Blätter im Umriss längl. eifg, gefiedert bis fiederteilig, mit 3–7 Paar 2fach eingeschnitten gesägten Fiedern. Blattspindel gesägt. Köpfchen zu 3–14(–20) in lockeren Doldenrispen od. -trauben, 25–50 mm ∅. Zungenblüten weiß, Röhrenblüten gelb. Früchte gerippt, mit Krönchen.

◂ 2773 **Tanacetum parthenium** (L.) Sch. Bip.
Mutterkraut

A; ⟨H, s⟩, ⊙; F, wo noch?; RL reg; ✠, ☺, Z
T8.2.2.6, T9.2.1, im SO: T2.2.2
M 30–80 cm. Pfl stark aromatisch. Stg gerippt, oben verzweigt. Blätter zart, hellgrün, (fast) kahl, im Umriss br eifg, gefiedert bis fiederteilig, mit 2–5 Paar 1–2fach fiederspaltigen Abschnitten. Blattspindel nicht gesägt. Köpfchen meist gefüllt, ∅ 13–22 mm, zu 5–30 in lockeren Doldenrispen. Zungenblüten weiß, Röhrenblüten gelb. Früchte gerippt, mit Krönchen.
B Viele z. T. verwilderte Gartenformen, ursprüngl. östl. Mittelmeergebiet.

2774 **Tanacetum partheniifolium** (Willd.) Sch. Bip. ▸
Grauhaarige Wucherblume

E; ⟨H, s⟩, ⊙; F; RL –; Z
wo?
M Unterscheidet sich von 2773 durch einen höheren Wuchs u. durch feiner zerteilte, dichter weiß bis graufilzig behaarte, später oberseits verkahlende Laubblätter. Köpfchen kaum gefüllt.
B Heimat: östl. Mittelmeergebiet.

◄ 2775 **Tanacetum balsamita** L.
Balsamkraut

U–E; ⟨H, s⟩, ⊙; M, F?; ⟨RL –⟩; Z
T9.2.1
M 60–120 cm. Pfl nach Minze riechend, grauflaumig, im oberen Teil ästig verzweigt. Laubblätter elliptisch bis eifg, ungeteilt, fein gekerbt gesägt, ± sitzend, am Grund z. T. geöhrt, ledrig. Köpfchen in Doldenrispen, 4–8 mm ∅. Zungenblüten meist fehlend (slt wenige, dann 4–6 mm lg). Röhrenblüten gelb. Früchte gerippt, mit Krönchen.
B Heimat: SW-Asien.

2776 **Artemisia dracunculus** L. ►
Estragon (Gttg ca 350 sp)

E; ⟨H, s⟩, ⊙; AV, F; RL –; ✂
T8.2.2–8.3, T9.2.1 (Stromtäler)
M 50–150 cm. Pfl kahl, rispigästig, aromatisch. Blätter linealisch bis lanzettl., untere zuw. fiederspaltig, kahl. Köpfchen kugelig, 2–3 mm ∅, gestielt, waagerecht abstehend bis hängend, lockerrispig. Hüllblätter grün, äußere br, innere schmal hautrandig. Blüten gelbl.
B Heimat: O-Europa.

◄ 2777 **Artemisia vulgaris** L.
Gewöhnlicher Beifuß

I; H, C, s, ⑧, ❀; A, AV, M_1, M_2, F, K; RL –; ✠, Al, ✂, ☺
T8.2.2, T10.3.3.1, T10.7
M 60–250 cm. Pfl ohne (slt mit) kurzen Ausläufern, schwach aromatisch. Stg ± kahl. Stgblätter 1–2fach fiederteilig, am Grund mit stgumfassenden Öhrchen, oberseits dklgrün, ± kahl, unterseits weißfilzig, Zipfel > 2 mm br. Fiedern der oberen Stgblätter lanzettl., meist eingeschnitten od. grob gesägt bis ganzrandig, Endfieder slt lgr als 4 cm. Köpfchen eifg, 2–3 mm br u. 3–4 mm lg, in br, ästiger, reichverzweigter Rispe. Köpfchenboden kahl. Äußere Hüllblätter eifg, behaart. Röhrenblüten rötl. od. gelb. Blütezeit Juli bis September.
B Formenreich. In einigen Floren wird (2777a) ssp *coarctata* (Fors.) Lenke et Rothm., H1.2.2.5–7 (Gebüsche), der Dünen-Beifuß, abgetrennt. **M** Pfl wenig verzweigt, obere Blätter oft ungeteilt, schwach behaart, Gesamtblütenstand schmal rispig, oft nickend. Der Wert der Sippe ist umstritten.

2778 **Artemisia verlotiorum** Lamotte ►
Kamtschatka-Beifuß

E; H, s, ⟨i⟩; ⊙; AV, M_1, M_2, F; RL –
L5.2.4–5, T8.2.1.4, T8.2.2, T9.3.2.1, T10.3.3.1, T10.7
◄ **M** Ähnl. 2779, aber mit bis zu 1 m lgn, rosettentragenden Ausläufern, stark aromatisch (nach Kampfer) riechend. Stg oben meist behaart. Fiedern der oberen Stgblätter linealisch (Endfieder bis 9 cm lg), ganzrandig. Köpfchen in schmaler, stark beblätterter Rispe. Äußere Hüllblätter schmal eifg bis linealisch, verkahlend. Blütezeit Oktober bis November.
B Kommt meist nicht zur Blüte od. bildet keine keimfähigen Samen. Heimat: unbekannt, evtl. W-China, N-Japan.

2779 **Artemisia scoparia** Waldst. & Kit. ►
Besen-Beifuß

I; ⟨B, C, s⟩, ⊙; M_1, F (östl.); RL reg
T6.2, T8.2.2.5, T8.3.1, T10.3.1.2, T10.7
M 30–60 cm. Pfl ohne nicht blühende Sprosse, aufrecht, stark verästelt, kahl od. schwach seidenhaarig, Grundblätter zur Blütezeit bereits vertrocknet. Stgblätter 2–3fach fiederteilig, Zipfel fädig, lineal, 5–20 mm lg. Köpfchen br eifg, 1–2 mm ∅, gestielt, in reichästiger Rispe. Köpfchenboden kahl. Hüllblätter kahl, glänzend. Röhrenblüten rötl.

◂ 2780 **Artemisia umbelliformis** Lam.
Echte Edelraute

I; C, i, ⊙; A; RL R, §; Z
T5.1.1.1, T5.2.2.1.1, T5.1.5
M 5–20 cm. Pfl silberglänzend seidenhaarig, meist unverzweigt. Obere Stgblätter gestielt, handfg geteilt. Köpfchen eifg, aufrecht, zu 3–20, locker traubig ährig angeordnet, untere meist gestielt. Köpfchenboden dicht behaart. Röhrenblüten gelb, behaart. Früchte behaart.

2781 **Artemisia absinthum** L. ▸
Wermut

A; C, i, ⑧, ❀; A, AV, M_1, M_2, F, K; RL reg; ☠, (✋), ✠, Al, ☺, Z
T7.5.2, T8.2.2.5+6, T10.3.3.1, T10.7
M 60–120 cm. Pfl weiß bis graufilzig, stark aromatisch, bitter schmeckend. Untere Blätter 2–3fach fiederschnittig; Zipfel 2–3 mm br, lanzettl. bis lineal-lanzettl., beidseits seidig filzig. Köpfchen kugelig, 2,5–4 mm ∅, kurzgestielt u. nickend in einer meist schmalen Rispe. Köpfchenboden rauhaarig. Röhrenblüten gelb.

2782 **Artemisia annua** L. ▸
Einjähriger Beifuß

E; T, s, ⊙; (AV), M_1, M_2, F; RL –; Al
L5.2.4.2, T8.3.1, T10.3.3.1, T10.7
M 50–150 cm. Pfl ohne nicht blühende Sprosse, aufrecht, meist stark verzweigt, kahl, stark aromatisch, mit hell- bis gelbgrüner Färbung. Grundblätter zur Blütezeit bereits vertrocknet. Stgblätter 2–3fach fiederteilig, ihre Endabschnitte fiederspaltig od. ganzrandig, mit zieml. stumpfen Spitzen, zw den Hauptabschnitten ohne kleinere Lappen. Köpfchen kugelig, 1,5–2 mm ∅, nickend, in reichästiger Rispe, mit lgn Seitenästen. Köpfchenboden kahl. Hülle < 2 mm lg. Röhrenblüten gelb.
B Heimat: SO-Europa, gemäßigtes Asien.

2783 **Artemisia biennis** Willd. ▸▸
Zweijähriger Beifuß

E; ⟨T–B, s⟩, ⊙; M_2, F; ⟨RL –⟩; Al
T5.2.4.1, T8.3.1, T10.3.1.2, T10.7
M Ähnl. 2782, aber nur wenig verzweigt, kaum aromatisch. Blätter einf. fiederteilig, ihre Endabschnitte scharf gesägt. Köpfchen kugelig, 2–3 mm ∅, aufrecht, in einer dichtköpfigen, schmalen Rispe, mit kurzen anliegenden Seitenästen. Hülle rundl., 2–2,5 mm lg, Hüllblätter schmal hautrandig, auf der Innenseite mit mehreren parallelen, z. T. unterbrochen erscheinenden Ölstriemen.
B Heimat: SO-Europa, gemäßigtes Asien, Nordamerika. Verwechslungsgefahr mit 2784.

2784 **Artemisia tournefortiana** Rchb. ▸ ▸▸
Armenischer Beifuß

E; ⟨T, s⟩, ⊙; F; RL –; ☺
T8.2.2–8.3, T8.3.1?, T10.7
M Ähnl. 2783, aber bis 2,5 m hoch, geruchlos, von säulenfgm Habitus. Blätter 2fach fiederteilig, ihre Endabschnitte längl. elliptisch, dicht u. meist 2fach gesägt, zw den Hauptabschnitten mit kleineren Lappen. Hülle eifg, 2,5–3 mm lg, Hüllblätter br hautrandig, auf der Innenseite mit nur 1 durchgehenden Ölstriemen.
B Heimat: Vorderasien. Verwechslungsgefahr mit 2783.

◄2785 **Artemisia rupestris** L.
Steppen-Beifuß

I; C, i, ⊙; F; RL 1!!
H2
M 7–45 cm. Pfl aufsteigend, nicht od. nur wenig verzweigt. Laubblätter kahl, untere rosettig gehäuft, 2fach fiederspaltig, oberste einf. gefiedert. Blattzipfel linealisch, ca 0,5 mm br. Gesamtblütenstand rispig, mit aufrechten Ästen. Köpfchen kugelig, 5 mm ∅, nickend. Köpfchenboden behaart. Hüllblätter grün, kahl. Röhrenblüten gelb.

2786 **Artemisia maritima** L. ►
Strand-Beifuß

I; C, H, i, ⑧; F, K; RL reg
H1.1.3.2, H2...4, T8.2.2.5, T8.3.2
M 20–80 cm. Pfl weiß od. graufilzig, oben rispigästig, stark aromatisch. Laubblätter beidseits weiß bis graufilzig, untere 2–3fach fiederteilig, obere einf. fiederteilig. Blattzipfel linealisch, ca 1 mm br. Gesamtblütenstand br rispig, mit meist übergebogenen Ästen. Köpfchen eifg, 1–2 mm ∅. Köpfchenboden kahl. Hüllblätter graufilzig. Röhrenblüten rötl. od. gelb.
B Formenreich, zuw. in 2 ssp unterteilt.

◄2787 **Artemisia laciniata** Willd.
Schlitzblättriger Beifuß

I; ⟨H, i⟩, ⊙; F; RL 0, §
H2
M 10–80 cm. Pfl ± kahl, geruchlos. Laubblätter (fast) kahl, untere 2fach gefiedert, am Grund ohne Öhrchen, Fiedern ± rechtwinkelig zur Blattspindel gestellt. Blattzipfel lanzettl., 1–1,5 mm br. Gesamtblütenstand schmal rispig, mit kurzen Ästen. Köpfchen ± kugelig, 3–4 mm ∅. Röhrenblüten gelb.

2788 **Artemisia campestris** L. ssp **campestris** ►
Gewöhnlicher Feld-Beifuß

I; C, i, ⑧; AV, M_1, M_2, F, K; RL reg; ☺
T6.2, T6.2.1.4, T8.2.2–T8.3, T10.3.4.2
M 30–80 cm. Pfl niederliegend bis aufsteigend, frühzeitig verkahlend, stark verzweigt, nicht aromatisch. Stg meist braunrot, slt grün. Laubblätter 2–3fach fiederteilig, Zipfel 0,5–1 mm br, stachelspitzig. Köpfchen eifg bis kugelig, 2–3 mm lg. Gesamtblütenstand rispig, oft einseitswendig, mit lgn, abstehenden Seitenästen. Hüllblätter kahl. Röhrenblüten gelb od. rötl.

◄2789 ssp **lednicensis**
(Rochel ex Spreng.) Jáv.
Seidiger Feld-Beifuß

I; ⟨C, i⟩, ⊙; M_1, M_2, F?; RL reg
T6.1.2.3
M Wie 2788, aber Pfl bleibend seidig filzig. Blattzipfel ca 1 mm br. Köpfchen 2–2,5 mm lg, zieml. dicht stehend. Rispenäste aufrecht. Hüllblätter oft filzig.

2790 ssp **sericea** (Fr.) Lemke & Rothm. ►
Nickender Feld-Beifuß

I; ⟨C, i⟩, ⊙; K (O); RL –
H1.2.2.5.1 (Ostsee)
M Wie 2789, aber Blattzipfel lgr u. breiter, Rispen nickend. Köpfchen ca 3 mm lg, locker stehend.

◄ 2791 **Artemisia austriaca** Jacq.
Österreichischer Beifuß

E; ⟨C, i⟩, ⊙; M_1, M_2, F; RL reg
T6.2.1.4.4, T8.3.2, T10.3.1, T10.3.1.2, T10.7
M 20–60 cm. Pfl aufrecht, oben verzweigt. Untere Laubblätter seidig behaart, grauweiß, schwach seidig glänzend, 2fach fiederteilig, mit geöhrtem Blattgrund; Zipfel 1 mm br u. 5–12 mm lg, stumpfl. Köpfchen eifg, 9 mm lg u. 3 mm br, nickend, in dichtköpfigen, sparrigen Rispen od. Trauben. Hüllblätter längl., äußere linealisch, abstehend behaart. Röhrenblüten rötl. gelb.
B Heimat: O-Europa bis Sibirien.

2792 **Artemisia pontica** L. ►
Pontischer Beifuß

A?; H, s, ⊙; AV, M_1, M_2, F; RL reg; ✠, Z
T6.2, T7.5.2, T10.3.1.2, T10.7
M 40–100 cm. Ähnl. 2791, aber Stgblätter beidseits matt graufilzig od. oberseits mehr graugrün, glanzlos. Zipfel < 5 mm lg, stachelspitzig. Köpfchen kugelig, 4 mm ∅, in schlanken, säulenartigen Rispen. Hüllblätter verkehrt eifg, äußere lanzettl., angedrückt graufilzig. Röhrenblüten gelb.

◄ 2793 **Cotula coronopifolia** L.
Krähenfußblättrige Laugenblume (Gttg ca 55 sp)

E; T, s, ⊙; F, K; RL reg
H1.1.3 (betreten), L5.2.4.1, T7.4.1, T10.7
M 8–30 cm. Pfl niederliegend od. aufsteigend, ästig, kahl. Blätter etwas fleischig, längl. lanzettl., tief gezähnt bis fiederteilig, slt ungeteilt. Köpfchen lggestielt, 8–12 mm ∅, einzeln, vor u. nach dem Blühen überhängend. Hüllblätter schuppenfg. Röhrenblüten hellgelb. Zungenblüten fehlend.
B Heimat: S-Afrika, heute weltweit.

2794 **Calendula arvensis** L. ►
Acker-Ringelblume (Gttg ca 12 sp)

A; T, s, ⊙; F?, M_1, M_2; RL 2
T8.3.1, T9.1.2.1, T9.3.2.1
M 10–40 cm. Pfl niederliegend od. aufsteigend, vom Grund an verzweigt. Blätter längl. lanzettl., entfernt gezähnt, sitzend. Köpfchen lggestielt, 10–20 mm ∅, zur Fruchtzeit nickend. Hüllblätter alle etwa gleich lg. Zungenblüten 7–15 mm lg, wie die Röhrenblüten gelb. Äußere Früchte linealisch, gerade, innere eingerollt. Pappus fehlend.
B An Schuttplätzen nicht zu verwechseln mit der grblütigen, mehr orangefarbenen verwilderten
◄ Garten-Ringelblume (2794a) *C. officinalis* L.

2795 **Filago gallica** L. ►
Französisches Filzkraut (Gttg 41 sp)

I; T, s, ⊙; M_1; RL 0
T6.2.1.4.5, T10.3.3.1
M 5–15 cm. Pfl gabelig verzweigt. Blätter schmal lineal, 15–25 mm lg u. 0,8–1,5 mm br. Köpfchen zu 2–6 geknäuelt, von den obersten Stgblättern weit überragt. Hülle stumpf, 5-kantig. Hüllblätter lineal-lanzettl., hell hautrandig, unterschiedl. lg, mittlere mit kahnfgr Aussackung.
B Das Übersehene Filzkraut, (2796) *Filago neglecta* (Soy.-Will.) DC.; **I**; T, s, ⊙; M; RL 0; gilt als weltweit ausgestorben. Unterschiede zu 2795: Stg vom Grund an verzweigt. Blätter ca 2 mm br. Köpfchen breiter, nicht kantig. Innere u. äußere Hüllblätter etwa gleich gestaltet, ihre Spitzen bräunl.

2797 **Filago vulgaris** Lam. ▸
Deutsches Filzkraut

I; T, s, ⑧; M_1, M_2, F, K; RL 2
T6.2.1.4.5, T9.1.1.1, T9.1.2.2, T10.3.3.1, T10.3.3.4.2, T10.6.1,3
M Ähnl. 2799, aber Pfl grauweißfilzig. Blätter 1–3 mm br, am Rand oft wellig. Köpfchen zu 20–40, von Blättern nicht überragt. Hülle im ∅ rundl. Mittlere Hüllblätter nur punktfg, oberhalb der Mitte locker lghaarig, sonst kahl, kaum gekielt, mit gelber Grannenspitze.

2798 **Filago pyramidata** L. ▸▸
Spatelblättriges Filzkraut

I; T, s, ⊙; AV, M_1, M_2, F; RL 2
T6.2.1.4.5, T9.1.9.3, T10.3.3.1, T10.6.1.3–4
M 5–30 cm. Pfl meist vom Grund an verzweigt, grauweißfilzig. Blätter längl. bis spatelig. Knäuel dicht, mit 5–20 Köpfchen, von 3–4 Blättern deutl. überragt. Hülle oben deutl. 5-kantig. Mittlere Hüllblätter gekielt, mit gelbl., oft nach außen gekrümmter, 1–1,5 mm lgr Granne, ohne Rotfärbung, zur Fruchtzeit ± aufrecht.

◂◂2799 **Filago lutescens** Jord.
Gelbliches Filzkraut

I; T, s, ⊙; AV, M_1, M_2, F, K; RL 2
T6.2.1.4.5, T10.6.1,3
M Ähnl. 2797, aber Pfl gelbl. graufilzig. Blätter längl. spatelig, 3–6 mm br, flach. Köpfchen zu 10–25, von 1–2 Blättern wenig überragt. Mittlere Hüllblätter reichl. wollig bis filzig behaart, vor dem Aufblühen mit roter Grannenspitze.

◂2800 **Filago arvensis** L.
Acker-Filzkraut

I; T, H, s, ⊙; AV, M_1, M_2, F, K; RL 3
T6.2 (lückig), T6.2.1.4.5, T9.1.1.1, T10.3.3.1, T10.6.3,4
M 10–35 cm. Pfl aufrecht, von der Mitte an traubig bis rispig verzweigt, weißfilzig. Blätter längl. lanzettl., 10–20 mm lg u. 1–4 mm br, die zieml. lockeren Knäuel nicht überragend. Köpfchen zu 3–12, 4–5 mm lg. Alle Hüllblätter stumpfl., bis zur Spitze dicht wollig filzig, zur Fruchtzeit sternfg ausgebreitet.

◂2801 **Filago minima** (Sm.) Pers.
Kleines Filzkraut

I; T, s, ⑧; AV, M_1, M_2, F, K; RL reg
T5.2.3, T6.2.1.4.4+5, T10.3.3.1, T10.3.3.4.2, T10.6.3–4
M Ähnl. 2800, aber nur 5–20 cm hoch, meist schon vom Grund an verzweigt, oben gabelästig, seidig graufilzig. Blätter linealisch, 4–10 mm lg u. 0,5–1,2 mm br. Köpfchen zu 3–7, 3–3,5 mm lg. Hüllblätter br hautrandig, nur in der unteren Hälfte filzig.

2802 **Antennaria dioica** (L.) P. Gaertn. ▸
Gewöhnliches Katzenpfötchen (Gttg 71 sp)

I; C, i, ⑤, ♀♂; A, AV, M_1, M_2, F, K; RL 3+, §; ✠, ☺, Z
T1.4.1.2–3, T4.2, T6.2.1.5, T6.2.2.2.3, T7.3.2
M 5–25 cm. Pfl mit oberirdischen Ausläufern, rosettenbildend. Blätter graufilzig, oberseits verkahlend, untere br spatelfg, obere schmal lanzettl. Köpfchen zu 3–12, doldig gehäuft. Hüllblätter mit weißl. (bei männl. Pfl, slt bei weibl.) od. rosa bis dklrotem Anhängsel (bei weibl. Pfl).

◄ 2803 **Antennaria carpatica** (Wahlenb.) Bluff & Fingerh.
Karpaten-Katzenpfötchen

I; H, w, ⊙; ♀♂, A; RL –
T3.2.3, T3.4.1, T3.4.2.1
M 5–15(–20) cm. Pfl ohne Ausläufer. Alle Blätter ± lanzettl., beidseits wollig filzig. Köpfchen zu 2–6, doldig gehäuft. Hüllblätter mit bräunl. Anhängsel.

2804 **Leontopodium alpinum** Cass. ►
Alpen-Edelweiß (Gttg 58 sp)

I; H, w, ⊙; A; RL 2, §; Z
(L5.1.1), T3.2.3, T3.4.2.1, T5.2.2.2.1
M 5–20 cm. Pfl weiß wollig filzig, unverzweigt. Blätter schmal lanzettl. Gesamtblütenstand von 5–15 sternfg ausgebreiteten Hochblättern umgeben. Köpfchen 5–7 mm br, zu 2–10 doldig gehäuft. Röhrenblüten gelbl., Zungenblüten fehlend.

◄ 2805 **Gnaphalium supinum** L.
Zwerg-Ruhrkraut (Gttg ca 50 sp)

I; H, C, w, ⊙; A, M_1; RL reg
T3.3.1, T3.4.1, T6.2.1.5.4
M 2–8(–10) cm. Pfl unverzweigt, mit Ausläufern, weißfilzig. Blätter schmal lanzettl., 1–2 mm br, beidseits dichtfilzig behaart. Gesamtblütenstand fast ährenfg. Köpfchen zu 1–6(–12). Hüllblätter fast 2-reihig, äußere etwa ⅔ so lg wie die inneren, hellbraun, zur Fruchtzeit sternfg ausgebreitet. Röhrenblüten hellgelb.

2806 **Gnaphalium hoppeanum** W. D. J. Koch ►
Hoppes Ruhrkraut

I; H, w, ⊙; A; RL –
T3.3.2
M Ähnl. 2805, aber ohne Ausläufer. Blätter lanzettl., (1–)2–3(–4) mm br, oberseits schwächer, unterseits dichter graufilzig behaart. Hüllblätter spiralig angeordnet, äußere höchstens ½ so lg wie die inneren, meist schwärzl. braun, zur Fruchtzeit nicht sternfg ausgebreitet sondern glockig.

◄ 2807 **Gnaphalium sylvaticum** L.
Wald-Ruhrkraut

I; H, w, ⑧, ⊛; A, AV, M_1, M_2, F, K; RL –
T2.2.2, T6.2.1.5 (Initial), T10.3.3.1 (Wald)
M 10–70 cm. Pfl aufrecht, meist unverzweigt, weißfilzig. Stgblätter zahlreich, linealisch bis lineal-lanzettl., oberseits verkahlend, mittlere u. obere Stgblätter 1-nervig, 2–5 mm br. Köpfchen zu 2–8 geknäuelt, einen ährenfgn Blütenstand bildend, ⅓–⅔ der Stglänge einnehmend. Hüllblätter ± dkl gefleckt, mit grünl. gelbem Mittelteil u. hellem Hautrand, meist zerschlitzt. Pappus rötl.

2808 **Gnaphalium norvegicum** Gunnerus ►
Norwegisches Ruhrkraut

I; H, ⟨B⟩, w, ⑧; A, M_1, M_2; RL reg
T3.1.6, T3.4.2.2, T6.2.1.5.4 (lückig)
M Ähnl. 2807, aber nur 10–30 cm hoch. Stgblätter lanzettl., beidseits (oberseits dünner) graufilzig, mittlere u. obere Stgblätter 3-nervig, 5–10 mm br. Köpfchen zu 1–3, einen gedrungenen Gesamtblütenstand bildend, dieser nur 1/10–1/4 der Stglänge einnehmend u. von den Laubblättern meist etwas überragt. Hüllblätter alle mit breitem, dklbraunem Hautrand, ganzrandig. Pappus weiß.

2809 **Gnaphalium uliginosum** L.
Sumpf-Ruhrkraut

I; T, v, ⑧; A, AV, M_1, M_2, F, K; RL –
L3.1–6 (Ufer), L3..7.3, L 4.1–4(Ufer), L4.4, T9.1, T10.3.3.1
M 5–25 cm. Pfl vom Grund an mit ausgebreiteten Ästen. Blätter linealisch bis längl. spatelig, graufilzig. Köpfchen zu 3–10 in dichten Knäueln, von den obersten Blättern überragt. Blüten gelbl.

2810 **Pseudognaphalium luteoalbum** (L.) Hilliard & B. L. Burtt
Gelblichweißes Schein-Ruhrkraut (Gttg ca 80 sp)

I; T, s, ⑧; AV, M_1, M_2, F, K; RL 2+; ☺
L3..7.3, L3.3–6 (Ufer), T2.2.2
M 10–40 cm. Stg aufrecht, einf., slt mit aufsteigenden Ästen, Blätter weißgraufilzig, untere längl. spatelig, obere längl. lanzettl., halbstgumfassend. Köpfchen zu 2–12 geknäuelt, nicht von den obersten Blätter überragt. Hüllblätter gelbl. bis weißl., Blüten gelbl., oben rötl.

2811 **Helichrysum arenarium** (L.) Moench
Sand-Strohblume (Gttg ca 600 sp)

I; H, w, ⑧; AV, M_1, M_2, F, K; RL 3–, §; ✠, Z
T6.2, T6.2.1.4.1, T7.5.2 (?)
M 10–50 cm. Pfl aromatisch. Stg aufrecht od. aufsteigend, grauweißfilzig. Blätter weißfilzig, untere längl. eifg, stumpf, obere schmaler, zugespitzt. Köpfchen 6–7 mm br, in dichter, endstdgr Doldentraube. Hülle gelb od. orange, glänzend. Röhrenblüten gelb.

2812 **Anaphalis margaritacea** (L.) Benth.
Großblütiges Perlkörbchen (Gttg ca 110 sp)

E; ⟨H, w⟩, ⊙; AV, M_1, M_2, F?; ⟨RL –⟩; Z
T2.2.2, T10.3.3.1 (Wald)
M 30–100 cm. Pfl ohne Grundblattrosette. Stgblätter zahlreich, lineal-lanzettl., zugespitzt, oberseits verkahlend, unterseits weißfilzig, am Rand umgerollt. Köpfchen in Doldenrispen. Hüllblätter tro häutig, weiß, glänzend. Röhrenblüten gelb.
B Heimat: Nordamerika, NO-Asien.

2813 **Inula helenium** L.
Echter Alant (Gttg ca 90 sp)

E; H, s, ⑧; AV, M_1, M_2, F; RL reg; ✠, A, ☺, Z
L4.1–4 (Ufer), L5.2.4–5/T8.2.1.4, T8.2.2.6, T9.2.1
M 1–2 m. Pfl mit kräftigem Stg. Blätter gr, 40–80 cm lg u. 10–25 cm br, eifg bis br lanzettl., gezähnt, unterseits dicht graufilzig, untere lggestielt, obere herzfg, stgumfassend. Köpfchen zahlreich, 5–7 cm ∅. Äußere Hüllblätter 8–10 mm br, krautig, innere häutig. Zungenblüten 3–4 cm lg. Pappus mit Borsten.
B Heimat: S- und SO-Europa.

2814 **Inula conyzae** (Griess.) Meikle
Dürrwurz

I; H, w, ⑧; A, AV, M_1, M_2, F; RL –
T1.1.2.4, T1.4.1.3, T2.1.2, T6.2.2.2.3, T8.1.2
M 30–120 cm. Pfl aufrecht, im oberen Teil verzweigt. Blätter eilängl. lanzettl., unterseits dünnfilzig. Gesamtblütenstand doldig rispig, mit zahlreichen, 5–10 mm breiten Köpfchen. Äußere Hüllblätter zurückgekrümmt. Zungenblüten fehlend od. in der Hülle versteckt, fast röhrig, rötl., Röhrenblüten hellbräunl.

2815 **Inula salicina** L.
Weidenblättriger Alant

I; H, s, ®; AV, M_1, M_2, F, K; RL reg
T1.1.2.4, T6.2.2.2.3 (wechselfri), T7.3.2, T8.1.1
M 25–75 cm. Stg kahl, unten kurzborstig. Blätter längl. lanzettl. bis eifg, ganzrandig, kahl (nur am Rand bewimpert od. unterseits auf den Nerven kurzborstig), unterseits ohne Drüsen, obere mit herzfgm Grund stgumfassend. Köpfchen meist einzeln (–5), 2,5–4 cm Ø. Hüllblätter kurz u. dicht bewimpert. Früchte ca 2 mm lg, kahl.

2816 **Inula hirta** L.
Rauhaariger Alant

I; H, s, ⊙; AV, M_1, M_2, F?; RL 3+; Z
T1.1.2.4, T6.2..3.2, T8.4
M 15–50 cm. Stg abstehend steifhaarig. Blätter etwas ledrig, schmal elliptisch, ± ganzrandig, beidseits ± stark rauhaarig, mit deutl. hervortretender Netzaderung, obere mit verschmälertem od. abgerundetem Grund sitzend, aber nicht stgumfassend. Köpfchen zu 1(–3), 2–5 cm Ø. Hüllblätter fast gleich lg, steifhaarig. Früchte kahl.
B Bildet öfter Bastarde mit 2815.

2817 **Inula helvetica** Weber
Schweizer Alant

I; H, s, ⊙; M_1; RL 2; D
L4.1 (Ufer), L5, L5.2.5, T8.1.2
M 30–60(–150) cm. Pfl nach Melisse duftend. Stg angedrückt graufilzig. Blätter lanzettl. bis elliptisch, unterseits wollig od. seidig filzig, ganzrandig od. fein gezähnt, mit verschmälertem Grund sitzend. Köpfchen 2–3 cm Ø, diese zahlreich in lockerer Doldentraube od. -rispe. Äußere Hüllblätter graufilzig. Zungenblüten 2mal so lg wie die Hülle. Früchte fast kahl.

2818 **Inula germanica** L.
Deutscher Alant

I; K, H, s, ®; M_1, M_2; RL 3+!
T6.2..3, T8.4
M 30–60(–80) cm. Stg kurzzottig behaart. Blätter längl. elliptisch, unterseits lghaarig, drüsig, ganzrandig od. sehr fein gezähnt, mit herzfgm Grund stgumfassend. Köpfchen ca 1 cm Ø, diese zahlreich, in dichter Doldenrispe. Hüllblätter flaumig behaart. Zungenblüten wenig lgr (1–3 mm) als die Hülle. Früchte kahl.

2819 **Inula britannica** L.
Ufer-Alant

I; H, s, ®; AV, M_1, M_2, F, K; RL reg,
L4.1 (Ufer), L4.4, T7.3.2 (lückig), T7.4.1,
T10.3.3.1, Stromtalpfl
M 20–60 cm. Stg lghaarig bis fast kahl. Blätter eilanzettl. bis schmal lanzettl., ganzrandig od. gezähnelt, unterseits dicht seidig lghaarig, slt kahl, dichtdrüsig, obere u. mittlere mit schwach herzfgm Grund sitzend od. stgumfassend. 1–4 Köpfchen, 2,5–5 cm Ø. Äußere u. mittlere Hüllblätter lghaarig. Früchte 1–1,5 mm lg, behaart, mit Pappus.

2820 **Carpesium cernuum** L.
Nickende Kragenblume (Gttg 25 sp)

I; T, H, (s), ⊙; AV; RL 0
T8.2.1.2
M 20–80 cm. Pfl oben verzweigt, weichhaarig. Blätter br lanzettl., gezähnt, untere gestielt. Köpfchen einzeln, 1,5–2 cm Ø, nickend, von ungleich großen Hochblättern umhüllt, diese allmähl. zu den äußeren Hüllblättern überleitend. Hülle mehrreihig. Zungenblüten fehlend. Röhrenblüten grünl. gelb.

2821 **Dittrichia graveolens** (L.) Greuter
Klebriger Alant (Gttg 2 sp)

E; T, s, ⑨; M_1, M_2, F; RL –; D
T8.3.1, T8.3.2, T10.4.5
M 5–80 cm. Pfl vom Grund an verzweigt, mit schräg abstehenden Seitenästen, dichtdrüsig klebrig, streng aromatisch riechend. Blätter lanzettl. bis linealisch, ganzrandig od. gezähnelt. Gesamtblütenstand mit zahlreichen, kurzgestielten od. sitzenden 5–10 mm breiten Köpfchen. Zungenblüten kurz, die Hülle kaum überragend. Früchte behaart, drüsig.
B Heimat: Mittelmeergebiet.

2822 **Pulicaria vulgaris** Gaertn.
Kleines Flohkraut (Gttg ca 80 sp)

I; T, s, ⊙; AV, M_1, M_2, F, K; RL 3
L4.1 (Ufer), L4.4, T7.4.1/L3..7.3, T10.1.6.4
M 7–45 cm. Pfl stark verzweigt, Seitenäste oft lgr als der Hauptast. Blätter br lanzettl., unterseits lghaarig, gewellt, obere mit abgerundetem Grund halbstgumfassend od. sitzend. Köpfchen in lockeren Rispen, 10 mm ∅. Zungenblüten schmutziggelb, kaum lgr als die Röhrenblüten, die Hülle kaum überragend.

2823 **Pulicaria dysenterica** (L.) Bernh.
Großes Flohkraut, Ruhr-Flohkraut

I; H, w, ⑧; A, AV, M_1, M_2, F, K; RL reg
L4.4, T7.3 (gestört), T7.4.1, T10.3.3.1 (fri)
M 20–60(–80) cm. Pfl verzweigt. Blätter eifg bis br lanzettl., unterseits wollig filzig, am Rand gewellt, obere herzfg stgumfassend. Köpfchen in einer lockeren Doldenrispe, 15–25 mm ∅. Zungenblüten viel lgr als die Röhrenblüten, die Hülle weit überragend, goldgelb. Pappus außen mit borstigem Krönchen (Unterschied zu *Inula*).
B Im Gebiet nur ssp *dysenterica*.

2824 **Telekia speciosa** (Schreb.) Baumg.
⟨Telekie⟩ ⟨Gttg 2 sp⟩

E; H, s, ⊙; A?, AV, M_1, M_2, F; RL –; A, Z
L4.1 (Ufer), T2.2.2, T8.2.1.1
M 60–200 cm. Pfl kräftig. Blätter gr, 30–40 cm lg u. 20–30 cm br, br eifg bis herzfg, gezähnt, unterseits kurzhaarig, untere gestielt, obere sitzend, aber nicht stgumfassend. Köpfchen zu mehreren, 5–7 cm ∅. Spreublätter pfrieml., weiß. Äußere Hüllblätter 5–6 mm br, krautig, innere häutig. Zungenblüten 2–2,5 cm lg. Pappus kurz, kronenartig.
B Heimat: SO-Europa.

2825 **Buphthalmum salicifolium** L.
Weidenblättriges Ochsenauge (Gttg 2 sp)

I; H, s, ⑥, ❀; A, AV, M_1, (M_2); RL reg; Z
T1.4.1.3, T6.2.2.2.1+3, T7.3.2, T8.1.1
M 30–70 cm. Pfl wenig verzweigt. Blätter längl. od. lanzettl., fast ganzrandig, angedrückt behaart, obere mit verschmälertem Grund sitzend. Köpfchen meist einzeln, lggestielt, 3–6 cm ∅, mit linealischen Spreublättern (Unterschied zu *Inula*). Hüllblätter etwa gleich lg. Zungen- u. Röhrenblüten goldgelb. Pappus ein kurzes, zerschlitztes Krönchen.

2826–2828 Echinops L.

Bearbeitet von G. H. Loos

2826 **Echinops sphaerocephalus** L.
Drüsige Kugeldistel (Gttg ca 120 sp)

A; H, s, ⑧; A, AV, M_1, M_2, F; RL –; Z
T8.2.2, T9.2, T10.3.2.1, T10.3.1–2.3, T10.4, T10.5.2

M 1,3–3 m. Einzelblütenstände zu kugeligen, igelartigen Köpfchen zusammengefasst. Hülle u. Korolla grau bis metallisch weißl., höchstens schwach gräul., blau angelaufen. Ganze Pfl stark drüsenhaarig, zuletzt zumindest noch am rötl. braunen Stg, dieser fast immer verzweigt. Frucht 6–10 mm lg. Blätter oberseits kurzborstig bis steifhaarig (neben den Drüsen), distelartig dornig gezähnt, fiederlappig bis -teilig.
B Siehe Bemerkung 38, Seite 720.

2827 **Echinops exaltatus** Schrad.
Drüsenlose Kugeldistel

E; ⟨H, s⟩, ⊙; A, AV, M_1, M_2, F; RL –; Z
T8.2.2, T9.2, T10.3.2.1, T10.3.1–2.3, T10.4, T10.5.2

M Ähnl. 2826, wirkt jedoch insg robuster. Pfl grünl. ohne Drüsenhaare, Stg wenig verzweigt, oft ganz unverzweigt, grün bis gräul. ungefärbt, Frucht 10–14 mm lg. Aufblühzeit etwa 2–3 Wochen nach 2826.
B Siehe Bemerkung 39, Seite 720.

2828 **Echinops bannaticus**
Rochel ex Schrad.
Bannater Kugeldistel

E lok; ⟨H, s⟩, ⊙; M_2, F; RL –; Z

M Ähnl. 2826, doch Hülle u. Korolla tiefblau, Pfl ohne Drüsenhaare, Stg weniger verzweigt, kaum höher als 1,25 m, Blätter oberseits leicht spinnwebig behaart.
B Heimat: SO-Europa. In Gärten die häufigste Art. Verwildert u. bürgert sich allerdings sehr viel seltener ein als 2826 u. 2827.

2829 **Carlina vulgaris** L
Gewöhnliche Golddistel,
Kleine Eberwurz (Gttg 20 sp)

I; ⟨B⟩, T, w, ⑧, ⊛; A, AV, M_1, M_2, F, K; RL –
T1.4.1.3, T6.2, T6.2.2.2.3

M Stg 15–60 cm. Blätter fiederlappig bis fiederschnittig, ± sparrig kraus. Stgblätter nach oben hin rasch kleiner u. breiter werdend, obere eifg bis längl., bis zur Spitze dornzipfelig, mit derben, kurz zugespitzten Dornen. Gesamtblütenstand traubig bis rispig, (1–)3-vielköpfig. Köpfchen 1,5–2,5 cm ∅. Zungenfge innere Hüllblätter 1–2 cm lg, strohgelb. Röhrenblüten gelbl., an der Spitze purpurn.

2830 **Carlina biebersteinii** Bernh. ex Hornem.
ssp **biebersteinii**
Steife Golddistel

I; ⟨B⟩, s, ⊙; A, AV, M?; K; RL reg
T1.4.1.3, T3.1.6, T3.4.2.2, T6.2.2.2.3 (o)

M Wie 2829, aber Stgblätter von der Grundblattrosette an nur allmähl. kleiner werdend. Blattspreiten flach od. nur schwach kraus, weich dornig, meist ungeteilt u. nur unterbrochen dornig gezähnt. Stg meist 1-köpfig. Köpfchen 15–30(–35) mm ∅, äußere Hüllblätter (16–)18–30 mm lg.

2831 ssp **brevibracteata** (Andrae) Werner
Mittlere Golddistel

I; ⟨B, s⟩, ⊙; A, AV, M; RL reg
T1.4.1.3, T6.2, T6.2.2.2.3

M Wie 2833, aber (20–)30–70(–110) cm hoch, meist mehrköpfig, mit derberen u. stärker behaarten Blättern. Köpfchen 11–20 mm ∅; äußere Hüllblätter (12–)14–18(–20) mm lg.

◄2832 **Carlina acanthifolia** All.
Acanthusblättrige Eberwurz

E (**lok**); ⟨H, s⟩, ⊙; wo?; ⟨RL –⟩; Z wo?

M Bis 10 cm. Stg nicht verzweigt. Blätter rosettig gehäuft, wellig, unterseits dichtfilzig, stachelig gezähnt. Spreiten etwa bis zur Mitte fiederteilig. Köpfchen einzeln, (3–)5–7(–8) cm ∅, in der Blattrosette sitzend. Innere Hüllblätter 35–55 mm lg, oberseits gelbl., unterseits bräunl., Röhrenblüten lila.
B Heimat: SO-Europa (Balkan).

2833 **Carlina acaulis** L. ssp **acaulis** ►
Stängellose Silberdistel (Gttg 20 sp)

I; H, s, ⑧; A, M_1; RL –, §; ✠, ☺, Z
T1.4.1.3, T3.4.2, T6.2.1.5.1, T6.2.2.2.3
M Stg 1–15(–20) cm. Pfl 1(–6)-köpfig. Stgblätter gleichmäßig verteilt od. unter dem Köpfchen rosettig gehäuft, 8–25 cm lg, tief buchtig fiederspaltig bis fiederteilig, die Abschnitte mit breitem Grund der br geflügelten Mittelrippe aufsitzend. Blattspreite zieml. flach. Köpfchen (3–)4–5(–8) cm ∅, von zahlreichen zungenfgn, 3–6 cm lgn, silberweißen (slt rötl.) inneren Hüllblättern umgeben. Röhrenblüten weißl. od. bräunl. purpurn.

◄2834 ssp **simplex** (Waldst. & Kit.) Nyman
Krausblättrige Silberdistel

I; H, s, ⑧; A, AV, M_1, M_2; RL reg, §; ✠, ☺, Z
T3.4.2, T6.2.1.5.1, T6.2.2.2.3
M Wie 2833, aber Stg (1–)20–40(–50) cm hoch. Laubblattabschnitte mit verschmälertem Grund der kaum geflügelten Mittelrippe aufsitzend. Blattspreite kraus u. dornig.
B Entscheidend für die Differenzierung der ssp ist die Spreitengestalt, nicht die Stglänge!

2835 **Arctium tomentosum** Mill. ►
Filzige Klette (Gttg 11 sp)

A?; ⟨B⟩, s, ⑧; A, AV, M_1, M_2, F, K; RL –; ✠
L4.1 (Ufer), L5.2.4–5/T8.2.1.4, T8.2.2.5+6, T10.3.3.1, T10.7
M 50–120 cm. Äste meist aufrecht abstehend. Grundblätter eifg bis br 3-eckig, unterseits dicht graufilzig, oberseits dklgrün. Stiele der Grundblätter z. T. markig. Köpfchen in brn Schirmrispen, 3–10 cm lggestielt, ∅ (inkl. abstehender Hüllblätter) 15–25 mm. Hülle dicht spinnwebig wollig, nur äußere Hüllblätter mit hakenfgr Spitze, innere rötl., stumpfl., mit gerader, aufgesetzter Stachelspitze. Krone mit gelben Drüsen.
B Alle Sippen der Gttg *Arctium* bastardieren untereinander. Außerdem variieren Merkmale wie Behaarung, Köpfchengröße, Länge der Köpfchenstiele stark!

◄2836 **Arctium lappa** L.
Große Klette

A?; ⟨B⟩, s, ⑧; A, AV, M_1, M_2, F, K; RL –; ✎, ✠, A, ☺
T8.2.2, T8.2.2.6, T10.3.3.1, T10.7
M 80–150 cm. Äste aufrecht abstehend. Grundblätter br 3-eckig, so lg wie br, unterseits dünn graufilzig. Stiele der Grundblätter zumindest unten markig. Köpfchen in brn Schirmrispen, 3–10 cm lggestielt, ∅ (inkl. abstehender Hüllblätter) 30–45 mm, zur Fruchtzeit geöffnet. Alle Hüllblätter mit hakenfgr Spitze, kahl, grün, weißl. bespitzt. Krone ohne Drüsen.

2837 **Arctium nemorosum** Lej.
Hain-Klette

I; ⟨B⟩, s, ⑧; A, AV, M_1, M_2, F, K; RL reg
L5.2.3, T1.1.1 (feucht), T2.2.2, T10.3.3.1 (Wald)
M 1,5–2 m. Äste ausgebreitet bis überhängend. Grundblätter eilängl., lgr als br, unterseits spinnwebig flockig. Stiele der Grundblätter hohl. Köpfchen 0–2 cm lggestielt, ∅ (inkl. abstehender Hüllblätter) 30–45 mm. Hülle grün od. rot überlaufen, kahl od. spärl. spinnwebig behaart; alle Hüllblätter mit hakenfgr Spitze, mind. so lg wie die Blüten. Früchte 7–9(–11) mm lg.
▼

2838 **Arctium minus** (Hill.) Bernh. ▸
Kleine Klette

I; ⟨B⟩, s, ⑧; A, AV, M_1, M_2, F, K; RL –; ✠, ✋
T8.2.1.1, T8.2.2.5+6, T10.3.3.1, T10.7
M 50–120 cm. Äste aufrecht abstehend. Grundblätter br eifg, unterseits dünn graufilzig. Stiele der Grundblätter hohl. Köpfchen 0–4 cm lggestielt, ∅ (inkl. abstehender Hüllblätter) 18–25 (–30) mm, zur Fruchtzeit geschlossen. Gesamtblütenstand ährig bis traubig od. rispig. Hülle schwach spinnwebig wollig od. kahl, alle Hüllblätter mit hakenfgr Spitze, innere oberseits rötl., kürzer als die Blüten. Früchte 5–7 mm lg.
B Bisher nicht vollstdg geklärt ist (2838a) *A. pubens* Bab., die Flaumige Klette. Folgende Merkmale werden für dieses Taxon angegeben: Köpfchen 2–3 cm br, zur Fruchtzeit offen, ihre Stiele bis 4(–15) cm lg, Hülle strohfarben, spinnwebig behaart. Blüten etwa so lg wie die Hüllblätter, frühblühend. RL –. Generell kritischer Komplex mit mind. 1 weiteren frühblühenden Sippe mit auffällig dunklen Köpfchen.

▴
2839 **Saussurea pygmaea** (Jacq.) Spreng.
Zwerg-Alpenscharte (Gttg ca 300 sp)

I; H, C, w, ⊙; A; RL 3; Z
T3.4.2.1
M 5–20 cm. Blätter lineal-lanzettl., sitzend. Stg 1-köpfig, dicht weißwollig. Köpfchen oft von den oberen Stgblättern überragt, 2–3 cm ∅. Blütenkrone blauviolett.

◂ 2840 **Saussurea discolor** (Willd.) DC.
Zweifarbige Alpenscharte

I; H, C, w, ⊙; A; RL R; Z, D
T3.4.2
M (5–)10–35 cm. Blätter eifg od. längl. 3-eckig, am Grund gestutzt od. herzfg, unterseits schneeweißfilzig, untere gestielt. Blattstiel nicht geflügelt. Köpfchen zu 2–8, ∅ < als 3 cm, von den oberen Stgblättern kaum überragt. Blütenkrone hellviolett od. tief rosarot, stark duftend.

▴
2841 **Saussurea alpina** (L.) DC.
Gewöhnliche Alpenscharte

I; H, C, w, ⊙; A; RL R; Z
T3.2.3, T3.4.2
M (5–)10–40(–50) cm. Blätter eilanzettl. bis lineallanzettl., mit verschmälertem Grund sitzend, unterseits locker spinnwebig wollig. Blattstiel schmal geflügelt. Gesamtblütenstand 5- bis vielköpfig. Köpfchen von den oberen Stgblättern nicht überragt, ∅ < als 3 cm. Blütenkrone purpurn.
B Im Gebiet nur ssp *alpina*.

2842 **Jurinea cyanoides** (L.) Rchb. ▸
Sand-Silberscharte (Gttg ca 200 sp)

I; H, s, ⑧; M_1, M_2, F; RL 2!!; § B, F
T6.2.1.4.7
M 20–70 cm. Pfl aufrecht, nur am Grund beblättert. Blätter fiederteilig, oberseits spinnwebig wollig, verkahlend, dann dklgrün, unterseits bleibend weißfilzig. Köpfchen meist einzeln, lggestielt, 3–5 cm ∅. Blütenkrone purpurrot.

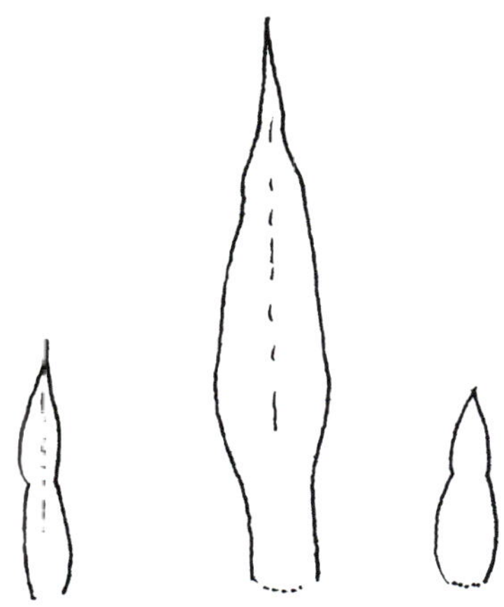

a b c

Fig. 63: Hüllschuppen *Carduus nutans* agg.
a: *Carduus nutans* ssp *nutans*
b: *Carduus nutans* ssp *macrolepis*
c: *Carduus nutans* ssp *platylepis*

2843 **Carduus nutans** L. ssp **nutans** ▸
Gewöhnliche Nickende Distel (Gttg 91 sp)

A?; ⟨B⟩, w, ⑧, ⊛; A, AV, M_1, M_2, F, K; RL reg
T8.2.2.5, T10.3.2.1, T10.3.3.1, T10.7

M 30–100 cm. Blätter tief buchtig fiederspaltig, mit dornig gezähnten, 3-eckigen Abschnitten, beidseits grün. Köpfchen meist zu 1–3 sitzend od. kurzgestielt, auf ungeflügelten Stielen, nickend, 3–6 cm ∅. Mittlere Hüllblätter 1,5–2,5(–4) mm br, oberhalb des eifgn Grundes eingeschnürt, unterhalb der Einschnürung längl. eifg, allmähl. in einen starren, mind. 3 mm lgn Dorn auslaufend. Äußere Hüllblätter zurückgeschlagen. Hüllblätter mit deutl. Mittelnerv. Blütenkrone purpurn (slt weiß). Fig. 63a

B Wie bei allen Sippen dieser Gttg sind die Pappushaare ungefiedert (im Gegensatz zu *Cirsium*).

2844 ssp **platylepis** (Rchb. & Saut.) Nyman ▸▸
Breitschuppige Nickende Distel

A?; ⟨B, w⟩, ⊙; A; RL –
wo?

M Ähnl. 2843, aber mittlere Hüllblätter meist 5–8 mm br, über dem Grund nicht deutl. eingeschnürt, unter der Einschnürung br eifg, abrupt in den kaum 3 mm lgn Dorn auslaufend. Mittelnerv undeutl., Laubblätter unterseits dicht wollig behaart. Köpfchen meist aufrecht, zu 1–3. Fig. 63c

B Nach Angaben von A. POLATSCHEK handelt es sich bei dieser u. den beiden folgenden Sippen nicht um Ssp, sondern um Hybriden zw 2843 u. anderen *Carduus*-Arten.

2845 ssp **macrolepis** (Peterm.) Kazmi ▸
Großschuppige Nickende Distel

E (lok); ⟨B, w⟩, ⊙; wo?; ⟨RL –⟩
T10.3.4.2, wo noch?

M Wie 2843, aber Hüllblätter ohne deutl. Mittelnerv, äußere Hüllblätter nicht zurückgeschlagen, mittlere 5–8 mm br. Köpfchen meist einzeln, aufrecht, kahl bis schwach behaart, ∅ meist 4–6 cm. Laubblätter unterseits kahl od. nur auf den Nerven behaart. Fig. 63b

B Heimat: Mittelmeergebiet.

2846 ssp **alpicola** (Gillot) Chass. & Arenes
Alpine Nickende Distel ohne Abb.

A?; ⟨B, w⟩, ⊙; M_1, wo noch; RL ?
wo?

M Wie 2845, aber Köpfchen dicht behaart. Hüllblätter meist aufrecht, slt zurückgebogen. Mittelnerv hervortretend. Blätter oberseits zerstreut bis schwach wollig behaart, unterseits dicht wollig behaart.

2847 **Carduus defloratus** L. ▸
Berg-Distel

I; H, s, ⑥, ⊛; A, AV, M_1, M_2; RL reg; Z
T1.4.1.3, T3.4.2.1+2, T5.1.2.2.2.1, T6.2

M 10–80(–100) cm. Stg im oberen Teil blattlos. Blätter ± lanzettl., ungeteilt bis fiederschnittig, oberseits ± kahl, unterseits schwach kraus behaart, herablaufend, am Rand dornig gezähnt od. gewimpert. Köpfchen 15–30 mm ∅, einzeln, lggestielt, zuletzt nickend. Hülle kugelig bis eifg, kaum behaart. Mittlere Hüllblätter nicht eingeschnürt. Blütenkrone purpurn.

B Im Gebiet nur ssp *defloratus*.

▴
2848 **Carduus crispus** L. ssp **crispus**
Gewöhnliche Krause Distel

I; ⟨B⟩, s, ⑧, ⊛; A, AV, M_1, M_2, F, K; RL –
L4.1 (Ufer), L5.2.5, T8.2.2, T10.7 (Stromtäler)

M 50–200 cm. Stg br kraus geflügelt, bis (fast) zur Spitze beblättert. Auch obere Blätter buchtig gelappt bis fiederspaltig, mit großem Endlappen, oberseits trüb- od. schwärzl. grün, unterseits ± dicht spinnwebig filzig. Abschnitte mit kurzen, weichen Dornen. Köpfchen 15–25 mm ∅, zu 3–5 gehäuft. Hülle eifg, kaum behaart. Mittlere Hüllblätter nicht eingeschnürt. Blütenkrone dklpurpurn, slt rosa od. weiß.

2849 ssp **multiflorus** (Gaudin) Gremli
Vielblütige Krause Distel ohne Abb.

I; ⟨H, s⟩, ⊙; wo?; RL ?
wo?

M Wie 2848, aber Blätter gleichmäßig wenig tief fiederspaltig, andere Aufblühzeit.

◂ 2850 **Carduus acanthoides** L.
Weg-Distel

A; ⟨B⟩, w, ⑧, ⊛; A, AV, M_1, M_2, F, K; RL –
T3.1.2, T8.2.2.5, T10.3.1.2, T10.3.3.1, T10.7
M 30–120 cm. Stg dornig geflügelt, bis (fast) zur Spitze beblättert. Blätter tief fiederspaltig, grün, unterseits fast kahl. Abschnitte mit 4–7 mm lgn, derben Dornen. Köpfchen 15–25 mm ∅, zu 1–3. Hülle eifg kugelig, kaum behaart. Mittlere Hüllblätter nicht eingeschnürt. Blütenkrone hellpurpurn.
B Im Gebiet nur ssp *acanthoides*.

2851 **Carduus personata** (L.) Jacq. ▸
Kletten-Distel

I; H, s, ⑥; A, AV, M_1, M_2; RL reg
L5.2.3, T3.1.1+2, T7.1.3, T8.2.1.1
M 50–120(–180) cm. Stg sehr schmal kraus geflügelt, bis (fast) zur Spitze beblättert. Blätter oberseits grün, unterseits ± graufilzig, am Rand weich dornig, obere u. mittlere fast ungeteilt, untere gelappt bis fiederspaltig, mit großem Endabschnitt. Köpfchen knäuelig gehäuft, 15–25 mm ∅. Hülle halbkugelig, kaum behaart. Mittlere Hüllblätter nicht eingeschnürt. Krone dklpurpurn.
B Im Gebiet nur ssp *personata*.

◂ 2852 **Cirsium arvense** (L.) Scop.
Acker-Kratzdistel (Gttg ca 250 sp)

I; K, s, ⑧, ⊛; A, AV, M_1, M_2, F, K; RL –
L4.1 (Ufer), T2.2, T7.5.2, T8.2.2, T9.1, T9.1.1.3, T10.3.3.1, T10.7
M 30–150 cm. Pfl mit weit kriechendem Rhizom. Stg reich beblättert, meist rispig verzweigt, nicht geflügelt, vielköpfig. Blätter ungeteilt, buchtig gezähnt od. fiederspaltig, oberseits nicht stachelig kurzhaarig, am Rand oft wellig kraus, weich bis starr dornig. Saum der Krone fast bis zum Grund 5-teilig, schmutziglila. Pappus (wie bei allen *Cirsium*-Sippen) gefiedert.
B Formenreich.

2853 **Cirsium oleraceum** (L.) Scop. ▸
Kohl-Kratzdistel

I; H, s, ⑧, ⊛; A, AV, M_1, M_2, F, K; RL –; ✠, ⚘, ☺
L5.2.3, T2.2.2, T7.3.2+5, T8.2.1.4
M 50–170 cm. Pfl nicht stechend. Stg bis zur Spitze entfernt beblättert. Blätter weich, obere meist ungeteilt, herzfg stgumfassend, untere lappig fiederspaltig. Hochblätter eifg, weich dornig, ungeteilt, gelbgrün, die 2–6 knäuelig gehäuft stehenden Köpfchen überragend. Krone blassgelb.

◂ 2854 **Cirsium × rigens** (Aiton) Wallr.
Kurzstängelige Bastard-Kratzdistel

U; ⟨H, s⟩, ⊙; M_1, M_2, wo noch?; ⟨RL –⟩
T6.2.2.2.3
M In den Merkmalen zw den Eltern (2858 × 2853) stehend od. einem Elter genähert.
B In der Gttg *Cirsium* treten auch zw vielen anderen Arten Hybriden auf. Sie sind keineswegs slt. Meist stehen sie zw den Eltern u. sind leicht erkennbar. Die hier gezeigte Hybride ist aber u. U. so abweichend u. gibt v. a. dem Anfänger Anlass zur Verwechslung, dass sie hier ausführl. erwähnt wird.

2855 **Cirsium spinosissimum** (L.) Scop. ▸
Alpen-Kratzdistel

I; H, s, ⊙; A; RL –; Z
T3.1.1+2, T3.3, T5.1
M 20–80 cm. Stg bis zur Spitze meist dicht beblättert. Stg- u. Hochblätter tief fiederspaltig, derb- u. reichdornig, sehr stechend. Hochblätter steif, dornig gezähnt, gelbl., die dicht knäuelig gehäuft stehenden Köpfchen überragend. Krone blassgelb.

◄ 2856 **Cirsium vulgare** (Savi) Ten.
Gewöhnliche Kratzdistel

I; ⟨B⟩, w, ⑧, ❀; A, AV, M_1, M_2, F, K; RL –
L4.1 (Ufer), T2.2.2, T8.2.2, T8.2.2.5, T10.3.3.1, T10.7
M 50–150(–300) cm. Stg kraus u. dornig geflügelt. Blätter eifg lanzettl., tief fiederspaltig, steif, oberseits dornig bis steifhaarig, unterseits ± weißfilzig; Abschnitte variabel, in einem kräftigen, gelben Dorn endend. Köpfchen einzeln, eifg, 3–5 cm lg. Hülle zerstreut spinnwebig behaart. Krone hellpurpurn (slt rosa od. weiß).
B Formenreich. Die zuweilen abgetrennte Wald-Kratzdistel (2856a) *C. sylvaticum* Tausch ist eine frühblühende Sippe vorwiegend schattiger Standorte.

2857 **Cirsium eriophorum** (L.) Scop. ►
Wollköpfige Kratzdistel

I; ⟨B⟩, s, ⑧, ❀; A, AV, M_1, M_2, F; RL reg
T3.1.2, T6.2, T8.2.2.5, T10.3.3.1
M 50–150(–250) cm. Stg ohne herablaufende Blattränder, daher ungeflügelt. Blätter längl. eifg bis lanzettl., tief fiederspaltig, steif, oberseits grün u. dornig bis steifhaarig, unterseits weißfilzig; Abschnitte lanzettl., in einen kräftigen gelben Dorn auslaufend. Köpfchen einzeln, sehr gr, 4–7 cm ∅. Hülle dicht spinnwebig wollig behaart. Krone purpurn.
B Im Gebiet nur ssp *eriophorum*.

◄ 2858 **Cirsium acaule** Scop.
Stängellose Kratzdistel

I; H, s, ⑧, ❀; A, AV, M_1, M_2, F, K; RL reg; Z
T6.2.1.5.1, T6.2..3.1, T6.2.2.2.3
M Stg fehlend od. höchstens 5(–25) cm. Blätter rosettig gehäuft, steif, lanzettl., gelappt bis buchtig fiederspaltig, dornig. Köpfchen meist einzeln (–4), der Grundblattrosette aufsitzend. Krone purpurn.

2859 **Cirsium palustre** (L.) Scop. ►
Sumpf-Kratzdistel

I; ⟨B⟩, w, ⊙, ❀; A, AV, M_1, M_2, F, K; RL –; ✎
L5.2.3, S1.1 (gestört), S3.2.5, T2.2, T7.3
M 60–200(–250) cm. Stg über die gesamte Länge lappig od. kraus dornig geflügelt. Blätter lanzettl., buchtig fiederspaltig, steif, oberseits dklgrün, unterseits ± weißfilzig, Abschnitte dornig gezähnt. Köpfchen zu 2–8 gehäuft, 15–20 mm lg, etwas spinnwebig behaart. Krone dkl purpurrot (slt hellrosa od. weiß).

◄ 2860 **Cirsium canum** (L.) All.
Graue Kratzdistel

I; H, s, ⑧; M_1, M_2, F; RL 2
T7.1.2, T7.3.2, T7.3.5
M 30–100 cm. Pfl mit spindelfg verdickten Wurzeln. Stg im oberen Teil blattlos u. ungeflügelt. Obere Blätter kl, linealisch, untere lanzettl., ungeteilt bis buchtig fiederlappig, unterseits etwas kraushaarig, wenig stechend, am Stg weit herablaufend. Köpfchen einzeln, lggestielt, 2,5–4 cm lg. Hüllblätter etwas spinnwebig. Krone purpurrot (slt weiß).

2861 **Cirsium heterophyllum** (L.) Hill ►
Verschiedenblättrige Kratzdistel

I; H, s, ⊙, ❀; A, AV, M_1, M_2, F, K; RL reg
L5.2.5.4, S2.2.1, T3.1.1, T3.4.2.2, T6.2.1.5.4, T7.1.3, T7.3.5
M 50–100(–150) cm. Pfl ohne verdickte Wurzeln. Stg einf. od. mit wenigen 1-köpfigen Ästen, bis oben hin beblättert, ungeflügelt. Blätter ± lanzettl., ungeteilt bis fiederspaltig, oberseits grün, unterseits schneeweißfilzig, wenig stechend, mittlere mit herzfgm Grund stgumfassend, nicht herablaufend. Köpfchen 3,5–5 cm lg. Hüllblätter ± kahl. Krone purpurrot (slt weiß).

2862 **Cirsium rivulare** (Jacq.) All.
Bach-Kratzdistel

I; H, s, ☉; A, AV, M_1, (M_2, F östl.); RL reg; Z
T7.3.5
M 30–120 cm. Stg ungeflügelt, im oberen Teil kurzhaarig wollig, fast blattlos. Blätter ± eilanzettl., ± tief fiederspaltig, grün, oberseits zerstreut, unterseits dichter kraushaarig, ringsum weich dornig borstig, nicht herablaufend. Köpfchen zu 2–4(–5) an der Spitze geknäuelt, 2–3 cm lg. Hüllblätter zerstreut filzig behaart. Krone purpurrot, slt weiß.

2863 **Cirsium tuberosum** (L.) All.
Knollige Kratzdistel

I; H, K, s, ☉, ❀; A, AV, M_1, M_2, F (östl.); RL 3
T2.1.2.1.1, T6.2.2.2.3, T7.3.2, T8.1.1
M 30–120 cm. Pfl mit spindelfg verdickten Wurzeln. Stg ungeflügelt, im oberen Teil nur mit kleinen Blättern. Blätter längl. ± tief fiederspaltig, beidseits grün, od. unterseits schwach spinnwebig wollig, ringsum ungleich dornig gewimpert, nicht herablaufend. Köpfchen einzeln, 2–3,5 cm lg; Hüllblätter zerstreut spinnwebig filzig. Krone purpurrot, slt rosa od. weiß.

2864 **Cirsium dissectum** (L.) Hill
Englische Kratzdistel

E; H, s, ☉; F; RL 2
T7.3.2
M Ähnl. 2863, aber ohne spindelfg verdickte Wurzeln. Blätter fiedrig gelappt bis ungeteilt, unterseits grau spinnwebig wollig. Köpfchen 1 (slt 2).
B Heimat: W-Europa.

2865 **Silybum marianum** (L.) P. Gaertn.
Gewöhnliche Mariendistel (Gttg 2 sp)

U; ⟨B, T, s⟩, ☉; wo?; ⟨RL –⟩; ☠, ✠, (✎), ☺, Z
T10.7
M 60–150 cm. Stg nicht geflügelt, meist verzweigt. Blätter längl. elliptisch, buchtig fiederteilig, weiß gefleckt, glänzend, kahl, am Rand dornig. Köpfchen 4–5 cm lg, einzeln. Hüllblätter mit großem Anhängsel, dieses stachelig gezähnt u. in einen 2–4 cm lgn kräftigen Dorn auslaufend. Krone purpurn, tief 5-spaltig.
B Heimat: Mittelmeergebiet.

2866 **Onopordum acanthium** L.
Gewöhnliche Eselsdistel (Gttg ca 60 sp)

A; ⟨B⟩, s, ⑧; AV, M_1, M_2, F, K; RL reg; ✠, ✎, Z
T8.2.2.5, T10.3.1.2, T10.7
M 30–300 cm. Stg verzweigt, durch herablaufende Blätter br dornig geflügelt, spinnwebig filzig. Blätter ungleich buchtig gelappt, dornig gezähnt, spinnwebig filzig, verkahlend. Köpfchen einzeln, 3–5 cm lg. Hüllblätter allmähl. in einen starren, 5 mm lgn Dorn verschmälert, äußere weit abstehend. Krone 5-spaltig, hellpurpurn. Pappus rötl.
B In Kultur meist andere Arten, die auch kurzfristig verwildern.

2867 **Serratula tinctoria** L. ssp **tinctoria**
Gewöhnliche Färber-Scharte (Gttg ca 70 sp)

I; K, H, w, ⑧; A, AV, M_1, M_2, F, K; RL 3–; ? F
T1.1.2.3, T1.1.2.4.2, T6.2.1.5.1, T6.2.2.2.3, T7.3.2
M 30–100 cm. Stg im oberen Teil verzweigt, kahl. Blätter nicht dornig, eifg bis lanzettl., am Rand scharf gesägt, obere meist fiederspaltig, untere ungeteilt, unterste lggestielt. Köpfchen zu mehreren in einer lockeren Rispe. Hülle 4–6 mm br, walzl., Hüllblätter br lanzettl., grün, meist violett überlaufen, mit dklr Spitze, ohne Anhängsel. Krone purpurn, slt weiß.

◄ 2868 ssp **macrocephala** (Bertol.) Wilczek & Schinz
Großköpfige Färber-Scharte

E; ⟨K, H; w⟩, ⊙; M_1, M_2; RL ?
T3.1.6, T3.9.2.2
M Wie 2867, aber nur 10–40 cm hoch. Unterste Stgblätter kurzgestielt. Köpfchen an den Zweigenden zu 2–5 einander genähert. Hülle 6–12 mm br, glockig.
B Der taxonomische Wert dieser Sippe ist umstritten. Heimat: Alpen, Jura.

2869 **Acroptilon repens** (L.) DC. ►
Federblume (Gttg 1 sp)

E; ⟨K, s⟩, ⊙; M?, F; RL –
T10.3.1, T10.3.4.2
M 20–60 cm. Stg oft von der Basis an reich verzweigt, dicht beblättert. Blätter längl. lanzettl. bis linealisch, fiederspaltig od. gezähnt, obere ganzrandig, behaart. Hülle becherfg bis fast zylindrisch. Hüllblätter mit Anhängsel, dieses häutig, halbmondfg bis 3-eckig, fein behaart. Krone rosapurpurn. Unterschiede zu *Centaurea*: sterile Randblüten fehlend, Pappus hinfällig.
B Heimat: SW-Europa bis Zentral-Asien.

2870–2888 Centaurea
Bearbeitet von G. H. Loos

2870 **Centaurea calcitrapa** L. ►
Stern-Flockenblume (Gttg ca. 500 sp)

E; H, (T), s, ⊙; M_1, M_2, F; RL reg
T7.4.2, T8.3.1, T10.3.1.2, T10.3.3.1, T10.7
M 10–50(–80) cm. Stg ungeflügelt. Blätter grün, zerstreut flaumhaarig, grundstdge fiederschnittig mit stachelspitzigen Zähnen, obere lanzettl. bis spießfg. Köpfchen an den Zweigen end- u. achselstdg sitzend. Mittlere Hüllblätter mit 10–30 mm lgr Stachelspitze, an deren Grund beiderseits 1–3 Dörnchen. Krone purpurn. Pappus fehlend.
B Heimat: Mittelmeergebiet.

2871 **Centaurea solstitialis** L.
Sonnenwend-Flockenblume ohne Abb.

E (lok); T, H, s, ⊙; M_1, M_2?; ⟨RL –⟩
T8.2.2.5, T8.3.1, T10.3.1.2, T10.7
M 30–80(–100) cm. Stg durch die herablaufenden Blätter geflügelt. Blätter graufilzig, untere fiederschnittig, mittlere u. obere lineal-lanzettl., kurz stachelspitzig. Hüllblätter mit 10–15 mm lgr Stachelspitze, an deren Grund 2–4 kleine Stacheln. Krone hellgelb. Pappus vorhanden.
B Heimat: W- u. S-Europa.

▲
2872 **Centaurea scabiosa** L.
Skabiosen-Flockenblume

I; H, s, ⑧, ❀; A, AV, M_1, M_2, F, K; RL –; ☺, Z
T6.1.2.3.2, T6.2.2, T7.5, T8.1, T.8.2, T8.3, T10.1.1, T10.2.1, T10.4, T10.5
M 30–120(–200) cm. Stg kantig, rau, über der Mitte mit aufrecht abstehenden Ästen, nicht sparrig verzweigt. Blätter fiederteilig, grün, ledrig, glatt od. spärl. rau behaart, Abschnitte längl. bis lanzettl. Köpfchen einzeln. Hülle 20 mm hoch u. 35–50 mm br. Hüllblätter ohne Nerven, ihre Anhängsel die Nägel der Hüllblätter nicht verdeckend, Hülle deshalb braun-schwarz-grün gescheckt erscheinend. Krone dklpurpurn, slt heller rot od. weiß.
B Siehe Bemerkung 40, Seite 720.

2873 **Centaurea alpestris** Hegetschw. ►
Alpen-Skabiosen-Flockenblume

I; H, s, ⊙; A, M_1?; RL –
(T3.1.6), T3.4.2.2
M Ähnl. 2872, aber nur 30–70 cm. Stg un- od. wenig verzweigt, meist nur mit 1 od. 2 Köpfchen. Hüllblattanhängsel die Nägel fast vollstdg verdeckend, daher Hülle fast ganz schwarz.
B Angaben aus Baden-Württemberg bedürfen weiterer Überprüfung; wahrscheinlich handelt es sich hier um eine andere Sippe aus dem Komplex 2872.

◄2874 **Centaurea cyanus** L.
Kornblume

A; T, w, ⑥; A, AV, M_1, M_2, F, K; RL reg; ✠, Al, ☺, Z
T9.1.2, T8.3, T10.7

M 30–80(–100) cm. Stg einf. bis verzweigt. Blätter oberseits spinnwebig-filzig behaart, Stgblätter nicht herablaufend, 3–5(–9) mm br, unterste z. T. fiederspaltig, zur Blütezeit hinfällig. Äußere Hüllblätter anliegend, grün, innere locker stehend, violett überlaufen, mit dklbraunem bis schwarzem, gefranstem Anhängsel. Krone i. d. R. blau.

B Gewöhnl. relativ schmalblättrig u. blaublütig, nur slt mit weißen Kronen. Aus Ansaaten u. Gärten verwildern oft Typen mit breiteren Blättern u./od. vielfach andersfarbigen Kronen (purpurn, rot, rosa). Über das Indigenat herrscht trotz Nachweisen seit vor dem Neolithikum noch kein Konsens.

2875 **Centaurea triumfettii** All. ssp **aligera** (Gugler) Dostal ►
Filzige Flockenblume

I; H, s, ⑥; AV; RL 1
T8.1.1, T1.1.2.3, T1.1.2.4

M 20–70 cm. Blätter am Stg herablaufend, schmal linealisch bis schmal lanzettl., beiderseits graufilzig behaart, nicht verkahlend. Fransen der Hüllblätter hell od. silberglänzend, etwa doppelt so lg wie deren dklbrauner Rand. Krone blauviolett.

B Siehe Bemerkung 41, Seite 720.

◄2876 **Centaurea montana** L.
Berg-Flockenblume

I; H, s, ⑤; A, AV, M_1, M_2, F (vielerorts syn.); RL reg; ✠, Z
T3.1, T3.4, T1.1.1.4, T1.1.2.1, T7.1.3, T8.1, (T9.2), (T10.3.4)

M 30–70(–100) cm. Blätter am Stg herablaufend, eifg, zugespitzt, unterseits ± graufilzig, verkahlend. Fransen der Hüllblätter schwarz, etwa so lg wie deren schwarzer Rand. Krone tiefblau.

2877 **Centaurea stoebe** L. ►
Rispen-Flockenblume

I; H, s, ⑧, ⑧; AV, M_1, M_2, F, K (reg syn.); RL reg
T7.5, T8.2.2, T8.3, T10.3.1, T10.3.2, T10.4, T10.5, T6

M 30–100(–120) cm. Blätter fiederteilig, wie die ganze Pfl grau- bis weißfilzig, Abschnitte linealisch. Köpfchen rispig gehäuft, ei- bis »u«-fg, (5–)6–11(–13) mm br. Hülle 10–15 mm hoch u. 5–10 mm br. Hüllblätter 5-nervig, ihre Anhängsel dklbraun bis schwarz. Krone (hell-)purpurn. Randblüten strahlend. Frucht 3–5 mm lg. Pappus vorhanden, nicht unter 0,5 mm lg.

B Die Abgrenzung verschiedener Sippen innerhalb dieses vielgestaltigen Komplexes ist umstritten u. bedarf weiterer Untersuchungen. Gut trennbar erscheint oft die bisher als (2878) *C. maculosa* auct. non Lam. bezeichnete Sippe, die in ◄ der Standardliste als *C. stoebe* ssp *micranthos* (Gugler) Hayek geführt wird, ► u. a. mit einem Pappus höchstens ⅓ so lg wie die Frucht u. braunen Hüllblattanhängseln mit schwarzen Flecken (bei *C. stoebe* »s. str.«: Pappus mind. ½ so lg wie die Frucht u. Hüllblattanhängsel durchgehend schwarz). Allerdings finden sich innerhalb einer Population mitunter alle Übergänge zu typ. *C. stoebe*. *C. stoebe* »s. str.« ihrerseits scheint aus mehreren aufblühphänologisch trennbaren Sippen zu bestehen.

2879 **Centaurea diffusa** Lam.
Sparrige Flockenblume

E; H, T, s, ⊙; M_1, M_2, F; RL reg
T7.5, T8.2.2, T8.3, T10.3.1, T10.3.2, T10.4, T10.5
M (10–)20–60(–80) cm. Blätter flaumig rau, dünnfilzig, untere Stgblätter 2–3mal gefiedert, obere unzerteilt, eifg lanzettl. Köpfchen einzeln an der Spitze der Äste, zylindrisch, 3–6 mm br. Mittlere Hüllblätter mit 2–6 mm lgr Stachelspitze, beiderseits mit 3–4 stacheligen Fransen, Hüllblattanhängsel strohig gelbbraun. Krone weißl., slt rosa. Randblüten nicht strahlend. Frucht 2–2,5 mm lg. Pappus fehlend od. nur bis 0,3 mm lg.
B Heimat: SO-Europa, W-Asien.

2880 **Centaurea × psammogena** Gáyer
Sandbürtige Flockenblume ohne Abb.

I (Anökophyt); H, s, ⊙; M_1, M_2, F (reg syn.); RL ?
M Vermittelt in verschiedenen Merkmalskombinationen zw 2877 u. 2879, u. a. mit 3,5–8 mm breiten, zylindrischen bis eifgn Köpfchen, 2,5–3,5 mm lgn Früchten, fehlendem od. bis 0,6 mm lgm Pappus.
B Voll fertile, variable Hybride. Bildet oft eigene, mitunter große Populationen, z. T. ohne od. nur mit einer Elternart.

2881–2888 **Centaurea** sect. **Jacea** (inkl. sect. **Lepteranthus**)

B Folgende Bearbeitung basiert auf ausführl. Revisionsarbeiten dieser Gruppe in D (ausführl. Darstellungen demnächst in den Flor. Rundbr.). Dabei mussten z. T. erhebl. Änderungen u. Ergänzungen zur Standardliste vorgenommen werden. Die Farbe der Hüllblattanhängsel ist nur bei wenigen Sippen konstant, bei den meisten variiert sie relativ stark. Fertile Hybriden können prinzipiell zw allen Arten auftreten. Problematisch sind insbesondere die Hybridkomplexe mit z. T. bis durchgehend kammartig gefransten Hüllblattanhängseln, bei denen sich kaum noch klären lässt, welche Arten im einzelnen beteiligt sind, bzw. Hybriden verschiedener Entstehung, die gleichartig aussehen. – Auf adventive Vorkommen weiterer Sippen (z. B. die im benachbarten polnischen Schlesien vorkommende [2881a] *C. oxylepis* [Wimm. & Grab.] Hayek mit auffällig verlängerten, fiederig geteilten, an der Spitze abstehenden bis umgebogenen Hüllblattanhängseln, die mehrfach zumindest als Hybridbeteiligung in D adventiv festgestellt werden konnte) u. mögliche nachfolgende Einbürgerungen ist zu achten.

2881b **Centaurea pannonica** (Heuff.) Simonk. ssp **pannonica**
Östliche Schmalblättrige Flockenblume

I; H, s, ⊙; A, AV, M_1, M_2, F, K; RL ?
T6, T7.1, T7.5, T8.1, T8.2.2, T10.3, T10.4, T10.5
M 30–150 cm. Pfl oft spinnwebig flockig bis graufilzig, sltner (fast) unbehaart. Stg meist schon unterhalb der Mitte ästig mit verlängerten, rutenfgn, oft nochmals verzweigten Ästen, slt einf., köpfchentragende Äste unter dem Köpfchen höchstens schwach verdickt. Äste reich beblättert, einander stark genähert, deutl. länger als die Stgglieder. Untere Blätter lanzettl. bis (schmal) elliptisch, fast immer ungeteilt, slt mit einzelnen Lappenzähnen, die oberen schmal lanzettl. bis linealisch, immer ungeteilt. Hüllblattanhängsel ± br rundl. bis eifg, die Hüllblätter völlig verdeckend, ungeteilt od. nur die unteren eingerissen bis regelmäßig gefranst, weißl. bis dklbraun. Randblüten strahlend. Blühbeginn spät, im Tiefland erst im 2. Julidrittel (deutl. nach *Eupatorium cannabinum*).
B Siehe Bemerkung 42, Seite 720.

2881c ssp **approximata** (Gren.) G. H. Loos
Westliche Schmalblättrige Flockenblume

I; H, s, ⊙; M_1, M_2; RL ?
T6, T7.1, T7.5, T8.1, T10.3, T10.5
M Sehr ähnl. 2881b, aber Pfl meist ± stark spinnwebig graufilzig. Blätter stets schmal lineal, die oberen oft nur 1–2 mm br, untere Blätter überwiegend fiederlappig.
B Im breiten Überschneidungsbereich der beiden ssp (südl. Rheingebiet, Bayern) treten alle denkbaren Übergangstypen auf.

2881d siehe Seite 523

2881e **Centaurea humilis** Schrank
Niedrige Wiesen-Flockenblume ohne Abb.

I; H, s, ⊙; A, AV, M_1, M_2; RL ?
T7.1, T7.2, T7.3.9
M Sehr ähnl. 2881d, aber nur (2–)10–35(–50) cm. Blätter etwas breiter, elliptisch. Blühbeginn auffällig früh (etwa zeitgleich mit *Trifolium medium*).
B Ob die niedrigwüchsigen Strandwiesentypen in K, die meist 2881d zugeordnet werden, hier einzuordnen sind, ist noch ungeklärt. Bislang handelt es sich um eine Art der Wiesen in höheren Mittelgebirgs- u. Hochgebirgslagen.

2881f **Centaurea semipectinata** (Gremli) Hayek
Schwachgekämmte Flockenblume ohne Abb.

I; H, s, ⊙; AV, wo noch?; RL ?
T10.3, T6.2, T7.1
M Ähnl. 2881d, aber Hüllblattanhängsel z. T. 3-eckig, kammartig gefranst, aber die mittleren u. oberen überwiegend ganzrandig bis eingerissen.
B Schwer von Hybriden wie 2881d × 2881h zu trennen; Reinbestände in AV, die keine Variationsbreite zeigen wie entsprechende Hybriden, bekräftigen das Artrecht dieser Sippe.

2881g **Centaurea brandenburgica** G. H. Loos
Brandenburgische Flockenblume ohne Abb.

I; H, s, ⊙; F; RL ?
T6, T7.1, T7.5, T8.1, T10.3, T10.4, T10.5
M Ähnl. 2881d, aber Pfl meist etwas stärker verzweigt u. schmalblättriger (nähert sich darin 2881b/c) sowie alle Hüllblattanhängsel regelmäßig kammartig gefranst.
B Siehe Bemerkung 43, Seite 720.

2881d **Centaurea vulgaris** (Koch) G. H. Loos ▸
Gewöhnliche Wiesen-Flockenblume

I; H, s, ⊙; A, AV, M_1, M_2, F, K; RL ?
T7.1, T7.2, T7.3, T7.5, T10.3, T6.2
M (10–)30–60(–80) cm. Pfl wenig behaart bis (fast) unbehaart, sltner stärker behaart bis (an Trockenstandorten) graufilzig. Stg einf. od. von der Mitte an, slt schon tiefer ästig mit kurzen, meist unverzweigten od. nur einzeln im obersten Teil nochmals verzweigten Ästen, köpfchentragende Äste an der Spitze etwas verdickt. Blätter elliptisch lanzettl. bis lanzettl., die unteren oft mit mind. einzelnen Lappenzähnen. Äste wenigblättrig, in unregelmäßigen Abständen, meist kürzer als die Stgglieder. Hüllblattanhängsel rundl., ungeteilt bis unregelmäßig eingerissen, hellbraun bis schwärzl. Randblüten (fast) immer strahlend. Blühbeginn im Tiefland im 2. Junidrittel (kurz nach *Sonchus arvensis*).
B Gewöhnl. als *C. jacea* L. bezeichnet. Der Linnésche Typusbeleg ist aber nicht klar zuzuordnen; es könnte sich genauso um 2881b/c handeln. Die in den Merkmalen zw den Eltern vermittelnde Hybride 2881b/c × 2881d (2881k) *C.* × *jungens* (Gugler) G. H. Loos tritt wegen der unterschiedl. Blütezeiten nur vereinzelt an Stellen auf, wo die Elternarten gemeinsam vorkommen.

2881h **Centaurea decipiens** Thuill.
Täuschende Flockenblume ohne Abb.

I; H, s, ⊙; M_1, M_2, F; RL ?
T6, T7.1, T7.5, T8, T10.3, T10.4, T10.5
M 30–90(–120) cm. Pfl mäßig stark verzweigt (darin intermediär zw 2881b/c u. 2881d), unbehaart od. locker behaart bis rau, sltner etwas filzig. Untere Blätter fiederlappig, Abschnitte sehr schmal, mittlere u. obere Blätter schmal lanzettl. bis linealisch. Hüllblattanhängsel angedrückt, regelmäßig kammartig gefranst. Randblüten nicht strahlend. Pappus angedeutet bis fehlend. Blühbeginn im Tiefland gegen Anfang Juli.

2881i **Hybridkomplex**

Die meist nicht eindeutig voneinander zu trennenden u. zudem durch Introgressionen ineinander verzahnten Hybriden 2881d × 2881h u. 2881e × 2881h treten in weiten Regionen von NW-Deutschland viel hfgr als die Elternarten auf od. ersetzen sie ganz. Wegen ihrer großen Merkmalsvariation (alle Merkmalsübergänge, oft bereits innerhalb einer Population) können sie allerdings nicht als stabilisierte Hybridabkömmlinge betrachtet werden. In manchen Regionen kommen aber relativ einheitl. Typen vor, welche dann u. U. mit eigenen Bezeichnungen versehen werden könnten (ähnl. wie 2881f). Hierhin gehören vielleicht auch die als (2881m) *C. pratensis* Thuill. u. (2881n) *C. thuillieri* (Dostal) Duvigneaud & Lambinon bezeichneten Typen. Zudem lassen sich o. g. Hybriden meist nicht klar von 2881d × 2884, 2881d × 2885, 2881h × 2884, 2881h × 2882, 2881h × 2882b, 2881h × 2883 u. ähnl. Kombinationen trennen, so dass die Verhältnisse im äußersten W-Deutschland reg nahezu undurchschaubar sind u. hier meist nur von einem umfassenden Hybridkomplex gesprochen werden kann. Ähnl. Hybridschwärme, die allerdings als 2881b × 2881h zu deuten sind, in Schleswig-Holstein. Wegen der anscheinend vollkommenen Interfertilität treten zudem Mehrfachhybriden auf (z. B. 2881d × 2881h × 2881b im östl. Westfalen).

▲ 2881d × 2881h

▲

2882 **Centaurea microptilon** (Godr.) Gren. & Godr.
Kleinfedrige Flockenblume

I; H, s, ⊙; M_1, M_2, F; RL ?
T6.2, T7.1.2, T7.5, T8, T10.3, T10.4, T10.5
M Sehr ähnl. 2881h, aber Hüllblattanhängsel schmaler, zurückgebogen bis zurückgekrümmt. Pappus fehlend.
B Weithin übersehene Art. Hauptsächl. im äußersten W-D (S-Eifel, Trierer Becken, Saarland), aber auch slt in anderen Gebieten (z. B. Thüringen) beobachtet, wohl z. T. verschleppt.

2882a **Centaurea diluvialis** v. Soest ex G. H. Loos
Westliche Flockenblume ohne Abb.

I; H, s, ⊙; M_1, M_2; RL ?
T6, T7.1, T7.5
M Vermittelt zw 2881h u. 2882. Hüllblattanhängsel locker abstehend, bisweilen an der Spitze etwas zurückgebogen. Unterscheidet sich von der Hybride 2881h × 2882 durch eine auffallend frühe Aufblühzeit (im Tiefland 1. Junidrittel).
B In Deutschland anscheinend (fast) nur in Hybridkombinationen mit 2881d u. anderen Arten.

2882b **Centaurea serotina** Boreau
Spätblühende Flockenblume ohne Abb.

I?; H, s, ⊙; M_1, M_2?; RL ?
T10
M Sehr ähnl. 2881b/c, insbesondere 2881c, aber Hüllblattanhängsel regelmäßig kammartig gefranst. Pappus fehlend.
B Der Status dieser Art in Deutschland ist fragl., anscheinend nur adventiv u. vielleicht nur unbestdg. Ind. im benachbarten Elsass.

◂ 2883 **Centaurea nigrescens** Willd.
Schwärzliche Flockenblume

E (auch **I**?); H, s, ⊙; M_1, M_2, F; RL reg
T6.2.2.2.3, T7.1.2, T7.3.2, T8.2, T10.3, T10.4
M 20–80(–100) cm. Stg von der Mitte an in wenige beblätterte Äste geteilt. Untere Blätter eilanzettl., ungeteilt od. schwach fiederlappig, auch die mittleren u. oberen deutl. breiter u. kürzer erscheinend. Hüllblattanhängsel schwärzl., 3-eckig, regelmäßig kurz gefranst, ± stark angedrückt, die inneren, grünl. Anhängsel nicht überdeckend, Hülle dadurch schwarzgrün gescheckt erscheinend. Randblüten strahlend.
B Siehe Bemerkung 44, Seite 720.

2884 **Centaurea nigra** ssp **nemoralis** (Jord.) Greul
Hain-Flockenblume

I; H, s, ⊙; AV, M_1, M_2, (F) zuw. syn.; RL reg
T8.1.2.2, T6.2, T10.3, T10.4, T10.5, T7.5.3
M (30–)40–80(–100) cm. Pfl etwa wie 2881d verzweigt. Blätter schmal lanzettl., etwa 5mal länger als br. Hüllblattanhängsel sehr fein kammartig geteilt, mit lgn, gebogenen Kammzähnen, dklbraun bis schwarzbraun, Mittelfeld lanzettl., schmaler als die Länge der Kammzähne. Randblüten nicht strahlend. Pappus vorhanden. Aufblühzeitpunkt etwas später als 2881d.
B Siehe Bemerkung 45, Seite 720.

2885 **Centaurea nigra** L. ssp **nigra**
Schwarze Flockenblume

I; H, s, ⑧; M_1, M_2, F (westl.); RL –; (👌), Z
T6.2, T7.1.2, T7.1.3, T7.5.3, T10.3
M Sehr ähnl. 2884, aber nur 15–60 cm. Blätter breiter, etwa 3mal lgr als br. Hüllblattanhängsel schwärzl., Mittelfeld eifg, etwa so br wie die Länge der Kammzähne. Pappus kürzer, oft undeutl. Aufblühzeitpunkt sehr früh, etwa wie 2881e.
B Zw den Elternarten treten nicht slt die Hybriden 2881a × 2884 (2885a) *C.* × *nyhuusii* Gugler u. 2884 × 2885 auf (z. B. Eifel, Hunsrück).

2886 **Centaurea pseudophrygia** C. A. Meyer
Perücken-Flockenblume

I; H, s, ⑧; A, AV, M_1, M_2, F; RL reg
T1.1.2.3, T1.1.2.4.2, T6.2.1.5, T7.1.3, T7.5.3, T8.1.2, T10.3, T10.4.4
M 30–100(–120) cm. Blätter grün, nicht spinnwebig behaart, br, die oberen meist mit herzfgm Grund stgumfassend sitzend. Hülle eikugelig, 20 mm br. Hüllblattanhängsel dklbraun, die Hülle ganz verdeckend, bis auf die innersten aus lanzettl. bis eifgr Basis in eine verlängert pfrieml., bogig zurückgekrümmte, lg fiedrig gefranste Spitze übergehend, diese bei den äußeren Hüllblattanhängseln bis 10 mm lg.
B Hybriden 2881d × 2886 (2886a) *C.* × *similata* Hausskn. treten hier u. da mit den Elternarten auf u. breiten sich z. T. auch lok aus.

2887 **Centaurea stenolepis** A. Kern.
Schmalschuppige Flockenblume

I; H, s, ⊙; AV, M_1; RL reg
T8.1.2, T8.2.2
M Ähnl. 2886, aber meist etwas höher, bis 120 (–150) cm. Blätter besonders in der Jugend graugrün, ± spinnwebig behaart, schmal. Obere Stglätter nicht stgumfassend, sondern mit verschmälertem Grund sitzend. Hülle eifg, typ. 10–14 mm br, bei den Sippen in D aber bis 20 mm br.
B Komplex sehr ähnl. Sippen, die im Hinblick auf das Gesamtareal noch zu überprüfen sind. Die Vorkommen im südl. Bayern entsprechen der als f *cetia* Beck bezeichneten Sippe, die sich 2886 annähert; noch näher 2886 stehen die Populationen in Unterfranken, die offenbar eine stabilisierte Übergangssippe zw 2886 u. 2887 repräsentieren u. hier vorläufig als *C. franconica* G. H. Loos ined. bezeichnet werden.

2888 **Centaurea phrygia** L.
Phrygische Flockenblume

I; H, s, ⊙; F (südöstl.); RL –
T6.2.1.5, T7.1.2
M Ähnl. 2886, aber obere Stgblätter nicht stgumfassend, mit verschmälertem Grund sitzend. Köpfchen nur bis 15 mm br. Hüllblattanhängsel schwarzbraun, die Hülle nicht völlig verdeckend, die inneren mit br rundl. Basis, die Spitze bei den äußeren Hüllblattanhängseln bis 6 mm lg.

2889 **Cichorium intybus** L.
Gewöhnliche Wegwarte (Gttg 7 sp)

A; H, s, ⑧; A, AV, M_1, M_2, F, K; RL –; ♃, A, ☺
T7.4.1, T7.4.2, T7.5.2.1, T8.2.2.2, T10.3.3.1, T10.7
M 30–200 cm. Stg verzweigt. Untere Blätter schrotsägefg bis buchtig fiederlappig, obere lanzettl. mit breitem Grund, fast stgumfassend, zumindest unterseits auf den Nerven borstig behaart. Köpfchen einzeln od. zu mehreren, sitzend od. gestielt. Zungenblüten hellblau (slt weiß). Pappus ein unscheinbares Krönchen.
B Im Gebiet nur ssp *intybus*.

2890 **Lapsana communis** L. ssp **communis**
Gewöhnlicher Rainkohl (Gttg 9 sp)

I; ⟨B⟩, T, w, ⑦, ; A, AV, M_1, M_2, F, K; RL –;
T8.2.1.2
M 30–125 cm. Stg rispig verzweigt. Blätter 3-eckig gezähnt, meist kahl, untere leierfg mit großem rundl. od. 3-eckigem Endabschnitt, obere eifg bis lanzettl., ungeteilt. Köpfchen kl, zahlreich, in lockeren Rispen, 2–3 cm lggestielt, nur zw 6–11 Uhr offen. Hülle 7–8 mm lg, kahl. Hüllblätter gekielt. Zungenblüten hellgelb, bis 7 mm lg. Pappus fehlend.

2890a ssp **intermedia** (Bieb.) Hayek
E?; ⟨H, w⟩, ⊙; M_2, ⟨RL –⟩
T8.2.1.2?
M Ähnl. wie 2890, aber Pfl ausdauernd, sich vegetativ vermehren lassend, Zungenblüten goldgelb, bis 14 mm lg, Köpfchen an *Crepis* erinnernd, über 5 cm lggestielt. Köpfchen 24 h offen (auch bei Regen). Hochblätter oft linealisch, glattrandig.
B Erstmal 1999 für Deutschland nachgewiesen (Buttler 1999).

2891 **Aposeris foetida** (L.) Less.
Hainsalat (Gttg 1 sp)

I; H, s, ⑤; A, AV; RL reg; Z
T1.1.1, T1.1.2.3, T8.1.2
M 5–30 cm. Pfl mit grundstdgr Rosette. Stgblätter fehlend. Laubblätter schrotsägefg mit trapezfgn Seitenlappen u. 3-eckigem Endlappen. Köpfchen einzeln. Hülle ca 10 mm lg, dklgrün. Außenhülle ca 2 mm lg. Zungenblüten gelb. Pappus fehlend.

2892 **Arnoseris minima** (L.) Schweigg. & Körte
Lämmersalat (Gttg 1 sp)

I; T, s, ⊙; AV, F M_1, M_2, K; RL 2
T9.1.1.1.1
M 5–25 cm. Pfl mit Grundblattrosette. Stg ohne Blätter, im unteren Teil rot überlaufen, nach oben hin deutl. keulig verdickt, meist verzweigt. Grundblätter verkehrt eifg bis spatelfg, grob gezähnt. Köpfchen einzeln, ca 1 cm ∅. Zungenblüten gelb. Pappus fehlend.

2893 **Hypochaeris uniflora** Vill.
Einköpfiges Ferkelkraut (Gttg ca 60 sp)

I; H, s, ⑥; A; RL –; Z
T6.2.1.5.4 (o-sa)
M 15–50 cm. Pfl mit grundstdgr Blattrosette. Stg 1-köpfig, unter dem Köpfchen stark verdickt, steifhaarig u. graufilzig, 2–7-blättrig. Grundblätter rauhaarig, ungefleckt. Köpfchenboden mit Spreublättern. Hülle 20–25 mm lg, schwärzl., kraushaarig. Frucht geschnäbelt. Pappus mit fedrigen Borsten.

2894 **Hypochaeris maculata** L. ▸
Geflecktes Ferkelkraut

I; H, s, ⊙; A, AV, M_1, M_2, F, K; RL 3+
T1.1.2.4 (wechseltro), T1.1.2.4.2, T6.2..3.1, T6.2.2.2.3, T8.1.1
M 20–100 cm. Stg meist verzweigt, (1–)2–4-köpfig, unter dem Köpfchen etwas verdickt, rauhaarig, 1–2(–4)-blättrig. Grundstdge Laubblätter rosettig, meist braun gefleckt, kurz steifhaarig, dem Boden angedrückt. Köpfchenboden mit Spreublättern. Hülle 18–25 mm lg, steifhaarig. Frucht geschnäbelt. Pappus 1-reihig, alle Haare fedrig.

2895 **Hypochaeris radicata** L. ▸▸
Gewöhnliches Ferkelkraut

I; H, s, ⑥, ❀; A, AV, M_1, M_2, F, K; RL –; ✎
T6.2.1.4, T6.2.1.5.1, T7.1.2, T7.2.1, T7.3.2 (tro)
M 20–100 cm. Stg blaugrün, meist verzweigt, kahl od. unten steifhaarig, unter dem Köpfchen kaum verdickt, außer den grundstdgn Laubblättern nur mit wenigen schuppenfgn Hochblättern. Grundblätter ungefleckt, zerstreut borstig, dem Boden angedrückt. Köpfchenboden mit Spreublättern. Hülle 15–25 mm lg. Alle Früchte lg geschnäbelt. Blüten lgr als Hülle. Pappus 2-reihig, nur innen fedrig.

2896 **Hypochaeris glabra** L. ▸
Kahles Ferkelkraut

I; T, s, ⑥; AV, M_1, M_2, F, K; RL 2
T6.2.1.4.5, T9.1.1.1.1, T9.4.1.2
M Ähnl. 2895, aber Stg 10–40 cm hoch, grün, kahl, im oberen Teil mit wenigen schuppenfgn Blättern. Grundblätter (fast) kahl. Hülle 12–15 mm lg. Randstdge Blüten etwa so lg wie Hülle, unterseits weißl.. Randfrüchte ohne Schnabel.

2897 **Leontodon autumnalis** L. ▸▸
ssp **autumnalis**
Gewöhnlicher Herbst-Löwenzahn (Gttg ca 50 sp)

I; H, w, ⑥, ❀; A?, AV, M_1, M_2, F, K; RL –
T7.2.1, T7.4.1, T7.4.2
M 15–50 cm hoch. Stg meist gabelig verzweigt u. mehrköpfig, mit mehreren kleinen Blattschuppen. Laubblätter in grundstdgr Rosette, (fast) kahl, buchtig gezähnt bis fiederspaltig, dem Boden angedrückt. Köpfchen vor dem Blühen aufrecht. Kopfstiele u. Hülle kahl od. locker weißflockig. Hüllblätter nicht schwarz berandet. Griffel grünl. gelb. Alle Früchte mit fedrigen u. gleich lgn Pappushaaren.

2898 ssp **pratensis** (Link) Arcang.
Wiesen-Herbst-Löwenzahn ohne Abb.

I; ⟨H, w, ⊙⟩; A, M_1; RL –
T3.4.3/T2.2.2
M Wie 2897, aber Pfl 1- bis wenigköpfig. Köpfchenstiele u. Hülle mit schwärzl., lgzottig abstehenden Haaren.

◂ 2899 **Leontodon saxatilis** Lam.
Nickender Löwenzahn

I; ⟨B⟩, w, ⊙, ❀; M_1, M_2, F, K; RL reg
H1.1.3.2, H2...4, T7.2.1, T7.3.2, T7.4.1, T10.3.3.1
M 3–30 cm. Meist mehrere Stg pro Rosette, bogig aufsteigend, unverzweigt, 1-köpfig, blattlos. Laubblätter in grundstdgr Rosette, buchtig gezähnt bis fiederteilig, mit sehr rauen, gegabelten Haaren od. kahl. Köpfchen vor dem Aufblühen nickend. Hüllblätter schwarzrandig. Zungenblüten gelb, randl. unterseits blaugrau od. grünl. Früchte der randstdgn Blüten mit becherfgm Krönchen, ohne Pappushaare. Pappus der inneren Früchte 2-reihig, äußere Pappushaare kürzer u. rau gezähnelt, innere fedrig.

◂ 2900 **Leontodon incanus** (L.) Schrank
Grauer Löwenzahn

I; H, s, ⑥; A, AV, M_1; RL –
T1.4.1.3, T3.4.2.1, T6.1.2.3, T6.2.2.2.1
M 15–40(–50) cm. Pfl mit senkrechtem Wurzelstock. Stg unverzweigt, 1-köpfig, blattlos (nur mit wenigen, sehr kleinen Blattschuppen), sternhaarig. Laubblätter in grundstgr Rosette, ganzrandig bis entfernt gezähnt, von Sternhaaren graufilzig. Hüllblätter sternhaarig. Pappus mehrreihig, schmutzig- bis gelbl. weiß, innen fedrig.

2901 **Leontodon montanus** Lam. ▸
Berg-Löwenzahn

I; H, w, ⊙; A; RL –
F5.1.2.2.1
M 3–10(–20) cm. Stg unverzweigt, 1-köpfig, mit 0–2 Blattschuppen, unter dem Köpfchen keulig verdickt, im oberen Teil wie die Hülle schwarzzottig behaart. Rosettenblätter fiederteilig bis entfernt gezähnt, oberseits kahl, fast so lg wie Stg. Köpfchen vor dem Aufblühen aufrecht. Pappushaare schneeweiß, innere fedrig.
B Im Gebiet nur ssp *melanotrichus* (Vierh.) Widder ex Pittoni.

◂ 2902 **Leontodon hispidus** L. ssp **hispidus**
Gewöhnlicher Rauer Löwenzahn

I; H, w, ⑥, ❀; A, AV, M_1, M_2, F, K; RL reg; ❀
(T3.1.6), T7.1.3
M 30–60 cm. Stg einzeln od. zu mehreren, unverzweigt, 1-köpfig, mit 0–2(–3) schuppenfgn Hochblättern, unter dem Köpfchen oft keulig verdickt, steif behaart (überwiegend 2–4-strahlige Haare), 2–3mal so lg wie die Laubblätter. Grundblätter ± ganzrandig bis buchtig gezähnt, von vielen 2–4-strahligen Gabelhaaren rau, 2–3mal kürzer als Stg. Köpfchen vor dem Aufblühen nickend. Hülle (9–)11–13(–15) mm lg, weißl. steifhaarig. Pappushaare gelbl. weiß, innere fedrig.

2903 ssp **pseudocrispus** (Bisch.) Murr ▸
Rauer Schutt-Löwenzahn

I; ⟨H, w, ⊙⟩; A, RL ?
T5.1 (feucht)
M Wie 2902, aber nur 10–20(–30) cm. Pfl stark behaart. Grundblätter ± tief fiederspaltig, ihre Abschnitte wellig kraus, dicht gabelhaarig, höchstens ½ so lg wie der Stg. Stg u. Hülle steifhaarig. Hülle 11–13 mm lg.

◂ 2904 ssp **hyoseroides** (Rchb.) Murr
Glatter Schutt-Löwenzahn

I; ⟨H, w, ⊙⟩; A, AV, M_1; RL –
L5.1.1, L5.1.2.2.2
M Wie 2903, aber Pfl (fast) kahl. Stg oben stärker verdickt. Grundblätter fiederteilig, mit oft sehr schmalen, ± flachen Abschnitten. Blattstiele u. Stgbasis oft rot. Hülle 13–15 mm lg, (fast) kahl.

2905 ssp **danubialis** (Jacq.) Simonk. ▸
Kahlköpfiger Rauer Löwenzahn

I; ⟨H, w, ⊙⟩; A, AV, M_1; RL –
T3.4.2.2, T5.1.2.2.1, T7.1.3, T7.3.5
M Wie 2906, aber nur 20–40 cm. Stg dünn, 2–4mal so lg wie die ganzrandigen od. seicht buchtig gezähnten (bis tief fiederteiligen?) Grundblätter. Hülle 12–15 mm lg.
B Unterscheidet sich von 2902 praktisch nur in der Dichte der Behaarung.

◄ 2906 ssp **opimus** (Koch) Finch & P. D. Sell
Stattlicher Rauer Löwenzahn

I; ⟨H, w, ⊙⟩; A, M_1; RL –
T7.1.3
M Wie 2903, aber Pfl (fast) kahl, 15–30(–50) cm. Stg oben stark verdickt. Grundblätter buchtig gezähnt (bis tief fiederteilig?), mit schmalen Abschnitten, höchstens ½ so lg wie der Stg. Hülle 11–14 mm lg, (fast) kahl.

2907 **Leontodon helveticus** Merat ►
Schweizer Löwenzahn

I; H, w, ⑥; A, M_1; RL –
T1.4.3.2, T3.3.1, T3.4.1, T6.2.1.5.1
M 5–30 cm. Stg meist unverzweigt, 1-köpfig, 2–4 od. mehr schuppenfge Hochblätter, unter dem Köpfchen etwas verdickt. Grundblätter meist buchtig gezähnt, kahl od. mit wenigen einf. Haaren. Köpfchen vor dem Aufblühen meist nickend. Hülle 10–15 mm lg, dkl kraushaarig. Pappushaare schmutzigweiß bis gelbl. od. bräunl., innere fedrig.

◄ 2908 **Picris hieracioides** L. ssp **hieracioides**
Gewöhnliches Bitterkraut (Gttg ca 40 sp)

I; H, ⟨B⟩, s, ⑧, ❀; A, AV, M_1, M_2, F, K; RL reg
T6.2.2.3, T7.1.2, T7.5.2.1, T8.2.2.2
M 30–90 cm. Stg verzweigt, borstig behaart. Laubblätter längl. bis lanzettl., ungeteilt, gezähnelt bis buchtig gezähnt, beidseits zerstreut bis dicht borstig behaart, obere mit abgerundetem Grund sitzend. Köpfchenstiele u. Hülle mit weißl., oft gegabelten Borstenhaaren od. kahl. Alle Hüllblätter schmal lineal, äußere viel kürzer als innere. Hülle bis 13 mm lg. Pappus fedrig, schneeweiß.

2909 ssp **villarsii** (Jord.) Nyman ►
Stängelumfassendes Bitterkraut

I; ⟨H, B, s, ⊙⟩; A, AV; RL –
T3.1.1, T10.3.3.1 (a)
M Wie 2908, aber Stg nur am Grund u. Blätter nur am Mittelnerv sowie am Rand borstig, Blätter oft ganzrandig. Obere Stgblätter stgumfassend.

2910 ssp **auriculata** (Sch. Bip.) Hayek
Geöhrtes Bitterkraut

I; ⟨H, B, s, ⊙⟩; M_1; RL –
T5.1
M Wie 2908, aber Köpfchenstiele u. Hüllen mit ◄ einf. schwarzen, dicht stehenden Borstenhaaren. Blätter längl. bis lanzettl., beidseits kurzhaarig rau. Äußere Hüllblätter abstehend, linealisch od. lanzettl. Hülle 13–15 mm lg.
B Zw 2908 u. 2910 besteht im Areal ein gleitender Übergang. Das Großblütige Bitterkraut, (2911) ssp *grandiflora* (Ten.) Arcang., ohne Abb. (**I**; H, s; A, M_1; RL –; T5.1), unterscheidet sich von voriger Sippe nur durch spärl. borstige, eilanzettl. bis lanzettl. Blätter, anliegende, eifg lanzettl. äußere Hüllblätter, u. wird hfg mit ihr zusammengefasst.

2912 **Picris echioides** L. ►
Natternkopf-Bitterkraut, Wurmlattich

U–E; ⟨T, s, ⊙⟩; AV, M_1, M_2, F; ⟨RL –⟩
T7.4.1, T8.3.1, T9.1.6
M 30–60 cm. Stg verzweigt, borstig behaart. Laubblätter längl. eifg, meist buchtig gezähnt, rauhaarig (Haare z. T. mit Widerhaken), obere mit herzfgm Grund stgumfassend. Außenhülle markant, aus 3–5 breiten, ei- bis herzfgn Hüllblättern bestehend, fast so lg wie innere, diese aber viel schmaler, rauhaarig. Pappus fedrig, schneeweiß. Früchte geschnäbelt, 2-gestaltig.
B Heimat: Mittelmeergebiet.

2913 **Tragopogon dubius** Scop.
Großer Bocksbart (Gttg ca 110 sp)

I; ⟨B⟩, s, ⊙; AV, M_1, M_2, F; RL reg
T6.2.2.2.3 (gestört), T7.5.2.1, T8.2.2.2, T10.3.1, T10.3.3.1

M 30–60 cm. Blätter lineal-lanzettl., ganzrandig, am Grunde etwas stgumfassend. Stiele unter dem Köpfchen deutl. keulig verdickt, hohl. Hüllblätter 8–12, 1-reihig, alle gleich lg, deutl. lgr als die Blüten, über dem Grund nicht eingeschnürt. Zungenblüten blassgelb. Köpfchen zur Fruchtzeit stark vergrößert. Früchte 20–40 mm lg, lggeschnäbelt. Pappus fedrig.
B Im Gebiet nur ssp *major* (Jacq.) Vollm.

2914 **Tragopogon pratensis** L. ssp **pratensis**
Gewöhnlicher Wiesen-Bocksbart

I; H, ⟨B⟩, s, ⑤; M_1, M_2, F, K; RL –; ✿
T7.1.2, T8.3.1

M 30–70 cm. Blätter lineal-lanzettl., ganzrandig, am Grunde halb stgumfassend. Stiele unter dem Köpfchen nur schwach verdickt, von der Hülle abgesetzt, nicht od. kaum hohl. Hüllblätter meist 8, weißl. grün berandet, so lg wie od. wenig lgr als die Blüten, über dem Grund eingeschnürt. Köpfchen 2,5–4 cm ∅, zur Fruchtzeit vergrößert. Zungenblüten gelb. Staubblätter gelb, an der Spitze violettbraun. Früchte 15–20 mm lg, lggeschnäbelt, randl. glatt. Pappus fedrig.

2915 ssp **minor** (Mill.) Wahlenb.
Kleiner Wiesen-Bocksbart

I; H, ⟨B⟩, s, ⊙; AV?, M_1, M_2, F; RL –
T8.3.1

M Wie 2914, aber Hülle anfangs rosa berandet, viel lgr (1,5mal so lg) als die Blüten. Köpfchen 2–3 cm ∅, Früchte 10–12 mm lg, deutl. bestachelt, zw den Rippen warzig. Staubbeutel braun.
B Modifikationen von 2914 können sehr ähnl. sein, so dass sie nur sehr schwer zu unterscheiden sind.

2916 ssp **orientalis** (L.) Čelak
Östlicher Wiesen-Bocksbart

I; H, ⟨B⟩, s, ⑤; A, AV, M_1, M_2, F?; RL reg
T7.1.2

M Wie 2914, aber Hüllblätter kürzer als die Blüten. Köpfchen 5–7 cm ∅. Blüten goldgelb. Staubblätter mit braunschwarzen Längsstreifen od. in der Mitte gelb u. an den Enden schwarzviolett. Randfrucht weichstachelig.

2917 **Tragopogon porrifolius** L.
Haferwurz

E; T, ⟨B⟩, s, ⊙; K; RL reg
T7.1.2

M 20–100 cm. Pfl blaugrün. Untere Blätter grasartig. Obere Blätter mit verbreitertem Grund stgumfassend. Stg unter den Köpfchen stark verdickt. Köpfchen bis 6 cm ∅. Hüllblätter meist 8. Zungenblüten weinrot, ca ½ so lg wie die Hüllblätter.
B Im Gebiet nur ssp *australis* (Jord.) Nyman, Heimat: Mittelmeergebiet.

2918 **Scorzonera purpurea** L.
Violette Schwarzwurzel (Gttg ca 175 sp)

I; H, s, ⑤; AV, M_1, M_2, F; RL 2!, §
T6.2..3.1, T6.2..3.2

M 20–50 cm, Stg einf. od. verzweigt, 1–4 Köpfchen. Blätter schmal linealisch, bis 3 mm br, im Querschnitt V-fg. Zungenblüten blasslila. Frucht 12 mm lg, gerippt. Wie bei allen *Scorzonera*-Sippen Hüllblätter mehrreihig; Pappus mehrreihig, fedrig.

◄ 2919 **Scorzonera hispanica** L.
Gemüse-Schwarzwurzel

I; H, s, ⊙; M_1, M_2, F; RL 3+; §; 👌, ☺
T1.1.2.4.2, T1.4.1.3, T6.2..3.1, T8.1.1.1
M 40–130 cm. Pfl ästig, am Grunde ohne braunen Faserschopf. Laubblätter sehr variabel, elliptisch eifg bis lineal, ± ganzrandig, mittlere u. obere mit scheidig erweitertem Grund stgumfassend, am Rande manchmal wellig kraus. Innere Hüllblätter zugespitzt, am Rand wollig flockig. Zungenblüten zitronengelb, 2mal so lg wie die Hülle. Randstdge Früchte entlang der Rippen zackig rau.
B Aus dem Mittelmeerraum stammende Kulturformen werden als Wurzelgemüse verwendet.

2920 **Scorzonera austriaca** Willd. ►
Österreichische Schwarzwurzel

I; H, s, ⑥; M_1; RL 1; §
T1.4.1.3, T6.1.2.3, T6.2.2.2.1, T6.2..3.2
M 10–35 cm. Stg am Grunde von dichten, faserigen Blattresten umhüllt, 1-köpfig, mit 1–3 fast schuppigen Blättern. Grundstdge Blätter linealisch bis längl. lanzettl. od. elliptisch, zugespitzt, ganzrandig, am Rand oft gewellt, bläul. grün. Hüllblätter ± kahl, schmal hautrandig. Zungenblüten gelb, 2mal so lg wie die Hülle. Pappus reinweiß. Fruchtrippen glatt.

◄ 2921 **Scorzonera humilis** L.
Niedrige Schwarzwurzel

I; H, s, ⑥; A, AV, M_1, M_2, F, K; RL 3+; §
S1.1, T1.4.1.2 (östl.), T6.2.1.5, T7.1.2, T7.3
M 7–45 cm. Stg am Grunde ohne Faserschopf, einf. od. wenigästig, 1–3-blättrig. Grundstdge Blätter lineal-lanzettl. bis eifg, zugespitzt, grasgrün. Hüllblätter stumpf, äußere wollig, innere kahl bis zerstreut wollig, aber nicht wollig berandet, meist hautrandig. Zungenblüten gelb, 2mal so lg wie die Hülle. Fruchtrippen glatt.

2922 **Scorzonera parviflora** Jacq. ►
Kleinblütige Schwarzwurzel

I; H, s, ⊙; M_2; RL 2!; §
H1.1.3.2, H2...4, T7.3.2
M 20–40 cm. Stg am Grund ohne Faserschopf, 1–3-köpfig, kahl, mit 0–3 schuppenfgn Blättern. Grundstdge Blätter längl. lanzettl. Hüllblätter kahl, an der Spitze schwarz gefleckt, schmal hautrandig. Zungenblüten wachsgelb, kaum lgr als die Hülle. Pappus schmutzigweiß.

◄ 2923 **Scorzonera laciniata** L.
Schlitzblättrige Schwarzwurzel, Stielsamenkraut

I; ⟨B, T⟩, s, ⊙; M_1, M_2; RL 2; §
T7.5.2, T8.2.2.2, T10.3.3.1
M 7–50 cm. Stg verzweigt, rau. Untere Blätter fiederteilig, mit schmal linealen Abschnitten. Hülle 12–20 mm lg, zur Fruchtzeit bis ca 40 mm verlängert. Hüllblätter spiralig angeordnet, weißrandig. Zungenblüten hellgelb, kaum lgr als die Hülle. Früchte ungeschnäbelt. Pappus fedrig.

2924 **Chondrilla juncea** L. ►
Großer Knorpellattich (Gttg 25 sp)

I; H, w, ⑧; AV, M_1, M_2, F, K; RL reg
T6.2, T6.2.1.4, T7.5.2.1, T8.2.2.2
M 30–130 cm. Stg am Grunde abstehend weißborstig, sonst kahl, von der Mitte an in lge, rutenfge Äste geteilt. Grundblätter buchtig gelappt (zur Blütezeit verwelkt), Stgblätter schmal lineal bis lanzettl., (fast) ganzrandig. Köpfchen zu 1–3, in lockeren, ährig rispigen Blütenständen. Hülle hellgrün. Früchte geschnäbelt, mit vielen zackigen Höckern.

2927–2937 **Taraxacum** F. H. Wigg.

Löwenzahn, Kuhblume

Bearbeitet von K. Horn, K. Jung, G. H. Loos, P. Sackwitz, M. Schmid u. I. Uhlemann

Allgemeine Bemerkungen

Die Gttg *Taraxacum* repräsentiert mit bislang ca 370 nachgewiesenen Sippen die artenreichste Gttg der deutschen Flora überhaupt. Da erst aus wenigen u. zumeist kleinräumigen Gebieten Untersuchungen über Sippeninventar u. Verbreitung der einzelnen Arten vorliegen, dürfte sich diese Zahl bei zukünftigen gezielten Forschungen noch deutl. erhöhen. Insbesondere aus der artenreichen Sektion *Ruderalia* ist vermutl. erst ein kleiner Teil der tatsächl. vorhandenen Sippen erfasst u. wissenschaftl. beschrieben worden. Hauptursache für die große Artenvielfalt der Gttg ist die Apomixie, wodurch neu entstandene Biotypen genetisch fixiert werden u. anschließend ein eigenes Areal aufbauen können. Neben meist polyploiden, obligat apomiktischen Sippen sind in D auch fakultative Apomikten bekannt, die die Fähigkeit zur sexuellen Fortpflanzung besitzen. Im Südwesten des Gebietes sind daneben auch diploide, sexuelle Taxa nachgewiesen. Weltweit sind derzeit ca 2300 *Taraxacum*-Arten bekannt. Zum einen aus Platzgründen, zum anderen wegen des bislang sehr geringen Kenntnisstandes über Verbreitung, Ökologie u. Soziologie der einzelnen *Taraxacum*-Arten beschränken wir uns in vorliegender Bearbeitung auf die Darstellung der 11 im Gebiet nachgewiesenen Sektionen. Dabei haben wir in aller Regel bewusst mehrere Arten pro Sektion abgebildet, um die Variationsbreite der einzelnen Gruppen aufzuzeigen.

2927 sect. **Alpestria** Soest

Gebirgs-Löwenzähne (Sect. ca 30 sp), Abb. 109

I; H, s, ⊙; A, AV; RL–; ✠, ✄
T7.1.3 (o–a), T7.2.2
M Bis 30 cm. Blätter verschieden gestaltet, meist deutl. gelappt bis sehr stark geschlitzt, niemals ohne deutl. Differenzierung in End- u. Seitenlappen. Blütenköpfe sattgelb bis orangegelb, slt hellgelb. Äußere Hüllblätter anliegend bis lose anliegend (z. T. an der Hüllblattspitze zurückgebogen), sehr slt deutl. zurückgekrümmt, schmal lanzettl.

◂2925 **Chondrilla chondrilloides** (Ard.) H. Karst
Alpen-Knorpellattich

I; H, w, ⊙; A, AV; RL 2!
L5.1.1
M 15–45 cm. Stg im oberen Teil gabelästig, kahl. Grundblätter lanzettl., ungeteilt, ganzrandig od. entfernt gezähnt (zur Blütezeit grün). Stgblätter kleiner, lineal-lanzettl., Köpfchen in endstdger Doldenrispe. Hülle weiß hautrandig. Früchte geschnäbelt, mit kleinen hellen Schuppen an der Spitze. Pappus einf.

2926 **Willemetia stipitata** (Jacq.) Dalla Torre ▸
Gestielter Kronenlattich (Gttg 2 sp)

I; H, w, ⊙; A, AV, M_1; RL reg
L2..11, S1.1, T7.3.5
M 15–45 cm. Stg unten kahl, nach oben dicht schwarz steifhaarig. Grundblätter rosettig, schwach bläul. grün, kahl. Stgblätter schuppenfg. Hülle schwärzl., dicht schwarzzottig behaart. Zungenblüten goldgelb. Früchte deutl. geschnäbelt, an der Basis mit kronenartigem Kranz von Schuppen. Pappus einf., weiß.

Abb. 109 Taraxacum sect. Alpestria

Abb. 110 Taraxacum venustum

◂bis eifg, meist schmal bis deutl. berandet, slt unberandet, in der Regel deutl. bereift. Randblüten meist deutl. gestreift (violettgrau bis rötl.). Pollen oft fehlend od. rudimentär, seltener vorhanden. Achänen mittelgr, stroh- bis ockerfarben, slt ± rotbräunl., ca 3–5 mm lg (inkl. 0,1–0,8 mm lgr Pyramide), schwach bis deutl. bestachelt, Rostrum mittellg, ca 6–10 mm lg. Pappus meist reinweiß.
B Die Abgrenzung der Sektion *Alpestria* gegenüber der Sektion *Ruderalia* hat in der jüngeren Vergangenheit immer wieder Probleme bereitet. Während die Sektion von früheren Autoren v. a. fruchtmorphologisch definiert wurde, werden neuerdings weitere Merkmale zur Sektionsgliederung einbezogen (näheres s. unter Morphologie). Typ. Vertreter der Sektion *Alpestria* sind in allen Teilen kleiner (Wuchshöhe, Blütengröße) u. besitzen darüber hinaus meist eine satt- bis orangegelbe Blütenfarbe, des weiteren sind die äußeren Hüllblätter in der Regel deutl. bereift u. zumeist ± deutl. berandet. Vertreter der Sektion kommen in den Alpen u. Voralpen noch in relativ niedrigen Höhen vor (hochmontane Stufe). Vorkommen in den angrenzenden Mittelgebirgen (Schwarzwald, Vogesen) erscheinen damit wahrscheinl., konnten aber bislang noch nicht sicher nachgewiesen werden. Bislang sind ca 12 Arten in D bekannt.

2928 sect. **Alpina** G. E. Haglund

Alpen-Löwenzähne (Sect. ca 25 sp)

I; H, s, ⊙; A; ⟨RL–⟩; ✠, ✄
T3.1.2, T3.3.2, T3.4.2
M Bis 20 cm. Blätter kaum gezähnt od. buchtig gelappt bis tief gelappt. Blüten satt- bis fast orangegelb, slt hellgelb. Äußere Hüllblätter ± locker anliegend (slt zurückgekrümmt), eifg bis lanzettl., berandet od. unberandet. Randblüten außen nicht od. kaum gestreift bzw. mit deutl. Mittelstreifen (hell- bis dklpurpurn). Pollen vorhanden od. fehlend. Achänen strohfarben, 3,5–4,0 mm lg (inkl. Pyramide), meist schwach bestachelt, Rostrum kurz, nur 4–5 mm lg od. bis 1,25mal so lg wie die Achäne, Pappus rein- od. schmutzigweiß.
B V. a. fruchtmorphologisch klar abgegrenzte Sektion, die in den bayerischen Alpen von 1700–2500 m ü. NN vorkommt. Von den ca 10 bislang im Gebiet sicher nachgewiesen Arten ist *T. venustum* (Abb. 110) recht gut kenntl.

2929 sect. **Celtica** A. J. Richards

Moor-Löwenzähne (Sect. ca 40 sp)

I; H, s, ⊙; A, AV, M_1, M_2, F, K; RL 3; ✠, ✎
H1.2.2.7.2, T6.2.5.2, T6.2.5.4, T7.3

M Bis 30 cm. Blätter ungefleckt, mit kurzen, ungeteilten Seitenlappen, bei einigen Arten (z. B. *T. nordstedtii*) rhombisch im Umriss. Blattstiele u. Mittelrippen rot bis purpurviolett od. bleich. Blüten hell- bis sattgelb. Randblüten außen mit grauviolettem bis rotbraunem Mittelstreifen, Involukrum bereift. Äußere Hüllblätter steif aufrecht anliegend (slt zurückgekrümmt), eifg bis lanzettl., mit schmalem bis (nahezu) fehlendem Hautrand. Achänen strohfarben bis dklbraun, mit Pyramide 3,2–4,2 mm lg, an der Spitze bestachelt. Kegelfge Pyramide 0,2–0,8 mm lg. Pappus reinweiß.

B Heterogene Sektion, die neben typ. Vertretern wie *T. nordstedtii* (Abb. 111) zu anderen Sektionen (z. B. *Ruderalia*, *Hamata* u. *Naevosa*) vermittelnde Sippen enthält. Bislang sind ca 10 Arten in D sicher nachgewiesen. V. a. im nordwestl. Landesteil kommen aus der Verwandtschaft von *T. nordstedtii* weitere, derzeit noch nicht gültig beschriebene Sippen vor.

Abb. 111 Taraxacum nordstedtii

Abb. 112 Taraxacum cucullatum

Abb. 113 Taraxacum scanicum

Abb. 114 Taraxacum silesiacum

Abb. 115 Taraxacum tortilobum

2930 sect. **Cucullata** Soest

Strohblütige Löwenzähne (Sect. ca 10 sp)

I; H, s, ⊙; A; RL –; ✠, ✎
T3.3.1, T7.2.2, T10.3.3.1 (o–a)

M Bis 30 cm. Blätter verschieden gestaltet, meist buchtig gezähnt bis gelappt, niemals ohne deutl. Differenzierung in End- u. Seitenlappen. Blütenköpfe hellgelb bis strohfarben, mit fast röhrenfgen (tubulösen) Zungenblüten, die an der Spitze wenigstens bis zur Hälfte eingerollt sind. Äußere Hüllblätter ± locker anliegend bis zurückgebogen, eifg bis eilanzettl., meist unberandet od. schmal, slt deutl. berandet, z. T. purpurn überlaufen, unbereift od. schwach bereift. Randblüten meist deutl. gestreift (hellpurpurn). Pollen vorhanden od. fehlend. Achänen kl, strohfarben, ca 3,5–4,0 mm lg (inkl. 0,7–0,8 mm lgr Pyramide), meist kurz bestachelt, Rostrum mittellg, ca 8 mm lg. Pappus meist reinweiß.

B Blütenmorphologisch aufgrund der röhrenfgn Zungenblüten mit hellgelb-strohfarbener Blütenfarbe sehr leicht kenntl. Röhrenfge Zungenblüten existieren noch bei weiteren alpinen *Taraxacum*-Arten (mutmaßl. Vertreter der Sektionen *Alpestria* u. *Alpina*), die aber dann eine gelbe bis orangegelbe Färbung aufweisen. Im Gebiet bislang 2 Arten nachgewiesen: *T. cucullatum* (mit Pollen; Abb. 112) u. *T. tiroliense* (pollenlos).

2931 sect. **Erythrosperma** (H. Lindb.) Dahlst.

Schwielen-Löwenzähne (Sect. ca 120 sp)

I; H, s, ③; AV, M_1, M_2, F, K; (RL–); ✠, ✎
H1.2.2.5.1, H1.2.2.7.1, T6.1.2, T6.2.2.2, T6.2.2.4, T7.1.1, T7.4.2, T8.2.2.1, T9.1.2.1.3, T9.1.9.3, T9.5.1, T10.3.1, T10.3.3.1, T10.4.5, T10.8.6

M Bis 15 cm, slt größer. Strohtunika (Reste von vertrockneten Blattstielen oberhalb des Wurzelhalses) meist deutl. entwickelt. Blätter ungefleckt, stark gelappt bis geschlitzt mit z. T. gezähnten Seitenlappen. Diese br, schmal 3-eckig od. bügelfg, nach unten gerichtet od. an ihren Enden nach oben weisend. Blattstiele u. Mittelrippen purpurviolett bis blassgrünl. Blüten hell- bis sattgelb, Randblüten außen mit grauviolettem bis braunem Mittelstreifen. Meist mit deutl. Höcker (Schwiele; Name!) kurz unterhalb der Spitze der Involukralblätter. Äußere Hüllkelchblätter anliegend bis zurückgeschlagen, eifg-lanzettl. bis lanzettl., mit undeutl. Hautrand. Involukrum schwach bis stark bereift. Achänen mittelbraun, rotbraun bis hellrot od. grau- bis strohfarben, z. B. bei *T. tortilobum*. Achänenkörper 2,2–3,5 mm lg, Pyramide kegelfg, meist 0,5–1,2 mm lg (slt, z. B. bei *T. tortilobum*, 1,0–1,8 mm). Pappus reinweiß.

B Der Sektion *Obliqua* nahestehend. Die Abgrenzung einiger Vertreter mit strohfarbenen Achänen u. nur undeutl. entwickelten Schwielen gegenüber der Sektion *Ruderalia* ist nicht immer einfach. Bislang sind ca 25 Arten in D sicher nachgewiesen, von denen zu den verbreitetsten *T. scanicum* (Abb. 113), *T. silesiacum* (Abb. 114) u. *T. tortilobum* (Abb. 115) gehören.

2932 sect. **Fontana** Soest

Quell-Löwenzähne (Sect. ca 15 sp)

I; H, s, ⊙; A; RL –; ✠,
L2.3.1.2

M Bis 40 cm. Blätter ungeteilt bis kurzgelappt, z. T. zungenfg, Lappen u. Zähne oft rückwärts gerichtet, mit br Mittelteil, kaum gezähnt bis buchtig gelappt, seltener tief gelappt. Blütenköpfe gr, satt- bis fast orangegelb. Äußere Hüllblätter ± locker anliegend bis zurückgebogen, eifg bis eilanzettl., meist unberandet od. schmal, slt deutl. berandet, z. T. bereift. Randblüten meist deutl. gestreift (blaugrau od. purpurn). Pollen vorhanden od. fehlend. Achänen gr, strohfarben, 3,7–5,0 mm lg (inkl. 0,3–1,0 mm lgr Pyramide), meist grob bestachelt, Rostrum mittellg, bis 2,5-mal so lg wie die Achäne. Pappus meist reinweiß (Abb. 116).

B Blattmorphologisch u. ökologisch auffällige Sektion. Von der Sektion *Alpina* v. a. fruchtmorphologisch getrennt. Gegenüber der Sektion *Alpestria* bestehen z. T. Abgrenzungsschwierigkeiten. Bislang sind ca 5 Arten in D sicher nachgewiesen.

Abb. 117 Taraxacum euryphyllum

Abb. 119 Taraxacum atactum

Abb. 116 Taraxacum sect. Fontana

2934 sect. **Naevosa** M. P. Christ.

Flecken-Löwenzähne (Sect. ca 60 sp)

I; H, s, ⊙; K; ⟨RL 2⟩; ✠,
H1.1.3, T7.3

M Bis 40 cm. Blätter rau, oft stark behaart, zumeist schwarz-braun gefleckt, wenigbuchtig gelappt, seltener mit Interlobienzähnen, teilweise mit auffallend lgn Endlappen, geflügelt (*T. euryphyllum*; Abb. 117) od. ungeflügelt (*T. maculigerum*). Blüten hell- bis sattgelb. Äußere Hüllblätter steif aufrecht anliegend bis waagerecht abstehend, eifg, mit schmalem Hautrand. Involukrum in der Regel deutl. bereift. Pollen vorhanden (*T. euryphyllum*) od. fehlend (*T. maculigerum*). Achänen strohfarben mit kurzer, ca 0,5 mm lgr Pyramide. Pappus reinweiß.

B Die Sektion erreicht in Nord-Deutschland die Südgrenze ihres Areals. Im Gebiet bislang nur aus Mecklenburg-Vorpommern mit den beiden oben genannten Arten sowie einer weiteren, derzeit noch unbeschriebenen Sippe nachgewiesen.

2935 sect. **Obliqua** Dahlst.

Dünen-Löwenzähne (Sect. 3 sp)

I; H, s, ⊙; K; ⟨RL 3⟩; ✠,
H1.2.2.4, H1.2.2.5.1, H1.2.2.7.1, T6.2.2.4.2–3, T6.2.2.4.5–6

M Bis 10 (slt bis 20 cm). Blätter ungefleckt mit zahlreichen kurzen, ungeteilten u. regelmäßigen Seitenlappen, bei *T. obliquum* oft stumpf, bei *T. platyglossum* stets spitz endend. Bei letzter Art Seitenlappen oft zurückgerichtet. Blüten satt- bis orangegelb. Äußere Hüllblätter steif aufrecht anliegend bis leicht abstehend, hellgrün, oft stark bereift, mit deutl. Schwiele. Randblüten mind. bis zur Hälfte zusammengerollt, auf der Außenseite mit rotem Mittelstreifen. Körbchen wirkt deshalb orangefarben. ∅ des Involukrums in der Regel unter 3 cm. Achänen grau- bis hellbraun mit kurzer (< 0,5 mm lg) Pyramide. Pappus reinweiß.

B Ausschließl. auf die Dünenbereiche der Küsten beschränkt. Sämtl. Angaben aus dem Binnenland beruhen auf Fehlbestimmungen. In D sind 2 Arten nachgewiesen. *T. obliquum* (Abb. 118) kommt fast ausschließl. an der Nordseeküste vor, *T. platyglossum* (Abb. 120) ist auf den Ostseeraum beschränkt.

2933 sect. **Hamata** H. Øllg.

Haken-Löwenzähne (Sect. ca 30 sp)

I; H, s, ⊙; M_1, M_2, F, K; RL –; ✠,
T7.1–2, T7.3, T9.5.1

M Bis 30 cm. Blätter gelappt. Seitenlappen oft ± hakenfg (Name!). Blattstiele u. Mittelrippen mit Strichelung. Blüten sattgelb. Äußere Involukralblätter abstehend bis aufrecht mit zurückgebogenen Spitzen, nahezu stets mit Hautrand (Ausnahme: *T. subhamatum*). Involukrum blauschwarz, bereift. Achänen graubraun, bis 3,5 mm lg (ohne Pyramide), Pyramide konisch. Pappus reinweiß.

B Gut charakterisierter Verwandtschaftskreis (besonders in Mitteleuropa), welcher auf der Basis morphologischer u. karyologischer Merkmale von der Sektion *Ruderalia* abgegliedert wurde. Bislang sind ca 20 Arten in D sicher nachgewiesen, die sich in ihren ökologischen Ansprüchen teilweise deutl. voneinander unterscheiden. Generell zeigt sich allerdings eine Bindung an Habitate mit stärkerer Bodenfeuchte. Zu den hfgn Sippen gehört *T. atactum* (Abb. 119).

Abb. 118 Taraxacum obliquum

Abb. 120 Taraxacum platyglossum

Abb. 121 Taraxacum palustre

Abb. 122 Taraxacum germanicum

2936 sect. **Palustria** Dahlst.

Sumpf-Löwenzähne (Sect. ca 125 sp)

I; H, s, ③; A, AV, M_1, M_2, F, K; RL 2; ✠, 👌
H1.1.3, H1.2.2.7.2, H2, L2.3, S2.2, T7.3–4, T9.5.1, T10.5

M Bis 30 cm. Blätter ungefleckt, schmal u. ungezähnt, gezähnelt od. schwach gezähnt bis leicht gelappt (kurze spitzl. od. schmal- bis br 3-eckige Seitenlappen), meist unbehaart. Blüten hell- bis sattgelb. Äußere Hüllblätter in aller Regel eng anliegend, nur bei wenigen Arten (z. B. *T. irrigatum*) teilweise locker abstehend, eirund, eifg od. br lanzettl., mit ± breitem Hautrand. Blütenköpfe in der Regel kl (2–3 cm im ∅). Achänen strohfarben od. hell graubraun, 3,2–4,5 mm lg (ohne Pyramide), an der Spitze schwach bestachelt bis fast unbestachelt. Pyramide längl. zylindrisch bis kegelfg, 0,4–2,3 mm lg. Pappus reinweiß.

B Sektion, die neben typ. Vertretern wie *T. palustre* (Abb. 121) mehr zur Sektion *Ruderalia* vermittelnde Sippen wie *T. subalpinum* (Abb. 123) enthält. Bislang sind 26 Arten in D sicher nachgewiesen, von denen mit *T. apiculatum*, *T. geminidentatum*, *T. germanicum* (Abb. 122), *T. heleocharis*, *T. memorabile* u. *T. pollichii* 6 Sippen für das Gebiet endemisch sind.

2937 sect. **Ruderalia** Kirschner, H. Øllg. & Štěpánek

Wiesen-Löwenzähne (Sect. > 1000 sp)

I; H, s, ③; A, AV, M_1, M_2, F, K; RL –; ✠, 👌
H1.1.3, T6.2, T7.1–5, T9.1–3, T9.5, T10.3–5, T10.7

M Bis 40(–80) cm. Blätter sehr vielgestaltig, überwiegend ungefleckt od. mit kleinen, unauffälligen Flecken. Blattstiele u. Mittelrippen oberseits grün bis tief purpurviolett, nicht mit Streifenmuster od. grün mit wenigen roten Streifen od. Flecken. Äußere Hüllblätter meist waagerecht abstehend, zurückgekrümmt od. ganz zurückgeschlagen, slt ± anliegend, mit fehlendem od. vorhandenem, dann schmalem Hautrand.

B Artenreichste Sektion mit einer Vielzahl noch unbeschriebener Sippen. Bislang sind im Gebiet ca 250 beschriebene Arten nachgewiesen. Überwiegend agamosperm; allerdings treten im SW (wärmere Gegenden der Rheinregion) u. nordwestl. bis M-Hessen u. S-Westfalen diploide, sexuelle Populationen auf, die in Baden-Württemberg sogar vorherrschen (dagegen nur in wenigen Einzelvorkommen im Osten des Gebietes). Gegen die verwandten Sektionen schwer abzugrenzen. Sippen mit kleinen, dklhülligen Köpfchen (innere Hüllblätter an der Spitze oft schwärzl.-grün), pollenlosen Blüten u. ± lgn, schmalen äußeren Hüllblättern werden von einigen Autoren als eigene Sektion *Borea* Sahlin ex A. J. Richards abgetrennt, so *T. atricapillum* (Abb. 124). Da diese Trennung nicht unproblematisch u. die Sektion noch unzureichend untersucht ist, wird an dieser Stelle von einer Differenzierung gegenüber der Sektion *Ruderalia* abgesehen. Charakteristische u. in D verbreitete Vertreter der Sektion sind *T. semiglobosum* (Abb. 125), *T. alatum* (Abb. 126), *T. baeckiiforme* (Abb. 127), *T. cyanolepis* (Abb. 128), *T. pulchrifolium* (Abb. 129).

Abb. 123 Taraxacum subalpinum

Abb. 124 Taraxacum atricapillum

Abb. 125 Taraxacum semiglobosum

Abb. 126 Taraxacum alatum

Abb. 127 Taraxacum baeckiiforme

Abb. 128 Taraxacum cyanolepis

Abb. 129 Taraxacum pulchrifolium

2938 **Sonchus oleraceus** L.
Kohl-Gänsedistel (Gttg 62 sp)

I; T, ⟨B⟩, s, ⑦; A, AV, M_1, M_2, F, K; RL –
T8.3, T8.3.1, T9.1, T9.3, T10.3.3.1, T10.7
M 30–100 cm. Pfl ästig. Blätter weich, dünn, blaugrün, am Rande nicht dornig, mittlere u. obere stgumfassend, mit herzfgm Grund u. spitzen, abstehenden Blattöhrchen, sitzend, untere gestielt, fiederspaltig bis -teilig, mit großer Endfieder. Köpfchenstiele u. Hülle kahl. Zungenblüten hellgelb. Frucht ungeschnäbelt, zusammengedrückt, beidseits mit 3 Längsrippen, querrunzelig. Pappus einf., schneeweiß.

2939 **Sonchus asper** (L.) Hill
Raue Gänsedistel

I; T, s, ⊙; A, AV, M_1, M_2, F, K; RL –
L5.2.4.2, T8.2.2.6, T9.1 (feucht), T9.2, T10.7
M Wie 2938, aber Blätter derb, dklgrün, oberseits glänzend, am Rand dornig bewimpert, oft ungeteilt, wenn fiederteilig, dann oberstes Seitenlappenpaar am breitesten. Blattöhrchen abgerundet, anliegend. Zungenblüten goldgelb. Frucht nicht querrunzelig.
B Im Gebiet nur ssp *asper*.

2940 **Sonchus arvensis** L. ssp **arvensis**
Gewöhnliche Acker-Gänsedistel

I; H, K, s, ⊙; A, AV, M_1, M_2, F, K; RL –; ✎
T9.1.1 (v. a. T9.1.1.3)
M 50–150 cm. Pfl mit kriechendem Wurzelstock. Blätter glänzend grün, entfernt buchtig fiederspaltig, mittlere u. obere am Grund mit abgerundeten, anliegenden Öhrchen, sitzend. Köpfchenstiele u. Hülle mit zahlreichen gelben Drüsen. Köpfchen 3–5 cm ∅. Zungenblüten goldgelb. Frucht ungeschnäbelt, zusammengedrückt, beidseits mit 5 Längsrippen, querrunzelig. Pappus einf., schneeweiß.

2941 ssp **uliginosus** (M. Bieb.) Nyman
Drüsenlose Acker-Gänsedistel

I; H, K, s, ⑧; AV, M_1, M_2, F, K; RL reg
H1.2.2.2, L4.1 (Ufer), L4.4, L5.2.5
M Wie 2940, aber Hülle u. Köpfchenstiele fast drüsenlos.
B Bildet oft Übergänge zu 2940.

2942 **Sonchus palustris** L. ▶
Sumpf-Gänsedistel

I; H, s, ⑦; AV, M_1, M_2, F, K; RL reg; Z
L5.2.5 (v. a. L5.2.5.4), Stromtalpfl
M 1–3 m. Wurzelstock nicht kriechend. Stg 4-kantig, hohl. Blätter bläul. grün, am pfeilfgn Grund mit zugespitzten, abstehenden Öhrchen, unterste fiederspaltig, mit großem Endabschnitt, obere ungeteilt. Köpfchenstiele u. Hülle mit meist schwarzen Drüsenhaaren. Köpfchen ca 3 cm ∅. Vielköpfige gedrungene Doldenrispen. Zungenblüten hellgelb. Frucht gelbl., jederseits mit 5 Längsrippen.

2943 **Cicerbita alpina** (L.) Wallr. ▶▶
Alpen-Milchlattich (Gttg 18 sp)

I; H, s, ⊙; A, AV, M_1, M_2; RL reg
T1.1.1.6, T3.1.1
M 60–200(–240) cm. Stg oben dicht braunrot drüsenborstig u. violett überlaufen. Blätter fiederteilig, untere gestielt, mit großem 3-eckig spießfgm Endabschnitt u. mit 3 Paar Seitenzipfeln, obere einf., sitzend, z. T. stgumfassend, mit spitzen Zipfeln. Köpfchen zahlreich, traubig rispig. Köpfchenstiele braunhaarig. Hülle lgdrüsig behaart. Zungenblüten blauviolett.

2944 **Cicerbita plumieri** (L.) Kirschl. ▶
Französischer Milchlattich

I; H, s, ⊙; M_1; RL R; Z
T1.1.1.6, T3.1.1
M Wie 2943, aber ganze Pfl kahl, 60–130 cm. Blätter schrotsägefg fiederteilig, mit großem eilängl. Endabschnitt, herzfg stgumfassend, obere ungeteilt u. lanzettl., Köpfchen rispig doldig. Zungenblüten hellblau.

2945 **Cicerbita macrophylla** (Willd.) Wallr. ▶▶
Großblättriger Milchlattich

E; ⟨H, s, ⊙⟩; AV, M_2, F (östl.); RL –
T8.2.1.1
M Wie 2943, aber untere Blätter leierfg fiederteilig, mit höchstens 1 Paar Seitenzipfeln u. sehr großem herz- bis eifgm Endabschnitt, borstig behaart. Obere Stgblätter mit abgerundeten Zipfeln stgumfassend. Köpfchen doldig rispig angeordnet, locker. Zungenblüten blaulila.
B Im Gebiet nur ssp *uraliensis* (Rouy) P. D. Sell., Heimat: Kaukasus.

◀ 2946 **Mycelis muralis** (L.) Dumort.
Mauerlattich (Gttg 1 sp)

I; H, s, ⑧; A, AV, M_1 M_2, F, K; RL –
T1.1, T2.2, T8.2.1.2
M 25–90 cm. Stg oben verzweigt, kahl. Blätter dünn, oberseits grün, unterseits bläul. grün, kahl, leierfg fiederteilig, mit einem großen 3-eckig herzfgn, buchtig gezähnten Endabschnitt, untere gestielt, obere stgumfassend sitzend. Köpfchen zahlreich, kl, meist 5-blütig, in lockerer Rispe. Hülle 7–10 mm lg. Pappushaare einf.

2947 **Lactuca quercina** L. ▶
Eichen-Lattich (Gttg ca 75 sp)

I; ⟨B⟩, s, ⑧; M_1, M_2; RL 3
T1.1.2.4.2, T8.1.1
M 60–120(–150) cm. Stg grün od. rötl., krautig, ± hohl. Blätter weich, unterseits bläul. grün, fiederteilig, mit pfeilfgm Grund stgumfassend, am Stg nicht herablaufend, unterste gestielt. Köpfchen zahlreich, in Doldentrauben. Zungenblüten gelb. Frucht schwarz, der samentragende Teil 2mal so lg wie der Fruchtschnabel.

◄ 2948 **Lactuca viminea** (L.) J. Presl & C. Presl
Ruten-Lattich

I; ⟨B⟩, s, ⊙; M_2 (östl.), RL 0
T6.2, T7.5.2, T8.1.1
M 30–60(–120) cm. Stg gelbl. weiß, sehr fest, markig, in zahlreiche aufrechte, rutenfge Äste geteilt. Untere Blätter fiederteilig, in den Stiel verschmälert, obere lanzettl., lg zugespitzt, am Grund mit 2 linealischen Öhrchen, am Stg lg herablaufend. Köpfchen locker ährig, meist 5-blütig. Zungenblüten blassgelb. Frucht schwarz, kürzer als der Fruchtschnabel.

2949 **Lactuca saligna** L. ►
Weidenblättriger Lattich

I; T, ⟨B⟩, s, ⊙; M_1, M_2; RL 1
T7.5.2, T8.2.2.5, T10.3.1.2, T10.7
M 30–100 cm. Stg gelbl. weiß, fest, markig, in wenige rutenfge Äste geteilt od. einf. Die Grundblätter fiederspaltig, mittlere u. obere lineal-lanzettl., ganzrandig, mit pfeilfgm Grund stgumfassend, nicht herablaufend. Köpfchen traubig ährig, wenigblütig. Zungenblüten blassgelb, bisweilen außen braunrötl. Fruchtschnabel weiß, 2mal so lg wie die Frucht.

◄ 2950 **Lactuca serriola** L.
Kompass-Lattich

I; ⟨B⟩, T, w, ⑧; AV, M_1, M_2, F, K; RL –; (✠)
T7.5.2.1, T8.2.2.2, T8.3.1, T10.3.3.1, T10.3.3.4.2, T10.7
M 50–100(–150) cm. Stg gelbl. weiß, fest. Blätter blaugrün, steif, längl. bis verkehrt eifg, ungeteilt bis fiederspaltig, gezähnt am Grunde pfeilfg stgumfassend, unterseits stachelig, fast senkrecht stehend (oft nach N od. S weisend). Köpfchen zahlreich, in breiter Rispe. Blüten blassgelb. Frucht graubraun, an der Spitze grauhaarig, etwa so lg wie der Fruchtschnabel.
B Formenreich. Pfln mit ganzrandigen Blättern (f *integrifolia*) dürfen nicht mit 2951 verwechselt werden.

2951 **Lactuca virosa** L. ►
Gift-Lattich

I; T, ⟨B⟩, s, ⊙; M_1, M_2, F; RL reg; ☠!, ✠, (☠), ☺
T5.1, T8.2.1.2, T10.3.3.1, T10.7
M Wie 2950, aber bis 200 cm, während der Blütezeit meist mit grundstdger Blattrosette (bei 2950 fehlt diese oft). Blätter (zumindest die unteren) mit ihrer Fläche immer waagerecht stehend, meist ungeteilt. Frucht schwarzbraun, größer als bei 2950, weiß berandet, dkl behaart.

◄ 2952 **Lactuca perennis** L.
Blauer Lattich

I; H, s, ⑧; M_1, M_2; RL reg
T6.2, T6.2.1.4, T7.5.2.1, T8.1.1, T8.2.2.2
M 20–60 cm. Pfl ohne Ausläufer, oben verzweigt, kahl. Blätter weich, bläul. grün, fiederspaltig, mit lanzettl. Abschnitten, untere gestielt, obere mit herzfgm Grund stgumfassend. Hüllblätter nicht purpurn gefleckt. Blüten blau od. lila (slt weiß). Fruchtschnabel so lg wie die schwarze Frucht.

2953 **Lactuca tatarica** (L.) C. A. Mey. ►
Tataren-Lattich

E; H, s, ⑧; F, K; RL reg
H1.2.2.2, H1.2.2.3, T7.4.1
M Wie 2952, aber 30–100(–150) cm. Pfl mit unterirdischen Ausläufern. Blätter fiederschnittig od. wie im Gebiet ± ganzrandig od. schwach eingeschnitten, mit verbreitertem Grund sitzend. Hüllblätter purpurn gefleckt. Fruchtschnabel kürzer als die grünl. braune, gefleckte Frucht.
B Heimat: O-Europa.

◂2954 **Prenanthes purpurea** L.
Gewöhnlicher Hasenlattich (Gttg 30 sp)

I; H, s, ⑧; A, AV, M_1, M_2; RL reg; Z
T1.1.1, T1.1.1.6, T1.1.2.5, T1.4.3.2, T3.1.1, T10.3.3.1 (Wald)
M 30–150 cm. Pfl reich verzweigt. Blätter oberseits grün, unterseits graugrün, untere längl. verkehrt eifg, buchtig gezähnt bis fiederteilig, gestielt, obere längl. lanzettl., ungeteilt, stgumfassend sitzend. Köpfchen zahlreich, nickend, 2–5-blütig. Zungenblüten violett bis purpurrot.

2955 **Crepis foetida** L. ▸
⟨Stink-⟩Pippau (Gttg ca 200 sp)

A; ⟨T⟩, s, ⊙; M_1, M_2, F; RL reg
T6.2.2.2.3 (lückig), T8.2.2.2, T8.3.1, T10.3.3.1
M 10–50 cm. Pfl meist sparrig verzweigt. Milchsaft gelbl., unangenehm (karbolartig) riechend. Laubblätter fiederspaltig bis fiederteilig, mit großem Endabschnitt, kurzhaarig. Köpfchen vor dem Aufblühen nickend. Hülle 10–12 mm lg, grau, kurzhaarig. Blüten gelb, die randl. unterseits rötl., Griffel gelb. Früchte geschnäbelt. Pappus schneeweiß.

2956 **Crepis setosa** Haller F. ▸
Borsten-Pippau

E; ⟨T⟩, s, ⊙; AV, M_1, M_2, F; RL reg
T8.2.2.2, T9.1.1.3, T9.1.6, 10.3.3.1
M 15–50 cm. Pfl verzweigt. Laubblätter buchtig gezähnt bis fiederteilig. Köpfchen vor dem Aufblühen aufrecht. Hülle u. Köpfchenstiele reichl. gelbborstig, äußere Hüllblätter abstehend, zur Fruchtzeit etwa so lg wie der schneeweiße Pappus, kaum hautrandig. Köpfchenboden kahl. Blüten hellgelb, außen oft rötl., Griffel grünl. Früchte geschnäbelt.
B Heimat: submediterranes Europa.

2957 **Crepis vesicaria** L. ▸▸
Löwenzahn-Pippau

A; ⟨B⟩, T, s, ⑥, ❀; AV, M_1, M_2, F; RL reg
T7.1.2, T8.3.1, T10.3.3.1, T10.3.4.2
M Wie 2955, aber nach bitteren Mandeln riechend. Köpfchen vor dem Aufblühen aufrecht. Hülle kahl od. spärl. borstig. Äußere Hüllblätter deutl. hautrandig, meist kahl, slt an den Rippen etwas borstig, zur Fruchtzeit etwa ½ so lg wie der Pappus. Köpfchenboden behaart. Griffel grünl. braun.
B Im Gebiet nur ssp *taraxacifolia* (Thuill) Thell.

2958 **Crepis terglouensis** (Hacq.) Kern. ▸
Triglav-Pippau

I; H, s, ⊙; A; RL –; Z
T5.1.2, T5.1.2.2.1
M (2–)5–7(–10) cm. Pfl 1-köpfig. Stg beblättert, unten fast kahl, unter dem Köpfchen schwarzzottig. Blätter bis zur Mitte buchtig fiederspaltig, mit br 3-eckigen bis halbkreisfgn Abschnitten, kahl bis zerstreut behaart. Köpfchen 3–5 cm ∅, von den obersten Stgblättern eingehüllt. Hülle dicht schwarz behaart, drüsenlos. Frucht 10–13-rippig. Pappus reinweiß, nicht fedrig.
B Verwechselungsgefahr mit (2901) *Leontodon montanus*.

2959 **Crepis aurea** (L.) Cass. ▸▸
Gold-Pippau

I; H, w, ⑤; A; RL –; Z
T3.1.2, T3.3, T3.4.3/T7.2.2, T6.1.2.5.4, T7.2.1
M 5–20 cm. Pfl meist unverzweigt u. 1-köpfig. Stgblätter 0–2, schuppenfg. Grundstdge Blätter rosettig, buchtig gezähnt bis fiederteilig. Blütenhülle u. oberer Stgteil abstehend schwarzzottig. Blüten orangerot, seltener rot od. orangegelb.

◄◄ 2960 **Crepis alpestris** (Jacq.) Tausch
Alpen-Pippau

I; H, s, ⑥; A, AV, M_1; RL reg
T1.4.1.3, T3.4.2.1+2, T6.2 (offen), T8.1.1
M 10–40 cm. Pfl 1-köpfig, slt 2–5(–9)-köpfig. Grundblätter buchtig gezähnelt bis schwach fiederteilig, spärl. flaumig, grün. Stg flaumig behaart, 1–3-blättrig, mit verschmälertem Grund sitzend. Köpfchen 3–4 cm ∅, Stiele kaum verdickt. Hülle graufilzig. Pappus reinweiß, nicht fedrig.

◄ 2961 **Crepis conyzifolia** (Gouan) Kern.
Großköpfiger Pippau

I; H, s, ⊙; A, AV; RL reg
T6.2.1.5.4
M 20–60 cm. Pfl mind. 4-blättrig, mit meist 2–5(–9) 1-köpfigen Ästen. Blätter drüsig weichhaarig. Obere u. mittlere Stgblätter mit pfeilfgm Grund stgumfassend. Köpfchenstiele oben verdickt. Hülle 16–20 mm lg, schwarzzottig u. drüsenhaarig. Äußere Hüllblätter viel kürzer als innere. Griffel gelb. Pappus reinweiß.

◄ 2962 **Crepis bocconi** P. D. Sell
Berg-Pippau

I; H, ⟨s⟩, ⊙; A; RL reg
T3.4.3.2
M 20–60 cm. Stg 1-köpfig (slt 2–3-köpfig). Blätter ungeteilt, gezähnelt, etwas kraushaarig. Stgblätter wenige, mit abgerundetem Grund od. fast stgumfassend. Köpfchen 4–6 cm ∅, Köpfchenstiel oben filzig, auffällig verdickt. Hülle 12–22 mm lg, dicht braungrün zottig u. sternhaarig. Griffel gelb. Pappus schmutzigweiß.

2963 **Crepis jaquinii** Tausch ►
Kerners Felsen-Pippau

I; H, s, ⊙; A; RL –; Z
T3.4.2, T5.1.2
M 5–10 cm. Pfl 1–2(–3)-köpfig, unter den Köpfchen kaum verdickt. Grundblätter lanzettl., meist ganzrandig. Mittlere Stgblätter tief fiederteilig, mit sehr schmalen, rechtwinklig abstehenden Abschnitten, obere sitzend. Köpfchen 2–3 cm ∅, Hülle 11–13 mm lg, meist dicht schwarzhaarig zottig. Pappus gelbl. weiß.
B Im Gebiet nur ssp *kerneri* (Rech. F.) Merxmüller.

2964 **Crepis praemorsa** (L.) Walther ►
Abgebissener Pippau

I; H, s, ⑥; A?, AV, M_1, M_2; RL 3+
T6.1.1.2.4, T6.2.2.3, T8.1.1
M 20–60 cm. Stg im obersten Teil traubig od. rispig verzweigt, blattlos. Rosettenblätter 10–14 cm lg, längl. bis verkehrt eifg, entfernt fein gezähnelt bis ganzrandig, zerstreut behaart od. kahl. Köpfchen zu (3–)8–20. Hülle 7–12 mm lg, schwärzl. grün, zerstreut borstig. Blüten hellgelb. Pappus reinweiß.

2965 **Crepis paludosa** (L.) Moench ►►
Sumpf-Pippau

I; H, s, ⊙; A, AV, M_1, M_2, F, K; RL reg
L5.2.3, T3.1.1 (nass), T7.3.2, T7.3.5
M 30–100 cm. Stg röhrig, meist verzweigt, kahl. Blätter gr, br eifg, buchtig gezähnt, kahl, dünn, unterseits bläul., obere sitzend, mit spitzen Öhrchen stgumfassend. Hülle 8–12 mm lg, schwärzl. drüsig behaart. Blüten gelb. Griffel schwärzl. grün. Pappus schmutzig gelbl. weiß, zerbrechl.

◂ 2966 **Crepis pyrenaica** (L.) Greuter
Schabenkraut-Pippau

I; H, s, ⊙; A, M_1; RL reg
T3.1.6, T3.1.1, T3.4.2.2
M 25–70 cm. Stg meist verzweigt, (1–)2–6-köpfig, bis oben hin dicht beblättert. Blätter br eifg, buchtig gezähnt, behaart, obere sitzend, mit spitzen Öhrchen stgumfassend, grundstdge zur Blütezeit verwelkt. Köpfchenstiele oben nicht verdickt. Köpfchen 2–4 cm ∅, Hülle 12–17 mm lg, hell behaart, ohne Drüsen. Alle Hüllblätter etwa gleich lg. Blüten u. Griffel gelb. Pappus reinweiß.

2967 **Crepis mollis** (Jacq.) Asch. ssp **mollis** ▸
Gewöhnlicher Weichhaariger Pippau

I; H, s, ⑥; A, AV, M_1, M_2; RL 3!
T1.1.2.3, T6.2.1.5.4, T6.2.2.2.3, T7.1.3, T7.3.2
M 30–80 cm. Stg verzweigt, mehrköpfig, entfernt beblättert. Blätter längl eifg, ganzrandig od. etwas gezähnt, sitzend, mit abgerundetem Grund ± stgumfassend. Köpfchen 2–3 cm ∅, Hülle 8–14 mm lg, schwarzzottig, ± drüsenlos. Hüllblätter ungleich lg. Blüten dklgelb. Griffel schwärzl. grün. Pappus reinweiß.
B Der Teufelsabbissblättrige Weichhaarige Pippau (2968) ssp *succisiifolia* (All.) Jav. (ohne Abb.), **I**; H, s; AV, M; RL 3!; L2, L4.1 (Ufer) besitzt dichtdrüsig flaumig behaarte, trübgrüne Hüllen. ▾

◂ 2969 **Crepis pulchra** L.
Schöner Pippau

I; T, s, ⊙; M_1, M_2, F; RL reg
T8.2.2.5, T8.3.1, T9.1.2.1, T9.3.2.1, T10.3.3.1
M 30–100 cm. Stg doldenrispig verzweigt, vielköpfig, im unteren Teil klebrig drüsig, sonst kahl. Stgblätter drüsig klebrig od. flaumig, längl., ganzrandig od. schwach gezähnt, mit gestutztem od. pfeilfgm Grund sitzend. Hülle 5–8 mm lg, walzl., kahl. Köpfchen kl, 15–20 mm ∅, Blüten u. Griffel gelb. Frucht 10–12-rippig, ohne Schnabel. Pappus reinweiß.
B Im Gebiet nur ssp *pulchra*.

2970 **Crepis tectorum** L.
Dach-Pippau

◂ **I**; ⟨T⟩, s, ⑦; AV, M_1, M_2, F, K; RL reg
T8.3.1, T9.1.1.3, T10.3.3.1, T10.7
M 10–60 cm. Pfl graugrün. Stg ± reich verzweigt. Obere Stgblätter linealisch, mit pfeil- bis herzfgm Grund sitzend, am Rand umgerollt. Hülle 7–9 mm lg, glockig, graufilzig. Innere Hüllblätter auf der Innenseite anliegend seidenhaarig. Köpfchen 15–20 mm ∅. Blüten hellgelb. Griffel bräunl. grün. Frucht 10-rippig, schnabelartig verschmälert. Pappus reinweiß.

2971 **Crepis capillaris** (L.) Wallr. ▸
Kleinköpfiger Pippau

A?; ⟨T⟩, s, ⑥, ⊛; A, AV, M_1, M_2, F, K; RL –
T7.1.2, T7.2.1, T8.2.2–T8.3, T8.2.2.2, T9.5.1, T10.3.3.1, T10.7
M 10–100 cm. Pfl frischgrün, verzweigt. Stgblätter pfeil- bis spießfg sitzend, über dem Grund fiederspaltig, am Rand flach, ihre Sägezähne aufwärts gerichtet. Hülle ca 5 mm lg, glockig, grauflaumig. Äußere Hüllblätter anliegend behaart, innere auf der Innenseite kahl. Köpfchen 10–15 mm ∅. Blüten goldgelb, die randl. unterseits rötl. Griffel gelb. Frucht 10-rippig, ohne Schnabel. Pappus reinweiß.

◄ 2972 **Crepis biennis** L.
Wiesen-Pippau

A; ⟨B⟩, w, ⑥, ⊛; A, AV, M_1, M_2, F, K; RL –
T7.1.2, T7.1.3, T8.3.1
M 30–120 cm. Pfl frigrün, oben verzweigt. Stgblätter mit verschmälertem, gestutztem od. schwach pfeilfgm Grund sitzend, am Rand nicht umgerollt, Sägezähne abwärts gerichtet. Hülle 10–13 mm lg, schwärzl. grün, filzig flockig, bisweilen schwarzdrüsig. Äußere Hüllblätter abstehend behaart, innere auf der Innenseite seidenhaarig. Köpfchen 25–35 mm ∅. Blüten goldgelb, ohne Rotfärbung. Griffel gelb. Frucht 10–13-rippig, verschmälert, aber ohne Schnabel. Pappus reinweiß.

2973 **Tolpis staticifolia** (All.) Sch.-Bip. ►
Grasnelken-Habichtskraut (Gttg 20 sp)

I; H, w, ○; A, AV; RL 3
L5.1.1, L5.1.2.2.1
M 15–40 cm. Grundblätter blaugrün, lineal-lanzettl. bis lineal, ganzrandig, gezähnelt od. gezähnt. Stgblätter 0–2, schmal lineal, Synfloreszenz 1–5-köpfig. Köpfchenstiele gegen die Spitze etwas verdickt, grauflockig. Hülle schwach kreiselfg, haar- u. drüsenlos, reich flockig. Hüllblätter lg feinspitzig, äußere viel kürzer, in zahlreiche, pfrieml. Brakteen übergehend. Blüten hell bis satt gelb (abgestorben deutl. grünspanartig verfärbend!). Pappus 1-reihig, weiß, Pappushaare biegsam.

2974–3143 **Hieracium** L.
Habichtskraut (Gttg je nach zugrunde liegendem Artbegriff ca 850 bis ca 1000 [–15 000] sp)

Bearbeitet von G. Gottschlich

Vorbemerkung

Der bekannte Formenreichtum, die Abgrenzungsschwierigkeiten einer ganzen Reihe von Arten u. die für die Fotografie teilweise ungünstige Wuchsform (z. B. im Falle langstängeliger Rosettenpfln wie *H. piloselloides*!) machen die Habichtskräuter nicht gerade zu dankbaren Objekten für einen Farbbild-Atlas. Darüber hinaus lassen sich bei vielen *Hieracium*-Arten diagnostisch wichtige, feinstrukturelle Merkmale (Drüsen, Haare, Flocken) in einer Habitus-Aufnahme bildlich nicht erfassen.
Um die Grobzuordnung zu erleichtern, wird deshalb der gesamte Arten-Komplex vorweg nach habituell auffälligen Merkmalen (z. B. Wuchsform od. auffällige Tracht-Merkmale) gegliedert. Da diese Gruppenbildung rein pragmatisch erfolgt, umfasst sie sowohl natürliche Gruppen, wie sie sich aus der Sektionsgliederung der Gttg ergeben, als auch informelle Gruppen.
Die Zuordnung der einzelnen Arten zu den beiden UGttgn *Pilosella* u. *Hieracium* s. str. kann nach folgenden Differenzialmerkmalen vorgenommen werden:

1 Pfl mit Ausläufern — UGttg ***Pilosella*** Abb. 131
– Pfl ohne Ausläufer — 2
2 Pfl mit deutl. gestielten Blättern (zuw. nur Grund od. unterste Stgblätter) — UGttg ***Hieracium*** Abb. 130
– Pfl nur mit ungestielten Blättern od. Blattspreite allmählich in den Blattgrund verschmälert. — 3
3 Köpfchen klein: Hülle 4–8(–9) mm lg, Achänen 1–2 mm lg — UGttg ***Pilosella***
– Köpfchen groß: Hülle (9–)10–12(–15) mm lg, Achänen 3–5 mm lg — UGttg ***Hieracium***

In der UGttg *Hieracium* s.str. (Typ 6–12) müssen dagegen neben der Wuchsform manche Gruppen auch über Trachtmerkmale (Drüsen, Behaarung) definiert werden. Arten einer UGttg, die morphologisch je nach Augenfälligkeit eines Merkmals sowohl der einen wie der anderen Gruppe zugewiesen werden können, werden doppelt u. mit einem Nummern-Verweis auf die entsprechende andere Gruppenzuordnung angeführt.

Beispiele:
a) *H. glabratum* zeigt in der Wuchsform einen »Glauca«-Habitus, die Behaarung der Köpfchen hingegen entspricht dem »Villosa«-Typ,

b) stark behaarte Formen von *H. alpinum* machen auf den ersten Blick eher einen »Villosa«- als »Glandulifera«-Eindruck, letzterer zeigt sich erst unter Zuhilfenahme einer Lupe.

Abb. 130 UGttg Hieracium

In einigen wenigen Fällen treten in beiden UGttgn ähnliche Wuchsformtypen auf, die zu Verwechslungen führen können. Die blaugrüne Blattfärbung des »Glauca«-Typs des Subgenus *Hieracium* tritt z. B. auch bei manchen »Cauligera-elata«-Typen des Subgenus *Pilosella* auf. Auf derartige Fälle wird gesondert verwiesen. Als Einordnungshilfe werden auch die traditionellen morphologischen »Formeln« angeführt. Die »Formel« (schmidtii > lachenalii) für *H. onosmoides* bedeutet z. B., dass der *schmidtii*-Anteil gegenüber dem *lachenalii*-Anteil in der Morphologie überwiegt. Es sei nochmals betont, dass diese Formeln lediglich als Denkhilfe anzusehen sind u. nicht in jedem Fall die direkte Genese widerspiegeln müssen.

In der UGttg *Pilosella* (Typ 1–5) lässt sich eine Gruppierung durchweg nach der Wuchsform vornehmen. Weitere hier nicht angewandte wuchsformübergreifende Gliederungsmöglichkeiten ließen sich in dieser UGttg über den rötl. Einschlag in der Blütenfarbe (»Aurantiaca«-Typ) u. die deutl. borstige Behaarung bzw. hohe Stgblattzahl (»Echinina«-Typ) vornehmen. Von Bedeutung ist in der UGttg *Pilosella* das Ausläufer-Merkmal. Bei ausläufertragenden Arten ist deshalb dem Namen ein »Lf« od., falls Ausläufer unregelmäßig auftreten, ein »(Lf)« nachgestellt.

Abb. 131 UGttg Pilosella

B Seltene Rezentbastarde, die nur mit einigen z. T. lange zurückliegenden Funden bekannt geworden sind, sowie taxonomisch noch zu klärende Arten wie z. B. *H. canescens*, sind bei der folgenden Gruppenbildung nicht berücksichtigt. Um den Vergleich mit der Standardliste zu gewährleisten, werden sie jedoch im laufenden Text kurz erwähnt.

1. »Acaulia«-Typ

M Mit grundstdgr Blattrosette (Blattunterseite durch Sternhaare reich flockig bis weißfilzig) u. oberirdischen Ausläufern (ohne Ausläufer Verwechslungsmöglichkeiten mit den ebenfalls 1-köpfigen, aber meist am Stg mind. 1-blättrigen Eu-Hieracien *H. piliferum*, *H. alpinum* od. *H. cochlearioides*!). Stg schaftartig, d. h. blattlos (slt mit 1–2 kleinen brakteenartigen Blättchen) u. 1-köpfig (slt gabelig).

hoppeanum, Lf
macranthum, Lf
peleterianum, Lf (Abb. 132)
pilosella, Lf
hypeuryum (hoppeanum – pilosella), Lf
longisquamum (peleterianum – pilosella), Lf

2. »Cauligera-humilia«-Typ

M Mit grundstdgr Blattrosette. Ausläufer vorhanden od. fehlend. Stg meist niedrig, 10–20(–30) cm, Gesamtblütenstand gedrängt rispig od. doldig rispig, wenigästig u. wenigköpfig.

lactucella, Lf
angustifolium (Abb. 133)
niphostribes (lactucella – angustifolium), (Lf)
sphaerocephalum (angustifolium – hoppeanum) –> 3, (Lf)
brachycomum (sphaerocephalum – lactucella) –> 3, Lf
fuscum (aurantiacum > lactucella), (Lf)
cochleatum (caespitosum < lactucella)
iseranum (floribundum > pilosella)

3. »Furcata«-Typ

M Mit grundstdgr Blattrosette. Ausläufer meist vorhanden. Stg meist niedrig, 10–20(–30) cm, Gesamtblütenstand hoch bis tief gabelig, gelegentl. auch lockerrispig, wenigköpfig.

sphaerocephalum (glaciale – hoppeanum) –> 2, (Lf)
viridifolium (lactucella – hoppeanum), Lf
schultesii (lactucella – pilosella), Lf
basifurcum (sphaerocephalum – pilosella), Lf
brachycomum (sphaerocephalum – lactucella) –> 2, Lf
substoloniflorum (aurantiacum ≤ hoppeanum), (Lf)
stoloniflorum (aurantiacum ≤ pilosella), Lf
nothum (aurantiacum – sphaerocephalum), (Lf)
flagellare (caespitosum – pilosella), Lf
macrostolonum (caespitosum < pilosella), Lf
kalksburgense (cymosum < pilosella), Lf
macranthelum (glomeratum – pilosella) –> 4, (Lf)
bifurcum (echioides ≤ pilosella), Lf
cinereiforme (fallax ≤ pilosella)
aridum (piloselloides – pilosella) (Abb. 134)
brachiatum (piloselloides < pilosella), Lf
fallacinum (densiflorum ≥ pilosella) –> 4, 5, Lf
pilosellinum (fallacinum – pilosella), Lf
euchaetium (bauhini – rothianum bzw. *auriculoides – pilosella)*

Abb. 132 »Aucaulia«-Typ (H. peleterianum)

Abb. 133 »Cauligera-humilia«-Typ (H. angustifolium)

Abb. 135 »Laxicephala«-Typ (H. spurium)

4. »Laxicephala«-Typ

M Mit grundstdgr Blattrosette. Ausläufer vorhanden od. fehlend. Stg 30–40(–60) cm, Gesamtblütenstand locker rispig, meist lgästig, wenig- bis reichköpfig.

rubriflorum (aurantiacum > hoppeanum), (Lf)
chaunanthes (aurantiacum > pilosella), (Lf)
prussicum (caespitosum > pilosella), (Lf)
chaetocephalum (caespitosum – peleterianum), Lf
longiscapum (caespitosum – lactucella), (Lf)
hybridum (cymosum > peleterianum)
spurium (cymosum > pilosella) (Abb. 135)
sciadophorum (cymosum – lactucella) –> 5, (Lf)
tubulascens (glomeratum – lactucella), (Lf)
rothianum (echioides > pilosella), Lf
visianii (piloselloides > pilosella), (Lf)
leptophyton (bauhini > pilosella) –> 5, Lf
montanum (arvicola > pilosella), (Lf)
anchusoides (zizianum > pilosella), (Lf)
fallacinum (densiflorum ≥ pilosella) –> 3, 5, Lf

Abb. 134 »Furcata«-Typ (H. aridum)

5. »Cauligera-elata«-Typ

M Mit grundstdgr Blattrosette (bei *H. echioides* hfg nur im Jugendstadium). Ausläufer vorhanden od. fehlend, in einigen Fällen auch dünn, bleich u. unterirdisch. Stg hochwüchsig, 30–70(–80) cm, Gesamtblütenstand locker bis gedrängt rispig, doldig rispig od. doldig, Äste meist zahlreich, Köpfchen meist reichl.

aurantiacum, (Lf)
caespitosum, (Lf)
floribundum (caespitosum > lactucella), (Lf)
cymosum
guthnickianum (cymosum – aurantiacum) (Abb. 136)
derubellum (piloselloides – aurantiacum)
sciadophorum (cymosum – lactucella) –> 4, (Lf)
glomeratum (cymosum – caespitosum), (Lf)
echioides
fallax (echioides – cymosum)
piloselloides

bauhini, Lf
leptophyton (bauhini > pilosella) –> 4, Lf
sulphureum (piloselloides – lactucella (Lf)
arvicola (piloselloides – caespitosum), (Lf)
polymastix (bauhini – caespitosum), Lf
zizianum (piloselloides – cymosum)
densiflorum (bauhini – cymosum), Lf
fallacinum (densiflorum ≥ pilosella) –> 3, 4, Lf
calodon (piloselloides – echioides)
auriculoides (bauhini – echioides), Lf
schneidii (calodon – densiflorum), Lf
walteri–langii (fallax – leptophyton), Lf

6. »Glauca«-Typ

M Mit grundstdgr Blattrosette u. 1 bis mehreren Stgblättern. Spreite der Grund- u. Stgblätter schmal lanzettl., ungestielt od. lg in den Blattstiel zulaufend. Blattfarbe meist deutl. blaugrün. Blätter kahl od. zumindest obere Stg- u. die Rosettenblätter nur schwach behaart. Gesamtblütenstand nicht od. nur zerstreut drüsig. Verwechslungen mit *H. piloselloides* u. anderen Arten aus der UGttg *Pilosella*, die ebenfalls blaugrüne Blätter haben, sind durch Anwendung des UGttgsschlüssels auszuschließen; Arten wie *H. schmidtii*, *H. onosmoides*, *H. saxifragum*, *H. glaucinum*, *H. wiesbaurianum*, *H. bifidum* od. *H. caesium*, die ebenfalls blaugrün gefärbte Blätter aufweisen können, haben immer ± eifge, am Grund herzfge, gestutzte od. rasch in den Stiel verschmälerte Blattspreiten u. werden deshalb unter dem »Murorum«-Typ bzw. »Vulgata«-Typ zusammengefasst.

bupleuroides (Abb. 137)
glaucum
sparsiramum (bupleuroides/glaucum > villosum)
franconicum (bupleuroides – murorum)
oxyodon (glaucum > bifidum)
dollineri (glaucum – bifidum)
scorzonerifolium (villosum ≥ bupleuroides) –> 7
glabratum (villosum – glaucum) –> 7
chlorifolium (valdepilosum – glaucum) –> 7

7. »Villosa«-Typ

M Habitus sehr unterschiedl., jedoch auffällig durch die weiche, meist lg zottige, weiße (slt graue) Behaarung entweder der ganzen Pfl od. zumindest der Köpfchen u. der oberen Stgblätter.

villosum
pilosum (Abb. 138)
scorzonerifolium (villosum ≥ bupleuroides) –> 6
glabratum (villosum – glaucum) –> 6
dentatum (villosum ≥ bifidum)
chondrillifolium (villosum – bifidum – glaucum)
valdepilosum (villosum – prenanthoides) –> 11
chlorifolium (valdepilosum – glaucum) –> 6
porrectum (valdepilosum > bifidum)
piliferum
dasytrichum (piliferum – villosum)
cochlearioides (piliferum – alpinum)
pallescens (bifidum ≥ dentatum) –> 8
alpinum –> 10
nigrescens (alpinum ≥ murorum) –> 10
arolae (pallescens – alpinum) –> 8
serratum (alpinum ≥ dentatum)
cydoniifolium (prenanthoides > villosum) –> 11

Abb. 136 »Cauligera-elata«-Typ (H. guthnickianum)

Abb. 137 »Glauca«-Typ (H. bupleuroides)

Abb. 138 »Villosa«-Typ (H. pilosum)

Abb. 139 »Murorum«-Typ (H. murorum)

8. »Murorum«–Typ

M Mit grundstdgr, mehrblättriger Rosette u. (0–)1 Stgblatt.

schmidtii
onosmoides (schmidtii > lachenalii) –> 9
glaucinum (schmidtii – murorum)
wiesbaurianum (schmidtii – bifidum)
wallrothianum (schmidtii > caesium)
murorum (Abb. 139)
fuscocinereum
melanops (murorum – piliferum) –> 7
cottetii (humile > murorum) –> 10
prinzii (murorum > humile)
bifidum
caesium –> 9
pallescens (bifidum ≥ dentatum) –> 7
sommerfeltii (schmidtii – caesium)
kerneri (bifidum – humile)
atratum (alpinum < murorum) –> 10
pietroszense (alpinum ≥ bifidum)
rohacsense (bifidum ≥ alpinum)
arolae (pallescens – alpinum) –> 7

9. »Vulgata«-Typ

M Mit grundstdger, mehr- bis wenigblättriger (slt nur 0–1) Rosette, (Übergangsformen) u. 2–8 (slt mehr) Stgblättern.

harzianum (franconicum ≥ laevigatum)
onosmoides (schmidtii > lachenalii) –> 8
saxifragum (schmidtii – lachenalii)
diaphanoides (murorum > lachenalii)
maculatum (glaucinum ≥ lachenalii)
lachenalii
caesium –> 8
vulgatum (bifidum ≥ lachenalii)
subramosum (caesium – fuscocinereum)
benzianum (pallescens – lachenalii)
bocconei (alpinum – lachenalii) –> 10 (Abb. 140)
simia (bocconei – lachenalii)
umbrosum (prenanthoides < murorum) –> 11
macilentum (jurassicum < bifidum) –> 11
laevigatum –> 12
rigidiceps (laevigatum – glaucinum)
flagelliferum (sabaudum – lachenalii) –> 12

Abb. 140 »Vulgata«-Typ (H. bocconei)

10. »Glandulifera«-Typ

M Habitus sehr unterschiedl., kennzeichnendes Merkmal ist die reichl. Bedrüsung (Lupe!) des Gesamtblütenstandes, der Stg u. Blätter (letztere daher gelegentl. klebrig).

humile
cottetii (humile > murorum) –> 8
alpinum –> 9
nigrescens (alpinum ≥ murorum) –> 7
atratum (alpinum < murorum) –> 8
bocconei (alpinum – lachenalii) –> 9
amplexicaule –> 11
intybaceum
picroides (prenanthoides – intybaceum) –> 11 (Abb. 141)

Abb. 141 »Glandulifera«-Typ (H. picroides)

11. »Prenanthoidea«-Typ

M Grundblätter meist fehlend od. nur 1–2, Stgblätter i. d. R. > 4, am Grund verbreitert (Blätter dadurch manchmal geigenfg) u. den Stg halb umfassend.

valdepilosum (villosum – prenanthoides) –> 7 (Abb. 142)
amplexicaule –> 10
prenanthoides
cydoniifolium (prenanthoides > villosum) –> 7
jurassicum (prenanthoides ≥ murorum)
umbrosum (prenanthoides < murorum) –> 9
rapunculoides (prenanthoides ≥ lachenalii)
cavillieri (prenanthoides > bifidum)
juraniforme (prenanthoides – bifidum)
macilentum (jurassicum < bifidum) –> 9
picroides (prenanthoides – intybaceum) –> 10
lycopifolium (sabaudum – prenanthoides)

12. »Accipitrina«-Typ

M Grundblätter fehlend, slt 1–2, Stgblätter zahlreich (5–)10–20(–50).

laevigatum –> 9
subrigidum (subramatum – laevigatum)
norvegicum (laevigatum – saxifragum)
inuloides (preananthoides – laevigatum)
umbellatum
laurinum (umbellatum > sabaudum)
sabaudum
flagelliferum (sabaudum – lachenalii) –> 9
pseudocorymbosum (lycopifolium – umbellatum)
racemosum
platyphyllum (racemosum – sabaudum)
lycopifolium (sabaudum – prenanthoides) (Abb. 143)

Abb. 143 »Accipitrina«-Typ (H. lycopifolium)

Abb. 142 »Prenanthoidea«-Typ (H. valdepilosum)

2974–3065 UGttg **Pilosella** (Mausohr-Habichtskräuter)

2974 **Hieracium hoppeanum** Schult.
Hoppes Habichtskraut

I; H, w, ⊙; A, AV; RL reg
T1.4.4, T6.2.1.5.4 (a)
M »Acaulia«-Typ, Lf dick u. kurz (bis 5 cm), dicht mit Blättern besetzt. Köpfchen br, fast kugelig. Hüllblätter deutl. dachig, auffallend br (2–4 mm), zumindest äußere an der Spitze deutl. abgerundet. Hüllblätter sehr dicht mit kurzen, dklfüßigen Drüsen besetzt, Köpfchen deshalb grünschwarz erscheinend, dazu reichl. flockig, Haare meist fehlend, wenn vorhanden, dann grau bis schwärzl.

◂ 2975 **Hieracium macranthum** (Ten.) Ten.
Großköpfiges Habichtskraut

I; ⟨H, w, ⊙⟩; AV; RL 3
T6.2 (pralp) kiesig, steinig
M »Acaulia«-Typ, Lf dick u. kurz (bis 5 cm), dicht mit Blättern besetzt. Köpfchen br, fast kugelig. Hüllblätter deutl. dachig, 2 mm br, zumindest äußere an der Spitze deutl. abgerundet. Hüllblätter br hellrandig, Köpfchen daher grüngelbl. erscheinend, Haare der Hüllblätter fehlend, wenn vorhanden, dann weißl.

2976 **Hieracium peleterianum** Mérat ▸
Peletiers Habichtskraut

I; H, w, ⑥; M_1, M_2; RL 3
T1.1.2.5 (licht), T4.2, T5.2.3, T6.2.1.4, T10.3.4.2 (offen)
M »Acaulia«-Typ, Lf dick u. kurz (bis 5 cm), dicht mit lgn, schmalen Blättern besetzt, diese wie die Grundblätter lg seidig behaart. Köpfchen eifg. Hüllblätter mehrreihig, aber wenig dachig erscheinend, bis 3 mm br, grün bis (am Rand) bleichgrün, aus breitem Grund lg zugespitzt, an der Spitze oft rötl. u. reichl. bis sehr reichl. mit 3–4 mm lgn, hellen, seidigen Haaren besetzt, Drüsen fehlend od. zerstreut.

▾

◂ 2977 **Hieracium pilosella** L.
Kleines Habichtskraut; Mausohr-Habichtskraut

I; H, w, ⑥, ❀; A, AV, M_1, M_2, F, K; RL –; ✠, (☺), ✿, F, Z
T4, T6.2, T6.2.1.4, T10.3.3.1, T10.5.3, T10.5.4, Pionier
M »Acaulia«-Typ, Lf verlängert (10–30 cm), schlank. Köpfchen kugelig bis eifg. Hüllblätter mehrreihig, aber wenig dachig erscheinend, 0,5–1,5(–2) mm br, bleichgrün bis schwarzgrün, lg bis kurz zugespitzt. Tracht der Hüllblätter (Haare, Flocken, Drüsen) sehr variabel u. in unterschiedlichsten Kombinationen, Dichten u. Längen auftretend.

2978 **Hieracium hypeuryum** Peter (hoppeanum – pilosella) ▸
Breitschuppiges Habichtskraut

I; ⟨H, w, ⊙⟩; A, AV; RL D
T6.2.1.5 (gestört)
M »Acaulia-Typ«, in den Merkmalen zw 2977 u. 2974 stehend. Lf lgr als bei 2974. Hüllblätter 1,3–2 mm br, nur äußere an der Spitze abgerundet.

2979 **Hieracium longisquamum** Peter (peleterianum – pilosella) ▸▸
Langschuppiges Habichtskraut

I; ⟨H, w, ⊙⟩; M_1, M_2; RL D
T5.2.3.1
M »Acaulia«-Typ, Lf 5–10 cm lg, meist dickl. u. weniger dicht beblättert als bei 2976. Köpfchen kugelig bis eifg, 10–13(–14) mm lg. Hüllblätter mehrreihig, aber wenig dachig erscheinend, (1–) 1,2–1,6(–2) mm br, hell- bis dklgrün, lg zugespitzt (Spitze hfg rötl.). Haare der Hüllblätter mäßig bis reichl., 1–2 mm lg, meist hell (aber dklfüßig), Drüsen fehlend bis mäßig. Rand der Hüllblätter flockenlos bis mäßig flockig.

2980 Hieracium lactucella Wallr.
Geöhrtes Habichtskraut

I; H, w, ⑥; A, AV, M_1, M_2, F; RL 3
T3.4.2.2, T6.2.1.5, T7.3.2 (sauer), T10.3.3.1, T10.6
M »Cauligera-humilia«-Typ, Blätter der lgn, schlanken Lf deutl. inkreszierend. Grundblätter blaugrün, spatelig bis lanzettl., stumpf bis spitzl., oberseits hfg etwas glänzend u. dort wie unterseits flocken- u. haarlos, Rand ebenfalls od. zerstreut bis mäßig borstl. behaart. Stgblätter 1(–2), immer flockenlos. Gesamtblütenstand gedrängt rispig. Äste (0–)1–4. Köpfchen (1–)2–7. Hüllblätter meist deutl. grün fast weißrandig, slt randlos u. schwarz, haarlos bis mäßig behaart, meist reichdrüsig u. flockenlos. Blüten zitronengelb.

2981 Hieracium angustifolium Hoppe
Gletscher-Habichtskraut

I; ⟨H, w, ⊙⟩; A; RL 1
T6.2.1.5.4
M »Cauligera-humilia«-Typ, Lf fehlend od. sehr kurz. Grundblätter schmal lanzettl. bis lineal, spitz bis stumpfl., grün bis schwach bläul. grün, ober- u. unterseits in wechselnder Dichte behaart u. flockig. Stgblätter 1, beidseits flockig. Gesamtblütenstand locker od. doldig rispig, Äste 1–4(–5), Köpfchen 2–7. Hüllblätter meist reichl. hellhaarig, drüsenlos od. zerstreut bis mäßig drüsig, mäßig bis reichl. flockig.

2982 Hieracium niphostribes Peter (lactucella – angustifolium)
Schnee-Habichtskraut

I; ⟨H, w, ⊙⟩; A; RL G
T6.2.1.5.4
M »Cauligera-humilia«-Typ, zw 2980 u. 2981 stehend. Lf fehlend od. bis 2 cm lg. Grundblätter spatelig bis lanzettl., bläul. grün, spärl. behaart u. meist nur an Rand- u. Rückennerv bis mäßig flockig. Stgblatt 1, beidseits zerstreut bis mäßig flockig. Gesamtblütenstand locker od. doldig rispig, Äste 1–4(–5), Köpfchen 2–5(–8). Hüllblätter mäßig bis reichl. behaart, zerstreut bis mäßig drüsig, meist nur schwach flockig.

2983 Hieracium viridifolium Peter (lactucella – hoppeanum)
Grünblättriges Habichtskraut

I; ⟨H, w, ⊙⟩; A; RL D
T6.2.1.5.4
M »Furcata«-Typ, Lf kurz, slt verlängert, dünn bis dickl., Grundblätter spatelig bis lanzettl., unterseits mäßig bis reich flockig (jedoch nie filzig), meist bläul. grün. Gesamtblütenstand hoch bis tief gabelig. Köpfchen (1–)2–3(–5). Hüllblätter dachziegelig angeordnet, 8–10 mm lg, bis 2 mm br, alle od. nur innere spitz (äußere dann stumpfl.), meist br grünrandig, haarlos bis reichl. dklhaarig, meist armdrüsig u. armflockig.

2984 Hieracium schultesii F. W. Schultz (lactucella – pilosella)
Schultes' Habichtskraut

I; H, w, ⊙; A, AV, M_1, M_2, F; ⟨RL –⟩
T6.2.1.5.4 (gestört), T9.5.1
M »Furcata«-Typ, Lf vorhanden, 5–20 cm lg, schlank bis dickl., Blätter der Ausläufer schwach dekreszierend od. an Länge gleichbleibend bis schwach inkreszierend. Grundblätter spatelig rundstumpf bis lanzettl. u. zugespitzt, bläul. grün. Stgblätter 0, nur an den Verzweigungen kleine, schuppenartige Blättchen. Gesamtblütenstand hoch bis tief gabelig, Köpfchen (1–)2–3(–5). Hüllblätter hfg hellrandig, Tracht variabel.

2985 **Hieracium sphaerocephalum** Froel. (angustifolium – hoppeanum)
Kugelköpfiges Habichtskraut

I; H, w, ⊙; A; RL G
T6.2.1.5.4
M »Cauligera-humilia-« od. »Furcata«-Typ, Lf fehlend od. nur kurzgestielte Seitenrosetten od. kurze, dicke Lf. Grundblätter meist lanzettl. u. spitz, slt rundstumpf, oberseits zerstreut bis mäßig, unterseits mäßig bis reichl. grauflockig. Stg hoch bis tief gabelig, Stgblätter 0–1. Gesamtblütenstand hoch bis tief gabelig, Äste 1–3, Köpfchen 2–5. Hüllblätter zerstreut bis mäßig flockig, meist reich hell- od. dklhaarig, kaum hellrandig.

2986 **Hieracium basifurcum** Peter (sphaerocephalum – pilosella)
Tiefgabeliges Habichtskraut ohne Abb.

I; ⟨H, w, ⊙⟩; A; RL D
T6.2.1 (a)
M »Furcata«-Typ, LF verlängert, *pilosella*-artig. Grundblätter unterseits reich flockig bis weißfilzig. Stg tief gabelig, oft mit Nebenschäften. Stgblätter meist fehlend. Gesamtblütenstand tief gabelig, Köpfchen (1–)2–3(–5). Hüllblätter am Rand zerstreut flockig od. flockenlos, sonst meist reich flockig, Haare der Hülle fehlend od. bis reichl., Drüsenzahl variabel.

2987 **Hieracium brachycomum** Nägeli & Peter (sphaerocephalum – lactucella)
Kurzgabeliges Habichtskraut ohne Abb.

I; ⟨H, w, ⊙⟩; A; RL ?
T6.2.1.5.4(a)
M »Cauligera-humilia-« od. »Furcata«-Typ, Lf kurz bis verlängert, mit spateligen (*lactucella*-ähnl.!) Blättern, Grundblätter bläul. grün, unterseits zerstreut bis mäßig flockig. Gesamtblütenstand hoch gabelig bis doldig rispig, Äste 1–2(–3), Köpfchen (1–)2–4(–5). Hüllblätter mäßig bis reichl. behaart, flockenlos bis zerstreut flockig, randlos od. grün-, slt hellrandig.

2988 **Hieracium aurantiacum** L.
Orangerotes Habichtskraut

I; H, w, ⑥; A, AV, M_1, M_2, F; RL reg; Z
T3.1.6, T6.2.1.5.4, syn.: T7.2.1, T9.5.1, T10.3.1, T10.3.4.2
M »Cauligera-elata«-Typ, Lf (wenn vorhanden) meist kurz, dünn u. bleich. Grundblätter weich, hellgrün, br lanzettl., reichl. haarig od. auf der Fläche verkahlend. Blattoberseite. flockenlos, Rand u. Unterseite zerstreut (Blattnerv bis mäßig) flockig. Behaarung von Stg u. Gesamtblütenstand bis sehr reichl., oben meist schwärzl., Stgblätter 1–4. Gesamtblütenstand meist gedrängt rispig, anfangs hfg knäuelig, Äste 2–5, Köpfchen (2–)4–15(–25). Blüten gelborange bis dklrot.

2989 **Hieracium rubriflorum** Zahn (aurantiacum > hoppeanum)
Rotblütiges Habichtskraut ohne Abb.

I; ⟨H, w, ⊙⟩; A; RL ?
T6.2.1.5.4 (a)
M »Laxicephala«-Typ. Wie 2988, aber Lf dünn bis dickl., kurz bis verlängert. Grundblätter unterseits mäßig flockig, Gesamtblütenstand locker rispig bis wenigköpfig, slt hoch gabelig, Äste 1–3(–4), Köpfchen 2–7(–12). Hüllblätter br. u. ± stumpf, reichl. dklhaarig.

2990 **Hieracium substoloniflorum** Peter (aurantiacum ≤ hoppeanum)
Kurztriebblütiges Habichtskraut

I; ⟨H, w, ⊙⟩; A; RL D
T6.2.1.5.4 (a)
M »Furcata«-Typ, Lf verlängert, dick. Grundblätter unterseits reichl. grauflockig. Gesamtblütenstand gabelig bis tief gabelig, Köpfchen (1–)2–3. Hüllblätter bis 2 mm br, meist spitz, reichl. dklhaarig. Innere Blüten sattgelb bis orange, äußere rotorange bis dklrot.

2991 **Hieracium chaunanthes** (Nägeli & Peter) Zahn (aurantiacum > pilosella)
Auseinanderklaffendes Habichtskraut ohne Abb.

I; ⟨H, w, ⊙⟩; A, M_1; RL ?
T8.2.2–8.3 (Pionier), T10.3.1, T10.3.4.2
M »Laxicephala«-Typ. Wie 2988, aber Lf meist verlängert. Grundblätter unterseits mäßig flockig, Gesamtblütenstand locker rispig bis wenigköpfig, slt hoch gabelig, Äste 1–2(–4), Köpfchen 2–5(–8). Hüllblätter schmal u. spitz.

2992 **Hieracium stoloniflorum** Waldst. & Kit. (aurantiacum ≤ pilosella)
Läuferblütiges Habichtskraut

I; ⟨H, w, ⊙⟩; A, AV, M_1, M_2, F; RL D
T6.2.1.5.4 (a), syn.: T9.5.1, T10.3.4.2 (mit 2988)
M »Furcata«-Typ, Lf verlängert. Grundblätter unterseits mäßig bis reich flockig. Gesamtblütenstand hoch bis tief gabelig, Äste 1–2, Köpfchen (1–)2–3(–6). Hüllblätter bis 1,1 mm br, spitz bis stumpfl., mäßig bis zieml. reichl. dkl-, slt hellhaarig. Blütenfarbe je nach *aurantiacum*-Anteil stark schwankend: Blüten entweder alle rotorange od. nur äußere rotorange, innere orangefarben bis gelb od. sattgelb u. nur die Randblüten rotspitzig.

2993 **Hieracium fuscum** Vill.
(aurantiacum > lactucella)
Dunkelbraunes Habichtskraut

I; H, w, ⊙; A; RL D
T6.2.1.5.4
M »Cauligera-humilia«-Typ, Lf meist fehlend od. kurz. Grundblätter spatelig stumpf bis lanzettl. u. spitz, meist nur an Rand u. Rückennerv bis mäßig flockig u. behaart. Gesamtblütenstand hoch gabelig bis gedrängt od. doldig rispig, Äste 1–3, Köpfchen (2–)4–8(–12). Köpfchen kl (Hülle 6,5–8,5(–9) mm lg), behaart. Blüten sattgelb bis gelborange, außen hfg satt od. nur schwach rotorange gestreift, slt alle Blüten rotorange.
B Hierher vermutlich auch (2993a) *H. blyttianum* Fr. und (2993b) *H. mirabile* Nägeli & Peter.

2994 **Hieracium peterianum**
Käser ex Zahn
(fuscum < pilosella)
Peters Habichtskraut ohne Abb.

I; ⟨H, w, ⊙⟩; A; RL ?
T 6.2.1.5.4.
B Slt in den Alpen um Oberstdorf.

2995 **Hieracium nothum** Huter
(aurantiacum – sphaerocephalum)
Unechtes Habichtskraut ohne Abb.

I; ⟨H, w, ⊙⟩; A; RL D
T6.2.1 (a)
M »Furcata«-Typ, Lf verlängert, dickl., slt nur unterirdisch. Grundblätter lanzettl., spitz bis elliptisch, abgerundet, beidseits zerstreut bis mäßig, an Rand u. Rückennerv meist stärker behaart, unterseits zerstreut bis mäßig flockig. Gesamtblütenstand gabelig bis hoch gabelig. Äste 1–2. Köpfchen (1–)2–4(–5), dick, Hülle 8–10 mm lg, behaart. Blüten dklgelb bis gelborange, äußere rotstreifig od. rotorange.

2996 **Hieracium caespitosum** Dumort.
Wiesen-Habichtskraut s. auch Abb. 145

I; H, w, ⑥; AV, M_1, M_2, F; RL 3
T7.3.2 syn.: T6.2.1.5, T6.2.2.2.3, T7.1.2, T9.5.1, T10.3.4.1, T10.5.3
M »Cauligera-elata«-Typ, Lf, wenn vorhanden, meist kurz, unterirdisch, sehr dünn u. bleich. Grundblätter weich, hellgrün, br lanzettl., beidseits meist reichl. hellhaarig od. auf der Fläche verkahlend, Unterseite zerstreut (Blattnerv bis mäßig) flockig. Stgblätter 1–4. Gesamtblütenstand meist gedrängt rispig, anfangs hfg knäuelig. Äste 3–8. Köpfchen (5–)10–25(–50). Hüllblätter meist reichl. dklhaarig u. reichdrüsig. Blüten sattgelb.

2999 **Hieracium flagellare** Willd.
(caespitosum – pilosella)
Ausläuferreiches Habichtskraut

I; ⟨H, w, ⊙⟩; M_1, M_2, F; RL G
L4..6, T10.3.4.1
M »Furcata«-Typ, Lf schlank bis dickl., Grundblätter elliptisch od. spatelig bis lanzettl., rundstumpf bis spitzl., gras- bis hellgrün, unterseits u. am Rand bis mäßig, oberseits zerstreut behaart, unterseits zerstreut bis reich flockig od. schwachfilzig. Stgblätter 0–2. Gesamtblütenstand gabelig. Äste 1–3, Köpfchen (1–)2–6. Hüllblätter reichl. dkl borstig behaart. Blüten hell- od. sattgelb, äußere meist rotstreifig.

3000 **Hieracium chlorops** (Nägeli & Peter) Zahn
(prussicum – lactucella)
Grünfleckiges Habichtskraut ohne Abb.

I; H, s, ⊙; AV, F; RL ?
T7.3 (Ränder)
B Einziger alter Nachweis: Bad Zwischenahn

2997 **Hieracium chaetocephalum**
H. Hofmann
(caespitosum – peleterianum)
Behaartköpfiges Habichtskraut ohne Abb.

I; H, s; M_2; RL ?
tro Abhänge
B Ende des 19. Jahrhunderts einmal bei Döbeln/Sachsen beobachtet.

2998 **Hieracium prussicum** Nägeli & Peter
(caespitosum > pilosella)
Preußisches Habichtskraut s. auch Abb. 144

I; ⟨H, w, ⊙⟩; M_1, M_2, F; RL G
L4.4, T7.3.2, syn.: T10.3.1.3
M »Laxicephala«-Typ, Lf meist vorhanden, dickl. Grundblätter spatelig bis lanzettl., rundstumpf bis spitzl., grasgrün, unterseits u. am Rand reichl., oberseits geringer behaart, unterseits zerstreut flockig bis graufilzig. Stgblätter 1–2. Gesamtblütenstand locker rispig. Äste 1–4. Köpfchen (2–)5–12 (–20). Hüllblätter reichl. dkl borstig behaart, Drüsen reichl. Blüten hell- od. sattgelb, äußere z.T. schwach rotstreifig.

3001 **Hieracium macrostolonum** Gus. Schneid.
(caespitosum < pilosella)
Langläufer-Habichtskraut

I; ⟨H, w, ⊙⟩; M_1, M_2, F; RL reg
T10.3.1, T10.3.4.1
M »Furcata«-Typ, Lf schlank bis dickl. Grundblätter elliptisch od. spatelig bis lanzettl., rundstumpf bis spitzl., sattgrün od. etwas bläul. schimmernd, meist dickl., unterseits u. am Rand bis mäßig, oberseits spärl. behaart, unterseits reich flockig bis weißfilzig. Stgblätter 0–1. Gesamtblütenstand gabelig bis tief gabelig. Köpfchen (1–)2–3. Hüllblätter zerstreut bis reichl. dklhaarig. Blüten gelb, äußere ungestreift bis stark rotstreifig.

3002 **Hieracium floribundum** Wimm. & Grab.
(caespitosum > lactucella)
Reichblütiges Habichtskraut

I; ⟨H, w, ⊙⟩; M_1, M_2, F; RL G
T7.3.2, T4.4, syn.: L4..6, T10.3.1.3, T10.3.4.1
M »Cauligera-elata«-Typ, Lf kurz bis verlängert, gelegentl. nur mit Flagellen. Grundblätter blaugrün, spatelig bis lanzettl., meist nur an Rand u. Rückennerv behaart, unterseits zerstreut bis mäßig flockig. Stgblätter 1–3(–4). Gesamtblütenstand gedrängt bis lockerrispig. Äste 2–7. Köpfchen (5–)10–20(–25). Hüllblätter dklgrün bis tiefschwarz, nicht od. schmal hellrandig, zerstreut bis mäßig behaart, meist reichdrüsig.

3003 **Hieracium longiscapum** (Boiss. & Kotschy ex Nägeli & Peter) Zahn
(caespitosum – lactucella)
Langstängeliges Habichtskraut

I; ⟨H, w, ⊙⟩; M_1, M_2, F; RL ?
T7.3.2, syn.: T10.3.4.1, T10.5.5, T10.8.10
M »Laxicephala«-Typ, Lf verlängert, slt nur mit Flagellen. Blätter am Lf schwach inkreszierend. Grundblätter blaugrün, spatelig bis lanzettl., reichl. od. nur an Rand u. Rückennerv zerstreut behaart, unterseits nur am Rückennerv, slt auch auf der Fläche flockig. Stgblätter 1–2(–4). Gesamtblütenstand gedrängt bis doldig rispig. Äste 2–7. Köpfchen (5–)10–15(–25). Hüllblätter schwarzgrün, hellgrün bis weißl. gerandet, bis reichl. behaart.

3004 **Hieracium cochleatum** (Nägeli & Peter) Zahn
(caespitosum < lactucella)
Löffelförmiges Habichtskraut ohne Abb.

I; ⟨H, w, ⊙⟩; M_1, M_2, F; RL ?
T7.3.2, syn.: S1.5, T10.3.4.1
M »Cauligera-humilia«-Typ, Lf verlängert, schlank. Blätter am Lf schwach inkreszierend. Grundblätter blaugrün, spatelig bis lanzettl., an Rand u. Rückennerv zerstreut behaart, flockenlos. Stgblätter 1(–2). Gesamtblütenstand rispig bis locker rispig, gleichgipfelig. Äste 2–7. Köpfchen (2–)3–7(–10). Hüllblätter dklgrün bis tiefschwarz, hellgrün bis weißl. gerandet, spärl. bis mäßig behaart.

3005 **Hieracium iseranum** (Uechtr.) Zahn
(floribundum > pilosella)
Isergebirgs-Habichtskraut

I; ⟨H, w, ⊙⟩; M_1, M_2; RL 2
T6.2.1
M »Cauligera-humilia«-Typ, Lf verlängert, schlank, oft in Flagellen übergehend. Grundblätter bläul. grün, spatelig bis lanzettl., oberseits zerstreut, an Rand u. Rückennerv bis mäßig behaart, unterseits zerstreut bis reichl. flockig. Stgblätter 1–2. Gesamtblütenstand hoch gabelig bis locker rispig. Äste 1–4. Köpfchen (3–)5–10(–18). Hüllblätter dklgrün bis tiefschwarz, meist hellrandig, bis reichl. behaart.

3006 **Hieracium cymosum** L.
Trugdoldiges Habichtskraut

I; H, w, ⑤, ⑥; A, AV, M_1, M_2; RL 3
T6.2.2.2.3, T7.1.3, T8.1.1, T10.3.3.1, T10.3.4.2, T10.5.4
M »Cauligera-elata«-Typ, Lf fehlend od. nur kurz. Grundblätter gras- bis hellgrün, verkehrt eifg bis lanzettl., beidseits meist reichl. flaumig, kurz (0,5 mm) od. bis lg (5 mm) borstl. hellhaarig, beidseits flockig. Stgblätter 1–4(–8). Gesamtblütenstand doldig, slt doldig rispig, anfangs hfg knäuelig. Äste 5–20. Köpfchen (10–)20–50(–100). Hüllblätter haarlos bis reichl. od. sogar »pelzig« weichhaarig, zerstreut bis reichl. drüsig.

3007 **Hieracium apatelium** Nägeli & Peter (floribundum – pilosella)
Erzgebirgs-Habichtskraut ohne Abb.

I; ⟨H, w, ⊙⟩; M_1; RL reg
T10.4
B Nur wenige alte Nachweise: Weitmar, Köln.

3008 **Hieracium piloselliflorum** Nägeli & Peter (floribundum < pilosella)
Mausohrblütiges Habichtskraut ohne Abb.

I; ⟨H, w, ⊙⟩; M_1, M_2; RL ?
T10.4
B In den 20er Jahren von einigen Ruderalstandorten in Köln nachgewiesen.

3009 **Hieracium hybridum** Chaix (cymosum > peleterianum)
Schönköpfiges Habichtskraut

I; ⟨H, w, ⊙⟩; M_1; RL ?
T1.1.2.5 (licht), T8.1.1
M »Laxicephala«-Typ, Lf fehlend. Grundblätter hell bis gelbl. grün, verkehrt eifg bis lanzettl., beidseits behaart (3–4 mm) u. flockig (unterseits bis reichl.). Stgblätter 1–2. Gesamtblütenstand locker bis doldig rispig (slt hoch gabelig). Äste 2–4. Köpfchen 3–7(–10). Hüllblätter br, an der Spitze hfg rötl., grünrandig, reichl. behaart, spärl. bis mäßig drüsig, Rand zerstreut, Fläche bis mäßig flockig. Blüten zuw. rotspitzig bis rotstreifig.

3010 **Hieracium spurium** Chaix ex Froel. (cymosum > pilosella)
Lockerrispiges Habichtskraut

I; ⟨H, w, ⊙⟩; M_1; RL G
T6.2.2.2.3, T8.1.1, T10.3.4.2 (sonnig)
M »Laxicephala«-Typ, Lf fehlend od. kurz. Grundblätter gras- bis hellgrün, slt schwach bläul. grün, lanzettl. bis schmal lanzettl., beidseits hellhaarig (3–4 mm lg) u. flockig (unterseits bis reichl.). Stgblätter 1–2(–4). Gesamtblütenstand locker bis doldig rispig. Äste 3–6(–8). Köpfchen 8–15(–20). Hüllblätter schmal, grünrandig, reichl. behaart, spärl. bis reichl. drüsig, Rand zerstreut, Fläche bis mäßig flockig. Blüten bisweilen rotspitzig od. schwach rotstreifig.

3011 **Hieracium kalksburgense** Wiesb. (cymosum < pilosella)
Kalksburger Habichtskraut

I; ⟨, s, ⊙⟩; M_1, M_2, F; RL D
T6.2.2.2.3, T8.1.1, T10.3.4.2
M »Furcata«-Typ, Lf verlängert. Grundblätter hellgrün, schmal bis elliptisch lanzettl., beidseits behaart (zerstreut bis zieml. reichl.) u. flockig (unterseits bis schwachfilzig). Stgblätter 0–1. Gesamtblütenstand hoch bis tief gabelig od. doldig. Äste 1–4(–6). Köpfchen (2–)3–6(–10). Hüllblätter hellrandig, meist reichl. behaart, Drüsen fehlend bis mäßig hfg, Flocken meist nur auf der Fläche, bis reichl. Blüten zuw. rotspitzig od. schwach rotstreifig.

3012 **Hieracium fuernrohrii** Vollm. (kalksburgense – hybridum)
Fürnrohrs Habichtskraut ohne Abb.

I; ⟨H, w, ⊙⟩; M_1; RL ?
B Nur alte Angaben von Tegernheim u. Donaustauf bekannt.

3013 **Hieracium stenosoma** (Nägeli & Peter) Prain (kalksburgense – lactucella)
Schmächtiges Habichtskraut ohne Abb.

I; ⟨H, w, ⊙⟩; M_1; RL ?
B Nur einmal auf der Schwäbischen Alb bei Gosheim gefunden.

3014 **Hieracium sciadophorum** Nägeli & Peter (cymosum – lactucella)
Schirmtragendes Habichtskraut

I; ⟨H, w, ⊙⟩; AV, M_1; RL ?
T6.2.1.5, T6.2.2.2.3, T10.3.4.2
M »Laxicephala«- od. »Cauligera-elata«-Typ, Lf fehlend od. kurz. Grundblätter schwach bläul. grün, spatelig rundstumpf bis lanzettl., Haare (2–3 mm) zerstreut bis mäßig, Flocken oberseits zerstreut bis fehlend, unterseits zerstreut bis mäßig. Stgblätter 1–3. Gesamtblütenstand doldig bis rispig, anfangs hfg knäuelig. Äste 2–5. Köpfchen (3–)6–12(–30). Hüllblätter schwarzgraugrün, teilweise hell grünrandig, bis reichl. behaart u. drüsig, zerstreut bis mäßig flockig.

◂ 3015 **Hieracium guthnickianum** Hegetschw. ▸
(cymosum – aurantiacum)
Rötliches Habichtskraut

I; ⟨H, w, ⊙⟩; A, M_1; RL D
T6.2.1.5.4 (initial)
M »Cauligera-elata«-Typ, Lf fehlend od. unterirdisch. Grundblätter kurz, gras- bis hellgrün, verkehrt eifg bis lanzettl., mit hellen, flaumigen Haaren, 0,5–4 mm lg, beidseits reichl., beidseits auch flockig. Stgblätter 1–5. Gesamtblütenstand doldig, slt doldig-rispig, hfg knäuelig. Äste 3–10. Köpfchen (6–)10–20(–50). Hüllblätter bis reichl. weichhaarig, zerstreut bis reichl. drüsig. Blüten gelborange, äußere schwach rotstreifig od. alle rotorange.

3016 **Hieracium fuscescens** (Nägeli & Peter) Zahn
(cymosum – fuscum)
Braunrötliches Habichtskraut ohne Abb.

I; ⟨H, w, ⊙⟩; A; RL ?
T6.2.1.5.4
B Nur aus dem Allgäu genannt u. vielleicht besser zu (3015) *H. guthnickianum* zu ziehen.

3017 **Hieracium glomeratum** Froel. ▸
(cymosum – caespitosum)
Geknäueltköpfiges
Habichtskraut s. auch Abb. 146

I; ⟨H, w, ⊙⟩; M_1, M_2, F, K; RL D
T7.3.2, T10.3.4.1+2
M »Cauligera-elata«-Typ, Lf hfg nur kurz. Grundblätter gelbl. schwach bläul. grün, spatelig rundstumpf bis schmal lanzettl. Haare meist flaumig kurz, 1(–2) mm. Blätter beidseits spärl. od. unten bis mäßig flockig. Stgblätter 1–5. Gesamtblütenstand gedrängt bis locker doldig rispig. Äste (2–)4–8(–10). Köpfchen (5–)10–25(–50). Hüllblätter bis schwarzgrün, teilw. grünrandig, Haare fehlend bis reichl., 1–2 mm, meist dkle Drüsen u. Flocken zerstreut bis reichl.

3018 **Hieracium macranthelum** ▸▸
Nägeli & Peter
(glomeratum – pilosella)
Großblütiges Habichtskraut

I; ⟨H, w, ⊙⟩; M_1; RL ?
T6.2.2.2.3, T7.1.2
M »Furcata-« od. »Laxicephala«-Typ, Lf fehlend od. nur Flagellen. Grundblätter grasgrün, spatelig rundstumpf bis lanzettl., Haare der Blätter mäßig bis reichl., meist kurz, 2–3 mm, oberseits spärl., unterseits bis mäßig flockig. Stgblätter 0–2. Gesamtblütenstand tief doldig- od. locker-rispig. Äste 2–6(–10). Köpfchen (3–)5–15(–40). Hüllblätter bis schwarzgrün, kaum grünrandig, Haare zerstreut bis reichl., 1–2 mm. Drüsen meist reichl., Flocken bis mäßig. Blüten slt rotspitzig.

3019 **Hieracium tubulascens** (Norrl.) Norrl.
(glomeratum – lactucella)
Röhrenblütiges Habichtskraut ohne Abb.

I; ⟨H, w, ⊙⟩; M_1, F; RL ?
T9.5.4, T10.3.4.2
B Einziger Nachweis: Sommerau am Arber (Bayerischer Wald).

3020 **Hieracium dubium** L.
(cymosum – floribundum)
Zweifelhaftes Habichtskraut ohne Abb.

I; ⟨H, w, ⊙⟩; M_1; RL ?
T9.5.4, T10.3.4.2
B Nur alte Angaben, diejenigen aus Bayern jedoch eher zu (3017) *H. glomeratum* gehörend, sonst nur einmal für den Südharz (Stolberg) genannt.

◂ 3021 **Hieracium echioides** Lumn.
Natternkopf-Habichtskraut

I; ⟨H, w, ⊙⟩; F, K; RL 3
T1.4 (sandig), T6.2.1.4, T6.2..3.2
M »Cauligera-elata«-Typ, Lf fehlend, Grundblätter zur Blütezeit fehlend, Stgblätter, (3–)5–15 (–25), lanzettl. bis schmal lanzettl., graugrün, reichl. u. borstig behaart (2–3 mm), oberseits bis mäßig, unterseits bis reichl. flockig. Gesamtblütenstand doldig bis doldig rispig, Brakteen bis 10 mm lg u. bis 3 mm br. Äste (3–)4–7(–12). Köpfchen 10–50(–70). Hüllblätter mäßig bis reichl. weichhaarig, nur an den Hüllblattspitzen spärl. drüsig, ganze Hülle durch Flocken weißfilzig. Blüten sattgelb.

3022 **Hieracium rothianum** Wallr.
(echioides > pilosella)
Roths Habichtskraut

I; H, w, ⊙; M_1, M_2, F, K; RL G
T6.2.1.4.7, T6.2..3.2, initial: T9.3.2.1, T10.5.3+5
M »Laxicephala«-Typ, Lf fehlend. Grundblätter grau- bis schwach bläul. grün, lanzettl. bis schmal lanzettl., bis reichl. borstig behaart, 3–6(–8) mm, beidseits flockig (unterseits immer reichl.) Stgblätter 4–10. Gesamtblütenstand locker rispig bis lgstrahlig doldig. Äste 3–6(–12). Köpfchen 10–40. Hüllblätter graugrün, meist hellrandig. Haare mäßig bis reichl., 2–3 mm, hell bis dklgrau, etwas borstl., Drüsen zerstreut bis mäßig. Flocken immer reichl., Blüten gelb.

3023 **Hieracium bifurcum** M. Bieb.
(echioides ≤ pilosella)
Gegabeltes Habichtskraut ohne Abb.

I; H, w, ⊙; M_1, M_2, F; RL D
T6.2.1.4, T6.2.2.2.3
M »Furcata«-Typ, Lf meist kurz u. dick. Grundblätter meist bläul. grün, schmal lanzettl. bis elliptisch lanzettl., stumpf bis zugespitzt, meist reichl. borstig behaart, unterseits durch Flocken bis weißgraufilzig. Stgblätter (0–)1–2(–4). Stg tief bis hoch gabelig. Äste 1–3(–4). Köpfchen (1–)2–6 (–10). Hüllblätter bis weißfilzig, Haare bis reichl., schwach borstig, Drüsen fehlend bis mäßig. Blüten ungestreift bis stark rotstreifig.

3024 **Hieracium fallax** Willd.
(echioides – cymosum)
Täuschendes Habichtskraut s. auch Abb. 147

I; H, w, ⊙; M_1, M_2, F, K; RL 3
T6.2.1.4, T6.2.2.2.3, Pionier: T10.5.3–5, T10.3.1, T10.3.4.2
M »Cauligera-elata«-Typ, Lf fehlend. Grundblätter graugrün, lanzettl., überall sehr reichl. borstig bis dick borstig, oberseits zerstreut bis mäßig, unterseits mäßig bis reichl. flockig. Stgblätter (2–)4–8(–15). Gesamtblütenstand doldig bis doldig rispig. Äste (3–)5–11. Köpfchen (5–)15–35 (–80). Hüllblätter mäßig bis reichl. behaart, zerstreut bis mäßig drüsig. Flocken immer reichl., am Rand zerstreut bis mäßig.

3029 **Hieracium pseudoeffusum** Peter
(bauhini – piloselloides)
Ausgebreitetes Habichtskraut ohne Abb.

I; ⟨H, w, ⊙⟩; AV, M_1; RL ?
T8.3/4, T10.4
B Slt u. meist schwierig von den Elternarten abzugrenzen.

3030 **Hieracium arnoserioides**
Nägeli & Peter
(piloselloides – macranthum)
Lämmersalat-Habichtskraut ohne Abb.

I; ⟨H, w, ⊙⟩; AV; RL ?
B Nur Altangaben aus Bayern bekannt: z. B. Nymphenburg, Garching. Einige Angaben zweifelhaft, z. B. Hindelang, da ohne gleichzeitigem (2975) *H. macranthum*-Vorkommen.

3031 **Hieracium adriaticiforme** (Zahn) Zahn
(piloselloides < peleterianum)
Hochästiges Habichtskraut ohne Abb.

I; H, s, ⊙; M_1; RL ?
T6.2.2
B Wenige alte Nachweise aus der Pfalz (Gimmeldingen, Deidesheim, Wachenheim)

3025 **Hieracium fallaciforme** Litv. & Zahn
(fallax > pilosella)
Fuckels Habichtskraut ohne Abb.

I; ⟨H, w, ⊙⟩; M_1; M_2; RL ?
T10.4
B Slt im Rheingebiet u. in Sachsen-Anhalt (Bebitz u. Preusslitz bei Bernburg).

3026 **Hieracium cinereiforme**
Meissner & Zahn
(fallax ≤ pilosella)
Aschgraues Habichtskraut ohne Abb.

I; ⟨H, w, ⊙⟩; M_1, M_2; RL ?
T6.2.2.2.3, T8.2.2–8.3, T10.5.5
M »Furcata«-Typ. Wie 3023, aber ganze Pfl insg etwas weniger grauflockig, ansonsten fast nur über den Elternteil *H. fallax* zu identifizieren.

3027 **Hieracium piloselloides** Vill.
Florentiner Habichtskraut s. auch Abb. 150

I; H, w, ⑥, ✽; A, AV, M_1, M_2, F; RL reg
L5.1.1, T6.2.2.2.3, syn.: T9.3.2.1, T10.2..2, T10.3.3.1, T10.5.3+4, T10.6
M »Cauligera-elata«-Typ, Lf fehlend, gelegentl. mit Flagellen od. Nebenstgn. Grundblätter spatelig bis lanzettl. lineal, blaugrün, meist nur an Rand u. Rückennerv zerstreut bis mäßig schwach borstl. behaart, beidseitig flockenlos. Stgblätter 1–3(–5). Gesamtblütenstand locker bis gedrängt rispig, slt doldig rispig. Äste 3–10(–15). Köpfchen (5–)10–30 (–80). Hüllblätter dklgrün bis schwarz, kaum bis sehr br hellrandig, haarlos od. bis mäßig behaart, Drüsen spärl. bis reichl. Flocken fehlend bis mäßig.

3028 **Hieracium bauhini** Schult.
Ungarisches Habichtskraut s. auch Abb. 151

I; H, w, ⊙; AV, M_1, M_2, F; RL reg
T6.2.1.4, T6.2.2.2.3 (lückig, halbruderal), T6.2.3, syn.: T9.3.2.1, T10.3.1, T10.3.4.2, T10.4.5
M »Cauligera-elata«-Typ, mit lgn Lfn Blätter am Lf dekreszierend. Grundblätter blaugrün, spatelig bis lanzettl. lineal, meist nur an Rand u. Rückennerv zerstreut bis reichl. u. etwas borstl. behaart, meist beidseitig flockenlos. Stgblätter 1–3(–5). Gesamtblütenstand locker bis gedrängt rispig, slt ganz od. im oberen Teil doldig. Äste (2–)4–8(–12). Köpfchen (5–)10–30(–80). Hüllblätter haarlos od. bis mäßig behaart, spärl. bis reichl. drüsig. Flocken fehlend od. bis mäßig.

3032 **Hieracium leucense** F. O. Wolf
(piloselloides < peleterianum)
Leukers Habichtskraut ohne Abb.

I; ⟨H, w, ⊙⟩; M_1; RL ?
T6.2.2
B Alte Angaben aus der Pfalz (Gimmeldingen, Wachenheim) u. von Regensburg.

3033 **Hieracium longistolonosum** Vollm.
(bauhini < peleterianum)
Langläuferiges Habichtskraut ohne Abb.

I; ⟨H, w, ⊙⟩; M_1; RL 0
T10.4
B Nur Altangaben (Tegernheimer Berge, Scheibelberg bei Donaustauf)

3034 **Hieracium mayeri** Vollm.
(bauhini – longisquamum)
Mayers Habichtskraut ohne Abb.

I; ⟨H, w, ⊙⟩; M_1; RL ?
T10.4
B Nur von der Typus-Lokalität bekannt (Scheibelberg bei Donaustauf).

3035 **Hieracium visianii** (F. W. Schultz & Sch. Bip.) Schinz & Thellung
(piloselloides > pilosella)
Visianis Habichtskraut

I; ⟨H, w, ⊙⟩; M_1, M_2, F; RL D
T10.3.1, T10.3.4.2, T10.5.4 (alle offen)
M »Laxicephala«-Typ, Lf fehlend, gelegentl. mit Flagellen od. Nebenstgn. Grundblätter bläul. grün, spatelig bis lanzettl. lineal, oberseits zerstreut bis reichl., teilweise nur an Rand u. Rückennerv behaart, oberseits flockenlos, unterseits zerstreut bis reichl. flockig. Stgblätter 1–3. Gesamtblütenstand locker rispig bis hoch gabelig. Äste 2–5(–8). Köpfchen (2–)5–15(–40). Hüllblätter schmal bis br, Haare u. Drüsen daran fehlend bis reichl., Flocken fast immer reichl. od. nur am Rand zerstreut. Randstdge Blüten gelegentl. rotspitzig od. schwach rotstreifig.

3036 **Hieracium aridum** Freyn
(piloselloides – pilosella)
Trockenheitsliebendes Habichtskraut

I; ⟨H, w, ⟩; W, M_2, F; RL D
T10.3.1, T10.5.4+5
M »Furcata«-Typ, Lf fehlend, jedoch gelegentl. mit Nebenstgn. Grundblätter bläul. grün, spatelig bis lanzettl. lineal, zerstreut bis reichl., teilweise nur an Rand u. Rückennerv behaart, oberseits flockenlos, unterseits mäßig bis reichl. flockig. Stgblätter 0–1(–2). Gesamtblütenstand hoch bis tief gabelig. Äste 1–3(–4). Köpfchen 2–7(–16). Haare, Drüsen u. Flocken der Hüllblätter spärl. bis reichl. in verschiedenen Kombinationen. Blüten gelb, slt randstdge rotspitzig od. schwach rotstreifig.

3037 **Hieracium brachiatum** Bertol. ex DC.
(piloselloides < pilosella)
Gabelästiges Habichtskraut

I; ⟨H, w, ⊙⟩; A, AV, M_1, M_2, F; RL G
L4..6, T10.3.1, T10.3.4.1+2, T10.5.4+5
M »Furcata«-Typ, Lf vorhanden, verlängert, hfg blühend, zusätzl. auch Flagellen. Grundblätter bläul. grün, schmal lanzettl. bis elliptisch lanzettl., oberseits zerstreut bis mäßig behaart u. flockenlos, unterseits durch reichl. Flockenbesatz schwach bis weißgraufilzig. Stgblätter 0–1. Stg tief bis hoch gabelig. Äste 1–3(–5). Köpfchen 2–5(–12). Haare u. Drüsen der Hüllblätter fehlend bis reichl., Flocken meist reichl., am Rand jedoch hfg fehlend. Blüten ungestreift bis stark rotstreifig.

3038 **Hieracium leptophyton** Nägeli & Peter
(bauhini > pilosella)
Zartes Habichtskraut

I; ⟨H, w, ⊙⟩; M_1, M_2, F; RL G
T6.2.2.2.3, syn.: T10.3.1, T10.4?, T10.5.4
M »Laxicephala«- od. »Cauligera-elata«-Typ, Lf lg, meist zahlreich. Grundblätter blaugrün, spatelig bis lanzettl. lineal, oberseits flockenlos, unterseits zerstreut bis reichl. flockig. Stgblätter 1–2(–3). Gesamtblütenstand locker rispig bis hoch gabelig, slt lgstrahlig doldig rispig. Äste 2–4(–6), Köpfchen (2–)5–15(–25). Hüllblätter schmal bis br, Haare u. Drüsen daran zerstreut bis reichl., Flocken mäßig bis reichl. od. am Rand nur zerstreut. Randstdge Blüten slt rotspitzig od. schwach rotstreifig.

3039 **Hieracium sulphureum** Döll
(piloselloides – lactucella)
Schwefelgelbes Habichtskraut ohne Abb.

I; ⟨H, w, ⊙⟩; AV, M_1, M_2, F; RL ?
T10.4.?, Pionier
M »Cauligera-elata«-Typ. Wie 3027, aber etwas niedriger, Grundblätter spatelig rundstumpf, Hüllblätter u. Brakteen deutl. weißrandig.

3040 **Hieracium koernickeanum** (Nägeli & Peter) Zahn
(bauhini – lactucella)
Körnickes Habichtskraut ohne Abb.

I; ⟨H, w, ⊙⟩; AV; RL ?
T9.5.4, T10.3.4.2 (fri)
B Früher wenige Male im Alpenvorland (Bad Aibling, Tegernheim) nachgewiesen.

3041 **Hieracium paragogum** Nägeli & Peter
(brachiatum – lactucella)
Irreführendes Habichtskraut ohne Abb.

I; ⟨H, w, ⊙⟩; AV, M_1; RL ?
T10.4
B Es existieren nur alte Angaben aus dem bayerischen Alpenvorland u. von Köln.

3042 **Hieracium pseudoparagogum** Schlick. & Touton (brachiatum – schultesii)
Missverstandenes Habichtskraut ohne Abb.

I; ⟨H, w, ⊙⟩; M_1; RL ?
T10.4
B Mehrfach von Köln angegeben, aber nicht immer richtig interpretiert.

3043 **Hieracium ⟨derubellum** Gottschl. & Schuhw. (piloselloides – aurantiacum)
Rötlichgelbes Habichtskraut⟩

I; ⟨H, w, ⊙⟩; A, M_1; RL –
T10.3.4.1, T10.4.5
M »Cauligera-elata«-Typ, Lf fehlend. Grundblätter schwach blaugrün, lanzettl. bis br lanzettl., beidseits mäßig bis reichl., auf den Flächen teilweise nur zerstreut behaart, oberseits flockenlos, unterseits zerstreut, Blattnerv auch bis mäßig flockig. Stgblätter 2–3(–4). Gesamtblütenstand gedrängt doldig rispig bis locker rispig. Äste 3–6(–7). Köpfchen (5–)10–20(–45). Hüllblätter zerstreut bis mäßig behaart, Drüsen u. Flocken daran zerstreut bis reichl. Blüten stark rotstreifig od. äußere gänzl. rotorange.

3044 **Hieracium arvicola** Nägeli & Peter (piloselloides – caespitosum)
Rain-Habichtskraut s. auch Abb. 152

I; H, w, ⊙; AV, M_1; RL G
T7.3.2, syn.: T10.3.4.2, T10.5.3 (alt)
M »Cauligera-elata«-Typ, Lf fehlend od. kurz. Grundblätter schwach blaugrün, spatelig bis lanzettl., beidseits mäßig bis reichl. behaart, Flocken oberseits fehlend od. nur am Mittelnerv, unterseits zerstreut, Blattnerv auch bis mäßig flockig. Stgblätter 2–4(–7). Gesamtblütenstand gedrängt doldig rispig bis locker rispig, anfangs teilweise knäuelig. Äste 3–6(–9). Köpfchen (5–)10–20(–45). Hüllblätter zerstreut bis mäßig behaart, Drüsen u. Flocken daran zerstreut bis reichl. Randstdge Blüten slt rotspitzig.

3045 **Hieracium montanum** Nägeli & Peter (arvicola > pilosella)
Berg-Habichtskraut

I; ⟨H, w, ⊙⟩; AV; RL D
T10.3.1, T10.3.4.1, T10.4
M »Laxicephala«-Typ, Lf fehlend, kurz od. nur Flagellenbildung. Grundblätter bläul. grün, lanzettl., oberseits zerstreut bis reichl., teilweise nur an Rand u. Rückennerv behaart, oberseits flockenlos, unterseits reichl. flockig. Stgblätter 0–2. Gesamtblütenstand locker rispig bis hoch gabelig. Äste (1–)2–4(–6). Köpfchen (± kugelig) 3–10(–20). Hüllblätter haarlos bis zerstreut behaart, meist reichl. drüsig u. flockig. Randstdge Blüten gelegentl. rotspitzig od. schwach rotstreifig.

3048 **Hieracium polymastix** Peter (bauhini – caespitosum)
Peitschenläuferiges Habichtskraut s. auch Abb. 153

I; ⟨H, w, ⊙⟩; M_1, M_2; RL ?
T10.3.4.1, T10.4
M »Cauligera-elata«-Typ, Lf verlängert. Grundblätter bläul. grün, lanzettl., beidseits meist hellhaarig od. auf der Fläche verkahlend, beidseits zerstreut flockig. Stgblätter 2–3(–5). Gesamtblütenstand locker rispig. Äste 4–7. Köpfchen 8–40. Hüllblätter schwarzgrün, bis mäßig behaart, meist reichdrüsig u. bis mäßig flockig.

3049 **Hieracium zizianum** Tausch (piloselloides – cymosum)
Ziz' Habichtskraut

I; ⟨H, w, ⊙⟩; M_1, M_2, F; RL G
T6.2.2.2.3 (lückig), T8.1.1, T9.3.2.1, T10.3.4.2, T10.5.4 (stickstoffreich)
M »Cauligera-elata«-Typ, Lf fehlend. Grundblätter schwach blaugrün, spatelig bis lineal-lanzettl., oberseits zerstreut bis reichl., an Rand u. Rückennerv mäßig bis sehr reichl. behaart, oberseits zerstreut, unterseits wenig bis mäßig, an Rand u. Rückennerv stärker flockig. Stgblätter 2–5(–8). Gesamtblütenstand gedrängt bis locker doldig bis doldig rispig. Äste 4–10(–13). Köpfchen (10–)15–40(–60). Hüllblätter zerstreut bis reichl. behaart, slt haarlos, Drüsen fast fehlend bis mäßig. Flocken zerstreut bis reichl.

3046 **Hieracium leptoclados** Peter (arvicola – pilosella)
Dünnästiges Habichtskraut ohne Abb.

I; ⟨H, w, ⊙⟩; AV, M_1; RL D
T10.5.3
B Slt im Alpenvorland u. Rheingebiet.

3047 **Hieracium aneimenum** Nägeli & Peter (montanum – macranthum)
Garchinger Habichtskraut ohne Abb.

I; ⟨H, w, ⊙⟩; AV; RL ?
T10.4
B Nur durch alte Nachweise aus der Garchinger Heide u. aus Moosburg bekannt.

3050 **Hieracium anchusoides** (Arv.-Touv.) St.-Lag. (zizianum > pilosella) ▸
Ochsenzungenblättriges Habichtskraut

I; ⟨H, w, ⊙⟩; M_1, M_2, F; RL reg
T6.2.2.2.3, T10.3.4.2 (sonnig)
M »Laxicephala«-Typ, Lf fehlend, jedoch mit Flagellen. Grundblätter schwach bläul. grün, lanzettl., zerstreut bis reichl. behaart, oberseits zerstreut, unterseits mäßig, am Nerv reichl. flockig. Stgblätter 1–2(–3). Gesamtblütenstand sehr locker rispig. Äste 3–8. Köpfchen 10–20. Hüllblätter mäßig bis reichl. behaart u. drüsig, Flocken reichl., am Rand zerstreut bis mäßig. Äußere Blüten slt rotspitzig.
B Die Morphologie bezieht sich hier auf die in D beobachteten, wohl nicht fixierten *zizianum-pilosella*-Bastarde, nicht hingegen auf die westalpisch fixierten Formen.

3051 **Hieracium pseudosulphureum** Touton (zizianum – lactucella)
Schwefelfarbiges Habichtskraut ohne Abb.

I; ⟨H, w, ⊙⟩; M_1; RL ?
T10.4
B Nur von der Typus-Lokalität bekannt: Rehbachtal bei Nierstein.

3052 **Hieracium densiflorum** Tausch (bauhini – cymosum)
Dichtblütiges Habichtskraut

I; ⟨H, w, ⊙⟩; M_1, M_2, F; RL G
T6.2.2.2.3 (slt:–1), T8.1.1, T9.3.2.1..2, T10.2..2.1, T10.3.4.2, T10.5.4.1
M »Cauligera-elata«-Typ, Lf lg, schlank bis dickl. Grundblätter schwach blaugrün bis gelbgrün, spatelig bis lineal-lanzettl., oberseits zerstreut bis reichl. behaart, oberseits zerstreut, unterseits arm bis mäßig flockig. Stgblätter 2–4(–6). Gesamtblütenstand gedrängt bis locker doldig bis doldig rispig. Äste 4–9(–11). Köpfchen (5–)10–40(–60). Hüllblätter zerstreut bis reichl. behaart, slt haarlos, Drüsen fast fehlend bis reichl. Flocken zerstreut bis reich.
▼

▲
◂ 3054 **Hieracium fallacinum** F. W. Schultz (densiflorum ≥ pilosella)
Trügerisches Habichtskraut

I; ⟨H, w, ⊙⟩; M_1, M_2, F; RL D
T6.2.2.2.3, T10.3.1, T10.3.4.2, T10.4, T10.5.3+4
M »Furcata«-, »Laxicephala«- od. »Cauligera-elata«-Typ, Lf verlängert. Grundblätter gelbl. grün bis blaugrün, lanzettl. bis lineal-lanzettl., oberseits zerstreut bis reichl. behaart u. flockenlos, unterseits mäßig bis reichl. flockig. Stgblätter 1–3(–7). Gesamtblütenstand mit stark variierender Verzweigung: von gedrängt doldig über lgstrahlig grdoldig, gedrängt od. locker rispig bis hoch gabelig od. gabelig. Äste 2–5(–15). Köpfchen (2–)5–15 (–100). Haare u. Drüsen der Hüllblätter fehlend bis reichl., Flocken meist immer reich. Randstdge Blüten teilweise rotspitzig od. schwach rotstreifig.

◂ 3055 **Hieracium pilosellinum** F. W. Schultz (fallacinum – pilosella) s. auch Abb. 148
Mausohrähnliches Habichtskraut

I; ⟨H, w, ⊙⟩; M_1, M_2, F; RL D
T6.2.2.2.3, T10.3.4.1+2, T10.5.3
M »Furcata«-Typ, Lf schlank, meist sehr verlängert. Grundblätter bläul. grün, schmal lanzettl. bis elliptisch lanzettl., oberseits mäßig bis reichl. behaart, flockenlos od. zerstreut flockig, unterseits durch reichl. Flockenbesatz schwach bis weißgraufilzig. Stgblätter 0–1. Stg tief bis hoch gabelig. Äste 1–3. Köpfchen 2–4(–7). Haare u. Drüsen der Hüllblätter fehlend bis reichl., Blüten ungestreift, rotspitzig od. schwach bis stark rotstreifig.

3053 **Hieracium pseudomagyraricum** Zahn (bauhini – piloselloides – cymosum)
Rheinisches Habichtskraut ohne Abb.

I; ⟨H, w, ⊙⟩; M_1, M_2; RL ?
T8.3/4
B Slt im Oberrheingebiet, bei Kissingen u. Jena. Abgrenzung zu (3052) *H. densiflorum* u. (3049) *H. zizianum* problematisch.

3056 **Hieracium pollaplasium** Peter
(fallacinum – bauhini)
Mastiges Habichtskraut ohne Abb.

I; ⟨H, w, ⊙⟩; M_1; RL ?
T10.3.1.3
B Früher bei Heidesheim u. Bad Kissingen nachgewiesen.

3057 **Hieracium calodon** Tausch ex Peter ▶
(echioides – piloselloides)
Schönhaariges Habichtskraut s. auch Abb. 154

I; H, w, ⊙; M_1, M_2, F; RL G
T1.1.2.5 (licht), T6.2.2.2.3 (lückig), T10.3.1, T10.3.4.2, T10.5.3–5
M »Cauligera-elata«-Typ, Lf fehlend. Grundblätter graubläul. grün, lanzettl. bis schmal lanzettl., meist reichl. u. borstig behaart, Flocken oberseits zerstreut bis fehlend, unterseits zerstreut bis mäßig. Stgblätter 3–6(–11). Gesamtblütenstand doldig rispig bis sehr locker rispig. Äste (3–)4–8(–10). Köpfchen 10–30(–60). Hüllblätter zerstreut bis reichl. behaart, Drüsen fehlend bis mäßig, Flocken immer reichl., am Rand zerstreut bis mäßig.

▲
3063 **Hieracium euchaetium** Nägeli & Peter
(bauhini – echioides – pilosella)
Reichhaariges Habichtskraut

I; ⟨H, w, ⊙⟩; M_1, M_2; RL ?
T6.2.2.2.3, T10.3.1, T10.5.4
M »Furcata«-Typ, Lf verlängert. Grundblätter schwach bläul. grün, lanzettl. bis br lanzettl., meist reichl. u. borstig behaart, oberseits zerstreut, unterseits bis reichl. flockig. Stgblätter 1–2(–3). Äste (1–)2–4(–9). Köpfchen (2–)3–8(–20). Hüllblätter mäßig bis reichl. behaart, zerstreut bis mäßig drüsig, mäßig bis reichl. flockig. Randblüten teilweise rotspitzig od. schwach rotstreifig.

3064 **Hieracium setifolium** Touton
(leptophyton – fallaciforme)
Borstblättriges Habichtskraut ohne Abb.

I; ⟨H, w, ⊙⟩; M_1; RL ?
T10.4
B Nur von der Typus-Lokalität bekannt: Heidesheimer Höhen.

3058 **Hieracium heterodoxum** (Tausch) Nägeli & Peter
(calodon > pilosella)
Missgedeutetes Habichtskraut ohne Abb.

I; ⟨H, w, ⊙⟩; M_1, M_2; RL ?
T10.5.3+4
B Nur Altangaben aus Sachsen (Plauen), Thüringen (Kyffhäuser) u. dem Rhein- u. Nahegebiet (Wiesbaden, Niederhausen).

3059 **Hieracium nassovicum** (Zahn) Gottschlich
(calodon < pilosella)
Nassauisches Habichtskraut ohne Abb.

I; ⟨H, w, ⊙⟩; M_1; RL ?
T10.4, T10.5.3+3
B Altangaben von Heidesheim u. Wiesbaden, rezent auch von Flonheim bekannt.

3060 **Hieracium glaucisetigerum** (Zahn) Zahn
(piloselloides – rothianum)
Deidesheimer Habichtskraut ohne Abb.

I; ⟨H, w, ⊙⟩; M_1; RL ?
T9.5.4, T10.3.4.2 (tro)
B Wenige, zumeist alte Funde aus der Pfalz (Neustadt, Deidesheim, Wachenheim).

3061 **Hieracium auriculoides** A. F. Láng
(bauhini – echioides)
Pannonisches Habichtskraut s. Abb. 149

I; H, w, ⊙; M_1, M_2, F; RL D
T6.2.2.2.3 (lückig), Pionier: T10.3.1, T10.3.4.2, T10.5.3–5
M »Cauligera-elata«-Typ, Lf stark verlängert, niederliegend. Grundblätter meist blaugrün, lanzettl. bis schmal lanzettl., meist reichl. u. borstig behaart, Flocken oberseits zerstreut bis fehlend, unterseits zerstreut bis mäßig. Stgblätter (2–)3–6. Gesamtblütenstand gedrängt bis locker doldig rispig. Äste (2–)4–8(–10). Köpfchen (7–)10–40(–50). Hüllblätter mäßig bis reichl. behaart, Drüsen fehlend bis mäßig, Flocken mäßig bis reichl.

◀ 3062 **Hieracium schneidii** Schack & Zahn
(calodon – densiflorum)
Schneids Habichtskraut s. auch Abb. 155

☆ **I**; ⟨H, w, ⊙⟩; M_1; RL 2!!
T6.2.2.2.3, T10.3.4.2
M »Cauligera-elata«-Typ, Lf stark verlängert, aufsteigend. Grundblätter meist blaugrün, lanzettl. bis schmal lanzettl., meist reichl. u. borstig behaart, Flocken oberseits zerstreut, unterseits zerstreut bis mäßig. Stgblätter (4–)6–8(–9). Gesamtblütenstand doldig rispig. Äste 8–12. Köpfchen (15–)20–60(–80). Hüllblätter mäßig bis reichl. behaart, mäßig drüsig u. flockig.

◀ 3065 **Hieracium walteri-langii** Gottschl.
(fallax – leptophyton)
Langs Habichtskraut

☆ **I**; ⟨H, w, ⊙⟩; M_1; RL ?
T10.3.1, T10.3.4.2
M »Cauligera-elata«-Typ, Lf verlängert, niederliegend. Grundblätter meist blaugrün, lanzettl. bis schmal lanzettl., meist reichl. u. borstig behaart, Flocken oberseits fehlend, unterseits zerstreut bis mäßig. Stgblätter 5–7. Gesamtblütenstand lgstrahlig doldig mit wenigen rispig abgesetzten Ästen. Äste 7–12. Köpfchen 30–40. Hüllblätter zerstreut behaart, Drüsen zerstreut bis mäßig, Flocken mäßig.

Abb. 120 Hieracium prussicum (2998)

Abb. 121 Hieracium caespitosum (2996)

Abb. 122 Hieracium glomeratum (3017)

Abb. 123 Hieracium fallax (3024)

Abb. 124 Hieracium pilosellinum (3055)

Abb. 125 Hieracium auriculoides (3061)

Abb. 126 Hierac um piloselloides (3027)

Abb. 127 Hieracium bauhini (3028)

Abb. 128 Hieracium arvicola (3044)

Abb. 129 Hieracium polymastix (3048)

Abb. 130 Hieracium calodon (3057)

Abb. 131 Hieracium schneidii (3062)

3066–3133 UGttg **Hieracium** (Echte Habichtskräuter)

3066 **Hieracium bupleuroides** C. C. Gmel.
Hasenohr-Habichtskraut

I; H, w, ⊙; A, M_1; RL 3
T3.4.2, T5.1, T5.2.2+3, T5.2.2.2.1
M »Glauca«-Typ. Grundblätter 3–5(–8), ungestielt, lauch-blaugrün, meist kahl. Blattspreite spatelig bis lanzettl. od. schmal lanzettl., ganzrandig od. entfernt fein gezähnelt. Stgblätter (3–)5–10 (–15), langsam dekreszierend, obere in 5–10 mm lge pfrieml. Brakteen übergehend. Gesamtblütenstand hoch gabelig, lgästig. Äste 1–4(–10). Köpfchen 2–5(–12). Hülle ± kugelig, schwarzgrün, (10–)12–15 mm. Hüllblätter spärl. bis mäßig behaart, spärl. drüsig, spärl., basal am Rand auch bis reichl. flockig.

3067 **Hieracium glaucum** All.
Blaugrünes Habichtskraut

I; H, s, ⑧; A, AV; RL reg
T1.4.1.3, T5.1.1, T5.1.2.1, T5.2.2.2.1
M »Glauca«-Typ. Grundblätter zahlreich (meist > 8), deutl. gestielt, lauch-blaugrün, an Rand u. Rückennerv spärl. bis fast reichhaarig. Blattspreite lanzettl. (äußere auch breiter) bis lineal-lanzettl., gezähnelt bis gesägt gezähnt. Stgblätter 2–6(–10), lineal, rasch dekreszierend, unter den Köpfchen mit (2–)5–10(–20) pfrieml., 1–2 mm lgn Brakteen. Gesamtblütenstand gabelig bis sparrig rispig u. lgästig. Äste (1–)2–4(–6). Köpfchen (2–)4–8(–18). Hülle eifg, schwarzgrün, 9–11(–13) mm lg. Hüllblätter haarlos bis spärl. behaart, drüsenlos od. spärl. drüsig, zumindest am Rand reichl. bis fast filzig flockig.

3069 **Hieracium franconicum** (Griseb.) Zahn (bupleuroides – murorum)
Fränkisches Habichtskraut

☆ **I**; H, w, ⊙; M_1; RL 2!!
T5.2.3, T6.1.2.3.1
M »Glauca«-Typ. Grundblätter kurz bis lg in den breitscheidigen Stiel verlängert, blaugrün, hfg schwach od. deutl. gefleckt, schmal lanzettl., entfernt gezähnelt bis kleinzähnig. Stgblätter (0–)1–2(–3), schmal bis lineal-lanzettl., oben zusätzl. 4–8 kleine Brakteen. Gesamtblütenstand hoch bis tief gabelig u. lgästig od. bis unten locker rispig. Äste 1–4. Köpfchen 2–6(–12). Hülle schwarzgrün, hellrandig, 10–12 mm. Hüllblätter mäßig behaart, spärl. drüsig, am Rand reich flockig.

3068 **Hieracium sparsiramum** Nägeli & Peter (bupleuroides (od. glaucum) > villosum)
Lockerästiges Habichtskraut ohne Abb.

I; ⟨H, w, ⊙⟩; A; RL D
T5.1, T5.2 (a)
M »Glauca«-Typ. Grundblätter 3–5(–8), ungestielt, lauch-blaugrün, meist kahl. Blattspreite spatelig bis lanzettl. od. schmal lanzettl., ganzrandig od. entfernt fein gezähnelt. Stgblätter 3–5, langsam dekreszierend, obere mit eifgem Grund sitzend, unter den Köpfchen bis 5 Brakteen (3–10 mm lg, teilweise verbreitert). Gesamtblütenstand hoch gabelig lgästig. Äste 1–5. Köpfchen 1–6. Hülle ± kugelig, schwarzgrün, 13–14 mm lg. Hüllblätter mäßig bis zieml. reichl. behaart, drüsenlos, am Rand spärl. bis mäßig flockig.

3070 **Hieracium oxyodon** Fr. (glaucum > bifidum)
Spitzzähniges Habichtskraut

I; ⟨H, w, ⊙⟩; A, M_1; RL reg
T5.1.2, T5.2.2.2
M »Glauca«-Typ. Grundblätter blaugrün, stielartig verschmälert bis kurzgestielt, äußere bis oval, sonst br bis (v. a. innere) schmal lanzettl., entfernt gezähnelt bis lgzähnig, oberseits kahl. Stgblätter 0–3, schmal bis lineal-lanzettl., oben zusätzl. 2–6(–8) kleine Brakteen. Gesamtblütenstand hoch bis tief gabelig lgästig, slt locker rispig. Äste 1–4. Köpfchen 2–10. Hülle 10–12(–14) mm lg. Hüllblätter haarlos bis mäßig behaart, drüsenlos bis wenigdrüsig, am Rand reich flockig bis filzig, auf der Fläche mäßig bis zieml. reichl. flockig.

◄ 3071 **Hieracium dollineri** Sch.Bip. ex Neilr. (glaucum – bifidum)
Dolliners Habichtskraut

I; H, w, ⊙; A, AV; RL 2
T1.4.1 (licht), T5.1.2, T5.2.3
M »Glauca«-Typ. Grundblätter blaugrün, deutl. gestielt, äußere bis oval, sonst br bis (v. a. innere) schmal lanzettl., gesägt bis eingeschnitten gezähnt, oberseits kahl. Stgblätter (1–)2–3(–5), lanzettl. bis schmal lanzettl., oben zusätzl. 2–3(–5) kleine Brakteen. Gesamtblütenstand hoch bis tief gabelig lgästig, slt locker rispig. Äste 1–4(–6). Köpfchen (1–)3–7(–16). Hülle (8–)9–11(–12) mm lg. Hüllblätter zerstreut bis mäßig behaart, drüsenlos bis wenigdrüsig, reich flockig bis graufilzig.

3072 **Hieracium harzianum** Zahn (franconicum ≥ laevigatum) ►
Harzsches Habichtskraut

☆ **I**, ⟨H, w, ⊙⟩; M_i; RL 1!!
T5.2..2
M »Vulgata«-Typ. Grundblätter 0, slt 1–3. Stgblätter 5–10(–20), bläul. grün lanzettl. bis br lanzettl., grob 1–3-zähnig, im oberen Drittel ganzrandig. Gesamtblütenstand locker rispig. Äste 5–10. Köpfchenstiele zerstreut behaart, mäßig feindrüsig, bis reichl. flockig. Köpfchen 10–30. Hüllblätter dachig, anliegend, br, stumpf bis spitz, Haare u. Drüsen daran mäßig, am Rand bis reich flockig.

◄ 3072a **Hieracium chlorifolium** Arv.-Touv. (valdepilosum – glaucum)
Bitterlingsblättriges Habichtskraut

I; H, s, ⊙; A; ⟨RL ?⟩
T3.1.6, T5.5.1
M »Villosa«-Typ. Grundblätter kaum bis deutl. gestielt, lauch- bis blaugrün, lanzettl. bis schmal lanzettl., meist nur gezähnelt, Oberseite meist kahl, Rand u. Rückennerv bis mäßig behaart. Stgblätter 3–10(–15), mittlere schwach geigenfg verengt, obere mit br gerundetem od. ± umfassendem Grund sitzend. Brakteen 2–6, untere blättchenartig. Gesamtblütenstand locker rispig bis gabelig. Äste 0–4(–7). Köpfe 1–10(–15). Hülle ± kugelig, 12–17 mm lg. Hüllblätter meist schmal bis breitl., die äußeren eher schmaler, nicht abstehend, bis reichl. behaart, zerstreut bis ± reichl. (Rand bis filzig-) flockig, Drüsen 0 bis spärl.

◄ 3073 **Hieracium villosum** Jacq.
Zottiges Habichtskraut

I; H, w, ⊙; A; RL –; Z
T3.1.3, T3.4.2.1, T3.4.2.2, T5.2.3
M »Villosa«-Typ. Grundblätter wenige, blaugrün, in den Grund verschmälert, ungestielt, br lanzettl., ganzrandig bis kurz gezähnt. Stgblätter (3–)4–8(–15), untere lanzettl., obere bis eifg, zusätzl. 3–8 blattartige Brakteen. Gesamtblütenstand hoch bis tief gabelig lgästig, Äste (0–)1–3. Köpfchen (1–)2–4(–10). Hülle kugelig bis br bauchig, 14–17(–23) mm lg. Hüllblätter sparrig abstehend, verschieden gestaltig (brakteenartig bis ± lineal), drüsen- u. flocken- los od. zerstreut mikrodrüsig. Ganze Pfl von sehr zahlreichen, 4–12 mm lgn, weißen u. weichen Haaren bedeckt, Blätter gelegentl. verkahlend.

▲
3074 **Hieracium pilosum** Schleich. ex Froel.
Wollköpfiges Habichtskraut

I; ⟨H, w, ⊙⟩; A; RL reg
T3.1.2, T3.4.2.1 (Kalk)
M »Villosa«-Typ. Wie 3073, aber Grundblätter oft zahlreicher, äußere meist stärker abgerundet, Stgblattzahl geringer u. Stgblätter rascher dekreszierend, Brakteen nur (1–3). Köpfchen dadurch vom Stiel deutl. abgesetzt. Hüllblätter weniger spreizend od. ± angedrückt, meist alle gleich gestaltet od. äußere nur wenig breiter als innere. Behaarung der ganzen Pfl seidiger u. zottiger.

3075 **Hieracium scorzonerifolium** Vill. ▶
(villosum ≥ bupleuroides)
Schwarzwurzelblättriges Habichtskraut

I; H, w, ⊙; A; RL D
T3.1.2, T3.4.2.1 (Kalk)
M Köpfchen »Villosa«-, Unterbau »Glauca«-Typ. Grundblätter 3–5(–8), ungestielt, lauch-blaugrün, br lanzettl. bis lanzettl., ganzrandig bis gezähnelt. Stgblätter 2–7(–12), obere mit gerundetem Grund sitzend, darüber noch 3–10 Brakteen (untere ± blattfg), haarlos bis (v. a. oben) mäßig behaart. Gesamtblütenstand gabelig lgästig. Äste (0–)1–3(–6). Köpfchen (1–)2–4(–10, slt mehr). Hülle ± kugelig, 13–17 mm lg. Hüllblätter (äußere oft etwas breiter u. abstehend) reich- u. lghaarig, spärl. mikrodrüsig, wenig bis reich flockig.

3076 **Hieracium glabratum** Hoppe ex Willd. ▶▶
(villosum – glaucum)
Verkahltes Habichtskraut

I; H, w, ⊙; A; RL –
T3.1.2, T3.4.2.1 (Kalk)
M Köpfchen »Villosa«-, Unterbau »Glauca«-Typ. Grundblätter 5–10, ± deutl. gestielt, lauch-blaugrün, lanzettl. bis lineal-lanzettl., ganzrandig bis gezähnelt, kahl od. an Rand u. Rückennerv bis mäßig behaart. Stgblätter 2–5(–7), rasch dekreszierend, Brakteen 4–5, sehr schmal. Gesamtblütenstand gabelig lgästig. Äste 0–2(–3). Köpfchen 1–3(–5). Hülle ± kugelig, 12–15 mm lg. Hüllblätter meist schmal, äußere teilweise etwas breiter, kaum od. wenig abstehend, zerstreut flockig u. mikrodrüsig.

3077 **Hieracium dentatum** Hoppe ▶
(villosum ≥ bifidum)
Gezähntes Habichtskraut

I; ⟨H, w, ⊙⟩; A; RL –
T3.1.2, T3.4.2.1 (Kalk)
M »Villosa«-Typ. Grundblätter vorhanden, deutl. gestielt u. oft gezähnt, äußere ± spatelig bis obovat, innere elliptisch bis lanzettl., grün bis bläul. grün. Stgblätter 2–5(–10), untere lanzettl., obere bis eifg. Brakteen 3–5, hfg nur pfrieml. Gesamtblütenstand meist gabelig. Äste (0–)1–3(–6). Köpfchen 1–5(–15). Hülle kugelig bis br bauchig, (9–)10–15(–18) mm lg. Hüllblätter ± anliegend, gleich gestaltet, Drüsen u. Flocken 0 bis zerstreut. Pfl meist reichhaarig (Köpfchen meist kurz, übrige Pfl ± lghaarig) od. Blätter oberseits wenig behaart bis haarlos.

▲

3078 **Hieracium chondrillifolium** Fr. ▶
(villosum – bifidum – glaucum)
Knorpellattich-Habichtskraut

I; ⟨H, w, ⊙⟩; A; RL –
T3.1.2, T3.4.2.1 (Kalk)
M »Villosa«-Typ. Grundblätter kaum bis deutl. gestielt, lauch-blaugrün, elliptisch bis lanzettl., ganzrandig bis grob gesägt, gezähnelt, zerstreut bis mäßig, oft nur an Rand u. Rückennerv behaart. Stgblätter 2–5(–8), rasch dekreszierend, Brakteen 2–5(–8), untere blättchenartig. Gesamtblütenstand gabelig lgästig. Äste 0–3(–5). Köpfchen (1–)2–5(–12). Hülle ± kugelig, (10–)11–16 mm lg. Hüllblätter meist schmal bis br., äußere eher schmaler, nicht abstehend, mäßig bis reichl. behaart, reich (Rand bis filzig) flockig, Drüsen 0 bis spärl.

3079 **Hieracium valdepilosum** Vill.
(villosum – prenanthoides)
Starkbehaartes Habichtskraut

I; H, w, ⊙; A; RL –
T3.1.2, T3.4.2.2 (Kalk)
M »Villosa«- bzw. »Prenanthoidea«-Typ. Grundblätter wenige od. fehlend. Stgblätter (4–)6–12 (–20), langsam in die 1–4 blattartigen Brakteen übergehend, untere gestielt od. verschmälert sitzend, mittlere mit breitem bis ± geigenfgm Grund, obere herzfg stgumfassend. Gesamtblütenstand locker rispig bis hoch gabelig. Äste 1–3(–6). Köpfchen 2–6(–20). Hülle kugelig, (10–)13–15(–18) mm lg. Äußere Hüllblätter blättchenartig, locker bis sparrig abstehend. Hüllblätter mäßig drüsig, flockenlos. Pfl reich- u. lghaarig, Hülle bis zottig.

3080 **Hieracium porrectum** Fries
(valdepilosum > bifidum)
Gestrecktes Habichtskraut ohne Abb.

I; ⟨H, w, ⊙⟩; A; RL ?
T3.1.2, T3.4.2.2 (Kalk)
M »Villosa«-Typ. Grundblätter vorhanden, gestielt. Stgblätter (2–)4–6(–8), untere kaum, mittlere u. obere mit gerundetem od. breitem Grund umfassend. Brakteen 2–4. Gesamtblütenstand locker rispig bis hoch gabelig. Äste 1–3(–4). Köpfchen (1–)2–6(–12). Hülle kugelig, (10–)11–14(–15) mm lg. Äußere Hüllblätter locker abstehend, nicht breiter. Hüllblätter wenig bis mäßig drüsig, wenig bis (Rand!) reichl. flockig. Pfl reichl. behaart, Hülle schwach zottig.

3081 **Hieracium piliferum** Hoppe
Grauzottiges Habichtskraut

I; ⟨H, w, ⊙⟩; A; RL R
T3.4.1, T6.2.1.5.4 (a)
M »Villosa«-Typ. Grundblätter hell lauchgrün, lanzettl. bis lineal-lanzettl., ganzrandig bis gezähnelt, zerstreut bis reichl. behaart, drüsenlos. Stgblätter 0–1(–2), kl. Stg 1-köpfig, slt gabelig 2–3(–5)-köpfig. Hülle kugelig, (9–)10–15(–17) mm lg. Hüllblätter gleich gestaltet. Haare der Hülle sehr reichl., weich seidig u. zottig, weiß bis dklgrau. Drüsen bei den deutschen Vorkommen nur an den Hüllblattspitzen. Flocken 0. Blütenzähne ungewimpert. Achänen 2,5 bis 2,8 mm.

3082 **Hieracium dasytrichum** Arv.-Touv.
(piliferum – villosum)
Rauzottiges Habichtskraut

I; ⟨H, w, ⊙⟩; A; RL G
T3.4
M »Villosa«-Typ. Grundblätter bläul. grün, verkehrt eilanzettl. bis lanzettl., ganzrandig, reichhaarig. Stgblätter (0–)2–4, eifg bis lanzettl. Stg 1-köpfig od. gabelig 2–3(–5)-köpfig. Hülle kugelig, 10–17 mm lg. Äußere Hüllblätter breiter, grün. Achänen 2,5–3 mm lg. Pfl lg (5–10 mm) seidig zottig behaart, Haare meist weiß.

3083 **Hieracium cochlearioides** Zahn
(piliferum – alpinum)
Löffelkraut-Habichtskraut ohne Abb.

I; ⟨H, w, ⊙⟩; A; RL G
T3.4.1
M »Villosa«-Typ. Grundblätter hell lauchgrün, lanzettl. bis lineal-lanzettl., ganzrandig bis gezähnelt, zerstreut bis reichl. behaart, zerstreut mikrodrüsig. Stgblätter 0–3, kl. Stg 1-köpfig. Hülle 10–13(–16) mm lg. Hüllblätter gleich gestaltet. Haare der Hülle sehr reichl., weich seidig u. zottig, weiß bis dklgrau, zerstreut drüsig. Flocken 0. Blütenzähne gewimpert. Achänen 3–3,5 mm.

3084 **Hieracium schmidtii** Tausch
Blasses Habichtskraut

I; ⟨H, w, ⑧⟩; M_1, M_2; RL reg
T1.1.2.5 (licht), T5.2.2.1.1, T5.2.3, T6.2.1.4, T6.2.2.2.1
M »Murorum«-Typ. Grundblätter blau-lauchgrün, meist ungefleckt. Blattrand zerstreut mikrodrüsig u. mit ± steifen, (2–)4–10 mm lgn Borstenhaaren. Blattoberseite kahl bis randl. od. auf ganzer Fläche ebenfalls mit Borstenhaaren. Stgblätter 0–1(–2). Gesamtblütenstand hoch gabelig bis locker rispig. Äste 1–3(–4). Köpfchen (1–)3–10. Hüllblätter meist schmal, spitz bis stumpfl., haarlos bis mäßig behaart, wenig bis reichl. mikro- bis lgdrüsig, mäßig bis grauflockig. Blütenzähne hfg gewimpert.

3085 **Hieracium glaucinum** Jord.
(schmidtii – murorum)
Frühblühendes Habichtskraut

I; ⟨H, w, ⑤⟩; M_1, M_2, F; RL reg
T1.1.1.1, T1.1.2.3, T1.1.2.4, T1.1.2.5, syn.: T9.3.2.1, T10.3.4.2, T10.5.4
M »Murorum«-Typ. Grundblätter oberseits schwach bis deutl. blau- od. lauchgrün, hfg deutl. kupferfarben bis schwarzbraun gefleckt. Blattrand mit zerstreuten Mikrodrüsen, dazu fein bis schwach borstig, slt weich behaart, Haare 2–4(–6) mm. Stgblätter 0–1(–2). Gesamtblütenstand hoch gabelig bis locker rispig. Äste 1–3(–6). Köpfchen (1–)3–10(–20). Hüllblätter meist schmal u. haarspitzig ausgezogen, haarlos bis reichl. behaart, dazu lg- u. meist reichdrüsig, wenig flockig od. nur an der Schuppenspitze, slt am ganzen Rand bis mäßig flockig. Zungenblüten hfg gewimpert.
B Unten abgebildet ist zusätzlich die (3085a) ssp *gougetianum* (Gren. & Goduron).

3086 **Hieracium onosmoides** Fr.
(schmidtii > lachenalii)
Lotwurzblättriges Habichtskraut

I; ⟨H, w, ⊙⟩; M_1, M_2; RL reg
T1.1.2.5 (licht), T5.2.2–3, T8.1.1
M »Vulgata«-Typ. Grundblätter 2–5(–10), blau-, grau- od. lauchgrün, eifg bis längl. lanzettl., kurz bis lg in den teilweise br scheidigen Blattstiel verschmälert. Blattrand u. Blattstiel mäßig bis reichl. steifborstig (2–5 mm), zerstreut mikrodrüsig. Stgblätter 1–4(–6). Gesamtblütenstand gabelig bis locker rispig u. lgästig. Äste (2–)3–5(–7). Köpfchen (2–)4–10(–15). Hülle br eifg, (9–)10–12(–15) mm. Hüllblätter stumpf bis spitz, Haare u. Drüsen daran zerstreut bis mäßig, mäßig bis reich flockig. Blütenzähne gelegentl. schwach gewimpert.

▸

3087 **Hieracium saxifragum** Fr.
(schmidtii – lachenalii)
Steinbrech-Habichtskraut

I; ⟨H, w, ⊙⟩; M_1, M_2; RL reg
T1.1.2.5 (licht), T5.2.3, T6.2.2.2.3, T8.1.1
M »Vulgata«-Typ. Grundblätter 2–5(–10), bläul. grau- slt hellgrün, eifg bis lanzettl., kurz bis lg in den Blattstiel verschmälert. Blattrand u. Blattstiel spärl. bis mäßig kurzborstig. Stgblätter (1–)2–4 (–8). Gesamtblütenstand hoch gabelig bis locker rispig. Äste (2–)3–6(–8). Köpfchen (2–)5–10(–25). Hülle br eifg, (9–)10–12(–15) mm lg. Hüllblätter stumpf bis spitz, Haare u. Drüsen daran zerstreut bis mäßig, arm bis mäßig flockig. Blütenzähne kahl.

▸▸

3088 **Hieracium wiesbaurianum** Uechtr.
(schmidtii od. glaucinum – bifidum)
Wiesbaurs Habichtskraut

I; H, w, ⊙; M_1, M_2; RL reg
T5.2.2.2.1, T6.1.2.3, T8.1.1, syn.: T1.4.5.1
M »Murorum«-Typ. Grundblätter grün bis lauch- od. blaugrün, gefleckt od. ungefleckt. Blattspreite oval bis längl. lanzettl., am Grund herzfg, gestutzt bis kurz in den Stiel verschmälert, gezähnelt bis grob gezähnt. Blattrand haarlos od. kurzhaarig (1–2 mm), dazu mit spärl. Mikrodrüsen. Blattoberseite zerstreut bis mäßig kurzhaarig od. schwach borstig behaart. Stgblätter 0–1(–2). Gesamtblütenstand hoch gabelig wenigköpfig bis locker rispig. Äste 1–3(–5). Köpfchen (1–)3–8(–18). Hüllblätter meist schmal u. spitz, zerstreut bis mäßig behaart. Drüsen zerstreut bis mäßig, slt reichl. Flocken zumindest am Rand, meist jedoch überall reichl. bis sehr reichl. Blütenzähne gewimpert od. ungewimpert.

▸

3089 **Hieracium wallrothianum**
Bornm. & Zahn
(schmidtii – caesium)
Wallroths Habichtskraut ohne Abb.

I; ⟨H, w, ⊙⟩; M_2; RL ?
T6.1 (Gips)
B Nur vom Kyffhäuser bekannt, ob aber richtig interpretiert?

▲

3090 **Hieracium murorum** L.
Wald-Habichtskraut

I; H, w, ⑥; A, AV, M_1, M_2, F; RL –
T1.1.1, T1.1.2.5, T1.4.3.2, T10.2..2 (schattig)
M »Murorum«-Typ. Grundblätter hell- bis dklgrün, slt schwach bläul. grün, meist ungefleckt. Spreitenform sehr variabel, oval bis schmal lanzettl., am Grund herzfg bis lg in den Stiel verschmälert, ganzrandig bis grob lappig, am Grund hfg rückwärts u. meist gröber gezähnt als der obere Spreitenteil. Stgblätter 0–1(–2). Gesamtblütenstand rispig bis locker rispig. Äste 2–6(–10). Köpfchen (2–)4–15(–25). Hülle (8–)9–10(–13) mm lg. Hüllblätter spitz bis stumpfl., meist haarlos, slt zerstreut od. mäßig behaart, reichdrüsig, armflockig od. am Rand reichl., slt auf der ganzen Fläche flockig.

3091 **Hieracium fuscocinereum** Norrl.
Pfeilblättriges Habichtskraut

I; H, w, ⊙; K; RL R
T1.1.1.3 (Säume)
M »Murorum«-Typ. Wie 3090, aber Grundblattstiele kürzer, stärker u. meist »kraus wollig« behaart, Hüllblätter br weiß od. hellgrün berandet, Haare der Hülle reichl.

▸

◄ 3092 **Hieracium lachenalii** C. C. Gmel.
Gewöhnliches Habichtskraut

I; H, s, ®, ❀; A, AV, M_1, M_2, F; RL –
T1.1.2.5, T1.4.3.2, T4, T6.2.1.5.4, T8.1.1, T10.3.1, T10.3.4.2, T10.5.4
M »Vulgata«-Typ. Grundblätter 2–5(–8), gras-, dkl- od. graugrün. Blattspreite fast eifg od. br elliptisch bis lanzettl., meist lg in den Stiel verengt, gezähnelt bis fiederschnittig gezähnt. Stgblätter (1–) 3–5(–12), langsam dekreszierend, untere noch bis deutl., mittlere bis sehr kurz gestielt, obere keilig bis br sitzend, ei- bis schmal lanzettl. Gesamtblütenstand rispig. Äste (2–)3–8(–10). Köpfchen (5–) 10–25(–50). Hüllblätter wenigreihig, schmal bis br, stumpf bis spitz, meist haarlos od. bis mäßig behaart, dafür arm- bis reich drüsig, flockenlos od. bis mäßig flockig.

3093 **Hieracium diaphanoides** Lindeb. ►
(murorum > lachenalii)
Durchscheinendes Habichtskraut

I; ⟨H, w, ⊙⟩; A, AV, M_1, M_2, F; RL –
T8.1
M »Vulgata«-Typ. Wie 3092, aber Spreite der Grundblätter nicht lg in den Stiel verschmälert, sondern am Grund gestutzt bis kurz in den Stiel verengt. Stgblätter 2–3(–4), meist rasch dekreszierend. Synfloreszenz immer reich u. meist auch lgdrüsig, slt behaart.

◄ 3094 **Hieracium maculatum** Schrank
(glaucinum ≥ lachenalii)
Geflecktes Habichtskraut

I; H, w, ⊙, ❀; AV, M_1, M_2, F; RL reg
T1.1.2.5, T6.2.2.2.3
M »Vulgata«-Typ. Wie 3092, aber Blätter meist stark gefleckt, wenn ungefleckt, dann bläul. graugrün.

3097 **Hieracium bifidum** Kit. ex Hornem. ►
Gabeliges Habichtskraut

I; H, w, ⊙; A, AV, M_1, M_2; RL reg
T1.1.1.4, T3.4.2.1, T5.2.2.2.1, T5.2.3, T6.2
M »Murorum«-Typ. Grundblätter grün bis lauch- od. blaugrün, slt auch gefleckt. Spreitenform sehr variabel, oval bis schmal lanzettl., am Grund herzfg bis gestutzt od. kurz bis lg in den Stiel verschmälert, ganzrandig bis grobzähnig od. lappig fiederschnittig. Blattoberseite meist kahl. Stgblätter 0–1(–2). Gesamtblütenstand hoch gabelig, wenigköpfig bis locker rispig, Äste 1–3(–5). Köpfchen (1–)3–8(–20). Hüllblätter hfg lg feinspitzig, zerstreut bis mäßig behaart. Drüsen fehlend od. spärl., slt reichl., Flocken zumindest am Rand, meist jedoch überall reichl. bis sehr reichl., Blütenzähne ungewimpert.

◄ 3098 **Hieracium caesium** (Fr.) Fr.
Blaugraues Habichtskraut

I; H, w, ⊙; A, AV, M_1, M_2; RL 3
T1.1.2.5 (licht), T3.4.2, T6.2, T8.1
M »Vulgata«-Typ. Grundblätter bläul. bis lauchgrün, meist ungefleckt, eifg bis schmal lanzettl. Spreite am Grund kurz bis lg in den Stiel verschmälert, gezähnelt bis grob od. lggezähnt. Blattoberseite meist kahl, bei manchen Individuen gefleckt. Stgblätter (1–)2–3, slt mehr. Gesamtblütenstand gabelig wenigköpfig bis locker rispig. Äste 1–3(–5). Köpfchen (2–)3–8(–20). Hüllblätter wenigreihig, meist schmal u. lg feinspitzig, zerstreut bis reichl. behaart. Drüsen meist fehlend od. spärl. Flocken zumindest am Rand, meist jedoch überall reichl. bis sehr reichl., Synfloreszenz daher auch ohne Lupe deutl. grauköpfig.

3095 **Hieracium melanops** Arv.-Touv.
(murorum – piliferum)
Schwarzdrüsiges Habichtskraut ohne Abb.

I; ⟨H, w, ⊙⟩; A; RL D
T3.4
M »Murorum«-Typ. Grundblätter dkl- bis graugrün, gestielt. Spreite an der Basis kurz verengt, gestutzt od. schwach herzfg, gezähnelt bis gezähnt, beidseits mäßig bis zieml. reichl. weichhaarig. Stgblätter 0–1(–2), Gesamtblütenstand meist gabelig. Äste 1–2(–3). Köpfchen (2–)4–15(–25). Hülle 8,5–10(–12) mm lg. Hüllblätter ± dachig, schwarz, stumpfl. bis spitz, armhaarig u. meist armflockig, sehr reich schwarzdrüsig.

3096 **Hieracium prinzii** (Käser ex Zahn) Zahn
(murorum > humile)
Prinz' Habichtskraut ohne Abb.

I; ⟨H, w, ⊙⟩; A, M_1; RL ?
T5.2.3.2
B Nur Altangaben: Schwäbische Alb (Bad Urach) u. Bayern (Wendelstein).

3098a **Hieracium subramosum** Lönnr.
(caesium – fuscocinereum)
Schwachverzweigtes Habichtskraut ohne Abb.

I; ⟨H, w, ⊙⟩; RL ?
T1.1.1 (auf Kreide, an Küste)
M »Vulgata«-Typ. Habitus wie 3098, 3099 od. ein wenigblättriges 3092, von letzterem durch mäßig bis reichl. flockige Hüllblattränder verschieden, von 3099 durch die starke Behaarung der Grundblätter u. des unteren Stgabschnittes, von 3098 durch die dklgrüne Blattfarbe verschieden.
B Bisher nur auf Rügen nachgewiesen.

3098b **Hieracium subrigidum**
Almq. ex Stenstr.
(subramosum – laevigatum)
Hochwüchsiges Habichtskraut ohne Abb.

I; ⟨H, w, ⊙⟩; F, RL ?
wie bei 3098a
M Habitus wie ein wenigblättriges 3130, jedoch mit deutl. Grundblattrosette u. reichl. flockigen Hüllblättern.
B Bisher nur auf Rügen nachgewiesen.

3099 **Hieracium vulgatum** Fr.
(bifidum ≤ lachenalii)
Dünnstängeliges Habichtskraut

I; ⟨H, w, ⊙⟩; A, AV, M_1, M_2; RL reg
L5.1.1, T5.2, (T6.2.1.5), T6.2.2.2, T8.1
M »Vulgata«-Typ. Grundblätter grün bis bläul. od. graugrün, meist ungefleckt, Spreite am Grund kurz bis lg in den Stiel verschmälert, gezähnelt bis grob- od. lgzähnig. Blattoberseite meist kahl. Stgblätter (1–)3–6(–10). Gesamtblütenstand meist locker rispig. Äste (2–)3–6(–10). Köpfchen (2–)5–15(–30). Hüllblätter wenigreihig, schmal bis br, spitz od. slt etwas stumpfl., Haare zerstreut bis reichl., Drüsen zerstreut bis mäßig, Rand arm- bis reichflockig, Fläche fast flockenlos bis ebenfalls reichl. flockig.

3100 **Hieracium pallescens** Waldst. & Kit.
(bifidum ≥ dentatum)
Verbleichendes Habichtskraut

I; ⟨H, w, ⊙⟩; A, AV; RL reg
T1.4.4 (aufgelockert), T3.1, T3.4.2.1
M »Murorum«- bzw. »Villosa«-Typ. Grundblätter hell-, satt- od. blaugrün, oval bis schmal lanzettl., am Grund kurz bis lg in den Stiel verschmälert, slt gestutzt od. schwach herzfg, ganzrandig bis grobzähnig od. lappig fiederschnittig, mäßig bis reichl. haarig, slt fast kahl. Stgblätter 0–2(–4). Gesamtblütenstand gabelig, wenigköpfig bis locker rispig, Äste 1–3(–5). Köpfchen (1–)3–8(–20). Hüllblätter wenigreihig, anliegend od. äußere etwas abstehend, meist schmal u. lg feinspitzig, reich bis zottig behaart. Drüsen zerstreut od. bis mäßig. Flocken zumindest am Rand, meist jedoch überall reichl.

3101 **Hieracium sommerfeltii** Lindeb.
(caesium – schmidtii)
Sommerfelts Habichtskraut ohne Abb.

I; ⟨H, w, ⊙⟩; M_2; RL ?
T5.2.1.1.1
B Nur aus dem Harz (Bodetal) und von Jena angegeben.

3102 **Hieracium canescens** Link
(vulgatum – schmidtii)
Graugrünes Habichtskraut ohne Abb.

I; ⟨H, w, ⊙⟩; M_2; RL R
T6.2.2
B Nur Altangaben aus dem Harz (Brocken) u. Thüringen (Jena).

3103 **Hieracium benzianum** Murr & Zahn
(pallescens – lachenalii)
Benz' Habichtskraut ohne Abb.

I; ⟨H, w, ⊙⟩; M_1; RL ?
T3.1.3, T4, T5.2.3
M »Vulgata«-Typ. Grundblätter sattgrün, ei- bis schmal lanzettl., in den Stiel verschmälert, gezähnelt bis grob gezähnt. Rand, Rückennerv u. Stiel meist reichl. weichhaarig. Stgblätter 2–4(–6). Gesamtblütenstand gabelig bis locker rispig. Äste 2–4(–6). Köpfchen (2–)3–6(–10). Hüllblätter dachig, meist anliegend bis etwas locker, schmal u. lg feinspitzig. Behaarung der Hüllblätter mäßig bis reichl., Drüsen nur spärl., Flocken zerstreut bis reichl.

3104 **Hieracium humile** Jacq.
Niedriges Habichtskraut

I; H, w, ⊙; A, M_1; RL 3
T5.2.2.2.(1)+2
M »Glandulosa«-Typ. Grundblätter hell-, gras- od. dklgrün, Blattspreite elliptisch, br bis schmal lanzettl., kurz bis lgr in den Stiel verschmälert, Blattrand meist unregelmäßig grobzähnig od. gegen den Stiel lappig gezähnt, überall mäßig bis deutl. kldrüsig, jedoch nicht klebrig. Stgblätter (0–)1–4 (–6). Gesamtblütenstand hoch bis tief gabelig. Äste 1–3(–5), meist bogig aufsteigend. Köpfchen (1–)4–8(–12). Köpfchenstiele reichl. drüsig. Hüllblätter zerstreut bis reichl. u. hfg etwas steif od. zottig behaart (2–3 mm), mäßig drüsig u. armflockig.

3105 **Hieracium cottetii** Godet ex Christener
(humile > murorum)
Cottets Habichtskraut

I; ⟨H, w, ⊙⟩; A, M_1; RL ?
T5.2.2.2.2
M »Glandulosa«- bzw. »Murorum«-Typ. Grundblätter hell-, gras- od. dklgrün, Blattspreite elliptisch bis längl. lanzettl., kurz in den Stiel verschmälert bis schwach herzfg. Blattrand meist unregelmäßig grobzähnig bis gezähnelt, am Rand zerstreut, slt bis mäßig kldrüsig. Stgblätter (0–)2–3(–4). Gesamtblütenstand hoch bis tief gabelig. Äste 1–4(–7). Köpfchen (1–)3–10(–20). Hüllblätter wenigreihig, zerstreut bis reichl. behaart, mäßig bis reichl. drüsig. Flocken zerstreut bis (am Rand u. gegen die Spitze) reichl.

3106 **Hieracium kerneri** Ausserd. ex Zahn
(humile – bifidum)
Kerners Habichtskraut ohne Abb.

I; ⟨H, w, ⊙⟩; A, M_1; RL D
T4 (felsig), T5.2..2
M »Murorum«-Typ. Wie 3105, aber Hüllblätter meist nur bis mäßig drüsig, dafür mäßig bis reichl. flockig.

3107 **Hieracium valoddae** (Zahn) Zahn
(humile – pallescens)
Valodda-Habichtskraut ohne Abb.

I; ⟨H, w, ⊙⟩; A; RL ?
T6.1.2
B Wenige alte Funde aus den Alpen: Reiteralpe, Mittenwald.

3108 **Hieracium alpinum** L. ▶
Alpen-Habichtskraut

I; H, w, ©; A, M_2; RL reg; Z
T3.2, T3.4.1, T4, T6.2.1.5.4 (a)
M »Glandulifera«- bzw. »Villosa«-Typ. Grundblätter dkl- bis grasgrün, verkehrt eifg bis lanzettl. zungig od. lanzettl. spatelig, ganzrandig bis buchtig spitzzähnig, zerstreut bis mäßig behaart. Stgblätter 0–3, slt mehr, kl od. nur brakteenfg. Stg 1-köpfig, slt gabelig. Hülle oval bis dick kugelig, (10–)12–18(–20) mm lg. Hüllblätter gleich gestaltet od. äußere abstehend, breiter u. grün. Haare der Hülle sehr reichl., grau u. schwarzfüßig, slt oben hell. Flocken 0. Pfl reichl. (Blätter oft weniger u. nur kl) drüsig. Blütenzähne deutl. gewimpert.

3109 **Hieracium nigrescens** Willd. ▶
(alpinum ≥ murorum)
Schwärzliches Habichtskraut

I; ⟨H, w, ⊙⟩; A, M_2; RL G
T4, T6.2.1.5.4 (a)
M »Villosa«- bzw. »Glandulifera«-Typ. Grundblätter dkl- bis grasgrün, verkehrt eifg bis lanzettl. spatelig, rasch bis langsam in den Stiel verschmälert. Spreite gezähnelt bis am Grund grobzähnig. Stgblätter 0–3(–6). Äste 0–2(–4). Köpfchen 1–3 (–7). Hülle oval bis dick kugelig, 10–15(–18) mm lg. Hüllblätter meist gleich gestaltet, slt äußere abstehend u. schwach blättchenfg, reichl. behaart, mäßig drüsig, flockenlos od. wenigflockig. Ganze Pfl zerstreut bis mäßig kldrüsig, oben auch mit längeren Drüsen. Blütenzähne ± gewimpert.

3110 **Hieracium atratum** Fr. ▶
(alpinum < murorum)
Schwarzes Habichtskraut

I; ⟨H, w, ⊙⟩; A; RL ?
T4, T6.2.1.5.4 (a)
M »Murorum«- bzw. »Glandulifera«-Typ. Grundblätter dkl- bis grasgrün, br eifg bis längl. lanzettl., Spreite am Grund in den Stiel verschmälert, gestutzt od. schwach herzfg, kurz bis grobzähnig, Rand zerstreut bis mäßig (z. T. nur mikro-) drüsig. Stgblätter 1–3(–4). Äste 1–3(–5). Köpfchen (2–)4–8 (–15). Hülle oval bis dick kugelig, (8,5–)10–12 (–14) mm lg. Hüllblätter gleich gestaltet, Haare reichl. bis fehlend, Drüsen mäßig bis reichl., arm- bis mäßig flockig.

3113 **Hieracium vollmannii** Zahn
(bocconei – murorum)
Vollmanns Habichtskraut ohne Abb.

I; ⟨H, w, ⊙⟩; A; RL ?
T4
B Einmal für Neuroth bei Tegernsee angegeben.

▲
3111 **Hieracium bocconei** Griseb.
(alpinum – lachenalii)
Boccones Habichtskraut

I; ⟨H, w, ⊙⟩; A; RL D
T4, T6.2.1.5.4 (a)
M »Vulgata«- bzw. »Glandulifera«-Typ. Grundblätter wenige bis fehlend, gras- bis graugrün, elliptisch bis eilanzettl., lg in den Stiel verengt, gezähnelt bis lgzähnig. Stgblätter (2–)4–8(–12), langsam dekreszierend, am Rand wie auch ganzer Stg zerstreut bis mäßig kldrüsig. Gesamtblütenstand locker rispig. Äste (1–)3–5(–8). Köpfchen (1–)3–8 (–25). Hüllblätter wenigreihig, br, stumpf bis spitz, meist haarlos, dafür reichl. lgdrüsig, flockenlos bis arm flockig. Blütenzähne meist gewimpert.

3112 **Hieracium simia** (Huter ex Zahn) Zahn
(bocconei – lachenalii)
Nachäffendes Habichtskraut

I; ⟨H, w, ⊙⟩; A; RL ?
T3.1, T8.1
M »Vulgata«-Typ. Wie 3092, aber Blattränder mikrodrüsig, Drüsen am Stg weit herabgehend.
▼

3114 **Hieracium pietroszense** Degen & Zahn (alpinum ≥ bifidum)
Pietroszer Habichtskraut ohne Abb.

I; ⟨H, w, ⊙⟩; A; RL ?
T3.4, T4
M »Murorum«-Typ. Wie 3109, aber Köpfchenstiele u. Hüllblätter reicher flockig, weniger drüsig.

3115 **Hieracium rohacsense** Kit. (alpinum < bifidum)
Vorarlberg-Habichtskraut

I; ⟨H, w, ⊙⟩; A; RL D
T3.4, T4
M »Murorum«-Typ. Wie 3110, aber Blätter dkl-bläul. grün, Hülle reichl. flockig, nur zerstreut bis mäßig drüsig, dazu immer bis mäßig behaart.

3116 **Hieracium pseudodolichaetum** (Benz & Zahn) Zahn (atratum – pallescens)
Promos-Habichtskraut ohne Abb.

I; ⟨H, w, ⊙⟩; A; RL ?
B Nur von der Höfats u. der Schönbergalpe im Allgäu bekannt geworden.

3117 **Hieracium arolae** (Murr) Zahn (alpinum ≤ pallescens)
Arlberg-Habichtskraut Abb. o. re.

I; ⟨H, w, ⊙⟩; A; RL D
T3.4, T4
M »Villosa«- bzw. »Murorum«-Typ. Wie 3100, aber Blätter mikrodrüsig, Haare der Hülle grau u. schwarzfüßig. Blütenzähne meist gewimpert.

3118 **Hieracium serratum** Nägeli & Peter (alpinum ≤ dentatum)
Gesägtblättriges Habichtskraut ohne Abb.

I; ⟨H, w, ⊙⟩; A; RL ?
T3.4
M »Villosa«-Typ. Wie 3077, aber ganze Pfl zerstreut bis mäßig drüsig, am Blattrand auch nur mikrodrüsig.

3119 **Hieracium amplexicaule** L.
Stängelumfassendes Habichtskraut

I; H, w, ⑦; A, M_1, (F); RL reg; D
T5.2.2.1, T5.2.3.1, T10.2..2.1
M »Glandulifera«-Typ. Grundblätter spatelig bis lanzettl., gezähnelt bis grob buchtig gezähnt. Blattoberseite u. Rand haarlos bis deutl. behaart. Stgblätter 3–6(–10), untere spatelig wie die Grundblätter, obere hfg kurz eifg, alle deutl. stgumfassend, meist langsam dekreszierend. Gesamtblütenstand hoch gabelig bis locker rispig. Äste (1–)2–4(–6). Köpfchen (2–)5–25. Hülle 10–16 mm. Blüten hell- bis sattgelb, Blütenzähne stark gewimpert. Pfl bis reichl. klebrig drüsig, dadurch auch duftend.

3120 **Hieracium intybaceum** All.
Endivien-Habichtskraut Abb. M. re.

I; H, w, ⊙; A; RL 2; D
T5.1.1.4, T5.2.2.1.1
M »Glandulifera«-Typ. Grundblätter fehlend. Stgblätter (7–)10–15(–20), untere hfg scheinrosettig gedrängt, lanzettl., ungleich vielzähnig. Stg 1–3-köpfig (bei weit herabreichender Verzweigung auch bis 7-köpfig). Hülle 14–18 mm lg, äußere Hüllblätter abstehend, hellgrün. Blüten gelbl. weiß. Pfl klebrig, lg- u. sehr reichdrüsig, stark duftend.

3121 **Hieracium prenanthoides** Vill.
Hasenlattich-Habichtskraut

I; H, w, ⑧; A, M_1; RL reg
T3.1.1 (tro), T3.1.6, T3.4.2.2
M »Prenanthoidea«-Typ. Grundblätter fehlend. Stgblätter (10–)15–30(–50), hell-, dkl- od. bläul. grün, ei- bis schmal lanzettl., untere stielartig, mittlere geigenfg verschmälert, halb bis stark stgumfassend sitzend, obere eilängl. u. herzfg stgumfassend. Blattrand ganzrandig bis grobzähnig. Gesamtblütenstand locker rispig. Äste (5–)7–15(–20). Köpfchen (5–)10–25(–70). Hülle zylindrisch bis eifg, (7–)9–11(–13) mm lg. Hüllblätter haarlos od. zerstreut behaart, meist reichl. drüsig, Flocken spärl., slt bis reichl., Blütenzähne gewimpert.

3122 **Hieracium cydoniifolium** Vill.
(prenanthoides > villosum)
Quittenblättriges Habichtskraut ohne Abb.

I; ⟨H, w?, ⊙⟩; A; RL D
T3.1, T8.1 (Kalk)
M »Villosa«- bzw. »Prenanthoidea«-Typ. Grundblätter fehlend. Stgblätter 8–12(–16), untere zur Blütezeit meist schon verwelkt, untere mit stielartigem Grund halb, mittlere ± geigenfg, obere herzfg stgumfassend. Gesamtblütenstand rispig bis locker rispig. Äste (1–)2–5(–10). Köpfchen (2–)5–12(–25). Hülle kugelig bis zylindrisch eifg, 9–11(–15) mm lg. Äußere Hüllblätter locker bis anliegend, zerstreut bis reichl. drüsig, spärl. bis reichl. flockig. Pfl mäßig bis reichl. behaart, slt auf der Blattoberseite haarlos.

3123 **Hieracium jurassicum** Griseb.
(prenanathoides ≥ murorum)
Jurassisches Habichtskraut

I; H, w, ⊙; A; RL D
T3.1.1, T8.1
M »Prenanthoidea«-Typ. Grundblätter 1–3, slt fehlend. Stgblätter (4–)6–12(–20), gras- bis hellgrün, ei- bis schmal lanzettl., untere stielartig, mittlere geigenfg verschmälert, halb bis deutl. stgumfassend sitzend, obere eilängl. u. herzfg stgumfassend. Blattrand ganzrandig bis grobzähnig. Gesamtblütenstand locker rispig. Äste (2–)3–8(–15). Köpfchen (4–)6–15(–45). Hülle zylindrisch bis eifg, (7–)8–10(–12) mm lg. Hüllblätter haarlos od. zerstreut behaart, meist reichdrüsig, Flocken spärl. bis mäßig. Blütenzähne schwach od. nicht gewimpert.

3124 **Hieracium umbrosum** Jord.
(prenanthoides < murorum)
Schattenliebendes Habichtskraut Abb. o. re.

I; ⟨H, w?, ⊙⟩ A, M_1; RL G
T3.1, T4
M »Vulgata«- od. »Prenanthoidea«-Typ. Grundblätter 2–5 (slt fehlend), satt-graugrün, oval bis elliptisch lanzettl. Stgblätter (2–)3–5(–7), meist sattgrün, eilängl. bis längl. lanzettl., gezähnelt bis deutl. gezähnt, untere geflügelt gestielt, übrige stielartig verschmälert, alle am Grund verbreitert u. etwas stgumfassend. Gesamtblütenstand locker rispig. Äste 3–7. Köpfchen (3–)5–20(–30). Hülle oval, 8–10 mm lg. Hüllblätter meist haarlos, reichl. drüsig, meist nur armflockig.

3125 **Hieracium rapunculoides** Arv.-Touv.
(prenanthoides ≥ lachenalii)
Rapunzel-Habichtskraut ohne Abb.

I; ⟨H, w?, ⊙⟩; A; RL D
T3.1, T8.1
M »Prenanthoidea«-Typ. Grundblätter 1–5, slt fehlend. Stgblätter (4–)6–12(–25), gras- bis hellgrün, br bis schmal lanzettl., untere stielartig verschmälert u. kaum stgumfassend, mittlere etwas, obere mit br Basis stgumfassend. Blattrand gezähnelt bis grobzähnig. Gesamtblütenstand locker rispig. Äste (4–)6–10(–25). Köpfchen (4–)5–25 (–35). Hülle eifg, 8–12 mm lg. Hüllblätter haarlos od. zerstreut behaart, meist reichdrüsig. Flocken spärl. bis mäßig. Blütenzähne kahl od. schwach gewimpert.

3126 **Hieracium cavillieri** Zahn
(prenanthoides > bifidum)
Cavilliers Habichtskraut ohne Abb.

I; ⟨H, w?, ⊙⟩; A; RL ?
T3.1, T8.1
M »Prenanthoidea«-Typ. Wie 3121, aber hfg hypophyllopod, Stgblätter nur 10–15, Äste 5–8, Köpfchen 10–20. Hülle ± grau flockig u. zerstreut bis zieml. reichl. behaart.

3127 **Hieracium juraniforme** (Zahn) Zahn
(prenanthoides – bifidum)
⟨Hasenlattichartiges⟩ Habichtskraut ohne Abb.

I; ⟨H, w?, ⊙⟩; A; RL D
T3.1, T8.1
M »Prenanthoidea«-Typ. Wie 3123, aber Köpfchenzahl meist geringer (5–15) u. Hülle bis mäßig behaart u. mäßig bis ± reichl. flockig.

3128 **Hieracium macilentum** Fr.
(jurassicum < bifidum)
Abgemagertes Habichtskraut

I; ⟨H, w?, ⊙⟩; A; RL D
T3.1, T3.4, T4, T8.1 (meist Kalk)
M »Vulgata«- bzw. »Prenanthoidea«-Typ. Grundblätter 3–6, gras-, dkl- od. bläul. grün. Blattspreite verkehrt eifg bis längl. u. rundstumpf, am Grund rasch verengt od. gestutzt, slt schwach herzfg. Blattrand gezähnelt od. gegen die Basis grobzähnig. Stgblätter (1–)2–3(–6), am Grund verbreitert bis schwach stgumfassend. Gesamtblütenstand locker rispig. Äste (1–)2–4(–6). Köpfchen (2–)5–12 (–25). Hüllblätter wenigreihig, meist schmal u. spitz, Haare, Drüsen u. Flocken mäßig bis zieml. reichl., Blütenzähne z. T. schwach gewimpert.

3129 **Hieracium picroides** Vill.
(prenanthoides – intybaceum)
Bitterkrautartiges Habichtskraut

I; H, w, ⊙; A; RL D
T3.1.1
M »Glandulifera«- bzw. »Prenanthoidea«-Typ. Grundblätter fehlend od. nur 1–2. Stgblätter (6–)8–12(–20), gras- bis hellgrün, ei- bis schmal lanzettl., untere geflügelt gestielt, mittlere ± geigenfg verschmälert, mit herzfgm Grund sitzend bis halbstgumfassend, obere mit gerundeter Basis ± stgumfassend. Blattrand gezähnelt bis stark gezähnt, meist reichl. drüsig, dazu oft auch bis mäßig behaart. Gesamtblütenstand locker rispig. Äste (2–)3–5(–10). Köpfchen (2–)6–15(–35). Hülle br eifg, (10–)11–12 mm lg. Hüllblätter reichl. u. dkldrüsig, meist haarlos, Flocken spärl. bis mäßig. Blüten hfg hellgelb, Blütenzähne gewimpert.

3130 **Hieracium stenoplectum** Arv.-Touv. & Huter
(prenanthoides > intybaceum)
Schmalfaltiges Habichtskraut

I; ⟨H, w, ⊙⟩; A; RL ?
T3.1
B Nur eine Altangabe aus dem Allgäu (Söller).

3131 **Hieracium laevigatum** Willd.
Glattes Habichtskraut

I; H, s, ⑦, ❀; A, AV, M_1, M_2, F, K; RL –
T1.1.1.1, T1.1.2.5 (licht), T4, T6.2.1.5, T9.3.2.1, Pionier: T10.3.1, T10.3.4.2, T10.5.4
M »Vulgata«- od. »Accipitrina«-Typ. Grundblätter 0, slt 1–3. Stgblätter (3–)5–20(–50), ei- bis lineal-lanzettl., gezähnelt bis grob 3–5-zähnig. Gesamtblütenstand meist rispig. Äste (3–)5–10(–30). Köpfchenstiele zerstreut bis reichl. flockig, Haare u. Drüsen daran 0 bis spärl. od. mäßig. Köpfchen (5–)10–30(–50). Hüllblätter wenigreihig bis unregelmäßig dachig, anliegend, schmal bis br, stumpf bis spitz, Haare 0 bis mäßig, arm bis reichl. kldrüsig, Flocken 0 bis mäßig.

3132 **Hieracium calocymum** Zahn
(laevigatum – onosmoides)
Schöndoldiges Habichtskraut ohne Abb.

I; ⟨H, w, ⊙⟩; M_1; RL ?
T5.2.1
B Altangaben aus dem Mittelrheingebiet (Bad Kreuznach, St. Goarshausen) u. aus Thüringen (Schwazatal).

3133 **Hieracium norvegicum** Fr.
(laevigatum – saxifragum)
Norwegisches Habichtskraut ohne Abb.

I; ⟨H, w?, ⊙, M_2; RL D
T1.1.2.5 (tro, Saum), T5.2, T6.1.2.2, T8.1
M »Vulgata«- od. »Accipitrina«-Typ. Grundblätter 0, slt 1–3. Stgblätter 4–6(–18), graugrün, lanzettl. bis schmal lanzettl., gezähnelt bis gesägt gezähnt, Rand schwach borstl. behaart u. wenig mikrodrüsig. Gesamtblütenstand locker rispig. Äste 3–5. Köpfchen (2–)4–8(–20). Hüllblätter wenigreihig bis unregelmäßig dachig, anliegend, schmal bis br, stumpf bis spitz, zerstreut bis mäßig behaart, armdrüsig, Flocken mäßig bis reichl.

3134 **Hieracium rigidiceps** S. & V. Bräut.
(laevigatum – glaucinum)
Steifköpfiges Habichtskraut ohne Abb.

I; ⟨H, w, ⊙⟩; M_1, M_2; RL ?
T8.1
M »Vulgata«-Typ. Grundblätter 2–4, oval, kurz in den Stiel verschmälert. Spreite gezähnt bis tief fiederschnittig, unterseits violett. Stgblätter 2–6, grobzähnig. Gesamtblütenstand rispig bis doldig rispig, reichköpfig. Hüllblätter br, stumpfl., unregelmäßig dachig, meist reichdrüsig, zerstreut behaart u. bis mäßig flockig.

3135 **Hieracium inuloides** Tausch
(prenanthoides – laevigatum)
Alantblättriges Habichtskraut

I; H, w ⟨?⟩, ⊙; M_1; RL R
T1.4.2 (felsig), T1.4.5.3, (Saum), T3.1.6
M »Accipitrina«-Typ. Grundblätter fehlend. Stgblätter (10–)15–25(–30), langsam dekreszierend, untere mit verschmälertem Grund sitzend, mittlere u. obere mit breitem, gerundetem bis herzfgm Grund sitzend bis halbstgumfassend, br eilanzettl. bis schmallanzettl. Blattrand gezähnelt bis scharfzähnig. Gesamtblütenstand rispig, Äste (3–)5–8(–12). Köpfchen (2–)5–20(–50). Hüllblätter wenigreihig bis unregelmäßig dachig, anliegend, schmal bis br, meist stumpfl., haarlos od. zerstreut behaart, armdrüsig od. bis fast reichl. drüsig. Flocken zerstreut bis reichl.

3136 **Hieracium umbellatum** L.
Doldiges Habichtskraut

I; H, s, ⑧, ❀; A, AV, M_1, M_2, F, K; RL –
T1.1.2.5 (licht), T1.4.1.2, T6.2.1.4, T6.2.2.2.3, T8.1, T10.3.1, T10.3.4.2, T10.5.4+5
M »Accipitrina«-Typ. Grundblätter fehlend. Stgblätter (10–)20–50(–80), lineal bis lanzettl., ganzrandig bis lgzähnig, am Rand meist deutl. umgerollt, Blattgrund verschmälert, keilig od. gerundet sitzend. Gesamtblütenstand doldig bis doldig rispig. Äste (2–)15–30(–50). Köpfchen (1–)20–50(–150). Hüllblätter meist ganz kahl, mehrreihig dachziegelig angeordnet, die Spitzen meist deutl. zurückgebogen.

◂◂3137 **Hieracium laurinum** Arv.-Touv. (umbellatum > sabaudum)
Lorbeerartiges Habichtskraut

I; ⟨H, w, ⊙⟩; M_1, M_2, F; RL reg
T1.1.2.5 (licht), T8.1
M »Accipitrina«-Typ. Grundblätter fehlend. Stgblätter 20–50(–75), lanzettl. bis elliptisch lanzettl., gezähnelt bis deutl. gezähnt, am Rand meist deutl. umgerollt, Blattgrund der mittleren u. oberen Blätter kaum verschmälert sitzend od. mit breitem Grund sitzend. Gesamtblütenstand doldig rispig. Äste 15–30(–40). Köpfchen 20–50(–100). Hüllblätter mehrreihig dachziegelig, Spitzen nicht od. nur undeutl. zurückgebogen, bis mäßig mikrodrüsig u. vereinzelt auch mit einigen Haaren.

◂3138 **Hieracium sabaudum** L.
Savoyer Habichtskraut

I; H, s, ⑨, ⊛; A, AV, M_1, M_2, F; RL –
T1.1.1.1, T1.1.2.5 (licht), T4, (T6.2), T8.1.2, (T10.3.4.2, T10.5.4)
M »Accipitrina«-Typ. Grundblätter fehlend. Stgblätter (10–)20–50(–75), oval bis elliptisch od. längl. lanzettl., gezähnelt bis deutl. gezähnt, Blattgrund der mittleren u. oberen Blätter verschmälert od. mit gerundetem bis fast schwach herzfgm Grund sitzend, am Rand nicht umgerollt, Spitze gelegentl. verdreht. Gesamtblütenstand locker rispig, slt doldig rispig. Äste (5–)10–30(–40). Köpfchen 20–50(–100). Hüllblätter br u. stumpf, mehrreihig dachziegelig angeordnet u. anliegend, haarlos bis mäßig behaart, bis mäßig mikro- od. lgdrüsig, flockenlos od. bis mäßig flockig. Grubenränder des Blütenbodens deutl. haarartig gefranst. Achänen dklbraun bis schwarz.

◂◂3139 **Hieracium flagelliferum** Ravaud (sabaudum – lachenalii)
Peitschensprossiges Habichtskraut

I; ⟨H, w?, ⊙⟩; M_1; RL ?
T8.1, T10.3.4.2
M »Vulgata«- od. »Accipitrina«-Typ. Schwierig abzugrenzende Sippe die Merkmale vereinigt von 3092 (Vorhandensein von Grundblättern), 3130 (6–30 Stgblätter, undeutl. dachziegelige Anordnung der Hüllblätter, Blütezeit Juni–Juli) u. 3137 (keilfg bis gerundet sitzende mittlere u. obere Stgblätter, br, drüsenlose od. spärl. drüsige Hüllblätter).
B Abgebildet ist die ssp *beckhausii* Gottschl.

◂◂3140 **Hieracium lycopifolium** Froel. (sabaudum – prenanthoides)
Wolfstrappblättriges Habichtskraut

I; H, s, ⊙; M_1; RL 3
T1.1.2.3, T1.1.2.5.4, T8.1.2.1
M »Accipitrina«-Typ. Grundblätter fehlend. Stgblätter (15–)20–30(–40), längl. lanzettl. bis elliptisch, weich. Mittlere u. obere Blätter mit breitem bis deutl. herzfgm Grund sitzend bis halbstgumfassend, gezähnelt bis deutl. gezähnt, Rand wenig mikrodrüsig, unterseits deutl., untere nur an Rand u. Nerven flockig. Gesamtblütenstand locker rispig. Äste (3–)5–15(–35). Köpfchen 15–35 (–70). Hüllblätter hell- bis dklgrün, meist auch noch hellrandig, wenigreihig dachziegelig angeordnet u. anliegend, spärl. behaart, mäßig bis zieml. reichl. mikro- u./od. lgdrüsig, bis mäßig flockig. Grubenränder des Blütenbodens fransig bis schwach drüsig gezähnt. Achänen hell- bis dklbraun.

3141 **Hieracium pseudocorymbosum** Gremli (lycopifolium – umbellatum)
Schirmtraubiges Habichtskraut

I; ⟨H, w?, ⊙⟩; M_1; RL ?
T8.1.2.1, oft mit 3136 u. 3140
M »Accipitrina«-Typ. Grundblätter fehlend. Stgblätter (20–)30–50(–70), lanzettl. bis längl. lanzettl., mittlere u. obere mit brm od. gerundetem Grund sitzend, schwach stgumfassend, bis deutl. gezähnt, in der unteren Hälfte auch mit lgn vorgekrümmten Sägezähnen, am Rand schwach umgerollt u. nur mit vereinzelten Drüsen. Gesamtblütenstand doldig rispig. Äste 5–15(–30). Köpfchen 20–50(–75). Hüllblätter meist br u. stumpf, mehrreihig dachziegelig angeordnet, äußere schwach abstehend, zerstreut bis mäßig behaart, mäßig bis deutl. drüsig, schwach bis reich flockig. Grubenränder des Blütenbodens deutl. haarartig gefranst. Achänen meist dklbraun.

▸

3143 **Hieracium platyphyllum** (Arv.-Touv.) Arv.-Touv. (racemosum – sabaudum)
Breitblättriges Habichtskraut ohne Abb.

I; ⟨H, w, ⊙⟩; F; RL ?
B Nur einmal aus Brandenburg (Lychen) gemeldet.

3142 **Hieracium racemosum** Waldst. & Kit. ex Willd.
Traubiges Habichtskraut

E; H, w?, ⊙; F; RL reg
T8.1.2.1
M »Accipitrina«-Typ. Grundblätter fehlend. Stgblätter 10–25(–50), hfg im unteren Stgdrittel scheinrosettig gedrängt, oval bis elliptisch od. längl. lanzettl., gezähnelt bis deutl. gezähnt, meist br geflügelt gestielt, darüber meist nur noch kleine eifge bis lanzettl., sitzende Blätter. Gesamtblütenstand traubig wenigköpfig bis traubig rispig. Äste 5–10(–30), meist kurz. Köpfchen (5–)10–25(–50). Hüllblätter wenigreihig dachig bis fast 1-reihig (äußere dann sehr kurz), anliegend. Haare, Drüsen u. Flocken in unterschiedl. Kombinationen fehlend bis reichl. Grubenränder des Blütenbodens nur kurz gezähnt. Achänen ledergelb bis dklbraun.
B Heimat: Alpen, S- u. SO-Europa.

▸▸
▸

▾

Abteilung
Spermatophyta (Blütenpflanzen)

→ **Kl. Liliopsida (= Monocotyledoneae, Einkeimblättrige Bedecktsamer)**

◂ 3144 **Butomus umbellatus** L.
Schwanenblume (Gttg 1 sp)

I; W, s-w, ⑧; AV, M_1, M_2, F, K; RL reg; ✋, Z, Aq
L3..5, L3.1, L4.1–4 (Ufer, L4.4, L4..2.3
(Nur Ökotyp *vallisneriifolia* Sagorski)
M 50–150 cm. Rhizom kriechend, zuw. mit Brutknöllchen, Stg rund. Blätter grasartig rinnig, bis 1 cm br. Blüten 6-zählig, 2–2,5 cm ∅, rosa (bis weiß), dkl geadert, bis zu 30 in Dolden, Staubblätter 9, Fruchtknoten 6, oberstdg, äußerer u. innerer Kreis gleich gestaltet.

3145 **Alisma plantago-aquatica** L. ▸
Gewöhnlicher Froschlöffel (Gttg 9 sp)

I; W, s, ⑧, ❀; A, AV, M_1, M_2, F, K; RL –; (☠), Z
L3..5, L3.1, L3.6, L4.4, S2.1
M 20–90 cm. Stg unbeblättert, Grundblätter gr, eifg lanzettl., am Grund abgerundet od. schwach herzfg., Blüten nachmittags geöffnet, in 3 grüne Kelch- u. 3 fast weiße Kronblätter geschieden, in rispigem, ausladendem Blütenstand, Blütenblätter abgerundet, Narbe 0,7–1,4 mm lg, Griffel aufrecht, nur im vordersten Fünftel mit kleinen Papillen besetzt. Fruchtknoten zahlreich.
B Sicher sind nur blühende Ex. zu bestimmen.

3146 **Alisma gramineum** Lej. ▸
Grasblättriger Froschlöffel

I; W, s, ⑧; AV, M_1, M_2, F, K; RL reg
L3..4.1, L3..5, L3..6, L3..7.3 (Stromtäler)
M 10–80 cm. Stg aufsteigend, niederliegend, unbeblättert. Grundblätter mittelgroß, lanzettl. elliptisch, untergetaucht, lineal bandfg. Blüten in 3 grüne Kelch- u. 3 weißl. Kronblätter geschieden, in rispigen Blütenständen, Blütenblätter abgerundet. Griffel kürzer als Fruchtknoten, ± hakig gebogen. Fruchtknoten zahlreich.

3147 **Alisma lanceolatum** With. ▸▸
Lanzettblättriger Froschlöffel

I; W, s, ⑧; AV, M_1, M_2, F, K; RL reg; Z
L3..5, L4.4, L7.3.2, S2.1
M 20–50 cm. Stg unbeblättert, alle Grundblätter gr, lanzettl., am Grund allmähl. verschmälert, oft etwas blaugrün. Blüten nur vormittags geöffnet, in 3 grüne Kelch- u. 3 zartrosa Kronblätter geschieden, in rispigen Blütenständen. Innere Blütenblätter deutl. spitzl., Narbe 0,3–0,8 mm lg, Griffel aufrecht, bis zur Hälfte mit groben Papillaren besetzt. Fruchtknoten zahlreich.

◂ 3148 **Caldesia parnassifolia** (Bassi ex L.) Parl.
(Gewöhnlicher) Herzlöffel (Gttg 4 sp)

I; W, s, ⊙, ⚥; M_1, (M_2); RL 1, §, B, F
L2.3, L3..5, L3.6, L4.4
M 10–30(–100) cm. Blätter tief herzfg, 2–4(–5) cm lg, stumpf, slt zugespitzt, sehr veränderl., aber lggestielt (bis 100 cm), mit bogigen Seitennerven, z. T. untergetaucht, z. T. schwimmend. Blüten weiß, in 5–11 doldigen Quirlen, 10 mm ∅. 8–10 (–25) Früchte, eifg, auf Rückseite mit 3 Nerven.

3149 **Luronium natans** (L.) Raf. ▸
Froschkraut (Gttg 1 sp)

I; W, w, ⑦, ⚥; (M_2), F; RL 2+, B, F; Z
L3..4.1, (L4..2.1), L3..6, L3.6, L4.4
M 10–40 cm. Stg beblättert, flutend od. kriechend, an den Knoten wurzelnd, mit untergetauchten linealen od. ovalen, 3–6 cm lgn Schwimmblättern. Blüten einzeln (od. zu wenigen), blattachselstdg, lggestielt, Kelch grün, Krone weiß mit gelbem Grund, rundl., 3mal so lg wie Kelch, 1–1,5 cm ∅, 6 Staubblätter, 6–9(–12) Fruchtblätter, 12–15-rippig, auch Griffel bespitzt.

◂3150 **Baldellia ranunculoides** (L.) Parl.
Gewöhnlicher Igelschlauch (Gttg 2 sp)

I; W, s, ⑧, ⚥; F, K; RL 2; Z, Aq
L3..6.2
M 5–30 cm. Stg aufrecht, aufsteigend, die Blätter überragend. Blätter alle grundstdg, eifg lanzettl., etwas ledrig, schwach herzfg, lggestielt, 3–5-nervig. Blüten weiß bis schwach rosa, zu 3–12 in 1 od. 2 übereinander stehenden Dolden, 6 Staubblätter. Früchte zahlreich, 5-kantig mit hakigem Griffel, 2–2,5 mm lg.

3151 **Sagittaria sagittifolia** L. ▸
Gewöhnliches Pfeilkraut (Gttg 20 sp)

I; W, s, ⑦, (♀♂); AV, M_1, M_2, F, K; RL reg, Z, Aq
L3..5, L4.1–4 (Ufer), L4.4, L4..3.3 (var *vallisneriifolia* Coss. et Germ.)
M 20–100 cm. Untergetauchte Blätter, lineal, sonst tief pfeilfg, lggestielt, Blattstiel rundl. Blüten 1,5–2,5 cm ∅, weiß (z. T. mit rotem Grund), in quirlig traubigen Blütenständen, Antheren meist rötl. violett, Blütenzipfel spitzl., Staubbeutel zahlreich. Frucht 4–5,5 mm lg, mit kurzem, leicht hakigem Schnabel.

◂3152 **Sagittaria latifolia** Willd.
Breitblättriges Pfeilkraut

E; ⟨W, s⟩, ⊙, oft ♀, ♂; M_1, M_2, F; RL –; Z, Aq
L3..5
M 30–150 cm. Ähnl. wie 3151, aber in allen Teilen größer u. kräftiger. Blätter 30 cm lg, 20 cm br, Blattstiel 3(–5)-eckig. Blüten 2–4(–5) cm ∅, immer reinweiß, Antheren gelb, Blütenstd rispig, junge Blütenzipfel gerundet. Frucht 2,5–4 mm lg, mit rechtwinklig abstehendem Schnabel.
B Heimat: Nordamerika

3153-3161 Hydrocharitaceae
Bearbeitet von P. Wolff

3153 **Vallisneria spiralis** L. ▸
Gewöhnliche Wasserschraube (Gttg 2–10 sp)

E; W, w, ⊙, (♀♂); wo?; RL –; Aq
L4.4 (warm)
M 20–80(–100) cm. Pfl mit Ausläufern. Alle Blätter linealisch, untergetaucht, rosettig, grundstdg, grasartig, 5–10 mm br, mehrnervig, weich, oben gesägt. Pfl etwas gedreht. Weibl. Blüten einzeln auf lgn, spiralig gedrehten, dünnen Stielen, männl. sehr kl, meist nur 2 Staubblätter, in bis 7 cm lgn, scheidig umhüllten Knäueln.
B Heimat: mediterran, subtrop. kosmopolitisch.

◂3154 **Hydrilla verticillata** (L. f.) Royle
Grundnessel (Gttg 1 sp), Fig. 64a

E; W, i, ⊙, (♀♂); F (östl.); ⟨RL –⟩; Aq
L3..4 (sommerwarm)
M 15–300 cm. Pfl untergetaucht, z. T. wurzelnd. Stg fädig, locker verästelt, Blätter kl, 1–3 cm lg, zu 2–8 im Quirl, zugespitzt, stachelspitzig, randl. gezähnt, jew. in den Achseln mit 2 gefransten Schuppen. Blüten 5 mm ∅, einzeln. In D nur weibl. Blüten beobachtet. Bei uns keine Früchte ausbildend.
B Formenreich. Heimat: disjunkt kosmopolitisch.

▴
3155 **Egeria densa** Planch.
⟨Gewöhnliche⟩ Großblüten-Wasserpest

U–E; ⟨W, w⟩, ⊙; M, F; ⟨RL –⟩; Aq (Gttg 2 sp)
L4.4 (warm)
M 30–60(–200) cm. Pfl untergetaucht, kräftig. Blätter dichtstehend, zu 4–5 quirlig an flutenden Stgln, 1–4 cm lg, 2–5 mm br, dklgrün. Blüten 3-zählig, 1–2 cm br, weiß; in D nur männliche.
B Heimat: Südamerika.

3156 **Elodea canadensis** Michx.
Kanadische Wasserpest (Gttg 12 sp), Fig. 64c

E; W, w, ⊙; A, AV, M_1, M_2, F, K; RL –; Aq
L3..4, L3.6, L4..2, L4.4
M 30–300 cm. Pfl untergetaucht. Blätter kl, quirlig an flutenden Stgln zu (2–)3(–4), 1–3 cm lg, weich od. starr, zungenfg, vorn abgerundet, parallelrandig, 2–5mal so lg wie br, 1,5–3,5 mm breit, dklgrün. Blüten 3–5,5 mm ∅, hellviolett, über Wasser.
B Heimat: Nordamerika. In D nur weibl. Blüten.

3157 **Elodea callitrichoides** (Rich.) Casp.
Argentinische Wasserpest ohne Abb., Fig. 64d

E; ⟨W, w⟩, ⊙; M; RL –; Aq
L4..2.3
M 10–200 cm. Pfl untergetaucht. Blätter kl, weich, quirlig an flutenden Stgln, 1,5–2 cm lg, meist zu (2–)3(–4), lineal, lg zugespitzt, dklgrün, 7,5–15mal so lg wie br, flach, schlaff. Blüten 5–10 mm br, weiß, über Wasser. In D nur weibl. Blüten.
B Heimat: Südamerika.

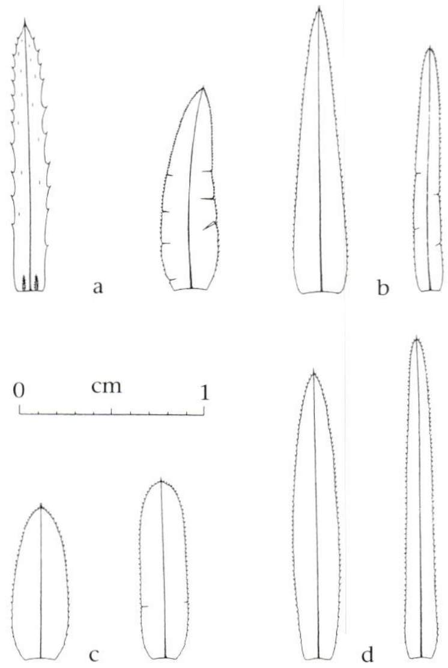

Fig. 64: Blätter der *Hydrilla-* und *Elodea*-Arten:
a: *Hydrilla verticillata*, b: *Elodea nuttallii*,
c: *Elodea canadensis*, d: *Elodea callitrichoides*
Aus Wolff (1980)

3158 **Elodea nuttallii** (Planch.) H. St. John
Schmalblättrige Wasserpest Fig. 64b

E; W, w, ⊙; M_1, M_2, F; RL reg; Aq
L3..4.1, L4..2.1
M 30–300 cm. Blätter kl, quirlig an flutenden Stgln, 1–3 cm lg, meist zu 3, schmal 3-eckig bis lineal, lg zugespitzt, dklgrün, 3,5–10mal so lg wie br, 1–3 mm br, zurückgekrümmt u. ± stark spiralig gedreht, oft starr. Blüten 3–5 mm ∅, hellviolett, über Wasser.
B Heimat: Nordamerika. Breitblättrige Form äußerl. schwer von 3156, lg- u. weichblättrige von 3157 zu unterscheiden (wohl aber kenntl. an den Flavonoiden).

3159 **Stratiotes aloides** L.
Krebsschere (Gttg 1 sp)

I; W, s, ⑥; AV, M_1, M_2, F, K; RL 3, §; ☺, Z, Aq
L3.2, L3..3.4, L4.4
M 15–40 cm. Pfl mit Ausläufern im Wasser. Blätter in starren, großen, halbuntergetauchten, frei schwimmenden, dichten, schräg aufwärts gerichteten Rosetten, 3-kantig, hakig vorwärts gerichtet gesägt. Blüten 3–4(–6) cm ∅, weiß, die Hochblätter ihrer Stiele sind Krebsscheren ähnl. Pfl mit Winterknospen überwinternd.

3160 **Hydrocharis morsus-ranae** L.
Europäischer Froschbiss (Gttg 3-6 sp)

I; W, s, ⊙, (♀ ♂); AV, M_1, M_2, F, K; RL 3; Z, Aq
L3..3
M 15–30 cm. Frei schwimmende Pfl mit Ausläufern u. Winterknospen, Wurzeln frei herabhängend (slt wurzelnd). Schwimmblätter rundl, nierenfg. Blüten weiß, am Grund gelb, (1–)2 cm ∅.

3161 **Lagarosiphon major** (Ridl.) Moss
Große Wechselblatt-Wasserpest, (Gttg 9 sp)
Wassergirlande

E; ⟨W, w⟩ ⊙; AV, M_1; RL –; Aq
L3.1...1
M 30–100 cm. Pfl untergetaucht. Blätter kl, wechselstdg, an flutenden Stgln, 1–3 cm lg, starr, stark bogig zurückgekrümmt, dklgrün, opak, zur Stgspitze gehäuft.
B Heimat: S-Afrika. In D nur weibl. Blüten, diese winzig, dklpurpurn an der Wasseroberfläche.

3162 **Scheuchzeria palustris** L.
Blumenbinse, Blasenbinse (Gttg 1 sp)

I; K, w, ⊙; A, AV, M_1, M_2, F; RL 2, §
S1.1, S1.2

M 10–30 cm. Stg aufrecht, beblättert, zickzackfg, unten von abgestorbenen Blattscheiden umgeben, mit kurzem Rhizom u. lgn unterirdischen Ausläufern. Blätter binsenartig, halbrund, rinnig, wechselstdg am Grund mit kurzer Ligula. Blüten sternfg, gelbgrün, Perigon zu 3–6, 4–6 mm ∅, in Trauben. Fruchtknoten 3–4(–6), getrennt, Frucht stark aufgeblasene Bälge, jew. 3–4 mm lg.

3163 **Triglochin maritimum** L.
Strand-Dreizack (Gttg 17 sp), Abb. M. li.

I; H, w, ⑤; M_1, M_2, F, K; RL 3-; ✎
H1.1.3, H2

M 10–60 cm. Rhizom meist waagerecht, Ausläufer dick u. kurz, ohne Zwiebel. Stg blattlos, Grundblätter grasartig, lineal. Blätter eng- u. vielröhrig, derb, mit lgr Ligula. Blüten sternfg, grünl., etwas rötl., Perigon maximal 3 mm lg, 6-fedrige Narbe, in zumindest oben dichten Trauben. Frucht 6-teilig, eifg, 4–6 mm lg, bei Reife nicht von unten spreizend.

3164 **Triglochin palustre** L.
Sumpf-Dreieck

I; H, w, ⑤; A, AV, M_1, M_2, F, K; RL 3+
L2, S2.2, T3.3, T7.4.1

M 10–40(–50) cm. Rhizom senkrecht, Ausläufer dünn u. lg, mit Zwiebel am Ende. Stg blattlos, Grundblätter grasartig lineal. Blätter 2-röhrig, zierl., mit kurzer, 2-teiliger Ligula. Blüten sternfg, grünl., Perigon meist 3 mm lg, 3-fedrige Narbe, weiß bis hellviolett, in lockeren Trauben. Frucht 3-teilig, lineal, ca 8 cm lg, bei Reife von unten spreizend.

3165 – 3194 Potamogetonaceae (inkl. **Ruppiaceae**)

Bearbeitet von D. T. E. van der Ploeg

3165 **Groenlandia densa** (L.) Fourr.
Fischkraut, Dichtblättriges Laichkraut (Gttg 1 sp)

⟨**I**⟩; W, s; ⊙; A, AV, M_1, M_2, F; RL 2; Aq
L4..2.1, L4..2.3, L4.4

M 10–30 cm. Stg in fließendem Wasser viel länger, oft mit weißen Nebenwurzeln. Unterwasserblätter eifg lanzettl., paarweise stgumfassend sitzend u. scheinbar gegenstdg. Ähren in den Blattachseln, 4-blütig, nach der Blüte zurückgebogen. Ährenstiel kurz. Früchte dünnwandig, stark zusammengedrückt mit hakenfg gebogenem Schnabel.

3166 **Potamogeton pectinatus** L.
Kamm-Laichkraut (Gttg ca 90 sp), Fig. 66a

I; W, w/s, ⊙; A, AV, M_1, M_2, F, K; RL –; Z
L3.2, L3.3, L3..4/L4..2, L4.4

M Untergetaucht. Rhizom 1–2 mm dick, weit kriechend, mit erbsengroßen Knollen. Stg besenfg verzweigt, bis 3 m lg. Blätter schlaff, fadenfg bis schmal linealisch, 1–5-nervig; Seitennerven unauffällig, Quernerven deutl.; Blattscheiden offen, mit kurzer Zunge. Blütenstand 2–5 cm lg, unterbrochen. Ährenstiel 2–10 cm lg. Früchte 3–4 × 2–4 mm, undeutl. gekielt, Schnabel kurz.
B Sehr variabel: var *pectinatus*: Blätter schmal, bürstenfg, 1-nervig, 0,5–1 mm br, in eine feine Spitze verschmälert; (3166a) var *zosteraceus* (Fries) Caspary: Blätter 3–5-nervig, 1–3 mm br, Spitze abgerundet.

3167 **Potamogeton helveticus** (G. Fisch.) W. Koch ▸
Schweizer Laichkraut Fig. 66b

I; W, s, (w), ⊙; A, AV, M_1; RL 3
L3.2, L3.3, L3..4/L4..2, L4.4
M Ähnl. wie 3166, aber kräftiger, bisweilen wintergrün. Rhizom 2–3(–8) mm dick. Stg bis 4 m lg, stark verästelt. Blätter steif. Blattscheiden blasenfg erweitert.
B Unklare Sippe. Möglicherweise Bastard zw 3168 u. 3166 (*P.* × *suecicus* Richter).

3168 **Potamogeton filiformis** Pers. ▸▸
Faden-Laichkraut Fig. 66c

I; W ⟨s⟩, ⊙; A, AV, F (östl.); RL 2, Aq
L3..4.1 (sa), L4..2.3, L4.4
M Rhizom dünn, reich verzweigt. Stg dünn, am Grund gabelfg verzweigt. Blätter untergetaucht, 5–20 cm lg, fast haarfg, 0,25–1 mm br, allmähl. verschmälert, mit abgerundeter, stumpfer Spitze. Blattscheiden röhrig, 8–27 mm lg, am Grund geschlossen. Blütenstand 2–10 cm lg, unterbrochen. Ährenstiel 4–12 cm lg. Früchte 2,2–3 × 1,5–2 mm.
B Ob im Brackwasser?

3169 **Potamogeton compressus** L. ▸
Flachstängeliges Laichkraut Fig. 65a, 66d

I; W, ⟨s⟩, ⊙; M_1, M_2, F; RL 2
L3.1, L3.2, L3..4.1
M Rhizom weit kriechend, oft fehlend. Stg bis 2 m lg, spärl. (in Fließgewässern) bis reich verzweigt, 2-seitig zusammengedrückt, geflügelt. Blätter untergetaucht, grün bis bräunl., bis 20 cm lg u. 2–5 mm br, 5-nervig; zw den Nerven viele Faserbündel, mit Quernerven (Mittelstreifennetz), am Grund ohne Höcker. Blattspitze abgerundet, bisweilen mit aufgesetzter Spitze. Blütenähre 10–15-blütig, 1–2 cm lg. Ährenstiele 3–12 cm lg, (viel) länger als die Ähre. Früchte 3,5–4 mm, kurz geschnäbelt, sehr oft fehlschlagend. Winterknospen fächerfg.
B Erträgt Verschmutzung.

3170 **Potamogeton acutifolius** Link ▸▸
Spitzblättriges Laichkraut Fig. 65b, 66e

I; W, ⟨s⟩, ⊙; AV, M_1, M_2, F; RL 3
L3.4.1, L4..2.3
M Ähnl. 3169, aber zierlicher. Stg ungeflügelt. Blätter grün, 1,5–4,5 mm br, oft lg zugespitzt, 3(–5)-nervig; am Blattgrund oft 2 deutl. Höcker, die besonders in schlickigem Wasser weiße Nebenwurzeln bilden. Ährenstiele 0,5–5,5 cm, kaum länger als die 4–6-blütige Ähre (2,5–5,5 mm lg). Früchte 3–4 × 2,3–3 mm, mit Zahn. Winterknospen slt.

Fig. 65: Vergleich der Blattspitzen von
a: *Potamogeton compressus* und
b: *Potamogeton acutifolius*
Aus: Clason in: Weevers et al. (1958)

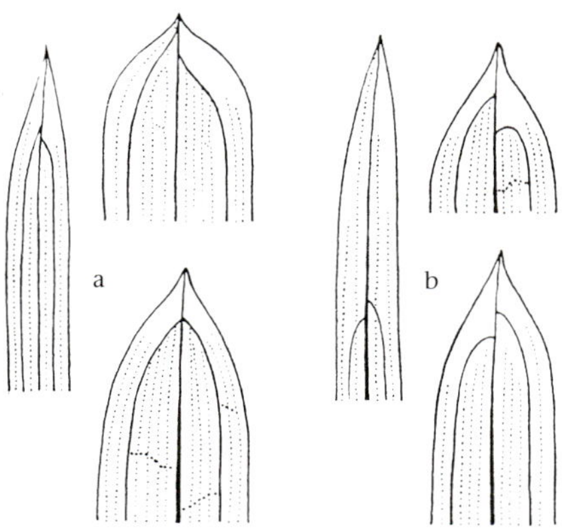

◂3171 **Potamogeton friesii** Rupr.
Stachelspitziges Laichkraut Fig. 66f

I; W, ⟨s⟩, ⊙; AV, M_1, M_2, F, K; RL 2
L3..4.1, L3.4..4.2, L3.2, L4.4
M Rhizom oft fehlend. Stg bis 1,5 m lg, mit vielen kurzen Seitenästen, zusammengedrückt, stumpfkantig. Blätter untergetaucht, bis 10 cm lg u. 1,5–4 mm br, grün, abgerundet mit aufgesetzter, kurzer Spitze, 3–5-nervig, Mittelnerv mit Luftgewebe. Nebenblätter oft bis zum Grund 2-spaltig. Ähre 0,8–1,5 cm, unterbrochen. Ährenstiel 1,5–3(–6) cm, verdickt. Frucht 1,5–2,5 × 1–1,5 mm, höckerig. Winterknospen end- u. blattachselstdg, spindelfg.
B Schmalblättrige Formen von 3173 schwer zu unterscheiden.

3173 **Potamogeton pusillus** L.
Gewöhnliches Zwerg-Laichkraut Fig. 66h

I; W, ⟨s⟩, ⊙; (A), AV, M_1, M_2, F, K; RL reg
L3..4, L4..2

M Stg dünn, leicht abgeflacht, stark verästelt. Blätter untergetaucht, 0,5–2(–3) mm br, spitz, 3(–5)-nervig; Seitennerven mehr als 2 Blattbreiten unter der Blattspitze spitzwinklig in den Mittelnerv mündend. Mittelnerv in der Blattmitte nicht von weißen Zellen gesäumt. Nebenblätter unten röhrig verwachsen. Drüsenhöcker fehlen. Ähre locker, 7–8 mm lg. Früchte glatt, grün, 1,8–2,3 × 1,2–1,5 mm. Schnabel kurz. Winterknospen schmal, end- od. blattachselstdg.
B Erträgt mäßige Verschmutzung.

3174 **Potamogeton berchtoldii** Fieber
Berchtolds Zwerg-Laichkraut Fig. 66i

I; W, ⟨s⟩, ⊙; A, AV, M , M_2, F, K; RL reg
L3..4, L3.2, L4..2, L4.4

M Ähnl. 3173, aber Blätter 3-nervig, zumindest an der Basis mit 2 Drüsenhöckern u. deutl. Mittelstreifennetz; die Seitennerven münden fast rechtwinklig 0,5–1 mm unterhalb der Blattspitze in den Mittelnerv; dieser im mittleren u. unteren Blattbereich von großen weißen Zellen begleitet. Nebenblätter völlig offen. Ähre 2–8 mm lg, kopfig. Früchte olivgrün, runzelig. Winterknospen endstdg, spindelfg.
B Erträgt wenig Verschmutzung, verschwindet bei Veränderung der Wasserqualität.

3175 **Potamogeton trichoides**
Cham. & Schltdl.
(Haarblättriges) Laichkraut Fig. 66k

I; T, ⟨B⟩, W, ⟨s⟩, ⊙; A, AV, M_1, M_2, F, K; RL 3!
L3..4.1, L3..4.2, L3..6.4, L3.2, L4.4

M Stg fadenfg, stark verzweigt. Blätter 0,5–1 mm br, lg u. fein zugespitzt, fast bürstenfg, scheinbar 1-nervig, Nerv dick, am Grund die ganze Blattbreite einnehmend. Seitennerven schwach, weit unterhalb der Blattspitze spitz in den Mittelnerv mündend. Frucht zieml. groß, mit Höckern an der Rückseite (pro Ähre entwickelt sich nur 1 Frucht). Winterknospen spindelfg.
B Erträgt Verschmutzung. Konkurrenzfähig. Die Art hat sich in den letzten Jahrzehnten stark ausgebreitet.

3172 **Potamogeton rutilus** Wolfg.
Rötliches Laichkraut Fig. 66g

I; W, ⟨s⟩, ⊙; M_1, F; RL 1!
L3..4.1, L4..2.1

M Rhizom fehlend. Stg sehr dünn, schwach zusammengedrückt, am Grund verzweigt. Blätter untergetaucht, 0,5–2 mm br, durchscheinend, 3-nervig, steif (bürstenähnl.), rötl., allmähl. sehr fein zugespitzt. Nebenblätter im unteren Teil röhrig geschlossen, derb, zuletzt faserig. Ähre 5–10 mm lg. Ährenstiel fadenfg, 10–17 mm lg. Früchte rotbraun. Winterknospen spindelfg.

3173–3174 **Potamogeton pusillus** agg

Aufgrund ihrer Variabilität ist die Taxonomie des Aggregates trotz vieler Versuche noch immer nicht befriedigend geklärt. Die genannten Sippen sind nicht immer mit Sicherheit abzugrenzen. Übergänge zwischen 3173 und 3174 sind nicht slt. Unterschiede (auch aufgrund von Hybridisierungen) gegenüber 3171 und 3175 sind nicht immer deutlich.

3176 **Potamogeton obtusifolius**
Mert. & W. D. J. Koch
Stumpfblättriges Laichkraut Fig. 66l

I; W, w, ⊙; AV, M_1, M_2, F, K; RL 3
L3.2, L3..4.1, L4..2.3, L4.4

M Stg zusammengedrückt, stumpfkantig, in der oberen Hälfte stark verzweigt. Blätter schmal, 2–3,2 mm br, stumpf, bleichgrün bis rötl., 3–5-nervig, zweiter u. vierter Nerv münden an der Innenseite in den ersten u. fünften, Mittelnerv mit Luftgewebe. Obere Blätter schwimmend, mit Ölglanz (die Pfl liegt wie ein Wölkchen unter der Oberfläche). Ähre 1 cm lg. Frucht 3,5 × 2 mm. Winterknospen spindelfg.
B Besiedelt vielfach neue Biotope. Erträgt Beschattung.

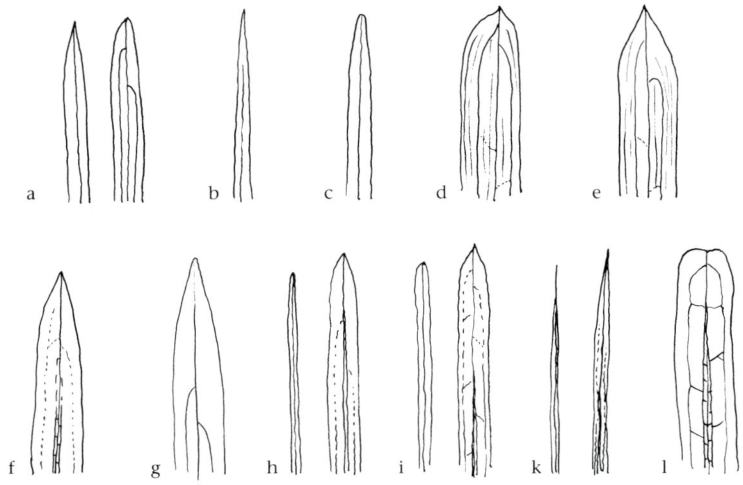

Fig. 66: Blattspitzen der schmalblättrigen *Potamogeton*-Arten
a: *Potamogeton pectinatus*, b: *Potamogeton helveticus*, c: *Potamogeton filiformis*, d: *Potamogeton compressus*, e: *Potamogeton acutifolius*, f: *Potamogeton friesii*, g: *Potamogeton rutilus*, h: *Potamogeton pusillus*, i: *Potamogeton berchtoldii*, k: *Potamogeton trichoides*, l: *Potamogeton obtusifolius*
Kombiniert nach Clason in: Weevers at al. (1958) sowie Rothmaler (1994), *Potamogeton helveticus* nach Berger (1969)

▲

3177 **Potamogeton crispus** L.
Krauses Laichkraut

I; W, w, ⟨s⟩, ⑤; A, AV, M_1, M_2, F, K; RL –; Z, Aq
L3.2, L3..4, L4..2, L4.4

M Stg schlaff, reich verzweigt, in fließendem Wasser bis 2 m lg, leicht zusammengedrückt, kantig mit runden Ecken. Blätter 3–15 mm br, sitzend, halbstgumfassend, wellig kraus mit feiner Netznervatur, br längl. mit parallelen Rändern, junge Blätter linealisch. Ähre kurz, locker. Ährenstiele bis 10 cm, nach der Blüte zurückgebogen. Früchte am Grund verwachsen, Schnabel 2 mm. Winterknospen hornartig verhärtet.

B Pionier. Erträgt leichte Verschmutzung. Verschwindet durch Konkurrenz von (3158) *E. nuttallii* u. (125) *Ceratophyllum demersum*. Jugendformen mit flachen, schmalen Blättern werden verwechselt mit 3173 u. 3176. Stg jedoch kantig, Blätter gezähnt.

▲

3178 **Potamogeton alpinus** Balb.
Alpen-Laichkraut

I; ⟨T⟩, W, w, ⟨s⟩, ⑦; A, AV, M_1, M_2, F, K; RL 3
L3.2, L3..4.1, L4..2.1, L4.4

M Stg bis 2 m lg, unverzweigt. Tauchblätter beiderseits verschmälert, sitzend, 6–20 cm lg, dünn, durchscheinend, Mittelstreifennetz deutl. Schwimmblätter nicht immer vorhanden, dünn lederartig, in den Stiel verschmälert, stumpf, oft rötl. überlaufen. Früchte 2,5–3 × 2 mm, gekielt, gelbbräunl. Winterknospen spulenfg.

3179 **Potamogeton × spathulatus** Schrad. ex W. D. J. Koch & Ziz (3178 × 3190)
Spateliges Laichkraut

I; ⟨W, s⟩, ⊙; A, AV, M_1, M_2, F, K; RL ?
L3..4.1, L4.4, wo noch?

M Morphologisch zw den Eltern stehend. Vielgestaltig: Blätter lggestielt, bis 15(–30) cm lg, Spreite in den Blattstiel verschmälert, Schwimmblätter grün, untergetauchte Blätter dünn, schmal u. lg.

▶

3180 **Potamogeton perfoliatus** L.
Durchwachsenes Laichkraut

I; W, w, ⟨s⟩, ⑧; A, AV, M_1, M_2, F, K; RL reg; Aq
L3.1, L3..4, L4..2, L4.4

M Stg 2–6 m lg, mit lgn Seitenästen. Blätter nur submers, eifg lanzettl. bis kreisrund, herzfg stgumfassend, bedecken einander fast dachziegelfg. Ähre dicht, 1–3 cm, reichl. fruchtend. Nüsse zieml. dick, 2–3 mm. Winterknospen zylindrisch.

B Erträgt Verschmutzung zieml. lange.

▶

3181 **Potamogeton praelongus** Wulfen ▶
Gestrecktes Laichkraut

I; W, w, ⟨s⟩, ⊙; A, AV, M_1, M_2, F, (K); RL 2+
L3.1, L3..4.1, L4..2.1, L4..2.3, L4.4
M Stg 0,8–2(–3) m lg, weißl., oben mit kurzen Gliedern, knickig hin- u. hergebogen. Alle Blätter untergetaucht, 6–20 cm lg, 2–4 cm br, bräunl., schlaff, wellig, am Grund abgerundet, halbstgumfassend, durchscheinend, mit deutl. Mittelstreifennetz. Blattspitze kappenfg zusammengezogen. Ährenstiel meist 20–40 cm lg. Früchte 3–4 × 3 mm, mit scharfem Kiel.
B Reinwasserpflanze.

3182 **Potamogeton lucens** L. ▶▶
Glänzendes Laichkraut

I; W, w, ⟨s⟩, ⑥; A, AV, M_1, M_2, F, K; RL reg; Z, Aq
L3.1, L3.2, L3..4.2, L4..2.2
M Stg 2–5 m lg, stark verzweigt. Alle Blätter untergetaucht, br u. abgerundet bis sehr schmal, glänzend, sehr fein gezähnelt, mit feiner Quernervatur, sehr kurz gestielt, 10–20 cm lg, Blattgrund verschmälert, Mittelnerv dick, bildet eine Spitze od. Horn. Blätter bisweilen bis auf den Mittelnerv reduziert. Blatthäutchen gut entwickelt. Ähre bis 6 cm. Ährenstiel verdickt. Frucht 3–4 mm.

3183 **Potamogeton × angustifolius** J. Presl ▶
(3182 × 3186)
Schmalblättriges Laichkraut

I; W, w, ⟨s⟩, ⊙; AV, M_1, M_2, F; RL ?
L3.1, L3.2, L3..4, L4..2
M In den Merkmalen zw 3182 od. 3186 stehend. Obere Blätter kurzgestielt. Blätter untergetaucht, dünn, durchscheinend, oft ± gefaltet, in nicht zu tiefem Wasser jedoch mit ledrigen (Halb)-Schwimmblättern. Ährenstiel verdickt.
B Einzige Hybride der Gttg, die reichl. blüht u. Früchte bildet; es ist nicht bekannt ob keimfähig.

3184 **Potamogeton × fluitans** Roth
(3182 × 3192)
Flutendes Laichkraut ohne Abb.

I; ⟨W, w⟩, ⊙; wo?; RL ?
L4..2.3?
M Bis 2,3 m. Stg rund, robust, nicht bis wenig verzweigt. Unterwasserblätter nur an der Basis linealische Phyllodien, sonst elliptisch, allmähl. in kurzen Blattstiel verschmälert, spitz, über die Spitze hinausreichend, kein Mittelrippennetz, randl. gezähnelt. Schwimmblätter etwas ledrig, jung bräunl. überhaucht. Scheide 35–100 mm, offen, starr, frisch dkl bis braungrün. Früchte 3,6–4,5 mm lg, Schnabel 0,3–0,4 mm, gerade od. zurückgekrümmt.

3185 **Potamogeton × salicifolius** Wolfg. ▶
(3182 × 3180)
Weidenblättriges Laichkraut

I; ⟨W, s⟩, ⊙; M?, F, K; RL ?
L3.1, L3..4.1, L4.4
M Stg 2 m lg, etwas zickzackartig. Blätter sitzend, br rundl. bis längl., oft in der Länge gefaltet. Ährenstiele verdickt. Blüht bis in den Herbst, bildet jedoch keine Früchte.
B Sehr veränderl., bald 3182, bald 3180 ähnl.

▲
3186 **Potamogeton gramineus** L.
Grasartiges Laichkraut

I; W, w, ⟨s⟩, ⑧; A, AV, M_1, M_2, F, K; RL 2; Aq
L3.1, L3.2, L3..4.1, L3..6
M Stg stark verästelt. Schwimmblätter ledrig, oft rosettig, rund bis elliptisch eifg. Wasserblätter sitzend, am Grund verschmälert, durchscheinend, spitz, 2–6 cm lg, oft sichelfg gebogen, mit Mittelstreifennetz. Ährenstiel in der oberen Hälfte verdickt. Reichl. fruchtend. Früchte olivbraun, 1,5–2,5 × 1,5–2 mm.
B Sehr formenreich in Größe u. Blattgestalt. Es gibt 3 Erscheinungsformen: nur mit Schwimmblättern, nur mit Wasserblättern oder Schwimm- u. Wasserblätter. Auch Landformen sind relativ hfg. Wechselnder Wasserstand wird gut ertragen. Nicht sehr konkurrenzfähig. Verschwindet bei Verschmutzung.

◂ 3187 **Potamogeton × nitens** Weber (3186 × 3180)
Schimmerndes Laichkraut

I; W, w, ⟨s⟩, ⊙; AV, M_1, F; RL 2
L3.2, L4..2.1
M Morphologisch zw den Eltern stehend. Blätter variabel, längl. bis lanzettl., halbstgumfassend. Steril.

3188 **Potamogeton × sparganiifolius** Laest. ex Fr. (3186 × 3192)
Rippennerviges Laichkraut ohne Abb.

I; ⟨W, w⟩, ⊙; wo?; RL ?; wo?
M Bis 1,4 m. Stg rund, zart bis robust, wenig bis stark verzweigt. Die meisten Unterwasserblätter linealische Phyllodien (guter Unterschied zu 3192), obere lanzettl., durchscheinend bis undurchsichtig, blass- bis dklgrün, mit Mittelstreifennetz, Scheide 17–95 mm lg, offen. Schwimmblätter gelb- bis dklgrün, ledrig, bis fast herzfg am Grund. Früchte werden nicht entwickelt.
B Sehr variabel. Abb. u. Beschreibung in Preston (1995), wie fast alle hier genannten Sippen.

◂ 3190 **Potamogeton polygonifolius** Pourr.
Knöterich-Laichkraut

I; W, s, (w), ⑥; M_1, M_2, F, K; RL 3
L3..4.1, L3..5, L3..6, L4.4 (moorig)
M Stg wenig verzweigt. Schwimmblätter br elliptisch bis lanzettl. elliptisch, am Grund abgerundet, schwach herzfg, bisweilen mit leichter Falte. Blattstiel verbreitert. Mittelnerv an der Unterseite der Spreite dick, schwammig. Unterwasserblätter lanzettl., stumpf, dünn, in einen lgn Stiel verschmälert. Mittelstreifennetz deutl., Ähre locker, schmal. Ährenstiel dünn. Nüsse 1,5–2,5 mm.
B Äußerst vielgestaltig. Bildet häufig Landformen auf Torfschlamm.

▴ 3189 **Potamogeton coloratus** Hornem.
Gefärbtes Laichkraut

I; W, s, (w), ⊙; AV, M_1, M_2, F; RL 2!; Aq
L4..2.3, L4.4 (S2.2.2)
M Stg 0,3–1 m, wenig verzweigt. Untergetauchte Blätter lanzettl., in einen kurzen Stiel verschmälert, durchscheinend, rötl., Schwimmblätter dünn, durchscheinend mit feinem Adernetz, spatenfg mit kurzem Stiel (wie *Plantago major*), Ähre dünn, Ährenstiel schlank, bis 10(–15) cm lg. Früchte sehr klein, 1–1,5 mm, oft mehr als 100 in einer Ähre. Landformen auf schlammigem Boden hfg.
B Sehr empfindl. für Verschmutzung. Stark gefährdet, wird jedoch dann u. wann in neuen od. geklärten Tümpeln gefunden.

3191 **Potamogeton nodosus** Poir.
◂ Knoten-Laichkraut

I; W, ⟨s⟩, ⊙; AV, M_1, M_2, F; RL reg
L3.2, L3..4.2, L4..2.2, L4..2.3
M Stg 1–3 m lg, wenig verästelt, am Stggrund Knoten dicht aufeinander folgend. Schwimmblätter 10–15(–25) × 4(–6) cm, mit feiner Netznervatur, fächerfg an der Wasseroberfläche liegend; Blattstiel länger als die Spreite, ohne Blattgelenk. Schwimmblätter durchscheinend, während der Blüte (blüht recht slt) noch vorhanden. Früchte 2–3 × 3 mm, scharf gekielt.
B Verwechslung mit 3181.

3192 **Potamogeton natans** L. ▸
Schwimmendes Laichkraut

I; W, w, ⑥; A, AV, M_1, M_2, F, K; RL –; Z, Aq
L3.2, L3.3, L3.7, L3..4.2, L4..2.2
M Stg 0,6–1,5 m. Untergetauchte Blätter besonders im Frühjahr u. Herbst auf binsenfge, kantige Blattstiele reduziert. Unterwasserblätter zur Blütezeit meist fehlend. Schwimmblätter ledrig, bräunl., rundl. bis elliptisch, am Grund mit 2 Falten. Blattstiel mit 1–2 cm lgm, andersfarbigem Gelenk, dadurch Blätter kreuz u. quer auf dem Wasser liegend. Früchte 3–4 mm, kaum gekielt.

3193 **Ruppia maritima** L. ▸
Strand-Salde (Gttg 7 sp)

I; W, w, ⊙; M_2, F, K; RL 2
H1.3.1.2, H2
M 15–40 cm. Stg fadenfg. Blätter schmal linealisch, spitz, am Grund scheidig, an der Spitze sehr fein gezähnt. Blüten unscheinbar, ohne Blütenhülle. Ähre 2-blütig, 2 Staubblätter, Ährenstiel bis 5 cm lg, meist kürzer, später gerade od. schwach gekrümmt, sich nicht einrollend. Früchtchen halbmondfg.

3194 **Ruppia cirrhosa** (Petagna) Grande ▸▸
Schraubige Salde

I; W, w, ⊙; K; RL 3
H1.3.1.2
M 15–40 cm. Stg fadenfg. Blätter schmal linealisch, stumpf, am Grund scheidig, an der Spitze sehr fein gezähnt. Blüten unscheinbar, ohne Blütenhülle. Ähre 2-blütig, 2 Staubblätter, Ährenstiel bis über 8 cm lg, zuletzt verlängert u. schraubig eingerollt. Früchtchen schief eifg.

◂3195 **Najas marina** L. ssp **marina**
Großes Nixkraut (Gttg ca 32 sp)

I; W, T, s, ⊙, (♀♂); AV, M_1, M_2, F; RL 3; ☺
L3.2, L3..4.1, L4..2.1
M 10–100 cm. Stg bestachelt. Blätter paarweise, bis 4 cm lg, 1–3 mm br. Blattscheide ganzrandig od. 1–2-zähnig. Blüten unscheinbar, ♂ mit 1 Staubblatt, 1 sackartige Spatha, 2-lappiges Perigon, ♀ ohne Hülle, in den Blattachseln sitzend. Frucht 4–8 mm lg.

3196 ssp **intermedia** (Wolfg. ex Gorski) Casper
Mittleres Nixkraut ohne Abb.

I; T, W, s, ⊙, (♀♂); AV, F (östl.); RL 2
L3..4.1, L4..2.1
M 5–30 cm. Stg meist nicht bestachelt. Blätter paarweise, bis 3 cm lg, 1–3 mm br, Blattscheide 3–8-feinzähnig. Blüten unscheinbar, ♂ mit 1 Staubblatt, 1 sackartige Spatha, 2-lappiges Perigon, ♀ ohne Hülle, in den Blattachseln sitzend. Frucht 3–4 mm lg.

◂◂3197 **Najas minor** All.
Kleines Nixkraut

I; W, T, s, ⊙, (♀♂); (AV), M_1, F (östl.); RL 2
L3.2, L3..4.1, L4..2.1
M 5–30 cm. Stg zerbrechl., nicht bestachelt. Blätter paarweise, nur ca 0,5 mm br, deutl. fein gezähnelt (0,5 mm), bogig zurückgekrümmt. Blüten unscheinbar, ♂ mit 1 Staubblatt, 1 sackartige Spatha, 2-lappiges Perigon, ♀ ohne Hülle, in den Blattachseln sitzend.

◂3198 **Najas flexilis** (Willd.) Rostk. & W. L. E. Schmidt
Biegsames Nixkraut

I; T, W, s, ⊙, (♀♂); AV, F (östl.); RL 1, B, F;
L3..4.1
M 5–30 cm. Stg frisch schlaff, biegsam, nicht bestachelt. Blätter paarweise, nur ca 0,5 mm br, kaum sichtbar gezähnelt (kaum 0,1 mm), ± gerade. Blüten unscheinbar, ♂ mit 1 Staubblatt, 1 sackartige Spatha, 2-lappiges Perigon, ♀ ohne Hülle, in den Blattachseln sitzend.

◀ 3199 **Zannichellia palustris** L. ssp **palustris**
Sumpf-Teichfaden (Gttg 1–5 sp), Fig. 67a

I; W, w, ⊙, (? ?); AV, M_1, M_2, F, K; RL reg; Aq, Z
L3..4.1, L4..2.1, L4..2.3
M 10–45 cm. Stg flutend, robust, stark verzweigt. Blätter linealisch, am Grund mit Scheide, 0,5 mm br, fadenfg. ♂ Blüten ohne Hülle, mit 1–2 verwachsenen Staubblättern, ♀ mit becherfgm, glasigem Perigon u. meist freien Fruchtknoten, Narbe schildfg, Griffel 0,5 mm. Früchte meist zu 2–5(–6), sitzend (od. kurzgestielt, meist 1 mm).

3200 ssp **pedicellata** (Wahlenb. & Rosén) Arcang.
Salz-Teichfaden ohne Abb., Fig. 67b

I; ⟨W, w⟩ ⊙; F (östl.), K; RL ?; Z
H2, H3..4.1, L4..2.1
M Ähnl. wie 3199, aber oft nur 2(–5) Früchte, bis 1,5–2,5 mm lggestielt, Stg zarter, Narbe zungenfg, Griffel 1,5–2,5 mm. Blätter 0,3–1,2 mm br.

3201 ssp **polycarpa** (Nolte) K. Richt.
Vielfrüchtiger Teichfaden ohne Abb., Fig. 67c

I; ⟨W, w⟩, ⊙; wo?; RL ?; Z
L4..2.1
M Ähnl. wie 3199, aber Früchte dicht, zu 5–8, Blätter 1(–2) mm br, Stg flutend.
B Ein Alternativkonzept sieht statt der 3 Unterarten 3–4 Arten mit Unterarten vor (vgl. u. a. VAN VIERSEN 1982).

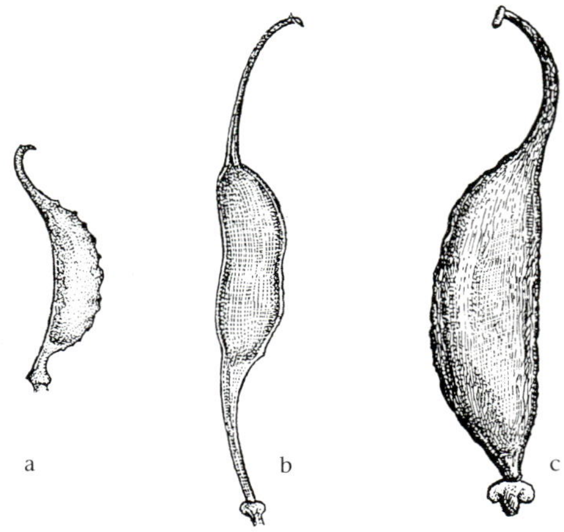

Fig. 67: Früchte von *Zannichellia*
a: *Zannichellia palustris* ssp *palustris*
b: *Zannichellia palustris* ssp *pedicellata*
c: *Zannichellia palustris* ssp *polycarpa*
Aus: VAN OOSTROM & REICHGELT (1958)

3202 **Zostera marina** L. ▶
Gewöhnliches Seegras (Gttg 12 sp)

I; W, w, ⊙, ⚥; K; RL 3
H1.1.1.2
M 30–100 cm. Kriechendes Rhizom, Stg kurz, 2-zeilig beblättert, wenn mit Blüten, dann verzweigt. Blätter linealisch, am Grund scheidig, 5–11-nervig, 2–12 mm br, oben abgerundet, Scheide geschlossen. Blüten mit 1 Staub- u. 1 Fruchtblatt, in Ähren, von Spatha umhüllt. Samen längsfurchig.

3203 **Zostera noltii** Hornem.
Zwerg-Seegras

I; W, w, ⊙, ☉; K; RL 3
H1.1.1.3
M 20–40 cm. Kriechendes Rhizom. Stg kurz, 2-zeilig beblättert, wenn mit Blüten, dann verzweigt. Blätter linealisch, am Grund scheidig, 1–3-nervig, ca 1 mm br, oben ausgerandet, Scheide offen, Blüten wie 3202. Samen ungefurcht.

▼

▲

3204 **Acorus calamus** L.
⟨Indischer⟩ Kalmus (Gttg 2 sp)

E; K, W, s, ⑦; (A), AV, M_1, M_2, F, K; RL –; ✠, ☺, ✎,
D, Z, Aq
L3.1 (Ufer), L3.2, L3..5, L4.4
M 60–120(–150) cm. Pfl mit weit kriechendem Rhizom. Pfl mit stark aromatischem Geruch. Stg 3-kantig, 2-zeilig, beblättert. Blätter schwertfg, lineal, randl. streckenweise stark gewellt, steif aufrecht, mit erhabener Mittelrippe. Stg- u. Blattbasen oft rötl. Blüten in scheinbar seitenstdgn, 4–10 cm lgn, grünl. Kolben.
B Heimat: SO-Asien, bei uns keine Früchte ausbildend. Die weite Verbreitung erfolgte rein vegetativ.

3205 **Calla palustris** L. ▶▶
Schlangenwurz (Gttg 1 sp)

I; W, K, s, ⑤, ○; AV, M_1, M_2, F; RL 3–, §; ☠, ✠, ☺, Z
L3.3 (Ufer), L3..5, S 3.2.5
M 10–40 cm. Rhizom weit kriechend, Stg niederliegend, Blätter 2-zeilig angeordnet, herzfg mit aufgesetzter Spitze, lggestielt, lederig. Kolben eifg, ganz mit zwittrigen Blüten besetzt, diese ohne Blütenhülle, Spatha weiß, offen, 3–7 cm lg. Früchte rote Beeren.

3206 **Arum maculatum** L.
Gefleckter Aronstab (Gttg 26 sp)

I; K, v, ⑤; A, AV, M_1, M_2, F; RL –; ☠!, ✠, ☺, (✋), Z
L5.2.3, T1.1.1, T1.1.2.3, T1.3, T2.1
M 15–30 cm. Rhizomartige Knolle, horizontal. Stg ½–⅔ der Laubblattstiele. Blätter pfeilfg, ungefleckt od. purpurn gefleckt, rosettig. Blütenkolben von hellgrünem Hochblatt (Spatha) umgeben (Kesselfallenblume), oberer Teil offen, 3,5–6mal so lg wie unterer, geschlossen, dazwischen eingeschnürt, oben männl. (Staubbeutel meist gelb), unten weibl. Blüten, darüber sterile Reusenhaare. Kolbenende nackt. Früchte rote Beeren.

3207 **Arum cylindraceum** Gasp.
Südöstlicher Aronstab

I; ⟨K, v⟩, ⊙; wo?; RL ?; <☠, ✠, ☺, (✋), Z
wo?
M Ähnl. wie 3806, aber rundl., brotlaibähnl. Knolle, oft vertikal. Stg ¾–¾ der Laubblattstiele, Spatha 1,5–2mal so lg wie Kolben, offener Teil so lg wie geschlossener, Staubbeutel meist purpurviolett, Blätter immer ungefleckt.
B Kritische Sippe, weitere Merkmale bei Adler et al (1994).

3208–3214 Lemnaceae
Bearbeitet von P. Wolff

3208 **Lemna trisulca** L.
Dreifurchige Wasserlinse (Gttg 7 sp)

I; W, s, ⊙; AV, M_1, M_2, F, K; RL reg; Aq
L3..3, L3.2
M Sterile Sprossglieder untergetaucht, 3–15 mm lg, eben, zu 2–10(–50) oft kreuzweise zusammenhängend, mit lgn grünen Stielen, dklgrün, sehr dünn, etwas transparent, Ränder der vorderen Hälfte gezähnelt. Blühende Sprossglieder an die Wasseroberfläche aufsteigend, kleiner, Ränder nach unten gekrümmt, purpurn überlaufen, opak, einzeln; Blüten in Taschen am Rand.

3209 **Lemna minor** L.
Kleine Wasserlinse

I; W, s, ⊙; A, AV, M , M_2, F, K; RL –; (✠), Aq
L3..3
M Sprossglieder frei schwimmend, mit je 1 Wurzel, meist oval, (1–)2–4(–7) mm lg, 1–5(–15) aneinanderhängend, mit 3(–5) undeutl. Nerven (wenn > 3, dann die äußeren oberhalb der inneren abgehend); Spross meist grün, lebend sltner rosa bis purpurn, trocken öfter schwarzpurpurn. Oberseite meist etwas gewölbt u./od. mit einem Grat, vorderste u. hinterste Papille größer als die dazwischenliegenden. Lufthöhlen der Unterseite überwiegend < 0,3 mm lg. Sprossglieder oft sehr unsymmetrisch, Vorderrand abgerundet. Keine Turionen.

3210 **Lemna gibba** L.
Buckelige Wasserlinse

I; W, s, ⊙; AV, M_1, M_2, F, K; RL –
L3..3.2
M Sprossglieder frei schwimmend, mit je 1 Wurzel, oval, (1–)2,5–5.5(–8) mm lg, 1–3(–6) aneinanderhängend, mit 3(–5) undeutln Nerven (wenn > 3, dann alle von 1 Punkt ausgehend); Spross grün bis purpurn. Oberseite schwach gewölbt, oft ohne Grat u./od. Papillen. Lufthöhlen der Unterseite überwiegend > 0,3 mm lg, Unterseite meist bauchig gewölbt. Winterform flach.
B Flache Formen sind manchmal schwer von 3209 zu unterscheiden.

◄3211 **Lemna minuta** Humb., Bonpl. & Kunth
Zierliche Wasserlinse

E; ⟨W, s⟩; ⊙; M_1, M_2; RL –
L3..3
M Sprossglieder frei schwimmend, mit je 1 (höchstens 1,5 cm lgn) Wurzel, ellipsoidisch, (0.8–)1–3(–4) mm lg, 1–3(–4) aneinanderhängend, mit 1 undeutl. u. kurzen Nerv. Oberseite fast immer mit einem dachfgn Grat. Vorderrand spitzl. mit aufgesetzter Pustel. Ränder sehr dünn, z. T. durchscheinend, manchmal etwas aufgebogen. Oberseite dklgrün glänzend, fein gekörnelt. Sprossglieder dünn, symmetrisch. Winterform noch kleiner, dickl., ohne Grat.
B Heimat: Amerika.

3212 **Lemna turionifera** Landolt ►
Rote Wasserlinse

E; W, s, ⊙; M_1, F; RL reg
L3..3 (wärmeliebend)
M Sprossglieder frei schwimmend, mit je 1 Wurzel, oval, (1–)2–3(–4) mm lg, 1–4(–6) aneinanderhängend, mit 3 Nerven, grün bis oliv, meist ganz od. teilweise mit Anthocyan. Oberseits schmutzig purpurn bis violett, vor allem im Nodus, unterseits leuchtend purpurn bis violett, vor allem im Wurzelansatz. Sprossglieder dünn, meist eben u. symmetrisch, oberseits in der Längsachse oft mit schmalem Wall od. Grat, darauf die Papillen, deren vorderste nicht vergrößert. Turionen rötl. oliv, abgerundet kurz rechteckig, ca 1 mm lg.
B Rein grüne Exemplare (v. a. im Schatten) ohne Turionen (also im Hochsommer) sind u. U. nur an ihren Flavonoiden, also chemisch, von 3209 zu unterscheiden. Die Art ist noch in Ausbreitung begriffen.

◄3213 **Spirodela polyrhiza** (L.) Schleiden
Vielwurzelige Teichlinse (Gttg 4 sp)

I; W, s, ⊙; AV, M_1, M_2, F, K; RL reg; Aq
L3.2, L3..3
M Sprossglieder frei schwimmend, mit je (3–)8(–16) Wurzeln, fast kreisrund, (1,5–)4–7 (–10) mm lg, 1–3(–5) zusammenhängend, mit 5–11 deutl. Nerven; unterseits dkl purpurrot, oberseits grün bis rot. Turionen nierenfg, 2–3 mm br, oliv.

3214 **Wolffia arrhiza** Horkel ex Wimmer ►
Wurzellose Zwerglinse (Gttg ca 7 sp)

I; W, s, ⊙; (syn: AV, M_1, M_2,) F; RL 2; Aq
L3.2, L3..3, L4.4
M Sprossglieder frei schwimmend, wurzellos, kugelig bis eifg, 0,5–1,5 mm lg, 1–2 aneinanderhängend, grün, mit 10–100 Stomata. Turionen ähnl., noch kleiner.
B Kleinste Blütenpflanze Europas.

3215–3267 Juncaceae

Bearbeitet von K. Kiffe

◄3215 **Juncus maritimus** Lam. ►
Meerstrand-Binse (Gttg ca 300 sp)

I; K, s, ⊙; K; RL reg; Z
H1.1.3, H1.1.3.2
M 30–100 cm. Pfl mit kurzen Ausläufern, Stg starr aufrecht, Blätter grundstdg, rund, stechend, mit brauner Blattscheide. Blütenstand vielblütig, zahlreiche 2–3-blütige Teilblütenstände. Unterstes Tragblatt etwas lgr als der Blütenstand, stechend. Perigonblätter bis 4 mm lg, innere etwas kürzer als die äußeren. Kapsel nur wenig lgr als die Perigonblätter.

3216 **Juncus filiformis** L.
Faden-Binse Abb. 156

I; K, H, w, ⑥; A, AV, M_1, M_2, F, K; RL reg
S2.2.1, T7.3.5, T7.3.7
M 20–60(–80) cm. Pfl mit lgn Ausläufern, grasgrün, Stg aufrecht, glatt. Stgbasis mit braunen, nicht glänzenden, spreitenlosen Blattscheiden. Blütenstand meist locker, slt kopfig, wenigblütig. Perigonblätter 2,5–3,5 mm lg. Kapsel etwa so lg wie die Perigonblätter.

3217 **Juncus balticus** Willd.
Baltische Binse Abb. 157

I; K, w, ⊙; K; RL 1
S2.2, S2.3/T4.5
M 30–80(–100) cm. Pfl mit lgn Ausläufern. Stg blaugrün, starr aufrecht, glatt, getrocknet schwach längs gestreift. Stgbasis mit strohfarbigen bis hellbraunen, glänzenden, spreitenlosen Blattscheiden. Unterstes Tragblatt ca ⅕ bis ⅓ so lg wie der Stg. Blütenstand locker, Teilblütenstände lggestielt. Perigonblätter 3,2–4,7 mm lg. Kapsel etwa so lg wie od. etwas lgr als Perigonblätter.

3218 **Juncus inflexus** L.
Blaugrüne Binse

I; H, w, ⑧; A, AV, M_1, M_2, F, K; RL reg; Z
L3.1 (Ufer), L4.1–4 (Ufer), T7.2 (feucht), T7.4.1, T10.3.3.1
M 30–100(–120) cm. Pfl ohne Ausläufer, oft große Horste. Stg graugrün, starr aufrecht, mit 12–16 Längsrippen. Stgbasis mit schwarzbraunen, glänzenden, spreitenlosen Blattscheiden. Blütenstand locker, vielblütig. Perigonblätter (2,5–)3–4 mm lg. Kapsel etwas lgr als Perigonblätter.

3219 **Juncus effusus** L.
Flatter-Binse

I; H, s, ⑥, ⑧; A, AV, M_1, M_2, F, K; RL –; (✿); Z
T2.2.2, T7.1 (nass), T7.2 (nass), T7.3.2, T7.3.5, T7.4.1
M 30–100(–120) cm. Pfl ohne Ausläufer, oft große Horste. Stg grasgrün, starr aufrecht, glatt, nur slt auch undeutl. fein gestreift. Stgbasis mit rotbraunen bis schwarzbraunen, nicht glänzenden, spreitenlosen Blattscheiden. Blütenstand meist locker, slt kopfig zusammengezogen, vielblütig. Perigonblätter 1,5–2,5 mm lg. Kapsel lgr als Perigonblätter.

3220 **Juncus conglomeratus** L.
Knäuel-Binse

I; H, s, ⑦; A, AV, M_1, M_2, F, K; RL reg
L4.4, T7.3.2, T7.3.5, T10.3.3.1
M 30–100 cm. Pfl ohne Ausläufer, oft große Horste. Stg dklgrün, starr aufrecht, mit feinen Längsrippen. Stgbasis mit gelbbraunen bis braunen, nicht glänzenden, spreitenlosen Blattscheiden. Blütenstand meist kopfig zusammengezogen, vielblütig. Perigonblätter 2,5–3,5 mm lg. Kapsel etwas kürzer als Perigonblätter.
B Siehe Bemerkung 46, Seite 720.

3221 **Juncus tenageia** Ehrh.
Sand-Binse

I; T, w, ⑦; M_1, M_2, F; RL 2
L3..7.1, L3.4.1
M 5–30(–40) cm. Pfl ohne Ausläufer, am Grund büschelig verzweigt, kleine Horste mit vielen Stgn. Stg dünn, meist aufrecht, slt aufsteigend. Blütenstand eine vielblütige, lockere Spirre. Perigonblätter fast gleich lg, bis 2–3 mm, eifg zugespitzt, braun, mit abgesetztem, grünem Mittelstreifen. Kapsel eifg bis fast kugelig, nicht zugespitzt, etwa so lg wie Perigonblätter.

3222 **Juncus sphaerocarpus** Nees
Kugelfrüchtige Binse

I; T, s, ⊙; M_1, M_2; RL 2
L3..7, L3.4.1
M 5–20(–25) cm. Pfl ohne Ausläufer, am Grund büschelig verzweigt, kleine Horste. Stg dünn, aufrecht od. aufsteigend, oft rötl. überlaufen. Blütenstand eine vielblütige, lockere Spirre. Perigonblätter fast gleich lg, bis 3–4 mm, eifg lanzettl., lg zugespitzt, häutig mit abgesetztem, grünem Mittelstreifen. Kapsel schwach 3-kantig-kugelig, nicht zugespitzt, kürzer als Perigonblätter.

3223 **Juncus bufonius** L.
Kröten-Binse Abb. 161, Fig. 68/I c

I; T, s, ⑧; A, AV, M_1, M_2, F, K; RL –
L3.1 (Ufer), L4.1–4 (Ufer), L3..7, L3.4.1, L3.9, T10.3.3.1
M 3–30(–50) cm. Pfl ohne Ausläufer, am Grund büschelig verzweigt, kleine Horste. Stg rund, glatt, niederliegend od. aufrecht, beblättert. Blattscheiden gelb- bis rotbraun. Blütenstand eine wenig- bis vielblütige, lockere Spirre. Tragblätter kl, hochblattartig, Blüten einzeln od. zu wenigen beieinander. Perigonblätter (4–)5–7(–7,5) mm lg, äußere etwas, z. T. auch deutl. lgr als innere, lanzettl. zugespitzt, grünl. häutig mit abgesetztem, grünem Mittelstreif. 6 (slt 3–4) Staubblätter, etwa ⅓ so lg wie die Perigonblätter, ca 0,5 bis 1,8 mm lg, 0,3–3mal so lg wie die Staubfäden. Kapsel längl. eifg, zur Spitze hin stumpf 3-kantig, 3–5 mm lg, i. d. R. deutl. kürzer als die inneren Perigonblätter. Samen etwa 0,3 mm lg.

3224 **Juncus minutulus** Krecz. & Gontch.
Kleinste Binse Abb. 162, Fig. 68/I b

I; ⟨T, s⟩, ⊙; F, K; RL –
L3..7
M Ähnl. 3223, aber 3 Staubblätter, ⅓ bis ½ so lg wie die Perigonblätter. Staubbeutel etwa 0,2 bis 0,6 mm lg, ⅓ bis ½ so lg wie die Staubfäden. Kapsel längl. ellipsoid, (1,5–)2,5–3 mm lg, kürzer als innere Perigonblätter. Samen ca 0,35–0,4(–0,5) mm lg. Der oft genannte zarte Wuchs trifft meist nicht zu.

3225 **Juncus ranarius** Perr. & Song.
Frosch-Binse Abb. 163, Fig. 68/I a

I; ⟨T, s⟩, ⊙; M_1, M_2, F, K; RL reg
L3..7, T7.4.1
M Ähnl. 3223, aber Blattscheiden rotbraun bis dklrot. Perigonblätter 3,5–5 mm lg, äußere schmal eifg zugespitzt, deutl. lgr als die inneren, lanzettl., am Ende stumpf od. zugespitzt. 6 Staubblätter, ⅓ bis ½ so lg wie die Perigonblätter. Staubbeutel etwa 0,4 bis 0,8 mm lg, halb so lg wie die Staubfäden. Kapsel eifg, zur Spitze hin stumpf 3-kantig, 3,5–5 mm lg, so lg wie od. lgr als die inneren Perigonblätter. Samen etwa 0,5 mm lg.

3226 **Juncus capitatus** Weigel
Kopf-Binse

I; T, s, ⊙; M_1, M_2, F, K; RL 2
L3..7, L3..7.2
M (1–)3–10(–20) cm. Pfl ohne Ausläufer, am Grund büschelig verzweigt, kleine Horste. Stg dünn, unbeblättert, oft rötl. überlaufen. Am Stggrund wenige borstl. Blätter. Blütenstand mit 1–4 wenigblütigen Teilblütenständen. Unterster von 2 laubblattartigen Hochblättern überragt. Perigonblätter 2–4 mm lg, äußere lgr als die inneren, eifg, lg zugespitzt bis fast begrannt, weißl. bis braun od. grün mit weißl. Rand. Kapsel 1–2 mm lg, viel kürzer als Perigonblätter.

◄ 3227 **Juncus pygmaeus** Rich. ex Thuill.
Zwerg-Binse

I; T, s, ⊙; K; RL 2; !
L3..7, L3..7.3
M 1–10 cm. Pfl ohne Ausläufer, am Grund büschelig verzweigt, kleine Horste mit wenigen Stgln. Stg dünn, aufrecht od. aufsteigend, oft rötl. überlaufen. Stggrund mit wenigen spreitenlosen Scheiden u. meist kurzem Laubblatt. Weiter oben am Stg oft noch ein weiteres Laubblatt. Blütenstand mit 1–5 bis 15-blütigen Teilblütenständen. Perigonblätter fast gleich lg, 4–7 mm, schmal lanzettl., am Ende stumpf od. zugespitzt. Kapsel 2,5–4 mm lg, kürzer als Perigonblätter.

3228 **Juncus jacquinii** L. ►
Gämsen-Binse Abb. 160

I; H, w, ⊙; A; RL –
S2.2.1 (a), T3.4.1, T6 2.1.5.4 (a)
M 10–25(–50) cm. Pfl mit kurzen Ausläufern. Blühende Stg im obersten ⅓ mit einem Blatt, den Blütenstand weit überragend. Blütenstand kopfig ◄ aus 5–12 Blüten. Perigonblätter alle gleich lg (4–8 mm), spitz, glänzend, rot- bis schwarzbraun. Kapsel von gleicher Farbe, kürzer als Perigonblätter.

3229 **Juncus squarrosus** L. ►
Sparrige Binse

I; H, i, ⑥; AV, M_1, M_2, F, K; RL reg; Z
S2.3/T4.5, T6.2.1.5.2
M 10–35 cm. Pfl mit kurzen Ausläufern. Blühende Stg am Grund mit Schopf aus zahlreichen borstenfgn, steifen Blättern. Stg steif aufrecht, deutl. lgr als die grundstdgn Blätter. Blütenstand mit mehreren, ± lggestielten Teilblütenständen, Blüten sehr dicht beieinander stehend. Perigonblätter 5–7 mm lg, alle etwa gleich lg. Kapsel etwas kürzer als Perigonblätter.

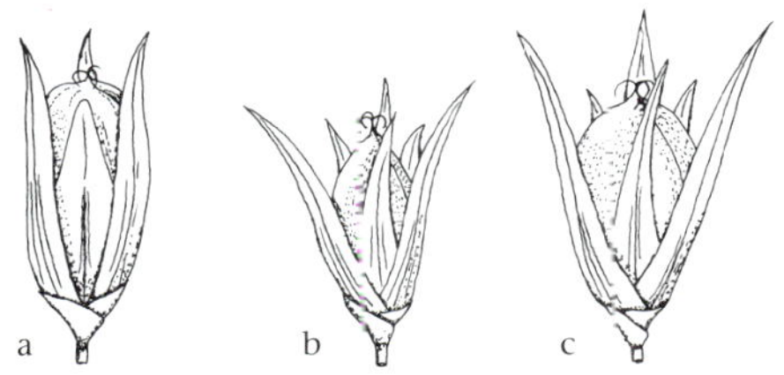

Fig. 68/I: Früchte von *Juncus* mit Perigon
a: *Juncus ranarius*, b: *Juncus minutulus*, c: *Juncus bufonius*.
Nach van Loenhoud & Steek (1976)

◄ 3230 **Juncus trifidus** L. ssp **trifidus**
Gewöhnliche Dreiblatt-Binse Abb. 158

I; H, w, ⊙; A; RL reg
T3.4.1
M 10–30 cm. Pfl ohne Ausläufer, kleine Horste. Blühende Stg im obersten ⅓ mit meist 3 fadenfgn Blättern, den Blütenstand weit überragend. Grundstdge Blattscheiden spreitenlos od. mit sehr kurzer (bis 1 cm lgr) Spreite. Blütenstand mit 1–2 wenigblütigen Köpfchen, von 2–3 auffälligen Hochblättern deutl. überragt. Reife Kapseln rotbraun, kürzer als die Perigonblätter. Perigonblätter rotbraun, alle gleich lg (3–5 mm).

3231 ssp **monanthos** (Jacq.) Asch. & Graebn. ►
Wenigblütige Dreiblatt-Binse Abb. 159

I; H, w, ⊙; A; RL –
T3.2.3, T3.4.2.1
M Im Unterschied zu 3230 oberste grundstdge Blattscheiden mit bis zu 15 cm lgn Blattspreiten. Blütenstände oft nur 1-blütig.

3232 **Juncus tenuis** Willd.
Zarte Binse

E; H, w, ⑦; A, AV, M_1, M_2, F, K; RL –
T7.4.2, T10.3.3.1 (Wald)
M 15–50 cm. Pfl ohne Ausläufer, kleine Horste. Blühende Stg am Grund mit 1–2 grasartigen, rinnigen, nicht besonders steifen Blättern. Ende der Blattscheiden mit 1–3 mm lgn, zarten, im getrockneten Zustand weißl. Öhrchen. Blütenstand eine bis 8 cm lge, kompakte Spirre mit einzelnen, lgr gestielten Teilblütenständen, von 2–3 auffälligen Hochblättern deutl. überragt. Perigonblätter alle gleich lg (3–4 mm), gelbgrün u. deutl. 3-nervig, nur slt äußere etwas lgr.
B Heimat: Nordamerika (seit 1824).

3233 **Juncus dudleyi** Wiegand
Dudleys Binse ohne Abb.

E (lok); ⟨H, w⟩, ⊙; M_2; ⟨RL –⟩
T7.4.2, T10.3.3.1 (Wald)
M Ähnl. 3232, aber wenig abgesetzte, stumpfe, derbe, im getrockneten Zustand gelbl. Öhrchen. Blütenstand nur bis 5 cm lg.
B Heimat: Nordamerika.

▶

▲

3234 **Juncus compressus** Jacq.
Zusammengedrückte Binse

I; K, w, ⑥; AV, M_1, M_2, F, K; RL –
L3..7.3, L4..5 (Ufer), T7.4.1, T10.3.3.1
M 15–35(–50) cm. Pfl mit kurzen Ausläufern. Stg seitl. zusammengedrückt, starr aufrecht, beblättert. Blätter 2-spitzig. Blütenstand eine vielblütige, etwas zusammengezogene Spirre aus mehreren gestielten Teilblütenständen, durch ein Hochblatt deutl. überragt. Perigonblätter 2–3 mm lg, braun gefärbt mit häutigem Rand, am Ende stumpf. Kapsel kugelig, gelbbraun, deutl. lgr als Perigonblätter. Samen bis 0,4 mm lg.

◀ 3235 **Juncus gerardii** Loisel
Bodden-Binse, Salz-Binse

I; K, w, ⑦; AV?, (M_1), M_2, F, K; RL reg
H1.1.3.2, H2, T7.4.1
M Ähnl. 3234, aber Stg im Querschnitt rund. Blätter 1-spitzig, nur vereinzelt 2-spitzige Blätter. Hochblatt überragt den Blütenstand i. d. R. nicht. Perigonblätter fast so lg wie reife, braune, längl. Kapsel. Samen bis 0,6 mm lg.

▲

3236 **Juncus bulbosus** L. ssp **bulbosus**
Gewöhnliche Rasen-Binse

I; H, W, w, ⑥; A, AV, M_1, M_2, F, K; RL reg
L3..6, L4.4, Pionier
M 5–20 cm. Pfl mit kurzen Ausläufern. Stg meist bogig aufsteigend, an Knoten wurzelnd. Öhrchen der Blattscheide lg u. häutig. Blätter oft etwas rinnig, innen mit mehreren engen Längsröhrchen. Perigonblätter rötl. grün. Innerer Staubblattkreis fehlend od. stark reduziert, daher oft nur 3 Staubblätter. Staubbeutel so lg wie od. lgr als Staubfäden. Reife Kapsel deutl. lgr als Perigonblätter.

3237 ssp **kochii** (F. W. Schultz) Reichg.
Kochs Rasen-Binse ohne Abb.

I; ⟨H, W, w⟩, ⊙; M_1, M_2, F; RL reg
L3..6, L4.4, Pionier
M Ähnl. 3236, aber Pfl meist kräftiger. Perigonblätter kastanienbraun. Beide Staubblattkreise vorhanden (insg 6 Staubblätter). Staubbeutel kürzer als die Staubfäden. Reife Kapsel kaum lgr als Perigonblätter.

◀ 3238 **Juncus triglumis** L.
Dreiblütige Binse

I; H, w, ⊙; A; RL –
S2.2.1 (a), S2.2.2, S2.2.3
M 5–25 cm. Pfl mit kurzen Ausläufern, dichte Rasen ausbildend. Blühende Stg nur am Grund beblättert. Blütenstand ein endstdgs, 2–5-blütiges Köpfchen, ohne auffälliges Hochblatt. Jede Blüte mit Tragblatt. Perigonblätter 3–4 mm lg, äußere meist etwas lgr als innere, rotbraun mit einem hellen Rand. Reife Frucht dklbraun, deutl. lgr als Perigonblätter.

Abb. 156 Juncus filiformis (3216)

Abb. 157 Juncus balticus (3217)

Abb. 158 Juncus trifidus ssp trifidus (3230)

Abb. 159 J. trifidus ssp monanthos (3231)

Abb. 160 Juncus jacquinii (3228)

Abb. 161 Juncus bufonius (3223)

Abb. 162 Juncus minutulus (3224)

Abb. 163 Juncus ranarius (3225)

Abb. 164 Juncus atratus (3241)

Abb. 165 J. articulatus ssp articulatus (3243)

Abb. 166 Juncus acutiflorus (3242)

Abb. 167 Juncus alpinus (3245)

3239 **Juncus stygius** L.
Moor-Binse

I; H, w, ⊙; AV; RL 1 !!; §
S1.1, S1.2, S2
M 10–25(–30) cm. Pfl mit kurzen Ausläufern. Stg grün, oft rot überlaufen, starr aufrecht. Stgbasis mit braunen bis purpurroten, spreitenlosen Blattscheiden. Darüber 1–3 Blattscheiden mit kurzen Blattspreiten. Unterstes Tragblatt laubblattartig den untersten Teilblütenstand überragend. Blütenstand wenigblütig, aus 2–4 auf aufrechten Stielen stehenden (meist 2–3-blütigen) Teilblütenständen. Perigonblätter 3,5–4,5 mm lg. Kapsel lgr als Perigonblätter.

3240 **Juncus subnodulosus** Schrank
Stumpfblütige Binse Fig. 68/IIa

I; K, w, ⑧; A, AV, M_1, M_2, F, K; RL 3
S2.1, S2.2.2, T7.3.5
M 40–130 cm. Pfl mit lgn Ausläufern. Stg aufrecht. Öhrchen der Blattscheide bräunl., kurz u. zieml. derb. Blätter ca 2–4 mm dick, im Querschnitt nahezu rund. Blatt innen mit Quer- u. Längsscheidewänden, daher mehrröhrig. Blütenstand eine stark verzweigte, lockere Spirre mit 10–50(–100) Teilblütenständen. Äste 2. u. höherer Ordnung auffällig sparrig abstehend. Viele Äste bilden zur Achse einen rechten od. stumpfen Winkel.

3241 **Juncus atratus** Krock.
Schwarze Binse Abb. 164

I; H, w, ⊙; M_1, F; RL 2!
L4.4, T7.3.3
M 40–120 cm. Pfl mit lgn Ausläufern. Blühende Stg aufrecht. Blätter mit rotbrauner bis schwarzbrauner, in 2 stumpfe Öhrchen ausgezogener Scheide. Blatt 5–7-kantig. Blütenstand reich verzweigt mit aufrechten od. abstehenden Ästen, aus 15–30, 6–10-blütigen Köpfchen. Perigonblätter 2,5–3,5 mm lg, zur Blütezeit schwarzbraun bis schwarz, später kastanienbraun, äußere oft mit einem grünen Mittelstreifen. Kapsel überragt Perigonblätter, plötzl. in einen lgn, oft schiefen Schnabel zusammengezogen.

3242 **Juncus acutiflorus** Ehrh. ex Hoffm.
Spitzblütige Binse Abb. 166, Fig. 68/IIb

I; K, H, w, ⑦; A, AV, M_1, M_2, F, K; RL reg
L2, L4.4, S2.2.1, T7.3.2
M 30–100 cm. Pfl mit lgn Ausläufern. Stg meist aufrecht. Öhrchen der Blattscheide bräunl., kurz u. zieml. derb. Blätter ca 3 mm dick, im Querschnitt nahezu rund. Blatt innen hohl, ohne jegliches Mark. Kapsel mit nur wenigen, etwa wie eine Zitrone geformten Samen.

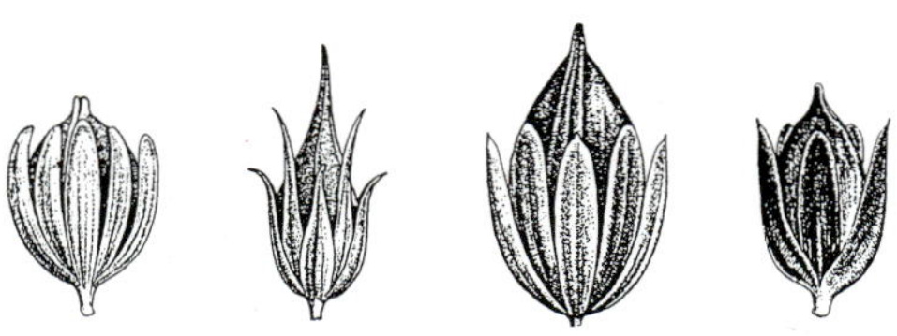

a b c d

Fig. 68/II: Früchte von *Juncus*
a: *Juncus subnodulosus*, b: *Juncus acutiflorus*,
c: *Juncus articulatus* , d: *Juncus alpinus*
Aus: van Oostroom & Reichgelt in Weevers et al. (1958)

3243 **Juncus articulatus** L. ssp **articulatus**
Gewöhnliche Glieder-Binse Abb. 165, Fig. 68/IIc

I; H, w, ⑦, ❀; A, AV, M_1, M_2, F, K; RL –; ☺
L3.1 (Ufer), L3..7.3, L4.1–4 (Ufer), L4.4, S1.1, T7.3.5, T7.4.1, T10.3.3.1
M 15–70 cm. Pfl mit kurzen Ausläufern. Stg meist bogig aufsteigend. Öhrchen der Blattscheide lg u. häutig. Blätter stark zusammengedrückt, im Querschnitt oval. Blatt innen hohl, mit spinnwebartigem Mark. Blütenstand locker, einzelne Köpfchen aus 5–15(–30) Blüten. Perigonblätter (2–)2,5–3,5 (–4) mm lg. Kapsel mit nur wenigen, etwa wie eine Zitrone geformten Samen.
B Die ± intermediäre Hybride 3242 × 3243 (3243a) *J.* × *surrejanus* Druce et Stace & Lambinon öfter mit den Eltern (Loos).

3244 ssp **litoralis** (Patze, Mey. & Elkan) Lemke
Strand-Glieder-Binse ohne Abb.

I; ⟨H, w⟩, ⊙; K; RL ?
H1.2.2.7
M Ähnl. 3243, aber kleiner, starr aufrecht. Blütenstand stark zusammengezogen, einzelne Köpfchen aus 4–6 Blüten. Perigonblätter bis 3,5 mm lg.
B Siehe Bemerkung 47, Seite 720.

◄3245 **Juncus alpinus** Vill.
◄◄ Alpen-Binse Abb. 167, Fig. 68/IId

I; H, w, ⊙; A, AV, M_1, M_2, F; RL 3
L4.4, S1.2, S2, S2.2.1, S2.2.3, T7.4 1
M 15–70 cm. Pfl mit Ausläufern. Stg aufrecht. Öhrchen der Blattscheide kurz u. häutig. Blätter slt dicker als 2 mm, im Querschnitt oval. Blatt mit zieml. dichtem, weißl. Mark. Blütenstand locker bis dicht mit wenigen bis zahlreichen Teilblütenständen. Einzelne Teilblütenstände meist lggestielt, d. h. deutl. lgr als Köpfchen selbst. Samen schmal spindelfg.
B Im Gebiet nur ssp *alpinus*. Formenreich.

3246 **Juncus anceps** Laharpe ►
Zweischneidige Binse

I; H, w, ⑧; K; RL reg
S2.2.2
M 20–50 cm. Pfl mit Ausläufern. Stg meist aufrecht. Öhrchen der Blattscheide kurz u. häutig. Blätter slt dicker als 2 mm, im Querschnitt rundl. bis schwach oval. Blatt mit zieml. dichtem, weißl. Mark. Blütenstand sehr dicht mit meist mehr als 30 Teilblütenständen. Einzelne Teilblütenstände meist nur kurzgestielt, d. h. kaum lgr gestielt als Köpfchen. Staubbeutel 0,5 bis 1 mm lg. Samen schmal spindelfg.

◄3247 **Juncus ensifolius** Wikstr.
Schwertblättrige Binse

E (lok); T, s, ⊙; M, F; ⟨RL –⟩; Z
L3.6+7 (Ufer)
M 20–40(–70) cm. Pfl mit lgn Ausläufern. Stg graugrün, aufrecht, beblättert, glatt, seitl. zusammengedrückt, geflügelt. Blätter seitl. stark zusammengedrückt, 2–6 mm br, 2-schneidig. Blütenstand mit 1–6(–10) kugeligen, vielblütigen Köpfchen. Perigonblätter 3–4 mm lg. Kapsel etwa so lg wie Perigonblätter.
B Heimat: westl. Nordamerika, Japan.

3248 **Luzula luzulina** (Vill.) Dalla Torre & Sarnth. ►
Gelbliche Hainsimse (Gttg ca 115 sp)

I; H, s, ③; A, AV; RL –
T1.4.1.3, T1.4.3.2
M 10–20(–30) cm. Pfl mit 3–10 cm lgn Ausläufern, lockerrasig. Blütenstand locker, aufrecht, bis ca 10-blütig. Blüten einzeln, meist auf lgn Stielen. Perigonblätter gelbbraun mit breitem, weißem Hautrand.

◄3249 **Luzula forsteri** (Sm.) DC.
Forsters Hainsimse

I; H, s, ⊙; M_1, M_2; RL reg
T1.1.2.3, T1.1.2.5
M 10–40 cm. Pfl mit kurzen Ausläufern, kleine Horste bildend. Grundblätter 1,5–3(–4) mm br mit 0,1–0,2 mm lgn, aufgesetzten Spitzen. Unterstes Hochblatt sehr kurz, immer viel kürzer als der Blütenstand, Blüten einzeln stehend. Frucht etwa so lg wie Perigonblätter, spitz, gelbbraun. Samen ca 2,5 mm lg.

3250 **Luzula pilosa** (L.) Willd. ►
Behaarte Hainsimse

I; H, w, ②; A, AV, M_1, M_2, F, K; RL –; Z
T1.1.1, T1.1.2.5, T1.4.3
M 15–40 cm. Pfl meist ohne, slt mit kurzen Ausläufern, Horste bildend. Grundblätter 4–10 (–12) mm br. Unterstes Hochblatt sehr kurz, immer viel kürzer als der Blütenstand, Blüten einzeln stehend. Frucht lgr als Perigonblätter, oberhalb der Mitte eingeschnürt u. verschmälert, am Ende stumpf, braun. Samen ca 2,5–3,5 mm lg.

3251 **Luzula luzuloides** (Lam.) Dandy & Wilm. ssp **luzuloides**
Weißliche Hainsimse i. e. S.

I; H, w, ⑥; A, AV, M_1, M_2, F; RL reg; Z
T1.1.1.1, T1.1.2.3, T1.1.2.5, T1.4.3.2
M 30–80 cm. Pfl mit wenigen kurzen (–4 cm lgn) Ausläufern, lockere Horste. Grundblätter 3–4 mm br. Unterstes Hochblatt überragt den Blütenstand meist deutl., dieser mit mehreren, 2–8-blütigen Teilblütenständen, zur Fruchtzeit meist nickend. Perigonblätter weißl., Frucht braun.

3252 ssp **rubella** (Mert. & W. D. J. Koch) Holub
Rötliche Hainsimse

I; ⟨H, w,⟩ ⊙; A, AV; RL ?
T3.1.6, T4 (o)
M Ähnl. 3251, aber Perigonblätter unregelmäßig rot gefleckt, Frucht schwarz.

3253 **Luzula nivea** (L.) DC.
Schneeweiße Hainsimse

I; H, w, ⑥; A, AV; RL –; Z
T1.1.1.1, T1.1.2.3, T1.1.2.5, T1.4.3.2
M 30–80 cm. Pfl mit kurzen Ausläufern, lockere Horste bildend. Ähnelt 3251, Perigonblätter jedoch rein weiß, 5 mm lg, doppelt so lg wie Frucht.

3254 **Luzula sylvatica** (Huds.) Gaudin ssp **sylvatica**
Gewöhnliche Wald-Hainsimse

I; H, w, ③; A, AV, M_1, M_2, F; RL reg; Z
T1.1.1.1/T1.1.1.3, T1.4.3.2, T4.2
M 30–100 cm. Pfl mit kurzen, dicken Ausläufern, lockere Horste bildend. Grundblätter 6–10 mm br. Blütenstand locker, jeweils 2–4 Blüten dicht beieinander. Perigonblätter braun, innere meist wenig lgr als die 3–4 mm lgn äußeren. Reife Frucht etwa so lg wie die inneren Perigonblätter, deutl. zugespitzt. Samen 1,4–1,7 mm lg.

3255 ssp **sieberi** (Tausch) Cif. & Giacom.
Siebers Wald-Hainsimse

I; H, w, ⊙; A; RL –
T1.4.3.2, T3.1.4
M Ähnl. 3254, aber blühende Stg nur bis 60 cm lg, Blätter meist nur 4–5 mm br. Reife Frucht deutl. kürzer als die inneren Perigonblätter.

3256 **Luzula glabrata** (Hoppe) Desv.
Kahle Hainsimse

I; H, s, ⊙; A; RL –
T3.3, T3.4.2.1, T3.4.2.2
M 15–40(–50) cm. Pfl mit kurzen Ausläufern, lockere Horste bildend. Grundblätter (6–)7–10 mm br. Blätter kahl, nur an Scheidenmündung behaart. Blütenstand vielblütig, nickend. Blüten einzeln auf lgn Stielen, slt zu 2 beieinander.

3257 **Luzula alpinopilosa** ssp **alpinopilosa**
Gewöhnliche Braune Hainsimse

I; H, s, ⊙; A, F; RL –
T3.3.1, T5.1.1.1
M 10–30(–50) cm. Pfl mit kurzen Ausläufern. Stg meist schlaff, aufsteigend. Grundstdge Blätter 1–3 mm br, blaugrün. Hochblatt kürzer als der Blütenstand, dieser oft etwas zusammengezogen, meist nickend. Blüten zu 2–5 beieinander. Perigonblätter bis 2,5 mm lg, Staubbeutel 3–4mal so lg wie Staubfäden. Kapsel kastanienbraun, eifg, etwas lgr als Perigonblätter.

3258 ssp **candollei** (E. H. F. Mey.) Rothm.
Candolles Braune Hainsimse ohne Abb.

I; ⟨H, s⟩, ⊙; A; RL ?
T3.3.1, T5.1.1.1
M Ähnl. 3257, aber Stg höher (20–35 cm) u. schlanker, meist starr aufrecht, mit aufrechten, sehr dünnen Ästen. Perigonblätter nur bis 2 mm lg. Staubbeutel etwa bis 3mal so lg wie Staubfäden. Kapsel nahezu schwarz, fast kugelig, kaum lgr als Blütenhülle.

3259 **Luzula desvauxii** Kunth
Westliche Braune Hainsimse

I; H, s, ⑤; M_1; RL R
S2.2.3, T3.1.1, T3.3.1
M 20–60 cm. Pfl mit kurzen Ausläufern. Grundstdge Blätter 4–7 mm br. Pfl kahl, nur an der Scheidenmündung einzelne Haare. Blütenstand stark verzweigt, meist einseitswendig. Blüten einzeln, zu 2 od. 3.

3260 **Luzula spicata** (L.) DC.
Ähren-Hainsimse

I; H, s, ⊙; A; RL –
T3.2.3, T5.1.1.1.1
M 10–30 cm. Pfl ohne Ausläufer, kleine Horste. Grundblätter 1–2(–4) mm br. Blütenstand ährig, 1–2 cm lg, meist nickend, mehrere ungestielte od. sehr kurz gestielte Teilblütenstände. Staubbeutel deutl. kürzer als die Staubfäden.

3261 **Luzula campestris** (L.) DC.
Feld-Hainsimse, Hasenbrot

I; H, s, ③, ❀; A, AV, M_1, M_2, F, K; RL reg; ☺
T4, T6.2.2.2.3 (mager), T7.1.2
M 5–30(–40) cm. Pfl mit kurzen bis lgn Ausläufern. Blütenstand mit 2–6 sitzenden od. gestielten, kopfigen Teilblütenständen. Mind. ein Teilblütenstand zur Fruchtzeit deutl. zurückgebogen. Perigonblätter braun, alle etwa gleich lg (3–4 mm). Reife Frucht etwas kürzer als die Perigonblätter. Staubbeutel lgr als Staubfäden. Samen 1,6–1,9 mm lg.

3262 **Luzula multiflora** (Ehrh.) Lej.
Vielblütige Hainsimse

I; H, s, ⑤; A, AV, M_1, M_2, F, K; RL –
S2.2.1, T2.2.2, T4, T7
M Ähnl. 3261, aber 15–40(–50) cm, ohne Ausläufer. Alle Teilblütenstände aufrecht u. meist lggestielt. Staubbeutel nur wenig lgr als Staubfäden.

3263 **Luzula congesta** (Thuill.) Lej.
Kopfige Hainsimse

I; ⟨H, w, ⑤⟩; A, AV, M_1, M_2, F, K; RL reg
T6.2.1.5.1
M Ähnl. 3261, aber i. d. R. über 20 cm, immer ohne Ausläufer. Blütenstand kopfig aus 5–10 Teilblütenständen.
B Bei gemeinsamen Vorkommen oft Hybriden mit 3262.

◂3264 **Luzula sudetica** (Willd.) Schult.
Sudeten-Hainsimse

I; ⟨H, w⟩, ⊙; A, AV, M_1, M_2; RL 3
S2.2.1, T6.2.1.5 (o-a)
M 15–40 cm. Pfl ohne Ausläufer. Grundstdge Blattscheiden ohne Spreiten, Stgblätter mit büschelig gewimperter Scheide, sonst am Rand nur spärl. behaart, später oft verkahlend. Blütenstand 3–5 dicht gedrängte od. auf geraden Stielen stehende Teilblütenstände. Perigonblätter 2–2,5 (–3) mm lg, äußere lgr als innere. Staubblätter ca 1 mm lg. Staubbeutel etwa so lg wie die Staubfäden.

3265 **Luzula alpina** Hoppe ▸
Alpen-Hainsimse

I; ⟨H, w⟩, ⊙; A; RL –
T6.2.1.5 (sa-a)
M 20–40 cm. Pfl ohne Ausläufer, kleine, dichte Horste. Blütenstand überwiegend mit sitzenden Teilblütenständen. Perigonblätter (2,7–)3–3,5 mm lg, innere meist deutl. kürzer als äußere. Samen 1,1–1,4 mm lg.

◂◂3266 **Luzula pallidula** Kirschner
Bleiche Hainsimse

I; H, w, ⊙; M_1, M_2, F; RL reg
T6.2.1.5
M Ähnl. 3261, aber ohne Ausläufer u. mit hell gelbl. grüner Blattfarbe. Mittlere Teilblütenstände sitzend, die anderen ± lggestielt. Im Unterschied zu allen anderen Arten der Gruppe Perigonblätter blass gelbl. grün bis hellbraun.

◂3267 **Luzula divulgata** Kirschner
Schlanke Feld-Hainsimse

I; ⟨H, w⟩, ⊙; M_1; RL –
T1.1.2.3, T1.1.2.5, T6.2.1.5
M 15–40 cm. Pfl ohne Ausläufer. Stgblätter dem Stg anliegend, Stg erscheinen daher auffällig schlank. Alle Teilblütenstände auf geraden Stielen. Perigonblätter 2–2,5(–2,7) mm lg.

3268–3439 Cyperaceae
Bearbeitet von K. Kiffe

3268 **Cyperus flavescens** L. ▸
Gelbliches Zypergras (Gttg ca 300 sp)

I; T, s, ⊙; A, AV, M_1, M_2, F; RL 2+
L3.1 (Ufer), L3..7.3, T7.4.1, T10.3.3.1, Pionier
M 2–25 cm. Kleine Horste. Stg stumpf 3-kantig, glatt. Blätter bis 3 mm br, grasgrün, kürzer als od. so lg wie der Stg. Blütenstand eine endstdge kopfige Spirre. Ährchen 3–20 mm lg, gelbgrün bis bräunl. Narben 2. Frucht dklbraun, linsenfg, etwa 1 mm lg.

3269 **Cyperus fuscus** L. ▸▸
Braunes Zypergras

I; T, s, ⊙; A, AV, M_1, M_2, F; RL reg
L3.1+L3.2 (Ufer), L3..7, Pionier
M 2–25(–40) cm. Kleine Horste. Stg glatt. Blätter bis 4(–5) mm br, meist so lg wie der Stg. Blütenstand eine einfache od. zusammengesetzte, 3–8-strahlige Spirre. Ährchen 3–10 mm lg, schwarzrot, slt auch gelbgrün. Narben 3. Frucht gelbbraun, scharf 3-kantig mit aufgesetzter Stachelspitze, etwa 1 mm lg u. 0,5 mm br.

◂ 3270 **Cyperus eragrostis** Lam.
Frischgrünes Zypergras

E (lok); ⟨H, T, s⟩, ⊙; M, F; ⟨RL –⟩
L3..7.3, L5.2.4.1
M 20–80 cm. Pfl ohne Ausläufer, kleine bis mittelgroße Horste. Stg stumpf 3-kantig. Blätter 4–8 mm br, grasgrün, bis so lg wie der Stg. Blütenstand mit zahlreichen 1–10 cm lgn Ästen, diese an der Spitze mit kopfigen Teilblütenständen von jeweils 1–2 cm ∅. Blütenstand von 4–10 sehr lgn Hochblättern weit überragt. Ährchen 7–20 mm lg, grüngelb, 20–50-blütig. Narben 3.
B Heimat: Subtropisches Amerika.

3271 **Cyperus esculentus** L. ▸
Erdmandel

E; ⟨K, s⟩, ⊙; M, F; RL –;
T9.1.1.2, T9.1.4
M 20–80(–100) cm. Pfl mit lgn Ausläufern. Stg scharf 3-kantig. Blätter 5–10 mm br, hellgrün, kürzer als der Stg. Blütenstand mit 4–12 bis 18 cm lgn Ästen, diese an der Spitze mit 6–12 mm lgn, zunächst gelbgrünen, später braunen Ährchen. 10–20-blütig. Ährchenachse geflügelt. Blütenstand von 4–10 Hochblättern teilweise weit überragt. Narben 3.
B An den Enden der dünnen Rhizome werden im Spätsommer erbsengroße, essbare Knöllchen ausgebildet. Heimat: Mittelmeergebiet.

◂ 3272 **Cyperus longus** L. ssp **longus**
Hohes Zypergras i. e. S.

I; H, W, s, ⊙; AV, (F syn.); RL 1
L3..5, S2.1, T7.3.5, syn. L3.3/L4.4
M 70–130(–190) cm. Pfl mit lgn, dicken Ausläufern. Stg 3-kantig mit eingesenkten Seitenflächen, glatt. Blätter bis 4(–5) mm br, meist kürzer als der Stg. Blütenstand eine 6–10-strahlige Spirre. Einzelne Spirrenäste bis 35 cm lg. Ährchen 10–25 mm lg, hellbraun bis braun, 12–30-blütig. Narben 3. Frucht rotbraun bis schwarz, scharf 3-kantig mit aufgesetzter Stachelspitze, etwa 1 mm lg. Unterhalb des Blütenstandes meist 3–6 Hochblätter. Unterstes Hochblatt oft 50–60 cm lg.

3273 ssp **badius** (Desf.) Murb. ▸
Kastanienbraunes Zypergras

I; H, s ⊙; M_2; RL 0
L2.6, syn. L4.4
M Ähnl. 3272, aber nur 40–100 cm, geringere Anzahl an Spirrenästen (2–4), Ährchen dklbraun.

◂ 3274 **Cyperus michelianus** (L.) Link
Zwerg-Zypergras

I; T, s, ⊙; F; RL 1
L3..7.1
M 2–15 cm. Kleine Horste mit zahlreichen Stgln. Stg stumpf 3-kantig, glatt. Blätter bis 2 mm br. Blütenstand sehr dicht, kopfig, bis 10 mm lg u. 6–12 mm br. Ährchen 4 mm lg, gelbl. grün, 8–16-blütig. Narben 2(–3). Frucht hellbraun, elliptisch, zugespitzt, 3-kantig od. zusammengedrückt, etwa 1 mm lg. Blütenstand von meist 3–8 Hochblättern teilweise weit überragt.

3275 **Eriophorum angustifolium** Honck. ▸
Schmalblättriges Wollgras (Gttg ca 12 sp)
Abb. 169

I; K, W, ③, ❀; A, AV, M_1, M_2, F, K; RL reg; ☺, Z
S1.1, S2.2, S3
M 15–60(–90) cm. Pfl mit lgn Ausläufern. Stg rund od. unterhalb des Blütenstandes schwach 3-kantig, glatt. Blätter rinnig, leicht gekielt, 2–6 (–8) mm br, dklgrün. Blattscheide des obersten Stgblattes leicht aufgeblasen. 3–6(–8) nahezu sitzende od. bis 8 cm lggestielte Ährchen, Ährchenstiele glatt.

3276 **Eriophorum gracile** W. D. J. Koch ex Roth
Zierliches Wollgras

I; K, W, s, ④; A, AV, M_1, M_2, F; RL 1; ☺
S1.2

M 15–50(–70) cm. Pfl mit lgn Ausläufern. Stg schwach 3-kantig, glatt. Blätter nahezu flach, 2(–4) mm br, obere Stgblätter mit nur kurzer, 3-kantiger Blattspreite. Blattscheiden nicht aufgeblasen. 2–4(–5) nahezu sitzende od. bis 5 cm lggestielte Ährchen. Ährchenstiele rau, dicht mit Borsten besetzt.

3277 **Eriophorum latifolium** Hoppe
Breitblättriges Wollgras Abb. 168

I; H; w, ③, ❀; A, AV, M_1, M_2, F, K; RL 3+; ☺, Z

M 20–70(–80) cm. Pfl ohne Ausläufer, kleine, slt mittelgroße Horste bildend. Stg stumpf 3-kantig, glatt. Blätter flach bis schwach gekielt, 2–8 mm br. Blattscheiden nicht aufgeblasen. 4–12 nahezu sitzende bis 6 cm lggestielte Ährchen. Ährchenstiele rau, dicht mit rückwärts ausgerichteten Borsten besetzt.

3278 **Eriophorum scheuchzeri** Hoppe
Scheuchzers Wollgras

I; H, W, w, ⊙; A; RL –; ☺, Z
S2.2.1 (a)

M 10–35 cm. Pfl mit lgn rotbraunen Ausläufern. Stg starr aufrecht, rund, glatt. Blätter binsenfg, flach od. hohlrinnig, kürzer als Stg. Blattscheide des obersten Stgblattes nie deutl. aufgeblasen. Ein einziges endstdgs Ährchen, ∅ bis zu 3 cm.

3279 **Eriophorum vaginatum** L.
Scheiden-Wollgras

I; H, W, ②; A, AV, M_1, M_2, F, K; RL reg; ☺, Z
S1.3, S3.2.2–3

M 30–80 cm. Pfl ohne Ausläufer, dichte, feste Horste. Stg zunächst aufrecht, später etwas überhängend, rund, glatt. Blätter borstenfg, rinnig bis 3-kantig, graugrün. Blattscheiden der Stgblätter deutl. aufgeblasen. Ein einziges endstdgs Ährchen, ∅ 2–3(–4) cm.

3280 **Scirpus georgianus** Harper
Schwarzgrüne Simse (Gttg ca 20 sp)

E; K, s, ⊙; M_2, F; RL –
L3.1.4 (Ufer), L5.2.3, T7.3, T10.3.3.1 (Wald)

M 30–80(–100) cm. Pfl mit kurzen Ausläufern, lockere Horste. Stg stumpf 3-kantig, starr aufrecht. Blätter flach, 6–10 mm br, dklgrün. Unterhalb der Spirre 1–3 laubblattartige Hüllblätter, zumindest unterstes lgr als der ganze Blütenstand. Blütenstand eine meist lockere, slt auch kopfartig zusammengezogene, 4–7 cm breite u. 6–10 cm lge Spirre aus meist über 100 Ährchen. Ährchen zu (6–)8–12(–15) in kugeligen, rotbraunen Teilblütenständen am Ende der Spirrenäste. Ährchen 2–4 mm lg, 1–2 mm br, am Ende zugespitzt. Perigonborsten fehlend od. 1–3, diese deutl. kürzer als od. so lg wie die Nüsschen.

B Im Sommer u. Herbst hfg Ausbildung von Adventivpflanzen im Blütenstand. Heimat: Nordamerika.

◄ 3281 **Scirpus sylvaticus** L.
Wald-Simse

I; K, w, ⑦; A, AV, M_1, M_2, F, K; RL –; ?
L5.2.3, T7.3.5

M 30–100 cm. Pfl mit lgn Ausläufern. Stg stumpf 3-kantig, starr aufrecht. Blätter flach, 6–16 mm br, unterhalb der Spirre 1–3 laubblattartige Hüllblätter, höchstens so lg wie der Blütenstand. Blütenstand eine meist lockere, slt auch kopfartig zusammengezogene, bis über 20 cm breite Spirre aus meist mehreren 100 Ährchen. Ährchen zu 2–9 köpfchenartig angeordnet od. einzeln am Ende der Spirrenäste. Ährchen 3–4 mm lg, etwa 2 mm br, am Ende stumpf. 6 raue, zieml. gerade Perigonborsten, etwa so lg wie die Nüsschen.

3282 **Scirpus radicans** Schkuhr ►
Wurzelnde Simse

I; H, s, ⊙; M_1, M_2, F (östl.); RL 3
L3..5?, L3..7.3, L5.2.4.1

M 30–80(–100) cm. Pfl ohne Ausläufer, kleine od. mittelgroße Horste. Stg scharf 3-kantig, starr aufrecht. Blätter flach bis rinnig, 6–12 mm br. Unterhalb der Spirre 2–3 laubblattartige Hüllblätter, so lg wie od. etwas lgr als der Blütenstand. Blütenstand eine sehr lockere, bis über 20 cm breite Spirre mit meist mehreren 100 Ährchen. Ährchen meist einzeln, slt zu 2 od. zu 3 am Ende der Spirrenäste, 5–8 mm lg, etwa 2 mm br, am Ende deutl. zugespitzt, 20–30-blütig. Perigonborsten (6) glatt od. mit einzelnen, rückwärts gerichteten Borsten besetzt, geschlängelt od. schraubenfg miteinander verdreht, 2–3mal so lg wie die Nüsschen.

B Wenn abfruchtende Stg im Sommer absterben, bilden kräftige Pfln oft weit über 100 cm lge, dünne, vegetative, peitschenartig überhängende Sprosse, die sich an der Spitze bewurzeln u. neue Pfln ausbilden, wenn sie den Boden od. die Wasseroberfläche berühren.

◄ 3283 **Scirpus cyperinus** (L.) Kunth
Zypergras-Simse

E (lok); ⟨H, s⟩, ⊙; F; ⟨RL –⟩; zwittrig
T10.5.6

M 80–200 cm. Pfl ohne Ausläufer, große Horste. Stg stumpf 3-kantig, starr aufrecht od. Spitze überhängend. Blätter flach bis rinnig, 4–10 mm br. Unterhalb der Spirre 3–4 laubblattartige Hüllblätter, bis etwa doppelt so lg wie der Blütenstand. Blütenstand eine sehr lockere, bis über 15 cm breite u. 30 cm hohe Spirre aus mehreren 100 bis über 1000 Ährchen. Ährchen am Ende der Spirrenäste zu 2–6 köpfchenartig angeordnet, 3–4 mm lg, etwa 2–3 mm br, am Ende stumpf. Perigonborsten (6) stark geschlängelt u. mehr als 3mal so lg wie die Nüsschen.

B Heimat: östl. Nordamerika.

◄ 3284 **Scirpoides holoschoenus** (L.) Soják ssp **holoschoenus**
Immergrüne Kugelbinse (Gttg 1 sp)

E; K, ⟨w⟩, ⊙; M_1; RL 3
L4.4, T7.3.2, T7.4.1

M 100–150 cm. Pfl mit kurzen Ausläufern, große, lockere Horste. 5–20 Blütenköpfchen mit ca 7–15 mm ∅, ein Köpfchen hfg sitzend, die anderen deutl. gestielt. Das den Stg scheinbar fortsetzende Spirrenhüllblatt meist kurz, höchstens ¼ der Gesamtlänge des Sprosses, meistens deutl. kürzer. Breite des Spirrenhüllblattes an seiner Ansatzstelle deutl. mehr als 1 mm.

B Sippe immergrün, nur bei starken Frösten friert sie zurück. Heimat: Mittelmeergebiet.

▲
3285 ssp **australis** (L.) Soják
Gewöhnliche Kugelbinse

I; ⟨K, s⟩, ⊙; F (östl.); ⟨RL 2⟩
L3.1 (Ufer), T1.4.5.1, T6.2, T7.3 (wechselfeucht)

M 50–70 cm. Pfl mit sehr kurzen Ausläufern, mittelgroße Horste. 2–3 Blütenköpfchen mit ca 6–10 mm ∅. Ein Köpfchen sitzend, die anderen deutl. gestielt. Das den Stg scheinbar fortsetzende Spirrenhüllblatt sehr lg, etwa ¼ bis ⅓ der Gesamtlänge des Sprosses. Breite des Spirrenhüllblattes an seiner Ansatzstelle ca 1 mm.

B Sippe rein sommergrün, oberirdische Pflteile sterben im Herbst vollständig ab.

3286 **Isolepis fluitans** (L.) R. Br. ▶
Flutende Moorbinse (Gttg ca 70 sp), Abb. 171

I; W, w, ⑦; F, K; RL 2
L3..6.2
M 10–70(–130) cm. Pfl oft stark verzweigt. Stg rund, glatt, an den Knoten der meist 10–20 mm lgn Stgglieder wurzelnd. Blätter flach, bis 1 mm br, mit einem Mittel- u. 2 Randnerven, hellgrün. Ein einziges, endstdges Ährchen, eifg, 3–5 mm lg u. 1,5–2 mm br, bleich gelbgrün. Narben 2. Frucht hellbraun, etwa 1 mm lg u. 0,3 mm br.

3287 **Isolepis setacea** (L.) R. Br. ▶▶
Borstige Moorbinse Abb. 170

I; T, H, w, ⑦; AV, M_1, M_2, F, K; RL reg
L3..7.3, L4.4, T10.3.3.1 (Wald, nass)
M 2–15(–25) cm. Kleine Horste mit wenigen bis zahlreichen Stgln. Stg rund, fadendünn, glatt. Blätter borstenfg, kürzer als der Stg. 1–3(–10) sitzende od. kurzgestielte, dicht gedrängt stehende Ährchen. Ährchen 2–3 mm lg u. bis 2 mm br, eifg, braun od. rotbraun, slt grüngelbl., Narben 3. Frucht grau- od. rotbraun, ca 0,8 mm lg u. 0,5 mm br, mit aufgesetzter Stachelspitze.

3288 **Blysmus compressus** (L.) Panz. ex Link ▶
Zusammengedrückte Quellbinse (Gttg 3 sp)

I; K, s, ⑧; A, AV, M_1, M_2, F, K; RL 2
L2..2, S2.2.2, T7.4.1
M 10–40 cm. Pfl mit lgn Ausläufern. Blühende Sprosse aufrecht od. bogig aufsteigend, bis zur Mitte beblättert. Blätter flach od. rinnig, kürzer als der Stg. Stg unterhalb des Blütenstandes stumpf 3-kantig, insgesamt glatt od. oben etwas rau. Eine 1–4 cm lge, 2-zeilige, endstdge Ähre, am Grund ein laubblattartiges, aufrechtes Hüllblatt, das den Blütenstand meist deutl. überragt.

3289 **Blysmus rufus** (Huds.) Link ▶▶
Rote Quellbinse

I; K, s, ⑧; F, K; RL 2
H1.1.3.2, H2..4
M 5–30 cm. Pfl mit lgn Ausläufern. Blühende Sprosse aufrecht od. bogig aufsteigend, bis zur Mitte beblättert. Blätter flach od. rinnig, kürzer als der Stg. Stg rund, glatt. Eine 1–2 cm lge, 2-zeilige, endstdge Ähre aus 3–8 Ährchen. Am Grund des Blütenstandes meist nur ein spelzenartiges, kleines Tragblatt.
B Bei nachblühenden Pfln (nur 1–3 Ährchen) an der Basis des meist sehr kleinen Blütenstandes hfg ein laubblattartiges, aufrechtes, den Blütenstand oft deutl. überragendes Hüllblatt.

3290 **Bolboschoenus maritimus** (L.) Palla ▶
Gewöhnliche Strandsimse (Gttg ca 16 sp)

I; W, K, s, ⑧; M_1, M_2, F, K; RL reg; ✎; Z
H1.3.2.1, H2...5, L4.1–4 (Ufer), L4.4
M 30–140 cm. Pfl mit lgn, an der Spitze oft zu kugelfgn, kirsch- bis walnussgroßen Knollen verdickten Ausläufern. Blütenstand mit 1–2 Teilinfloreszenzen aus 2–4 kurzgestielten Ährchen, slt mehr. Ährchen meist kopfig gedrängt. Hypogyne Borsten bis ca ⅔ der Achänenlänge, an reifen Früchten bereits meist abgefallen. 2–3 Narben, Frucht planokonvex bis schwach 3-kantig. Exokarp ca doppelt so dick wie Mesokarp.

3291 **Bolboschoenus yagara** (Ohwi) A. E. Kozhevn.
Verkannte Strandsimse ohne Abb.

I; ⟨W, K, s⟩, ⊙; F?; ⟨RL 0⟩
wohl wie 3292
M 40–160 cm. Pfl mit lgn, an der Spitze anscheinend seltener als bei 3290 zu kugelfgn Knollen verdickten Ausläufern. Blütenstand meist zieml. ausgebreitet, 3–8 lggestielte Teilinfloreszenzen. Hypogyne Borsten bis etwa so lg wie die Achänen, an reifen Früchten i. d. R. vorhanden. Narben 3, Frucht deutl. 3-kantig. Exokarp wesentl. dünner als Mesokarp (ca 1 : 10).

◂ 3292 **Bolboschoenus maritimus × B. yagara**
Bastard-Strandsimse

I; ⟨W, K, s⟩, ⊙; M_1, M_2, F, K?; RL ?
L3..5, L4.1–4 (Ufer), L4.9
M 40–160 cm. Pfl mit lgn, an der Spitze anscheinend seltener als bei 3290 zu kugelfgn Knollen verdickte Ausläufer, oft große, dichte Bestände. Blütenstand meist zieml. ausgebreitet, 3–8 lggestielte Teilinfloreszenzen. Jede Teilinfloreszenz mit 2–4 Ährchen. Hypogyne Borsten ca die Länge der Achänen erreichend, an reifen Früchten oft noch vorhanden. 3 Narben, Frucht deutl. 3-kantig od. 2-seitig abgeflacht. Dicke Exokarp zu Mesokarp ca 1 : 1 bis 1 : 4.

3293 **Schoenoplectus lacustris** (L.) Palla ▸
Gewöhnliche Teichsimse,
Seebinse (Gttg ca 60 sp)

I; W, K, s, ⑧; A, AV, M_1, M_2, F, K; RL reg; ✿; Z
L3.1 (Ufer), L3..5, L4.4
M 100–250(–400) cm. Pfl mit lgn, dicken Ausläufern. Stg rund od. oben oval, slt mit 1–2 undeutl. Kanten im oberen ⅓. Blattscheiden mit kurzen, nur slt über 20 cm lgn Blattspreiten am Grund des Sprosses. Sprosse grün bis dklgrün. Spirrenhüllblatt meist nur so lg wie die Spirre od. kürzer. Blütenstand mit vielen (bis über 100 Ährchen) u. einem ∅ von bis zu 12 cm. Spelzen ohne, od. mit nur wenigen roten Warzen auf u. direkt neben dem Mittelnerv. Nüsschen im Querschnitt schwach 3-kantig, 2,5–3 mm lg. Narben 3.

◂ 3294 **Schoenoplectus tabernaemontani** (C. C. Gmel) Palla
Salz-Teichsimse

I; K, W, w, ⑧; AV, M_1, M_2, F, K; RL reg; Z
H1.3.2.1, H2, H2...5, L3.1 (Ufer), L3..5/H3.1–2.3, L4.4
M 80–150(–250) cm. Pfl mit lgn, dicken Ausläufern. Stg rund od. oben oval, slt mit 1–2 undeutl. Kanten im oberen ⅓. Blattscheiden am Grund des Sprosses, mit kurzen, nur slt über 10 cm lgn Blattspreiten. Sprosse grau- bis blaugrün. Blütenstand mit wenigen (bis über 50) Ährchen u. einem ∅ von bis zu 8 cm. Spelzen mit zahlreichen roten Warzen, besonders auf u. um den Mittelnerv, aber auch auf der restlichen Fläche. Nüsschen linsenfg, 2–2,5 mm lg. Narben 2.

3296 **Schoenoplectus × kuekenthalianus** (Junge) D. H. Kent (3294 × 3300)
Gekielte Salz-Teichsimse ohne Abb.

I; ⟨W, K, w⟩, ⊙; M_1, M_2, F, K; ⟨RL 2⟩
H3.1.2–3, L4.2 (Ufer)
M Wie 3295, meist etwas niedriger, Stg dkl- bis graugrün, Spirre oft nur mit wenigen, nie über 50 Ährchen. Spelzen mit zahlreichen roten Warzen, die meisten auf u. neben dem Mittelnerv u. den sich anschließenden Bereichen, zumindest vereinzelt aber auch auf der gesamten Fläche der Spelzen.

3297 **Schoenoplectus litoralis** (Schrad.) Palla ▸
Strand-Teichsimse

E (lok); ⟨K, s⟩, ⊙; M_1; RL –
T10.5.3
M 40–100(–200) cm. Pfl mit lgn Ausläufern. Stg oben 3-kantig, unten rund, dkl- od. leicht graugrün. Oberste Blattscheiden mit kurzen, meist 5–15 cm lgn Blattspreiten. Blütenstand mit wenigen (bis über 50 Ährchen). Narben meist 2, slt 3.
B Heimat: Mittelmeergebiet.

▴
3295 **Schoenoplectus × carinatus** (Sm.) Palla (3293 × 3300)
Gekielte Teichsimse

I; W, K, w, ⊙; F, K; RL 2
H3.1.2–3, L4.2 (Ufer)
M 100–250(–400) cm. Pfl mit lgn, dicken Ausläufern. Stg oben 3-kantig, unten rund, grün bis dklgrün. Oberste Blattscheiden mit kurzen, nur slt über 15 cm lgn Blattspreiten. Sprosse grün bis dklgrün. Blütenstand aus wenigen bis über 100 Ährchen. Spelzen entweder ohne od. nur auf u. neben dem Mittelnerv mit sehr wenigen roten Warzen. Narben 2 od. 3.

◄ 3298 **Schoenoplectus mucronatus** (L.) Palla
Stachelspitzige Teichsimse

A?; H, W, w, ⊙; M_1; RL 1
L3.1 (Ufer), L4.1–4 (Ufer), L3..5, L4.4
M 40–100 cm. Pfl ohne Ausläufer, oft kleine, wenigstängelige, aber auch sehr große Horste mit zahlreichen Stgln. Stg scharf 3-kantig, mit eingesenkten Seitenflächen, zieml. weich, hell- bis grasgrün. Blattspreiten fehlend. Spirrenhüllblatt erreicht mehrfache Länge des Blütenstandes u. setzt Stg zur Blütezeit in einer Linie fort, zur Fruchtzeit deutl. bis etwa rechtwinklig abgebogen. Blütenstand kopfig, aus 3–20 (slt mehr) ungestielten Ährchen. Narben 3.

3299 **Schoenoplectus pungens** (Vahl) Palla ►
Kleine Dreikant-Teichsimse

I; ⟨K, s⟩, ⊙; F, K; RL 1
H1.3.2.1, H2..5, H3.1.2–3, L4.2 (Ufer)
M 15–80(–120) cm. Pfl mit lgn, 2–5 mm dicken Ausläufern. Stg scharf 3-kantig, zieml. fest, dkl- od. leicht graugrün. Die 2–3 obersten Blattscheiden mit kurzen, meist 5–10 cm, slt auch bis 20 cm lgn Blattspreiten. Spirrenhüllblatt bis 15 cm lg. Blütenstand kopfig zusammengezogen, Spirre mit 1–5 Ährchen. Narben 2.

◄ 3300 **Schoenoplectus triqueter** (L.) Palla
Dreikantige Teichsimse Abb. 172

I; W, K, w, ⑧; M_1, M_2, F, K; RL 2
H1.3.2.1, H2...5, H3.1+2–3, L3..5, L4.2 (Ufer), L4.3, Stromtäler
M 50–120(–150) cm. Pfl mit lgn, 2–5 mm dicken Ausläufern. Stg scharf 3-kantig, zieml. weich, hell- bis dklgrün. Blattspreiten fehlend od. nur an den obersten Blattscheiden sehr kurze 3–10(–15) cm lge Spreiten vorhanden. Spirrenhüllblatt bis 7 cm lg. Blütenstand eine meist kopfig zusammengezogene Spirre mit 1–3 verlängerten Spirrenästen aus 3–15 Ährchen. Narben 2.

3301 **Schoenoplectus supinus** (L.) Palla ►
Niedrige Teichsimse Abb. 173

I; T, s, ⊙; M_1, F; RL 2
L3.3 (Ufer), L3..7
M 3–15(–20) cm. Kleine Horste. Stg rund, aufrecht od. niederliegend bis aufsteigend. Nur an den obersten 1 od. 2 Blattscheiden kurze Blattspreiten. Spirrenhüllblatt halb so lg bis etwa so lg wie der Stg. Blütenstand, aus 1–6(–10) sitzenden, dicht gedrängten Ährchen. Ährchen 5–10 mm lg u. bis 3 mm br. Narben 3.

◄ 3302 **Trichophorum alpinum** (Pers.) ►
Alpen-Rasenbinse, Alpen-Wollgras (Gttg 9 sp)

I; K, w, ⊙; A, AV, M_1, F (östl.); RL 3+
S1.1, S1.2, S2.2.2
M 10–35 cm. Pfl mit kurzen Ausläufern. Stg starr aufrecht, 3-kantig, graugrün. Basale Blattscheiden gelbbraun. Oberste Blattscheide mit 1–3 cm lgr Blattspreite. Ein 8–12-blütiges, 5–7 mm langes u. bis 3 mm breites, endstdges Ährchen. 4–6 weiße, bis 25 mm lge, geschlängelte Perigonborsten. Narben 3.

Abb. 168 Eriophorum latifolium (3277)

Abb. 169 Eriophorum angustifolium (3275)

Abb. 170 Isolepis setacea (3237)

Abb. 171 Isolepis fluitans (3286)

Abb. 172 Schoenoplectus triqueter (3300)

Abb. 173 Schoenoplectus supinus (3301)

Abb. 174 Eleocharis multicaulis (3313)

Abb. 175 Eleocharis parvula (3311)

Abb. 176 Schoenus ferrugineus (3315)

Abb. 177 Schoenus × intermedius (3316a)

Abb. 178 Schoenus nigricans (3316)

Abb. 179 Kobresia simpliciuscula (3321)

3303 **Trichophorum cespitosum** (L.) Hartm. ssp **cespitosum**
Gewöhnliche Rasenbinse i. e. S. Fig. 69a

I; H, w, ③; A, AV, M_1, M_2, F; RL 3; !
S1.3.2, S2.3/T4.5
M 5–50 cm. Pfl ohne Ausläufer, kleine bis mittelgroße, dichte Horste. Stg starr aufrecht, zur Fruchtzeit teilweise übergebogen, rund, glatt, grün bis dklgrün. Oberste Blattscheide schief abgeschnitten, gegenüber des Ansatzes der Blattspreite ca 1 mm tief ausgerandet, Blattspreite etwa 5mal so lg wie der Ausschnitt tief. Ein wenigblütiges, ca 5(–6) mm lgs, endstdges Ährchen. Ährchenspindel nach Abfallen der Früchte ca 2 mm lg. Narben 3.
B Neuerdings wurde eine weitere Sippe, (3303a) *Trichophorum cespitosum* nssp *foersteri* G. A. Swan abgetrennt, die als Hybride der beiden ssp betrachtet wird. Sie unterscheidet sich makroskopisch: Ausrandung der obersten Blattscheide 1–2 mm tief, Blattspreite etwa 3mal so lg wie Ausschnitt tief. ohne Abb.

3304 ssp **germanicum** (Palla) Hegi
Deutsche Rasenbinse Fig. 69b

I; H, w, ③; M_1, M_2, F, K; RL 3; !
S2.3/T4.5
M Ähnl. 3303, aber oberste Blattscheide gegenüber des Ansatzes der Blattspreite meist mehr als 2 mm tief ausgerandet, Blattspreite etwa 2mal so lg wie der Ausschnitt tief. Ein wenigblütiges, ca 5–10 mm lgs, endstdgs Ährchen. Ährchenspindel nach Abfallen der Früchte ca 3 mm lg od. lgr.

3305–3309 **Eleocharis palustris** agg
Artengruppe
Gewöhnliche Sumpfbinse (Gttg ca 120 sp)

M 10–60(–90) cm. Pfl mit lgn, mehr als 1 mm dicken Ausläufern. Endknospen der Ausläufer nie deutl. zwiebelig verdickt. Stg weich u. hinfällig od. derb, meist 1–3 (slt bis 4) mm dick, glatt. Ährchen eifg bis lanzettl., am Ende zugespitzt, 5–20(–30) mm lg, 2–6 mm br, 20–70-blütig. Unterste Spelze umfasst den Stg etwa zur Hälfte. Unterste od. beide unteren Spelzen kürzer u. breiter als die übrigen. Frucht im Querschnitt linsenfg, Narben 2.

3305 **Eleocharis austriaca** Hayek
Österreichische Sumpfbinse

I; ⟨W, H, w⟩, ⊙; A, AV, M_1, M_2, F; RL reg; !
L3..5, L3..7.3, L4.1
M Stg hellgrün, weich, leicht zusammendrückbar, im tro Zustand gefurcht. Stgquerschnitt mit 12–14(–16) Leitbündeln. Unterste Spelze umfasst den Stg etwa zur Hälfte. Perigonborsten (4–)5(–6), so lg wie od. lgr als die Früchte. Griffelbasis am Grund ohne Einschnürung, der Frucht aufsitzend, etwa 2mal so hoch wie br, etwa ½ bis ⅓ so br wie die Frucht.

3306 **Eleocharis mamillata** Lindb. f.
Zitzen-Sumpfbinse

I; W, H, w, ⊙; A, AV, M_1, M_2, F; RL reg
L3..5, L3..7.3, L5.2.4.1
M Ähnl. 3305, aber Stgquerschnitt mit 8–12 Leitbündeln. Perigonborsten (5–)6(–8), lgr als die Früchte. Griffelbasis breiter als hoch, ca ⅔ der Breite der Frucht erreichend.

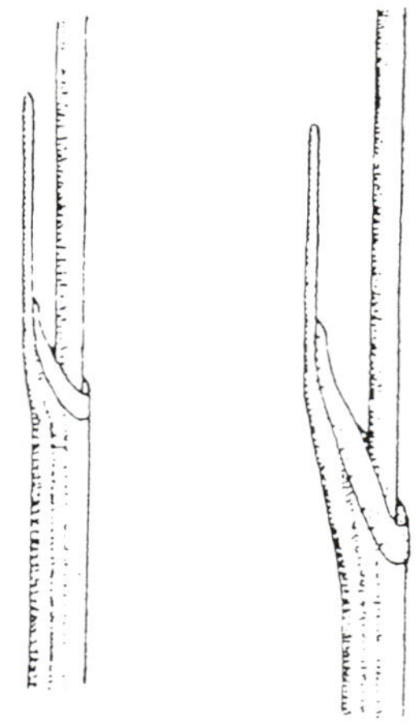

Fig. 69: Sprossabschnitt mit oberster Blattscheide und Blattspreite bei a: *Trichophorum cespitosum* ssp *cespitosum* und b: *Trichophorum cespitosum* ssp *germanicum*.
Aus: Kiffe (1997).

3307–3308 **Eleocharis palustris** (L.) Roem. & Schult. s. l.
Gewöhnliche Sumpfbinse

M Stg gras- bis dklgrün, fest, nicht leicht zusammendrückbar, im tro Zustand kaum gefurcht. Unterste Spelze umfasst den Stg etwa zur Hälfte. Perigonborsten 3–4, etwas kürzer als die Früchte. Griffelbasis am Grund deutl. eingeschnürt, meist etwas höher als br.

3307 ssp **palustris**
Kleinfrüchtige
Gewöhnliche Sumpfbinse ohne Abb.

I; W, w, ⑤; A, AV, M_1, M_2, F, K; RL reg
L3..5, S2.1, T7.3.5, Pionier
M Ährchen 40–70-blütig. Mittlere Spelzen im Ährchen 2,7–3,5 mm lg. Frucht (ohne Griffelbasis) 1,2–1,4 mm lg.

3308 ssp **vulgaris** Walters
Großfrüchtige Gewöhnliche Sumpfbinse

I; (W, w, ⊙; A, AV, M_1, M_2, F, K; RL –
L3..5, S2.1
M Ährchen 20–40-blütig. Mittlere Spelzen im Ährchen 3,5–4,5 mm lg. Frucht (ohne Griffelbasis) 1,5–2 mm lg.

3309 **Eleocharis uniglumis** (Link) Schult.
Einspelzige Sumpfbinse

I; W, w, ⑤; A, AV, M_1, M_2, F, K; RL reg
L4.4, S2.1, T7.4.1, T10.3.3.1 (nass), Pionier, Stromtalpfl
M Stg gras- bis dklgrün, fest, nicht leicht zusammendrückbar, im tro Zustand fein gefurcht. Unterste Spelze umfasst den Stg fast vollständig. Ährchen 10–30-blütig. Griffelbasis am Grund deutl. eingeschnürt, meist etwa so br wie hoch. Frucht (ohne Griffelbasis) bis 1,8 mm lg.

3310 **Eleocharis acicularis** (L.) Roem. & Schult.
Nadel-Sumpfbinse

I; W, H, w, ⑦; A, AV, M_1, M_2, F, K; RL 3; Aq
L3..6.4, L3..7.3
M 3–15(–20) cm. Pfl mit Ausläufern. Stg sehr dünn, 4-kantig, glatt, hellgrün. Ährchen zugespitzt, 2–4(–7) mm lg, 1–2 mm br, meist 5–8-blütig. Unterste Spelze stgumfassend, nicht anders gestaltet als die übrigen. Entweder keine od. bis zu 4 sehr hinfällige Perigonborsten, bis etwa halb so lg wie die Nüsschen, Narben 3.

3311 **Eleocharis parvula** (Roem. & Schult.) Link ex Bluff, Nees & Schauer
Kleine Sumpfbinse Abb. 175

I; H, W, w, ⊙; F, K; RL 1
H1.3.1.2
M 1,5–3(–8) cm. Pfl mit lgn, sehr dünnen Ausläufern, Endknospen zwiebelig verdickt, längl., kommafg. Stg sehr dünn, rund, glatt, hellgrün. Ährchen zugespitzt, 2–3,5 mm lg, 0,7–1,5 mm br, meist 3–9-blütig. Unterste Spelze ¾ bis etwa so lg wie die Ährchen, dieses fast vollständig einhüllend. Perigonborsten so lg wie od. etwas lgr als die Frucht, Narben 3.

3312 **Eleocharis quinqueflora** (Hartmann) O. Schwarz
Armblütige Sumpfbinse

I; H, W, w, ⊙; A, AV, M_1, M_2, F, K; RL 2
S2.2.2
M 3–15(–35) cm. Pfl mit lgn, dünnen Ausläufern, Endknospen zwiebelig verdickt, längl., kommafg. Stg zieml. derb, rund, glatt, dkl- bis graugrün. Ährchen zugespitzt, 4–8 mm lg, bis 4 mm br, meist 3–7-blütig. Unterste Spelze halb bis fast so lg wie das Ährchen, umfasst den Stg vollstdg. 4–6 Perigonborsten, so lg wie od. etwas kürzer als die Frucht, Narben 3.

3313 **Eleocharis multicaulis** (Sm.) Desv.
Vielstängelige Sumpfbinse Abb. 174

I; H, w, ⑥; F, K; RL 2
L3..6.2
M 10–35(–50) cm. Pfl ohne Ausläufer, dichte, kleine bis mittelgroße Horste. Stg rund, glatt. Ährchen zugespitzt, 5–14 mm lg, bis 4 mm br, 10–30-blütig. Unterste Spelze br eifg, kürzer als die oberen. 4–6 Perigonborsten, etwas kürzer od. etwas lgr als die Frucht. Griffelbasis etwas verdickt, deutl. eingeschnürt, etwa halb so br wie die Frucht. Frucht etwa 2 mm lg u. 1 mm br, im Querschnitt deutl. 3-kantig. Narben 3.
B siehe Bemerkung 48, Seite 720.

3314 **Eleocharis ovata** (Roth) Roem. & Schult.
Eiköpfige Sumpfbinse

I; T, w, ⑧; AV, M_1, M_2, F; RL 3
L3.1 (Ufer), L3.6, L3..7.1

M 5–30(–45) cm. Pfl ohne Ausläufer, dichte, kleine bis mittelgroße Horste. Stg rund, glatt, auffällig weich, leicht knickend. Ährchen eifg, am Ende abgerundet, 4–8 mm lg, bis 3 mm br, meist 10–30-blütig. Unterste Spelze umfasst den Stg etwa zur Hälfte. Mit fortschreitender Fruchtreife fallen die Spelzen zuerst im unteren Bereich des Ährchens ab, später auch weiter oben. 5–7 Perigonborsten, deutl. lgr als die Frucht. Griffelbasis br kegelfg (ohne Einschnürung) der Frucht aufsitzend u. etwa ⅔ so br wie die Frucht. Frucht etwa 1 mm lg u. 0,7 mm br. Narben 2.

3315 **Schoenus ferrugineus** L.
Rostrotes Kopfried (Gttg ca 100 sp), Abb. 176

I; H, w, ⑤; A, AV, M_1, M_2, F; RL 3
S2.2.2

M 15–35(–50) cm. Feste Horste aus wenigen bis zahlreichen Stgln. Stg starr aufrecht, mind. 3mal so lg wie Blätter. Blätter borstenfg, rinnig, starr. Blütenstand ca 1 cm lg, 2–5 kurzgestielte Ährchen. Hüllblatt so lg wie der Blütenstand od. ihn nur wenig überragend.

3316 **Schoenus nigricans** L.
Schwarzes Kopfried Abb. 178

I; H, w, ⑥; A, AV, M_1, M_2, F, K; RL 2–
S2.2.2, T7.3.2

M 20–70(–80) cm. Feste Horste aus wenigen bis zahlreichen Stgln. Stg zunächst starr aufrecht, später überhängend, bis doppelt so lg wie die Blätter. Blätter rinnig, zieml. starr. Blütenstand ca 1–1,5 cm lg, 5–15(–30) kurzgestielte Ährchen. Unteres der 1–2 Hüllblätter 2–5mal so lg wie der Blütenstand, ihn deutl. überragend.

3316a **Schoenus × intermedius** Čelak (3315 × 3316)
(Bastard-Kopfried) Abb. 177

I; ⟨H, w⟩, ⊙; A, AV, M_1, M_2; RL 3
S2.2.2

M 15–35(–50) cm. Feste Horste aus wenigen bis zahlreichen Stgln. Stg starr aufrecht, später überhängend, weniger als 3mal so lg wie die Blätter. Blätter borstenfg, rinnig, starr. Blütenstand ca 1–1,5 cm lg, ca 4–10 kurzgestielte Ährchen. Unteres der 1–2 Hüllblätter bis 2(–3)mal so lg wie der Blütenstand, ihn deutl. überragend.

3317 **Rhynchospora alba** (L.) Vahl
Weißes Schnabelried (Gttg ca 250 sp)

I; H, s, ⑧; A, AV, M_1, M_2, F, K; RL 3
S1.1

M 10–40(–65) cm. Pfl mit einzelnen Ausläufern, bildet 10–20 mm lge weißl. Winterzwiebeln. Stg 3-kantig, oben rau. Blütenstand mit einer endstdgn u. 1–2 lggestielten seitenstdgn Spirren. Spirren von Hüllblättern nicht od. nur wenig überragt. Ährchen weißl. bis gelbbraun.

3318 **Rhynchospora fusca** (L.) W. T. Aiton
Braunes Schnabelried

I; H, K, s, ⑦; A, AV, M_1, M_2, F, K; RL 2–
S1.1

M 10–30(–45) cm. Pfl mit Ausläufern. Stg 3-kantig, oben rau. Blütenstand mit einer endstdgn u. 1–2 lggestielten seitenstdgn Spirren. Spirren von meist 1–2 Hüllblättern weit überragt. Ährchen dkl- bis rotbraun.

◂3319 **Cladium mariscus** (L.) Pohl
Binsen-Schneide (Gttg 3 sp)

I; K, W, w, ⑥; A, AV, M_1, M_2, F, K; RL 3+; ✿; Z
L3.1 (Ufer), L3..5, S2.1
M 80–200 cm. Pfl mit lgn Ausläufern, oft große, dichte Bestände. Stg bis oben beblättert. Blätter 7–15 mm br, am Rand u. auf dem Kiel schneidend rau. Blütenstand 30–70 cm lg, mit einer endstdgn u. mehreren seitenstdgn, köpfchenartigen Spirren. Narben 3.

3320 **Kobresia myosuroides** (Vill.) Fiori ▸
Europäisches Nacktried (Gttg 35 sp). Abb. 179

I, ⟨H, s, ⊙⟩, (♀♂); A; RL –
T3.2.3
M 5–25(–35) cm. Pfl ohne Ausläufer, kleine, feste Horste mit wenigen bis zahlreichen Stgln. Stg starr aufrecht, glatt. Blätter borstenfg, rinnig, starr, oft lgr als der Stg. Eine einzelne, schlanke, endstdge Ähre, mit 10–20 glänzend braunen Ährchen. Endstdges Ährchen mit mehreren männl., die darunter anschließenden meist mit einer männl. u. einer weibl. Blüte. Narben 3. Tragblatt der weibl. Blüte am Grund an den Rändern verwachsen, beide Blüten des Ährchens ähnl. wie ein Fruchtschlauch umschließend.

◂3321 **Kobresia simpliciuscula** (Wahlenb.) Mack.
Europäisches Schuppenried

I; H, s, (♀♂); A; RL reg
S2.2.3
M 5–25(–35) cm. Kleine Horste. Stg starr aufrecht, glatt od. unterhalb des Blütenstandes leicht rau. Blätter rinnig zusammengefaltet, starr, sehr viel kürzer als der Stg, bis 2 mm br. Blütenstand rotbraun, 1–3 cm lg, mit 4–6(–10) Ähren. Jede Ähre mit mehreren 1-blütigen Ährchen. Narben 3. Frucht vom Tragblatt fast ganz eingeschlossen.

UGttg Primocarex

3322 **Carex dioica** L. ▸
Zweihäusige Segge (Gttg ca 2000 sp), Abb. 181

I; K, H, w, ③, ♀, ♂; A, AV, M_1, M_2, F, K; RL 2
S2.2.2
M 10–20 cm. Pfl mit lgn Ausläufern, nicht horstbildend. Blühende Stg einzeln, straff aufrecht. Blütenstand eine einzige, bis 1,5 cm lge, endstdge Ähre. Am Grund der männl. Ährchen st einzelne, weibl. Blüten. Schläuche 3–4 mm lg, ca 1,5 mm br, in einen kurzen Schnabel zugespitzt, so lg od. wenig lgr als die Spelzen. Im reifen Zustand waagerecht abstehend. Narben 2.

◂3323 **Carex davalliana** Sm.
Davalls-Segge Abb. 182

I; H, i, ③, ♀, ♂; A, AV, M_1, M_2, F; RL 3+
S2.2.2, S2.2.3
M 10–40 cm. Pfl immer ohne Ausläufer, dichte, feste Horste. Gelegentl. am Grund der männl. Ährchen einzelne weibl. Blüten. Blütenstand eine einzige, bis 2 cm lge, endstdge Ähre. Schläuche 3 – 4,5 mm lg, ca 1 mm br, in einen lgn, schlanken Schnabel zugespitzt, deutl. lgr als die Spelzen. Im reifen Zustand zurückgeschlagen, Schnäbel deutl. abwärts gerichtet. Narben 2.

3324 **Carex capitata** L. ▸
Kopf-Segge Abb. 183

I; H, s, ⊙, (♀, ♂); AV; RL 0
S2.2.2
M 15–25 cm. Pfl ohne Ausläufer, kleine, feste Horste. Ein kugeliges, dichtblütiges, bis 8 mm lges Ährchen. Schläuche 2,3–3 mm lg, bis 2 mm br, in einen kurzen Schnabel auslaufend, lgr als die Spelzen. Narben 2.

3325 **Carex rupestris** All.
Felsen-Segge

I; H, s, ⊙, (♀, ♂); A; RL R
T3.2.3, T3.4.2.1
M 5–15 cm. Pfl mit Ausläufern. Blätter an den Spitzen oft gebogen od. eingerollt, oft im oberen ⅓ abgestorben. Blütenstand ein einziges, bis 1,5 cm lgs, endstdgs Ährchen. Schläuche oft verkümmert u. untypisch. Im gut ausgebildeten Zustand 2,5–4 mm lg, plötzl. in einen sehr kurzen Schnabel zusammengezogen. Narben 3.

3326 **Carex obtusata** Lilj.
Stumpfe Segge

I; ⟨K, s⟩, ⊙, (♀, ♂); F; RL 1
T1.4.1 (licht), T6.2.1.4.1
M 5–15 cm. Pfl mit lgn Ausläufern. Niederblätter an den Ausläufern auffällig schwarzrot. Ein einziges, bis 1,5 cm lgs, endstdgs Ährchen. Schläuche fast immer verkümmert u. untypisch. Im gut ausgebildeten Zustand 2,5–3,5 mm lg, braun, intensiv glänzend, plötzl. in den kurzen Schnabel zusammengezogen. Narben 3.

3327 **Carex microglochin** Wahlenb.
Kleine Grannen-Segge Abb. 184

I; ⟨H, w⟩, ⊙, (♀, ♂); F; RL 0
S2.2.3
M 5–20 cm. Pfl mit lgn Ausläufern. Blühende Stg straff aufrecht. Ein einziges, etwa 1 cm lgs, endstdgs Ährchen. Schläuche 4–5(–6) mm lg, kegelfg, allmähl. in einen lgn Schnabel zugespitzt, lgr als die Spelzen, im reifen Zustand deutl. herabgeschlagen. Achsenfortsatz des weibl. Teilblütenstandes ca 1–2 mm aus dem Schlauch herausragend. Narben 3.

3328 **Carex pulicaris** L.
Floh-Segge Abb. 185

I; H, w, ③, (♀, ♂); A, AV, M_1, M_2, F, K; RL 2–
S2.2.1
M 5–30 cm. Kleine, lockere Horste. Ein einziges, etwa 2(–2,5) cm lgs, endstdgs Ährchen. Schläuche 5 mm lg, längl. lanzettl., lgr als die im reifen Zustand meist bereits abgefallenen Spelzen. Schläuche im reifen Zustand deutl. herabgeschlagen. Narben 2.

3329 **Carex pauciflora** Lightf.
Armblütige Segge Abb. 186

I; K, w, ⑦, (♀, ♂); A, AV, M_1, M_2, F; RL 3+
S1.3.2, S2.2.1
M 5–20 cm. Pfl mit lgn, teilweise oberirdischen Ausläufern, slt auch mit kurzen Ausläufern u. dann dichtrasig. Ein einziges, etwa 1 cm lgs, endstdgs Ährchen. Schläuche meist nur 2–4, längl. lanzettl., lgr als die Spelzen. Schläuche im reifen Zustand herabgeschlagen. Narben 3.

UGttg **Vignea**

3330 **Carex baldensis** L.
Monte-Baldo-Segge

I; H, s, ⊙, (♀, ♂); A; RL R !, §; Z
L5.1.1, T1.4.1.3, T3.4.2.1
M 10–40(–65) cm. Pfl ohne Ausläufer. Blätter graugrün, starr. ∅ des kopfigen Blütenstandes 1–2,5 cm, mit 3–9 Ährchen. 2–5 laubblattartige Hüllblätter bis 10 cm lg, abstehend od. zurückgeschlagen. Blüten am Ährchengrund weibl., an der Spitze männl. Spelzen weiß bis gelbl., in der Mitte mit einem grünl. Kiel, Schläuche weiß bis gelbbraun, 4–5 mm lg, ungeschnäbelt. Narben 3.

3331 **Carex bohemica** Schreb.
Zypergras-Segge

I; H, s, ⊙, (♀, ♂); AV, M_1, M_2, F; RL 3
L3..6.4, L5.2.4.1
M 10–25(–40) cm. Pfl ohne Ausläufer, kleine Horste. Blätter hellgrün, 1,5–2,5 mm br, weich, am Rand rau. ∅ des kopfigen Blütenstandes 2 cm, von 2–4 laubblattartigen Hüllblättern deutl überragt. Spelzen weißhäutig mit grünem Mittelnerv, schmal lanzettl., nur etwa halb so lg wie die Schläuche. Schläuche lanzettl., 7–8 mm lg, am Rand schmal geflügelt, erst grün, später hellgelb. Sie enden in einem lgn, 2-zähnigen Schnabel. Narben 2.

3332 **Carex chordorrhiza** L. f.
Fadenwurzelige Segge

I; W, K, s, ⊙, (♀, ♂); A, AV, M_1, F; RL 2
S1.2
M 10–25 cm. Pfl mit lgn, oberirdischen, an den Knoten wurzelnden Ausläufern. Blühende Sprosse aufrecht bis aufsteigend, glatt, rundl. bis schwach 3-kantig. Blütenstand endstdg, eifg, mit wenigen, dicht stehenden Ährchen. Kümmerformen oft nur mit einem Ährchen. Schläuche rotbraun, 3,5–4 mm lg, hfg jedoch verkümmert. Narben 2.

3333 **Carex arenaria** L.
Sand-Segge Abb. 187

I; K, H, w, ⑤, ✿, (♀, ♂); F, K; RL reg; ✠
T1.4.1 (licht), T6.2.1.4.4
M 15–40 cm, Schattenformen bis ca 100 cm. Pfl mit lgn Ausläufern. ∅ der Rhizome 2–3 mm. Stg u. Blätter ± aufrecht. Schattenformen oft stark bogig überhängend, jedoch nie am Boden liegend wie 3335 od. 3336. Blütenstand 2–5 cm lg, aus 5–15 Ährchen. Bei Schattenformen untere Ährchen oft auseinander gezogen, Blütenstand dann bis 10 cm lg. Reife Ährchen braun, fast immer gerade, nur ausnahmsweise einzelne schwach auswärts gekrümmt. Schläuche 4–5 mm lg u. 1,8–2 mm br., br geflügelt, Flügelrand in der Schlauchmitte stumpfwinklig hervortretend. Narben 2.

3334 **Carex ligerica** J. Gay
Französische Segge Abb. 189

I; K, w, ④, (♀, ♂); F, K; RL 3
T6.2.1.4.4
M 15–30 cm, Schattenformen bis ca 60 cm. Pfl mit lgn Ausläufern. ∅ der Rhizome 1,5–2(–2,5) mm. Stg u. Blätter aufrecht. Schattenformen oft stark bogig überhängend. Blütenstand 2–3(–4) cm lg, mit 4–6(–10) Ährchen. Reife Ährchen braun bis dklbraun, fast immer gerade, nur ausnahmsweise einzelne schwach auswärtsgekrümmt. Schläuche schmal geflügelt, 3,5–4 mm lg u. ca 1,5 mm br. Narben 2.

3335 **Carex pseudobrizoides** Clavaud
Reichenbachs Zittergras-Segge Abb. 188

I; K, s, ⊙, (♀, ♂); F, K (Ostsee); RL 3
T6.2.1.4.4
M 30–100 cm. Pfl mit lgn Ausläufern. ∅ der Rhizome ca 2 mm. Stg u. Blätter während der Blütezeit aufrecht, später sehr stark übergebogen u. zur Zeit der Fruchtreife fast niederliegend. Blütenstand 2–5 cm lg, mit 5–12(–15) Ährchen. Reife Ährchen strohfarben bis hellbraun. Hfg einzelne Ährchen, besonders im oberen Bereich des Blütenstandes, sichelfg auswärtsgekrümmt. Schläuche schmal geflügelt, ca 5 mm lg u. 1–1,5 mm br. Narben 2.

3336 **Carex brizoides** L. ▸
Zittergras-Segge, Seegras

I; H, K, s, ⑤, (♀, ♂); A, AV, M_1, M_2, F, K; RL reg; ?
L4.2.3 (p), T1.1.1 (feucht), T1.1.2.3, T7.3.5, T9.5.1

M 30–80 cm. Pfl mit lgn Ausläufern. Stg u. Blätter zur Blütezeit ± aufrecht. Ausgewachsene Sprosse später am Boden liegend. Blütenstand 2–3,5 cm lg, aus 4–8(–12) strohfarbigen Ährchen. Einige überwiegend aus ♂ Blüten bestehende Ährchen hfg sichelfg nach außen gebogen. Schläuche schmal lanzettl., 4 mm lg u. ca 1 mm br. Narben 2.

3337 **Carex praecox** Schreb. ssp **praecox** ▸▸
Gewöhnliche Frühe Segge

I; K, H, w, ④, (♀, ♂); M_1, M_2, F, K (Ostsee); RL 3–
T6.2.1.4.4, T7.5.2.1

M 10–50(–65) cm. Pfl mit lgn Ausläufern. Stg u. Blätter zur Blütezeit ± aufrecht, später an der Spitze überhängend. Blätter steif, meist rinnig, 1–2 mm br. Blütenstand 1,5–2,5(–3) cm lg, aus 4–6(–10) Ährchen. Reife Ährchen braun bis dklbraun, slt einige leicht nach außen gebogen. Schläuche etwa 3–3,5 mm lg u. 2–2,5 mm br., zieml. plötzl. in den 2-zähnigen Schnabel zusammengezogen. An den Rändern fast vom Grund an mit schmalen, wimprig gezähnten Flügeln versehen. Narben 2.

3338 ssp **intermedia** (Čelak) W. Schultze-Motel ▸
Gekrümmte Frühe Segge

I; ⟨K, H, w⟩, ⊙, (♀, ♂); M_1, M_2, F; ⟨RL 3⟩
T1.1.1 (wechselfeucht)

M Ähnl. 3337, aber Stg zur Fruchtzeit deutl. zu Boden gebogen, Blätter 1,5–2,5 mm br, schlaff, flach. Blütenstand 2–3 cm lg, mit 4–8(–12) Ährchen. Reife Ährchen hellbraun bis braun. Einzelne Ährchen hfgr deutl. nach außen gebogen. Schläuche etwa 3,5–4 mm lg u. 1–1,5 mm br, allmähl. in den 2-zähnigen Schnabel zusammengezogen. Ränder etwa von der Mitte an schmal u. wimperig gezähnt geflügelt.

3339 **Carex disticha** Huds. ▸▸
Zweizeilige Segge

I; K, s, ④, (♀, ♂); A, AV, M_1, M_2, F, K; RL reg
L4.4 (Ufer), S2.1

M 20–60(–100) cm. Pfl mit lgn Ausläufern. ∅ der Rhizome ca 2–3 mm. Stg u. Blätter aufrecht, Spross kann zur Zeit der Fruchtreife leicht überhängen. Blütenstand 3–7 cm lg, mit 10–25 Ährchen. Obere u. untere Ährchen im Blütenstand hfg rein ♀, so dass die Infloreszenz in der Mitte eine »Taille« hat (Verteilung der Geschlechter im Blütenstand ist jedoch variabel). Reife Ährchen braun. Schläuche ganz schmal geflügelt, 4–5 mm lg u. ca 1,8–2 mm br. Besonders an sterilen Sprossen deutl. mehrere »Blattetagen« unterscheidbar. Narben 2.

Abb. 180 Blattscheiden von (v. li. n. re.):
Carex diandra (3342)
Carex appropinquata (3341)
Carex paniculata (3340)

Abb. 181 Carex dioica (3322)

Abb. 182 Carex davalliana (3323)

Abb. 183 Carex capitata (3324)

Abb. 184 Carex microglochin (3327)

Abb. 185 Carex pulicaris (3328)

Abb. 186 Carex pauciflora (3329)

Abb. 187 Carex arenaria (3333)

Abb. 188 Carex pseudobrizoides (3335)

Abb. 189 Carex ligerica (3334)

Abb. 190 Carex paniculata (3340)

Abb. 191 Carex appropinquata (3341)

Abb. 192 Carex diandra (3342)

3340 **Carex paniculata** L.
Rispen-Segge Abb. 180, Abb. 190

I; H, s, ④, (♀♂); A, AV, M_1, M_2, F, K; RL reg
S2.1, S3.2.5

M 30–100(–120) cm. Pfl ohne Ausläufer, sehr große, hohe Bulte. Stg leicht bogenfg überhängend, scharf 3-kantig, sehr rau. Blätter 3–6 mm br, Blattränder schneidend rau. Unterste Blattscheiden glänzend, braun bis schwarzbraun, ohne Faserschopf, an den älteren Blattscheiden bisweilen einige wenige Fasern. Zahlreiche Ährchen, Blütenstand (5–)7–10(–18) cm lg u. i. d. R. deutl. rispig mit meist mehrere cm lgn, abstehenden Ästen, slt auch ährig. Glänzend braune Schläuche. Narben 2.

3341 **Carex appropinquata** Schumach.
Schwarzschopf-Segge Abb. 180, Abb. 191

I; H, s, ③, (♀, ♂); A, AV, M_1, M_2, F, K; RL 2–
S1.2, S2.1, S3.2.5

M 40–80(–100) cm. Pfl ohne Ausläufer, große Bulte. Stg leicht bogenfg überhängend, scharf 3-kantig, rau. Blätter 2–3 mm br, Ränder rau. Unterste Blattscheiden schwarzbraun, intensiv glänzend. Hfg Ausbildung eines Faserschopfes aus lgn, schwarzen Fasern um die Blattscheiden. Faserschopf bisweilen fehlend od. nur sehr kümmerl. entwickelt (besonders bei jüngeren Pfln). Blütenstand aus zahlreichen Ährchen, 4–8 (–12) cm lg, i. d. R. deutl. rispig mit bis zu 2 cm lgn, abstehenden Ästen. Schläuche matt, dklbraun. Narben 2.

3342 **Carex diandra** Schrank
Draht-Segge Abb. 180, Abb. 192

I; K, H; s, ⑤, (♀, ♂); A, AV, M_1, M_2, F, K; RL 2
S1.2

M 20–65(–75) cm. Pfl ohne Ausläufer, kleine bis mittelgroße, meist lockere wenighalmige, aber auch feste, vielhalmige Horste. Stg gerade od. leicht bogenfg überhängend, oben 3-kantig, rau, an der Basis fast rund. Blätter bis 2 mm br, rau. Unterste Blattscheiden etwas glänzend, graubraun bis schwarzbraun. Kein Faserschopf. An älteren Blattscheiden einige wenige Fasern mögl. (Ähnl. 3340). Blütenstand ährenrispig, dicht gedrängt, aus ca 5–10 Ährchen, 2–3(–4) cm lg. Einzelne Teilblütenstände nur bis 1 cm gestielt. Schläuche stark glänzend, dklbraun. Narben 2.

3343 **Carex vulpina** L.
Fuchs-Segge Abb. 193, Abb. 194

I; H, K, s, ④, (♀, ♂); AV?, M_1, M_2, F, K?, RL 3
L4..3, S2.1, T7.4.1

M 30–80(–100) cm. Pfl ohne Ausläufer, mittelgroße, dichte Horste. Stg steif aufrecht, scharf 3-kantig mit eingesenkten Seitenflächen. Am Sprossgrund meist mehrere cm lge, schwarze Fasern als Rest der vorjährigen Blätter. Blätter 4–8 mm br. Blatthäutchenbogen der unteren Stgblätter deutl. stumpfwinklig. Blütenstand aus ca 5–10 Ährchen, (3–)4–10 cm lg. Ährchen meist dicht stehend, slt die untersten etwas abgerückt, zunächst grün, später dklbraun. Hüllblätter entweder sehr kl u. unauffällig od. pfrieml., sehr slt auch laubblattartig. Schläuche 4–4,5 mm lg u. 2 mm br., allmähl. in den 2-zähnigen, am Rand rauen Schnabel verschmälert. Gewölbte Außenseite des Schnabels viel tiefer eingeschnitten als die gerade Innenseite. Epidermiszellen der Schläuche deutl. weniger als doppelt so lg wie br., papillös nach außen gewölbt (nur bei starker Vergrößerung erkennbar, mind. 40 ×). Narben 2.

3344 **Carex otrubae** Podp.
Hain-Segge Abb. 193, Abb. 195

I; H, K, s, ⑤, (♀, ♂); AV, M_1, M_2, F, K; RL reg
L5.2.3, S2.1, T7.4.1

M Pfl meist kleiner als 3343, 30–60(–80) cm. Am Sprossgrund oft nur vereinzelte, graue bis braune, mehrere cm lge Fasern. Blatthäutchenbogen der unteren Stgblätter deutl. spitzwinklig. Ährchen meist nicht dicht stehend, die untersten hfg etwas abgerückt, zunächst grün, später gelbbraun bis braun. Hüllblätter oft lgr als der Blütenstand. Schläuche 5–6 mm lg u. ca 2,5 mm br. Außen- u. Innenseite des Schnabels gleich tief eingeschnitten. Epidermiszellen des Schlauches meist etwa doppelt so lg wie br., nicht nach außen gewölbt (nur bei starker Vergrößerung erkennbar, mind. 40×). Narben 2.

Abb. 193: Blatthäutchen bei Carex vulpina (li.) < Carex otrubae (re.)

3345 **Carex vulpinoidea** Michx.
Vielblütige Fuchs-Segge

E (lok); H, s, ⊙, (♀, ♂); AV, M_1, F; ⟨RL –⟩
L4.4 (Ufer), (T7.3.2), T10.5.3+5
M 30–100 cm. Pfl ohne Ausläufer, mittelgroße bis große, dichte Horste. Blätter 2–5 mm br, grasgrün. Blattscheiden an der der Blattspreite gegenüberliegenden Seite waschbrettartig gerieft. Blütenstand aus ca 7–15 Ährchen, 4–10 cm lg. Unterste Hüllblätter schräg aufrecht, schmal laubblattartig, oft lgr als der Blütenstand, Hüllblätter der mittleren u. oberen Ährchen wesentl. kürzer als untere, meist pfrieml., nahezu rechtwinklig vom Blütenstand abstehend. Schläuche 2–2,5 mm lg u. 1–1,5 mm br. Allmähl. in den 2-zähnigen, am Rand rauen Schnabel verschmälert. Narben 2.
B Heimat: Nordamerika.

3346 **Carex spicata** Huds.
Korkfrüchtige Segge

I; H, w, ⊙, ⊛, (♀, ♂); A, AV, M_1, M_2, F, K; RL reg
T2.2.2, T6.2.2, T7.1.2, T8.1.2, T10.3.3.1
M 15–60 cm. Pfl ohne Ausläufer, kleine bis mittelgroße, dichte Horste. 2–4 mm br, grasgrün. Ältere Wurzeln purpurn bis schwarzviolett. Blütenstand aus ca 5–10 Ährchen, meist 2–4 cm lg. Ährchen alle dicht beieinander stehend od. unterste etwas abgerückt. Schläuche 4,5–5,5 mm lg u. ca 2,5 mm br, zunächst grün, später gelbbraun, slt braun. Schlauch im unteren ⅓ mit schwammigem, korkartigem Gewebe ausgefüllt. Art an tro u. reifen Schläuchen erkennbar an Längsfalten u. deutl. Querrille, die diesen Bereich vom oberwärts glatten Schlauch deutl. abtrennt. Narben 2.

3347 **Carex divulsa** Stokes
Unterbrochenährige Segge

I; H, w, ⊙, (♀, ♂); M?; RL ?
T1.1.1 (tro), T2.2.2, T8.1.2
M 30–80 cm. Pfl ohne Ausläufer, kleine bis mittelgroße, dichte Horste. Stg schlaff u. deutl. überhängend. Blätter meist bis 2 mm br, nur slt einzelne Blätter bis 3 mm br. Blütenstand aus i. d. R. stark unterbrochenen Ähren, 5–10 (–20) cm lg. Unterstes Ährchen meist deutl. weiter abgesetzt als die anderen. Spelzen blassbraun bis weißl. Schläuche 3,5–4(–4,5) mm lg. Narben 2.

3348 **Carex guestphalica** (Boenn. ex Rchb.) Boenn. ex O. Lang
Westfälische Segge

I; ⟨H, w⟩, ⊙, (♀, ♂); AV, M_1, M_2, F; RL reg
T1.1.1, T8.1.2, T10.3.3.1
M 60–120 cm. Pfl ohne Ausläufer, mittelgroße bis zieml. große, dichte Horste. Stg fester u. nur an der Spitze überhängend. Bei Schattenmodifikationen auch schlaffe, stark überhängende Sprosse (wie 3347). Blätter 3–4 mm br. Blütenstand im unteren Bereich mit stark unterbrochenen Ähren, 4–10 cm lg. Spelzen hellbraun, nur bei Schattenmodifikationen auch weißl. Schläuche 3,8–5,5 mm lg. Narben 2.

3349 **Carex muricata** L. s. str.
Sparrige Segge

I; H, w, ④, (♀, ♂); AV, M_1, M_2, F; RL –
T2.2.2, T8.1.2, T10.3.3.1
M Pfl meist etwas niedriger als 3348 (40–90 cm). Blütenstand 2–3 cm lg, Ährchen meist dicht beieinander stehend. Spelzen dkl- bis schwärzl. braun. Schläuche 3–4,5 mm lg.

3350 **Carex pairae** F. W. Schultz ▸
Pairas Segge

I; ⟨H, w⟩, ⊙, (♀, ♂); AV, M_1, M_2, F (östl.); RL reg
T2.2.2, T8.1.2, T10.3.3.1
M Ähnl. 3349, aber Spelzen blassbraun, Schläuche 3–3,5(–4) mm lg.

3351 **Carex remota** L. ▸▸
Winkel-Segge

I; H, s, ⑥, ⊛?, (♀, ♂); A, AV, M_1, M_2, F, K; RL –
L2..1.1, L5.2.3, T1.1.1, T1.1.2.3 (feucht)
M 20–60(–100) cm. Pfl ohne Ausläufer, kleine bis mittelgroße Horste. Blätter hellgrün, 1–2 mm br. Blütenstand ährig, Ährchen an der Spitze zieml. dicht beieinander stehend, nach unten hin weit auseinander gezogen. Ährchen 4–10 mm lg. Schläuche gelbgrün, 2,5–3,5 mm lg u. 1,5 mm br., an der Innenseite flach, an der Außenseite gewölbt. Narben 2.

◂◂ 3352 **Carex ovalis** Good.
Hasenfuß-Segge

I; H, s, ⑥, (♀, ♂); A, AV, M_1, M_2, F, K; RL –
T2.2.2, T6.2.1.5 (feucht), T10.3.3.1
M 10–60 cm. Pfl ohne Ausläufer, kleine bis mittelgroße, feste Horste. Blütenstand mit 4–7 Ährchen, bis 4 cm lg. Ährchen eifg, etwa 6–10 mm lg u. 5–7 mm br, gelbbraun bis braun. Schläuche 3–5 mm lg u. ca 2 mm br. Narben 2. Neben blühenden Sprossen auch vegetative Sprosse mit mehreren, übereinander angeordneten Blattetagen.

◂ 3353 **Carex crawfordii** Fernald
Falsche Hasenfuß-Segge

E; ⟨H, s⟩, ⊙, (♀, ♂); M_2; RL –
L3.5
M 30–80 cm. Pfl ohne Ausläufer, kleine, lockere Horste. Blätter flach, 2–4 mm br, kürzer als der Stg, hellgrün. Blütenstand mit ca 4–14 Ährchen, 2–4 cm lg. Ährchen eifg, etwa 4–8 mm lg u. 3–5 mm br., zunächst grün, später braun. Schläuche 3–4 mm lg u. 1–1,5 mm br. Narben 2.
B Siehe Bemerkung 49, Seite 720.

◂ 3354 **Carex echinata** Murray
Igel-Segge

I; H, s, ⑤, (♀, ♂); A, AV, M_1, M_2, F, K; RL reg
S2.2.1, T7.3.2, T7.3.5
M 5–40(–80) cm. Pfl ohne Ausläufer, kleine Horste. Blätter hellgrün, 1–2 mm br, flach. Blütenstand ca 2–3 cm lg, mit meist 3–6 Ährchen. Rundl. Ährchen aus wenigen, sparrig abstehenden Schläuchen. Blütenstand meist auseinander gezogen. Schläuche 3–4 mm lg u. bis 2 mm br., Innenseite flach, Außenseite etwas gewölbt. Reife Schläuche hellbraun, im Gebirge meist braun bis dklbraun. Narben 2.

3355 **Carex elongata** L. ▸
Walzen-Segge

I; H, w, ③, (♀, ♂); A?, AV, M_1, M_2, F, K; RL reg
L5.2.3, S3.2.5
M 30–60(–80) cm. Pfl ohne Ausläufer, kleine bis mittelgroße Horste. Blätter grasgrün, 2–6 mm br. Blütenstand ährig, 4–7 cm lg, mit bis zu 14 Ährchen. Blütenstand an der Basis oft etwas auseinander gezogen. Ährchen 5–12 mm lg. Schläuche braun, glänzend, 3–3,5 mm lg u. 1 mm br, Innenseite flach, Außenseite etwas gewölbt. Narben 2.

3356 **Carex canescens** L. ▸
Graue Segge Abb. 196

I; H, s, ④, (♀, ♂); A, AV, M_1, M_2, F, K; RL reg
S2.2.1, S3.1
M 15–40(–65) cm. Pfl ohne Ausläufer, kleine bis mittelgroße Horste. Blätter amphistomatisch, 2–3(–3,5) mm br, kürzer als Stg, intensiv graugrün. Ährenfger Blütenstand mit 4–10 Ährchen, 3–5 cm lg. Ährchen eifg bis längl. elliptisch, etwa 5 mm lg u. bis 4 mm br, gelbgrün bis strohfarbig, unterste oft etwas entfernt voneinander. Schläuche 2–2,5 mm lg u. ca 1 mm br. Schnabel auf der gewölbten Außenseite des Schlauches nicht tief aufgeschlitzt. Narben 2.

3357 **Carex × microstachya** Ehrh. ▸▸
(3356 × 3322)
Kleinährige Bastard-Segge

I; ⟨H, s⟩, ⊙, (♀, ♂); M, F; ⟨RL 0⟩
S2.2.2
M 10–30(–45) cm. Pfl mit kurzen Ausläufern. Stg steif aufrecht. Stomata überwiegend auf der Blattunterseite, auf der Blattoberseite meist nur wenige. Blätter flach bis rinnig, 1–2 mm br, graugrün. Blütenstand etwa 15–25 mm lg, i. d. R. mit 3–5 dicht stehenden Ährchen, ledigl. die untersten teilweise etwas abgerückt. Endährchen schmal lineal., 8–15 mm lg u. 1,5–2 mm br, überwiegend männl. Blüten, slt an der Basis od. an der Spitze des Endährchens auch wenige bis zahlreiche weibl. Blüten. Untere Ährchen eifg, 5–8 mm lg u. 2–3,5 mm br, braun. Schläuche ca 2–3 mm lg u. ca 1 mm br. Narben 2.
B Kann sich auch noch Jahrzehnte nach dem Verschwinden der stenöken Elternart 3322 halten.

3358 **Carex brunnescens** (Pers.) Poir. ▸
var **brunnescens**
Gewöhnliche Bräunliche Segge Abb. 197

I; H, s, ⊙, (♀, ♂); A; RL reg
S2.2.1, T6.2.1.5.4 (feucht)
M 10–40(–50) cm. Pfl ohne Ausläufer, kleine, meist lockere Horste. Blätter 1,5–2,5 mm br, grasgrün. Ährenfgr Blütenstand mit ca 4–10 Ährchen, 1–5 cm lg. Ährchen rundl., etwa 3–5 mm lg u. bis 4 mm br, zunächst dklgrün, später braun, unterste oft etwas entfernt voneinander. Schläuche 2–2,5 mm lg u. bis ca 1 mm br. Schnabel auf der gewölbten Außenseite des Schlauches tief aufgeschlitzt. Nüsschen den Schlauch vollständig ausfüllend. Narben 2.

3359 **Carex brunnescens** var **vitilis** (Fr.) Asch & Graebn.
Großfrüchtige Bräunliche Segge ohne Abb.

I; ⟨H, s⟩, ⊙, (♀, ♂); AV, A; RL ?
L4.1 (Ufer, sa-a), S2.2.1 (sa-a), T1.1.1 (sa-a)
M Ähnl. 3358, aber höher (40–70 cm). Stg meist schlaff u. bogenfg überhängend, Blätter ebenfalls schlaff, oft fast so lg wie der Stg. Schläuche 2,5–3,5 mm lg u. 1–1,5 mm br. Nüsschen den Schlauch nicht vollständig ausfüllend.

3360 **Carex heleonastes** L. f. ▸
Torf-Segge

I; H, s, ⊙, (♀, ♂); A, AV, M_1, F; RL 1
S1.2
M 15–30 cm. Pfl ohne Ausläufer, kleine, meist lockere Horste. Stg gerade, scharf 3-kantig, unterhalb des Blütenstandes sehr rau. Blätter amphistomatisch, 2–2,5 mm br, graugrün. Blütenstand mit ca 4–6 Ährchen, bis 2 cm lg, meist zieml. kopfig. Ährchen etwa 5–10 mm lg u. bis 5 mm br, braun, unterste manchmal etwas entfernt voneinander. Schläuche gelbgrün, 2,5–3 mm lg. Narben 2.

▴
3361 **Carex loliacea** L.
Lolchartige Segge Abb. 198

I; ⟨H, s⟩ ⊙, (♀, ♂); F; ⟨RL 0⟩
S3.2
M 15–40(–50) cm. Pfl mit kurzen Ausläufern, kleine, meist lockere Horste. Stg sehr dünn, fest u. gerade od. schlaff u. überhängend. Blätter hypostomatisch, 1–2 mm br, hellgrün. Blütenstand etwa 1,5–3 cm lg, aus ca 3–6 Ährchen, diese ca 3–10 mm voneinander entfernt. Wenigblütige Ährchen rundl. bis br eifg, 4(–5) mm lg. Gelbgrüne, später braune Schläuche 2,5–3 mm lg u. ca 1,5 mm br, ungeschnäbelt. Narben 2.
B Durch Herbarbeleg neu für D nachgewiesen (Garve & Kiffe 1997).

UGttg **Eucarex**

3362 **Carex elata** All. ssp **elata**
Breitblättrige Steife Segge

I; H, W, s, ④, ⊛, (♀, ♂); A, AV, M_1, M_2, F, K; RL reg; Z
L5.2.5.8, S2.1
M 60–120 cm. Pfl ohne Ausläufer, große Bulte. An der Sprossbasis zahlreiche spreitenlose, gelbbraune, auffällig glänzende Blattscheiden, von einem Fasernetz umgeben. Blätter 4–7 mm br, hypostomatisch. Papillen auf der Blattunterseite (Blattquerschnitte müssen bei mind. ca 80facher Vergrößerung mikroskopiert werden) zugespitzt, längl. 3-eckig, deutl. aus der Epidermis herausragend. Blattunterseite graugrün, Oberseite gras- bis dklgrün. Hüllblatt des untersten Ährchens meist kurz pfrieml., slt laubblattartig. Blütenstand mit 1–3 männl. u. 2–4 weibl. Ährchen. Spelzen der weibl. Blüten meist abgerundet, slt zugespitzt. Weibl. Ährchen i. d. R. ungestielt, 30–60 mm lg u. 5–6 mm br. Schläuche mit deutl. Nerven. Narben 2.

3362a ssp **omskiana** (Meinsh.) Jalas
Schmalblättrige Steife Segge ohne Abb.

I; ⟨H, W, s⟩, ⊙, (♀, ♂); F; ⟨RL 3⟩
S2.2.1
M Ähnl. 3362, aber 30–80 cm, schmalere Blätter (2–3,5[–5] mm). Papillen auf der Blattunterseite abgerundet u. nur schwach 3-eckig, kaum aus der Epidermis herausragend. Spelzen der weibl. Blüten immer deutl. zugespitzt. Schläuche nur undeutl. od. gar nicht genervt.
B Erstnachweis der bisher noch nicht aus D bekannten Sippe 1997 in Brandenburg. Auf weitere Vorkommen im östl. D ist zu achten.

3363 **Carex cespitosa** L.
Rasen-Segge Abb. 199

I; H, s, ③, (♀, ♂); M_1, M_2, F, K; RL 3
S1.2, S2.1, S3.2.5, T7.3.5
M 30–90 cm. Pfl ohne Ausläufer, kleine Horste od. auch große Bulte. An der Sprossbasis zahlreiche spreitenlose, schwarzpurpurn gefärbte Blattscheiden, von einem feinen Fasernetz umgeben. Blätter meist kürzer als die Stg, 2–3 mm br u. hypostomatisch. Blattunterseite hell graugrün, Oberseite hellgrün. Hüllblatt des untersten Ährchens meist kurz pfrieml., slt laubblattartig. Blütenstand mit 1 männl. u. 1–3 weibl. Ährchen. Weibl. Ährchen i. d. R. ungestielt, 10–20 mm lg u. 3–4 mm br. Narben 2.

3364 **Carex nigra** (L.) Reichard
Wiesen-Segge, Braun-Segge

I; K, s, ④, ⊛, (♀, ♂); A, AV, M_1, M_2, F, K; RL reg
S1.1, S2.2.1, T4.5, T7.3.2
M 10–40(–90) cm. Pfl mit lgn Ausläufern. Am Sprossgrund meist nur wenige spreitenlose, nicht netzfaserige, braune Blattscheiden. Blätter epistomatisch, oberseits graugrün, unterseits dklgrün, 1–3(–4) mm br. Blütenstand mit 1(–2) männl. u. 2–3(–4) weibl. Ährchen. Unterstes Hüllblatt des Blütenstandes laubblattartig, meist deutl. kürzer als der Blütenstand. Schläuche 2–3 mm lg u. 1,5–2 mm br. Narben 2.
B Formenreich. Eine infraspezifische Gliederung ist derzeit wenig sinnvoll.

3365 **Carex × elytroides** Fr. (3368 × 3364)
Bastard-Schlank-Segge Abb. S. 615 o. li.

I; ⟨K, s⟩, ⊙, (♀, ♂); AV, M_1, M_2, F, K; ⟨RL –⟩
L4.4, S2.2.1, S3.2, T7.3.2
M (20–)40–100 cm. Pfl mit lgn Ausläufern. Blattscheiden kaffeebraun mit hellen Nervenlinien, i. d. R. kein auffälliger Glanz. Blätter 3–6 mm br, amphistomatisch u. beidseitig graugrün. Hüllblatt des untersten Ährchens laubblattartig, 2–4 mm br, meist so lg od. lgr als der Blütenstand. Blütenstand mit (1–)2–4 männl. u. 2–4 weibl. Ährchen. Weibl. Ährchen fast sitzend od. (besonders die unteren) kurzgestielt. Unterste Ährchen 2,5–5 cm lg u. ca 4 mm br. Slt männl. Blüten an den Spitzen der weibl. Ährchen. Narben 2.
B In Brachestadien von T7.3.2 z. T. Dominanzbestände bildend.

Carex × elytroides (3365)

Carex × turfosa (3366)

Carex × peraffinis (3367)

▲
3366 **Carex × turfosa** Fr. (3362 × 3364)
Bastard-Steif-Segge Abb. o. M.

I; ⟨K, s⟩, ⊙, (♀, ♂); A, AV, M_1, M_2, F, K; ⟨ RL –⟩
L4.4, S2.2.1 (gestört), T7.3.2
M Ähnl. 3365, aber mit kürzeren Ausläufern. Am Sprossgrund mehrere spreitenlose Scheiden, meist auch ein feines Fasernetz. Blattscheiden hell gelbbraun bis dklbraun gefärbt, meist auffällig glänzend. Unterstes Hüllblatt des Blütenstandes meist pfrieml. od. slt kurz laubblattartig, bis 3 mm br, oft nicht mehr als halb so lg wie der Blütenstand, nur slt lgr. Blütenstand mit 1–2 männl. u. (1–)2–3 weibl. Ährchen, 2,8–7,5 cm lg u. 3–4 mm br. Hfg männl. Blüten an den Spitzen der weibl. Ährchen. Narben 2.

3369 **Carex × oenensis** A. Neumann ex B. Walln. (3368 × 3370)
Bastard-Inn-Segge ohne Abb.

(✫) **I**; ⟨K, W, w⟩, ⊙, (♀, ♂); A, AV, M_1; ⟨RL –⟩
S2.1
M Intermediär zw den Elternarten. Blattscheiden im Bau an 3370 erinnernd, aber nur slt eine Breite von 10 mm erreichend. Narben 2.

◄3367 **Carex × peraffinis** Appel (3363 × 3364)
Bastard-Rasen-Segge Abb. o. re.

I; ⟨K, s⟩, ⊙, (♀, ♂); M_1, M_2, F; ⟨ RL 3⟩
(L4.4), (S3.2), S2.2.1 (gestört), T7.3.2
M Ähnl. 3365, aber mit kürzeren Ausläufern. Am Sprossgrund mehrere spreitenlose Scheiden, meist auch ein feines Fasernetz. Blattscheiden dklbraun, meist purpurrot überlaufen, kein auffälliger Glanz. Unterstes Hüllblatt des Blütenstandes pfrieml od. kurz laubblattartig, bis 2 mm br, meist etwas mehr als halb so lg wie der Blütenstand. Blütenstand mit 1(–2) männl. u. (2–)3 weibl. Ährchen, diese 10–30 mm lg u. 3–3,5 mm br. Nur slt männl. Blüten an den Spitzen der weibl. Ährchen. Narben 2.

3368 **Carex acuta** L.
◄Schlank-Segge

I; K, W, w, ④, (♀, ♂); A, AV, M_1, M_2, F, K; RL –; Z
L5.2.3, L5.2.5.8, S2.1, T7.3.5
M 40–120(–150) cm. Pfl mit lgn Ausläufern. ∅ der dicksten Wurzeln bei lebenden Pfln 1,5–2 mm, bei Herbarmaterial 1–1,5(–2) mm. Am Sprossgrund nur mit Blattspreiten versehene, kaffeebraune Blattscheiden mit hellen Nervenlinien. Blattscheiden nur ausnahmsweise leicht rötl. überlaufen. Netzfasern fehlen. Blattscheiden an im Vorjahr angelegten, gut entwickelten vegetativen Trieben höchstens 10 mm br. Stg aufrecht, oben übergebogen, nicht sehr scharf 3-kantig mit nur wenig eingesenkten Seitenflächen, rau. Blätter hypostomatisch, oberseits leicht, unterseits deutl. graugrün, meist schmaler als 10 mm. Blütenstand bis 30 cm lg, mit 2–4 aufrecht stehenden od. leicht überhängenden männl. u. 2–5(–8) an der Spitze überhängenden, nur slt aufrecht stehenden od. stark überhängenden weibl. Ährchen. Unterste weibl. Ährchen meist kurzgestielt, slt am Grund sehr stark aufgelockert. Hüllblatt des untersten weibl. Ährchens schlaff, laubblattartig, meist deutl. lgr als der Blütenstand. Schläuche 2–3 mm lg u. 1,5–2 mm br. Narben 2.

3370 **Carex randalpina** B. Walln.
Inn-Segge

(☆) **I**; K, W, s, ⊙, (♀, ♂); A, AV, M_i; RL –
S2.1

M 60–100(–120) cm. Pfl mit lgn Ausläufern. ∅ der dicksten Wurzeln bei lebenden Pfln 3–4 mm, bei Herbarmaterial 2–3(–3,5) mm. Am Sprossgrund eine Reihe von spreitenlosen Blattspreiten. Blattscheiden i. d. R. rotbraun bis braunviolett überlaufen. Netzfasern fehlen. Blattscheiden an im Vorjahr angelegten, gut entwickelten vegetativen Trieben 10–14 mm br. Stg aufrecht, im oberen Bereich übergebogen, sehr scharf 3-kantig mit deutl. eingesenkten Seitenflächen, rau. Blätter hypostomatisch, oberseits grasgrün bis hellgrün, unterseits graugrün, (10–)12–17 mm br (Lebendmaterial). Blütenstand bis 30 cm lg, mit 2–4 leicht überhängenden männl. u. 2–5(–8) weibl. Ährchen. Unterste Ährchen meist lggestielt u. weit überhängend, am Grund stark aufgelockert. Hüllblatt des untersten weibl. Ährchens schlaff, laubblattartig, meist deutl. lgr als der Blütenstand. Schläuche 2–3 mm lg u. 1,5–2 mm br. Narben 2.

3371 **Carex buekii** Wimm.
Banater Segge

I; K, W, s, ④, (♀, ♂); F, M_i; RL reg
L5.2.3, S2.1, T7.3.2

M 60–120 cm. Pfl mit lgn Ausläufern. An der Sprossbasis zahlreiche spreitenlose, scharf gekielte, dkl rot- bis schwarzbraune Blattscheiden, von einem Netz aus schwarzen Fasern umgeben. Blätter hypostomatisch, oberseits grasgrün bis hellgrün, unterseits graugrün. Hüllblatt des untersten Ährchens laubblattartig, meist kürzer als der Blütenstand. Blütenstand mit 1–3 männl. u. 3–5 weibl. Ährchen. Weibl. Ährchen fast sitzend od. (besonders die unteren) kurzgestielt, 4–10 cm lg u. ca 4 mm br, sehr dichtblütig. Schläuche auffällig kl, 2–2,5 mm lg. Narben 2.

3372 **Carex aquatilis** Wahlenb.
Wasser-Segge

I; K, w, ④, (♀, ♂); F; RL 3
S1.2, S2.1

M 40–90(–140) cm. Pfl mit lgn Ausläufern. Am Sprossgrund keine od. nur wenige spreitenlose, nicht netzfaserige, rotbraune od. braune Blattscheiden. Stg aufrecht od. leicht übergebogen, stumpf 3-kantig, glatt. Blätter epistomatisch, lgr als die Stg, oberseits graugrün, unterseits hellgrün, 3–7 mm br, flach od. rinnig. Blütenstand 10–25 cm lg, mit aufrecht stehenden Ährchen, (1–)2–3 männl. u. 3–5 weibl. Hüllblatt des untersten weibl. Ährchens aufrecht, laubblattartig u. meist deutl. lgr als der Blütenstand. Zusammen mit den darüber stehenden Hüllblättern den Blütenstand teilweise einhüllend. Schläuche 2–3 mm lg u. 1,5–2 mm br. Narben 2.
B Oft finden sich bis in den Oktober hinein zumindest teilweise noch intakte Blütenstände an den Pflanzen.

3373 **Carex bigelowii** Torr. ex Schwein. ssp **rigida** W. Schultze-Motel
Starre Segge

I; K, s, ⊙, (♀, ♂); M_2; RL 1 !!
S2.2.1, T6.2.1.5.4, T3.4.1
M 7–20(–30) cm. Pfl mit lgn Ausläufern. Unterste Blattscheiden glänzend dklbraun, nicht netzfaserig. Blätter hypostomatisch, viel kürzer als die Stg, am Grund 4–6 mm br, flach. Blütenstand mit 1 männl. u. 2–3 weibl. Ährchen. Das laubblattartige unterste Hüllblatt des Blütenstandes sehr kurz, am Grunde schwarz geöhrt. Schläuche 2,5–3 mm lg. Narben 2.

3374 **Carex trinervis** Degl.
Dreinervige Segge

I; K, w, ⊙, (♀, ♂); K; RL 2
S2.2.1
M 10–30(–60) cm. Pfl mit lgn Ausläufern. Unterste Blattscheiden meist hell-, slt kaffee- bis dklbraun. Stg u. Blätter aufrecht od. leicht gekrümmt, stumpf 3-kantig. Blätter grau- od. blaugrün, 2(–3) mm br, rinnig zusammengefaltet, starr, schmal lineal., allmähl. in die 3-kantige Spitze verschmälert. Einzige Art in der UGttg *Eucarex* mit amphistomatischen Blättern. Blütenstand mit (1–)2–3 männl. u. 2–3(–4) weibl. Ährchen. Unterstes Hüllblatt des Blütenstandes laubblattartig, meist lgr (bis mehr als doppelt so lg) wie der Blütenstand. Spelzen der männl. Ährchen mit einem auffälligen, hellen Hautrand. Schläuche 3,5–5 mm lg u. ca 2 mm br. Narben 2.

3375 **Carex fuliginosa** Schkuhr
Ruß-Segge

I; H, w, ⊙, (♀, ♂); A; RL R!
L2.3
M 10–30 cm. Pfl ohne Ausläufer, kleine, feste Horste. Blätter 2–4 mm br, dklgrün. Blütenstand aus 3–5 Ährchen, die seitenstdgn weibl., endstdges Ährchen an seiner Basis mit männl., am Ende mit weibl. Blüten. Schläuche spindelfg, 4–5(–6) mm lg. Narben 3.

3376 **Carex buxbaumii** Wahlenb.
Buxbaums Segge

I; K, s, ⑤, (♀, ♂); A?, AV, M_1, M_2, F; RL 2
S2.1, T7.3.2
M 30–70 cm. Pfl mit lgn Ausläufern. Blätter grau- bis blaugrün. Hüllblatt des untersten Ährchens meist laubblattartig u. lgr als der Blütenstand. Blütenstand mit 3–4 Ährchen. Seitenstdge Ährchen weibl., rund oval bis lg oval, 10–25 mm lg u. 5–10 mm br, endstdges Ährchen an seiner Basis mit männl., am Ende mit weibl. Blüten, meist lgr als die seitenstdgn. Schläuche elliptisch, breiter als die Spelzen, 3–4,5 mm lg u. 2–2,5 mm br. Schnabelzähne spreizen auseinander. Nuss füllt nur die untere Hälfte des Schlauches aus. Narben 3.

3377 **Carex hartmanii** Cajander
Hartmans Segge

I; K, s, ⑤, (♀, ♂); A?, AV, M_1, M_2, F; RL 2
T7.3.2
M 30–70 cm. Pfl mit lgn Ausläufern. Blätter dklgrün. Hüllblatt des untersten Ährchens pfrieml. bis laubblattartig, meist kürzer als der Blütenstand. Blütenstand aus 3–5 Ährchen, diese (10–)15–35 mm lg u. 4–5 mm br. Seitenstdge Ährchen weibl., obere meist oval, untere i.d.R. zylindrisch. Endstdges Ährchen an Basis mit männl., am Ende mit weibl. Blüten. Schläuche eifg, so br od. schmaler als die Spelzen, 2–3 mm lg u. 1,5–2 mm br. Schnabelzähne parallel. Nuss füllt den Schlauch vollständig aus. Narben 3.

3378 **Carex atrata** L. ssp **atrata**
Gewöhnliche Trauer-Segge

I; H, w, ⊙, (♀, ♂); A; RL –
T3.2.3

M 15–30(–40) cm. Pfl mit kurzen Ausläufern, lockere, kleine Horste. Stg starr aufrecht od. an der Spitze etwas überhängend, scharf 3-kantig, glatt. Blätter 2–4 mm br. Blütenstand mit 3–5(–7) Ährchen, Ährchen weibl., nur endstdges Ährchen am Grund auch mit männl. Blüten. 10–20 mm lg u. bis 5 mm br, die unteren lg, die oberen kürzer gestielt. Unterstes Ährchen meist deutl. vom Blütenstand abgesetzt. Die oberen stehen dicht beieinander. Schläuche eifg, 3,5 mm lg. Narben 3.

3379 ssp **aterrima** (Hoppe) Hartm.
Große Trauer-Segge

I; H, w, ⊙, (♀, ♂); A; RL –
S2.2.2 (sa-a), T3.1.1, T3.4.2.2, T7.1.3

M Ähnl. 3378, aber 30–60 cm, Stg an den Kanten deutl. rau, Blätter 5–9 mm br. Ährchen bis 35 mm lg, Schläuche 4–5 mm lg.

3380 **Carex parviflora** Host
Kleinblütige Trauer-Segge

I; H, s, ⊙, (♀, ♂); A; RL –
S2.2.1, T3.3.2

M Ähnelt 3378, 10–20(–25) cm. Pfl ohne od. mit kurzen Ausläufern, lockere, kleine Horste. Stg starr aufrecht, scharf 3-kantig, glatt od. leicht rau. Blätter 2–3 mm br, hellgrün. Blütenstand mit 3–4 Ährchen. Ährchen 5–15 mm lg u. bis 4 mm br, nicht od. nur sehr kurz gestielt, meist dicht beieinander stehend. Schläuche verkehrt eifg, 3 mm lg. Narben 3.

3381 **Carex supina** Wahlenb.
Steppen-Segge

I; K, s, ③, (♀, ♂); M, F; RL 3+
T6.2..3.2

M 5–20 cm. Pfl mit lgn, dünnen Ausläufern. Niederblätter an den Ausläufern dklbraun. Blätter 1–1,5 mm br, grasgrün. Blütenstand mit 1 endstdgn männl. u. 1–3 weibl. Ährchen. Schläuche 2,5–3 mm lg, in den ausgerandeten Schnabel verschmälert, gelb- bis kastanienbraun, glänzend. Narben 3.

3382 **Carex montana** L.
Berg-Segge Abb. 203

I; H, s, ②, (♀, ♂); A, AV, M_1, M_2, F, K; RL reg; Z
T1.1.1, T1.1.2.3, T1.1.2.4.1, T6.2.2.2.3

M 10–30(–40) cm. Pfl ohne Ausläufer, mittelgroße, feste Horste. Blätter 1,5–2 mm br, hellgrün. Basale Blattscheiden auffallend purpurrot. Blütenstand bis 3 cm lg, mit einem an der Spitze stumpfen männl. u. 1–2 weibl. Ährchen. Schläuche dicht behaart, 3–4 mm lg, an der Basis in einen Stiel verschmälert. Narben 3.

3383 **Carex tomentosa** L.
Filz-Segge Abb. 201

I; K, H, s, ④, (♀, ♂); A, AV, M_1, M_2, F; RL 3
L5.2.3, T7.3.2

M 20–50(–70) cm. Pfl mit lgn, dünnen Ausläufern. Blätter graugrün. Blütenstand bis 5 cm lg, mit einem endstdgn männl. u. 1–2 weibl. Ährchen. Weibl. Ährchen kurz (bis 16 mm lg), aufrecht. Schläuche mit kurzen Haaren dichtfilzig behaart, fast kugelig, 2–2,5 mm lg. Narben 3.

3384 **Carex pilulifera** L.
Pillen-Segge Abb. 200

I; H, s, ④, (♀, ♂); A, AV, M_1, M_2, F, K; RL –
T1.1.1.1, T1.1.2.5, T2.2.1, T4
M 10–50(–70) cm. Pfl ohne Ausläufer, dichte kleine Horste. Blätter 2–3 mm br, grasgrün. Blütenstand bis ca 2 cm lg, aus einem endstdgn, am Ende zugespitzen, männl. u. 2–3 weibl. Ährchen. Spelzen ohne auffälligen, weißl. Hautrand. Schläuche dicht u. kurz behaart, 2–3 mm lg, fast kugelig. Narben 3.

3385 **Carex ericetorum** Pollich
Heide-Segge Abb. 202

I; K, s, ③, (♀, ♂); A, AV, M_1, M_2, F, K; RL 3
T1.4.1.2, T1.4.1.3, T4.2
M 10–20(–45) cm. Pfl mit kurzen Ausläufern. Stg starr aufrecht od. leicht bogig aufsteigend. Blätter zieml. derb, meist bogig eingekrümmt, dklgrün. Blütenstand bis ca 3 cm lg, mit einem endstdgn, am Ende etwas keulenfg verdickten männl. u. 1–3 weibl. Ährchen. Spelzen in einen auffälligen, weißln. Hautrand auslaufend (besonders auffällig an den Spelzen der männl. Ährchen). Schläuche dicht u. kurz behaart, 2–3 mm lg. Narben 3.

3386 **Carex caryophyllea** Latourr.
Frühlings-Segge Abb. 205

I; K, H, s, ③, (♀, ♂); A, AV, M_1, M_2, F, K; RL reg
T6.2.1.5 (warm), T6.2.2.2.1, T6.2.2.2.3, T7.3.2
M 10–30 cm. Pfl mit kurzen Ausläufern. Blätter 1–3 mm br, dklgrün. Vorjährige Blattscheiden zerfallen zu graubraunen Fasern, jedoch keinen auffälligen Faserschopf ausbildend. Unterstes Hochblatt im Blütenstand meist mit einer sehr kurzen Spreite, dazugehörige Blattscheide höchstens 5 mm lg. Blütenstand bis ca 3 cm lg, mit einem endstdgn, an der Spitze stumpfen männl. u. 1–4 weibl. Ährchen. Spelzen braun mit hellem Mittelnerv, ohne auffälligen, weißl. Hautrand. Schläuche dicht behaart, 2,5–3 mm lg. Narben 3.

3387 **Carex umbrosa** Host
Schatten-Segge Abb. 204

I; H, w, ③, (♀, ♂); A, AV, M_1, M_2, F; RL reg; Z
T1.1.1.1, T1.1.2.3, T6.2.1.5 (m)
M 15–40(–50) cm. Pfl ohne Ausläufer, mittelgroße, feste Horste. Blätter 1,5–2,5 mm br, grasgrün. Vorjährige Blattscheiden zerfallen zu graubraunen Fasern, meist einen auffälligen Faserschopf ausbildend. Unterstes Hochblatt im Blütenstand meist mit einer kurzen Spreite, dazugehörige Blattscheide 4–10 mm lg. Blütenstand bis 3 cm lg, mit 1–2 an der Spitze stumpfen männl. u. 1–4 weibl. Ährchen. Spelzen braun mit hellem Mittelnerv, ohne auffälligen, weißl. Hautrand. Schläuche dicht behaart, 2,5–3 mm lg. Narben 3.

3388 **Carex humilis** Leyss.
Erd-Segge

I; H, s, ②, (♀, ♂); A, AV, M_1, M_2; RL reg; Z
T1.1.2.4.1, T1.4.1.3, T6.2
M 5–10(–15) cm. Pfl ohne Ausläufer, mittelgroße, sehr feste Horste. Blätter an den Rändern sehr rau, graugrün. Blütenstand fast die gesamte Länge des Sprosses einnehmend, mit einem endstdgn männl. u. 2–4 nur jeweils 2–5-blütigen weibl. Ährchen. Schläuche dicht behaart, 2,5–3 mm lg. Narben 3.

3389 **Carex digitata** L.
Finger-Segge

I; H, w, ②, (♀, ♂); A, AV, M_1, M_2, F, K; RL reg; Z
T1.1.1.4, T1.1.2.3, T1.4.1.3

M 10–30 cm. Pfl ohne Ausläufer, kleine Horste. Blattscheiden purpurrot, Blätter 2–4 mm br, dklgrün. Blütenstand mit einem endstdgn, gestielten männl. u. 2–4 weibl. Ährchen. Das unterste Ährchen ist nach unten abgesetzt. Die oberen 1–2 weibl. überragen das männl. Ährchen. Schläuche ca 4 mm lg, besonders zur Spitze hin behaart, reif glänzend hellbraun. Narben 3.

3390 **Carex ornithopoda** Willd.
var **ornithopoda**
Gewöhnliche Vogelfuß-Segge

I; H, w, ③, ⊛, (♀, ♂); A, AV, M_1, M_2; RL reg; Z
L5.2.3, T1.1.1.4, T1.1.2.4.1, T1.4.1.3

M 5–15(–25) cm. Pfl ohne Ausläufer, kleine Horste. Stg aufrecht od. leicht gebogen. Blattscheiden braun bis schmutzig purpurrot, Blätter 2–4 mm br, dklgrün. Blütenstand mit einem endstdgn, gestielten männl. u. 2–4 seitenstdgn weibl. Ährchen, alle handfg genähert, unterstes weibl. Ährchen gar nicht od. weniger als die Ährchenlänge nach unten abgesetzt. Spelzen der weibl. Blüten gelb- bis rotbraun. Schläuche dicht behaart, 2,5–3 mm lg, reif rötl. braun bis schwarzbraun, matt. Narben 3.

3391 **Carex ornithopoda** Willd.
var **castanea** Murb.
Alpen-Vogelfuß-Segge ohne Abb.

I; ⟨H, w⟩, ⊙, (♀, ♂); A; RL –
T3.4.2

M Im Unterschied zu 3390 kastanienbraune Spelzen an den weibl. Blüten u. nur spärl. behaarte, glänzende Schläuche.

3392 **Carex ornithopodioides** Hausm.
Vogelfußähnliche Segge

I; H, s, ⊙, (♀, ♂); A; RL reg
T3.3.2, T3.4.2.1

M 3–10 cm. Pfl ohne Ausläufer, kleine Horste. Stg stark herabgekrümmt, oft einen Halbkreis bildend u. den Boden berührend. Blätter 2–4 mm br, dklgrün. Blütenstand mit einem endstdgn, gestielten männl. u. 2–3 seitenstdgn weibl. Ährchen, alle handfg genähert. Schläuche 2–2,5 mm lg, vollständig kahl, dklbraun, stark glänzend. Narben 3.

Abb. 194 Carex vulpina (3343)

Abb. 195 Carex otrubae (3344)

Abb. 196 Carex canescens (3356)

Abb. 197 Carex brunnescens var brunnescens (3358)

Abb. 198 Carex loliacea (3361)

Abb. 199 Carex cespitosa (3363)

Abb. 200 Carex pilulifera (3384)

Abb. 201 Carex tomentosa (3383)

Abb. 202 Carex ericetorum (3385)

Abb. 203 Carex montana (3382)

Abb. 204 Carex umbrosa (3387)

Abb. 205 Carex caryophyllea (3386)

3393 **Carex sempervirens** Vill.
Horst-Segge

I; H, w, ③, (♀, ♂); A, AV, M_1; RL reg; Z
T1.4.1.3, T3.4.2.1, T6.2.1.5.4, T6.2.2.2.3 (a)
M 15–60 cm. Pfl ohne Ausläufer, mittelgroße, feste Horste. Blätter 1,5–3 mm br, deutl. kürzer als der Stg, dklgrün. Blütenstand mit 1(–3) männl. u. 2–3 weibl. Ährchen. Weibl. Ährchen meist deutl. gestielt u. aufrecht stehend. Schläuche 4–5,5 mm lg. Narben 3.

3394 **Carex firma** Host
Polster-Segge

I; H, w, ⊙, (♀, ♂); A; RL –; Z
L5.1.1, T3.4.2.1
M 5–20 cm. Pfl mit sehr kurzen Ausläufern, dichte, hoch aufgewölbte Polster. Blätter sehr starr, flach, 2–3 mm br, nur bis 5 cm lg, rosettig angeordnet. Blütenstand mit einem endstdgn männl. u. 1–3 weibl. Ährchen. Weibl. Ährchen kurz- od. ungestielt, aufrecht stehend. Schläuche 3,5–4,5 mm lg. Narben 3.

3395 **Carex mucronata** All.
Stachelspitzige Segge

I; H, w, ⊙, (♀, ♂); A, AV; RL –
T3.4.2.1, T5.2.2.2.1
M 10–30 cm. Pfl mit lgn Ausläufern. Blätter kürzer als der Stg, borstl., bis 1 mm br. Blütenstand mit einem endstdgn männl. u. 2–3 voneinander entfernt stehenden weibl. Ährchen. Weibl. Ährchen meist lggestielt, i. d. R. aufrecht, nur die unteren können überhängen. Schläuche 3,5–4 mm lg, kahl. Narben 2.

3396 **Carex ferruginea** Scop.
Rost-Segge

I; K, s, ⊙, (♀, ♂); A, AV; RL –
T1.4.1.3, T3.1.1, T3.4.2.2, T3.4.3/T7.2.2, T5.1
M 25–60(–70) cm. Pfl mit lgn Ausläufern. Blätter 1,5–2,5 mm br, dklgrün. Blütenstand ein endstdgs männl. u. 2–4 voneinander entfernt stehende weibl. Ährchen. Weibl. Ährchen meist lggestielt u. ± überhängend. Schläuche 2,5–4,5 mm lg, kahl od. am Schnabel dichtborstig behaart. Narben 3.

3397 **Carex brachystachys** Schrank
Kurzährige Segge

I; H, s, ⊙, (♀, ♂); A, AV; RL reg
T5.2.2.2.2
M 20–40 cm. Pfl ohne Ausläufer, kleine, feste Horste. Blätter bis 1 mm br, dklgrün. Blütenstand mit einem endstdgn männl. u. 2–3 voneinander entfernt stehenden weibl. Ährchen. Weibl. Ährchen meist lggestielt, ± stark überhängend. Schläuche 3–4 mm lg, kahl. Narben 3.

3398 **Carex frigida** All.
Eis-Segge

I; K, H, s, ⊙, (♀, ♂); A, M_1; RL 3
L2, S2.2.2 (jew. a)
M 25–50(–70) cm. Pfl mit Ausläufern. Blätter deutl. kürzer als der Stg, 2–4 mm br, gras- bis dklgrün. Blütenstand mit 1(–2) männl. u. 3–4 voneinander entfernt stehenden weibl. Ährchen. Weibl. Ährchen meist lggestielt u. aufrecht. Schläuche spindelfg, 5–7 mm lg. Narben 3.

3399 **Carex limosa** L.
Schlamm-Segge

I; K, H, w, ④, (♀, ♂); A, AV, M_1, M_2, F, K; RL 2–
S1.1

M 15–50(–60) cm. Pfl mit lgn Ausläufern. Blätter 1–2 mm br, graugrün. Blütenstand mit einem endstdgn, gestielten männl. u. 1–2 voneinander entfernt stehenden weibl. Ährchen. Weibl. Ährchen lggestielt, meist weit überhängend. Schläuche elliptisch, linsenfg zusammengedrückt, im Querschnitt undeutl. 3-kantig, ca 4 mm lg. Narben 3.

3400 **Carex paupercula** Michx.
Riesel-Segge

I; H, w, ⊙, (♀, ♂); A, M_1; RL 3
S1.1, S2.2.1 (a), S2.2.2 (a)

M 20–40 cm. Pfl mit kurzen Ausläufern, kleine, lockere Horste. Blätter 2–4 mm br, dklgrün. Blütenstand mit einem endstdgn, gestielten männl. u. 2–3(–4) voneinander entfernt stehenden weibl. Ährchen. Weibl. Ährchen lggestielt u. meist deutl. überhängend. Schläuche elliptisch, linsenfg zusammengedrückt, im Querschnitt undeutl. 3-kantig, 2,5–3 mm lg. Narben 3.

3401 **Carex flacca** Schreb.
Blaugrüne Segge

I; K, s, ④, (♀, ♂); A, AV, M_1, M_2, F, K; RL reg; Z
S2.2.2, T3.4.2.1, T6.2.2.2.3, T7.3.2, T10.3.3.1,
T10.3.4.2, Pionier

M 15–50 cm. Pfl mit lgn Ausläufern. Blätter 2–5 mm br, grau- bis blaugrün. Blütenstand mit 1–2(–4) männl. u. (1–)2–4 weibl. Ährchen. Weibl. Ährchen meist lggestielt, aufrecht od. mehr überhängend. Schläuche mit kurzen Haaren dicht behaart, 2–3 mm lg. Narben 3.

3402 **Carex panicea** L.
Hirse-Segge

I; K, H, w, ④, ⊛, (♀, ♂); A, AV, M_1, M_2, F, K; RL reg
S2.1, S2.2.1, T7.3.2 (gestört), T10.3.3.1 (nass)

M 15–35(–80) cm. Pfl mit lgn Ausläufern. Blätter 1,5–4 mm br, blaugrün. Hüllblätter des Blütenstandes laubblattartig, mit kurzen Spreiten, unterstes mit einer 10–20 mm lgn Scheide. Blütenstand mit einem endstdgn, gestielten männl. u. 1–2(–3) voneinander entfernt stehenden weibl. Ährchen. Weibl. Ährchen lockerblütig. Schläuche rundl., 3,5–4 mm lg, unbehaart. Narben 3.

3403 **Carex vaginata** Tausch
Scheiden-Segge

I; K, s, ⊙, (♀, ♂); M_2; RL R !
S2.2.2, S2.2.3

M 15–35(–60) cm. Pfl mit lgn Ausläufern. Blätter 2–5 mm br, grasgrün. Hüllblätter des Blütenstandes laubblattartig, mit kurzen Spreiten, das unterste mit einer 20–30 mm lgn, aufgeblasenen Scheide. Blütenstand mit einem endstdgn, gestielten männl. u. 1–2(–3) voneinander entfernt stehenden weibl. Ährchen. Weibl. Ährchen lockerblütig. Schläuche rundl., 3,5–4 mm lg, unbehaart. Narben 3.

3404 **Carex hirta** L.
Behaarte Segge

I; K, s, ④, (♀, ♂); A, AV, M_1, M_2, F, K; RL –
L3.1 (Ufer), L4.1–4 (Ufer), T7.4?, T9.1.4, T10.3.3.1, T10.3.4.2, Pionier
M (10–)20–70(–100) cm. Pfl mit lgn Ausläufern. Am Sprossgrund einige spreitenlose, braune bis purpurrote, leicht netzfaserige Blattscheiden. Blätter zerstreut bis wollig behaart, slt auch vollständig kahl, (2–)3–6 mm br, gras- bis graugrün. Blütenstand mit (1–)2–3 männl. u. 2–4 weibl. Ährchen. Weibl. Ährchen 10–30(–40) mm lg u. 6–8 mm br. Männl. Ährchen bis 30 mm lg u. ca 4 mm br. Spelzen der weibl. Blüten in eine lge Stachelspitze auslaufend. Schläuche 5–7(–8) mm lg u. 2 mm br, leicht aufgeblasen, zerstreut bis dicht behaart. Narben 3.

3405 **Carex atherodes** Spreng.
Große Grannen-Segge

I; K, W, s, ⑤, (♀, ♂); F; RL R !!
S2.1
M 60–120(–200) cm. Pfl mit lgn Ausläufern. Am Sprossgrund eine Reihe von spreitenlosen, braunschwarzen bis schwarzpurpurnen, stark netzfaserigen Blattscheiden. Blätter auf der Unterseite u. den Blattscheiden behaart, 3–8 mm br, hellgrün. Blütenstand mit 2–4 männl. u. 2–5 weibl. Ährchen. Weibl. Ährchen 40–80(–100) mm lg u. 10–14 mm br, männl. 20–60 mm lg u. 3–6 mm br. Spelzen der weibl. Blüten in eine lge, gezähnte Granne auslaufend. Schläuche 6–8 mm lg u. ca 2 mm br, aufgeblasen. Obere Hälfte u. Nerven der Schläuche behaart. Narben 3.
B In D autochthone Vorkommen wohl nur in Waldsümpfen u. Erdfällen im westl. Brandenburg.

3406 **Carex lasiocarpa** Ehrh.
Faden-Segge

I; H, W, w, ⊙, (♀, ♂); A, AV, M_1, M_2, F, K; RL 3+
S1.2, S2.1
M 40–90(–110) cm. Pfl mit lgn Ausläufern. Untere Blattscheiden spreitenlos, braun bis rotbraun, leicht netzfaserig. Blätter unbehaart, 1,5–4 mm br, Oberseite grasgrün, Unterseite graugrün. Blütenstand mit 1–3 männl. u. 1–3 weibl. Ährchen. Schläuche 4–5 mm lg u. ca 2 mm br, leicht aufgeblasen u. allmähl. in kurzen, 2-zähnigen Schnabel verschmälert. Schläuche dicht behaart. Narben 3.

3407 **Carex acutiformis** Ehrh.
Sumpf-Segge

I; K, W, s, ④, (♀, ♂); A, AV, M_1, M_2, F, K; RL –; Z
L5.2.3, S2.1, S3.2.5
M 30–120 cm. Pfl mit lgn Ausläufern. Blätter (3–)5–10(–25) mm br, Unterseite graugrün, Oberseite dklgrün. Basale Blattscheiden spreitenlos, hellbraun, teilweise purpurrot überlaufen, schwach (besonders bei sehr brblättrigen Pfln auch stark) gitternervig, wenig bis stark netzfaserig. Blatthäutchenbogen an äußeren, breiten, basalen Laubblättern deutl. spitzbogig. Blütenstand mit (1–)2–4 männl. u. 2–3(–5) weibl. Ährchen; männl. 30–50 mm lg u. bis 5 mm br, weibl. 15–80 mm lg u. 6–7 mm br. Spelzen männl. Blüten längl. lanzettl., spitz, nie in eine aufgesetzte Granne auslaufend. Schläuche 4–5,5 mm lg, nicht aufgeblasen. Narben 3.
B Im Feuchtgrünland oft eine der dominierenden Arten (besonders in Brachestadien).

3408 **Carex melanostachya** M. Bieb. ex Willd.
Schwarzährige Segge

I; H, K, s, ⊙, (♀, ♂); F; RL 2
L5.2.3, T8.1.1
M 30–60(–80) cm. Pfl mit lgn Ausläufern. Blätter 2–5 mm br, graugrün. Basale Blattscheiden hellbraun, teilweise purpurrot überlaufen, wenig netzfaserig u. gitternervig. Blütenstand mit 1–3 männl. u. 2–4 weibl. Ährchen. Männl. Ährchen 15–30 mm lg u. 2–3 mm br, weibl. Ährchen 10–40 mm lg u. 5–7 mm br. Schläuche 4–5 (–6) mm lg, mit deutl. Längsrillen. Narben 3.

3409 **Carex riparia** Curtis
Ufer-Segge

I; W, H, w, ④, (♀, ♂); AV, M_1, M_2, F, K; RL reg S2.1, S3.2.5

M (30–)60–200 cm. Pfl mit lgn Ausläufern. Blätter (5–)10–20(–30) mm br, Unterseite stärker blaugrün, Oberseite graugrün. Basale Blattscheiden spreitenlos, braun, teilweise purpurrot überlaufen, sehr stark gitternervig, nicht od. nur schwach netzfaserig. Blatthäutchenbogen der äußeren, basalen Laubblätter deutl. flachbogig. Blütenstand bis über 40 cm lg, aus 2–6 männl. u. (2–)3–5 weibl. Ährchen. Weibl. Ährchen, besonders die unteren, oft lggestielt, aufrecht od. weit überhängend. Vielfach an der Spitze der weibl. Ährchen wenige bis zahlreiche männl. Blüten. Männl. Ährchen 20–70 mm lg u. 5–10 mm br, weibl. Ährchen (20–)30–80(–100) mm lg u. 8–12 mm br. Spelzen männl. Blüten längl. lanzettl. od. in aufgesetzte Granne auslaufend. Schläuche 5–7 (–8) mm lg, aufgeblasen. Narben 3.

3410 **Carex × beckmanniana** Figert
(3409 × 3412)
Beckmanns Bastard-Segge

I; ⟨W, H, w⟩, ⊙, (♀, ♂); F, M_1, M_2; RL ?
L4.4, S2, S3

M 60–100 cm. Pfl mit lgn Ausläufern. Blätter 5–14 mm br, beidseitig graugrün. Basale Blattscheiden braun, teilweise purpurrot überlaufen, sehr dick u. leicht zusammendrückbar (wie Wellpappe). Blätter amphistomatisch. Blütenstand mit 3–4(–6) männl. u. 2–3 weibl. Ährchen. Vielfach an der Spitze der weibl. Ährchen wenige bis zahlreiche männl. Blüten. Spelzen an den männl. Ährchen meist lgr als 5 mm, an weibl. 4–5 mm lg. Schläuche 4–5 mm lg, leicht aufgeblasen. Nüsschen immer verkümmert. Narben 3.
B Meist mit 3412 (slt 3409) zusammen.

3411 **Carex pseudocyperus** L.
Scheinzypergras-Segge

I; W, H, w, ⑥, (♀, ♂); AV, M_1, M_2, F, K; RL reg; Z L3..5, S3.2.5

M 50–100 cm. Pfl ohne Ausläufer, meist lockere Horste. Blätter 5–15 mm br, gelbgrün. Basale Blattscheiden hellbraun, teilweise purpurrot überlaufen, durch Quernerven deutl. gitternervig, kein Fasernetz. Hüllblätter des Blütenstandes sehr lg, das unterste kann 50 cm Länge erreichen. Blütenstand meist 5–12 cm lg, mit 1, slt 2 männl. u. 3–6 dicht beieinander stehenden weibl. Ährchen. Nur das unterste weibl. Ährchen ist oft etwas abgesetzt. Weibl. Ährchen sehr lg u. dünn gestielt, weit überhängend. Spelzen der weibl. Blüten in lge, deutl. gesägte Granne auslaufend. Schläuche gerade abstehend od. zurückgeschlagen, 4–5,5 mm lg u. 1 mm br, kurzgestielt, leicht aufgeblasen, allmähl. in den deutl. 2-zähnigen Schnabel verschmälert. Narben 3.

3412 **Carex rostrata** Stokes
Schnabel-Segge

I; W, H, w, ④, (♀, ♂); A, AV, M_1, M_2, F, K; RL reg L3..5, L4.4 (Moore), S1.1, S1.2, S2.1

M 25–80(–100) cm. Pfl mit lgn Ausläufern. Blätter 2–6(–10) mm br, oberseits blaugrün, unterseits grün. Basale Blattscheiden braun bis dklbraun, teilweise pupurn überlaufen, wenig netzfaserig. Blätter epistomatisch. Blütenstand mit (1–)2–4 männl. u. 2–5 weibl. Ährchen. Schläuche 3–5 mm lg, aufgeblasen. Narben 3.
B Siehe Bemerkung 50, Seite 720.

3413 **Carex × involuta** (Bab.) Syme
(3412 × 3414)
Bastard-Blasen-Segge

I; ⟨W, H, s⟩, ⊙, (♀, ♂); A, AV, M_1, M_2, F; ⟨RL 3⟩
L4.4, S2, S3

M 50–80 cm. Pfl mit lgn Ausläufern. Blätter 4–7(–8) mm br, am Rand rau, beidseitig gleichmäßig grün (mit leicht blaugrünem Schimmer). Basale Blattscheiden schwärzl. braun, teilweise dklrot überlaufen, dick u. leicht zusammendrückbar (wie Wellpappe). Blätter amphistomatisch. Blütenstand mit 2–3 männl. u. 1–2(–3) weibl. Ährchen. Spelzen an männl. Ährchen bis 5 mm, an weibl. 3–4 mm lg. Schläuche (3,5–)4–5 mm lg, ungestielt, stark aufgeblasen. Nüsschen immer verkümmert. Narben 3.

◄ 3414 **Carex vesicaria** L.
Blasen-Segge

I; W, H, s, ④, (♀, ♂); A, AV, M_1, M_2, F, K; RL reg
L4.4 (Moor), S2.1
M 40–120 cm. Pfl mit lgn Ausläufern. Blätter 4–8 mm br, grasgrün, Unterseite etwas dklr, mit leicht blaugrünem Schimmer. Basale Blattscheiden schwärzl. braun, teilweise purpurn überlaufen, stark netzfaserig. Blütenstand mit 2–3(–4) männl. u. 1–3 weibl. Ährchen. Schläuche (6–)7–8(–9) mm lg, stark aufgeblasen. Narben 3.

3415 **Carex pendula** Huds. ►
Hänge-Segge

I; H, w, ⑤, (♀, ♂); A, AV, M_1, M_2, F; RL reg; Z
L5.2.3, T1.1.1 (feucht)
M 80–190 cm. Pfl ohne Ausläufer, große Horste. Blätter 12–25 mm br, dklgrün. Blütenstand mit 1(–2) männl. u. 3–7 voneinander entfernt stehenden weibl. Ährchen; weibl. dünn u. ± stark überhängend. Schläuche ca 3 mm lg. Narben 3.

3416 **Carex sylvatica** Huds. ►►
Wald-Segge

I; H, w, ④, (♀, ♂); A, AV, M_1, M_2, F, K; RL –; Z
T1.1.1, T10.3.3.1 (Wald)
M 25–90(–180) cm. Pfl ohne Ausläufer, mittelgroße Horste. Blätter 3–6(–8) mm br, grasgrün bis dklgrün. Blütenstand mit 1(–2) männl. u. 2–6 voneinander entfernt stehenden weibl. Ährchen. Weibl. Ährchen meist lggestielt u. ± stark überhängend. Schläuche 4–5 mm lg. Narben 3.

3417 **Carex laevigata** Sm. ►
Glatte Segge

I; H, w, ⑤, (♀, ♂); M_2, F; RL 3
L5.2.3, S3.2.5, T7.3.2
M 50–90(–120) cm. Pfl mit kurzen Ausläufern, mittelgroße, lockere Horste. Blätter 8–14 mm br, grasgrün bis dklgrün. Blütenstand mit einem endstdgn männl. u. 3–4 voneinander entfernt stehenden weibl. Ährchen. Weibl. Ährchen meist lggestielt u. ± stark überhängend. Schläuche 4–6 mm lg u. in einen an der Außenseite mit Borsten besetzten Schnabel auslaufend. Narben 3.
▼

◄ 3418 **Carex capillaris** L. var **capillaris**
Kleine Haarstielige Segge

I; H, w, ⊙, (♀, ♂); A; RL –
S2.2.2, T3.2.3, T3.4.2.1 (alles sa)
M 5–20 cm. Pfl ohne Ausläufer, kleine Horste. Blätter 0,5–1,5 mm br, graugrün bis dklgrün. Blütenstand aus einem männl. u. 2–4 weibl. Ährchen. Weibl. Ährchen meist lggestielt, entweder aufrecht stehend, dann überragt das oberste weibl. oft das männl. Ährchen, od. ± stark überhängend. Schläuche schmal eifg, 2–3 mm lg. Narben 3.

3419 **Carex capillaris** L. var **major** (Drejer) Blytt
Große Haarstielige Segge ohne Abb.

I; ⟨H, w⟩, ⊙, (♀, ♂); A; AV; ⟨ RL 3⟩
S2.2.2, S3.2.3, T7.3 (alles sa)
M Im Unterschied zu 3418 (15–)20–60 cm. Pfl mit kurzen Ausläufern. Weibl. Ährchen immer lggestielt, besonders das unterste oft sehr weit abgerückt. Schläuche 2,5–4 mm lg.

3420 **Carex strigosa** Huds.
Dünnährige Segge

I; H, w, ⊙, (♀, ♂); AV, M_1, M_2, F; RL reg
L2..1.1, L5.2.3, T10.3.3.1 (Wald, nass)
M 30–80(–120) cm. Pfl mit kurzen Ausläufern, mittelgroße, meist lockere Horste. Blätter 6–14(–16) mm br, hell- bis grasgrün. Blütenstand mit einem männl. u. 3–6 voneinander entfernt stehenden weibl. Ährchen, diese meist lggestielt u. aufrecht. Schläuche 3–4 mm lg. Narben 3.

3421 **Carex alba** Scop.
Weiße Segge
I; K, H, s, ②, (♀, ♂); A, AV, M_1, (M_2); RL reg; Z
L5.2.3, T1.1.1.4, T1.1.2.3
M 15–30(–45) cm. Pfl mit lgn Ausläufern. Blätter 1–1,5 mm br, hellgrün. Hüllblätter des Blütenstandes ohne Spreite, als aufgeblasene, ca 1 cm lge Scheide ausgebildet. Blütenstand mit gestielten männl. u. 1–2(–3) voneinander entfernt stehenden weibl. Ährchen, das oberste weibl. überragt das männl. Weibl. Ährchen nur 3–6-blütig. Schläuche rundl., 3,5–4 mm lg, reif schwarzbraun, glänzend, unbehaart. Narben 3.

3422 **Carex pilosa** Scop.
Wimper-Segge

I; H, K, w, ②, (♀, ♂); AV, M_1, M_2; RL reg
T1.1.1.3, T1.1.2.3
M 30–45 cm. Pfl mit lgn dünnen Ausläufern. Am Sprossgrund zahlreiche spreitenlose, purpurrote Blattscheiden. Blätter flach, weich, (4–)8(–10) mm br, am Rand u. auf den Blattnerven, besonders auf der Unterseite, wimprig behaart, dklgrün. Blütenstand mit einem lggestielten männl. u. 1–2(–4) weit voneinander entfernt stehenden weibl. Ährchen. Weibl. Ährchen auffallend lockerblütig. Schläuche 3–4 mm lg, unbehaart. Narben 3.

3423 **Carex michelii** Host
Michelis Segge

I; H, s, ⊙, (♀, ♂); M_1; RL R
T8.1.1
M 20–30(–45) cm. Pfl mit lgn, dünnen Ausläufern. Am Sprossgrund braune Blattscheiden. Blätter 2–3 mm br, unbehaart, dklgrün. Blütenstand mit einem gestielten männl. u. 1–2 meist voneinander entfernt stehenden weibl. Ährchen. Schläuche 5–7,5 mm lg. Narben 3.

3424 **Carex depauperata** Curtis ex With.
Armblütige Segge

I; H, s, ⑤, (♀, ♂); M_2; RL 0
T1.1.2.3, T1.1.2.4
M 40–70(–90) cm. Pfl ohne Ausläufer, kl bis mittelgroße Horste. Blätter (2–)3–4 mm br, dklgrün, unbehaart, Scheiden purpurrot. Hüllblätter laubblattartig, oft lgr als der Blütenstand. Dieser mit 1 lggestielten männl. u. 2–4 weit entfernt stehenden weibl. Ährchen. Weibl. Ährchen nur 3–6-blütig. Schläuche 7–9 mm lg. Narben 3.

3425 **Carex hordeistichos** Vill.
Gersten-Segge

I; H, s, ⑤, (♀, ♂); M_1, M_2; RL 2 !
T7.4.1
M 10–30(–50) cm. Pfl ohne Ausläufer, kl bis mittelgroße Horste. Blätter starr, wie aus dünnem Blech geschnitten, 2–5 mm br, graugrün. Hüllblätter des Blütenstandes laubblattartig, den Blütenstand oft weit überragend, das unterste mit lgr Scheide. Blütenstand mit (1–)2–3 männl. u. 3–4 weibl. Ährchen. Schläuche 4–5-zeilig angeordnet, 8–10 mm lg. Im reifen Zustand strohfarbig bis bräunl., matt od. leicht glänzend. Narben 3.

3426 **Carex secalina** Wahlenb.
Roggen-Segge

I; H, s, ⑤, (♀, ♂); M_2; RL 3
T7.4.1
M 10–30(–40) cm. Pfl ohne Ausläufer, kleine bis mittelgroße Horste. Blätter steif, 2–4 mm br, graugrün. Hüllblätter des Blütenstandes laubblattartig, lgr als der Blütenstand. Blütenstand mit 1–3 männl. u. 2–5 weibl. Ährchen. Untere weibl. Ährchen oft an ihrer Basis verzweigt. Schläuche nicht deutl. zeilig angeordnet, 5–7 mm lg. Im reifen Zustand strohfarbig bis gelbgrün. Narben 3.

3427 **Carex binervis** Sm.
Zweinervige Segge

I; H, w, ⑤, (♀, ♂); (M_1), M_2, F; RL 3
S2.3/T4.5, T6.2.1.5.2
M 30–120 cm. Pfl mit kurzen Ausläufern, kleine, lockere Horste. Blätter 2–6 mm br, dklgrün. Hüllblätter des Blütenstandes laubblattartig, lgscheidig, 2–4mal so lg wie das dazugehörige Ährchen. Blütenstand etwa die halbe Länge des Sprosses einnehmend, mit einem endstdgn männl. u. 2–4 weibl. Ährchen. Weibl. Ährchen meist aufrecht, nur slt nickend, längl. zylindrisch bis spindelfg, 15–45 mm lg u. 5–7 mm br. Schläuche 3,5–4,5 mm lg, zunächst grün, im reifen Zustand braun bis schwarzbraun. Schnabel auf der Innenseite der Schlauchzähne u. auf der Außenseite durch Borsten rau. Narben 3.

3428 **Carex distans** L.
Entferntährige Segge

I; H, w, ⑤, ❀, (♀, ♂); A, AV, M_1, M_2, F, K; RL 3
H1.1.3.2, H2...4, S2.2.2, T7.3.2
M 20–60(–100) cm. Pfl ohne Ausläufer, kleine, dichte Horste. Blätter 3–6 mm br, dklgrün. Hüllblätter der unteren Ährchen laubblattartig, lgr als das dazugehörende Ährchen, aber kürzer als der Blütenstand. Obere Hüllblätter im Blütenstand sehr viel kürzer, pfrieml. Blütenstand etwa die halbe Länge des Sprosses einnehmend, aus einem endstdgn männl. u. 2–4 weibl. Ährchen. Weibl. Ährchen meist aufrecht, nur slt nickend, kurz walzl., 10–30 mm lg u. 5–8 mm br. Schläuche 3,5–5 mm lg, gelbgrün. Schnabel auf der Innenseite der Schlauchzähne u. auf der Außenseite durch Borsten rau. Narben 3.

3429 **Carex hostiana** DC.
Saum-Segge

I; H, w, ③, ❀, (♀, ♂); A, AV, M_1, M_2, F, K; RL 2–
S2.2.2, T7.3.2
M 20–60 cm. Pfl mit kurzen Ausläufern, kleine, lockere Horste. Blätter 2–4 mm br, blaugrün. Hüllblätter laubblattartig, lgr als das dazugehörende Ährchen, kürzer als der Blütenstand. Blütenstand meist deutl. kürzer als die halbe Länge des Sprosses, mit einem endstdgn männl. u. 1–4 weibl. Ährchen. Weibl. Ährchen meist aufrecht, längl. eifg, 8–20 mm lg u. 5–8 mm br. Schläuche 3–5 mm lg, gelbgrün. Innenseite der Schlauchzähne glatt, Außenseite durch Borsten rau. Innenseiten des Schnabels in einem häutigen Saum endend. Narben 3.

3430 **Carex punctata** Gaudin
Punktierte Segge

I; H, w; ⊙, (♀, ♂); K (Nordsee); RL 2
H1.1.3.2, H2...4, S2.2.2, T6.2.1.5.1
M 20–50(–80) cm. Pfl ohne Ausläufer, kleine, lockere Horste. Blätter 3–6 mm br, grasgrün. Hüllblätter des Blütenstandes laubblattartig, oft lgr als der Blütenstand. Blütenstand etwa die halbe Länge des Sprosses einnehmend, mit einem endstdgn männl. u. 2–4 weibl. Ährchen. Weibl. Ährchen meist aufrecht, nur slt nickend, kurz walzl. bis eifg, 10–20 mm lg u. 5–7 mm br. Schläuche 3–4 mm lg, gelbgrün, etwas aufgeblasen. Narben 3.
B Schläuche der norddeutschen Populationen nie punktiert.

3431 **Carex pallescens** L. ▶
Bleiche Segge

I; H, s, ⑤, (♀, ♂); A, AV, M_1, M_2, F, K; RL –
T2.2.2, T6.2.1.5, T7 (mager)
M 15–50(–75) cm. Pfl ohne Ausläufer, kleine Horste. Blätter deutl. kürzer als die Stg, schlaff, 2–3(–4) mm br, gelb- bis grasgrün. Blätter zerstreut behaart. Blütenstand kurz, mit einem endstdgn männl. u. 2–3 dicht darunter stehenden weibl. Ährchen. Schläuche 2,5–3 mm lg, ungeschnäbelt. Narben 3.

3432 **Carex halleriana** Asso ▶▶
Grundblütige Segge

I; H, s, ⊙, (♀, ♂); M_1; RL 3
T1.1.2.4.1, T2.1.2.1.1, T6.2.2.2.1, T8.1.1
M 10–35 cm. Pfl ohne Ausläufer, kleine Horste. Blätter 1,5–2,5 mm br, grasgrün bis dklgrün. Blütenstand mit einem endstdgn männl. u. 2–3 etwas von einander entfernt stehenden weibl. Ährchen. Unterstes weibl. Ährchen bis 20 cm lg gestielt, an der Sprossbasis entspringend. Schläuche 4–5 mm lg. Schlauch zur Spitze hin mit kurzen Haaren. Narben 3.

3433 **Carex extensa** Good. ▶
Strand-Segge

I; H, w, ⊙, (♀, ♂); K; RL 3
H1.1.3.2
M 10–35(–50) cm. Kleine, feste Horste. Blätter 2–3 mm br, intensiv graugrün. Blütenstand ca 2–5 cm lg, Hüllblätter laubblattartig, mit einem endstdgn männl. u. 2–4(–6) weibl. Ährchen. Schläuche 3–4 mm lg, zunächst graugrün, im reifen Zustand braun. Narben 3.

3434 **Carex flava** L. var **flava** ▶▶
Gewöhnliche Gelb-Segge

I; H, w, ⑤, (♀, ♂); A, AV, M_1, M_2, F; RL reg; Z
S2.2.2, T7.3.5
M 25–60(–80) cm. Mittelgroße, feste Horste. Blätter 3–5 mm br, hell- bis gelbgrün. Hüllblätter des Blütenstandes laubblattartig, zurückgeschlagen, unterstes bis über 10 cm lg. Blütenstand ca 3–10 cm lg, mit einem endstdgn, meist sitzenden männl. u. 2–4 seitl. weibl. Ährchen. Alle Ährchen dicht beieinander stehend, nur unterstes hfgr etwas abgesetzt. Weibl. Ährchen 8–15 mm lg u. ca 10 mm br, männl. 10–20 mm lg u. 2–3 mm br. Schläuche zunächst gelbgrün, reif hellgelb, 5–7 mm lg, leicht aufgeblasen. Schlauch allmähl. in den 2–3 mm lgn, deutl. abwärtsgekrümmten, 2-zähnigen Schnabel verengt. Narben 3. Nüsschen verkehrt eifg, 1,5 mm lg u. 1 mm br, den Schlauch nicht ausfüllend.

3435 **Carex flava** L. var **alpina** Kneuck.
Alpen-Gelb-Segge ohne Abb.

I; ⟨H, w⟩, ⊙, (♀, ♂); A, AV; RL ?
S2.2.2, T6.2.1.5 (feucht)
M Im Unterschied zu 3434 bleiben die Pfln wesentl. kleiner, 10–25(–30) cm, Schläuche nur 4–5 mm lg, zieml. plötzl. in den nahezu geraden Schnabel zusammengezogen. Blütenstände mit einem männl. u. 2–3 weibl. Ährchen. Weibl. Ährchen fast immer rundl., slt eifg.

◀ 3436 **Carex lepidocarpa** Tausch
Schuppenfrüchtige Gelb-Segge

I; H, s, ⊙, (♀, ♂); A, AV, M_1, M_2, F; RL 3
S2.2.2, S2.2.3
M 20–50(–70) cm. Kleine, lockere od. feste Horste. Blätter 2–3(–3,5) mm br, hell- bis gelbgrün. Hüllblätter des Blütenstandes laubblattartig, abstehend bis schräg aufrecht. Blütenstand ca 5–10 cm lg, mit einem endstdgn, deutl. gestielten männl. u. 1–2(–3) seitl. weibl. Ährchen. Alle Ährchen etwas voneinander entfernt, unterstes hfg weit abgesetzt. Weibl. Ährchen 7–15 mm lg u. 7–10 mm br, männl. 10–25 mm lg u. 2–3 mm br. Schläuche zunächst grün, später gelbgrün, 4–5 mm lg, zieml. plötzl. in den 1,5–2 mm lgn, 2-zähnigen Schnabel verengt. Schläuche, besonders die in der Mitte u. an der Basis der Ährchen, mit einem deutl. abwärtsgekrümmten Schnabel. Narben 3. Nüsschen verkehrt eifg, 1,5 mm lg u. 1 mm br, den Schlauch nicht ausfüllend.

▲

3437 **Carex viridula** Michx. var **viridula**
Gewöhnliche Späte Gelb-Segge

I; ⟨H, s⟩, ⊙, (♀, ♂); A, AV, M_1, M_2, F, K; RL reg
L3..6, S1.1, T7.4.1

M 3–15(–30) cm. Kleine, feste Horste. Blätter 1–2(–3) mm br, grün bis dklgrün. Hüllblätter des Blütenstandes laubblattartig, abstehend so lg od. lgr als der Blütenstand. Blütenstand mit einem endstdgn, kurzgestielten männl. u. 2–4(–10) seitl. weibl. Ährchen. Ährchen meist dicht geknäuelt am Ende des Blütenstandes, unterstes ist teilweise ein Stück abgesetzt. Weibl. Ährchen 5–10 mm lg u. 4–5 mm br, männl. 5–15 mm lg u. 1–2 mm br. Schläuche zunächst grün, reif gelbgrün, 2–2,5 mm lg, verkehrt eifg, nur ganz leicht aufgeblasen, abrupt in den 0,5–1 mm lgn, geraden, 2-zähnigen, glatten Schnabel verengt. Narben 3. Nüsschen ca 1 mm lg, den Schlauch nicht vollstdg ausfüllend.

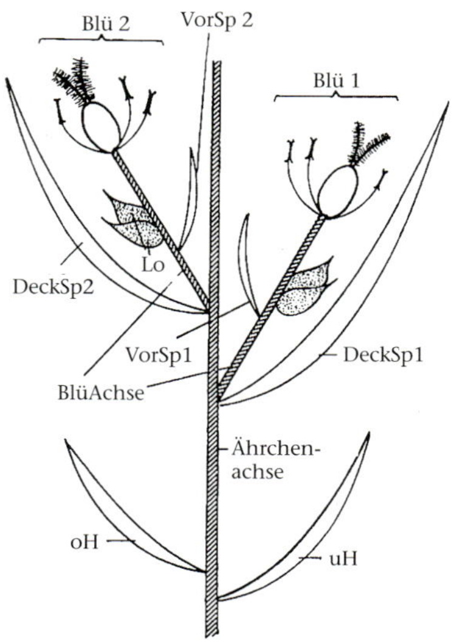

Fig. 70: Grasährchen (schematisch) mit 2 fruchtbaren Blüten.
Sp = Spelze, Lo = Lodiculae, H = Hüllspelze, Blü = Blüte
Aus: Adler et al. (1994)

▲

3438 var **pulchella** (Lönnr.) B. Schmid
Küsten-Gelb-Segge, Skandinavische Gelb-Segge

I; H, s, ⊙, (♀, ♂); K; RL reg
L3..7.3, T7.4.1

M Ähnlich 3436, aber Pfl meist etwas kleiner bleibend. Unterstes Hüllblatt des Blütenstandes seitl. abstehend, kürzer als der Blütenstand. Blätter 0,5–2 mm br, meist dklgrün. Schläuche 1,5–2 mm lg, Schnabel ca 0,25–0,5 mm lg. Nüsschen füllt den Schlauch vollstdg aus.

Poaceae (= Gramineae)

Die Gräser gehören von ihrem landschaftsprägendem Charakter, ihrer Artenvielfalt (668 Gttgn, 9500 Arten) sowie ihrer Bedeutung als Nahrungslieferanten für den Menschen weltweit zu den wichtigsten Familien innerhalb des Pflanzenreichs überhaupt. Die Fam gliedert sich in 7 UFam, von denen bis auf die *Bambusoideae* alle auch in der deutschen Flora wild wachsend vorkommen. Immerhin sind aus dieser UFam einige Sippen zumindest in Kultur weit verbreitet. Fast alle *Poaceae* sind durch ihre reichliche Pollenproduktion allergieinduzierend (»Heuschnupfen«). Wir verzichten daher darauf, bei allen Sippen einzeln das Symbol Al zu wiederholen.
Fig. 70 zeigt den Aufbau einer idealisierten Gräserblüte, um die Begriffe zu illustrieren, die in den beschreibenden Texten verwendet werden.

3440a **Zea mays** L. ▶
(Kultur-)Mais (Gttg 1 sp)

K; ⟨T, s⟩, ⊙, (♀,♂); AV, M_1, M_2, F; ⟨RL –⟩; ✂, ?, Z, Fr
T9.1.4

M 1–3 m. Stg rund, sehr dick, auf ganzer Länge von Blattscheiden bedeckt. Blätter bis 1 m lg, 4–12 cm br, Ligula 3–5 mm lgr Hautsaum. Blüten in endstdgr Rispe, ♂ an der Spitze, ♀ in Ährchen an seitenstdgn Kolben, von Blattscheiden vollstdg umhüllt. Fruchtstand kolbenfg, Früchte goldgelb.
B Heimat: Zentral-Amerika, Wildform nicht bekannt, weltweit in zahlreichen Zuchtsorten kultiviert, neben Weizen weltweit wichtigstes Getreide. Bei uns allerdings oft nur zur Silageproduktion angebaut.

▲

3439 **Carex demissa** Hornem.
Grünliche Gelb-Segge

I; H, s, ⊙, (♀, ♂); AV, M_1, M_2, F, K; RL reg
S2.2.1, S2.2.2

M 5–25(–40) cm. Kleine, feste Horste. Blätter 2–4 mm br, grasgrün. Hüllblätter des Blütenstandes laubblattartig, abstehend bis zurückgeschlagen, unterstes meist lgr als der Blütenstand. Blütenstand ca 3–15(–20) cm lg, mit einem endstdgn, kurzgestielten männl. u. 2–3(–4) seitl. weibl. Ährchen. Alle Ährchen etwas voneinander entfernt, Unterstes hfg weit abgesetzt. Weibl. Ährchen 7–15 mm lg u. 6–8 mm br, männl. 10–20 mm lg u. 1–2 mm br. Schläuche zunächst grün, reif gelbgrün, 3–4 mm lg, zieml. plötzl. in den 1–1,5 mm lgn, geraden, 2-zähnigen, glatten Schnabel verengt. Narben 3. Nüsschen verkehrt eifg, 1,5 mm lg u. 1 mm br, den Schlauch nicht vollständig ausfüllend.
B Übergänge zu 3437.

3440 **Bothriochloa ischaemum** (L.) Keng
Gewöhnliches Bartgras (Gttg ca 35 sp)

I; H, s, ⑧; AV, M_1, M_2, (F östl.); RL 3; ☺
T6.2 (lückig), T6.2.2.2.1, T10.3.3.4.2
M 20–40(–100) cm. Stg knickig aufsteigend, Knoten rötl. violett. Blätter graugrün, spärl. bewimpert, ca 3 mm br, bis 20 cm lg. Ligula ein Wimperkranz. Blüten in 2(–10) fingerfg angeordneten Ähren, Ährchen paarweise eines sitzend. 2-blütig, mit geknieter Granne, das andere gestielt, ohne Granne. Hüllspelzen violett.

3441 **Sorghum halepense** (L.) Pers.
Wilde Mohrenhirse, Aleppohirse (Gttg 24 sp)

U–E; H, s, ⊙; M_1, M_2, wo noch?; ⟨RL –⟩; Fr
T8.2.2–8.3, Pionier
M 50–100(–140) cm. Stg rund, kahl, unten verzweigt, Knoten mit dichten, hellen Haaren. Blätter 1–2 cm br, bis 60 cm lg, Ligula bewimperter u. behaarter Hautsaum. Blüten in reich verzweigten Rispen, mit abstehenden Ästen. Ährchen eifg, 4–7 mm lg, Hüllspelzen behaart, in ungleichen Paaren, ähnl. 3440.
B Siehe Bemerkung 51, Seite 720.

3442 **Panicum dichotomiflorum** Michx.
Gabelästige Rispenhirse (Gttg 500 sp)

E; ⟨T, s⟩, ⊙; M_1, M_2, F; ⟨RL –⟩
T9.1.1.2, T9.1.4
M 30–100 cm. Halm aufrecht, kahl, Scheiden glatt. Blätter oberseits rau, Ligula ein häutiger Wimperkranz. Ährchen 1,8–3,2 mm lg, einzeln, 2-blütig, untere ♂ od. steril, obere ⚥. Untere Hüllspelze 1-nervig, stumpfl. Ährchen in lockeren, steif ausgebreiteten Rispen, 25(–40) cm lg.
B Heimat: Nordamerika. Viele weitere Arten der Gttg als unbeständige Neophyten an entsprechenden Standorten.

3443 **Panicum miliaceum** L.
Gewöhnliche Rispenhirse

E; ⟨T, s⟩, ⊙; AV, M_1, M_2, F; RL –; Fr
T8.3.1, T9.1.4, T10.7
M 50–100 cm. Halm aufrecht, mit 2–3 mm lgn Haaren, die auf Knötchen stehen. Blätter bis 25 cm lg, 8–16 mm br, Ligula ein häutiger Wimperkranz. Ährchen 4–5 mm lg, einzeln, 2-blütig, untere ♂ od. steril, obere ⚥, in dichten, zusammengezogenen, bis 30 cm lgn Rispen, später überhängend.
B Vielgestaltig, z. T. als ssp beschrieben, aber wohl ohne taxonomischen Wert. Heimat: Zentral-Asien.

3444 **Panicum capillare** L.
Haarästige Rispenhirse

E; ⟨T, s⟩, ⊙; M_1, M_2, F; RL –; Z
T1.3, T8.3, T9.2, T10.3.1.2
M 20–80 cm. Halm aufrecht, mit auf Knötchen sitzenden Haaren, Scheiden rau, Blätter bis 25 cm lg, 4–12 mm br, behaart, Ligula ein häutiger Wimperkranz. Ährchen 2–3,5 mm lg, einzeln, 2-blütig, untere ♂ od. steril, obere ⚥, untere Hüllspelze 3–5-nervig. Ährchen in lockeren, steif ausgebreiteten Rispen mit haarfeinen Ästen, Achse zuw. seidenhaarig, bis 30 cm lg.
B Heimat: Nordamerika.

3445 **Setaria pumila** (Poir.) Roem. & Schult. ▸
Fuchsrote Borstenhirse (Gttg ca 150 sp)

A; T, s, ⑦; AV, M_1, M_2, F, K; RL reg
T9.1.1.3, T10.3.3.1
M 10–50 cm. Halm aufrecht, Blätter graugrün, kahl, nur Blattgrund mit abstehenden Haaren, Ligula ein Haarkranz. Ährchen einzeln, Deckspelze des oberen Blütchens stark querrunzelig, obere Hüllspelze nur ⅔ so lg wie diese. Ährchen in ährenfgn kompakten Rispen, diese beim Aufwärtsstreichen glatt. Borsten am Grund der Ährchen 5 mm lg, weich, gelb, später fuchsrot, zu 4–12.
B Aus der Gttg zahlreiche weitere unbestdge Sippen in D, z. B. aus Vogelfutter u. an Schuttplätzen.

3446 **Setaria verticillata** (L.) P. Beauv. ▸▸
var **verticillata**
Quirlige Borstenhirse

A; T, s, ⊙; AV, M_1, M_2, F; RL –
T8.3.1, T9.1.1.3, T9.2, T9.3.2.1
M 5–50 cm. Stg aufrecht. Blätter slt auf der Fläche behaart, Ränder der Blattscheiden behaart, Ligula ein Haarkranz. Ähre beim Aufwärtsstreichen rau, am Grund rispig aufgelockert, z. T. Seitenäste in entfernt stehenden Quirlen, Borsten grün.

◂3447 var **ambigua** (Guss.) Parl.
Trügerische Borstenhirse

A; T, s, ⊙; M_1, wo noch?; RL reg
T8.3.1, T9.1, T9.1.1.3, T9.2, T9.3.2.1, T10.7
M Ähnl. wie 3446, aber Pfl mit 10–60 cm größer, Borsten 3 mm lg, starr. Ähre beim Aufwärtsstreichen glatt, Deckspelze des oberen Blütchens glatt od. schwach strukturiert, obere Hüllspelze so lg wie diese.

3448 **Setaria viridis** (L.) P. Beauv. ▸
Grüne Borstenhirse

A; T, s, ⑦; A, AV, M_1, M_2, F, K; RL –
T9.2, T9.3.2.1, T10.3.3.1, T10.7
M 5–50 cm. Stg knickig aufsteigend. Blätter grün, mit hellem od. violettem Mittelnerv, kahl, Ligula ein Haarkranz. Ähre beim Aufwärtsstreichen glatt, kompakt, nicht unterbrochen, Borsten > 5 mm lg, weich, dünn, grün, später violett überlaufen. Deckspelzen des oberen Blütchens glatt od. schwach strukturiert, obere Hüllspelze so lg wie diese.
B In der (3448a) var *major* (Gaudin) Pospichal bis 150(–250) cm hoch, mit breiten Blättern, habituell 3449 ähnl.

◂◂3449 **Setaria faberi** F. Herrmann
Fabers Borstenhirse

E; ⟨T, s⟩, ⊙; wo?; ⟨RL –⟩
wo?
M Bis 120(–200) cm. Stg gekniet aufsteigend. Blätter bis 2 cm br, oberseits u. an den Rändern der Scheiden behaart. Ligula ein Haarkranz. Dichte, ährenfge Rispe, oft nickend, 5–20 cm lg. Borsten zu (2–)3–4(–6), bis 1 cm lg, grün, beim Aufwärtsstreichen glatt. Deckspelze oberer Blüten querrunzelig, obere Hüllspelze nur ⅔ so lg wie diese.
B Heimat: China, syn: Nordamerika.

◂3450 **Digitaria sanguinalis** (L.) Scop. ssp **sanguinalis** (Gttg ca 220 sp)
Gewöhnliche Blutrote Fingerhirse

A; T, s, ⑧; AV, M_1, M_2, F, K; RL reg; ☺
T7.4.2, T8.3, T8.3.1, T9.1.1.3
M 10–40(–80) cm. Halme aufsteigend. Obere Scheiden abstehend lghaarig. Blüten in Ähren, diese fingerfg zu (4–)5(–8) in schirmfgr Synfloreszenz. Ährchen lanzettl. spitz, 2,8–3,3 mm lg. Deckspelzen des unteren Blütchens ± stark weich behaart. Obere Hüllspelze nur ½ so lg wie dklbraune Deckspelzen der fruchtbaren Blüten.

3451 ssp **pectiniformis** Henrard ▸
Wimper-Fingerhirse

A; ⟨T, s⟩, ⊙; F, wo noch?; ⟨RL –⟩
wo?
M Ähnl. wie 3450, aber obere Hüllspelze borstig bewimpert. Blattrand mit weißln. Nerven. Auf den Deckspelzen der unteren Blütchen neben kurzen, weichen auch starre, borstige auf Warzen stehende längere Haare.
B Verwechslungsgefahr mit (3451a) *D. ciliaris* (Retz) Koel., es empfiehlt sich Belege zu sammeln u. einem Spezialisten vorzulegen. Bildet Übergänge (Hybriden) zu 3450.

3452 **Digitaria ischaemum** (Schreb. ex Schweigg.) Schreb. ex Mühl. ▸▸
Faden-(Finger)hirse

A; T, s, ⑧; A, AV, M_1, M_2, F, K; RL reg
L3..7.3, T7.4.2, T9.1.1.2
M 10–30(–50) cm. Halme niederliegend. Obere Laubblattscheiden kahl, untere flaumhaarig. Blüten in Ähren, diese fingerfg zu (2–)3(–4) in schirmfgr Synfloreszenz. Ährchen abgerundet elliptisch, 2–2,5 mm lg. Obere Hüllspelze so lg wie dklbraune Deckspelzen der fruchtbaren Blüten.

◂◂ 3453 **Echinochloa crus-galli** (L.) P. Beauv.
Gewöhnliche Hühnerhirse (Gttg ca 35 sp)

A; T, s, ⑧; A, AV, M_1, M_2, F, K; RL –
L3.6 (Ufer), L4.4, L5.2.4, T8.1, T9.1, T9.2, T9.3.2.1, T10.7
M 20–120 cm. Halme aufrecht bis gekniet aufsteigend, Knoten behaart, Blätter oft wellig, kahl. Ähren in locker voneinander abgesetzter, fiederartig gestellter Rispe, bis 25 cm lg.
B Formenreich (vgl. 3453a). Eine Reihe weiterer Sippen aus der Gttg kann in D unbeständig auftreten.

◂ 3453a **Echinochloa esculenta** (A. Braun) H. Scholz
Essbare Hühnerhirse

U; ⟨T, s⟩. ⊙; wo?; ⟨RL –⟩; ✎
T10.7
M Bis 120 cm. Halme dick, Spreite bis 2,5 cm br, Rispe dick, dicht, fast kopfig, bis 15 cm lg, oft in den oberen Scheiden steckenbleibend. Hüllspelze mit Warzen- od. Stachelhaaren.
B Heimat: Japan. Kulturform, aus hexaploider 3453 abgeleitet.

3455 **Leersia oryzoides** (L.) Sw. ▸
Europäische Reisquecke, Wilder Reis (Gttg 17 sp)

I; W, H, ⟨T⟩, w, ⑧; A, AV, M_1, M_2, F, (K); RL 3; ✎
L4.1, L4.4, L5.21
M 50–100(–150) cm. Pfl mit unterirdischen Ausläufern. Halm knickig aufsteigend, glatt, Knoten behaart. Blätter gelbgrün, rückwärts rau, Ligula 1 mm lg. Ährchen mit 1 ⚥ Blüte, ohne Granne, seitl. zusammengedrückt mit gekielter Spelze, meist ohne Hüllspelze, stark gewimpert. Gegenüber allen anderen heimischen Arten zuw. mit 6 Staubbeuteln. Rispenäste geschlängelt, oft halb in der Scheide steckend.
B Blüten werden nur in warmen Jahren ausgebildet. Nah verwandt mit dem Kultur-Reis, *Oryza sativa* L.

3454 **Echinochloa muricata** (P. Beauv.) Fernalds
Stachelfrüchtige Hühnerhirse ohne Abb.

E; ⟨T, s⟩ ⊙; wo?; ⟨RL –⟩
wo?
M Ähnl. wie 3453, aber 80–150 cm. Deckspelze des oberen fruchtbaren Blütchens mit harter Spitze, unbehaart, 2,5–4,5 mm lg, grün bis purpurn, mit auf Warzen stehenden Stachelhaaren.
B Heimat: Nordamerika bis Mexiko.

◂3456 **Eragrostis minor** Host
Kleines Liebesgras (Gttg ca 300 sp)

E; T, s, ⑧; AV, M_1, M_2, F, K; RL –
T7.4.2, T7.4.4, T8.3.1, T10.3.1.2, T10.3.3.2
M 5–30 cm. Büschelig ausgebreitet bis aufrecht, Blattrand spärl. knotig kurzdrüsig, Scheiden behaart. Blattgrund 1–2 mm lg gewimpert. Ährchen 5–8 mm lg, 8–20-blütig, längl. lineal, stark abgeflacht. Rispe dicht, ausgebreitet, Äste spiralig angeordnet, untere zu 1(–2), starr, am Grund kahl od. höchstens 1 mm lg behaart.
B Heimat: Mittelmeergebiet, heute weltweit verschleppt. Zahlreiche weitere Sippen der Gttg unbestdg in D. Bei Sebald et al. (1998) sind 13 verschlüsselt, bei Conert (1998) 30 kurz beschrieben.

3457 **Eragrostis cilianensis** (All.) Vignold ex Janch. ▸
Großes Liebesgras

E; T, s, ⊙; M_1; RL reg
T7.4.2, T7.4.4
M 10–40(–100) cm. Büschelig wachsend, Halme gekniet aufsteigend. Blattrand spärl. knotig kurzdrüsig, Blattgrund 1–2 mm lg gewimpert. Scheiden kahl od. nur randl. gewimpert. Ährchen 8–15 mm lg, längl. lineal, stark abgeflacht. Rispe zieml. dicht, Äste spiralig angeordnet, untere zu 1(–2), starr, kahl od. höchstens 1 mm lg behaart.
B Heimat: Mittelmeergebiet, heute weltweit verschleppt.

◂3458 **Eragrostis pilosa** (L.) P. Beauv.
Behaartes Liebesgras

E; T, s, ⊙; M_1; RL reg
T7.4.2, T7.4.4, T8.3.1, T10.3.3.1, T10.3.3.2
M 10–30(–70) cm. Pfl ausgebreitet, büschelig. Halme aufrecht bis gekniet aufsteigend, Blattrand ohne Drüsen, Blattgrund mit Büscheln von 3–4 mm lgn Haaren, Scheiden kahl. Ährchen (1–)4–5(–6) mm lg gestielt, 6–10(–15)-blütig, 4–8 mm lg, längl. lineal, stark abgeflacht, Deckspelzen < 1,5 mm lg, Seitennerven schwach. Rispe locker, besig, untere Rispenäste zu (2–)3–6, dünn, biegsam, wirtelig, am Grund mit 3–4 mm lgn, abstehenden Haaren, obere spiralig, Achse glatt.
B Heimat: Mittelmeergebiet, heute weltweit verschleppt.

3459 **Eragrostis albensis** H. Scholz ▸
Elbe-Liebesgras

(✫) **I**; ⟨T, s⟩, ⊙; F (Elbe, Oder, Weichsel); RL ?
L4.1 (Ufer)
M Ähnl. wie 3458, aber Pfl 10–25 cm, untere Rispenäste nicht wirtelig, zu 1(–2), wenn zu mehreren, dann einseitig büschelig. Ährchenstiele kürzer (0,2–)1–3 mm, Halme derb, Rispenachse rau.
B Im Elbetal neu entstandene Sippe aus vermutl. östl. Stammart. Ihr systematischer Wert ist allerdings umstritten (vgl. Scholz 1995).

◂3460 **Eragrostis curvula** (Schrad.) Nees ▸
Schwachgekrümmtes Liebesgras

E; ⟨H, s⟩, ⊙; M_1; RL –
L4.1, T10.3.1.3, T10.3.3.4.2
M 60–160 cm. Blattspreite fadenfg, 1–3 mm br, bis 50 cm lg, eingerollt u. hfg gekrümmt, Scheiden dicht seidig weich behaart. Ährchen 4–13-blütig, 4–10 mm lg, schwärzl. grün od. silbrig, abgeflacht. Rispe ausgebreitet bis zusammengezogen, 15–30 cm lg.
B Heimat: S-Afrika, heute weltweit verschleppt.

◂3461 **Eragrostis multicaulis** Steud.
Japanisches Liebesgras

E; ⟨T, s⟩, ⊙; M_1, F; RL –
T7.4.2, T9.2.5, T10.3.3
M 5–15(–20) cm. Blattgrund zumindest der oberen Blätter ohne Haare, Scheiden kahl. Ährchen 4–6(–8)-blütig, längl. lineal, stark abgeflacht, Deckspelzen > 1,5(–2) mm lg mit hervortretenden Nerven. Rispe locker ausgebreitet, Achse glatt, Äste steif, abstehend spiralig angeordnet, untere nicht wirtelig, zu 1(–2).
B Heimat: O-Asien.

3462 **Cynodon dactylon** (L.) Pers. ▸
Gewöhnliches Hundszahngras (Gttg 8 sp)

E; K, H, s, ⊙; (AV), M_1, M_2, F; RL –; ☺
T7.2.1, T7.4.1, T7.4.2, T8.3, T10.3.3.1, T10.7, Pionier
M 5–20(–40) cm. Pfl weit kriechend mit oberirdischen Ausläufern, Halme aufrecht aufsteigend, an den Knoten wurzelnd. Ligula ein kurzer Wimpernkranz. Ährchen 2 mm lg, 1-blütig, stark zusammengedrückt, unbegrannt, 2 gekielte Hüllspelzen. 3–5(–7) Ähren fingerfg angeordnet, jeweils 2–6(–10) cm lg.
B Heimat: evtl. Mittelmeergebiet, heute weltweit verschleppt. Formenreich, nicht verwechseln mit 3450 (v. a. ohne Ausläufer!).

◂3463 **Spartina anglica** C. E. Hubbard
Englisches Schlickgras (Gttg 17 sp)

E; H, K, w, ⊙; K; RL –; ☼
H.1.–1.2.1.3
M 30–130 cm. Pfl mit dicken, fleischigen Rhizomen, Halme kahl, in der ganzen Länge von Blattscheiden eingehüllt. Spreite 8–50 cm lg, 6–15 mm br, steil aufrecht, dickl., kahl, oberseits stark gerippt, untere oft in Höhe der Ligula abbrechend. Haare der Ligula 2–3 mm lg, Spaltöffnungen ca 43 µm lg. Staubbeutel 8–12 mm lg, mit fertilem Pollen.
B Endemit des süd-mittelbritischen Litorals, heute an vielen Küsten gepflanzt, wie auch die folgende Hybride.

3463a **Spartina × townsendii** H. et J. Grooves
Townsends Schlickgras ohne Abb.

E; H, K, w, ⊙; K; (Rl –); ☼
H1.1.2.1.3
M Sehr ähnl. wie 3463, aber Haare der Ligula 1–2 mm lg, Spaltöffnungen ca 37 µm lg, Staubbeutel 5–8 mm lg, dünn, faltig, Pollen steril, sehr vielgestaltig.
B Hybride, die spontan in England (u. wohl auch in S-Frankreich) aus dem dort heimischen *S. maritima* (Curtis) Fernald u. dem eingeführten amerikanischen *S. alternifolia* Loisel. entstanden ist. Durch Autoploidisierung ist sie zum fertilen *S. anglica* (3463) geworden. Die Sippe stellt ein Musterbeispiel für schnelle, rezente Evolution von Arten dar.

◂3464 **Sporobolus cryptandrus** (Torr.) A. Gray
Versteckblütiges Fallsamengras (Gttg 160 sp)

E lok; ⟨H, s⟩, ⊙; M_2, wo noch?; RL –
T10.3.2, T10.4.5
M 30–90 cm. Pfl Polster bildend, Blattscheiden oben dicht behaart. Ährchen seitl. kaum zusammengedrückt, 1-blütig, einzeln, gestielt. Deckspelze 1-nervig, dünn, unbegrannt. Rispe offen, 15–30 cm lg, unten oft von Blattscheide eingeschlossen, pyramidenfg, untere Seitenäste 8 cm lg, ohne Ährchen.
B Heimat: Nordamerika bis Mexiko.

3465 **Tragus racemosus** (L.) All. ▸
Traubiges Klettengras (Gttg 6 sp)

E; T, s, ⊙; M_1, wo noch?; RL reg
T7.4.2, T4.4, T8.3.2
M 10–35(–50) cm. Halme niederliegend, aufsteigend, an den Knoten wurzelnd, verzweigt. Blattspreite ledrig, flach, randl. steif behaart. Ährchen zu 3–8, 3,5–5,2 mm lg, gestielt, untere Hüllspelze 1 mm lg, br 3-eckig, obere zugespitzt, ledrig, 7-nervig mit auffallenden hakigen Stacheln auf den Nerven. Rispe ährenfg zusammengezogen.
B Heimat: W-Europa, heute weltweit verschleppt.

3466 **Phragmites australis** (Cav.) Trin. ex Steud. var **australis**
Gewöhnliches Schilf i. e. S. (Gttg 3 sp)

I; K, W, w, ⑨; A, AV, M_1, M_2, F, K; RL –; ✠, (✎), ☺, ☼, Z
H, H3, L3.1 (Ufer), L4.1–4 (Ufer), L3..5, S1.1, S3.5.2, T7.3.2
M 1–3(–4) m. Pfl mit Ausläufern, Halme aufrecht. Blattgrund statt häutiger Ligula mit silberweißem Haarbüschel. Ährchen (2–)3–5(–8)-blütig, außen oft rotbraun, mit lgn feinen Haaren, Mittelgranne der Deckspelzen gekniet, obere Hüllspelze lanzettl. spitz. Rispe bis 60 cm lg.
B Formenreicher Polyploid-Komplex, verschiedene Sippen sind als ssp beschrieben worden, haben aber nach derzeitigem Wissensstand keinen taxonomischen Wert. Die wichtigste der var ist nach heutiger Einschätzung die folgende 3467.

3467 var **pseudodonax** (Rabenh.) Conert
Riesen-Schilf ohne Abb.

✫?, **I**; ⟨K, W, w⟩, ⊙; F (nur Lausitz); RL ?; ☺, ☼, Z
L3..5
M Ähnl. wie 3466, aber 6–10 m hoch, Blätter bis 75 cm lg, 6 cm br. Blattbreite erhält sich in Kultur, selbst wenn Wuchshöhe stark abnimmt.
B Unklare Sippe, möglicherweise aber nicht identisch mit dem Mediterranen Riesen-Schilf (3467a) ssp *altissimus* (Bentham) Clayton ähnl. Ausmaßes, mit 5–7-blütigen Ährchen, längl. elliptischer abgerundeter od. 3-spitziger oberer Hüllspelze, das im Gebiet wohl nicht vorkommt.

3468 **Molinia caerulea** (L.) Moench
Gewöhnliches Pfeifengras, Benthalm (Gttg 2–4 sp)

I; H, s,⑧/⑨, ❀; A, AV, M_1, M_2, F, K; RL –; ☼, Z
S1.1, S1.5, T1.1.2.5, T4, T7.3.1–2
M 50–100(–150) cm. Halme nur an der Basis mit Knoten, Stggrund daher zwiebelartig verdickt. Blätter 3–8(–10) mm br. Ährchen 2–5-blütig, 4–6(–8) mm lg, blauviolett, Hüllspelze gekielt, Deckspelze der untersten Blüte 3–4 mm lg, eifg abgerundet. Ährchenachse kahl od. mit wenigen, ganz kurzen Haaren. Frucht 2 mm lg.
B Formenreicher Polyploid-Komplex, der noch nicht zufriedenstellend geklärt ist. Evtl. mehrere Sippen im Gebiet.

3469 **Molinia arundinacea** Schrank
Rohr-Pfeifengras

I; H, s, ⑧, ❀; A, AV, M_1, M_2; RL –; ☼, Z
T1.1.2.5, T1.4.1.3, T3.4.2.2, T6.2.2.2.3, T7.3.2, T8.1.2
M Ähnl. wie 3468, aber in allen Teilen größer: 100–200(–250) cm, Blätter 8–10(–18) mm br. Ährchen (1–)2–4-blütig, 6–9 mm lg, Ährchenachse mit einigen 0,3–0,6 mm lgn Haaren. Deckspelze der untersten Blüte 4,5–7 mm lg, elliptisch, zugespitzt, Frucht bis 3 mm lg.

3470 **Danthonia alpina** Vest
Kelch-Traubenhafer (Gttg 100 sp)
I; H, s, ⊙; AV; RL 2
T6.2..3.1
M 30–60(–100) cm. Pfl rasig wachsend, Halme aufrecht, unverzweigt, kahl, Ligula ein Wimpernkranz. Ährchen wie bei 3471, aber nur zu 5 in der Scheinähre, 15–20(–25) mm lg, Deckspelze 2-zähnig, mit lgr, geknieter u. gedrehter Granne.

3471 **Danthonia decumbens** (L.) DC. ssp **decumbens**
Gewöhnlicher Dreizahn

I; H, s, ⑧; A, AV, M_1, M_2, F, K; RL reg; ☺
T4, T6.2.2.2.3 (sauer), T7.3.2, T10.3.3.1
M 15–50 cm. Pfl dichtrasig wachsend, Halme aufrecht bis aufsteigend, kahl, kräftig gedrungen, Ligula ein Wimpernkranz, Scheiden bewimpert. Ährchen 2–5-blütig, 6–12 mm lg, gestielt, Deckspelze 3-zähnig, am Rand gewimpert, oft violett überlaufen, zu 4–12 in einer einzigen endstdgn, lockeren Traube, zusammengezogen zur Scheinähre.

3472 ssp **decipiens** O. Schwarz & Bässler ex Bässler
Rasiger Dreizahn ohne Abb.

I; ⟨H, s⟩, ⊙; M_1, M_2, wo noch?; RL ?
T6.2.2.2.3 (wechselfeucht), T7.3.2
M Ähnl. wie 3471, aber höher, lockerrasig mit zierl. schlanken Halmen, auf basenreichen Böden.
B Übersehen u. erst 1977 als selbstständige, aber morphologisch schwer abtrennbare Sippe auf Kalk erkannt, aber noch nicht hinreichend studiert.

3473 **Phalaris arundinacea** L.
Rohr-Glanzgras (Gttg ca 20 sp)

I; K, H, w, ⑧; A, AV, M_1, M_2, F, K; RL –; ☺, Z
L3.1 (Ufer), L4.1–4 (Ufer), L3..5, L5.2, L5.2.3
M 50–200 cm. Pfl schilfartig, mit 4–6 mm lgr, milchweißer Ligula, etwas zerschlitzt. Ährchen mit 1 ⚥ Blüte, ohne Granne, seitl. zusammengedrückt, Spelze gekielt, stark glänzend, 4 ungeflügelte Hüllspelzen, die 2 äußeren kahnfg lanzettl., Rispe mit knäuelig zusammengezogenen Ährchen.
B Zuw. weiß gestreifte Zierform verwildernd.

3473a **Phalaris canariensis** L.
Kanarisches Glanzgras, Kanariengras

U; ⟨T, s⟩, ⊙; A, AV, M_1, M_2, F, K; ⟨RL –⟩; Z, Fr
L5.2.4, T8.3, T10.7, T10.9.2
M 20–50 cm. Halme aufrecht, in Büscheln. Oberste Scheide aufgeblasen, Ligula häutig, 3–5 mm lg. Äußere Hüllspelzen geflügelt, weiß mit grünen Randstreifen. Blütenstand eifg, zusammengezogene Ährenrispe.
B Heimat: Westl. Mittelmeergebiet, Indigenat auf den Kanaren fragl., hfg als Vogelfutterpfl. Weitere Sippen der Gttg unbestdg in D.

3474 **Anthoxanthum odoratum** L.
Gewöhnliches Ruchgras (Gttg 18 sp)

I; T, H, s, ④; A, AV, M_1, M_2, F, K; RL –; (☠), ✠, ☺?, (D), Z
S1.1, T1.1.2.5, T4, T7, T7.1.3 (mager)
M 15–50(–80) cm. Halme unverzweigt, Pfl mit sterilen Sprossen, Blätter beiderseits blaugrün, matt, flach bleibend, Scheiden behaart, untere strohgelb. Ährchen 1-blütig, 4 ungleich große Hüllspelzen, obere begrannt, Deckspelze des fruchtbaren Blütchens glatt. Ähren locker walzl. od. kopfig, 2–4 cm lg, zuletzt braungelb.
B Pfl riecht tro nach Cumarin (Waldmeister).

3475 **Anthoxanthum alpinum** A. Löve & D. Löve
Alpen-Ruchgras

I; T, s, ⊙; A, AV, M_1; RL –
S2.2.1 (a), T3.4.1, T6.2.1.5.4 (a)
M 10–20(–40) cm. Halme unverzweigt, Pfl mit sterilen Sprossen, Blätter unterseits gelbgrün, glänzend, beim Welken nach oben eingerollt. Deckspelze des fruchtbaren Blütchens zumindest oben an den Rändern von kurzen Borsten od. Wärzchen rau. Ähren ca 3,3 cm lg.
B Siehe Bemerkung 52, Seite 720.

3476 **Anthoxanthum aristatum** Boiss.
Grannen-Ruchgras

E; T, w, ⑦; (AV, M_1), M_2, F, K; RL reg
T9.1.1.1, T10.3.1, T10.3.3.1
M 5–30 cm. Halme auch oben verzweigt, Pfl ohne sterile Sprosse, büschelig erscheinend. Blätter bleichgrün, flach, kahl od. behaart. Deckspelze des unteren fruchtbaren Blütchens rundl. eifg, kürzer als die beiden anderen, kahl, die 2 unteren Hüllspelzen mit Stachelspitze, die mittlere lg begrannt. Ähren 1–2 cm lg, locker.
B Heimat: W-Europa, Mittelmeergebiet.

3477 **Hierochloe australis** (Schrad.) Roem. & Schult.
Südliches Mariengras (Gttg 20 sp)

I; H, s, ②; M_1, M_2; RL reg; D
T1.1.2.3, T1.1.2.4.2, T1.4.1.2
M 15–45(–60) cm. Pfl ohne od. mit sehr kurzen Ausläufern, dichte Horste bildend, Knoten nur im unteren Teil des Halmes. Pfl mit Cumarin-Geruch. Obere Scheiden ohne Spreite. Ährchen 3-blütig (2♂, 1⚥), 2 gelbbraune, trockenhäutige, etwas spreizende Hüllspelzen, Ährchenstiel am Grund behaart. Deckspelze gekniet begrannt. Rispe bis 6 cm lg.

3478 **Hierochloe odorata** (L.) P. Beauv.
Duftendes Mariengras

I; H, K, s, ④; AV, M_2, F, K; RL 3; D
S2.2.1, T7.3.2
M 30–60(–80) cm. Pfl mit lgn Ausläufern, lockerrasig, Knoten nur im unteren Teil des Halmes, obere Scheiden aufgeblasen, mit Spreite, Ligula 1,5–2,5 mm lg. Ährchen 3-blütig (2♂, 1⚥), 2 gelbbraune, trockenhäutige, etwas spreizende Hüllspelzen, Ährchenstiel ± kahl, Deckspelze spärl. anliegend behaart, unbegrannt. Lockere Rispe mit geschlängelten Ästen, 3,5–9 cm lg.

3479 **Hierochloe hirta** (Schrank) Borbas ssp **hirta**
Gewöhnliches Raues Mariengras

I; H, s, ⊙; AV; RL 2; D
T7.3.2, T7.4.1
M 40–90(–110) cm. Pfl mit lgn Ausläufern, lockerrasig, Knoten nur im unteren Teil des Halmes, obere Scheiden mit Spreite, Ligula 2,5–5,5 mm lg. Ährchen 3-blütig (2♂, 1⚥), 2 gelbbraune, trockenhäutige, etwas spreizende Hüllspelzen, Ährchenstiele ± kahl, Deckspelze der unteren Blüten abstehend behaart, mit nach außen gebogenen Grannen. Lockere Rispe mit geschlängelten Ästen, 5–15 cm lg, dklviolett überlaufen, mehr als 9 Knoten, untere Äste herabhängend.

3480 ssp **arctica** (J. Presl) Weim.
Arktisches Raues Mariengras ohne Abb.

I; ⟨H, s⟩, ⊙; AV, F (östl.); RL ?; D
wie 3479?
M Ähnl. wie 3479, aber Rispe zur Reifezeit goldbraun gefärbt, mit 8 Knoten, unterste Äste aufrecht abstehend, Deckspelzen mit aufrechter Granne.

3481 **Alopecurus bulbosus** Gouan
Knolliges Fuchsschwanzgras (Gttg 36 sp)

I; H, s, ⊙; K; RL 2
H1.1.3.2, T7.4.1
M 30–50 cm. Halmgrund knollig verdickt. Blätter ca 1 mm br. Blätter oberseits gerieft, unterseits glänzend, Ligula lg. Ährchen 1-blütig, 2 ± verwachsene Hüllspelzen, länger als Deckspelzen, diese mit rückenstdgr, geknieter Granne. Ährchen als Ganzes abfallend. Ährenrispe 1–5 cm lg, Hüllspelzen behaart.

3482 **Alopecurus myosuroides** Huds.
Acker-Fuchsschwanzgras

A; T, w, ⑤; AV, M_1, M_2, F, K; RL reg
T9.1.1.1, T9.1.2.2
M 20–40 cm. Halme aufrecht. Blätter oberseits gerieft, unterseits glänzend, Ligula lg. Ährchen 1-blütig, 2 ± verwachsene Hüllspelzen, länger als Deckspelzen, diese mit rückenstdgr, geknieter Granne. Ährchen als Ganzes abfallend. Ährenrispe sehr schlank, 4–6 mm br, an den Enden verschmälert. Hüllspelzen bewimpert, am Kiel geflügelt.

3483 **Alopecurus pratensis** L. ssp **pratensis**
Gewöhnliches Wiesen-Fuchsschwanzgras

I; H, s, ④; A, AV, M_1, M_2, F, K; RL –; Z
T7, T7.1.2, T7.3.5, T5.2.5.4
M 40–100 cm. Halme aufrecht. Pfl grasgrün, mit 2–4 cm lgn, unterirdischen Ausläufern. Blätter oberseits gerieft, unterseits glänzend, Ligula lg. Ährchen 1-blütig, 2 ± verwachsene Hüllspelzen, länger als Deckspelzen, diese mit rückenstdgr, geknieter Granne. Ährchen als Ganzes abfallend. Ährenrispe 3–10 cm lg, 0,7–1 cm br, blassgrün.

3484 ssp **pseudonigricans** O. Schwarz
Dunkles Wiesen-Fuchsschwanzgras ohne Abb.

I; ⟨H, s⟩, ⊙; M_2, wo noch?; ⟨RL –⟩
wo?
M Ähnl. wie 3483, aber Ährenripse schwärzl., 2–5 cm lg, 1–1,5 cm br, Ausläufer 3–10 cm lg.
B Mit ssp zu hoch bewertet, wohl nur var. Die Hybride 3483 × 3487 (3484a) *A.* × *brachystylus* Peterm. tritt nicht slt mit den Eltern auf, wird nur oft übersehen, da vielfach nicht zur Blüte gelangend, ist in den Merkmalen intermediär u. gewöhnl. steril. (Loos)

◄ 3485 **Alopecurus arundinaceus** Poir
Rohr-Fuchsschwanzgras

I; ⟨H, s⟩, ⊙; K (Ostsee); RL 1
H1.1.3.2, H3.1–2.3
M 60–130 cm. Halme aufrecht. Pfl blaugrün, mit bis 20 cm lgn, unterirdischen Ausläufern. Blätter oberseits gerieft, unterseits glänzend, Ligula lg. Ährchen 1-blütig, 2 ± verwachsene Hüllspelzen, länger als Deckspelzen, diese mit rückenstdgr, geknieter Granne. Ährchen als Ganzes abfallend. Ährenrispe bis 1,5 cm br.

3486 **Alopecurus rendlei** Eig ►
Aufgeblasenes Fuchsschwanzgras

I; ⟨T, s⟩, ⊙; M_1; RL 2
T7.1 (feucht), T10.3.3.1
M 10–15 cm. Pfl niederliegend aufsteigend, obere Blattscheiden blasig aufgetrieben. Blätter oberseits gerieft, unterseits glänzend, Ligula lg. Ährchen 1-blütig, 2 ± verwachsene Hüllspelzen, länger als Deckspelzen, diese mit rückenstdgr, geknieter Granne. Ährchen als Ganzes abfallend. Ährenrispe eifg, kurz, Grannen 1–1,5 cm lg.

3487 **Alopecurus geniculatus** L. ►
Knick-Fuchsschwanzgras

I; H, ⟨T⟩, w, ⑤; A, AV, M_1, M_2, F, K; RL –
L3.1–5 (Ufer), L4.1–4 (Ufer), L4.2..10, L4.4, T7.4.1, T10.3.3.1 (nass), Stromtalpfl
M 10–30 cm. Halme am Grund niederl. Blätter graugrün, Scheiden etwas aufgeblasen. Blätter obers. gerieft, unters. glänzend, Ligula lg. Ährchen 1-blütig, 2 ± verwachsene Hüllspelzen, lgr als Deckspelzen, diese mit rückenstdgr, geknieter Granne. Ährchen als Ganzes abfallend. Grannen das Ährchen deutl. überragend. Staubb. erst gelbl. violett, dann braun.

3488 **Alopecurus aequalis** Sobol. ►►
Rotgelbes Fuchsschwanzgras

I; T, H, s, ⑤; A, AV, M_1, M_2, F, (K); RL reg
L3.1–5 (Ufer), L4.1–4 (Ufer), L3..5, L3..7.3, L4.4, L5.2.4.1, T7.4.1
M 20–40 cm. Halme am Grund niederliegend. Blätter seegrün. Blätter oberseits gerieft, unterseits glänzend, Ligula lg. Ährchen 1-blütig, 2 ± verwachsene Hüllspelzen, länger als Deckspelzen, diese mit rückenstdgr, geknieter Granne. Ährchen als Ganzes abfallend. Grannen Ährchen kaum überragend. Staubbeutel zuerst weißl. dann ziegelrot.

◄◄ 3489 **Phleum pratense** L.
Wiesen-Lieschgras (Gttg 15 sp)

I; H, w, ⑦, ⊛; A, AV, M_1, M_2, F, K; RL –
T7.2.1, T9.1.6
M 30–100 cm. Pfl rasig, Halmgrund schwach knollig verdickt. Blätter oben undeutl. gerieft, Ligula 1–5 mm lg, spitz, gezähnt. Ährchen 1-blütig, 2 bis zum Grund getrennte Hüllspelzen, stumpf, mit aufgesetzter seitl. Granne, Ährchen dadurch gestutzt (»stiefelknechtartig«), Deckspelze unbegrannt. Granne der Hüllspelze ⅓ der Ährchenlänge ausmachend. Ährenrispe beim Umbiegen homogen, (2–)5–20 cm lg, grün.

◄ 3490 **Phleum bertolonii** DC.
⟨Kleines⟩ Lieschgras

I; H, w, ⑦; M_1, M_2, wo noch?; RL –
T6.2.2.2.3, T7.2.1, T10.3.3.1
M Ähnl. wie 3489, aber in allen Teilen zierlicher, Halmgrund meist stark knollig, Granne der Hüllspelzen nur ca ¼ der Ährchenlänge ausmachend.
B Trockenformen von 3489 können sehr ähnl. werden. Das Grannenverhältnis bleibt aber meist eindeutig.

3491 **Phleum alpinum** L.
Alpen-Lieschgras

I; H, w, ⑥; A, AV, M_1; RL reg
S2.2.1 (sa-a), T3.3
M 10–25 cm. Obere Blattscheide etwas aufgeblasen, Ligula 1–2 mm lg, gestutzt. Blätter oben undeutl. gerieft. Ährchen 1-blütig, 2 bis zum Grund getrennte Hüllspelzen, stumpf, mit aufgesetzter seitl. Granne, Ährchen dadurch gestutzt (»stiefelknechtartig«), Deckspelze unbegrannt. Ährenrispe 1–3 cm lg, eifg bis kugelig, beim Umbiegen homogen, wollig, grün od. trübviolett, Hüllspelzengranne zwar rau, aber ± kahl.

3492 **Phleum rhaeticum** (Humphries) Rauschert
Graubündener Lieschgras

I; ⟨H, w⟩, ⊙; A; RL –
T3.1.2, T3.4.3/T7.2.2, T7.1.3
M 20–50 cm. Oberste Blattscheide etwas aufgeblasen, Ligula 1–2 mm lg, gestutzt. Blätter oben undeutl. gerieft. Ährchen 1-blütig, 2 bis zum Grund getrennte Hüllspelzen, stumpf, mit aufgesetzter seitl. Granne, Ährchen dadurch gestutzt (»stiefelknechtartig«), Deckspelze unbegrannt. Ährenrispe 3–4 cm lg, eifg bis kurz walzl., beim Umbiegen homogen, wollig, grün od. trübviolett, Hüllspelzengranne im unteren Teil abstehend bewimpert.

3493 **Phleum arenarium** L.
Sand-Lieschgras

I; T, s, ⊙; M_1, K; RL 2–
T6.2.1.4.7?, T6.2.4.2, T10.3.3.1 (Flugsand), Pionier
M 5–20 cm. Obere Blattscheide ± aufgeblasen. Blätter oben undeutl. gerieft, Ligula 2–5 mm lg, spitz. Ährchen 1-blütig, 2 bis zum Grund getrennte Hüllspelzen, stumpf, mit aufgesetzter seitl. Granne, Ährchen dadurch gestutzt (»stiefelknechtartig«), Deckspelze unbegrannt. Ährenrispe beim Umbiegen lappig, 1–4 cm lg, weißgrün.

3494 **Phleum hirsutum** Honck.
Matten-Lieschgras

I; H, w, ⊙; A; RL –
T3.4.2.2
M 30–60 cm. Pfl mit kurzen, unterirdischen Ausläufern. Blätter oben undeutl. gerieft, Ligula 1–3,5 mm lg, spitz od. abgerundet. Ährchen 1-blütig, 2 bis zum Grund getrennte Hüllspelzen, stumpf, mit aufgesetzter seitl. Granne, Ährchen dadurch gestutzt (»stiefelknechtartig«), Deckspelze unbegrannt. Ährenrispe beim Umbiegen lappig, aufwärts glatt, bis 7 cm lg, weißgrün, eifg bis kurz walzl.

3495 **Phleum phleoides** (L.) H. Karst.
Steppen-Lieschgras

I; H, s, ⑦; AV, M_1, M_2, F; RL reg
T5.2.3, T6.2, T6.2..2.2
M 20–50(–90) cm. Pfl rasig wachsend, Halme drahtig, aufrecht od. gekniet, oben blattlos, oft rot. Blätter 2–4 mm br, randl. weiß verdickt, Ligula 1–2 mm lg, br abgerundet. Blätter oben undeutl. gerieft. Ährchen 1-blütig, 2 bis zum Grund getrennte Hüllspelzen, stumpf, mit aufgesetzter seitl. Granne, Ährchen dadurch gestutzt (»stiefelknechtartig«), Deckspelze unbegrannt. Ährenrispe beim Umbiegen lappig, aufwärts glatt, bis 18 cm lg, Hüllspelze kurz.

3496 **Phleum paniculatum** Huds.
Rispiges Lieschgras ▸

I; T, s, ⑦; AV, M_1, M_2; RL 2
T8.3, T9.1, T9.3.2.1, T10.3.3.1
M 5–30(–50) cm. Halme bis fast zur Ährenrispe beblättert, aufrecht bis aufsteigend, Blätter 4–10 mm br, obere Scheide etwas aufgeblasen. Blätter oben undeutl. gerieft, Ligula 1,5–3 mm lg, spitz od abgerundet. Ährchen 1-blütig, 2 bis zum Grund getrennte Hüllspelzen, stumpf, mit aufgesetzter seitl. Granne, Ährchen dadurch gestutzt (»stiefelknechtartig«), Deckspelze unbegrannt. Ährenrispe beim Umbiegen lappig, aufwärts rau, bis 8 cm lg.

3497 **Mibora minima** (L.) Desv. ▸▸
Sand-Zwerggras (Gttg 2 sp)

I; T, s, ⊙; M_1; RL 2!
T6.2.1.4.4, T9.1.1.1.1, T9.1.1.2
M 2–10(–16) cm. Pfl büschelig, Halme steif aufrecht, fadenfg, am Grund beblättert, Ligula 0,5–1 mm lg, Blätter mit stumpfer Knorpelspitze. Ährchen in 1 endstdgn Ähre, Ährchen sitzend, einzeln, 1-blütig, nicht eingesenkt, 1–2 mm lg, in 2 Reihen, rotviolett.

◂ 3498 **Avena fatua** L.
Flug-Hafer (Gttg ca 25 sp)

A; T, v, ⑧; A, AV, M_1, M_2, E, K; RL reg
T8.3, T9.1, T9.1.2.2
M 60–120 cm. Hohes, aufrechtes Gras. Blattrand kahl. Ährchen 10–25 mm lg, 3-blütig, wenigstens 1 Hüllspelze so lg wie Ährchen, 5–11-nervig, mit 1 lgn Granne, Deckspelze ungekielt, unten lg zottig, mit 2 Grannen. Ährenachse gegliedert, bei Reife zerfallend, Blüten einzeln. Ährchen in vielästigen allseitswendigen Rispen.

3499 **Avena strigosa** Schreb. ▸
Sand-Hafer

U, K; T, s, ⊙; M_1; RL reg
T9.1.1.1
M 60–100 cm. Hohes, aufrechtes Gras, Blätter blaugrün, 3–12 mm br. Ährchen 2(–4)-blütig, 10–25 mm lg, mit 2 lgn, rauen Grannen, wenigstens 1 Hüllspelze so lg wie Ährchen, mit rückenstdgr Granne. Deckspelze ungekielt, kahl, mit 3–9 mm lgn Zähnen. Ährchenachse ungegliedert, nicht zerfallend. Ährchen in vielblütigen, etwas einseitswendigen Rispen.
B Siehe Bemerkung 53, Seite 720.

3500 **Avena sterilis** L.
Tauber Hafer ohne Abb.

E; ⟨T, s⟩, ⊙; u. a. M_1, wo noch?; ⟨RL –⟩
T10.3.1.3, T10.3.2
M Bis 80 cm. Halme u. Scheiden kahl, aufrecht. Ährchen ohne die Granne bis 5 cm lg, 2–5-blütig. Ährenachse gegliedert, bei Reife so zerfallend, dass alle Blüten zusammen abfallen. Rückenstdge Granne deutl. gekniet, 3–9 cm lg.
B Heimat: Mittelmeergebiet, Vorderasien. Weitere *Avena*-Sippen sind unbestdg in D zu finden.

3501 **Arrhenatherum elatius** (L.) P. Beauv. ex J. Presl & C. Presl var **elatius** ▸
Gewöhnlicher Glatthafer (Gttg 6 sp)

I; H, s, ⑥; A, AV, M_1, M_2, F, K; RL –; Z
T3.1.6, T5.1.2.1, T7.1.2, T10.3.4.1
M 40–150 cm. Halme aufrecht, dünn, Blätter blaugrün, flach, schwach behaart, Ligula gezähnt, 1–3(–5) mm lg. Ährchen 2-blütig (♂ ⚥ + evtl. 1(–2) verkümmerte), nur mit 1 geknieten Granne, die im unteren ⅓ der Deckspelze ansitzt, slt eine zweite, kürzere. Untere Hüllspelze 1-, obere 3-nervig. Rispe etwas zusammengezogen.

3502 var **bulbosum** (Willd.) Spenn.
Knolliger Glatthafer ohne Abb.

I ⟨?⟩; ⟨H, s⟩, ⊙; AV, M_2, wo noch?; RL –
T1.1.2.5, T8.1.2.2, T10.3.3.1
M Sehr ähnl. wie 3501, aber unterirdische Stgglieder perlschnurartig knollig verdickt (u. U. Anpassung an tro Standorte).
B Bildet vielfach Übergänge zu 3501. Mit dieser Sippe, welcher taxonomische Rang ihr auch gebührt, ist eine interessante Diskussion über das Indigenat des Glatthafers an sich verbunden (s. Lange in Sebald et al. 1998). Viel deutet darauf hin, dass diese Sippe, die die ursprünglichere ist, erst im Mittelalter als Ackerunkraut nach D eingeschleppt worden ist.
Formenreiche Gruppe. Neben der hier unterschiedenen var z. T. noch weitere, wohl eher im Rang von ssp.

3503 **Helictotrichon pubescens** (Huds.) Pilg. ▸
ssp pubescens
Gewöhnlicher Flaumhafer (Gttg 100 sp)

I; H, s, ⑥; A, AV, M_1, M_2, F, K; RL reg
T6.2.2.2.3, T7.1.2

M 30–120 cm. Pfl mit Ausläufern. Scheiden u. Blätter dicht weich behaart (zuw. verkahlend). Spreite flach, beiderseits glatt, im Querschnitt V-fg, Ligula der Stgblätter 5–7 mm lg, der Erneuerungssprosse 0,5–1 mm lg. Ährchen 10–17 mm lg, 2–3(–4)-blütig, wenigstens 1 Hüllspelze so lg wie Ährchen, 1–5-nervig. Deckspelze ungekielt, mit 2–3 Grannen. Ährchen in vielästigen Rispen, untere Äste zu 3–5.

3504 ssp **laevigatum** (Schur) Soó
Alpen-Flaumhafer ohne Abb.

I; ⟨H, s⟩, ⊙; A; RL –
wo?

M Ähnl. wie 3503, aber Scheiden kahl (bis schwach behaart), Ährchen (2–)3–4-blütig, 15–20(–26) mm lg.

▴
3505 **Helictotrichon versicolor** (Vill.) Pilg.
Bunter Wiesenhafer

I; H, s, ⊙; A; RL –
T1.4.4, T3.4.1, T6.2.1.5.4

M 15–50 cm. Pfl mit unterirdischen Ausläufern. Blätter beiderseits glatt, kahl, flach, mit durchscheinendem, weißem, rauem Blattrand, im Querschnitt V-fg, Scheiden kahl, Ligula 2–4 mm lg. Ährchen 10–13 mm lg, 3-blütig, braun, gelbl. od. violett gescheckt, wenigstens 1 Hüllspelze so lg wie Ährchen, Deckspelzen ungekielt, mit 2–3 Grannen. Rispe armblütig bis traubig.

◂◂◂ 3506 **Helictotrichon pratense** (L.) Besser
Gewöhnlicher Wiesenhafer, Trift-Wiesenhafer

I; H, s, ⑥; A, AV, M_1, M_2, F, K; RL reg
T1.4.1.3, T6.2, T6.2.1.5.1, T6.2.2.2.3

M 30–80 cm. Pfl horstig, ohne Ausläufer. Blätter rau, aber beiderseits kahl, im Querschnitt V-fg, oberseits hell blaugrün, randl. rau, Scheiden kahl, Ligula 3–5 mm lg. Ährchen 10–13 mm lg, 3-blütig, Deckspelze ungekielt, mit 4–6 Grannen, wenigstens 1 Hüllspelze so lg wie Ährchen. Untere Rispenäste zu 1–2 mit je 1–2 Ährchen.

◂ 3507 **Helictotrichon parlatorei** (Woods) Pilg.
Parlatores Wiesenhafer

I; H, w, ⊙; A; RL –
T1.4.1.3, T3.4.2.1

M 20–50 cm. Pfl dichtrasig, mit kurzen Ausläufern. Blätter oberseits rau, stark gerippt, unterseits glatt, untere (v. a. wenn tro) meist borstl. gefaltet, im Querschnitt U-fg, Ligula 3–6 mm lg. Ährchen 10–13 mm lg, 3-blütig, wenigstens 1 Hüllspelze so lg wie Ährchen, Deckspelze ungekielt, mit 2 Grannen. Rispe ausgebreitet, untere Rispenäste zu 1–3, mit je 5–8 Ährchen.

3508 **Gaudinia fragilis** (L.) P. Beauv. ▸
Zerbrechlicher Ährenhafer (Gttg 4 sp)

U–E; T, s, ⊙; M_1, M_2, F; RL ?
T7.1.2, T7.2.1, syn.: T8.2.2 –8.3

M 15–60 cm. Halme unten verzweigt, Blätter behaart, Scheiden abstehend behaart od. kahl. Ährchen 4–10-blütig, bis 2,5 cm lg, einzeln, sitzend, locker, mit der Breitseite zur Achse stehend, in schlanker, 15–30 cm lgr Ähre, Ährenachse bei Reife zerfallend. Deckspelze auf dem Rücken begrannt, Hüllspelze 3–11-nervig.

B Heimat: Mittelmeergebiet, Marokko, Azoren.

3509 **Ventenata dubia** (Leers) Coss.
Zweifelhafter Grannenhafer (Gttg 5 sp)

I; T, s, ⊙; M_1, M_2; RL 3+!
T6.2.1.4.4, T10.3.3.1
M 30–70 cm. Halme unverzweigt, nur im Bereich der Rispe kurzhaarig. Blattspreite ca 8 cm lg, 1–3 mm br, Ligula bis 1 cm lg. Ährchen 2–3-blütig, 8–12 mm lg, untere Deckspelze mit rückenstdgr, geknieter Granne, diese im unteren Teil gedreht. Hüllspelzen ungleich, häutig, grannenspitzig, 6–9-nervig. Rispe bis 20 cm lg, ausgebreitet, Äste fadendünn.

3510 **Koeleria vallesiana** (Honck.) Gaudin
Walliser Schillergras (Gttg ca 35 sp)

I; H, s, ⑦; M_1; RL 1; Z
T6.2.2.2.1
M 20–50 cm. Pfl dichtrasig. Halme am Grund durch alte Blattreste auffallend zwiebelfg verdickt. Blätter blaugrün, kahl, starr, Scheiden kahl. Ährchen 2-blütig, Deckspelze stachelspitzig, gekielt, kurz bewimpert, obere Hüllspelze 3-nervig. Ährenrispen dicht zusammenneigend, längl. walzl.

3511 **Koeleria glauca** (Spreng.) DC.
Blaugrünes Schillergras

I; H, s, ⑦; M_1, (M_2), F; RL 2; Z
T1.4.1.2, T6.2.1.4.7
M 20–50 cm. Halme am Grund durch alte Blattreste zwiebelfg verdickt. Blätter blaugrün, rau. Ährchen 2-blütig, Deckspelzen stumpf, kurz bewimpert. obere Hüllspelze 3-nervig. Ährenrispe dicht zusammenneigend, längl. walzl.

3512 **Koeleria arenaria** (Dumort.) Conert
Sand-Schillergras

H1.2.2.5, T6.2.4.2
M 10–25(–35) cm. Pfl mit 5–10 cm lgn Ausläufern, lockerrasig. Halmblätter graugrün, starr, kahl, nur unten etwas behaart, Scheiden papierartig dünn, weißl. glänzend, zuw. samtig behaart. Ährchen 2–3-blütig, weißl. glänzend, Deckspelzen stachelspitzig, kurz bewimpert, obere Hüllspelze 3-nervig. Ährenrispe dicht zusammenneigend, längl. walzl., 3–6 cm lg.

3513 **Koeleria pyramidata** (Lam.) P. Beauv.
Großes Schillergras, Pyramiden-Schillergras

I; H, s, ⑦, ⊛; A, AV, M_1, M_2, F; RL reg; Z
T1.4.1.3, T3.4.2, T6.2.2.2.3, T7.3.2 (tro)
M 30–80 cm. Halme am Grund nicht verdickt. Blätter grün bis graugrün, Blattrand abstehend bewimpert, flach, 2–3 mm br, obere Scheiden kahl od. zerstreut behaart. Ährchen 5,5–7(–8) mm lg, 2-blütig, Deckspelze spitz, kurz bewimpert, obere Hüllspelze 3-nervig. Ährenrispe ± locker, schmal pyramidal, unter der Rispe dicht lghaarig.
B Im Gebiet nur ssp *pyramidata*.

3514 **Koeleria macrantha** (Ledeb.) Schult.
Zierliches Schillergras

I; H, s, ⑥; AV, M_1, M_2, F; RL reg; Z
T1.4.1.3, T6.2, T6.2..2.2
M 20–50 cm. Halme am Grund nicht verdickt. Blätter grün bis graugrün, ± gerollt u. behaart, aber randl. nicht abstehend bewimpert, entrollt 1–2(–3) mm br, obere Scheiden dicht behaart. Ährchen 3,5–5 mm lg, 2-blütig, Deckspelze spitz, kurz bewimpert, obere Hüllspelze 3-nervig. Ährenrispe ± dicht, fast walzl., unter der Rispe kurzhaarig.

◄ 3515 **Trisetum spicatum** (L.) K. Richt.
Ähriger Goldhafer (Gttg ca 70 sp)

I; H, s, ⊙; A; RL reg
T3.2.3, T5.1.5
M 10–20 cm. Halme oben behaart, Blätter u. Scheiden kahl, Ligula ein häutiger Saum. Ährchen 2–3-blütig, 5–8 mm lg, mit 2–5 Grannen, violett, grün u. gelb gescheckt, Deckspelze gekielt, Grannen 3–6 mm lg, gekniet, wenigstens 1 Hüllspelze so lg wie Ährchen, 1–3-nervig. Rispe dicht ährenfg zusammengezogen, walzl.
B Im Gebiet nur ssp *ovatipaniculatum* Hultén ex Jonsell.

3516 **Trisetum flavescens** (L.) P. Beauv. ►
ssp **flavescens**
Gewöhnlicher Wiesen-Goldhafer

I; H, s, ⑦, ❀; A, AV, M_1, M_2, F, K; RL reg; Z
T7.1.2, T7.1.3
M 30–60 cm. Pfl horstig. Halme oben kahl, Blätter meist 5 mm br, Ligula ein häutiger Saum. Ährchen 2–3(–5)-blütig, 5–8 mm lg, mit 2–5 Grannen, Deckspelze gekielt, Granne 5–8 mm lg, gekniet, unten gedreht, wenigstens 1 Hüllspelze so lg wie Ährchen, 1–3-nervig. Rispe locker ausgebreitet, bis 20 cm lg, bei Reife strohgelb.

3517 ssp **purpurascens** (DC.) Arcang.
Purpurner Wiesen-Goldhafer ohne Abb.

I; (H, s), ⊙; A; RL –
T3.4.2.1
M Ähnl. 3516, aber Blätter 5–10 mm br, Rispe rötl. überlaufen.

◄ 3518 **Trisetum distichophyllum** (Vill.) P. Beauv.
Zweizeiliger Goldhafer

I; K, H, s, ⊙; A; RL –
T5.1.2.2.2
M 10–20 cm. Pfl mit oberirdischen Ausläufern, lockerrasig. Halme oben kahl. Blätter kurz, starr, blaugrün, ± 2-zeilig, Ligula häutiger Saum. Ährchen (2–)3–4-blütig, 6,5–9 mm lg, mit 2–5 Grannen, violett überlaufen, Deckspelze gekielt, wenigstens 1 Hüllspelze so lg wie Ährchen, 1–3-nervig. Rispe locker ausgebreitet, bis 6 cm lg.

3521 **Deschampsia littoralis** (Gaudin) Reut. ►
Bodensee-Schmiele

(☆) **I**; H, W, s, ⊙; AV (nur Bodensee); RL 1!!
L3..6.5
M 50–70 cm. Blätter kürzer als bei 3519, oft gerollt, hell graugrün, Ligula ca 4 mm lg. Ährchen 2-blütig, 4 mm lg, meist ergrünend (pseudovivipar), Deckspelze meist 4-zähnig, kurz begrannt, ± im Ährchen versteckt, ungekniet. Rispe dicht, kaum über 15 cm lg.

▲
3519 **Deschampsia cespitosa** (L.) P. Beauv.
ssp **cespitosa**
Gewöhnliche Rasen-Schmiele (Gttg ca 40 sp)

I; H, w, ⑧, ❀; A, AV, M_1, M_2, F, K; RL –; Z
L2..1.1., T1.1 (nass), T7 (nass), T7.3.2, T7.3.5
M 40–100(–150) cm. Pfl dichte Horste bildend. Blätter 2–7 mm br, extrem scharf rückwärts rau, gerieft, bei Durchsicht mit hellen Streifen (»Stresemann«), Ligula 6–8 mm lg, oft zerschlitzt. Ährchen 2-blütig, 3–5 mm lg, oft violett überlaufen. Deckspelze meist 4-zähnig, kurz begrannt, ungekniet, ± im Ährchen versteckt. Rispe locker, 15–40 cm lg.
B Inkl. ssp *gaudinii* K. Richt., hier wird nur 3520 abgetrennt.

3520 ssp **parviflora** (Thuill.) K. Richt.
Armblütige Rasen-Schmiele ohne Abb.

I; ⟨H, w⟩, ⊙; wo?; RL ?
wie 3519, nur schattiger
M Ähnl. wie 3519, aber Ährchen 2–3 mm lg, Spreite 2–3 mm br.
B Die Abtrennung ist zweifelhaft. Auch ökologisch gibt es fließende Übergänge (Loos).

3522 **Deschampsia wibeliana** (Sond.) Parl.
Elbe-Schmiele

☆ **I**; H, w, ⊙; K; RL R!!
H1.3.2.1, H2...5, L5.2.4.1
M 40–120 cm. Pfl horstig, bei Übersandung etwas rasig. Blätter gerieft, mit »Stresemann« (siehe 3519), aber weicher, nicht rückwärts schneidend rau, Ligula 4–6 mm lg. Ährchen 2-blütig, 5–8 mm lg, meist grünl. bleich, z. T. ergrünend (pseudovivipar), Deckspelze meist 4-zähnig, kurz begrannt, ± im Ährchen versteckt, ungekniet. Rispe locker, 15–40 cm lg.

3523 **Deschampsia media** (Gouan) Roem. & Schult.
Binsen-Schmiele

I; H, s, ⑧; M_1; RL 1!
T7.3.2, T7.4.1
M 30–50 cm. Pfl mit dichten, harten Horsten. Blätter borstl. gerollt, hell graugrün, Ligula 8 mm lg, Scheide rückwärts rau. Ährchen 2-blütig, 4 mm lg, Deckspelze meist 4-zähnig, kurz begrannt, ± im Ährchen versteckt, dünn, ungekniet, in der Mitte der Deckspelze entspringend.

3524 **Deschampsia flexuosa** (L.) Trin.
Draht-Schmiele

I; H, i, ⑦; A, AV, M_1, M_2, F, K; RL –; Z
T1.1.1.1, T1.1.2.5, T1.4.3.1, T2.2.1, T4
M 30–50 cm. Pfl lockerrasig. Blätter fein borstl., eingerollt, schlaff, sich »ölig glatt« anfühlend. Ährchen 2-blütig, 2–6 mm lg, Deckspelze meist 4-zähnig, begrannt, das Ährchen deutl. überragend, gekniet. Rispe sehr locker, mit je 2 geschlängelten Ästen pro Knoten.
B Im Gebiet überwiegen ssp *flexuosa*. Auf (3524a) ssp *corsica* ist zu achten, z. B. in M_2 (Loos).

3525 **Deschampsia setacea** (Huds.) Hack.
⟨Borsten-Schmiele, Moor-Schmiele⟩

I; H, w, ⊙; (M_1), F, K; RL 2
L3..6
M 30–50 cm. Pfl dichtrasig, Blätter fein borstl., schlaff, gefaltet, mit kielartigem Mittelnerv, Ligula 3–8 mm lg, spitz. Ährchen 2-blütig, 2–6 mm lg, grünviolett mit gelber Spitze, Deckspelze meist 4-zähnig, begrannt, das Ährchen deutl. überragend, gekniet.

3526 **Aira caryophyllea** L.
Nelken-Haferschmiele (Gttg 10 sp)

I; T, v, ④, ⊛; AV, M_1, M_2, F, K; RL reg
T5.2.3, T10.3.3.1.1, T10.3.3.4.2, Pionier
M 5–15(–30) cm. Halme dünn, kahl, zu 1–10 im Büschel, Blätter borstl., bis 5 cm lg, eingerollt, kahl. Ährchen 2-blütig, 2,5–3,5 mm lg, seitl. zusammengedrückt, Deckspelze ± 2-spitzig, auf dem Rücken fein, 2–3 mm lg begrannt. Rispe locker ausgebreitet, zierl., 2–10 cm lg.
B Siehe Bemerkung 54, Seite 720.

3527 **Aira praecox** L.
Frühe Haferschmiele

I; T, v, ④; M_1, M_2, F, K; RL reg
T6.2.1.4.5, T10.3.3.1.1, Pionier
M 4–10(–20) cm. Büschelig, mit dünnen Halmen. Blätter borstl. eingerollt, kahl, Ligula saumfg, 1–3 mm lg. Ährchen 2-blütig, 1,5–2,5 mm lg, seitl. zusammengedrückt, Deckspelze ± 2-spitzig, auf dem Rücken bis 4 mm lg begrannt. Rispe armblütig, ährenfg zusammengezogen, 1–2 cm lg.

◂3528 **Corynephorus canescens** (L.) P. Beauv.
Gewöhnliches Silbergras (Gttg 5 sp)

I; H, w, ⑧; AV, M_1, M_2, F, K; RL reg; Z
T6.2.1.4.4, T10.3.3.1, T10.5.5, Pionier auf Sand
M 15–30 cm. Pfl horstig, Blätter fein borstl., starr, silbrig graugrün. Ährchen 2-blütig, 2–6 mm lg, Granne der Deckspelze keulig verdickt, im Ährchen versteckt. Rispe fein verzweigt, grau silberfarbig, nach der Blüte zusammengezogen.

3529 **Holcus lanatus** L. ▸
Wolliges Honiggras (Gttg 8 sp)

I; H, w, ⑦, ⊛; A, AV, M_1, M_2, F, K; RL –; Z
T7.1.2, T7.3.5
M 30–50(–100) cm. Pfl dichtrasig, horstig. Blattscheiden u. Halmknoten behaart, Blattspreite flach, Ligula grob gefranst, 1–2 mm lg. Ährchen 2-blütig, 2–6 mm lg, bleich rötl., Deckspelze stumpfl., gerundet, Granne kurz, im Ährchen versteckt. Rispe zur Blütezeit ausgebreitet, sonst zusammengezogen.

3530 **Holcus mollis** L.
Weiches Honiggras

I; K, H, w, ⑧, ⊛; A, AV, M_1, M_2, F, K; RL–
T1.1.2.5, T2.1.2.2.2, T2.2.1, T4, T7.1.4, Pionier
◂**M** 30–70(–100) cm. Pfl mit unterirdischen Ausläufern, lockerrasig. Nur Halmknoten behaart, Scheiden kahl, Blattspreite flach, Ligula zerschlitzt, bis 5 mm lg. Ährchen 2-blütig, 2–6 mm lg, bleich rötl., Deckspelze stumpfl., gerundet, Granne kurz, aus Ährchen hervorragend. Rispe zur Blütezeit ausgebreitet, sonst zusammengezogen.
B Öfter tritt 3530a *H.* × *hybridus* Wein (3529 × 3530) auf, die jedoch nur schwer von 3530 zu trennen ist (steril) (Loos).

3531 **Apera interrupta** (L.) P. Beauv. ▸
Unterbrochener Windhalm (Gttg 3 sp)

E; T, s, ⑧; M_1, M_2, F; RL –
T6.2.1.4.4, T10.4.5
M 20–40 cm. Halme kahl, Blätter ca 1(–3) mm br, flach od. eingerollt. Ligula 2 mm lg, saumfg. Ährchen 1-blütig, um 2 mm lg, Granne fast an der Spitze ansetzend, bis 15 mm lg, gerade, rau. Rispe ± zusammengezogen, bis 10 cm lg, dicht, im unteren Teil unterbrochen. Staubbeutel 0,3–0,5 mm lg.
B Heimat: W-Europa, SO-Europa bis O-Asien.

◂3532 **Apera spica-venti** (L.) P. Beauv.
Acker-Windhalm

I; T, w, ⑧; AV, M_1, M_2, F, K; RL –
T8.3, T9.1.1.1
M 30–100 cm. Halme kahl, Knoten dkl, gerieft, Blatt bis 3 mm br, ± flach, Ligula 4–6 mm lg, zungenfg. Ährchen 1-blütig, 2–3 mm lg, Grannen bis 10 mm lg, fast an der Spitze ansetzend, gerade od. etwas geschlängelt. Rispe locker, bis 40 cm lg, Seitenäste fadenfg, ausgebreitet. Staubbeutel 1–1,8 mm lg.

3533 **Agrostis agrostiflora** (Beck) Rauschert ▸
Zartes Straußgras (Gttg 220 sp)

I; ⟨H, s⟩, ⊙; A; RL –
T3.1.1, T3.1.6, T3.4.2.2, T6.2.1.5.4 (a)
M 40–60 cm. Pfl mit lgn, unterirdischen Ausläufern, z. T. sterile Rasenbildner. Halme dünn, aufsteigend. Blätter bis 5 mm br, in Knospenlage gewölbt, oberseits gerieft, unterseits matt, kahl, Blattgrund ohne Öhrchen. Ährchen 2–3 mm lg, violett, nur mit 1⚥ Blüte, ohne Granne, seitl. zusammengedrückt, Spelze ± gekielt, mit 2 Hüllspelzen, länger als Deckspelze, diese mit 2 Haarbüscheln am Grund. Rispe ± zusammengezogen.

3534 **Agrostis rupestris** All.
Felsen-Straußgras

I; H, s, ⊙; A, M_1; RL –
T1.1.1.4, T3.4.1, T6.2.1.5.4 (a)
M 5–20 cm. Dichtrasig. Blätter 1–3 mm br, blau- bis graugrün, in Knospenlage gefaltet, die grundstdgn borstl. 1–2 Stgblätter oberseits gerieft, unterseits matt, kahl, Blattgrund ohne Öhrchen. Ligula 1–3 mm lg. Ährchen 2–3 mm lg, braun- bis schwarzviolett, nur mit 1⚥ Blüte, ohne Granne, seitl. zusammengedrückt, Spelze ± gekielt, mit 2 Hüllspelzen, länger als Deckspelze. Untere Rispenäste 1–2, glatt. Rispe ± kahl, immer ausgebreitet.

3535 **Agrostis canina** L.
Sumpf-Straußgras

I; H, s, ⑦; A, AV, M_1, M_2, F, K; RL –
L4.4, S1.1, S1.5, S2.2.1, T10.3.3.1 (nass)
M 20–30 cm. Pfl mit lgn, oberirdischen, bebüschelt beblätterten Kriechtrieben. Blätter 1–3 mm br, in Knospenlage gefaltet, zart, weich, die grundstdgn borstl., blau- bis graugrün, 3–6 Stgblätter, oberseits gerieft, unterseits matt, kahl, Blattgrund ohne Öhrchen. Ligula 1–3 mm lg. Ährchen 2–3 mm lg, nur mit 1⚥ Blüte, meist violett, mit kurzer Granne, seitl. zusammengedrückt, Spelze ± gekielt, mit 2 Hüllspelzen, länger als Deckspelze. Untere Rispenäste 3–7, rau, Rispe ± kahl, zur Blütezeit ± zusammengezogen.

3536 **Agrostis vinealis** Schreb.
Sand-Straußgras

I; H, s, ⑧, ⊛; (AV), M_1, M_2, F, K; RL reg
T4 (gestört), T5.2.3, T6.2.1.4
M 20–30 cm. Pfl mit kurzen, unterirdischen Ausläufern. Blätter 1–3 mm br, starr, in Knospenlage gefaltet, die grundstdgn borstl., blau- bis graugrün, 3–6 Stgblätter, oberseits gerieft, unterseits matt, kahl, Blattgrund ohne Öhrchen. Ligula 1–3 mm lg. Ährchen 2–3 cm lg, nur mit 1⚥ Blüte, meist violett, mit kurzer Granne, seitl. zusammengedrückt, Spelze ± gekielt, mit 2 Hüllspelzen, länger als Deckspelze, diese ± kahl. Untere Rispenäste 3–7, rau, zur Blütezeit ± zusammengezogen.

3537 **Agrostis alpina** Scop.
Alpen-Straußgras

I; H, s, ⊙; A; RL –
T3.4.1, T3.4.2.1
M 10–25 cm. Dichtrasig. Blätter 1–3 mm br, in Knospenlage gefaltet, die grundstdgn borstl., blau- bis graugrün, 1–2 Stgblätter, oberseits gerieft, unterseits matt, kahl, Blattgrund ohne Öhrchen. Ligula 1–3 mm lg. Ährchen 2–3 mm lg, nur mit 1⚥ Blüte, braun- bis schwarzviolett, ohne Granne, seitl. zusammengedrückt, Spelze ± gekielt, mit 2 Hüllspelzen, länger als Deckspelze, diese ± kahl. Untere Rispenäste 1–2, rau, immer ausgebreitet.

3538 **Agrostis schleicheri** Jord. & Verlot
Pyrenäen-Straußgras

I; H, s, ⊙; A; RL reg
T3.4.2.2
M 15–30(–35) cm. Blätter 2–3 mm br, in Knospenlage gefaltet, oberseits gerieft, unterseits matt, kahl, Blattgrund ohne Öhrchen. Ährchen 2–3 mm lg, nur mit 1⚥ Blüte, ohne Granne, seitl. zusammengedrückt, Spelze ± gekielt, mit 2 Hüllspelzen, länger als Deckspelze, diese ± kahl. Rispe zur Blütezeit ausgebreitet, sonst zusammengezogen, Rispenäste rau.

3542 **Agrostis stolonifera** L. var **stolonifera**
Weißes Straußgras

I; H, w, ⑦, ⊛; A, AV, M_1, M_2, F, K; RL –
T7.4.1, T7.4.2, T9.1, T9.2, T10.3.3.1
M 20–100 cm. Pfl grün, mit reichl., kurzen, oberirdischen Ausläufern. Halme niederliegend, aufsteigend, ästig. Blätter dicht gestellt, flach, in Knospenlage gerollt, 3–4 mm br, schlaff, oberseits gerieft, unterseits matt, kahl, Blattgrund ohne Öhrchen. Ligula 2–5 mm lg. Ährchen 2–3 mm lg, nur mit 1⚥ Blüte, ohne Granne, seitl. zusammengedrückt, Spelze ± gekielt, mit 2 Hüllspelzen, länger als Deckspelze, diese ± kahl. Rispe zur Blütezeit ausgebreitet, pyramidenfg, sonst meist zusammengezogen, bis 10 cm lg.

3543 var **maritima** (Lam.) W. D. J. Koch — ohne Abb.

I; ⟨H, w⟩, ⊙; K; RL reg
H1.1.3.2, H2...4, T7.4?
M Ähnl. wie 3542, aber Pfl blaugrün, bis 30 cm, Ausläufer wenig, kurz, starr. Blätter alle eingerollt bis borstl. gefaltet. Rispe 5 cm lg, dicht zusammengezogen, walzl.

3539 **Agrostis castellana** Boiss. & Reut.
Kastilisches Straußgras

U–E; ⟨H, s⟩, ⊙; F, wo noch?; ⟨RL –⟩
T8.2.2–8.3, T9.5.1, T10.4.5
M 15–40 cm. Pfl mit kurzen Ausläufern, Halme knickig aufsteigend. Blätter 2–4 mm br, in Knospenlage gewölbt, graugrün, oft eingerollt, ± 2-zeilig, oberseits gerieft, unterseits matt, kahl, Blattgrund ohne Öhrchen. Ligula 2–5 mm lg. Ährchen 2–3 mm lg, nur mit 1⚥ Blüte, blassrosa, mit Granne, seitl. zusammengedrückt, Spelze ± gekielt, mit 2 Hüllspelzen, länger als Deckspelze, diese auf Rücken etwas behaart.
B Heimat: S-Europa, Azoren.

3540 **Agrostis capillaris** L.
Rotes Straußgras

I; H, s, ⑧, ⊛; A, AV, M_1, M_2, F, K; RL –
S2.3, T2.2.1, T4, T6.2.1.4, T7.1.2, T7.1.3
M 20–40 cm. Pfl mit kurzen, unterirdischen Ausläufern. Blätter 2–4 mm br, flach, grün, oberseits gerieft, unterseits matt, kahl, in Knospenlage gerollt, Blattgrund ohne Öhrchen. Ligula 1 mm lg. Ährchen 2–3 mm lg, nur mit 1⚥ Blüte, rotviolett, ohne Granne, seitl. zusammengedrückt, Spelze ± gekielt, mit 2 Hüllspelzen, länger als Deckspelze, diese ± kahl. Rispe immer ausgebreitet.
B Vielgestaltig. Die in vielen Floren genannten ssp sind besser als var einzustufen.

3541 **Agrostis × murbeckii** Foull. ex Fourn. (3540 × 3542)
Bastard-Straußgras — ohne Abb.

I; ⟨H, s⟩, ⊙; F, wo noch?; ⟨RL –⟩
T7.1
M 20–60 cm. Pfl mit unterirdischen Ausläufern. Halme niederliegend, schlank. Blätter 2–6 mm br, oberseits gerieft, unterseits matt, kahl, Blattgrund ohne Öhrchen. Ligula 1–3 mm lg, abgerundet. Ährchen 2–3 cm lg, nur mit 1⚥ Blüte, ohne Granne, seitl. zusammengedrückt, Spelze ± gekielt, mit 2 Hüllspelzen, länger als Deckspelze, diese ± kahl, Staubbeutel sich nicht öffnend, Pollenkorn leer. Rispenäste rau bis glatt.
B Leicht zu übersehen, wohl noch häufiger ist (3541a) *A.* × *bjoerkmanii* Wiben (3540 × 3547) mit intermediärem Aussehen und stets steril (Loos).

3544 var **palustris** (Huds.) Farw. — ohne Abb.

I; ⟨H, w⟩, ⊙; M_1, M_2, F, K, wo noch?; RL ?
Flussufer, Teiche
M Ähnl. wie 3542, aber lockerrasig durch oberirdische Ausläufer. Blätter an Ausläufern entfernt, 6–10 cm lge Spreite, wenige Halme. Rispe 8–30 cm, locker, pyramidenfg.

3545 var **marina** (Gray) Kerguélen — ohne Abb.

?; ⟨H, w⟩, ⊙; K; RL ?
H1.1.3
M Ähnl. wie 3542, aber lockerrasig, mit kurzen, starren, oberirdischen Ausläufern. Halme aufrecht, bis 15 cm. Spreite schmal, flach, graugrün. Rispe locker, nicht gelappt.
B Diese var sind aber keineswegs hinreichend geklärt. Sie sind die auffälligsten unter möglicherweise weiteren unbeschriebenen infraspezifischen Sippen.

3546 var **pseudopungens** (Lange) Kerguélen — ohne Abb.

?; ⟨H, w⟩, ⊙; M_1, M_2, F, K; RL ?
H1.2.2.3, H2
M Ähnl. wie 3542, aber mit zahlreichen, weit kriechenden, oberirdischen Ausläufern. Halme aufsteigend, Scheiden oft rötl. gefärbt, untere weit abstehend. Spreite kurz, spitz, stechend. Rispe dicht, gelappt.

3547 **Agrostis gigantea** Rothm.
Riesen-Straußgras

I; H, s, ⑦, ⊛; wo?; RL –
L3.1, L4.1–4 (Ufer), L3..5, T7.3.2, T7.3.5, T8.3
M Bis 150 cm. Pfl ohne oberirdische Ausläufer, nur kurze unterirdische. Halme aufrecht. Blätter 3–11 mm br, in Knospenlage gerollt, flach, grün, oberseits gerieft, unterseits matt, kahl, Blattgrund ohne Öhrchen. Ährchen 2–3 mm lg, nur mit 1⚥ Blüte, ohne Granne, seitl. zusammengedrückt, Spelze ± gekielt, mit 2 Hüllspelzen, länger als Deckspelze, diese ± kahl. Rispe immer ausgebreitet, bis 20 cm lg, Äste wirtelig.

3548 **Agrostis scabra** Willd. ▶
Raues Straußgras

E; H, s, ⊙; M_1, M_2, F; ⟨RL –⟩
L3..7.3, T7.4.1, T10.4.5
M 30–60 cm. Pfl ohne Ausläufer. Blätter 1–3 mm br, starr, blau- bis graugrün, in Knospenlage gefaltet, die grundstdgn borstl. 3–6 Stgblätter, oberseits gerieft, unterseits matt, kahl, Blattgrund ohne Öhrchen. Ligula 1–3 mm lg. Ährchen 2–3 mm lg, meist violett, nur mit 1⚥ Blüte, mit kurzer Granne, seitl. zusammengedrückt, Spelze ± gekielt, mit 2 Hüllspelzen, länger als Deckspelze, diese ± kahl. Untere Rispenäste 3–7, Rispe immer ausgebreitet, an 3532 erinnernd, Äste rau.
B Heimat: Nordamerika.

3549 **Calamagrostis pseudophragmites** (Haller f.) Koel. ▶▶
Ufer-Reitgras (Gttg ca 230 sp), Fig. 71k

I; H, K, s, ⑧; A, AV, M_1, M_2; RL 2
L5.1.1, syn.: T10.5.3, T10.5.6
M 80–150 cm. Pfl durch Ausläufer lockerrasig. Blätter (6–)8–20 mm br, blaugrün, Ligula bis 5 mm lg. Ährchen 1-blütig, am Grund der kahlen, ± häutigen Deckspelze mit deutl. Haarkranz, Granne zart, endstdg. Rispe locker, bis 40 cm lg, überhängend, reich verzweigt, vielästig.

3550 **Calamagrostis canescens** (Weber) Roth ssp **canescens** ▶
Gewöhnliches Sumpf-Reitgras Fig. 71c, d

I; H, s, ⑧; (A), AV, M_1, M_2, F, K; RL reg
S2.1, S2.2.5
M 50–120(–150) cm. Pfl durch Ausläufer rasig. Halme mit 4–5 Knoten. Blätter 3–7(–9) mm br, unterseits glänzend, hellgrün, Blattgrund kahl, Ligula 2–3(–5) mm lg, kahl. Ährchen 1-blütig, am Grund der kahlen, ± häutigen Deckspelze mit deutl. Haarkranz, Granne zart, endstdg. Hüllspelze lanzettl. Rispe locker, überhängend, oft violett überlaufen, reich verzweigt, vielästig.

3551 ssp **vilnensis** (Besser) Scholz
Litauisches Sumpf-Reitgras ohne Abb.

I; ⟨H, s⟩, ⊙; wo?; RL ?
wo?
M Ähnl. wie 3550, aber Granne länger u. stärker, deutl. unterhalb des Einschnittes der Deckspelze entspringend. Achsenfortsatz der Ährchen gut ausgebildet.
B Eine endgültige Klärung dieser kritischen Sippe steht noch aus.

3552 **Calamagrostis phragmitoides** Hartm. ▶
Purpur-Reitgras Fig. 71e

I; H, s, ⊙; M_1, M_2; RL reg
S3.2.2, T3.1.1
M 80–150 cm. Pfl durch Ausläufer rasig. Halme mit 5–8 Knoten. Blätter 3–7(–9) mm br, unterseits matt graugrün, Ligula 4–6 mm lg, behaart. Ährchen 1-blütig, hellrötl., Ährchenfortsatz deutl., 0,5 mm lg, am Grund der kahlen, ± häutigen Deckspelze mit deutl. Haarkranz, Hüllspelze br lanzettl., 4,5–6 mm lg, Granne zart, endstdg. Rispe locker, überhängend, oft violett überlaufen, reich verzweigt, vielästig. Pollensterile Sippe.

▲
3553 **Calamagrostis pseudopurpurea** Gerstl. ex O. R. Heine
Sächsisches Reitgras Fig. 71i

✫ **I**; ⟨T, s⟩, ⊙; M_2, F (östl.); RL – !!
S2.1.2
M 100–150(–200) cm. Pfl durch Ausläufer rasig. Halme mit 6–8 Knoten. Blätter graugrün, Ligula 6–8 mm lg. Ährchen 1-blütig, Ährchenfortsatz fehlend, am Grund der kahlen, ± häutigen Deckspelze mit deutl. Haarkranz, Granne zart, Hüllspelze schmal lanzettl., 6,5–8 mm lg. Rispe reich verzweigt, vielästig. Pollensterile Sippe.

3554 **Calamagrostis epigejos** (L.) Roth
Land-Reitgras Fig. 71b

I; K, H, s, ⑧; A, AV, M_1, M_2, F, K; RL –
L5.2, T2.2.2, T7.3.2, T7.5.2, T8.2.2, T10.5.3
M 80–150 cm. Pfl durch Ausläufer rasig. Blätter (6–)8–20 mm br, seegrün, hart, rückwärts rau, Ligula bis 9 mm lg. Ährchen 1-blütig, am Grund der kahlen, ± häutigen Deckspelze mit deutl. Haarkranz, Granne zart, rückenstdg. Rispe knäuelig gelappt, aufrecht, reich verzweigt, vielästig.

3555 **Calamagrostis villosa** (Chaix ex Vill.) J. F. Gmel.
Wolliges Reitgras Fig. 71g

I; H, K, s, ⑦; A, AV, M_1, M_2, F (östl.); RL reg
T1.4.3.2
M 50–120 cm. Pfl durch Ausläufer rasig. Blätter 4–5 mm br, schlaff, grün, Blattgrund der unteren Blätter meist mit deutl. Haarbüschel, Ligula 3–5 mm lg. Ährchen 1-blütig, am Grund der kahlen, ± häutigen Deckspelze mit deutl. Haarkranz, Granne zart, rückenstdg, Hüllspelze br pfrieml., 5 mm lg. Rispe locker, überhängend, oft violett überlaufen, reich verzweigt, vielästig.

3556 **Calamagrostis stricta** (Timm) Koeler
Moor-Reitgras Fig. 71k

I; H, s, ⑧; AV, F (östl.); RL 3+
S1.2, S2.1
M 30–100 cm. Pfl durch Ausläufer rasig. Blätter 2–3 mm br, rau, oberseits graugrün, unterseits glänzend grün. Ährchen 1-blütig, am Grund der kahlen, ± häutigen Deckspelze mit deutl. Haarkranz, Granne zart, rückenstdg, Hüllspelze br pfrieml., 3 mm lg. Rispe locker, überhängend, oft violett überlaufen, reich verzweigt, vielästig.

3557 **Calamagrostis arundinacea** (L.) Roth
Wald-Reitgras Fig. 71f

I; H, s, ⑧; AV, M_1, M_2, F; RL –
T1.1.1.1, T1.1.2.3, T1.1.2.5, T2.2.1, T3.1.6
M 60–120 cm. Pfl horstig. Blätter 4–7 mm br, oberseits kaum behaart, unterseits dklgrün glänzend, Blattgrund außen mit schmalem Haarkranz, Ligula ca 4 mm lg. Ährchen 1-blütig, am Grund der kahlen, ± häutigen Deckspelze mit deutl. Haarkranz, Granne aus dem Ährchen deutl. 2–3 mm herausragend, derb, gekniet, kürzer als Deckspelze. Rispe reich verzweigt, vielästig.
B Nicht verwechseln mit *Festuca altissima* (3608).

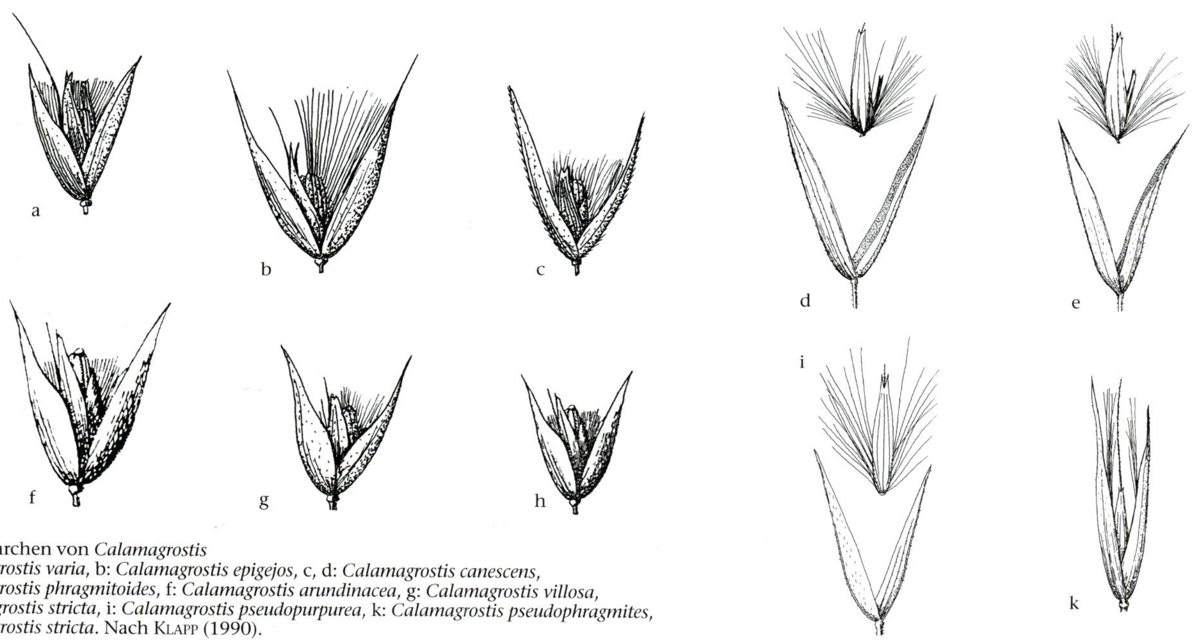

Fig. 71: Ährchen von *Calamagrostis*
a: *Calamagrostis varia*, b: *Calamagrostis epigejos*, c, d: *Calamagrostis canescens*, e: *Calamagrostis phragmitoides*, f: *Calamagrostis arundinacea*, g: *Calamagrostis villosa*, h: *Calamagrostis stricta*, i: *Calamagrostis pseudopurpurea*, k: *Calamagrostis pseudophragmites*, k: *Calamagrostis stricta*. Nach Klapp (1990).

3558 **Calamagrostis varia** (Schrad.) Host
Buntes Reitgras Fig. 71a

I; H, s, ⑧; A, AV, M_1, M_2; RL reg; Z
T1.1.1.4, T1.4.1.3, T3.4.2.2, T6.2.2.2.3, Pionier
M 60–120 cm. Pfl horstig. Blätter beiderseits graugrün, Blattgrund mit od. ohne Haarkranz, Ligula ca 4 mm lg. Ährchen 1-blütig, rötl. violett überlaufen, am Grund der kahlen, ± häutigen Deckspelze mit deutl. Haarkranz, Granne aus dem Ährchen deutl. 1 mm herausragend, derb, gekniet, kürzer als Deckspelze. Rispe reich verzweigt, vielästig.

3559 **Ammophila arenaria** (L.) Link
Gewöhnlicher Strandhafer, Helm (Gttg 3 sp)

I; K, w, ⑧; K, syn.: F; RL –; ☼
H1.2.2.4
M 50–120 cm. Blätter blaugrün, meist eingerollt, 1–3 mm ∅, ausgebreitet bis 6 mm br. Scheiden glatt, Ligula häutig, saumartig, bis 2,5 mm lg. Ähre dicht, Ährchen 1-blütig, 10–11(–16) mm lg, innen mit feinen Haaren, 2 Hüllspelzen.
B Im Gebiet nur ssp *arenaria*.

3560 × **Calammophila baltica** (Flügge ex Schrad.) Brand (3559 × 3554)
Baltischer Strandhafer ⟨Gttg 1 sp⟩

(☆) **I**; K, w, ⑧; K, F (Elbe); ⟨RL –⟩
H1.2.2.4
M Ähnl. wie 3559, aber bis 150 cm, Blätter meist flach, 6–10 mm br, ± graugrün, Scheiden gerieft, glatt od. etwas rau, Knoten so lg wie br, Pfl oft steril.
B Veränderl., mehrere Nothomorphe beschrieben zw den Eltern.

3561 **Stipa capillata** L.
Haar-Pfriemengras (Gttg ca 300 sp), Fig. 72a

I; H, s, ③, ❀; M_1, M_2, F (östl.); RL 3, §; Z
T6.2..3.2, T6.2.2.2.1
M 40–80 cm. Horstbildend. Halme kahl, glatt, unter Knoten zuw. anliegend flaumhaarig. Scheide gerieft, glatt, braun, glänzend. Blätter meist gefaltet, glatt bis rau bis kurzhaarig, Ligula 5–10(–15) mm lg, zungenfg. Ährchen 1-blütig, Grannen kahl, 12–20 cm lg, gekniet, Deckspelze kahl, im unteren Teil gedreht, rau. Rispe armblütig.

3562 **Stipa pennata** L.
Grauscheidiges Federgras Fig. 72b

I; H, s, ⑦; (AV), M_1, M_2, F (östl.); RL 3, §; ☺, Z
T6.2..3.2
M 30–70 cm. Horstbildend. Grundblätter 1,5–4 mm br, meist gerollt, abgestorbene Scheiden matt graubraun, junge Blattspitzen büschelig behaart, Ligula 1–7 mm lg, ± kahl. Ährchen 1-blütig, Deckspelze kahl, 15–18 mm lg, nur zu ¾ behaart, Grannen fedrig behaart, 25–33 cm lg, ihre Basis zuletzt braun. Rispe armblütig.

3563 **Stipa dasyphylla** (Černjaev ex Lindem.) Trautv.
Weichhaariges Federgras

I; ⟨H, s⟩, ⑥; M_2; RL 1!, §
T6.2..3.2
M 30–100 cm. Horstbildend. Blätter 1,5–4 mm br, flaumig behaart, Ligula 1–7 mm lg, ± behaart, 3-zipfelig. Abgestorbene Scheiden glänzend hellgelb, dicht behaart (auch Blattbasis). Ährchen 1-blütig, Deckspelze kahl, 20–23 mm lg, Grannen fedrig behaart, 30–45 cm lg, Basis zuletzt gelb. Rispe armblütig.

3568 ssp **lutetiana** H. Scholz
Französisches Zierliches Federgras ohne Abb.

I; H, s, ⊙; M_1; RL 2!, §
T6.2.2.2.1
M Ähnl. wie 3567, aber Haarreihe am Rand der Deckspelze unterbrochen od. deutl. unter der Grannenbasis endend. Ährchen 16–19 mm lg, Granne 23–28 cm lg. Nur 1 Population in D bekannt.

3569 **Stipa borysthenica** Klokov ex Prokudin ssp **borysthenica**
Gewöhnliches Sand-Federgras ohne Abb., Fig. 72e

I; ⟨H, s⟩, ⊙; F (östl.); RL 2!, §
T6.2.1.4.7
M 50–70 cm. Horstbildend. Grundblätter 1,5–4 mm br, meist gerollt, Ligula 1–7 mm lg, ± kahl. Abgestorbene Scheiden matt graubraun, junge Blattspitzen büschelig behaart. Ährchen 1-blütig, Deckspelze kahl, 15–18 mm lg, bis zur Spitze behaart, randstdge Haarreihen 3–6 mm unter dem Grannenansatz auslaufend, darüber allenfalls einzelne Haare, Granne fedrig behaart, 25–33 cm lg, ihre Basis zuletzt braun. Rispe armblütig.

3564 **Stipa pulcherrima** K. Koch ssp **pulcherrima**
Gewöhnliches Gelbscheidiges Federgras Fig. 72c,d

I; H, s, ⑦; M_1, M_2; RL 2!, §; Z
T6.2..3.2, (T6.2.2.2.1)
M 40–80 cm. Horstbildend. Blätter bis 4 mm br, flach, allenfalls oben eingerollt, Spitze schräg abgeschnitten, Ligula 1–7 mm lg, ± behaart. Abgestorbene Scheiden glänzend hellgelb, kahl od. schwach behaart. Ährchen 1-blütig, unbehaarter Teil > 7 cm lg, Deckspelze 20–26 mm lg, Grannen federig behaart, bis 50 cm lg, Basis zuletzt gelb, Grannenhaare > 4 mm. Haarreihe auf Mittelnerv der Deckspelze so lg wie od. (slt.) etwas länger als die jeweils benachbarten.

3565 ssp **bavarica** (Martinovský & H. Scholz) Conert
Bayerisches Gelbscheidiges Federgras

☆ **I**; H, s, ⊙; M_1; RL 1!!, B, F
T6.2.2.2.1
M Ähnl. wie 3564, aber etwas kleiner (30–70 cm). Blattscheiden u. -basis sowie Spreitenunterseite dicht kurz behaart, Blatt sonst rau, Ligula gestutzt. Deckspelze 23–25 mm lg, Grannen 33–41 cm lg. Haarreihe auf Mittelnerv der Deckspelze länger als die jeweils benachbarten.

3566 **Stipa tirsa** Steven
Rotschweif-Federgras

I; H, s, ⑦; M_2; RL 3!, §; Z
T5.2.3, T6.2..3.1, T6.2..3.2
M 25–70 cm. Rasig wachsend. Halme unterhalb der Knoten fein behaart. Blätter 1–1,5 mm br, sehr lg u. fadenfg zugespitzt, Ligula 0,1–0,3(–1,2) cm lg, kragenfg. Scheiden gerieft, zw den Rippen stachelhaarig. Ährchen 1-blütig, Deckspelze kahl, Granne federig behaart, 30–40 cm lg.

3567 **Stipa eriocaulis** Borbás ssp **austriaca** (Beck) Martinovský
Österreichisches Zierliches Federgras

I; H, s, ⊙; A, M_1; RL 2!, §
wo?
M 40–60 cm. Horstbildend. Blätter 1,5–2 mm br, eingerollt, Spitze nicht schräg abgeschnitten, Ligula 1–7 mm lg, ± behaart. Abgestorbene Scheiden glänzend hellgelb, kahl od. schwach behaart. Ährchen 1-blütig, bis ca 16 mm lg, Deckspelze mit Haarreihen, die außen bis an Grannenbasis reichen, bis 22 mm lg, Granne federig behaart, Basis zuletzt gelb, Grannenhaare < 4 mm, unbehaarter Teil bis 6 cm.

3570 ssp **germanica** (Endtm.) Martinovský & Rauschert
Deutsches Sand-Federgras

☆ **I**; ⟨H, s⟩, ⊙; F (östl.); RL 2!!, &
T6.2.1.4.7
M Ähnl. wie 3569, aber randstdge Haarreihe der Deckspelze (fast) bis zur Ansatzstelle der Granne durchlaufend.

3571 **Stipa calamagrostis** (L.) Wahlenb. ▸
Alpen-Raugras

I; H, s, ⑧; A, AV; RL reg, §?
L5.1.1, T3.4.2, T5.1.2.1, T5.2.2.1, T6.1.2.3
M 40–120 cm. Horstbildend. Blätter flach, am Ende borstl. rau, Ligula ein 0,5 mm lgr Saum. Scheiden gerieft, kahl, durch auffallende Linie von Spreite abgesetzt. Ährchen 1-blütig, gelbl. glänzend, 7–9 mm lg, Deckspelze zottig seidig, 3 mm lg, Granne kahl, aber rau, 1–2,5 cm lg, ungekniet, ungedreht, sichelfg. Rispe reichblütig, 20–30 cm lg, zusammengezogen.

3572 **Stipa splendens** Trin. ▸▸
Glänzendes Raugras

E lok (Harz); ⟨H, s⟩, ⊙; M_2; RL –, §?
T5.2.1.3
M 30–200 cm. Horstbildend. Scheide gerieft, kahl, allenfalls randl. behaart. Ligula ein bis 12 mm lgr Saum. Ährchen 1-blütig, gelbl. glänzend, 5–7(–8) mm lg. Deckspelze strohfarben, dicht behaart, 1–2 mm lg, Granne kahl, 5–12 mm lg, obere Hüllspelze 3-nervig, untere 1-nervig, kürzer. Rispe reichblütig, 15–40 cm lg, zusammengez., undeutl. geschlängelt.
B Heimat: M- bis O-Asien

3573 **Milium effusum** L. ▸
Gewöhnliches Flattergras, Waldhirse (Gttg 4 sp)

I; H, w, ⑥, ❀; A, AV, M_1, M_2, F; RL –
T1.1.1, T3.1.1
M 50–100(–120) cm. Halme aufrecht, kurze Ausläufer vorhanden, horstig wachsend. Scheiden kahl, Blätter bläul. grün, kahl, unterseits gekielt, bis 1,5 cm br, Ligula bis 9 mm lg, milchig weiß, randl. gesägt. Ährchen 1-blütig, ohne Grannen, mit abgerundeten Spelzen, 2 Hüllspelzen, länger als Deckspelze. Rispe locker ausgebreitet, 3–4-ästig, reichblütig, Äste dünn, später oft herabgeschlagen.
B Inkl. ssp *alpicolum* Chrtek.

3574 **Nardus stricta** L. ▸▸
Borstgras (Gttg 1 sp)

I; H, w, ③; A, AV, M_1, M_2, F, K; RL reg; Z
T3.3.1, T6.2.1.5, T6.2.1.5.2, T7.1.2 (mager)
M 10–30 cm. Horste brettfg wachsend. Halme dünn, unter der Ähre rau. Blätter borstl., wild u. dicht gebüschelt (»Punkerschopf«). Ligula 2 mm lg, zugespitzt. Ährchen 1-blütig, 7–15 mm lg, in 2 Reihen sitzend, einseitswendig, nicht in Ährenachse eingesenkt, bei Reife kammfg abstehend. Hüllspelze schuppenfg, nervenlos.

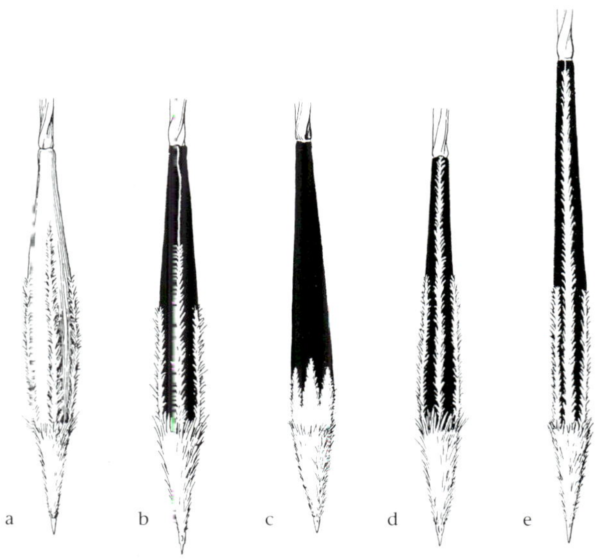

Fig. 72: Blütchen von *Stipa*
a: *Stipa capillata*, dorsal, b: *Stipa pennata*, ventral, c,d: *Stipa pulcherrima* ssp *pulcherrima*, c dorsal, d ventral, e: *Stipa borysthenica* ssp *borysthenica*, ventral
Aus: Conert (1998)

3575 **Coleanthus subtilis** (Tratt.) Seidl
Scheidenblütgras (Gttg 1 sp)

I; T, s, ⊙; M_2; RL 3+!!, B, F
L3..7.3
M 2–8 cm. Pfl niederliegend. Scheiden kahl, etwas aufgeblasen. Ährchen 1-blütig, 2–4 mm lg, ohne Grannen, mit abgerundeten Spelzen, ohne Hüllspelzen. Frucht 0,6–0,8 mm groß. Ährchen kugelig gebüschelt.

3576 **Scolochloa festucacea**
Schwingelschilf (Gttg 1 sp)

I; H, s, ⊙; F (östl.); RL G
L3..5, S2.1
M 90–180 cm. Halme aufrecht, Pfl mit Ausläufern. Scheiden ganz offen, Blatt 6–12 cm br, vorwärts rau, Ligula bis 6 cm lg. Ährchen längl., 2-blütig, auf dem Rücken gerundet, ohne Grannen, stumpfl. Hüllspelze kürzer als Ährchen, Deckspelze am Grund lghaarig. Rispe bis 30 cm lg, Habitus schilfähnl.

3577 **Glyceria maxima** (Hartm.) Holmb.
Wasser-Schwaden (Gttg 40 sp)

I; W, H, w, ⑧; AV, M_1, M_2, F, (K); RL –; Z
L3..5, L4.1–4 (Ufer), L4.4
M 80–150(–200) cm. Halme aufrecht, drehrund, bis 1 cm ∅. Blatt (6–)10–16 mm br, rau, Ligula 1–3 mm. Scheiden geschlossen, später aufreißend, nur oben etwas gekielt. Ährchen längl., 5–11-blütig, 5–10 mm lg, auf dem Rücken gerundet, ohne Grannen, stumpfl., Hüllspelze kürzer als Ährchen. Rispe 20–40 cm, ausgebreitet.

3578 **Glyceria striata** (Lam.) Hitchc.
Gestreifter Schwaden

E, H, w, ⊙; AV, M_1, F; RL –
L3..7.3, T7.4.1, T8.2.1.2
M 30–100 cm. Halme aufrecht, Blatt 2–6 mm br, 2-zeilig gespreizt, Ligula 1–3 mm lg, röhrig, Scheiden rau. Ährchen längl., 4–7-blütig, 2–3 mm lg, auf dem Rücken gerundet, ohne Grannen, stumpfl., Hüllspelze kürzer als Ährchen, Deckspelzen 7-nervig, bis 2 mm lg. Rispe 10–20 cm lg.
B Heimat: Nordamerika.

3579 **Glyceria fluitans** (L.) R. Br.
Flutender Schwaden, Manna-Schwaden Fig. 73b

I; W, H, w, ⑥; A, AV, M_1, M_2, F, K; RL –;
L2..1.1, L3.5, L4.1, T7.3.5, T7.4.1 (feucht)
M 30–100(–150) cm. Halme niederliegend bis aufsteigend, abgeflacht. Blätter grün (bis graugrün), oberseits gerippt, randl. rau. Ligula ca 5 mm lg, länger als Blätter br, Scheide kahl, glatt. Ährchen längl., 8–16-blütig, 1–2 cm lg, auf dem Rücken gerundet, ohne Grannen, stumpfl., Hüllspelze kürzer als ± einseitswendige Ährchen. Staubbeutel 2–3 mm lg, oft violett, sonst gelbl. violett. Deckspelze 6–7,5 mm lg, spitz. Rispenäste mit 1–4 Ährchen, ± einseitswendig, oft zusammengezogen, nur zur Blütezeit ausgebreitet.

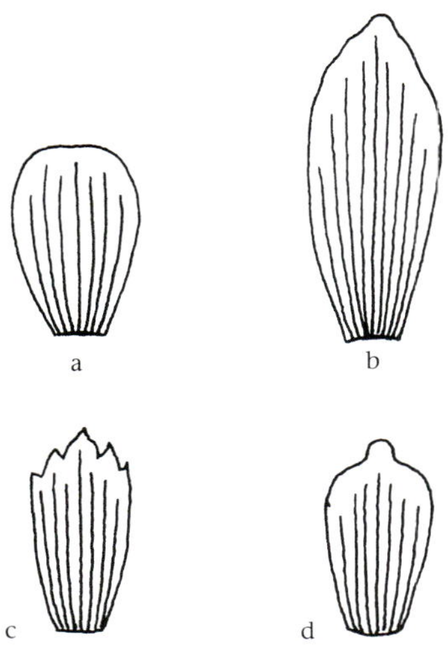

Fig. 73: Spelzen von
a: *Glyceria nemoralis*, b: *Glyceria fluitans*,
c: *Glyceria declinata* und d: *Glyceria notata*.
Nach ROTHMALER (1994).

◂ 3580 **Glyceria nemoralis** (Uechtr.) Uechtr. & Körn.
Hain-Schwaden Fig. 73a

I; H, W, w, ⊙; F; RL reg
L4.1, L5.2.3
M 30–100 cm. Halme niederliegend, aufsteigend, abgeflacht. Blätter 8–10 mm br, an den Rändern rau. Scheiden kahl, glatt, oben etwas rau. Ligula gestutzt, 1–2 cm lgr Saum. Ährchen längl., 6–9-blütig, ca 12 mm lg, auf dem Rücken gerundet, ohne Grannen, stumpfl., später gelbbraun. Hüllspelze kürzer als Ährchen. Rispenäste mit 4–15 Ährchen, abstehend, Deckspelze stumpf, wellig gestutzt, 3 starke u. 4 undeutl. Nerven.

3581 **Glyceria notata** Chevall. ▸
Gefalteter Schwaden Fig. 73 d

I; W, H, w, ⑥; A, AV, M_1, M_2, F, K; RL –
L4.1, L4.4, L5.2.4.1
M 10–70 cm. Halme niederliegend, aufsteigend, abgeflacht. Blätter oberseits gerippt, wie Scheiden aufwärts rau. Ligula gestutzt, kürzer als Blätter. Ährchen längl., (5–)7–12(–16)-blütig, 2–4(–6) mm lg, auf dem Rücken gerundet, ohne Grannen, stumpfl., Hüllspelze kürzer als Ährchen. Staubbeutel 1–1,5 mm lg, oft gelbl. Rispenäste mit 4–15 Ährchen, abstehend, Deckspelze stumpf, wellig, gestutzt, 3,5–5 mm lg, mit 7 starken Nerven.

◂ 3582 **Glyceria declinata** Bréb.
Blaugrüner Schwaden Fig. 73c

I; H, W, w, ⊙; AV, M_1, M_2, F, K; RL reg
L3..7.3, T7.4.1, T7.4.2, T10.3.3.1 (Wald, nass)
M 10–40 cm. Halme niederliegend, aufsteigend, abgeflacht. Blätter blaugrün, glatt, oberseits nicht gerippt. Scheide glatt. Ligula ca 5 mm lg, jung kürzer als Blätter br. Ährchen längl., 8–15-blütig, auf dem Rücken gerundet, ohne Grannen, stumpfl. Hüllspelze kürzer als Ährchen. Rispenäste mit 1–4 Ährchen, ± einseitswendig, oft zusammengezogen. Staubbeutel bis 1 mm lg, violett od. gelbl., Deckspelze mit 3–5 Zähnen.

3583 **Glyceria × pedicellata** F. Towns. ▸
(3579 × 3581)
Bastard-Schwaden

I; ⟨W, H, w⟩, ⊙; wo?; ⟨RL –⟩
wie Eltern
M Ähnl. wie 3579, aber Knoten dkl gefärbt. Scheide kahl od. rau. Ährchen 9–15-blütig, hellgrün. Deckspelze 4,5–5(–6) mm lg, 7-nervig, stumpf od. etwas gelappt, oben mit breiten, weißl., durchsichtigen Samen. Pfl zwar steril, aber sehr vital. Wo beide Eltern auftreten, fehlt oft auch nicht die Hybride.

3584 **Melica nutans** L. ▸
Nickendes Perlgras (Gttg 80 sp)

I; K, H, s, ③; A, AV, M_1, M_2, F; RL reg; Z
T1.1, T1.4.1.3, T1.4.3.1
M 30–50 cm. Pfl durch Ausläufer lockerrasig. Scheiden aufwärts rau, ± geflügelt, gekielt, ohne Sporn. Blätter hellgrün, Ligula kurz, bräunl., bis 0,5 cm lg. Ährchen 2-blütig, mit kolbenfg verkümmertem Blütenrest, 5–7 mm lg, ohne Grannen, mit abgerundeten Spelzen, 2 Hüllspelzen. Ährchen nickend, Rispen armblütig, traubig, zusammengezogen, Deckspelzen kahl, Hüllspelzen braunviolett.

3585 **Melica picta** K. Koch ▶
Buntes Perlgras

I; H, K, s, ③; M_1, M_2; RL reg
T1.1.2.3, T1.1.2.4.2
M 30–50 cm. Pfl dichtrasig, ohne Ausläufer. Blätter graugrün, starr, Scheiden aufwärts, rau, ± geflügelt, gekielt, ohne Anhänge. Ligula 1–2,5 mm lg, weiß. Ährchen 2-blütig, mit kolbenfg verkümmertem Blütenrest, 5–7 mm lg, ohne Grannen, mit abgerundeten Spelzen, 2 Hüllspelzen. Ährchen nickend. Rispe traubig zusammengezogen, Deckspelzen kahl, Hüllspelzen grünl., nur an Spitze mit violettem Rand u. weißl. gelbem Hautrand.

3586 **Melica uniflora** Retz ▶▶
Einblütiges Perlgras

I; K, H, s, ⑥; M_1, M_2, F; RL –
T1.1, T1.1.1.3, T1.1.2.3, T1.1.2.4.1
M 30–50 cm. Pfl durch Ausläufer rasig. Scheiden kahl, mit 3–4 mm lgm, spornfgm Anhängsel gegenüber dem Blattgrund. Ährchen 1-blütig, mit kolbenfg verkümmertem Blütenrest, 5–7 mm lg, ohne Grannen, mit abgerundeten Spelzen, 2 Hüllspelzen. Ährchen aufrecht. Rispe ausgebreitet, Deckspelzen kahl.

3587 **Melica ciliata** L. ssp **ciliata**
Östliches Wimper-Perlgras ohne Abb.

I; H, s, ⑦; M_1, M_2; RL reg; Z
T5.1.7, T6.1.2.3, T10.2..2.4, Pionier
M 30–60 cm. Pfl horstig. Blätter graugrün, stark aufrecht, ungekielt, untere Scheiden kahl. Ligula stumpf, zerschlitzt. Ährchen 2-blütig, mit kolbenfg verkümmertem Blütenrest, 5–7 mm lg, ohne Grannen, mit abgerundeten Spelzen, 2 Hüllspelzen. Ährchen in ± dichten, aufgelockerten, zuletzt fast einseitswendigen, walzl. Ährenrispen. Deckspelzen nach Blüte zottig bewimpert. Untere Hüllspelze 4,5–6 cm lg, ca ¾ so lg wie obere.

3588 ssp **nebrodensis** (Parl.) Husnot ▶
Südliches Wimper-Perlgras

I; ⟨H, s⟩, ⊙; M_2; RL ?
wo?
M Ähnl. wie 3587, aber Hüllspelzen am oberen Rand gezähnt, die Seitennerven in der unteren Hälfte der Spelze auslaufend. Blattspreite zuw. flach ausgebreitet. Die häufigere Sippe.

3589 **Melica transsilvanica** Schur ▶
Siebenbürger Wimper-Perlgras

I; H, s, ⑦; M_1, M_2, F (östl.); RL reg; Z
T7.5.2.1, T8.1.1, T8.2.1.2
M 50–90 cm. Pfl horstig. Blätter flach, frischgrün, schlaff, unterseits gekielt, untere Scheiden behaart. Ligula spitz. Ährchen 2-blütig, mit kolbenfg verkümmertem Blütenrest, 5–7 mm lg, ohne Grannen, mit abgerundeten Spelzen, 2 Hüllspelzen. Ährchen in sehr dichten, allseitswendigen, walzl. Ährenrispen. Deckspelzen nach Blüte zottig bewimpert, untere Hüllspelzen 3,5–5 mm lg, ca ¾ so lg wie obere.

3590 **Melica × thuringiaca** Rauschert (3587 × 3589)
Thüringer Wimper-Perlgras ohne Abb.

☆? **I**; ⟨H, s⟩, ⊙; M_1, M_2; RL –
T7.5.2.1
M Sehr ähnl. wie 3587, aber untere Scheide ± dicht behaart. Pfl graugrün mit kurzen, unterirdischen Ausläufern. Im Ährchen 2 voll ausgebildete Blüten u. mehrere, nebeneinander verschachtelte, sterile Blütchen. Untere Hüllspelze 5–6 mm lg, ca ¾ so lg wie obere.

▲
3591 **Melica altissima** L.
Hohes Perlgras

E lok; ⟨H, s⟩, ⊙; M_1; ⟨RL –⟩
u.a.T10.2..2, wo noch?
M 40–150(–200) cm. Lge, unterirdische Ausläufer, Halme unter Rispe u. Scheiden von abwärts gerichteten Stachelhaaren rau. Spreite 20 cm lg, 5–15 mm br, flach, oberseits glatt, randl. u. unten rau, Ligula 3–5 mm lg. Ährchen 8–12 mm lg mit 2(–3) fruchtbaren Blüten, in dichten, aber unterbrochenen, zylindrischen Ähren. Rispe 10–20 cm lg, dicht zusammengezogen.
B Heimat: SO-Europa bis Iran.

3592 **Oreochloa disticha** (Wulfen) Link
Zweizeiliges Kopfgras (Gttg 4 sp)

I; H, s, ⊙; A; RL R
T3.4.1
M 10–20 cm. Blätter haarfein, borstl. gefaltet, < 1 mm br. Scheiden geschlossen. Ährchen 3–5-blütig, einzeln u. streng 2-zeilig an der Achse einer kurzen, ährenfgn Traube, Spindel von der Seite sichtbar, 0,7–1,5 cm lg. Deckspelze mit kurzer Granne (< 0,5 mm). Untere Äste der Rispe ohne Tragblatt.

3593 **Sesleria albicans** Kit. ex Schult.
Kalk-Blaugras (Gttg 26 sp)

I; H, w, ②, ⊛; A, AV, M_1, M_2; RL reg
S2.2.2, T1.1.1.4, T1.4.1.3, T3.4.2.1, T6.2
M 15–30 cm. Dichtrasig. Blätter 2–3 mm br, grün, flach, Mittelnerv deutl. hervortretend, Spreitenspitze kahnfg. Ährchen 2(–3)-blütig, unregelmäßig, in dichter, eifgr, kopf- od. walzenfg. Rispe angeordnet, nach allen Seiten abstehend, die Achse völlig verdeckend. Deckspelze mit 1–5 grannenartigen Spitzen (max. 0,5 mm lg). Äste mit schuppenfgm, unterem Tragblatt.
B In Mooren die (3593a) var. *pseudouliginosa* Br.-Bl.

3594 **Sesleria ovata** (Hoppe) Kern.
Eiköpfiges Blaugras

I; H, w, ⊙; A; RL R
T5.1.5.3
M (1–)3–10 cm. Blätter 1 mm br, gefaltet, Ligula 1 mm lg. Ährchen unregelmäßig in dichter, kugeliger Rispe angeordnet, nach allen Seiten abstehend, die Achse völlig verdeckend. Untere Äste mit schuppenfgm, häutigem Tragblatt. Deckspelze an der Spitze mit 5 Grannen, mittlere fast so lg wie Spelze.

3595 **Beckmannia syzigachne** (Steud.) Fernald
Amerikanisches Doppelährengras (Gttg 2 sp)

E lok; ⟨T, H, s⟩, ⊙; F; ⟨RL –⟩
L3.8
M Bis 100 cm. Pfl schilfartig, ohne Ausläufer. Blätter hellgrün, Spreite bis 20 cm lg, 5–10 cm br, zugespitzt. Scheiden kahl, Ligula 3–6 mm lgr, häutiger Saum. Ährchen 1(–2)-blütig, 2,5–3,5 mm lg, dicht 2-zeilig, Hüllspelzen gleich lg, gekielt, etwas aufgeblasen, Deckspelze wenig länger, unbegrannt. Ährchen in Trauben mit steif aufwärts weisenden Seitenästen. Viele 1–3 cm lge Trauben untereinander an der Hauptachse (insg. 10–30 cm lg).
B Heimat: Nordamerika, O-Asien.

3596 **Puccinellia distans** (Jacq.) Parl
Gewöhnlicher Salzschwaden (Gttg 25 sp)

I; H, w, ⑥; AV, M_1, M_2, F, K; RL reg
H1.1.3.1, H2, T7.4.1, T7.4.2, syn.: T10.3.4.1
M 15–50 cm. Pfl ohne Ausläufer. Halme aufrecht. Scheiden bis zur Mitte geschlossen, Spreite < 6 mm br, graugrün, mit Papillen, unterseits glatt. Ährchen längl., 3–6-blütig, auf dem Rücken gerundet, ohne Grannen, stumpfl., bläul. überlaufen. Deckspelze gestutzt, 1,8–2,2 mm lg. Hüllspelzen kürzer als Ährchen. Staubbeutel 0,5–1 mm. Rispe locker, Ährchenstiele dünn. Rispenäste rau, blühend ± waagerecht abstehend (nach der Blüte zurückgeschlagen).

◂3597 **Puccinellia capillaris** (Lilj.) Jansen
Haar-Salzschwaden

I; H, w, ⊙; K; RL reg
H1.1.3.1
M 15–50 cm. Pfl ohne Ausläufer. Halme meist schlaff, niederliegend. Scheiden bis zur Mitte geschlossen, Spreite < 6 mm br, graugrün, ohne Papillen. Ährchen längl., 3–6-blütig, auf dem Rücken gerundet, ohne Grannen, stumpfl., Deckspelze zugespitzt, Hüllspelzen kürzer als Ährchen. Ährchenstiele dünn, Rispenäste rau, blühend ± waagerecht abstehend (bis aufrecht).

3598 **Puccinellia limosa** (Schur) E. Holmb. ▸
Sumpf-Salzschwaden

I; H, w, ⊙; M_2; RL 3
H2
M 15–50 cm. Pfl ohne Ausläufer. Halme aufrecht. Scheiden bis zur Mitte geschlossen, Spreite < 6 mm br, graugrün, unterseits dicht mit Papillen u. Stachelhaaren. Ährchen längl., 4–8-blütig, auf dem Rücken gerundet, ohne Grannen, stumpfl., oft dklviolett. Deckspelze gestutzt, 2,2–2,6 mm lg, 1,2–1,6 mm br, Hüllspelzen kürzer als Ährchen. Rispe dicht, Rispenäste rau, blühend ± waagerecht abstehend (nach der Blüte so bleibend od. aufrecht).
B An Binnensalzstellen Niedersachsens u. Hessens wurden diploide Sippen nachgewiesen, deren systematische Stellung noch ungeklärt ist.

◂3599 **Puccinellia maritima** (Huds.) Parl.
Strand-Salzschwaden, Andel

I; H, w, ⑧; K; RL –
H1.1.3.1
M 20–60 cm. Pfl mit ausläuferartigen, oberirdischen, wurzelnden Trieben. Scheiden bis zur Mitte geschlossen, Spreite < 6 mm br, graugrün. Ährchen längl., 3–6-blütig, auf dem Rücken gerundet, ohne Grannen, stumpfl., Hüllspelzen kürzer als Ährchen. Staubbeutel 2–2,8 mm lg. Rispe dicht, Ährchenstiele sehr dicht, Rispenäste ± glatt, blühend aufrecht abstehend, zuletzt zusammengezogen.

3600 **Catabrosa aquatica** (L.) P. Beauv. ▸
Europäisches Quellgras (Gttg 2 sp)

I; H, w, ⊙; AV, M_1, M_2, F, K; RL 2
L4.1, L4.4, L5.2.4.1
M (5–)10–40 cm. Pfl mit lgn Ausläufern kriechend, wurzelnd. Halme aufsteigend. Scheiden kahl, zusammengedrückt, oft violett überlaufen, Ligula 2–8 mm lg. Ährchen (1–)2(–3)-blütig, 2 mm lg, oft violett überlaufen, mit stumpfen Spelzen, Deckspelze ohne Granne, auf dem Rücken gerundet, 3-nervig. 2 Hüllspelzen, kürzer als Deckspelze. Rispe locker ausgebreitet, 5–30 cm lg, 3–4-ästig, reichblütig.

◂3601 **Briza media** L.
Mittleres Zittergras (Gttg 20 sp)

I; H, s, ⑦, ⊛; A, AV, M_1, M_2, F, K; RL reg; ☺, Z
T6.2.1.5, T6.2.2.2.3, T7.1.2 (mager), T7.3.2 (tro)
M 20–50(–100) cm. Halme aufrecht, glatt, mit 2–3 kahlen Knoten. Spreite 5–15 cm lg, 2–4 mm br, flach, kahl, an den Rändern rau, Ligula ein 1–2 mm lgr Saum. Ährchen 3–14-blütig, 4–7 mm lg, br eifg bis herzfg, hängend, oft violett überlaufen. Rispe 8–16 cm lg, locker, ausgebreitet, pyramidenfg, Stiele rau.

B (*Dactylis*): Formenreich. Eingeschleppt das ähnl. (3602a) Spanische Knäuelgras (*D. hispanica* Roth.) mit faserigen Blattscheidenresten, schmal gefalteten Blättern, hell graugrün, spitz zusammengezogene Ligula, Rispe 3–7 cm lg, 2-lappige Deckspelzen.
Vorsicht bei Populationen im Wald, die schlanke Knäuel ausbilden und 3603 äußerl. sehr ähnl. werden. Wo beide zusammenwachsen gibt es auch Hybriden (z. T. mit deformierten, sterilen Pollenkörnern). Der Übergang kann so fließend sein, dass nur mikroskopische Untersuchungen weiterhelfen: 3601 – längere Spaltöffnung, große Pollenkörner, 3602 – kürzere Spaltöffnung, kleinere Pollenkörner; Maße werden auch bei Conert (1998) leider nicht angegeben. Die Übergangssippe (*D. »pendula«*) tritt aber oft auch ohne 3603 auf, scheint aber ebenfalls vorzugsweise in Wäldern über Kalk vorzukommen.

3602 **Dactylis glomerata** L.
Wiesen-Knäuelgras (Gttg 1–5 sp)

I; H, s, ⑥, ❀; A, AV, M_1, M_2, F, K; RL –; Z
L5.2.3, T2.2.2, T6.2., T7.1.2, T8.2.2, T10.3.31
M 20–150 cm. Halme abgeflacht. Blätter kahl, gekielt, 4–10 mm br, graublaugrün, derb. Ährchen 3–4(–5)-blütig, an den Rispenästen dicht geknäuelt. Untere Hüllspelze grün od. rötl., behaart, auf Kiel bewimpert, 1-nervig. Deckspelze ganzrandig, auf dem Kiel ± dicht behaart, ca 0,5 mm lg, Granne rau, 0,5–1,5 mm lg bei unt. Blütchen. Rispe 8–15 cm lg, ± aufrecht, untere Rispenäste oft abstehend.
B Siehe Bemerkung auf Seite 658.

3603 **Dactylis polygama** L.
Wald-Knäuelgras

I; H, w, ⑦; AV, M_1, M_2, F; RL –
T1.1.2.3, T2.2.2
M Ähnl. 3602, aber kleiner. Blatt 3–6 mm br, hellgrün, schlaff. Ährchen (3–)5–6-blütig. Untere Hüllspelze ± rau, weißl. durchsichtig, kahl od. auf Kiel kurzborstig, am Grund 3-nervig. Deckspelze kahl, rau punktiert, auf dem Kiel 0,1–0,3 mm lge Haare, Granne wenig rau, 0,5–1 mm lg bei unteren Blütchen. Rispe ± nickend.

3604 **Cynosurus cristatus** L.
Wiesen-Kammgras (Gttg 5 sp)

I; H, s, ⑦; A, AV, M_1, M_2, F, K; RL reg
T7.1.2, T7.1.3, T7.2.1
M 10–75(–90) cm. Halme aufrecht, unverzweigt, glatt, mit 1–3 kahlen Knoten. Spreite 1–2 mm br, flach, oben glänzend, unten matt, fein gerieft od. oberseits kurz behaart, im oberen ⅓ rau. Ligula 0,5–1,5 mm lgr Saum mit beidseits kleinem, rundem Zahn. Ährchen 2–5-blütig, in 2–12 cm lgn, dicht zusammengezogenen, ährenfgn Rispen. Deckspelze mit ca 1 mm lgr Grannenspitze, mit kammfgm Fächer steriler Spelzen.

3605 **Catapodium rigidum** (L.) C. E. Hubb. ex Dony
Gewöhnliches Steifgras (Gttg 2 sp)

E; T, s, ⊙; AV, M_1, M_2; RL –
T6.2.1.4.5
M 2–20(–30) cm. Halme steif. Scheiden offen, gerieft, kahl. Spreite 1–3 cm lg, graugrün, Ligula bis 6 mm lg, zerschlitzt. Ährchen 5–10-blütig, starr, ± zusammengedrückt, ohne Grannen, Hüllspelze kürzer als Ährchen. Rispe steif, 1–8 cm lg, 2-zeilig.
B Heimat: Mittelmeergebiet.

3606 **Sclerochloa dura** (L.) P. Beauv.
Hartgras (Gttg 1 sp)

I; T, s, ⑥; M_1, M_2; RL 3
T7.4.2
M 5–20 cm. Ganze Pfl graugrün. Halme gekniet aufsteigend bis aufrecht, glatt, kahl. Scheiden im unteren ⅓ bis ½ geschlossen, gekielt, zusammengedrückt. Ligula 1,5–3,5 lgr, kahler, häutiger Saum. Spreite 1–4 mm br, flach, oberseits rau, unterseits glatt. Ährchen 3–6(–8)-blütig, 7–10 mm lg, seitl. zusammengedrückt, in 1,5–4 cm lgr Rispe.
B Pfl ist trittfest u. liegt dem Boden flach auf.

3607 **Micropyrum tenellum** (L.) Link
Kies-Dünenschwingel (Gttg 3 sp)

I; T, ⟨s⟩, ⊙; M_1; RL 0
T5.2.5, T6.2.1.4.5, T10.3.3.1, T10.3.4.2
M 10–40(–60) cm. Büschelig u. gekniet aufsteigend, Halme steif, glatt, mit dklvioletten Knoten. Scheiden offen, kahl. Ligula ein 0,5–1 mm lgr, abgeschnittener, häutiger Saum. Spreite bis 10 cm lg, 1 mm br, flach bis eingerollt. Ährchen sitzend, 6–9(–12)-blütig, 5–10 cm lg, in endstdgn, 2–10 (–16) cm lgn, schlanken, lockeren Ähren.

3608–3647a **Festuca** L.

Bearbeitet von E. Patzke & G. H. Loos

Während die Standardliste ein Konzept mit z. T. sehr weit gefassten Arten enthält, wird hier ein engeres Artkonzept vertreten, wobei ein Teil der dargestellten Sippen, insbesondere bei den Gruppen *F. rubra* agg (3621–3628a) und *F. ovina* agg (3631–3647a), als Komplexe sehr ähnl., teilweise noch unbeschriebener Arten verstanden werden muss.

3608 **Festuca altissima** All.
Wald-Schwingel

I; H, w, ⑦; A, AV, M_1, M_2, F; RL –
L5.2, T1.1.1, T2, T9.2, T9.4

M 50–170(–210) cm. Pfl ohne Ausläufer. Grund der Erneuerungstriebe mit Niederblättern. Blatthäutchen deutl., 1–3 mm lg. Mündung der Laubblattscheide ohne seitl. Öhrchen, unbehaart. Blätter flach, derb, 7–10 mm br, oberseits bläul. grün, glatt. Rispe nickend. Ährchen 6–7 mm lg.

B Pfl im Auflagehumus wurzelnd, daher durch vorsichtiges Ziehen an der Pfl scheinbar locker im Boden.

3609 **Festuca pratensis** Huds.
Wiesen-Schwingel Abb. o. re.

I; H, s, ⑦; A, AV, M_1, M_2, F, K; RL –
T7, T9.5

M 20–80(–100) cm. Blatthäutchen nicht erkennbar od. nur sehr schmaler Saum von < 1 mm. Öhrchen an der Scheidenmündung unbehaart. Blattoberseite nicht od. nur undeutl. gerippt, fast glatt. Unterste Rispenäste zu 2, stets unterschiedl. entwickelt, der schwächere mit 1–3, der stärkere mit 4–6 Ährchen. Deckspelzen meist unbegrannt, (5–)6,5–7(–7,5) mm lg, auch mit kurzer Granne weniger als 8 mm lg, an der Spitze ungezähnt. Laubblattscheiden ganz offen.

B Sippe entspricht der ssp *pratensis* in der Standardliste.

3610 **Festuca apennina** De Not.
Apennin-Schwingel ohne Abb.

I; H, s, ⊙; A; RL –
T3.1, T7.1.3, T7.2.2

M Ähnl. 3609, aber oft etwas kräftiger. Deckspelzen immer begrannt, (7–)7,5–9(–9,5) mm lg, an der Spitze 2-zähnig. Laubblattscheiden oft wenigstens im unteren ⅓ bis zur Mitte geschlossen.

B Zweifellos nah mit 3609 verwandt, weicht jedoch in wesentl. Merkmalen ab und bildet offenbar auch keine Hybriden mit ihr. In der Standardliste noch als ssp zu 3609 gestellt.

3611 **Festuca arundinacea** Schreb. ssp **arundinacea**
Gewöhnlicher Rohr-Schwingel

I; H, w, ⑦, ❀; A, AV, M_1, M_2, F, K; RL –
T3.2.1, T7.3.2, T7.4.1, T8.2, T9.5

M (20–)40–180(–200) cm. Öhrchen an der Scheidenmündung mit einzelnen bis zahlreichen, bis 0,5 mm lgn Haaren bewimpert. Blattoberseite deutl. gerippt, Blätter derb. Unterste Rispenäste 2–3, etwa gleich kräftig, mit je 5–15 Ährchen. Deckspelzen unbegrannt bis deutl. begrannt, inkl. Granne 6,5–11 mm lg.

B Siehe Bemerkung 55, Seite 720.

3613 **Festuca gigantea** (L.) Vill.
Riesen-Schwingel

I; H, s, ⑧; A, AV, M_1, M_2, F, K; RL –; Z
L2.3.3, L5.2.3, T8.2.1.2, T9.2, T9.4, T10.3.3.1 (Wald)

M 40–160(–200) cm. Laubblätter auffallend br, unterstes glänzend; Öhrchen der unteren Stgblätter den Stg krallenfg umfassend. Rispenäste überhängend. Deckspelzen mit 10–15 mm lgn, geschlängelten Grannen.

3614 **Festuca pulchella** Schrad.
(Gewöhnlicher) Schöner Schwingel

I; H, s, ⊙; A; RL –
T6.2

M 30–60 cm. Pfl mit 1–10 cm lgn Ausläufern, lockerrasig wirkend. Laubblattspreiten zumindest angedeutet rinnenfg, 2–4 mm br. Scheiden bis zur Hälfte verwachsen, dklbraun, nach dem Absterben rasch netzartig zerfallend. Alle Sklerenchymbündel von der Unter- zur Oberseite der Spreite durchlaufend. Rispe reichblütig. Ährchen eifg, kurz, 3–4-blütig, meist braunrot.

3615 **Festuca jurana** (Gren.) Patzke & G. H. Loos
⟨Jura-⟩Schwingel — ohne Abb.

I; ⟨H, s⟩, ⊙; A; RL –
T5.1.2.2.1
M 20–30 cm. Pfl mit 0,5–3 cm lgn Ausläufern, dadurch dichtrasig horstig wirkend. Laubblattspreiten eingerollt, 0,8–1,5 mm ∅. Nur die Sklerenchymbündel der kräftigeren Leitbündel von der Unter- zur Oberseite durchlaufend. Rispe locker, armblütig.
B In der Standardliste als ssp zu 3614.

◀ 3616 **Festuca quadriflora** Honck.
Niedriger Schwingel

I; H, s, ⊙; A; RL –
T3.2.3, T3.4.2.1, T6.2.2 (a)
M 10–20 cm. Laubblattspreiten eingerollt od. eng V-fg gefaltet, borstl. erscheinend. Sklerenchym an der Außenseite angeordnet, nicht durchlaufend. Blatthäutchen kürzer als 1 mm. Meist ein separates Sklerenchymbündel an jeder Rippe, sltner ein ungleichmäßig dicker Sklerenchymring.

3617 **Festuca amethystina** L. ▶
(Gewöhnlicher) Amethyst-Schwingel

I; H, w, ⑥; A, AV, M_1; RL reg; Z
T1.4.1.3, T3.4.2.2, T6.2.2.2.3
M 40–80 cm. Erneuerungssprosse fast alle innerhalb der untersten Blattscheiden emporwachsend, nur wenige mit ihren Knospen die Blattscheiden am Grund durchbrechend. Laubblattscheiden durch ein dünnes Schließhäutchen geschlossen, meist deutl. lila überlaufen, rau, abgestorben derb u. glatt, nicht zerfasernd. Blatthäutchen fehlend. Rispe dichtblütig. Ährchen bleichgrün. Deckspelzen lg zugespitzt, aber unbegrannt.
B In der Standardliste der ssp *amethystina* entsprechend.

3618 **Festuca ritschlii** (Sprib.) Patzke & G. H. Loos
Ritschlis (Amethyst-)Schwingel — ohne Abb.

I; ⟨H, w⟩, ⊙; M_1; RL reg
T1.4.1
M Sehr ähnl. 3617, jedoch Erneuerungssprosse nur z. T. unterhalb der untersten Blattscheiden emporwachsend, aber auch viele mit ihren Knospen die Blattscheiden am Grund durchbrechend. Laubblattspreiten immer glatt. Rispe locker, reichblütig.
B In der Standardliste als ssp zu 3617.

3619 **Festuca heterophylla** Lam. ▶
Verschiedenblättriger Schwingel

I; H, s, ⑧; A, AV, M_1, M_2, F; RL reg
T1.1.1.1, T1.1.2.3, T1.1.2.4.1, T1.1.2.5, T2.2
M 60–120 cm. Pfl horstig dichtrasig. Laubblattspreiten-Querschnitt auffällig rhombisch, mit 2 seitl. Sklerenchymbündeln. Grundblätter haarfg, ca 0,4 mm ∅, Stgblätter 2–3 cm br. Ährchen längl., grün bis etwas glauk. Fruchtknoten oben feinborstig.

▲ 3620 **Festuca puccinellii** Parl.
Dunkelvioletter Schwingel

I; H, s, ⊙; A; RL reg
T3.4.2.2, T3.4.3/T7.2.2, T6.1.2 (a)
M 30–50 cm. Stg unter der Rispe unbehaart, slt einzeln stehende Haare. Abgestorbene Laubblattscheiden ± netzartig zerfasernd, lange bleibend, bis zur Mündung verwachsen. Sklerenchymbündel nicht bis zur Spreiteninnenseite durchlaufend. Epidermis-Kurzzellen der Spreitenaußenseite nur über den Sklerenchymbündeln. Ährchen dklviolett od. gelbgrün.

3621 **Festuca norica** (Hack.) K. Richt.
Norischer Schwingel

I; H, s, ⊙; A; RL reg
T3.4.2.1, T6.2.2, T3.4.2.2
M 25–50(–60) cm. Laubblattscheiden grünl., z. T. mit lila Anflug, durch ein Schließhäutchen geschlossen, das nicht ganz bis zur Mündung reicht, abgestorben sehr langsam netzartig zerfasernd. Sklerenchymbündel bei den stärksten seitl. Leitbündeln bis zur Spreiteninnenseite durchlaufend. Ährchen violett gescheckt.
▼

3622–3628a **Festuca rubra** agg

3622 **Festuca nigrescens** Lam.
Horst-(Rot-)Schwingel ▶

I; H, w, ⊙; A, AV, M_1, M_2, F, K; RL –
T2.2, T6.1, T6.2.1.5, T7.1.2, T9.5, T10.4, T10.3.2
M 20–90 cm. Pfl mit nur 2–5 mm lgn Ausläufern, daher deutl. horstig. Spreite 0,4–1(–1,1) mm ∅, mit 5–7 Leitbündeln, meist dklgrün, sltner etwas blaugrün u. an der Spitze meist glatt. Ährchen (6,5–)7–9,5 mm lg. Deckspelzen (4–)4,6–6,5 mm lg. Grannen 1–2,6(–4) mm lg.
B Komplex aus mehreren, bislang unzureichend erforschten Sippen. Dengler (1998) nennt eine feinblättrige Sippe von Trockenstandorten in Hessen, Brandenburg und evtl. Mecklenburg-Vorpommern mit einem Laubblatt-∅ von 0,31–0,71 mm, 5,5–6,7 mm lgn Ährchen, 3,7–5 mm lgn Deckspelzen u. 0,5–1,8 mm lgn Grannen.

3622a **Festuca microphylla** (St.-Yves) Patzke
Kurzblättriger (Rot-)Schwingel ohne Abb.

E (lok); H, w, ⊙; M_2; RL ?
T8.3, T9.5
M Sehr ähnl. 3622, aber Spreite 0,4–0,5(–0,7) mm ∅, meist nur mit 5 Leitbündeln, öfter blaugrün u. an der Spitze rau.
B Heimat: S–Europa.

3623 **Festuca heteromalla** Pourr.
⟨Flachblättriger⟩
(Rot-)Schwingel ohne Abb., Fig. 74a

I; H, w, ⊙; A, AV, M_1, M_2, F, K; RL –
T7.3, T7.1?, T3.1.2
M 50–90(–100) cm. Pfl mit mehr als 5 mm lgn Ausläufern, meist kriechend u. daher rasig erscheinend. Spreite 1–1,4(–2,5) mm ∅. Stgblätter u. oft auch Blätter der Erneuerungssprosse flach, mit 7–11(–13) Leitbündeln. Ährchen 7(–10)-blütig.
B Vermutl. öfter übersehen, andererseits auch weitflächig fehlend. In Ansaaten gelegentl. sehr ähnl. Pfl.

3624 **Festuca trichophylla** (Ducros ex Gaud.) K. Richt.
Haarblättriger
(Rot-)Schwingel ohne Abb., Fig. 74b

I; H, ⟨w⟩, ⊙; AV, M_1; RL 1!
T7.3.2
M 30–70 cm. Pfl lockere, graugrüne Rasen bildend. Spreite (0,15–)0,3–0,4(–0,65) mm, gefaltet, oberseits rau, ± dicht behaart, mit 5(–7) Leitbündeln.

3625 **Festuca salina** Natho & Stohr
Salzwiesen-(Rot-)Schwingel ohne Abb., Fig. 74c

I; H, w, ⊙; K; RL reg
H1.1.3.2
M 10–55 cm. Pfl dichte, mattenartige Rasen bildend, auffällig gefärbt. Spreite (0,4–)0,6–0,8 (–1,05) mm ∅, die der Erneuerungssprosse gefaltet, Rippen der Blattoberseite höchstens mit schwach ausgebildeten Sklerenchymbündeln, unbehaart. Rispen oft mit weniger als 12 Ährchen. Ährchen 8,7–11,2 mm lg.
B Entspricht der ssp *litoralis* (G. Mey) Auguier der Standardliste. Die obige Beschreibung beruht auf vorläufigen Untersuchungsergebnissen und der Angabe von Dengler (1998); eine wirklich eindeutige Abgrenzung, z. B. über Aufblühzeiten existiert nach bisherigen Kenntnissen nicht.

3626 **Festuca arenaria** Osbeck
Dünen-(Rot-)Schwingel ohne Abb., Fig. 74d

I; H, w; K
H1.2.2.4, T6.2.1.4.2, T6.2.4.2
M 10–70 cm. Pfl mit sehr lgn Ausläufern, sehr lockerrasig. Rippen der Blattoberseite dicht flaumig behaart. Sklerenchymbündel auf der Blattoberseite meist auf allen Rippen, auf der Blattunterseite meist in begrenzten Inseln, die z. T. Verbindungen aufweisen können. Ährchen bis 10 mm lg. Obere Hüllspelzen bis 6,8(–8,5) mm lg. Deckspelzen (6–)6,9–9(–9,7) mm lg.
B (3626a) *F. juncifolia* Chaub., die neuerdings auch als Unterart zu 3626 gestellt wird und im westlichsten Küstenbereich in D erwartet werden kann, besitzt zu einem ungleich dicken Ring zusammengeflossene Sklerenchymbündel, bis 12(–14,5) mm lge Ährchen u. bis 8,1(–10) mm lge obere Hüllspelzen sowie auffallend stechende Blattspitzen. Zu beachten sind ferner oktoploide Einsaatpflanzen, die auch verwildern, jedoch etwas kräftiger wirken. ohne Abb.

▲
◀ 3627 **Festuca rubra** L.
Gewöhnlicher Rot-Schwingel Fig. 74e

I; H, w, ⑥, ❀; A, AV, M_1, M_2, F, K; RL –
T6, T7, T9.5, T10.3, T10.4
M (15–)20–100(–120) cm. Pfl mit weniger lgn Ausläufern, locker bis dichter rasig. Rippen der Blattoberseite nur rau od. höchstens locker flaumig behaart. Sklerenchymbündel auf der Blattoberseite fehlend od. sehr kl, auf der Blattunterseite in eng begrenzten, dünnen Gruppen. Ährchen 6,5–11 mm lg. Deckspelzen 4–7(–7,5) mm lg.
B Umfasst aufblühzeitl. differente Sippen, bei denen diese Unterschiede mit ökologischen Präferenzen u. Größenunterschieden insbesondere in der Wuchshöhe, Blattlänge u. Ährchenlänge korreliert sind.

3628 **Festuca unifaria** Dum.
Binsen-(Rot-)Schwingel ohne Abb., Fig. 74f

I; ⟨H, w⟩, ⊙; A?, AV, M_1, M_2, F, K; RL –
T6, T7.4, T7.5, T8.3, T9.5, T10.4
M 35–75 cm. Pfl mit überwiegend kurzen Ausläufern, dazwischen jedoch auch einzelne längere, dadurch auffällig büschelig kleinhorstig. Spreite (0,4–)0,65–1,2(–2) mm ∅, grün bis graugrün, slt bereift. Leitbündel 7–9(–11). Rispe (5–)6,5–12 cm lg.
B Vermutl. hierher, zumindest aber zu einer sehr nahe stehenden Sippe zählen auch zahlreiche aus Ansaaten eingebürgerte Vorkommen an Straßenrändern und Böschungen. Durch züchterische Bearbeitung inkl. künstl. Kreuzungen sind angesäte Typen der *F. rubra* agg generell oft schwer anzusprechen. Entspricht der ssp *juncea* (Hack.) K. Richt. der Standardliste.

◂ 3629 **Festuca alpina** Suter
Alpen-(Rot-)Schwingel

I; H, s, ⊙; A; RL –; Z
T5.2.2.2.1
M 5–20 cm. Spreite haarfein, 0,2–0,4 mm ∅, grün, meist mit 3 Leitbündeln. Rispe zusammengezogen mit verkürzten Ästen. Staubbeutel 0,7–1,2 (–1,4) mm lg.

3630 **Festuca rupricaprina** (Hack.) A. Kerner ▸
Gämsen-Schwingel

I; H, s, ⊙; A; RL –
T3.4.2, T5.1.2.2.1
M 10–20 cm. Spreite 0,3–0,6(–0,7) mm ∅, grasgrün, mit 3 zarten Sklerenchymbündeln. Rispe zusammengezogen, untere Äste etwas abstehend. Staubbeutel (1,8–)2–2,4(–2,6) mm lg.

3631–3647a Festuca ovina agg

◂ 3631 **Festuca valesiaca** Schleich. ex Gaudin
Walliser (Schaf-)Schwingel Fig. 74g

I; H, s, ⑥; M_1, M_2, F; RL 3–; Z
T6.2.2.3
M 20–55 cm. Pfl kräftig. Spreite sehr rau, stark bereift, 0,3–0,55(–0,6) cm ∅, 5-nervig, mit 3 Sklerenchymbündeln in der Mittelachse u. den Blatträndern, im Querschnitt Y- od. V-fg. Rispe 3–7 cm lg. Ährchen 5–7 mm lg. Deckspelzen 3,5–5 mm lg. Hüllspelzen längl. lanzettl. Aufblühzeit morgens.

3632 **Festuca pulchra** Schur ▸
Falscher (Walliser) Schaf-Schwingel Fig. 74h

I; H, s, ⊙; M_1, M_2, F, reg nur **E**; RL ?
T6.2.2.3, T9.5.1, T8.3, T10.3.2.1
M Ähnl. 3631, aber nur 20–35(–40) cm. Pfl zierl. Spreite nur schwach rau, nur schwach bereift od. grün. Rispe 2–5 cm lg. Ährchen 4,5–5 mm lg. Deckspelzen 2,5–3,5 mm lg. Hüllspelzen br lanzettl. Aufblühzeit nachmittags.
B Entspricht der ssp *parviflora* (Hack.) Tracey der Standardliste.

◂ 3633 **Festuca rupicola** Heuff.
Furchen-(Schaf-)Schwingel Fig. 74i

I; H, s, ⑥; AV, M_1, M_2, F; RL –
T6.1.2.3.2, T6.2, T7.5.2, T10.3.4.2 T10.5
M 25–60(–70) cm. Alle Blätter 5-nervig. Blattscheiden unbehaart. Spreite borstl. bis binsenfg, 0,6–0,9 mm ∅, weit herab rau, unbereift, mit 3 zieml. starken Sklerenchymbündeln am Kiel u. in den Spreitenrändern, dazwischen mitunter schwächere Bündel. Rispen 5–9 cm lg, zieml. locker. Ährchen 5,8–7,5(–7,9) mm lg. Deckspelzen 4,5–5,5 mm lg, schmal lanzettl., öfter behaart. Grannen ca 2 mm lg. Aufblühzeit nachmittags.

3633a **Festuca sulcatiformis** (Markgr.-Dann.) Patzke & G. H. Loos
Siebennerviger Furchen-(Schaf-)Schwingel ohne Abb.

I; H, s, ⊙; AV, M_1, M_2; RL ?
T6.1.2.3.2
M Sehr ähnl. 3633, jedoch untere Blätter 7-nervig, obere 5–7-nervig.
B Diese Sippe wird mitunter als »Übergangsform« zwischen 3633 und 3634 gedeutet. Entsprechende Hybridtypen finden sich im Überschneidungsbereich beider Arten, allerdings treten sie auch ohne die Eltern auf und sind deshalb am besten als stabilisierte Hybridderivate aufzufassen.

3634 **Festuca brevipila** Tracey ▶
Raublättriger (Schaf-)Schwingel Fig. 74k

I, weitflächig nur **E**; H, s, ⊙; A, AV, M_1, M_2, F, K
T6.1, T6.2, T8.3, T9.5.1, T10.3.1, T10.3.4.2, T10.4, T10.5

M (10–)25–60(–70) cm. Blätter 7(–9–13)-nervig. Blattscheiden sehr rau bis dicht behaart. Spreite binsenfg, 0,7–0,9 mm ∅, meist ganz rau, oft im gleichen Bestand grün od. ± schwach bereift, Sklerenchymausbildung schwankend: teils 3 Bündel in der Mediane u. den Rändern, teils kommen Zwischenbündel vor, die zusammenfließen können. Rispen zur Blütezeit zieml. locker, sonst zusammengezogen, 4–10(–12) cm lg. Ährchen 6–10 mm lg. Deckspelzen 4–6 mm lg. Grannen 2–3 mm lg. Aufblühzeitpunkt vormittags.

B Die (3635) var *multinervis* (Stohr) Dengler, Vielnerviger Raublatt-(Schaf-)Schwingel, besitzt kräftigere Blätter, 7–13 Nerven u. 4–9 Furchen auf den Spreiten verschiedener Blätter einer Pfl (gegenüber stets 7 Nerven u. 4–6 Furchen bei typ. Ausbildungen), ist aber wohl nur eine Monstrosität ohne größere Bedeutung. ohne Abb.
Als (3636) var *quinquenervis* Dengler ined. von 3634 behandelt Dengler (1998) auch die bislang für *F. makutrensis* Zapal. gehaltene Sippe mit 5–7 Nerven in den Blättern. Zum evtl. Vorkomen von *F. makutrensis* sind weitere Untersuchungen erforderlich.

3637 **Festuca duvalii** (St.-Yves) Stohr ▶
Duvals (Schaf-)Schwingel Fig. 74l

☆ **I**; H, s, ⊙; M_1; RL 3!!
T6.2.2.3.2, T6.2.1.4.7 (Abbau)

M 15–40 cm. Blätter 7(–9)-nervig. Blattscheiden unbehaart. Spreite 0,6–0,85(–1) mm ∅, nur im obersten Teil rau, stark bereift, Sklerenchym wie bei 3634. Rispen immer ± geschlossen, zusammengezogen, steif aufrecht, 4,5–7(–9) cm lg. Ährchen 4,5–7(–8) mm lg. Deckspelzen (3,5–)4–5 mm lg. Grannen 1,5–2,5 mm lg. Aufblühzeitpunkt mittags.

3641 **Festuca ovina** L.
Eigentlicher Schaf-Schwingel ohne Abb., Fig. 74m

I; H, s, ⊙; M_1, M_2, F, K; RL reg; Z
S1.5, T1.2.5, T1.4.5, T4, T6, T6.2.1.4.5, T6.2.1.5.1, T8.3, T10.3, T10.4, T10.9.4.1

M 5–30(–60) cm. Blattscheiden nur am Grund geschlossen. Spreite haarfein bis dünn borstl., 0,2–0,4(–0,6) mm ∅, unbereift, höchstens etwas gräul. Ährchen 4–6 mm lg. Deckspelzen immer begrannt, spitz, 2,6–4,5 mm lg.

B Über die Zugehörigkeit bestimmter Sippen zu dieser Art existieren verschiedene Auffassungen. In der hier dargestellten Umgrenzung wird die Sippe im engsten Sinne verstanden; dabei handelt es sich um eine östl. Art, die im westl. D völlig fehlt bzw. höchstens adventiv auftreten kann.

3642 **Festuca filiformis** Pourr. ▶
Grannenloser (Schaf-)Schwingel, ⟨Feinblättriger Schwingel⟩ Fig. 74n

I; H, s, ⊙; A, AV, M_1, M_2, F, K; RL reg
T1.1.2.5, T1.4.5, T6.1.1, T6.2.1.4, T6.2.1.5.1, T8.3, T10.3, T10.4

M Sehr ähnl. 3641, aber Spreite meist etwas schlaffer, (fast) immer reingrün. Deckspelzen unbegrannt u. stumpf (od. kurz grannenspitzig, slt. auch mit über 1 mm lgn Grannen) 2–3(–3,5) mm lg. Aufblühzeitpunkt vormittags.

B Die f *mucronata* (Auquier) Kerguélen & Plonka mit kurzer Grannenspitze wird gelegentl. mit begrannten Sippen, insbesondere 3641, verwechselt.

▲
3638 **Festuca patzkei** Markgr.-Dann.
Patzkes (Schaf-)Schwingel Fig. 74o

(☆) **I**; H, s, ⊙; M_1; RL 1!
T6.1.2.2, T6.1.2.3.2

M 25–40 cm. Blattscheiden bis zum Grund offen. Spreite abgerundet, glatt, Sklerenchym in 3 schwachen Bündeln od. – wenn ringähnl. – an Ecken u. Basis ± verdickt. Rispen 6–9 cm lg. Ährchen 6,5–7,3 mm lg. Deckspelzen 3,2–4,9 mm lg, unbehaart. Grannen (1,5–)1,7–2,1 mm lg. Aufblühzeitpunkt vormittags.

3638a **Festuca pannonica** Wulf. ex Host
Ungarischer (Schaf-)Schwingel ohne Abb.

I; H, s, ⊙; M_1, M_2; RL ?
T6.1

M (15–)20–45 cm. Spreite abgerundet, glatt od. oben rau, Sklerenchym in gleichmäßigem Ring. Rispen (8–)10–11(–13) cm lg. Ährchen 8–10(–12) mm lg. Deckspelzen 5,2–6(–7) mm lg, starr, meist stark behaart. Aufblühzeitpunkt nachmittags.

B Vermutl. ein Komplex aus mehreren, sehr ähnl. Sippen. Schwankt im Sklerenchymbild zw 3637 u. 3644. Die Populationen von 3637 am Kaiserstuhl gehören ebenso hierher wie die als (3644) ssp *scabrifolia* bezeichneten Typen.

3639 **Festuca laevigata** Gaudin
Glatter (Schaf-)Schwingel, ⟨Krumm-Schwingel⟩ ohne Abb., Fig. 74p

I; H, s, ⑥; A; RL –; Z
T3.4.2.1, T6.1, T6.2.2 (a)

M 25–50 cm. Blattscheiden zu ⅓ ihrer Länge geschlossen. Spreite seitl. zusammengedrückt, Sklerenchymteile zieml. stark, oft ungleich kräftig. Rispen 5–11 cm lg. Ährchen 8–11 mm lg. Aufblühzeitpunkt vormittags.

3640 **Festuca airoides** Lam.
Kleiner (Schaf-)Schwingel ohne Abb., Fig. 74q

I; ⟨H, s⟩, ⊙; A; RL –
T6.2.1.5.4 (a)

M 10–20(–30) cm. Blattscheiden bis zu ⅓ geschlossen. Spreite haarfein bis dünn borstl., 0,3–0,7 mm ∅, 1(–2)-rippig, (5–)7-nervig, unbereift, nur an der Spitze etwas rau. Ährchen z. T. vivipar.

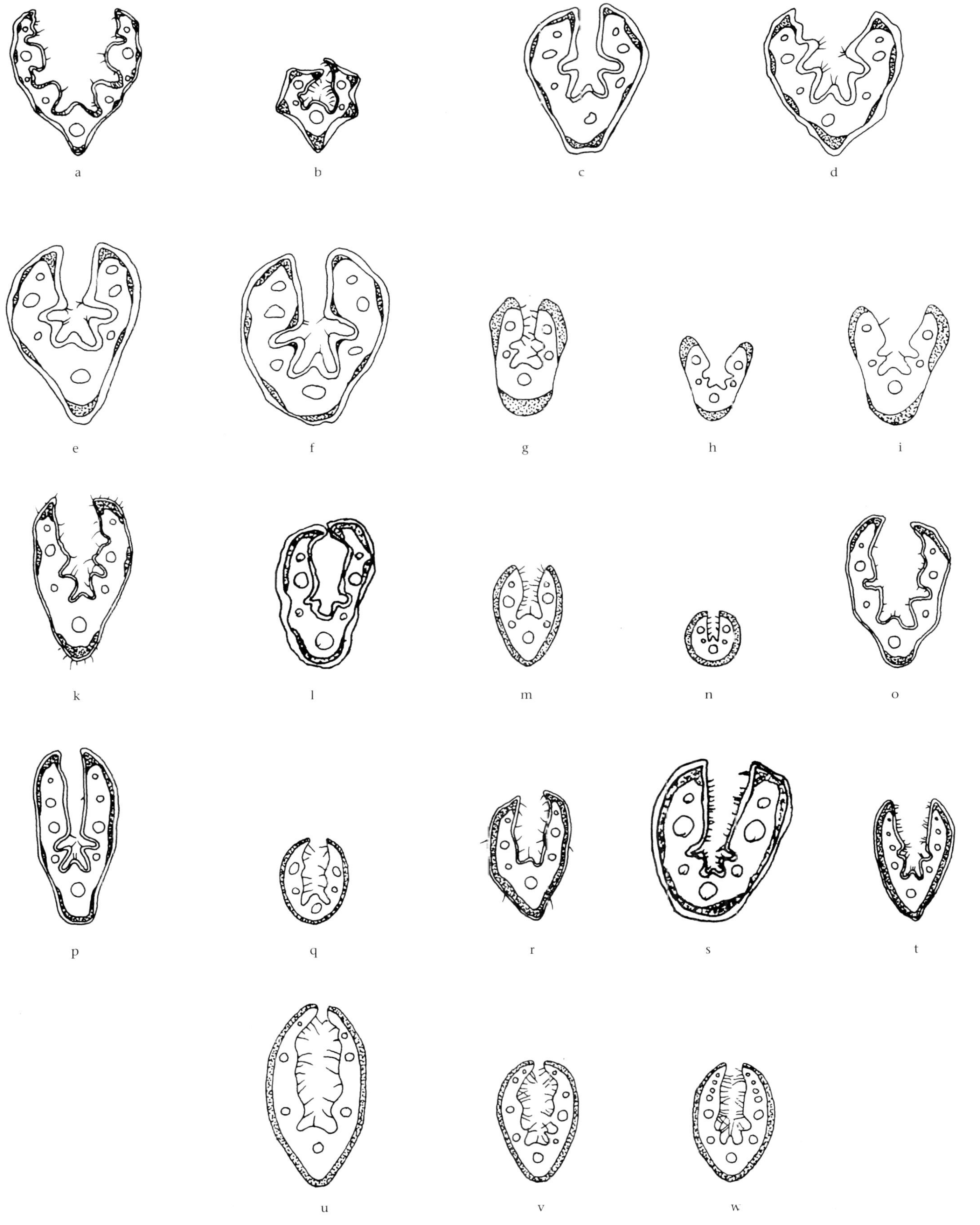

Fig. 74: Blattquerschnitte bei *Festuca* (kombiniert nach Rothmaler 1994), Sell & Murrell (1996), Conert 1998.
a: *Festuca heteromalla* (3623), b: *Festuca trichophylla* (3624), c: *Festuca salina* (3625), d: *Festuca arenaria* (3626), e: *Festuca rubra* s. str. (3627), f: *Festuca unifaria* (3628), g: Festuca valesiaca (3631), h: *Festuca pulchra* (3632), i: *Festuca rupicola* (3633), k: *Festuca brevipila* (3634), l: *Festuca duvalii* (3637), m: *Festuca ovina* (3641), n: *Festuca filiformis* (3642), o: *Festuca patzkei* (3638), p: *Festuca laevigata* (3639), q: *Festuca airoides* (3640), r: *Festuca guestifalica* (3643), s: *Festuca longifolia* (3643g), t: *Festuca heteropachys* (3645), u: *Festuca pallens*, v: *Festuca polesica* (3646), w: *Festuca psammophila* (3647).

3643 **Festuca guestfalica** Boenn. ex Rchb. ▶
Harter (Schaf-)Schwingel Fig. 74r

I; H, s, ⊙, ⊛; A, AV, M_1, M_2, F; RL –
T1.2.3, T1.2.4, T1.4.1.2, T6.2, T7.1.2, T7.3.2 (tro), T8.1, T8.3, T10.3, T10.4

M Insgesamt ähnl. 3641, aber (10–)25–50(–65) cm. Spreite dünn bis dick borstl., 0,45–0,9 mm ∅, 1–2-rippig, frischgrün od. blaugrün bereift. Rispen 3–7,5(–10) cm lg. Ährchen 6–7 mm lg. Deckspelzen 3,5–5,25 mm lg, oft behaart. Aufblühzeitpunkt vormittags deutl. nach 7 Uhr.

B Unzureichend gegliederter Komplex mit mehreren, meist äußerst ähnl. Sippen mit überwiegend regionaler Verbreitung (z. B. [3643a] *F. pseudoguestfalica* Patzke & G. H. Loos ined., in der Eifel u. im Kaiserstuhl eine Sippe mit Aufblühzeit deutl. vor 7 Uhr morgens. Hierzu gehört neben der als (3643b) *F. ovina* var *turfosa* (Markgr.-Dann.) Markgr.-Dann. bezeichneten Sippe auch (3643c) *F. hirtula* (Hack. ex Travis) Kerguélen, die aus Schleswig-Holstein, Brandenburg u. Sachsen-Anhalt angegeben wird; es bleibt zweifelhaft, ob die in D so bezeichnete Sippe wirkl. mit *F. hirtula* im originalen Sinne identisch ist. *F. guestfalica* im engeren Sinne wurde bislang nur an einzelnen Stellen im Sauerland (NRW) nachgewiesen. Zu beachten sind auch die bei Dengler (1998) erwähnten, zw. 3643 u. 3643g vermittelnden Typen. alle ohne Abb.

3643d **Festuca aquisgranensis** Patzke & G. Brown
Galmei-(Schaf-)Schwingel ohne Abb.

(✩) **I**; H, s, ⊙; M_2; RL ?
T5.1.2.3

M Sehr ähnl. 3643, aber Unterschiede mehr tendenziell u. müssen in Abgrenzung zu den verschiedenen *F.-guestfalica*-Sippen betrachtet werden. Aufblühzeitpunkt nach 7 Uhr.

B Sehr ähnl., unbeschriebene Sippen an anderen Schwermetallstandorten, z. B. (3643e) *F. pseudaquisgranensis* Patzke ined. in Westfalen (Siegerland) mit Aufblühzeitpunkt bei Tagesanbruch.

3643f **Festuca lemanii** Bast.
Lémans (Schaf-)Schwingel ohne Abb.

I; H, s, ⊙; M_1, M_2; RL –
T6.2.2.4, T10.3.2.1

M Sehr ähnl. 3643, aber s. Querschnitt durch Laubblatt. (Fig. 74) Aufblühzeitpunkt morgens.

B Die meisten Angaben zu dieser Sippe beruhen auf Verwechslungen, meist mit Sippen des Komplexes 3643. Eindeutige *F. lemanii*, eine hexaploide westeuropäische Sippe (im Gegensatz zum tetraploiden Komplex 3643), wurde bisher nur in Düren (NRW) sicher nachgewiesen. Bei den neuerl. von Dengler (1998) aufgrund von Stomatamessungen hierher gestellten Vorkommen aus Schleswig-Holstein handelt es sich vielleicht um eine sehr ähnl., unbeschriebene Sippe; zur Klärung sind aufblühphänologische Studien erforderlich.

3643g **Festuca longifolia Thuill.**
Langblättriger (Schaf-)Schwingel ohne Abb., Fig. 74s

I; H, s, ⊙; F; RL reg
T6.2.1.4.4

M 25–40 cm. Grundblattscheiden pergamentartig, lange persistent, die abgestorbenen Spreiten bald abwerfend. Scheiden unbehaart. Spreite 0,6–0,9 mm ∅, 7(–9)-nervig, stark blau bereift. Rispen 2,5–7(–10) cm lg. Deckspelzen 4,2–5 mm lg.

▲
3644 **Festuca pallens** Host
Bleicher (Schaf-)Schwingel Fig 74u

I; H, s, ⑤; M_1, M_2, F; RL reg
T6.1.2.3, T6.2.2.2

M (20–)30–40(–60) cm. Grundblattscheiden u. abgestorbene Spreiten ausdauernd. Laubblattspreiten meist völlig glatt, 0,6–1,2 mm ∅, stark blau bereift. Rispen auffällig überhängend, zur Blütezeit locker, nickend, 4,5–8 cm lg. Aufblühzeitpunkt abends.

▲
3645 **Festuca heteropachys** (St.-Yves) Patzke ex Auquier ▶
Derber (Schaf-)Schwingel

I; H, s, ⊙; M_2; RL reg
T6.1, T6.2.1.4

M 30–70 cm. Blätter eines Triebes auffallend verschieden dick, die äußeren 1,4(–1,6) mm ∅, 3-rippig, 7–9-nervig, die inneren 0,6–0,9 mm, 1-rippig, 7-nervig, grün, slt schwach bereift, meist rau, behaart, sltner fast glatt. Scheiden, auch der Halme, auffallend flaumhaarig. Rispen 6–10 cm lg, dicht. Aufblühzeitpunkt morgens.

B Ähnliche, näher zu untersuchende Sippen in M_1 u. M_2.

3646 **Festuca polesica** Zapal.
Dünen-(Schaf-)Schwingel Fig 74v

I; H, s, ⊙; F (östl.), K; RL 3!
T6.2.1.4.2, T6.2.1.4.3, T6.2.1.4.4, T6.2.1.4.7
M 20–60 cm. Grundblattscheiden pergamentartig, lange ausdauernd, abgestorbene Spreiten bald abwerfend. Untere Scheiden oft strohfarben. Spreiten kurz zugespitzt, fast stechend, halb so lg wie Halme u. aufrecht, z. T. oben etwas rau, schwach od. unbereift. Halme unter der Rispe, Rispenachse u. -äste ringsum dicht kurzhaarig (Lupe), unterste Verzweigung der unteren Rispenäste an od. kurz über deren Basis entspringend, daher scheinbar 2 Äste gemeinsam von der Rispenachse abgehend. Ährchen 4–7 mm lg. Deckspelzen 3,5–5 mm lg. Grannen 1,5–2(–3) mm lg. Aufblühzeitpunkt abends.

3647 **Festuca psammophila** (Hack. ex Čelak.) Fritsch
Sand-(Schaf-)Schwingel Fig 74w

I; ⟨H, s⟩, ⊙; F (östl.); RL 3!
T6.2.1.4.7, T8.3
M 20–60 cm. Untere Scheiden oft violett überlaufen. Laubblattspreiten an der Spitze stumpfl., kürzer als die halbe Halmlänge, seitl. abstehend bis gebogen, meist völlig glatt, blau bereift. Halme bis oben völlig unbehaart, Rispenäste einzeln an der Rispenachse, Rispen stumpfwinklig verzweigt, untere Äste waagerecht bis auffallend zurückgeschlagen. Ährchen 5–6 mm lg. Deckspelzen 3,4–4,9 mm lg. Grannen 0,2–0,5 mm lg. Aufblühzeitpunkt abends.

3647a **Festuca vaginata** Waldst. & Kit. ex Willd.
Scheiden-(Schaf-)Schwingel ohne Abb.

I; H, s, ⊙; F; RL ?
T6.2.4.7
M (15–)25–60 cm. Stg u. Laubblattspreite unbehaart. Sklerenchym der Spreite in Form eines durchgehenden Ringes. Deckspelzen 3,0–3,5 mm lg, stachelspitzig, ohne Granne. Ährchen bis zur Spitze des 4. Blütchens 4,5–5,2 mm lg. Aufblühzeitpunkt abends.
B Erstmals von DENGLER (1998) für D (Brandenburg) nachgewiesen.

3648 × **Festulolium loliaceum** (Huds.) P. Fourn. (3609 × 3649)
(Gewöhnlicher) Schwingel-Lolch,
(Gewöhnlicher Schweidel) (Gttg 5 sp)

I; ⟨H, w⟩, ⊙; M_1, M_2, F, wo noch?; ⟨RL –⟩
T7.2.1
M 20–60 cm. Habituell mal an 3609, mal an 3649 erinnernd. Ährchen 2- bis vielblütig, bis 10 mm lg, einzeln sitzend, in 1 endstdgn, zuw. kurzästig verzweigten Ähre, schräg zur Ährenachse gestellt, 1 Hüllspelze, viel kürzer als Deckspelze. Blütenstand im unteren Teil traubig od. rispig, mit kurzen Ästen, an 3609 erinnernd, od. wenn mehr an 3649 erinnernd. die Ährchen abgerundet.
B Das Bild zeigt den Schweidel zw den Eltern.

3649 **Lolium perenne** L.
Ausdauerndes Weidelgras,
Englisches Raygras (Gttg 8 sp)

I; H, w, ⑦; A, AV, M_1, M_2, F, K; RL –
T7.2.1, T7.4.2, T9.5.1, T10.3.3.1
M 20–50 cm. Pfl Rasen bildend. Halme u. Scheiden glatt. Scheiden rot. Blätter 3–4 mm br, oberseits fein gerieft, in der Knospe gefaltet, unterseits glänzend. Ährchen 2–10-blütig, einzeln, sitzend, in 1 endstdgn Ähre, mit der Schmalseite zur Ährenachse gestellt. 1 Hüllspelze, etwa so lg wie grünhäutige Deckspelze od. kürzer (länger als ½ Ährchen). Deckspelze unbegrannt. Staubbeutel gelb.

3650 **Lolium multiflorum** Lam.
Vielblütiges Weidelgras, Italienisches Raygras

E; ⟨B⟩, T, w, ⑦; A, AV; RL –
T7.1.2, T8.3.1, T9.1.6, T10.3.3.1, T10.7
M 30–80 cm. Halme oben u. Scheiden etwas rau. Pfl nicht Rasen bildend. Blätter bis 10 mm br, in der Knospe gerollt. Ährchen 11–22-blütig, einzeln, sitzend, in 1 endstdgn Ähre, mit der Schmalseite zur Ährenachse gestellt, 1 Hüllspelze, etwa so lg wie grünhäutige Deckspelze od. kürzer (kürzer als ½ Ährchen). Deckspelze nicht begrannt. Ähre bis 30 cm lg, meist nickend. Ährchen bei Blüte abstehend spreizend. Staubbeutel rötl.
B Heimat: S-Europa bis Vorderasien. Mehrere Kulturformen, z. T. sogar als ssp gewertet: ssp *multiflorum*: T, ssp *italicum* Volkart ex Schinz & Keller: B (–H), letztere besser als convar *italicum* (A. Br.) Beck ist die verbreitete ausdauernde und erstere (besser convar *multiflorum*) ist die einjährige Sippe.

3651 **Lolium temulentum** L.
Taumel-Lolch

A; T, s, ⑧; AV, M_1, M_2, F; RL 0; ☠, ✠, ☺
T9.1
M 30–80 cm. Pfl ohne sterile Blattbüschel. Ährchen 2–22-blütig, einzeln, sitzend, in 1 endstdgn Ähre mit der Schmalseite zur Ährenachse gestellt, 1 Hüllspelze, 2–4mal länger als derbe Deckspelze, 7–30 cm lg, meist länger als Ährchen, 7–9-nervig, Deckspelze meist begrannt.

3652 **Lolium remotum** Schrank
Lein-Lolch

A; T, s, ⑦; AV, M_1, M_2, F; RL 0
T8.3.1, T9.1.3
M 20–60 cm. Pfl ohne sterile Blattbüschel. Ährchen 2–22-blütig, einzeln, sitzend, in 1 endstdgn Ähre, mit der Schmalseite zur Ährenachse gestellt, 1 Hüllspelze, 2–4mal länger als derbe Deckspelze, 7–12 mm lg, meist kürzer als Ährchen, 5-nervig, Deckspelze unbegrannt.

3653 **Vulpia unilateralis** (L.) Stace
Strand-Federschwingel (Gttg 22 sp)

E; ⟨T, s⟩, ⊙; M_1 (**U**), M_2, ⟨RL –⟩
T10.2..2, T10.3.3.1
M 5–45 cm. Pfl hellgrün, oft rötl. überlaufen. Ligula 1 mm lg. Scheiden meist offen. Ährchen 2–5-blütig, 4–8 mm lg, auf dem Rücken gerundet. Hüllspelze kürzer als Ährchen, Deckspelzen lineal-lanzettl., ca so lg wie Spelze, mit Granne 8–15 mm lg. Narbe auf der Spitze des Fruchtknotens. Blütenstand einseitswendig, in lockeren, lg gestreckten Ährenrispen, Rispenäste auf 2 Seiten der 3-kantigen Achse, 2–16 cm lg.
B Heimat: S-Europa, N-Afrika, Kaukasus. Im Gebiet noch andere Sippen aus der Gttg, unbestdg.

3654 **Vulpia myuros** (L.) C. C. Gmel.
Mäuseschwanz-Federschwingel

I; T, s, ⑦; AV, M_1, M_2, F; RL –
T6.2.1.4.5, T7.4, T8.2.2.5, T8.3.1, T10.3.1, T10.3.3.1
M 10–25(–60) cm. Halme höchstens 3mal so lg wie Rispe, diese 2,8–25mal so lg wie unterster Ast. Halme meist bis zur Rispe umscheidet. Ligula bis 1 mm. Scheiden meist offen. Ährchen 3–7-blütig, 6–10 mm lg, auf dem Rücken gerundet. Hüllspelze kürzer als Ährchen, obere Hüllspelze 3-nervig, mit Spitze fast die Granne der Deckspelze erreichend. Deckspelzen lineal-lanzettl., ca so lg wie die Spelze, mit Granne 8–15 mm lg. Narbe auf der Spitze des Fruchtknotens. Rispenäste auf 2 Seiten der 3-kantigen Achse, Rispe überhängend, in lockeren, lggestreckten Ährenrispen.

3655 **Vulpia bromoides** (L.) Gray
Trespen-Federschwingel

I; T, s, ⊙; M_1 M_2, F, K; RL reg
T6.21.4.5
M (5–)10–25 cm. Halme mehr als 3mal so lg wie Rispe, diese 1,3–2,7mal so lg wie unterster Ast. Halm meist aus der Scheide herausragend. Scheiden meist offen. Ährchen 4–8(–10)-blütig, 7–15 mm lg, auf dem Rücken gerundet, Hüllspelze kürzer als Ährchen, obere Hüllspelze 1–3-nervig, nur bis zur Mitte der Deckspelze reichend. Deckspelzen lineal-lanzettl., ca so lg wie Spelze, mit Granne 8–15 mm lg. Narbe auf der Spitze des Fruchtknotens. Rispenäste auf 2 Seiten der 3-kantigen Achse, in lockeren, lggestreckten Ährenrispen.

3656 **Poa annua** L. ▶
Einjähriges Rispengras (Gttg 200 sp)

I; T, H, w, ②; A, AV, M_1, M_2, F, K; RL –
T7.2.1, T7.4.2, T8.3, T9.1, T9.5, T10.3.3.1
M 3–20 cm. Halme ± rund, ohne nicht blühende Triebe. Blattspitze kapuzenfg zusammengezogen, neben Blattrippe je 1 Rinne (Skispur), Blattgrund unbewimpert. Ligula 2–4 mm lg, weiß, an Scheide herablaufend. Ährchen 2–6 mm lg, nur mit 1 ⚥ Blüte, ohne Granne, seitl. zusammengedrückt, mit ± gekielter Spelze, mit 2 Hüllblattspelzen, untere Hüllspelze 1-, obere 3-nervig. Deckspelze behaart, grün, deutl. kürzer als abgeflachtes Ährchen. Rispe locker, fein verzweigt. Unterer Rispenast deutl. kürzer als Ährchen, abgeflacht, ohne od. mit (1–)2 grundstdgn Zweigen, glatt, ausgebreitet, so bleibend.

3658 **Poa glauca** Vahl.
Blaugrünes Rispengras ohne Abb.

I; ⟨H, ?⟩, ⊙; A; RL ?
T5.1
M (10–)15–40 cm. Halme ± rund, Pfl oft blau bereift. Oberste Scheide meist länger als Spreite, oberstes Stgblatt unterhalb Halmmitte. Blattspitze kapuzenfg zusammengezogen, neben Blattrippe je 1 Rinne (Skispur), Blattgrund unbewimpert. Ligula 1–1,5 cm lg. Ährchen 2–6 mm lg, 2–4-blütig, oft violett, ohne Granne, seitl. zusammengedrückt, mit ± gekielter Spelze, mit 2 Hüllblattspelzen, untere 1-, obere 3-nervig, Deckspelze behaart, grün. Rispe locker, fein verzweigt. Ährchenachse kahl, aber papillös. Rispenast kurz u. dick.

3659 **Poa bulbosa** L. ▶
Knolliges Rispengras

I; H, w, ②; (AV), M_1, M_2, F; RL reg
T6.2, T6.2.1.4, T7.4.2, Pionier
M 10–30 cm. Halme ± rund, Grund zwiebelartig verdickt. Blattspitze kapuzenfg zusammengezogen, neben Blattrippe je 1 Rinne (Skispur), Spreite 1–1,5 mm br, Blattgrund unbewimpert, Ligula längl., spitz, grün. Ährchen 2–6 mm lg, nur mit 1 ⚥ Blüte, ohne Granne, seitl. zusammengedrückt, mit ± gekielter Spelze, mit 2 Hüllblattspelzen, Deckspelze behaart, grün, untere Hüllspelze 1-, obere 3-nervig. Rispe locker, fein verzweigt. Ährchen oft ergrünend (vivipar).

▲
3657 **Poa supina** Schrad.
Läger-Rispengras

I; H, w, ⊙; A, AV, M_1, M_2; RL –
L2..1.1, T3.1.2, T3.3 (beweidet), T7.4.2
M 5–25 cm. Halme ± rund, mit nicht blühenden, ausläuferartigen Trieben, rasig. Blattspitze kapuzenfg zusammengezogen, neben Blattrippe je 1 Rinne (Skispur), Blattgrund unbewimpert. Ligula 2–4 mm lg, weiß, an Scheide herablaufend. Ährchen 2–6 mm lg, nur mit 1 ⚥ Blüte, ohne Granne, seitl. zusammengedrückt, mit ± gekielter Spelze, mit 2 Hüllblattspelzen, untere Hüllspelze 1-, obere 3-nervig. Deckspelze oft violett überlaufen. Rispe locker, fein verzweigt. Untere Rispenäste ohne od. mit 1(–2) grundstdgn Zweigen, glatt, ausgebreitet, nach Blüte herabgeschlagen. Staubbeutel 1,5–2,5 mm lg, 5–8mal so lg wie br.

◀ 3660 **Poa badensis** Haenke ex Willd. ▶
Badener Rispengras

I; H, s, ⑥; M_1, M_2; RL 3+!!; Z
T6.1.2.2, T6.2.1.4, T6.2.1 4.1, T6.2.1.4.7
M 10–30 cm. Halme ± rund, Grund nicht zwiebelartig, allenfalls der Scheidenrest zylindrisch. Blätter mit weißem Knorpelrand, 2–5 mm br, blaugrün, kurz, starr. Blattspitze kapuzenfg zusammengezogen, neben Blattrippe je 1 Rinne (Skispur), Blattgrund unbewimpert. Ligula 2–4 mm lg, weiß. Ährchen 2–6 mm lg, nur mit 1 ⚥ Blüte, ohne Granne, seitl. zusammengedrückt, mit ± gekielter Spelze, mit 2 Hüllblattspelzen, Deckspelze behaart, grün, untere Hüllspelze 1-, obere 3-nervig. Rispe locker, fein verzweigt. Ährchen elliptisch, kurzgestielt, Rispe dadurch gedrängt.

3661 **Poa alpina** L.
Alpen-Rispengras

I; H, w, ⑥; A, AV; RL reg; Z
L5.1.1, T3.1.2, T3.4.3/T7.2.2, T7.1.3
M 10–30 cm. Pfl horstig, ohne Ausläufer. Halme ± rund. Blattspitze kapuzenfg zusammengezogen, neben Blattrippe je 1 Rinne (Skispur), Blattgrund unbewimpert. Untere Ligula kurz gestutzt, obere verlängert. Ährchen 2–6 mm lg, nur mit 1 ⚥ Blüte, ohne Granne, seitl. zusammengedrückt, mit ± gekielter Spelze, mit 2 Hüllblattspelzen, beide Hüllspelzen 3-nervig, scharf zugespitzt. Deckspelze behaart, grün, untere Hüllspelze 1-, obere 3-nervig. Rispe locker, fein verzweigt. Ährchen am Ende der Rispenäste gedrängt, oft ergrünend (vivipar). Unterster Rispenast ohne od. mit 1(–2) grundstdgn Zweigen, glatt.

3662 **Poa cenisia** All.
Mont-Cenis-Rispengras

I; H, K, s, ⊙; A, AV; RL reg
L5.1.1, T5.1.2.2.1
M 15–35 cm. Pfl kriechend, mit bis 10 cm lgn Ausläufern. Halme ± rund, Ligula wie 3661. Blattspitze kapuzenfg zusammengezogen, neben Blattrippe je 1 Rinne (Skispur), Blattgrund unbewimpert. Ährchen 2–6 mm lg, grünl., nur mit 1 ⚥ Blüte, ohne Granne, seitl. zusammengedrückt, mit ± gekielter Spelze, mit 2 Hüllblattspelzen, beide Hüllspelzen 3-nervig, stumpf od. br zugespitzt. Deckspelze behaart, grün. Rispe locker, fein verzweigt. Unterster Rispenast ohne od. mit 1(–2) grundstdgn Zweigen, glatt. Rispe bis 10 cm, locker.

3663 **Poa minor** Gaudin
Kleines Rispengras

I; H, s, ⊙; A, AV; RL –
T5.1.2.2.1
M 5–30 cm. Kleine Horste bildend, Halme aufsteigend, aufrecht, kahl. Spreite 1,5–4 cm lg, 1–1,5(–2) cm br, gefaltet, in starre Spitze verlängert. Neben Blattrippe je 1 Rinne (Skispur), Blattgrund unbewimpert. Ligula oben 2–3 mm lg, längl., spitz, weiß. Ährchen 2–6 mm lg, 4–6-blütig, dicht, violett überlaufen, ohne Granne, seitl. zusammengedrückt, mit ± gekielter Spelze, mit 2 Hüllblattspelzen, Deckspelze behaart, grün. Rispe locker, fein verzweigt, bis 4 cm lg, Äste sehr dünn u. geschlängelt, auch getrocknet ohne Furchen.

3663a **Poa laxa** Haenke
Schlaffes Rispengras

I?; ⟨H, s⟩, ⊙; M_1 (Belchen); ⟨RL 0⟩
T5.1.1.1
M 8–20 cm. Knoten von den Scheiden bedeckt. Ligula oben 2–3 mm lg, zungenfg, spitz, oft ± tief eingekerbt. Spreite 1,5–4,5 cm lg, in eine lge, feine Spitze ausgezogen. Ährchen 2–3-blütig, locker, Blütchen entfernt übereinander stehend. Rispe bis 7 cm lg, Ährchenstiele (getrocknet) gefurcht.
B Das Vorkommen am Belchen ist nach wie vor umstritten. Buttler & Harms (1998) bewerten es aber als indigen.

3664 **Poa hybrida** Gaudin
Großes Rispengras

I; H, s, ⊙; A; RL –
T3.1.1, T7.1.3
M 60–150 cm. Halme u. Scheiden 2-schneidig, abgeflacht. Blätter ohne Kapuzenspitze, (4–)6–8(–10) mm br. Obere Scheide glatt. Neben Blattrippe je 1 Rinne (Skispur), Blattgrund unbewimpert. Ligula 5 mm lg, unbewimpert, weiß. Ährchen 2–6 mm lg, nur mit 1 ⚥ Blüte, ohne Granne, seitl. zusammengedrückt, mit ± gekielter Spelze, mit 2 Hüllblattspelzen, Deckspelze 4–5 mm lg, auf Kiel mit feinen Borsten, am Grund mit wenigen lgn, krausen Haaren. Rispe locker, fein verzweigt, bis 20 cm lg.

◄ 3665 **Poa remota** Forselles
Lockerblütiges Rispengras

I; H, s, ⑦; AV, M_1, M_2, F; RL reg
L5.2.3, T1.1.2.1 (m)

M 50–120 cm. Halme u. Scheiden 2-schneidig, abgeflacht. Blätter mit deutl. Kapuzenspitze, gelbgrün, 5–15 mm br, alle Scheiden rau. Neben Blattrippe je 1 Rinne (Skispur), Blattgrund unbewimpert. Obere Ligula 2,5–4 mm br, abgerundet, unbewimpert, weiß. Ährchen 6–7 mm lg, (2-)3-blütig, ohne Granne, seitl. zusammengedrückt, mit ± gekielter Spelze, mit 2 Hüllblattspelzen, Deckspelze am Grund kraus, behaart, grün. Rispe locker, fein verzweigt, bis 30 cm lg. Äste bis 17 cm lg, behaart, Hüllspelze rau.
B Verwechslungen mit 3666 sind leicht möglich. Es gibt auch Hybriden.

3666 **Poa chaixii** Vill. ►
Wald-Rispengras

I; H, s, ⑥; (A), AV, M_1, M_2, F; RL –; Z
T1.1.1.1, T1.1.2.3, T7.1.3

M 60–120 cm. Halme u. Scheiden 2-schneidig, abgeflacht, blaugrün, oft bereift. Blätter 5–15 cm br, mit ausgeprägter Kapuzenspitze, wie Scheide sehr rau. Ligula bis 1,5 mm lg, fein bewimpert. Ährchen 8–9 mm lg, 2–5-blütig, ohne Granne, seitl. zusammengedrückt, mit ± gekielter Spelze, mit 2 Hüllblattspelzen, Deckspelze kahl, grün. Hüllspelze fast glatt. Rispe bis 25 cm lg.

◄ 3667 **Poa compressa** L.
Zusammengedrücktes Rispengras

I; H, s, ⑥; A, AV, M_1, M_2, F, K; RL –
T6.2.1.4.4, T7.5.2, T10.2.2, T10.3.3.1, T10.3.3.4.2, T10.5.3, T10.7, Pionier

M 20–40(–70) cm. Halm 2-schneidig, zusammengedrückt, Scheiden gekielt, oft etwas hin u. her geknickt. Blattspitze kapuzenfg zusammengezogen, neben Blattrippe je 1 Rinne (Skispur), Spreite starr, < 6 cm lg, Blattgrund unbewimpert. Ligula 2–4 mm lg, weiß. Ährchen 2–6 mm lg, 3–7(–10)-blütig, ohne Granne, seitl. zusammengedrückt, mit ± gekielter Spelze, mit 2 Hüllblattspelzen, Deckspelzen derb, längl., schmal abgerundet, mit 5 undeutl. Nerven (»rundkantige Deckspelzen«), am Grund mit Wollzotten. Hüllspelzen 2–3 mm. Rispe kompakt, schmal pyramidal.
B Je nach Standort sehr veränderl., diese Modifikationen sind oft als var od. ssp beschrieben worden, haben aber nach CONERT (1998) keinen systematischen Wert. In den Ährchen an *Eragrostis* erinnernde Typen wurden als var/ssp *langiana* auch von Bahnhöfen u. Häfen beschrieben, sind aber nicht identisch mit 3667a. Die Hybride (3667b) *P.* × ◄ *figertii* Gerh. ⟨Zusammengedrücktes Bastard-Rispengras⟩ (3667 × 3672) ist leicht mit 3673 zu verwechseln bzw. mit Zwischenform 3673 u. 3667. Im Habitus erinnernd an 3672. Halme unten seitl. zusammengedrückt, aufsteigend. Ligula kurz abgeschnitten. Deckspelzen lanzettl., unten auf Kiel u. äußeren Seitennerven behaart.

3667a **Poa langiana** Rchb.
Isteiner Rispengras ohne Abb.

☆ **I**; ⟨H, s⟩, ⊙; M_1; ⟨RL 0⟩
T5.2.3

M Ähnl. wie 3667, aber 70–110 cm, Blattspreite schlaff, 6–14 cm lg, Deckspelze dünn, spitz, mit 5 deutl. hervortretenden, kahlen Nerven, am Grund ohne Wollzotten, Ährchen (4–)6–8-blütig. Obere Hüllspelzen 3(–4,5) mm lg, untere 2,5–3 (–4) mm lg.

▲
3668 **Poa pratensis**
Gewöhnliches Wiesen-Rispengras

I; H, K, w, ⑥; A, AV, M_1, M_2, F, K; RL –
T6.2.2.2.3, T7

M 20–60 cm. Pfl mit unterirdischen Ausläufern. Obere Spreiten kürzer als Scheide, bis 5 mm br, flach od. etwas rinnig, mit Kapuzenspitze. Blühende Triebe ± zahlreich, mit sterilen Trieben. Ligula kurz gestutzt, 1 mm lg, am Blattgrund herablaufend. Rispen wenig länger als br, reichblütig, untere Äste zu 3–5. Hüllspelze ungleich lg, untere 1-, obere 3-nervig.
B 3668–3670 sind aufgrund ihres komplexen Fortpflanzungssystems sehr vielgestaltig (mit lokalen Tpyen) u. durch Übergänge untereinander verbunden (LOOS).

3669 **Poa angustifolia** L.
Schmalblättriges Wiesen-Rispengras

I; H, K, w, ⑥; A, AV, M_1, M_2, F; RL –
T6.2, T7.5.2
M 20–60 cm. Grundblätter borstl. gefaltet, 1–2 mm br, Stgblatt flach od. gefaltet, 2–3 mm br, allmähl. zugespitzt, neben Blattrippe je 1 Rinne (Skispur), Blattgrund unbewimpert. Ligula 1–3 mm lg, nicht herablaufend, weiß. Ährchen 2–6 mm lg, nur mit 1 ⚥ Blüte, ohne Granne, seitl. zusammengedrückt, mit ± gekielter Spelze, mit 2 Hüllblattspelzen, Hüllspelzen ungleich lg. Deckspelze behaart, grün. Rispe fast 2mal so lg wie br, reichblütig, locker, untere Äste zu 3–5.

3670 **Poa humilis** Ehrh. ex Hoffm.
Bläuliches Wiesen-Rispengras

I; H, K, w, ⊙; M_1, M_2, F, K; RL reg
T6.2.4.2, T7.4.1, T7.4.2, T9.5.1, Pionier
M 10–20(–30) cm. Blätter 2–5(–8) mm br, mit kapuzenfgr Spitze, blaugrün. Neben Blattrippe je 1 Rinne (Skispur), Blattgrund unbewimpert. Blühende Halme ± einzeln, ohne sterile Triebe. Ligula 1 mm lg, behaart (Lupe!), weiß. Ährchen bereift, ± violett. Ährchen 2–6 mm lg, nur mit 1 ⚥ Blüte, ohne Granne, seitl. zusammengedrückt, mit ± gekielter Spelze, mit 2 Hüllblattspelzen, beide Hüllspelzen ± gleich lg, 3-nervig. Deckspelze behaart, grün. Rispe armblütig, untere Rispenäste zu (1–)2.

3671 **Poa trivialis** L.
Gewöhnliches Rispengras

I; H, C, w, ⑥, ⊛; A, AV, M_1, M_2, F, K; RL –
L4.1–4 (Ufer), L5.2.4–5/T8.2.1.4, T7, T7.4.1, T9.2
M 20–90 cm. Pfl mit ausläuferartigen Trieben. Halme oben (meist auch Scheiden) rückwärts rau. Ligula spitz, oben (4–)5–6(–7) mm lg. Blätter unterseits glänzend. Ährchen 3–4 mm lg, 3–4-blütig, Deckspelze zarthäutig, Hüllspelzen sehr ungleich lg. Rispe reichblütig.
B Im Gebiet nur ssp *trivialis*.

3672 **Poa nemoralis** L.
Hain-Rispengras

I; H, s, ⑥; A, AV, M_1, M_2, F, K; RL –; Z
T1.1
M 20–50 cm. Pfl ohne Ausläufer. Obere Spreite so lg wie Scheide, meist waagerecht abstehend (»Wegweisergras«), 1–2 mm br, bläul. grün, meist ohne Kapuzenspitze, neben Blattrippe je 1 Rinne (Skispur), Blattgrund unbewimpert. Ligula kurz gestutzt, weiß. Ährchen 4–5 mm lg, nur mit 1 ⚥ Blüte, ohne Granne, seitl. zusammengedrückt, mit ± gekielter Spelze, mit 2 Hüllblattspelzen, Deckspelze behaart, grün. Rispe armblütig, locker, etwas zusammengezogen, nickend.

3673 **Poa palustris** L.
Sumpf-Rispengras

I; H, s, ⑦; A, AV, M_1, M_2; RL –
S2.1, S3.2.5, T7.3.5, T8.2.2–8.3, T10.4.5
M 30–90(–120) cm. Halme u. Scheiden meist glatt. Blätter unterseits matt. Blattspitze kapuzenfg zusammengezogen, neben Blattrippe je 1 Rinne (Skispur), Blattgrund unbewimpert. Ligula 2–3 mm lg, spitz, weiß. Ährchen 2–6 mm lg, 2–5-blütig, ohne Granne, seitl. zusammengedrückt, mit ± gekielter Spelze, mit 2 Hüllblattspelzen, Deckspelze ± gekielt, mit gelber Spitze (bei allen anderen *Poa*-Arten farblos-durchsichtig). Rispen oft armblütig, auch nickend, locker, fein verzweigt.
B Auch auf ± tro Ruderalstellen, dann oft übersehen, weil hier nicht vermutet.

3674 **Bromus ramosus** Huds.
Allseitswendige Wald-Trespe (Gttg ca 100 sp), Fig. 75a

I; H, s, ⑧, ❀; A, AV, M_1, M_2, F; RL reg; Z
T2.2.2, T10.3.3.1 (Wald)

M 80–150 cm. Hohes Waldgras. Oberste Blattscheide dicht 3–4 mm lg behaart. Scheiden meist geschlossen. Ährchen 4–12-blütig, 2–4 cm lg, Deckspelze eifg bis längl., auf dem Rücken gerundet. Rispenäste abwechselnd auf gegenstdgn Seiten der 4-kantigen Achse. Untere Hüllspelze 1-, obere 3-nervig. Grannen kürzer als ihre Spelzen. Rispe allseitswendig überhängend, Äste rau. Unterste Äste zu 2, fast gleich lg (bis 20 cm).

3675 **Bromus benekenii** (Lange) Trimen
Einseitswendige Wald-Trespe Fig. 75b

I; H, s, ⑧; A, AV, M_1, M_2, F; RL reg
T1.1.1, T1.1.2.1, T1.1.2.3

M 50–90(–120) cm. Hohes Waldgras. Oberste Blattscheide kurz flaumig behaart. Scheiden meist geschlossen. Ährchen 3–7-blütig, 2–3 cm lg, Deckspelze eifg bis längl., auf dem Rücken gerundet. Rispenäste abwechselnd auf gegenstdgn Seiten der 4-kantigen Achse. Untere Hüllspelze 1-, obere 3-nervig. Granne kürzer als ihre Spelze. Rispe ± einseitswendig überhängend, Äste rau, unterste Äste zu 2–4, sehr ungleich lg (2–10 cm).

3676 **Bromus erectus** Huds.
Aufrechte Trespe

I; H, s, ⑥, ❀; A, AV, M_1, M_2, F, K; RL reg
T6.2.2.2, T7.1.2 (tro), T7.3.2, T10.3.4.2, T10.6

M 30–60(–100) cm. Hohes Wiesengras. Pfl dichtrasig. Blatt ca 2 mm br, am Rand regelmäßig abstehend bewimpert. Scheiden meist geschlossen. Ährchen 4–14-blütig, 1,5–3 cm lg, Deckspelze eifg bis längl., auf dem Rücken gerundet. Rispenäste abwechselnd auf gegenstdgn Seiten der 4-kantigen Achse. Staubbeutel orange-braun. Untere Hüllspelze 1-, obere 3-nervig, Granne kürzer als ihre Spelze, 4–10 mm lg. Rispe aufrecht, Rispenäste wenigährig.

3677 **Bromus inermis** Leyss.
Wehrlose Trespe

I; H, K, s, ⑧, ❀; A, AV, M_1, M_2, F, K; RL –
T7.4.1, T10.3.3.1, T10.3.4.2, Pionier, oft angesät.

M 30–100 cm. Hohes Wiesengras. Pfl mit lgn, unterirdischen Ausläufern. Blätter (5–8 mm br) u. Scheiden kahl, Ligula 0,5–2 mm lg. Scheiden meist geschlossen. Ährchen 4–10(–12)-blütig, 1,8–3(–4,5) cm lg, Deckspelze eifg bis längl., auf dem Rücken gerundet. Rispenäste abwechselnd auf gegenstdgn Seiten der 4-kantigen Achse. Staubbeutel gelb. Grannen fehlend od. 2–4 mm lg. Untere Hüllspelze 1-, obere 3-nervig. Rispe aufrecht, Rispenäste vielährig.

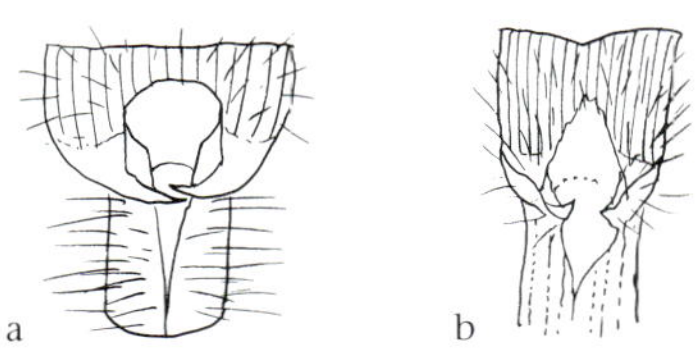

a b

Fig. 75: Blattansatz und obere Blattscheiden im *Bromus ramosus* agg. a: *Bromus ramosus*, b: *Bromus benekenii* Nach Hubbard (1968)

3678 **Bromus sterilis** L.
Taube Trespe

A; T, s, ⑦; (A), AV, M_1, M_2, F, K; RL –; Z
T8.3.1, T9.1.2.1, T9.1.6, T10.2..2, T10.3.3.1 (tro), T10.3.4.2, T10.7

M 30–60 cm. Halme kahl. Ligula 4 mm lg, zerschlitzt. Scheiden meist geschlossen. Ährchen 4–15-blütig, 4–6 cm lg, Deckspelze eifg bis längl., auf dem Rücken gerundet. Rispenäste abwechselnd auf gegenstdgn Seiten der 4-kantigen Achse. Untere Hüllspelze 1-, obere 3-nervig. Granne viel länger als ihre Spelze. Rispe ± allseits überhängend, Rispenäste rückwärts rau, mit 1–2 Ährchen.

3679 **Bromus tectorum** L.
Dach-Trespe

A; T, s, ⑦; A, AV, M_1, M_2, F, K; RL reg
T6.2.1.4.4, T8.3.1, T10.2..2, T10.3.1, T10.3.3.1, T10.3.4.2, T10.5.3, Pionier
M 10–40 cm. Halme unter der Rispe flaumig behaart. Ligula 1–2 mm lg, zerschlitzt. Scheiden meist geschlossen. Ährchen 4–9-blütig, 2,5–3,5 cm lg, Deckspelze eifg bis längl., auf dem Rücken gerundet. Rispenäste abwechselnd auf gegenstdgn Seiten der 4-kantigen Achse. Untere Hüllspelze 1-, obere 3-nervig, Granne so lg wie ihre Spelze. Rispe ± einseitig überhängend, Rispenäste weichhaarig, mit 4–12 Ährchen.

3680 **Bromus arvensis** L.
Acker-Trespe Fig. 76d

A; T, w, ⊙; A, AV, M_1, M_2, F, K; RL 3
T8.3, T9.1, T10.7
M 30–80 cm. Scheiden meist geschlossen. Ährchen 4–12-blütig, 1,5–3 cm lg, Deckspelze eifg bis längl., auf dem Rücken gerundet. Rispenäste abwechselnd auf gegenstdgn Seiten der 4-kantigen Achse. Deckspelzen > 6 mm lg, kürzer als Vorspelze. Untere Hüllspelze 3–5-, obere 5–9-nervig.
B Im Gebiet nur ssp *arvensis*.

3681 **Bromus brachystachys** Hornung
Kurzährige Trespe ohne Abb.

(☆) **E**; ⟨T, w⟩, ⊙; F (östl.); ⟨RL 0!⟩
T8.2.2–T8.3
M 30–60 cm. Einzeln od. in kleinen Büscheln wachsend. Sehr ähnl. 3680, aber schmalere Spelzen u. Vorspelzen, diese deutl. kürzer als Deckspelze (3,8–4,2 mm lg), Ährchen 4–10-blütig, 0,8–1,5 cm lg. Untere Hüllspelze 3–5-, obere 5–9-nervig. Blattscheiden fast bis oben geschlossen, samtig behaart, auf Rippen rau, unterste dünn u. zerfasernd.
B Die Art ist von Natur aus unbestdg. Sie ist eng mit 3680 verwandt u. nach Scholz (s. Conert in Hegi, S. 746) möglicherweise direkt aus ihr entstanden u. dann endemisch für D u. Ungarn. Im breitesten Sinne aus SO-Europa bis Kleinasien. Angaben aus GB gehören zu 3690.

3683 **Bromus grossus** Desf. ex DC.
Dicke Trespe ohne Abb., Fig. 76e

⟨**I**⟩; T, w, ⊙; M_1; RL 1!, B, F
T9.1.2.2 (gern mit *Triticum spelta*)
M 30–80 cm. Wie 3682, aber Blattscheiden zuw. behaart. Ährchen 7–12(–15)-blütig, 3–5 cm lg, Granne bis 8–10 mm lg. Länge der Deckspelzen 9–14 mm, untere Hüllspelze 5-nervig, obere (7–)9-nervig, an der Spitze oft ausgerandet. Staubbeutel 2–3 mm lg.

3684 **Bromus japonicus** Thunb.
Japanische Trespe

E; T, s, ⊙; AV, M_1, M_2, F; RL reg
T8.3.1, T9.1.2.2, T10.3.3.1, T10.7
M 10–25 cm. Blätter u. untere Scheiden stark behaart. Scheiden meist geschlossen. Ährchen 6–12-blütig, 2–3,5 cm lg, Staubbeutel 1–2 mm lg. Deckspelze eifg bis längl., auf dem Rücken gerundet. Rispenäste abwechselnd auf gegenstdgn Seiten der 4-kantigen Achse. Untere Hüllspelze 3–5-, obere 5–7-nervig. Rispe locker, Rispenäste 3–15 cm lg, oft überhängend, mit 1–4 lineal-lanzettl. Ährchen.
B Heimat: SO-Europa, M-Asien.

3682 **Bromus secalinus** L.
Roggen-Trespe Fig. 76f

⟨**I**⟩; T, w, ⑦; A, AV, M_1, M_2, F, K; RL reg
T9.1.1.1
M (20–)30–80(–120) cm. Halme aufrecht, kräftig. Blattscheiden kahl (höchstens untere schwach behaart). Spreite 4–8 mm br, kahl bis zerstreut behaart. Rispe aufrecht, locker, später überhängend, 5–20 cm lg. Ährchen 4–14(–18)-blütig, 2–3,5 cm lg, Granne fehlend od. bis 8 mm lg, Länge der Deckspelzen 6,5–9(–10) mm, untere Hüllspelze 3–5-nervig, obere 5–7-nervig, an der Spitze stumpf bis schwach ausgerandet. Staubbeutel 1–2 mm lg.
B Die Sippen 3682 u. 3683 werden heute als in Mitteleuropa mit dem Ackerbau entstandene Sippen angesehen. Die Hypothesen, wie das geschah, gehen auseinander. Sie sind daher weder **A** noch **E** Näheres bei Lange (1998) bzw. Sukopp (1994).

◂ 3685 **Bromus squarrosus** L.
Sparrige Trespe

E; T, s, ⑦; M_1; ⟨RL –⟩
T10.3.1, T10.3.2, T10.3.3.1, T10.7
M 20–40 cm. Blätter u. Scheiden stark behaart. Scheiden meist geschlossen. Ährchen 8–32-blütig, 2,5–7 cm lg, Staubbeutel 1–2 mm lg, Deckspelze eifg bis längl., auf dem Rücken gerundet. Rispenäste abwechselnd auf gegenstdgn Seiten der 4-kantigen Achse. Untere Hüllspelze 3–5-, obere 5–7-nervig. Rispe locker, Rispenast 3–15 cm lg, oft überhängend, mit 1(–2) br lanzettl. Ährchen einseitswendig, Blütenstand fast traubig. Granne tro gedreht, auswärts spreizend, bis 12 mm lg.
B Heimat: SW-Europa, Mittelmeergebiet, Zentral-Asien.

3686 **Bromus hordeaceus** L. ssp **hordeaceus** ▸
Weiche Trespe i. e. S. Fig. 76a

I; T, ⟨B⟩, S, ⑦, ⊛; A, AV, M_1, M_2, F, K; RL –
T7.1.2, T8.3.1, T10.3.3.1, T10.3.4.2
M (5–)20–50(–80) cm. Pfl graugrün, Scheiden samtig weichhaarig, Seitenränder behaart. Scheiden meist geschlossen. Ährchen 6–12-blütig, 1,8–2,6 cm lg, Deckspelze eifg bis längl., auf dem Rücken stumpfwinklig gerundet. Rispenäste abwechselnd auf gegenstdgn Seiten der 4-kantigen Achse. Staubbeutel bis 1,5 mm lg. Hüll- u. Deckspelzen gewöhnl. behaart, Deckspelzen 8–11 mm lg, untere Hüllspelzen 3–5-, obere 5–7-nervig. Granne unterhalb des Einschnittes entspringend. Rispe dicht. Rispenäste aufrecht, 0,5–3 cm lg. Frucht kürzer als die Vorspelze.

◂ 3687 ssp **pseudothominii** (P. M. Smith) H. Scholz
Falsche Dünen-Trespe,
(Kleinblütige Weiche Trespe)

I; ⟨T, s⟩, ⊙; wo?; RL –
T8.2.2–8.3, T9.5.1, T10.3.1, T10.3.3.1
M Ähnl. wie 3686, aber Hüll- u. Deckspelzen gewöhnl. kahl, Deckspelzen 6–8 mm lg. Frucht so lg wie die Vorspelze. Ährchen 6–10-blütig. 1,6–2 cm lg.

3688 ssp **divaricatus** (Bonnier & Layens) Kerguélen
Spreizende Trespe ohne Abb.

U–E; ⟨T, s⟩, ⊙; wo?; ⟨RL –⟩
wo?
M Ähnl. wie 3686, aber Rispe stets dicht zusammengezogen mit zahlreichen Ährchen, auch die längsten Ährchenstiele kürzer als die 6–10-blütigen Ährchen, diese 1,5–2(–2,5) cm lg. Deckspelze 7–8 mm lg, ebenfalls behaart. Frucht kürzer als Vorspelze, diese mit lgn, fast rechtwinklig abstehenden Wimpern.
B Heimat: Mittelmeergebiet, Kanada.

◂ 3691 **Bromus racemosus** L.
Traubige Trespe Fig. 76b

⟨**I**⟩; T, s, ⑧; AV, M_1, M_2, F, K; RL 3
T7.1.2, T7.3.5
M 30–50(–110) cm. Halm kahl od. höchstens kurz behaart. Untere Scheiden behaart, obere meist kahl, geschlossen. Ährchen 4–8-blütig, 1,6–2 cm lg, Deckspelze eifg bis längl., auf dem Rücken gerundet. Rispenäste abwechselnd auf gegenstdgn Seiten der 4-kantigen Achse. Staubbeutel bis 3 mm lg. Seitenrand der kahlen Deckspelze bogig abgerundet, 6,5–7,5 mm lg. Untere Hüllspelze 3–5-, obere 5–7-nervig. Rispe dicht, Rispenäste aufrecht, 0,5–3 cm lg.

▴
3689 **Bromus thominii** Hardouin
Dünen-Trespe

I; T, s, ⊙: K; RL –
H1.2.2.5–7, T6.2.4.2
M Ähnl. wie 3686, aber zahlreiche, oft im Kreis niederliegende Halme, die äußeren rosettig, slt länger als 15 cm, Ährchen 3–6-blütig, 1–1,4 cm lg, Deckspelze kahl, 6–6,5 mm lg.

3690 **Bromus lepidus** Holmberg
Zierliche Trespe ohne Abb.

I; T, s, ⊙. ⟨B⟩; M_2, F, wo noch?; RL reg
T7.1 (tro), T8.3
M 20–50 cm. Ähnl. wie 3686, aber Deckspelze nur 4,5–6,5 mm lg, kürzer als Frucht, an der Spitze gespalten, mit im Einschnitt stehender Granne, meist kahl. Ährchen 4–11-blütig, 1,2–2 cm lg. Frucht die Vorspelze überragend, diese nur in den unteren ⅔ auf den Kielen steif behaart.

◂ 3692 **Bromus commutatus** Schrad.
Wiesen-Trespe, Verwechselte Trespe Fig. 76c

A; T, w, ⑥; A, AV, M_1, M_2, F, K; RL reg
T7.1.2, T7.2.1, T9.1.6, T9.5.1, T10.3.3.1, T10.3.4.2

M 30–90(–120) cm. Pfl mäßig behaart. Halme meist kahl. Untere Scheiden weich behaart, meist geschlossen. Ährchen 4–10-blütig, 1,6–2,8 cm lg, Deckspelze eifg bis längl., auf dem Rücken gerundet. Rispenäste abwechselnd auf gegenstdgn Seiten der 4-kantigen Achse. Staubbeutel 1–2 mm lg. Rispe locker, Rispenäste 3–15 cm lg, oft überhängend. Deckspelze 1–2 mm länger als Vorspelze. Untere Hüllspelzen 3–5-, obere 5–7-nervig. Granne tro nicht auswärts spreizend.

3693 **Bromus carinatus** Hook. & Arnott ▸
Plattährige Trespe

E; ⟨T, H⟩, ⊙; M_2, F (östl.); ⟨RL –⟩
T8.2.2–8.3

M 30–80 cm. Halme kahl, zieml. dick. Blattscheiden u. Spreiten (3–8 mm br) rau, zuw. zerstreut behaart. Rispe 15–30 cm lg, aufrecht, ausgebreitet, locker, bis 20 cm lge Seitenäste mit bis zu 8 lggestielten Ährchen, diese 4–8-blütig, mit Grannen 15–35 mm lg, seitl. stark zusammengedrückt, längl. lanzettl., zur Blütezeit weit spreizend. ◂ Deckspelzen 7-nervig. Granne 4–7 mm lg, Vorspelze fast so lg wie Deckspelze.

B Heimat: Westl. USA u. Mittelamerika.

3694 **Bromus catharticus** M. Vahl ▸
Ährengrasähnliche Trespe, (Willdenows Trespe)

E; ⟨T, H⟩, s, ⊙; M_1, M_2, F; ⟨RL –⟩
T8.2.2–8.3

M 30–100 cm. Pfl kahl, am Grund zahlreiche abgestorbene Scheiden, untere kahl, obere behaart. Spreite 3–10 mm br, beiderseits über den Rippen kurz behaart. Rispe 10–25 cm lg, aufrecht od. nickend, mit Granne, Seitenäste bis 15 cm lg, mit 2–6 5–12-blütigen, 26–35 mm lgn Ährchen, die seitl. stark zusammengedrückt sind. Deckspelzen 9–13-nervig, Granne 1(–2) mm lg, Vorspelze ca ½ so lg wie Deckspelze.

B Heimat: Südamerika. Vielgestaltig. Manche Autoren gliedern weiter auf in *B. unioloides* Kunth u. *B. willdenowii* Kunth.

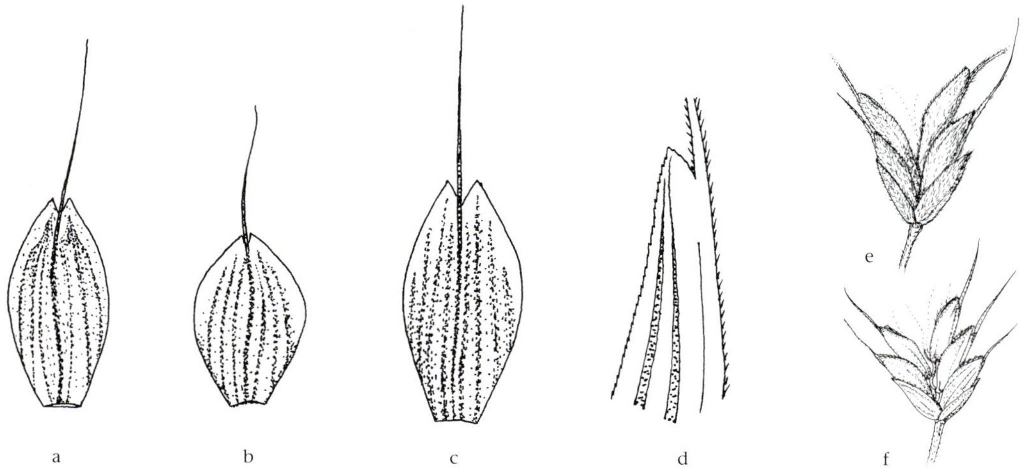

Fig. 76: Blütendetails zu *Bromus*
a–c: Deckspelzen von a: *Bromus hordeaceus* ssp *hordeaceus*, b: *Bromus racemosus*, c: *Bromus commutatus* (nach Ammann, 1981); d: Spitze der Deckspelze von *Bromus arvensis* ssp *arvensis* (nach Hegi) und Ährchenbasis von e: *Bromus grossus* und f: *Bromus secalinus* (nach Fabri 1983)

3695 **Brachypodium pinnatum** (L.) P. Beauv.
Fieder-Zwenke (Gttg 17 sp)

I; K, H, s, ⑧; A, AV, M_1, M_2, F; RL reg; Z T1.1.1.4, T1.1.2.4, T1.4.1.3, T6.2, T6.2.1.5 (warm), T6.2..3.1, T6.2.2.2.3, T7.3.2 (tro)
M 50–60 cm. Pfl mit Ausläufern, rasig, Blätter dkl olivgrün, flach, unterseits mit zahlreichen Stachelhärchen (Lupe!), rau u. matt, Blattscheiden behaart. Ligula des 2. Blattes von oben 1,6–2,9 mm lg, längl. zerschlitzt. Ährchen 6–24-blütig, locker in endstdgr Ähre, mit der Breitseite zur Achse. 2 Hüllspelzen, Deckspelzen mit 2–4 cm lgr Granne. Ähre steif aufrecht, mit 6–8 Ährchen, Grannen kürzer als Deckspelzen.

3696 **Brachypodium rupestre** (Host) Roem. & Schult.
Felsen-Zwenke

I; H, C, s, ⊙; A, AV, M_1, M_2; RL –
T1.4.1.3, T6.2..3.1, T6.2.2.2.3, T8.1.2
M 60–90 cm. Pfl mit Ausläufern, rasig. Blätter hellgrün, oft eingerollt. unterseits wenige Stachelhärchen, glatt, glänzend, Blattscheiden behaart. Ligula des 2. Blattes von oben 0,6–1,8 mm lg, längl. zerschlitzt. Ährchen 5–24-blütig, locker in endstdgr Ähre, mit der Breitseite zur Achse. 2 Hüllspelzen, Deckspelzen mit 2–4 cm lgr Granne. Ähre steif aufrecht, mit 8–10 Ährchen. Granne kürzer als Deckspelze.

3697 **Brachypodium sylvaticum** (Huds.) P. Beauv.
Wald-Zwenke

I; H, s, ⑧; A, AV, M_1, M_2, F, K; RL –; Z L5.2.3, T1.1.1, T1.1.2.4.1, T8.2.1.4
M 40–80 cm. Pfl ohne Ausläufer, horstig. Blätter grasgrün, unterseits mit weißem Mittelnerv. Blattscheiden behaart. Ligula längl. zerschlitzt. Ährchen 6–24-blütig, locker in endstdgr Ähre, mit der Breitseite zur Achse. 2 Hüllspelzen, Deckspelzen mit 2–4 cm lgr Granne. Traube überhängend, Granne länger als Deckspelze.
B Im Gebiet nur ssp *sylvaticum*.

3698 **Parapholis strigosa** (Dumort.) C. E. Hubb.
(Schmächtiger) Dünnschwanz (Gttg 6 sp)

I; T, s, ⑧; K; RL 3
H1.1.3.4
M 5–20(–40) cm. Pfl büschelig verzweigt. Halme aufrecht, gekniet aufsteigend. Blätter graugrün, kurz, schmal, stark gekrümmt, zusammengefaltet. Ährchen 1(–2)-blütig, sitzend, in endstdgn Ähren, in die Ährenachse eingesenkt, nicht dicker als Achse. Staubbeutel 2–3 mm lg, Früchte ca 3 mm lg.

B 3698a *P. incurva* (L.) E. Hubbard, der Gekrümmte Dünnschwanz, neuerdings (unbeständig?) an der Nordsee gefunden, unterscheidet sich durch nur 0,5–1 mm lge Staubbeutel, nur 2 mm lge Früchte sowie die niederliegend aufsteigenden Halme mit sichelfg gebogener Ähre

3699 **Elymus caninus** (L.) L.
Hunds-Quecke (Gttg ca 150 sp)

I; H, s, ⑦; A, AV, M_1, M_2, F, K; RL –
L5.2.3, L4.1–4 (Ufer), T8.2.1.4, T10.3.3.1 (Wald)
M 50–100 cm. Pfl ohne Ausläufer. Blätter 4–7(–12) mm br, randl. rau, dünn, kaum gerieft, oberseits matt, unterseits glänzend. Öhrchen kurz u. starr, 1 mm lg. Ligula 1 mm, gestutzt, fein gezähnelt. Ährchen einzeln, sitzend, 1–6-blütig, 0.8–2 cm lg, in endstdgr Ähre, mit der Breitseite zur Achse gestellt. Deckspelze mit (0.7–)1–2,5 cm lgr meist geschlängelter Granne. Ähre schlaff, etwas überneigend.
B Im Gebiet nur ssp *caninus*.

◄3700 **Elymus farctus** (Viv.) Runemark ex Melderis ►
Binsen-Quecke

I; K, s, ⊙; K; RL –
H 1.2.2.3

M 30–80 cm. Blätter weißl. blaugrün (seegrün), stark gerippt, steif, bis 6 mm br, mit dichtem Adernetz, oberseits kurz samtig behaart, binsenfg, später gerollt. Blattgrund ohne Öhrchen. Ligula bis 2 mm. Pfl mit Ausläufern, Ährchen steif aufrecht. Ähren voneinander entfernt, Spindel sichtbar, früh brüchig. Hüllspelzen 7–11-nervig.
B Im Gebiet nur ssp *boreoatlanticus* (Simonet & Guin.) Melderis.

◄3701 **Elymus × obtusiusculus** (Lange) Melderis & D. C. McClint (3700 × 3707)
Bastard-Binsen-Quecke

I; ⟨K, s⟩, ⊙; K; ⟨RL –⟩
H1.2.2.3

M Ähnl. wie 3707, Pfl blaugrün bis graugrün, um 70 cm, in lockeren Beständen, Spreite 2–7 mm br, meist gerollt, mit härtl. Spitze. Die Behaarung auf den Blattrippen zeigt Stachelhaare vom Typ 3707 u. weiche Haare vom Typ 3700. Blattöhrchen deutl. Freier Rand der Scheide ungleichmäßig bewimpert. Deckspelze ausgerandet, in Vertiefung Mittelzahn od. 2–3 mm lge Granne.

3702 **Elymus × laxus** (Fr.) Melderis & D. C. McClint (3700 × 3703)
Lockerblütige Bastard-Quecke ohne Abb.

I; ⟨K, s⟩, ⊙; K, wo noch?; ⟨RL –⟩
M Ähnl. wie 3700. Oberseite der Blätter flach, aber Rippen deutl. gewölbt, mit kleinen Haaren, grün bis blaugrün, nur bei Trockenheit mäßig gerollt. Öhrchen wie 3703. Freier Rand der Scheide kahl u. versteift.
B Vielgestaltig, in der Variationsbreite der Eltern.

3703 **Elymus repens** (L.) Gould ssp **repens** ►
Kriech-Quecke

I; K, s, ⑧, ⊛; A, AV, M_1, M_2, F, K; RL –
T7.4.1, T8.2.2–8.3, T10.3.3.1, T10.3.3.4.2, T10.7, Pionier

M 50–120 cm. Pfl mit Ausläufern, sterile Triebe hochwüchsig, Blätter grün, abwischbar blau bereift, 3–5 mm br, oberseits rau, flach gerippt, schlaff, zuw. gedreht, am Grund mit bewimperten, stgumfassenden Öhrchen. Hüllspelze spitz. Ährchen ± 10 cm lg. Freier Rand der Scheide kahl od. behaart (ssp *caesium* J. Presl & C. Presl) Oberd. hier inkludiert. Hüllspelze 5-nervig, lanzettl., spitz. Deckspelze grannenlos od. kurz begrannt.

3704 ssp **littoreus** (Schumach.) Conert
Strand-Kriech-Quecke ohne Abb.

I; ⟨K, s⟩, ⊙; K; ⟨RL –⟩
wo?

M Ähnl. wie 3703, aber Blätter borstl., gerollt, bei Trockenheit (u. im Herbar) ausgebreitet, 3–9 mm br, blaugrün bis grün, 25–80(–90) cm, knickig aufsteigend, Ähren kurz, 4–7 cm lg.

▲
3705 **Elymus arenosus** (Spenn.) Conert
Sand-Quecke

☆ **I**; ⟨K, s⟩, ⊙; M_1; RL 2!!
T6.2.1.4.7 (nur Mainzer Sand)

M 15–50(–70) cm. Pfl mit Ausläufern. Spreite steif, stark gerippt, mit dichtstehenden Nerven, auf den Rippen dicht behaart, zusätzl. lge Haare. Ährchen einzeln, sitzend, 2–8-blütig, 0,8–2 cm lg, in endstdgr Ähre, mit der Breitseite zur Achse gestellt. Ährchen bei Reife zerfallend. Ährchen sich nur am Grunde überlappend, Ähre locker, dünn.

3706 **Elymus × oliveri** (Druce) Melderis & D. C. McClint (3707 × 3703)
Bastard-Kriech-Quecke ohne Abb.

I; ⟨H, K, s⟩, ⊙; AV (Bodensee), K, wo noch?; ⟨RL –⟩
H1.1.3, T6.2 (Stromtäler), wo noch?

M Merkmale ähnl. wie 3707, aber Habitus ähnl. 3704, graugrün, Blätter zieml. flach, nur bei Trockenheit eingerollt. Auf den Nerven mit kurzen Stachelhöckern u. lgn Haaren. Freier Rand der Scheide bewimpert. Ähre 8–17 cm lg, Ährchen oben dicht gedrängt, unten deutl. voneinander entfernt.

3707 **Elymus athericus** (Link) Kerguélen
Dünen-Quecke

I; H, K, s, ⊙; (A, außerhalb D), K; RL –
H1.1.3.2, Pionier
M 30–60 cm. Pfl mit Ausläufern. Blattspreite grün, unterseits flaumig. Blätter oberseits rau, mit dichtstehenden Nerven, auf den Nerven 1 Reihe Stachelhöcker, gerollt, stachelig spitz. Öhrchen kahl, kurz, dem Halm anliegend. Freier Rand der Scheide bewimpert. Ährchen einzeln, sitzend, 2–8-blütig, 0,8–2 cm lg, in endstdgr Ähre, mit der Breitseite zur Achse gestellt. Ähre bis 10 cm lg, dicht, 4-kantig, Ährchen sich weit überlappend, bei Reife als Ganzes abfallend! Hüllspelzen 5–7-nervig, 9–11 mm lg, schmal berandet, spitz.

3708 **Elymus hispidus** (Opiz) Melderis
Graugrüne Quecke

I; H, K, s, ⑧; M_2, K; RL reg
T7.5.2, T7.5.2.2
M 30–80 cm. Pfl mit Ausläufern. Blätter oberseits rau, zw den Nerven noch grüne Felder, flach, allenfalls nur oben gerollt. Ährchen einzeln, sitzend, 2–8-blütig, 0,8–2 cm lg, in endstdgr Ähre, mit der Breitseite zur Achse gestellt. Ähre bis 20 cm lg. Hüllspelzen 5–7-nervig, 3–8 mm lg, mit brm Hautrand, abgerundet, zuw. mit aufgesetzter Spitze.
B Im Gebiet nur ssp *hispidus*.

3709 **Elymus obtusiflorus** (DC.) Conert
Stumpfblütige Quecke

E; ⟨H, ?⟩, ⊙; M_1, F, wo noch?; RL –
T9.5.1/T10.3.4.2
M 50–120(–180) cm. Pfl ohne Ausläufer, dichte Horste bildend. Halme kahl. Scheiden kahl, freier Rand kurz bewimpert. Spreite gefaltet, schmal, mit den Halm umfassenden Öhrchen, mit 7–9 stark hervortretenden Rippen. Ährchen einzeln, sitzend, 2–8-blütig, 0,8–2 cm lg, in endstdgr Ähre, mit der Breitseite zur Achse gestellt., Ähre 10–45 cm lg, mit stachelhaariger Spindel, Deckspelze unbegrannt.
B Heimat: SO-Europa, Türkei.

3710 **Leymus arenarius** (L.) Hochst.
Gewöhnlicher Strandroggen (Gttg ca 40 sp)

I; K, w, ⑦; K, (syn: F); RL –; Z
H1.1.2.3, H1.1.2.4, syn: T6.2.1.4
M 60–100 cm. Pfl mit Ausläufern. Halme steif aufrecht, Blätter blaugrün, eingerollt, starr, gerieft, kahl. Ligula sehr kurz. Ährchen zu 3–6, sitzend, in dichter endstdgr Ähre, 10–30 cm lg, Ähre 3(–4)-blütig. Deckspelze unbegrannt, Hüllspelze borstl.

3711 **Hordelymus europaeus** (L.) Jessen ex Harz
Waldgerste (Gttg 1 sp)

I; H, w, ⑦; A, AV, M_1, M_2, E; RL reg
T1.1.1.3, T1.1.2.3
M 60–120 cm. Pfl ohne Ausläufer. Untere Scheide zottig behaart, Spreiten oberseits behaart, unterseits mit weißem Mittelstreifen. Ährchen zu 3–6 in dichter endstdgr Ähre, Ähren 1(–2)-blütig, ohne grundstdge Borsten, Deckspelze 5-nervig, begrannt. Hüllspelzen alle gleich, 5–8 mm lg, begrannt, derb, rau.

◂3712 **Hordeum jubatum** L.
Mähnen-Gerste (Gttg ca 20 sp)

E; T, s, ⑦; AV, M_1, M_2, F, K; RL –; Z
H2, T7.4.1, T8.3.1, T10.3.4.1 (Salz), T10.4.5
M 20–50 cm. Stgblätter beidseits dicht behaart. Ährchen zu 3–6 in dichter, endstdgr Ähre. Ährchen 1-blütig, ohne grundstdge Borsten. Nur Mittelährchen gestielt. Deckspelze begrannt (5–8 cm lg). Ähre silberweiß, überhängend.
B Heimat: Nordamerika, O-Asien.

3713 **Hordeum murinum** L. ssp **murinum** ▸
Mäuse-Gerste i. e. S.

A; T, s, ⑦; (A), AV, M_1, M_2, F, K; RL –; ☺
T8.3.1, T10.1 (Siedlungen), T10.3.3.4.2, T10.7
M 15–40 cm. Halme bis nahe zur Ähre beblättert, Scheiden bauchig, kahl, Blätter frischgrün. Ährchen zu 3–6 in dichter, endstdgr Ähre. Ährchen 1-blütig, ohne grundstdge Borsten. Nur Mittelährchen gestielt. Hüllspelze borstig, z. T. bewimpert. Deckspelze begrannt. Stiel des Mittelährchens 0,2–0,8 mm lg, dieses kürzer als kleinere Seitenährchen. Ähre 5–12 cm lg.

◂◂3714 ssp **leporinum** (Link) Arcang.
Hasen-Gerste

E; ⟨T, s⟩, ⊙; M_1; ⟨RL –⟩
T10.7?
M Ähnl. wie 3713, aber Mittelährchen länger gestielt (1–2 mm lg), ± so lg wie größere Seitenährchen, Deckspelze im Reifezustand mit braunrotem Grannenansatz. Ährchen zu 3–6 in dichter, endstdgr Ähre.
B Heimat: Mittelmeergebiet, dort z. T. 3713 vertretend.

◂3715 **Hordeum secalinum** Schreb.
Roggen-Gerste

I; H, s, ⑦; M_1, M_2, F, K; RL 3
H2.2.1, T7.2.1
M 30–60 cm. Halme 15–20 cm aus den engen Scheiden herausragend, untere Scheide behaart, Stgblätter zusammengerollt. Ährchen zu 3–6 in dichter, endstdgr Ähre. Ährchen 1-blütig, ohne grundstdge Borsten. Deckspelze begrannt, nur Mittelährchen gestielt. Hüllspelze borstig, unbewimpert od. nur rau. Ähre 2–5 cm lg.

3716 **Hordeum marinum** Huds. ▸
Strand-Gerste

I; T, s, ⊙; K; RL 0
H1.1.2.1.2, T1.1.3.2
M 10–40 cm. Halm bis nahe zur Ähre beblättert, Scheiden bauchig, oft weichhaarig, Blätter graugrün. Ährchen zu 3–6 in dichter, endstdgr Ähre. Ährchen 1-blütig, ohne grundstdge Borsten. Deckspelze begrannt, nur Mittelährchen gestielt. Hüllspelze unbewimpert od. kurzborstig. Ähre 4–6 cm lg.

3716a **Hordeum distichum** L.
Zweizeilige Gerste ohne Abb.

K, T, s, ⊙; überall; ⟨RL –⟩; ✋, Fr
M 60–120 cm. Blattöhrchen sichelfg übereinander greifend. Ähren 2-zeilig, flach, mit 2 Grannenreihen. Seitenähre verkümmert. Hüllspelze lineal. pfrieml. (nicht borstig)
B Hfge Sommerfrucht.

3716b **Hordeum vulgare** L.
Mehrzeilige Gerste ohne Abb.

K, T, s, ⊙; überall; ⟨RL –⟩; ✋, Fr
M 60–120 cm. Blattöhrchen sichelfg übereinander greifend. Ähren mehrzeilig, mit 4–6 Grannenreihen. Seitenähren fruchtbar. Hüllspelzen linealpfrieml. (nicht borstig).
B Sehr hfge Winter- u. Sommerfrucht.

Die wichtigsten Getreide sollen hier ebenfalls kurz vorgestellt werden. Sie hängen in ihrem Überleben zwar vollständig von der Kultur durch den Menschen ab, die häufigeren u. aktuelleren verwildern aber an vielen Orten, so dass der Pflanzenfreund sie ansprechen können sollte (u. a. im Vogelfutter). Hier folgen konzentriert nur die ährentragenden Getreide. Die rispigen, z. B. Hafer (3498a), od. kolbenfgn wie Mais, Hirse sind unter 3440a bzw. 3441 behandelt. Alle Getreide sind in vielen Kultursorten (cv) im Anbau.

3716c **Secale cereale** L.
Roggen (Gttg 3 sp), ohne Abb.

K; ⟨T, s, w⟩, ⊙; überall ⟨RL⟩; Fr
T9.1
M 70–200 cm, je nach Sorte. Blätter blau bereift, am Keimling rötl. braun. Ligula 2 mm lg, Halm unter Ähre flaumig, sonst kahl. Blattöhrchen kurz, kahl, nicht überlappend. Ähre 4-kantig, überhängend. Deckspelze mit 4–8 cm lgn Grannen. Hüllspelze 1-nervig, zugespitzt. Deckspelze mit 2–8 cm lgr Granne.

3716d **Triticum aestivum** L.
Weizen (Gttg 4 sp), ohne Abb.

K; ⟨T, s, w⟩, ⊙; überall; ⟨RL –⟩; Fr
T9.1
M 80–150 cm. Blattgrund mit lg bewimperten Öhrchen, etwas übereinander greifend. Hüllspelze 3–5-nervig, eifg.

ssp **aestivum**
Saat-Weizen

Frucht von Spelze locker umschlossen, Ährenspindel fest. Ähre 6–18 cm lg (ohne Granne), schräg von Spindel abstehend.

3719 ssp **neglectum** (Beeby) K. Richt.
Unbeachteter Igelkolben ohne Abb., Fig. 77c

I; ⟨W, w⟩, ⊙, (♀ ♂); A, AV, M_1, M_2, F; RL –; Z
L3.1, L3..5, L 4.1, L4.1–4 (Ufer), L4.4
M Ähnl. wie 3717, aber Frucht eher einfarbig, dünner, spindelfg, d. h. ± in der Mitte am breitesten, schwachkantig, im Köpfchenverband sich ca zur Hälfte berührend, aber kaum sich gegenseitig abplattend, 7–10 mm lg, 2–3,5 mm br, elliptisch.

3720 ssp **oocarpum** (Čelak.) Domin
Eifrüchtiger Igelkolben ohne Abb., Fig. 77d

I; ⟨W, w⟩, ⊙, (♀, ♂); wo?; RL ?; Z
L3..5?
M Ähnl. wie 3717, aber Frucht hellbraun, wenig lgr als br, 5–8 mm lg, 4–7 mm br, eifg rundl., Oberteil über der Mitte am breitesten. Frucht kugelfg, im unteren ⅓ schwachkantig, da nur wenige Früchte zur Entwicklung kommen (Hybride?).

ssp **compactum** (Host) Thell.
Zwerg-Weizen

Frucht von Spelze locker umschlossen. Ährenspindel fest. Ähre 2–6 cm lg, Grannen weit von Spindel abstehend.
B Nacktweizen, der als erster in Mitteleuropa kultiviert wurde.

ssp **spelta** (L.) Thell
Dinkel

Halm hohl, dünnwandg. Frucht von Spelze fest umschlossen, Ährenspindel zerfallend, Ähre locker, Spindel sichtbar.

Triticum monococcum L. ssp **monococcum**
Einkorn

Frucht von Spelzen fest umschlossen, Ährenspindel zerfallend, Ähren dicht, Ährchen mit 1 Granne (1-fruchtig)

Triticum turgidum L. ssp **dicoccon** (Schrank) Thell
Emmer

Frucht von Spelzen fest umschlossen, Ährenspindel zerfallend, Ähre dicht, Ähre mit 2 Grannen (2-fruchtig)
B Siehe Bemerkung 56, Seite 720.

◂3717 **Sparganium erectum** L. ssp **erectum**
Ästiger Igelkolben i. e. S. (Gttg 14 sp), Fig. 77a

I; W, w, ⑦, (♀ ♂); A, AV, M_1, M_2, F, K; RL –; Z
L3.1 (Ufer), L3..5
M 30–50 cm. Stg aufrecht, nie flutend, Blütenstand ästig rispig. Blätter aufrecht, gekielt, unten 3-kantig, 3–15 mm br, obere hell, längs gestreift, matt. Blütenblätter dkl, Narben lg fädl., Frucht schwarzbraun, verkehrt pyramidenfg, stark kantig, (5–) 6–8(–10) mm lg, (3–)4–6(–7) mm br, oberhalb der Mitte sehr br, Oberteil abgeflacht.
B Siehe Bemerkung 57, Seite 720.

3718 ssp **microcarpum** (Neuman) Domin
Kleinfrüchtiger Igelkolben ohne Abb., Fig. 77b

I; ⟨W, w⟩, ⊙; AV, F, wo noch?; RL –
L4.1
M Ähnl. wie 3717, aber Frucht gelbbraun, glänzend, oberhalb der Mitte am breitesten, Oberteil zwiebelfg, deutl. kantig, (5–)6–8 mm lg, 2,5–4 mm br, meist etwas eingeschnürt, durch gegenseitiges Abplatten im Köpfchenverband sich zu ⅔ od. mehr berührend.

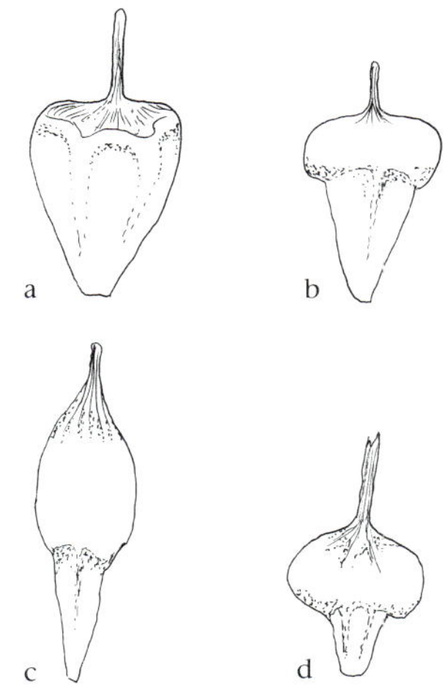

Fig. 76: Früchte von *Sparganium erectum*
a: *Sparganium erectum* ssp *erectum*,
b: *Sparganium erectum* ssp *microcarpum*,
c: *Sparganium erectum* ssp *neglectum*,
d: *Sparganium erectum* ssp *oocarpum*.
Kombiniert nach Stace (1991) und Sell & Murnell (1996) sowie van Oostroom & Reichgelt (1958).

▲
3721 **Sparganium natans** L.
Zwerg-Igelkolben

I; W, w, ⑧, A, AV, M_1, M_2, F, K; RL 2; Z
L4..2.1, L4..2.2, S1.1/S1.4.1
M Bis 30 cm. Stg u. Blätter meist flutend, slt aufrecht. Blätter dünn, schmal, flach, grasartig, 3–6 mm br, ungekielt, oben oft ohne deutl. Mittelnerv. Blütenblätter hell, 1(–2) ♂ Köpfchen, Tragblatt d. untersten ♀ Köpfchen 1,5 cm lg. Narben kopfig. Früchte eifg, kurz geschnäbelt, wenige.

◂3722 **Sparganium emersum** Rehmann
Einfacher Igelkolben

I; W, w, ⑦, (♀, ♂); (A), AV, M_1, M_2, F, K; RL reg; Z
L3.1, L4.1–4 (Ufer), L3..5, L4.4
M 20–50 cm. Stg u. Blätter aufrecht, slt flutend, 3–10 mm br, gekielt, unten 3-kantig. Blütenstand unverzweigt od. nur wenig, dann ♀ Köpfchen gestielt, traubig ährig, mit 4–8 entfernt stehenden ♂ Köpfchen, Blütenblätter hell.

◀ 3723 **Sparganium angustifolium** Michx.
Schmalblättriger Igelkolben

I; W, w, ⊙, (♀♂); A, M_1, M_2, F; RL 2
L3..6, L4.4 (Moore)
M Bis 1 m. Stg u. Blätter flutend, slt aufrecht. Blätter schmal, grasartig, bis 8 mm br, in eine lge Spitze ausgezogen, ungekielt, oben oft ohne deutl. Mittelnerv. 2–6 Köpfchen, Tragblatt des unteren Köpfchens 10–50 cm lg. Blütenblätter hell, Narben fädl. Frucht spitz geschnäbelt.

3724 **Typha minima** Funck ▶
Zwerg-Rohrkolben (Gttg 10–12 sp)

I; H, W, s, ⊙, (♀♂); A, AV; RL 1; Z
L5.1, S2.2.3
M 30–70(–140) cm. Stg meist blattlos, Blätter 1–3 mm br, halbstielrund, meist nur an sterilen Trieben. Pfl mit kurzen unterirdischen Ausläufern. ♀ Kolben kugelig bis eifg, (1,5–)2–5 cm lg, ♂ Blüten ohne Perigonhaare, Perigonhaare der ♀ Blüten an der Spitze keulig bis kugelig verdickt.

3725 **Typha latifolia** L.
Breitblättriger Rohrkolben

I; W, H, s, ⑧, (♀♂); A, AV, M_1, M_2, F, K; RL –; ✄, ☺, Z

◀ S3..5, T10.5.3, T10.5.4
M 1–2(–3) m. Stg mit Blättern, diese 1–2 cm br, blaugrün, ♀ Kolben 25–30 cm lg. ♂ Blüten mit Perigonhaaren, die der (30–40) ♀ Blüten nicht od. wenig verdickt, zur Fruchtzeit die Narben nicht überragend, Kolben daher braunschwarz. Blütenloser Abschnitt zw ♀ u. ♂ Kolben fehlend. Samen 1,1–1,5 mm lg.

3726 **Typha shuttleworthii** ▶
W. D. J. Koch & Sond.
Shuttleworths Rohrkolben

I; W, s, ⊙, (♀♂); AV, M_1; RL 2; Z
L5.1, S2.2.2, S2.2.3
M 80–150(–200) cm. Stg mit Blättern, diese hellgrün, 7–11 mm br, den Blütenstand oft überragend. ♂ Blüten mit Perigonhaaren, die der ♀ Blüten (ca 20) nicht od. wenig verdickt, zur Fruchtzeit die Narben überragend, daher Kolben ± silbergrau. Blütenloser Abschnitt zw ♀ u. ♂ Kolben fehlend. ♀ Kolben 6–11 cm lg, dklbraun, zuletzt silbergrau überlaufen, ♂ Kolben durch Tragblätter in ca 5 Abschnitte gegliedert. Samen 0,6–0,9 mm lg.
B Kann leicht übersehen od. mit 3725 verwechselt werden.

◀ 3727 **Typha angustifolia** L.
Schmalblättriger Rohrkolben

I; W, H, s, ⑧, (♀♂); AV, M_1, M_2, F, K; RL reg; Z
L3..5
M 1–2 m. Stg mit Blättern, diese (3–)5–8(–10) mm br. ♂ Blüten mit Perigonhaaren, die der ♀ Blüten nicht od. wenig verdickt, ♀ u. ♂ Kolben durch einen 1,5–9 cm lgn, blütenlosen Abschnitt getrennt, ♀ Kolben 10–30 cm lg, ♂ Kolben ca gleichlang.

3728 **Typha laxmannii** Lepech. ▶
Laxmanns Rohrkolben

U–E lok; ⟨W, s⟩, ⊙, (♀♂); M_1, F; RL ?; Z
T10.5.3
M 60–100(–120) cm. Pfl zierl. Stg mit Blättern, diese 2–4 mm br. ♂ Blüten mit Perigonhaaren, die der ♀ Blüten an der Spitze nur wenig verdickt. ♀ u. ♂ Kolben durch einen (1,5–)2,5–3,5 cm lgn, blütenlosen Abschnitt getrennt, ♀ Kolben 2,5–4,5 cm lg, dklbraun, ♂ Kolben 2–3mal so lg.
B Heimat: Östl. Mittelmeergebiet, Asien.

3729 **Maianthemum bifolium** (L.) F. W. Schmidt
Zweiblättriges Schattenblümchen (Gttg 27 sp)

I; K, s, ⑤; A, AV, M_1, M_2, F, K; RL –; ☠, (D), Z
T1.1.1.1, T1.1.2.5, T1.4.3.2
M 5–15(–20) cm. Rhizom kriechend, Pfl daher herdenbildend. Blühende Stg aufrecht mit 2(–3) herzfgn, parallelnervigen Blättern, sonst nur 1 Blatt. Blüten weiß, 4-zählig, 4–6 mm ∅, duftend, in 2–3-blütigen Dolden zu traubigem Gesamtblütenstand. Frucht rote Beere.

3730 **Streptopus amplexifolius** (L.) DC.
Stängelumfassender Knotenfuß (Gttg 7–10 sp)

I; K, s, ⑥; A, AV, M_1, M_2 (östl.); RL reg; Z
T1.4.3.2, T3.1.1
M 20–80(–100) cm. Rhizom schief, knotig. Stg aufrecht, oben verzweigt, etwas zickzackfg, 2-zeilig beblättert. Blätter herz-eifg, lg zugespitzt, stgumfassend, länger als Internodium. Blüten(stands)stiele gegenüber dem Blatt entspringend, darunter parallel zur Mittelrippe verlaufend, rechtwinklig geknickt (dort Tragblattrest), 1(–2)-blütig. Perigon bis 1 cm lg, frei, grünl. weiß. Frucht rote Beere.

3731 **Polygonatum verticillatum** (L.) All.
Quirlblättrige Weißwurz (Gttg 55 sp)

I; K, s, ⑤; A, AV, M_1, M_2, F; RL reg; ☠, Z
L5.2.3 (m), T1.1.1 (m), T3.1.1
M 30–70(–100) cm. Stg gerade aufrecht, rund. Blätter in Quirlen (zu 3–8), schmal lanzettl., spitz, 5–15 cm lg, hellgrün, kahl, unterseits blaugrün. Perigon röhrig verwachsen, Blüten nickend, zu 2–5(–7) in achselstdgn Trauben (slt einzeln), 7–10 mm lg, schmal (3 mm ∅). Frucht erst rot, dann schwarz.

3732 **Polygonatum multiflorum**
Vielblütige Weißwurz

I; K, s, ⑤; A, AV, M_1, M_2, F, K; RL –; ☠, Z
T1.1.1
M 30–60(–100) cm. Stg aufrecht, übergebogen, rund od. stumpfkantig. Blätter 2-zeilig, eifg bis längl. elliptisch, 7–16 cm lg, am Grund verschmälert, sitzend od. kurzgestielt, oben dklgrün, unterseits graugrün bereift. Perigon röhrig verwachsen, weiß mit grünen Spitzen, hängend, geruchlos, 11–15(–18) mm lg. Staubblätter spärl. flaumig. Beeren dklblau bis schwarz, bereift.

3733 **Polygonatum odoratum** (Mill.) Druce
Wohlriechende Weißwurz,
Echtes Salomonssiegel

I; K, s, ⑤, ⑧; A, AV, M_1, M_2, F; RL reg; ☠, (✠), ☺, (D), Z
T1.1.2.5 (licht), T1.4.1, T8.1.1
M 15–30(–65) cm. Stg aufrecht, übergebogen, scharfkantig. Blätter 2-zeilig. Perigon röhrig verwachsen, weiß mit grünen Spitzen, 11–15(–18) mm lg. Blüten meist einzeln od. zu 2, hängend, duftend, Staubfäden kahl. Beere blauschwarz, bereift.

3734 **Convallaria majalis** L.
Gewöhnliches Maiglöckchen (Gttg 3 sp)

I; K, s, ⑤; A, AV, M_1, M_2, F, K; RL –; ☠!, ✠, ☺, ?F, D, Z
T1.1, T1.1.1.4, T1.1.2.3, T3.1.6
M 10–20 cm. Rhizom kriechend. Blätter meist zu (1–)2(–4), br lanzettl., dem Rhizom entspringend, bis 22 cm lg, bis 5 scheidige, grundstdge Niederblätter. Blüten an kantigen Stgln, Perigon glockig (5–9 mm lg), verwachsen, weiß, nickend, in einseitswendiger Traube. Betörend duftend. Frucht rote Beere.

◀ 3735 **Asparagus officinalis** L. ▶
Gemüse-Spargel (Gttg 130–140 sp)

A?; K, s, ⑥, ♀♂; AV, M_1, M_2, F, K; RL –; ✠; A, ⚘, ☺, Z
L5.1.1, T6.2, T6.2.1.4 (gestört), T6.2.1.4.4, T8.1.2
M 30–120(–200) cm. Rhizom horizontal. Stg aufrecht, reich verzweigt, nadelfg fein »beblättert« (Scheinblätter, Kladodien, diese zu 4–15(–25) gebüschelt). Die frisch treibenden Stg werden gegessen, je nach Sorte u. Farbe als weißer od. grüner Spargel. Blüten grünl., etwas hängend, lg gestielt, (4–)4,5–6,5(–10) mm lg. Früchte rote Beere.
B Im Gebiet nur ssp *officinalis*.

3736 **Anthericum liliago** L. ▶
Astlose Graslilie (Gttg 50? sp)

I; H, s, ⑥, ⊛; AV, M_1, M_2, F; RL reg; Z
T1.1.2.4.1, T6.2.2.2.1, T8.1.1
M 30–60 cm. Stg aufrecht. Blätter grundstdg, grasartig, der traubige (slt rispige) Blütenstand blattlos. Perigon 3–5 cm ∅. Griffel kürzer als Perigon, Perigonblätter alle ± gleich. Kapsel 8–10 mm lg.
B Vorsicht: Formen mit leicht rispigen Blütenständen nicht mit 3737 verwechseln.

3737 **Anthericum ramosum** L. ▶▶
Ästige Graslilie

I; H, s, ⑧, ⊛; A, AV, M_1, M_2, F; RL reg; Z
T1.1.1.4, T1.4.1.3, T6.2..3.1, T6.2.2.2.3, T8.1.1
M 30–70 cm. Stg aufrecht. Blätter grundstg, rispiger (slt traubiger) Blütenstand blattlos. Perigon 2–3 cm ∅, Griffel länger als Perigon, innere Perigonblätter fast doppelt so br wie äußere. Kapsel 4–6 mm lg.
B Vorsicht: (3737a) var *fallax* Zabel mit traubigem Blütenstand, nicht mit 3736 verwechseln.

◀◀ 3738 **Muscari botryoides** (L.) Mill.
Kleine Traubenhyazinthe (Gttg 30 sp)

I; K, v, ②; AV, M_1, M_2, F; RL 3, §; Z
T1.1.2.3, T6.2.1.5.1, T6.2.2.2.4, T7.1.2 (m), T7.1.3, T7.3.2 (tro)
M 10–20 cm. Stg rund, mit endstdgr Traube. Blätter grundstdg, zu 2–3(–4), fast so lg wie Blütentrieb, steif aufrecht, gegen die stumpfe Spitze allmähl. verbreitert. Blütentraube dicht, 2–6 cm lg, Blüten geruchlos. Perigonröhre kugelig eifg, an der Spitze stark verengt, hellblau bis lila.

◀ 3739 **Muscari neglectum** Guss. ex Ten.
Weinbergs-Traubenhyazinthe

A; K, v, ⊙; AV, M_1, M_2; RL 3, §; D, Z
T6.2.2.2.3 (lückig), T7.5.2.1, T9.1.2.1, T9.3.2.1, T10.3.4.2
M 10–30 cm. Stg rund, Traube endstdg. Blätter grundstdg, zu 3–6, schmal linealisch, oberseits rinnig, schlaff, länger als Stg. Blütentraube dicht, 2–6 cm lg, Perigonröhre an der Spitze stark verengt, längl. eifg, schwarzviolett, duftend, Zipfel weißl.
B Inkl. (3739a) *M. racemosum* (L.) Lam. et DC., die nach Oberdorfer (1994) aber in S-D zu unterscheiden sein sollen.

3740 **Muscari comosum** (L.) Mill.
Schopfige Traubenhyazinthe

A; K, v, ⑥; AV, M_1, M_2; RL 3, §; Z
T6.2.1.4.4, T6.2.2.2.3 (gestört), T8.1.1, T9.1.2.1
M 30–70 cm. Stg rund, mit endstdgr Traube. Blätter grundstg, lineal, 10–25 mm br, am Rand fein gezähnt. Blütentraube locker, 8–25 mm lg, oben mit einem Schopf violetter, aufrechter, unfruchtbarer, lggestielter Blüten, untere Blüten grünl. bis olivbräunl., mit weiter Öffnung, Perigonzipfel grünl., Zwiebelinneres rosa (aus Naturschutzgründen aber bitte nicht ausgraben).

3741 **Muscari tenuiflorum** Tausch
Schmalblütige Traubenhyazinthe

I; K, v, ⑥; M_1; RL 3!, §
T6.2, T8.1.1
M 20–50 cm. Stg rund, mit endstdgr Traube. Blätter grundstdg, lineal, 2–12 mm br, glattrandig. Blütentraube locker, 10–25 mm lg, oben mit einem Schopf aufrechter, violetter, unfruchtbarer, wenig länger gestielter Blüten, untere Blüten grünl. weiß, mit enger Öffnung, Perigonzipfel schwarz. Zwiebel immer weiß (vgl. 3740).

3742 **Muscari armeniacum** Baker
Armenische Traubenhyazinthe

E; ⟨K, v⟩, ⊙; wo?; ⟨RL –⟩, § ?; Z
T1.3, wo noch?
M Ähnl. wie 3739, aber Blüten leuchtend azurblau, nicht bereift. Sterile u. fertile Blüten fast immer gleichfarbig, wenige Nebenzwiebeln u. frischgrüne linealische, schlaff liegende Blätter. Verblühte Blüten dunkeln nach. Als Herbarbeleg kaum zu unterscheiden.
B Heimat: SO-Europa, Kleinasien, Kaukasus, oft kultiviert, wirklich echt eingebürgert?

3743 **Scilla bifolia** L.
Zweiblättriger Blaustern (Gttg 40 sp)

I; K, v, ①, A, AV, M_1, M_2, RL reg, §; Z
L5.2.3, T1.1.1, T1.1.2.1, T1.1.2.3 (feucht), T1.1.2.4
M 10–20 cm. Stg rund, 2 Blätter. Blütenstand 2–7-blütig, Blüten hellblau (weiß, rosa), Krone 5–10 mm lg, Staubbeutel weinrot.
B Inkl. (3743a) *S. vindobonensis* Speta. RL R, §, noch andere Sippen in Kultur u. kurzfristig verwildernd. Kritische Gruppe, formenreich, vgl Adler et al (1994).

3744 **Scilla siberica** Haw.
Sibirischer Blaustern

E; ⟨K, v⟩, ⊙; M_1, M_2, F, wo noch?; RL –, §; ☠, Z
T8.2.1.1, T9.5.1
M 10–15 cm. Stg zu 1–3(–5), kantig, zusammengedrückt, 2–3 kräftig grasgrüne Blätter. Blütenstand 1–4-blütig, etwas glockig, nickend, Krone 12–25 mm lg, dkl azurblau (knospig: grünl. eisblau).
B Heimat: Ukraine, Kaukasus.

3745 **Scilla amoena** L.
Schöner Blaustern

E; ⟨K, v⟩, ⊙; M_1, K(Rügen); ⟨RL –⟩, (§); Z
T1.1.2.3, T1.3
M 15–25 cm. Stg zu 1–3, kantig, zusammengedrückt, (3–)4–5 hellgrüne Blätter. Blütenstand 2–8-blütig, sternfg offen, aufrecht, Krone 9–12 mm lg, porzellanblau, außen dklr als innen.
B Heimat: Unbekannt, W-Asien? Z. T. verschollen bzw. verwechselt.

3746 **Chionodoxa luciliae** Boiss. ▸
Gewöhnliche Sternhyazinthe (Gttg 6 sp)

U–E; ⟨K, v⟩, ⊙; O?; ⟨RL –⟩; Z
T1.3?
M 3–10(–14) cm. Meist 1 Stg mit 1–3 aufrechten Blüten, hellblau. Perigon am Grund verwachsen, 12–20 mm lg, mit verwaschenem, weißem Zentrum, Perigonröhre 2–4 mm. Staubbeutel gelb, Griffel 0,7–1,5 mm lg.
B Heimat: Türkei, weitere Sippen in Kultur u. stellenweise verwildernd.

3747 **Chionodoxa forbesii** Baker ▸▸
Große Sternhyazinthe

U–E lok; ⟨K, v⟩, ⊙; M_1, M_2, F; ⟨RL –⟩; Z
T1.3?
M 10–25 cm. Stg mit 4–15 Blüten, nickend. Blätter linealisch, grasgrün. Perigon am Grund verwachsen, 12–19 mm lg, mit klar abgegrenztem, weißem Auge. Perigonröhre 3–5 mm. Staubbeutel gelb, Griffel 0,7–1,5 mm lg.
B Heimat: Türkei. Diese Sippe ist die am häufigsten kultivierte u. verwildernde Art.

◂ 3748 **Chinodoxa sardensis** Whittall ex Barr & Sugden
Dunkle Sternhyazinthe

U–E lok; ⟨K, v⟩, ⊙; F; ⟨RL –⟩; Z
T1.3?
M 5–10 cm. Perigon am Grund verwachsen, himmelblau, ohne weißes Zentrum, 8–17 mm lg. Staubbeutel gelb, Griffel 2–3 mm lg.
B Heimat: Türkei.

3749 **Hyacinthoides non-scripta** (L.) Chouard ex Rothm. ▸
Atlantisches Hasenglöckchen (Gttg 3–4 sp)

I; K, v, ⑤; M_2; RL reg, §; ☠, D, Z
T1.1.2.3
M 15–40(–50) cm. Stg rund, 3–6 grundstdge Blätter. Perigon glockenfg, Staubfäden großteils mit Perigon verwachsen, 14–20 mm lg, Traube einseitswendig, an der Spitze nickend. Blüten duftend. Staubbeutel cremefarben, äußere länger als innere. Perigonzipfel zurückgerollt, blau (slt rötl., weiß).
◂ **B** Bastardiert mit (3749a) *H. hispanica* (Mill.) Rothm. und bildet einen schwer unterscheidbaren Schwarm von Übergangsformen. **M** 4–8 Blätter, Traube meist nicht einseitswendig, Blüten aufrecht, Kronzipfel nicht zurückgeschlagen, Staubbeutel blau, Blüten duftlos, Staubblätter alle gleich lg. Bei den **E**-Vorkommen, die stellenweise sehr ausgedehnt sein können, handelt es sich (zumindest in NRW) immer um (3749b) *H.* × *massartiana* Geerink, die Hybride 3749 × 3749a, die in allen Merkmalen 3749a sehr nahe steht (Loos).

3750 **Allium** ⟨**lusitanicum** Lam.⟩ ▸
Berg-Lauch (Gttg ca 690 sp)

I; K, s, ⑧; A, AV, M_1, M_2, F; RL reg
T6.2.1.4, T6.2..2.2, T6.2.2.2.1
M 10-40 cm. Stg oben scharfkantig, Blätter ± grundstdg bzw. von einem Punkt ausgehend, flach, dickl., mit Lauchgeruch. Blüten in kugeligen Scheindolden, purpurn bis purpurlila, Staubblätter länger als Perigon. Zwiebel rhizomartig walzl.

3751 **Allium angulosum** L.
Kantiger Lauch

I; K, s, ⑥; A, AV, M_1, M_2, F; RL 3
L3..5, T7.3.2, T7.3.3
M 20–60(–70) cm. Stg oben scharf 3-kantig, Blätter ± grundstdg bzw. von einem Punkt ausgehend, unterseits scharf gekielt mit Lauchgeruch. Blüten in zieml. flachen Scheindolden, hellpurpurn (slt weiß). Staubblatt höchstens so lg wie Perigon. Zwiebel rhizomartig walzl.

3752 **Allium strictum** Schrad.
Steifer Lauch

I; K, s, ⊙; M_2; RL 2, §
T6.1.2.3, T6.2..3
M 20–50 cm. Stg rund, unten netzfaserig (scheinbar) beblättert, Blätter in verschiedenen Höhen vom Stg abgehend, abgerundet, mit Lauchgeruch. Perigon purpurn. Scheindolde ohne Brutzwiebeln. Innere Staubblätter am Grund abrupt verbreitert, mit jederseits einem kurzen Zahn.

3753 **Allium suaveolens** Jacq.
Wohlriechender Lauch

I; K, s, ⊙; A, AV, (M_1); RL 3; D
T7.3.2 (präalpin)
M 20–50 cm. Stg rund, unten (scheinbar) beblättert, Blätter 1,5–3 mm br, unterseits gekielt, mit Lauchgeruch. Scheindolde ohne Brutzwiebeln, Hüllblätter kürzer. Blüten purpurn, wohlriechend. Innere Staubblätter am Grund allmähl. verbreitert, zahnlos, länger als Perigon (vgl 3751!)

3754 **Allium schoenoprasum** L.
Schnitt-Lauch

I; K, s, ⑥; A, AV, M_1, M_2, F, K; RL reg;
S2.2.2, T5.1.2.2.1, T6.2.1.4.4, T7.3.2, T7.4.1
M 15–30(–50) cm. Blätter stielrund, hohl, grasgrün, scheidig etwas den runden Stg herablaufend, mit Lauchgeruch. Blütenstand fast kugelig, ohne Brutzwiebeln, Perigon rosarot bis hellpurpurn. Staubblätter ungezähnt.
B Im Gebiet nur ssp *schoenoprasum*. Sehr variabel. Die früher abgetrennten var *alpinum* DC. = ssp *sibiricum* (L.) K. Richt. verdienen keinen taxonomischen Rang.

3755 **Allium victoralis** L.
Allermannsharnisch

I; K, s, ⊙; A, AV, M_1; RL reg, §; ☺, Z
T3.1.1, T3.1.6, T3.4.2.2
M 30–50 cm. Stg rund, (scheinbar) beblättert, (Scheiden umfassen ⅓ bis ½ des Stgs). Blätter 2–5 cm br, elliptisch, lanzettl., ± gestielt, mit Lauchgeruch. Blüten weißl. bis grünl. gelb, (3–)4–6 mm lg, in kugeligen Scheindolden, vor dem Aufblühen nickend.

3756 **Allium oleraceum** L.
Kohl-Lauch

I; K, v, ⑧; AV, M_1, M_2, F, K; RL reg
T6.2.1.4, T6.2.2.2, T9.1.2.1, T9.3.2.1, T10.3.4.2
M 30–70(–100) cm. Stg rund, unten (scheinbar) beblättert. Blätter in verschiedenen Höhen vom Stg abgehend, unten halbstielrund rinnig, zur Spitze abflachend, hohl, 4–5 mm br, ohne Blatthäutchen (im Vergleich zu 3762!), mit Lauchgeruch. Scheindolde meist mit vielen, violett überlaufenen Brutzwiebeln, Blüten dazwischen grünl. weiß od. rot überlaufen. Staubbeutel kaum länger als Perigon.

3757 **Allium carinatum** L. ssp **carinatum**
Gekielter Lauch i. e. S.

I; K, s, ⊙; A, AV, M_1, (M_2), F; RL 3; Z
T6.2.2.2.3, T7.3.2
M 20–60 cm. Stg rund, unten (scheinbar) beblättert, Blätter in verschiedenen Höhen vom Stg abgehend, flach, kaum rinnig, 2–4 mm br, mit Lauchgeruch. Perigon 5–7 mm lg, purpurn, Blütenstiele 4–6mal so lg wie Perigon, Blüten zu 0–30, meist unfruchtbar. Blütenstand mit grünen Brutzwiebeln.

3758 ssp **pulchellum** Bonnier & Layens
Schöner Lauch

I; K, v, ⊙; AV; RL R
T6.2.1.4, T6.2.2.2.1
M Ähnl. wie 3757, aber Blätter 1–2 mm br, oberseits gefurcht. Blütenstand ohne Brutzwiebeln, Blütenstiele nur 2–4mal so lg wie Perigon, dieses nur 4–5 mm lg. Blüten zahlreich, meist fruchtbar, daher zahlreiche Früchte ausbildend.
B Rang der Sippe umstritten.

3759 **Allium scorodoprasum** L.
ssp **scorodoprasum**
Schlangen-Lauch

I; K, v, ⑥; AV, M_1, M_2, F, K; RL reg; ✋
L5.2.3, T7.3, T9.1.2.1, T10.3.3.1, Stromtalpfl
M (30–)60–100 cm. Stg rund, unten (scheinbar) beblättert. Blätter in verschiedenen Höhen vom Stg abgehend, flach, am Rand bewimpert, auf Mittelnerv rau, schwach gekielt, 6–8(–10) mm br, mit Blatthäutchen, mit Lauchgeruch. Perigon dklpurpurn. Staubblätter mit Zähnen, kürzer als Perigon. Scheindolden mit Brutzwiebeln. 2 Hüllblätter, kürzer als Dolde, ausdauernd.

3760 ssp **rotundum** (L.) Stearn
Rundköpfiger Lauch

I; K, s, ⑥; AV, M_1, M_2; RL 3
T6.2.2.2 (lückig), T9.1.1.3, T9.3.2.1, T10.3.4.2
M Ähnl. wie 3759, aber nur 30–60 cm. Blätter 4–8(–10) mm br, glatt, nur zur Spitze rau, zur Blütezeit verwelkt. Zwiebel gestielt, meist mit roten Nebenzwiebeln. Scheindolde ohne Brutzwiebeln, 1 Hüllblatt, hinfällig, Staubblätter ± so lg wie Perigon, Zähne darüber hinausragend.
B Verwechslungsgefahr mit 3761.

3761 **Allium sphaerocephalon** L.
Kugelköpfiger Lauch

I; K, s, ⑧; M_1, M_2; RL 3; Z
T6.2..3.2, T6.2.1.4, T6.2.2.2 (jeweils lückig)
M 30–50 cm. Stg rund, unten (scheinbar) beblättert. Blätter in verschiedenen Höhen vom Stg abstehend, halbstielrund bis rund, mit Lauchgeruch. Staubblätter mit 2 fädl. Zähnen, länger als Perigon. Scheindolden ohne Brutzwiebel. Hüllblätter kürzer als Dolde. Zwiebel immer ohne Nebenzwiebeln.
B Variabel, im Gebiet nur ssp *sphaerocephalon*.

3762 **Allium vineale** L.
(Weinberg)-Lauch

I; K, s, ⑥; AV, M_1, M_2, F, K; RL reg; ✋, ☺
T7.1.2, T8.2.1.2, T9.1.2.1, T9.3.2.1, T10.3.3.1, T10.3.4.2
M 30–50(–70) cm. Stg rund. Blätter röhrig (v. a. zur Spitze hin), hohl, oberseits etwas rinnig, mit der Scheide den Stg umfassend, mit Blatthäutchen, bläul. grün, mit Lauchgeruch. Blüten rot, grünl. od. weiß, Staubblatt mit 2 lgn Zähnen, oft völlig fehlend, dann der ganze kugelige Blütenstand von Brutzwiebeln eingenommen.

◂3763 **Allium nigrum** L.
Schwarzer Lauch

E?; ⟨K⟩, ⊙; AV; ⟨RL –⟩
T9.1.1.3, T9.3.2.1
M 40–80 cm. Stg rund, unbeblättert, 3–4 grundstdge Blätter, 2–5 cm br, br lanzettl., gestielt, mit Lauchgeruch. Blüten grünl. weiß, zuw. mit rötl. Mittelstreif, Früchte schwärzl.
B Heimat: Mittelmeergebiet.

◂◂3764 **Allium ursinum** L.
Bär-Lauch

I; K, v, ⑤; A, AV, M_1, M_2, F; RL reg; ✠, ✂, ☺, D, Z
L5.2.3, T1.1.1 (feucht), T1.1.2.1, T1.1.2.3
M 15–30 cm. Stg unbeblättert, 1–2 grundstdge Blätter, 2–5 cm br, elliptisch lanzettl., ± gestielt, mit Lauchgeruch. Blüten weiß, zu 6–20 in Scheindolden, duftend, Perigon spitz, ausgebreitet, Narbe einfach. Blütenstiele durch zahlreiche Papillen rau.
B Im Gebiet nur ssp *ursinum*. Im Osten ist allerdings auf (3764a) ssp *ucrainicum* Kleopow & Oxner mit glatten Blütenstielen zu achten.

◂3765 **Allium paradoxum** (M. Bieb.) G. Don
Seltsamer Lauch

E; K, s, ③; AV, M_1, M_2, F; RL –
L5.2.3, T1.3, T8.2.1.2
M 20–30 cm. Stg unbeblättert, 3-kantig, 1(–3) grundstdge Blätter, ca 2 cm br, elliptisch lanzettl., ungestielt, mit Lauchgeruch. Blüten weiß, lggestielt, mit od. ohne grüne Brutzwiebeln, zu (1–)2–5(–10) in Scheindolden. Perigon stumpf, aufrecht, bis zur Fruchtreife erhalten, Narbe 3-zipfelig. 1–2 Stg tragen zuw. 1 kleines Hochblatt.
B Heimat: Kaukasus, Iran, Turkmenien.

•3766 **Galanthus nivalis** L. ▸
Kleines Schneeglöckchen (Gttg ca 12 sp)

I; K, v, ①; AV, M_1, syn.: A–K; RL 3, C, F; ☠, ✠, ☺, Z
T1.1.1 (fri), T1.1.2.4
M 10–15(–40) cm. Stg aufrecht, in Trupps zusammen. 2 grundstdge, linealische, blaugrüne Blätter, am Grund scheidig umhüllt. Blüten einzeln, nickend, weiß, innere Perigonblätter krönchenartig zusammengeneigt, nur an der Spitze mit grünem Fleck, äußere spreizend, doppelt so lg wie innere. Verwachsene, weißhäutige Hochblattscheide.
B Siehe Bemerkung 58, Seite 720.

◂◂3767 **Leucojum vernum** L.
Frühlings-Knotenblume, (Gttg 10 sp)
Märzenbecher

I; K, v, ①; A, AV, M_1, M_2, (F); RL 3, §; ☠, D, Z
L5.2.3, T1.1.1, T1.1.2.1, T1.1.2.3
M 10–30 cm. Stg aufrecht, hohl, 1(–2)-blütig, 3–4 grundstdge, dkl grasgrüne Blätter. Alle 6 Perigonblätter gleich lg, glockig, alle an der Spitze mit grünl. od. gelbl. Fleck, duftend. Scheidige Hochblätter vorhanden. Frucht eine birnenfge, fleischige Kapsel, Samen weißl.

◂3768 **Leucojum aestivum** L.
Sommer-Knotenblume

E; K, s, ⊙; M_1, F (östl.); RL reg, §; Z
L5.2.3, S8.1, T7.3.5
M 30–60 cm. Stg aufrecht, 3–7-blütig, in Büscheln wachsend. Blätter bis 50 cm lg, 5–20 mm br. Blüten weiß, jedes Perigonblatt an der Spitze mit grünl. Fleck. Blüten nacheinander aufblühend. Samen schwarz.
B Heimat: S- bis SO-Europa.

3769 **Narcissus pseudonarcissus** L. ▸
Gelbe Narzisse, Osterglocke (Gttg 27 sp)

I; K, v, ②; M_1, M_2, syn.: AV–K; RL 3, §; ☠, ✠, Al, ☺, D, Z
T6.2.1.5, T7.1.3, syn.: T1.3, T9.2..2, T10.3.3.4.3
M 15–30 cm. Stg aufrecht, 2-kantig. Blätter grundstdg. Blüten gelb, mit lgr, becherfgr dottergelber Nebenkrone (> 15 mm lg), diese so lg wie sternfg abstehendes Perigon.
B Es existieren viele Kultursorten und Hybriden, die oft verwildern, die Nebenkrone ist dabei oft kürzer als das Perigon, Pfl oft höher.

3770 **Narcissus poeticus** L. ▸▸
Dichter-Narzisse

E; ⟨K, v⟩, ⊙; M_1; RL –, §; ✠, D, Z
T7.3.2.3
M (15–)30–50 cm. Stg aufrecht. Blätter grundstdg, etwas blaugrün, 20–40 cm lg, 6–12 mm br. Blüten weiß, mit kurzer, schüsselfgr Nebenkrone (< 7 mm), diese gelbl. mit rötl. krausigem Rand. Blütenblätter am Grund kaum verschmälert, sich deckend. Staubblätter ungleich lg, nur 3 die Nebenkrone überragend.
B Heimat: W-Europa.

◂ 3771 **Narcissus radiiflorus** Salisb.
Stern-Narzisse

I; K, v, ④; M_1; RL 2, §; D
T7.1.3
M 15–40 cm. Stg aufrecht, zusammengedrückt. Blätter 4, grundstg, 20–40 cm lg, 2–5 mm br, graugrün. Blüten weiß, Blütenblätter am Grund keilfg verschmälert, sich nicht deckend. Alle 6 Staubblätter die Nebenkrone überragend.

3772 **Tofieldia calyculata** (L.) Wahlenb. ▸
Gewöhnliche Simsenlilie (Gttg 2 sp)

I; H, w, ⑥; A, AV, M_1, M_2 (östl.); RL 3+; Z
S2.2.2, T3.4.2.1, T7.3.2
M 10–30(–50) cm. Stg aufrecht, kahl. 1–4 Blätter, 2-zeilig, *Iris*-artig reitend, lineal-lanzettl., 2–15 cm lg, 3–11-nervig, allmähl. zugespitzt. Blüten in endstdgn, 2–6 cm lgn Trauben, 15–30-blütig, Perigon 2–3 mm lg, blass gelbl. grün, oft mit rötl. Spitze. Blütenstiele mit 3-teiligen Vorblättern, Deckblätter unzerteilt.

◂◂ 3773 **Tofieldia pusilla** (Michx.) Pers.
Kleine Simsenlilie

I; H, w, ⊙; A; RL R; Z
S2.2.2, S2.2.3, T3.4.2.1
M Ähnl. wie 3772, aber kleiner, (2–)5–12(–15) cm, Blüten weißl., Blütenstiele ohne Vorblätter, in meist kopfiger Traube, 0,5–2 cm lg, Deckblätter 3-lappig.
B Eine Aufteilung in ssp ist nicht aufrecht zu erhalten, s. Adler et al 1994, S. 909.

◂ 3774 **Veratrum album** ssp **album**
Weißer Germer i. e. S. (Gttg 15–20 sp)

I; H, s, ⑧; A; RL reg; ☠!, ✠, ☺, Z
T3.1.1, T3.1.2
M 50–150 cm. Stg aufrecht, Blätter schraubig angeordnet, br eifg bis elliptisch, bis 35 cm lg, stark längs gefaltet, unterseits flaumig behaart. Blütenblätter 7–15 mm lg, innen weiß, außen grünl. bis schmutzig gelb, Hochblätter viel länger als Blütenstiele, Blüten in dichten, traubigen Rispen. Frucht behaart.

3775 ssp **lobelianum** (Bernh.) Arcang.
Grünlicher Germer

I; ⟨H, s⟩, ⊙; A, AV, M_1; RL ?; ☠!, ✠, ☺, Z
L5.2.3, T7.3.2
M Sehr ähnl. wie 3774, aber Blütenblätter beiderseits grünl., Hochblätter wenig länger als Blütenstiele. Vorherrschende Sippe in tieferen Lagen.
B Die Sippengliederung ist keineswegs abgeklärt.

3776 **Hemerocallis fulva** (L.) L.
Gelbrote Taglilie (Gttg ca 15 sp)

E; ⟨K, s⟩, ⊙; AV, M_1; RL –
L5.1
M 60–120 cm. Stg rund, aufrecht, unbeblättert. Blätter zahlreich, grundstdg, 30–90 cm lg, 1–3 cm br. Perigon orange bis blass ziegelrot, geruchlos, nur 1 Tag haltend, innen wellig krausrandig, 6–12 cm lg, Zipfel stumpf, bis zu 20 Blüten im Blütenstand. Bei uns keine Samen bildend.
B Heimat: China.

3777 **Hemerocallis lilioasphodelus** L.
Gelbe Taglilie

E; ⟨K, s⟩, ⊙; M_1; RL –; D, Z
T7.3
M 80–100 cm. Stg rund, aufrecht, unbeblättert. Blätter zahlreich, grundstdg, 40–80 cm lg, 6–12 mm br, gekielt. Blüten zu 6–12. Perigon hellgelb, glattrandig, 5–7(–8) cm lg, Zipfel spitz. Pfl bildet bei uns keine Samen.
B Heimat: NO-Italien, Slowenien, evtl. aus O-Asien?

3778 **Gagea villosa** (M. Bieb.) Sweet
Acker-Gelbstern (Gttg 70 sp)

A; K, v, ②; AV, M_1, M_2, F; RL 3
T1.3, T9.1.1.1.2, T9.1.1.3, T9.1.2 1.3
M 10–15 cm. Stg bis auf Hochblätter unbeblättert, Jugendblätter drehrund, am Grund rötl., behaart, grundstdge Blätter flach, 1–2(–4) mm br, grün. Blüten zu (2–)5–12(–14), 2–3 cm lg gestielt, Perigon spitzl., Griffel meist ± kurzhaarig. Blütenstiele ± flaumig behaart, auch Hochblätter, diese fast gegenstdg, den Deckblättern genähert. 2 von gemeinsamer Haut umschlossene Zwiebeln.

3779 **Gagea bohemica** (Zauschn.) Schult. & Schult. f. ssp **bohemica**
Böhmischer Felsen-Gelbstern

?; ⟨K, v⟩, ①; M_2, wo noch?; RL ?
T5.2.3, T.1.2.1, T6.2..3.1 (lückig)
M 3–8 cm. Stg bis auf Hochblätter unbeblättert, Jugendblätter drehrund, ± kahl, grundstdge Blätter fädig, drehrund, 0,5–1 mm br, blaugrün. Blüten zu 1–3, gelb, 0,2–1 cm lg gestielt, Perigon vorn stumpfl. (spatelig), Blütenstiele ± flaumig behaart, auch Hochblätter, diese von Deckblättern entfernt. 2 von gemeinsamer Haut umschlossene Zwiebeln. Fruchtknoten verkehrt herzfg, Seiten vertieft.

3780 ssp **saxatilis** (Mert. & W. D. J. Koch) Asch. & Graebn.
Gewöhnlicher Felsen-Gelbstern

I; K, v, ①; M_1, M_2, F (östl.); RL 3+
wie 3779
M Ähnl. wie 3779, aber grundstdge Blätter nicht fädig sondern rinnig, auch Stg zottig behaart, Perigon längl. lanzettl. Fruchtknoten verkehrt eifg, Seiten gewölbt.

◄ 3781 **Gagea spathacea** (Hayne) Salisb.
Scheiden-Gelbstern

(✫) **I**; K, v, ②; M_2, F, K, RL 3!!
L5.2.3, T1.1.1, T1.1.2.3
M 10–20 cm. Stg bis auf Hochblätter unbeblättert, 2 grundstdge Blätter fadenfg, meist drehrund, 1–1,5 mm br. Hochblätter oft etwas vom Blütenstand abgesetzt, mit br stgumfassendem Grund u. Kapuzenspitze. Perigon stumpfl., gelb. 2 von gemeinsamer Haut umschlossene Zwiebeln.

3782 **Gagea minima** (L.) Ker-Gawl. ►
Kleiner Gelbstern

I; K, v, ⊙; M_1, M_2, F, K; RL reg
T1.1 (licht)
M 8–15 cm. Stg bis auf Hochblätter unbeblättert, 1(–2) grundstdge Blätter, ohne Kapuzenspitze, flach, 1–2 mm br, Jugendblätter am Grunde rötl., drehrund. Perigon gelb, zugespitzt, oft nach außen gekrümmt. Blütenstiele meist kahl, aber Hochblätter bewimpert.

◄ 3783 **Gagea lutea** (L.) Ker-Gawl.
Wald-Gelbstern

I; K, v, ②; A, AV, M_1, M_2, F, K; RL reg
L5.2.3, T1.1.1, T1.1.2.3, T1.3
M 10–20 cm. Stg bis auf Hochblätter unbeblättert, 1(–2) grundstdge Blätter, ± flach, mit Kapuzenspitze, reingrün, aber 7–10(–15) mm br, schwach gekielt. Jugendblätter kantig, gleichmäßig grün, allenfalls weißl. an Austrittstelle am Boden. Perigon gelb, stumpfl., Blütenstiele meist kahl, aber Hochblätter bewimpert. Nur 1 Zwiebel.

3784 **Gagea pratensis** (Pers.) Dumort. ►
Wiesen-Gelbstern

I; K, v, ②; AV, M_1, M_2, F; RL reg
T1.3, T6.1.2.2, T6.2.2.2.3, T9.1, T9.1.1.3, T9.3.2.1
M 10–20 cm. Stg bis auf Hochblätter unbeblättert, 1 grundstdges Blatt (slt 2), flach, ohne Kapuzenspitze, 3–6 mm br, deutl. gekielt, etwas bläul. grün, am Grund rötl., Jugendblätter kantig, am Grund meist rötl., Perigon gelb, stumpfl., Blütenstiel kahl, aber Hochblätter bewimpert, nicht scheidig, die Blüten meist deutl. überragend. Hauptzwiebel mit 2 nackten, liegenden, gelbl. Nebenzwiebeln.

◄ 3785 **Gagea pomeranica** Ruthe
Pommerscher Gelbstern

I; ⟨K, v⟩, ⊙; M_1, M_2, F (östl.); RL ?
T7.3 (lückig)
M Ähnl. wie 3784, aber unterstes Hochblatt mit br eifgm Grund, das nächste u. Blütenstiele umfassend, die Blüten meist nicht überragend. Frucht nach oben verbreitert. Meist nur 1 Nebenzwiebel.

3786 **Gagea fragifera** (Vill.) Ehr. Bayer & G. López ►
Röhriger Gelbstern

I; K, v, ⊙; A; RL –
T3.1.2, T3.4.3/T7.2.2
M 6–12(–20) cm. Stg bis auf Hochblätter unbeblättert. (1–)2 grundstdge Blätter, diese röhrig, hohl, halbstielrund, zottig behaart, 2–3 mm br. Perigon gelb, stumpfl., Blütenstiele behaart. 2 von gemeinsamer Haut umschlossene Zwiebeln.

◂3787 **Lloydia serotina** (L.) Rchb.
Späte Faltenlilie (Gttg 12 sp)

I; K, s, ⊙; A; RL R, §
T3.2.3
M 5–15(–40) cm. Stg gleichmäßig beblättert, linealisch, grasartig, 2 fadenfge Grundblätter, 7–20 (–30) cm lg. Blüten, v. a. innen, weiß, meist einzeln (bis 3), am Grund mit kleiner schüsselfgr Nektardrüse (im Gegensatz zur Gttg *Gagea*, die keine Nektardrüsen aufweist).

3788 **Lilium martagon** L. ▸
Türkenbund-Lilie (Gttg 100 sp)

I; K, s, ⑦; A, AV, M_1, M_2, F (östl.); RL reg §; ☺, Z
T1.1.1, T3.1 (sa)
M 30–100(–150) cm. Stg reich beblättert, mittlere Blätter quirlig, längl. spatelfg., Blüten groß, purpurn gefleckt, nickend, Perigon zurückgerollt, in (1–)3–10(–20)-blütigen Trauben.

3789 **Lilium bulbiferum** L. ssp **bulbiferum** ▸▸
Wiesen-Feuer-Lilie

I; K, s, ⑦; A, AV, M_1, M_2; RL 3, §; ☺, Z
T3.4.2.1, T7.1.3, T8.1.1
M 20–80(–90) cm. Stg reich beblättert, alle Blätter wechselstdg, lineal-lanzettl., in den oberen Achseln oft Brutknöllchen. Blüten gr. meist ⚥, feuerrot, in der Mitte heller, dklbraun gefleckt, oft ungefleckt, aufrecht, einzeln od. bis zu 5 in Dolden. Kapsel stumpfkantig.

3790 ssp **croceum** (Chaix) Arcang. ▸
Acker-Feuer-Lilie

E; ⟨K, s⟩, ⊙; F, wo noch?; ⟨RL 1⟩, §; ☺, Z
T9.1.1
M Ähnl. wie 3789, aber slt mit Brutknöllchen, zuw. mit rein ⚥ Blüten, Blüten mehr dklorange, mit hellerem Mittelteil, mit schwarzen Flecken, in D nur auf Äckern. Kapsel scharfkantig.
B Über die Vorkommen in NW-Deutschland s. Bos (1991).

◂◂3791 **Fritillaria meleagris** L.
Gewöhnliche Schachblume, Kiebitzei (Gttg 100 sp)

A; K, v, ③; AV, M_1, M_2, F, K; RL 2, §; ☠, Z
T 7.1.2, T7.3.2
M 15–30 cm. Stg beblättert, mit 4–5 schmal linealisch rinnigen Blättern, graugrün. Blüten 1(–3), glockig, nickend, 3–3,7 cm lg, trübrot, heller kariert, oft weiß, Schachbrett dann zart od. slt reinweiß ohne Musterung.

◂3792 **Tulipa sylvestris** L.
Wilde Tulpe (Gttg ca 100 sp)

A; K, v, ④; AV, M_1, M_2, F, K; RL 3, §; D, Z
T1.3, T8.2.1.2, T9.1.2.1, T9.3.2.1
M 20–40 cm. Pfl neben Zwiebeln mit 10–25 cm lgn Ausläufern. Stg mit 2–3(–4) cm breiten, schmal lanzettl., flachen Blättern. Blüten einzeln, 3,5–6,3 cm lg, gelb, außen grünl. gezeichnet, zugespitzt, zuerst nickend dann aufgerichtet, Staubfäden am Grund stark behaart. Sehr oft nicht blühend, dann mit 1 grundstgn Blatt.
B Im Gebiet nur ssp *sylvestris*.

◄ 3793 **Narthecium ossifragum** (L.) Huds.
Moor-Ährenlilie, Beinbrech (Gttg 7 sp)

I; H, w, ®, M_2, F, K; RL 3, §; ☠, Z
S2.3/T4.5
M 10–30 cm. Pfl mit dünnem, kriechendem Rhizom, ohne Zwiebeln. Stg beblättert, Blätter lineal, 2-zeilig, zart, irisartig reitend. Blüten innen gelb, außen grünl., 12–16 mm ∅, in endstdgn Trauben. Staubfäden wollig gelb behaart.

3794 **Ornithogalum nutans** L. ►
Nickender Milchstern (Gttg ca 200 sp)

E; K, v, ⊙; AV, M_1, M_2, F; RL reg; Z
T1.3, T8.2.1.2, T9.1.2.1
M 20–40 cm. Stg blattlos, 4–6 grundstdge Blätter, schlaff, br lanzettl., 6–13 mm br, ausdauernd. Blüten glockig, sternfg, hängend (anfangs aufrecht), innen weiß, außen grünl., zu 3–12 in einseitswendigen Trauben. Staubblätter perigonartig verbreitert, mit 3 Zähnen an der Spitze, der mittlere die Staubbeutel tragend, Bauchleiste der inneren Staubblätter ohne Zahn.
B Heimat: östl. Mittelmeergebiet.

▼

►

▲
3795 **Ornithogalum boucheanum** (Kuntze) Asch.
Bouchés Milchstern

E; ⟨K, v⟩, ⊙; M_1, M_2, wo noch?; RL –; Z
T1.3
M Ähnl. 3794, aber Bauchleiste der inneren Staubblätter mit oft hakig gebogenem Zahn, seitl. Zähne überragen Staubbeutel. Blätter bis 1,5 cm br, oft mit hellem Mittelstreif. Blütenstand dicht, Perigon mit sehr breitem, grünem Mittelstreifen.
B Heimat: O- bis SO-Europa. Sehr kritische Sippe, da auch Hybride 3794 × 3795 so hfg wie die Eltern auftritt. Zudem wird sie oft mit 3794 verwechselt. Vgl. Ludwig & Lenski (1969).

◄ 3796 **Ornithogalum umbellatum** L.
Breitblättriger Dolden-Milchstern

A; K, v, ④; AV, M_1, M_2, F, K; RL reg; (☠), ☺, Z
T1.3, T7.1.2, T8.2.1.2, T9.1.2.1, T9.3.1, T9.3.2.1, T9.5.1
M 10–30 cm. Stg blattlos, 6–9 grundstdge Blätter, linealisch, tief rinnig, 5–9 mm br, grün mit weißem Mittelstreifen. Blüten sternfg ausgebreitet, weiß, zu 10–15 in traubigen Dolden, Perigon 3,5–6 mm lg, Staubbeutel fädig. Fruchtstiele 4–11 cm lg, zurückgebogen. Zwiebel mit 20–100 kugeligen Brutzwiebeln, die im 1. Jahr nicht austreiben.

3797 **Ornithogalum angustifolium** Boreau
Schmalblättriger Dolden-Milchstern ohne Abb.

A; ⟨K, v⟩, ⊙; M_1, M_2, F; RL ?; Z
wie 3794 ?
M Ähnl. wie 3796, aber ovale Zwiebel ohne kugelige Brutzwiebeln (nur wenige längl.), schon im 1. Jahr mit fädigem Blatt, Fruchtstiele aufrecht od. abstehend.

3798 **Ornithogalum kochii** Parl.
Kochs Milchstern

?; K, v, ⊙; AV, M_1, M_2; RL 2
T6.2
M 8–10 cm. Stg blattlos, Blätter grundstdg, 1–2 mm br, mit undeutlichem, weißem Mittelstreifen. Blüten sternfg ausgebreitet, weiß, in Dolden, Perigon 3–4 mm br, Staubbeutel fädich. Fruchtstiele zuletzt aufrecht abstehend. Pfl meist ohne Brutzwiebeln.
B Unsichere Sippe, ganze Gruppe bedarf noch eingehender Studien.

3799 **Ornithogalum pyrenaicum** L.
Pyrenäen-Milchstern

I; K, v, ⊙; M_1; RL 3; (✂)
T1.1.2.3
M 30–80 cm. Stg blattlos, 5–6 grundstdge Blätter, hinfällig. Blüten sternfg, aufrecht, gelbl. grün, ohne Mittelstreif, zu 20–50 in Trauben, Staubbeutel fädl., Kapsel eifg.
B Im Gebiet nur ssp *pyrenaicum*. Die weißblütige, kugelfrüchtige (3799a) ssp *sphaerocarpum* (A. Kerner) Hegi im angrenzenden O-Europa u. S-Italien.

3800 **Ornithogalum** ⟨**brevistylum** Wolfner⟩
Pyramiden-Milchstern

E; ⟨K, v⟩, ⊙; M_1; RL ?
T6.2, T9.1.9
M Bis 100 cm. Stg blattlos, 4–6 grundstdge Blätter, fleischig, rinnig, graugrün, ausdauernd. Blüten sternfg ausgebreitet, weiß, mit grünem Mittelstreifen, zu 20–50 in Trauben. Staubbeutel fädl., Fruchtstiele angedrückt.
B Heimat: S- bis SO-Europa.

3801 **Colchicum autumnale** L.
Herbst-Zeitlose (Gttg ca 65 sp)

I; K, s, ⑨; A, AV, M_1, M_2, F, K; RL reg; ☠!, ✠, ☺, Z, ?F
L5.2.3, T7.1.2, T7.3.2
M Blüten 5–25 cm, Blätter bis 35 cm. Stg fehlend. Dklgrüne, dickl. Blattrosette mit stgloser Frucht im Frühjahr, Blüten im Spätsommer, offen sternfg mit lgr Blütenröhre, blassviolett, slt weiß, mit 3, bis zum Grund freien Griffeln. Fruchtknoten unterirdisch.
B Die Blüten der Herbst-Zeitlose sind mit die größten in unserer Flora.

3802 **Crocus vernus** (L). Hill ssp **vernus**
Frühlings-Krokus i. e. S. (Gttg ca 80 sp)

E; ⟨K, v⟩, ⊙; M_1, F, wo noch?; RL reg, §; ☠, Z
T1.3
M 10–25 cm. Stg fehlend. Blätter grundstdg, schmal lineal, 4–8 mm br, mit weißem Mittelstreif, zur Blütezeit vorhanden. Blüten glockig, aufgerichtet, mit lgr Blütenröhre, innen am Grund behaart (nur frisch gut zu sehen), in der gleichen Farbe wie Perigonzipfel, diese 30–50 mm lg, kräftig dklviolett, slt weiß, z. T. gestreift. Griffel meist so lg od. länger als Staubblätter. Fruchtknoten unterirdisch.
B Siehe Bemerkung 59, Seite 720.

3803 ssp **albiflorus** (Kit.) Asch. & Graebn.
Weißer Krokus

I; K, v, ①; A, AV (syn.: M_1); RL 3, §; ☠
T3.1.2, T3.4.3/T7.2.2, T6.2.1.5.4, T7.1.3
M 4–12(–15) cm. Ähnl. wie 3802, aber Blüten weiß, seltener schwach violett (oft am Grund). Griffel meist kürzer als Staubblätter.

◂ 3803a **Crocus tommasinianus** Herb.
Elfen-Krokus

E lok; ⟨K, v⟩, ⊙; F; ⟨RL –⟩; Z
T1.3
M 10–15 cm. Stg fehlend. Blätter grundstdg, schmal lineal, 2–3 mm br, mit weißem Mittelstreifen, zur Blütezeit vorhanden. Blüten glockig, aufgerichtet, mit lgr, weißl. Blütenröhre, Perigonzipfel blass fliederfarben bis purpurn, außen oft silbern überhaucht.
B Heimat: SO-Europa.

3804 **Sisyrinchium bermudiana** L. s. l. ▸
Schmalblättriges (Gttg 80 sp)
Blauaugengras i. w. S.

I; ⟨H, s⟩, ⊙; AV, M_1, M_2, F; RL –; Z
L5.2, T6.2.2.2, T7.3.2
M 10–25(–40?) cm. Stg steif aufrecht, geflügelt, unverzweigt (slt gegabelt). Blätter grasartig, 2–3 mm br. Blüten sternfg ausgebreitet, ca 2 cm ∅, himmelblau, blauviolett, am äußeren Rand spärl. behaart. Narben fädl.
B Sippenschwarm, deren Eigenständigkeit noch umstritten ist. Unter Umständen kommt davon nur *S. montanum* E. L. Greene in D vor.

◂◂ 3805 **Iris aphylla** L.
Nacktstängelige Schwertlilie (Gttg ca 210 sp)

I; K, s, ⊙; M_2; RL 2!!, §; Z
T6.1.2.3, T8.1.1.1
M 10–40 cm. Pfl zieht im Winter vollständig ein. Stg rund, aufrecht, vom Grund her stark verzweigt, Blätter 2-zeilig reitend, krautig. Hochblätter krautig, nur am Rand trockenhäutig, zuw. purpurrot überlaufen. Blüten in allen Teilen rein dklviolett, Bart weiß.

◂ 3806 **Iris variegata** L.
Bunte Schwertlilie

I; H, s, ⊙; AV, M_1; RL 1, §; Z
T1.1.2.4, T5.2.3, T8.1.1
M 20–40 cm. Stg rund, aufrecht, wenig verzweigt, Blätter 2-zeilig reitend, 7–30 mm br. Äußeres Perigon gelbl. weiß, rotviolett geadert, inneres rein goldgelb. Hochblätter zur Blütezeit krautig u. ± aufgeblasen.

3807 **Iris germanica** L. ▸
Deutsche Schwertlilie

A; H, s, ⊙; AV, M_1, M_2, F; RL –, §; ✠, ☺, Z
T6.2.2.2, T8.1.1, T9.3.2.1.2, T10.2..2.4, T10.3.4.2
M 30–80 cm. Stg rund, aufrecht, wenig verzweigt, Blätter 2-zeilig reitend. Äußeres Perigon dkl-, inneres hellviolett (slt gelb), nur am Grund geadert. Bart auf äußerem Perigon gelb. Staubfäden so lg wie Staubbeutel. Hochblätter am Rand trockenhäutig.

3808 **Iris pallida** Lam. ▸▸
Bleiche Schwertlilie

E; ⟨H, s⟩, ⊙; wo?; RL ?, §; ?, D, Z
?
M Bis 100 cm. Stg rund, straff aufrecht, wenig verzweigt, Blätter 2-zeilig reitend, blaugrün. Blüten einfach, hell lavendelblau, wohlriechend, Bart weißl. gelb. Hochblätter schon in der Knospe silbrig weiß.
B Im Gebiet nur ssp *pallida*. Heimat: S-Alpen.

3809 **Iris sambucina** L. (inkl. »**flavescens**«)
Holunder-Schwertlilie

E; ⟨K, s⟩, ⊙; AV, M_1, M_2; RL –, §; D, Z
T5.2.3, T6.2, T10.2..2.4

M 40–70(–90) cm. Stg rund, aufrecht, wenig verzweigt, Blätter 2-zeilig reitend, 2–3 cm br, etwas fleischig. Äußeres Perigon fliederfarben bis schmutzigviolett, mit braunen Adern durchzogen, inneres Perigon heller violett od. schmutziggelb, bis zum Rand dkl geadert, Bart des äußeren Perigons weißl. gelb. Hochblätter schmal, weniger gewölbt als bei 3810, am Rand trockenhäutig. Staubfäden länger als Staubbeutel. Blüten oft mit Holunder-Duft, spät blühend.
B Hybride zweifelhafter Herkunft (3808 × 3806?), alte Kulturpfl. Die Abb. zeigt eine gelb blühende Variante (*Iris »flavescens«*).

3810 **Iris squalens** L.
Gelbliche Schwertlilie

E; ⟨K, s⟩, ⊙; wo?; RL ?, §?; Z
T5.2.3, T10.2..2

M Ähnl. wie 3809, aber äußeres Perigon purpurviolett mit brauner Aderung, mit gelbem Bart, inneres Perigon verwaschen bräunl., gräul., violett überlaufen. Hochblätter br oval, zugespitzt, kahnfg. Blätter dick u. steif.
B Heimat: O-Europa. Konstant gewordene Hybride von unbekannten Eltern (3806 × 3808?). In der Abgrenzung zu 3808 nicht immer eindeutig.

3811 **Iris pseudacorus** L.
Sumpf-Schwertlilie

I; W, K, w, ⑥; A, AV, M_1, M_2, F, K; RL –, §; ☠, ✠, Z
L3..5, L5.2.3, S3.2.5

M 80–100 cm. Stg ± rund, aufrecht, wenig verzweigt, Blätter 2-zeilig reitend, 1–3 cm br. Ganze Blüte rein gelb.

3812 **Iris spuria** L.
Sumpfwiesen-Schwertlilie

I; K, s, ⊙; M_1; RL 2!!, §; Z
T6.2.2.2.3, T7.3.2, T10.3.2.3

M 30–60 cm. Stg rund, markig, aufrecht, wenig verzweigt, Blätter 2-zeilig reitend, 5–12(–15) mm br, schwertfg, kürzer als Blütenstand. Äußeres Perigon gelbl., violett geadert, inneres violett. Frucht lg geschnäbelt, da oberer Teil steril. Samen kantig.
B Im Gebiet nur ssp *spuria*.

3813 **Iris sibirica** L.
Sibirische Schwertlilie

I; K, s, ⑥; A, AV, M_1, M_2, F; RL 3+, §; Z
T7.3.2, T7.3.3

M 30–80 cm. Stg rund, hohl, aufrecht, unverzweigt, Blätter 2-zeilig reitend, 2–6(–10) mm br, kürzer als Blütenstand. Blüten meist zu 2, tiefblau mit Zeichnung. Frucht nicht geschnäbelt, Samen abgeflacht.

3814 **Iris graminea** L.
Grasblättrige Schwertlilie

E; ⟨K, s⟩, ⊙; wo?; RL ?, §; D, Z
T6.2.2.2, T7.3.2, T8.1.1

M 15–30 cm. Stg abgeflacht, markig, aufrecht, wenig verzweigt, Blatt 2-zeilig, reitend, 5–15 mm br, grasartig, länger als Blütenstand, nach der Blüte auffällig am Boden liegend. Blüten hellviolett, dkl geadert, weiß gefleckt, mit Pflaumenduft. Hochblätter meist krautig.
B Heimat: SO-Europa.

◄3815 **Iris versicolor** L.
Schillernde Schwertlilie

E; ⟨K, s⟩, ⊙; M_2; RL –, §?; Z
S2.1, S3.2.5

M Bis 60 cm. Stg rund, markig, aufrecht, wenig verzweigt, Blätter 2-zeilig reitend, 3 cm br. Blüten blassviolett od. rot, dklr geadert, inneres Perigon schmal, schräg aufrecht. Samen D-fg.
B Heimat: Östl. Nordamerika.

3816 **Gladiolus communis** L. ►
Gewöhnliche Siegwurz (Gttg ca 195 sp)

U–E, K; ⟨K, s⟩, ⑦; AV, M_1; ⟨RL –⟩, §?; Z
T5.3.2

M 50–100 cm. Stg zart, basal mit grün od. rötl. stark geaderten Scheiden. Blätter 10–22 mm br, schwertfg. Blüten purpurrot, zu 5–10(–20), bis 3(–4,5) cm lg, in ± 2-zeiliger, z. T. verzweigter Ähre, Tragblätter kürzer als Blüte. Samen geflügelt. Hülle um die Knolle faserig.
B Wild unbekannt, evtl. aus 3818 entstanden.

◄◄3817 **Gladiolus palustris** Gaudin
◄Sumpf-Siegwurz

I; K, s, ⑦; A, AV, M_1, F (östl); RL 2!, §; Z
T1.4.1.3, T6.2.2.2.3 (wechseltro)

M 30–60 cm. Stg mit 1 tragblattähnl. Stgblatt. Grundblätter 4–9 mm br, unterstes allmähl. zugespitzt, 4–10 mm br, kürzer als Stg. Blüten purpurrot, zu 2–6, in einseitswendiger Ähre. Frucht abgerundet, nicht eingedrückt. Hülle um die Knolle netzig.

◄◄3818 **Gladiolus imbricatus** L.
◄Dachziegelige Siegwurz

I; ⟨K, s⟩, ⊙, M_2, F (beide östl.); RL 2!; §; Z
T7.3.2

M 30–80 cm. Stg mit bis zu 3 Blättern. Grundblätter ca 15 mm br, unterstes stumpf. Blüten purpurrot, zu 4–12, bis 2 cm lg, in einseitswendiger Ähre, Kronröhre gebogen. Frucht an der Spitze eingedrückt, Samen geflügelt. Hülle um die Knolle parallelfaserig.

◂◂ 3819 **Gladiolus illyricus** W. D. J. Koch
Illyrische Siegwurz

U–E; ⟨K, s⟩, ⊙, wo?; ⟨RL –⟩; §?; Z
T7.3

M 25–50 cm. Stg mit grün od. violett geaderten Scheiden. Blätter 4–10 cm br, unterstes allmählich zugespitzt. Blüten purpurrot, zu 3–10 in 2-zeiliger Ähre, Tragblätter kürzer als Blüte. Hülle um die Knolle parallelfaserig.

B Heimat: Mittelmeergebiet, Türkei bis Vorderer Orient.

◂ 3820 **Tamus communis** L.
Gewöhnliche Schmerwurz (Gttg 4–5 sp)

I; K li, s, ⑧, (♀♂); AV, M_1; RL reg; ☠, ✠, ☺, Z
L5.2.3, T1.1.2.1, T2.1.2

M 1,5–3 m lg. Stg rechtswindend, Blätter herzfg gekerbt, netzadrig. Blüten klein, grünl., ♂ mit glockiger, verwachsener Krone, ♀ freiblättrig. Frucht eine rote Beere. Pfl mit bis 30 cm lgr unterirdischer Knolle.

3821 **Paris quadrifolia** L. ▸
Vierblättrige Einbeere (Gttg ca 20 sp)

I; K, s, ④, A, AV, M_1, M_2, F K; RL reg; ☠, ✠, ☺, Z
L5.2.3, S3.2.5, T1.1.1 (feucht), T1.1.2.3, T1.4.3.2

M 10–30(–40) cm. Stg aufrecht, kahl. Blätter elliptisch lanzettl., zu (3–)4 (slt 5 od. 6) im Quirl, netzadrig. Blüten grün, 4-zählig, lggestielt über dem Blattquirl, ca 4 cm ∅. Staubfäden über die Staubbeutel hinaus grannenartig verlängert. Frucht eine schwarze Beere. Pfl mit waagerecht kriechendem Rhizom.

3822–3914 Orchidaceae (inkl. Cypripediaceae)

Bearbeitet von W. Wucherpfennig

3822 **Cypripedium calceolus** L. ▸
Gelber Frauenschuh (Gttg ca 45 sp)

I; K, s, ⑤; A, AV, M_1, M_2, (F); RL 3+, C, B, F; Al, ☺, Z
T1.1.1.4, T1.1.2.4, T1.4.1.2, T1.4.2, T8.1.1

M 20–50 cm. 3–5 große, spitz eifge Blätter mit deutl. Adern, unterseits flaumhaarig. Blüten 1–2, äußere Blütenblätter spitz, braun, die schmalen Petalen oft etwas gedreht. Lippe (»Schuh«) gelb.

3823 **Cephalanthera damasonium** (Mill.) Druce ▸▸
Weißes Waldvögelein (Gttg 14 sp)

I; K, s, ⑥; A, AV, M_1, M_2, F; RL reg, §, C
T1.1.1, T1.1.1.4

M 20–50 cm. Laubblätter am Stg kurz u. br (spitz eifg); untere Tragblätter laubblattartig, länger als die Blüten, obere länger als die Fruchtknoten. Blüten weiß, meist fast ganz geschlossen, Lippe vorn mit gelben Längsleisten, ohne Sporn.

3824 **Cephalanthera longifolia** (L.) Fritsch ▸
Schwertblättriges Waldvögelein

I; K, s, ⑤; A, AV, M_1, M_2; RL reg, §, C
T1.1.1.4, T1.1.2.3, T1.1.2.4.1, T1.4.1.3
M 20–50 cm. Laubblätter am Stg lg u. schmal (schmal lanzettl.); Tragblätter kl (Blütenstand deutl. abgesetzt), untere kürzer als die Blüten, obere kürzer als die Fruchtknoten. Blüten weiß, meist ± geschlossen, Lippe vorn mit gelben Längsleisten, ohne Sporn.

3825 **Cephalanthera rubra** (L.) Rich. ▸▸
Rotes Waldvögelein

I; K, s, ⑦; A, AV, M_1, M_2; RL reg, §, C
T1.1.1, T1.1.2.3, T1.1.2.4, T1.4.1.2, T1.4.1.3, T8.1.1
M 30–60 cm. Blätter am Stg lanzettl. Blüten gr (4 cm br), purpurrosa, seitl. Sepalen spitz, waagerecht abspreizend; Lippe mit bräunl. grauen Längsleisten auf weißl. Platte, ohne Sporn.

◂ 3826 **Epipactis palustris** (L.) Crantz
Sumpf-Stendelwurz ⟨Gttg ca 80 sp⟩, Abb. 206

I; K, s, ⑧; A, AV, M_1, M_2, F, K; RL 3+, §, C; Z
S2.1, S2.2.2, T6.2.2.2.3, T7.3.2, T7.3.5
M 20–50 cm. Blätter lanzettl., Blütenstand locker, Blüten lggestielt, waagerecht. Sepalen lg, spitz, ausgebreitet; Hypochil innen weiß mit roten Adern, Epichil br, rund, bewegl., weiß mit gelbem Kallus.

3827 **Epipactis atrorubens** (Hoffm.) Besser ▸
(Braunrote) Stendelwurz Abb. 207

I; K, s, ⑦; A, AV, M_1, M_2, F, K; RL reg, §, C; D
T1.1.1.4, T1.4.1.2, T1.4.1.3, T3.4.2.1, T5.1.2.1, T6.2.2.2.3 (steinig)
M 35–65 cm. 6–11 Blätter ± 2-zeilig, trüb (bläul.) grün. Blütenstand einseitswendig, vielblütig, Stg u. Fruchtknoten dichtfilzig behaart. Blüten kl, stark nach Vanille duftend, trübrot mit gelbem Staubgefäß. Kallus des Epichils br 3-eckig mit scharfem, gesägtem Rand.

◂◂ 3828 **Epipactis purpurata** Sm.
Violette Stendelwurz Abb. 208

I; K, s, ⑨; AV, M_1, M_2, F; RL reg, §, C
T1.1.1.3, T1.1.2.3
M 25–80 cm. Oft in dichten Gruppen. Blätter u. Stg violett überlaufen. Blätter lanzettl., relativ kl. Blütenstand dicht, reichblütig, allseitswendig. Blüten weit offen, seidenglänzend. Sepalen blassgrün, Petalen weißl., Epichil rosa.

◂ 3829 **Epipactis microphylla** (Erh.) Sw.
Kleinblättrige Stendelwurz Abb. 209

I; K, s, ⑧; AV, M_1, M_2; RL 3, §, C; D
T1.1.1.4, T1.1.2.3, T1.1.2.4.1
M 15–35 cm. Sehr schlank. Blätter kl, lanzettl., kürzer als die Internodien. Blütenstand locker, einseitswendig, Stg u. Fruchtknoten dichtfilzig behaart. Blüten kl, glockig, ± hängend, blassgrünl., duftend. Kallus des Epichils br 3-eckig mit scharfem Rand.

3830 **Epipactis helleborine** (L.) Crantz ssp **helleborine**
Gewöhnliche Breitblättrige Stendelwurz Abb. 210, 214

I; K, s, ⑧; A, AV, M_1, M_2, E, K; RL –, §, C
L5.2.3, T1.1.1, T1.1.2.3, T1.1.2.4.1, T1.3
M 35–80 cm. Stg dünn, oben behaart; 5–10 spitz eifge Blätter, waagerecht abstehend, etwa 2mal so lg wie die Internodien. Untere Tragblätter viel länger als die Blüten, Fruchtknoten kahl. Blüten meist weit geöffnet; Sepalen grün, oft ± rot überlaufen; Petalen weiß bis dklrosa, Epichil mit kräftigem rundl. Kallus, rosa. Klebdrüse gr.
B Sehr vielgestaltige Art, deren Habitus (Größe, Blattgröße, -form u. -haltung) abhängig ist vom Licht-, Nährstoff- u. Feuchtigkeitsangebot.

3831 ssp **neerlandica** (Verm.) Buttler
Holländische Stendelwurz Abb. 211

I; ⟨K, s⟩, ⊙; K; RL ?, §, C
H1.2.2.5–7
M Ähnl. wie 3830, aber niedriger, gedrungen mit dickem Stg. Blätter kürzer, steif, am Grund gedrängt, schräg aufwärts gerichtet. Blütenstand dicht, Blüten mehr glockig.

3832 **Epipactis distans** Arv.-Touv.
Kurzblättrige Stendelwurz Abb. 218

I; ⟨K, s⟩, ⊙; A, AV, M_1; RL ?, §, C
T1.4.1.3 (licht)
M 30–65 cm. Stg dick, steif. Blätter 3–5(6), rundl. bis kurz spitz eifg, steif, meist schräg aufwärts gerichtet, so lg bis wenig länger als das Internodium, hellgrün. Sepalen blassgrün (außen oft rot), Petalen hellrosa mit dunkleren Adern, slt weißl.; Epichil (u. meist auch Kallus) weiß mit braunrotem Mittelkiel.
B Blüht deutl. vor 3830.

3833 **Epipactis leptochila** (Godfery) Godfery ssp **leptochila**
Schmallippige Stendelwurz Abb. 212

I; K, s, ⑧; AV, M_1, M_2; RL reg, §, C
T1.1.1.3
M 30–70 cm. 3–6 spitz eifge Blätter, hellgrün. Blütenstand locker, vielblütig. Tragblätter ± waagerecht, untere viel länger als die Blüten. Blüten etwas hängend, meist nur glockig geöffnet, auch kleistogam. Sepalen lg u. spitz. Epichil länger als br, lg zugespitzt u. gerade vorgestreckt, weißl. grün, Mitte rosa; Spalt zw Hypo- u. Epichil V-fg. Staubgefäß gestielt, Klebdrüse fehlt od. vertrocknet sehr schnell.

3834 ssp **neglecta** Kümpel
Übersehene Schmallippige Stendelwurz Abb. 213

I; ⟨K, s⟩, ⊙; M_1; RL ?, §, C
T1.1.1.3–4
M 20–50 cm. Blüten weiter geöffnet, oft etwas stärker rot gefärbt. Epichil spitz, nach hinten geschlagen. Spalt zw Hypo- u. Epichil eng. Staubgefäß sitzend, Klebdrüse in frischen Blüten meist vorhanden, ± funktionslos.

3835 **Epipactis phyllanthes** G. E. Sm.
Grünblütige Stendelwurz Abb. 215

?; ⟨K, s⟩, ⊙; (F, K) RL ?, §, C
H1.2.2.5–7
M 20–45 cm. Stg dick, oben ± kahl (!); Blüten blassgrün, hängend, glockig od. kleistogam. Sepalen an der Fruchtkapsel lange grün bleibend. Hypochil innen grün, Epichil weiß od. grünl., Klebdrüse fehlt od. vertrocknet schnell
B Bisher in D nicht sicher, Abb. aus England.

3836 **Epipactis confusa** D. P. Young
Zierliche Stendelwurz Abb. 216

I; ⟨K, s⟩, ⊙; F, K; RL reg, §, C
T1.1.1
M 25–40 cm. Blätter 4–6,5 cm lg, Stg oben fast kahl (!). Untere Tragblätter länger als die Blüten. Blüten glockig, hängend, blassgrünl.; Sepalen an der Frucht vertrocknend. Hypochil innen grünl. (slt rosa), Epichil zurückgebogen. Klebdrüse in jungen Blüten oft noch vorhanden, funktionslos. **B** Blüht deutl. vor 3830.

3837 **Epipactis muelleri** Godfery
Müllers Stendelwurz Abb. 219

I; K, s, ⊙; M_1, M_2; RL reg, §, C
T1.1.1.4, T1.1.2.4, T6.2.2.2.3, T8.1.2
M 20–70 cm. Blätter spitz eilanzettl., rinnig, gewellt, überhängend. Blüten fast hängend, glockig, sehr hell. Hypochil innen hell braunrot, Epichil weiß; Spalt zw Hypo- u. Epichil sehr weit u. wenig tief. Klebdrüse fehlt.

3838 **Epipactis greuteri**
H. Baumann & Künkele
Greuters Stendelwurz Abb. 220

I; ⟨K, s⟩, ⊙; M; RL ?, §, C
T1.1 (feucht)
M 25–50 cm. Blätter 4–7, eilanzettl., etwas überhängend. Blütenstand allseitswendig, untere Tragblätter viel länger als die Blüten, hängend. Fruchtknoten lg u. dünn, mit lgm Stiel, Blüten glockig od. weit geöffnet, schräg nach unten hängend. Sepalen blassgrün, Petalen grünl. weiß; Hypochil innen grün, Epichil weiß, Kallus grünl. od. bräunl., slt rosa. Klebdrüse fehlt.

3839 **Epipactis peitzii**
H. Neumann & Wucherpf.
Peitz' Stendelwurz Abb. 221

I; ⟨K, s⟩, ⊙; M; RL ?, §, C
T1.1.1.3–4
M 25–35 cm. 4–6 spitz eifge Blätter, schräg aufwärts gerichtet, dklgrün. Untere Tragblätter länger als die Blüten; Blüten 10–20, weit geöffnet, fast waagerecht. Epichil spitz herzfg, weißl. bis grünl. weiß, Kallus rosa, Spalt zw Hypo- u. Epichil eng, Klebdrüse fehlt.

3840 **Epipactis albensis** Novaková & Rydlo
Elbe-Stendelwurz Abb. 217

(✫) **I**; ⟨K, s⟩, ⊙; M_2, F; RL reg, §, C
L5.2.3
M 10–30 cm. Pfl zierlich, 2–5 Blätter, 2–5 cm lg, eifg. Stg deutl. behaart. Blütenstand ± einseitswendig, untere Tragblätter nur wenig länger als die Blüten. Blüten kl, glockig, waagerecht bis wenig hängend; Hypochil innen braun, Epichil spitz herzfg, mit etwas aufgebogenem Rand gerade vorgestreckt (!), weißl. grün, slt etwas rosa. Klebdrüse fehlt bereits in der Knospe.
B Blüht deutl. nach 3830.

3841 **Limodorum abortivum** (L.) Sw.
Violetter Dingel ⟨Gttg 3 sp⟩, Abb. 222

I; K vp, s, ⊙; M_1, M_2; RL 1, §, C
T1.1.1.4, T1.1.2.4.1
M 20–80 cm. Ganze Pfl blauviolett überlaufen. Stg dick, ohne Laubblätter. Blüten weit geöffnet (od. kleistogam), gr (3–4 cm br), blassviolett; Sepalen waagerecht abstehend, Lippe mit lgm Sporn.

Abb. 206 Epipactis palustris (3826)

Abb. 207 Epipactis atrorubens (3827)

Abb. 208 Epipactis purpurata (3828)

Abb. 209 Epipactis microphylla (3829)

Abb. 210 Epipactis helleborine ssp helleborine (3830)

Abb. 211 Epipactis helleborine ssp neerlandica (3831)

Abb. 212 Epipactis leptochila ssp leptochila (3833)

Abb. 213 Epipactis leptochila ssp neglecta (3834)

Abb. 214 Epipactis helleborine ssp helleborine (3830)

Abb. 215 Epipactis phyllanthes (3835)

Abb. 216 Epipactis confusa (3836)

Abb. 217 Epipactis albensis (3840)

Abb. 218 Epipactis distans (3832)

Abb. 219 Epipactis muelleri (3837)

Abb. 220 Epipactis greuteri (3838)

Abb. 221 Epipactis peitzii (3839)

3842 **Listera ovata** (L.) R. Br. ▶
Großes Zweiblatt (Gttg 20 sp)

I; K, s, ⑤, ⊛; A, AV, M_1, M_2, F, K; RL –, §, C
L5.2.3, T1.1.1, T1.1.2.3 (feucht), T6.2.2.2.3 (wechselfri), T7.1.2, T7.3.2
M 20–70 cm. Am Stg 2 gegenstdge, br eifge, 4–13 cm lge Blätter. Blütenstand locker, vielblütig. Blüten grün, Helm halb geöffnet; Lippe lg linealisch, tief 2-spaltig, mit stumpfen Zipfeln.

3843 **Listera cordata** (L.) R. Br. ▶▶
Kleines Zweiblatt

I; K, s, ⑦; A, AV, M_1, M_2, (F); RL 3+, §, C
S3.2.2.2, T1.4.3.2, syn: T1.4.5.1+3
M 7–20 cm. Sehr zierl. Am Stg 2 gegenstdge, 3-eckig herzfge, glänzende, 1–3 cm lge Blätter. Blütenstand locker, wenigblütig. Blüten weit geöffnet, braunrot. Lippe tief 2-spaltig mit spitzen Zipfeln, am Lippengrund 2 spitze Zähne.

◀ 3844 **Neottia nidus-avis** (L.) Rich.
Vogel-Nestwurz (Gttg 9 sp), Abb. 223

I; K vp, s, ⑤; A, AV, M_1, M_2, F; RL reg, §, C; ☺, D
T1.1.1.4, T1.1.2.3
M 20–50 cm. Ganze Pfl hellbraun, slt gelb, mit charakteristischem Geruch. Stg kräftig, ohne Laubblätter. Blütenstand dicht, reichblütig. Blüten hellbraun; Helm halbkugelig, Lippe 2-spaltig, mit kurzen rundl. Zipfeln, ohne Sporn.

3845 **Spiranthes spiralis** (L.) Chevall. ▶
Herbst-Drehwurz (Gttg 30 sp)

I; K, H, ⟨w⟩, ⑨; AV, M_1, M_2; RL 2, §, C
T6.2.1.5.1, T6.2.2.2.3 (sauer), T7.3.2
M 7–30 cm. Blätter spitz eifg, als Rosette neben (!) dem Stg. Blütenähre spiralig gedreht. Blüten weiß, schmal glockig bis röhrig, seitl. Sepalen stumpf, etwas spreizend. Lippe vorn rund, innen grünl.

◀◀ 3846 **Spiranthes aestivalis** (Poir.) Rich.
Sommer-Drehwurz

I; K, s, ⊙; AV, M; RL 2, §, C, B, F
S2.2.2
M 10–35 cm. Blätter lineal-lanzettl., stumpf, aufrecht, am unteren Teil des Stg. Blütenähre spiralig gedreht. Blüten weiß, schmal glockig bis röhrig; Lippe vorn rund, innen weiß.

◀ 3847 **Goodyera repens** (L.) R. Br.
Kriechendes Netzblatt (Gttg 55 sp)

I; H, K, ⟨i⟩, ⊙; A, AV, M_1, M_2, F; RL –, §, C
T1.4.1.2, T1.4.1.3, syn.: T1.4.5
M 10–25 cm. Wuchs kriechend mit Blattrosette, Blätter spitz eifg mit (meist heller) Netzaderung. Blütenstand aus der Rosette, nicht spiralig; Blüten weiß, außen dicht drüsenhaarig, seitl. Sepalen spitz, ± ausgebreitet, Lippe spitz.

3848 **Epipogium aphyllum** Sw.
Blattloser Widerbart (Gttg 3 sp)

I; K, s, ⑧; A, AV, M_1, M_2; RL 2!, §, C
T1.1.1, T1.4.2, T1.4.3.2
M 10–25 cm. Pfl ohne Blätter, blassgelbl., Blütenstand locker, wenigblütig. Blüten nicht resupiniert (Lippe oben). Sepalen u. Petalen hängend, linealisch, gelb. Lippe weiß mit rosa Linien, Sporn dick keulenfg, aufwärts gerichtet.

3849 **Platanthera chlorantha** (Custer) Rchb.
(Grünliche) Waldhyazinthe,
Grünliche Kuckucksblume ⟨Gttg ca 85 sp⟩

I; K, s, ⑥; A, AV, M_1, M_2, F; RL 3, §, C; D
S2.2.1, T1.4.1.2, T1.4.2, T6.2.2.2.3, T7.3.2, T7.3.5
M 20–60 cm. Ähnl. wie 3850, aber Sporn am Ende etwas verbreitert u. seitl. zusammengedrückt. Staubbeutelfächer nach unten weit divergierend.
B Die Hybride *Platanthera bifolia* × *chlorantha* ist zieml. hfg.

3850 **Platanthera bifolia** (L.) Rich. ssp **bifolia**
Weiße Waldhyazinthe i. e. S.,
Zweiblättrige Kuckucksblume

I; K, s, ⑥/⑦, ❀; A, AV, M_1, M_2, F; RL 3–, §, C; ☺?, D, Z
L5.2.3, T1.1.1.4, T1.1.2.5, T1.4.1.2, T1.4.1.3, T1.4.2, T6.2.1.5, T6.2.2.2.3, T7.3.2
M 20–55 cm. 2 grundstdge längl. eifge Blätter. Blütenstand zylindrisch, locker, Blüten weiß. Seitl. Sepalen waagerecht abstehend, Lippe br linealisch, 10–16 mm lg, oft etwas grünl. Sporn fadenfg, spitz, 25–40 mm lg. Staubbeutelfächer eng parallel.

3851 ssp **graciliflora** Bisse
Zartblütige Waldhyazinthe ohne Abb.

I; ⟨K, s⟩, ⊙; M_1, M_2, F, K; RL reg, §, C; D
T6.2.1.5.2
M 10–35 cm. Blütenstand dicht, Blüten kleiner: Lippe 6–12 mm lg, Sporn 13–23 mm lg.

3852 **Coeloglossum viride** (L.) Hartm.
Grüne Hohlzunge (Gttg 1 sp)

I; K, s, ⑥; A, AV, M_1, M_2; RL 3+, §, C
T3.1.6, T3.4.2.1, T6.2.1.5, T6.2.2.2.3
M 5–30 cm. Blätter spitz eifg, aufrecht am Stg. Sepalenhelm geschlossen od. leicht geöffnet, grünl. Lippe längl. keilfg, 3-spitzig, gelb, = rotbraun überlaufen, Sporn kugelig.
B Im Gebiet nur ssp *viride*.

3853 **Gymnadenia conopsea** (L.) R. Br.
ssp **conopsea**
Gewöhnliche Mücken-Händelwurz (Gttg 10 sp)

I; K, s, ⑦, ❀; A, AV, M_1, M_2, F; RL reg, §, C; D
T1.4.1.3, T1.4.2, T6.2.2.2 3 (wechselfri), T7.3.2, T7.3.5, T8.1.1
M 20–70 cm. Blätter am Stg, lanzettl. Blütenstand lg zylindrisch. Blüten 1-farbig, (meist dkl-) rosa. Seitl. Sepalen waagerecht ausgebreitet, stumpf; Lippe queroval, 3-lappig mit deutl. Seitenlappen. Sporn dünn, spitz, viel länger als der Fruchtknoten.

3854 ssp **densiflora** (Wahlenb.) K. Richt.
Dichtblütige Mücken-Händelwurz

I; ⟨K, s⟩, ⊙; AV, M_1, M_2, F; RL reg, §, C; D
T6.2.2.2.3 (wechselfri), T7.3.2
M 50–90 cm. Blätter länger u. breiter, Blütenstand sehr dicht u. vielblütig. Spät blühend.

◄ 3855 **Gymnadenia odoratissima** (L.) Rich.
Wohlriechende Händelwurz

I; K, s, ⑦; A, AV, M_1, M_2; RL 3+, §, C; D
T1.4.1.3, T3.4.2.1, T6.2.2.2.3, T7.3.2
M 15–40 cm. Ähnl. wie 3853, aber zierlicher; Blätter linealisch. Lippe schmaler mit undeutl. Seitenlappen (rautenfg); Sporn zylindrisch, etwas kürzer als der Fruchtknoten.

3856 **Nigritella nigra** (L.) Rchb. F. ►
ssp **austriaca** Teppner & Klein
Österreichisches Kohlröschen ⟨Gttg 14 sp⟩

I; K, s, ⊙; A; RL ?, §, C
T3.4.2.1
M 10–25 cm. Blätter linealisch. Blütenstand dicht, halbkugelig bis kugelig (höchstens so lg wie br), dkl braunrot. Untere Tragblätter mit glattem Rand. Lippe nach oben stehend, spitz, mit kurzem Sporn, am Grund mit aufgebogenem Rand, weit offen, ohne Sporn 7–10 mm lg.
B Blütezeit kurz, 8–10 Tage vor 3857.

3857 **Nigritella rhellicani** Teppner & Klein ►
Schwarzes Kohlröschen

I; ⟨K, s⟩, ⊙; A; RL reg, §, C
T3.4.2.1, T6.2.1.5.4 (a), T6.2.2.2.3 (a)
M 10–20 cm. Ähnl. wie 3856, aber Blütenstand kurz kegelfg bis eifg (kaum länger als br), schokoladenbraun (slt heller rot). Untere Tragblätter meist mit dichtem Saum aus 0,05–0,1 mm lgn, stiftartigen Papillen. Lippe ohne Sporn 5–7 mm lg.
B Blütezeit lg.

3858 **Nigritella rubra** (Wettst.) K. Richt. ►►
Rotes Kohlröschen

I; K, s, ⊙; A; RL 2, §, C
T3.4.2.1
M 10–25 cm. Blütenstand längl. eifg. (deutl. länger als br), leuchtend rot. Lippe nach oben stehend, spitz, schmal, am Grund tütenfg eingerollt mit sich ± berührenden Rändern.
B Blütezeit kurz, 8–10 Tage vor 3857.

◄◄ 3859 **Nigritella widderi** Teppner & Klein
Widders Kohlröschen

I; ⟨K, s⟩, ⊙; A; RL ?, §, C
T3.4.2.1
M 5–20 cm. Blütenstand ± halbkugelig, rosa, meist 2-farbig: Knospen tiefrosa, offene Blüten später vom Blütengrund her weißl. werdend. Lippe spitz, am Grund ± eingerollt.
B Blütezeit kurz, 8–10 Tage vor 3857.

◄ 3860 **Pseudorchis albida** (L.)
Å. Löve & D. Löve
Weißzüngel ⟨Gttg 1 sp⟩

I; K, s, ⑦; A, AV, M_1, M_2; RL 2, §, C
T6.2.1.5.1 (m-a), T6.2.1.5.2, T6.2.1.5.4 (m-a)
M 10–35 cm. Blätter eilanzettl., aufrecht am Stg. Blütenstand schmal zylindrisch, dicht. Blüten kl, weißl. gelb bis blass grünl. gelb. Sepalenhelm stumpf, geschlossen, Lippe tief 3-spaltig, Sporn stumpf zylindrisch, kürzer als der Fruchtknoten.

3861 **Chamorchis alpina** (L.) Rich.
Zwergorchis (Gttg 1 sp)

I; K, s, ⊙; A; RL –, §, C
T3.4.2.1
M 5–15 cm. Blätter grundstdg, grasartig. Sepalenhelm geschlossen, waagerecht, grünl., Lippe ungeteilt, hängend, gelb, ohne Sporn.

3862 **Herminium monorchis** (L.) R. Br.
Honigorchis, (Gttg 30 sp)
Gewöhnliche Einknolle

I; K, s, A, AV, M_1, M_2; RL 2, §, C; D
S2.2.2, T6.2.2.2.3, T7.3.2
M 10–30 cm. Pfl zierl., 2 grundstdge eifg lanzettl. Blätter. Blütenstand locker, zerzaust. Blüten blassgelb, glockig, Blütenblätter in Zipfel ausgezogen, mit Honigduft; Lippe 3-lappig mit lgm Mittelzipfel, ohne Sporn.

3863 **Ophrys insectifera** L.
Fliegen-Ragwurz ⟨Gttg ca 100–180 sp⟩

I; K, ⟨w⟩, ⑤; A, AV, M_1, M_2, F, K; RL 3–, §, C; ☺
T1.1.1.4, T1.4.1.3, T6.2.2.2.3, T7.3.2 (tro)
M 15–40 cm. Sepalen grün; Petalen lg u. schmal, dklbraun. Lippe mit 2 schmalen Seiten- u. 2 breiten Mittelzipfeln, flach, ohne Höcker u. ohne Anhängsel, braun mit graublauem, quadratischem Mal.

3864 **Ophrys sphegodes** Mill.
Gewöhnliche Spinnen-Ragwurz

I; K, w, ⑥; AV, M_1, M_2; RL 2, §, C
T1.4.1 (licht), T6.2.2.2.3 T7.3.2 (tro)
M 10–35 cm. Ähnl. wie 3865, aber Petalen grüngelb bis bräunl. gelb (zu den Sepalen stärker kontrastierend), Rand oft dklr, Lippe größer (etwas länger als Sepalen), stärker gewölbt u. meist mit deutl. Höckern, Rand slt gelb.

3865 **Ophrys araneola** Rchb.
Kleine Spinnen-Ragwurz

I; ⟨K, w⟩, ⊙; M_1, M_2; RL 2, §, C
T1.4.1 (licht), T6.2.2.2.3
M 10–35 cm. Sepalen hellgrün; Petalen etwas kürzer als Sepalen, br linealisch, Rand oft etwas wellig, stumpf, kahl, grün. Lippe kl (kürzer als die Sepalen), ungeteilt, rundl., flach gewölbt, Höcker fehlend od. kl, Rand meist ± br gelb, ohne Anhängsel.
B Blüht ca 2 Wochen vor 3864.

3866 **Ophrys apifera** Huds. ssp **apifera**
Bienen-Ragwurz

I; K, w, ⑦; AV, M_1, M_2; RL 2, §, C
T1.1.2.4.1, T1.4.1.3, T6.2.2.2.3
M 15–40 cm. Sepalen rosa (weiß bis rot); Petalen kurz u. schmal, behaart, grünl.; Lippe tief 3-lappig. Seitenlappen mit spitzen, behaarten Höckern, Mittellappen durch umgeschlagenen Rand fast kugelig wirkend, an der Spitze mit zurückgeschlagenem, kleinem Anhängsel.

3867 ssp **friburgensis** (Freyhold) P. Fourn.

I; ⟨K, w⟩, ⊙
B Auffallend mit Sepalen-artigen, rosa Petalen. Die Sippe ist als ssp aber wohl zu hoch bewertet (besser var od. nur f).

3868 **Ophrys holoserica** (Burm. f.) Greuter ssp **holoserica**
(Gewöhnliche) Hummel-Ragwurz

I; K, ⟨w⟩, ⑤; AV, M_1, M_2; RL 2, §, C
T6.2.2.2.3, T7.3.2 (tro)
M 12–30 cm. Sepalen weiß bis tiefrosa; Petalen kürzer als ½ Sepalenlänge, spitz, behaart, dklr als die Sepalen. Lippe ungeteilt, 13,5–18 mm br, am Grund 2 ± deutl., außen behaarte Höcker, Vorderrand flach od. etwas aufgebogen, an der Spitze mit aufgebogenem, großem Anhängsel.

3868a ssp **elatior** Gumpr. ex Engel, Mathé & Sevedeler
Spätblühende Hummel-Ragwurz

I; ⟨K, w⟩; M_1; RL ?, §, C
T6.2.2.2.3
M 20–50(–90) cm. Höher, mit mehr lockerem Blütenstand, Blüten kleiner: Lippe 10–13 mm br. Blüht ca 2 Monate nach 3868.

3869 **Anacamptis pyramidalis** (L.) Rich.
Hundswurz, Spitzorchis (Gttg 1 sp)

I; K, s, ⑥, ⊛; AV, M_1, M_2; RL 2, §, C
T6.2.2.2.3, T7.3.2 (tro), T8.1.1
M 20–50 cm. Blätter in Rosette. Blütenstand dicht u. vielblütig, kurz. Blüten 1-farbig purpurrot. Seitl. Sepalen abspreizend, Lippe 3-lappig, am Grund mit 2 senkrechten Platten, mit lgm, fadenfgm Sporn (≥ Fruchtknoten).
B Im Gebiet nur ssp *pyramidalis*.

3870 **Traunsteinera globosa** (L.) Rchb.
Kugelorchis, ⟨Gttg 2 sp⟩, Abb. 226
Kugel-Knabenkraut

I; K, s, ⊙; A, AV, M_1; RL –, §, C
T3.1.6, T3.4.2.2, T6.2.2.2.3 (m), T7.1.3
M 25–60 cm. Pfl sehr schlank. Blätter verkehrt lanzettl., aufrecht am Stg, bläul. grün. Blütenstand kurz kegel- bis eifg, dicht. Blüten hellrosa, Lippe mit roten Punkten. Sepalen lg ausgezogen, mit knopfartiger Spitze, Lippe 3-lappig, Sporn dünn, kurz.

3871 **Aceras anthropophorum** (L.) W. T. Aiton
Ohnsporn (Gttg 1 sp)

I; K, s, ⑤; M_1, M_2; RL 3, §, C
T6.2.2.2.3, T8.1.1
M 15–40 cm. Blätter in Rosette. Blütenstand schmal zylindrisch, dicht u. vielblütig. Helm geschlossen, grünl. gelb, Lippe lg, hängend, in 4 linealische Zipfel geteilt (»hängender Mann«), gelb, ± braunrot überlaufen, am Grund mit 2 blassen Wülsten, ohne Sporn.
B Bildet gelegentl. rotblütige Hybriden mit 3882, sehr slt mit 3881.

3872 **Orchis palustris** Jacq. var **palustris**
Sumpf-Knabenkraut i. e. S. ⟨Gttg ca 50 sp⟩

I; K, s, ⊙; AV, M_1, M_2, F; RL 2!, §, C
S2.2.2, T7.3.2 (gestört), T7.3.5
M 25–50 cm. Blätter lineal-lanzettl., spitz, aufrecht am Stg. Blütenstand zylindrisch, locker. Blüten dklrosa, bis 12 mm br, seitl. Sepalen zurückgeschlagen. Lippe gr, seicht 3-lappig, Mittellappen kurz, br, ausgerandet. Sporn zylindrisch, ± waagerecht.

3873 var **elegans** (Heuff.) Beck
Zierliches Sumpf-Knabenkraut ohne Abb.

I; ⟨K, s⟩, ⊙; M_2 (Hanau); ⟨RL 0⟩, §, C
T7.3.2
M Sehr ähnl. 3872, aber Lippe ungeteilt od. undeutl. 3-lappig, fast eben u. im Umriss verkehrt eifg. Blüten 12–25 mm br.
B Der taxonomische Wert der Sippe ist umstritten. Fotos vom Original-Standort haben sich nach Prüfung als var *palustris* erwiesen.

3874 **Orchis pallens** L.
Blasses Knabenkraut

I; K, s, ④; A, AV, M_1, M_2; RL 3, §, C
T1.1.1.4, T1.1.2.1, T1.1.2.4.1, T6.2.2.2.3
M 15–35 cm. Blätter in Rosette, hellgrün, glänzend. Blütenstand längl. eifg, dicht. Tragblätter weißl., so lg wie der Fruchtknoten. Blüten hellgelb ohne Zeichnung, Lippe dklr gelb. Seitl. Sepalen zurückgeschlagen, Lippe br, seicht 3-lappig. Sporn zylindrisch, aufwärts gerichtet.

3875 **Orchis mascula** (L.) L. ssp **mascula**
Stattliches Knabenkraut i. e. S.,
Manns-Knabenkraut Abb. 224

I; K, s, ④; M_1, M_2, F, K; RL reg, §, C; ☺
T1.1.1.4, T1.1.2.3, T1.1.2.4.1, T3.4.2, T6.2.2.2.3,
T7.1.2
M 20–50 cm. Blätter in Rosette, hfg mit großen braunschwarzen Flecken. Blütenstand lg zylindrisch, dicht. Blüten hell purpurrot. Seitl. Sepalen spitz od. stumpf, zurückgeschlagen (von vorn nur die Kante sichtbar), Lippe 3-lappig mit glattem Rand. Sporn lg, zylindrisch, ± aufwärts gebogen.

3876 ssp **signifera** (Vest) Soó
Prächtiges Knabenkraut Abb. 225

I; ⟨K, s⟩, ⊙; A, AV, M_1, M_2; RL ?, §, C
T6.2.2.2.3, T7.1.3
M Blätter hfg dicht u. fein braun gepunktet. Seitl. Sepalen in lge, zurückgekrümmte Spitzen ausgezogen, seitl. ausgestreckt (von vorn die Innenfläche sichtbar), daher Blütenstand zerzaust aussehend. Lippe mit gezähntem Rand.

3877 **Orchis morio** L.
Kleines Knabenkraut, Salep-Knabenkraut

I; K, s, ③; A, AV, M_1, M_2; RL 2, §, C; ✠, ✋, ☺
T6.2.2.2.3, T7.1.2 (tro), T7.3.2 (tro)
M 8–25 cm. Blätter in Rosette. Blütenstand kurz zylindrisch, Blüten hell- bis dklpurpurn. Sepalenhelm geschlossen, stumpf, innen mit grünen Adern. Lippe breiter als lg, seicht 3-teilig mit kurzem Mittellappen. Sporn zylindrisch, ± aufwärts gerichtet.
B Im Gebiet nur ssp *morio*.

3878 **Orchis coriophora** L.
Wanzen-Knabenkraut

I; K, s, AV, M_1, M_2; RL 1, §, C; D
T7.1.2 (wechselfri), T7.3.2, T7.3.5
M 15–35 cm. Blätter in Rosette, lanzettl. Blütenstand dicht, eifg bis längl. Sepalenhelm geschlossen, mit schnabelartiger Spitze, braunrot. Lippe 3-lappig, braunrot, Mitte hell mit roten Punkten, mit Wanzen- od. Vanille-Geruch. Sporn kegelfg, abwärts gerichtet.
B Im Gebiet nur ssp *coriophora*.

3879 **Orchis ustulata** L. ssp **ustulata**
(Gewöhnliches) Brand-Knabenkraut

I; K, s, ⑥; A, AV, M_1, M_2; RL 2, §, C
T6.2..3.1, T6.2.2.2.3, T7.1.2 (mager)
M 10–30 cm. Blätter in Rosette. Blütenstand zylindrisch, dicht, stumpf, Blüten sehr klein. Knospen schwarzbraun. Sepalenhelm geschlossen, stumpf, anfangs dklbraun, später heller. Lippe 3-lappig, ganzrandig, Mittellappen 2-spaltig, weiß mit wenigen roten Punkten.

3879a ssp **aestivalis** (Kümpel) Kümpel & Mrkvicka
Spätblühendes Brand-Knabenkraut ohne Abb.

I; ⟨K, s⟩, ⊙; A?, AV, M; RL ?, §, C
wo?
M 15–45 cm. Blätter aufrecht, auch am Stg. Blütenstand länger, lockerer, spitz.
B Blüht (je nach Höhenlage) 1–2 Monate nach 3879.

3880 **Orchis tridentata** Scop.
Dreizähniges Knabenkraut

I; K, s, ⑤; M_2; RL 3, §, C
T6.2.2.2.3, T8.1.1
M 15–30 cm. Blätter in Rosette. Blütenstand kurz eifg, dicht. Sepalen spitz, einen halb offenen Helm bildend, blassrosa mit roten Adern. Lippe 3-lappig mit längl. keilfgn, gezähnten Lappen, blassrosa mit zahlreichen roten Punkten.

3881 **Orchis purpurea** Huds.
Purpur-Knabenkraut

I; K, s, ⑤; (AV), M_1, M_2, (F); RL 3–, §, C
L5.2.3, T1.1.1.4, T1.1.2.4, T6.2.2.2.3, T8.1.1
M 30–70 cm. Blätter in Rosette, dklgrün, glänzend. Blütenstand zylindrisch. Sepalenhelm geschlossen, dkl rotbraun. Lippe mit roten Borstenbüscheln, 4-teilig; Seitenlappen breite linealisch, Mittelteil br keilfg, in 2 breite Zipfel geteilt.
B Kann bei gemeinsamem Vorkommen mit 3882 Hybridschwärme bilden.

3882 **Orchis militaris** L.
Helm-Knabenkraut

I; K, s, ⑤; AV, M_1, M_2, (F); RL 3, §, C
T6.2..3.1, T6.2.2.2.3, T7.3.2
M 20–50 cm. Blätter in Rosette, hellgrün. Blütenstand zylindrisch. Sepalenhelm geschlossen, spitz, graurosa. Lippe mit roten Borstenbüscheln, 4-teilig; Seitenlappen br linealisch, Mittelteil längl. (parallele Ränder) mit brn, rundl. eifgn Zipfeln.

3883 **Orchis simia** Lam.
Affen-Knabenkraut

I; K, w, ⑥; M_1, (M_2); RL 2, §, C
T6.2.2.2.3
M 20–45 cm. Blätter in Rosette. Blütenstand eifg, von oben nach unten aufblühend (!). Sepalenhelm geschlossen, spitz, graurosa. Lippe mit roten Borstenbüscheln, 4-teilig; Seitenlappen lg, schmal linealisch; Mittelteil längl., Zipfel ebenso lg u. schmal wie die Seitenlappen, alle 4 Zipfel aufwärts gedreht.

3884 **Orchis spitzelii** W. D. J. Koch
Spitzels Knabenkraut

I; ⟨K, s⟩, ⊙; M_1; RL 0, §, C
T6.2.2.2.3
M 20–40 cm. Blätter in Rosette, ungefleckt. Blütenstand dicht, 10–35-blütig, Petalenhelm geschlossen, seitl. Sepalen etwas aufgerichtet, olivgrün, dkl gepunktet. Lippe purpurviolett, verwaschen gepunktet, tief 3-lappig. Mittellappen 2-spaltig, Sporn kegelfg dick.

3885–3909 Dactylorhiza Neck. ex Nevski

Die Knabenkräuter der Gttg *Dactylorhiza* sind die taxonomisch schwierigste Gruppe der mitteleuropäischen Orchideen. Abgesehen von *Dactylorhiza sambucina* ist die Variabilität bei allen Arten sehr gr, sowohl innerhalb einer Population als auch zw verschiedenen Populationen; bei einigen Arten treten Ökotypen od. unscharf abgegrenzte ökologische ssp auf. Alle Arten bilden ± hfg Hybriden miteinander, meist als Einzelexemplare, mitunter aber auch in Form von Hybridschwärmen. Unter günstigen Umständen können sich Hybriden auf konkurrenzarmen Standorten (meist anthropogenen Biotopen), die für die Elternarten ungeeignet sind, etablieren u. explosionsartig vermehren. Solche hybridogenen Populationen sind ebenso instabil u. kurzlebig wie ihre Biotope; in Abwesenheit der Elternarten (wie meist) sind sie oft nicht bestimmbar.

3885 **Dactylorhiza maculata** (L.) Soó ssp **maculata**
Geflecktes Knabenkraut (Gttg > 80 sp), Abb. 227

I; K, s, ⑥, ⊛; M_1, M_2, F, K; RL 3, §, C; Z
S1.1, T1 (licht), T7.3.2
M 20–60 cm. Pfl mit bis zu 10 Blättern, längl. bis br lanzettl., spitz, aufrecht abstehend, oberseits dkl gefleckt, die oberen kl u. tragblattartig. Blütenstand lg zylindrisch, dicht, vielblütig. Tragblätter kürzer als die Blüten. Blüten hell, weißl. rosa bis rosa, Lippe mit kräftiger Schleifenzeichnung. Seitl. Sepalen seitwärts gestreckt, Lippe kurz 3-lappig mit kleinem Mittellappen, 9–13 mm br.

3886 ssp **elodes** (Griseb.) Soó
(Hochmoor-)Knabenkraut Abb. 228

I; K, s F; RL ?, §, C
S2.2/T4.5
M 10–35 cm. Blätter linealisch, rinnig, aufrecht, oft ungefleckt. Blütenstand kurz. Lippe etwas größer als bei 3885, Zeichnung z. T. in Striche u. Punkte aufgelöst, sehr kontrastreich, Sporn kurz u. dünn. Blüht 1 Monat vor 3885.

3887 **Dactylorhiza fuchsii** (Druce) Soó ssp **fuchsii**
Gewöhnliches Fuchs' Knabenkraut Abb. 229

I; K, s, ⑥, ⊛; A, AV, M_1, M_2, F, K; ∇ RL ?, §, C
S1.1, T1.4.1.3, T1.4.2, T6.2.2.2.3
M 30–70 cm. Stg dünn, mit 5–10 Blättern; das unterste br verkehrt eifg, stumpf, die nächsten schmaler u. spitz, die oberen kl u. tragblattartig, alle dkl gefleckt. Tragblätter kürzer als die Blüten. Blüten weißl. bis rosa, Lippe mit kräftiger purpurroter Schleifenzeichnung. Seitl. Sepalen seitwärts gestreckt, Lippe tief 3-lappig mit großem, vorgestrecktem Mittellappen.

3888 ssp **psychrophila** (Schltr.) Holub
Kälteliebendes Fuchs' Knabenkraut

I; ⟨K, s⟩, ⊙; A, M_1; RL?, §, C
S1.1, S2.2 (o-sa), T1.1.1.5–6, T7.1.3 (o-a)
M Kleiner (15–30 cm), mit weniger Blättern u. kurzem Blütenstand. Blüten oft sehr kräftig gefärbt.

3889 ssp **transsilvanica** (Schur) S. E. Fröhner
Karpaten-Knabenkraut

I ?; ⟨K, s⟩, ⊙; M_2; RL?, §, C
S2.2

M 30–60 cm. Blätter 4–8, verkehrt lanzettl., untere stumpf, am Stg verteilt schräg aufwärts gerichtet, hellgrün ohne Flecken. Blütenstand zieml. kurz. Blüten weiß ohne Zeichnung, seitl. Sepalen seitwärts gestreckt, Lippe br queroval, kurz 3-lappig.
B Das Vorkommen dieser Art in D (westl. Erzgebirge) ist noch nicht zweifelsfrei gesichert.

Folgende Hybriden treten häufiger auf:

3890 **Dactylorhiza** × **transiens** (Druce) Soó (3887 × 3885)
Geflecktes Bastard-Knabenkraut ohne Abb.

I; ⟨K, s⟩, ⊙; RL ?

3891 **Dactylorhiza** × **dinglensis** (Wilm.) Soó (3885 × 3898)
Dingles Bastard-Knabenkraut Abb. 230

I; ⟨K, s⟩, ⊙; RL ?

3891a **Dactylorhiza** × **braunii** (Halácsy) Boros & Soó (3887 × 3898)
Brauns Bastard-Knabenkraut

I; ⟨K, s⟩, ⊙; RL ?

3892 **Dactylorhiza** × **carnea** (Camus) Soó (3885 × 3893)
Fleischrosa Bastard-Knabenkraut ohne Abb.

I; ⟨K, s⟩, ⊙; RL ?

Für eine sichere Bestimmung ist eine Populationsanalyse notwendig u. die Zuhilfenahme von Spezialliteratur.

3893 **Dactylorhiza incarnata** (L.) Soó ssp **incarnata**
Fleischfarbenes Knabenkraut Abb. 231

I; K, s, ⑤; A, AV, M_1, M_2, F, K; RL 2, §, C; Z
S2.2.2, T7.3.2, T7.3.5

M 20–60 cm. Pfl schlank, mit dickem Stg. Blätter 4–6, lanzettl., spitz, aufrecht, das oberste reicht mit der Spitze in den Blütenstand, hellgrün, ungefleckt. Blütenstand lg u. dicht; Tragblätter gr, viel länger als Blüten, nach oben gekrümmt. Blüten kl, blass fleischrosa bis hell purpurrot, auf der Lippe mit scharfer, dklr Zeichnung; Lippe 7–9 mm br, undeutl. 3-lappig.
B Auffallend ist die var *hyphaematodes* (Neuman) Landwehr (3893a) mit beiderseits braunrot gefleckten od. überlaufenen Laub- u. Tragblättern.

3894 ssp **serotina** (Hausskn.) Soó & D. M. Moore
⟨Spätblühendes⟩
Fleischfarbenes Knabenkraut ohne Abb.

I; ⟨K, s⟩, ⊙; AV, M_1, F?; RL ?, §, C
L3.1.5, T7.3.2

M Ähnl. 3893, aber kleiner (15–30 cm), mit schmaleren Blättern u. kurzem Blütenstand, Blüten hell purpurrot; blüht 2 Wochen später als 3893.
B Ssp *serotina* ist nicht identisch mit der britischen ssp *pulchella* (Druce) Soó, die sich von ssp *incarnata* nur durch die hell purpurrote Blütenfärbung unterscheidet.

Abb. 222 Limodorum abortivum (3841)

Abb. 223 Neottia nidus-avis (3844)

Abb. 224 Orchis mascula ssp mascula (3875)

Abb. 225 Orchis mascula ssp signifera (3876)

Abb. 226 Traunsteinera globosa (3870)

Abb. 227 Dactylorhiza maculata ssp maculata (3885)

Abb. 228 Dactylorhiza maculata ssp elodes (3886)

Abb. 229 Dactylorhiza fuchsii ssp fuchsii (3887)

Abb. 230 Dactylorhiza × dinglensis (3891)

Abb. 231 Dactylorhiza incarnata ssp incarnata (3893)

Abb. 232 Dactylorhiza incarnata ssp ochroleuca (3895)

Abb. 233 Dactylorhiza × aschersoniana (3896)

3895 ssp **ochroleuca** (Boll) P. F. Hunt & Summerh.
⟨Strohgelbes⟩ Knabenkraut Abb. 232

I; K, s, ⊙; AV, M_1, F; RL 2, §, C
L3.1.5, T7.3.2
M 25–70 cm. Sehr ähnl. 3893, aber Blüten blassgelb mit dklr gelbem Lippengrund, ohne Zeichnung; Seitenlappen gezähnt, stärker zurückgeschlagen. Blüht 2 Wochen nach 3893.
B Der Sippe wird auch Artrang zuerkannt.

Hfgr ist die Hybride

3896 **Dactylorhiza × aschersoniana** (Hausskn.) Borsos & Soó (3893 × 3898)
Aschersons Bastard-Knabenkraut Abb. 233

I; ⟨K, s⟩, ⊙; AV, M_1, M_2, wo noch?; RL ?
Sie kann auch noch überdauern, wenn der Elter 3893 ausgestorben ist. Diese Hybride tritt häufiger auf.

3897 **Dactylorhiza cruenta** (O. F. Müller) Soó
Blutrotes Knabenkraut Abb. 234

?; ⟨K, s⟩, ⊙; fehlt in D; RL D, §, C
S2.2.2
M 5–30 cm. Blätter eilanzettl., abstehend, ebenso wie die Tragblätter beiderseits (!) braunrot gefleckt (sehr slt ungefleckt), oft ganze Pfl blutrot überlaufen. Blüten purpurrot, sonst wie bei 3893.
B 2 Teilareale: S-Schweden bis N-Russland sowie W- u. S-Alpen; alle Angaben für D sind Verwechslungen mit anderen Sippen (meist 3893a).

3898 **Dactylorhiza majalis** (Rchb.) Hunt & Summerhayes ssp **majalis**
Gewöhnliches Breitblättriges Knabenkraut Abb. 235

I; K, s, ⊙; A, AV, M_1, M_2, F, K; RL 3, §, C; Z
S2.2.1, S2.2.2, T7.3.2, T7.3.5
M 15–40 cm. Kräftige Pfl mit dickem Stg. Blätter 4–6, spitz eifg, seitl. abstehend, meist dkl gefleckt. Blütenstand zylindrisch, dicht. Tragblätter gr, wesentl. länger als die Blüten. Blüten purpurrot; Lippe 9–13 mm br, queroval, deutl. 3-lappig, mit etwas verwaschener dklr Schleifenzeichnung.

3899 ssp **brevifolia** (Bisse) Senghas
Kurzblättriges Knabenkraut ohne Abb.

I; ⟨K, s⟩, ⊙; M_2, F (östl.), wo noch?; RL ?, §, C
S2.2.2
M Bis 25 cm. Blätter schmal, deutl. gefaltet, mehr als 5mal so lg wie br, Blütenstand kurz (bis 5 cm lg). Blüten u. oberer Stg violettpurpurn. Spät blühend.

3900 ssp **alpestris** (Pugsley) Senghas
⟨Alpines Breitblättriges⟩ Knabenkraut Abb. 236

I; K, s, ⊙; A; RL ?, §, C
S2.2 (a), T7.3 (a)
M Niedriger u. kräftiger, Blattfleckung sehr intensiv, Blütenfarbe dklr, Lippe gr, weniger geteilt. Alpine ssp von 3898.

3901 ssp **baltica** (Klinge) Senghas
Baltisches Knabenkraut Abb. 237

?; ⟨K, s⟩, ⊙; K; RL?, §, C
H1.1.3
M 30–50 cm. Blätter 5–8, lg, längl. lanzettl., schräg aufrecht stehend, hell(gelbl.) grün mit verwaschenen braunen Flecken. Blütenstand zylindrisch, dicht. Blüten hell, rosa bis blasspurpurn; Lippe 9–11 mm br, 3-lappig, mit deutl. dklr Zeichnung.
B Auch im Artrang geführt; ob in D?

Abb. 234 Dactylorhiza cruenta (3897)

Abb. 235 Dactylorhiza majalis ssp majalis (3898)

Abb. 236 Dactylorhiza majalis ssp alpestris (3900)

Abb. 237 Dactylorhiza majalis ssp baltica (3901)

Abb. 238 Dactylorhiza traunsteineri (3902)

Abb. 239 Dactylorhiza lapponica (3903)

Abb. 240 Dactylorhiza sphagnicola (3904)

Abb. 241 Dactylorhiza curvifolia (3905)

Abb. 242 Dactylorhiza ruthei (3906)

Abb. 243 Dactylorhiza purpurella (3907)

Abb. 244 Dactylorhiza praetermissa var praetermissa (3908)

Abb. 245 Dactylorhiza praetermissa var junialis (3908a)

3902 **Dactylorhiza traunsteineri** (Saut. ex Rchb.) Soó ▸
Traunsteiners Knabenkraut Abb. 238

I; K, s, ⊙; A, AV, M_1, M_2; RL 2, §, C
S2.2.1, S2.2.2 (a), T7.3.2
M 20–45 cm. Blätter 3–5, linealisch bis schmal lanzettl., spitz, rinnig, gekielt, aufrecht abstehend, meist gefleckt. Blütenstand zylindrisch, locker, 8–20 Blüten. Tragblätter etwa so lg wie die Blüten. Blüten hell purpurrot; Lippe 10–13 mm br, 3-lappig mit vorgezogenem Mittellappen u. dklr Schleifenzeichnung.

3903 **Dactylorhiza lapponica** (Hartm.) Soó ▸▸
Lappländisches Knabenkraut Abb. 239

I; ⟨K, s⟩, ⊙; A, AV; RL R, §, C
S2.2.2, S2.2.3
M 15–25 cm. Pfl zierl., schlank. Blätter 3–4, kurz, lanzettl. bis eilanzettl., unterstes oft stumpf, abstehend, gefleckt. Blütenstand kurz, oft einseitswendig, mit wenigen (5–15) Blüten. Blüten zieml. kl, purpurrot, Lippe 8–11 mm br mit verwaschener, dklr Zeichnung.

◂ 3904 **Dactylorhiza sphagnicola** (Höppner) Soó
Torfmoos-Knabenkraut Abb. 240

(✫) **I**; K, s, M_2, F; RL reg, §, C
T1.2–4, S2.2/S3.2
M 20–45 cm. Schlank mit kräftigem Stg. Blätter 3–7, linealisch schmal lanzettl., rinnig, aufrecht, ungefleckt. Blütenstand kurz zylindrisch eifg, dicht. Tragblätter länger als die Blüten, nach oben gebogen. Blüten hell purpurrosa; Lippe 9,5–13 mm br, schwach 3-lappig rautenfg, auf der ganzen Fläche mit dkln Punkten gezeichnet.

3905 **Dactylorhiza curvifolia** (Nyl.) Czerep. ▸
Ostsee-Knabenkraut Abb. 241

(✫) **I**; ⟨K, s⟩, ⊙; F, K; RL 1!, §, C
S2.2.2
M 15–35 cm. Blätter 3–5, lg linealisch bis schmal lanzettl., aufrecht, dkl gefleckt. Blütenstand kurz kegel-eifg, dicht. Blüten rosenrot mit dunklerer Zeichnung; Lippe schwach 3-lappig mit kurzem Mittellappen, flach.

◂◂ 3906 **Dactylorhiza ruthei** (M. Schulze & Ruthe) Soó
Ruthes Knabenkraut Abb. 242

I; ⟨K, s⟩, ⊙; K; RL ?, §, C
M 25–50 cm. Pfl schlank. Blätter 4–6, br linealisch, aufrecht, hell(gelbl.) grün, ungefleckt. Blütenstand kurz zylindrisch. Tragblätter länger als die Blüten. Blüten hell violettpurpurn; Lippe 3-lappig mit vorgezogenem Mittellappen, Zeichnung aus dkln Punkten u. Punktreihen.

◂ 3907 **Dactylorhiza purpurella** (T. & T. A. Stephenson) Soó
Purpurrotes Knabenkraut Abb. 243

?; ⟨K, s⟩, ⊙; K; RL ?, §, C
T7.3.5
M 10–30 cm. Pfl gedrungen. Blätter 4–8, eifg lanzettl., seitl. abstehend, am Grund gedrängt, ungefleckt od. nur in der oberen Hälfte fein gefleckt. Blütenstand kurz, dicht. Tragblätter höchstens so lg wie die Blüten. Blüten dkl purpurrot; Lippe rautenfg, fast ungeteilt, mit dklr Schleifenzeichnung.
B NW-europäische Art, früher möglicherweise auf Borkum (Abb. aus England).

◄ 3908 **Dactylorhiza praetermissa** (Druce) Soó var **praetermissa**
Übersehenes Knabenkraut Abb. 244

I; K, s, ⊙, ❀; M_2, F; RL 2, §, C
S2.2.2
M 25–60 cm. Pfl kräftig. Blätter 5–8, längl. lanzettl., aufrecht abstehend, etwas rinnig, ungefleckt. Blütenstand dicht, vielblütig. Tragblätter etwa so lg wie die Blüten. Blüten gr, rosa bis blasspurpurn, dkle Zeichnung aus Punkten u. Punktreihen; Lippe 9–12 mm br, seicht 3-lappig, flach ausgebreitet mit etwas aufgebogenem Rand.
B Auffallend ist die (3908a) var *junialis* (Verm.) Senghas mit (oft ringfg) gefleckten Blättern u. dunkleren Blüten mit stärker 3-lappiger Lippe (Abb. 245). ►

◄ 3909 **Dactylorhiza sambucina** (L.) Soó
Holunder-Knabenkraut

I; K, s, ③; M_1, M_2; RL 2, §, C; Z
T6.2..2.2, T6.2.1.5.1, T7.1.2 (mager)
M 10–30 cm. Blätter 4–7, eilanzettl., am Stg aufrecht abstehend, ungefleckt. Blütenstand eifg, dicht. Tragblätter grün, etwa so lg wie die Blüten. Blüten entweder gelb mit roten Punkten auf der Lippe od. purpurrot; Lippe undeutl. 3-lappig, Sporn sehr dick, spitz, so lg wie der Fruchtknoten, schräg abwärts gerichtet.

3910 **Himantoglossum hircinum** (L.) Spreng. ►
Bocks-Riemenzunge ⟨Gttg 5 sp⟩

I; K, s, ⑥, ❀; M_1, M_2; RL 3, §, C; ☺, D
T6.2.2.2.3, T8.1.1
M 30–80 cm. Pfl kräftig. Blütenstand dicht, vielblütig. Helm geschlossen, Lippe tief 3-lappig mit kurzem Sporn; Seitenlappen spitz, mit gekraustem Rand; Mittellappen linealisch, anfangs eingerollt, später spiralig gedreht, 3–6 cm lg. Blüten mit intensivem Geruch nach Ziegenbock.

3911 **Malaxis monophyllos** (L.) Sw. ►►
Einblättrige Weichorchis,
⟨Einblatt⟩ (Gttg ca 300 sp)

I; K, s, ⊙; A, AV, M_1, M_2; RL –, §, C
L5.2.3 (m), T1.1.1 (feucht, steinig, m)
M 10–30 cm. Am Stg 1 (slt 2) spitz eifge, 3–10 cm lge Blätter. Blütenstand locker, vielblütig. Blüten kl, grün, abstehend. Lippe herzfg, zugespitzt, nach oben stehend.

3912 **Hammarbya paludosa** (L.) Kuntze
Weichwurz (Gttg 1 sp)

I; H, K, s, ⊙; AV, M_1, M_2, F; RL 2, §, C
S1.1

M 5–20 cm. Am Grund 2 eifge, fleischige, 1–3 cm lge Blätter. Blüten kl, blassgrün, dem Stg angedrückt. Lippe spitz eifg, nach oben stehend, mit hellgrünen Längsstreifen.

3913 **Liparis loeselii** (L.) Rich.
Sumpf-Glanzkraut (Gttg 350 sp)

I; K, H, s, ⑦; AV, M_1, M_2, F, K; RL 2+, §, C, B, F
H1.2.2.7, S1.1 (nass), S2.2.2

M 5–25 cm. Am Grund 2 eilanzettl., glänzende, aufrecht stehende 2,5–11 cm lge Blätter. Blütenstand locker mit wenigen hellgrünl. gelben Blüten. Petalen schmal linealisch, Lippe rinnig, kniefg gebogen.

3914 **Corallorrhiza trifida** Châtel.
Europäische Korallenwurz (Gttg 15 sp)

I; K vp, s, ⑧; A, AV, M_1, M_2; RL 3+, §, C
S3.2.5, T1.1.1.1, T1.1.1.4, T1.4.2, T1.4.3.2, syn.: T1.4.5/T7.3

M 8–25 cm. Pfl zierl., mit dünnem Stg, ohne Laubblätter, ganze Pfl blassgrün. Blüten hellgrün, außen oft braun überlaufen; Lippe weiß mit roten Punkten, ohne Sporn. Auffallend die hängenden eifgn Fruchtkapseln.

3.3 Bemerkungen

B1 1996 beschriebenes Taxon, über dessen Verbreitung, Ökologie, pflanzensoziologische Bindung und Gefährdung in Deutschland noch wenig Information vorliegt. (6)

B2 Verwechslung mit ssp *inexpectans* (bisher im Gebiet nicht nachgewiesen) und ssp *pachyrhachis* möglich. (57)

B3 In mittleren Gebirgslagen, wo sich von oben 145 und von unten 141 nähern, tritt z. T. in großen Populationen (in den Ostalpen auch ohne Eltern) die Hybride auf. In Deutschland nur nahe der österreichischen Grenze. (143)

B4 Nach M. Ristow, mdl., ist die ⟨186⟩ ssp *ficaria* (Südliches Scharbockskraut) mit reich entwickelten Nüßchen, ohne Bulbillen, in Hessen nachgewiesen. (185)

B5 Drüsig behaarte Pfl können als f *glutinosa* od. var *viscida* abgetrennt werden. (449)

B6 *H. maculatum* und *perforatum* bilden einen sehr variablen Sippenkomplex. Die taxonomische Bedeutung heller Öldrüsen in den Blättern („durchsichtige Punktierung") ist unklar. Nach manchen Auffassungen dürfen 641 und 642 keine derartigen Drüsen aufweisen. Entsprechende Typen wären dann als Hybriden zu deuten. Andere Konzepte gestatten jedoch einzelne Öldrüsen auch bei diesen Arten. Alle hier genannten Sippen (637–644) bedürfen noch näherer Untersuchungen. (641)

B7 In der Gliederung umstritten. Zu wenig beachtet und taxonomisch unterbewertet ist nach G. H. Loos offensichtlich das ssp *obscurum* zugeschlagene, als var *fruticans* W. Koch bezeichnete Taxon (Endemit der Oberrheinebene): höherer, strauchiger Wuchs (10–50 cm), lg Nebenblätter (0,5–1,1 cm), spätere Aufblühzeit. Die ssp *grandiflorum* ist gut zu trennen, während zw ssp *nummularium* und *obscurum* anscheinend lückenlose Übergangstypen existieren (670–673)

B8 Die *Viola*-Arten der Sekt. *Dischidium* (679) und *Melanium* (680–689) weisen zumindest am Grunde gelbe Kronblätter auf. Die seitlichen Kronblätter sind aufwärtsgerichtet und überlappen daher den Rand der oberen. Dagegen besitzen die Arten der Sektion *Norminium* (690–712) nie eine Gelbfärbung in der Blüte. Die seitlichen Kronblätter sind abwärtsgerichtet und decken den Rand der oberen nicht. (679)

B9 Verwechslung mit groß- bzw. violettblütigen Formen von *V. arvensis*. Es treten auch regelmäßig Hybriden zu 680 und 684 auf, wenn die Eltern zusammentreffen. (680)

B10 *V. guestphalica* entstammt dem *V. tricolor*-Verwandtschaftskreis, während *V. calaminaria* zu *V. lutea* gestellt werden muß (Nauenburg 1986). Es sind auch Hybriden zw 687 u. 684 beobachtet worden (*V.* × *preywischiana* Nauenb.) (687)

B11 In reiner Ausbildung anscheinend nur noch sehr slt., ansonsten ausgeprägte, z. T. stabilisierte Hybridenschwärme mit 702. (703)

B12 Forstlich werden verschiedene „Balsampappel"- Sorten kultiviert, die Kreuzungen darstellen, an denen u. a. *P. maximowiczii* Henry, *P. berolinensis* Dippel, *P. trichocarpa* u. a. beteiligt sind. Diese Pappeln verwildern z. T. in großem Maße an Flußufern u. auf Industrieflächen, dabei finden weitere Bastardierungen statt (vgl. Koltzenburg 1999). (720)

B13 Nach G. H. Loos gehören hierzu u. a. *C. nemorosa* Lej. mit früher Aufblühzeit (in feuchten bis nassen Wäldern deutlich 2 Wochen vor der verbreiteten *pratensis*-Sippe). In Mittelgebirgen eine spätblühen-de Sippe. Es lassen sich auch großkronige Sippen (–17 mm lg; wie ssp *picra* De Langhe & D'Hose u. ssp *major* Tomsovic unterscheiden. (799)

B14 Sehr variabel. Nach G. H. Loos 2 Sippen: *C. dentata* Schult. s. str. mit identischen Stg- und Grundblättern (Blättchen eifg. gezähnt, deutlich gestielt), *C. palustris* Peterm. mit ganzrandigen, eifg.-lanzettl. Blättchen der Stgblätter. (800)

B15 Formenreich. Man kann unterscheiden: ssp *dissecta* (Lag.) Bonn. (Pfl verkahlend, Blätter mit ± gleich großen Abschnitten, Fruchtklappen schwach od. unbehaart, Samen grau-braun) u. ssp *alba* (Pfl steifhaarig, Blätter mit ungleich geteilten Abschnitten, Fruchtklappen rauhborstig, Samen weiß). (916a)

B16 Sehr variabel, die Varietäten werden auch als Subspecies aufgefasst. Die Art wird in vielen Sorten kultiviert, im Gebiet indigen wohl nur ssp *uvacrispa*. (1002)

B17 Herkunft aus gärtnerischer Kultur. Hier inkl. *S.* × *pseudosalicifolia* Silverside. Oft mit *S. salicifolia* L. (Weidenblättriger S.) verwechselt, der in Mitteleuropa jedoch kaum kultiviert wird (frostempfindl.) und nirgends verwildert nachgewiesen ist. Vermehrt sich nicht aus Samen. Ausbreitung langsam. Die meisten Vorkommen sind nach Adolphi 1995: 175 auf Anpflanzung zurückzuführen. (1066)

B18 Hybridogener Komplex sich apomiktisch fortpflanzender „Kleinarten". In den Merkmalen zwischen 1104 u. 1106 u. verwandten Sippen. Die Verbreitung aller Sippen ist unzureichend bekannt. (1110–1115)

B19 Die in der Standardliste aufgeführten Sippen
1180 *A. sinuata* Buser,
1181 *A. trunciloba* Buser,
1182 *A. versipila* Buser
sind in Deutschland nicht nachgewiesen. (1129–1182)

B20 Die Angaben von (1154) *A. obscura* Buser aus dem Gebiet beruhen nach Fröhner in Hegi (1995) auf Verwechslungen mit 1153 u. 1158. (1153)

B21 Nach Fröhner in Hegi (1995) gehört das unter 1176 geführte Vorkommen im Wettersteingebirge zu (1177) *A. hirtipes* Buser. (1176)

B22 Nach Fröhner in Hegi (1995) ist die Sippe zu *A. flaccida* zu rechnen. Da diese nach Fröhner l. c. vermutl. neu benannt werden muss, behalten wir zunächst den altbekannten Namen bei. (1178)

B23 Ähnl. (1621) ssp *maritimus* (Rouy) Heywood, Küsten-Besenginster, (ohne Abb.) ♄; ⟨N, i, s⟩, ⊙; K; ⟨RL –⟩; ☠); niederliegend, bis 50 cm hoch. Junge Zweige dichter seidig behaart. (1620)

B24 Es lassen sich nach der Kelchbehaarung ssp *sepium* (unbehaart bzw. kurz anliegend behaart) u. ssp *eriocalyx* (Čelak.) (abstehend behaart) unterscheiden u. nach der Blattbreite ssp *montana* (Koch) Hämet-Ahti (auffällig schmal-lanzettl.) u. weitere ssp unterscheiden, die jedoch durch Übergänge untereinander verbunden sind. (1715)

B25 Die Gruppe ist noch nicht restlos geklärt. Eine 1716 nahestehende Sippe ist anscheinend im Rheinland eingebürgert. Die echte 1716, mit Hülsen, die zw den Samen ± deutl. eingeschnürt, seitl. meist zusammengedrückt, reif hell gelbl. Bis+ braun-bräunl. u. kurzhaarig-samtig sind, wird angebaut, scheint aber nur unbeständig zu verwildern. (1716)

B26 Variabel, wohl mehrere Sippen umfassend. Adventiv und unbeständig ist die ähnliche Herzblättrige Wicke (*Vicia cordata* Wulfen ex Hoppe). **M** Blättchen länglich oder oval-keilfg, meist deutlich ausgerandet. Fahne rotviolett, Flügel dunkel karmin. Hülsen reif meist fast kahl, dunkelbraun, seltener schwarzbraun. (1718)

B27 Die taxonomische Problematik in der *M. scorpioides*-Gruppe wird ausführlich von Dickoré in Wisskirchen & Haeupler 1998 (mit ausführlichem Schlüssel) behandelt. Manche Autoren unterscheiden noch *M. laxiflora*. Zur Erkennung vgl. Loos (1995, 1996c). (2160)

B28 Sutory (1988) unterscheidet mehrere ssp, von denen mind. 2 auch in D vorkommen sollen. (2181)

B29 Bei den verwildernden Gartenformen handelt es sich z. T. um (2182a) *P. saccharata* Mill. (Silberfleckiges Lungenkraut) mit auffallend silbrig gefleckten Blättern u. unten verschmälerten Grundblättern, Heimat: SO-Frankreich, Italien. (2182)

B30 Die Gattung *Mentha* ist taxonomisch äußerst schwierig u. extrem kartierungskritisch. Die Arten selbst sind hoch variabel, v. a. hybridogen entstanden wie (2308) *M. spicata* (aus 2310 × 2311). Zudem kann jede Sippe mit jeder anderen Hybriden bilden u. diese kreuzen teilweise zurück, so dass manche hybridogene Sippe schwierig abzugrenzen ist. Die Variabilität wird zudem leicht durch extreme Standortsbedingungen erhöht. Hybriden sind meist sehr vital u. breiten sich selbst bei Sterilität vegetativ leicht aus, daher können sie gebietsweise hfgr als die Eltern sein. Sie werden daher hier alle beschrieben. Oft ist der Geruch ein wichtiges Merkmal, wobei „Pfefferminz" u. „Spearmint" im Sinne der Kaugummi-Sorten durchaus gut unterscheidbar sind. Blattmerkmale beziehen sich in unseren Beschreibungen auf mittlere Stgblätter, Blütenmerkmale beziehen sich ausschließlich auf zwittrige, gesunde, vollständige Blüten. (2298)

B31 Im Gebiet wohl nur ssp *peregrina*. Heimat: gemäßigtes Nord- und Süd-Amerika.

B32 Vergleiche Anmerkung zu 2433. Vergleiche auch Kommentar von Fischer in Wisskirchen & Haeupler (1998). Mit Drüsen sind niemals sitzende gemeint. Die Blütenmaße gelten für vollentwickelte Blüten, u. zwar für deren Oberseite. (2441)

B33 Die 3 Sippen 2496–2498 sind sich sehr ähnl. u. durch morphologische Einzelheiten u. Wirtswahl (alle leben auf *Apiaceen*) als wahrscheinlich sehr nahe verwandt anzusehen. Der taxonomische Rang ist noch so lange unklar, wie nicht Näheres über Wirtsspezifität u. Fortpflanzungsverhalten bekannt ist. (2496)

B34 Hoffmann (in Wisskirchen & Haeupler 1998) fasst diesen variablen Komplex (wohl entstanden aus 2711 × 2713) mit 2713 in einem *A. laevis* agg zusammen. In der hier gewählten Umgrenzung steht *A.* × *versicolor* mit den am häufigsten auftretenden Typen jedoch 2711 näher, so dass die Bildung einer solchen Gruppe nicht sinnvoll erscheint. In diesen Komplex (u. nicht als Synonym zu 2711) gehört auch ein zuweilen als eigene Art, (2712a) *A. laevigatus* Lam od. als ssp *laevigatus* (Lam) Thell. von 2711 geführter Typ mit br lanzettl. Stgblättern und wenigköpfigen Ästen. Wildwachsend unbekannt. (2712)

B35 Ob die von Hoffmann (1996) herausgearbeiteten Merkmale mit der frühen Aufblühzeit korrelieren, wie hier postuliert, bleibt zu überprüfen. Die Sippe wurde bislang oft für *Aster tradescantii* L. gehalten, die jedoch nur sehr slt kult. wurde (ob noch?), ein Lobus-Limbus-Verhältnis von 35–42% aufweisen soll u. so 2715 nähersteht, jedoch sehr kleine Köpfe u. lineal lanzettl., meist sitzende Stgblätter besitzt. Heimat: N-Amerika. (2716)

B36 Zu beachten bleibt die ähnl. (2753a) *A. lanulosa* Nutt. aus N-Amerika, welche vereinzelt mit Grassaat eingeschleppt wurde u. sich vielleicht lok halten kann,. Sie wird aber meist höher u. besitzt bis 5 cm breite Stgblätter u. breitere, lockere Hauptschirme. (2753)

B37 Sehr vielgestaltiger Komplex aus mehreren, noch nicht ganz geklärten Sippen. Neigt außerdem sehr zu Bastardierung; ± stabilisierte, z. T. vielgestaltige Übergangssippen zu 2751 sind z. B. in O-D vorhanden. (2755)

B38 Umfasst 2 noch nicht klar benannte Sippen: Weit verbreitet ist eine einjährige bis ausdauernde Sippe, bis 3 m hoch u. vielköpfig (mit 25–27 Köpfen). V. a. in den inneralpinen Trockentälern, aber auch im Kaiserstuhl existiert eine ausdauernde, nur 1,3–1,6(1,9) m hohe u. wenigköpfige (mit 6–20 Köpfen versehene) Sippe. (2826)

B39 Heimat: O- u. SO- Europa. Bei gemeinsamem Auftreten der Elternarten (z. B. Mittelrhein, Westfalen) findet sich die sterile Hybride 2826 × 2827 (2827a) *Echinops* × *pellenzianus* Hügin & Lohmeyer, welche in ihren Merkmalen zwischen den Eltern vermittelt. (2827)

B40 Komplex aus mehreren, z. T. äußerst ähnl. Sippen, die noch weiterer Untersuchung bedürfen. So lassen sich mind. 3 aufblühphänologisch differente Sippen mit unterschiedl. Verbreitungsgebieten unterscheiden. Eine Sippe mit auffällig schmal geschnittenen Blättern ist in O-Brandenburg weiter verbreitet. Typen mit ungeteilten, eifgn unteren Blätter (meist als f *heterophylla* Beck bezeichnet) u. solche, bei denen alle Blätter ungeteilt sind (als f *integrifolia* Vukot bezeichnet), treten nur in Teilen des Areals des Gesamtkomplexes auf (z. B. Unterfranken) u. verdienen daher ebenfalls nähere Beachtung. Zu beachten bleiben ferner *C. tenuifolia* Schleich. nahe stehende Typen, welche sich durch deutl. kleinere Köpfchen u. schmal lanzettl. Blattfiederabschnitte auszeichnen (z. B. Baden-Württemberg). (2872)

B41 *C. triumfettii* ist ein noch ungenügend untersuchter Komplex. Das Auftreten zahlreicher Übergangstypen zw den einzelnen, ansonsten v. a. geographisch charakterisierten Sippen lässt es bis zur Durchführung ausgedehnterer Untersuchungen ratsam erscheinen, die in D vorkommende Sippe als ssp aufzufassen. (2875)

B42 Eine konstant breitblättrigere Sippe, die sonst 2881b in allem gleicht, oft in Ansaaten u. daraus verwildert, z. t. **E (lok)**. (2881b)

B43 Diese Sippe wurde z. T. für die weitgehend merkmalskonvergente, aber früher blühende u. etwas niedrigerwüchsige, breitblättrigere, im NO-Alpenraum vorkommende (2881l) *C. subjacea* (Beck) Hayek gehalten, deren sicherer Nachweis für D noch aussteht (sonst oft mit konvergenten Hybriden verwechselt). – Hybriden 2881b × 2881g wurden mehrfach in Brandenburg u. Mecklenburg-Vorpommern nachgewiesen. Vermutl. auch an anderen Hybriden in diesem Raum beteiligt. (2881g)

B44 Anscheinend auch an der Bildung von Hybriden in D beteiligt, aber gewiss weniger als gemeinhin angegeben wird. – Viele Angaben sind irrtümlich u. beziehen sich auf gänzlich anders aussehende Sippen, insbesondere Hybriden mit 2881h u. ä. (2883)

B45 Zw den Elternarten vermittelt 2881d × 2884 *C.* × *gerstlaueri* Erdner, welche jedoch nur in solchen Gegenden klar als diese Hybride erkennbar ist, in denen andere Sippen mit kammartig gefransten Hüllblattanhängseln fehlen (z. B. Unterfranken). (2884)

B46 Die intermediäre Hybride 3219 × 3220 (3221a) J. × *ken-reichgeltii* Jansen & Wachter ex Ken. & Reichgeltii tritt sehr oft mit den Eltern auf. (3220)

B47 In der Abgrenzung zu 3243 problematisch. Die Art ist generell sehr variabel, wobei ein Teil der Typen mit Aufblühzeit-Differenta korellieren (Loos). (3244)

B48 Im Sommer bildet sich in der Achsel der untersten Spelze hfg ein Achselsspross, der sich bewurzelt, wenn sich der Stg durch sein Eigengewicht niederbiegt u. den Boden berührt. So können, ähnl. wie bei Arten der Gattung mit unterirdischen Ausläufern, dichte Rasen entstehen. (3313)

B49 Neben blühenden Sprossen auch vegetative Sprosse mit mehreren, übereinander angeordneten Blattetagen. Niederliegende Sprosse können sich bewurzeln u. Achselsprosse ausbilden. Heimat: N-Amerika. (3353)

B50 In einigen Populationen auch auf Blattunterseite zieml. viele Stomata, besonders entlang der Blattränder u. entlang des Mittelnervs. Sehr große Formen besonders im Alpenbereich, slt auch in den Mittelgebirgen u. im Flachland mit meist sehr großem Anteil an Stomata auf der Blattunterseite u. großen, allmählich in den Schnabel verschmälerten Schläuchen, deutl. von typ. ausgebildeter *Carex rostrata* zu unterscheiden. Diese Formen werden oft fälschlicherweise für Hybriden, meist für 3413 gehalten. (3412)

B51 Heimat: Östl. Mittelmeergebiet. Eine Reihe anderer Arten der Gttg treten unbestdg auf, z. B. die einjährige (3441a) Gewöhnliche Mohrenhirse, *S. bicolor* (L.) Moench: **U**; T, s, ☉; M_1; ⟨RL–⟩; T10.3.1.2, T10.7. **M** 2(–4) m, Spreite 5–8 cm br, Ligula häutig, behaart. Heimat: Afrika. (3441)

B52 Schwer von 3474 zu trennen. Die Deckspelze bietet das sicherste Merkmal, alle anderen überschneiden sich. (3475)

B53 Heimat: Mittelmeergebiet, alte Kulturpflanze evtl. aus (3499a) Bart-Hafer, *A. barbata* Pott ex Lk. entstanden? (3499)

B54 Im Gebiet nur ssp *caryophyllea*. Alte Angaben der südeuropäischen (3526a) ssp *multiculmis* (Dumort.) Bonnier et Layens mit 2,2–2,5 mm lgn Ährchen u. Halmen zu 20 u. mehr im Büschel, 30–50 cm hoch, waren wohl nur unbestdg. (3526)

B55 Komplex aus mehreren, z. T. aufblühzeitl. differenten Sippen. Typischer *F. arundinacea* besitzt Deckspelzen ohne Grannen od. nur mit kurzer Grannenspitze, der Östliche Rohr-Schwingel (3612) ssp orientalis (Hack.) Tzvelev od. *F. orientalis* (Hack.) Krecz. & Bobr., **I**; ⟨H, w⟩, ☉; wo?; ⟨RL –⟩, eine wohl verbreitete, aber bislang wenig beachtete Sippe weist die an den oberen Blüten 0,8–4 mm lg begrannten Deckspelzen auf. Ohne Abb. (3611)

B56 Weitere Arten u. Sorten in Kultur, in D aber slt od. heute fehlend, zuw. aber adventiv auftretend, z. B. ssp *polonicum* (L.) Thellung (Polnischer Weizen) u. ssp *durum* (Desf.) Husnot (Hart-Weizen) (3716d)

B57 Zur Bestimmung der ssp sind reife Früchte nötig. Bei der im NW verbreiteten Sippe handelt es sich um einen zw 3717 u. 3719 vermittelnden Typ (3717a: ssp *dolichocarpum* Graebn). (Loos) (3717)

B58 In Kultur mehrere Arten, z. T. verwildernd. Neueste Monographie von Davis (1999). Vorkommen in Baden-Württemberg weichen vom Typ stark ab. (3766)

B59 Heimat: SO-Europa. In Kultur sind viele weitere Arten mit einer schier unübersehbaren Farbenvielfalt. Die Bestimmung verwildernder Krokusse u. Zuchtformen ist nicht immer einfach. Neben 3802 u. seinen Hybriden treten oft als **E lok** auf: *C. tommasianus* Herb., *C. sieberi* J. Gay, *C. chrysantuus* (Herb.) Herb. (3802)

3.4 Glossar

Dieses kurze Glossar enthält keine voraussetzbaren morphologischen Grundbegriffe, wie sie in den einleitenden Kapiteln jeder Bestimmungsflora nachzulesen sind, sondern v. a. weniger bekannte, aber bestimmungsrelevante Ausdrücke. Die Definitionen folgen weitgehend Wagenitz (1996)

adstringierend → sehr sauer und zusammenziehend im Geschmack.
amphistomatisch → Spaltöffnungen auf beiden Seiten eines Blattes, s. a. → epi- u. → hypostomatisch.
Ansalbung → das bewusste Anpflanzen oder Aussäen von florenfremden Sippen in der freien Natur durch so genannte Pflanzenfreunde. Solche Ansalbungen können z. T. lange Zeit überstehen, wie Beispiele aus dem letzten Jh. belegen. Da es sich um Florenverfälschungen handelt, kann dieses Vorgehen nicht akzeptiert werden. Leider zählt dazu auch oft das Ausbringen von Wasserpflanzen bei der Anlage von Kleingewässern (sog. „Biotopen"), das Entsorgen von Aquarienpflanzen und Ansäen von „Blumenwiesen" außerhalb des Gartenzauns.
Anthocyane → rote und blaue, wasserlösliche Blütenfarbstoffe.
Braktee → jedes Hochblatt im Blütenstandsbereich. Steht in seiner Achsel eine Blüte, sprechen wir von Tragblatt.
brakteos → ein Blütenstand, dessen Hochblätter klein und flächenmäßig reduziert sind; s. a. → frondos.
degressierend → in der Größe nach oben abnehmende Beblätterung bei *Hieracium*; s. a. → ingressierend.
Epichil → oberer Abschnitt der zweigeteilten Lippe bei Orchideenblüten.
epistomatisch → Spaltöffnungen nur auf der Oberseite eines Blattes vorhanden (v. a. bei Schwimmblättern); s. a. → amphi- u. → hypostomatisch.
frondos → ein Blütenstand, dessen Hochblätter groß und in der Gestalt wie die Laubblätter ausgebildet sind; s. a. → brakteos.
Gesamtblütenstand → s. Synfloreszenz
heterostyl → Individuen einer Art mit verschiedenen Blütentypen, die sich u. a. durch unterschiedliche Griffellänge auszeichnen, s. a. → homostyl.
homostyl → Pflanzen mit nur einem Blütentyp mit gleich langen Griffeln. Der Ausdruck wird dort benutzt, wo innerhalb einer Gttung oder Familie heterostyle u. homostyle Sippen vorkommen; s. a. → heterostyl.
Hypochil → unterer Abschnitt der zweigeteilten Lippe bei Orchideenblüten (oft gelenkig mit Epichil verbunden).
hypophyllopod → bei *Hieracium*: Pfl bilden keine richtige Rosette aus, nur 1(–2) Grundblätter können eine Rosette vortäuschen.
hypostomatisch → Spaltöffnungen auf der Unterseite eines Blattes vorhanden (Normalfall); s. a. → amphi- u. → epistomatisch.
Infloreszenz → abgrenzbarer Teil einer Pflanze, der die Blüten trägt = Blütenstand.
ingressierend → in der Größe nach oben zunehmende Beblätterung bei *Hieracium*; s. a. → degressierend.
Interkalarblätter → Hochblätter im Blütenstand, in deren Achseln sich keine Blüten befinden.
Internodien → die Abschnitte der Sprossachse zwischen den → Nodien. Die Länge der Internodien kann bestimmungsrelevant sein.
Kladodium → Langspross, der durch Abflachung und Ergrünung blattartig ausgebildet ist; s. a. → Phyllodium.
kleistogam → sind meist unscheinbare Zwitterblüten, die sich nicht öffnen, wobei Selbstbestäubung stattfindet. Kleistogame Blüten folgen oft auf normale offene (chasmogame) Blüten, z. B. bei *Viola*.
Konnektiv → steriler Mittelabschnitt der Staubbeutel.
Ligula = Blatthäutchen → häutiger Fortsatz am Übergang von Blattscheide in Blattspreite, v. a. bei Monocotyledonae.
Nodium → Knoten des Stängels, an dem die Blätter ansitzen, dazwischen befinden sich die → Internodien. Die Anzahl kann bestimmungsrelevant sein.
opak → matte, etwas schimmernde Oberfläche von pflanzlichen Organen.
panaschiert → eine Blattspreite, bei der grüne mit andersfarbigen Bereichen (weiße, chlorophyllfreie od. rötliche, anthocyanreiche) in bestimmten Mustern (gestreift, gefleckt o. a.) abwechseln.
Perigon → eine Blütenhülle, die nicht in unterschiedlich gestaltete u. gefärbte Kelch- u. Kronblätter gegliedert ist.
Phyllodium → Blatt, bei dem die Spreite verkümmert ist u. der verbreiterte Blattstiel die Blattfunktionen übernimmt; s. a. → Kladodium.
prostrat → niederliegend, kriechend.
resupiniert → (bei Orchideen) gedrehte Blüte, bei der die ursprünglich der Sprossachse zugewandten Teile nach außen zu stehen kommen.
Rhizom → unterirdisch verlaufende Sprossachse. Sie dient der vegetativen Vermehrung, Speicherung u./od. Überdauerung als Kryptophyt. Zum Teil wurzelähnlich aussehend, aber durch Schuppenblätter und die Gliederung in Internodien und Nodien, an denen die Wurzeln sitzen, unterscheidbar.
Spatha → großes, meist auffallend gefärbtes Hochblatt, das einen Blütenstand umgibt.
Synfloreszenz = Gesamtblütenstand → Gesamtheit der Blütenstände an einer Pflanze, können eine → Infloreszenz vortäuschen.
Turionen → am Gewässerboden überwinternde Dauerformen von Wasserpflanzen.
Valven → innere Blütenhüllblätter, die bei *Rumex* bei Fruchtreife um die Frucht erhalten bleiben.

4 Verzeichnisse

4.1 Literaturverzeichnis

ADLER, W., OSWALD, K. & FISCHER, R. (1994): Exkursionsflora von Österreich. – Ulmer, Stuttgart, 1180 S.

ADOLPHI, K. (1995): Neophytische Kultur- und Anbaupflanzen als Kulturflüchtlinge des Rheinlandes. – Nardus 2: 271 S. – Wiehl.

AMMANN, K. (1981): Bestimmungsschwierigkeiten bei europäischen *Bromus*-Arten. – Bot. Jahrb. Syst. 102: 459-469.

ANDRES, M.(1935): *Primula columnae* Ten. in Westdeutschland II. – Dechenia 92: 245–247.

BALLINTIJN, K. (1997): Over de verspreiding binnen Nederland van *Bidens connata* var. *fallax* (Warnst.) Sherf en var. *anomala* FARW. – Gorteria 23 (1, 2): 20-24.

BALTISBERGER, M. (1983): Die *Ranunculus polyanthemos*-Gruppe in Bayern. Taxonomie und Anmerkungen zur Verbreitung. – Ber. Bayer. Bot. Ges. 54: 107-115.

BÄRTELS, A. (1991): Gartengehölze und Sträucher für mitteleuropäische und mediterrane Gärten. 3. Aufl. – Ulmer, Stuttgart, 606 S.

BASLER, A. (1972): Cytotaxonomische Untersuchungen an der Boraginaceen-Gattung *Symphytum* L. – Bot. Jahrb. Syst. 92(4): 508-553.

BEAUMONT, E. in: GRENFELL (1987): Adventive News 35. – BSBI News 45: 20-24.

BECKMANN, D. & BECKMANN, B. (1997): Das geheime Wissen der Kräuterhexen. Alltagswissen vergangener Zeiten. – dtv, München, 267 S.

BENKERT, D., FUKAREK, F. & KORSCH, H (Hrsg.) (1996): Verbeitungsatlas der Farn- und Blütenpflanzen Ostdeutschlands. – G. Fischer, Jena, 615 S.

BENNERT, H.W. & BÖCKER, R. (1991): Zur Verbreitung von *Equisetum* sugen. *Hippochaete* (Equisetaceae, Pteridophyta) in Berlin. Verh. Bot. Ver. Berlin Brandenburg 124: 13-29.

BERGER, E. (1969): Die Unterscheidung der schweizerischen *Potamogeton*-Arten. – Ber. Kart. Schweizer Flora 1: 1-10.

BERGMEIER, E. (Hrsg.) (1994): Bestimmungshilfen zur Flora Deutschlands. Eine kommentierte bibliographische Übersicht. – Florist. Rundbr. Beih. 4: 420 S.

BERGMEIER, E. (Hrsg.) (1992): Grundlagen und Methoden Floristischer Kartierungen in Deutschland. – Florist. Rundbr. Beih. 2, 146 S.

BLAB, J. (1993): Grundlagen des Biotopschutzes für Tiere, 4. Auflage. – Schr.-R Landschaftspflege Naturschutz 24, Kilda, Greven, 479 S.

BLEEKER, W., HURKA, H. & KOCH, M. (1997): Zum Vorkommen und zur Morphologie von *Nasturtium sterile* (Airy Shaw) Oef. in Nordwestniedersachsen und angrenzenden Gebieten. - Flor. Rundbr. 31(1): 1-8.

BÖHMER, K., BURESCH, W., FRANK, K., HOLZNER, W., KRIECHBAUM, M., KUTZENBERGER, H., LAZOWSKI, W., PAAR, M., SCHRAMAYR, G. & ZUKRIGL, K. (1989): Biotoptypen in Österreich – Vorarbeiten zu einem Katalog. – Bundesministerium für Umwelt, Jugend und Familie, Wien, 233 S.

BOLOS, O. DE & VIGO, J. (1984): Flora dels Països Catalans. – Vol. 1, Barcelona, Ed. Barcino, 736 S.

BOS, F. (1991): Die Acker-Feuerlilie (*Lilium bulbiferum* subsp. *croceum*), eine übersehene Art im westlichen Niedersachsen. – Flor. Rundbr. 25(2): 107-108.

BREITFELD, M. (1993): Hinweise zum Sammeln und Bestimmen von Wassersternen – *Callitriche* L. – Inform. Florist. Kart. Thüringen 4: 1-16. Jena.

BRUMMIT, R. K. (1992): Vascular Plant Families and Genera. – Royal Botanic Gardens, Kew, 804 S.

BUTTLER, H. (1999): Erstfund von *Lapsana communis* subsp. *intermedia* (Bieb.) Hayek für Deutschland mit einer Übersicht über die Gattung. – Flor. Rundbr. 3(1): 3-7.

BUTTLER, K. P. & HARMS, K. H. (1998): Florenliste von Baden Württemberg – Liste der Farn- und Samenpflanzen (Pteridophyta et Spermatophyta). Fachdienst Naturschutz. Naturschutz-Praxis, Artenschutz 1. – Landesanstalt für Umweltschutz Baden Württemberg (Hrsg.), 486 S.

CONERT, H. J. (Hrsg.) (1998): Poaceae (Echte Gräser oder Süßgräser) in HEGI, Illustrierte Flora von Mitteleuropa. Bd. I/3, 3. Aufl. – Parey, Berlin, 898 S.

CORINE biotops manual (1991) Vol 1-3. Published by the European Community, Brüssel, Luxemburg.

CRONQUIST, A. (1981): An integrated System of Classification of Flowering Plants. – Columbia Univ. Press, New York, 1262 S.

CRONQUIST, A. (1988): The Evolution and Classification of Flowering plants, ed. 2. – The New York Botanical Garden, New York, 555 S.

CULLEN, J. (1976): The *Anthyllis vulneraria*-Complex: A résumé. – Not. Roy. Bot. Gard. Edinburgh 35(1): 1-38.

DÄNCKE, R. M. & DÄNCKE, S. M. (1979): Schlemmereien aus Wald und Wiese. Wildkräuter, Beeren, Nüsse und Pilze leicht erkennen und schmackhaft zubereiten. – AT Verlag, Aarau, Stuttgart. 240 S.

DAVIS, A. P. (1999); The Genus *Galanthus* – A Botanical Magazine Monograph. Timber Press, Cambridge, 333 S.

DAVIS, S. D., DROOP, S. J. M., GREGERSON, P., HENSON, L., LEON, C. J., VILLA-LOBOS J. L., SYNGE, H. & ZANTOVSKA, J. (1986): Plants in Danger – What do we know? – IUCN, Gland, Cambridge, 461 S.

DENGLER, J. (1998): Neues von den schmalblättrigen Schwingel-Sippen (*Festuca ovina* agg. und *F. rubra* agg.) in Deutschland unter besonderer Berücksichtigung von Schleswig-Holstein und Hamburg. – Kieler Notizen 25/26: 6-32.

DERRICK, L. N., JERMY, A. C. & PAUL, A. M. (1987): Checklist of European Pteridophyts. – Sommerfeltia 6: I – XX, 1-94.

DIERSCHKE, H. (1995): Phänologische und symphänologische Artengruppen von Blütenpflanzen in Mitteleuropa. Tüxenia 15: 523-560.

DOSTAL, J. & REICHSTEIN, T. (1984): Pteridophyta, in: HEGI, Illustrierte Flora von Mitteleuropa, Bd. 1, Teil 1, 3. Aufl. – Parey, Berlin, Hamburg, 310 S.

DOSTAL, J. (1989): Nová Květena ČSSR, Vol. 2. – Academia, Prag.

DRACHENFELS, O. von u. MEY, H. (1985): Kartieranleitung zur Erfassung der für den Naturschutz wertvollen Bereiche in Niedersachsen. 2. Fassung. Natursch. Landschaftspfl. Nieders. A/3, 89 S.

DÜLL, R. & KUTZELNIGG, H. (1992): Botanisch-ökologisches Exkursionstaschenbuch. Das Wichtigste zur Biologie bekannter heimischer Pflanzen. 4. Aufl. – Quelle & Meyer, Heidelberg, Wiesbaden, 546 S.

DUVIGNEAUD, J. & LAMBINON, J. (1977): Une renoncule critique et méconnue de Belgique et des régions voisines: *Ranunculus polyanthemoides* Boreau. Dumortiera 6: 11-20.

EHRENDORFER, F. (Hrsg.) (1973): Liste der Gefäßpflanzen Mitteleuropas, 2. Aufl. (bearbeitet von W. GUTERMANN und H. NIKLFELD). – G. Fischer, Stuttgart, 318 S.

ELLENBERG, H. & MUELLER-DOMBOIS, D. (1965/66): A key to Raunkiaer plant life forms with revised subdivisions. – Ber. Geobot. Inst. ETH Rübel, Zürich, 37: 56-73.

ELLENBERG, H., WEBER, H. E., DÜLL, R., WIRTH, V., WERNER, W. & PAULISSEN, D. (1991): Zeigerwerte von Pflanzen in Mitteleuropa. – Scipta Geobotanica: 18, 248 S.

ENGEL, F.-M. (1978): Zauberpflanzen – Pflanzenzauber. – Landbuch-Verlag, Hannover, 229 S.

FABRI, R. (1983): *Bromus grossus* s. l. et *B. secalinus* s. l. en Belgique et an Grand-Duché de Luxembourg. – Bull. Soc. Roy. Bot. Belgique 116: 207-223.

FOERSTER, E. (1967): Die Wasserehrenpreis-Gruppe. – Gött. Florist. Rundbr. 1(3): 6-7.

FRÖHNER, S. (1995): *Alchemilla*. In: HEGI, Illustrierte Flora von Mitteleuropa, Bd IV 2B, Parey, Berlin, S.13-249.

GARVE, E., KIFFE, K. (1997): Sichere Nachweise der längst ausgestorbenen Seggen *Carex loliacea*, *C. heleonastes*, *C. buxbaumii* und *C. hartmanii* im westlichen Niedersachsen. – Osnabrück. Naturwiss. Mitt. 23 (Weber-Festschrift): 109-122.

GEIGER, D. (1981): Morphologische und phytochemische Untersuchungen zur Systematik der Schachtelhalme. – Diplomarbeit, Ruhr-Universität Bochum, 222 S.

GERSTBERGER; P. (1978): Zur Unterscheidung von *Fragaria viridis* Duchesne und *Fragaria vesca* L. im vegetativen Zustand. - Gött. Flor. Rundbr. 14: 1-5.

GESSMANN, G. W.: Die Pflanze im Zauberglauben. Ein Katechismus der Zauberbotanik. – Reprint: Verlag JJ-Couvreur, Den Haag, 252 S.

GOVAERTS, R. (1995): World checklist of seed plants 1 -Antwerpen.

GRAU, J. (1964): Die Zytotaxonomie der *Myosotis alpestris*- und der *Myosotis silvatica*-Gruppe in Europa. – Österr. Bot. Z. 111: 561-617.

GREUTER, W., BARRIE, F. R., BURDET, H. M., HAWKSWORTH, D. L., JORGENSEN, P. M., NICOLSON, D. H., SILVA, P. C., TREHANE, P. & MCNEILL, J. (1994): International Code of Botanical Nomenclature (Tokyo-Code). – Regnum Veg. 131: 389 S. – Königstein.

GROOMBRIDGE, B. (Hrsg.) (1992): Global Biodiversity – Status of the Earth´s living Resources. – World Conservation Monitoring Centre, Chapman & Hall, London, Glasgow, New York, Tokyo, Melbourne, Madras, 585 S.

GUITTONNEAU, G.-G. (1972): Contribution à l'étude biosystématique du genre *Erodium* L'Hér. dans le bassin méditerranéen occidental. Boissiera 20, 154.

HAEUPLER et al. (in Vorbereitung) – Aktualisierung und Endfassung des eben genannten Abschlußberichtes zur Datenbank Gefäßpflanzen.

HAEUPLER, H. & GARVE, E. (1983): Erfassung von Pflanzenarten in Niedersachsen. – Göttinger Florist. Rundbr. 17(1/2): 63-99.

HAEUPLER, H. & SCHÖNFELDER, P. (1989): Atlas der Farn- und Blütenpflanzen der Bundesrepublik Deutschland (2. Aufl.). – Ulmer, Stuttgart, 768 S.

HAEUPLER, H. (1968): Ein Schlüssel zum Bestimmen der kleinblütigen Hornkräuter (*Cerastium*). – Göttinger Florist. Rundbr. 2(1): 9-13.

HAEUPLER, H. (1970): Vorschläge zur Abgrenzung der Höhenstufen der Vegetation im Rahmen der Mitteleuropakartierung. I/II. Gött. Florist. Rundbr. 4(1):3-15, 54-62

HAEUPLER, H. (1976): Atlas zur Flora von Südniedersachsen. Teil I. – Scripta Geobotanica 10: 1-367.

HAEUPLER, H. (1999): Zur Phytodiverstität Deutschlands, eine aktualisierte Bilanz. – Courier Forsch.-Inst. Senckenberg 215: 103-109.

HAEUPLER, H., KORSCH, H., MAY, R., SCHEUERER, M., SCHÖNFLEDER, P. & VOGEL, A. (1997): Datenbank Gefäßpflanzen – Methoden und Ergebnisse – ein Abschlußbericht. Polykopie, Bochum, Halle, Regensburg, 599 S.

HAUSEN, B. M. (1988): Allergiepflanzen, Pflanzenallergene – Handbuch und Atlas der allergieinduzierenden Wild- und Kulturpflanzen. – Ecomed, München, 322 S.

HEGI, G.: Illustrierte Flora von Mitteleuropa. 1. Aufl. in 13 Bänden, München 1906-1931, 2. (z. T. 3.) Aufl. seit 1936 im Erscheinen. – Hanser, München; Parey, Berlin, Hamburg; Blackwell, Berlin, Wien, Oxford u. a.

HELM, E. M. (1978): Feld-, Wald- und Wiesenkochbuch. Erkennen, Sammeln, Zubereiten und Einkochen von Wildgemüsen und Wildfrüchten. Heimeran, München, 200 S.

HEMPEL, W. (1981): Die sächsischen Sippen des Formenkreises von *Gentianella germanica* (Willd.) Börnek. – Gleditschia 8: 31-41.

HENKER, H. & SCHULZE, G. (1993): Die Wildrosen des norddeutschen Tieflandes. – Gleditschia 21(1): 3-22.

HEYN, C. C. (1963): The annual Species of *Medicago*. – Scripta Hierosolymitana 12, Jerusalem, 154 S.

HIELSCHER, A. (1968): Sommerblumen für den Garten. – Neumann-Neudamm, Melsungen, Basel, Wien, 199 S.

HOFFMANN, M. H. (1996): Die in Zentraleuropa verwilderten und kultivierten nordamerikanischen Astern. Feddes Repert. 107: 163-188.

HOLDEREGGER, R. (1996): Recent perspectives in conservation biology of rare plants. – Bull Geobot. Inst. ETH 63: 109-116.

HROUDA, L. & KRAHULEC, F. (1982): Taxonomicka a ekologicka analyza spolecneho vyskyta druhu rodu *Hippochaete* (Equisetaceae) a jejich krizencu. – Preslia 54: 19-43.

HUBBARD, C. E. (1968): Gräser – Beschreibung, Verbreitung, Verwertung – UTB 233, 1. Aufl. Ulmer, Stuttgart, 461 S.

HÜGIN, H. & HÜGIN, G. (1994): *Veronica opaca* in Mitteleuropa – Erkennungsmerkmale, Verbreitung und standörtliches Verhalten. – Flora 189: 7-36.

IUCN (1977): Liste der seltenen, gefährdeten und endemischen Pflanzen in Europa (in Engl., dt. Fassung 1978 vom BMfELF herausgegeben), 293 S.

JANTZEN, F. (1980): Amors Pflanzenkunde: Pflanzen im Liebesbrauchtum, Kosmos-Bibliothek 308. – Franckh, Stuttgart, 70 S.

JEHLIK, V. & ROSTAŃSKI, K. (1975): *Angelica archangelica* subsp. *litoralis* auch in der Tschechoslowakei. – Preslia 47: 145-157. Praha.

JELITTO, L., SCHACHT, W. & FESSLER A. (1985): Die Freiland-Schmuckstauden. Handbuch und Lexikon der winterharten Gartenstauden 3. Aufl. – Ulmer, Stuttgart, 683 S.

JELKS, M. (1977): Allergy plants that cause sneezing and wheezing. – World-Wide Printing, Tampa, 64 S.

JESSEN, S. (1995): *Asplenium trichomanes* L. subsp. *hastatum*, stat. nov. - eine neue Unterart des Braunstiel-Streifenfarns in Europa und vier neue intraspezifische Hybriden (Aspleniaceae, Pteridophyta). – Ber. Bayer. Bot. Ges. 65: 107-132.

JONES, H. (1955): Notes on the identification of some british species of *Callitriche*. – Watsonia 3(4): 186-192.

KAZMI, S. M. A. (1964): Revision der Gattung *Carduus* (Compositae). Teil II. – Mitt.- Bot. Staatssamml. München 5: 279-550.

KEIL, P. (1999): Ökologie der gewässerbegleitenden Agriophyten *Angelica archangelica* ssp. *litoralis*, *Bidens frondosa* und *Rorippa austriaca* im Ruhrgebiet. – Diss. Bot. 321, J. Cramer, Berlin, Stuttgart, 186 S.

KERGUÉLEN, M. & PLONKA, F. (1989): Les Festuca de la flore de France, Bull. Soc. Bot. du Centre-Ouest, n. s. Num. spec. 10.

KERLER, C. M. (1977): Natursammlers Kochbuch. Wildfrüchte, Gemüse, Pilze und Kräuter finden und zubereiten. – Falken., Niedernhausen, 140 S.

KIFFE, K. (1997): Zwei Nachweise von *Trichophorum cespitosum* (L.) Hartmann subsp. *cespitosum* (Cyperaceae) in Nordrhein-Westfalen. – Natur und Heimat 57(2): 45-48.

KLAPP, E., W. OPITZ v. BOBERFELD (1990): Taschenbuch der Gräser, 12. Aufl. – Parey, Berlin, Hamburg. 282 S.

KLINK, H.-J. (1996): Vegetationsgeographie, 2. Aufl. – Westermann, Braunschweig, 240 S.

KOLTZENBURG, M. (1999): Bestimmungsschlüssel für in Mitteleuropa heimische und kultivierte Pappelarten und -sorten (*Populus* spec.). – Flor. Rundbr., Beih. 6, 82 S.

KORNECK, D & SUKOPP, M. (1988): Rote Liste der in der Bundesrepublik Deutschland ausgestorbenen, verschollenen und gefährdeten Farn- und Blütenpflanzen und ihre Auswertung für den Arten- und Biotopschutz. Schr.-Reihe Vegetationskunde 19, 210 S.

KORNECK, D., SCHNITTLER, M. & VOLLMER, I. (1996): Rote Liste der Farn- und Blütenpflanzen (Pteridophyta et Spermatophyta) Deutschlands. In: Rote Liste gefährdeter Pflanzen Deutschlands. – Schriftenreihe Vegetationsk. 28: 21-187.

KORSCH, H. (1999): Chorologisch-ökologische Auswertung der Daten in der floristischen Kartierung Deutschlands. – Schriftenreihe Vegetationsk. 30: 200 + 16 S.

KRAMER, K., U. & GREEN, P. S., eds. (1990): The Families and Genera of Vascular Plants. 1. Pteridophytes and Gymnosperms. – Springer, Berlin, Heidelberg, New York u. a., 404 S.

KRAUSCH, H.-D. (1996): Farbatlas Wasser- und Uferpflanzen. – Ulmer, Stuttgart, 315 S.

KRÜSSMANN, G. (1976): Handbuch der Laubgehölze, 3 Bände, 2. Aufl. – Parey, Berlin, Hamburg.

KUBITZKI, K. ROHWER, J. G. & BITTRICH, V., eds. (1993): The Families and Genera of Vascular Plants. 2. Flowering plants. Dicotyledons. – Springer, Berlin, Heidelberg, New York, 653 S.

LAUBER, K. & WAGNER, G. (1991): Die Flora des Kantons Bern. 1836 Farbfotos wildwachsender Blüten- und Farnpflanzen. Artbeschreibungen und Bestimmungsschlüssel. – Haupt, Bern, Stuttgart, 958 S.

LAUBER, K. & WAGNER, G. (1996, 2. Aufl.: 1998): Flora Helvetica. 3750 Farbfotos von 3000 wildwachsenden Blüten- und Farnpflanzen einschließlich wichtiger Kulturpflanzen. Artbeschreibungen und Bestimmungsschlüssel, 2. Auflage. – Haupt, Bern, Stuttgart, Wien, 1613 S.

LAUTENSCHLAGER-FLEURY, D. & E. (1994): Die Weiden von Mittel- und Nordeuropa. Bestimmungsschlüssel und Artbeschreibung für die Gattung *Salix* L. - Birkhäuser, Basel, Stuttgart u.a.

LES, D. H. (1988): The Evolution of Achene Morphology in *Ceratophyllum* (Ceratophyllaceae), III. Relationships of the "Facially-spined" Group. – Syst. Bot. 13 (4): 509-518.

LOENHOUD, P. J. VAN & STERK, A. A. (1976): A study of the *Juncus bufonius* complex in the Netherlands. – Acta Bot. Neerl. 25(3): 193-204.

LOOS, G. H. (1995): Zur Phänologischen und ökologischen Unterscheidung von *Myosotis palustris* (L.)L., *M. laxiflora* Rchb. und *M. nemorosa* Besser. – Flor. Rundbr. 29(1): 34-36.

LOOS, G. H. (1996a): Studien an mittel-westfälischen Wildrosen. III. Zur Abgrenzung und infraspezifischen Gliederung der Sect. Caninae DC. Subsect. Caninae. Dortmunder Beitr. Landeskde. 30: 15-32

LOOS, G. H. (1996b): Zur Taxonomie einiger Sippen der *Anthyllis vulneraria*-Gruppe und von *Vicia sepium* L. (Fabaceae). – Flor. Rundbr. 30(2): 151-153.

LOOS, G. H. (1996c): Zur taxonomischen Bedeutung der Behaarung des Stengelgrundes bei *Myosotis nemorosa* BESSER. – Flor. Rundbr. 30(1): 1-3.

LOOS, G. H.(1997a): Studien an mittel-westfälischen Wildrosen. IV. Zur Gliederung der Sect. Caninae DC. subsect. Vestitae Christ. Dortmunder Beitr. Landeskde. 31: 239-246.

LOOS, G. H.(1997b): Zur Taxonomie der Goldnesseln [*Lamium* L. Subgenus *Galeobdolon* (Adans.) Aschers]. – Flor. Rundbr. 31(1): 39-50.

LUDWIG, D. (1990): Methode zur ökologischen Bewertung von Biotoptypen. – Polykopie, Bochum, 48 + 82 S.

LUDWIG, W., LENSKI, I., (1969): Zur Kenntnis der heimischen Flora. – Jb. nass. Ver. Naturk. 100: 112-133.

MABBERLEY, D. J. (1997): The Plant Book – A portable dictionary of the vascular plants, 2. ed. – Cambridge Univ. Press, 858 S.

MABEY, R (1978): Bei der Natur zu Gast. Ein Führer zu den eßbaren Wildpflanzen Mitteleuropas. Kiepenheuer & Witsch, Köln, 244 S.

MANSFELD, R. (1940): Verzeichnis der Farn- und Blütenpflanzen des Deutschen Reiches. – Ber. Deutsch. Bot. Ges. 58a, 323 S.

MÜHLBERG, H. (1980): Das große Buch der Wasserpflanzen. – Dausien, Hanau, 408 S.

MÜLLER-EBELING, C., RÄTSCH, C. & STORK, W. (1998): Hexenmedizin. Die Wiederentdeckung einer verbotenen Heilkunst – schamanische Tradition in Europa. – AT Verlag, Aarau, 272 S.

NAUENBURG, J. D. (1986): Untersuchung zur Variabilität, Ökologie und Systematik der *Viola tricolor*-Gruppe in Mitteleuropa. Diss. Universität Göttingen.

OBERDORFER, E. (1994): Pflanzensoziologische Exkursionsflora, 7. Aufl. – Ulmer, Stuttgart, 1050 S.

OBERPRIELER, C. (1994): Die *Senecio nemorensis*-Gruppe (Compositae, Senecioneae) in Bayern. – Ber. Bayer. Bot. Ges. 64: 7-54.

ODUM, E. P. (1971): Fundamentals of Ecology. 3. Aufl. – Saunders, Philadelphia, London, Toronto, 574 S.

PAHLOW, M. (1979): Das große Buch der Heilpflanzen. Gesund durch die Heilkräfte der Natur. – Gräfe und Unzer, Dt. Bücherbund, beide München, 499 S.

PATZKE, E. 1990: Das Problem der Identität. Was kartieren wir eigentlich? – Florist. Rundbr. 23(2): 135-140.

PIGNATI, S. (1982): Flora d'Italia. 3 Bde, Edagricole, Bologna, 790, 732, 780 S.

PIZARRO; J. (1995): Contribucion al estudio taxonomico de *Ranunculus* L. - Lazaroa 15.

POTT R. (1995): Die Pflanzengesellschaften Deutschlands, 2. Aufl. – Ulmer, Stuttgart, 622 S.

POTT, R. (1996): Biotoptypen – schützenswerte Lebensräume Deutschlands und angrenzender Regionen. – Ulmer, Stuttgart, 448 S.

PUSCH, J. (1996): Die Sommerwurzarten des (ehemaligen) Kreises Artern, 2. Aufl. – Selbstverlag, Erfurt, 86 S.

RÄTSCH, C. (1990): Pflanzen der Liebe. Aphrodisiaka in Mythos, Geschichte und Gegenwart. Hallwag Verlag, Bern, Stuttgart, 208 S.

RÄTSCH, C. (1996a): Räucherstoffe – der Atem des Drachen. 72 Pflanzenportraits – Ethnobotanik, Rituale und praktische Anwendungen. AT Verlag, Aarau, 231 S.

RÄTSCH, C. (1996b): Urbock. Bier jenseits von Hopfen und Malz. Von den Zaubertränken der Götter zu den psychedelischen Bieren der Zukunft. AT Verlag, Aarau, 223 S.

RÄTSCH, C. (1998): Enzyklopädie der psychoaktiven Pflanzen. Botanik, Ethnopharmakologie und Anwendung. – AT Verlag, Aarau, 940 S.

RAUNKIAER C. (1934): The life forms of plants and statistical plant geography. Clarendon Press, Oxford, 632 S.

RENZ-RATHFELDER, S. (1990): Pflanze und Farbe. – Palmengarten Sonderheft 14, Frankfurt am Main, 90 S.

RICH, T. C. G. (1991): Crucifers of Great Britain and Ireland. – BSBI Handbook 6, London, 336 S.

RICH, T. C. G., RICH, M. D. B. & PERRING F. H. (1988): Plant Crib. – London, 141 S.

RIECKEN, U., RIES, U. & SSYMANK, A. (1994): Rote Liste der gefährdeten Biotoptypen der Bundesrepublik Deutschland. – Schriftenr. Landschaftspfl. Natursch. 41, Bonn, 184 S.

ROLOFF, A. & BÄRTELS, A. (1996): Gartenflora Bd. I: Gehölze – Bestimmung, Herkunft und Lebensbereiche. Eigenschaften und Verwendung. Ulmer, Stuttgart, 694 S.

ROTH, L., DAUNDERER, M. & KORMANN, K. (1984): Giftpflanzen – Pflanzengifte, Vorkommen, Wirkung, Therapie. Ecomed, Landsberg, VIII + 1018 S.

ROTH, L., KORMANN, K. & SCHWEPPE, H. (1992): Färberpflanzen, Pflanzenfarben Botanik, Färbemethoden, Analytik, türkische Teppiche und ihre Motive. – Ecomed, Landsberg, 319 S.

ROTHMALER, W. (Begr.) (1994): Exkursionsflora von Deutschland, 9. Aufl., Bd 3 Gefäßpflanzen: Atlasband. – G. Fischer, Jena, Stuttgart, 753 S.

ROTHMALER, W. (Begr.). (1990): Exkursionsflora von Deutschland, 8. Aufl., Bd 4 Gefäßpflanzen: Kritischer Band. – G. Fischer, Jena, Stuttgart, 811 S.

ROTHMALER, W. Begr. (1996): Exkursionsflora von Deutschland, 16. Aufl., Bd 2 Gefäßpflanzen: Grundband. – G. Fischer, Jena, Stuttgart, 639 S.

RUMSEY, F. J. & JERMY, A. C. (1998): The independent gametophytic stage of *Trichomanes speciosum* WILLD. (Hymenophyllacea), the Killarney Fern and its distrubution in the Britisch Isles. – Watsonia 22: 1-19.

SCHMEIL, O & FITSCHEN, J. (1993): Flora von Deutschland und angrenzender Länder, 89. Aufl., bearb. von K. SENGHAS & S. SEYBOLD. – Quelle & Meyer, Heidelberg, 802 S.

SCHOLZ, H.: (1995): *Eragrostis albensis* (Gramineae), das Elb-Liebesgras – ein neuer Neoendemit Mitteleuropas. – Verh. Berliner Bot. Vereins. 128: 73-82.

SCHÖNFELDER, I. & SCHÖNFELDER, P. (1980): Der Kosmos-Heilpflanzenführer. Europäische Heil- und Giftpflanzen. – Franckh, Stuttgart, 277 S.

SCHÖPF, H. (1986): Zauberkräuter. – Akadem. Druck- u. Verlagsanstalt, Graz, 175 S.

SCHROEDER, F.-G. (1974): Zu den Statusangaben bei der floristischen Kartierung Mitteleuropas. – Gött. Flor. Rundbr. 8(3): 71-79.

SCHULTES, R. E. & HOFMANN A. (1980): Pflanzen der Götter – Die magischen Kräfte der Rausch- und Giftgewächse (mit Pflanzenlexikon und Bildatlas). Hallwag-Verlag, Bern, Stuttgart, 191 S.

SCHWERTNER, P. (1991): Heimische Biotope. Ein Arbeitsbuch für den Naturschutz – Natur Verlag, Augsburg, 112 S.

SEBALD, O., SEYBOLD, S., PHILLIPI, G. & WÖRZ, A. (Hrsg.) (1990-1998): Die Farn- und Blütenpflanzen Baden-Württembergs, 9 Bände. Ulmer, Stuttgart.

SELL, P. & MURELL, G. (1996): Flora of Great Britain and Ireland, Volume 5, Butomaceae-Orchidaceae. – Cambridge Univ. Press, XXX + 410 S.

SMIT, P.G. (1973): A revision of *Caltha* (Ranunculaceae). - Blumea 21: 119-150.

STACE, C. (1991): New Flora of the British Isles. – Cambridge Univ. Press, Cambridge, New York u. a., 1226 S.

STARMÜHLER, W. (1996): Beitrag zur Kenntnis des *Aconitum pilipes* (Ranunculaceae) und seiner Hybriden. - Willdenowia 26: 169-182.

SUKOPP, H. (1974): „Rote Liste" der in der Bundesrepublik Deutschland gefährdeten Arten von Farn- und Blütenpflanzen (1. Fassg.). – Natur und Landschaft 49: 315-322.

SUKOPP, U. (1994): *Bromus secalinus* L. - Roggentrespe. In: SCHNEIDER, C., SUKOPP, U. & SUKOPP, H.: Biologisch-ökologische Grundlagen des Schutzes gefährdeter Segetalpflanzen. Schriftenreihe Vegetationskunde 26: 69-105.

SUTORÝ, K. (1988): Variability and distribution of *Cynoglossum germanicum* Sacq. (Boraginaceae) in Western and Central Europe. – Acta Mus. Moraviae, Sci. nat., 73: 149-167.

TAYLOR, P. (1989): The genus *Utricularia* – a taxonomic monograph. – Kew. Bull., Addit. Ser. XIV, XI + 724 S.

THOMSON, W. A. R. (Hrsg.) (1978): Heilpflanzen und ihre Kräfte Lingen Verlag, Köln, 208 S.

THOR, G. (1988): The genus *Utricularia* in the Nordic countries, with special emphasis on *U. stygia* and *U. ochroleuca*. – Nordic J. Bot. 8: 213-225.

VAN VIERSSEN, W. (1982): The Ecology of Communities dominated by *Zannichellia*-taxa in Western Europe, 1. Characterisics and Autecology of the *Zannichellia* taxa. – Aquatic Botany 12: 103-155.

WAGENITZ, G. (1979): Compositae. In HEGI, G.: Illustrierte Flora von Mitteleuropa VI (3). 2. Aufl. – Parey, Berlin, Hamburg.

WEBER, H. E. (1992): Zur Klärung der als *Ribes rubrum* L. und *Ribes spicatum* Robson bezeichneten Sippen. – Flor. Rundbr. 26(1): 1-10.

WEBER, H. E. (1995a): Methoden zur Fotografie von Herbarexemplaren. Florist. Rundbr. 29 (1): 89-94.

WEBER, H. E. (1995b): Flora von Südwest-Niedersachsen und dem benachbarten Westfalen – Wenner, Osnabrück, 770 S.

WEBER, H. E. (1997): Hecken und Gebüsche in den Kulturlandschaften Europas – Pflanzensoziologische Dokumentation als Basis für Schutzmaßnahmen. Ber. d. Reinh.-Tüxen-Ges. 9: 75-106.

WEEVERS, T., HEIMANNS, J. DANSER, B. H. KLOOS JR., A. W., OOSTROOM, J. VAN & WACHTER, W. H.: Flora Neerlandica – Flora van Nederland. – Amsterdam, Koninklijke Ned. Bot. Vereeniging, 1948-1958.

WIGGINTON, M. J. & GRAHAM, G. G. (1981): Guide to the identification of some of the more difficult vascular plant species. England Field Unit Occasional Paper 1, 29.

WILLIS, J. C. (1973): A Dictionary of the Flowering Plants and Ferns, 8. Aufl. – Cambridge University Press, Cambridge, New York u. a., 1243 + LXVI S.

WISSKIRCHEN, R. & HAEUPLER, H. (1998): Standardliste der Farn- und Blütenpflanzen Deutschlands. – Ulmer, Stuttgart, 765 S.

WOLFF, P. (1980): Die Hydrilleae (Hydrocharitaceae) in Europa. – Gött. Flor. Rundbr. 14(2): 33-56.

ZIJLSTRA, G. (1992): Gesteeld sterrekroos (*Callitriche brutia* PETAGNA) nieuw voor Nederland. – Gorteria 18: 122-124.

ZIMMERMANN, A. (1981): Katalog naturnaher und extensiv genutzter Biotoptypen für die Steiermark (exkl. der subalpin-alpinen Stufe). – Mitt. Inst. Umweltwiss. Naturschutz, Graz 4: 33-68.

4.2 Verzeichnis der Bildautoren

(angegeben sind die Sippen-Nummern):

Die Namen der Bildautoren werden in Form von Kürzeln angegeben. Es bedeuten:

Kürzel	Name
ANG	Angerer, Oskar
BAB	Dr. Baborka, Michael
BEL	Dr. Bellmann, Heiko
BEN	Prof. Dr. Bennert, Wilfried
DAH	Dahmen, Rolf
DIE	Dr. Diekjobst, Herbert
DRA	von Drachenfels, Olaf
DUN	Dr. Dunkel, Franz
GAR	Garve, Eckhard
GOT	Gottschlich, Günter
GÜG	Dr. Gügel, Ernst
HAE	Prof. Dr. Haeupler, Henning
HOR	Horn, Karsten
KLE	Kleinschrot, Dieter
KUH	Kuhbier, Heinrich
LAU	Lauber, Konrad
LIP	Lipowczyk, Lienhart
LÜ	Lüth, Michael
MUE	Muer, Thomas
MUE.B	Muer, Benedikt
NEU	Neumeier, Willi
PRE	Presser, Helmut
RAS	Dr. Rasbach, Kurt & Helga
REI	Reichenbach, Berthold
RICH	Richter, Rolf
RIE	Riegel, Felix
RÜ	Rückbrodt, Dietrich
RÜM	Rückriem, Christoph
SACK	Sackwitz, Peter
SCHI	Schimmitat, Jürgen
SCHM	Schmid, Martin
SCHÖ	Prof. Dr. Schönfelder, Peter
SCHR	Schrempp, Heinz & Dora
SCHW	Prof. Dr. Schweizer, Joachim
TIM	Timmermann, Georg
WAL	Walderich, Ludwig
WEB	Prof. Dr. Dr. Weber, Heinrich E.
WIM	Wimmer, Walter
WOL	Wolff, Peter
WU	Dr. Wucherpfennig, Wolfgang

1 ANG, 2 MUE, 3 ANG, 4 ANG, Abb. 1 HOR, 5 MUE, 6 HOR, 7 MUE, 8 ANG, 9 ANG, 10 HOR, 11 ANG, 12 MUE, 13 SCHR, 14 MUE, 15 ANG, 16 MUE, 17.1. ANG, 17.2. MUE, 18 MUE, 19.1. MUE, 19.2. MUE, 20 ANG, 21 ANG, 22 HAE, 23 MUE, 24 MUE, 25 MUE, 26 MUE, 27 MUE, 28 MUE, 29 ANG, 30 ANG, 31 MUE, 32 MUE, 33 ANG, 34 MUE, 35 MUE, 36 MUE, 37 MUE, 38 MUE, 39 MUE, 40 MUE, 41 HOR, 42 MUE, 44 MUE, 45 MUE, 46 ANG, 47 MUE, 48 MUE, 49 ANG, 50 MUE, 51 ANG, 52 MUE, 53 MUE, 54 MUE, 55 MUE, 57 SCHM, 58 MUE, 59 MUE, 60 SCHI, 61 BEN, 62 ANG, 62a ANG, 62b BEN, 63 MUE, 64 MUE, 65 MUE, 66 MUE, 67 MUE, 70 MUE, 72 MUE, 74 MUE, 76a MUE, 77 MUE, Abb.2 MUE, Abb.3 ANG, Abb.4 MUE, Abb.5 ANG, Abb.6 MUE, Abb.7 ANG, Abb.8 ANG, Abb.9 ANG, Abb.10 ANG, Abb.11 MUE, Abb.12 ANG, Abb.13 MUE, 78 ANG, 79 SCHI, 80 MUE, 81 MUE, Abb.14 MUE, Abb.15 ANG, Abb.16 MUE, 82.1 MUE, 82.2 MUE, 86.1 MUE, 86.2 ANG, 87 MUE, 88 ANG, 89 MUE, 90 ANG, 91 BEN, 92 MUE, 93 ANG, 94 MUE, 95 SCHI, 96 SCHR, 97 MUE, 98 SCHR, 99 MUE, 100 ANG, 101 MUE, 102 ANG, 103.1 MUE, 103.2 ANG, 104.1 MUE, 104.2 MUE, 105.1 ANG, 105.2 ANG, 106 MUE, 108 SCHI, 110 HAE, 112 ANG, 113 ANG, 114.1 ANG, 114.2 MUE, 115 MUE, 116 SCHI, 117 MUE, 118 MUE, 119 MUE, 120 MUE, 121 MUE, 122 MUE, 123 MUE, 125.1 ANG, 125.2 ANG, 127 ANG, 128 MUE, 129 ANG, 130 MUE, 131 SCHI, 132 MUE, 133 MUE, 135 MUE, 136.1 ANG, 136.2 ANG, 137 MUE, 138 MUE, 139 MUE, 140 MUE, 141 ANG, 143 ANG, 145 ANG, 147 MUE, 149 ANG, 151 ANG, 154 ANG, 155 MUE, 156 MUE, 158 ANG, 162 ANG, 163 ANG, 164 MUE, 165 SCHR, 166 MUE, 167 ANG, 168 MUE, 170 SCHI, 171 MUE, 172 MUE, 173 ANG, 174 ANG, 175 MUE, 176 ANG, 177 MUE, 178 MUE, 179 MUE, 180 MUE, 181 HAE, 182 MUE, 183 ANG, 184 MUE, 185 MUE, 187 HAE, 188 ANG, 189 SCHI, 190 ANG, 191 SCHI, 192 MUE, 193 ANG, 194 MUE, 195 MUE, 196 ANG, 197 MUE, 198 SCHI, 199 MUE, 200 MUE, 202 ANG, 204 MUE, 205 MUE, 206 ANG, 207 ANG, 208 ANG, 209 MUE, 210 MUE, 211 MUE, 212 MUE, 213 ANG, 214 ANG, 215 ANG, 218 SCHR, 219 MUE, 220 ANG, 225 ANG, 226 ANG, 229 ANG, 234 ANG, 238 ANG, 240 ANG, 248 ANG, 251 ANG, 253 ANG, 257 ANG, 260 ANG, 266 ANG, 268 ANG, 269 ANG, 270 MUE, 271 MUE, 272 ANG, 273 ANG, 274 ANG, 275 MUE, 276 SCHR, 277 ANG, 278 MUE, 280 ANG, 281 ANG, 282 ANG, 283 MUE, 284 MUE, 285 LAU, 286 MUE, 287 MUE, 288 ANG, 289 MUE, 290 MUE, 291 MUE, 292 SCHI, 293 MUE, 294 SCHI, 295 MUE, 296 MUE, 297 MUE, 298 MUE, 299 MUE, 300 MUE, 301 SCHR, Abb.17a MUE, Abb.17b MUE, 302 SCHI, 303 ANG, 304 MUE, 305 MUE, 306 HAE, 307 SCHI, 308 MUE, 309 ANG, 310 MUE, 311 LAU, 312 ANG, 313 MUE, 314 MUE, 315 SCHM, 316 SCHÖ, 317 ANG, 318 ANG, 319 MUE, 320 MUE, 321 ANG, 323 MUE, 324 MUE, 325 MUE, 326 MUE, 327 ANG, 328 ANG, 329 ANG, 330 MUE, 331 MUE, 332 ANG, 333.1 MUE, 333.2 ANG, 334 MUE, 335 MUE, 337 ANG, 339 ANG, 340 ANG, 341 MUE, 342 MUE, 343 MUE, 344 MUE, 345.1 MUE, 345.2 MUE, 346 MUE, 347 MUE, 348.1 HAE, 348.2 ANG, 349 MUE, 350 ANG, 351 MUE, 352 ANG, 353 HAE, 354 ANG, 355 SCHI, 357 MUE, 358 MUE, 358a MUE, 359 MUE, 360 MUE, 361 MUE, 362 ANG, 363 MUE, 365 MUE, 366 HAE, 367 ANG, 368 MUE, 369 SCHI, 370 ANG, 371 MUE, 373 MUE, 374 MUE, 376 MUE, 378 MUE, 379 MUE, 380 HAE, 380 MUE, 381 ANG, 382 GAR, 383 ANG, 385 MUE, 386 HAE, 386 MUE, 387 MUE, 388 MUE, 389 MUE, 390 RÜM, 391 ANG, 392 ANG, 393 ANG, 394 MUE, 395 MUE, 397 MUE, 398 ANG, 399 MUE, 400 DAH, 401 GAR, 402 GAR, 403 GAR, 404 MUE, 405 MUE, 406 ANG, 407 MUE, 408 MUE, 409 SCHI, 410 MUE, 411 MUE, 415 MUE, 416 MUE, 417 SCHI, 418 MUE, 419 MUE, 420 MUE, 421 MUE, 422 SCHI, 423 MUE, 425 MUE, 426 ANG, 428 MUE, 430 MUE, 431 MUE, 434 ANG, 435 MUE, 436 MUE, 437 SCHR, 438 HAE, 439 ANG, 440 MUE, 441 ANG, 442 MUE, 443 MUE, 444 MUE, 445 MUE, 446 MUE, 447 ANG, 448 MUE, 450 MUE, 451 MUE, 452 MUE, 453 MUE, 454 MUE, 455 MUE, 456 ANG, 457 MUE, 458 ANG, 459 MUE, 460 ANG, 461 ANG, 462 MUE, 463 SCHI, 464 MUE, 466 ANG, 467 ANG, 468 ANG, 469 MUE, 470 SCHI, 471 LAU, 472 MUE, 473 ANG, 474 MUE, 475 MUE, 476 MUE, 477 MUE, 478 MUE, 479 SCHI, 480 MUE, 481 MUE, 482 SCHI, 483 MUE, 484 MUE, 485 ANG, 486 MUE, 487 MUE, 488 MUE, 489 MUE, 490 SCHI, 491 MUE, 492 MUE, 493 MUE, 494 MUE, 495 SCHR, 496 MUE, 498 ANG, 499 ANG, 500 MUE, 501 MUE, 503 MUE, 504 MUE, 505 MUE, 506 MUE, 509 MUE, 510 MUE, 511 ANG, 512 RAS, 513 ANG, 514 MUE, 515 ANG, 516 MUE, 517 MUE, 518 SCHI, 519 MUE, 520 MUE, 521 ANG, 522 ANG, 523 ANG, 524 ANG, 525 MUE, 526 MUE, 527 SCHI, 528 ANG, 529 MUE, 530 ANG, 531 HAE, 532 MUE, 533 MUE, 535 ANG, 536 MUE, 537 MUE, 538 MUE, 539 MUE, 540 MUE, 540a MUE, 541 MUE, 542 ANG, 543 ANG, 543a MUE, 544 SCHI, 545 SCHI, 546 MUE, 547 ANG, 548 MUE, 549 ANG, 550 MUE, 551 MUE, 552 MUE, 554 MUE, 555 MUE, 556 MUE, 557 ANG, 558 ANG, 559 ANG, 560 MUE, 561 MUE, 562 MUE, 563 ANG, 564 ANG, 565 HAE, 566 MUE, 567 MUE, 568 ANG, 570 SCHI, 571 MUE, 572 MUE, 575 MUE, 576 ANG, 577 MUE, 578 MUE, Abb.18 MUE, Abb 19 MUE, Abb 20 MUE, Abb 21 MUE, Abb 22 WOL, Abb 23 WOL, Abb 24 MUE, Abb 25 MUE, Abb 26 ANG, Abb 27 MUE, Abb 28 MUE, Abb 29 MUE, Abb 30 MUE, Abb 31 MUE, Abb 32 MUE, Abb 33 MUE, Abb 34 MUE, Abb 35 ANG, 579 ANG, 580 MUE, 581 ANG, 582 MUE, 583 MUE, 585 SCHI, 586 ANG, 587 MUE, 588 ANG, 589 SCHI, 590 MUE, 591 MUE, 592 ANG, 593 MUE, 594.1 SCHI, 594.2 MUE, 595 MUE, 596.1 MUE, 596.2 ANG, 597 MUE, 598 ANG, 599 MUE, 600 ANG, 601 MUE, 602 MUE, 603 MUE, 604 MUE, 605 MUE, 608.1 MUE, 608.2 MUE, 612 ANG, 613 MUE, 614 MUE, 615 MUE, 616 MUE, 618 MUE, 619 SCHI, 620 ANG, 621 SCHI, 622 MUE, 623 MUE, 624 ANG, 625 MUE, 626 MUE, 626b MUE, 627 SCHI, 628 MUE, 629 ANG, 631 SCHR, 632 ANG, 633 MUE, 634 ANG, 635 MUE, 636 ANG, 637 MUE, 638 MUE, 641.1 MUE, 641.2 MUE, 642.1 MUE, 642.2 MUE, 643 MUE, 644 MUE, 645 ANG, 646 SCHR, 647 MUE, 648 MUE, 649 ANG, 652 MUE, 653 MUE, 654 MUE, 655 MUE, 656 MUE, 657 MUE, 658 ANG, 659 MUE, 660 ANG, 661 ANG, 662 MUE, 663 ANG, 664 HOR, 665 SCHI, 666 ANG, 667 MUE, 668 SCHR, 669 MUE, 670 ANG, 671 MUE, 672 ANG, 673 ANG, 674 MUE, 675 MUE, 676 SCHI, 677 MUE, 678 MUE, 679 SCHI, 680 MUE, 681 MUE, 683 MUE, 684 MUE, 685 MUE, 686 LAU, 687 MUE, 688 MUE, 689 MUE, 690 ANG, 691 MUE, 692 MUE, 693 MUE, 694 MUE, 695 MUE, 696 ANG, 697 ANG, 698 ANG, 699 MUE, 700 ANG, 701 SCHI, 702 MUE, 703 SCHI, 704 SCHR, 705 MUE, 706 ANG, 707 ANG, 708 ANG, 709 ANG, 710 ANG, 711 ANG, 712 MUE, 713 MUE, 714 MUE, 715 MUE, 716 ANG, 717.1 ANG, 717.2 MUE, 718 MUE, 719 MUE, 720.1 SCHW, 720.2 MUE, 720a MUE, 721 MUE, 722.1 MUE, 722.2 MUE, 722.3 MUE, 723 MUE, 724 MUE, 726 MUE, 729 MUE, 731 MUE, 732 MUE, 733 MUE, 735 ANG, 736 MUE, 737 MUE, 738 MUE, 739 ANG, 740 ANG, 741 ANG, Abb 36 ANG, Abb 37 SCHR, Abb 38 MUE, Abb 39 MUE, Abb 40 MUE, Abb 41 MUE, Abb 42 MUE, Abb 43 ANG, Abb 44 MUE, Abb 45 SCHR, Abb 46 ANG, Abb 47 ANG, Abb 48 MUE, Abb 49 MUE, Abb 50 MUE, Abb 51 MUE, Abb 52 MUE, Abb 53 ANG, Abb 54 ANG, Abb 55 MUE, Abb 56 MUE, Abb 57 ANG, Abb 58 ANG, Abb 59 MUE, 742 MUE, 744 MUE, 745 ANG, 746 ANG, 749 MUE, 750 MUE, 753 ANG, 754 MUE, Abb 60 MUE, Abb 61 MUE, Abb 62 MUE, Abb 63 MUE, Abb 64 MUE, Abb 65 MUE, Abb.66 WEB, Abb 67 MUE, Abb 68 MUE, Abb 69 MUE, Abb 70 MUE, Abb 71 MUE, Abb 72 MUE, Abb 73 MUE, Abb 74 MUE, Abb 75 ANG, Abb 76 WOL, Abb 77 ANG, Abb 78 MUE, Abb 79 MUE, Abb 80 MUE, Abb 81 MUE, Abb 82 MUE, Abb 83 SCHR, 756.1 MUE, 756.2 MUE, 757 WOL, 759 MUE, 760 MUE, 761 MUE, 762 MUE, 763 MUE, 764 ANG, 765 LAU, 766 MUE, 767 SCHI, 768 LAU, 769 MUE, 770 ANG, 771 ANG, 772 MUE, 773 MUE, 774 MUE, 775 ANG, 776 LAU, 777 MUE, 779 MUE, 780 SCHR, 781 MUE, 782 MUE, 783 MUE, 784 MUE, 785 MUE, 786 MUE, 787 MUE, 788 MUE, 789 ANG, 790 MUE, 791 wal, 792 MUE, 793 MUE, 794 MUE, 795 MUE, 796 MUE, 797 MUE, 798 ANG, 799 MUE, 800 MUE, 801 ANG, 802 ANG, 803 ANG, 804 MUE, 805 ANG, 806 SCHR, 808 SCHI, 809 MUE, 811 MUE, 812 ANG, 813 MUE, 814 MUE, 815 MUE, 816 GAR, 817 SCHR, 818 MUE, 819 MUE, 820 MUE, 821 MUE, 822 ANG, 823 ANG, 824 LAU, 825 MUE, 826 MUE, 827 ANG, 828 MUE, 829 MUE, 830 ANG, 831 ANG, 832 ANG, 833 SCHI, 834 ANG, 835.1 ANG, 835.2 ANG, 836 ANG, 837 ANG, 838 MUE, 839 ANG, 840 MUE, 842 MUE, 843 MUE, 843 MUE, 844 MUE, 845 MUE, 846 MUE, 847 MUE, 848 MUE, 849 HAE, 850.1 MUE, 850.2 MUE, 851 MUE, 852 ANG, 853 SCHI, 854 ANG, 855.1 ANG, 855.2 ANG, 856 ANG, 857.1 LAU, 857.2 ANG, 858.1 LAU, 858.2 ANG, 859 MUE, 860 ANG, 861 ANG, 862 MUE, 863 MUE, 864 MUE, 865 ANG, 866 RIE, 867 MUE, 868 MUE, 870 MUE, 871 MUE, 872 ANG, 873 ANG, 874 ANG, Abb. 84 ANG, 875.1 MUE, 875.2 ANG, 876 ANG, 877 MUE, 878 MUE, 879 MUE, 880 MUE, 881 MUE, 882 MUE, 883 MUE, 884 ANG, 885 MUE, 886.1 LAU, 886.2 MUE, 887 ANG, 888 ANG, 889 MUE, 890.1 MUE, 890.2 ANG, 890.3 ANG, 891.1 MUE, 891.2 MUE, 892 MUE, 893 ANG, 895 MUE, 896 MUE, 897 ANG, 898 MUE, 899 ANG, 900 SCHR, 901 ANG, 902 MUE, 903 MUE, 904 ANG, 904a SCHI, 905 MUE, 906 MUE, 907 ANG, 908 SCHI, 909 MUE, 910 MUE, 911 MUE, 912 ANG, 913 KUH, 914 MUE, 915 MUE, 916 MUE, 917 MUE, 918 SCHI, 919 MUE, 920 MUE, 921 MUE, 922 MUE, 923 ANG, 924 ANG, 925 ANG, 926 HAE, 927 HAE, 928 MUE, 929 MUE, 930 SCHR, 931 MUE, 932 ANG, 933 MUE, 934 MUE, 935 ANG, 936 ANG, 937 ANG, 938 MUE, 939 ANG, 940 MUE, 941 MUE, 942 MUE, 943 MUE, 944 ANG, 945 ANG, 946 ANG, 947 MUE, 948 ANG, 949.1 MUE, 949.2 ANG, 950.1 ANG, 950.2 ANG, 951 MUE, 952 MUE, 953 MUE, 954 wal, 955 MUE, 956 SCHI, 958.1 MUE, 958.2 LAU, 959 ANG, 960.1 ANG, 960.2 ANG, 961 ANG, 962 ANG, 964 ANG, 965 ANG, 966 MUE, 967 MUE, 968 MUE, 969 HAE, 970 MUE, 971 ANG, 972 MUE, 973 MUE, 974 MUE, 975 ANG, 976 ANG, 977 MUE, 978 HAE, 978a ANG, 979 MUE, 980 MUE, 981 MUE, 982 ANG, 983 SCHI, 984 MUE, 985 MUE, 986 ANG, 987 ANG, 988 ANG, 989 MUE, 990 MUE, 991 ANG, 992 ANG, 993 MUE, 994 ANG, 995 ANG, 996 MUE, 997 MUE, 998 ANG, 999 MUE, 1000 LAU, 1001 ANG, 1001a MUE, 1002 MUE, 1003 MUE, 1004 MUE, 1005 ANG, 1006 MUE, 1009 ANG, 1010 SCHR, 1011 ANG, 1012 MUE, 1013 MUE, 1014 MUE, 1015 SCHR, 1016 MUE, 1017 MUE, 1018 MUE, 1019 ANG, 1020 ANG, 1021 MUE, 1022 MUE, 1023 MUE, 1024 SCHI, 1025 ANG, 1027 MUE, 1028 SCHR, 1029 LAU, 1030 SCHI, 1031 MUE, 1032 ANG, 1033 RIE, 1034 MUE, 1036 ANG, 1037 MUE, 1038 MUE, 1039 ANG, 1040 MUE, 1041 SCHR, 1042 SCHI, 1043 MUE, 1044 MUE, 1045 MUE, 1046 MUE, 1047 MUE, 1048 MUE, 1049 MUE, 1050 MUE, 1051 wal, 1052 MUE, 1053 ANG, 1054 MUE, 1055 ANG, 1056 MUE, 1057 MUE, 1058 MUE, 1059 ANG, 1060 MUE, 1061 MUE, 1062 MUE, 1063 MUE, 1064 MUE, 1065 MUE, 1066 MUE, 1067 ANG, 1068 ANG, 1069 MUE, 1070 ANG, 1071.1 HAE, 1071.2 MUE, 1072 ANG, 1073 SCHR, 1074 MUE, 1075 SCHI, 1076.1 MUE, 1076.2 MUE, 1077.1 MUE, 1077.2 MUE, 1078 ANG, 1079 MUE, 1080 MUE, 1081 MUE, 1082.1 MUE, 1082.2 MUE, 1083 MUE, 1084 MUE, 1085 MUE, 1086 ANG, 1087 KUH, 1088 MUE, 1089 SCHR, 1090 MUE, 1091 MUE, 1092 MUE, 1093 MUE, 1094 MUE, 1095 MUE, 1096 MUE, 1097 MUE, 1099 MUE, 1100 MUE, 1101 SCHR, 1102 MUE, 1103 ANG, 1104 RIE, 1105 MUE, 1106 MUE, 1107 ANG, 1108 MUE, 1109 MUE, 1110 MUE, 1111 ANG, 1112 MUE, 1113 ANG, 1114 DUN, 1115 ANG, 1116 LAU, 1117 MUE, 1118 ANG, 1119 SCHI, 1120 MUE, 1121 MUE, 1122 MUE, 1123 MUE, 1124 MUE, 1127 ANG, 1128 ANG, 1129 LAU, 1130 ANG, 1131 ANG, 1133 MUE, 1134 ANG, 1135 ANG, 1137 ANG, 1140 ANG, 1141 ANG, 1145 ANG, 1146 ANG, 1148 ANG, 1149 MUE, 1150 ANG, 1151.1 ANG, 1151.2 ANG, 1153 ANG, 1156 ANG, 1157 ANG, 1161 ANG, 1162 ANG, 1163 ANG, 1164 ANG, 1165 ANG, 1166 ANG, 1169 ANG, 1170 ANG, 1171 ANG, 1172 ANG, 1173 ANG, 1174 ANG, 1175 ANG, 1178 ANG, 1183 ANG, 1184 MUE, 1185.1 MUE, 1185.2 MUE, 1186 MUE, 1187 ANG, 1188 MUE, 1189 MUE, 1190 MUE, 1191 MUE, 1192 MUE, 1193.1 MUE, 1193.2 MUE, 1194.1 ANG, 1194.2 MUE, 1195.1 MUE, 1195.2 MUE, 1196.1 MUE, 1196.2 MUE, 1197.1 tim, 1197.2 MUE, 1198.1 MUE, 1198.2 MUE, 1199 MUE, 1200 LÜT, 1201.1 MUE, 1201.2 MUE, 1202.1 MUE, 1202.2 MUE, 1203.1 MUE, 1203.2 MUE, 1204.1 MUE, 1204.2 MUE, 1205 MUE, 1206.1 MUE, 1206.2 MUE, 1206a.1 MUE, 1206a.2 MUE, 1207.1 MUE, 1207.2 MUE, 1208.1 MUE, 1208.2 MUE, 1209.1 MUE, 1209.2 MUE, 1210.1 MUE, 1210.2 MUE, 1211.1 MUE, 1211.2 SACK, 1212 WEB, 1213 MUE, 1214 HAE, 1215 WEB, 1216 WEB, 1219 WEB, 1220 WEB, 1221 WEB, 1222 WEB, 1226 WEB, 1227 WEB, 1229 WEB, 1231 WEB, 1232 WEB, 1233 WEB, 1234 WEB, 1235 WEB, 1236 WEB, 1237 WEB, 1238 WEB, 1239 WEB, 1240 WEB, 1241 WEB, 1242 WEB, 1243 WEB, 1244 WEB, 1245 WEB, 1246 WEB, 1247 WEB, 1248 WEB, 1249.1 WEB, 1249.2 WEB, 1251 WEB, 1253 WEB, 1254 WEB, 1255 WEB, 1256 WEB, 1257 WEB, 1259 WEB, 1260.1 WEB, 1260.2 WEB, 1262 WEB, 1263 WEB, 1264 WEB, 1265 WEB, 1266 WEB, 1267 WEB, 1268 WEB, 1269 WEB, 1270 WEB, 1271 WEB, 1272 WEB, 1273 WEB, 1275 WEB, 1276 WEB, 1277 WEB, 1278 WEB, 1279 WEB, 1280 WEB, 1281 WEB, 1282 WEB, 1283 WEB, 1285 WEB, 1286 WEB, 1287 WEB, 1288 WEB, 1290 WEB, 1291 WEB, 1293 WEB, 1294 WEB, 1295 WEB, 1297 WEB, 1299 WEB, 1300 WEB, 1301 WEB, 1302 WEB, 1303 WEB, 1304 WEB, 1306 WEB, 1307 WEB, 1308 WEB, 1309 WEB, 1310 WEB, 1312 WEB, 1314.1 WEB, 1314.2 WEB, 1315.1 WEB, 1315.2 WEB, 1316 WEB, 1320.1 WEB, 1320.2 WEB, 1321 WEB, 1322 WEB, 1323.1 WEB, 1323.2 WEB, 1324.1 WEB, 1324.2 WEB, 1326.1 WEB, 1326.2 WEB, 1327 WEB, 1329.1 WEB, 1329.2 WEB, 1332 WEB, 1336.1 WEB, 1336.2 WEB, 1338 WEB, 1339 WEB, 1342 WEB, 1345 WEB, 1350.1 WEB, 1350.2 WEB, 1351 WEB, 1352 WEB, 1356 WEB, 1357 WEB, 1358 WEB, 1359 WEB, 1360 WEB, 1361 WEB, 1362 WEB, 1363 WEB, 1364 WEB, 1365 WEB, 1366 WEB, 1368 WEB, 1369 WEB, 1371 WEB, 1373 WEB, 1375.1 WEB, 1375.2 WEB, 1376.1 WEB, 1376.2 WEB, 1377 WEB, 1378 WEB, 1379 WEB, 1381 WEB, 1382 WEB, 1383 WEB, 1384 WEB, 1385 WEB, 1386 WEB, 1387 WEB, 1389 WEB, 1391 WEB, 1392 WEB, 1393 WEB, 1397 WEB, 1401 WEB, 1403

WEB, 1405.1 WEB, 1405.2 WEB, 1406 WEB, 1407 WEB, 1408 WEB, 1409 WEB, 1410 WEB, 1411 WEB, 1413 WEB, 1415 WEB, 1416 WEB, 1417 WEB, 1418 WEB, 1419 WEB, 1421 WEB, 1422 WEB, 1425 WEB, 1426 WEB, 1427 WEB, 1429 WEB, 1430 WEB, 1432 WEB, 1433 WEB, 1435 WEB, 1436 WEB, 1438 WEB, 1439 WEB, 1440 WEB, 1441 WEB, 1443 WEB, 1445 WEB, 1450 MUE, 1451 WEB, 1452 WEB, 1453 WEB, 1456 WEB, 1458 WEB, 1459 WEB, 1461 WEB, 1462 WEB, 1463 WEB, 1464 WEB, 1465 WEB, 1466 WEB, 1467 WEB, 1468 WEB, 1470 WEB, 1472 WEB, 1474 WEB, 1477 WEB, 1479 WEB, 1480 WEB, 1481 WEB, 1482 WEB, 1484 WEB, 1485 WEB, 1486 WEB, 1491 WEB, 1492 WEB, 1493 WEB, 1495 WEB, 1497 WEB, 1499 WEB, 1500 WEB, 1502 WEB, 1503 WEB, 1504 WEB, 1505 WEB, 1506 WEB, 1507 WEB, 1508 WEB, 1509 WEB, 1510 WEB, 1511 WEB, 1512 WEB, 1513 WEB, 1515 WEB, 1516 WEB, 1517 WEB, 1519 WEB, 1520 WEB, 1522 WEB, 1523 WEB, 1525 WEB, 1527 WEB, 1529 WEB, 1530 WEB, 1531 WEB, 1533 WEB, 1535 WEB, 1537 WEB, 1539 WEB, 1541 WEB, 1542 WEB, 1543 MUE, 1544 MUE, 1545.1 ANG, 1545.2 LAU, 1546 LAU, 1548.1 ANG, 1548.2 SCHI, 1549.1 LAU, 1549.2 ANG, 1551.1 ANG, 1551.2 ANG, 1552.1 ANG, 1552.2 ANG, 1554.1 ANG, 1554.2 ANG, 1555.1 ANG, 1555.2 ANG, 1556 ANG, 1557 ANG, 1558.1 ANG, 1558.2 ANG, 1559.1 ANG, 1559.2 ANG, 1560 ANG, 1561.1 ANG, 1561.2 ANG, 1562.1 ANG, 1562.2 ANG, 1563 ANG, 1564a ANG, 1565a.1 ANG, 1565a.2 ANG, 1566.1 ANG, 1566.2 ANG, 1567.1 ANG, 1567.2 ANG, 1568 ANG, 1569 ANG, 1572 ANG, 1573 ANG, 1574 ANG, 1575 ANG, 1576 ANG, 1577.1 ANG, 1577.2 ANG, 1578 ANG, 1579 MUE, 1580 ANG, 1581 MUE, 1582 MUE, 1583 ANG, 1584 MUE, 1585 MUE, 1586.1 MUE, 1586.2 MUE, 1587 MUE, 1588 MUE, 1590 MUE, 1591 MUE, 1592 MUE, 1593 SCHI, 1594 ANG, 1596 ANG, 1597 MUE, 1598 MUE, 1599 LAU, 1600.1 SCHR, 1600.2 SCHR, 1601.1 MUE, 1601.2 LAU, 1602 ANG, 1602a MUE, 1604 MUE, 1605.1 MUE, 1605.2 MUE, 1606 MUE, 1607.1 MUE, 1607.2 MUE, 1608 ANG, 1609 MUE, 1610 MUE, 1611 MUE, 1612 MUE, 1613 MUE, 1614 HAE, 1615 MUE, 1617 MUE, 1618 HAE, 1619 MUE, 1620 MUE, 1622 MUE, 1623 MUE, 1624 MUE, 1625 MUE, 1626 MUE, 1627 MUE, 1630 MUE, 1632 MUE, 1633 MUE, 1634 MUE, 1635 ANG, 1636.1 ANG, 1636.2 MUE, 1637.1 MUE, 1637.2 MUE, 1638 SCHR, 1639 ANG, 1640 MUE, 1641 MUE, 1640a MUE, 1642 ANG, 1643 MUE, 1644 MUE, 1645 MUE, 1646 SCHR, 1647 ANG, 1648 ANG, 1649 MUE, 1650 ANG, 1651 MUE, 1652 MUE, 1654 MUE, 1655 ANG, 1656a MUE, 1657 MUE, 1658 MUE, 1659 SCHR, 1660 MUE, 1661 MUE, 1662 MUE, 1662a MUE, 1663 MUE, 1665 MUE, 1666 MUE, 1667 MUE, 1668 ANG, 1669 MUE, 1670 MUE, 1671 MUE, 1672 MUE, 1673 ANG, 1674 MUE, 1675 MUE, 1675a MUE, 1680 LAU, 1676 ANG, 1677 MUE, 1678 MUE, 1678a MUE, 1681 MUE, 1682 MUE, 1683 MUE, 1684 MUE, 1685 MUE, 1686 SCHR, 1687 MUE, 1688 MUE, 1689 MUE, 1690 MUE, 1691 SCHR, 1692 SCHI, 1693 ANG, 1694 ANG, 1695 MUE, 1696 MUE, 1697 MUE, 1698 MUE, 1699 MUE, 1700 ANG, 1701 ANG, 1702 ANG, 1703 ANG, 1704 MUE, 1705 MUE, 1706 MUE, 1707 ANG, 1708 LAU, 1709 MUE, 1710 MUE, 1711 MUE, 1712 MUE, 1713 MUE, 1714 MUE, 1715 MUE, 1716 MUE, 1717 ANG, 1718 MUE, 1719 MUE, 1720 SCHI, 1721 MUE, 1722 MUE, 1723 MUE, 1724 MUE, 1725 MUE, 1726 MUE, 1727 MUE, 1728 SCHI, 1729 MUE, 1730 LAU, 1731 MUE, 1732 LAU, 1733a MUE, 1734 ANG, 1735 MUE, 1736 MUE, 1737 LAU, 1738 MUE, 1739 ANG, 1740 MUE, 1741 MUE, 1742 MUE, 1743 MUE, 1744 MUE, 1747 MUE, 1748 ANG, 1749 ANG, 1750 MUE, 1751 MUE, 1752 ANG, 1753 MUE, 1754 SCHR, 1755 HAE, 1757 ANG, 1758 LAU, 1759 ANG, 1760 MUE, 1761 wim, 1762 MUE, 1763 MUE, 1764 MUE, 1765 MUE, 1766.1 RAS, 1766.2 LAU, 1767 ANG, 1768 MUE, 1769 MUE, 1770.1 MUE, 1770.2 ANG, 1771 MUE, 1772 SCHI, 1773 MUE, 1774 LAU, 1775 MUE, 1776 MUE, 1777 ANG, 1778 MUE, 1779 MUE, 1780 MUE, 1781 MUE, 1782 MUE, 1783 MUE, 1784 MUE, 1785 ANG, 1786 LAU, 1787 MUE, 1788 MUE, 1789 MUE, 1790 ANG, 1792 MUE, 1806 MUE, 1815 MUE, 1819 MUE, 1827 MUE, 1835 MUE, 1837 ANG, 1838 ANG, 1839 MUE, 1840 ANG, 1841.1 SCHR, 1841.2 SCHR, 1842 MUE, 1843 MUE, 1852 ANG, 1853.1 ANG, 1853.2 MUE, 1854 MUE, 1855 ANG, 1845 MUE, 1846 MUE, 1847 MUE, 1848 LAU, 1849 LAU, 1850 MUE, 1856.1 MUE, 1856.2 MUE, 1857.1 ANG, 1857.2 ANG, 1858.1 LAU, 1858.2 LAU, 1859 MUE, 1860 MUE, 1861 MUE, 1862 MUE, 1863 MUE, 1864 MUE, 1865 MUE, 1866 RIE, 1867 ANG, 1868 MUE, 1869 MUE, 1870 MUE, 1871 MUE, 1872 MUE, 1873 MUE, 1874 MUE, 1875 MUE, 1876 MUE, 1877 MUE, 1878 MUE, 1879 MUE, 1880 MUE, 1881 MUE, 1882 MUE, 1883 MUE, 1884 MUE, 1885 ANG, 1886 MUE, 1887 MUE, 1888 MUE, 1889 MUE, 1890 ANG, 1891 ANG, 1892 MUE, 1894.1 ANG, 1894.2 KLE, 1895 ANG, 1896 MUE, 1896b MUE, 1897 MUE, 1898 ANG, 1899 MUE, 1900 ANG, 1901 SCHR, 1902 ANG, 1903 MUE, 1905 ANG, 1906 SCHI, 1907 MUE, 1908 MUE, 1909 LAU, 1910 MUE, 1911 MUE, 1912 MUE, 1913 LAU, 1914 MUE, 1915 MUE, 1916 MUE, 1918 MUE, 1919 SCHR, 1920 MUE, 1921 SCHI, 1922.1 MUE, 1922.2 SCHI, 1923 SCHÖ, 1924 MUE, 1925 MUE, 1927 MUE, 1928 MUE, 1929 MUE, 1930.1 MUE, 1930.2 MUE, 1931.1 MUE, 1931.2 MUE, 1932 MUE, 1933 MUE, 1934 MUE, 1935 MUE, 1936 MUE, 1937 MUE, 1938 HAE, 1939 MUE, 1940 ANG, 1941 MUE, 1942 MUE, 1943 MUE, 1944 ANG, 1945 MUE, 1946 MUE, 1947 MUE, 1948 HAE, 1949 MUE, 1951 MUE, 1952 SCHI, 1953 MUE, 1954 ANG, 1955 ANG, 1956 MUE, 1957 MUE, 1958 MUE, 1959 MUE, 1960 MUE, 1961 MUE, 1964.1 MUE, 1964.2 MUE, 1965 MUE, 1967 MUE, 1968 ANG, 1969 MUE, 1970 MUE, 1971 MUE, 1972 ANG, 1973 MUE, 1974 HAE, 1975 ANG, 1976 MUE, 1977 MUE, 1978 MUE, 1979 MUE, 1980 MUE, 1981 MUE, 1982 MUE, 1983 ANG, 1984 MUE, 1986 MUE, 1987 MUE, 1989.1 ANG, 1989.2 ANG, 1990 MUE, 1991 ANG, 1992 ANG, 1993 ANG, 1994 ANG, 1995 ANG, 1996 MUE, 1997 ANG, 1999 ANG, 2000 ANG, 2001 MUE, 2002 MUE, 2003 MUE, 2004 MUE, 2005 ANG, 2006 ANG, 2007 LAU, 2008 MUE, 2009 MUE, 2010 ANG, 2011 MUE, 2012 ANG, 2013 ANG, 2014 ANG, 2015 ANG, 2016 ANG, 2017 MUE, 2018 MUE, 2019 MUE, 2020 ANG, 2021.1 MUE, 2021.2 MUE, 2023.1 MUE, 2023.2 MUE, 2024.1 MUE, 2024.2 MUE, 2025 MUE, 2026 MUE, 2027 MUE, 2028 MUE, 2029.1 MUE, 2029.2 LAU, 2030 SCHR, 2031 MUE, 2032 MUE, 2033 ANG, 2034 ANG, 2035 MUE, 2036 MUE, 2037 MUE, 2038 SCHR, 2039 MUE, 2040 MUE, 2041 MUE, 2042 MUE, 2043 MUE, 2044 SCHR, 2045 MUE, 2046 MUE, 2047 MUE, 2048 MUE, 2049 MUE, 2050 MUE, 2052 ANG, 2053 MUE, 2054 ANG, 2055 MUE, 2056 SCHR, 2057 MUE, 2058 MUE, 2059 MUE, 2060 ANG, 2061.1 MUE, 2061.2 ANG, 2064 ANG, 2065 MUE, 2066 ANG, 2067 ANG, 2068 MUE, 2069 HAE, 2070 SCHR, 2071 MUE, 2072 ANG, 2073 MUE, 2074 MUE, 2075 MUE, 2076 MUE, 2077 MUE, 2078 MUE, 2079 MUE, 2081 ANG, 2082 ANG, 2083 MUE, 2084 MUE, 2085 ANG, 2086 MUE, 2087 MUE, 2088 MUE, 2089 MUE, 2090 MUE, 2091 MUE, 2092 ANG, 2093 MUE, 2094 MUE, 2095 MUE, 2096 SCHR, 2097 MUE, 2098 ANG, 2099 MUE, 2100 LAU, 2101 ANG, 2102 ANG, 2103 MUE, 2104 ANG, 2105 MUE, 2106 ANG, 2107 ANG, 2108 ANG, 2110 ANG, 2111 ANG, 2112 MUE, 2113.1 MUE, 2113.2 MUE, 2114 MUE, 2115 MUE, 2116 MUE, 2116a ANG, 2117 ANG, 2118 MUE, 2119.1 ANG, 2119.2 ANG, 2119a ANG, 2120 LAU, 2121 MUE, 2122 MUE, 2123 MUE, 2124 MUE, 2125 MUE, 2126 LAU, 2127 MUE, 2128 HAE, 2129 MUE, 2130 MUE, 2131 MUE, 2132 ANG, 2133 SCHI, 2134 ANG, 2135 MUE, 2136 MUE, 2137 MUE, 2138 GAR, 2139 MUE, 2141 ANG, 2142 MUE, 2143 SCHI, 2144 ANG, 2145.1 MUE, 2145.2 MUE, 2146 MUE, 2147 MUE, 2148 MUE, 2149.1 MUE, 2149.2 MUE, 2150 SCHI, 2150a HAE, 2151 SCHR, 2152 MUE, 2153 ANG, 2154 ANG, 2155.1 MUE, 2155.2 MUE, 2156 ANG, 2157 LAU, 2158 ANG, 2159 MUE, 2160 ANG, 2161 ANG, 2162 MUE, 2163 MUE, 2164 ANG, 2165 MUE, 2166 LAU, 2167 MUE, 2168 MUE, 2169 MUE, 2171 MUE, 2172 MUE, 2173 MUE, 2174 ANG, 2175 MUE, 2176 MUE, 2177 MUE, 2178 ANG, 2179 MUE, 2180 SCHR, 2181 MUE, 2182 MUE, 2183 MUE, 2184 MUE, 2185 ANG, 2186 MUE, 2187 MUE, 2188 ANG, 2189 ANG, 2190 MUE, 2191 ANG, 2192 MUE, 2194 MUE, 2196 MUE, 2197 MUE, 2198 MUE, 2200 MUE, 2201 ANG, 2202 MUE, 2203 MUE, 2204 ANG, 2205 ANG, 2206 MUE, 2207 ANG, 2208 MUE, 2209 ANG, 2210 MUE, 2211 SCHR, 2212 MUE, 2213 ANG, 2215 SCHR, 2216 SCHR, 2217 SCHR, 2218 ANG, 2219 BEL, 2220 MUE, 2221 MUE, 2222 MUE, 2223 ANG, 2224 MUE, 2224a MUE, 2225 MUE, 2226 MUE, 2227 MUE, 2228 ANG, 2229 MUE, 2230a MUE, 2231 MUE, 2232 LAU, 2233 LAU, 2234 MUE, 2235 MUE, 2236 LAU, 2237 ANG, 2238 MUE, 2239 MUE, 2240 MUE, 2241 MUE, 2242 ANG, 2243 MUE, 2245 MUE, 2246 MUE, 2247 MUE, 2248 MUE, 2249 MUE, 2249 MUE, 2250 MUE, 2251 MUE, 2252 ANG, 2253 MUE, 2254 MUE, 2255 MUE, 2256 MUE, 2257 MUE, 2258 SCHR, 2259 SCHR, 2261 MUE, 2262 MUE, 2263.1 MUE, 2263.2 LAU, 2264 MUE, 2265 MUE, 2266 MUE, 2267 MUE, 2268.1 MUE, 2268.2 MUE, 2269 MUE, 2270 NEU, 2271 ANG, 2272 ANG, 2273 MUE, 2274 LAU, 2275 MUE, 2276 MUE, 2277 ANG, 2278 LAU, 2279 ANG, 2280 ANG, 2281 MUE, 2283 SCHÖ, 2286 MUE, 2288 MUE, 2290 MUE, 2291 MUE, 2293 MUE, 2294 ANG, 2295 MUE, 2296 LAU, 2297 ANG, 2298 MUE, 2299 MUE, 2300 ANG, 2303 DIE, 2305.1 SCHR, 2305 2 ANG, 2306 ANG, 2308 MUE, 2309 MUE, 2310 RIE, 2311 MUE, 2312 MUE, 2315 ANG, 2316 MUE, 2317 ANG, 2318 ANG, 2319 ANG, 2320 WOL, 2321 WOL, 2322 SCHR, 2323 ANG, 2324 WOL, 2325 MUE, 2326 ANG, 2327 ANG, 2328 ANG, 2329 ANG, 2330 HAE, 2331 ANG, 2332 ANG, 2333 MUE, 2334 MUE, 2335 ANG, 2336 MUE, 2337 MUE, 2338 ANG, 2339.1 MUE, 2339.2 ANG, 2340.1 MUE, 2340.2 ANG, 2341 MUE, 2342 MUE, 2343 MUE, 2344.1 HAE, 2345.2 MUE, 2344 MUE, 2346 MUE, 2347 MUE, 2348 SCHR, 2349 MUE, 2350 ANG, 2351 LAU, 2352 MUE, 2353 ANG, 2354 MUE, 2355 MUE, 2356 SCHR, 2357 MUE, 2358 MUE, 2359 MUE, 2360 MUE, 2361 MUE, 2362 MUE, 2363 MUE, 2364 MUE, 2365 MUE, 2366 MUE, 2367 ANG, 2368 MUE, 2369 MUE, 2370 ANG, 2371.1 ANG, 2371.2 MUE, 2372 MUE, 2373 wal, 2374 MUE, 2375 MUE, 2376 GAR, 2377 MUE, 2378 ANG, 2379 ANG, 2380 ANG, 2381 MUE, 2382 MUE, 2383 ANG, 2384 MUE, 2385 LAU, 2386 MUE, 2387 ANG, 2388 MUE, 2389 MUE, 2390 MUE, 2391 MUE, 2392 ANG, 2393 MUE, 2394 MUE, 2395 ANG, 2396.1 MUE, 2396.2 ANG, 2397 MUE, 2398 MUE, 2399 MUE, 2400 MUE, 2401 ANG, 2402 MUE, 2402a MUE, 2403 MUE, 2404 ANG, 2405 LAU, 2406 ANG, 2407 MUE, 2408 MUE, 2410.1 MUE, 2410.2 ANG, 2411 MUE, 2412 ANG, 2413 MUE, 2414 MUE, 2415 MUE, 2416 SCHR, 2417 ANG, 2418 MUE, 2419 ANG, 2420 MUE, 2421 MUE, 2422 ANG, 2423 MUE, 2424 MUE, 2425 MUE, 2426 MUE, 2427 ANG, 2428 HAE, 2429 MUE, 2431 MUE, 2432 MUE, 2433 MUE, 2434 MUE, 2435 MUE, 2436 MUE, 2437 MUE, 2438 MUE, 2439 MUE, 2440 MUE, 2441 LAU, 2442 MUE, 2443 MUE, 2444 LAU, 2445 ANG, 2446 MUE, 2447 LAU, 2448 MUE, 2451 MUE, 2452 MUE, 2453 MUE, 2454 ANG, 2455 MUE, 2459 MUE, 2460 MUE, 2461.1 MUE, 2461.2 MUE, 2463 ANG, 2464 MUE, 2465 ANG, 2466 MUE, 2467 ANG, 2469 MUE, 2470 LAU, 2471 MUE, 2472 MUE, 2473.1 ANG, 2473.2 HAE, 2474 ANG, 2476 ANG, 2477 ANG, 2478 MUE, 2479 MUE, 2481.1 MUE, 2481.2 MUE, 2482 MUE, 2483 MUE, 2484 MUE, 2485 MUE, 2486 MUE, 2487 ANG, 2488 MUE, 2489 ANG, 2490 ANG, 2491 ANG, 2492 ANG, 2493 ANG, 2494 MUE, 2495 MUE, 2496 MUE, 2497 MUE, 2498 MUE, 2499 MUE, 2500 ANG, 2501 ANG, 2502 MUE, 2503 MUE, 2504 MUE, 2505 MUE, 2506.1 MUE, 2506.2 MUE, 2507.1 ANG, 2507.2 MUE, 2508.1 WOL, 2508.2 ANG, 2509.1 WOL, 2509.2 MUE, 2510.1 ANG, 2510.2 ANG, 2511.1. ANG, 2511.2 ANG, 2512 ANG, 2513 ANG, 2514 MUE, 2515 MUE, 2516 MUE, 2517 MUE, 2518 MUE, 2519 LAU, 2520 MUE, 2521 MUE, 2522 MUE, 2523 HAE, 2524 SCHR, 2525 MUE, 2526 SCHR, 2527 ANG, 2528 ANG, 2529 MUE, 2530 MUE, 2531 ANG, 2532 MUE, 2533 MUE, 2534 MUE, 2535 LAU, 2536 MUE, 2537 wal, 2538 MUE, 2539 MUE, 2540 MUE, 2541 MUE, 2542 ANG, 2543 ANG, 2544 SCHR, 2545 MUE, 2546 HAE, 2547 MUE, 2548.1 BEL, 2548.2 MUE, 2549 MUE, 2550 ANG, 2551 MUE, 2552 LAU, 2553 RIE, 2554 ANG, 2555 ANG, 2556 MUE, 2557 LAU, 2558 HAE, 2559 ANG, 2560 ANG, 2561 MUE, 2562 MUE, 2563 SCHM, 2564 MUE, 2565 MUE, 2566 MUE, 2567 MUE, 2567a MUE, 2568 MUE, 2569 MUE, 2570 MUE, 2571 MUE, 2573 ANG, 2574 MUE, 2575 MUE, 2576 MUE, 2577 ANG, 2578 ANG, 2579 MUE, 2580 MUE, 2581 SCHI, 2582 MUE, 2583 ANG, 2584 ANG, 2586.1 MUE, 2586.2 ANG, 2587 ANG, 2588 MUE, 2589 LAU, 2590 MUE, 2591 MUE, 2592 MUE, 2593 ANG, 2594 MUE, 2595 MUE, 2595a MUE, 2596 ANG, 2597 ANG, 2598 MUE, 2599 MUE, Abb.84 SCHI, Abb.85 MUE, Abb.86 MUE, Abb.87 MUE, Abb.88 MUE, Abb.89 MUE, Abb.90 LAU, Abb.91 MUE, Abb.92 ANG, Abb.93 ANG, Abb.94 ANG, Abb.95 ANG, 2600 MUE, 2601 MUE, 2602 ANG, 2603 ANG, 2607 MUE, Abb.96 ANG, Abb.97 ANG, Abb.98 ANG, Abb.99 ANG, Abb.100 ANG, Abb.101 ANG, Abb.102 MUE, Abb.103 LAU, Abb.104 MUE, Abb.105 MUE, Abb.106 ANG, Abb.107 MUE, 2610 MUE, 2612 MUE, 2613 MUE, 2614 MUE, 2615 ANG, 2618 MUE, 2619 MUE, 2620 SCHÖ, 2621 HAE, 2622 ANG, 2623 ANG, 2624 MUE, 2625 ANG, 2626 ANG, 2627 MUE, 2628 MUE, 2629 ANG, 2630 MUE, 2631 MUE, 2632 ANG, 2633 MUE, 2634 ANG, 2635 MUE, 2636 MUE, 2637 ANG, 2638 MUE, 2639 MUE, 2640 MUE, 2641 MUE, 2642 ANG, 2643 HAE, 2644 MUE, 2645 ANG, 2646 MUE, 2647 MUE, 2648 ANG, 2649 ANG, 2650 MUE, 2651 MUE, 2652 MUE, 2657 MUE, 2658 MUE, 2653.1 LAU, 2653.2 MUE, 2653.3 ANG, 2654.1 ANG, 2654.2 MUE, 2654.3 ANG, 2655 SCHI, 2656 ANG, 2659 MUE, 2660 MUE, 2661 MUE, 2662 MUE, 2663 MUE, 2664 MUE, 2666 MUE, 2666a MUE, 2667.1 ANG, 2667.2 ANG, 2669 SCHÖ, 2670 MUE, 2671 MUE, 2672 MUE, 2673 MUE, 2675.1 MUE, 2675.2 MUE, 2676 HAE, 2678 ANG, 2679 ANG, 2677 MUE, 2680 MUE, 2681 MUE, 2682 MUE, 2683 HAE, 2684 ANG, 2684a MUE, 2685 ANG, 2686 MUE, 2687 MUE, 2688 MUE, 2689 LAU, 2690 LAU, 2691 MUE, 2692 MUE, 2693 ANG, 2694 ANG, 2695 MUE, 2696 MUE, 2697 MUE, 2698.1 MUE, 2698.2 MUE, 2699 ANG, 2700 ANG, 2700a ANG, 2701 MUE, 2702 MUE, 2703 MUE, 2704 MUE, 2705 DRA, 2706 MUE, 2707 SCHR, 2708 MUE, 2709 MUE, Abb.108 MUE, 2710 MUE, 2711 ANG, 2712 MUE, 2713 ANG, 2714 MUE, 2715 ANG, 2716.1 SCHR, 2716.2 WOL, 2717 MUE, 2718 ANG, 2719 MUE, 2720 ANG, 2721 MUE, 2722 MUE, 2723 MUE, 2724 LAU, 2725 ANG, 2727 SCHR, 2729 LAU, 2730 RIE, 2731 MUE, 2732 MUE, 2733 SCHR, 2734 MUE, 2735 ANG, 2736 HAE, 2737 MUE, 2738 MUE, 2739 MUE, 2740 MUE, 2741 ANG, 2742 MUE, 2743 MUE, 2744 ANG, 2745 MUE, 2746 MUE, 2747 MUE, 2748 SCHI, 2749 MUE, 2750 MUE, 2751 MUE, 2752 ANG, 2753 ANG, 2754 ANG, 2755 ANG, 2756 ANG, 2757 ANG, 2758 RIE, 2759 MUE, 2760 MUE, 2761 ANG, 2762 MUE, 2763 MUE, 2764.1 MUE, 2764.2 MUE, 2765 MUE, 2766 MUE, 2767 MUE, 2768 ANG, 2769 MUE, 2770 ANG, 2771 MUE, 2772 MUE, 2773 ANG, 2774 ANG, 2775 ANG, 2776 MUE, 2777 MUE, 2778.1 ANG, 2778.2 MUE, 2779 MUE, 2780 MUE, 2781 MUE, 2782 MUE, 2783 MUE, 2784.1 MUE, 2784.2 ANG, 2785 MUE, 2786 ANG, 2787 MUE, 2788 MUE, 2789 MUE, 2790 SACK, 2791 MUE, 2792 MUE, 2793 MUE, 2794 HAE, 2794a MUE, 2795 MUE, 2797 MUE, 2798 MUE, 2799 MUE, 2800 MUE, 2801 LAU, 2802 MUE, 2803 LAU, 2804 MUE, 2805 MUE, 2806 ANG, 2807 MUE, 2808 MUE, 2809 MUE, 2810 MUE, 2811 MUE, 2812 MUE, 2813 ANG, 2814 SCHR, 2815 ANG, 2816 MUE, 2817 ANG, 2818 MUE, 2819 SCHI, 2820 ANG, 2821.1 MUE, 2821.2 MUE, 2822 ANG, 2823 MUE, 2824 LAU, 2825 MUE, 2826 MUE, 2827 MUE, 2828 MUE, 2829 MUE, 2830 ANG, 2831 MUE, 2832 ANG, 2833 MUE, 2834 ANG, 2835 MUE, 2836 LAU, 2837 MUE, 2838 MUE, 2839 MUE, 2840 MUE, 2841 MUE, 2842 MUE, 2843 MUE, 2844 MUE, 2845 MUE, 2847 MUE, 2848 MUE, 2850 MUE, 2851 MUE, 2852 MUE, 2853 SCHR, 2854 DRA, 2855 MUE, 2856 MUE, 2857 ANG, 2858 MUE, 2859 MUE, 2860 MUE, 2861 MUE, 2862 MUE, 2863 MUE, 2864 ANG, 2865 MUE, 2866 MUE, 2867 MUE, 2868 ANG, 2869 ANG, 2870 LAU, 2872 MUE, 2873 MUE, 2874 MUE, 2875 ANG, 2876 MUE, 2877 MUE, 2878.1 MUE, 2878.2 MUE, 2879.1 MUE, 2879.2 MUE, 2881b MUE, 2881c MUE, 2881d MUE, 2881dxh MUE, 2882 MUE, 2883 MUE, 2884 MUE, 2885 MUE, 2886 MUE, 2886a MUE, 2887 MUE, 2888 SCHÖ, 2889 SCHR, 2890 ANG, 2890a HAE, 2891 MUE, 2892 BEL, 2893 MUE, 2894 MUE, 2895 MUE, 2896 ANG, 2897 MUE, 2899 MUE, 2900 MUE, 2901 MUE, 2902 ANG, 2903 ANG, 2904 ANG, 2905 ANG, 2906 ANG, 2907 MUE, 2908 MUE, 2909 MUE, 2910 ANG, 2912 MUE, 2913 MUE, 2914 MUE, 2915 SCHI, 2916 LAU, 2917 MUE, 2918 SCHR, 2919 ANG, 2920 MUE, 2921 MUE, 2922 MUE, 2923 MUE, 2924 ANG, 2925 MUE, 2926 ANG, Abb.109 SACK, Abb.110 MUE, Abb.111 MUE, Abb.112 SACK, Abb.113

SACK, Abb.114 SCHM, Abb.115 SACK, Abb.116 SACK, Abb.117 SACK, Abb.118 SCHM, Abb.118 SACK, Abb.120 SACK, Abb.121 HOR, Abb.122 MUE, Abb.123 SCHM, Abb.124 MUE, Abb.125 MUE, Abb.126 SCHM, Abb.127 SACK, Abb.128 SCHM, Abb.129 SCHM, 2938 MUE, 2939 MUE.b, 2940 MUE, 2941 MUE, 2942 SCHR, 2943 ANG, 2944 ANG, 2945 ANG, 2946 MUE, 2947 ANG, 2948 SCHR, 2950 ANG, 2951 SCHI, 2952 MUE, 2953 MUE, 2954 ANG, 2955 MUE, 2956 ANG, 2957 MUE, 2958 ANG, 2959 MUE, 2960 MUE, 2961 MUE, 2962 MUE, 2963 ANG, 2964 REI, 2965 MUE, 2966 MUE, 2969 MUE, 2970 MUE, 2971 MUE, 2972 MUE, 2973 ANG, 2949.1 LAU, 2949.2 SCHI, 2967.1 MUE, 2967.2 LAU, Abb.130 MUE, Abb.131 MUE, Abb.132 MUE, Abb.133 MUE, Abb.134 MUE, Abb.135 MUE, Abb.136 MUE, Abb.137 MUE, Abb.138 MUE, Abb.139 MUE, Abb.140 MUE, Abb.141 MUE, Abb.142 MUE, Abb.143 MUE, 2974 MUE, 2975 MUE, 2976.1 MUE, 2976.2 MUE, 2977 MUE, 2978 MUE, 2979 MUE, 2980 MUE, 2981 MUE, 2982 MUE, 2983 MUE, 2984 MUE, 2985 MUE, 2988 MUE, 2990 MUE, 2992 MUE, 2993 MUE, 2996.1 MUE, 2996.2 MUE, 2998 MUE, 2999 MUE, 3001 MUE, 3002 MUE, 3003 MUE, 3005 MUE, 3008 MUE, 3009 RIE, 3010 MUE, 3011 MUE, 3014 MUE, 3015.1 MUE, 3015.2 MUE, 3017 MUE, 3018 MUE, 3021 SCHR, 3022 MUE, 3024 MUE, 3027 MUE, 3028 MUE, 3035 GOT, 3036 MUE, 3037 MUE, 3038 MUE, 3043 MUE, 3044 MUE, 3045 ANG, 3048 MUE, 3049 MUE, 3050 MUE, 3052 MUE, 3054.1 MUE, 3054.2 MUE, 3055 MUE, 3057 GOT, 3062 ANG, 3063 MUE, 3065 MUE, Abb 121 MUE, Abb.120 MUE, Abb.122 MUE, Abb.123 MUE, Abb.124 MUE, Abb.125 MUE, Abb.126 MUE, Abb.127 MUE, Abb.128 MUE, Abb.129 MUE, Abb.130 ANG, Abb.131 ANG, 3066 MUE, 3067 MUE, 3069 ANG, 3070.1 MUE, 3070.2 MUE, 3071 MUE, 3072 MUE, 3072a MUE, 3073 MUE, 3074 MUE, 3075 MUE, 3076 MUE, 3077 MUE, 3078 MUE, 3079 MUE, 3081 MUE, 3082 RIE, 3084 MUE, 3085.1 MUE, 3085.2 MUE, 3086 MUE, 3087 MUE, 3088 MUE, 3090 MUE, 3091 ANG, 3092 MUE, 3093 MUE, 3094 GOT, 3097 MUE, 3098 MUE, 3099 MUE, 3100 MUE, 3104 MUE, 3105 MUE, 3108 MUE, 3109 MUE, 3110 MUE, 3111 MUE, 3112 MUE, 3115 MUE, 3117 MUE, 3119 MUE, 3120 MUE, 3121 MUE, 3123 MUE, 3124 MUE, 3128 MUE, 3129 MUE, 3130 ANG, 3131 MUE, 3135 ANG, 3136.1 MUE, 3136.2 MUE, 3137 GOT, 3138 MUE, 3139.1 MUE, 3139.2 MUE, 3140.1 MUE, 3140.2 MUE, 3141 MUE, 3142.1 LAU, 3142.2. LAU, 3142.3 LAU, 3144 MUE, 3145 LAU, 3146 SCHI, 3147 ANG, 3148 MUE, 3149 MUE, 3150 ANG, 3151 SCHR, 3152 ANG, 3153 SCHI, 3154 ANG, 3155 WOL, 3156 LAU, 3158 MUE, 3159 HAE, 3160 ANG, 3161 ANG, 3162.1 MUE, 3162.2 ANG, 3163 MUE, 3164 MUE, 3165 ANG, 3166 ANG, 3167 ANG, 3168 ANG, 3169 MUE, 3170 ANG, 3171 ANG, 3172 ANG, 3173 ANG, 3174 ANG, 3175 ANG, 3176 ANG, 3177 LAU, 3178 MUE, 3179 WOL, 3180 MUE, 3181 MUE, 3182 MUE, 3183 ANG, 3185 WOL, 3186 MUE, 3187 ANG, 3189 MUE, 3190 MUE, 3191 ANG, 3192 MUE, 3193 ANG, 3194 ANG, 3195 ANG, 3197 ANG, 3198 SCHI, 3199 ANG, 3202 HAE, 3203 MUE, 3204 MUE, 3205 MUE, 3206.1 MUE, 3206.2 ANG, 3207.1 ANG, 3207.2 ANG, 3208 SCHR, 3210 SCHR, 3212 MUE, 3209 MUE, 3211 ANG, 3213 ANG, 3214 BEL, 3215.1 ANG, 3215.2 ANG, 3216 ANG, 3217 ANG, 3218 MUE, 3219 MUE, 3220 MUE, 3221 SCHR, 3222 ANG, 3223 ANG, 3224 ANG, 3225 ANG, 3226 ANG, 3227 MUE, 3228 ANG, 3229 MUE, 3230 ANG, 3231 ANG, 3232 MUE, 3234 MUE, 3235 MUE, 3236 MUE, 3238 MUE, 3239 SCHI, 3240 MUE, 3241 MUE, 3242 MUE, 3243 MUE, 3245.1 MUE, 3245.2 MUE, 3246 MUE, 3247 ANG, Abb.156 MUE, Abb.157 ANG, Abb.158 LAU, Abb.159 LAU, Abb.160 MUE, Abb.161 ANG, Abb.162 ANG, Abb.163 ANG, Abb.164 ANG, Abb.165 MUE, Abb.166 ANG, Abb.167 ANG, 3248 ANG, 3249 ANG, 3250 ANG, 3251 LAU, 3252 MUE, 3253 MUE, 3254 MUE, 3255 ANG, 3256 ANG, 3257 ANG, 3259 MUE, 3260 ANG, 3261 MUE, 3262 MUE, 3263 ANG, 3264 ANG, 3265 ANG, 3266 ANG, 3267 MUE, 3268 MUE, 3269 MUE, 3270 MUE, 3271 MUE, 3272 MUE, 3273 MUE, 3274 MUE, 3275 ANG, 3276 ANG, 3277 MUE, 3278 LAU, 3279 MUE, 3280.1 MUE, 3280.2 MUE, 3281 MUE, 3282 MUE, 3283 MUE, 3284 MUE, 3285 MUE, 3286 MUE, 3287 ANG, 3287 MUE, 3288 MUE, 3289 MUE, 3290 MUE, 3292 MUE, 3293 MUE, 3294 MUE, 3295 MUE, 3298 MUE, 3299 MUE, 3300 MUE, 3301 LAU, 3302 ANG, 3303 MUE, 3305 MUE, 3306 MUE, 3308.1 RAS, 3308.2 MUE, 3309 MUE, 3310 MUE, 3311 ANG, 3312 MUE, 3313 MUE, 3314.1 MUE, 3314.2 MUE, 3315 ANG, 3316 ANG, 3317 ANG, 3318 MUE, 3319 ANG, 3320 ANG, 3321 MUE, Abb.168 MUE, Abb.169 LAU, Abb.170 MUE, Abb.171 MUE, Abb.172 MUE, Abb.173 LAU, Abb.174 MUE, Abb.175 ANG, Abb.176 ANG, Abb.177 ANG, Abb.178 ANG, Abb.179 MUE, 3322 ANG, 3323 MUE, 3324 MUE, 3325 ANG, 3326 MUE, 3327 MUE, 3328 MUE, 3329 ANG, 3330 MUE, 3331.1 RÜM, 3331.2 MUE, 3332 ANG, 3333 MUE, 3334 ANG, 3335 MUE, 3336 LAU, 3337 MUE, 3338 MUE, Abb.180 MUE, Abb.181 MUE, Abb.182 MUE, Abb.183 MUE, Abb.184 ANG, Abb.185 ANG, Abb.186 ANG, Abb.187 MUE, Abb.188 ANG, Abb.189 MUE, Abb.190 MUE, Abb.191 MUE, Abb.192 ANG, 3339 MUE, 3340 ANG, 3341 LAU, 3342 MUE, 3343 ANG, Abb.193 ANG, Abb.193 ANG, 3345 MUE, 3346.1 ANG, 3346.2 ANG, 3347 MUE, 3348 MUE, 3349 MUE, 3350 ANG, 3351 MUE, 3352 MUE, 3353 MUE, 3354 MUE, 3355 MUE, 3356 MUE, 3357 MUE, 3358 MUE, 3360 MUE, 3361 ANG, 3362.1 LAU, 3362.2 ANG, 3363 ANG, 3364 MUE, 3365.1 MUE, 3365.2 MUE, 3366.1 MUE, 3366.2 MUE, 3367.1 MUE, 3367.2 MUE, 3368 MUE, 3370.1 ANG, 3370.2 ANG, 3371.1 ANG, 3371.2 MUE, 3372.1 MUE, 3372.2 MUE, 3373 ANG, 3374 MUE, 3375 ANG, 3376.1 ANG, 3376.2 MUE, 3377 MUE, 3378 MUE, 3379 ANG, 3380 MUE, 3381 ANG, 3382 LAU, 3383 ANG, 3384 ANG, 3385 ANG, 3386 MUE, 3387 MUE, 3388 ANG, 3389.1 ANG, 3389.2 MUE, 3390.1 ANG, 3390.2 MUE, 3392 MUE, Abb.194 MUE, Abb.195 MUE, Abb.196 MUE, Abb.197 ANG, Abb.198 MUE, Abb.199 MUE, Abb.200 MUE, Abb.201 MUE, Abb.202 MUE, Abb.203 MUE, Abb.204 MUE, Abb.205 MUE, 3393 ANG, 3394 ANG, 3395 ANG, 3396 LAU, 3397 ANG, 3398 MUE, 3399 ANG, 3400 ANG, 3401 MUE, 3402 MUE, 3403.1 MUE, 3403.2 MUE, 3404 MUE, 3405 MUE, 3406 ANG, 3407 MUE, 3408 MUE, 3409 MUE, 3410 MUE, 3411 MUE, 3412 MUE, 3413 MUE, 3414 MUE, 3415 ANG, 3416 SCHR, 3417.1 MUE, 3417.2 ANG, 3418 MUE, 3420 ANG, 3421 MUE, 3422 MUE, 3423 MUE, 3424 MUE, 3425 MUE, 3426 ANG, 3427 MUE, 3428 MUE, 3429 MUE, 3430 MUE, 3431 MUE, 3432 MUE, 3433 MUE, 3434 MUE, 3436 MUE, 3437 MUE, 3438 MUE, 3439 MUE, 3440 MUE, 3440a MUE, 3441 MUE, 3442 MUE, 3443.1 MUE, 3443.2 MUE, 3444 MUE, 3445 MUE, 3446 MUE, 3447 MUE, 3448 MUE, 3449 MUE, 3450 MUE, 3451 MUE, 3452 MUE, 3453 MUE, 3453a MUE, 3455 MUE, 3456 MUE, 3457 RAS, 3458 MUE, 3459 ANG, 3460.1 MUE, 3460.2 MUE, 3461 MUE, 3462 MUE, 3463 MUE, 3464 MUE, 3465 MUE, 3466 BEL, 3468 BEL, 3469 ANG, 3470 ANG, 3471 MUE, 3473 MUE, 3473a MUE, 3474 MUE, 3475 MUE, 3476 MUE, 3477 ANG, 3478 MUE, 3479 ANG, 3481 MUE, 3482 MUE, 3483 MUE, 3485 ANG, 3486 MUE, 3487 MUE, 3488 MUE, 3489 MUE, 3490 LAU, 3491 MUE, 3492 LAU, 3493 MUE, 3494 MUE, 3495 MUE, 3496 MUE, 3497 MUE, 3498 MUE, 3499 MUE, 3501 MUE, 3503 MUE, 3505 MUE, 3506.1 MUE, 3506.2 MUE, 3507 MUE, 3508 MUE, 3509 MUE, 3510 LAU, 3511 MUE, 3512 MUE, 3513 MUE, 3514 MUE, 3515 MUE, 3516 MUE, 3518 LAU, 3519 MUE, 3521 ANG, 3522 ANG, 3523 ANG, 3524 MUE, 3525 MUE, 3526 MUE, 3527 MUE, 3528 MUE, 3529 MUE, 3530 MUE, 3531 MUE, 3532 MUE, 3533 LAU, 3534 MUE, 3535 MUE, 3536.1 MUE, 3536.2 MUE, 3537 LAU, 3538 LAU, 3539 MUE, 3540 MUE, 3542 MUE, 3547 LAU, 3548 MUE, 3549 MUE, 3550 MUE, 3552 MUE, 3553 ANG, 3554 MUE, 3555 MUE, 3556 ANG, 3557 MUE, 3558 MUE, 3559 MUE, 3560 MUE, 3561 MUE, 3562 MUE, 3563 MUE, 3564 MUE, 3565 ANG, 3566 MUE, 3568 LAU, 3570 ANG, 3571 MUE, 3572 ANG, 3573 MUE, 3574 MUE, 3575 ANG, 3576 HAE, 3577.1 ANG, 3577.2 MUE, 3578 MUE, 3579.1 MUE, 3579.2 LAU, 3580 ANG, 3581 MUE, 3582 MUE, 3583 MUE, 3584 MUE, 3585 MUE, 3586 LAU, 3588 MUE, 3589 MUE, 3590 ANG, 3592 MUE, 3593 ANG, 3593a MUE, 3594 MUE, 3595 MUE, 3596 MUE, 3597 MUE, 3598 ANG, 3599 MUE, 3600 LAU, 3601 MUE, 3602 MUE, 3603 MUE, 3604 MUE, 3605 MUE, 3606 MUE, 3607 MUE, 3608 wal, 3609 MUE, 3613 MUE, 3614 MUE, 3616 MUE, 3617 LAU, 3619 MUE, 3620 LAU, 3621 LAU, 3622 MUE, 3627.1 MUE, 3627.2 MUE, 3629 MUE, 3630 LAU, 3631 MUE, 3632 MUE, 3633 MUE, 3634 MUE, 3637 MUE, 3638 MUE, 3642 MUE, 3643 MUE, 3644 MUE, 3645.1 MUE, 3645.2 MUE, 3646 ANG, 3646 ANG, 3648 MUE, 3649 MUE, 3650 MUE, 3651.1 BEL, 3651.2 ANG, 3652 MUE, 3653 MUE, 3654 MUE, 3655 MUE, 3656 MUE, 3657 ANG, 3659 MUE, 3660.1 LAU, 3660.2 MUE, 3661 MUE, 3662 MUE, 3663 MUE, 3663a MUE, 3664 LAU, 3665 LAU, 3666.1 BEN, 3666.2 MUE, 3667 MUE, 3667b MUE, 3668 MUE, 3669.1 LAU, 3669.2 MUE, 3670 MUE, 3671 MUE, 3672 MUE, 3673 MUE, 3674 LAU, 3675 MUE, 3676 MUE, 3677 MUE, 3678 MUE, 3679 MUE, 3680 MUE, 3682 MUE, 3684 MUE, 3685 MUE, 3686 MUE, 3687 MUE, 3689 MUE, 3691 MUE, 3692 MUE, 3693.1 MUE, 3693.2 MUE, 3694 MUE, 3695 MUE, 3696 MUE, 3697 MUE, 3698 MUE, 3698a MUE, 3699 MUE, 3700.1 MUE, 3700.2 MUE, 3701 MUE, 3703 MUE, 3705 MUE, 3707 MUE, 3708 MUE, 3709.1 MUE, 3709.2 MUE, 3710 MUE, 3711 MUE, 3712 MUE, 3713 MUE, 3714 MUE, 3715 MUE, 3716 MUE, 3717 MUE, 3721 ANG, 3722 ANG, 3723 MUE, 3724 ANG, 3725 LAU, 3726 ANG, 3727 MUE, 3728 ANG, 3729 MUE, 3730 MUE, 3731 ANG, 3732 MUE, 3733 MUE, 3734 ANG, 3735.1 ANG, 3735.2 ANG, 3736 MUE, 3737 SCHI, 3738 MUE, 3739 MUE, 3740 MUE, 3741 SCHR, 3742 MUE, 3743 ANG, 3744 MUE, 3745 ANG, 3746 MUE, 3747 MUE, 3748 MUE, 3749 MUE, 3749a MUE, 3750 SCHR, 3751 ANG, 3752.1 MUE, 3752.2 ANG, 3753 ANG, 3754 MUE, 3755 MUE, 3756 MUE, 3757 ANG, 3758 MUE, 3759 MUE, 3760 ANG, 3761 MUE, 3762 ANG, 3763 ANG, 3764 MUE, 3765 MUE, 3766 MUE, 3767 MUE, 3768 ANG, 3769 MUE, 3770 MUE, 3771 ANG, 3772 SCHI, 3773 LAU, 3774 MUE, 3775 ANG, 3776 MUE, 3777 ANG, 3778 MUE, 3779 ANG, 3780 MUE, 3781 ANG, 3782 ANG, 3783 ANG, 3784 MUE, 3785 SCHM, 3786 ANG, 3787 ANG, 3788 MUE, 3789 MUE, 3790 MUE, 3791 MUE, 3792 ANG, 3793 ANG, 3794.1 MUE, 3794.2 MUE, 3795.1 MUE, 3795.2 MUE, 3796 MUE, 3798 ANG, 3799 MUE, 3800 MUE, 3801 ANG, 3802 ANG, 3803 LAU, 3803a MUE, 3804 ANG, 3805 MUE, 3806 ANG, 3807 ANG, 3808 ANG, 3809 MUE, 3810 ANG, 3811 LAU, 3812 MUE, 3813 ANG, 3814 ANG, 3815 MUE, 3816 SCHI, 3817.1 HAE, 3817.2 ANG, 3818.1 MUE, 3818.2 ANG, 3819.1 MUE, 3819.2 MUE, 3820 MUE, 3821 MUE, 3822 MUE, 3823 MUE, 3824 MUE, 3825 ANG, 3826 REI, 3827 ANG, 3828 ANG, 3829 ANG, 3830.1 HAE, 3830.2 MUE, 3831 GÜG, 3832 ANG, 3833 ANG, 3835 GÜG, 3836 PRE, 3837 RÜ, 3838 wu, 3839 wu, 3840 wu, 3841 HAE, Abb.206 REI, Abb.207 BAB, Abb.208 MUE, Abb.209 HAE, Abb.210 REI, Abb.211 PRE, Abb.212 HAE, Abb.213 MUE, Abb.214 MUE, Abb.215 GÜG, Abb.216 PRE, Abb.217 wu, Abb.218 wu, Abb.219 wu, Abb.220 wu, Abb.221 wu, 3842 SCHR, 3843 ANG, 3844 MUE, 3845 ANG, 3846 SCHI, 3847 MUE, 3848 MUE, 3849 ANG, 3850 MUE, 3852 MUE, 3853 MUE, 3854 ANG, 3855 MUE, 3856 wu, 3857 wu, 3858 ANG, 3859 SCHI, 3860 MUE, 3861 MUE, 3862 SCHR, 3863 MUE, 3864 MUE, 3865 MUE, 3866 MUE, 3867 REI, 3868 MUE, 3868a ANG, 3869 MUE, 3870 MUE, 3871 MUE, 3872 LAU, 3874.1 MUE, 3874.2 MUE, 3875 HAE, 3876 MUE, 3877 MUE, 3878 SCHÖ, 3879.1 MUE, 3879.2 BAB, 3880 MUE, 3881 MUE, 3882 MUE, 3883 MUE, 3884 MUE, 3886 MUE, 3887 MUE, 3888 BAB, 3889.1 WU, 3889.2 WU, 3891 PRE, 3891a WU, 3893 MUE, 3893a BAB, 3895 SCHI, 3896 WU, 3897 RICH, 3898 BAB, 3900 BAB, 3901 RÜ, Abb.222 MUE, Abb.223 LIP, Abb.224 HAE, Abb.225 WU, Abb.226 MUE, Abb.227 MUE, Abb.228 MUE, Abb.229 MUE, Abb.230 PRE, Abb.231 MUE, Abb.232 WU, Abb.233 WU, 3902 WU, 3903 WU, 3904 ANG, 3905 ANG, 3906 RÜ, 3907 GÜG, Abb.234 RÜ, Abb.235 MUE, Abb.236 BAB, Abb.237 RÜ, Abb.238 BAB, Abb.239 WU, Abb.240 HAE, Abb.241 ANG, Abb.242 RÜ, Abb.243 GÜG, Abb.244 MUE, Abb.245 ANG, 3908 ANG, 3908a ANG, 3909 MUE, 3910 MUE, 3911.1 SCHR, 3911.2 WU, 3912.1 SCHR, 3912.2 SCHR, 3913 MUE, 3914 MUE

Autoren der Zeichnungen
(angegeben sind die Nummern der Figuren):

Dahmen, Ralf: 22
Frebel, Thomas: 2, 3, 10, 16, 18-20, 23, 29, 31, 33, 35-39, 44-47, 49-51, 53, 54a-c, 55a, c-g, 58-60, 63, 68, 71(a,b,c,f,g), 73, 74, 76
Haeupler, Henning: 8, 18e, 30, 52, 54d-e, 55b, 60b, 61, 62, 66, 75, 77
Loos, Götz Heinrich: 74 l, s
Steinecke, Hilke: 1a, 1b, 4-7, 21, 24, 25, 27, 28, 42, 43
Weber, Heinrich E.: 40, 41
Zygmunt, Jerzy: alle *Oenothera*-Zeichnungen
Aus der Literatur übernommen: 9, 11-15, 17, 26, 32, 34, 48, 56, 57, 64, 65, 67, 69, 70, 71e,h,i, 72

4.3 Verzeichnis der Textbearbeiter

(angegeben sind die Sippen-Nummern):

Dahmen, Ralf: 400–403
Gottschlich, Günther: 2974–3143
Haeupler, Henning: Kap 1, 2, 3.3 (p.p.), 3.4, 4.1, 4.3 1-219, 269-354, 1065-1128, 1183-1184, 1546-1550, 1577-1580, 1589-1609, 1668-1673, 1772-1790, 1837-1839, 1904, 1937, 2112-2504, 2514, 2635, 2890a, 3144-3214, 3440-3821, sowie Kopfzeilen zu sämtlichen Sippen (außer 1129-1182, 1212-1545, 3822-3914, sowie bei den Beiträgen von G. H. Loos)
Horn, Karsten: 2927-2937
Hügin, Gerold: 1860-1864
Jung, Klaus: 2927-2937
Keil, Peter: 2689-2693
Kiffe, Karl: 3215-3439
Lippert, Wolfgang: 1129-1182
Loos, Götz Heinrich: 220-268, 583-585, 1185-1211, 1581-1588, 1668-1673, 2711-2718, 2751-2757, 2826-2828, 2870-2888, 2927-2937, 3609-3625, 3630-3636
Muer, Thomas: Kap 3.3 (p.p.), 4.2 355-399, 404-1064, 1610-1667, 1674-1771, 1840-1859, 1865-2111, 2477-2501, 2514-2548, 2636-2688, 2694-2710, 2719-2750, 2758-2825, 2829-2926, 2938-2973
Meyer, Norbert: 1551-1576
Müller, Stefan: Kap 5.
Patzke, Erwin: 3609-3625
v.d. Ploeg, D.T.E.: 3165-3192
Rostański, Krystof: 1791-1836
Sackwitz, Peter: 2927-2937
Schmid, Martin: 2927-2937
Uhlemann, Ingo: 2927-2937
Weber, Heinrich E.: 1212-1545
Wolff, Peter: 2505-2513, 3153-3161, 3208-3214
Wucherpfennig, Wolfgang: 3822-3914
Bei Nummern, die sich überschneiden, haben Doppelbearbeitungen stattgefunden und im Text findet sich eine Synthese aus beiden Fassungen.

Das Seitenlayout haben gestaltet
(angegeben sind die Sippen-Nummern):

Haeupler, Henning: 1-357, 1065-1211, 1544-1845
Muer, Thomas: 358-1064, 1846-3914
Weber, Heinrich E.: 1212-1543

5 Register

5.1 Register der deutschen Pflanzennamen

Die Ziffern folgen der Nummerierung in den Pflanzenbeschreibungen 3.1–3.2.3.

5.2 Register der wissenschaftlichen Pflanzennamen

Fette Schrift = gültige Namen (nach Standardliste WISSKIRCHEN & HAEUPLER, 1998). Magere Schrift = Synonyme. Die Ziffern folgen der Nummerierung in den Pflanzenbeschreibungen.

5.3 Register der Gattungen und Familien

Dieses Register dient der schnellen Orientierung.
Fette Schrift = Familien, magere Schrift = Gattungen.
Kursiv = Synonyme
Die Ziffern bei den Gattungsnamen beziehen sich auf die Nummerierung der jeweils ersten Sippe der Gattung.

Wenn Sie mehr wissen wollen...

Insgesamt werden etwa 3.600 Gattungen mit 20.000 Arten und 10.000 Synonymbezeichnungen beschrieben. Für die Neuauflage des Handbuches sind die wichtigsten in Mitteleuropa kultivierten und gesammelten Pflanzen ergänzt worden. Fast vollständig sind jetzt auch die mitteleuropäischen Wildpflanzenarten im Zander zu finden. Umfangreiche Listen der deutschen, englischen und französischen Pflanzennamen ergänzen und vervollständigen dieses umfassende Nachschlagewerk.
Zander. *Handwörterbuch der Pflanzennamen. W. Erhardt u.a. 16. Aufl. 2000. 990 S. ISBN 3-8001-5080-8.*

Der neue "Oberdorfer" ist in 7. Auflage durchgehend überarbeitet und mit vielen Verbesserungen versehen. Mehr denn je steht die Ökologie und Soziologie der Pflanzen heute im Mittelpunkt des Interesses. Die seit Jahrzehnten bewährte "Pflanzensoziologische Exkursionsflora" soll den Studenten der Biologie, Botanik, Ökologie, Agrar- und Forstwissenschaften, Landespflege, Pharmazie sowie den Umwelt- und Naturschützern, weiterhin helfen, über die Bestimmung der Einzelpflanze hinaus auch die Pflanzengesellschaft und die jeweiligen Standort- und Lebensansprüche kennenzulernen.
Pflanzensoziologische Exkursionsflora. *E. Oberdorfer u.a. 8. Aufl. 2000. Etwa 1054 S., 58 sw-Abb. ISBN 3-8001-3131-5.*

Dies ist das erste Gefäßpflanzen-Bestimmungsbuch, das alle in Österreich wildwachsenden Arten von Farn- und Samenpflanzen behandelt. Auch interessierte Laien und Hobbybotaniker können mit der "Exkursionsflora von Österreich" leicht arbeiten, weil alle Fachausdrücke genau erklärt sind. Die botanischen Pflanzenbeschreibungen sind ergänzt durch Angaben über Standortverhältnisse, Verbreitung und Häufigkeit, Gefährdungsgrad und Nutzung, z. B. als Arzneipflanzen. Die eindeutige Bestimmung der Gattungen, Arten und Unterarten wird durch etwa 600 Detailzeichnungen erleichtert.
Exkursionsflora von Österreich. *W. Adler u.a. 1994. 1180 S. ISBN 3-8001-3461-6.*

Die „Standardliste" ist ein Verzeichnis der wissenschaftlichen und deutschen Namen aller wildwachsenden und eingebürgerten Farn- und Blütenpflanzen Deutschlands. Das Werk enthält die gültigen Namen von etwa 4000 Pflanzensippen (mit Chromosomenzahlen) und ist mit einer ausführlichen Synonymie und einer synoptischen Gegenüberstellung ihres Gebrauchs in den maßgeblichen Florenwerken versehen. Standardisierte Autorennamen, Zitate der Originalbeschreibungen, Typusausgaben, erläuternde Texte und eine umfangreiche Bibliographie sind weitere Ausstattungsmerkmale.
Standardliste der Farn- und Blütenpflanzen Deutschlands *– mit Chromosomenatlas von F. Albers. R. Wisskirchen, H. Haeupler. 1998. 765 Seiten. ISBN 3-8001-3360-1.*

Auf der Basis der Roten Liste sowie der Fauna-Flora-Habitat-Richtlinie der Europäischen Union wurde das vorliegende Werk entwickelt, das erstmalig in 870 Farbfotos die gefährdeten, seltenen und schützenswerten Biotoptypen Deutschlands und angrenzender Regionen aktuell und umfassend darstellt. Die Schutzwürdigkeit der einzelnen Lebensräume wird bei jedem Biotoptyp nach dem derzeitigen Wissensstand diskutiert. Die Darstellungsweise mit ausgesuchten farbigen Einzelbildern und kurz gehaltenen Textpassagen soll ganz gezielt die wichtigsten Informationen über den jeweiligen Lebensraum vermitteln.
Biotoptypen. *Schützenswerte Lebensräume Deutschlands und angrenzender Regionen. Prof. Dr. R. Pott. 1996. 448 Seiten, 872 Farbfotos, 12 Tabellen, 14 Karten und Graphiken. ISBN 3-8001-3484-5.*

Rund 300 der wichtigsten tropischen und subtropischen Pflanzen sind hier abgebildet und beschrieben. Informationen zu Nutzwert, wirtschaftlicher und kultureller Bedeutung ergänzen jeweils den botanischen Steckbrief.
Farbatlas Tropenpflanzen. *Zier- und Nutzpflanzen. A. Bärtels. 4. Auflage 1996. 384 Seiten, 388 Farbfotos. ISBN 3-8001-3480-2.*

Mit diesem Buch können über 650 Gehölze im Winter allein nach ihren Knospen- und Zweigmerkmalen bestimmt werden. Die große Zahl heißt schlicht: alle einheimischen und häufiger gepflanzten Gehölze sind in diesem Buch vertreten. Kurze einführende Kapitel geben Auskunft zur Systematik, Nomenklatur, Morphologie und zu den Bestimmungsmerkmalen. Im speziellen Teil führen Schlüssel bis zu den Arten. Hier werden die Gehölze in systematischer Folge, nach Familien geordnet, mit einer Beschreibung und zumeist mehreren Abbildungen vorgestellt. Für Obstgehölze, forstlich wichtige Bäume und für im Winter blühende Arten bietet das Buch zusätzliche Schlüssel. Rund 1370 farbige, herausragend gute Aquarellzeichnungen sowie rund 80 kolorierte Federzeichnungen zeigen alle Details, die für die Bestimmung wichtig sind.
Gehölzbestimmung im Winter. *B. Schulz. 1999. 329 Seiten, 1450 Zeichnungen. ISBN 3-8001-5074-3.*

Von den rund 20000 Arten des Mittelmeerraumes stellt dieser Farbatlas einen repräsentativen Teil vor, bevorzugt Arten, die eine größere Verbreitung haben oder die für bestimmte Gebiete charakteristisch sind. Die Gliederung orientiert sich an den natürlichen Pflanzengesellschaften. Neben den Wildpflanzen werden auch die typisch mediterranen Obst- und Gemüsearten sowie Heil- und Gewürzpflanzen beschrieben. Bestimmungsschlüssel und Pflanzenregister sind wichtige Gebrauchshilfen.
Farbatlas Mediterrane Pflanzen. *A. Bärtels. 1997. 400 Seiten, 618 Farbfotos. ISBN 3-8001-3488-8.*

Dieser Farbatlas beschreibt die wichtigsten und auffälligsten Pflanzen in Wort und Bild und gibt Auskunft über das Aussehen der Blüten, Blätter und Früchte. Die Angaben zur Verbreitung dieser Pflanzen und zu ihrem Nutzwert sind besonders interessant.
Farbatlas Pflanzen der Karibik und Mittelamerikas. *R. Blancke. 1999. 287 Seiten, 307 Farbfotos. ISBN 3-8001-3512-4.*